JN233353

ゴムの事典

奥山通夫
粕谷信三
西　敏夫
山口幸一
……………[編集]

朝倉書店

編 集 者

奥山 通夫　(株)ブリヂストン

鞠谷 信三　京都大学

西　敏夫　東京大学

山口 幸一　兵庫県立工業技術センター

（五十音順）

は じ め に

　本書は「ゴム」の「事典」である．この「事典」は辞書のように言葉の定義だけを示したものではなく，また，百科事典のように必要な語句を調べたら書棚に返して終わるものでもない．目次や索引を利用して辞書や辞典としての使い方も可能で，調査項目のみならず関連する事項を含めてより広い範囲の情報を調べ，さらに必要な章を興味をもって読み通すことができる——そんな「事典」を本書は目指している．

　「ゴム」について何かを調べようとされた読者の「何か」はきわめて多様であろう．「フォーミュラ1のクルマにはどんなタイヤが使われているの？」，「このスポンジたわしはゴムなのか？」，「輪ゴムはどうしてこんなに伸びるのだろう？」，「植物から採れるという天然ゴムはどんな樹から，どのようにして採取されるの？」等々考えられるすべての質問に答えてみようと欲張ったのが本書である．

　柔らかくよく伸びるゴムは，ゴム風船によって子供の夢を育ててきただけではない．ゴムのユニークな特性は多くの科学者の興味をかきたててきた．ある有名な物理学者の書の冒頭に次の文章がある：

　　　　　　　　　　「ゴムは奇妙な物質である」

本書はこの奇妙なゴムがどんなものかを，(社)日本ゴム協会を中心としたゴム関係研究者・技術者が一般向けに記述したものである．ゴムに興味をもたれたすべての読者に理解できる記述を心掛けたが，ゴム弾性を生かした材料として，社会で重要な役割を演じている現状を示そうとすると，数式や学問的背景あるいは技術的特徴を省くことは不可能なことである．編者としては，読者の多くの方が，調査項目に目を通されるだけでなく，節・章あるいはさらに意欲的に全体を通読いただければと願っている．「奇妙」な物質であるゴム全体を識ることによって，現代の科学と技術の一断面を旅することができるからである．また，21世紀は環境問題を含めて科学と技術がますます大切になるであろうことも疑いのないことだからである．

　「ゴム」とともに，最近では「エラストマー」という用語も広く使用されてい

る．本書ではエラストマーを「ゴム弾性体」と解釈して，架橋を含めて何らかの方法で三次元網目構造をもった弾性材料の意とした．例えば歴史的に新しい熱可塑性エラストマー(TPE)は，熱可塑性ゴム(TPR)と呼ばれたこともあるが，今ではもっぱらTPEが用いられている．したがって，ゴムは「エラストマー」を含めて未架橋ゴム(生ゴムあるいは原料ゴム)からゴム製品まで広い意味で用いている．

最後に，毎日の仕事で忙しくしておられるなかで原稿を執筆いただいた多くの方々，そして編集実務の労をとられた朝倉書店編集部の皆さんと(社)日本ゴム協会事務局の鈴木 守さんに，心からお礼を申し上げます．

2000年10月

4人の編者を代表して

粕谷信三

編集者
(五十音順)

| 奥山 通夫 | (株)ブリヂストン | 西 敏夫 | 東京大学 |
| 鞠谷 信三 | 京都大学 | 山口 幸一 | 兵庫県立工業技術センター |

執筆者
(執筆順)

鞠谷 信三	京都大学	松井 達郎	東レチオコール(株)
西 敏夫	東京大学	古川 睦久	長崎大学
池田 裕子	京都工芸繊維大学	竹村 泰彦	JSR(株)
井上 隆	山形大学	朝枝 英太郎	(株)トクヤマ
五十野 善信	長岡技術科学大学	稲垣 愼二	愛知工業大学
深堀 美英	(株)一条工務店	和田 克郎	元 日本ゼオン(株)
岩田 幸一	住友ゴム工業(株)	中出 伸一	前 住友ゴム工業(株)
森 邦夫	岩手大学	杉村 孝明	前 日本ゼオン(株)
内山 吉隆	金沢大学	秋葉 光雄	アキバリサーチ
佐々木 康順	NOK(株)	松村 澄子	大阪府立大学
河原 成元	長岡技術科学大学	森田 雅和	三新化学工業(株)
深堀 隆彦	日本ゼオン(株)	長谷部 嘉彦	前 横浜ゴム(株)
亀澤 光博	東ソー(株)	外池 弘	(株)トクヤマ
斉藤 章	旭化成工業(株)	伊永 孝	(株)白石中央研究所
服部 岩和	JSR(株)	山口 幸一	兵庫県立工業技術センター
橋本 欣郎	日本ゼオン(株)	大原 正樹	大内新興化学工業(株)
相村 義昭	日本ゼオン(株)	隠塚 裕之	(財)化学物質評価研究機構
明間 博	JSR(株)	沼保 勇	日邦工業(株)
堤 文雄	JSR(株)	奥山 通夫	(株)ブリヂストン
越村 克夫	JSR(株)	平田 靖	(株)ブリヂストン
岸根 充	ダイキン工業(株)	藤 道治	久留米工業高等専門学校
的場 康夫	ダイソー(株)	石川 泰弘	横浜ゴム(株)
角村 真一	東レ・ダウコーニング・シリコーン(株)	久保田 和久	工学院大学

執筆者

矢田 泰雄	鈴鹿エンヂニヤリング(株)	薮下 仁宏	(株)アシックス
西沢 仁	西沢技術研究所	坂田 隆一	平和(株)
宮川 龍次	(財)化学物質評価研究機構	石渡 幹夫	オカモト(株)
滝野 寛志	東洋ゴム工業(株)	依田 隆一郎	前 日本ゼオン(株)
塚原 一実	(株)ブリヂストン	山下 岩男	前 大阪工業技術研究所
門田 邦信	(株)ブリヂストン	平川 米夫	(株)共和
浜島 裕英	(株)ブリヂストン	浦濱 圭彬	日東電工(株)
国分 光輝	横浜ゴム(株)	一角 泰彦	(株)一カク工業
岡本 治徳	三ツ星ベルト(株)	多田 紘	月星化成(株)
谷川 基司	住友ゴム工業(株)	前田 守一	(株)金陽社
中村 博信	オーツタイヤ(株)	奥本 忠興	豊田工業大学
明間 照夫	本田技研工業(株)	村上 公洋	東海ゴム工業(株)
生駒 信康	シバタ工業(株)	斉藤 浩史	ニチアス(株)
御船 直人	(財)鉄道総合技術研究所	橋本 邦彦	西川ゴム工業(株)
和田 法明	バンドー化学(株)	鴨志田 洋一	JSR(株)
島田 淳	横浜ゴム(株)	石井 正雄	(株)クラレ
中嶋 正仁	三ツ星ベルト(株)	豊間 厚	(株)気球製作所
大久保 幸浩	JSR(株)	川崎 仁士	日本植生(株)
髙野 伸和	(株)ブリヂストン	佐伯 康治	前 新第一塩ビ(株)
塩野 勝	前 住友ゴム工業(株)	安倍 勝	ブリヂストンTRK(株)
前田 和幸	住友電気工業(株)	三橋 健八	横浜ゴム(株)
野口 徹	三ツ星ベルト(株)	小畠 昌之	(株)アシックス
塩山 務	バンドー化学(株)	藤巻 達雄	(株)ブリヂストン
松井 洋介	バンドー化学(株)	横瀬 恭平	住友ゴム工業(株)
内藤 壽夫	内藤技術士事務所	鈴木 守	(社)日本ゴム協会
山田 幹生	住友ゴム工業(株)	尾崎 邦宏	京都大学
三輪 順彦	内外ゴム(株)	林 壽郎	大阪府立大学

目　次

1. **ゴムの科学と技術の歴史** ……………………………〔粉谷信三〕… 1
   1.1 野生ゴムの時代 …………………………………………………… 1
   1.2 ゴムの樹のオデッセイ―栽培ゴムの時代― ……………………… 3
   1.3 加硫の発明と加硫技術の発展 …………………………………… 4
   1.4 ニューマチックタイヤの発明と自動車 …………………………… 6
   1.5 合成ゴムの展開と補強性フィラー ………………………………… 9
   1.6 熱可塑性エラストマーの出現と発展 …………………………… 11

2. **ゴ　ム　の　科　学** …………………………………………… 15
   2.1 総　　論 …………………………………………〔西　敏夫〕… 15
      2.1.1 ゴムの基礎 ……………………………………………… 16
      2.1.2 ゴムの化学 ……………………………………………… 18
      2.1.3 ゴムの物性 ……………………………………………… 20
   2.2 ゴムの化学 ……………………………………………………… 21
      2.2.1 天　然　ゴ　ム …………………………………〔池田裕子〕… 21
      2.2.2 合　成　ゴ　ム …………………………………〔池田裕子〕… 23
      2.2.3 ゴムの架橋 ……………………………………〔池田裕子〕… 30
      2.2.4 ゴムの化学構造と反応 ………………………〔池田裕子〕… 33
      2.2.5 熱可塑性エラストマー ………………………〔井上　隆〕… 39
   2.3 ゴムの物理学 …………………………………………………… 45
      2.3.1 ゴムの弾性 ……………………………………〔西　敏夫〕… 45
      2.3.2 ゴムのレオロジー ……………………………〔五十野善信〕… 55
      2.3.3 ゴムの力学 ……………………………………〔深堀美英〕… 62
      2.3.4 ゴムの補強 ……………………………………〔西　敏夫〕… 70
      2.3.5 ゴムブレンドとポリマーアロイ ………………〔井上　隆〕… 79
   2.4 ゴムの工学 ……………………………………………………… 87
      2.4.1 ゴム材料の設計 ………………………………〔粉谷信三〕… 88
      2.4.2 タイヤの設計 …………………………………〔岩田幸一〕… 97
      2.4.3 ゴムの粘接着 …………………………………〔森　邦夫〕… 103

- 2.4.4 ゴムの摩擦と摩耗 ……………………………〔内山吉隆〕… 108
- 2.4.5 ゴムの疲労 ……………………………………〔深堀美英〕… 112
- 2.4.6 ゴムの分析と試験方法 ……………………〔佐々木康順〕… 118

3. ゴム材料 …………………………………………………………… 133
3.1 総論 ………………………………………………〔鞠谷信三〕… 133
3.1.1 材料とは ……………………………………………… 133
3.1.2 ゴム材料の現状 ……………………………………… 133
3.1.3 ゴム材料の将来 ……………………………………… 134
3.2 原料ゴム …………………………………………………… 136
3.2.1 固形ゴム ……………………………………………… 136
- a. 天然ゴム(NR)とその誘導体 …………………〔河原成元〕… 136
- b. イソプレンゴム(IR) ……………………………〔深堀隆彦〕… 146
- c. クロロプレンゴム(CR) …………………………〔亀澤光博〕… 148
- d. ブタジエンゴム(BR) ……………………………〔斉藤 章〕… 151
- e. スチレン-ブタジエン共重合ゴム(SBR) ………〔服部岩和〕… 158
- f. アクリロニトリル-ブタジエン共重合ゴム(NBR)と
  水素添加ニトリルゴム(HNBR) ……………〔橋本欣郎・相村義昭〕… 169
- g. ブチルゴム(IIR)とハロゲン化ブチルゴム ………〔明間 博〕… 176
- h. エチレン-プロピレン共重合ゴム(EPR または EPM,
  EPDM) ………………………………………………〔堤 文雄〕… 179
- i. クロロスルホン化ポリエチレン(CSM) …………〔亀澤光博〕… 186
- j. アクリルゴム(ACM) ……………………………〔越村克夫〕… 188
- k. フッ素ゴム(FKM) ………………………………〔岸根 充〕… 189
- l. ヒドリンゴム(CO, ECO) …………………………〔的場康夫〕… 194
- m. シリコーンゴム ……………………………………〔角村真一〕… 197
- n. スルフィドゴム ……………………………………〔松井達郎〕… 205
- o. ウレタンゴム ………………………………………〔古川睦久〕… 207
- p. 熱可塑性エラストマー(TPE) ……………………〔竹村泰彦〕… 212
- q. リアクター型熱可塑性ポリオレフィン …………〔朝枝英太郎〕… 224

3.2.2 液状ゴムと粉末ゴム ………………………………… 226
- a. 液状ゴム ……………………………………………〔稲垣愼二〕… 226
- b. 粉末ゴム ……………………………………………〔和田克郎〕… 230

3.2.3 ラテックス …………………………………………… 234
- a. 天然ゴムラテックス ………………………………〔中出伸一〕… 234
- b. 合成ゴムラテックス ………………………………〔杉村孝明〕… 236

- 3.3 架橋剤と架橋助剤 …………………………………………………… 242
  - 3.3.1 硫黄架橋 ……………………………………〔秋葉光雄・松村澄子〕… 242
  - 3.3.2 過酸化物架橋 ……………………………………………〔森田雅和〕… 251
  - 3.3.3 その他の架橋方法 ……………………………〔秋葉光雄・松村澄子〕… 254
- 3.4 補強材料 ………………………………………………………………… 263
  - 3.4.1 充てん剤 …………………………………………………………… 263
    - a. カーボンブラック ……………………………………〔長谷部嘉彦〕… 263
    - b. シリカ ……………………………………………………〔外池 弘〕… 268
    - c. その他 ……………………………………………………〔伊永 孝〕… 271
  - 3.4.2 繊維材料 …………………………………………………〔山口幸一〕… 273
- 3.5 配合剤 …………………………………………………………………… 277
  - 3.5.1 劣化防止剤, 老化防止剤 ………………………………〔大原正樹〕… 277
  - 3.5.2 軟化剤, 可塑剤 …………………………………………〔隠塚裕之〕… 281
  - 3.5.3 加工助剤 …………………………………………………〔沼保 勇〕… 283
  - 3.5.4 機能性配合剤 ……………………………………………〔山口幸一〕… 287

4. ゴムの配合と加工 …………………………………………………………… 297
- 4.1 総論 …………………………………………………………〔奥山通夫〕… 297
- 4.2 配合 ……………………………………………………………………… 299
  - 4.2.1 配合設計 …………………………………………………〔平田 靖〕… 299
  - 4.2.2 ゴム練り(素練りと混練り) ……………………………〔藤 道治〕… 302
  - 4.2.3 配合と力学物性 …………………………………………〔石川泰弘〕… 305
  - 4.2.4 配合と機能特性 …………………………………………〔平田 靖〕… 314
- 4.3 成形加工 ………………………………………………………………… 317
  - 4.3.1 ゴムの成形加工工学 ……………………………………〔久保田和久〕… 317
  - 4.3.2 ゴムの成形加工プロセス ………………………………〔矢田泰雄〕… 323
  - 4.3.3 架橋 ………………………………………………………〔西沢 仁〕… 336
  - 4.3.4 表面処理 …………………………………………………〔宮川龍次〕… 343
- 4.4 ラテックスの加工 ……………………………………………………… 346
  - 4.4.1 天然ゴムラテックス ……………………………………〔中出伸一〕… 346
  - 4.4.2 合成ゴムラテックス ……………………………………〔杉村孝明〕… 349

5. ゴム製品 ……………………………………………………………………… 359
- 5.1 総論 …………………………………………………………〔山口幸一〕… 359
- 5.2 交通・輸送関係 ………………………………………………………… 360
  - 5.2.1 タイヤ ……………………………………………………………… 360

a.	ニューマチックタイヤとソリッドタイヤ	〔滝野寛志〕	360
b.	タイヤの構造：ラジアルタイヤとバイアスタイヤ	〔滝野寛志〕	361
c.	タイヤの機能	〔滝野寛志〕	363
d.	自動車用タイヤ	〔塚原一実・門田邦信〕	365
e.	レーシングカー用タイヤ	〔浜島裕英〕	372
f.	航空機用タイヤ	〔国分光輝〕	374
g.	自転車と二輪車用タイヤ	〔岡本治徳〕	376
h.	ソリッドタイヤ	〔谷川基司〕	379
i.	その他（バギー用，農業用，ゴムクローラ）	〔中村博信〕	382

5.2.2 自動車用ゴム製品 〔明間照夫〕 384
5.2.3 船舶関係ゴム製品 〔生駒信康〕 392
5.2.4 鉄道関係ゴム製品 〔御船直人〕 399
5.2.5 コンベヤベルト 〔和田法明〕 400

5.3 建築・土木関係 403
　5.3.1 免震ゴム 〔深堀美英〕 403
　5.3.2 ゴム支承 〔島田　淳〕 409
　5.3.3 シーリング材とゴムシート 〔中嶋正仁〕 413
　5.3.4 ゴムアスファルト 〔大久保幸浩〕 414
　5.3.5 ラバーダム 〔髙野伸和〕 415
　5.3.6 オイルフェンス，浮沈ホース 〔塩野　勝〕 417

5.4 電気・通信関係 419
　5.4.1 電線，ケーブル 〔前田和幸〕 419
　5.4.2 導電性ゴム 423
　　a. 電子伝導性 〔野口　徹〕 423
　　b. イオン伝導性 〔池田裕子〕 426
　5.4.3 エレクトロニクス，OA 機器関係 〔塩山　務・松井洋介〕 428
　5.4.4 オプトエレクトロニクス関係 〔内藤壽夫〕 433

5.5 スポーツ関係 434
　5.5.1 ゴルフボール 〔山田幹生〕 434
　5.5.2 ボール類 〔三輪順彦〕 437
　5.5.3 スポーツシューズ 〔薮下仁宏〕 439
　5.5.4 ウェットスーツ 〔坂田隆一〕 442

5.6 医療用品 443
　5.6.1 コンドーム 〔石渡幹夫〕 443
　5.6.2 医療用ゴム手袋 〔中出伸一〕 446
　5.6.3 人工臓器 〔依田隆一郎〕 448

5.6.4 医療器具と医療品用ゴム材料 ……………………………〔山下岩男〕… 451
5.7 日常家庭用品 ……………………………………………………………… 453
　5.7.1 消しゴム，輪ゴム，ゴム風船 ……………………………〔平川米夫〕… 453
　5.7.2 粘着テープ …………………………………………………〔浦濱圭彬〕… 457
　5.7.3 ゴム系接着剤 ………………………………………………〔一角泰彦〕… 460
　5.7.4 ゴム履物 ……………………………………………………〔多田　紘〕… 463
5.8 工業用部品 ………………………………………………………………… 464
　5.8.1 ゴムロール …………………………………………………〔前田守一〕… 464
　5.8.2 ゴムベルト …………………………………………………〔中嶋正仁〕… 466
　5.8.3 ゴムホース …………………………………………………〔奥本忠興〕… 468
　5.8.4 防振ゴム，制振ゴム ………………………………………〔村上公洋〕… 471
　5.8.5 ガスケット，パッキン ……………………………………〔佐々木康順〕… 474
　5.8.6 ゴムライニング ……………………………………………〔斉藤浩史〕… 476
5.9 その他のゴム製品 ………………………………………………………… 477
　5.9.1 スポンジゴム ………………………………………………〔橋本邦彦〕… 477
　5.9.2 感光性ゴム …………………………………………………〔鴨志田洋一〕… 479
　5.9.3 形状記憶ゴム ………………………………………………〔石井正雄〕… 481
　5.9.4 気象観測用気球 ……………………………………………〔豊間　厚〕… 484

6. ゴムと地球環境 ……………………………………………………………… 489
6.1 ゴムと環境・資源エネルギー問題 ………………………………………〔内藤壽夫〕… 489
6.2 殖産資源としての天然ゴム ……………………………………………… 493
　6.2.1 天然ゴム樹の栽培 …………………………………………〔川崎仁士〕… 493
　6.2.2 天然ゴムの生分解 …………………………………………〔川崎仁士〕… 496
　6.2.3 ラテックスアレルギー ……………………………………〔中出伸一〕… 498
6.3 石油化学製品としての合成ゴム ………………………………………… 500
　6.3.1 合成ゴムと石油化学工業 …………………………………〔竹村泰彦〕… 500
　6.3.2 合成ゴムの製造プロセス …………………………………〔佐伯康治〕… 507
6.4 ゴムのリサイクル ………………………………………………………… 511
　6.4.1 再生ゴム ……………………………………………………〔秋葉光雄〕… 511
　6.4.2 更生タイヤ …………………………………………………〔安倍　勝〕… 521
　6.4.3 使用済みタイヤのリサイクルと有効利用 ………………〔平田　靖〕… 525
　6.4.4 使用済み合成ゴム製品の有効利用 ………………………〔山口幸一〕… 530
6.5 ゴムの標準化とPL法 …………………………………………………… 534
　6.5.1 JISとISO …………………………………………………〔三橋健八〕… 534
　6.5.2 PL法 ………………………………………………………〔小畠昌之〕… 538

6.6 ゴムの将来展望 ……………………………………………………………… 548
　6.6.1 ゴム系複合材料の科学 ………………………………〔西　敏夫〕… 548
　6.6.2 ゴム材料・技術の将来動向 …………………………〔藤巻達雄〕… 554
　6.6.3 ゴム工業の将来動向 …………………………………〔横瀬恭平〕… 556

付　録 …………………………………………………………………………… 561
　A. ゴム関係略号 ………………………………………………〔佐々木康順〕… 561
　B. ゴム関係文献・情報収集案内 ………………〔麹谷信三・佐々木康順〕… 567
　C. ゴム関係団体一覧 ………………………………………〔鈴木　守〕… 574

索　引 …………………………………………………………………………… 577

```
┌──────────────────────────────────────────────┐
│                    トピックス                      │
│ ・世界のゴム関連学協会と研究所 ……………………〔西　敏夫〕… 13 │
│ ・弾むゴムと弾まないゴム ……………………………〔尾崎邦宏〕… 130│
│ ・ゴムエンジン−エントロピー弾性の応用− ………〔古川睦久〕… 293│
│ ・スパンデックスとバイオマー ………………………〔林　壽郎〕… 356│
│ ・フォーミュラ・ワン(F1) …………………………〔浜島裕英〕… 486│
└──────────────────────────────────────────────┘
```

1. ゴムの科学と技術の歴史

「ゴム弾性」という人類にとってまことに興味深い力学的性質を発現する材料[1]として，天然ゴムは数百年の歴史をもっている．架橋技術を中心とするゴムの技術の発展のなかで多くの合成ゴムが開発され，それぞれの特徴を生かしてゴムとしての位置を占め，ゴムの科学と技術の成熟をもたらした．ゴムを主要成分としてつくられるタイヤは航空機や自動車の必須部品として近代社会に欠かせないものである．また，約40年前にスタートした熱可塑性エラストマーが，架橋ゴムとは異なる加工システムのもとで，ゴムの世界でも市民権を確実なものとして現在に至っている．ゴムの変遷をたどるとともに，21世紀に向けてゴム弾性体＝エラストマーを展望する．

1.1 野生ゴムの時代

現在，天然ゴム(NR)と呼ばれているものは学名 *Hevea brasiliensis*[2]から想像されるように，ブラジルのアマゾン川に自生していた樹から採取され，得られたラテックスを酸で凝固，洗浄をへて NR が固形分として得られる．NR は植物が産生する数少ない炭化水素のひとつであり，イソプレン単位の立体構造がほぼ100％シス-1,4単位よりなる高度に立体規則性のポリマーであることなどの要因から，現在に至っても合成ゴムでは代替不可能な製品を中心に広く用いられ，今も新ゴム消費量の30～40％を維持している．

Hevea は，冬に花屋でよく見かけるポインセチアと同じくトウダイグサ科に属しているが，NR のようにわれわれがゴムと呼んでいる物質(ただし，アラビアゴムのような植物性のガム質を除く)を産生する植物は500種を超える．ゴム含量の高い種は現在も中南米に自生して，コロンブスが第2次航海の途上イスパニョーラ島で見たとされるゴムボールはメキシコを中心に分布する *Castilloa elastica* から採取されたものと考えられている．これらゴムボールは，例えばマヤ文化では壮大な球技場で行われた一種の球技に用いられた[3]．しかし，ここでいう「球技」は単なる遊びや現在いうところのスポーツではなく，宗教的あるいは政治的意味のもので，ある場合には戦争の決着をこの球技の勝敗によってつけたという[4]．ゴムボールは祭(政)事のための大切な道具だったといえる．

このゴムを科学の対象としてヨーロッパに拡めたのは，フランスの学者ラ・コンダ

ミーヌ(La Condamine)である．彼は，パリ科学アカデミーが1735年に南米ペルーに派遣した観測隊の一員であった．10年がかりのこの観測隊の長い旅については，トリストラム(F. Trystram)の著書[5]が実に興味深く，一読に値する．観測終了後，コンダミーヌはアンデス山脈を越えてアマゾン川を下って帰国の途に着き，1745年2月末にパリに帰った．1751年に出版された彼の旅行記には次のような記述がある．

「エスメラルダス地方にはへべと呼ばれる木が生えている．樹皮に一筋の切り込みを入れると，切り口から牛乳のような白い液が流れ出し，空気に触れて徐々に黒く固まる．(中略)マヤ・インディオは，この木から採れる樹脂をカウチュと呼ぶ．」ゴムを意味するスペイン語の"Caucho"，フランス語の"Caoutchouc"，ドイツ語の"Kautschuk"がカウチュに由来することは明らかであろう．

しかし，1839年グッドイヤー(C. Goodyear)により加硫が発見され，さらにハンコック(T. Hancock)によって材料加工技術としての加硫が確立されるまではゴムの利用は微々たるものにとどまっていた．アマゾン川流域の樹から採取されて出荷されたゴムは，1837年には34トンであった．例えば，酸素の発見者として知られるプリーストリー(J. Priestley)はいわゆる「消しゴム」としての用途を開発し，ゴムの英語名"rubber"は「こする(rub)」に由来している．またマッキントッシュ(C. Macintosh)はゴム引き布をレインコートとして売り出し，商業的にも成功を収めていた．しかしそれら生ゴム，つまり未加硫NRを用いている限り，冬は固くなり，夏にはべとつく弱点をまぬがれることができなかった．

加硫はそれらの弱点を克服する技術でもあり，その発明後，数年をへてゴムの需要は増加し始め，1850年には1500トンに達している．その後，次節に述べる栽培天然ゴムの産出が軌道に乗った1910年初頭まで，アマゾンの野生ゴムは全盛期を迎えていた．アマゾン川中流のマナウスは1830年には小さな漁村であったが，ゴムの集積地となって，ここから送り出される黒いゴールド(＝ゴム)は，1870年には3000トン，そして1900年には2万トンを超えた．そして全長16 kmの大通りにはなんと路面電車が走っていた．ボストンではまだ馬が引いていたときに，アマゾンの奥地は電化されていたのである．またマナウスの豪華なオペラハウスもこの時代の産物で，約100年前の繁栄の姿を今にとどめる記念物となっている．しかし，1913年に栽培ゴムの生産量は野生ゴムのそれを抜いて，以後，略奪的な野生ゴムの生産は急速にさびれ，アマゾンの活気は第二次世界大戦中に一時的に復活したのみで，その後は細々とゴムの採取が続いていた．アマゾンのゴムは，1988年12月にシャプリという町で天然ゴム採取労働者(セリンゲイロ)であるメンデス(C. Mendes)が暗殺されて再び世界の注目を集めた．メンデスはセリンゲイロの組合を組織して不法な地主と戦っていた．彼のユニークな点はゴム採取により生計を立てている人々の生活防衛を，アマゾンの自然環境を守る運動と結びつけた点にある[6]．天然ゴムを通じてゴムの世界は熱帯雨林，さらに広く全地球の環境問題と関連している．

1.2 ゴムの樹のオデッセイ －栽培ゴムの時代－

アマゾン川流域に自生していた Hevea brasiliensis は，今ではマレーシア，タイ，インドネシアなど東南アジアおよびスリランカやインドなど南アジアで栽培され，天然ゴムは東南アジア諸国の重要な輸出品となっている．Hevea 種のアマゾンからアジアへのスリルとサスペンスに満ちた長い旅オデッセイ[2]は，かつての大英帝国の植民地における農業政策（モノカルチャー）に基づいた Plant Introduction によるものである[7]．Hevea の "Plant Introduction" を計画したのは，当時の大英帝国の植民地支配の支柱であったイギリス東インド会社と，その支援を受けて研究活動を行っていた王立キュー植物園であった[2,7]．

1870年代に入って，東インド会社を管轄するインド省大臣となったマーカム卿（C. Markham）は，30歳のときに，アンデス高地から野生のキナノキを持ち出し，キュー植物園に持ち込んで苗木をセイロンとインドに送ってその栽培を成功させた人物である．つまり，Plant Introduction によって，マラリアの特効薬キニーネの大量生産の基礎を築いたのが彼であり，Hevea を次の候補に考えても不思議ではない．マーカム卿の依頼で植物学者コリンズ（J. Collins）は，ゴムを産出する数百種の植物のなかで Hevea が最良であるとする報告書を1872年にまとめ，そして Hevea の移植のために，種子の手配をしたのがウィッカム（H. A. Wickham）である．彼は絵が上手で，ゴムの樹や種子のスケッチをマーカム卿やキュー植物園長フーカー卿（J. D. Hooker）に送っていた．図1.2.1に，本多[8]による Hevea とその果実のスケッチを示した．Hevea の種子は寿命が約1カ月であり，ウィッカムは周到な準備を整えていた．1876年早春，ウィッカムはアマゾン川支流タパホス川とマディラ川に挟まれた地域で7万粒の Hevea の種子を集め，イギリスのアマゾナス号をチャーターして，サンタレンで1粒ずつバナナの葉に包まれた7万粒の Hevea の種子を積み込んだ．アマゾン川河口のパラ港にあるブラジル税関の目をくぐって「密輸」したというのは，話を面白くするための作り話とされているが，迅速に通過するためにウィッカムがきわどい駆け引きを行ったというのはありうることであろう．1876年6月14日，7

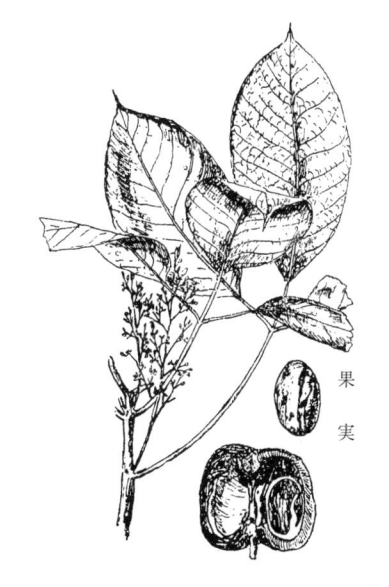

図 1.2.1　本多によるゴムの樹のスケッチ[8]

万粒の The Wickham Seeds がリバプール港に到着し,汽車に乗せられロンドン郊外のキュー植物園に運ばれた種子は直ちに播かれて,7月末には2625本が生き残った.約1900本の苗木がワーディアンケースに収められて,アジアへの船旅の途についた.航海中に約200本が枯れたが,セイロン島,シンガポール,ジャワ島に送られたもののなかで,セイロンとジャワのものは今も健在という.

シンガポールへは1877年さらに22本の苗木が送られ,Palm Valley に植えられ,そのうち9本はさらにペラ州のクアラ・カンサーに移植された.そのうちの1本は今もクアラ・カンサーに残されている.これらの The Wickham Trees をアジア地域に普及させた最大の功労者は,1888年にシンガポール植物園長として赴任してきたリドレー(H. N. Ridley)である.植物学者である彼は *Hevea* の栽培技術の改良に力を注ぐとともに,アジア各地のプランターに種子を送って *Hevea* の栽培を奨励し,今日の東南アジアの広大なゴム園の基礎ができた.またタッピング(ゴム樹の幹表面に切り傷をつけてラテックスを採取する技術)方法についても多くの研究を行い,ヘベア樹の生理的条件を阻害しない現行のタッピング法をほぼ完成させた人物である.

1.3 加硫の発明と加硫技術の発展

ゴムは加硫によってはじめてエラストマー(ゴム弾性材料)となる.したがって1939年のグッドイヤーによる加硫の発明(あるいは発見)以前のゴムの利用が微々たるものにとどまったことも,未加硫のゴムでは十分な用途が見いだせなかったことから理解できる.

グッドイヤーは科学的にも,また工業的にも重要な発展をなしとげたが,実用化に向けての才覚には欠けていたと思われる.実験のための費用の捻出に苦労を重ね,個人的にも貧困のうちに一生を終えている.後に述べるニューマチックタイヤの先駆者であるトムソン(R. W. Thomson)とはまた異なった意味での「不遇の天才」であった.

ゴム材料の急速な展開は,とくに英国人ハンコックの精力的な活動に負っている.ちなみにハンコックの加硫のイギリス特許は1844年である.ハンコックはゴム材料の素練りと混練りの技術の創始者であり,実験のための財政的援助を必要としていたグッドイヤーはイギリスにもサンプルを送り,そのひとつがハンコックの手に渡っていた.そのときハンコックはすでにゴムの加工と機械に関するいくつかの特許を取っており,1年以上かけて加硫の最適条件を研究し,「チェンジ(change)」と名づけて加硫の特許を取得した.その後,あるゴム工場の経営者から "change" よりも,もっといい呼称をと勧められ,古代ローマの火の神ヴァルカンから "vulcanization" が採用され,今も用いられている.ハンコックはさらにゴム製品について工業製品にとどまらず,スポーツ用品,医療用品などその後の100年間に現れたほとんどのものについてその可能性に言及しており,まさにゴム工業の父ともいうべき人物である.

1.3 加硫の発明と加硫技術の発展

グッドイヤーの行っていた加硫は，ゴム100 gに対して8 gの硫黄(8 phr)を加え，140℃で5時間を要したといわれている．フィラーとして酸化亜鉛(ZnO)を加えることにより，加硫時間は3時間に短縮された．ハンコックにより開発されたゴムにいろいろな試薬を混ぜ合わせる技術，つまりゴムの素練りに続く混練りによって，ゴムの

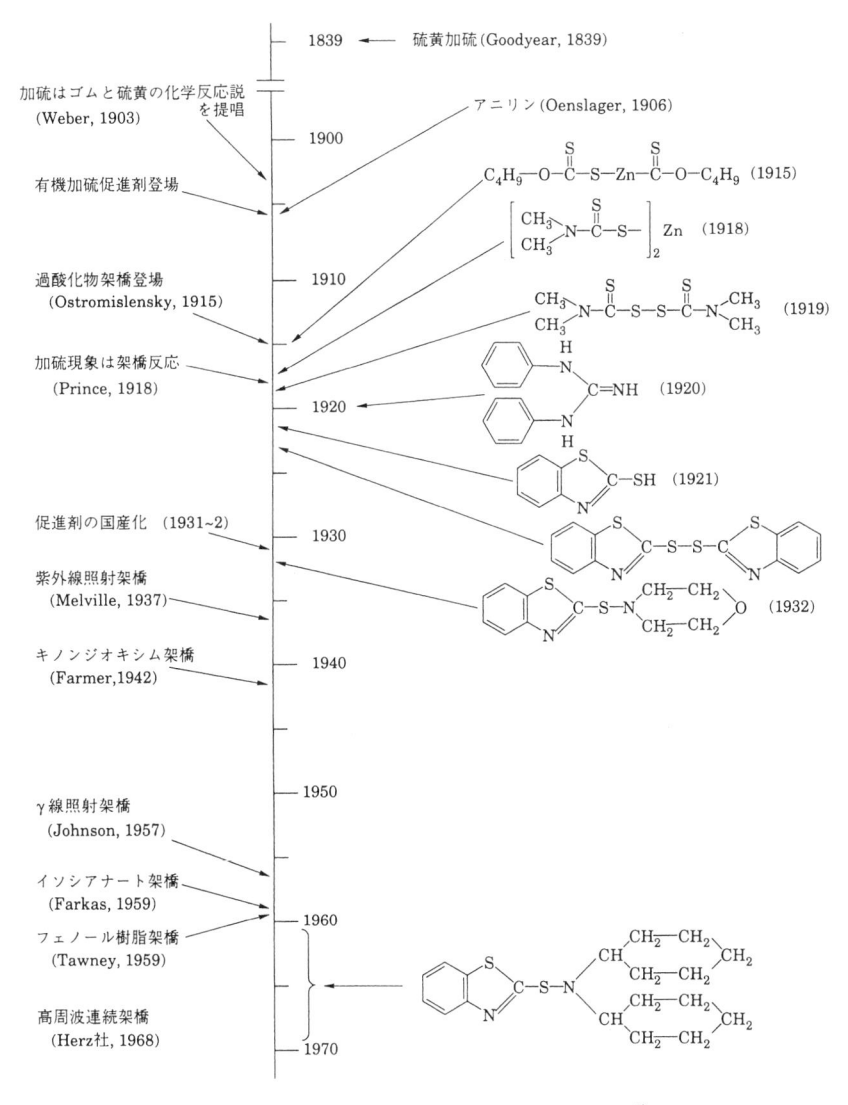

図 1.3.1 架橋技術の展開と有機加硫促進剤の変遷[9]

配合剤としてそれこそありとあらゆる試薬が検討された．加硫がゴムと硫黄との化学反応によるものとする考えが一般に受け入れられたのは，20世紀に入ってしばらくしてからである．化学反応はふつう溶液を用いてフラスコの中で起こるというイメージがあるから，これもやむをえないことである．今日，有機加硫促進剤として知られている有機化合物の利用は，オーエンスレーガー（G. Oenslager）によるアニリンの加硫促進作用の発見が大きな契機を与えた．有機加硫促進剤の変遷と，加硫を含めた架橋方法の展開は図1.3.1のように示すことができる[9]．現在では，硫黄とスルフェンアミド系加硫促進剤を用いて2～3分間で加硫を行うことが日常的に行われている．

1.4　ニューマチックタイヤの発明と自動車[10]

人類社会に対して，ニューマチックタイヤ以上のインパクトを与えた発明はそう多くはなく，現代社会は自動車と飛行機なしでは考えることが不可能である．そして自動車や飛行機はタイヤなしでは動くことができない．つい100年前までの船と鉄道，そして馬車に頼っていた交通機関と，現代のそれとの差は革命的といえるもので，現代を「交通社会」と呼ぶことは，「情報化社会」と呼ぶ以上に実情を表現しているように思われる．

さて，タイヤといえば現在ではニューマチックタイヤ（pneumatic tire）すなわち空気圧入タイヤのことであるが，元来は「車輪の外周部に装着されたバンド」を意味していた．人類は数千年あるいは数万年前に，転がり抵抗が滑り抵抗よりも小さいことを経験的に認識し，「ころ」を利用していた．これが発展して車輪の発明となり，さらに，おそらく木製であったであろう車輪を補強するものとして，環状のバンドが外周部に装着された．これがソリッドタイヤで，例えば鉄道用車輪のレールに接する部分には鋼鉄製の環がはめられており，これはソリッドタイヤの一種である．

レール上を走る車輪はともかく，一般路面を走る車にとってソリッドタイヤでは不十分であった．これが「必要は発明の母」の母であったが，ニューマチックタイヤには少なくとも2人の父親がいた．前述のトムソンとダンロップ（J. B. Dunlop）である[10]．

トムソンは1822年スコットランドのストーンヘブンに生まれ，牧師にという両親の望みを裏切って機械工学を独習し，町の発明家となった．ニューマチックタイヤに関するトムソンの最初の特許は1845年12月10日に出願されている．この発明に先立って，1830年か

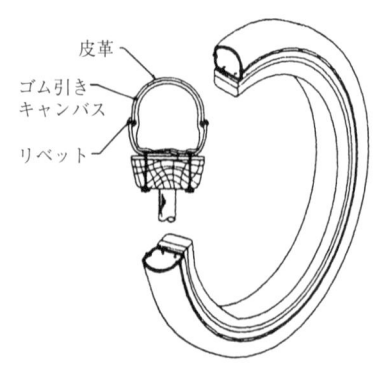

図1.4.1　トムソンが1845年に特許出願した「aerial wheel」

ら1840年にかけてグッドイヤーによる加硫の発見があることは先に述べた．図1.4.1にトムソンが"aerial wheel"と名づけ，ニューマチックタイヤの原形となったタイヤを示す[11]．ときにトムソンは24歳であった．彼はニューマチックタイヤの将来についてきわめて鋭い観察眼をもち，この出願後も死に至るまで改良に工夫をこらし続けた偉人である．

トムソンにとって不幸なことに，当時の重い車を引いていたのは馬であって，人間が汗を流して動かす自転車は現れていない．さらに，今もなお続いているたえず存在するパンクの可能性から要求される装着・脱着の容易さや，価格の点でも問題があった．こうしてニューマチックタイヤの真の発明者は，その工業化と彼の発明の革命的ともいえる社会へのインパクトを目にすることなく，1873年，52歳でこの世を去った．彼自身はニューマチックタイヤの将来にゆるぎない確信をもっていたと思われるだけに，「不遇の天才」と呼ぶにふさわしいエンジニアというべきであろう．

陽の目をみなかったトムソンのニューマチックタイヤは，彼の死の15年後ほんの100 km離れたところで再登場することになった．ニューマチックタイヤという用語はダンロップの命名によるもので，「実用的な」空気圧入タイヤの発明はダンロップに帰することができる．ダンロップを第2の父といってもよいもうひとつの理由は，彼がトムソンの特許に気づかず，全く独立にニューマチックタイヤの発明に至ったことである．

ダンロップもトムソンと同じスコットランドの生まれで，エジンバラ大学を卒業して，1859年，19歳で獣医として開業した．1867年ベルファストに移住し，獣医として名を成す一方で，交通機関にたえず関心をよせ，また医療用の器具などの製作経験から，ゴムについてもかなりの知識をもっていたようである．1887年空気圧入タイヤのアイデアを得て，10歳になる息子の三輪車用タイヤとして開発を行い，1888年6月に特許を申請している．

トムソンの場合と異なり，ダンロップの発明は社会に大きな影響をもつに至った．ダンロップよりもむしろトムソンの方が社会的に大きなインパクトを与えるであろうことを察知していたにもかかわらずである．このことは1880年から1890年，そして20世紀初頭に至る車社会の発達を抜きにしては理解できない．まず，1880年代にはbicycle（自転車）がヨーロッパと北アメリカで普及し，サイクリングの流行をみるまでになった．ゴムの街アクロンにゴム工場が現れたのもこの頃であり，タイヤ用として天然ゴムの消費量も増加の一途をたどり始めた．

さらに初期のスチームエンジンによる自動車が多くの失敗を重ねたのち，ドイツのダイムラー（G. Daimler）とベンツ（C. Benz）はガソリン自動車をスタートさせた．ダンロップの発明はこのような時代背景のなかで，とくに1890年に彼の特許が成立しないことが知れわたるに及んで社会的に大きな関心を呼び，ニューマチックタイヤに多くの技術者や実業家が参入してきた．タイヤ工業を現在のように世界的な一大工業に

まで育て上げたのは，もちろん自動車の普及と発達である．ニューマチックタイヤが自動車用タイヤとして最も将来性が大きいことを看破し，実用化の先鞭をつけたのはフランスのミシュラン兄弟（Edouard and Andre Michelin）である．彼らは1895年ボルドー–パリ間の自動車レースに，ニューマチックタイヤを装着した自動車で完走した．もっとも順位は完走した9人の最下位で，これは90マイルごとにパンクのためにタイヤを交換しなければならなかったからである．優勝者はこの結果から「ニューマチックタイヤは自動車用に受け入れられることはないであろう」と予測したが，ミシュラン兄弟はこれに屈することなく自動車用タイヤの生産に乗り出し，ダンロップおよびグッドイヤーがこれに続いて新しくタイヤ工業を確立していく．自動車の普及に伴って世界が短縮されるとともに，タイヤ工業は拡大してきたのである．

図1.4.2に，有名なミシュランの旅行ガイドブック1900年版の表紙を示す．自動車用クリンチャータイヤの断面図が表紙を飾っており，このガイドブックの10頁目にはプジョーの広告（図1.4.3）が掲載されている．ニューマチックタイヤを装着した車がすでに標準となっており，毎年催されるカーラリーが当時から自動車メーカーにとって販売促進の大きなテコであったことがうかがえる．

図 1.4.2　ミシュランガイドブック（赤本）1900年版の表紙

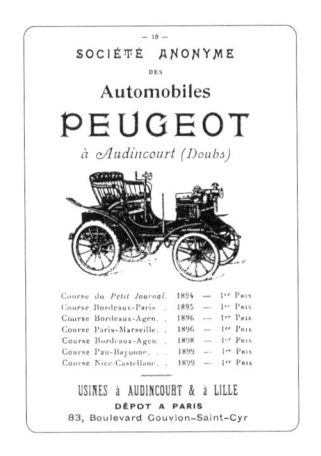

図 1.4.3　ミシュランガイドブック1900年版におけるプジョー自動車の広告

20世紀はタイヤを装着した自動車と航空機の時代であったが，この傾向は21世紀も続いていくことが予想される．未来の交通機関として検討されているリニアモーターカーもタイヤの装着なしに始動・停止ができるとは考えられていない．「ゴム」の社会的あるいは経済的重要性は当分の間変わることはないだろう．

1.5　合成ゴムの展開と補強性フィラー

　合成ゴムの登場に先立って，NRの化学構造の検討があったことは当然予想されるところである．早くも1860年，ウィリアムス(G. Williams)はNRの熱分解により得られた液体イソプレンを分離し，その後，ブシャート(G. Bouchardat)やチルデン(W. A. Tilden)などもイソプレンを得て，さらにこの加熱や酸触媒によってゴム状液体の生成を報告している．今世紀に入ってレベデフ(S. V. Lebedev)らによりブタジエン，ジメチルブタジエンの重合も報告されている．工業化された最初の例は，1910年，ハリエス(C. D. Harries)により，2,3-ジメチルブタジエンが金属ナトリウムにより重合することが報告され，バイエル社とBASF社がこれをもとにメチルゴムの生産を1914年に開始したものである．生産量は1918年までに2000トンを超えたといわれ，第一次世界大戦の敗戦によってドイツ皇帝の座を追われたウィルヘルム2世(K. Wilhelm, II)が，デンマークへの逃走に用いた乗用車はメチルゴム製のタイヤを装着していたといわれる．

　自動車の普及が進むとともに，タイヤひいてはゴムの需要も高まった．1904年，モート(S. C. Mote)はカーボンブラックの補強効果を認めたが，この発見はすぐには拡まらず，特許として公知されることもなかった．しかし，機械的特性がとくに要求されるタイヤを中心に，ゴム用補強フィラーとして次第にカーボンブラックが用いられるようになり，1920年にはタイヤは一定の信頼性を得るに至った．しかし価格の点ではまだ高価なもので，1920年のフォードT型車は500ドル，スペアを含めたタイヤの価格は137.25ドルであったから，実に4分の1以上をタイヤが占めていたことになる．また，ゴムの戦略物質としての重要性が誰の目にも明らかとなった状況下，合成ゴム登場の機は熟していたといえる．1920年代，アセチレンあるいはエタノールを原料とするブタジエンの合成法が確立して必要条件のひとつが満たされた．ドイツの化学会社連合体であるIG社は乳化重合の研究を開始して，ブナS(Buna S；ブタジエンとスチレンの共重合体，SBR)の開発に乗り出し，旧ソ連はレベデフの研究にもとづいて1930年にはブタジエンゴム(SKB)の生産を開始し，同じく1930年には，アメリカンスタンダード石油会社がIG社と共同で合成ゴム開発をスタートさせている．

　こうして1930年代には続々と合成ゴムが現れることになり，デュポン社のカロサーズ(W. H. Carothers)はクロロプレンゴム(CR)の合成に成功し，1932年デュプレン(Duprene)として市販された(のちにネオプレンと改称)．IG社のブナSとブナN(ブタジエンとアクリロニトリルの共重合体，NBR)は1934年に工業的生産が始まり，ブナSよりつくられたタイヤの走行試験にも成功して，第二次世界大戦中には年産11万トンに達している．乳化重合の技術も多くの改良が加えられ，ドイツの敗戦後その技術はアメリカと旧ソ連に接収されたといわれている．第二次世界大戦が始まり，アメ

リカは国防政策の一環として合成ゴム生産を計画し，Government Rubber(GR)として GR-S(SBR)，GR-A(NBR)，GR-I(イソブチレンとイソプレンの共重合体，IIR)の大量生産に乗り出した．ここで IIR はスタンダード石油会社の開発になり，スパークス (T. Sparks)らが 1937 年に合成したものである．1945 年の GR-S の生産量は 72 万トンに達している．

一方，日本における合成ゴムの工業的生産はドイツ，アメリカに比べて著しく遅れた．大東亜共栄圏の名のもとに，マレー，インドネシア，タイ，仏領インドネシアなどの NR に頼ることができたという政治的・経済的理由もあったのであろう．1936 年には帝国発明協会が合成ゴム懸賞募集を開始し，1938 年に商工省は「合成ゴム工業確立十カ年計画」を発表したが，結果として敗戦までの約 7 年間の合成ゴム(SBR, NBR，CR)生産量は約 600 トンにとどまったと推定されている[12]．

国策として推進されたアメリカの合成ゴム開発の成果については，自由競争を排したために進歩が遅れたとする否定的意見がある[13]．しかし，戦争といういわば非常事態的条件下での研究開発であること，また第二次世界大戦終了後，半世紀をへた今も SBR が合成ゴムの首位の座にあることを考えると，GR の果たした役割はきわめて大きいというべきであろう．

第二次世界大戦後 50 年間は合成ゴムの時代といえるが，ここでは主な潮流として三点をあげておこう．その第 1 は，GR の延長線上にある乳化重合法による合成ゴムの成長と乳化重合技術の成熟である．まず，レドックス系開始剤による室温以下での重合が可能となり，いわゆるホットラバーからコールドラバーへの転換があった．乳化重合 SBR(E-SBR)製造の技術的完成度はきわめて高く，プロセスはこの 30 年間本質的に変化していない．第 2 は，チーグラー-ナッタ触媒の発展に伴う立体規則性ゴム，いわゆるステレオラバーの出現である．グッドリッチ-ガルフ社(1954 年)，グッドイヤー社(1955 年)，ファイアーストーン社(1956 年，ただし触媒はアルキルリチウム)と相ついでシス-ポリイソプレンの合成法が発表され，これらは 1962 年に工業的生産が開始された．一方，シス-ポリブタジエンは 1956 年にフィリップス社，1957 年にグッドリッチ-ガルフ社が開発し，1960 年代に入って実用化された．シス-1,4 が 99％に達するものが合成されており，また，通常のビニル型重合による 1,2-構造でも高度に立体規則性のものが得られている．ブタジエンモノマーを原料としてミクロ構造の違いにより，結果としてゴムのみならず多種のポリマーが合成されていることになり，近年の重合技術の大きな成果といえるであろう．

シス-1,4-ポリイソプレン(IR)が工業化されて合成天然ゴムとも呼ばれているが，グリーン強度その他の特性の点で NR にはまだ及ばない．現代の分析技術をもってしても 100％とされる NR のシス-1,4 含有率が物性上の差の原因であるかどうか，天然高分子の提起している謎のひとつとして，これからの課題であろう．溶液重合 SBR (S-SBR)は，フィリップス社とファイヤーストーン社が 1964 年にリチウム系開始剤

を用いて工業化したものが初めてである．溶液重合プロセスはブタジエンゴム(BR)が先行していたが，低燃費・高スキッド抵抗タイヤの開発などの必要性から，トレッドゴムとしての各種S-SBRが工業化されつつあり，溶液重合プロセスが乳化重合に迫る成長をとげたといえる．

第3は，チーグラー-ナッタ触媒が一貫してターゲットとしてきたエチレンとプロピレンからのゴムである．1958年に，イタリアのモンテカチニ社はエチレンプロピレン共重合ゴム(C23ゴム，EPR)を発表し，1961年にはエッソ社も工業生産を開始した．EPRへの二重結合の導入が検討され，1957年イギリスのダンロップ社からジシンクロペンタジエンとの三元共重体(EPDM)の特許が出願され，さらにエチリデンノルボルネン(ENB)と1,4-ヘキサジエンを第3コモノマーとしたEPDMが工業化されている．

以上のような合成ゴムの展開を支えたのは，補強性フィラーとしてのカーボンブラックの利用である[14]．石炭，天然ガス，石油など燃焼生成物であるカーボンブラックは，初期には顔料として用いられていた．先に述べたゴムの補強効果が見いだされ，さらに合成ゴムの多くが実用上必要な物性を示すために補強を必要とすることが明らかとなって，種々の合成ゴムの開発はカーボンブラックを利用することが前提となって進められてきたというのが実情である．

1892年天然ガスを原料にチャンネル法カーボンブラックの製造が始まり，1920年にはサーマル法カーボンも工業化された．しかし各種合成ゴムに最も適したカーボンは，第二次世界大戦中にスタートしたファーネス法，とくに重油を原料とするオイルファーネス法によるカーボンブラックである．タイヤといえば真っ黒い製品の代名詞となっているのも，ゴムの40％から70％におよぶカーボンブラックを配合しているからである．シリカを中心とした白色系フィラーの研究も盛んであるから，緑色や赤色のタイヤが現れるのもそう遠くないかもしれないが，カーボンブラックの配合が合成ゴムの多くを天然ゴムに匹敵するものとしている影武者であることも忘れてはならない．

1.6　熱可塑性エラストマーの出現と発展

熱可塑性エラストマー(thermoplastic elastomer：TPE)とは，「高温で可塑化されてプラスチックと同様に成形でき，常温ではゴム弾性体(エラストマー)の性質を示す高分子材料」である[15]．高温で可塑性を示す必要性から，加硫など共有結合による架橋構造をもつことはできない．しかし，常温でエラストマーとなるためには架橋に代わる何らかの仕掛けが必要である．その秘密は実はミクロ相分離構造と呼ばれる高分子特有の相分離現象であることが，ここ30年の研究で明らかになった[16]．科学的な秘密の解明に先立って，技術者が多くのTPEを実用化してきたことは，「科学の前に技

術があった」ことを物語っている．

　TPEの「革新性」は架橋反応なしにエラストマー（ゴム弾性体）として用いうることである．グッドイヤーの発明以後100年以上にわたってゴムの科学と技術の世界で最も重要であった加硫あるいは架橋技術を不要としたのであるから，正しくパラダイムの転換の一例といえる．TPEのルーツとしては，ドイツのバイエル社が1930年代から手がけてきたポリウレタン（PU）[16,17]，およびレッジ（N. R. Legge）が指摘している[16,18]可塑化ポリ塩化ビニル（PVC）とゴム（主としてニトリルゴム）とのブレンドをあげることができる．その後，PU系のスパンデックスやアオイノマーと呼ばれるイオン性TPEが現れたが，ゴムの科学と技術に最も大きなインパクトを与えたのは1965年アメリカのシェル社によるSBS（ポリスチレン-ポリブタジエン-ポリスチレンよりなるトリブロックポリマー）の発表である[16,19]．商品名クレイトン（Kraton）として市場に現れたSBSは，30年を超えて今もベストセラーとしてTPEの世界でトップの位置を守っている．

　現在では，PU系，PVC系，SBSに代表されるポリスチレン系のほかに，ポリエステル系，ポリアミド系，ポリオレフィン系など多種のTPEが工業的に生産されている．TPEとしての共通点は，架橋の働きをするドメイン形成を担うハードセグメントと，マトリックス（連続相）となるソフトセグメントがミクロに相分離することで，ソフトとハードの組合せを考えることによって，今も活発な研究が続けられている[20]．

　最も新しいゴムといえるTPEの世界で，将来に向けて注目されているのは動的架橋体である[21,22]．架橋を不要としたはずのTPEに架橋反応を持ち込むという，まさにパラダイムの再転換というべき口火を切ったのはコラン（A. Y. Coran）である[23]．以後，動的架橋型TPEの開発研究は，ゴム関連企業のみならず多くの企業で活発に推進されており，すでに工業化された例も少なくない．加硫の発明以来，ゴムはやはり架橋とは切っても切れない関係を保ちながら，21世紀に向かっているといえる．

〔鞠谷信三〕

文　献

1) 鞠谷信三：ゴム材料学序論，日本バルカー工業（1995）．
2) Schultes, R. E.：*Endeavour, News Series*, **1**(3/4), 133（1997）．
3) 石田英一郎：マヤ文明（中公新書127），中央公論社（1997）．
4) Wilson, S. M.：Natural History, p.44, December, 1991.
5) トリストラム, F. 著，喜多迅鷹，デルマス柚紀子訳：地球を測った男たち，リブロポート（1983）．
6) レヴキン, A. 著，矢沢聖子訳：熱帯雨林の死－シコ・メンデスとアマゾンの闘い－，早川書房（1992）．
7) ブロックウェイ, R. 著，小出五郎訳：グリーンウェポン－植物資源による世界制覇－，社会思想社（1983）．
8) 本多静六：本多造林学，各論第7護譲樹編，三浦書房（1925）．
9) 日本ゴム協会編：ゴム工業便覧（第4版），p.64，日本ゴム協会（1994）．
10) Anon：*Eur. Rubber J.*, **171**(8), 44（1989）．

11) 文献1)，第8章.
12) 神原　周：ゴム技術の十年，p.105，日本ゴム協会 (1949).
13) Morris, P. J. T.：The American Synthetic Rubber Research Program, Univ. Pennsylvana Press (1978).
14) 文献9)，pp.491-509
15) 大柳　康，鞠谷信三編著：熱可塑性エラストマーの新展開，工業調査会 (1993).
16) 文献1)，第7章.
17) 鞠谷信三，池田裕子：新素材，**7**(2), 41 (1996) および **7**(4), 28 (1996).
18) Legge, N. R.：*Rubber Chem. Technol.*, **62**, 529 (1989).
19) 鞠谷信三：日ゴム協誌，**68**, 3 (1995).
20) 池田裕子：高分子，**45**, 136 (1996).
21) 鞠谷信三：材料，**39**, 1173 (1990).
22) 菊池　裕，岡田哲雄，井上　隆：日ゴム協誌，**64**, 540 (1991).
23) Coran, A. Y. and Patel, R.：*Rubber Chem. Technol.*, **53**, 141 (1980).

世界のゴム関連学協会と研究所

　ゴムの科学技術に関する研究は，本書からわかるように広範囲にわたっているので，ゴムの研究所というかたちでまとめるのは困難である．例えば，日本を例にとると，ゴム産業の年間売上げは約3兆5000億円，4人以上の事業所は約5200，従業員数は約16万人(1998年)とされ，この数値は日本の全産業の約1.3～5％にもなる．日本ではゴムの研究は大企業中心に行われており，大学，官公庁での研究者は少ないし，中立のゴムの研究所と呼べるものは存在していない．

　世界をみると，表1に示したように年間の新ゴム消費量は1700万トン近い莫大な量で，そのうち合成ゴムが約1000万トン，残りが天然ゴムである．表では，量の多い6番目までをあげたが，これら上位の国には当然多くの科学技術者がいる．具体的には，表2に世界各国のゴム関連の学協会とその設立年，会員数をあげた．ただし，ロシア，中国などは情報が入手できていないので不明である．また，表3のように世界の主要合成ゴムメーカーとタイヤおよびゴム製品メーカーをみれば，個々の企業で数百人オーダーの研究部門をもっていることは確かである．これらの研究機関での研究成果は主に特許や製品となって出てくることが多い．一部は，各国の学協会で発表されたり，国際ゴム技術会議(International

表1 1998年の世界のゴムの需給状況(単位：万トン)

新ゴム消費量 (1660)		合成ゴム生産量 (1010)		天然ゴム生産量 (663)	
アメリカ	350	アメリカ	261	タイ	220
中国	186	日本	152	インドネシア	174
日本	182	ロシア	69	マレーシア	89
ドイツ	78	フランス	61	インド	56
インド	74	中国	59	中国	45
フランス	67	ドイツ	58	ベトナム	22

表2　世界各国のゴム関連の学協会

学協会の名称	設立年	会員数(1998年)
アメリカ化学会ゴム部門	1909	4815
日本ゴム協会	1928	2500
インドゴム協会	1987	2000
ドイツゴム協会	1926	1350
フランスゴム・プラスチック協会	1931	800
韓国ゴム協会	1966	562

表3　世界の主要ゴム関連企業

主要合成ゴムメーカーと年間生産能力(万トン，1998年)		主要タイヤおよびゴム製品メーカー
バイエル／ポリサー(独)	97	グッドイヤー／住友ゴム(米)
グッドイヤー(米)	71	ブリヂストン／ファイアーストーン(日)
エニケム・エラストマー(伊)	64	ミシュラン(仏)
エクソンケミカル(米)	55	横浜ゴム(日)
JSR(日)	55	コンチネンタル(独)
日本ゼオン(日)	43	ピレリー(伊)

Rubber Conference：IRC)で発表されている．

　とくにIRCは，1938年にイギリスのゴム工業協会(The Institute of Rubber Industry)がロンドンで第1回目を開催してから続けられ，世界各国で開催されている．日本には，1975年(東京)，1985年(京都)，1995年(神戸)とほぼ10年ごとに回ってきた．1996年までは年1回であったが，各国から開催の要望が強く，1997年からは年2回となった．例えば，1998年はパリとチェンナイ(インド)，1999年はソウルとオーランド(アメリカ)，2000年はメルボルンとヘルシンキなどである．会議の規模はいろいろであるが，参加者は400〜800名，参加国は20〜40カ国，発表件数は140〜200件である．ゴム科学技術に関する展示会が併設されることが多く，だいたい60社くらいが展示を行い，参加者は1000〜3000名にもなる．

　上記をふまえたうえで，表4に公表されている世界の中立または政府系ゴム研究所の例を示した．ここでも中国のデータは抜けている．また，アメリカは企業での研究が主体であるが，アメリカのゴム産業発祥地であるオハイオ州のアクロン市には州立のアクロン大学があり，同大学の高分子理工学部ではかなりのスタッフがゴム関連の研究開発を行っている．そういう意味では，日本にゴムの研究所と呼べるものが存在しないのは奇異な感じがする．　　　　〔西　敏夫〕

表4　公表されている世界の中立・政府系ゴム研究所の例

マレーシアゴム研究所，約1700名(Ph. D. 69名，作業者614名)
フランス CIRAD，約350名(科学者220名)
イギリス RAPRA Technology LTD，約170名
ロシアゴム・ラテックス製品研究所，約100名
インドネシアゴム研究所，約60名(Ph. D. 3名)
ドイツゴム技術研究所，約45名(うち大卒22名)

2. ゴムの科学

2.1 総論

　ゴム(天然ゴム)は1000年以上昔から南米のインディアンの間で知られており，ゴムからつくったボールによる競技が行われていた．ゴムがヨーロッパ文明社会に知られるようになったのは，コロンブスが2回目のアメリカ大陸遠征を行ったときにハイチ島でそのゴムボールを見てからである(1493年)．いわゆる天然ゴムを産出する主な植物には，ヘベア類(*Hevea*；東南アジア，アフリカ，メキシコ，アマゾン流域)，サギス類(*Saghyz*；ロシア)，グアユール類(*Guayule*；メキシコ)，クリプトステジア類(*Cryptostegia*；マダガスカル)など多くの種類が知られているが，現在の天然ゴムの主要供給源は，東南アジアのヘベア・ブラジリエンシス(*Hevea brasiliensis*)である．

　メキシコインディアンは，ゴムの木をウルと呼び，ゴム製品をウレイと呼んでいた．南米のインディアンはゴムの木をヘベと呼んだが，カオチュ(涙を流す木の意味)とも呼ばれていた．フランスやドイツでは，今でもカオチュク(cautchouc(仏)，Kautschuk(独))という言葉を使っている．ラバー(rubber)という名称は，粘着性の弾性物質に対して，酸素を発見したイギリスのプリーストリーがつけた(1770年)．これでこする(rub)と，鉛筆で書いた字が消せたからである．日本でゴムと呼んでいる物質は，ラバー，カオチュクに対応するもので，オランダ語のgomからきており，漢字では護謨と書き，天然ゴム，合成ゴムなどが含まれる．学術的には，ゴムに対応する英語，仏語，独語はそれぞれ，gum，gomme，Gummiで，狭い意味では，植物から分泌されるアラビアゴム，トラガントゴム(gum traganth)などの粘着性の高分子多糖類を指し，広い意味では植物の根や果実に蓄積されるマンナン，グルコマンナン，海藻に含まれるカラギーナン(carrageenan)，バクテリア類が生産するカードラン(cardlan)，ザンサンガム(xanthan gum)なども含まれる．これらは水に溶けて粘稠なコロイド溶液やゲルになる．身近なものではアイスクリーム，ジャムの添加物，糊，インク，水彩絵具の添加物などに使われ，本書で扱うゴムとは別物である．

　天然ゴムはそのままでは粘着性があるので用途が限られていた．しかし，1839年にアメリカのグッドイヤーがゴムに硫黄を加えて加熱する加硫を発明してから状況は一変した．加硫によりゴムが生活用品，工業用品として使用可能になり，その後の自

動車工業の発展に伴って重要な物質に大変身した．19世紀のゴムの主な供給地は，野生のヘベア・ブラジリエンシスがあるブラジル，中央アメリカ，アフリカ西海岸，マダガスカルのみであった．ブラジル政府は，ゴムの種子や苗木の輸出を禁止していたが，1876年にイギリスのウィッカムは7万個のゴムの木の種子をバナナの葉で隠して密輸し，ロンドン郊外のキュー植物園で発芽させた．生き残った1900本の苗木が19世紀末にマラヤでゴム農園を始めるのに使われた．ゴム農園の初年度の生産量は4トンで，1900年に野生のゴムの樹から得られた約5万トンに比較するとごくわずかである．しかし，野生のゴムの樹は乱獲，ウイルス病などのため減少を続けたが，ゴム農園からの生産量は増加を続けた．現在の世界の天然ゴム生産量は年間660万トン程度で，毎年数％ずつ増加している．大部分は，タイ，インドネシア，マレーシアなどの東南アジアで生産され，本家の南米での生産量は10％にも満たない．ヘベア樹も品種改良やクローニング，生物工学などによりゴムを含むラテックスの生産性が向上し，野生種より10倍近い収量のものも現れている．

ファラデーは，1826年に天然ゴムの炭素と水素の割合を分析して，C_5H_8の実験式で書ける炭化水素であることを示した．また，熱分解すると，イソプレンが生じ，その骨格構造は，$C=C(C)-C=C$であることもわかった．20世紀に入って，天然ゴムの合成，ゴム状物質の合成がエジソンをはじめ多くの人たちにより試みられたが，ほとんどは失敗に終わった．工業的規模で合成ゴムが登場したのは，1930年代に入ってからで，しかも天然ゴムとは化学的に異なるスチレン-ブタジエン共重合ゴム(SBR)であった．合成ゴムの研究開発が本格化したのは，第二次世界大戦で日本がマレー半島に進出し，連合国側への天然ゴムの供給が問題となってからである．天然ゴムとほぼ同じ構造のシス-1,4ポリイソプレンが合成されたのは，1955年になってからである．現在は，要求特性に応じて非常に多くの種類の合成ゴムが生産され，全世界では年間1000万トンほどにもなっている．日本のゴムの年間消費量は約180万トンで，日本のゴム産業の年間生産額は約3.5兆円，従業員数は約15万人である[1~3]．

2.1.1 ゴムの基礎

よく考えてみると，ゴムは身近な素材のなかでは大変奇妙な物質である．例えば，最大の特徴として，次の点があげられる．

① 可逆的な大変形(〜1000％)が可能である．
② 弾性率がきわめて低く，金属やガラスに比較すると，10万分の1くらいのオーダーである．

図2.1.1に，架橋したゴムのひずみ-応力曲線の例を示す．これより，もとの長さの何倍にも容易に変形するが，ある程度以上伸ばそうとすると急に応力が上昇し，伸びにくくなることがわかる．これは，分子の変形には限度があることを意味している．また，表2.1.1には身近な物質の硬さに対応する弾性率(応力/ひずみ)のオーダーを

示した．これより，ゴムは他の物質よりもきわめて柔らかく，変形しやすいことがわかる．これらの奇妙な性質を解明し，ゴムを合成するために19世紀以降多くの著名な科学者がゴムを研究対象にしてきた．そのなかには，物理学者では，ジュール，ケルヴィン，ファラデー，マクスウェルからはじまり，クーン，久保亮五[4]ら，化学者ではカロザース，スタウディンガー，フローリー[5]からはじまり，ナッタ，古川淳二らがいる．その結果として明らかになったのは，ゴムの性質を示すためには，

③ ゴムを構成する分子は，単一モノマーまたは何種類かのモノマーが重合した鎖状高分子であること
④ それらの分子は，室温またはゴムの性質を示す温度域では十分活発に分子運動（ミクロブラウン運動）していること
⑤ 鎖状高分子間には，ところどころ架橋が存在し，分子のネットワークが生じていること

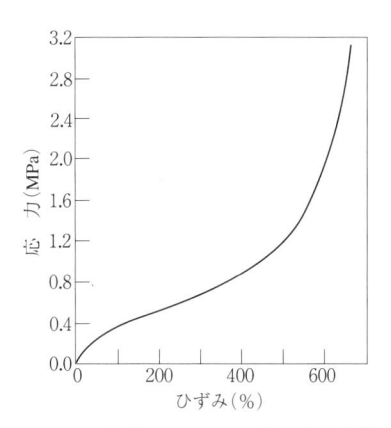

が必要十分条件であることがわかった．逆にいえば，③〜⑤の条件を満足する分子を設計すれば，天然ゴム以外にもいろいろなゴムができることになる．実際，ゴムとい

図 2.1.1　架橋したゴムのひずみ-応力曲線の例

表 2.1.1　物質の弾性率のオーダー

物質名	弾性率(MPa)
天然ゴム	0.3〜1.5
ポリエチレン	100〜900
ポリスチレン	〜3000
ガラス	〜6×10^4
アルミニウム	〜7×10^4
スチール	〜2×10^5

表 2.1.2　各種ゴムのガラス転移点 T_g と融点 T_m

ゴムの種類	T_g(℃)	T_m(℃)	備考
天然ゴム	−68〜−74	〜13	結晶化最適温度≅−25℃
イソプレンゴム(合成)	−68〜−74	〜6	T_g, T_m ともにシス含量で変化
スチレン-ブタジエンゴム	−44〜−57	−	T_g は結合スチレン量で変化
ブタジエンゴム	−95〜−102	〜1	T_m はシス含量で変化
クロロプレンゴム	−45〜−50	〜42	結晶化最適温度≅−10℃
ブチルゴム	−63〜−75	〜55	
エチレン-プロピレンゴム	−40〜−60	−	T_g, T_m ともにエチレンモル分率で変化
エチレン-酢ビ共重合ゴム	〜−30	−	T_g は酢酸ビニル含量で変化
クロロスルホン化ポリエチレン	〜−34	−	
ニトリルゴム	−10〜−56	−	T_g は結合ニトリル量で変化
アクリルゴム	0〜−30	−	
ウレタンゴム	−30〜−60	−	
シリコーンゴム	−112〜−132	−	
1,2-ポリブタジエン (1,2結合90〜92%)	−25〜−30	75〜80	

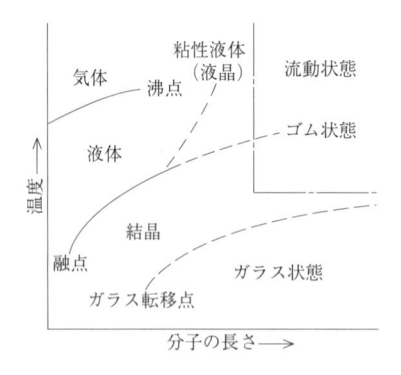

図 2.1.2 分子の長さと温度による材料の状態図モデル[6)]

うのは，③〜⑤を満足する状態なのであり，天然ゴムでも十分低温にして④の条件を満たせなくすると，ガラス状になり，たたけばガラスのように粉々になってしまう．表2.1.2に各種ゴムのガラス転移点 T_g を示すが，これらのゴムをゴムとして使用する際は，T_g 以上の温度を想定しなければならない．また，分子の長さと温度によりその物質がとりうる状態を模式的に示すと図2.1.2のようになり，ゴム状態をとりうる③，④の条件の位置づけができる．

2.1.2 ゴムの化学

天然ゴムを構成するモノマーはイソプレンであるが，それを重合させ高分子化するといろいろなものができる．図2.1.3に，イソプレンの重合でできうる種々の主鎖構

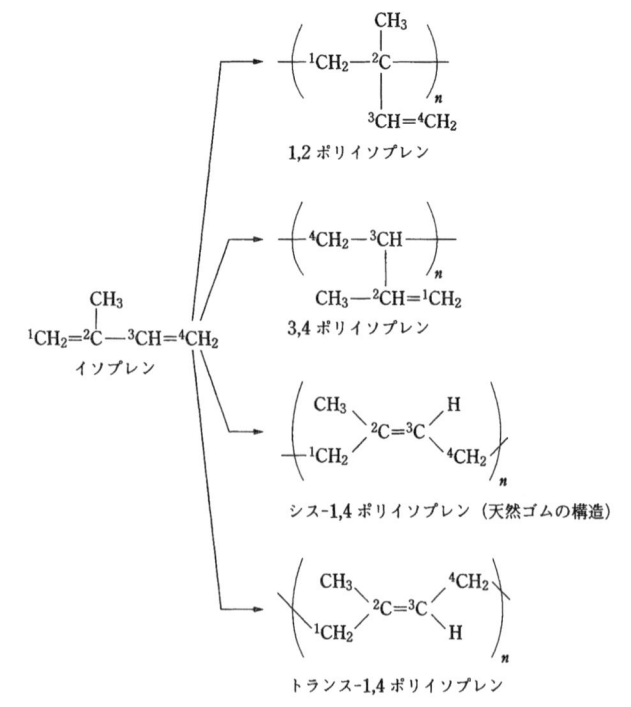

図 2.1.3 イソプレンの重合でできる種々の主鎖構造

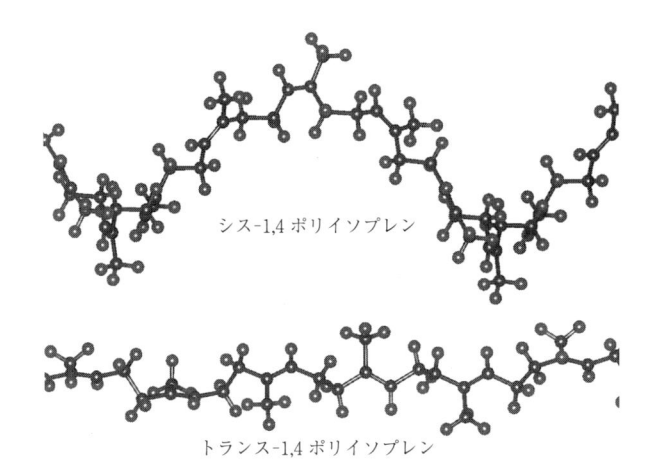

図 2.1.4 シスとトランス-1,4 ポリイソプレンの分子鎖モデル[3]

造を示す.図ではイソプレンの炭素原子に左から1〜4の番号をつけ,どの炭素のところで反応したか,モノマーの立体構造を考え,立体化学的にどう違うかを整理してある.これらのうち,天然ゴムに対応するのはシス-1,4 ポリイソプレンである.その分子の一部をコンピュータグラフィックス(CG)で示したのが図 2.1.4 である.かなり複雑な形をしており,このような長い分子が活発に分子運動しているのである.図 2.1.4 にはトランス-1,4 ポリイソプレンの CG も示したが,これはかなり規則的で,実際この分子は室温では結晶化してしまい,ゴムではなくプラスチックである.天然にも存在し,バラタまたはグッタペルカと呼ばれている.天然ゴムは,シス-1,4 結合がほぼ100 %であるが,合成したものは98 %くらいまではいくが,それ以上は今後の課題になっている.

厳密には,これ以外にもゴムの化学を考えた場合,図 2.1.5 に示すように立体規則性,頭-尾結合,分子量分布などの問題があり,これらをいかに精密に制御できるか

高分子の構造 ─┬─ モノマーの一次構造(異性体〔立体異性,構造異性など〕)
　　　　　　　├─ ポリマーの一次構造(連鎖形式〔頭-尾,頭-頭結合など,立体規則性など〕)
　　　　　　　├─ 分子量と分子量分布,分岐,末端構造,共重合形式(交互,ランダム,ブロック,グラフトなど)
　　　　　　　├─ 二次構造(回転異性体,ヘリックス構造など)
　　　　　　　└─ 高次構造(結晶,液晶,非晶構造など,単結晶,結晶,ミクロ相分離構造,網目構造,表面・界面の構造など)

図 2.1.5 高分子の構造の分類[6]

がゴムの合成化学の目標になる．具体的には2.2節を参照されたい．

2.1.3 ゴムの物性

ゴムの物性の代表はゴム弾性であるが，物理的にいえば，いわゆる力学物性である．それをゴムの特徴を入れて整理すると図2.1.6のようになる．このうち，静特性はいわゆる平衡状態としてほぼ扱えるが，動特性は非平衡状態として扱う必要がある．とくに，ゴムの重要な特性として，今まで述べてこなかった粘弾性は，実用的問題にも深く関係している．さらに最近ではゴム材料の力学物性だけでなく，他の物性にも着目した研究開発が盛んになってきている．それらをまとめると表2.1.3のようになる．この場合は，物理・化学・生物学的な面から総合的に研究する必要がある．

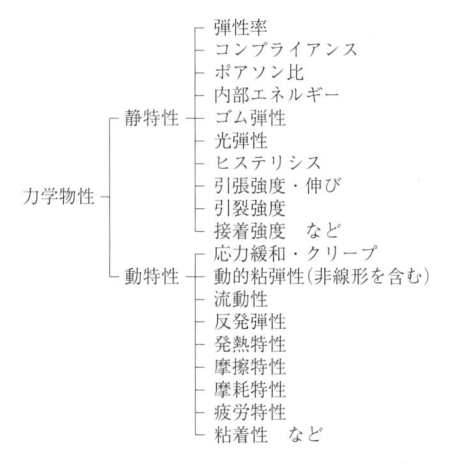

```
            ┌ 静特性 ┬ 弾性率
            │        ├ コンプライアンス
            │        ├ ポアソン比
            │        ├ 内部エネルギー
            │        ├ ゴム弾性
            │        ├ 光弾性
            │        ├ ヒステリシス
            │        ├ 引張強度・伸び
            │        ├ 引裂強度
力学物性 ┤        └ 接着強度  など
            │
            └ 動特性 ┬ 応力緩和・クリープ
                     ├ 動的粘弾性(非線形を含む)
                     ├ 流動性
                     ├ 反発弾性
                     ├ 発熱特性
                     ├ 摩擦特性
                     ├ 摩耗特性
                     ├ 疲労特性
                     └ 粘着性  など
```

図2.1.6 ゴム材料の力学物性の具体例[6]

おわりに

ゴムの科学は今まで述べてきたように，高分子化学のなかでも古い歴史をもち，現在も発展を続けている科学である．最近の具体的な話題では，阪神・淡路大震災以降脚光を浴びた建造物を地震から守る免震ゴムや，タイヤの転がり抵抗を小さくすると同時に雨天時のスリップもしにくいシリカ配合ゴム，物理的な架橋により射出成形可能な熱可塑性エラストマーなどがある．ゴムは，ゴム単体で用いられることは少なく，充てん剤，繊維などと複合されて利用されることが多く，そのための科学も必要である．例えば，原料ゴム，配合，複合，加工，物性，分析，設計，製品さらには環境，リサイクルなどである．

科学の本質には，現象をよく観察し，その原理を見いだし，次にその原理を活用して今まで存在しなかった物やシステムをつくりあげるという面がある．ゴムの科学は

表 2.1.3 ゴム材料の主な物性の例[7]

a. 力学物性
   弾性率，粘弾性，強度，衝撃強度，疲労，摩擦・摩耗，接着など
b. 熱特性
   耐熱性，熱変形温度，耐寒性，熱分解温度，燃焼性，熱膨張など
c. 化学および物理化学特性
   耐油・耐薬品性，環境応力き裂，吸湿性，耐水性，ガスバリヤー性，選択透過性，浸出・移行性など
d. 電気・電子物性
   誘電性，絶縁性，導電性，帯電性，強誘電性など
e. 光学物性
   透明性，屈折率，複屈折性，非線形光学特性，光導電性など
f. 表面・界面物性
g. 耐劣化性
   耐候性，耐放射線性など
h. 生物学的特性
   抗血栓性，耐菌性，生物分解性など

その点でも大変成功している例のひとつである．また，最近ではゴム，ゲル，液晶，ミセル，エマルション，サスペンションなどをソフトマテリアルという概念で扱うソフトマテリアルの科学が発展してきている．20世紀は，金属，半導体，セラミックスなどのハードマテリアルの時代であったのに対し，21世紀はポリマーを含めたソフトマテリアルの時代[8]という見方もあり，今後の発展がおおいに期待される．

〔西　敏夫〕

文　献

1) 日本ゴム協会編：ゴム工業便覧(第4版)，日本ゴム協会 (1994).
2) 中川鶴太郎：ゴム物語，大月書店 (1984).
3) 西　敏夫：化学と教育，**43**, 566 (1995).
4) 久保亮五：ゴム弾性(初版復刻版)，裳華房 (1996).
5) フローリー, P.J., 岡，金丸訳：高分子化学，丸善 (1955).
6) 長谷川正木，西　敏夫：高分子基礎科学，昭晃堂 (1991).
7) 西　敏夫：日ゴム協誌，**62**, 527 (1989).
8) de Gennes, P.-G. and Badoz, J.：Fragile Objects ; Soft Matter, Hard Science and the Thrill of Discovery, Copernics, Springer-Verlag, **62**, 527 (1996), 西成勝好，大江秀房訳：科学は冒険！，講談社 (1999).

2.2 ゴムの化学

2.2.1 天然ゴム

天然ゴム(natural rubber：NR)とは植物から採取できるゴムであり，約2000種存在

するといわれている．そのなかでも，現在，工業用原料として使用されているのは，ヘベア・ブラジリエンシス(*Hevea Brasiliensis*)より採取したものである．さまざまな合成ゴムが製造可能となった現在においても，NRは機械的強度，耐摩耗性，動的特性などに優れていることから，航空機や大型自動車用タイヤおよび防振ゴムとして重要な役割を果たしており，新ゴム消費量の3分の1以上を占めている．

タッピングというゴムの樹の表皮に傷をつけることによって，1回1本当たり約100～200 mlのゴムのラテックスが採取できる[1]．タッピングは早朝に開始され，午前中にはカップに溜まったラテックスが回収される．樹の生育を妨げないために，一般に，半周の場合は隔日，全周の場合は4日ごとに行われる．ラテックスとは，しょう液を分散媒とし，ゴム炭化水素やタンパク質などの微粒子などを分散質とするコロイドゾルである．電気的に負に帯電しており，新鮮なラテックスのpHは6.8～7.0である．NRラテックスの組成の一例を表2.2.1に示す．一般にラテックスには，アンモニアなどのアルカリが安定剤として加えられて，pH 9～10で保存される．ラテックスにギ酸や硫酸などの酸が加えられて凝固したゴムはさらにくん煙室などで乾燥されてシート状，クレープ状あるいは小粒状の固形ゴム(生ゴム)となる．ゴム分を約60％にまで濃縮したNRラテックスも市販されている．

表2.2.1 NRラテックスの組成[2]

成分	全ラテックスに対する%	乾燥ゴム分に対する%
ゴム炭化水素	35.62	88.28
タンパク質	2.03	5.04
アセトン可溶分(脂肪酸)	1.65	4.10
糖分	0.34	0.84
灰分	0.70	1.74
水分	59.66	—

NRの性質は，分子量や分子量分布のみならず不純物として含まれる他の成分の影響を大きく受ける．例えば，それらは加硫速度や耐酸化性を高め，また，NRの力学的物性が合成ゴムより優れる要因のひとつとなっている．しかし，NRはゴムの木の種類や切り付け方法や樹齢などにより分子量や分子量分布，ラテックス組成などが異なるので，均一工業用原料としての品質管理が容易ではない．また近年，NRからつくられた手袋や医用チューブでタンパク質アレルギーが生じることが明らかにされ，脱タンパク質されたグレードのゴムも市販されるようになってきた[3]．

NRの生合成についてはいまだ全貌は明らかではないが，糖を出発物質として約17段階の反応によりポリイソプレンに至ると考えられている．近年の電子機器の著しい発達を背景とした分析化学の進歩の結果，NRは図2.2.1に示すように高重合度のシス-1,4-ポリイソプレンからなり，その開始末端に続く位置には2個のトランス単位が結合していることが明らかにされた[4]．両末端の化学構造は十分に同定されていないが，それぞれタンパク質とリン脂質からなると推定され

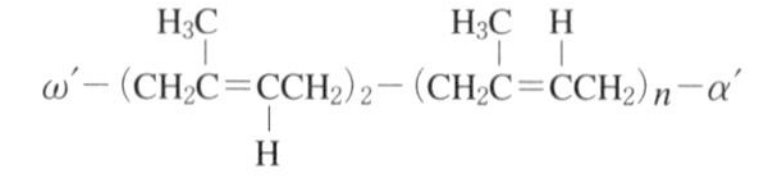

$$\omega'-(CH_2C=CCH_2)_2-(CH_2C=CCH_2)_n-\alpha'$$

トランス型　　シス型

(ω'：構造不明末端，α'：-OP結合末端)

図2.2.1 NRの化学構造[4]

ており，あたかも熱可塑性エラストマーのように末端部分でそれぞれが凝集しているのではないかと考えられている．

NRは，一般に数平均分子量が約$1 \sim 2 \times 10^5$の低分子量分と，$1 \sim 2.5 \times 10^6$程度の高分子量分からなる．主鎖の化学構造は非常に規則正しく，伸長によって分子が配向して一部結晶化する．例えば，1000％伸長で約40％結晶化すると報告されている[5]．結晶部分のX線回折図から単斜晶形としての単位格子の大きさは，$a=12.46$Å，$b=8.89$Å，c（繊維軸）$=8.10$Å，$\beta=92°$と決定されており，単位格子中には8個のイソプレンが含まれる．

NRを化学修飾して得られる天然ゴム誘導体も有用な原料ゴムとなる．例えば，NRラテックスに過酢酸を過酷な条件で加えると式(2.2.1)の反応が起こり，エポキシ化天然ゴム（ENR）が得られる．反応条件を制御することにより，0〜100モル％まで任意にエポキシ基を導入することができる．ENRは，NRと比較して耐油性に富み，耐気体透過性に優れ，ダンピング特性が大きいという特徴を有する．

$$\text{NR ラテックス} \xrightarrow{\text{過酢酸}} \text{ENR} \tag{2.2.1}$$

また，NRにメタクリル酸メチル（MMA）やアクリロニトリルなどのモノマーをグラフト重合させたグラフト天然ゴムが市販されている．MMAの場合，NRに比べて耐屈曲き裂性，振動吸収性，自己補強性に優れたゴムとなる．そのほか，塩素ガスと反応させて得られる塩化天然ゴムや硫酸や塩化第二スズ，三フッ化ホウ素酸などのルイス酸を作用させて得られる環化天然ゴムなどがある．

2.2.2 合成ゴム

NRは古代より人類にとって有用な天然材料であったが，文明の発達に伴ってさまざまな特性を有するゴム材料の需要が生まれた．そして，それは20世紀における有機化学の著しい発展に伴って，一大合成ゴム工業を生み出した．表2.2.2に汎用の原料ゴムの化学構造式とその略語を示す．原料ゴムの合成には単独重合や重縮合のほか，一般に，常温・常圧でアモルファスな液体状態というゴムの特性を付与するために共重合がよく行われている．さらに，ゴムは架橋という工程をへてゴム材料になるので，架橋に必要な反応点が主鎖や側鎖に導入されている．加硫の有用性から二重結合をもった高分子が多い．共重合はアモルファス性を高めるだけでなく，架橋点となる反応点の導入やゴムの極性の制御，さらに機能性を付与するための方法として有用である．ゴムの分子量は絡み合いの効果をもたらすために，また良好なゴム弾性を発揮させるために，汎用のゴムとして数十万以上のものが大勢を占める．高分子化学の発達とともに，ゴムの組成やミクロ構造を制御することも可能となり，多様なニーズにそった多くの原料ゴムが合成されている．

表 2.2.2 代表的な原料

グループ	ゴム	略語	化学構造	特徴
R	天然ゴム イソプレンゴム	NR IR	$-(CH_2-\underset{CH_3}{C}=CH-CH_2)-$	シス-1,4 結合： ≈100% シス-1,4 結合： 92~98%
	ブタジエンゴム	BR	$-(CH_2-CH=CH-CH_2)-$	高シス-1,4 結合： 92~98% 低シス-1,4 結合： 32~38%
	クロロプレンゴム	CR	$-(CH_2-\underset{Cl}{C}=CH-CH_2)-$	トランス-1,4 結合： 87~90%
	ブチルゴム	IIR	$-(CH_2-\underset{CH_3}{\overset{CH_3}{C}}-)(CH_2-\underset{CH_3}{C}=CH-CH_2)-$	イソプレン含量： 数モル％以下
	スチレンブタジエンゴム	SBR	$-(CH_2-CH=CH-CH_2)(CH_2-\underset{C_6H_5}{CH})-$	ランダム共重合体
	ニトリルゴム	NBR	$-(CH_2-CH=CH-CH_2)(CH_2-\underset{CN}{CH})-$	ランダム共重合体
O	エピクロロヒドリンゴム	CO	$-(\underset{CH_2Cl}{CH_2-CH}-O)-$	単独重合体
		ECO	$-(\underset{CH_2Cl}{CH_2-CH}-O)(CH_2-CH_2-O)-$	ランダム共重合体
U	ウレタンゴム	AU EU	$-(R-O-\underset{O}{\overset{\|}{C}}-NH-R'-NH-\underset{O}{\overset{\|}{C}}-O)-$	R：ポリエステル（AU） ポリエーテル（EU）
T	多硫化ゴム	OT	$-(R-S_x)-$	R：$C_2H_4OCH_2OC_2H_4$

R グループ：主鎖に不飽和炭化水素結合をもつゴム
O グループ：主鎖に炭素と酸素をもつゴム
U グループ：主鎖に炭素と酸素と窒素をもつゴム
T グループ：主鎖に炭素と酸素と硫黄をもつゴム

　合成ゴムの分子設計の指針[6]となる点をいくつか紹介する．分子量に関しては，一般に原料ゴムの平均の分子量が高いほどゴム材料の力学特性は優れるが，加工性は低下するので両面からの制御が必要となる．また，原料ゴムの分子量分布は広くなると非ニュートン流動を示すようになり，見かけの粘度がずり速度の増大とともに低下するため，ロール加工性や押出成形性が改良される．しかし，単位体積当たりの自由末端鎖濃度が高くなるので，加硫ゴムの残留ひずみやセットは増大する．共有結合まわりの回転に関しては，例えば，二重結合や三重結合の隣のC−C結合やエーテル結合は，エタンのC−C結合より回転が容易に起こり，分子運動性が高い．また，シス-1,4-ポリブタジエンは分子回転性のよいゴムであるのに対して，ブチルゴム（IIR）は

2.2 ゴムの化学

ゴムの化学構造と略語

グループ	ゴム	略語	化学構造	特徴
M	エチレンプロピレンゴム	EPM	$-(CH_2-CH_2)-(CH_2-CH)-$ 　　　　　　　　　　CH_3	ランダム共重合体
		EPDM	$-(CH_2-CH_2)-(CH_2-CH)-$ 　　　　　　　　　　CH_3 （5-エチリデン-2-ノルボルネン環） 　　　　　　$CH-CH_3$	ランダム共重合体 5-エチリデン-2-ノルボルネン含量： 　数モル%
	アクリルゴム	ACM	$-(CH_2-CH)-(CH_2-CH)-$ 　　$O=C-OR$　　　X	X：塩素，エポキシ基，二重結合を含む置換基 R：エチル基　ブチル基
		ANM	$-(CH_2-CH)-(CH_2-CH)-$ 　　$O=C-OR$　　　CN	
	クロロスルホン化ポリエチレン	CSM	$-(CH_2-CH_2)-(CH_2-CH)-(CH_2-CH)-$ 　　　　　　　　　SO_2Cl　　　Cl	[Cl]：25〜43 重量% [S]：1.0〜1.4 重量%
	フッ素ゴム	FKM	 　　　　　　CF_3 $-(CF_2-CH_2)-(CF-CF_2)-$	ビニリデンフロリド系フッ素ゴム
		FEPM	CH_3 $-(CF_2-CF_2-CH-CH_2)-$	テトラフルオロエチレン-プロピレン系フッ素ゴム
Q	シリコーンゴム	VMQ	CH_3　　　$CH=CH_2$ $-(Si-O)-(Si-O)-$ 　　CH_3　　　CH_3	ビニルメチルシリコーンゴム
		FVMQ	CH_3　　　　$CH=CH_2$ $-(Si-O)-(Si-O)-$ 　$CH_2CH_2CF_3$　CH_3	フッ化シリコーンゴム
Z	ホスファゼンゴム	PZ	OCH_2CF_3 $-(P-N)-$ 　$OCH_2(CF_2)_xCF_3$	

Mグループ：ポリメチレン型の飽和主鎖をもつゴム
Qグループ：主鎖にケイ素と酸素をもつゴム
Zグループ：主鎖にリンと窒素をもつゴム

メチル基の存在のためにその分子運動性は低い．一般に，分子回転の立体障害が大きいゴムほど，反発弾性や耐摩耗性，気体透過性が低く，滑り抵抗性や発熱性が大きいので，分子回転の容易さ，すなわち回転エネルギー障壁の高さを考慮することはゴムの分子設計に有用な情報となる．また，物質の分子間力が強いゴムほど耐油性がよく，反発弾性や気体透過性が低くなる傾向があるので，分子間力の指標のひとつである溶解性パラメーターを参考にすることができる．溶解性パラメーターとは分散力と極性効果，水素結合にもとづく値である．さらに，双極子モーメントから極性基の分子間相互作用を評価することができる．化学結合の解離エネルギーは耐熱性ゴムの合成指針となる．しかし，ゴムの性質は一次構造（化学構造）だけでなく，高次構造によって

大きく影響を受けるので，その点を十分に考慮して分子設計をする必要がある．
　次に，重合機構から分類したいくつかの典型的な合成反応[1,7~9]について述べる．各種原料ゴムの特性については第3章を参照されたい．

a. ラジカル重合

　ラジカル重合とは，電気的に中性の成長ラジカル種が連鎖担体となり，ビニルモノマーなどが式(2.2.2)~(2.2.6)に示すような開始，成長，停止，連鎖移動の4つの素反応に従って付加重合する反応である．

$$\text{開始反応} \quad : \quad I \xrightarrow{k_d} 2R\cdot \quad (2.2.2)$$

$$\quad : \quad R\cdot + M \xrightarrow{k_i} R-M\cdot \quad (2.2.3)$$
$$(P\cdot)$$

$$\text{成長反応} \quad : \quad P\cdot + M \xrightarrow{k_p} P\cdot \quad (2.2.4)$$

$$\text{停止反応} \quad : \quad 2P\cdot \xrightarrow{k_t} P \text{あるいは} 2P \quad (2.2.5)$$

$$\text{連鎖移動反応}: \quad P\cdot + A \xrightarrow{k_{tr}} P+A\cdot \quad (2.2.6)$$

ここで，I，M，AおよびPはそれぞれ開始剤，モノマー，連鎖移動剤，ポリマーであり，R·は開始ラジカル，P·は成長ラジカルである．kは素反応の反応定数である．モノマーの重合速度や生成ポリマーの構造，分子量および分子量分布は素反応により決まる．近年，リビングラジカル重合法が開発され，構造や分子量，分子量分布の規制されたポリマーもできるようになってきた．

　ラジカル重合を行う方法には，塊状重合，溶液重合，懸濁重合，乳化重合，固相重合がある．乳化重合技術の発達は，合成ゴム工業において大きな流れのひとつであった．乳化重合とは，モノマーを乳化剤と一緒に水中で乳化状態にして重合を進行させる方法である．ふつう，水にのみ溶ける開始剤と水に溶けにくいモノマーを使用する．乳化剤の働きで反応速度も分子量も大きくなる．モノマーより多くの水を用いるので重合温度の調節やポリマーの取出しも容易である．このような特徴からスチレンブタジエンゴム(SBR)に代表されるジエン系合成ゴムの多くが乳化重合で製造されている．とくに，レドックス系開始剤による室温以下での重合が可能となって，ホットラバーからコールドラバーへの転換があった．SBRのほか，ニトリルゴム(NBR)やクロロプレンゴム(CR)も乳化重合法によりつくられている．ビニリデンフロリドを主成分とするフッ素ゴムも工業的には主に乳化重合法でヘキサフルオロプロピレンやテトラフルオロエチレンなどと共重合されて合成されている．

　共重合では，シークエンスのランダム性に影響するモノマー反応性比(r)が重要となる．モノマー反応性比とは，あるラジカルに対する2種のモノマーの相対反応性を示す値であり，その値から2種のモノマーの配列を評価することができる．SBRでは，$r_{ブタジエン}=1.6$，$r_{スチレン}=0.5$でその積は0.8となり，理想共重合体に近い．50℃で合成されるNBRでは，$r_{ブタジエン}=0.4$，$r_{アクリロニトリル}=0.04$で積は0.016とゼロに近く，交互性が高い．なお，ジエン系モノマーの場合，ラジカル重合ではシス-1,4構造，

トランス-1,4構造，1,2構造，あるいは，3,4構造など数種のミクロ構造を有するポリマーが得られるので，単独重合体であっても共重合体と見なすことが可能である．

b. カチオン重合

カチオン重合は，カチオンを成長種とする連鎖反応であり，ラジカル重合と同様に4つの素反応からなる．通常の重合条件下でイオン対を形成していることから対イオンの効果が大きく，また，溶媒効果が存在し，重合速度や重合度が溶媒や触媒によって大きく変わる．カチオン開始剤は求電子試薬で，プロトン酸やルイス酸などである．一般に，カチオン重合の成長反応の活性化エネルギーは低く，重合は低温でも速い．また，低温ほど移動反応が抑制されて高分子量のポリマーが得られる．ビニルモノマー（$CH_2=CHR$）では一般的に，置換基（R）が電子供与性のモノマーがカチオン重合性である．

カチオン重合で合成されている代表的なオレフィン系エラストマーはIIRである．IIRはイソブテンとイソプレンの共重合体であり，加硫やオキシム架橋ができるようにイソプレンが数モル％導入されている．また，いくつかの環状化合物がカチオン重合のモノマーとして使われている．例えば，ポリウレタン合成によく用いられているオリゴマー領域のポリテトラメチレングリコールは，テトラヒドロフランのカチオン開環重合でつくられる．

c. アニオン重合

アニオン重合は，アニオンを成長種とする連鎖反応であり，対イオン効果や溶媒効果を受けるので重合速度やポリマーの立体構造が開始剤や溶媒に影響される．アニオン重合性のビニルモノマーは電子吸引性の置換基をもつ．また，電子供与性の置換基をもつ場合でも，生成するアニオンが共鳴安定化する芳香属置換モノマーやジエンモノマーはアニオン重合性である．開始剤は塩基である．一般に，アルカリ金属によって非共役系オレフィンは重合しないが，ジエン化合物は重合する．

NR類似の高シス-1,4-ポリイソプレン（イソプレンゴム；IR）やポリブタジエン（ブタジエンゴム；BR）などは，アルキルリチウムを開始剤として炭化水素系溶媒中で合成できる．また，アニオン重合のステレオケミストリーは合成条件によって制御できる．例えば表2.2.3に示すように，ブタジエンの重合では触媒を変えることによってミクロ構造が規制されたポリマーが得られる．さらに，アニオン重合はリビング性が高いので，末端基の導入やオリゴマー領域のテレキリック液状ゴムの合成およびポリスチレン-ポリブタジエン-ポリスチレントリブロック共重合体（SBS）などのブロックコポリマーの合成が可能である．

溶液重合法でつくられる代表的なアニオン共重合体はSBRである．乳化重合によるSBR（E-SBR）と区別して溶液重合SBR（S-SBR）と呼ばれており，スチレン量やスチレンの結合様式，さらに，ブタジエン部のミクロ構造，分子量分布まで制御されたE-SERが工業生産されている．

表 2.2.3 ブタジエンの重合触媒とミクロ構造[10]

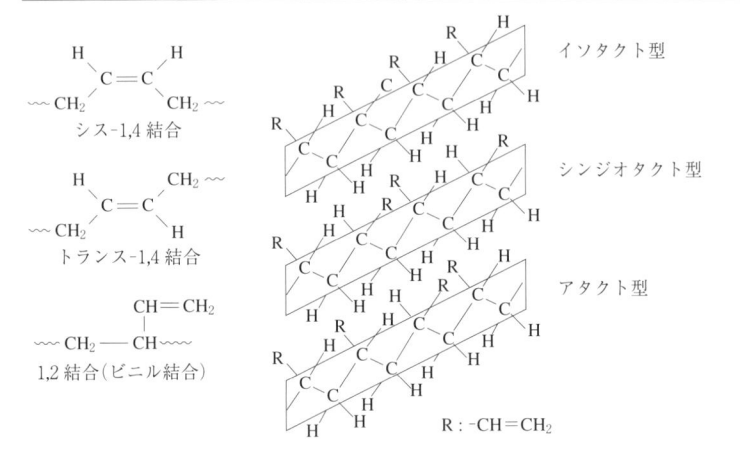

触媒	ミクロ構造(%)		
	シス-1,4	トランス-1,4	1,2
TiI$_4$-Al (i-Bu)$_3$	94	2	4
ナフテン酸 Ni-AlEt$_3$/BF$_3$·Et$_2$O	98.4	0.6	1.0
U(π-C$_3$H$_5$)$_3$Cl-AlEtCl$_2$	99	0.7	0.3
VCl$_3$-AlEt$_3$	0	99	1
Ni(C$_{12}$H$_{18}$)-HI	0	100	0
V(acac)$_3$-AlEt$_3$	3	2	95 (シンジオタクト型)
Cr(acac)$_3$-AlEt$_3$	0	1	99 (イソタクト型)
CoBr$_2$·(PPh$_3$)$_2$-AlEt$_3$-AlCl$_3$	3	0	97 (シンジオタクト型)
BuLi/bis-piperidino ethane	0	0	100 (アタクト型)

シス-1,4 結合

トランス-1,4 結合

1,2 結合 (ビニル結合)

イソタクト型

シンジオタクト型

アタクト型

R : -CH=CH$_2$

d. 配位重合

　配位重合のうち，配位アニオン重合とはチーグラー-ナッタ (Ziegler-Natta) 触媒に代表されるように第Ⅰ～第Ⅲ金属アルキル化合物や第Ⅳ～第Ⅵ族遷移金属化合物などからなる複合触媒を用いて，立体規則性の高い高分子を合成する方法である．プロピレンのような一置換オレフィン系炭化水素 (α-オレフィン) やエチレンなど，イオン重合性やラジカル重合性の低いオレフィンモノマーでも配位アニオン重合でミクロ構造が規制された高分子が得られる．連鎖移動反応や停止反応のような副反応の速度に比べて成長反応速度が大きく，一般に配位が律速段階となる．したがって，アニオン重合とは逆に電子供与性の置換基をもつモノマーの方が重合しやすい．ポリマーの立体規則性は配位座自体が不斉要素をもち，そこへモノマーが配位して立体特異的に重合が進む結果生ずる．

　ゴム工業の分野では，チーグラー-ナッタ触媒の出現により，エチレンとプロピレンからなるゴム (EPM) が合成できるようになった．ポリエチレンは，ガラス転移温

度(T_g)が低く,絡み合いの臨界分子量が最も低いフレキシブルなポリマーであるが,高い結晶性を有しているためアモルファスなゴムにはならない.しかし,エチレンにプロピレンをランダム共重合することによりエチレンセグメントの結晶化を阻止できてゴムとなる.さらに,加硫の必要性から二重結合を導入するため,第3成分としてエチリデンノルボルネンなどのジエンが共重合されてエチレン-プロピレン-ジエン三元重合体(EPDM)が合成された.ランダム性の高いアモルファスポリマーを得るために,一般にVCl_4などのバナジウム系触媒とAlR_2Clなどの有機アルミニウム系助触媒の組合せが用いられる.Rはアルキル基である.EPMおよびEPDMは耐熱性や耐候性,耐オゾン性,電気絶縁性に優れたゴムであり,広い用途に使用されている.モノマーがガスであることから,気相重合で製造可能なゴムである.近年メタロセン系触媒によるEMP,EPDMの合成が脚光を浴びている[11].

e. 重縮合

逐次重合のひとつである重縮合の種類は多く,出発原料を変えることによりさまざまな縮合系ポリマーが得られる.多くの場合,モノマーは二官能性化合物であり,AA型とBB型の組合せを,あるいはAB型単独モノマーを適当な反応条件下,式(2.2.7),(2.2.8)のように重縮合させるとポリマーが得られ,反応過程で副生成物(C)が脱離する.

$$nAA + nBB \longrightarrow (AA-BB)_n + 2nC \qquad (2.2.7)$$
$$nAB \longrightarrow (AB)_n + nC \qquad (2.2.8)$$

重縮合系のなかで重要なものは,カルボン酸およびその誘導体とアミン,アルコールとの求核置換反応によるポリアミド,ポリエステルなどの合成である.ゴム弾性を示す高分子の合成には,出発原料を適切に選ぶ必要があり,二官能性オリゴマーが一成分として用いられることが多い.脂肪族求核置換反応からゴムを得る例として古くから実用化されているのは,多硫化ゴムの合成である.また,副生成物が生成しない反応系を重付加と呼び,ポリウレタンエラストマーなどが合成されている.

f. 高分子反応

既存の原料ゴムや常温ではゴム弾性を示さない高分子を高分子反応により化学修飾して,新規ゴムを合成する方法がある.多くの場合,化学改質で付加価値を高めてゴムの機能化や高性能化をはかったものである.まず,ゴム科学・技術においてブレークスルーをなしとげた合成ゴムの水素添加反応[12]について紹介する.

ジエン系ゴムはT_gが低く,結晶化しにくく,かつ容易に加硫でき,得られる架橋体は常温でゴム弾性を発揮した.しかし,ゴム分子中のC=Cは耐熱性,耐油性,耐薬品性,耐オゾン性などの耐久性の点で弱点となる.合成化学の著しい進歩とともに,合成条件によって任意にミクロ構造の規制ができるようになったことと相まって,水素添加による新しいエラストマーの開発ができるようになった.最初に工業化された

水素添加ゴムは水素化ニトリルゴム(HNBR)である．NBRの優れた耐油性を維持し，耐熱老化性，化学的安定性，耐オゾン性を向上させるためにポリマー主鎖中の炭素-炭素二重結合が式(2.2.9)に示すように選択的に水素化された．触媒は，Pd/SiO$_2$など第Ⅷ族遷移金属を多孔性担体に担持させた不均一系とRhCl(PPh$_3$)$_3$など，主に第Ⅷ族遷移金属を中心金属とした有機金属錯体からなる均一系が使われる．水素化率やアクリロニトリル含率の異なるHNBRが用途に応じて合成されている．

$$\begin{array}{c}
{+CH_2-CH=CH-CH_2+}_m\ {+CH_2-CH+}_n \xrightarrow{\underset{触媒}{H_2}} \\
\text{NBR} \qquad\qquad\qquad \underset{C=N}{|} \\
\\
{+CH_2-CH_2-CH_2-CH_2+}_k\ {+CH_2-CH=CH-CH_2+}_{m-k}\ {+CH_2-CH+}_n \\
\text{HNBR} \qquad\qquad\qquad\qquad\qquad \underset{C=N}{|}
\end{array} \qquad (2.2.9)$$

一方，塩素化反応やクロロスルホン化反応などによって塩素を導入したゴムが合成できる．例えば，ポリエチレンはT_gが約-120℃であるが，結晶性のために常温ではゴムにはならない．しかし，式(2.2.10)に示す反応により塩素を導入すると，耐油性や耐炎性に優れたゴムとなる．

$${+CH_2-CH_2+}_k + SO_2Cl_2 \longrightarrow {+CH_2+}\ \underset{Cl}{(CH)}_m\ \underset{SO_2Cl}{(CH)}_n + SO_2 + HCl \qquad (2.2.10)$$

新しいタイプの機能性ゴム材料の開発も盛んに行われている．例えば，ゴム分子鎖に液晶形成能を有するメソーゲンを導入すると，液晶デバイスとして光応答性が期待できる[13]．また，シリコーンエラストマーに芳香族化合物をペンダントしてゴムの高屈折率化が行われている[14]．

2.2.3 ゴムの架橋

一定の条件下，絡み合いの分子量より大きな分子量をもつ高分子がゴム状態においてゴム弾性を示し，弾性液体としてふるまう．しかし，物理的な絡み合いだけで恒常的にゴム弾性を示す物質は多くない．一般に架橋というゴム分子の三次元化を行うことにより，材料として有用なゴムとなる．通常，化学反応を行って共有結合によりゴム分子を三次元化させる．また，熱可塑性エラストマーに代表されるように，ゴムマトリックス中に物理架橋点を形成させて網目構造をつくる方法もある．エラストマーの特性は，原料ゴムが同じであっても架橋形態や網目鎖密度によって変化するので，目的に応じた架橋系を選択する必要がある．ここでは，代表的なゴムの架橋[9, 15, 16]について概説する．ところで，ゴムの分野では加硫(硫黄架橋)を架橋反応と同意語に用いる場合があるが，現在さまざまな架橋反応が用いられているので，硫黄が関与する

架橋反応のみを加硫と表現する．

a. 加　　硫

加硫とは，単体硫黄が解裂してゴム分子の間に橋架け構造が形成される反応である．ゴム化学において最も重要な架橋反応である．単体硫黄のみを用いた架橋では架橋体を得るのに数時間もかかるため，一般に加硫促進剤や加硫促進助剤が使用される．代表的な加硫促進助剤は酸化亜鉛/ステアリン酸併用系であり，ほとんどの加硫系で使用される．加硫の反応機構は，加硫系によりラジカル反応またはイオン反応のいずれか，場合によっては両方の機構が関与すると考えられている．実際のゴム架橋体の作製ではさまざまな試薬や充てん剤が加えられるので，反応のメカニズムはきわめて複雑となる．

一例としてベーテマン(L. Bateman)らの考え[17]にもとづいて提出された加硫促進剤添加系での反応機構を図2.2.2に示す．熱により8員環の単体硫黄は解裂し，ポリスルフィドラジカルとなる．このラジカルは加硫促進剤と反応して中間体を生成し，さらに亜鉛華(ZnO)と反応して不安定なコンプレックスを形成する．そして，それが分解して生成する反応性のポリスルフィドがゴムのアリル位の炭素を攻撃して結合する．ペンダントについたポリスルフィドセグメントはさらに分解してゴムに反応し，架橋が形成される．表2.2.4に示すようにポリスルフィド結合は結合エネルギーが比較的低いので，架橋の進行とともに分解し，ゴムと再結合を繰り返して架橋構造がモノスルフィド結合およびジスルフィド結合となる．

加硫によって形成される構造をまとめて図2.2.3に示す．これらの架橋形態により力学的性質をはじめとする諸物性が異なるので，加硫物の熱履歴による架橋構造の変化は材料として問題となる場合がある．そこで促進剤の量に対して硫黄の量を減らした「準有効加硫(semi-EV)」や「有効加硫(EV)」が行われたり，ジチアシクロアルカン化合物[18]など

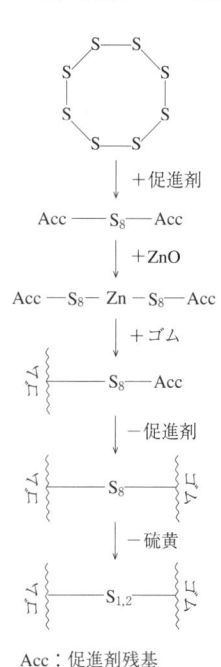

図 2.2.2 加硫促進剤添加系での加硫機構[18]

表 2.2.4 硫黄化合物の結合解離エネルギー[19]

化合物	結合解離エネルギー (kcal/mol)
$CH_3\text{-}SCH_3$	73
$C_2H_5\text{-}SCH_3$	72
$CH_3S\text{-}SCH_3$	73
$C_2H_5S\text{-}SCH_3$	72
$C_{18}H_{37}S\text{-}SC_{18}H_{37}$	60 ~ 66
$RS_2\text{-}S_2R$	32 ~ 36
$-S_n-\ (n = 5 \times 10^4)$	32
S_8	52 ~ 63

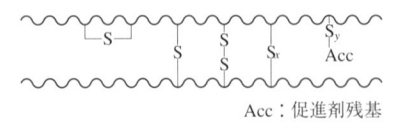

図 2.2.3 加硫ゴムの架橋構造
Acc：促進剤残基

を架橋剤に用いて，熱安定性のよいゴム材料がつくられるようになってきた．詳細は，3.3.1項を参照されたい．架橋構造とともに加硫ゴムの諸物性に影響を与えるのが網目鎖密度である．その影響を定性的に図2.2.4に示す．ゴム製品に要求される性質に応じた加硫条件の設定が必要であることがわかる．

b. パーオキシド架橋

加硫は二重構造を有しているジエン系ゴムに限られるが，パーオキシド（過酸化物）架橋は飽和ゴムにも適用することができる．架橋反応は，パーオキシドのホモリシス分解でフリーラジカルが生じ，続いて飽和あるいは不飽和ゴム中の水素を引き抜く反応が起こって架橋反応が進行する．架橋構造は，停止反応が不均化反応ではなく再結合反応で進行することにより形成される．酸性充てん剤の場合，パーオキシドがイオン分解されるため架橋効率が下がる．また，ポリイソブチレンやポリ-α-メチルスチレンなどパーオキシドの作用で解重合反応が起こる崩壊型ポリマーもあ

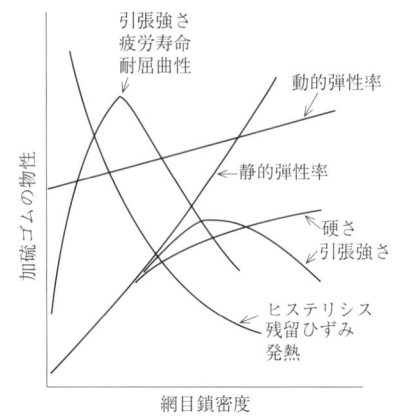

図 2.2.4 加硫ゴムの物性に及ぼす網目鎖密度の影響[16]

る．パーオキシド架橋体は加硫物に比べて強度特性に劣るが，耐熱性や高温下での耐クリープ性に優れており，配合や加工工程が比較的単純である．

c. テレキリック液状ゴムの末端架橋

上記a項およびb項で述べた架橋工程では，架橋の前に素練りと混練りの加工段階がある．素練り中にゴム分子鎖は切断されて，数十万以上の分子量が数万オーダーに低下し，ゲル分が減少する．そして，混練りで架橋剤や架橋助剤，充てん剤などがゴムに混合されたのち，加硫が行われる．これらの架橋の模式図を図2.2.5(a)に示す[20]．図(b)は，分子量がオリゴマー領域の液状ゴムを分子間架橋した架橋構造である．分子間架橋では，末端自由鎖すなわちダングリング鎖が存在する．この部分はゴム弾性に寄与しないため，優れたエラストマーを得るためには，なるべく高分子量のゴムに架橋を施すことが必要となる．ところが，図2.2.5(c)に示すように両末端に反応性官能基を有する液状ゴムを三官能性以上の試薬と反応させて架橋を行えば，ダングリング鎖の少ない高分子網目を生成させることができる．可塑化工程や混練りが不要となり，エネルギー消費が軽減できる．この目的のために水酸基やカルボキシル基などを末端基とするテレキリック液状ゴムが工業生産され，ウレタン結合やエステル結合

● : 架橋点　　　⤙ : 三官能性鎖延長剤

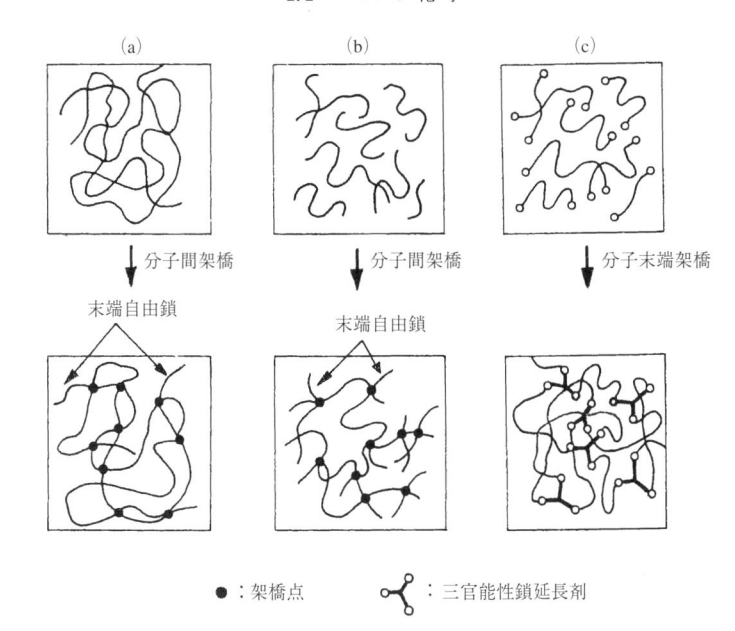

図 2.2.5　ゴムの加硫モデル[20]
(a)高分子量ゴム，(b)通常の液状ゴム，(c)テレキリック液状ゴム

による三次元化が行われている．また，この末端架橋は架橋構造の明確な架橋体の作製方法と考えられており，学術的な研究においてしばしば用いられる．

d. その他

シランカップリング剤を利用した水架橋やシンナモイル基や，アクリロイル基など光感応性基から生じるラジカルを利用した光架橋，放射線架橋，電子線架橋，樹脂架橋など，さまざまな技術により三次元網目構造が形成される．反応性官能基を2個以上有するポリマーおよびオリゴマーとゴム分子との反応も，架橋と改質が同時に進行するので有用である．

2.2.4　ゴムの化学構造と反応

代表的なゴムの化学構造は二重結合である．塩素が導入されたゴムも多い．ここでは，ジエン系ゴムの典型的な反応性[1,7,12,16,20]とゴム分子中の塩素の化学反応性[20]について概説する．また，重縮合や末端架橋などに使用されている官能基の化学反応について簡単に紹介する．

a. ジエン系ゴム

汎用の原料ゴムの構造をみると，加硫の必要性から主鎖や側鎖に二重結合をもつゴムが多い．NR，IR，BR，SBR，NBRなどのジエン系ゴムに共通した化学構造を図2.

2.6(a)に示す．一般に，ビニル水素，すなわち二重結合に結合した水素はふつうの第1級水素より引き抜かれにくく，アリル水素，すなわち二重結合に隣接した炭素に結合した水素は，第3級水素より容易に引き抜かれる[21]．したがって，加硫促進剤を用いた加硫では，例えば図2.2.6(b)に示すように，アリル位の水素が硫黄と促進剤が生成した中間体に引き抜かれることにより反応は進行する．ジエン系ゴムは加硫のほか，フェノール樹脂架橋やオキシム架橋が可能である．それらの場合も，図2.2.6(c)と(d)に示すように，反応のメカニズムは促進剤添加系の加硫と同じで，図(e)のようにまとめることができる．一般に，このタイプの架橋に必要なことは，ゴム分子にアリル位の水素が存在することと，プロトン受容部(A)とエレクトロン受容部(B)からなることである．

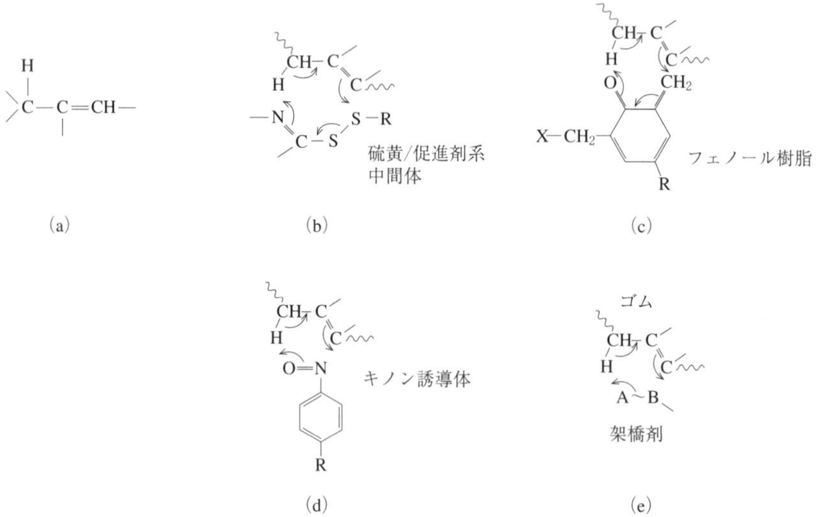

図 2.2.6　ジエン系ゴムの二重結合部の反応[16]

パーオキシド架橋をジエン系ゴムで行うと，有機過酸化物のホモリシスで生じたラジカルがゴムのアリル位の水素を引き抜き，生成ラジカルが図2.2.7に示すようにカップリングまたは連鎖付加反応を起こして架橋構造を形成する．カップリングによる架橋反応はIRなどに，また連鎖付加反応はBRなどにみられる．この違いは，X＝CH_3の超共役効果による生成ラジカルの安定性とメチル基の立体障害に起因する．NBRやCRがSBRに比べて架橋効率が低いのは，CN基やCl基が有機過酸化物を不活性にしているためと考えられている．非ジエン系ゴムのIIRやEPDMの場合も架橋のために二重結合が導入されており，加硫やその他の架橋反応はジエン系ゴムと同様に進行する．

$$\text{ROOR} \longrightarrow 2\text{RO}\cdot \qquad (2.2.11)$$

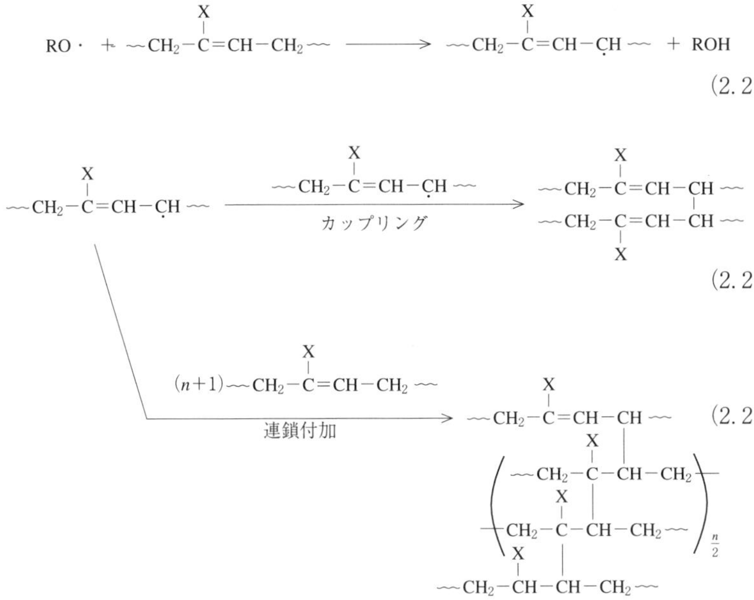

$$\text{RO}\cdot + \sim\text{CH}_2-\underset{X}{\text{C}}=\text{CH}-\text{CH}_2\sim \longrightarrow \sim\text{CH}_2-\underset{X}{\text{C}}=\text{CH}-\overset{\cdot}{\text{C}}\text{H}\sim + \text{ROH} \qquad (2.2.12)$$

図 **2.2.7** ジエン系ゴムのパーオキシド架橋[20]

　また，二重結合の反応性を利用してゴムの改質を行うことができる．例えば，NBRの水素添加反応については，2.2.2項で述べた．BRの場合，シス-1,4構造とトランス-1,4構造，および1,2-構造が水素添加反応後にポリエチレン単位とポリブチレン単位となり，ポリエチレン単位にもとづく結晶性が生じてエラストマーとしての物性に大きく影響する．逆に，原料ポリマーのミクロ構造を規制しておけば，水素添加された高分子の結晶性を制御することができて，使用目的にあったT_gをもつエラストマーが得られる．各モノマー単位のミクロ構造の含量と分布がキーポイントとなり，また，ゴムとしての加硫が行えるように水素添加反応を制御して二重結合が残される．

　さらに，二重結合へのハロゲンの導入によってゴムの改質が可能となる．例えば，IIRのハロゲン化は，炭化水素溶媒中40～60℃にてハロゲンを導入して行われる．導入率は0.6～3.0モル％であるが，IIRの特性である耐気体透過性や耐オゾン性，耐老化性，電気絶縁性，耐化学薬品性などを保持しつつ，耐熱性や耐候性，接着性，加硫特性に優れたゴムが得られる．しかし，近年のダイオキシンなどの環境問題から，ハロゲン化によるゴムの改質はさらに改良の必要があるだろう．二重結合のエポキシ化

については2.2.1項を参照されたい．

b. 塩素系ゴム

CRでは1,4付加単位の塩素は安定で架橋に関与しないが，図2.2.8に示すように，わずかに存在する1,2付加単位のアリル位の塩素が酸化亜鉛/酸化マグネシウム併用系の金属酸化物により架橋する．また，CRやエピクロルヒドリンゴム，クロロスルホン化ポリエチレンなどは，エチレンチオ尿素や2-メルカプトイミダゾリンにより架橋する．

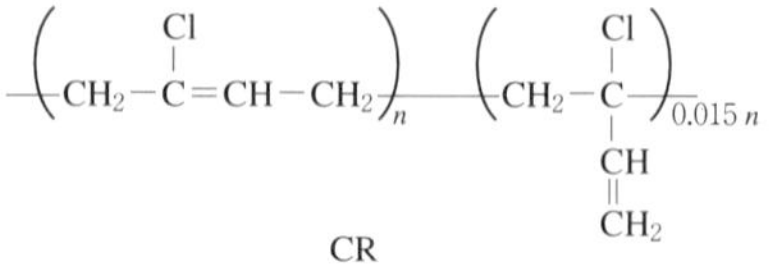

$$\left(CH_2-\underset{\underset{}{Cl}}{C}=CH-CH_2\right)_n \left(CH_2-\underset{\underset{CH_2}{\overset{CH}{|}}}{\overset{Cl}{\underset{|}{C}}}\right)_{0.015 n}$$

CR

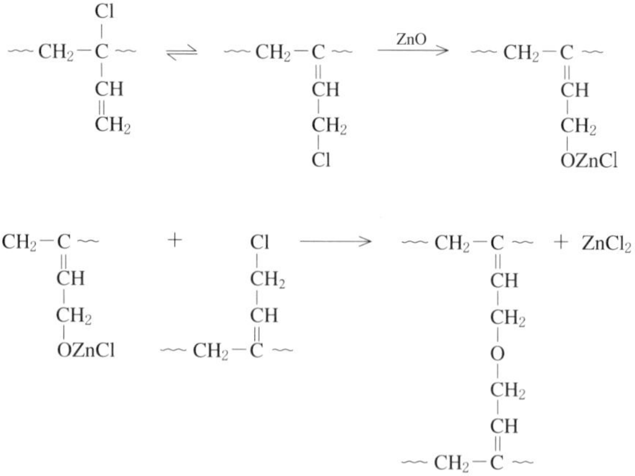

$$\sim CH_2-\underset{\underset{CH_2}{\overset{CH}{|}}}{\overset{Cl}{\underset{|}{C}}}\sim \;\rightleftharpoons\; \sim CH_2-\underset{\underset{Cl}{\overset{CH}{\underset{CH_2}{|}}}}{C}\sim \;\xrightarrow{ZnO}\; \sim CH_2-\underset{\underset{OZnCl}{\overset{CH}{\underset{CH_2}{|}}}}{C}\sim \quad (2.2.15)$$

$$\sim CH_2-\underset{\underset{OZnCl}{\overset{CH}{\underset{CH_2}{|}}}}{C}\sim \;+\; \underset{\sim CH_2-\overset{CH}{\underset{CH_2}{\overset{|}{C}}}\sim}{\overset{Cl}{\underset{|}{CH_2}}} \;\longrightarrow\; \sim CH_2-\underset{\underset{\sim CH_2-C\sim}{\overset{CH}{\underset{O}{\underset{CH_2}{\overset{|}{\underset{|}{CH}}}}}}}{C}\sim \;+\; ZnCl_2 \quad (2.2.16)$$

$$ZnCl_2 + MgO \longrightarrow ZnO + MgCl_2 \quad (2.2.17)$$

図 2.2.8 CRの金属酸化物架橋[20]

c. その他

重縮合や末端架橋など，ゴムの化学でよく用いられる主な官能基の化学反応式を以下に示す．

ウレタン結合の形成

$$\sim N=C=O \;+\; HO\sim \;\longrightarrow\; \sim NH-\underset{\underset{O}{\overset{\|}{}}}{C}-O\sim \quad (2.2.18)$$

2.2 ゴムの化学

ウレア結合の形成

$$\sim\!N\!=\!C\!=\!O \ + \ H_2N\!\sim \ \longrightarrow \ \sim\!NH\!-\!\underset{\underset{O}{\|}}{C}\!-\!NH\!\sim \qquad (2.2.19)$$

アロファネート結合の形成

$$\sim\!N\!=\!C\!=\!O \ + \ \sim\!NH\!-\!\underset{\underset{O}{\|}}{C}\!-\!O\!\sim \ \longrightarrow \ \sim\!\underset{\underset{\underset{NH\sim}{|}}{\underset{O=C}{|}}}{N}\!-\!\underset{\underset{O}{\|}}{C}\!-\!O\!\sim \qquad (2.2.20)$$

ビュレット結合の形成

$$\sim\!N\!=\!C\!=\!O \ + \ \sim\!NH\!-\!\underset{\underset{O}{\|}}{C}\!-\!NH\!\sim \ \longrightarrow \ \sim\!\underset{\underset{\underset{NH\sim}{|}}{\underset{O=C}{|}}}{N}\!-\!\underset{\underset{O}{\|}}{C}\!-\!NH\!\sim \qquad (2.2.21)$$

エステル結合の形成

$$\sim\!\underset{\underset{O}{\|}}{C}\!-\!OH \ + \ HO\!\sim \ \longrightarrow \ \sim\!\underset{\underset{O}{\|}}{C}\!-\!O\!\sim \qquad (2.2.22)$$

アミド結合の形成

$$\sim\!\underset{\underset{O}{\|}}{C}\!-\!OH \ + \ H_2N\!\sim \ \longrightarrow \ \sim\!\underset{\underset{O}{\|}}{C}\!-\!NH\!\sim \qquad (2.2.23)$$

アイオネン結合の形成

$$\sim\!N\!\genfrac{}{}{0pt}{}{CH_3}{CH_3} \ + \ X\!\sim \ \longrightarrow \ \sim\!\overset{CH_3}{\underset{CH_3}{\overset{\oplus}{N}}}\,X^{\ominus} \qquad X:ハロゲン \qquad (2.2.24)$$

チオエーテル結合の形成

$$\sim\!SH \ + \ CH_2\!=\!CH\!-\!\underset{\underset{O}{\|}}{C}\!\sim \ \longrightarrow \ \sim\!S\!-\!CH_2\!-\!CH_2\!-\!\underset{\underset{O}{\|}}{C}\!\sim \qquad (2.2.25)$$

シロキサン結合の形成

$$\sim\!\underset{\underset{OC_2H_5}{|}}{\overset{\overset{OC_2H_5}{|}}{Si}}\!-\!OC_2H_5 \ + \ HO\!-\!\underset{\underset{CH_3}{|}}{\overset{\overset{CH_3}{|}}{Si}} \ \longrightarrow \ \sim\!\underset{\underset{\sim\!O}{|}}{\overset{\overset{\sim\!O}{|}}{Si}}\!-\!O\!-\!\underset{\underset{CH_3}{|}}{\overset{\overset{CH_3}{|}}{Si}}\!\sim \qquad (2.2.26)$$

エポキシ基の反応

$$\sim\!\!\text{CH}-\text{CH}_2 + \text{HO}\!\!\sim \longrightarrow \sim\!\!\underset{\text{OH}}{\text{CH}}-\text{CH}_2-\text{O}\!\!\sim \qquad (2.2.27)$$
$$\underset{\text{O}}{\diagdown\diagup}$$

$$\sim\!\!\text{CH}-\text{CH}_2 + \text{H}_2\text{N}\!\!\sim \longrightarrow \sim\!\!\underset{\text{OH}}{\text{CH}}-\text{CH}_2-\text{NH}\!\!\sim \qquad (2.2.28)$$

$$\sim\!\!\text{CH}-\text{CH}_2 + \text{HOC}\!\!\sim \longrightarrow \sim\!\!\underset{\text{OH}}{\text{CH}}-\text{CH}_2-\text{O}-\underset{\text{O}}{\text{C}}\!\!\sim \qquad (2.2.29)$$

このように，ゴムの化学は有機化学や高分子化学，さらに触媒化学のめざましい発展とともに展開されて今日に至った[22]．今後は，近年クローズアップされている環境問題に立脚しつつ，新規ゴム材料の開発につながる基礎研究の充実が必要となろう．

〔池田裕子〕

文　献

1) 日本ゴム協会編：ゴム工業便覧(第4版)，第2章，日本ゴム協会 (1994).
2) 前田守一：ゴム技術の基礎(日本ゴム協会編)，p.57，日本ゴム協会 (1983).
3) 中出伸一：日ゴム協誌，**69**, 247 (1996).
4) 田中康之，Eng, A. H.：高分子，**46**, 816 (1997).
5) Bunn, C. W.：*Proc. Roy. Soc.*, **A180**, 40 (1942).
6) 山下晋三：日ゴム協誌，**63**, 305 (1990).
7) Quirk, R. P. and Morton, M.：Science and Technology of Rubber(2nd ed.) (eds. by Mark, J. E., Erman, B. and Eirich, F. R.), Ch. 2, Academic Press (1994).
8) 高分子学会編：高分子科学の基礎，第5章，東京化学同人 (1978).
9) 鞠谷信三：ゴム材料科学序論，日本バルカー工業 (1995).
10) 田中康之：高分子，**40**, 88 (1991).
11) 「特集・メタロセン系触媒によるエラストマーの合成」，日ゴム協誌，**70**(2) (1997).
12) 「特集・水素添加ゴムの特性と応用」，日ゴム協誌，**70**(12) (1997).
13) 鞠谷信三：日ゴム協誌，**61**, 828 (1988).
14) Kohjiya, S., Maeda, K., Yamashita, S. and Shibata, Y.：*J. Mater. Sci.*, **25**, 3368 (1990).
15) 日本ゴム協会編：ゴム工業便覧(第4版)，第1章，日本ゴム協会 (1994).
16) Coran, A. Y.：Science and Technology of Rubber(2nd ed.) (eds. by Mark, J. E., Erman, B. and Eirich, F. R.), Ch. 7, Academic Press (1994).
17) Bateman, L. *et al.*：Chemistry and Physics of Rubberlike Substances, Ch. 15, McLaren A. Sons (1963).
18) Nordsiek, K. H. and Wolpers, J.：*Kautschuk Gummi Kunstst.*, **47**, 319 (1994).
19) 大饗 茂：有機硫黄化学－反応機構編，p.3，化学同人 (1982).
20) 山下晋三：ゴム技術の基礎(日本ゴム協会編)，第1章，日本ゴム協会 (1983).
21) Morrison, R. T. and Boyd, N. R.著，中西香爾，星野昌康，中平靖弘訳：有機化学(上)(第5版)，第10章，東京化学同人 (1989).
22) 池田裕子：新版ゴム技術の基礎(日本ゴム協会編)，第2章，日本ゴム協会 (1999).

2.2.5 熱可塑性エラストマー

熱可塑性エラストマー(thermoplastic elastomer：TPE)とは，高温でプラスチックと同様に溶融成形でき(thermoplastic)，成形物は常温でゴム状弾性体(elastomer)としてふるまうことができる材料である．一般のゴム材料はポリマー中に架橋剤を混入して分子間を化学結合で結び合わせ，かつカーボンブラックなどの充てん剤で補強してつくられるのに対して，TPEの場合は架橋・充てんともに不要であり，単にポリマーを溶融成形するだけでゴム材料になりうる[1,2]．TPEは架橋・充てん工程を不要とし，成形時のリサイクルを可能とすることにより，ゴム工業における省力化・省エネルギー化を可能にするとともに，加硫ゴムでは不可能であった複雑な形状のゴム製品の製造を可能にした．最近では，軟質ポリ塩化ビニル代替品としての非ハロゲン系材料として注目されている．

TPEはブロック共重合体タイプとゴム粒子分散系タイプに大別される．本項では，それぞれについて構造-物性の観点で概説するとともに，最近の新展開について述べる．

a. ブロック共重合体のミクロ相分離とTPE特性[3]

代表的なTPEとしてSBSがある．SBSはアニオン重合によって合成され，ポリスチレン(PS；図2.2.9の黒丸連鎖)とポリブタジエン(PB；図2.2.9の白丸連鎖)をPS-PB-PSの形で結び合わせたABA型ブロック共重合体である．PSとPBは非相溶であり，PS鎖とPB鎖は別々の空間に凝集しようとする．しかし共有結合で連結されているために，それぞれの空間はミクロな寸法に限定される．TPE用に設計されたSBSはPB鎖に比べてPS鎖が短かいので，図2.2.9のようにPS鎖の球形凝集相(ドメイン)がPB連続相中に規則正しく分散したミクロ相分離構造を形成する．ドメインの直径は後述のように分子量に依存するが，10〜20 nm程度である．このミクロ相分離現象は次のように理解されている．

A-Bブロック共重合体において，AB間の斥力的相互作用が強い場合には，相分離することによってAB間の接触エネルギーが大幅に減少(界面においてのみAB接触が

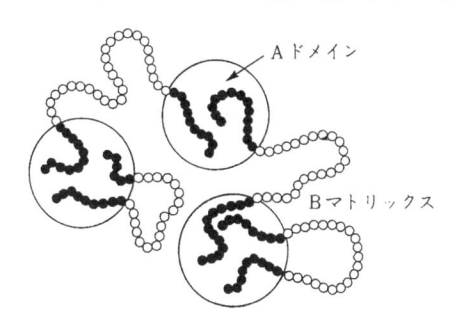

図 2.2.9　ABA型ブロック共重合体のミクロ相分離(ドメイン形成)

残存)し,これが次に示すエントロピー的な損に伴う自由エネルギー増大に打ち勝てばミクロ相分離が起こる.相分離によるエントロピー損は,① ブロック連結点が界面に拘束されることによる分子配置に関する自由度の減少,② 各ブロック鎖がドメインというミクロな空間に閉じ込められることによる分子形態に関する自由度の減少の2つの寄与からなる.このような自由エネルギー項の釣合いによりドメイン構造が決定されるわけであるが,その際,各ブロック鎖はドメイン空間のどこでもセグメント密度が一定でなければならないという非圧縮性に由来した拘束条件を満足した酔歩鎖としてふるまう必要がある.

このような分子論から帰結されることがらは単純明解である.ドメイン寸法Dは分子の広がり,鎖端間距離の二乗平均の平方根$\langle R^2 \rangle^{1/2}$と同一次元であり,分子量$M(M_A+M_B)$との間に$D \propto M^{2/3}$の関係がある.$D$と$M$の関係の具体例を図2.2.10に示す.

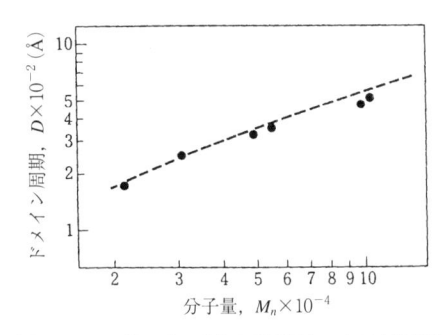

図 **2.2.10** ドメイン寸法の分子量(M_A+M_B)依存性

図2.2.9のようなミクロ相分離構造物がなぜTPEとしてふるまうのか,その事情は図2.2.11で説明される.一般に相分離系では,それぞれの成分のガラス転移温度T_gに対応する温度で,弾性率-温度曲線が2段階に転移し,両T_gの間に弾性率の低い「平坦域」が現れる.SBSは図の温度域①がちょうど室温近傍に位置した異種ポリマーの組合せである.温度域①においては,Bブロック鎖の両端はガラス状態にあるPSドメインに固定されているため,流動③が阻止され,ゴム弾性に有効な鎖となる.温度域①以上,つまりPSのT_g以上では,PBブロック鎖端の凍結固定がなくなるので,ゴム状弾性体としての性質は発揮されなくなる.これがゴム材

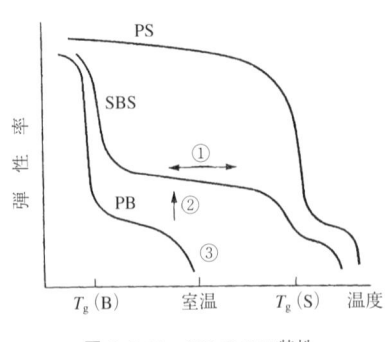

図 **2.2.11** SBSのTPE特性

料としての耐熱限界ということになる．さらに高温ではPS鎖も十分に流動できるようになり，この高温域ではSBSは溶融成形が可能となる．

TPEを使用する立場では，上述の温度域①ができるだけ広い方が望ましい．つまり，低温側T_gは低いほど，かつ高温側T_gは高いほど耐寒性・耐熱性に優れた材料ということになる．一方，成形する立場では高温側T_gは低い方が好ましい．TPEにおける成形性と耐熱性への要求は完全に矛盾している．妥協の産物として現在のTPEがあると考えられる．

熱可塑性のポリウレタンやポリエステル・エーテル系マルチブロック共重合体もSBSと同様に硬質ブロック（例えば，Ⅰ，Ⅲ）と軟質ブロック（例えば，Ⅱ，Ⅳ）からなる．

$$\left[CNH-\bigcirc-CH_2-\bigcirc-NHC\right]_n \quad \left[(CH_2)_4-O-C(CH_2)_4-C-O\right]_n$$
$$\qquad\qquad Ⅰ \qquad\qquad\qquad\qquad\qquad\qquad Ⅱ$$

$$\left[C-\bigcirc-C-O(CH_2)_4O\right]_n \qquad \left[(CH_2)_4O\right]_n$$
$$\qquad Ⅲ \qquad\qquad\qquad\qquad\qquad Ⅳ$$

これらのTPEでは図2.2.12のように硬質成分は微結晶を形成している．この微結晶がSBSのPSドメインと同様な役目を果たすので，ゴム状弾性体としての性能が生まれる．ポリエステル・エーテル系TPEでは，硬質ブロックの一部が軟質マトリックス中に取り残されている（図2.2.12のC）のが一般的である．この量をできるだけ少なくすれば低温特性が改良されるが，加工性が著しく低下する．

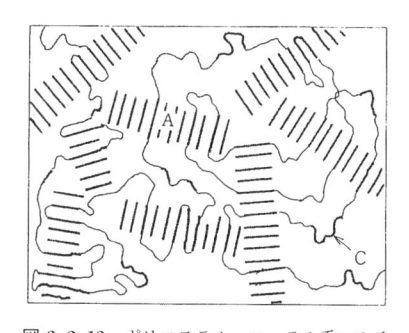

図2.2.12 ポリエステル・エーテル系マルチブロック共重合体の構造モデル A：ポリエステルブロックのラメラ晶，C：ラメラ晶に入りえない非晶領域に取り残されたポリエステルブロック．

b. 動的架橋型TPEの構造と物性[4,5]

図2.2.13(a)に動的架橋によってつくられるTPEの二相構造を模式的に示す．架橋された微細なゴム粒子（μm径）が少量のプラスチックマトリックス中に分散している．SBS型TPE（図(b)）とは逆で，硬質成分がマトリックスになっている．図(a)の構造物に至る動的架橋の一例を次に示す．

ポリプロピレン（PP）とEPDMを重量比40/60（PP/EPDM）でバンバリーミキサーに投入し，180～190℃で溶融混練りしながら架橋剤（硫黄，加硫促進剤，パーオキサイドなど）を加える．混練りを続け，混練りトルクが最大になったのち，さらに2～3分間混練りを続ける．必要に応じて充てん剤や軟化剤を加える．バンバリーミキサーの

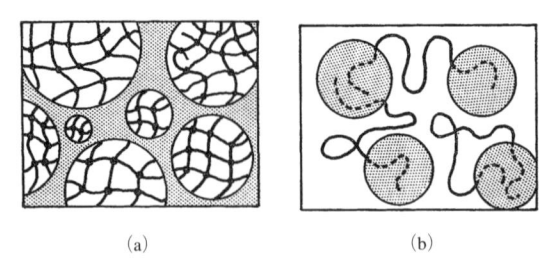

図 2.2.13　(a)動的架橋による TPE と(b)SBS タイプの TPE の構造模式図

代わりに二軸スクリュー押出機を用いてもよい．
　前述の通り TPE は TP(高温で容易に溶融成形できる)と E(成形物はゴム状弾性体)の特性を兼ね備えなければならない．図 2.2.13(a)のように PP などの熱可塑性プラスチックがマトリックスになっているので，TPE が TP 特性を有することには何の不思議もない．問題は E 特性である．二相系材料の性質は，主としてマトリックスのそれによって支配されるのが一般的である．TPE でも延性プラスチックとしての PP の性質が支配的であれば，E 特性は期待できない．事実，ゴム粒子の体積分率 ϕ_R が 0.3 程度であれば，それは耐衝撃性プラスチックであり，大きく変形させると塑性変形し元長にひずみ回復しない．なぜ $\phi_R>0.5$ 程度であれば，E 特性を示すのであろうか．つまり，なぜ分散相である架橋ゴム粒子の性質がバルク材料物性に反映されるのであろうか．この問に対して次の3つの考え方が提案されている．
　① 伸長方向ではゴム粒子間のマトリックス(極マトリックス)に応力集中が起こらず，弾性限界応力値以下にある極マトリックス部は引き伸ばされたゴム粒子の間をつなぐ「セメント」の役割を果たす．
　② ゴムのポアッソン比 ν は 0.5 に近いので，伸長してもその体積はほとんど変わらない．一方，プラスチックの ν は小さく(0.35〜0.4)，伸長により体積は増加する．図 2.2.13(a)の二相系を伸長すると，ゴム粒子は体積膨張を要求される．しかし，ゴムはこれに抵抗する．この非膨張性にもとづく力は塑性変形したプラスチックをもとにもどすに十分な応力レベルにあると考えられる．
　③ PP/EPDM 系 TPE のマトリックスは，PP 単体とは大幅に結晶構造が異なるために，それ自身が大変形後のひずみ回復が可能である．PP は通常ラメラ状結晶が密に詰まった高次構造を形成し，硬い樹脂としての性質を示すのに対して，TPE マトリックスではラメラ晶が微細化して図 2.2.12 と類似の構造となり，マトリックスもゴム的性質を有すると考えられる[6]．図 2.2.14 の X 線回折像が示す通り，PP 微結晶は配向しにくく，たとえ高伸長下で配向してもひずみ解放後はほぼもとの無配向状態に回復する．動的架橋時にせん断誘起型相溶解(2.3.5 項 c 参照)によって PP マトリックスに溶け込んだ EPDM が，結晶化に際しては高分子量不純物として働くために微細結

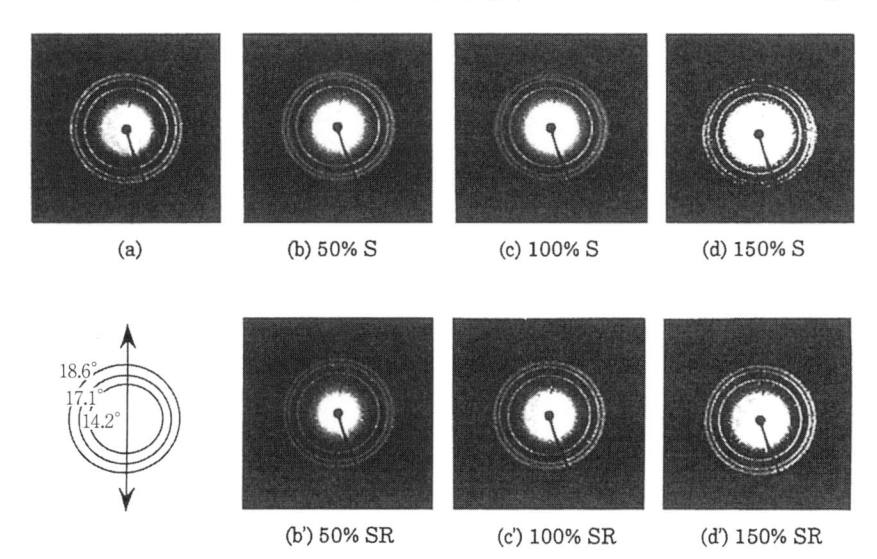

(a)　　　(b) 50% S　　　(c) 100% S　　　(d') 150% S

18.6°
17.1°
14.2°

(b') 50% SR　　　(c') 100% SR　　　(d') 150% SR

図 2.2.14　市販TPE(Santoprene®)のX線回折像(a)と一軸伸長(S)に伴う回折像の変化(b～d),ならびに伸長後ひずみ解放(SR)させたあとの回折像(b'～d')

晶が形成されたものと考えられる.

　動的架橋型TPEには大量の鉱物油(プロセスオイル)が添加されているのが一般的である.油はE特性の向上に貢献してはいるが必要条件ではなく,主として流動性の向上を図るために添加されていると考えられる[4].すなわち,油はTPEの使用温度域ではゴム粒子を膨潤・肥大化させるとともにゴム相の軟化剤として機能し,成形温度域では,一部がマトリックスに移行して溶融PPの粘度を低下させ,TPEの流動性を向上させていると考えられる.低温におけるゴム粒子の肥大化はゴム相の体積分率の増大を意味し,これがTPEのひずみ回復性の向上につながっていると考えられる.

c. 最近の展開

　図2.2.11での議論のように,SBSなどのブロック共重合体の硬質ブロックのT_gが高いほどTPEとしての使用温度域が広くなる.つまり耐熱性が向上する.このための新しい硬質成分としてスチレン・ジフェニルエチレン交互共重合体(I)[7]やポリシクロヘキサジエン水素添加物(II)[8]が提案されている.

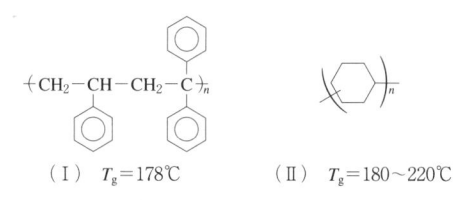

(I)　$T_g = 178℃$　　　(II)　$T_g = 180～220℃$

またポリα-メチルスチレン(PMS)とポリイソブチレン(PIB)からなる PMS-PIB-PMS ブロック共重合体がリビングカチオン重合によって合成されている[9]。

シンジオタクチックポリメタクリル酸メチル(s-PMMA)と PIB のブロック共重合体とイソタクチック PMMA をブレンドすると，ステレオコンプレックスが形成され PMMA ドメインの融点は 170～200℃になることが見いだされている[10]。

アニオン重合により PMMA とポリアクリル酸 2-エチルヘキシル(PEHA)からなる PMMA-PEHA-PMMA ブロック共重合体が合成され，アクリル系 TPE への道が開かれている[11]。

メタロセン触媒を用いて PP を重合すると，結晶性 PP と非晶性 PP からなるブロック共重合体を合成できるようになってきた[12]。

全く新しいポリマーとして合成されたトリアジン環を含むポリスルフィド

$$\left[S-\underset{N}{\underset{\|}{C}}\overset{N}{\underset{\|}{C}}-S-(CH_2)_{12} \right]_n$$

は，結晶性高分子でありながらきわめて良好な変形回復性を示す[13]。

PP/水素添加 SBR ブレンドは，PP の融点 T_m 以上で相溶し T_m 以下に二相領域を有する混合系であり，これを溶融成形すると，直径 20 nm のゴム分散粒子と PP 結晶の微細化によって軟質化した PP マトリックスからなるゴム状弾性体が得られ，図 2.2.14 と同様の結晶配向挙動を示す[14]。新しい型の TPE として注目されている。

〔井 上　　隆〕

文　　献

1) Coran, A. Y.：Thermoplastic Elastomers；A Comprehensive Review(eds. by Legge, N. R., Holden, G. and Schroeder, H. E.), Ch. 7, Hanser Publish (1987).
2) 小松公栄ほか：日ゴム協誌, **61**(2)(熱可塑性エラストマー特集号)(1988).
3) 井上　隆：日ゴム協誌, **57**, 688 (1984).
4) 菊池　裕, 岡田哲雄, 井上　隆：日ゴム協誌, **64**, 540 (1991).
5) Angola, J. C., 井上　隆：日ゴム協誌, **69**, 290 (1996).
6) Yang, Y., Chiba, T., Saito, H. and Inoue, T.：*Polymer*, **39**, 3365 (1998).
7) Warzelhan, V.：2nd East Asian Polym. Conf., Hong Kong, Prepr., p. 149 (1999).
8) Kato, K., Kusanose, Y. and Yonezawa, J.：*Polym. Prepr., Jpn.*, **46**(5), 1013 (1997).
9) Li, D. and Faust, R.：*Macromol.*, **28**, 4893 (1995).
10) Kennedy, J. P., Price, J. L. and Koshimura, K.：*Macromol.*, **24**, 6567 (1991).
11) Wang, J-S., Jerome, R., Bayard, P. and Teyssie, P.：*Macromol.*, **27**, 4908 (1994).
12) Llinas, G. H., Dong, S-H., Malline, D. T., Rausch, M. D., Lin, Y-G., Winter, H. H. and James, C. W.：*Macromol.*, **25**, 1242 (1992).
13) Charoensirisomboon, P., Saito, H., Inoue, T., Oishi, Y. and Mori, K.：*Polymer*, **39**, 2089 (1998).
14) Yang, Y., Otsuka, N., Saito, H., Inoue, T. and Takemura, Y.：*Polymer*, **40**, 559 (1999).

2.3 ゴムの物理学

2.3.1 ゴムの弾性

ゴムの物性の最大の特徴は，ゴム弾性(rubber elasticity)である．具体的には，図2.3.1に示すような可逆的大変形ときわめて低い弾性率である．図2.3.1の例では，100％変形で0.3 MPaの応力であり，これから弾性率を計算するとスチールの弾性率の100万分の1のオーダーである．このような性質は，金属，ガラス，セラミックス，プラスチックなどの他の材料で代替できないため，工業的にも独自の領域を占めている．現在でもこの特徴と耐熱性，耐油性，耐候性その他各種の特性をもたせたゴムの研究開発が盛んに行われている．

架橋したゴムは，一見固体状であるが，分子オーダーでみると，ゴム分子鎖は活発に分子運動しており，むしろ液体に近い．その様子は，ゴムの分子運動性をパルス法NMRで測定し，ゴム分子中の水素核のスピン-スピン緩和時間T_2を求めればすぐにわかる[1]．逆にいえば，ゴム弾性を示す材料でもそれを冷却し，そのガラス転移点T_gよりも冷やしてしまうと，それはゴム弾性を示さず，むしろプラスチックのようにふるまう．ゴム弾性を示す物質の熱的側面を注意深く調べると，

① 伸長したゴムを加熱すると，収縮しようとする
② ゴムを急に伸長すると発熱する

ことがわかる．とくに①は金属などと逆の性質でゴム弾性の特徴をよく表している．

ゴム弾性はこのように他の材料に比較してきわだっているので，古くから多くの研究が行われている．例えば，①，②については，ゴフ(J. Gough)が1806年に見いだし，それをジュール(J. P. Joule)が1857年に詳細に検討し，ゴム弾性がエントロピー弾性であることを発見している．そのため，①，②のことをゴフ-ジュール効果と呼んでいる．しかし，ゴム弾性の分子論が現れたのは比較的遅く，1930年代に入って，メイヤー(K. H. Meyer)，グース(E. Guth)，マーク(H. Mark)，クーン(W. Kuhn)，フローリー(P. J. Flory)，日本では久保亮五[2]らが統計力学による解析を行い始めてからである．これには，分子が長く連なった高分子が実在するというスタウディンガー(H. Staudinger)の高分子説が受け入れられる必要があったからである．

ここでは，ゴム弾性の熱力学的扱い，分子論的扱い[3]について必要最低限だけ述べる．

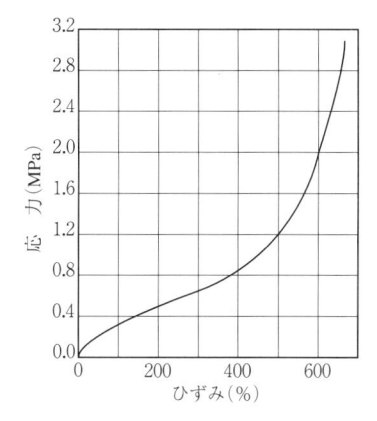

図 2.3.1 架橋ゴムの応力-ひずみ曲線の例

とくに分子論については，現在でも分子鎖間の絡み合い(entanglement)をどう取り込むかについて未解決であるためである．これは，ゴムの系が典型的な多体問題，複雑系で簡単なモデル化が行えないことと，それを数学的にうまく取り扱いにくいためである．

a. ゴム弾性の熱力学

いま，長さがxで断面積が一様な体積Vの短ざく状のゴム板に力fを加えたとき，それがdxだけ伸びたとする．温度をT，圧力をP，エントロピーをSとしたとき，この系の内部エネルギーUの変化dUは，熱力学の法則から，

$$dU = TdS - PdV + fdx \tag{2.3.1}$$

となる．ここでTdSは，ゴムが外部から等温可逆的に吸収する熱量dQに対応している．

この系のヘルムホルツの自由エネルギーをFとすると，Fは定義により，

$$F \equiv U - TS \tag{2.3.2}$$

なので，その変分をとると，式(2.3.1)を使って，

$$\begin{aligned} dF &= dU - TdS - SdT \\ &= -SdT - PdV + fdx \end{aligned} \tag{2.3.3}$$

となる．式(2.3.3)より，FとS，fの関係は，

$$\left(\frac{\partial F}{\partial T}\right)_{V,x} = -S, \quad \left(\frac{\partial F}{\partial x}\right)_{V,T} = f \tag{2.3.4}$$

となる．式(2.3.4)で，両辺をxまたはTでさらに偏微分すると，

$$\frac{\partial^2 F}{\partial T \partial x} = -\left(\frac{\partial S}{\partial x}\right)_{V,T} = \left(\frac{\partial f}{\partial T}\right)_{V,x} \tag{2.3.5}$$

である．これはマクスウェル(Maxwell)の関係式のひとつで，測定不能な変形によるエントロピーの変化を，測定可能な張力fの温度変化と結びつけている．

式(2.3.2)～(2.3.5)を使うと，力fの中味は，

$$f = \left(\frac{\partial F}{\partial x}\right)_{V,T} = \left(\frac{\partial U}{\partial x}\right)_{V,T} - T\left(\frac{\partial S}{\partial x}\right)_{V,T} \tag{2.3.6}$$

$$= \left(\frac{\partial U}{\partial x}\right)_{V,T} + T\left(\frac{\partial f}{\partial T}\right)_{V,x} \tag{2.3.7}$$

となる．ここで$(\partial U/\partial x)_{V,T}$の項は，内部エネルギーの変位による変化に由来する力なので，エネルギー弾性項と呼ぶ．$(\partial S/\partial x)_{V,T}$の項は，エントロピーの変位による変化に由来する項なので，エントロピー弾性項と呼ぶ．エントロピー弾性項は，式(2.3.7)の右辺第2項のように，$(\partial f/\partial T)_{V,x}$なので，一定体積，一定長で張力の温度変化を

2.3 ゴムの物理学

測定すれば，その勾配から求められる．エネルギー弾性項は，そのときの$T=0$での切片から求まる．ただし，体積一定，長さ一定で試料の温度変化をさせるのは，熱膨張を考えると現実的でない．フローリーらは，自然長をx_0としたときの伸張ひずみεを，

$$\varepsilon = (x - x_0)/x_0 \tag{2.3.8}$$

とすると，

$$\left(\frac{\partial f}{\partial T}\right)_{V,x} \cong \left(\frac{\partial f}{\partial T}\right)_{P,\varepsilon} \tag{2.3.9}$$

であることを示した．式(2.3.9)の右辺は，一定圧力下で一定ひずみεにしてその張力の温度変化を求めればよいことを意味しているので，実験もしやすい．

図2.3.2に架橋ゴムの応力の温度-ひずみ依存性の例を示す．式(2.3.7)のように，エントロピー弾性項が絶対温度Tに比例しているのに対応して，一定伸張下での応力は，温度上昇とともに増加している．これは，弾性率が温度上昇とともに増大することを意味しており，金属などとは正反対の性質である．

図2.3.2のプロットを絶対0度まで外挿すれば応力をエントロピー項とエネルギー項に分離できるが，その伸張比λ依存性を求めた例を図2.3.3に示す．図より，架橋ゴムの応力は大部分がエントロピー弾性であり，

$$f \cong -T\left(\frac{\partial S}{\partial x}\right)_{V,T} = T\left(\frac{\partial f}{\partial T}\right)_{V,x} \tag{2.3.10}$$

としてよいことがわかる．これが熱力学的にみたゴム弾性の特徴で，伸張により系のエントロピーが減少するために応力が生じていることを意味している．

このような解析は，ゴム材料がどれほどゴムらしいかという判断にも使える．図2.3.4は，ゴムにそれぞれA，B，Cという3種類のカーボンブラックを配合し，その体積分率をV_fとしたときに各試料についてエントロ

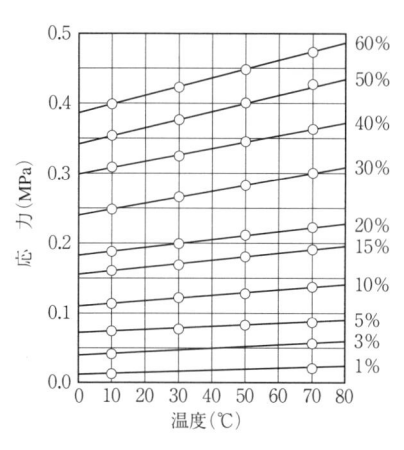

図 **2.3.2** 架橋ゴムの応力の温度-伸張ひずみ依存性[4]

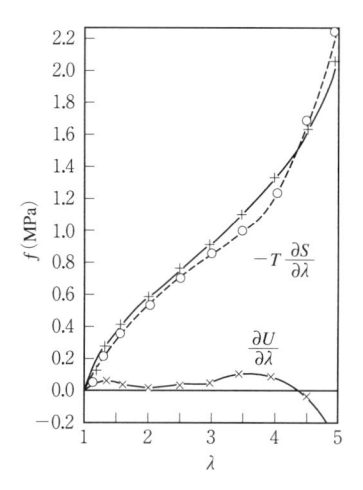

図 **2.3.3** 架橋ゴムの応力fのエントロピー弾性成分，エネルギー弾性成分への分離例[4]

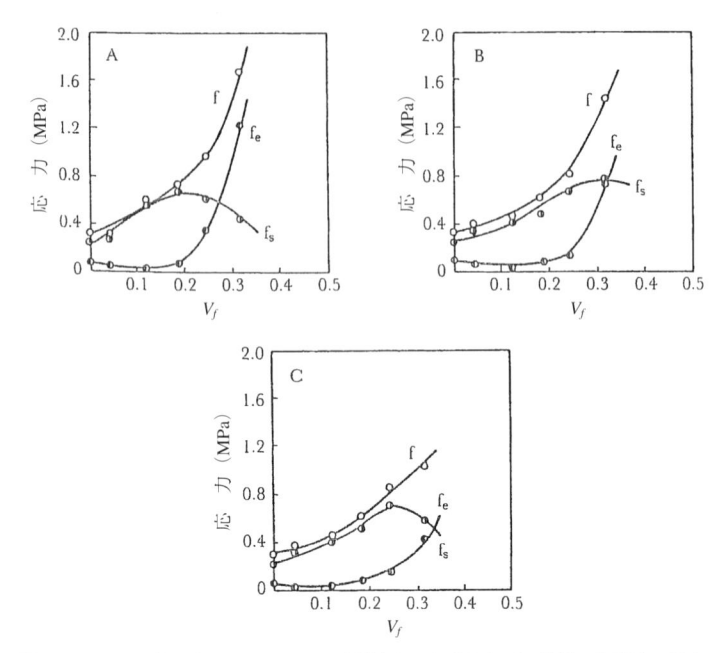

図 2.3.4 カーボンブラック A, B, C を配合して加硫したゴム試料の加硫物の張力 f, エントロピー弾性による張力 f_s, エネルギー弾性による張力 f_e とカーボンブラック充てん体積分率 V_f との関係[5]

ピー弾性, エネルギー弾性による張力 f_s, f_e を求めた例である. これより, 同じ V_f であっても A を配合した系は張力も高く, しかもエネルギー弾性による寄与がかなりあり, A の補強効果が大きいことがわかる.

次に, このようなゴムを一定圧力下で急激に引き伸ばしたときを考える. 熱力学的には断熱伸張になるので, エントロピーを x, T の関数として全微分型で表すと,

$$(dS)_P = 0 = \left(\frac{\partial S}{\partial T}\right)_{P,x} dT + \left(\frac{\partial S}{\partial x}\right)_{P,T} dx \tag{2.3.11}$$

である. 定圧比熱 $C_{P,x}$ の定義より,

$$C_{P,x} = T\left(\frac{\partial S}{\partial x}\right)_{P,x} \tag{2.3.12}$$

および, 式(2.3.4), (2.3.5)に対応する計算を系のギブスの自由エネルギー G に対して行うと,

$$\frac{\partial^2 G}{\partial T \partial x} = -\left(\frac{\partial S}{\partial x}\right)_{P,T} = \left(\frac{\partial f}{\partial T}\right)_{P,x} \tag{2.3.13}$$

というマクスウェルの関係式が得られるので, 式(2.3.12), (2.3.13)を式(2.3.11)に代入して $(dT)_s$ について解くと,

$$(dT)_S = \frac{T}{C_{P,x}} \left(\frac{\partial f}{\partial T}\right)_{P,x} dx \qquad (2.3.14)$$

となる．ゴムでは，$(\partial f/\partial T)_{P,x}>0$ なので，試料を dx だけ急激に伸張すると，それに比例して温度が上昇することになる．逆に伸張しておいたゴムを急激に縮めると温度が下がる．

ゴムをゆっくり伸張する場合は等温変化なので，$dT=0$ である．したがって，このときゴムが吸収した熱量 dQ は，式(2.3.13)を使うと，

$$(dQ)_T = TdS = -T\left(\frac{\partial f}{\partial T}\right)_{P,x} dx \qquad (2.3.15)$$

である．式(2.3.15)の右辺で T, dx, $(\partial f/\partial T)_{P,x}>0$ なので，$(dQ)_T<0$ である．これは，ゴムが発熱したことを意味する．逆に伸張したゴムをゆっくり縮めるときは吸熱する．

これらの効果をゴフ-ジュール効果というが，物理的にはゴム弾性がエントロピー弾性によるものとして説明できたことになる．

b. ゴム弾性の分子論

ゴム弾性を統計力学を使って分子論的に扱う試みは，前述のように多くの人々によって発展されてきたが，すべて解決されたわけではなく，現在でも多くの問題点が残されている．それはゴムの中味を分子論的にモデル化するにあたって，分子鎖自身や分子鎖間相互作用，ゴムの網目をどこまで実際に近づけられるかがあまり明確ではないからである．その主な点をあげてみる[6]．

まず，網目を構成する分子鎖に関してみると，分子鎖内では，
① 結合角や内部回転ポテンシャルの効果
② 排除体積効果
③ 大変形での分子鎖の伸びきりによる効果
④ 試料の巨視的な変形と分子鎖の変形をどう結びつけるか
などがあり，分子鎖間では，
⑤ 分子鎖同士の絡み合い
⑥ 大変形下で分子鎖が配向することによる結晶化の効果
などがある．さらに，網目の構造に関しては，
⑦ 架橋点の官能性
⑧ 架橋点間の分子量分布
⑨ 力学的に有効でない網目構造(ループや自由鎖)の見積り
などがある．ここでは非常に単純化したモデルについてのみ紹介する．

(1) 1本の分子鎖の弾性 まず図2.3.5に高分子鎖としては最も単純なポリエチレンを引き伸ばしたときと，それを熱運動させたときのある瞬間のコンピュータグラフィックスを示す．ゴム弾性を示す分子鎖のある部分は，このように複雑な形態を

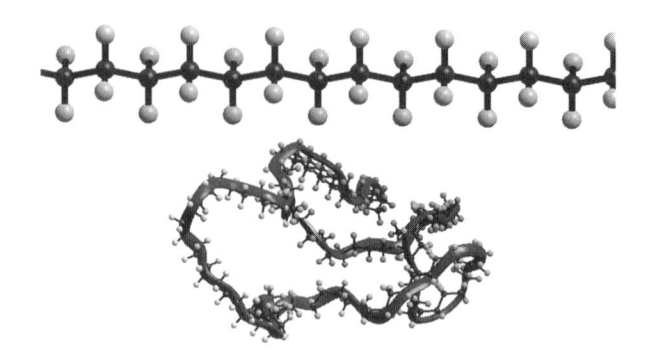

図 2.3.5 ポリエチレン分子鎖の形態のコンピュータグラフィックス

とりながら運動しているのである．これをモデル化し，図2.3.6のように分子鎖の一端を原点にとり，他端を$\vec{R}$方向に引っ張ることを考える．これは，ゴムのなかの網目のひとつに着目し，他の網目を溶媒のように見なしたことに対応する．このときの張力を求めるには，式(2.3.10)を利用すればよいので，この系のエントロピーSを計算すればよい．Sは，ボルツマンの式より，末端間の距離がRのときに分子鎖がとりうる形態の数をΩとしたとき，

$$S = k \log \Omega \tag{2.3.16}$$

で与えられる．ここでkはボルツマン定数である．

分子鎖自身は，$-\mathrm{C}-\mathrm{C}-$結合が骨格になっている場合が多いので，図2.3.6(a)のようなひも状というよりは，$-\mathrm{C}-\mathrm{C}-$のボンドベクトルの連なりと考えた方がよい．そこで三次元の様子を，x, y, z軸に射影すると，例えばx軸に関しては図2.3.6(b)のようになるであろう．すなわち，ボンドベクトルの長さをbとすれば，その各成分について

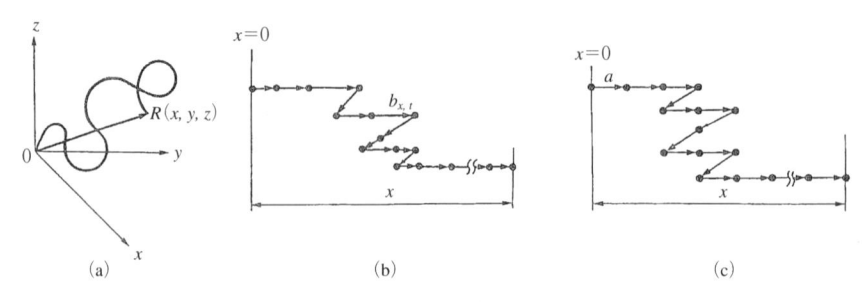

図 2.3.6 分子鎖1本の弾性を考える際の三次元モデル(a)とx軸への射影(b)，および一次元モデル(c)

2.3 ゴムの物理学

$$b_{x,i}^2 + b_{y,i}^2 + b_{z,i}^2 = b^2 \tag{2.3.17}$$

である．いま分子鎖を構成するボンドベクトルの数をnとし，nが十分大きいとすれば，式(2.3.17)の各成分の平均値は等しいはずで，次のような長さaが定義できる．

$$\langle b_x^2 \rangle = \langle b_y^2 \rangle = \langle b_z^2 \rangle = \frac{1}{3}b^2 = a^2 \tag{2.3.18}$$

すると，この問題は，一定の歩幅$a(=b/\sqrt{3})$で向きがランダムになった図2.3.6(c)のような一次元モデルに帰着する．これは，一定の歩幅aの酔払いが，n歩目に原点からどのくらい離れたところにいるかという酔歩(random walk)の問題に対応している．

図2.3.6(c)で右向きのボンドの数をn_+，左向きのボンドの数をn_-とすると，

$$n = n_+ + n_-$$
$$x = a(n_+ - n_-) \tag{2.3.19}$$

である．この場合，ボンドの向きはプラスかマイナスしかないので，n_+を指定すればn_-，xも決まってしまう．したがって，末端の位置がxになる場合の総数は，n歩のなかからn_+歩を取り出す組合せの数に対応している．すなわち，

$$\Omega = {}_nC_{n_+} = \frac{n!}{n_+!(n-n_+)!} = \frac{n!}{n_+!\,n_-!} \tag{2.3.20}$$

式(2.3.20)を式(2.3.16)に代入して，$\log n! \cong n \log n - n$の近似を使うと，

$$S \cong kn\left\{\log 2 - \frac{1}{2}\left(1 + \frac{x}{na}\right)\log\left(1 + \frac{x}{na}\right) - \frac{1}{2}\left(1 - \frac{x}{na}\right)\log\left(1 - \frac{x}{na}\right)\right\} \tag{2.3.21}$$

である．これより，一次元鎖の長さをxに保っておくのに必要な力fは，式(2.3.21)，式(2.3.10)より，

$$f = -T\left(\frac{\partial S}{\partial x}\right) = \frac{kT}{2a}\left\{\log\left(1 + \frac{x}{na}\right) - \log\left(1 - \frac{x}{na}\right)\right\} \tag{2.3.22}$$

となる．x/naが小さく，分子鎖が伸びきっていないときは，$\log(1\pm x/na)$を展開して，

$$f \cong \frac{kT}{na^2}x \tag{2.3.23}$$

となる．これは，ばね定数をkT/na^2としたフックの法則である．ばね定数は，絶対温度に正比例し，分子鎖の長さに反比例する．

図2.3.7は，式(2.3.22)のx/naと$f/(kT/2a)$の関係を示したもので，点線は式(2.3.23)である．x/naが0.4くらいまでは，式(2.3.22)，(2.3.23)はほぼ一致している

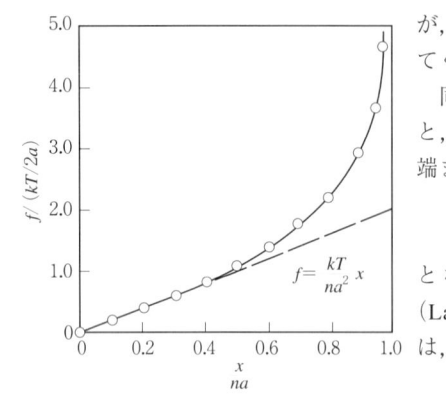

図 2.3.7 一次元鎖のひずみと応力の関係

が，x/na が1に近くなって伸びきり効果がでてくると，f は急激に上昇して発散する．

同様な計算を，三次元の自由連結鎖で行うと，ボンドベクトルの長さを b，原点から他端までの距離を R としたとき，

$$f = \frac{kT}{b} L^{-1}\left(\frac{R}{nb}\right) \quad (2.3.24)$$

となる．ここで $L^{-1}(x)$ はランジュバン（Langevin）関数 $L(x)$ の逆関数であり，$L(x)$ は，

$$L(x) = \coth x - \frac{1}{x} \quad (2.3.25)$$

である．$L(x)$ は，$x \ll 1$ のとき，

$$\left.\begin{array}{l} L(x) \cong \dfrac{x}{3} - \dfrac{x^3}{45} + \dfrac{2}{945}x^5 - \dfrac{1}{4275}x^7 + \cdots \\[2mm] L^{-1}(x) \cong 3x + \dfrac{9}{5}x^3 + \dfrac{297}{175}x^5 + \dfrac{1539}{875}x^7 + \cdots \end{array}\right\} \quad (2.3.26)$$

と展開できるので，$R/nb \equiv X \ll 1$ のとき，式(2.3.24)は，

$$f \cong \frac{3kT}{nb^2} R \quad (2.3.27)$$

となる．式(2.3.23)と比較すると，ばね定数は一次元鎖の3倍になっている．二次元鎖では2倍になり，一般に d 次元鎖では d 倍になる．

(2) ゴム網目の弾性　前節で1本の分子鎖について変形と力の関係を求めた．次にこのような分子鎖が架橋された網目を考える．架橋点間の分子鎖が今までの1本の分子鎖に対応する．するとおもしろいことが起こる．それは，もし分子鎖自身の体積を考えないとすると，式(2.3.27)によってすべての分子鎖は，自然状態では $f \cong 0$ になろうとするから，$R \cong 0$ になるように収縮し，結局網目全体は無限に収縮してしまうことになる．これを網目の無限収縮のパラドックスという．現実の網目は，分子鎖の排除体積のために有限の大きさに収まっており，末端間距離は有限になっている．しかも，ひずみと応力の関係はかなりのひずみ範囲で正比例しているので，ゴム弾性のばね定数自身は網目の収縮にはあまり影響されないですむ．

しかし，いずれにしても網目に関係した分子鎖の数は無数にあるので，末端間距離の分布を知る必要がある．

詳細は省略するが，一端が原点にあり，他端が (x, y, z) と $(x+\Delta x, y+\Delta y, z+\Delta z)$ の間にくる確率を $P(x, y, z)\Delta x \Delta y \Delta z$ とすると，ガウス関数を使って，

$$P(x,y,z)\Delta x\Delta y\Delta z = \left(\frac{3}{2\pi b^3 n}\right)^{3/2} \exp\left(-\frac{3R^2}{2b^2 n}\right)\Delta x\Delta y\Delta z \quad (2.3.28)$$

と近似できる．ただし，$R^2 = x^2 + y^2 + z^2$ である．

三次元鎖では，末端間距離の分布は，末端間距離 $|R|$ が R と $R + \Delta R$ の間にある確率 $W(R)\Delta R$ とした方がわかりやすい．これは，式(2.3.28)の P を半径 R の球面上で積分したものに対応するので，

$$\begin{aligned}W(R)\Delta R &= 4\pi R^2 P \Delta R \\ &= 4\pi R^2 \left(\frac{3}{2\pi b^2 n}\right)^{3/2} \exp\left(-\frac{3R^2}{2b^2 n}\right)\Delta R\end{aligned} \quad (2.3.29)$$

である．この場合，$W(R)$ は $\sqrt{2n/3}\,b$ に極大をもち，末端間距離の二乗平均 $\langle \overline{R^2} \rangle$ は，

$$\langle \overline{R^2} \rangle = \int_0^\infty R^2 W(R)\,dR = nb^2 \quad (2.3.30)$$

になる．このガウス分布のかたちは，自由連結鎖を仮定して導かれているが，式(2.3.30)を式(2.3.29)に代入して，b, n が表に現れないように

$$W(R) = 4\pi R^2 \left(\frac{3}{2n\langle \overline{R^2} \rangle}\right)^{3/2} \exp\left(-\frac{3R^2}{2\langle \overline{R^2} \rangle}\right) \quad (2.3.31)$$

とすれば，総合角を考慮に入れた自由回転鎖や，内部回転ポテンシャルを考慮に入れた束縛回転鎖にも対応できる．

$W(R)$ の様子は，式(2.3.29)で $r = R/nb$ と変換すると，

$$6\left(\frac{3}{2\pi}\right)^{1/2} n^{\frac{3}{2}} r^2 \exp\left(-\frac{3}{2}nr^2\right)\Delta r \quad (2.3.32)$$

となるので，その様子を図2.3.8に示した．図より，$n = 10000$ の場合，末端間距離が全長の1％から1.2％の間にくる確率は18.5％になっている．一方，式(2.3.30)より，末端間距離の二乗平均の平方根と全長との比は，

$$\frac{\sqrt{\langle \overline{R^2} \rangle}}{nb} = \frac{\sqrt{n}\,b}{nb} = \frac{1}{\sqrt{n}} \quad (2.3.33)$$

で，$n = 10000$ では，約1％になっている．したがって，極論すれば重合度10000くらいの分子鎖は，末端間距離は全長の1％くらいに丸まっているので，何らかの方法でうまく引き伸ばすことができれば，その100倍くらいまで伸ばせるはずであるということになる．

いま，ゴム網目を構成する任意の分子鎖に注目し，一端を原点にとり，他端の座標が (x_0, y_0, z_0) であったとする．試料全体を x 軸方向に λ 倍伸張したとする．このとき，分子鎖もそれに比例して変形すると仮定すれば，他端の座標は $(\lambda x_0, y_0/\sqrt{\lambda}, z_0/\sqrt{\lambda})$ になるはずである．これをアフィン変形(Affine deformation)の仮定という．充てん剤の入ったゴムでは，充てん剤は変形しないのでこの仮定は厳密には成り立たないと考え

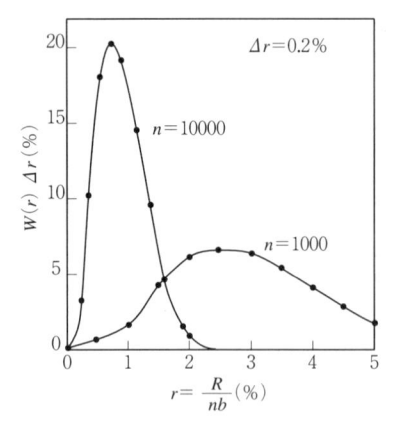

図 2.3.8 三次元鎖の末端間距離の分布

た方がよい.

アフィン変形の仮定が成り立つとすると,まず1本の分子鎖になされた仕事 $W_0(\lambda)$ を計算し,次に分子端の末端間距離には分布があることを考慮すると,1本の分子鎖当たりになされた平均の仕事 $\overline{W_0}$ は,

$$\overline{W_0} = \int_{-\infty}^{+\infty}\int_{-\infty}^{+\infty}\int_{-\infty}^{+\infty} W_0(\lambda) P(x,y,z)\,dx\,dy\,dz$$

$$= \frac{3kT}{2}\left\{\left(\frac{1}{3}\right)\left(\lambda^2 - \frac{1}{\lambda}\right) + \left(\frac{1}{\lambda} - 1\right)\right\} \tag{2.3.34}$$

となる.網目を構成している単位体積当たりの分子鎖の数を ν とすると,全エネルギー W は $\nu\overline{W_0}$ なので,この場合の応力 f と λ の関係は,

$$f = \frac{\partial W}{\partial \lambda} = \nu kT\left(\lambda - \frac{1}{\lambda^2}\right) \tag{2.3.35}$$

である.

しかし,このモデル化には大きな近似がたくさん含まれている.例えば,$W=\nu\overline{W_0}$ と簡単においてしまったが,実際に網目を構成している分子鎖同士は互いに入り組んでいるので,図 2.3.9 のように絡み合っている部分がかなりある.このような絡み合い点は変形下では架橋点のようにふるまう.しかし,図(a)と(b)の状態を統計力学的に区別するのはむずかしい.ということは,ここで紹介した理論では,図(a)と(b)の状態を自由にとれる.いいかえれば分子鎖は互いに幻のように横切ってしまうことを仮定している.これを幻網目モデル (phantom network model) という.最近は,絡み合いを位相幾何学の問題[7]としてとらえることも行われている.研究者によっては,本当の網目の寄与よりも絡み合いによる寄与の方が大きいという説もある.

最後に,式(2.3.24)の延長として,分子鎖の伸びきり効果を入れた非ガウス鎖ネットワークでは,

$$f \cong \frac{\nu kT}{3}\lambda_B\left[L^{-1}\left(\frac{\lambda}{\lambda_B}\right) - \lambda^{-3/2}L^{-1}\left(\frac{1}{\sqrt{\lambda}\,\lambda_B}\right)\right] \tag{2.3.36}$$

などが得られている.ここで λ_B は破断時の伸びである.図 2.3.10 に式(2.3.35)によるガウス鎖と式(2.3.36)による非ガウス鎖のひずみ λ,応力 f 曲線の対比を示した.λ が大き

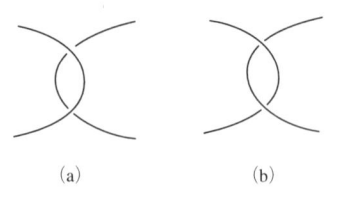

図 2.3.9 分子鎖同士の絡み合い (entanglement) の模式図

くなるほど，非ガウス鎖では応力の立上りがはっきりしてくる．

おわりに

ゴム弾性は，古くて新しい問題の典型である．最近は，ゴムを多軸変形させてひずみエネルギー関数の形を求めたり[8]，モデル網目を合成して，中性子散乱を使って分子鎖の変形挙動を解析したり，人工的に絡み合いの多い網目やループ状の分子を導入して絡み合いの効果を調べたりすることが行われている．さらには，走査型プローブ顕微鏡（SPM）の手法を使って1本の分子鎖を伸張する試み，コンピュータを使って分子鎖の運動・伸張などを分子動力学（MD）でシミュレーションする試みも始まっている．　　〔西　敏夫〕

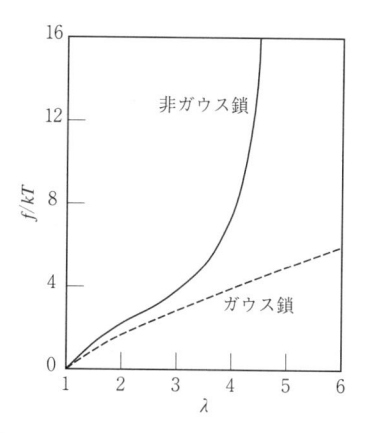

図2.3.10　ガウス鎖；式(2.3.35)と非ガウス鎖；式(2.3.36)の比較

文　献

1) 西　敏夫：ゴム工業便覧（第4版）（日本ゴム協会編），p.1233，日本ゴム協会（1994）．
2) 久保亮五：ゴム弾性（初版復刻版），裳華房（1996）．
3) Treloar, L. R. G.：The Physics of Rubber Elasticity, 3rd ed., Oxford, Clarendon Press（1975）．
4) Anthony, R. L., Caston, R. H. and Guth, E.：*J. Phys. Chem.*, **46**, 826（1942）．
5) 藤本邦彦，西　敏夫，来嶋　茂，岡本　剛：日ゴム協誌，**55**，230（1980）．
6) 長谷川正木，西　敏夫：高分子基礎科学，昭晃堂（1991）．
7) 岩田一良：日ゴム協誌，**57**，80（1984）．
8) Matsuda, M., Kawabata, S. and Kawai, H.：*Macromolecules*, **14**, 1688（1981）．
9) 上記のほか，ゴム弾性に関しては，斉藤信彦：高分子物理学（改訂版），裳華房（1967）；古川淳二：高分子物性，化学同人（1985）；西　敏夫：ゴム工業便覧（第4版）（日本ゴム協会編），p.9，日本ゴム協会（1994）などを参照のこと．

2.3.2　ゴムのレオロジー

a. タイムスケールと緩和時間[1]

われわれの身のまわりにある物質はさまざまである．形を変えても力を除けばほとんどもとの形に回復するものから，形をほとんど保てない液体までいろいろある．しかしエネルギーの立場からみれば，変形により与えられたエネルギーの一部は蓄えられ，残りは散逸してしまうことにつきる．したがって，その力学挙動は2つのパラメーター，例えば弾性率Gなどの弾性パラメーターと粘度ηなどの粘性パラメーターで特徴づけられる．もし弾性機構しかなく，エネルギーがすべて蓄えられる（完全弾性

体)ならば，応力 σ はひずみ γ と式(2.3.37)の関係にある．

$$\sigma = G\gamma \quad (\text{フックの法則}) \tag{2.3.37}$$

一方，粘性機構しかなく，エネルギーがすべて散逸してしまう(完全粘性体)ならば，σ と γ は式(2.3.38)の関係にある．

$$\sigma = \eta \frac{d\gamma}{dt} \quad (\text{ニュートンの粘性法則}) \tag{2.3.38}$$

これらは図2.3.11(a)のような変形に対して，それぞれ図(b)あるいは(d)のような応力変化を示す[2]．刺激を受けたという記憶を完全弾性体はいつまでも覚えているが，完全粘性体はすぐに忘れてしまう．しかし，弾性と粘性をあわせもつ物質(粘弾性体)では弾性機構で蓄えられたエネルギーが粘性機構により徐々に失われるため，図(c)のような応力緩和を示す[2]．粘弾性体では刺激を受けた記憶を徐々に失うわけである．この記憶の消え方の長短を示すのが緩和時間 τ であり，粘度と弾性率の比で決まる．

$$\tau = \frac{\eta}{G} \tag{2.3.39}$$

実際の物質では完全弾性体も完全粘性体も存在しない．すべての物質はそれぞれ特有の緩和時間をもつ．問題は緩和時間 τ とわれわれの観測のタイムスケール t の比である．弾性機構と粘性機構が直列につながったモデル(マクスウェルモデル)で考えるなら，弾性ひずみ γ_e と粘性ひずみ γ_v の比は

$$\frac{\gamma_e}{\gamma_v} = \frac{\eta}{G_t} = \frac{\tau}{t} \tag{2.3.40}$$

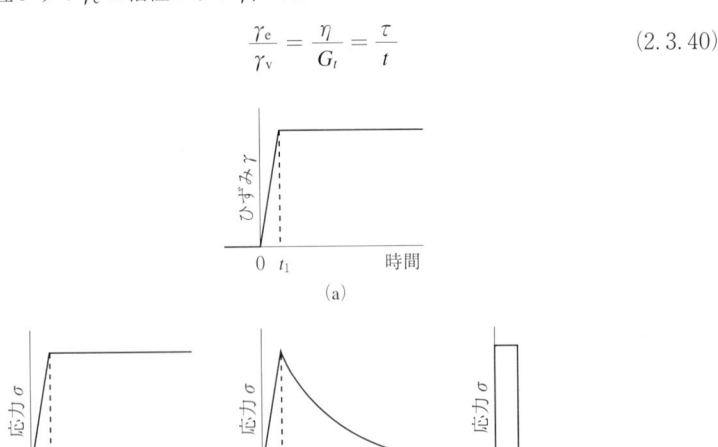

図 2.3.11 さまざまな物質に階段状ひずみを与えたときの応力応答

と書ける．したがって，$t \ll \tau$ なら弾性体，$t \gg \tau$ なら粘性体にみえ，$t \approx \tau$ のとき粘弾性体にみえる．ゴムは典型的な粘弾性体である．ゴムの緩和時間がわれわれの日常のタイムスケールと同程度だからである．ただし，ゴムでは補強剤，添加オイルの種類や量，架橋密度，結晶化度などにより緩和時間をさまざまに変えることができ，ゴルフボールのようにほぼ完全弾性体といえるものから，防振・防げん材などの粘弾性体，さらには液状ゴムのような粘性体に近いものまで，さまざまな性質を得ることができる．

b. 緩和弾性率と動的弾性率

図2.3.11(a)でt_1をできるだけ短くし，瞬間的に一定ひずみγ_0を与えれば緩和弾性率$E(t)$が得られる．

$$E(t) \equiv \frac{\sigma(t)}{\gamma_0} \tag{2.3.41}$$

このように時間依存性のない刺激に対する応答を観測するのが静的測定法である．緩和弾性率の時間依存性曲線が図2.3.11(b)の形に近いならば，ゴムは弾性的である．例えば架橋密度の高いゴムである．一方，図(d)の形に近いならば，ゴムは粘性的である．静的測定法は装置が簡単なものですみ，長いタイムスケールのところでの特徴を調べるのに適している[3,4]．しかし，ゴム材料では，ある周波数での粘弾性特性を知りたいこともよくある．そのときに役立つのが図2.3.12に示す動的測定法である[5,6]．

例えば，$\gamma = \gamma_0 \sin \omega t$ という振動ひずみに対して，弾性体では同位相の，粘性体では位相が$\pi/2$進んだ振動応力が観測され，粘弾性体ではその中間の位相差δをもつ振動応力が観測される．

$$\text{弾 性 体} \quad \sigma = \sigma_0 \sin \omega t \tag{2.3.42}$$
$$\text{粘弾性体} \quad \sigma = \sigma_0 \sin(\omega t + \delta) \quad (0 < \delta < \pi/2) \tag{2.3.43}$$

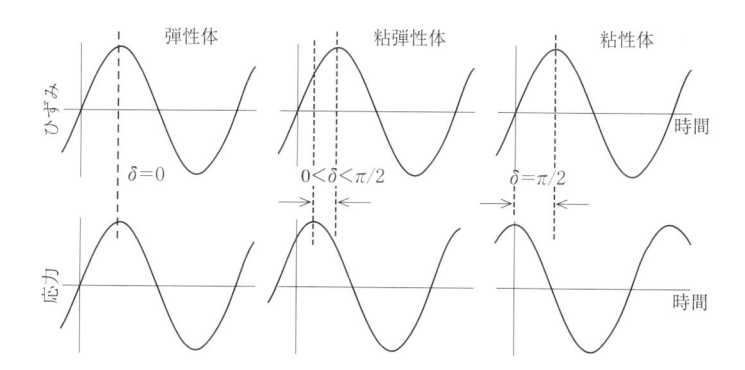

図2.3.12 さまざまな物質に正弦波ひずみを与えたときの応力応答

粘性体　　$\sigma = \sigma_0 \sin(\omega t + \pi/2)$ （2.3.44）

したがって，δ が0に近いか，それとも $\pi/2$ に近いかで弾性的なのか，粘性的なのかがすぐにわかる．式(2.3.43)を書き直すと

$$\sigma = \left(\frac{\sigma_0}{\gamma_0}\cos\delta\right)\gamma_0 \sin\omega t + \left(\frac{\sigma_0}{\gamma_0}\sin\delta\right)\gamma_0 \sin(\omega t + \pi/2) \quad (2.3.45)$$

となり，式(2.3.42)，式(2.3.44)と見比べれば，式(2.3.45)の右辺第1項は弾性項，第2項は粘性項に対応することがわかる．それぞれの係数項を E'，E'' と書いて

$$E' = \frac{\sigma_0}{\gamma_0}\cos\delta \quad (2.3.46)$$

$$E'' = \frac{\sigma_0}{\gamma_0}\sin\delta \quad (2.3.47)$$

で定義されるものが，それぞれ貯蔵弾性率，損失弾性率である．損失正接 $\tan\delta$ はこれらの比である．損失正接は弾性項を基準とするときの粘性項の割合を意味する．

$$\tan\delta = \frac{\sin\delta}{\cos\delta} = \frac{E''}{E'} \quad (2.3.48)$$

したがって，ある周波数で振動実験を行うとき，E' と E''，あるいは E' と $\tan\delta$ がわかれば，その周波数における弾性の程度と粘性の程度に関する情報が得られる．もちろん，十分に低周波数での測定を行えば，静的測定法に対応する粘弾性関数が得られる．例えばエンジンマウント用防振ゴムなどの性能指標に用いられる動倍率は動剛性（貯蔵弾性率）と静剛性（静的弾性率）の比で定義されているが，これは高周波数および低周波数における貯蔵弾性率の比であり，低動倍率が望ましいということは貯蔵弾性率の周波数依存性が小さい方がよい，ということを意味する．もちろん動倍率は弾性項について評価しているのであり，実際の制振特性を考えるにはエネルギー損失項の E'' あるいは $\tan\delta$ の評価が必要であることは当然である．

また，緩和機構が存在してエネルギー損失が大きくなるとき，$\tan\delta$ にピークが現れる．したがって，周波数を固定し，$\tan\delta$ の温度依存性を調べればガラス転移温度や結晶融解温度などもわかる．動的弾性率や $\tan\delta$ がよく使われる理由はここにある．

ただし，動的弾性率の測定で注意を要する点がある．どんな測定装置でも，信頼できる値を得るためには適切な測定条件を考慮する必要がある．動的粘弾性測定では慣性項 $m\omega^2$（m は被測定系の慣性質量，ω は角周波数(rad/sec)）の寄与を無視できるかどうかチェックしておく必要がある．慣性項が大きいときには見かけの位相差が変わる．例えば伸長型の動的弾性率測定装置ならば，真の $\tan\delta$ は式(2.3.49)で与えられるので，慣性項を無視した式(2.3.48)で求められる $\tan\delta$ には誤差が含まれることに注意が必要である．

$$\tan\delta = \frac{\dfrac{A}{l}E''}{\dfrac{A}{l}E' - m\omega^2} \tag{2.3.49}$$

ここで，A と l はそれぞれ試料の断面積と長さである．この誤差を小さくするためには，測定周波数が高くなるほど，また試料の弾性率が低くなるほど，試料の長さを短くしなければならない．

c. 粘弾性関数の温度依存性

図2.3.13(a)は分子量分布の狭い線状ポリ(α-メチルスチレン)(PαMS)の伸長緩和弾性率をさまざまな温度で測定した結果である[7]．測定温度によって曲線の形が異なるのは温度とともに緩和時間が変化するからである．曲線の形は温度とともに系統的に変化しており，各曲線を低温におけるものほど左(短時間側)へ，高温におけるものほど右(長時間側)へシフトすれば重なりそうにみえる．温度による若干の縦移動を許したうえで各曲線が重なるように時間軸にそってシフトするとマスターカーブ(図2.3.13(b)の曲線A5)が得られる[7]．分子量の異なる試料でも同様の操作により曲線A1からA4が得られる．このときの横シフト量 $\log a_T$ を $T - T_s$ (T は測定温度，T_s は基準温度)に対してプロットしたのが図2.3.14である[7]．シフト量は分子量によらず温度差のみの関数である．これらはすべての緩和時間の温度依存性が同じであることを意味する．このような「時間-温度換算則」は非晶性ゴムなどの粘弾性関数に適用できることが一般的に認められており，シフトファクターの温度依存性が式(2.3.50)で

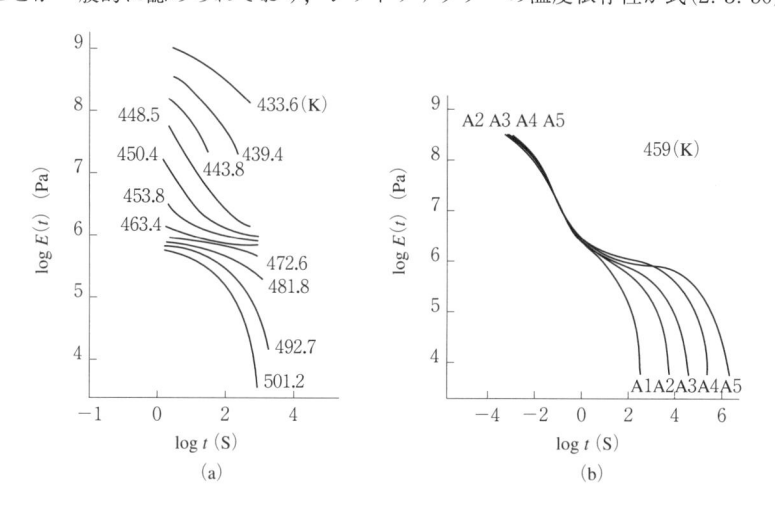

図 2.3.13 分子量分布の狭い PαMS 溶融体の粘弾性関数
(a)さまざまな温度における緩和弾性率，(b)緩和弾性率マスターカーブ．分子量は左(A1)から 3.9, 9.1, 13.5, 28.1, 46.0×10^4.

$T_s = 477.2$ K

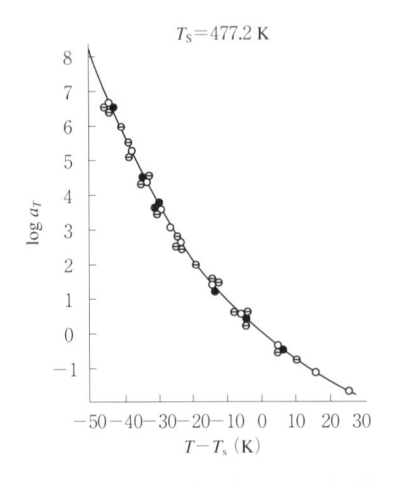

図 2.3.14 分子量分布の狭い PαMS 溶融体の移動因子の温度依存性

よく表されることが知られている.

$$\log a_T = \frac{-C_1(T - T_s)}{C_2 + T - T_s} \quad (2.3.50)$$

ただし，C_1，C_2 は試料の種類によって定まる定数である．この式はウィリアムス (Williams)，ランデル(Landel)，フェリー (Ferry)によって提唱されたもので，WLF 式と呼ばれている[3].

タイヤ，トレッドゴムの転がり抵抗およびウェットスキッド抵抗のラボ指標に 50 ℃，15 Hz の tan δ 値，0 ℃，15 Hz の tan δ 値がそれぞれよく用いられるが，実際には 15 Hz よりもはるかに高い周波数あるいははるかに低い周波数での特性が問題となる．しかし，このような周波数での測定が困難なので，周波数-温度換算則(時間-温度換算則と同じ意味)を適用し，測定しやすいところで評価しているわけである．

d. 粘弾性関数の時間依存性，分子量依存性[2,8]

緩和弾性率マスターカーブ(図 2.3.13(b))をみると，顕著な時間依存性，分子量依存性のあることがわかる．短時間側から $\log t = 0$ 程度のところまでは $E(t)$ は急に低下している．この領域はセグメント程度の短い単位の運動により分子内の再配置が起こり応力が低下することに対応し，転移域と呼ばれる．その後急激に低下し始め，ついにはゼロになる．この領域は，分子全体の運動により分子間の再配置が起こり応力が低下するところで，流動域と呼ばれる．しかし，分子量が増大すると転移域と流動域の間に時間が経過しても弾性率があまり変化しない領域が現れてくる．この部分は架橋ゴムの挙動に似ていることからゴム状平坦領域と呼ばれる．ゴム状平坦領域は分子間の絡み合い(長い分子鎖が互いに横切っては動けないというトポロジー的制約[9])によるものと理解されている．通常のゴム材料は絡み合いが存在するゴムを充てん架橋したものが多く，分子当たりの絡み合いの数の多い方がより丈夫なゴムになると考えられる．しかし，絡み合いが多すぎると流動性が低下するので，バランスをとることが重要となる．

e. カーボンブラック充てん系

図 2.3.15 は，ブチルゴム(EB100)およびその 20～70 % 溶液(EB20～EB70)にカーボンブラック(CB)を 0～11 % 分散させた系のせん断貯蔵弾性率 G' の周波数依存性を示す[10]．非充てん系では流動域が観測されているが，CB 充てん系では低周波数側に第 2 平坦部が現れる．これは CB-CB 間あるいは CB-ゴム分子間相互作用により形成

されるCB網目によるものである．CB充てん効果は，単なる体積効果以外にCB網目による寄与も大きいと考えられる．しかし，CB網目は粒子間あるいは粒子-ゴム間の二次的な力によるものなので，大変形下では破壊される．これはペイン(Payne)効果として知られている(図2.3.16)[11]．ペインの原報では動的弾性率の絶対値($|E^*|=$

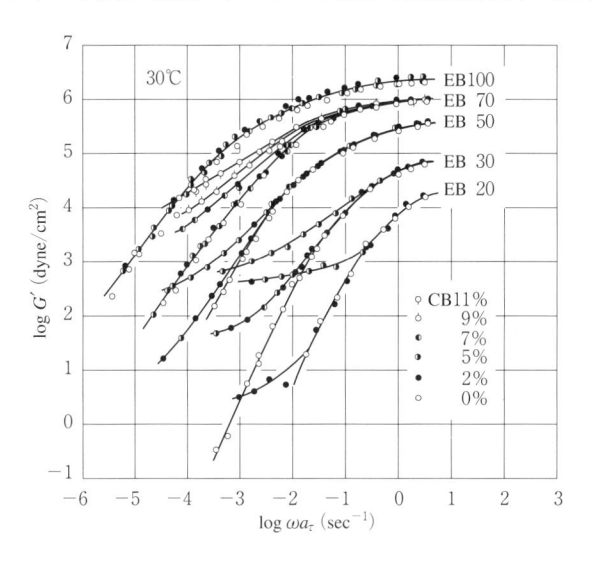

図 2.3.15 カーボンブラック/ブチルゴム系のせん断貯蔵弾性率の周波数依存性

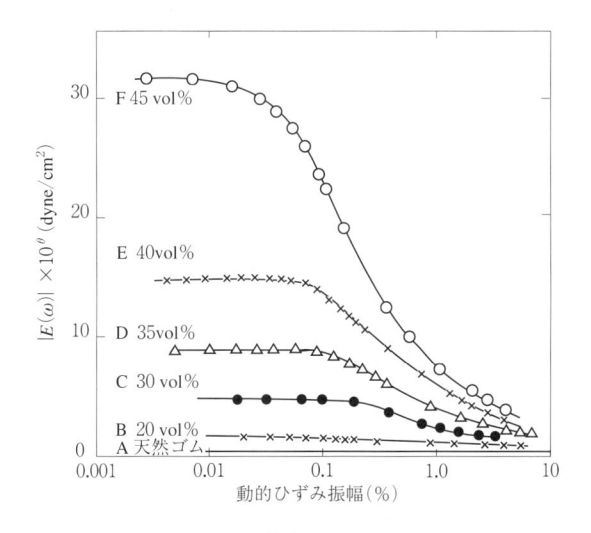

図 2.3.16 カーボンブラック/天然ゴム分散系の動的弾性率の絶対値のひずみ振幅依存性[11]

$\sigma_0/\gamma_0)$ の振幅依存性が議論されている.これは実験的に観測可能な物理量であるのでよい.しかし,ペイン効果の現れる非線形条件下ではリサージュ図形が単純な楕円形ではなくなり,位相差を定義できない.したがって,CB充てん系における貯蔵弾性率および損失弾性率の振幅依存性にまで拡大して議論することは慎むべきであろう.

〔五十野善信〕

文　献

1) 五十野善信:日ゴム協誌, **67**, 661 (1994).
2) 五十野善信:大学院高分子科学(野瀬卓平, 中浜精一, 宮田清蔵編), p.354, 講談社サイエンティフィク (1997).
3) Ferry, J. D.: Viscoelastic Properties of Polymers, 3rd ed., Wiley & Sons (1980).
4) 河合弘迪, 堀野恒雄, 秀島光夫:高分子実験学, 第10巻, 力学的性質II(高分子学会高分子実験学編集委員会編), pp.23-85, 共立出版 (1983).
5) 高柳素夫, 梶山千里:高分子実験学, 第10巻, 力学的性質II(高分子学会高分子実験学編集委員会編), pp.87-160, 共立出版 (1983).
6) ゴム関連技術探訪(第9回), 日ゴム協誌, **70**, 509 (1997).
7) Fujimoto, T., Ozaki, N. and Nagasawa, M.: *J. Polym. Sci.*, A-2, **6**, 132 (1968).
8) 五十野善信, 塩見友雄, 手塚育志:高分子の分子量(高分子学会編), pp.84-97, 共立出版 (1992).
9) Doi, M. and Edwards, S. F.: The Theory of Polymer Dynamics, Clarendon (1986). 土井正男, 小貫明:高分子物理・相転移ダイナミクス, 岩波書店 (1992).
10) 小野木重治, 升田利史郎, 松本孝芳:日化誌, **89**, 464 (1968).
11) Payne, A. R.: *J. Appl. Polym. Sci.*, **3**, 127 (1960);**6**, 57 (1962).

2.3.3 ゴムの力学

本書の2.3.1項で述べられているゴム弾性論は,物体の変形に伴う応力やひずみ,さらには物体中に蓄えられるひずみエネルギーが,分子鎖の構造や動きとどのように関連するかを理論的に予測させるものであり,高分子物性学上最も期待される分子論のひとつである.しかしながらゴム弾性論もやはり理想化されたモデルであり,複雑な分子構造をもつ実在ゴム分子鎖の多様な変形機構に対応する動きを予測することは,少なくとも現時点ではきわめてむずかしいことである.また100～1000％に及ぶ大変形になると非線形問題が顕著になり,解析がさらに複雑になる.このようなとき(数学的)大変形弾性理論を用いるのは好都合である.大変形弾性論とは,例えばひずみエネルギー W が分子鎖のどのような構造や動きによってもたらされるかには全くふれないで W の大きさ(スカラー量)のみに着目し, W を仲介として力と変形の関係を導く方法(現象論)である.そこでは変形の種類や大きさにはいっさい制限がないのも特徴的である.

本書では,まず微小変形弾性論の基礎を復習したのち大変形弾性論について説明する.そののち大変形弾性論における基本的パラメーターであるひずみエネルギー密度

関数(W関数)の求め方とゴム材料のW関数の実測例を示す．最後に，W関数をFEM(有限要素法)解析に取り込んで得られた各種ゴム部品の応力解析実例を紹介する．

a. 微小変形弾性論

(1) 弾性体の応力とひずみ ある物体に釣り合っていない力が作用すれば，その物体は合成された力の方向に運動する．一方，釣り合った1組の力(合力としてはゼロ)が作用するとき物体全体としては運動しないが，釣り合った力が物体内に影響を及ぼし物体の形や大きさを変化させる，いわゆる物体の変形が起こる．このように釣り合った力が作用している物体内のひとつの面積要素を考えるとき，面の両側の物質はその面を挟んで互いに相手側へ力を及ぼし合う．このような1組の力を応力といい，単位面積当たりの力として表される．一般的には応力は面に対してある傾きをもっているが，これを分解して面に垂直な成分(法線応力)と平行な成分(接線応力)に分けることができる．ちなみに引張応力，圧縮応力は法線応力であり，せん断(ずり)応力は接線応力である．したがって，ある点の個々の応力成分は面の選び方に依存する．一方，弾性エネルギー密度はその点におけるすべての応力を，ひずみで積分したものの総計で与えられるので，その点のエネルギー密度は外力が一定であれば面のとり方によらず一定である．このためある変形状態を記述するのに，まずエネルギー密度を求め，そこから応力に書き直す方が便利な場合が多い(後述)．

ところで一般には，図2.3.17(a)の変形は引張変形，図(b)の変形はせん断変形と見なされているが，それはわれわれが試験片の外形を見て(外形にそって座標軸をとって)いるためそう判断しているにすぎない．例えば両図の中心にあらかじめ#マークを入れておくと，変形後のマークの形は図(a)の方がせん断変形，図(b)が引張変形になっていることがわかる．このようにある特定の方向(座標系)を選ぶと，せん断成分が全く消失し法線成分のみをもつ純粋な引張変形になる．どのような点に対してもこのような座標系が必ず1つ存在することが数学的に証明されており，そのような座標軸を主軸，主軸上の応力とひずみを主応力，主ひずみと呼ぶ．このような取扱いにより，複雑な変形も非常に単純なものになる．

(2) 微小変形弾性論 応力は物体内部の面に作用する力Fを単位面積当たりで

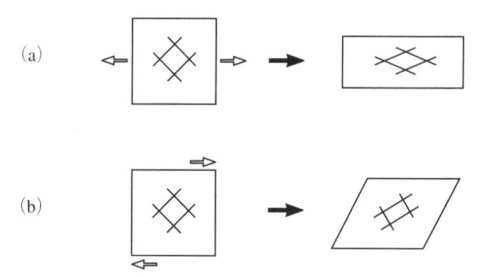

図 2.3.17 変形様式: 外形上引張変形(a)，外形上せん断変形(b)

表したものであるが，面積は変形に伴って変化する．このため変形中の断面積Sを基準とする応力$\sigma_t(=F/S)$を真応力，一方，変形前の断面積S_0に対して定義する応力σ($=F/S_0$)を工業応力または工学応力と呼び，例えば1軸変形では，$\sigma_t=\lambda\sigma$の関係が成り立つ．後述するエネルギー計算を含め，工業応力の方が取扱いが簡単であり，一般には工業応力が用いられる．もちろん微小変形下では真応力と工業応力の差異は無視できる．

弾性変形とは力を加えると瞬間的に発生し，力を除くと完全かつ瞬間的に消失する変形である．したがって力と変形の間に時間的な遅れがなく，応力はひずみだけの関数となる．さて等方性の弾性体に加えられた応力σとひずみεとの関係が，$\sigma=E\varepsilon$で表されるとき，比例定数Eを弾性率またはヤング率と呼ぶ．ここでεは変形前の長さをL_0，変形後の長さをLとしたとき$\varepsilon=(L-L_0)/L_0$で，また伸長比λは$\lambda=\varepsilon+1$で与えられる．Eがひずみの大きさによらないで一定の場合，このような線形関係をフック(Hooke)の法則と呼ぶ．弾性率は応力に対する抵抗（変形しにくさ）の大きさを示す値であり，SI単位としてはPaが用いられる．

ところで棒を軸方向に伸長すると常にその直交方向に収縮が起こり，ひずみが小さいときにはこの収縮力も応力に比例する．その際直交方向のひずみβと軸方向のひずみεとの比$\nu(=\beta/\varepsilon)$をポアッソン比といい，変形に際して物体の体積変化（したがって密度変化）の指標になる．体積が全く変化しないとき$\nu=0.5$，体積が増加（膨張）するときには$\nu<0.5$となり，例えば金属は0.3～0.4，ガラスは0.2～0.3，一方，液体は$\nu=0.5$である．これは液体では分子が自由に動ける空間があって，変形に伴う形状の変化に対しても常に分子が隙間なく追随して動けることを意味している．ゴムのポアッソン比は0.499916であり[1]，液体に匹敵する．これはゴム分子鎖の熱運動はきわめて激しく，変形に対しほとんど瞬時に対応できることを示している．ゴムに微小変形弾性論が適用できるのは，ひずみの大きさが10％程度までであり，それ以上の大変形では大変形弾性論が必要になる．

b. 大変形弾性論

数学的大変形理論ではまず応力とひずみの主軸方向の値を基準にする．こうすることにより主応力，主ひずみともに純粋に引張変形になる．ただし一般的にひずみの代わりに伸長比λを用いる．いま1軸伸長を例にとると，長さL_0からLまで試片を伸長させるのに外力がなした単位体積当たりの仕事は，変形前の体積を基準にとると，

$$W(\lambda) = \int_1^\lambda \sigma d\lambda \tag{2.3.51}$$

で与えられる．このWは弾性体をひずませる仕事であるが，同時に弾性体内にひずみエネルギーとして蓄えられるエネルギーでもある．Wをひずみエネルギー密度といい，$W(\lambda)$はλの大きさによって決まる物質特性関数でひずみエネルギー密度関数と呼ばれる．式(2.3.51)より得られる$dW(\lambda)/d\lambda(=\sigma)$も同じく物質特性関数であり，

微小変形弾性論における応力(弾性率)に相当し，単位もPaで与えられる．いま，これを3軸方向への伸長に拡大する．おのおのの主軸方向にとった伸長比 λ_1, λ_2, λ_3 に対応する応力を σ_1, σ_2, σ_3 とすると，外力が試片を変形させるときの仕事は1軸の場合の拡張として式(2.3.52)となる．

$$W(\lambda) = \int_1^{\lambda_1} \sigma_1 d\lambda_1 + \int_1^{\lambda_2} \sigma_2 d\lambda_2 + \int_1^{\lambda_3} \sigma_3 d\lambda_3 \qquad (2.3.52)$$

当然，$\partial W(\lambda)/\partial \lambda_1 = \sigma_1$, $\partial W(\lambda)/\partial \lambda_2 = \sigma_2$, $\partial W(\lambda)/\partial \lambda_3 = \sigma_3$ であり，物質特性として $W(\lambda_1, \lambda_2, \lambda_3)$ が与えられると応力が計算で求まる．

ひずみエネルギー密度 W の関数形は物質の特性によって決まるものであり，数学理論としては W の形を導くことはできない．ところで W を弾性理論として展開していくとき，計算が非常に容易になるという数学的要請のために，λ の代わりに不変量と呼ばれる I_i $(i=1,2,3)$ を導入する．ここで I_i は

$$I_1 = \lambda_1^2 + \lambda_2^2 + \lambda_3^2, \quad I_2 = (\lambda_1\lambda_2)^2 + (\lambda_2\lambda_3)^2 + (\lambda_3\lambda_1)^2, \quad I_3 = (\lambda_1\lambda_2\lambda_3)^2$$

不変量 I_1, I_2, I_3 を用いると，例えば σ_1 (工業応力)は

$$\sigma_1 = \frac{\partial W}{\partial \lambda_1} = \frac{\partial W}{\partial I_1}\frac{\partial I_1}{\partial \lambda_1} + \frac{\partial W}{\partial I_2}\frac{\partial I_2}{\partial \lambda_1} + \frac{\partial W}{\partial I_3}\frac{\partial I_3}{\partial \lambda_1} \qquad (2.3.53)$$

同様に σ_2, σ_3 が計算される．式(2.3.52)と式(2.3.53)から σ_1 が次のように求まる．

$$\sigma_1 = 2\lambda_1\left[\frac{\partial W}{\partial I_1} + (\lambda_2^2 + \lambda_3^2)\frac{\partial W}{\partial I_2} + (\lambda_2\lambda_3)^2\frac{\partial W}{\partial I_3}\right] \qquad (2.3.54)$$

ゴムの場合，自由変形面をもつ変形では，変形に伴う体積変化がない(非圧縮性)と仮定される($I_3=1$)ので，2軸変形($\sigma_3=0$)に対しては次式が成り立つ．

$$\sigma_1 = \frac{2}{\lambda_1}\left(\lambda_1^2 - \frac{1}{(\lambda_1\lambda_2)^2}\right)\left(\frac{\partial W}{\partial I_1} + \lambda_2^2\frac{\partial W}{\partial I_2}\right)$$
$$\sigma_2 = \frac{2}{\lambda_2}\left(\lambda_2^2 - \frac{1}{(\lambda_1\lambda_2)^2}\right)\left(\frac{\partial W}{\partial I_1} + \lambda_1^2\frac{\partial W}{\partial I_2}\right) \qquad (2.3.55)$$

なお，大変形解析については川端の優れた解説[2]があり参照されたい．

c. W 関数の求め方と実在ゴムの W 関数

(1) $\partial W/\partial I_1$, $\partial W/\partial I_2$ の求め方 微小変形弾性論では，変形様式を問わず，応力と変形の関係を弾性率とポアッソン比の関数として記述できる．一方，大変形弾性論では2軸変形である限り応力と伸長比を関係づけるのは $\partial W/\partial I_1$, $\partial W/\partial I_2$ である．もちろんそれらの値はあらかじめ $W(I_1, I_2)$ の関数形が理論的(分子論的)に与えられていればその偏微分量として求まるが，現状ではこれらの関数を実験的に求める以外にない．その場合，式(2.3.55)を書き直した次の式(2.3.56)に2軸伸長試験で得られた σ_1, λ_1 と σ_2, λ_2 の値を代入することにより求まる．

$$\frac{\partial W}{\partial I_1} = \frac{1}{2(\lambda_1{}^2 - \lambda_2{}^2)}\left(\frac{\lambda_1{}^3\sigma_1}{\lambda_1{}^2 - \lambda_1{}^{-2}\lambda_2{}^{-2}} - \frac{\lambda_2{}^3\sigma_2}{\lambda_2{}^2 - \lambda_1{}^{-2}\lambda_2{}^{-2}}\right)$$
$$\frac{\partial W}{\partial I_2} = \frac{1}{2(\lambda_2{}^2 - \lambda_1{}^2)}\left(\frac{\lambda_1\sigma_1}{\lambda_1{}^2 - \lambda_1{}^{-2}\lambda_2{}^{-2}} - \frac{\lambda_2\sigma_2}{\lambda_2{}^2 - \lambda_1{}^{-2}\lambda_2{}^{-2}}\right)$$
(2.3.56)

これは2つの未知数を同時に求めるには,両未知数を含む連立方程式の解が得られる2軸伸長試験が不可欠だからである.ところで1方向のみを拘束する1軸拘束2軸伸長変形は,2軸方向に均等に伸長する均等2軸伸長変形と,1軸方向が自由端となる1軸伸長変形のちょうど中間に位置している.このため1軸拘束2軸伸長試験で得られる $\partial W/\partial I_1$, $\partial W/\partial I_2$ の値は,2軸変形全体の代表的平均値として用いることができる[1].図2.3.18および図2.3.19は1軸拘束2軸伸長試験機の外観と伸長状態にある試験片を示している[3].

図 **2.3.18** 1軸拘束2軸伸長試験機[3]

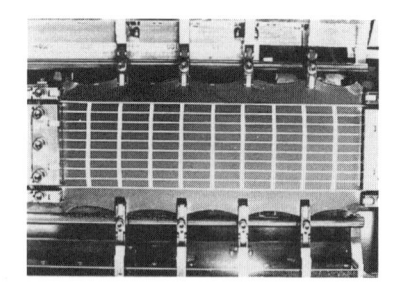

図 **2.3.19** 1軸拘束2軸伸長状態[3] ($\lambda_2=1$, $\lambda_1=3$)

(2) 実在ゴムの W 関数の関数形　　1軸拘束2軸伸長試験で得られた $\partial W/\partial I_1$, $\partial W/\partial I_2$ の値を $I_1(=I_2)$ に対してプロットしたのが図2.3.20(a), (b), (c)であり,おのおののゴム種の違い,架橋密度の違いおよびカーボンブラック充てん効果を示している[4].いずれの場合でも $\partial W/\partial I_1$, $\partial W/\partial I_2$ ともに I_1 の,したがって λ の複雑な関数であることがわかる.すなわち $\partial W/\partial I_1$ は,小変形域では変形の増加に伴い最初は急激に低下するが,極小値をとったあとは変形とともに徐々に増加する.一方,$\partial W/\partial I_2$ はその逆で,小変形域では急激に増加するが極大値をとったあとは変形に伴い徐々に低下する[1,4].

(3) ムーニー-リブリンプロット　　ところで W 関数を求めるとき次の点には注意すべきである.1軸変形の場合,$\lambda_2=\lambda_1{}^{-1/2}$ を考慮すると式(2.3.55)から次の式

2.3 ゴムの物理学

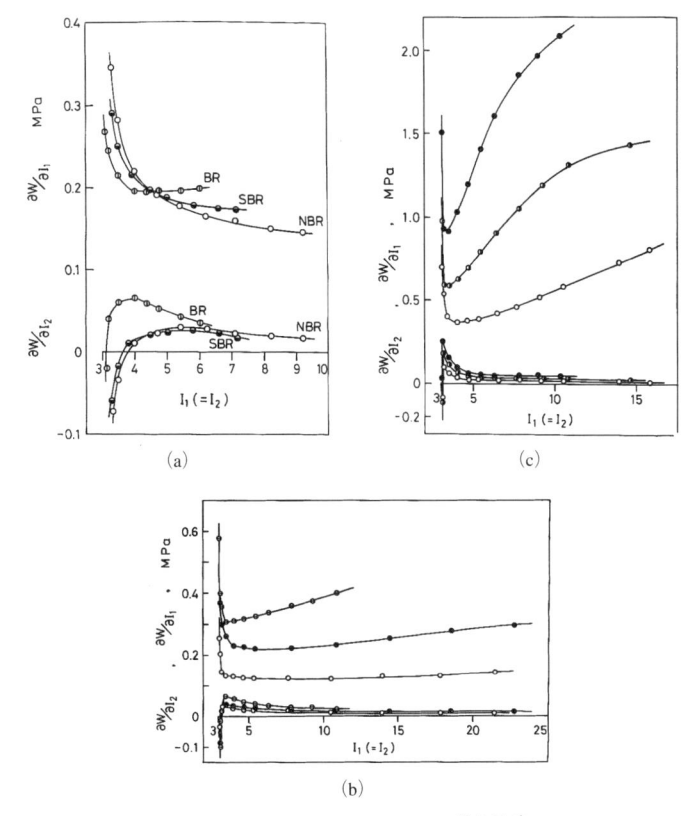

図 2.3.20 $\partial W/\partial I_1$, $\partial W/\partial I_2$ の I_1 依存性[4]
ゴム種による違い(a), 硫黄量の異なる天然ゴム(0.7(○), 2.0(●), 5.0 phr(⊖))(b),
HAFカーボンブラック充てん天然ゴム(20(○), 40(◐), 60phr(●))(c)

(2.3.57)が得られる.

$$\sigma = 2\left(\lambda - \frac{1}{\lambda^2}\right)\left(\frac{\partial W}{\partial I_1} + \frac{1}{\lambda}\frac{\partial W}{\partial I_2}\right) \quad (2.3.57)$$

この場合も式(2.3.56)に含まれる2つの未知数, $\partial W/\partial I_1$, $\partial W/\partial I_2$ を求めるにはやはり2軸変形のデータが必要である. ところが式(2.3.57)において $\partial W/\partial I_1$, $\partial W/\partial I_2$ をおのおの定数 C_1, C_2 と仮定した次の式(2.3.58)にもとづき, $\sigma/2(\lambda-\lambda^{-2})$ を λ^{-1} に対してプロットすることにより C_1 と C_2 (つまり $\partial W/\partial I_1$ と $\partial W/\partial I_2$)を求めるという試み(ムーニー-リブリン(Mooney-Rivlin)プロット)がなされている[5].

$$\sigma = 2(C_1 + C_2/\lambda)(\lambda - \lambda^{-2}) \quad (2.3.58)$$

しかしながら前述の通り $\partial W/\partial I_1$, $\partial W/\partial I_2$ はともに λ の複雑な関数であるため, この

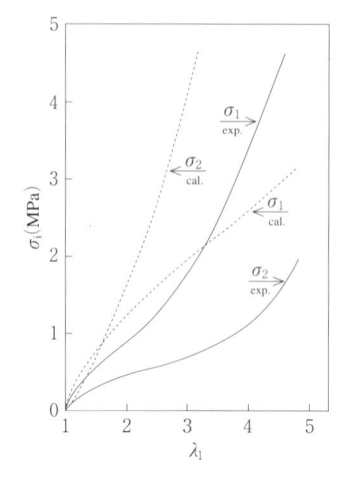

図 2.3.21 C_1, C_2 の値を用いて計算された1軸拘束2軸伸長時のσ_1(伸長方向)およびσ_2(……)と実測されたσ_1およびσ_2[4]

取扱いには大きな矛盾が含まれている[1,4]. つまりあらかじめ C_1, C_2 が定数と(何らかの別の方法で)わかっている材料が存在すれば,そのムーニー-リブリンプロットは直線になるが,逆にムーニー-リブリンプロットで直線が得られても C_1, C_2 が定数であるとは限らないのである. ゴムの1軸伸長挙動を記述するという意味ではムーニー-リブリン式は古典ゴム弾性論の式よりも大変形領域まで対応できるメリットをもつといわれているが,これによって変形の基本的パラメーターである $\partial W/\partial I_1$, $\partial W/\partial I_2$ を得ることはできない. 図2.3.21[4]はムーニー-リブリンプロットで得られた C_1, C_2 を用いて計算した1軸拘束2軸伸長挙動と実測値を比較したものであり,両者が全く合わないのがわかる.

d. W関数の有限要素解析(FEM)への適用

現在,構造物の応力~ひずみ挙動を高精度で予測する方法として,FEM解析が一般的である. ゴム材料でも微小変形の場合は,微小変形弾性論にもとづく材料特性を利用するFEM解析が行われている. ただし大変形になると W 関数の導入が不可欠である. 逆に,W 関数を求める最大のメリットは,FEM解析への適用といえるかもし

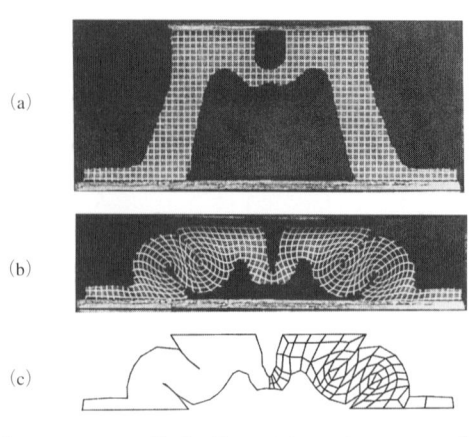

図 2.3.22 モデル防げん材の圧縮変形写真とFEM解析[3]
(a)未変形状態, (b)変形状態, (c)変形状態のFEM解析

2.3 ゴムの物理学

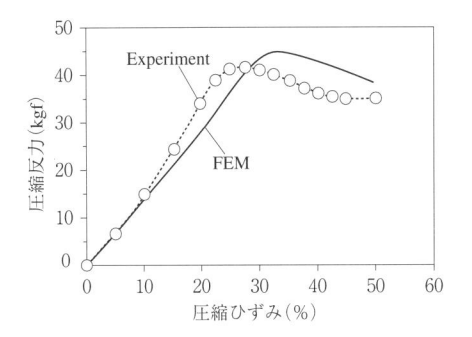

図 2.3.23 モデル防げん材の反力-圧縮ひずみ曲線[6]

(a)

(b)

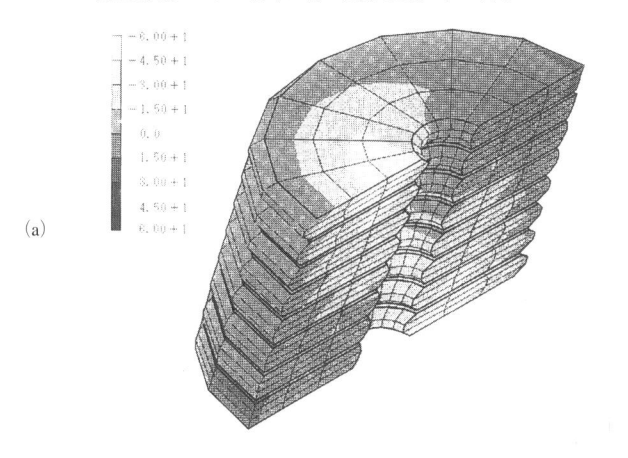

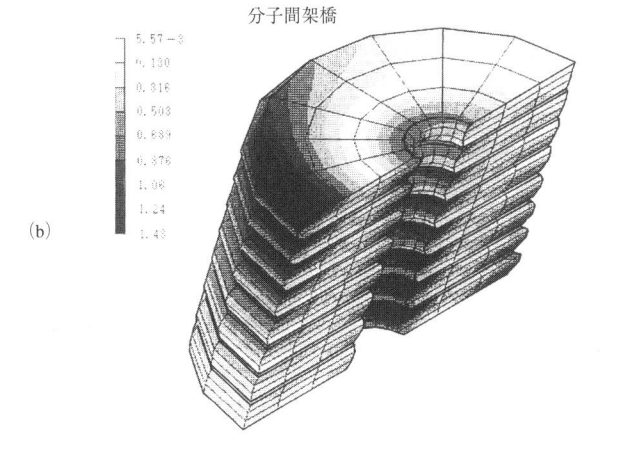

図 2.3.24 免震用積層ゴムの三次元FEM解析[7]
(a)主応力分布, (b)主ひずみ分布

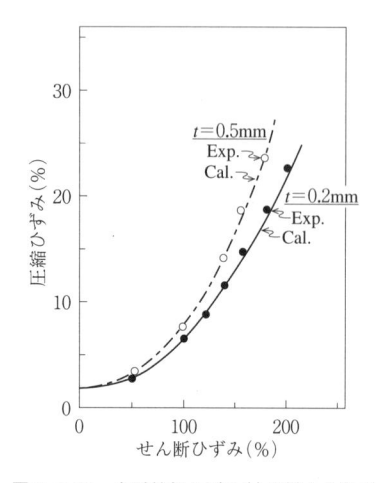

図2.3.25 内挿鉄板の厚さ(t)が異なる免震用積層ゴムのせん断変形に伴う圧縮変形の比較[8]

れない。そこで実測されたW関数を用いてシミュレートされたゴム部品の応力解析例のいくつかを以下に示す。

図2.3.22[3](a), (b)は横幅と同程度の奥行きをもつモデル防げん材の未変形および55％圧縮変形状態の写真である。図2.3.22(c)は平面ひずみ問題として計算されたFEM解析結果であり，図(b)との一致性はかなりよい。図2.3.23[6]はモデル防げん材の圧縮変形時に得られる反力～ひずみ曲線である。反力の極大点が実測値と計算値では約5％ずれているが，変形の複雑さを考えるとかなりよい一致と見なせる。一方，図2.3.24[7]は免震用積層ゴムの圧縮-せん断同時変形状態のFEM解析図である。積層ゴムの中心部が圧縮状態，外縁部が引張状態にあることがわかる。図2.3.25[8]は内挿鉄板の厚さ(t)が異なる2種類の免震用積層ゴムに，圧縮応力とせん断応力を加えたときの積層ゴムの沈込み(圧縮変形)を比較したものである。実測値とFEM解析結果とは非常によく一致していることがわかる。　　〔深堀美英〕

文　献

1) Kawabata, S., Matsuo, M., Tei, K. and Kawai, H.: *Macromolecules*, **14**, 154 (1981).
2) 川端季雄：日ゴム協誌, **48**, 636(1975) ; **50**, 361 (1977).
3) Seki, W., Fukahori, Y., Iseda, Y. and Matsunaga, T.: *Rubber Chem. Technol.*, **60**, 856 (1987).
4) Fukahori, Y. and Seki, W.: *Polymer*, **33**, 502 (1992).
5) Rivlin, R. S. and Saunders, D. W.: *Phil. Trans. Roy. Soc.*, **A 243**, 251 (1951).
6) 関　亙，深堀美英：未公開データ.
7) 深堀美英：日ゴム協誌, **68**, 388 (1995).
8) Fukahori, Y. and Seki, W.: Int. Rubber Con., 1992, Beijing, China, p. 319.

2.3.4　ゴムの補強

一般に，補強(reinforcement)とはゴムやプラスチックの物理的性質を向上させることをいうが，ここでは，補強材をゴムコンパウンドに混合する場合と，補強材とゴムを複合化し，構造的に製品を強化する場合を対象とする。実際，身のまわりのゴム製品で，ゴム単体で使用されるのは輪ゴムと一部の医療用ゴム製品ぐらいであり，多くのゴム材料はカーボンブラックをはじめとした粒子状充てん剤や，長繊維などによって補強されている。補強効果が現れる代表的な物理的性質としては，弾性率，引張強

度・伸び，引裂強度，応力緩和，クリープ，流動性，摩擦・摩耗特性などがある．とくに，カーボンブラックがゴムに対して大きな補強性を有することの発見(1904年，イギリスのS. C. Mote, F. E. Mattews)と大規模な実用化(1912年，アメリカのG. Oenslager)は特筆に値する．しかし，ゴムの補強が基本的な立場から研究され始めたのは，はるかにのちの時代になってからである[1]．それは，ゴム，補強材自体が複雑なだけでなく，ゴムと補強材の相互作用，組合せなどが多くのむずかしい問題を含んでいるためである．しかし，ゴムの補強の物理や化学は，これからも次々と新しい展開をみせていくであろう．

ゴムのカーボンブラックによる補強の代表例を図2.3.26[2]に示す．ここでは，スチレン-ブタジエン共重合ゴム(SBR)の純ゴム加硫物Ⓐ，カーボンブラック充てん(50 phr程度)ゴム加硫物Ⓑ，同じカーボンブラックであるが，熱処理し，グラファイト化したものを充てんしたゴム加硫物Ⓒの伸長比αと応力σの関係を示している．SBRは，天然ゴム(NR)のように伸張しても結晶化せず，自己補強性がないので，純ゴム加硫物の応力-ひずみ曲線Ⓐをみると，破断時の伸びα_b, 強度σ_bともに低いことがわかる．しかし，それにカーボンブラック(C/B)(例えばASTMグレードでN-330またはHAF(high abrasion furnace)C/B，平均粒子径29 nm，表面積100 m^2/g)をゴム100 gに対して約50 g(50 phr)配合して加硫したものの応力-ひずみ曲線Ⓑは，Ⓐと全く異なり，α_b, σ_bともに高くなっている．しかし，同じC/Bでも，ゴムに配合する前に不活性雰囲気中で約1800℃で熱処理し，C/B中にグラファイト構造を発達させると同時に表面活性を失わせたものを使うと，その応力-ひずみ曲線はⒸのようになり，Ⓐ，Ⓑとも全く異なってしまう．このように，補強の効果は顕著であるが，多くの因子が絡んでいることを示している．

さらに，補強効果を，C/Bの充てん量，温度依存性という面からみると，図2.3.27[3]のようになる．図2.3.27では，σ_bに注目しているが，C/Bの充てん量によってσ_bには極大値が存在し，それを与える充てん量は温度によって異なり，極大値自体にも顕著な温度依存性がある．したがって，補強の基本をどう扱うかだけでなく，材料設計に当たっては，このような特性を十分理解して最適化を行う必要がある．ここでは，補強の基礎を重点的に紹介する．

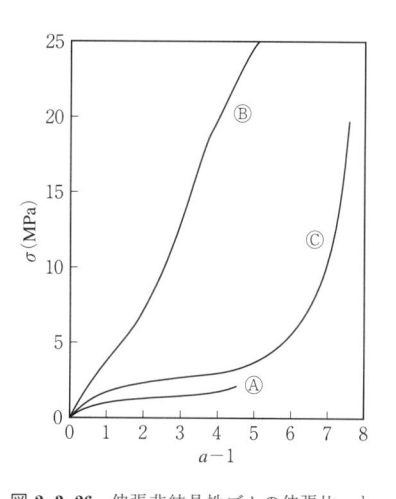

図 2.3.26 伸張非結晶性ゴムの伸張比αと応力σの関係[2]
Ⓐ：純ゴム加硫物，Ⓑ：カーボンブラック充てんゴム加硫物，Ⓒ：グラファイト化カーボンブラック充てんゴム加硫物．ゴムはスチレン-ブタジエン共重合ゴム(SBR)．

a. ゴムの補強材料

ゴムの補強に用いられる材料は非常に多種ある．それは，ゴムは一見固体状であるが，ミクロにみればゴム分子鎖が活発に分子運動していて液体と同様なので，いろいろな材料を配合できるからである．表2.3.1[4]に，ゴム用充てん剤を，その幾何学的形状をベースにして分類した例を示す．補強材として働くかどうかは，充てん剤とゴムがよく接着または密着するかどうかにも依っている．通常，補強材として知られているのは，表2.3.1のうちのカーボンブラック，シリカ，炭酸カルシウムなどが粒子状補強材の代表格で，補強繊維としては，ナイロン，ポリエステル，レーヨンなどの有機繊維，スチールコード，ガラス繊維などがよく使用されている．特殊用途として，フレーク状補強材を使うこともある．ここではとくに，粒子状充てん剤による補強[5]と短繊維補強[6]についてふれる．

とくに，カーボンブラックやシリカのような超微粒子による補強[7]は，実用的にも重要である．この場合，まずそのような微粒子の特性をどう表現するかということも問題である．例えば，カーボンブラック(C/B)の場合，電子顕微鏡により撮影し，それを画像解析して平均粒子径や表面積を求めたり，N_2ガスの吸着をBET(Brunauer-Emmett-Teller)吸着等温式によって解析して表面積を求めたり，もう少し大きい分子であるヨウ素の吸収量，DBP(ジブチルフタレート)やオイルの吸収量で求めたりする．

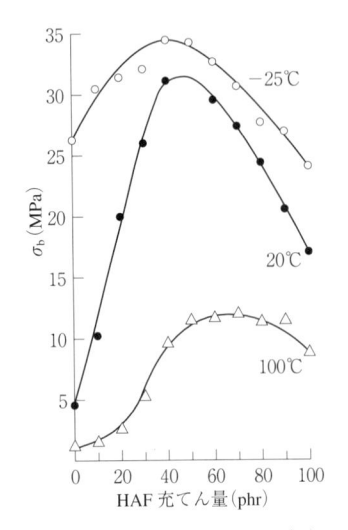

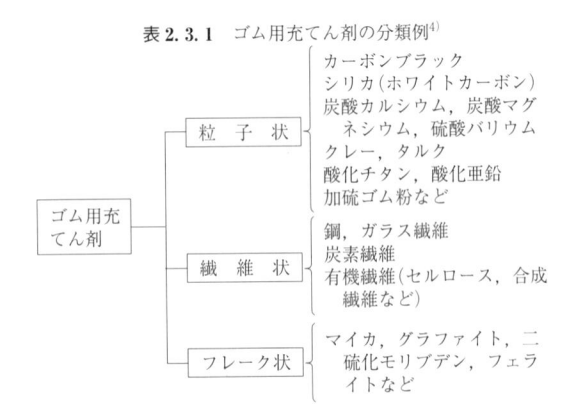

図2.3.27 HAFカーボンブラックを充てんしたSBR加硫物の引張強さの充てん量依存性[3]

表2.3.1 ゴム用充てん剤の分類例[4]

ゴム用充てん剤	粒子状	カーボンブラック シリカ(ホワイトカーボン) 炭酸カルシウム，炭酸マグネシウム，硫酸バリウム クレー，タルク 酸化チタン，酸化亜鉛 加硫ゴム粉など
	繊維状	鋼，ガラス繊維 炭素繊維 有機繊維(セルロース，合成繊維など)
	フレーク状	マイカ，グラファイト，二硫化モリブデン，フェライトなど

実際は，それらのどの指標と，対象とする充てんゴムの物性が対応するかは詳細に検討しないと，はっきりしたことはいえない状況である．

b. ゴムの補強に伴う物性変化

補強により，いろいろな物性が変化するが，その予測は容易ではない．簡単な例として，微小変形の弾性率 E をあげる[8]と，長繊維補強ではその繊維方向の複合材料の弾性率 E_c は，

$$E_c = E_f \cdot V_f + E_m (1 - V_f) \tag{2.3.59}$$

となる．ここで E_f, E_m はそれぞれ長繊維，マトリックスの弾性率，V_f は長繊維の体積分率である．一方，球形の微粒子をごくわずか配合した場合の弾性率 E_c は，微粒子の弾性率がマトリックスよりも十分高いとき，アインシュタインの式により，

$$E_c = (1 + 2.5 V_f) E_m \tag{2.3.60}$$

で近似されるが，もっと粒子が高濃度であったり，粒子に異方性がある場合[9]は，

$$E_c = (1 + 2.5 V_f + 14.1 V_f^2) E_m \tag{2.3.61}$$

や，式(2.3.62)[10]で近似される．

$$E_c = (1 + 0.67 f \cdot V_f + 1.62 f^2 \cdot V_f^2) E_m \tag{2.3.62}$$

ただし，f は粒子の形状係数で，(粒子の長さ)/(粒子の幅)である．しかし，式(2.3.60)～(2.3.62)が V_f が大きな値でよく成立したという話はあまり聞かない．

長繊維と粒子補強の中間にあたる短繊維補強では，長さ l, 直径 d の短繊維を一方向に配向させられたとすると，その方向の弾性率 E_x の近似式として，

$$\frac{E_x}{E_m} = \frac{1 + \xi \eta V_f}{1 - \eta V_f}, \quad \eta = \frac{(E_f/E_m) - 1}{(E_f/E_m) + \xi}, \quad \xi = 2\frac{l}{d} \tag{2.3.63}$$

というハルピン(Halpin)の式[11]がある．この式では，短繊維の形状を表すアスペクト比(l/d)が大きな役割をしている．しかし，式(2.3.63)で $\xi \to \infty$ または $\xi \to 2$ にしても長繊維補強の式(2.3.59)や，粒子補強の式(2.3.60)にはならないことに注意すべきである．これらの問題の多くは，実際の補強では補強材が大量に使用されるため，粒子間の相互作用が無視できないこと，補強材自身が単純な球や円筒で近似できないことなどに起因している．まして，ゴム材料のように大変形する場合や，破壊強度などに関しての理論化は，大変むずかしいといわざるをえない．

補強ゴムを実際に使用する際に注意しておかねばならない現象として，繰返し変形下の応力／ひずみ曲線に現れる図2.3.28のような履歴効果[12]（マリンス(Mullins)効果と呼ぶ）や，図2.3.29に示す動的弾性率 E' の大きな振幅依存性[13]（ペイン(Payne)効果と呼ぶ）がある．図2.3.29中の数値は，C/B配合量(phr)であり，C/B配合量が多いほどペイン効果も顕著である．これは，C/Bのような超微粒子を配合することにより，ゴム中に複雑な高次構造が形成され，それが変形によりくずれるためとされている．また，マリンス効果やペイン効果にはかなりの程度の回復現象があり，そのような高次構造が再形成されると考えられている．

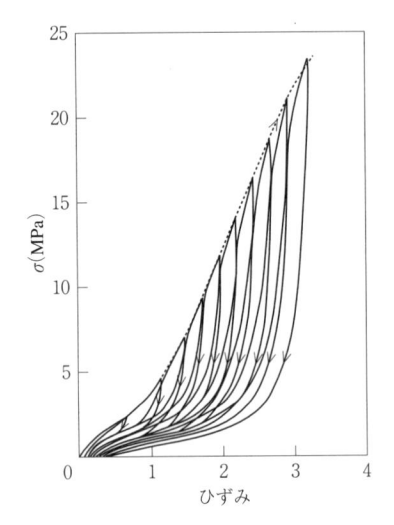

図 2.3.28 SBR に 60 phr ISAF カーボンブラックを配合した試料の繰返し変形下の応力-ひずみ曲線[12]

図 2.3.29 カーボンブラック配合ブチルゴムの動的せん断弾性係数のひずみ振幅依存性[13]

c. 補強機構

補強機構に関する研究は数多い[1]が，表面官能基と高分子鎖の反応に主眼をおいた化学的研究と，表面と高分子鎖の相互作用，表面近傍での高分子鎖の形態に主眼をおいた物理的研究に分類することができる．ここでは，物理的研究を主体に紹介する．

まず，高分子鎖が C/B やシリカなどの表面近傍でどのようにふるまうかをモデル的に示すと，図 2.3.30 のようになるであろう[14]．図 2.3.30 では，1 本の高分子鎖に着目し，他の高分子鎖はその周囲を埋めていると見なしている．このとき，高分子鎖の両端が関連する部分をテイルと呼び，表面にモノマー単位にしていくつか吸着して連なっている部分をトレインと呼ぶ．また，一度表面から離れ，またもどってくるような部分をループと呼ぶ．このような状態は，高分子鎖の重合度 r，高分子鎖のモノマー単位同士の相互作用 χ，モノマー単位と表面との相互作用 χ_s，高分子鎖の濃度 ϕ^* などによっていろいろ変化する．図 2.3.31[15] は，各種理論によって，吸着ポリマー鎖の界面からの密度分布 $\phi(z)$ を，モノマー単位の長さを使って表したものである．この場合，モデルとしては，重合度 1000 の柔軟な高分子鎖を仮定し，その濃度が 10^{-6} の超希薄溶液で，$\chi=0.5$，$\chi_s=1$ としている．これは，

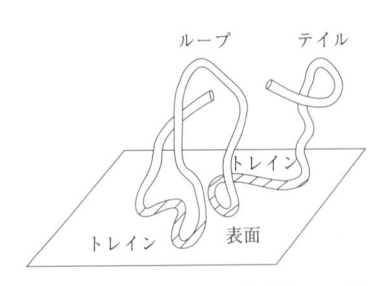

図 2.3.30 ポリマーの吸着形態モデル[14]

2.3 ゴムの物理学

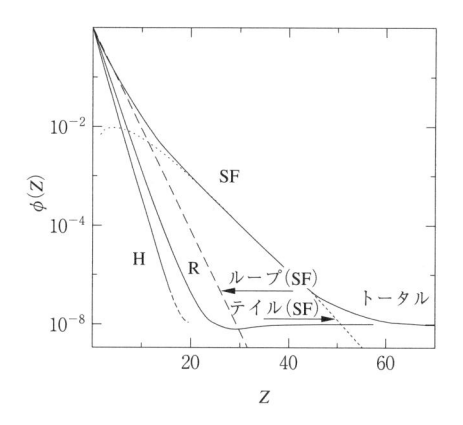

図 2.3.31 Hoeve(H), Roe(R), Scheutjens & Fleer(SF)理論による吸着ポリマー鎖の界面からの密度分布 $\phi(Z)$ [15]
SF理論では、テイルの寄与(……)とループの寄与(---)を分離している。$\chi=0.5$, $\chi_s=1$, $r=1000$, $\phi^*=10^{-5}$ の場合。

違う高分子鎖同士の相互作用をほとんど無視できる状況であるが，図2.3.31より，表面からかなり離れたところまでテイルが出ていることを示している．

実験的に，高分子とC/Bなどの相互作用を解析する方法にはいくつかの例が知られている．ひとつは，バウンドラバー(bound rubber: BR)を解析する方法[16]であり，もうひとつは，パルス法NMRを用いて，表面で相互作用しているゴム分子鎖の分子運動性から解析する方法[17]である．

バウンドラバーによる解析は，未加硫ゴムとC/Bなどを十分混練りした試料は，これをゴムの良溶媒に浸漬しても，ゴムとC/Bがその相互作用のために分離せず，一体になって膨潤する現象を利用するものである．これをカーボンゲルとも呼ぶが，このとき相互作用していない一部のゴム分子は，溶媒側に溶出している．モデル的には，C/Bの周辺に厚さ ΔR(BR)のバウンドラバー層が形成されたと見なすこともできる．一方，未加硫ゴムそのものや，混練りの過程でC/Bに結合していないゲルが生じ，それも溶媒に溶出していない可能性がある．これらのゲルを V_g とし，見かけのバウンドラバーの分率〔BR〕を，単位体積の複合体中の高分子と単位体積中の不溶高分子の比率と定義すれば，

$$[BR] = \frac{\Delta R f \rho_c A V_f}{1-V_f} + V_g \tag{2.3.64}$$

と近似できる[16]．ここで f は，複合体中のC/Bの全表面積 A と，ゴムの可溶成分がC/Bと接触している表面積 A' の比，ρ_c はC/Bの密度，V_f はC/Bの体積分率である．通常は，f は一定として，V_f, A を変えた試料を作成して〔BR〕を求めれば，ΔR, V_g が得られる．

表2.3.2[16)]に, 各種ゴムにC/Bを配合して得たカーボンゲルを解析した結果を示す. 吸着ゴム層の厚さ ΔR(BR)で比較すると, ゴムとC/Bの相互作用の強さは, ポリブタジエン＞SBR＞エチレン-プロピレン共重合ゴム(EPDM)～ブチルゴムの順であることがわかる. 厳密には, ゴムとC/Bの相互作用の強さは, 混練り条件, バウンドラバー作成時の溶媒の種類・温度, さらにはC/Bの種類, 表面処理条件などでも異なるので, 表2.3.2は目安と見なした方がよい. ΔRのオーダーは20～70Åでかなり薄いと見なせる.

図2.3.30のようなポリマーの吸着形態を考えたとき, ゴム分子鎖の運動性は, トレイン, 短いループでは低く, 長いテイル, 長いループでは高いことになる. この状態は, パルス法NMRで分子鎖の水素核のスピン-スピン緩和時間 T_2 とその信号成分量を解析すれば, 定量的に知ることができる. 実際, 天然ゴムと各種カーボンブラックの組合せで作製したバウンドラバーのパルス法NMRを測定すると, T_2 の長い成分と短い成分が得られる. T_2 の短い成分は, C/B表面に束縛された部分からの信号であり, T_2 の長い成分はC/Bから離れた動きやすいゴム分子鎖からの信号である. これらのデータを整理した例を表2.3.3[18)]に示す. 表2.3.3で, 例えば天然ゴムにHAFカーボンブラックを50 phr配合して作製したバウンドラバーには, C/B界面に束縛された成分が15.3 ％存在し, その厚さは13.4 Åであり, バウンドラバーから求めた ΔR(BR)は72 Åであることを意味している. 表2.3.2では, ゴム/C/Bの組合せで ΔR(BR)が決まってしまうようにみえるが, 表2.3.3では, ΔR(BR)は, C/Bの種類にも依っている. これらの差の原因のひとつは, C/Bの表面積をどうやって見積るかにある. しかし, C/Bでも種類や表面官能基の密度などによっても ΔR(BR)は変化して

表2.3.2 吸着ゴム層の厚さ ΔR(BR)[*1)16)]

エラストマー	ゲル分(％)	ΔR(BR)(Å)
シス・ポリブタジエン	0	74.7 ± 3.2
ポリブタジエン(40シス/50トランス/10ビニル)	0	67.7 ± 2.1
乳化重合 SBR(23％スチレン)	0	54.1 ± 1.5
アルフィン SBR	0	52.0 ± 1.4
乳化重合ブタジエン	17.9 ± 1.2	54.6 ± 3.2
溶液重合 SBR	0	40.9 ± 2.0
ブチルゴム	0	28.3 ± 1.6
ブチルゴム＋$N,4$-DNMA[*2)]	0	53.0 ± 1.5
ENB-EPDM[*4)]	0	34.6 ± 1.8
1,4-ヘキサジエン-EPDM	12.4 ± 3.0	34.7 ± 8.1
DCPD-EPDM[*5)]	28.4 ± 1.0	22.5 ± 3.6
DCPD-EPDM[*3)]	3.5 ± 2.0	28.0 ± 4.4
エチレン-プロピレンゴム	0	27.4 ± 1.3

[*1)] ゴムにファーネスブラックをブラベンダーで混合(120 ℃, 10分間, 30 rpm)したのち, 82 ℃で10分間ロール練りした. 溶媒はトルエンで室温抽出した.
[*2)] $N,4$-ジニトロソ-N-メチルアニリン(0.33 phr)
[*3)] 70 ℃のキシレンを溶媒とした.
[*4)] エチリデンノルボルネン EPDM
[*5)] ジシクロペンタジエン EPDM

表 2.3.3 カーボンブラックとのその初期配合量 L(phr)を変化させた場合にバウンドラバーのNMR信号に現れる短いT_2成分量γ (%), その層の厚さΔR(NMR)および Pliskin & Tokita 法によるバウンドラバー層の厚さΔR(BR)の関係[18]

カーボンブラック	L(phr)	γ(%)	ΔR(NMR)(Å)	ΔR(BR)(Å)
SAF	70	10.9	6.2	
	50	12.9	8.0	43
	35	13.3	10.0	
HAF	70	11.8	9.8	
	50	15.3	13.4	72
	35	14.6	14.4	
SRF	70	26.0	29.6	
	50	25.5	26.9	105
	35	33.0	20.0	

もおかしくないので, 今後, さらに詳細な研究が期待されている.

最後に, C/B充てんゴムのモデルの例を図2.3.32[14,19]にあげる. ゴムとC/Bは単に混合しているのではなく, 分子鎖レベルでみると, A〜Iまでのいろいろな状態になっており, これらの割合が変化すれば, 巨視的物性も大幅に変化すると考えられている. しかし, 現状ではA〜Iを明確に区別する方法は十分でなく, 今後の課題として残されている.

d. ゴムの短繊維補強

ゴムの補強の有力な手法のひとつとして, 短繊維補強がある. この場合のモデルとしては, 図2.3.33[6]のように, 長さl, 直径dの短繊維を配合したとき, その配向方向にσ_mを与え, その際の短繊維に働く張力σ_f, ずり

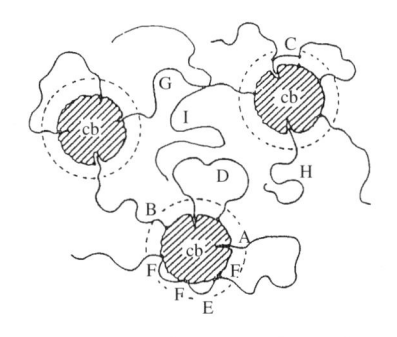

図 2.3.32 カーボンブラック充てんゴムのモデル[14,19]
A: 物理吸着鎖, B: 化学結合鎖, C: 架橋ゴム分子鎖, D: ゆるい折りたたみ鎖, E: 鋭い折りたたみ鎖, F: 数カ所で吸着された鎖, G: 粒子間結合鎖, H: 一端固定鎖, I: 自由なゴム分子鎖

応力τを考える. この系の弾性率は式(2.3.63)で近似される. 図2.3.34[6]に短繊維, マトリックスの弾性率をそれぞれE_f, E_mとしたとき, $E_f/E_m=100$では, 短繊維の配向方向の弾性率E_xがE_mに比較して, l/d, V_fの関数としてどう変化するかを示した. 図2.3.34より, 同じ配合量(V_f)でも, l/dによってE_x/E_mが大きく違うことがわかる. アスペクト比のl/dが大きい短繊維ほど効果は大きいが, l/dが100と1000ではあまり効果が変わらない. このような効果で整理すると図2.3.35[6]となる. これは, E_f/E_mの大きさによって, どの程度のl/dのものを入れればよいかを示している. いわば, 短繊維利用率である. 基本的には, 図2.3.33で, σ_mと$\sigma_{f,max}$の比をみていること

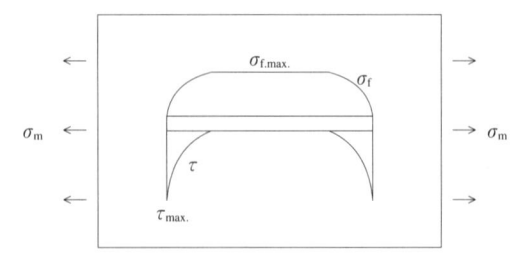

図 2.3.33 短繊維複合体に応力 σ_m を加えた際，短繊維に働く張力 σ_f とずり応力 τ の様式図[6]

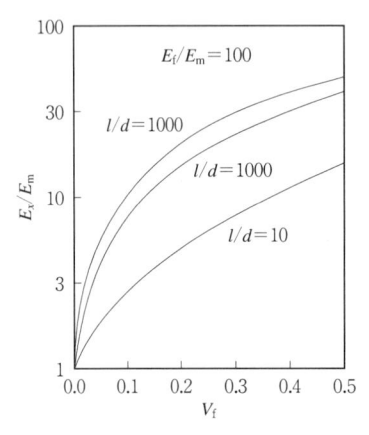

図 2.3.34 式(2.3.63)による短繊維複合体の配向方向弾性率 E_x の短繊維体積分率 V_f，アスペクト比 l/d 依存性[6]
E_m はマトリックスの弾性率.

に対応する．実際には，図2.3.33にあるように，複合体を σ_m の外力で引っ張ると，短繊維の両端にずり応力の最大値 τ_{max} が生じ，それがあまり大きいと，そこで接着破壊が生じてしまう．τ_{max} の近似値としては，

$$\frac{\tau_{max}}{\sigma_m} = \frac{5}{(E_m/E_f)(l/d) + 1.4} \quad (2.3.65)$$

が得られている[20]．したがって，$(E_m/E_f)(l/d)$ を大きくすれば，物理的には有利である．これらの基本と，接着が短繊維補強ではキーポイントになっている．

工業的には，短繊維をゴムに混練りする際の短繊維の破断による l/d の低下，破断による短繊維両端の接着処理，短繊維の配向制御など多くの問題が残されている[8]．

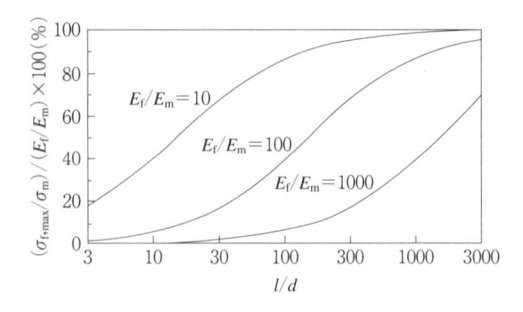

図 2.3.35 短繊維複合体での短繊維利用率の E_f/E_m およびアスペクト比 l/d 依存性[6]

おわりに

ゴムを単体で使う例はまれで,何らかの形の補強が行われている.このほかにも多くの興味あるテーマがあるが,基本は,化学,物理,工学をいかに融合させて研究開発を進めるかにある.ここではふれなかった長繊維補強も,接着,疲労,動特性など多くの研究テーマが残されている.　　　　　　　　　　　　　　　　　〔西　敏夫〕

文　献

1) Kraus, G. : Reinforcement of Elastomers, Wiley (Interscience) (1965).
2) Kraus, G. : *Rubber Chem. Technol.*, **51**, 297 (1978).
3) Ecker, R. : *Kaut. Gum. Kunst.*, **21**(6), 304 (1968).
4) 大蔵明光,福田　博,香川　豊,西　敏夫:複合材料,第6章,東京大学出版会 (1984).
5) 西　敏夫:日ゴム協誌, **71**, 541 (1998).
6) 西　敏夫:日ゴム協誌, **57**, 417 (1984).
7) 西　敏夫:表面, **20**, 316 (1982).
8) 芦田道夫:ゴム工業便覧(第4版)(日本ゴム協会編), p.79, 日本ゴム協会 (1994).
9) Guth, E. and Gold, O. : *Phys. Rev.*, **53**, 322 (1938).
10) Guth, E. : *J. Appl. Phys.*, **15**, 758 (1944).
11) Halpin, J. C. : *J. Composite Mat.*, **3**, 732 (1969).
12) Mullins, L. : *J. Rubber Res.*, **16**, 275 (1947).
13) Payne, A. R. : *J. Appl. Polymer Sci.*, **3**, 127 (1960).
14) 西　敏夫:日ゴム協誌, **58**, 232 (1985).
15) Parfitt, G. D., ed. : Adsorption from Solution at the Solid/Liquid Interface, Academic Press (1983).
16) Pliskin, I. and Tokita, N. : *J. Appl. Polymer Sci.*, **16**, 473 (1972).
17) 藤本邦彦,西　敏夫:日ゴム協誌, **43**, 465 (1970).
18) Nishi, T. : *J. Polymer Sci., Polymer Phys. Ed.*, **12**, 685 (1974).
19) O'Brien, J., Cashell, F., Wardell, G. E. and McBrierty, V. J. : *Macromolecules*, **9**, 653 (1976).
20) 林　毅:複合材料シンポジウム予稿集, p.130 (1968).

2.3.5　ゴムブレンドとポリマーアロイ

金属材料のほとんどが多種類の原子からできている合金(アロイ, alloy)である.セラミックスもそうである.高分子材料においても同様に,種類の異なる高分子の組合せによる一連の材料がある.これらの多成分系高分子材料に対してポリマーアロイ(polymer alloy)という呼び方が1980年代に定着してきた[1~3].

ゴム工業はポリマーアロイの工業的応用に関して最も長い歴史をもっている.現在でも単一のポリマーを使用するよりも,2種もしくは3種のポリマーが組み合わされているゴム製品の方が多い.具体例として図2.3.36に自動車タイヤを示す.それぞれの構成部の設計について膨大な技術が蓄積されていると考えられる.それらはベルトやホースに応用されている.しかし,これらのゴム材料においては複数のポリマー以外に充てん剤,加硫剤,加硫促進剤,軟化剤などを配合したうえで加硫反応が施されるので,系は非常に複雑にならざるをえない.このことも手伝ってか,なぜ図2.3.

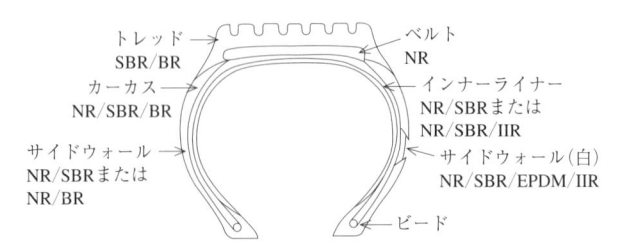

図 2.3.36 乗用車タイヤの構成とそれぞれの構成部に使用されているポリマーの組合せ

36のようなポリマーの組合せに至っているのかについては公表されていないことが多い．

これらのゴムブレンドからなる加硫ゴム製品は，高せん断場で混練りされたのち，練り生地は所定の時間寝かされ(静置され)てから高温で加硫されてつくられる．この一連のプロセスの背景となるべき物理や物理化学に多大な進展が最近の20年間にみられた．本項では，これらの基礎的事項，つまり静置場ならびに動的な場における相溶性，一相状態からの相分離，化学反応が相分離や構造形成に及ぼす影響などについて概説する．ポリマーアロイにおけるその他の重要な課題としてミクロ相分離や動的架橋があるが，それらについては2.2.5項を参照していただきたい．

a. 相溶性と相図[2,3]

2種類のポリマーA，Bをセグメント*次元で均一に混合させた状態の自由エネルギーG''と混合前のそれG'との差$\Delta G_M(=G''-G')$は

$$\frac{\Delta G_M}{RT} = \frac{V}{V_r}\left(\frac{\phi_A}{m_A}\ln \phi_A + \frac{\phi_B}{m_B}\ln \phi_B + \chi_{AB}\phi_A\phi_B\right) \qquad (2.3.66)$$

で記述される．ここでVは混合系の体積，V_rはセグメントのモル体積*，ϕ_iはiポリマーの容積分率，m_iはV_rを単位としてみたiポリマーの重合度，Rは気体定数，Tは絶対温度である．式(2.3.66)の第1項と第2項は，理想気体の混合でおなじみのcombinatorialエントロピー変化である．χ_{AB}はcombinatorialエントロピー効果以外の自由エネルギー変化のすべてを含んでおり，相互作用パラメーターと呼ばれている．極性の低いポリマー同士の混合系を正則溶液**と見なせば

$$\chi_{AB} = \left(\frac{V_r}{RT}\right)(\delta_A - \delta_B)^2 \qquad (2.3.67)$$

として，χ_{AB}が溶解度パラメータδ***の差の2乗の形で与えられる．

A・Bポリマーともに高分子量(m_A，m_B：大)であれば，式(2.3.66)の第1項と第2

---

* トルエンのような低分子溶媒のモル体積，つまり100 m*l*/mol程度の値を考えればよい．
** 混合に伴う体積変化がなく，分子間にはファンデルワールス力によるエネルギー的相互作用のみが存在すると見なせる溶液．

項は絶対値の小さい負値となる．つまりcombinatorialエントロピー得はきわめて小さい($\cong 0$)．したがって，δにほんのわずかな差があれば，ΔG_Mは正となる．すなわち均一混合状態の方が高いエネルギーレベルにあり，相互溶解は起こらないことになる．ほとんどの異種ポリマー対が非相溶系であることが，式(2.3.66), (2.3.67)から説明される．

分子量が数千以下であるオリゴマー同士の混合系では，図2.3.37(a)のように，低温では溶け合わないが高温では溶解するUCST(upper critical solution temperature)現象を示す．式(2.3.66)のm_iが小さければ当然期待されることである．

近年，高分子ポリマーの混合系で図2.3.37(b)のように，低温側で溶解し高温では相分離するLCST(lower critical solution temperature)現象が数多く見いだされてきた．LCST現象は式(2.3.66), (2.3.67)の正則溶液議論では説明できない．式(2.3.66)のχ_{AB}の内容についての再考察が必要となり，液体の状態方程式を用いた新しい理論が提出された．それによれば，① 低温に一相域が存在するためには異分子間相互作用による負の混合エンタルピーχ_{int}が必要条件であり，② 成分ポリマーの熱膨張係数や熱圧力係数の差にもとづくχ_{free}，つまり混合に伴う自由体積の変化によるエントロピー損が，図2.3.38のように高温側で急激に増大するために一相状態が不安定化して

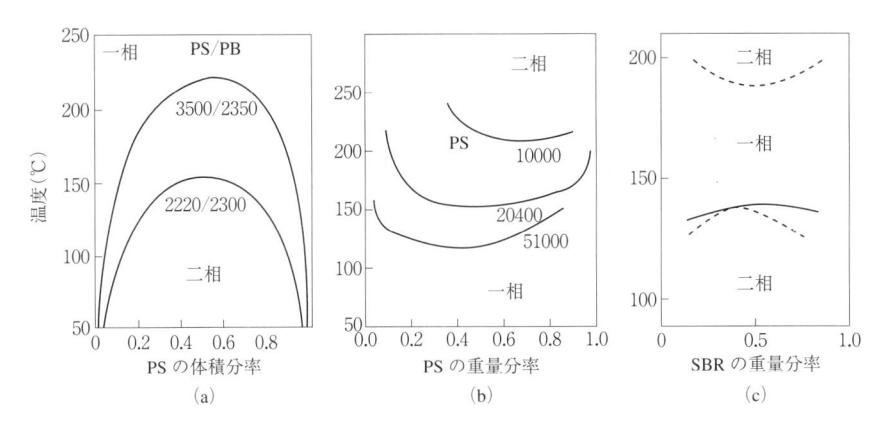

図 2.3.37　高分子混合系の相図
(a)ポリスチレン(PS)/ポリブタジエン(PB)オリゴマー混合系のUCST型相図(図中の数字は重量平均分子量)，(b)PS/ポリビニルメチルエーテル混合系のLCST型相図，(c)PB/SBR-45混合系のUCST-LCST共存型相図(SBR-45: スチレン含量45 wt %のスチレン-ブタジエン共重合体)

***一般に低分子液体のδは$(\Delta E^v/V)^{1/2}$で定義される．ここでΔE^vはモル蒸発エネルギー，Vはモル体積である．液体では各分子が引き付け合って凝集している．この分子間引力にさからって分子間距離を無限大にする(気化)に要するエネルギーがΔE^vである．$\Delta E^v/V$は単位体積当たりの凝集エネルギーである．高分子を蒸発させることはできないが，形式的には低分子と同様にδを定義できる．代表的な高分子のδ値は，例えば高分子学会編: 高分子データハンドブック，培風館(1981)に収録されている．

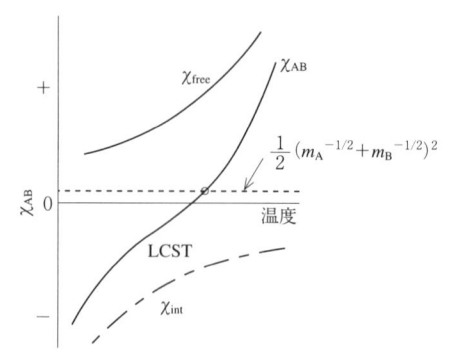

図 2.3.38 $\chi_{AB}(=\chi_{free}+\chi_{int})$ の温度依存性

LCST が出現する．

図2.3.37(c)のようにLCSTとUCSTを対で有する混合系も見いだされている．いずれも分子量が20万以上の高分子量系である．

χ_{int}が負となるのは，① ポリ酢酸ビニルやポリエステルなどのカルボニル基とポリ塩化ビニル(PVC)のα水素との間で代表される水素結合的相互作用がある場合，② ランダム共重合体のコモノマー間の斥力的相互作用が大きいために，相手ポリマーに対して引力的相互作用が生まれる場合である．後者の具体例として，アクリロニトリル-ブタジエン共重合体(NBR)，エチレン-酢酸ビニル共重合体(EVA)，スチレン-アクリロニトリル共重合体(SAN)などがPVC，PMMAと相溶する組合せであることがあげられる．

b. スピノーダル分解による脱混合[2,3)]

図2.3.39のLCST型相図を有する混合系において，いったん低温(T_1)の一相領域で均一溶液をつくったのち，これを二相領域の温度(T_2)に急昇温し，そこで等温熱処理すると，系は共存組成(ϕ', ϕ'')を目指して相分解(脱混合)を開始する．発生する濃度ゆらぎの波長が次第に単色化していく．すなわち，一定の波長Λ_mをもつようになる．これによって両相がともに連続して規則正しく(周期Λ_m)絡み合った相分離構造(図2.3.40(a))が形成される．この様式の相分解をスピノーダル分解(SD)と呼んでいる．

SDの後期過程では，構造が自己相似的に粗大化し(図2.3.40(a)→(b))，やがて連続性が失われて粒子分散系となる(図(c),(d))．

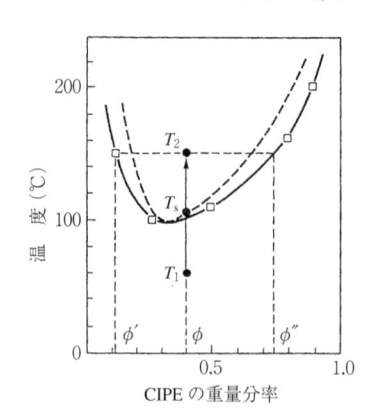

図 2.3.39 LCST型相図(PMMA/塩素化PE)と温度ジャンプ($T_1 \to T_2$)

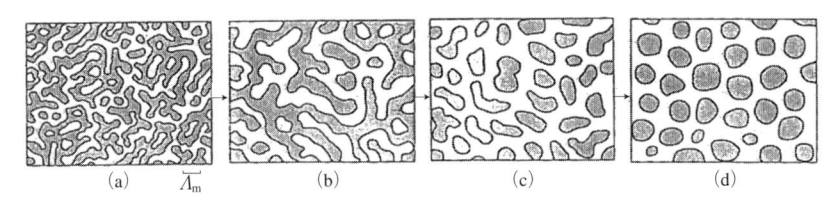

図 2.3.40 スピノーダル分解過程での構造変化

図(d)の粒子分散系においても構造の規則性は保持されており、粒径の比較的よくそろった粒子が規則正しく配置されている。水と油のような非相溶系を機械的に混合すると、分散粒子は大きさ・形が不ぞろいになり、図(d)の分散状態を達成できないことを考え合わせると、図の(a)～(d)の構造はいずれも SD に特徴的である。

SD は図 2.3.39 の破線の上の領域で起こる相分解現象である。破線は $\partial^2 \Delta G / \partial \phi^2 = 0$ で定義されるスピノーダル曲線である。実線と破線の間の領域では核生成・成長の機構で相分解が起こる。これによると非相溶系を機械的に混合する場合と同様に不規則な相分離構造が形成される。

c. せん断場での相溶解と脱混合[4]

ゴムブレンドについて、例えば NR と SBR をロール混練りすると、両ポリマーはロール上で相溶しているという「現場の声」を耳にすることがある。しかし、混練物を DSC にかけると 2 つの T_g がみられ、電子顕微鏡で明らかに相分離構造が観察される。「現場の声」と矛盾しているかのように思われる。しかし、実は両方とも正しいと考えるべき可能性が生まれてきた。

前述 a 項での議論は静置場での相平衡論である。動的な状況下、例えばロールやバンバリーミキサーで混練りする際には、ポリマーは高せん断場にあり、状況が違ってくることが最近明らかになってきた。一例を図 2.3.41 に示す[5]。せん断速度 $\dot{\gamma}$ が大きくなると LCST 型の相図は高温側に移行して一相域が広くなっている。上述の NR/SBR ブレンドで同様のことが起こっていれば、ロール混練り中は一相状態にあり、混練物を静置場で長時間放置すればその間に相分離して二相構造が形成されることになる。一見単純にみえる混練りという操作に複数の相転移が組み込まれる可能性がある。ポリカーボネート(PC)/SAN 混合系の押出成形を具体例としてより詳細にみていこう。

図 2.3.42 に PC/SAN 系の LCST 型相図を示す。冷たい(室温)ペレットとして押出機に投入された両ポリマーは、機内で次第に加熱されて両 T_g 以上になり、LCST 型スピノーダル温度 T_s 以下の一相域で相溶解が始まるはずである。さらに加熱されれば T_s になり、系は二相域に突入するはずである。しかし、高せん断場では LCST 型相図は高温側に移動して一相域が拡大されるはずである。T_s は上昇して混練温度(～

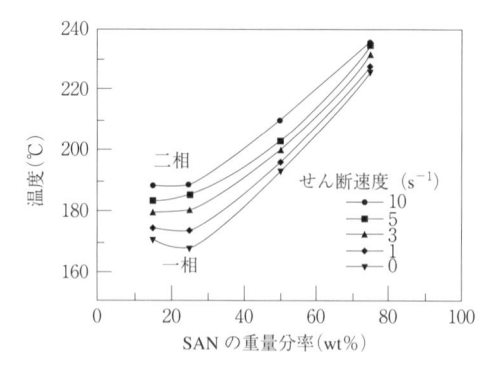

図 2.3.41 ポリメタクリル酸メチル/スチレン-アクリロニトリル共重合体(SAN)混合系のLCST型相図に及ぼすせん断場の影響

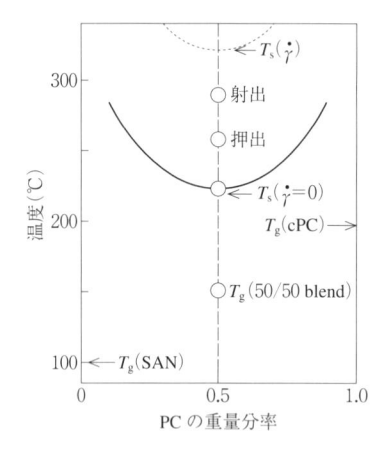

図 2.3.42 共重合ポリカーボネート(cPC)/SAN混合系のLCST型相図と成形加工

260℃)をはるかに超えるはずであり,相溶解はさらに進行して系は一相融体になるであろう.この融体が押出機の口金を出た途端 $\dot{\gamma}$ はゼロになり,相図は静置場($\dot{\gamma}=0$)のそれまで降下し,押出物はSDしながら冷えていき,やがては T_g に近づいて構造が凍結されるであろう.事実,図2.3.40(b)のような構造が確認されている.なお,$T_s(\dot{\gamma}=0)$ 以下に達して生じる相溶解はきわめて遅く,スピノーダル構造の再溶解は無視できる.

PC/ポリブチレンテレフタレート(PBT)系の押出成形でも同様に相溶解とそれに引き続くスピノーダル分解が観察されている.本系ではさらにPBTの固液相転移(結晶化)が引き続いて起こる.

ポリエチレン(PE)/ポリプロピレン(PP),PP/エチレン-プロピレン共重合体(EPR),PC/ABS樹脂などの混合系の射出成形についても同様なことが観察されている.バンバリーミキサーによるNR/IIRの混練りについても同様である.

d. 反応誘起型相分解[6]

ツーピースゴルフボールの芯部は,BRをメタクリル酸亜鉛を用いる「樹脂加硫」によってつくられる.BRの代わりに水素添加NBRを用いると,カーボン補強なしで引張強度が25 MPaの高強度ゴムが得られる.これらの「樹脂加硫」は,基本的に化学反応で誘起されるSDを利用したゴム技術であると考えられる.

この反応誘起型相分解の原理について,ポリエーテルスルホン(PES)/エポキシ

(diglycidyl ether of bisphenol A：DGBA)混合系を具体例として図2.3.43で説明する．PES/エポキシ系に硬化剤を添加して熱処理すると，反応初期でエポキシが高分子量化するために非相溶となる．つまりLCST型相図が低温側に移動して系は二相領域に突入し，SDが始まる．SDが進行していく間に硬化反応も続行する．やがてエポキシrich領域で網目が形成されるか，あるいはPES rich領域の組成が T_g 曲線に接近してガラス化することによってSDは減速し，やがて停止して，SDに特徴的な高次構造(図2.3.40)が固定される．

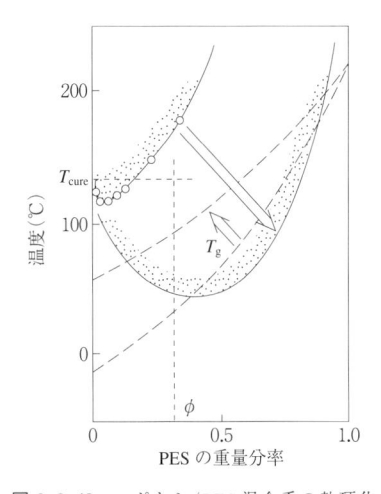

この反応誘起型相分解はPES/エポキシ以外にも，ポリフェニレンエーテル(PPE)/エポキシ，ポリイミド/シアノエステル樹脂，ナイロン/COPNA，PPE/トリアリルシアヌレート系など熱硬化性樹脂の強靭化に応用されている．

図 2.3.43 エポキシ/PES混合系の熱硬化初期における相図と T_g の移動

e. リアクティブプロセシング[7]

非相溶なA/B混合系を溶融混練りする際に，界面でAとBが反応してA-Bブロック，グラフト共重合体が生成すれば，共重合体はA/Bに対して一種の界面活性剤となる．このような界面反応を伴う混練りをリアクティブブレンド(reactive blending)またはリアクティブプロセシング(reactive processing)と呼んでいる．

共重合体が生成して界面に局在すれば，界面張力が低下するとともに分散粒子の衝突・合体が阻止される．後者のエントロピー的な粒子間反発機構が二相構造微細化の主因であると考えられている．材料として使用する温度では，界面に共重合体が存在することにより界面の接着強度が向上する．構造の微細化と接着性向上により優れた材料物性が発現すると考えられている．これに対して「相容化」(compatibilization)という用語があてられている．

一般に，A/Bを単純ブレンドするだけでは劣悪な材料しか得られない場合，A/Bに何らかの細工を施すことによって優れた材料に仕上げるという努力目標を表す標語として「相容化」が用いられている．界面に共重合体を生成・局在させることがリアクティブプロセシングにおける細工ということになる．相容化の科学技術的な内容が必ずしも明瞭でない場合が多いのが現状である．しかし実に便利な用語なので広く用いられている．

反応により界面に高濃度に共重合体が生成すると，共重合体鎖は界面に垂直方向に引き伸ばされるために界面は不安定になる．これを避けるためには界面の面積を拡げ

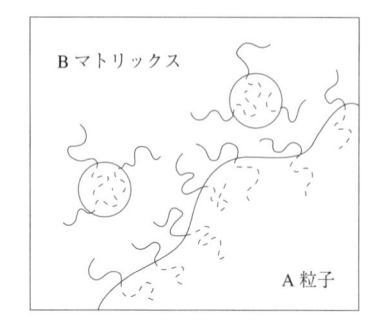

図 2.3.44 界面でのブロック共重合体の生成，界面の波打ち，共重合体の引抜きによるミセル形成

ればよい．界面面積の拡大は波打ちによって達成される．つまり，反応前には平滑平面であった界面が，反応によって波打つことがある(図2.3.44)．張合せシートを静的に反応させた界面でしばしば観察されている．

リアクティブプロセシング中の高せん断場では，生成共重合体が界面から引き抜かれてミセルとして分散する場合(図2.3.44)があることが最近わかってきた．ブロック共重合体は引き抜かれやすい(図2.3.45のYES)のに対して，枝をマトリックス側に置く逆Y字型のグラフト共重合体は引き抜かれない(図2.3.45のNO)．Y字型のグラフト共重合体は引き抜かれる．このように引抜きが起こるか否かは共重合体の分子量，対称性，反応速度に依存する．生成するすべての共重合体が引き抜かれれば，無溶媒下で共重合体を100％の収率で合成できることになる．現実にそれが可能であることもわかってきた[8]．

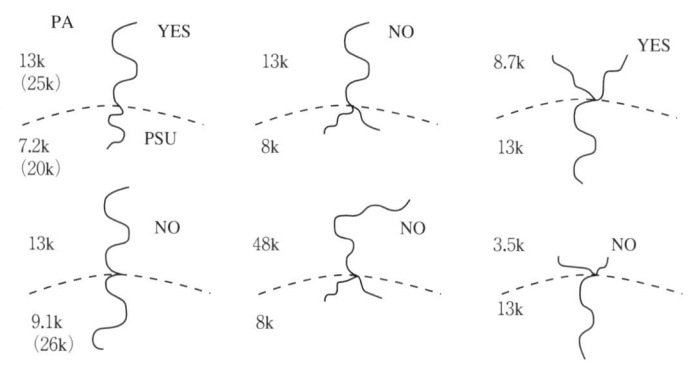

図 2.3.45 ポリアミド(PA)/ポリスルホン(PSU)系のリアクティブプロセシングによって生成するブロック-グラフト共重合体
界面から引き抜かれる場合(YES)と界面にとどまって界面活性剤として機能する場合(NO)がある．

おわりに

以上，異種高分子間の相容性，相分解，それらへのせん断場や化学反応の影響，界面反応と構造形成などについてきわめて定性的に述べてきた．より定量的な議論については参考文献を参照していただきたい．これらの物理・物理化学的な進歩は電子顕微鏡や散乱法(光，X線，中性子)などの構造解析法の進歩に負うところが大である．構造解析なしには材料物性について議論できない時代になっているが，紙面の都合で割愛した．参考文献をあげておく[9~11]．

〔井上　隆〕

文　献

1) 秋山三郎, 西　敏夫, 井上　隆：ポリマーブレンド, シーエムシー出版（1984）.
2) 井上　隆, 市原祥次：ポリマーアロイ, 共立出版（1988）.
3) 高分子学会編：高性能ポリマーアロイ, 丸善（1991）.
4) 井上　隆：プラスチック成形加工学会誌, **8**(1), 24（1996）.
5) Madbouly, S. A., Chiba, T., Ougizawa, T. and Inoue, T.：*J. Macromol. Sci.-Phys.*, **B38**, 79（1999）.
6) Inoue, T.：*Progress Polym. Sci.*, **20**(1), 119（1995）, 日ゴム協誌, **62**(9), 555（1989）.
7) 井上　隆：日ゴム協誌, **71**(4), 186（1998）.
8) Ibuki, J., Charoensirisomboon, P., Chiba, T., Ougizawa, T., Inoue, T., Weber, M. and Koch, E.：*Polymer*, **40**, 647（1999）.
9) 高分子学会編：高分子測定法, 共立出版（1990）.
10) Inoue, T.：Polymer Blends Handbook（ed. by Utracki, L.）, Ch. 8, Kluwer Academic Publishers（2000）.
11) Inoue, T. and Kyu, T.：Polymer Blends ; Formulation and Performance（eds. by Paul, D. R. and Bucknall, C.）, John Wiley & Sons（2000）.

2.4　ゴ ム の 工 学

本節では「ゴムの化学」,「ゴムの物理学」を受けて「ゴムの工学」を解説する.「化学」と「物理学」については何らかのイメージがあるだろう. しかし「工学」については「応用」という側面があるために人によって理解に差があるようである. ここでは「技術学としての工学」を簡単に説明する. 科学すなわち学問の対象による分類を表2.4.1に示す[1]. この表の特徴は, 哲学と数学をそれぞれ人文・社会科学と自然科学に分類していないこと, そして工学・農学・医学を自然科学とせず, 新しく技術学としていることである. ここでは後者について説明する.

工学や農学を自然科学に分類しない理由は, 対象である技術の本性に根ざしている.

表 2.4.1　科学の対象による分類

科学…自然（広義）	
哲学…世界観	自然科学…自然（狭義）
数学…世界の数量的側面	物理科学
人文科学…人間	物理学
歴史学	化学
心理学	地学
文学	天文学
美学	生物科学
社会科学…社会	生物学
経済学	技術学…技術
地理学	工学…工業技術
法学	農学…農業技術
社会学	医学…医療技術
教育学	

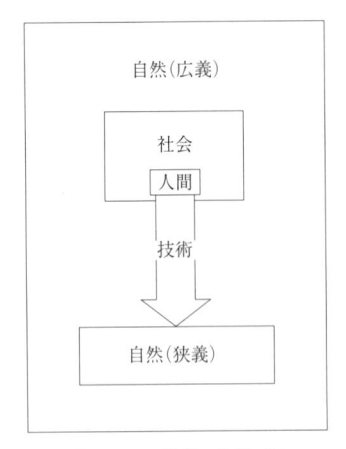

図 2.4.1　技術の位置づけ

「技術」とは「人間生活に役立つわざ」であり，この世界(この世のすべてのもの＝広義の自然)における技術は図2.4.1のように示すことができる．人間が自然(狭義)に対して働きかけるとき，とくに生産活動においては何らかの技術を媒介とする．その最も単純な例は簡単な道具の使用である．人類は鋭利な石片を石器として利用し始め，石器時代がスタートした．図2.4.1に示す技術の位置づけから，技術は自然(狭義)，人間，社会のいずれからも独立し，むしろそれらの間の関係を与えている．したがって，技術を対象とした科学である技術学は自然科学でも人文・社会科学でもなく，技術学として独立して扱うべきである．工学すなわち工学技術学は工学技術を対象とした科学といえる．農学や医学についても同様な理解が可能であるが，図2.4.1の示すことは，「技術」の理解のためには人間，社会，自然のすべてにわたる知見が必要であることも強調しておこう．この意味では技術学は多くの個別の科学の総合化を最も必要としている科学といえる．

以下，ゴムの工学という観点から解説するが，実はゴムにとっては「ゴムの農学」もきわめて重要である．つまり天然ゴムはゴム農園で栽培されているゴムの樹(*Hevea brasiliensis*)から採取されており，*Hevea*種の品種改良，枯れ葉病などの病気や害虫対策，ゴム樹植付けの最適化，タッピング方法やその頻度など，農学分野での多大の成果のうえに現在の天然ゴムは栽培されている．第2章の「ゴムの化学」，第3章，第6章の天然ゴムに関連した部分にこれらの知見がふれられているので，ゴムの農学についてはそれらを参照されたい．

2.4.1　ゴム材料の設計
a.「設計」とは

化学や物理学とは区別される「ゴムの工学」は上述の工学の定義から予想されるように，「人間生活に役立つわざ」という社会的要請によるとともに，化学や物理学の単なる応用につきない多面性をもっている．また，実際的な要求に刻々応じて発展していく「技術」を対象とするものであるがゆえに，その体系は流動的なものである．そうしたなかで多くの技術学において最も有効な概念は「設計」である．そもそも近代の工学(engineering)はエンジンの設計を出発点として成立した科学的体系なのである．この意味で技術学のなかでも工学にとって設計の重要性はいくら強調してもしす

2.4 ゴムの工学

ぎることはない.

ゴムは高分子(ポリマー)材料のひとつなので,ゴムの材料設計も広くはポリマー材料設計の具体例として扱うことができる.図2.4.2に化学工業の立場からポリマー材料設計の流れを示す.工学としての基本は,材料設計→製品設計→プロセス設計→工場設計の流れである.各設計ごとにフィードバック機構を設けて活発な情報交換を行うことが必須の条件である.時間的に一番初めに行われる製品設計において製品が社会に受け入れられるかどうか,製造プロセス設計において例えばネガティブシートを作成して有害な廃棄物を出さないかどうかを検討すること,工場設計において地域社会との共存共栄を図ることなど,考慮しなければならない条件(広く社会的条件を含む)はそれこそ枚挙にいとまがない.以下,ゴムの「材料設計」のステップをできるだけ実例を示す形で解説する.

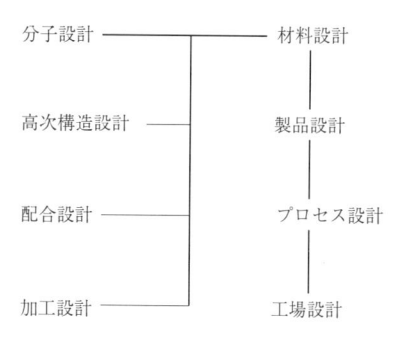

図 2.4.2 ポリマー材料設計の流れ

b. 分 子 設 計

天然ゴムを用いることが前提となる設計を除いては,分子設計が必要となる.現在では多種の合成ゴムが市場にあり,熱可塑性エラストマー(TPE)あるいはプラスチックの一部を含めて多くの選択肢がある.分子設計の第一歩は化学構造(ゴムのモノマー単位)の選択である.いくつかの条件(要求される性能)などを考慮した結果,ゴムの種類が決まり,あるいは少なくとも数種に絞られてくる.ある特定のゴム種を選択後,ゴムの場合ムーニー粘度で示される分子量,あるいは何らかの分子の大きさに関係するグレードの選択がある.ここでは加工条件が関係してくるので,配合設計と加工設計についても一定のプランがあり,それらを考慮することが必要である.分子設計としてはほかにも分子レベルでのアーキテクチャー(直鎖ポリマーか分岐ポリマーかなど)やアイオノマーでは対カチオンの種類など,いくつかの可能性を検討しなければならない.

分子設計の必要性と重要性を示す歴史的なケーススタディとして,1965年市場に現れたポリスチレン-ポリブタジエン-ポリスチレン(SBS)トリブロックABA型コポリマーを分子設計の観点から分析してみよう.まずアーキテクチャーとしてブロックコポリマーのなかでも,①「トリブロックABA型の選択」には大きな意味がある.なぜならジブロックAB型ではゴムマトリックスにネットワーク構造が形成されず,必要な力学的特性が期待できないからである.ついでブロック成分としての,②「ポリスチレン(PS)とポリブタジエン(PB)の選択」である.PSはガラス転移温度(T_g)が110℃付近にあり,室温では硬いガラス状態で,かつPBとは相溶せず相分離する.

さらに，この③「ブロックコポリマーの組成」が重要である．ABA型の場合は各ブロックの分子量，つまりPSとPBの分子量(長さ)がゴム弾性体としての性質に深く関係している．PSは相分離によって強固なガラス相を形成するために2～3万の分子量が必要であり，PBはゴム弾性体としてマトリックス形成のため少なくともPS以上の分子量が必要で，かつ良好な弾性を与えるためにPBの分子量を架橋ゴムにおける網目鎖の分子量，つまり架橋点間の長さと近似したうえでPBの特性評価が必要である．ここで②，③，とくに②は次に説明する高次構造設計を分子設計の際に行わなければならないことを示している．

以上のような設計にもとづくSBSはミクロ相分離による可逆的なネットワーク構造を形成し，架橋なしにエラストマー(ゴム弾性体)となり，またPSのT_g以上で処理することによりゴムとしての再利用(リサイクル)が可能となる．通常のジエン系ゴムでは配合設計のなかで最も重要となる加硫設計を不要とした，ゴム技術上革命的なゴムがSBSといえる．さらにリサイクル可能という側面はSBSを含めたTPEの将来性を端的に示すものであり，分子設計の段階から社会的な条件を考えることの有効性と必要性を示すものである[2,3]．

c. 高次構造設計

分子設計によって一次構造(化学構造)は決定されるが，ポリマー材料の性質はさらに高次の構造(超分子構造)により大きく影響されるので，高次構造の評価は材料設計に欠かせない．ポリペプチド(タンパク質)の科学で確立している二次，三次，場合によっては四次構造は，合成高分子では結晶性のものを含めて高次構造として扱われる．ゴムの場合は基本的にアモルファス(非晶質)なので，高次構造はないと考えることも不可能ではない．しかし，次に示すいくつかの例は，ゴムにおいても高次構造設計の概念と手法が有効であり，今後さらに重要となるであろうことを示している．

ゴムでも結晶化が起こる場合には，当然高次構造が形成される．天然ゴム，クロロプレンゴム，ブチルゴムなどが高伸長条件下で結晶化し応力の立上りに大きく寄与するとされており，ポリオレフィン系のTPEや軟質プラスチックの一部でエラストマーとしての特性を示すものについても結晶部分の効果を考慮しなければならない場合がある．結晶構造については光散乱やX線回折などいくつかの分析方法が適用可能なので[4]，結晶化のコントロールを設計に入れる必要がある．

TPEでは，基本となるSBSがPSのガラス状ミクロドメインとPBのゴム状マトリックスからなることから理解されるように，多相構造がふつうなので，高次構造設計が分子設計にまして必要とされるし，イオンの集合体であるイオンクラスターの場合にはX線小角散乱法も有効な構造解析方法で[4]，その結果をもとにしたデザインが必須のものとなる．

カーボンブラック配合ジエン系ゴムの場合，フィラーであるカーボン粒子とゴム分子との相互作用により，いわゆるフィラーゲル，カーボンの場合にはカーボンゲルと

いわれるフィラー粒子の周辺特異領域が形成される．補強効果を考えるうえでは，この領域のデザインが最も重要なことで，これもフィラー配合による高次構造形成である．この点については次の配合設計で説明する．

d. 配合設計

ゴム材料は種々の配合剤との混合物(ゴムコンパウンド，ゴム配合物)として成形加工プロセスを受ける．ゴム配合物は配合表が出発点であり，ゴム技術では配合表を完成させることを「配合を建てる」と称し，従来は「配合設計＝配合を建てる」ことであった．一部加硫ゴムについては今も配合設計の中心は配合を建てることである．

表2.4.2にゴム用配合剤の種類を示す．この表で2~5は架橋(硫黄や含硫黄配合物を用いる場合は加硫)のための試薬である．2には加硫剤のほかに，有機過酸化物，金属酸化物，有機アミン化合物，フェノール樹脂などがあり，ゴムの種類と要求性能によって候補は絞ることができる．3の加硫促進剤はオーエンスレーガー(G. Oenslager)によるアニリンの加硫促進作用の発見以来，ゴム用試薬のなかで最も活発に研究と開発が行われてきたものである．硫黄と組み合わせて用いられ，反応機構については不明な点を残しつつ，スルフェンアミド系促進剤に至る努力のなかで，加硫技術の成熟に最も貢献したのがこの分野の開発である．4は架橋剤や促進剤の効果(反応効率)を高めるものであり，5は加硫速度の調整を目的とするものである．加硫ゴムにおいて，これら加硫反応設計は配合設計の最も重要な部分といえるであろう．

ゴムにとって架橋と同様に重要なのがフィラーの配合である．フィラーには補強性(カーボンブラック，シリカ)と非補強性(炭酸カルシウムなど)があり，補強性は主として力学特性の効果で，非補強性フィラーはいくつかの物性改善効果のほかに，増量など経済的要求による場合にも広く用いられる．カーボンブラックの場合，加硫ゴムの高次構造は図2.4.3のように示される[5]．この図は藤本らにより提案された稠密構造を模式化して示すもので，図中Aは液体状態にあるゴム状マトリックス，Bは架橋点濃度が平均値よりかなり高い領域，Cはフィラー表面に化学吸着されて運動性を失

表2.4.2 ゴム用配合剤の種類

1. ゴム
2. 架橋剤(硫黄，硫黄供与体，過酸化物，金属酸化物など)
3. 加硫促進剤
4. 架橋助剤，加硫促進助剤
5. 早期加硫防止剤，加硫遅延剤
6. 劣化防止剤(酸化防止剤，オゾン劣化防止剤，保護ワックスなど)
7. 安定剤
8. 加工助剤(素練り促進剤，潤滑剤，伸展剤，希釈剤，離型剤など)
9. 充てん剤(カーボンブラック，シリカ，炭酸カルシウムなど)
10. 可塑剤，軟化剤
11. 分散助剤
12. 着色剤(顔料，色素など)
13. 特定用途の試薬(例えば，粘着付与剤，発泡剤，離燃剤，接着助剤，結合剤，香料，殺菌剤)

ったゴム分子よりなる相で稠密構造と呼ばれている．数十Åの厚みを有するこの領域の存在は，先に述べたカーボンゲルと称されている，フィラー表面から溶媒によっても除くことができないゴム成分と関係している．C相のゴムは領域Aのゴム分子と異なって運動性を失って樹脂的な挙動を示すと考えられ，広幅およびパルス法核磁気共鳴やX線小角散乱法による解析の結果，その存在が認められている．

配合設計の立場からは，図2.4.3はゴム/カーボン系では硬いフィラー成分と柔らかいゴム成分の中間的な構造（C相）が，通常のゴム加工プロセスのなかで in situ に形成されることを示している．通常はC相に相当する構造をもたせるためにいわゆる相溶化剤の設計が必要となるが，カーボンではその必要がない．経験的に探りあてられたカーボンの補強作用がこのようなカーボンブラックの性質にもとづいていることは興味深いことで，高次構造設計の配合の点から重要な指針を与えるものである．

表2.4.2に示された他の試薬については，必要に応じて配合を建てることになる．いずれにしてもゴムは10種以上の素材の配合物であることが珍しくなく，技術学の立場からは「建てる」という内容をもっとはっきりさせる必要がある．パラメーターが多すぎるために，今までのゴム技術では配合を建てられるようになるには，多年にわたる熟練と勘が必要であった．こうした経験的手法を進化させることは，学問の進歩の必然的方向である．しかしながら，加硫ゴムの配合設計は人工知能（AI）の利用など多くの努力にもかかわらず，いまだに経験に頼る部分を残している．ゴム材料設計の確立に向かって配合設計のステップは最難関といえるであろう．

e. 加工設計

ここでは「加工」をできるだけ広く考えることにする．製品としての形が仕上がるステップ（成形）を含んでいて，しかもゴム技術では架橋反応が含まれているので，加

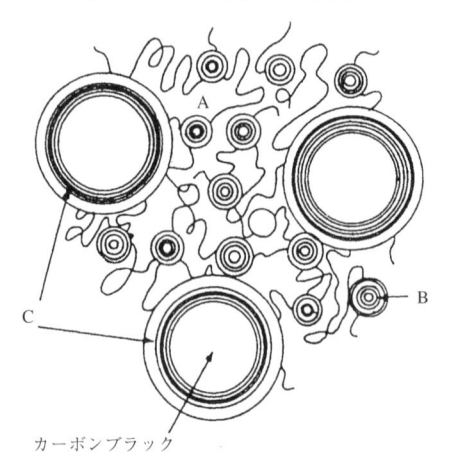

図 2.4.3 補強性カーボンブラック配合加硫ゴムにおける相構造

2.4 ゴムの工学

通常のゴム製品

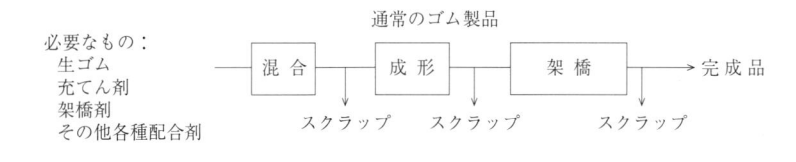

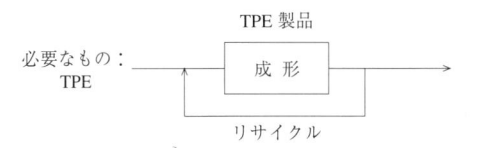

必要なもの：
生ゴム
充てん剤
架橋剤
その他各種配合剤

混合 → 成形 → 架橋 → 完成品
↓   ↓   ↓
スクラップ スクラップ スクラップ

TPE 製品

必要なもの：
TPE

成形
↑
リサイクル

図 2.4.4　架橋ゴム(通常のゴム製品)と熱可塑性エラストマー(TPE)の加工プロセス

工段階における化学反応も考慮しなければならない．この意味ではゴムにおける「成形加工」は時代を先取りしたユニークなもので，いわゆる「リアクティブプロセシング」の一種ということができる．したがって，1839年に発明された「加硫」の発展は，ゴム技術の進歩そのものであったといえるし，また150年を超える歴史のなかで，かなり複雑なプロセスとして確立してきた．

先に述べたSBSに代表されるTPEの場合には事情がかなりすっきりしている．というのはTPEは架橋を必要としないので，その加工プロセスはほぼ熱可塑性プラスチックに準じて考えることができるからである．TPEの加工プロセスは図2.4.4のように示すことができる．次に述べる架橋ゴムに比べて単純であり，このような加工設計の単純化は化学反応である架橋プロセスを含まないことによって比較的容易に達成されたといえる．したがってTPEにとって一番大きな特徴は射出成形性にある．射出成形を用いることにより，高速化そして連続化が可能となったのである．加工設計上射出成形部品に求められるニーズと成形法の対応は図2.4.5のように示される．

「加工設計」は成形法と成形加工条件を決めるもので，ここでのデザインは最終製品の優劣を決定づけるものである．TPEの加工設計においては，一般の熱可塑性プラスチックの場合と同じく，レオロジーが有力な武器となる．レオロジーとは物質の変形と流動を取り扱う科学の一分野で，古典物理学における弾性論や流体力学の発展といえる変形と流動の一般論と，繊維，プラスチック，ゴム，食品，生体など具体的な材料に即して内部構造にまで立ち入って変形と流動を解析しようとする材料科学的レオロジーがある[6]．ゴムやゴムプラスチックスの加工プロセスを考えるとき，「変形」と「流動」の解析が加工設計の基礎となることは明らかで，レオロジー的データにもとづく設計が有効となる．

TPE以外のゴムでは架橋プロセス設計が加工設計の最重要部分である．化学反応である架橋の完結によって成形が終了するので，架橋反応のコントロールをどうするか

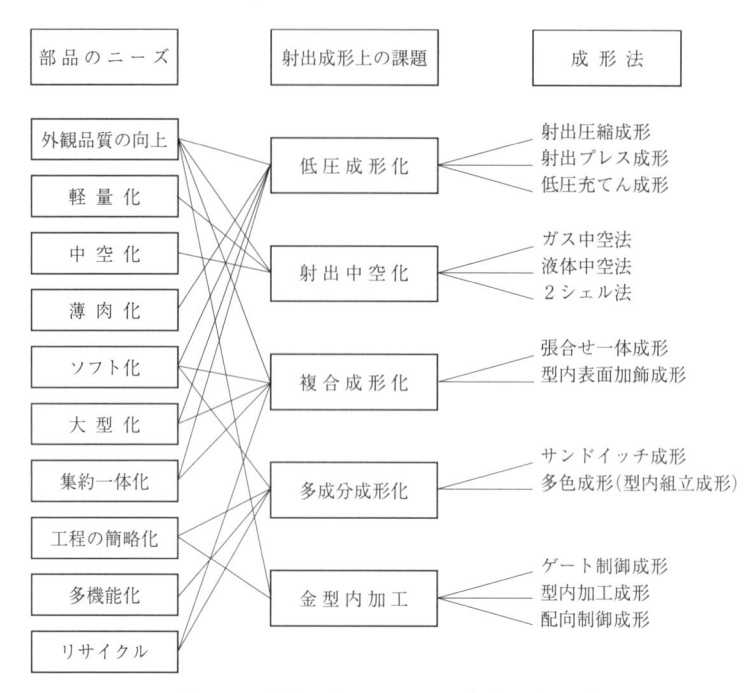

図 2.4.5 部品に求められるニーズと成形法の対応

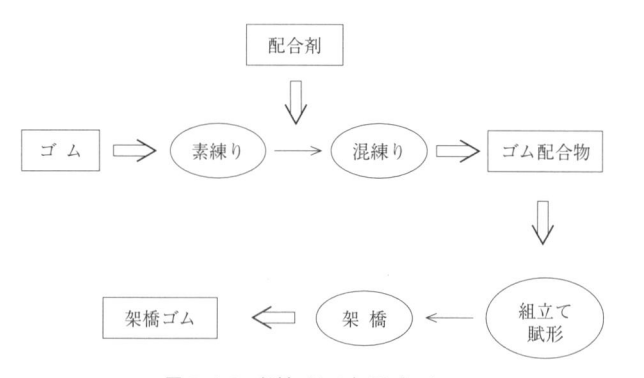

図 2.4.6 架橋ゴムの加工プロセス

がデザインの優劣を決める．加工プロセスは図2.4.6のように示される．これは概念図というべきもので，実際の加工プロセスはさらに複雑になっており，TPEに比べて大変やっかいなものであることがわかる．そして各ステップにおける加工条件が配合剤の混合と分散にどう影響するかを検討しなければならない．一般的には架橋反応が

2.4 ゴムの工学

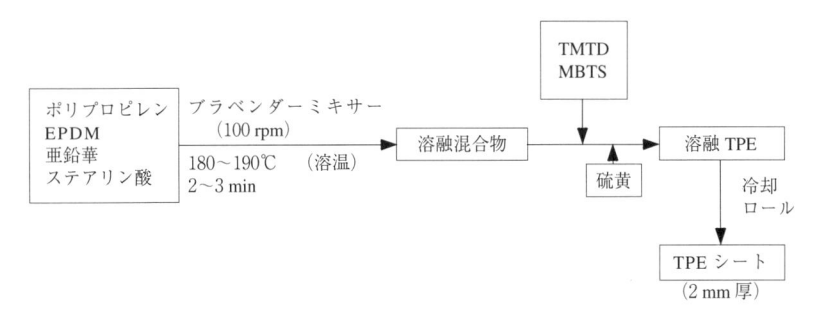

```
┌─────────────┐  ┌──────────────────┐         TMTD
│ポリプロピレン│  │ブラベンダーミキサー│         MBTS
│   EPDM      │→ │   (100 rpm)      │              ↓
│   亜鉛華    │  │180〜190℃ (溶温)  │→ 溶融混合物 → 溶融TPE
│ ステアリン酸│  │  2〜3 min        │      ↑           ↓
└─────────────┘  └──────────────────┘    硫黄       冷却ロール
                                                      ↓
                                                  TPEシート
                                                  (2 mm厚)
```

図 2.4.7 PP/EPDMブレンドの動的架橋プロセス

最終段階である金型内での成形ステップでのみ起こることが望ましく，それ以前の素練り，混練り，賦形などのステップでの架橋反応(スコーチと呼ばれる)を極力少なくする必要がある．スコーチを避けるための配合剤が早期加硫防止剤で，その選定と配合量の決定はとくに加硫ゴムの配合設計にとって，実用上重要項目である．

TPEの世界にブレイクスルーをもたらした動的架橋[7〜9]は，架橋が不要であったはずのTPEの世界に再び架橋をもち込んだもので，設計概念の発達を考える点でも興味深いものである．図2.4.7はポリプロピレン(PP)とエチレンプロピレンゴム(EPDM)の動的架橋プロセスを示している．EPDMの加硫反応は溶融PPとEPDMブレンドのブラベンダーミキサー中混合撹拌下で行われており，通常の金型内での反応と区別して「動的」と呼ばれている．最近では，反応を伴う押出しを含めて二軸混練機を用いる加工プロセスが多用されており[10]，動的架橋体の開発と工業的生産は二軸機による方法が一般的であろう．

動的架橋はいわゆる「リアクティブプロセシング」(reactive processing)の先駆けとなったものであり，またゴム技術の150年にわたる成果をフルに活用して，新しいタイプの「ポリマーアロイ」の創製をなしとげている点で，「材料設計」の立場からきわめて示唆に富む例であり，今後のさらなる発展が期待される．

動的架橋とは異なった設計思想ではあるが，同じくリアクティブプロセシングの実例でもある reactive injection moulding (RIM)[11] について最後にふれておこう．RIMは反応射出成形と呼ばれることもあるが，「リム」で通用しており，図2.4.8に示すようにポリウレタンの場合には分子設計から加工設計までも一発で行うことができる．すなわち，仕込みのポリオール，イソシアナート，低分子やジアミンなど鎖延長剤の選択は分子設計，およびハードセグメントとソフトセグメントの設計と関連して高次構造設計，さらにそれらの量比を決めるのは，配合設計を行っていることになり，RIM用マシンの条件設定は加工設計に相当する．図2.4.8に示される材料の流れは，材料設計の流れをも示しており，分子設計にもとづく一貫したデザインによってプロ

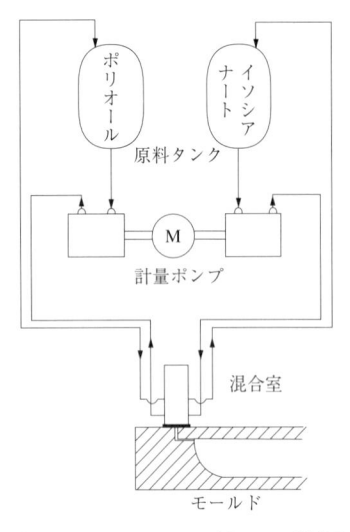

図 2.4.8 ウレタン RIM 用マシン系統図

セスの科学的制御を可能とする優れた技術である．工学の中心課題である「設計」に十分な力を発揮できる場が，リアクティブプロセシングの展開によって，化学者にも拡がりつつあるといえよう．

f. デザイン再論

デザインを優れて工学的概念である「設計」と理解して理論を進めてきた．しかし，デザインには「意匠」という訳語もある．意匠を専門とする人々にとっては，デザインにあたって「考える」ことも大切であるが，それ以上に「感じる」ことが重要である．「理性」よりも「感性」といいかえてもよいであろう．このことは設計にあたって非常に大切なことである．材料設計においても，いいデザインというのはやはり「インスピレーション」の賜物ではないだろうか．

このことは技術学は自然科学ではないと述べた議論とも深く関係している．優れた材料設計とその精密制御のために，「インスピレーション」を生み出す「感性」の大切さを強調しておこう．芸術とは縁遠い筆者にはしんどい結論である．

〔鞠谷信三〕

文　献

1) 鞠谷信三：新学問のススメ—自然を考える—（泉　邦彦，雀部　晶編），p.139，法律文化社 (1987).
2) 鞠谷信三：新素材, **5**(3), 43 (1994).
3) 池田裕子，鞠谷信三：高分子, **45**, 136 (1996).
4) 村上　豪, 村上昌三, 池田裕子：日ゴム協誌, **71**, 129 (1998).
5) 藤本邦彦：日ゴム協誌, **37**, 602 (1964).
6) 日本レオロジー学会編：講座レオロジー, 高分子刊行会 (1992).
7) Coran, A. Y. and Patel, R.：*Rubber Chem. Technol.*, **53**, 141 (1980).
8) 菊池　裕, 岡田哲夫, 井上　隆：日ゴム協誌, **64**, 540 (1991).
9) 鞠谷信三：材料, **39**, 1173 (1990).
10) Coran, A. Y.：Paper presented at ACS Rubber Division Meeting (May 10-12, 1983, Toronto). 鞠谷信三：ゴム材料科学序論, 日本バルカー工業 (1995) などに引用されている．
11) 川北幸雄：成形加工, **1**, 264 (1989).

2.4.2 タイヤの設計
a. タイヤに要求される性能の変遷

ゴム工業の最大の製品である自動車用タイヤは，自動車の運動特性，安全性，快適性を支える重要な要素である．歴史的にみてとくに重要視されるタイヤ特性は，自動車，道路の発達，経済の発展，嗜好の変化など，時代とともに変化する．この変化はタイヤの材料，構造の変化に結びついている．例えば空気入りタイヤの発明は，ソリッドタイヤの乗り心地の改良を目的としてなされたものであり，すだれ織の開発は当時使用されていた綿の厚織カーカスの強度耐久性改良を目的としたものである．またスチールコードラジアルタイヤの開発は戦時での銃弾による破損防止のためといわれており，第二次世界大戦時には天然ゴム不足を補うため，タイヤの高価な時期には摩耗や強度耐久性が重要視され，合成ゴム，合成繊維が開発され[1]，これらの特性を改善するのにおおいに役立った．

自動車の進歩，道路網の発達はタイヤに高速耐久性を要求するようになり，スタンディングウェーブ，転がり抵抗，ハイドロプレーニングなどの特性がクローズアップされるようになった．日本では昭和30年代に，マイカー時代へと突入し，車の運転がしやすいことが求められ，操縦安定性が重要視された．この頃日本に導入されたラジアルタイヤはこの要求にちょうどマッチしたものであり，今日のラジアルタイヤ全盛時代の幕開けとなった(図2.4.9)．

現在，社会的に最も重要な問題は安全・公害である．この面からタイヤに要求される性能を考えると，低燃費性，低騒音，操安性(操縦安定性)，振動，乗り心地であり，とくに最近は環境対応がキーワードでもあり，省資源タイヤ，低燃費タイヤが注目されている．

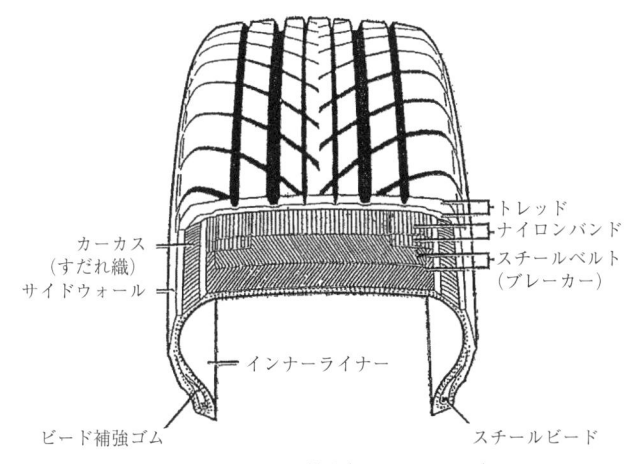

図 2.4.9 タイヤ構造(ラジアルタイヤ)

b. 最近のタイヤの設計課題

これらの環境問題に対処し調和していくことが,近年ゴム技術者に課せられた課題である.なかでも重要視されているのは,軽量化・低燃費化技術である.地球環境問題に対する法規制の側面から,各国でエネルギー消費抑制のため車両の燃費規制が進行している(表2.4.3).

これらの規制への対応として車両の燃費を改善するためには,タイヤの転がり抵抗の原因となるヒステリシス損失を小さくし,かつ軽量化を図る必要がある.とりわけタイヤの転がり抵抗はトレッドゴムの寄与が大きいため,転がり抵抗低減の試みはまずトレッドゴムのヒステリシス損失低減と耐摩耗性,運動性能とのバランスが現実的な問題になる.

一般的な軽量化/低燃費タイヤの方策と性能への影響は表2.4.4のようになる.

このように一般的に軽量化/低燃費化を達成するために,構造,材料の変更を行うと必ず背反事項が存在していることがわかる.

タイヤの転がり抵抗とタイヤ各部に使用されているゴム材料,その他構成部材,各部の剛性は相互に関係しているが,転がり抵抗を発生させるゴム材料のヒステリシス損失はポリマーの分子運動,とくにポリマー末端の分子運動によるものと,ポリマーと補強材同士の擦れ合いなどのフリクションによるもの,さらに補強材と補強材の間に存在する擬似結合にもとづくヒステリシス損失などの要因が考えられる.転がり抵抗を減少させるには,これらの要因をひとつひとつ改善していくことが必要となる.

表2.4.3 各国における燃費規制

	燃費規制	低減目標	目標年度	基準年度
日本	省エネ法	7〜10%減	2000年	1990年
アメリカ	CAFE	40%減	2000年	1988年
ドイツ	VDA目標	25%減	2005年	1990年

省エネ法:エネルギー使用の合理化に関する法律
CAFE(corporate average fuel economy):企業平均燃費
VDA(Verband der Automobilindustrie e.V.):ドイツ自動車工業会

表2.4.4 軽量化/低燃費化の方策と性能への影響

	対策の方向	性能への影響	
		プラス	マイナス
トレッド幅	小さく	乗り心地	操安性,摩耗
溝深さ	浅く	低燃費,重量	摩耗,乗り心地
トレッド配合	ヒステリシス損失小	低燃費	グリップ
トレッドゴム硬度	ソフト化	ロードノイズ	操安性
トレッドゴム厚み	薄く	操安性	ロードノイズ,乗り心地
サイド部厚み	薄く	低燃費,重量	耐外傷性

c. 粘弾性体のヒステリシス損失と転がり抵抗

粘弾性体が変形するときの応力とひずみの関係は,応力をサイン波で入力した場合,観測されるひずみはある位相遅れが生じている.このときの最大応力をσ_0,最大ひ

ずみを γ_0, 位相遅れを δ とすると, この粘弾性体の応力ひずみの変化は次のように表すことができる(図 2.4.10).

$$応　力　　\sigma = \sigma_0 \cdot \sin \omega t \qquad (2.4.1)$$
$$ひずみ　　\gamma = \gamma_0 \cdot \sin(\omega t - \delta) \qquad (2.4.2)$$

このときの弾性率は $E^* = \sigma/\gamma$ で表され, $E^* = (E'^2 + E''^2)^{1/2}$. また, $\tan \delta = E''/E'$ である.

このときの変形 1 サイクル当たりのヒステリシス損失 (W) は式 (2.4.3) で表される.

$$W = \int \sigma \cdot d\gamma/dt \cdot dt \qquad (2.4.3)$$

これを解くと

$$W = \pi \cdot \sigma_0 \cdot \gamma_0 \cdot \sin \delta \qquad (2.4.4)$$

ひずみ一定挙動時は, 式 (2.4.4) より

$$\begin{aligned} W &= \pi \cdot E^* \cdot \gamma_0^2 \cdot \sin \delta & (\because \sigma_0 = \gamma_0 E^*) \\ W &= \pi \cdot \gamma_0^2 \cdot E^* \cdot (E''/E^*) & (\because \sin \delta = E''/E^*) \\ &= \pi \cdot \gamma_0^2 \cdot E'' = \alpha \cdot E'' & (\alpha \text{ は定数}) \end{aligned} \qquad (2.4.5)$$

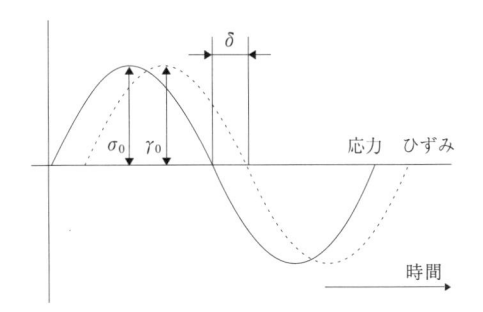

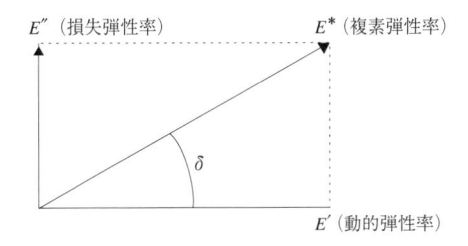

図 2.4.10　粘弾性体に作用する応力とひずみの関係

応力一定挙動時は，式(2.4.4)より

$$\begin{aligned}
W &= \pi \cdot \sigma_0^2 \cdot \sin\delta / E^* \quad (\because \gamma_0 = \sigma_0/E^*) \\
&= \pi \cdot \sigma_0^2 \cdot (E''/E^*) \cdot (1/E^*) \\
&= \pi \cdot \sigma_0^2 \cdot E''/(E^*)^2 = \beta \cdot E''/(E^*)^2 \quad (\beta \text{は定数})
\end{aligned} \quad (2.4.6)$$

このように粘弾性体のヒステリシス損失は変形挙動がひずみ一定の場合 E'' (損失弾性率)に，応力一定挙動の場合は $E''/(E^*)^2$ (損失コンプライアンス)に比例することになる．タイヤではひずみ一定挙動はサイドウォールの曲げ変形およびトレッドゴムの周方向曲げ，応力一定挙動はビード部の変形や高圧タイヤのトレッドゴムの圧縮変形が該当すると考えられている(図2.4.11)．

タイヤのトレッド部のヒステリシス損失を解析するためのひとつの手法として，トレッドゴムの粘弾性特性を変更したタイヤを試作し，これらのタイヤの転がり抵抗を測定することで，トレッドの寄与率と挙動を解析することができる[2]．転がり抵抗 (RR) を $RR=AX+BY+C$ で表現し，RR をコントロールタイヤに対する転がり抵抗の指数，X をコントロールゴムに対する E'' (損失弾性率)の指数，Y を $E''/(E^*)^2$ (損失コンプライアンス)の指数とすると，係数 A,B,C を実験的に求めることができる．乗用車用タイヤでトレッドゴム，空気圧，荷重条件を変量した試験結果によると，$A=0.24〜0.52$，$B=0.03〜0.17$，$C=40〜69$ を得た．標準的な乗用車タイヤのトレッド部

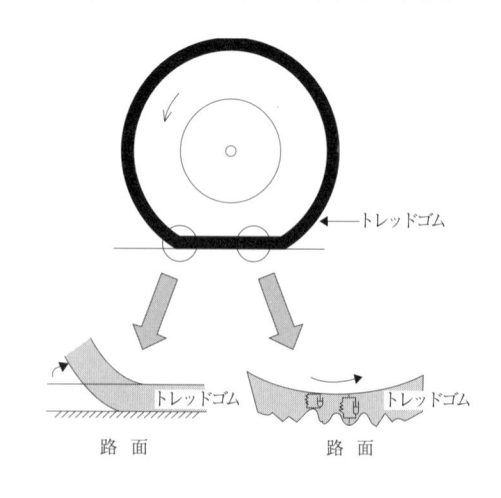

図 **2.4.11** トレッドゴムの変形とエネルギーロス[4]

2.4 ゴムの工学

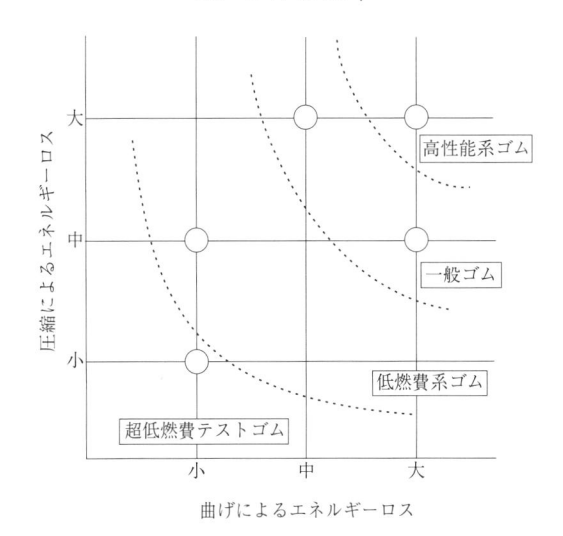

[Figure: 縦軸「圧縮によるエネルギーロス」(大・中・小)、横軸「曲げによるエネルギーロス」(小・中・大)。プロット：高性能系ゴム、一般ゴム、低燃費系ゴム、超低燃費テストゴム]

図 2.4.12　各種トレッドゴムの位置づけ[4]

の転がり抵抗に及ぼす寄与率は約50％であり，ひずみ一定挙動が支配的であった．この例では転がり抵抗低減のためには，トレッドゴムのE''を下げることが効果的であることがわかる（図2.4.12）．

トラックタイヤで同様の解析を行うとトレッド部の寄与率は約30％であり，応力一定挙動が支配的であった．タイヤを使用する空気圧によりひずみ一定挙動が支配的になるか，または応力一定挙動が支配的になるかが分かれる．その圧力は300 kPa付近を境に分かれるようで，例えばこの値より圧力が高くなると応力一定挙動が支配的になり，この値より圧力が低くなるとひずみ一定挙動が支配的となる．転がり抵抗が燃費に及ぼす影響は各種報告されているが，おおむね転がり抵抗が20％低下すると燃費が最大7％，平均的に3～4％向上する結果である[3]．乗用車タイヤ各部のゴムのヒステリシス損失を極限まで下げると，タイヤの転がり抵抗はどの程度まで低減するのかを知るために，既存タイヤの材料を変更し，転がり抵抗の極限値を実験的に求めた．実用性を無視した部材を使用したにもかかわらず，極限タイヤの転がり抵抗は既存タイヤの60％までしか低減しなかった．この結果からすると，低燃費タイヤの開発は現行材料のチューニングだけでは限界があり，今後は新規材料，新規構造，新しいコンセプトの創出がぜひとも必要であると考えられる．

d.　タイヤの荷重負担能力

タイヤの荷重負担能力はタイヤ内の空気の容量と空気圧によって決まる．各空気圧における荷重は基本的には下記の式で求める[5]．例えば偏平比(S_0(断面高さ)／H_0(断面幅))が0.96のラウンドタイヤの場合には（図2.4.13），

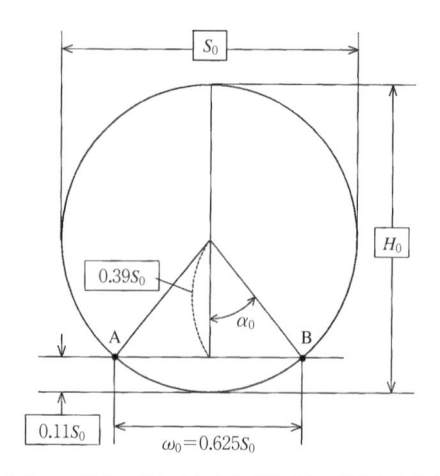

図 2.4.13 ラウンドタイヤを 62.5％リムに装着した場合[5]

$$F_z = K \times 4.0 \times 10^{-4} \times P^{0.585} \times S_0^{1.39} \times (D + S_0) \qquad (2.4.7)$$

ここで，F_z は荷重(kg)，K は荷重係数，P は空気圧(kgf/cm^2)，D はリム径の呼び(in)×25.4(mm)である．S_0 はタイヤの幅であるが実際の幅ではなくて，62.5％リムに装着したときの仮想の断面幅(mm)であって，次の式で計算する．

$$S_0 = S_1 \{180° - \sin^{-1}(W_1/S_1)\}/141.3° \qquad (2.4.8)$$

ここで，W_1 は寸法測定用リムの幅(mm)，S_1 は寸法測定用リムに装着した場合のタイヤの断面幅(mm)である．ただし，偏平比が 0.96 より小さな偏平タイヤの場合，高さの差に応じてタイヤの断面幅に修正を加えて，S の代わりに Sd を用いてこの算式を適用する．

$$Sd = S - 0.637d_1 \qquad (2.4.9)$$

ここで，d_1 はラウンドタイヤと偏平タイヤの断面高さの差である．この荷重計算式はTRA(The Tire and Rim Association, U.S.A)で実験や経験にもとづいてつくられたもので，荷重をかけたときのたわみが一定になるように決められている．実際にはタイヤの種類の多様化により種々変形されて用いられている．このようにタイヤの荷重負担能力は空気の圧力によるので，圧力がなくなると，すなわちパンクするとたちまち走行することができなくなる．

近年安全性を高めたタイヤとして，パンクしても走行が可能なタイヤ「ランフラットタイヤ」が各社から提案されている．ランフラットタイヤの設計においては空気の圧力に依らない荷重負担の方法と，リム外れをいかに防止するかがポイントになる．圧力のない状態で荷重を支えるには，タイヤの変形を防止するためにサイドウォールを強化するか，中子などで荷重を支える必要がある．大きな流れとしては 40〜50％シリーズの偏平タイヤはサイドウォールが短かく，曲げ剛性を高くしやすいので自己

補強型を採用する例が多い．サイドウォールが長く，自己補強型では変形の抑制が困難な60～82％シリーズのタイヤは中子型を採用している．

ランフラットタイヤ採用のメリットとしては，安全性が向上する，危険な道路でのタイヤ交換がなくなる，スペアタイヤが不要になることで車両設計の自由度が増加することがあげられる．一方システムが複雑になったり，タイヤ重量が増加しばね下重量が重くなる，乗り心地が悪化するなどまだまだ解決すべき課題も抱えている．またランフラットタイヤを装着した車両においては，パンクしてもドライバーが気づかないで走行を続けることも想定し，圧力の低下を検知する装置としてリムに圧力センサーを組み込んだものや，タイヤ回転数の差を利用した空気圧低下警報装置DWS (deflation warning system)とともに，総合安全システムとして採用される動きがある．またパンク修理剤とエアコンプレッサーを一体にしたパンク修理システムIMS (instant mobility system)と一般タイヤを組み合わせて新車用スペアタイヤレスシステムとして採用される動きもある．　　　　　　　　　　　　　　　　　〔岩田幸一〕

文　　献

1) 日下部昇：日ゴム協誌，**69**，730（1996）．
2) 玉野明義：日ゴム協誌，**69**，751（1996）．
3) 通商産業省機械情報産業局自動車課編：転換期の自動車産業，p.161，日刊工業新聞社（1976）．
4) Uemura, Y. and Saito, Y.：*Kautschuk Gummi Kunststoffe*, **48**, 515（1995）．
5) 酒井秀男：タイヤ工業，p.121，グランプリ出版（1987）．

2.4.3　ゴムの粘接着

ゴム材料の多くは，それ自身の強度が低いため補強して使用される．金属，セラミック，プラスチック，繊維および木材などの材料はゴムの有効な補強材であるが，この補強化技術のひとつに接着がある．タイヤ，ベルト，防振ゴム，免震ゴムおよび工業用機能部品などゴム製品の多くが接着技術を用いて製造されており，接着はゴム工業において最も重要な生産加工技術のひとつである．ゴムの接着技術にはゴムの成形加工と接着を同時に行う直接架橋接着と，被着体に接着剤を塗布後これにゴムを接触させて架橋する間接接着法がある．自動車タイヤ，ベルト，補強ホースなどの製造には直接架橋接着が，また防振ゴム，免震ゴムおよび工業用機能部品の接着は主に間接架橋接着が用いられている．直接架橋接着は製造コストが安く，大量生産に適しているが，ゴム配合と使用する金属の種類に限界があり，まだ汎用化技術となっていない．これに対して間接架橋接着はゴムと被着材料の種類にほとんど限界がなく，たいていの組合せに適用されているが，接着剤の使用技術に未解決の問題も含まれており，生産性に劣るのが欠点である．

接着とは，接着体1（ここではゴム）と被着体2（例えば金属）の表面1と2が接触し

て界面12をつくる操作であり,これによって接着物が製造される.接着破壊とは得られた接着物の界面またはその近傍が破壊して新しい表面,すなわち新生面3と4をつくる操作である.両者が可逆的であれば,理論的理解がさほどむずかしくないが,実際は接着によって生成した界面が破壊によってもとの表面に戻ることはない.われわれが必要とする接着強度を得るためには接着破壊で得られた新生面3と4は表面1と2のように平面でなく,凹凸に富んだ表面でなければならない.すなわち,表面1と2に比べて新生面3と4の実際の表面積が何倍も大きくなり,界面生成のエネルギーに比べて界面破壊のエネルギーが2桁から3桁も大きくなる必要がある.以上のように,生成エネルギーと破壊エネルギーから考えて,接着と接着破壊は全く異なる現象ととらえることができるが,これらを十分に理解するためには,それぞれの素過程を明らかにする必要がある.接着過程は,① ゴムの流動過程,② 被着体に対するゴムの「濡れ」過程,および,③ 界面の安定化過程からなる.また,接着破壊過程は,① ゴムの変形過程,② 接着界面近傍におけるゴムが切れる発生過程,および,③ 新生面の成長過程からなる.

　ゴムが金属に接着するためにはまず,ゴムが金型のなかで変形して金属と接触する必要がある.未加硫ゴムの流動性は流動度ϕで示され,ϕは粘度ηと次の関係にある.

$$\phi = 1/\eta \qquad (2.4.10)$$

したがって,未加硫ゴムの粘度が低いほどϕが大きくなり,次に述べる濡れ性については好都合となるが,「だれ」などの加工操作上の問題から当然限度がある.未加硫ゴムの粘度は$T_g \sim T_g+100$℃の温度範囲ではWLF[1]の式がよく合う.

$$\log(\eta_T/\eta_{T_g}) = -17.44(T - T_g)/\{51.6\,T - (T - T_g)\} \qquad (2.4.11)$$

　ゴムと金属が接着するためにはゴムが流動して金属に接触することも重要であるが,接触したゴムが金属に「濡れ」ないときには界面が形成されないことになり,接着力(両者間の結合力)が発生しない[2].「濡れ(wetting)」とは,液体が固体表面に吸着している空気などの気体を押し退けて,新たに固/液界面を形成する,粘接着に類似した現象である.今,平滑な固体表面の液滴が拡がらず,平衡状態にある場合,固体(S),液体(L),気体(V)の各界面で働く力はヤング(Young)の式(2.4.12)で示される.

$$\gamma_S - \gamma_{SL} = \gamma_L \cos\theta \qquad (2.4.12)$$

ここで,γ_Sとγ_Lはそれぞれ固体と液体の表面張力,およびγ_{SL}は固/液界面の界面張力である.θは接触角と呼ばれ,「濡れ」を定義するパラメーターである.θが小さいほどよく濡れ,90°近辺では部分濡れ,これ以上では液滴をはじいて濡れないと考える.そして,同様に被着体に接着体が接触角θで濡れているとき,接着の仕事W_aは式(2.4.13)で示される.

$$W_a = \gamma_S + \gamma_L - \gamma_{SL} \qquad (2.4.13)$$

2.4 ゴムの工学

種々の表面張力をもった液体で接触角を測定し，$\cos\theta$とγ_Lの関係をプロット(Zismanプロット)し，$\cos\theta=1$に相当する液体の表面張力γ_Cを固体の臨界表面張力と定義した．臨界表面張力より小さい溶剤によく濡れることを意味し，したがってγ_Cが大きければ固体はよく濡れることになる．いま，表面張力がγ_Sの被着体に，表面張力がγ_Lの接着体(例えば未加硫ゴム)を接着して，γ_{SL}の界面張力をもった接着物が得られたとすると，このときの界面自由エネルギーの低下，すなわち界面張力の変化量ΔFは式(2.4.14)となる．

$$\Delta F = \gamma_{SL} - (\gamma_S + \gamma_L) \tag{2.4.14}$$

界面張力γ_{SL}は界面が存在することによる過剰エネルギーであるから，これが小さいほど，すなわち$\Delta F<0$のとき界面は安定となる．

界面の安定化の過程をどのようにとらえるべきであろうか．接着するためには界面分子間の結合エネルギー＞ゴム分子鎖の運動のエネルギーの条件が満たされなければならない．安定な界面を保持するためには，界面にゴム分子鎖の運動エネルギーに打ち勝つ強固な結合の存在が不可欠となる．いま，加硫中にゴムと金属の界面で化学結合が全く生成しない場合の接着物の界面モデルは図2.4.14のように考えることができる．界面層においてゴム分子セグメントのすべてが物理結合の及ぶ範囲内に存在していない．すなわち，ミクロ的にみれば，物理結合の及ぶ範囲内に存在するゴム分子セグメントが界面を形成し，残りは表面(これは厳密にはもとの表面ではないが)とい

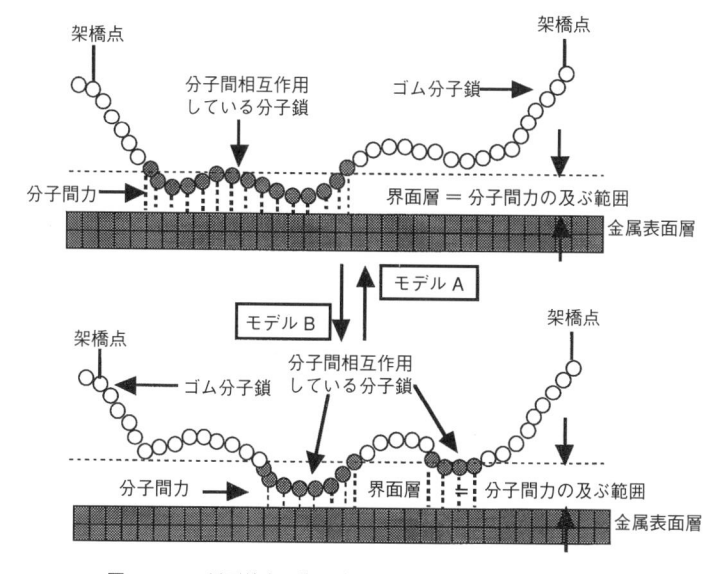

図 2.4.14　界面結合が物理結合の場合のゴム-金属界面モデル

うことになる．そして，ゴム分子セグメントはT_g以上の条件下において，そのときの熱力学的な条件に応じた運動をして，例えば，モデルAからモデルBに変化する．このときの分子鎖の単位は容易に界面層から逸脱して一定でないので，たえず不安定な界面となるわけである．

しかしながら，ゴム分子と金属表面が加硫中に反応して界面に若干の化学結合が生成した場合が図2.4.15である．この場合は，少なくとも化学結合の周辺のゴムセグメントがたえず物理結合の及ぶ範囲内に一定量存在する確率が高く，安定な界面層を形成していることになる．すなわち，モデルCの界面層は界面結合が存在するため，モデルAおよびBより安定化していることになる．さらに，一次結合量が増加したモデルDの場合ではモデルCの界面層よりさらに両者の「濡れ」ている界面層の範囲が拡大し，いっそう界面が安定化することになる．したがって，異種材料の界面生成において，その生成の過剰エネルギーを減少させ，安定な「濡れ」状態を保持するためには，界面における化学結合の生成は不可欠であると考えるべきである．

さて，界面層の安定化のために界面結合の存在が重要であることは理解できたと思うが，それではどの程度の界面結合が接着のために必要であろうか．いま，ゴム接着における一次結合量の基準を加硫ゴムの架橋点濃度と同程度とおく．分子間力が及ぶ範囲を5Åとして，これを最も薄い界面層と仮定する．したがって，最も薄い単位界面層は$5×10^8×10^8 \text{Å}^3$となり，これをULで表す．一般的な加硫ゴムの架橋点濃度を

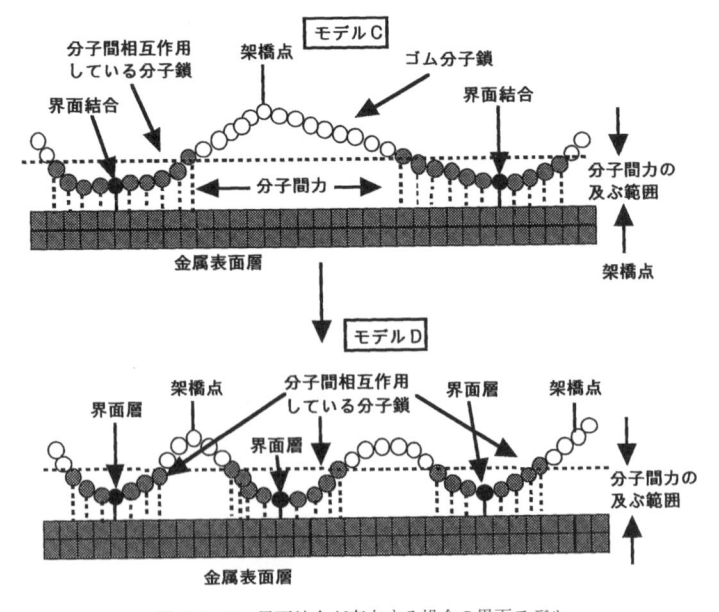

図2.4.15 界面結合が存在する場合の界面モデル

10^{-4} mol/cm³ とすると，単位界面層当たりの架橋点のモル数 N は式(2.4.15)で示される．

$$N = 10^{-4} \times 5 \cdot 10^{16}/10^{24}$$
$$= 5 \cdot 10^{-12} \text{ mol/UL} \quad (2.4.15)$$

したがって，架橋点の総数 n は式(2.4.16)となる．

$$n = 5 \cdot 10^{-12} \times 6 \cdot 10^{23}$$
$$= 3 \cdot 10^{12} \text{ (個/UL)} \quad (2.4.16)$$

この数は 100 m² の運動場に 1 m² の架橋点数 10000 個内の 3 個が実際に架橋している程度であり，それほど多くない．仮定した基準からしてゴムの架橋反応で生成する程度の化学結合が界面層で生成すれば十分であることになる．

接着物の界面構造に関してオーイ（W. J. van Ooij）の界面構造モデル[3]は金属とゴム層の間に酸化物層と補強層が存在していると予測される．この補強層は接着物に応力がかかったとき，応力が界面に集中せず，界面層近傍のゴム層に破壊が起こるために重要である．界面層になぜ応力集中が起こるかは加硫ゴムと金属のモジュラス（ヤング率）が4～5桁も違うことに帰因する．これが接着界面に応力が集中する原因である．加硫ゴムより少なくとも2桁ほどモジュラスの高い補強層が界面にあれば，界面破壊は起こらず，ゴム層が破壊することになる．補強層は加硫ゴム部分と無機質集合体からなる．無機質は金属側から拡散する金属イオンまたは粒子とゴム側の配合物との反応生成物（例えば，金属硫化物）からなり，界面近傍のゴム層を補強して接着強度に対する変形エネルギーの寄与を高めている．それぞれの界面が安定化するためには，金属酸化物-補強層および補強層内の無機質とゴム分子間にそれぞれ界面化学結合が存在する必要があると考えられる．適当な酸化物層の存在が接着に有効であるのは，補強層の生成をコントロールできることと，塩結合の場合のように，界面の一次結合を安定化できるためと考えられる．補強層のような中間界面層はゴムとゴム，およびゴムと異種材料の接着においても，高い接着強度を得るために必要である．このような界面層はエボナイト法[4]や接着剤法[4]における加硫ゴムと金属の接着物の中間界面層と類似している．すなわち，エボナイト層や接着剤層の形成は結局補強層をつくっていることを意味している．

以上のように，界面層の安定化は直接架橋接着においても，また間接架橋接着においても，① 界面における異種材料間の界面化学結合の生成と，② 補強層の生成によって実現されると考えられる．

接着のむずかしさの本質は界面の生成と破壊が異なる現象であることによるが，ゴムと金属の接着のポイントは化学的因子と物理的因子の2つの相乗効果をいかにして発揮させるかにある．化学的因子は界面結合が関係するが，この場合も界面化学結合

と界面分子間結合のバランスが重要である．ゴムの場合，界面化学結合の存在なくして界面分子間結合はほとんど発揮しえないことを理解することが接着の原点である．物理的因子は界面近傍におけるゴム補強層の存在を意味するが，この補強層は界面における応力集中を分散させるために不可欠な要素である．補強層はゴム中に無機質が分散した状態を連想しているが，無機質とゴム分子鎖の間にも界面化学結合が存在する．ゴムと金属の接着物の破壊は金属界面に応力集中が起こるため，これを緩和する役割をする補強層が必要となるわけである． 〔森　邦夫〕

文　献

1) Williams, M. L., Landel, R. F. and Ferry, J. D.：*J. Am. Chem. Soc.*, **77**, 3701 (1955).
2) 日本化学会編：化学便覧　基礎編Ⅱ(改訂3版), pp.11-79, 丸善 (1984).
3) van Ooij, W. J.：*Rubber Chem. Technol.*, **52**, 605 (1979).
4) 日本接着協会編：接着ハンドブック, p.644, 日刊工業新聞社 (1980).

2.4.4　ゴムの摩擦と摩耗
a.　トライボマテリアルとしてのゴム

ゴムが摩擦材料として使われた歴史は古い．コロンブスの第2次航海(1493～1496年)でヨーロッパ人が初めて天然ゴムをヨーロッパに持ち帰った．当時は鉛筆書きの字はパン切れで消していたが，1770年に酸素の発見者として知られるイギリスの科学者プリーストリー(J. Priestley)はゴムで鉛筆の字を消すことができることを発見した[1]．それが当時 india rubber といって使用され，これが現在使用されている英語の rubber の語源となった[2]．この消しゴムは，ころ状摩耗粉の発生と黒鉛の巻き込み，それらの排除のメカニズムを巧みに利用したものである．現在ではゴムは自動車用タイヤ，ベルト，ロール，シール，履物などの摩擦や摩耗を受ける部分に大量に使用されている．

摩擦が生じるところでは必ず摩耗を伴うが，この現象は一般に複雑であり，多くの因子によって支配されているため，統一的な説明がつかない部分も多くみられる．しかし，最近ではトライボロジー(tribology；摩擦，摩耗，潤滑の学問)がかなり進歩し，体系的理解が深まりつつある．

b.　摩擦の原因と接触圧力，荷重の影響

ゴムの摩擦の解説は多くの人によって書かれている[3～9]．ここでは簡単に摩擦の原因について述べる．摩擦は接触面での相対変位によって生ずる．滑り摩擦では，接触面がせん断されるときの抵抗，すなわち摩擦の凝着の項 F_{adh} と，滑り中のゴムの変形に伴う変形の項 F_{def} (またはヒステリシス損失の項)の和として摩擦力 F は次のように表される[10]．

2.4 ゴ ム の 工 学

$$F = F_{adh} + F_{def} \tag{2.4.17}$$

式(2.4.17)で，塑性接触する場合には第2項は塑性変形に伴う抵抗を，また，弾性変形する場合にはヒステリシス損失または内部摩擦に伴う抵抗と考えればよい．完全に潤滑されたときや転がり摩擦で凝着の項を考えなくてもよい場合には，第1項は無視でき，摩擦力は変形項のみを考えればよい．

まず，第1項の凝着の項を考える場合，接触面積を求める必要がある．ゴムでは弾性接触が主として起こり，半径 R_1 と R_2 の2つの球が荷重 W で押しつけられたときには，接触面は半径 a となり，ヘルツ(Hertz)[11]の式によって次のように求められる．

$$a^3 = \frac{3}{4}\pi(k_1 + k_2)\frac{R_1 R_2}{R_1 + R_2}W \tag{2.4.18}$$

ここで，k_1 と k_2 は各球の弾性に関係した定数であり，次の関係がある．

$$k_1 = \frac{1-\nu_1^2}{\pi E_1}, \qquad k_2 = \frac{1-\nu_2^2}{\pi E_2}$$

ここで，ν_1，ν_2 はそれぞれの球のポアッソン比であり，E_1，E_2 は各球のヤング率である．接触面積 A は πa^2 であり，次のように W の2/3乗に比例する．

$$A = \left(\frac{3}{4}\right)^{2/3} \cdot \pi^{5/3}\left\{(k_1 + k_2)\frac{R_1 R_2}{R_1 + R_2}W\right\}^{2/3} \tag{2.4.19}$$

弾性接触では，接触面積 A は荷重 W の2/3乗に比例する．ここでは球同士の接触を考えたが，球と平面との接触では一方の球の半径を無限大と考えればよい．

表面粗さをもつ面で，多数点で接触する場合，弾性接触の理論にもとづき計算することができ，接触面積 A は一般に次のように表される．

$$A = k_3 W^n \tag{2.4.20}$$

球上にさらに小さな球突起をもつものと平面との接触では，n は8/9であり，その小球突起の上にさらにもっと小さな球突起をもつものと平面との接触では26/27であって，複雑な微小粗さの面ほど n は1に近づく[12]．そのため，多数点接触では荷重にほぼ正比例すると考えてもよい場合がある．しかし，n は2/3から1の間をとり，表面の粗さによって決定される．

式(2.4.18)で摩擦力の変形項を無視してよい場合，凝着の項のみを考えればよい．摩擦力の凝着の項 F_{adh} は接触面積 A とせん断強さ s との積であり，次のように表せる．

$$F_{adh} = As \tag{2.4.21}$$

c. 摩耗率の表示法

摩耗率の表示には以下のものがよく使用される．

① 体積摩耗率(volumetric wear rate)
 $K_V = \Delta V / \Delta L$
ここで V は摩耗体積とする．
② 線摩耗率(linear wear rate)
 $K_L = \alpha = \Delta h / \Delta L$
ここで，L は摩擦距離，h は摩耗寸法とする．
③ 比摩耗量(specific wear rate)
 $K = w_S = \Delta V / \Delta L \cdot W = K_V / W = A \Delta h / \Delta L \cdot W = \alpha / p$
ただし，A は一定の接触面積，p は接触圧力とする．
④ エネルギー摩耗率(energetic wear rate)
 $K_E = \Delta V / F \Delta L = K / \mu$
ここで，F は摩擦力とする．
⑤ 摩耗特性値(abradability)
 $\gamma = \Delta V / \mu W \Delta L = K_V / \mu W = K / \mu = K_E$
ここで，W は荷重，μ は摩擦係数である．
⑥ 摩耗抵抗係数(coefficient of abrasion resistance)
 $\beta = F \Delta L / \Delta V = 1 / \gamma = \mu W / K_V = 1 / K_E$

d. 摩耗の形態

ゴムの摩耗の形態は次のように分類できる．
① アブレシブ摩耗(abrasive wear)： 硬くて鋭い突起がゴム表面を引っかくときに生じる摩耗．
② 凝着摩耗(adhesive wear)： 滑らかな相手面と摩擦するときに生じる摩耗．
③ 疲労摩耗(fatigue wear)： 表面の疲労によって起こる摩耗．
④ ころ状摩耗粉生成による摩耗(wear by roll-formation)： ころ状摩耗粉を生じる摩耗．
⑤ 粘着摩耗(oily wear)： 摩擦によって生じた低分子量のゴムによって摩擦面がおおわれ，相手面との相互移着を生じ，低い摩耗率を示す摩耗．
⑥ パターン摩耗(pattern abrasion)： ゴムの表面にアブレージョンパターン(abrasion pattern)を生成しながら摩耗が進行するもの．

以上の6つに大別したが，ゴムでは①のアブレシブ摩耗においても，④のころ状摩耗粉生成による摩耗を生じたり，また，⑥のパターン摩耗を生じたり，いくつかの摩耗現象が複合して起こる場合もある．

e. 摩耗を支配する速度，温度，ゴムの機械的性質および雰囲気の影響

ゴムのアブレシブ摩耗において，摩耗特性値(摩耗体積を荷重，摩擦距離および摩擦係数で割った値) K/μ(mm^3/Nm)は摩擦速度によって変化し，それぞれのゴム特有の摩耗曲線が得られる．各温度で得られた摩耗曲線は高温度で高速度側に移動する．

各温度の摩耗曲線をある基準温度の曲線まで移動させて重ね合わせると，それぞれのゴム特有のマスターカーブが得られる[13]．それぞれのマスターカーブをつくるために各温度で $\log a_T$ だけ移動させたが，このときの移動係数 a_T は，ほぼWLF式に従う．このような関係は摩擦係数においてもみられる．一般に，WLF式は T_g をガラス転移温度とすると，$T_g < T < T_g + 120$ ℃ の範囲で適用されると考えられている．

高分子材料のアブレシブ摩耗体積 V は次式で表され，摩擦係数 μ と荷重 W に比例し，硬さ H，引張強さ σ，破壊伸び ε に逆比例する関係式がラトナー（Ratner, S. R.）ら[14]によって提案されている．

$$V = k_4 \frac{\mu W L}{H\sigma\varepsilon} \tag{2.4.22}$$

ここで k_4 は定数であり，L は摩擦距離である．

しかし，多くのゴムでは通常の引張試験で得られる弾性率 E と引張強さ σ の積の逆数 $1/E\sigma$ に摩耗率が比例する結果が得られている[15]．

f. ゴムの摩擦係数と摩耗率

ゴムの摩擦係数や摩耗率は，主に温度や摩擦速度，接触圧力，雰囲気，相手面粗さなどによって変化するものである．ある特定の条件で得られた各種ゴムの摩擦係数と比摩耗量（単位荷重，単位摩擦距離当たりの摩耗体積）を参考値として表2.4.5に示した．
〔内山吉隆〕

表2.4.5　各種ゴムの摩擦係数 μ と比摩耗量 K

材料の組合せ	μ	$K(\text{mm}^3/\text{Nm})$	条　件
NR-AA#240 研摩布	1.5	2×10^{-1}	$p=0.1$ MPa, $v=11.8$ cm/s, 室温
NR60/BR40ブレンド-AA#240 研摩布	1.2	1.2×10^{-2}	同上
BR-AA#240 研摩布	0.9	1.8×10^{-2}	同上
SBR-AA#240 研摩布	1.2	2×10^{-1}	同上
SBR60/BR40ブレンド-AA#240 研摩布	1.5	1.5×10^{-1}	同上
SBR20/BR80ブレンド-AA#240 研摩布	1.2	4×10^{-2}	同上
NR-#250ステンレス金網	2.5	2.7×10^{-2}	同上
SBR-#250ステンレス金網	2.2	1.3×10^{-2}	同上
NR-氷(cc#1500仕上げ)	1.4	—	$p=0.2$ MPa, -20℃
NR-氷(cc#1500仕上げ)	0.4	—	$p=0.2$ MPa, -5℃
BR-氷(cc#1500仕上げ)	0.7	—	$p=0.2$ MPa, -20℃
BR-氷(cc#1500仕上げ)	0.3	—	$p=0.2$ MPa, -5℃
CR-SUS304(バフ仕上げ)	1.1	—	$p=0.18$ MPa, $v=50$ cm/s, 室温
NBR-SUS304(バフ仕上げ)	1.4	—	同上
H-NBR-SUS304(バフ仕上げ)	1.8	—	同上
EPDM-SUS304(バフ仕上げ)	1.6	—	同上
CSM-SUS304(バフ仕上げ)	2.3	—	同上

文　献

1) 成沢慎一：日ゴム協誌, **55**, 610 (1982).
2) 日本ゴム協会編：ゴム工業便覧(新版), p.1531, 日本ゴム協会 (1979).
3) Schallamach, A.：*Rubber Chem. Technol.*, **41**, 209 (1968).

4) Moore, D. F. : The Friction and Lubrication of Elastomers, Pergamon Press (1972).
5) Roberts, A. D. : *Tribology*, **9**, 75 (1976).
6) 内山吉隆, パーキンス, M. : 日ゴム協誌, **59**, 649 (1986).
7) 内山吉隆 : ゴム工業便覧(第4版)(日本ゴム協会編), p.139, 日本ゴム協会 (1994).
8) 内山吉隆 : 日ゴム協誌, **68**, 578 (1995).
9) 内山吉隆 : 日ゴム協誌, **70**, 168 (1997).
10) Bowden, F. P. and Tabor, D. : The Friction and Lubrication of Solids, Part II, p. 243, Oxford Univ. Press (1964).
11) Hertz, H. : Miscellaneous Papers, Macmillan (1896).
12) Archard, J. F. : *J. Appl. Phys.*, **24**, 981 (1958).
13) Grosch, K. A. and Schallamach, A. : *Trans. Inst. Rubber Ind.*, **41**, T80 (1965).
14) Ratner, S. B., Farberova, I. I., Radyukevich, O. V. and Lure, E. G. : Abrasion of Rubber (ed. by James, D. I.), p. 145, Maclaren Palmerton (1967).
15) 内山吉隆 : 日ゴム協誌, **57**, 93 (1984).

2.4.5 ゴムの疲労

a. 疲労とは

疲労というのは「ある行動を繰り返すうちに特定の機能が目的とする性能レベルに達しなくなる現象」であり,「目が疲れた」,「足が疲れた」などというのもその類である.このことを力学という場で考えると,どのような材料であってもその材料の破断応力や破断伸びよりずっと小さい応力や伸びを加えられても1回や2回では破断しないのに,何回も繰り返し加えられている間に破断してしまうことをわれわれは経験的に知っている.これはたとえわれわれの目に見えなくとも,材料の内部では破壊に至るプロセスが着々と進行したことを示している.一般にその材料の目的とする機能が使用中に徐々に低下する現象を疲労と呼び,その機能があるレベル以下になるまでの期間(または繰返し数)を疲労寿命という.

疲労という言葉にはかなり広範囲の現象が含まれているが,金属やプラスチックの分野では破壊が最大の関心事となっているため,とくに変動する荷重や変形下で起こる強度の低下を疲労(fatigue)と呼び,疲労による破壊(疲労破壊)を寿命(life)とするのが一般的である.そこで本書でもゴムの疲労破壊を取り上げ,繰返し変形中に起こる破壊現象を追いながらそのメカニズムを考えることにする.

b. 疲労破壊の開始過程(クラックの発生)

(1) ミクロボイドの発生　クラックがどのようにして発生するかについては実のところあまりよくわかっていない.後述するように,ある条件が整うとクラックが発生しやすいというのは大体わかるが,常にそのような条件が整ってクラックが発生しているかというとよくわからないというのが本音である.しかしクラックのもととなるミクロボイド発生は一応次のように考えられている.

ゴムが負荷を受けると分子鎖は引張方向に動こうとして分子鎖間の滑り,再配列を起こすが,系内に架橋,絡み合い,充てん物などが存在すると分子鎖は動きを妨げら

2.4 ゴムの工学

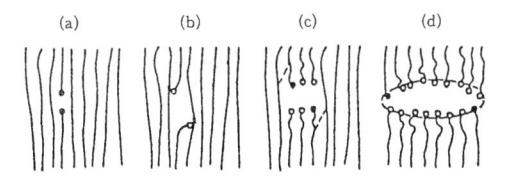

図 2.4.16 ラジカル発生(a)からミクロボイド形成(d)までの模式図[1]

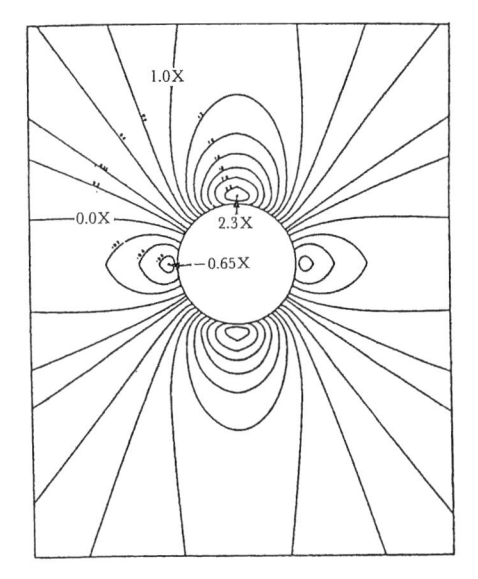

図 2.4.17 剛体球を含む系に縦方向の引張応力を加えたときの応力等高線図[2]

れ緊張状態になる。この結果，分子鎖の1本が切断されるとその隣の分子鎖が応力をも担うため分子鎖切断は周囲に伝播する。図2.4.16は負荷が加えられた結果分子鎖の1本が切断しラジカル(○)が発生した状態(a)からミクロボイド形成(d)までの過程を模式的に示したものである[1]。このようなミクロボイドの形成は異物や空孔などの周辺に発生する最大応力集中点(例えば，図2.4.17)近傍で起こりやすい[2]。図2.4.18はゴム中に埋めこまれたガラスビーズの界面付近に発生したミクロボイドである(この場合，伸長方向は縦方向)[3]。各種の高分子において破断直前に発生するミクロボイドの大きさと数を表2.4.6に示している[4]。

(2) ミクロクラックの発生　一般にミクロボイドは負荷を取り去ると消失するが，負荷が大きくなって臨界の大きさまで成長すると，もはや消失しないミクロクラックに変わる[3]。ミクロクラック形成の条件のひとつとして膨張圧の発生が指摘され

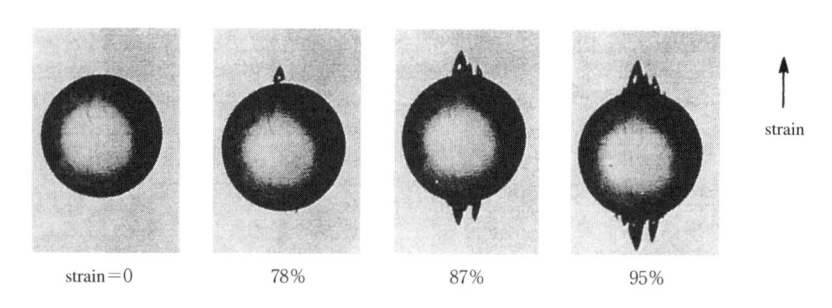

図 2.4.18　シリコーンゴム中のガラスビーズ周辺に発生したミクロボイド[3]

表 2.4.6　各種ポリマーにおける破断直前のミクロボイドの大きさと数[4]

ポリマー	ミクロボイド	
	大きさ(μm)	数(cm^{-3})
ナイロン6	0.009	9×10^{16}
PP	0.032	7×10^{14}
PE	0.015	6×10^{15}
PVC	0.30	1×10^{12}

ている．例えばゴムの円柱を軸方向に引っ張るとゴムは体積変化がないため円柱は径方向に収縮(ポアッソン収縮)する．ところが図2.4.19に示すような鉄板間に接着拘束されたゴムを軸方向に引っ張ると径方向にはほとんど収縮できない．つまり鉄板が収縮しようとするゴムの動きを妨害し逆方向の応力(三次元の引張応力または膨張圧)を発生させる[5]．膨張圧のもとでは，たとえそれが比較的小さい応力であってもボイドは膨張しミクロクラックへ成長する．Gent および Lindley[6] によると，ゴム中に存在する球状のミクロボイドが半径 r_0 から λr_0 に膨張するときの膨張圧 P は式(2.4.23)で与えられる．

$$P = \frac{E}{6}\left(5 - \frac{4}{\lambda} - \frac{1}{\lambda^4}\right) \quad (2.4.23)$$

ここで E はゴムのヤング率であり，通常 $E \gg P$ である．上式より膨張圧が増加し臨界圧 $P_c(=5E/6)$ になるとどのような小さいボイドでも無限に成長する．実際にはボイ

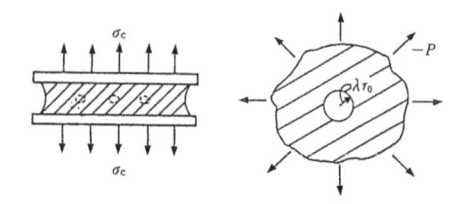

図 2.4.19　三軸引張り(膨張圧)によって起こるボイド形成の模式図[5]

(a) (b) (c) (d)

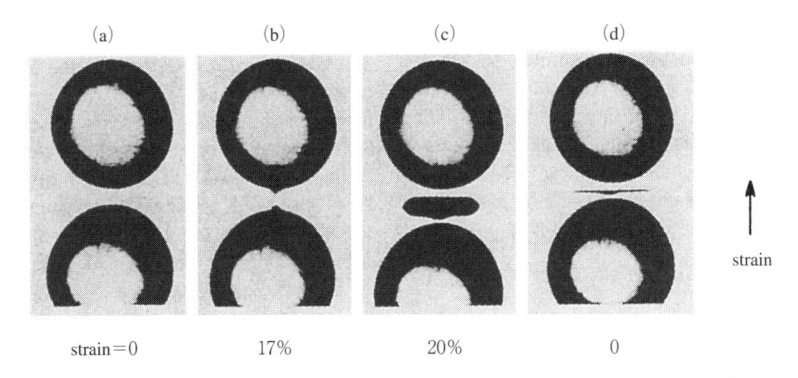

strain

strain=0   17%   20%   0

図 2.4.20 2個のガラスビーズ間に発生したミクロボイドおよびミクロクラック[3]

ドの壁面を構成するゴムの破断ひずみに達すると，ボイドはミクロクラックへ変換する．したがって P_c をミクロクラック発生のための臨界膨張圧と見なせる．このような三軸引張状態は2つの剛体球が引張方向に隣合って並んでいるときにも発生する．図2.4.20は縦方向の引張ひずみが大きくなると成長したミクロボイド(c)は変形をゼロにもどしても(d)消失しない例である．

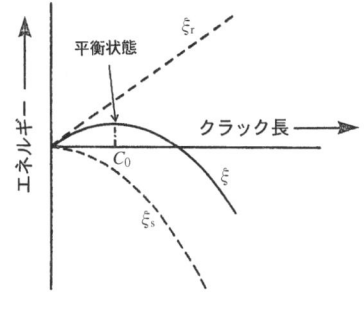

図 2.4.21 クラックの存在による系のエネルギー変化

c. 疲労破壊の成長過程(クラックの成長)
(1) 破壊力学によるクラック成長条件の取扱い いったん発生したミクロクラックやマクロクラックがどのような条件下で成長するかについては，1921年のGriffith[7]の研究以来破壊力学という分野で詳しく取り扱われている．いま，変形しているある材料を考えるとき，その材料は変形のために加えられた仕事をひずみエネルギー(応力-ひずみ曲線下の面積)として蓄えていることになる．もしその状態で試料に長さ c の傷を入れるとすれば応力が低下し蓄えているエネルギーも減少する．一方，傷を入れることは新たな2つの表面をつくりだしたことになり，表面エネルギーが発生する．つまり傷を入れることにより系全体としてはひずみエネルギーが減少し表面エネルギーが増加する．この状態を模式的に示したのが図2.4.21である．Griffithによると材料中に存在する欠陥が成長する(新しい面をつくりだす)のは減少したひずみエネルギー(ε_s)と増加した表面エネルギー(ε_r)の和が負になるとき，すなわち系全体の自由エネルギー(ε)が減少するときであるとされている．これを数式で表すと臨界条件は式(2.4.19)で与えられる．

$$\frac{\partial \varepsilon}{\partial c} = \frac{\partial \varepsilon_s}{\partial c} = \frac{\partial \varepsilon_T}{\partial c} \leq 0 \quad (2.4.24)$$

式(2.4.24)および図2.4.21は，この臨界条件を与えるものは傷の長さcであり，cが平衡値c_0を超えると傷は必然的に無限大の速度で成長するが，c_0以下の大きさでは破壊に関係ない存在として残るか消滅することを示している．つまりc_0がミクロクラックの最小値である．グリフィス理論はその後クラック周辺の弾性力学と合わさり，破壊力学として発展し今日に至っている．

グリフィス理論は線形弾性体が極微小変形を受けたときに成り立つ理論であるが，これを非線形ゴム材料の大変形に適用したのがRivlinおよびThomas[8]である．式(2.4.24)によると$-\partial \varepsilon_s/\partial c$の値が$\partial \varepsilon_T/\partial c$の値より大きくなったときクラックは成長するが，$\partial \varepsilon_T/\partial c$はクラックの成長に伴って生み出されるエネルギーなので，見方を変えればクラックの単位長さをつくりだすのに必要なエネルギーとも考えてよい．そこで$\partial \varepsilon_T/\partial c = T$とおき，試料の厚さを$h$とすれば，式(2.4.24)は次の式(2.4.25)で置き換えられる．なおTは引裂きエネルギーと呼ばれている．

$$-\left(\frac{\partial \varepsilon_s}{\partial c}\right)\frac{1}{h} = T \quad (2.4.25)$$

Tの値は線形材料であれば表面エネルギーとして理論的に求まるが，ゴムのような非線形材料では実験的に求める以外にない．例えば，切欠きつき短ざく状試験片を用いると，クラックが成長を開始するときのTの値T_cは，成長開始時のひずみエネルギーW_cを実験的に求めればすでに与えられている$T_c = 2kW_c c$の関係式[8]から求まる．つまり$T \geq T_c$になるような条件を与えるとクラックは成長するのでT_cの項は材料固有の破壊抵抗力を示すことになる．

(2) 破壊力学による疲労破壊成長の取扱い Gent, LindleyおよびThomas[9]は繰返し変形下で起こるクラックの成長速度dc/dnと上記のT_cの間に次の式(2.4.26)が成り立つことを実験的に見いだした．

$$\frac{dc}{dn} = \frac{1}{G} T_c^{\beta} \quad (2.4.26)$$

ここでnは繰返し数，G，βはクラックの成長に関する材料定数である．したがってdc/dnをT_cに対して両対数プロットすることにより，動的条件下でのクラックの成長速度と

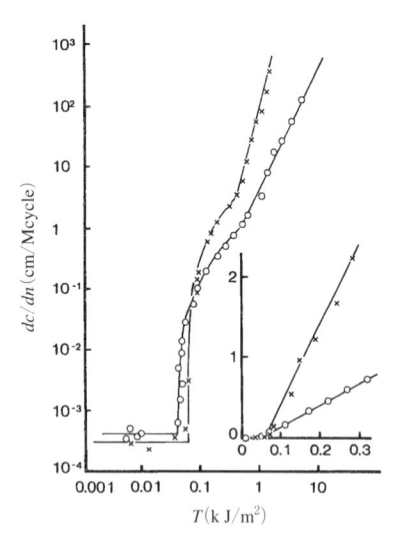

図2.4.22 動的変形下におけるクラックの成長速度(dc/dn)と破壊エネルギー(T_c)の関係[9] NR(○)，SBR(×)．

材料固有の破壊抵抗力の関係が得られる．図2.4.22はゴム材料における代表的な $dc/dn \sim T_c$ 曲線[9]であり，T_c がある程度大きい値になると直線関係が成り立つことを示している．逆に T_c が非常に小さくなると，クラックは成長しないこともわかる．さらに破断時のクラックの大きさ c^∞ は $c^\infty \gg c_0$ となるので，この条件を用いて式(2.4.26)を積分することにより破断に至るまでの繰返し数 N を求めることができる．

$$N = \frac{G}{(\beta-1)(2KW_c)^\beta c_0^{\beta-1}} \tag{2.4.27}$$

d. 疲労破壊の最終破断過程(破断面凹凸形成)

(1) 破断面凹凸形成のメカニズム 均一材料中にある1個のクラックを考えると，クラックはクラック先端に発生する最大応力集中点を追いかけて引張方向と直交方向に成長する．したがってクラックの通過した経路(破断面)は完全な平面となるはずであるが，ゴムの破断面は他の材料に比べても凹凸の激しい様相を呈する．ゴムの破断面凹凸形成についてはFukahoriおよびAndrews[10]によって次のように説明されている．いま，図2.4.23に模式的に示すように，成長しつつあるマクロクラックとその前方にあるミクロクラックを考える．マトリックスの平均応力状態にあるミクロクラックにマクロクラックが近づくと，ミクロクラックはマクロクラックの先端に拡がる大きな引張応力場の影響を受け始める(図(a))．マクロクラックがさらに近づくと，ミクロクラックはマクロクラックのつくりだす応力場の強さに応じて成長が促進される(図(b))．やがて，成長したミクロクラックとマクロクラックはたとえ両者が同一平面上にない場合でもせん断力によって合体し，その結果，破断面の凹凸が形成される(図(c))．

(2) 破断面凹凸の大きさを支配する因子 FukahoriおよびAndrews[10]は破断面の凹凸の大きさ(R)と材料のヒステリシス比(ヒステリシスエネルギーと入力エネルギーの比：h)が逆比例の関係($R \times h = $一定)にあるという実験結果にもとづき，$R$ に関する式(2.4.28)を提出した．

$$R = kc_1c_2W/T_0\Phi \tag{2.4.28}$$

ここで c_1, c_2 はおのおのマクロクラック，ミクロクラックの長さ，W は入力エネルギー，T_0 は理論的最小引裂きエネルギーであり，ロス関数 Φ は h と正相関を示すパラメーターである．すなわち，c_1, c_2 が大きいほど，W が大きいほど，またヒステリシス損失が小さいほど破断面凹凸は大きくなることがわかる．一方，FukahoriおよびSeki[11]のFEM解析によると，凹凸の最小単位はミクロクラックの長さ(40±

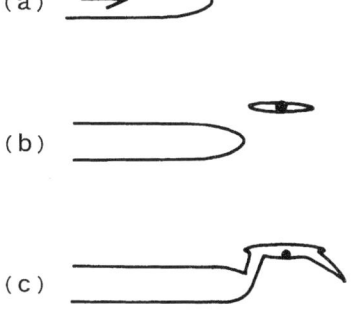

図2.4.23 マクロクラックとミクロクラックの合体による破断面凹凸形成の模式図[10]

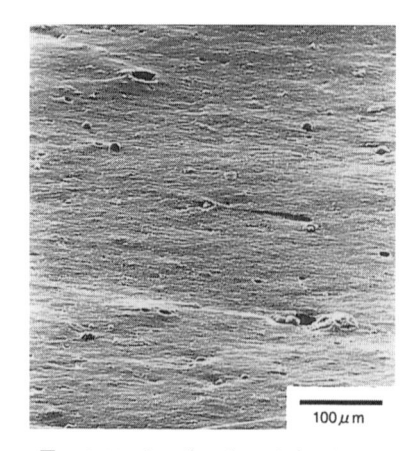

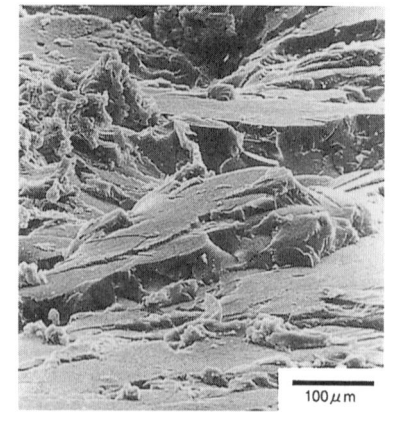

図 2.4.24 カーボンブラック充てん SBR の破断面写真[11]

図 2.4.25 SBR の破断面写真[11]

20 μm)であり,ヒステリシス損失の非常に大きいゴムではこの最小単位程度の凹凸となるが,損失の小さいゴムではその数倍から10倍もの大きさの凹凸になることが示されている.図2.4.24は損失の大きいカーボンブラック充てんSBRの破断面,一方,図2.4.25は損失の小さいSBR純ゴムの破断面であり,上記の予測がほぼ実現されていることがわかる.

〔深堀美英〕

文　献

1) Zhurkov, S. N. et al. : J. Polym Sci., A-2, **10**, 1509 (1972).
2) Oberth, A. E. and Bruenner, R. S. : Tran. Soc. Rheol., **9**, 165 (1965).
3) Gent, A. N. and Byoungkyeupark : J. Mater. Sci., **19**, 1947 (1984).
4) Zhurkov, S. N. and Kuksenko, V. S. : Int. J. Fract., **11**, 629 (1975).
5) Gent, A. N. : Science and Technology of Rubber(ed. by Eirich, F. R.), p. 419, Academic Press (1978).
6) Gent, A. N. and Lindley, P. B. : Proc. Roy. Soc., **A249**, 195 (1956).
7) Griffith, A. A. : Phil. Trans. Roy. Soc. London, **A221**, 163 (1921).
8) Rivlin, R. S. and Thomas, A. G. : J. Polym. Sci., **10**, 291 (1953).
9) Gent, A. N., Lindley, P. B. and Thomas, A. G. : J. Polym. Sci., **8**, 455 (1964).
10) Fukahori, Y. and Andrews, E. H. : J. Mater. Sci., **13**, 777 (1978).
11) Fukahori, Y. and Seki, W. : J. Mater. Sci., **29**, 2767 (1994).

2.4.6　ゴムの分析と試験方法

ゴムは,常温でゴム状弾性を示す高粘性液体中に,架橋剤,可塑剤,老化防止剤,充てん剤など化学反応性,相溶性,硬さ(固体から液体),大きさ(nmからmm)の異なる多数の配合剤を混合した多成分混合物である.配合によりゴムは,補強性充てん剤との相互作用で破断強度が著しく向上し,架橋剤との反応で不溶・不融の三次元網

目構造となるなど化学的・物理的に著しく変化する．ゴムの試験・分析の特徴は，多成分系，補強，架橋にかかわる化学・物理・力学的性質の解明にあり，その主目的はより優れたゴム製品の開発と品質管理にある．

ゴムが製品となるまでに，各種原材料，未架橋ゴム，架橋ゴムとその形態を変え，その分析内容と方法が異なるので，この順に主な試験・分析を，次に共通な分析として表面分析と熱分析を取り上げ（表2.4.7），以下にその主なものについて解説することにする．ゴム試験法は，JIS K 6200番台と6300番台に定められているので参照されたい．

また本書の各章には，ゴムの原材料，混練り，架橋，製造方法，ゴム製品に関係する物性・性能試験・分析例が多数例示されている．これらの試験・分析を行った目的，評価方法とその結果を試験・分析データとして活用されたい．またゴムの試験・分析方法などの詳細は，総説，成書を参照されたい[1～4]．

a. 原材料の試験・分析

(1) 原料ゴムの分析 原料ゴムの繰返し単位の化学構造，タクティシティ，付加重合の頭-尾結合，シス，トランス，ビニルの異性構造，共重合ゴムの各モノマーの連鎖長などが，ゴム弾性，架橋反応および架橋ゴム物性に影響を与える．これらの分析は，原料ゴムに共通しており，多くの総説にまとめられている[1～4]．

原料ゴムの同定にはFT-IRと熱分解ガスクロマトグラフィー（Py-GC），その微細構造解析には高分解能NMRが使用されている．NMRは^{1}H，^{13}C，^{19}F，^{29}Siなどの核磁気をもつ元素を含むゴムが対象となり，パルス技術の著しい進歩とNMRの普及により高分子の微細構造解析にはなくてはならない手法となっている．

JIS，ISOでは原料ゴムをモノマー，分子骨格構造から分類している．分析もこの分類項目と対応しているので，以下にR，Mグループを例に説明する．

Rグループのゴムは，ジエン系モノマーが骨格の不飽和系ゴムである．その単独重合体および天然ゴム（NR）はT_gが低いので，単独重合体そのものがゴムとなる（IR，BR，CR）．NRはほぼシス構造であるが，合成ゴムはトランス，ビニルの異性構造を含む．共重合性のあるモノマー，例えばスチレンと共重合したSBR，アクリロニトリルと共重合したNBRもゴムとなる．ゴムには二重結合があるので種々の架橋剤が使用できる．

Mグループのゴムは，メチレン骨格の飽和系ゴムで，さらに製造方法，架橋特性から3つに分けられる．① エチレン系の共重合ゴム：例えばエチレンの単独重合体のT_gは低いが，結晶性がありプラスチックとなる．またこれらの高分子鎖は硫黄，ポリアミンなどで架橋ができず過酸化物で架橋している．この系を有用なゴムとするためには結晶性を阻害し，架橋の自由度を高める必要がある．例えばエチレンに第2成分としてプロピレンをランダム共重合して結晶性を阻害したゴムがEPMであり，さらに第3成分として架橋点となる不飽和結合を有するモノマーを数モル％加えて三

表 2.4.7 ゴムの原料，未架橋ゴム，架橋ゴム，製品の主な分析内容

分析対象		明らかにしたい主な項目	主な分析理由	よく使用される試験・分析機器
原料	ゴム	構成モノマーの化学構造，異性構造とその連鎖長とその分布	構造と性能の関係を解明し，高性能ゴムの開発への活用	化学結合構造：高分解能 NMR，FT-IR，熱分解 GC-MS 化学構造の分布：クロマトグラフ
		分子鎖の運動性	ガラス転移温度(凍結温度)，バウンドラバー量，ヒステリシスロスなどの動特性の測定	パルス法 NMR，粘弾性スペクトロメーター，熱分析装置
		分子量	加工性，架橋物性との関係解明	GPC，浸透圧測定器，粘度計
		架橋点とその量	架橋剤の選定，その使用量，架橋条件の設定	高分解能 NMR，FT-IR，化学分析
	架橋剤，老化防止剤など	化学構造，相溶性，不純物など	反応性，ブルーム，不純物による製品への悪影響の防止	化学構造：NMR，FT-IR，GC-MS 表面分析：FT-IR(ATR 法) 不純物：クロマトグラフ
	充てん剤	サイズ・形態および表面構造，凝集構造(アグリゲート)	ゴムの補強性およびゴムへの分散性の解明	粒子径：(電子)顕微鏡，沈降法 粒子表面積：ガス吸着法 表面官能基：化学分析，XPS
	補強材	長径/短径比	補強性，界面はく離強度，疲労耐久性の解明	(電子)顕微鏡
		比表面積		ガス吸着法
		表面処理剤の付着状態		EDX-SEM，XPS
未架橋ゴム	ゴム配合物のバルク特性	粘弾性測定(η，E^*，緩和時間τ)	加工性，形状安定性評価，製品機能(振動設計)への活用	キャピラリーレオメーター，粘弾性スペクトロメーター，ゴム物理試験法(JIS K 6200 番台)
		架橋特性	架橋条件の設定	キュアーメーター，DSC
		カーボンゲル量	加工性，補強性との関係解明，混練り工程管理に活用	溶剤抽出法
	ゴム配合物のミクロ特性	バウンドラバー量	動特性の優れた材料の開発，破壊の原因となる凝集塊のない混合工程および品質管理に活用	パルス法 NMR，粘弾性スペクトロメーター，TEM
		充てん剤のミクロンオーダーの分散状態		光学顕微鏡
		充てん剤のサブミクロン以下の分散状態	補強効果の確認と混練り工程管理に活用	TEM，電気伝導度測定装置
架橋ゴム	架橋構造	架橋化学構造	特に，-Sx-の X とその生成比率の適正化	化学切断法(切断後，膨潤法)，固体高分解能 NMR
		架橋密度	架橋ゴム物性の支配因子で，配合設計，工程設計の適正化	膨潤法，ムーニー-リブリン法
		架橋密度分布	(大型ゴム製品の)架橋条件の適正化	膨潤度(表面から深さ方向，異形品では各部分の測定)
	架橋ゴムの力学特性試験	引張破断特性	材料選択の判断基準，工程管理に活用	ゴム物理試験法(JIS)
		引張・圧縮永久ひずみ(緩和現象)	材料選択の判断基準，製品設計の判断基準	永久ひずみ試験 応力緩和試験
		動的弾性率(周波数，温度，振幅依存性)	疲労性，動ひずみを受ける製品設計に活用	粘弾性スペクトロメーター
		熱・オゾン・薬品劣化試験	ゴム製品の寿命の予測	ゴム物理試験法(JIS K 6300 番台)
	補強材とゴムとの接着	接着強度，接着部の耐久性，破面形態	補強性，接着強度とその寿命推定	接着強度：接着はく離試験 破断形態観察：EDX-SEM 破面の表面分析：XPS，FT-IR

(表 2.4.7 つづき)

分析対象		明らかにしたい主な項目	主な分析理由	よく使用される試験・分析機器
ゴム製品解析	不具合品解析	フローマーク，汚れ，ウエルド不良の原因推定	原料(ブルーム，配向)，混合および成形などの不具合の再発防止	汚れ，異物：SEM, FT-IR(ART 法)流動：キャピラリーレオメーター
		不具合品と良品との差異	不良原因の特定と対策	故障モードに応じた種々の分析
		破断面の表面観察	破断の原因推定(凝集塊，異物，または疲労破壊)，不良再発防止のため工程改善(とくに，原料，混練り，架橋工程)，または材料・設計変更の必要性の判断	破面解析：SEM表面解析：EDX-SEM, FT-IR
	優れた製品との差異	原料，混練り，架橋，形状の差異の推定	製品設計に活用	組成分析：TG, Py-GC-MS, クロマトグラフ，NMR性能評価：適宜特性試験

元共重合したものが EPDM である．フッ素ゴムも同様で，フッ化ビニリデンの単独重合体の T_g は低いが，結晶性があるので，ヘキサフロオロプロピレンを共重合して非晶質にして，脱フッ酸により生じた不飽和結合で架橋している．② アクリルゴム：主要モノマーのアクリル酸エチル，アクリル酸ブチルなどの単独重合体は非晶質ゴム状であるが架橋点がないので，活性塩素，二重結合を有する架橋モノマーを数モル％共重合している．③ ポリエチレン変性ゴム：ポリエチレン鎖の水素を塩素またはクロロスルホン基で置換し，ポリエチレンの結晶を破壊して非晶質化するとともに，これらの置換基を架橋点としたものに塩素化ポリエチレン(CM)，クロロスルホン化ポリエチレン(CSM)がある．

以上 R，M グループの例のように，その分子構造の違いを明らかにすることが原料ゴムの分析である．汎用ゴムの代表例としてシス-1,4-ポリイソプレンの ^1H-，^{13}C-NMR スペクトル[5](図 2.4.26)を示す．1,4-トランス結合が含まれるとピークは，^1H-では(5)は 1.63，^{13}C-では(1)は 39.7，(2)は 134.4，(4)は 26.7 ppm に現れる．共重合ゴムの例として，前記フッ素ゴムの ^{19}F-NMR スペクトルを示す[6](図 2.4.27)．ランダム共重合体であるが，共重合モノマー反応性比からランダムにはならず，多くのピークまたはショルダーで明らかなように種々の連鎖構造をもつことがわかる．

(2) 架橋剤，その他の有機配合剤の分析 硫黄，有機過酸化物などの架橋剤，加硫促進剤，老化防止剤，可塑剤などの分析は，それぞれの化学・物理的性質を利用して化学分析，各種クロマトグラフィー，FT-IR，NMR，質量分析(MS)で行われており，データ集も出版されている[7]のでここでは省略する．

(3) 充てん剤の試験・分析 補強性充てん剤の分析では，ゴムへの分散性・補強性に関係する特徴，例えば粒子サイズとそのストラクチャー，比表面積と表面官能基に着目した分析が中心テーマである．充てん剤の粒子径の測定は，ストークスの沈降式にもとづく高速遠心沈降法[8]，ASTM D3849-89 に規定されている電子顕微鏡画像解析法が一般的である．

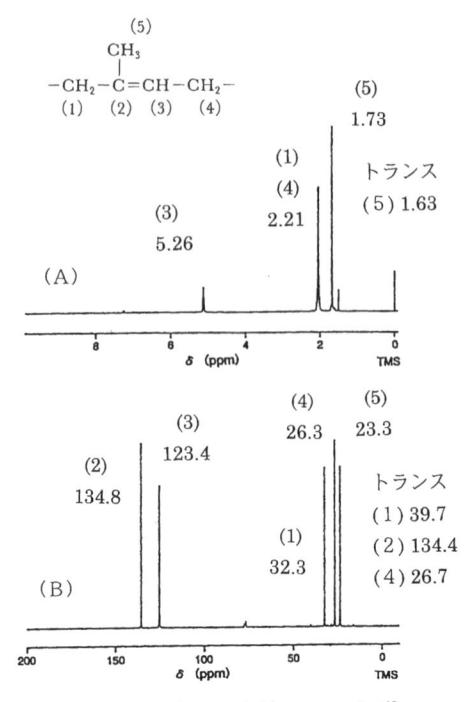

図 2.4.26 シス-1,4-ポリイソプレンの(A)^{1}H-NMR, (B)^{13}C-NMR スペクトル[5]

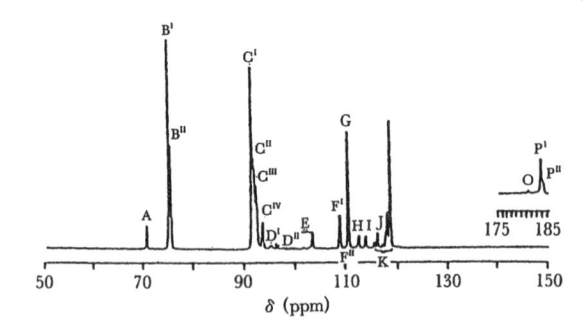

図 2.4.27 フッ化ビニリデン-ヘキサフルオロプロペン共重合(FKM)の^{19}F-NMR スペクトル[6]

 補強性充てん剤の代表としてカーボンブラックの形状を図 2.4.28 に示す.数十 nm の基本粒子が強固に結合して鎖状のストラクチャー(アグリゲート;通常 10～100 nm サイズ)を形成している.ストラクチャーには,製造時にできる弱い結合の二次ストラクチャー(アグロメレート;通常 10～100 μm サイズ)もある.

2.4 ゴムの工学

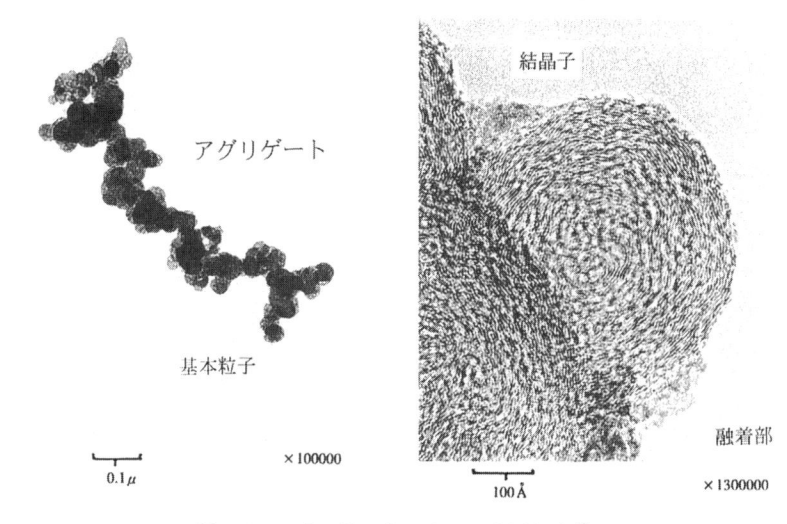

図2.4.28 カーボンブラックのアグリゲート[9]

カーボンブラックのかさ密度は 0.04 g/ml 程度(造粒で1桁ほど高くなる)と高い空隙率をもつ. ストラクチャーが発達するにつれ空隙率は高くなり, ゴムの補強性, 導電性も高くなる. この分析は, 直接的には電子顕微鏡画像解析法によるが, 通常は空隙へのオイルや水銀の吸収量で代用している. オイルとしてフタル酸ジブチル(DBP)を用い, 混練り時にアグリゲートの一部破壊を想定して, 繰返し圧縮したあとの吸収量, 24 M 4 DBP 吸収量を測定している(JIS K 6217).

カーボンブラックの比表面積は, JIS K 6217 に測定方法が規定されており, 窒素(BET法), ヨウ素, CTAB(セチルトリメチルアンモニウムブロミド)を吸着分子として, それらの投影面積(分子断面積ともいい, それぞれ16.2, 21.52, 61.6 Å^2)から比表面積を求める. このうち, ゴム分子の運動単位であるセグメントよりも大きな分子断面積をもつCTABで求めた比表面積は, ゴムと相互作用できる表面をもつことからゴムの補強性の指標として用いている.

カーボンブラックの表面には, カルボキシル基, フェノール性水酸基, カルボニル基, ラクトン基などがあるが, これらはゴムの補強性, グラフト反応性, 濡れ性などの種々の性質と密接な関係があり, 反応試薬により定量されている.

b. 未架橋ゴムの試験・分析

(1) 分散度試験・分析 ゴム材料は, 他材料に比べて物性が不安定であるといわれ, その主因は, 配合剤, 充てん剤などの分散状態のばらつきにある. 常に好ましい分散状態になるように混練工程の管理をする必要があり, 分散方法および分散度評価技術は, ゴム技術の重要課題となっている. とくに, カーボンブラック, ホワイト

カーボンのようにアグリゲートを形成している補強性充てん剤は，分散しにくく，分散度がばらつく．ゴムへの微粉体の分散では，おおむね10～100 nmサイズ以下の分散がよいとされている．

その評価方法は，アグロメレートのサイズに着目した試験に，光学顕微鏡観察法（ASTMD 2663）や表面粗さ測定法がある．アグリゲートと基本粒子サイズに着目した試験に，透過型電子顕微鏡（TEM）観察法があり，元素分析装置を設置することで成分分析も同時にできる．それぞれ得られた画像から分散状態を画像解析法で数値表現する．例えば，海－島モデルの島に相当する成分の面積分布を表すSパラメーターと島の空間分布を表すPパラメーターを用いる方法[10]，島の空間分布を表す森下指数[11]を用いる方法がある．

電気抵抗の測定法は，カーボンブラックの分散度評価に多用される[11]．カーボンブラックが導電体であり，その分散状態で電気抵抗は数桁変化し，他の物性に比べてきわめて敏感である．直流抵抗の温度依存性，交流でのインピーダンスの周波数依存性を測定することで，アグリゲートや基本粒子間隔などの情報を与えてくれる測定法である．さらにコンパウンドの品質管理に適用する試みなど実用面からも数多くの測定例がある．

(2) 充てん剤とゴムとの相互作用　ゴムと充てん剤との相互作用機構の分析は，ゴムの補強，ゴム材料の性能向上にとって重要である．逆相ガスクロマトグラフィー（IGC）は，充てん剤を分離カラムの固定相として用い，その表面自由エネルギーおよ

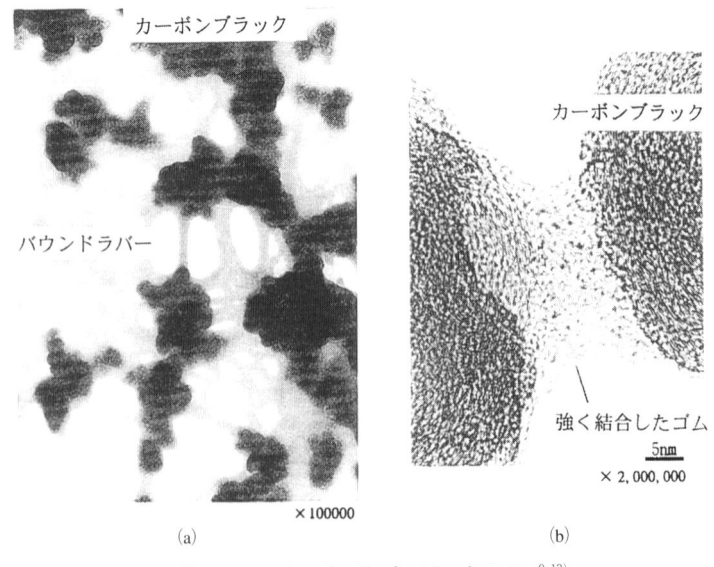

図 2.4.29　カーボンゲルとバウンドラバー[9,13]

びゴムとの相互作用力を間接的に簡単に測定できることから注目されている[12].

ゴムと充てん剤との相互作用の結果として,有機溶剤に不溶なゲルが生成する.例えば,カーボンゲルは,ゴムとカーボンブラックとの混練りで生じ,このゴム分をバウンドラバーという.この生成量はカーボンブラックの(CTAB)比表面積,ゴムの不飽和結合量や官能基と関係しているが,混練条件によっても異なる.カーボンゲルのTEM観察像が報告されている(図2.4.29)[9,13].カーボンブラックを包み込んだ状態のゴムと架橋あるいは絡み合ったゴムとがみられる.バウンドラバーは,カーボンブラックに限らず,充てん剤の表面処理をしたもの,充てん剤とゴムとの反応試薬を添加した場合などにも起こる.銅微粒子を充てん剤にした硫黄配合ジエン系ゴムでも同様のゲルが生成し補強効果を示す.銅微粉を包み込んだ状態のゴムと銅微粉間を結んでいるゴム,一端は銅微粉に固定されているが他端がフリーなゴムが観察される(図2.4.30).

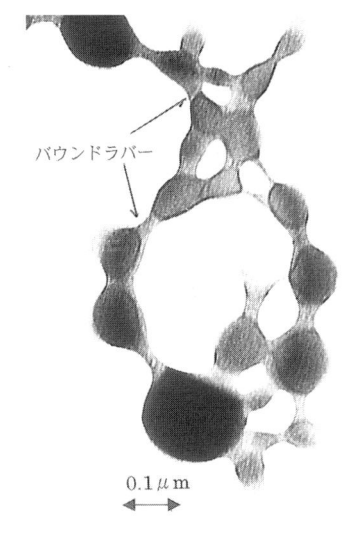

図 2.4.30　ジエン系ゴム/銅微粉/硫黄で形成されるバウンドラバー

パルス法NMRは,ゴム分子鎖運動性を測定しており,運動性の異なるゴム成分ごとにその量が定量できるので,バウンドラバーの分析に使われる.共鳴吸収を起こした核スピンが,周囲の核スピンにエネルギーを放出しながら平衡状態にもどるときの緩和時間T_2(スピン-スピン緩和時間)から求める[14,15].ゴム状態の分子鎖運動は10 ms程度の長い緩和時間T_{2L}をもつが,バウンドラバーは分子鎖運動が拘束されて樹脂に近い10 μs程度の短い緩和時間T_{2S}成分と中間の数msの緩和時間T_{2M}をもつ.初期スピン総量と各成分のT_2とから,それぞれの分率が求められ,バウンドラバー層の厚さは数十Å程度であると見積もられている[16].

粘弾性測定と熱分析は,T_gでのtan δの半値幅を測定することで,充てん剤と結合して分子鎖運動が束縛されたものとフリーなものとが評価できる.

(3) **ゴムブレンドの分散度評価**　通常,異種ゴム同士を混合すると,相溶性がほとんどないため肉眼で判定できる分散不良のミリ程度から好ましい分散のサブミクロン程度までさまざまな状態をとる.さらに架橋剤などの添加剤成分のゴムとの親和性または溶解性の差,架橋剤と成分ゴムとの架橋速度の差,異種ゴム界面での共架橋性の有無など,ゴムブレンドでは分散不良,共架橋不良による物性低下や物性の不安定な問題が頻発するので多くの分析がなされている[17].

分散不良,共架橋がほとんどない場合は,引張強度・伸びが著しく低下するので判

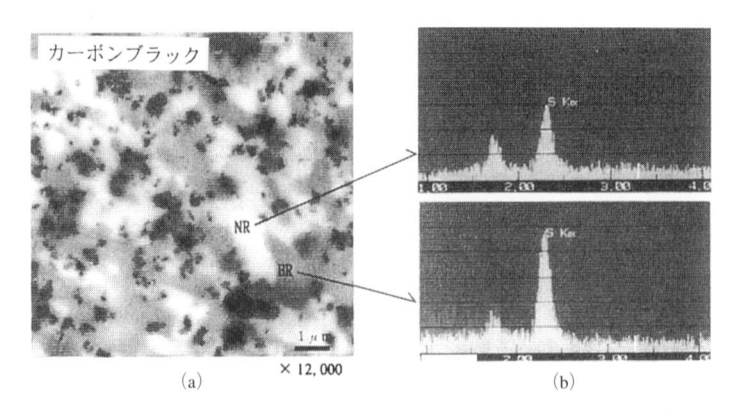

図 2.4.31 分析電子顕微鏡による NR/BR ブレンド加硫ゴムの分散評価[13]
(a) TEM 像, (b) 硫黄の EDX スペクトル

定できる．ゴム同士の相溶性は，弾性率の温度依存性，示差走査熱量測定(DSC)で T_g を測定する方法で行われている．非相溶性の場合は個々の T_g のみが，相溶性がある場合は個々の T_g が消失して中間に新たに T_g が，部分相溶の場合は個々の T_g のブロードニングが起きるので判定できる．動的弾性率の温度依存性から，0.1 μm 以上のサイズの分散では個々の tan δ ピークが，それ以下の分散では中間に新たな tan δ ピークがみられる[18]．

ブレンドゴムの混合状態の評価には TEM が使われている．電子線の透過率に差がある場合あるいは一方のゴムにのみ重元素を含む場合は，超薄切片そのままでも十分なコントラストが得られるが，通常はオスミウム酸を不飽和ゴムに反応させる染色処理を施して十分コントラストが得られるようにしてから測定する．図 2.4.31 は分析電子顕微鏡測定例で，ゴムの相構造，カーボンブラックの分配，硫黄の分配も分析できる[13]．

c. 架橋ゴムの試験・分析

(1) 架橋密度　架橋密度 ν は網目鎖濃度ともいい，単位体積中に存在する橋かけ数(mol/m^3)をいう．ν は，膨潤法またはムーニー-リブリン(Mooney-Rivlin)パラメーターの C_1 から求める．膨潤法は，膨潤後のゴムの体積分率 v_2，溶媒の分子容 V (m^3/mol)，溶媒とゴムとの相互作用パラメーター χ から，下記のフローリー-レーナー(Flory-Rehner)の式により ν 求める．

$$\nu = |\ln(1-v_2) + v_2 + \chi v_2^2|/2V(v_2^{1/3} - v_2/2) \quad (2.4.29)$$

χ 値は，溶媒がベンゼンの場合，NR は 0.42，SBR は 0.37，BR は 0.39 が使われる．

ムーニー-リブリンプロットから ν を求めるには，平衡膨潤時には網目鎖間の相互作用がなくなり，パラメーター C_2 が 0 になることから，$C_1 = \nu kT/2$ より求める．

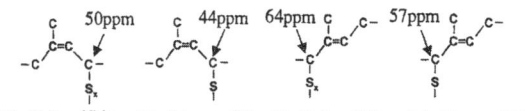

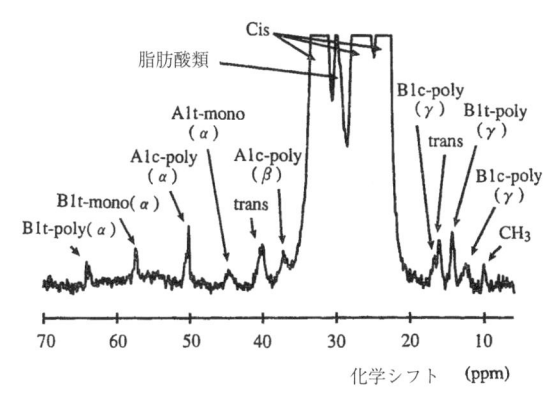

図 2.4.32 加硫 NR の ^{13}C-NMR スペクトル[19]

(2) 硫黄の架橋構造 架橋剤の硫黄の分析は，全硫黄分，ゴムと結合している硫黄(結合硫黄)と遊離硫黄(未結合硫黄)，結合硫黄-S_X-の X の測定がある．全硫黄は，ゴム配合物に含まれている硫黄の全量で JIS K 6233 に，遊離硫黄は JIS K 6350 に規定されている．

結合硫黄は，加硫ゴムのアセトン抽出できない硫黄で，全硫黄から遊離硫黄を引いた量とする．X の測定は，化学的安定性の差を利用して，$X \geq 2$ の結合を LiAlH$_4$ 試薬で分解する方法，^{13}C-NMR で硫黄と結合した炭素の化学シフトの違いから結合した硫黄の数，$X=1$ と $X \geq 2$ とをそれぞれ定量する方法とがある．森ら[19]は，硫黄架橋天然ゴムの ^{13}C-NMR で求めた硫黄と結合した炭素量と膨潤度とから求めたνから，結合硫黄の架橋効率はおよそ 50％程度であること，加硫初期と後期はさらに低いことを，またトランスへの異性化がみられ，シスおよびトランス構造にモノまたはポリスルフィド結合している硫黄を図 2.4.32 のスペクトルの帰属により明らかにした．

d. 表面分析

ゴム分子鎖は活発な分子運動をしているので，配合されている低分子物質は，拡散速度が速く混練り時からブルームしてゴム表面をおおっている．またゴム製品は，接触する相手との反応による変質や異物の付着，酸化劣化によりカルボニル基や不飽和結合の生成など，その表面は常に変化し続けており，製造工程，製品での不具合原因となることがある．

ゴム表面の分析は，光学顕微鏡で外観を十分に観察して分析方法を明確にしてから

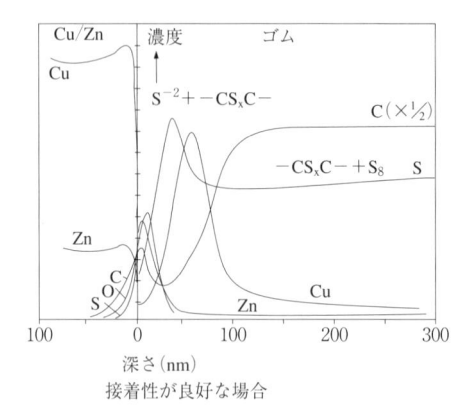

図 2.4.33 直接加硫接着におけるゴムとCu/Zn合金の界面近傍のXPS[20]

行う．有機物の分析にはFT-IRが用いられ，広い表面の測定には，KRS-5またはGeプリズムを使用したATR法(減衰全反射法)，付着物のような微小部の測定には，ビーム径を絞り，高感度赤外検出器(MCT)を用いた顕微赤外法で行う．また走査型電子顕微鏡に元素分析器(WDX，EDX)を付加して，外観形状とともに元素分析する方法なども使われている．

またゴムの表面分析には，ゴムと他材料との接着界面の分析がある．ゴムは柔らかいので構造部材に使用する際は，金属板などの支持体または繊維と接着して用いる．この接着は，物理結合力のみでは十分な接着力が得られず，化学結合が必要で，接着界面の反応層の化学構造およびその厚み，厚み方向の反応量が分析対象になる．

図2.4.33はCu/Zn合金と硫黄配合ゴムとの直接加硫接着界面を，XPSで深さ方向に測定した例である[20]．接着のよい場合は，CuとZnはゴム側に拡散して硫化物を形成しており，硫黄は金属表層部に硫化物を形成して接着力を発現しているが，接着不良の場合は，その反応量が少なく，反応層の厚みが薄い．接着剤を用いた場合も同様で，接着強度を高めるために，下塗り接着剤と上塗り接着剤との組合せで，ゴムとの反応層の厚みと反応量を最適化していることが，接着剤-ゴム界面近傍の厚み方向の組成分析からわかる．

e. 熱 分 析

ゴムの熱分析の主目的は，T_gやT_mの測定，架橋反応の解析，耐熱性評価，ゴム製品の配合組成の分析である．

熱機械測定(TMA)は，等速昇温・降温し，圧縮，引張りなどの非振動的荷重を加えて，その物質の変形を温度の関数として測定し，T_g, T_m, 熱膨張係数などを求める．

示差走査熱量測定(DSC)は，一般的な熱分析として普及しており，試料と基準物質の温度を所定のプログラムに従って変化させながら，または一定温度に保ち，その試

2.4 ゴムの工学

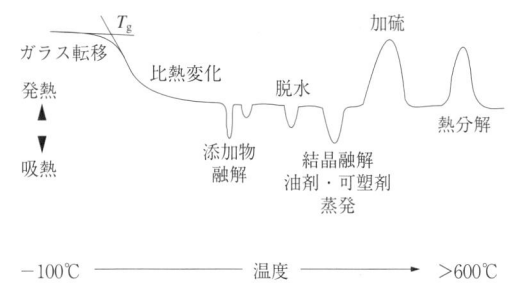

図2.4.34 未架橋ゴムのDSC曲線の概念図[21]

料と基準物質間に温度差が生じないように投入するエネルギーを温度(または時間)の関数として測定し,T_g,T_m,比熱,融解熱,架橋反応熱および架橋速度を求める方法である.図2.4.34は,未架橋ゴムのDSC曲線の概念図である[21].低温側に比熱変化によるT_g,100℃前後に添加剤の融解や溶解していた水の蒸発などの相変化による吸熱,150℃付近からの架橋反応による発熱,そして200℃以上で酸化・分解反応による発熱がみられる.そのほかに示差熱分析(DTA)はT_g,T_mの測定に,熱刺激電流分析(TSC)はモルフォロジーの推定に,熱重量測定(TG)は耐熱性の評価および混合物の組成比などの分析に使われている.JIS K 6226-1にゴム配合物の組成分析の方法が規定されている.

〔佐々木康順〕

文　献

1) 日本ゴム協会編:ゴム工業便覧(第4版),第Ⅰ-2～15章,第Ⅹ-1～11章,日本ゴム協会 (1994).
2) 加藤信子,河原成元:新版ゴム技術の基礎(日本ゴム協会編),第12章 (1999).
3) 日本ゴム協会編:新版ゴム試験法,日本ゴム協会 (1994).
4) Wake, W. C., Tidd, B. K. and Loadman, M. Jr.: Analysis of Rubber and Rubber-like Polymers(3rd ed.), Applied Science Publ. (1983).
5) Sato, H. and Tanaka, Y.: *J. Polymer Sci., Polymer Chem.*, **17**, 3551 (1979).
6) Pianca, M., Bonardelli, P., Tato, M., Cirillo, G. and Moggi, D.: *Polymer*, **28**, 224 (1987).
7) 日本科学情報編集部編:ポリマー添加剤の分離・分析技術,日本科学情報 (1987).
8) Medalia, A. I., Dannenberg, E. M. and Heckman, F. A.: *Rubber Chem. Technol.*, **46**, 1239 (1973).
9) 宮城　新:ゴム工業便覧(第4版)(日本ゴム協会編),第Ⅹ-7章,日本ゴム協会 (1994).
10) 林　隆史,渡辺明彦,田中　肇,西　敏夫:高分子論文集,**49**, 373 (1992).
11) 住田雅夫:ゴム工業便覧(第4版)(日本ゴム協会編),第Ⅹ-8章,p.1261,日本ゴム協会 (1994).
12) 住田雅夫,浅井茂雄:日ゴム協誌,**67**, 752 (1994).
13) 前原昭広,秋山節夫:日ゴム協誌,**71**, 90 (1998).
14) 藤本邦彦,西　敏夫:日ゴム協誌,**45**, 640 (1972).
15) 西　敏夫:ゴム工業便覧(第4版)(日本ゴム協会編),第Ⅹ-6章,日本ゴム協会 (1994).
16) Pliskin, I. and Tokita, N.: *J. Appl. Polymer Sci.*, **16**, 473 (1972).

17) 平川 弘：ゴム工業便覧(第4版)(日本ゴム協会編), 第Ⅰ-9章, 日本ゴム協会 (1994).
18) 石川泰弘, 山口洋一, 網野直也, 阿波根朝浩：日ゴム協誌, **69**, 716 (1996).
19) 森麻樹夫, Koenig, J. L.：日ゴム協誌, **71**, 68(1998)；*Rubber Chem. Technol.*, **70**, 671 (1997).
20) Ooji, W. J.：*Surface Sci.*, **68**, 1 (1977).
21) Brazier, D. W.：*Rubber Chem. Technol.*, **53**, 441 (1980).

弾むゴムと弾まないゴム

　弾みは2つの巨視的な物体の運動と変形のエネルギーの変換にかかわることで，両者が理想的な弾性体だとしても，両者の密度，ヤング率，落下物の大きさなどに支配される．数cm程度のゴム球が固い板の上で弾む際には，これらの数値はよく弾む条件内にあり，弾んだり弾まなかったりするのは，ゴムの理想的な弾性体からの外れ，すなわち粘弾性による力学的損失の程度が原因になっている．

　粘弾性測定では貯蔵ヤング率 $E'(\omega)$ と損失ヤング率 $E''(\omega)$ が求められる．損失正接 $\tan\delta = E''(\omega)/E''(\omega)$ は，周期的変形における力学的損失の程度を表している．高分子で特徴的なことは，角周波数 ω の単位を適当に選べば，種々の温度における粘弾性が同じ関数で表されることである．異なる温度で得られた $E'(\omega)$，$E''(\omega)$，$\tan\delta$ などを $\log\omega$ に対してプロットしたグラフは，水平方向の平行移動によって重なる．また，種々の高分子の粘弾性にも類似性があり，おおざっぱにいえば，ある高分子は他の高分子の適当な温度の状態に対応する．どの高分子でも，ある周波数範囲で $\tan\delta$ が大きく，その範囲でヤング率が 10^6 Pa 程度から 10^9 Pa 程度の大きさへ移り変わる．この周波数と弾みとはどのようにかかわっているだろうか．ゴムのヤング率 E は 10^6 Pa くらいで，密度は $1\mathrm{g}\cdot\mathrm{cm}^{-3}$ くらいだから，振動が伝わる速さ(音速) $\nu_s = (E/\rho)^{1/2}$ は 10^2 ms^{-1} くらいになり，数cm程度のボールでは衝撃によって 10^3Hz くらいの振動に相当する変形が生じる．この周波数はちょうど可聴周波数に相当するので，可聴周波数の振動を減衰させるような制振ゴムは弾まないということになる．

　そこで，架橋した高分子をいろいろな温度にすれば，弾んだり弾まなかったりするはずである．上述の周波数(図1の縦線で示す)が，ヤング率が低い側の平坦部に相当する高温では弾む

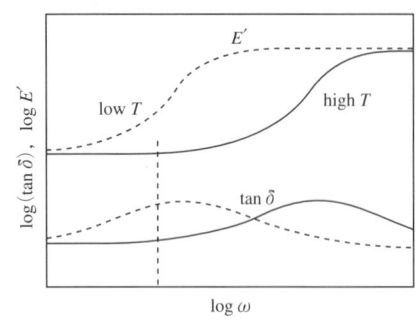

図1　エラストマーの貯蔵ヤング率と損失正接

ゴム(実線)となる．弾まないゴム(点線)はヤング率が増加し始めるやや低温に相当する．実際，防音用の制振ゴムの球は室温ではほとんど弾まないが，100℃くらいでは少し弾む．ちなみに，冷凍庫で冷却しても弾むが，これはガラス状態(高い側の平坦部)で損失が小さいことに相当する．

さらに高分子種の違いまで詳細に検討すると，ポリイソブチレンとポリイソプレンはほぼ同じ温度で軟化するが，前者は弾みにくい．前者の $\tan \delta$ は広い周波数に拡がった山になっており，ヤング率の変化も広い周波数範囲にわたって緩やかに生じる(図2)．このような特徴は高分子の分子構造から予測するのは容易ではないが，混合物や部分的結晶化物などの不均質な系では理解しやすく，材料設計に応用することもできる．〔尾崎邦宏〕

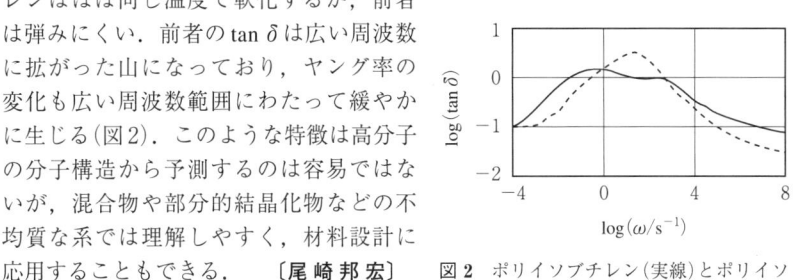

図2 ポリイソブチレン(実線)とポリイソプレン(破線)の損失正接(−50℃)

3. ゴ ム 材 料

3.1 総　　論

3.1.1 材 料 と は

「材料」という言葉はかなり日常化していて，定義について説明の必要はないかもしれない．ここでは学術用語にとどまっているかにみえる「物質」という言葉との違いを考えてみる．

われわれが「今晩のおかずの材料」というとき，例えば牛肉やネギや豆腐などは明らかに物質の一種である．調味料として使った砂糖や塩も物質である．「物質」は科学の世界でも物理学や化学など自然科学の分野で用いられ，この世に「客観的に存在するもの」の総称である．理論的考察や実験の対象として，物質が何らかの目的に応じて用いられたときに「材料」となる．塩は物質であるが，電気分解実験に用いられると実験材料になるし，さらに調味料として用いたときには「食塩」として料理の材料のひとつとなり，「役に立つ」という側面をもつ．

このような「物質」と「材料」の関係は「事実」と「情報」の関係に似ている．「事実」はありのままの客観的なもの(少なくともそうであるべきもの)であるが，それが人間にとって何らかの意味，あるいは多くの場合にある目的にとって役立つと考えられたとき，それは「情報」となる．したがって，情報工学は明らかに技術学，なかでも工学の一分野と位置づけることができる．したがって，「材料とは，われわれ人類に役に立つ，少なくともその可能性をもつ物質」ということができる．

3.1.2　ゴム材料の現状

ゴム材料の現状の各論はこの章の本題であるが，現状を概観しておく．

第1章に記述されているように，かつて天然ゴムが唯一のものであったゴム材料は，合成化学，高分子化学，そして重合技術の発展を通じて多くの合成ゴムを市場に送り出してきた．ブタジエンとその誘導体をモノマーとする乳化重合，さらに他種モノマーとの乳化共重合により，天然ゴムにない特性を有するジエン系合成ゴムが，20世紀半ばには実用化された．さらに，配位アニオン重合の発見により，ジエン系モノマーの立体規則性重合やエチレンの重合が可能となり，ステレオラバーやオレフィン系ゴムが現れ，今ではゴム材料の最も大きな用途であるタイヤにおいても主要な材料と

なっている.

　熱可塑性エラストマー(TPE)は,いまだタイヤ用の材料となってはいないが,非タイヤゴム製品に広く用いられるようになり,ゴムにとっては常識であった「架橋」を不要にするというブレイクスルーをなしとげて,今なお消費量は年々増加している.TPEの工業化が,その構造上の興味(ミクロ相分離構造)から高分子物理学と高分子化学の分野に大きなインパクトを与えたことも,特筆すべきことであろう.ミクロ相分離構造は高分子における特異な超分子構造であるが,自然界におけるパターン形成という一般的な立場から,今も活発な研究が行われている.

　そのほかにも多種のゴムが工業的に用いられており,いくつかの分野では,可塑化ポリ塩化ビニルなど軟質プラスチックと競合しつつ共存しているのが現状である.表3.1.1は主要なゴムの着目すべき特性を示している.ゴム材料は「ゴム弾性」を利用するにとどまらず,防振ゴム,ロール,シール,ライニングなど,液体としての性質を有する「ゴム状態」を利用していることも特徴であることがわかる.ただし,表3.1.1ではTPEを除いているので,TPEについては各論であるこの章の3.2.1項 pおよび qを参照されたい.

3.1.3　ゴム材料の将来

　表3.1.1に示されたほかにも多くの種類のゴムが工業的に利用されており,現在はゴム材料の全盛時代とみることも可能である.しかし世の常で,栄枯盛衰を避けることはできない.第1にあげるべき傾向はTPEの増加傾向は将来にわたって持続するであろうということである.もちろん,TPEがタイヤに進出するとは考えられていないが,工業用品など多様な非タイヤゴム製品の分野で着実にシェアを伸ばしつつある.

　第2はジエン系ゴムはタイヤを中心にして当分その位置を保持するだろうということである.環境問題にとって必ずしも好ましくはない側面がありながらも,全世界的な自動車の普及に支えられて,タイヤの需要には大きいものがある.なかでもラジアルタイヤの生産の伸びから,天然ゴムの消費量は減少よりは増加傾向にある.一部では農業生産物である天然ゴムの供給が需要に見合うだけ確保できるかどうかの方が問題だとする意見がささやかれている.こうしたなかで,非タイヤ部門で広く用いられてきたクロロプレンゴム(CR)の消費量が減少し始めている.CRはアメリカ デュポン社のカロザース(W. H. Carothers)により開発された,合成ゴムの歴史上特筆すべきゴムであるが,ポリ塩化ビニルと同じく塩素を含むことが今ではマイナスとみられている.

　第3にメタロセン重合触媒の発展がゴム材料に与えるインパクトに注目する必要がある.エチレン,プロピレンのみならず,多くのオレフィンモノマーの重合,共重合が可能となりつつあり,エチレンを一成分とするコポリマーを中心に,一部はTPEとしてゴム材料の世界に多くのグレードのポリオレフィンを提供する可能性がある.

3.1 総論

表 3.1.1 主要ゴムの特性

ゴムの種類	略号 (ASTM)	ゴムの性質		架橋ゴムの物質				主な用途
		比重	ムーニー粘度 $ML_{1-4}(100℃)$	引張強さ (MPa)	伸び (%)	硬さ (JIS A)		
天然ゴム	NR	0.91~0.93	45~150	3~35	100~1000	10~100		大型タイヤ, ホースベルト, 一般用および工業用品
イソプレンゴム	IR	0.92~0.93	55~90	3~30	100~1000	20~100		タイヤ, 履き物, ホースベルト, 一般用および工業用品
スチレンブタジエンゴム	SBR	0.92~0.97	30~70	2.5~30	100~800	30~100		タイヤ, 履き物, ゴム引布, 床タイル, バッテリーケースなど工業用品
ブタジエンゴム	BR	0.91~0.94	35~55	2.5~20	100~800	30~100		タイヤ, 履き物, 防振ゴム, 籾すりロール, その他工業用品
ニトリルゴム	NBR	1.00~1.20	30~100	5~25	100~800	20~100		燃料ホース, オイルシール, ガスケット, 印刷ロールなどの耐油性製品
クロロプレンゴム	CR	1.15~1.25	45~120	5~25	100~1000	10~90		電線, コンベヤベルト, 防振ゴム, 窓枠ゴム, 接着剤, 塗料など
ブチルゴム	IIR	0.91~0.93	45~75	5~20	100~800	20~90		タイヤチューブ, 電線, 窓枠ゴム, スチームホース, 耐熱コンベヤベルトなど
エチレンプロピレンゴム	EPDM	0.86~0.87	40~100	5~20	100~800	30~90		タイヤ, 電線, 窓枠ゴム, ホース, コンベヤベルトなど
クロロスルホン化ポリエチレンゴム	CSM	1.11~1.18	30~115	7~20	100~500	50~90		耐候性耐食性塗料, 屋外用ゴム引布, ライニングなど
塩素化ポリエチレンゴム	CM	1.10~1.20	68~76	7~20	100~600	50~85		耐薬品性ホース, ロール, ライニング, その他工業用品
エピクロロヒドリンゴム	CO, ECO	1.27~1.36	35~120	7~15	100~500	20~90		タイヤのインナー, オイルシール, 耐油ホースなど
アクリルゴム	ACM, ANM	0.90~1.10	45~60	7~15	100~600	40~90		オイルシール, 自動車エンジン関係のシールなど高温耐油製品
シリコーンゴム	Q	0.95~0.98	液状	3~15	50~500	30~90		耐熱耐寒性の工業用品および医療用品, 電気絶縁用品
フッ素ゴム	FKM	1.82~1.85	35~160	7~20	100~500	50~90		耐熱, 耐油, 耐抗薬品性を要するパッキン, その他
ウレタンゴム	U	1.00~1.30	25~60	20~45	300~100	30~100		ソリッドタイヤ, 高圧パッキン, タイベルトなど
多硫化ゴム	T	1.34~1.41	25~50	3~15	100~700	30~90		高度の耐油性を要するホース, パッキン, ロールなど

第4にいまだ本格化しているとはいえないが,高機能性エラストマーの展開である.エレクトロニクス,イオニクスやバイオテクノロジー関係がスポットライトを浴びているが,こうした「流行」の分野のみならず,ソフトマテリアルの典型として,ゴム弾性を生かした機能性材料として,今後ますます出番が多くなると思われる.その際にフィラー充てんなど,従来のゴム技術の十分な活用が工業的に意味が大きいと考えられる.

将来に向かって指摘できる4つの傾向は,ゴム弾性体としてのエラストマーが,その有用性のゆえに今後ますます重要となることを示している.したがって,エラストマーの前駆体であるゴム材料の必要性についてはいうまでもない.本章に詳しく記述されているゴム材料が,将来に向かって発展的に変化していくであろうことも頭に入れて以下の各論をお読みいただきたい.　　　　　　　　　　　　　　　〔粕谷信三〕

3.2 原料ゴム

3.2.1 固形ゴム

a. 天然ゴム(NR)とその誘導体

ゴムの樹(ヘベア・ブラジリエンシス)からラテックスとして産出する天然シスポリイソプレンは天然ゴムと呼ばれ,他の数百種類にも及ぶ植物から得られる天然シスポリイソプレンとは区別される.このゴムは,ゴム素材として要求される性質をバランスよく兼ね備えているため,現在でも工業原料として年間ゴム総消費量の37%程度使用されている.通常,天然ゴムはラテックスおよびラテックスを酸で凝固した固形ゴムとして入手され,さまざまな用途に用いられている.

ラテックスは,表3.2.1に示す種々の成分を含んでいるため,固形ゴムには脂質やタンパク質などの非ゴム成分が5~6%含まれる.これら非ゴム成分は,天然ゴムの優れた性質に関与するばかりでなく,天然ゴム誘導体の合成に大きな影響を及ぼすことが知られている.

(1) 天然ゴムの種類　ラテックスを酸で凝固して得られる固形天然ゴムは,天然ゴム各種等級品の国際品質包装基準(グリーンブック,1969年)によって,製造方法および原料の種別に応じて8品種35等級に格付けされている.主な天然ゴムの種類として,タイヤ用など広く用いられている技術的格付ゴム(TSR),スモークドシート,クレープ,低級ゴム,ヘベアクラム,油展天然ゴムおよび粘度安定化ゴムがある[2].

TSRは,国際規格による外観格付けの不合理性を解消するために種々の項目で格付けされたゴムであり,マレーシアが中心となって

表3.2.1 新鮮ラテックスの組成[1]

成分	全ラテックスに対する割合(%)
乾燥ゴム重量	33
タンパク質	1~1.5
樹脂	1~2.5
灰分	<1
糖分	1
水分	60

3.2 原料ゴム

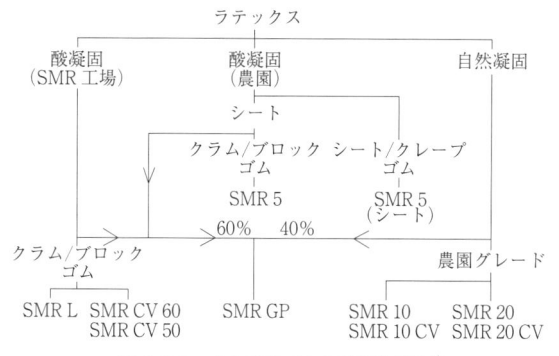

図 3.2.1 主な天然ゴムの工業的製法[1)]

規格が整備されてきた．ここでは，標準マレーシアゴム(SMR)を代表例として製造工程を図3.2.1に示す．このようにして製造されたSMRは，ポリエチレンフィルムでラップされ，33.3 kgのベールを1単位として販売されている．SMR Lは色の格付けをしたゴム，SMR CVは0.15％のヒドロキシルアミン中和硫酸を加えて貯蔵硬化を防止した粘度安定化ゴム，SMR 5はリブドスモークドシートやエアードライドシートを直接梱包したゴム，SMR GPはラテックスからの酸凝固ゴムや未くん煙シートとカップランプ(農園凝固ゴムの代表)とを60：40の割合で混合したゴム，SMR 10やSMR 20は農園凝固ゴム，SMR 10 CVやSMR 20 CVは粘度安定化農園凝固ゴムである．

スモークドシート，クレープ，低級ゴム，ヘベアクラム，油展天然ゴムおよび粘度安定化ゴムは，それぞれ図3.2.2に示す製造工程をへてつくられている[1)]．スモークドシートは，工業的に最も多く使用されている原料ゴムである．採取されたラテックスは，ろ過後，アンモニア，硫酸ナトリウムまたはホルマリンを添加してからタンクに貯蔵され，水を加えて乾燥ゴム重量(DRC)15％程度まで希釈される．5 w/w％ギ酸を添加したのち，数時間タンク内に放置することによって凝固し，等速回転の平滑ロールに6回かけてシート状にされる．これをくん煙室内でいぶしながら60℃で1週間程度乾燥する．113 kgのベールにしてからカバーシートをかける．

ペールクレープは，カロテノイドなどの有色成分が少ないクローンからのラテックスを酸で凝固して得られる．ラテックスが黄色の場合，亜硫酸水素ナトリウムなどを加えて漂白する．DRC 20％のラテックスをギ酸で凝固してから径の大きな溝付きの異速ロールにかけて練る．厚さ1～2 mmのシートにして40℃の熱空気で2週間程度乾燥する．

ブラウンクレープおよびブランケットクレープは，農園凝固ゴム，未くん煙シートおよびスモークドシートのスクラップなどを原料としてつくられる．十分洗浄してから他のクレープと混ぜて通気性のよいところで2週間程度乾燥することにより得られ

```
          切付け
            ↓
          ラテックス
```

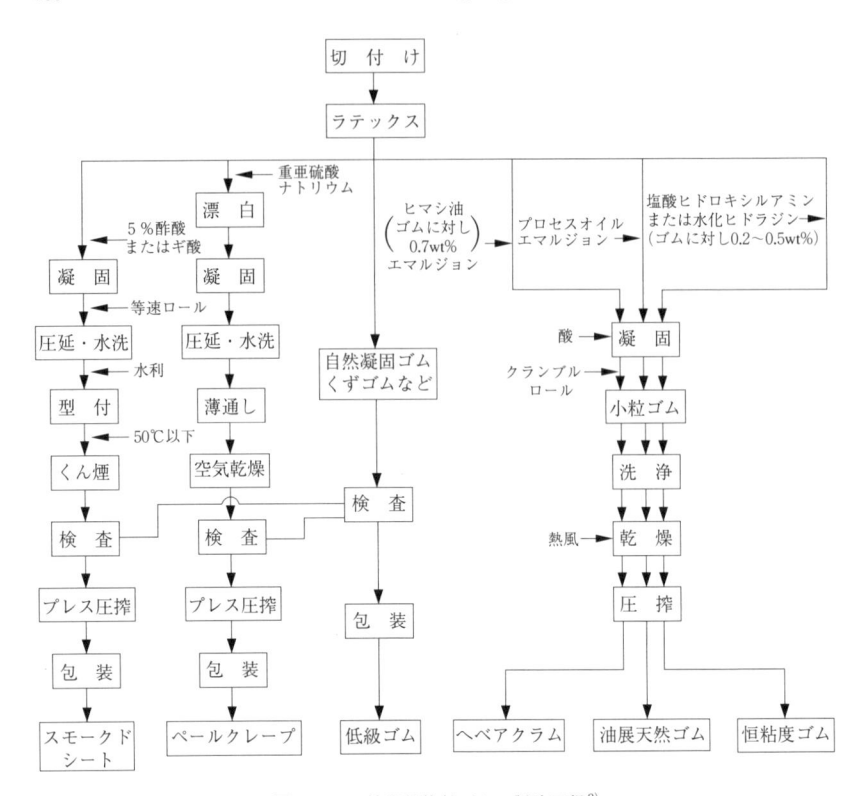

図 3.2.2　技術的格付ゴムの製造工程[2]

る．原料の種類によって淡褐色から暗褐色までである．

　ラテックスの一部は，60～70％に濃縮してからアンモニアを加えて消費地に輸送される．アンモニアの添加量には，約0.7％と約0.2％のラテックスがあり，それぞれ高アンモニアラテックスおよび低アンモニアラテックスと呼ばれる．ゴム手袋，医療用カテーテルや生理用品などの薄膜製品は，ラテックスからディッピングすることによってつくられる．

　(2) 天然ゴムの構造と非ゴム成分　　天然ゴムのゴム炭化水素は，主にシス-1,4イソプレン単位から構成される可溶画分の重量平均分子量(M_w)が100万から200万のゲル分を含むポリマーである．これまでの研究で，末端の一方に2個のトランス-1,4イソプレン単位を結合していることが確認された[3]．このトランス-1,4イソプレン単位は，天然ゴムの生合成における開始機構に依存すると考えられている．

　一般に，天然シスポリイソプレンの生合成は，図3.2.3に示すようにモノマーであるイソペンテニル二リン酸がジメチルアリル二リン酸に異性化することから開始す

3.2 原料ゴム

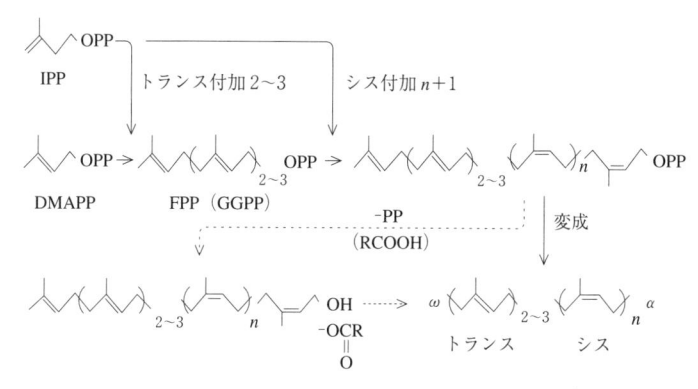

図 **3.2.3** 天然シスポリイソプレンの生合成プロセス[4]

る[4]．ジメチルアリル二リン酸にイソペンテニル二リン酸が2～3個トランス付加した誘導体が生合成の開始基質となって，これにイソペンテニル二リン酸がシス体として縮合重合することにより長いシス-1,4イソプレン単位の連鎖が形成される．この生合成は，リビング末端である二リン酸基が脱離後，水酸基になることによって停止する．水酸基末端の一部はさらに脂肪酸とエステル化すると考えられている．

天然ゴムでは，図3.2.3に示す構造のジメチルアリル開始末端や停止末端が検出されない．これは，トランス型三量体のファルネシル二リン酸(FDP)の誘導体が開始基質になっていることや，生合成後に化学反応が起こっていることが考えられる．天然ゴムラテックスをタンパク質分解酵素で処理してタンパク質を除去してもゴムにはオリゴペプチドが残存すること，タンパク質を除去するとゲル含有率が減少することや主鎖のシス-1,4単位が5000個以上連なっているという実験結果から，ゴム分子鎖の開始末端にはタンパク質が存在するかあるいはタンパク質と反応しやすい官能基が存在すると推定されている．生合成のリビング末端である二リン酸基は新鮮ラテックスでさえ大部分が外れている．ゴム分子鎖には長鎖脂肪酸が1～2個結合していることから，生合成後にリン脂質が末端に結合すると考えられる．これらのことから，図3.2.4に示す基本骨格および分岐構造が提案されている[5]．天然ゴムの分岐点は両末端の会合とエステル結合からなり，脱タンパク質化とエステル交換によって分岐ポリマーから直鎖状ポリマーに変わるものと考えられる．

天然ゴムには約6％程度の非ゴム成分が含まれている．非ゴム成分は，タンパク質と脂質を主成分として，糖質，炭水化物や灰分などを含んでいる[1,6]．タンパク質としてゴム粒子に吸着している成分は，ラテックスの漿液中に含まれる成分の20％程度であり，ラテックス粒子を凝固する際に漿液中の一部成分とともにゴム中に取り込まれる．漿液中に含まれるタンパク質には，α-グロブリン，ヘベイン，繊維状タンパク質および塩基性タンパク質などがある．脂質として新鮮ラテックス中に含まれて

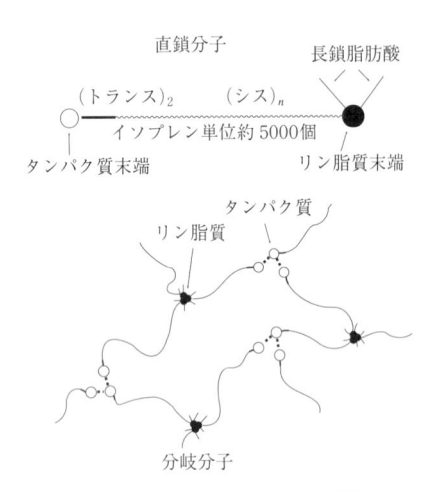

直鎖分子　長鎖脂肪酸
(トランス)$_2$　(シス)$_n$
イソプレン単位約5000個
タンパク質末端　リン脂質末端

リン脂質　タンパク質

分岐分子

図 3.2.4　天然ゴムの推定構造[3,5]

いるワックス，ステロール，ステロールエステルおよびリン脂質は，いずれも水に不溶で酸凝固によってゴム中に集まる．リン脂質はラテックスを貯蔵している間に共存する酵素によって一部が加水分解され，コリンや遊離の長鎖脂肪酸を生じる．長鎖脂肪酸の組成はクローンや採取季節によって変動するが，主に炭素数18の飽和脂肪酸および不飽和脂肪酸を主成分とする．

天然ゴムがバランスよく優れた性質を示すのは非ゴム成分の影響であると考えられている．非ゴム成分のなかでタンパク質が天然ゴムに特有の物性に関与していると考えられてきたが，タンパク質を除去してもゴムの物性には大きな変化は示されなかった．最近の研究では，天然ゴムに結合しているリン脂質と長鎖脂肪酸に関与する分岐構造がグリーン強度に直接影響することが示唆されている[3〜5]．ゴム分子鎖に結合する長鎖脂肪酸は混在する脂肪酸とともにゴムの結晶化を促進することから，天然ゴムの破断強度が大きいのは脂肪酸の存在によると考えられている．長鎖脂肪酸は飽和脂肪酸と不飽和脂肪酸に分類されるが，これらは特定の混合比(1:3)でゴムの物性および結晶化挙動を相乗的に向上させることが報告されている．天然ゴムは，クローンの種類やタッピングの季節にもよるが，大体1:3の割合で飽和脂肪酸と不飽和脂肪酸を含んでいる．

非ゴム成分のなかで，リン脂質，アミノ酸，フェノール類，トコトリエノール類，ベタイン類およびタンパク質は天然の老化防止剤になることが知られている．これらは天然ゴムを化学的に修飾するとき，反応を妨げたり副反応を起こす．

(3) **天然ゴムの精製**　天然ゴムの精製は，主にタンパク質と脂質を除去することを目的として行われている．天然ゴムラテックスに界面活性剤を混合してから遠心分離すると非ゴム成分の大部分は除去されるが，タンパク質や脂質の一部はゴム中に残る．これは，タンパク質や脂質の一部がゴム分子鎖に結合しているためと考えられる．タンパク質や脂質は図3.2.5に示すように主にラテックスの表面に存在しているので，精製はラテックス状態で効率よく行われる．タンパク質分解酵素と界面活性剤を用いて脱タンパク質化を行うと，タンパク質は完全に除去されることが確認された．脂質は，この方法では除去されないため，脱タンパク質化後，凝固，乾燥した固形ゴムを乾燥トルエンに溶解してからナトリウムメトキシドを用いたエステル交換によって除去される．水酸化カリウムを用いると，ラテックス状態でタンパク質と脂質を除

(4) 天然ゴムの化学改質 天然ゴムの改質は，天然ゴムの性質向上と用途拡大を目的として古くから行われてきた．これまでの研究では，ゴム炭化水素の二重結合を反応サイトとして，架橋，環化，シス-トランス異性化，付加反応や置換反応およびグラフト共重合などが試みられている．これらを大別するとゴム分子鎖単独の反応と異種分子との反応に分類することができる．

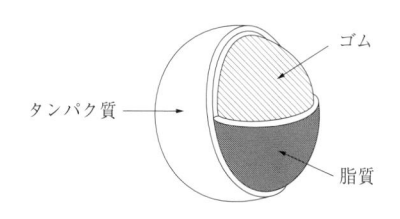

図 3.2.5 天然ゴムラテックスの分散質の構造

ゴム分子鎖単独の反応としては架橋と環化があげられる[1,7]．架橋には，窒素雰囲気下または無酸素状態で過酸化物が使用される．過酸化物によって生じたゴム分子鎖上のラジカルが他のゴム分子鎖と反応して架橋点が形成される．過酸化物としてジクミルペルオキシドが広く用いられるが，ビス(*t*-ブチルペルオキシ)イソプロピルベンゼンや2,5-ジメチル-2,5-(ジ-*t*-ブチルペルオキシ)ヘキサンなども使用されている．反応時に酸素が存在すると，ポリイソプレン鎖上のラジカルは酸素と積極的に反応して過酸が生成し，主鎖の解裂を引き起こす．

環化には，硫酸，塩化第二鉄，四塩化チタン，塩化第二スズおよび三フッ化ホウ素などのルイス酸が用いられる．図3.2.6に示すような生成物が得られ，不飽和度の低下，比重の増加および主鎖の柔軟性の減少が起こる．

図 3.2.6 天然ゴムの環化生成物[1]

異種分子との反応は主に付加環化反応である．典型的な反応を以下に示す．

[2+1] 付加環化反応

$$Cl_3CCOOEt \xrightarrow[\text{ゴム溶液}]{\text{NaOMe}} [Cl_2C:] \xrightarrow{\text{IR}}$$

[2+2] 付加環化反応

[3+2] 付加環化反応

　これらの反応のなかで [3+2] 付加環化反応するオゾンは古くから注目されてきた．オゾンは，天然ゴムと反応して主鎖を切断する劣化要因であるが，ジエンゴムのキャラクタリゼーションを行うときには選択的な二重結合攻撃試薬として欠くことのできない化合物とされている．[4+2] 付加環化反応の報告はきわめて少ないが，フェノール樹脂による架橋は，重要な [4+2] 付加環化反応として知られている．

　不飽和置換基がゴムの二重結合を攻撃するとき，アリル炭素に結合する水素の引き抜きを伴った二重結合の移動を生じる反応をエン(ene)反応という．天然ゴムでは次の2通りの反応が考えられる．

　ここで，Xは電子親和性基であり，Yは電子吸引性基である．これら反応は，触媒を必要としないことに加え，遷移状態で極端に電荷分類しないためスムーズに進行して安定な生成物を与える．高温での無水マレイン酸との反応およびニトロソフェノールやニトロソフェニルアミンとの反応がエン反応として報告されている．

　(5)　**工業化された天然ゴム誘導体**[1,7]　　工業化された天然ゴム誘導体のひとつとして塩素化天然ゴムがある．天然ゴムの四塩化炭素溶液を40〜80℃に加熱し，塩

素ガスを吹き込んで数時間反応させることによって塩素化天然ゴムが得られる．通常，塩素含有率は50〜68％である．塩素化天然ゴムは耐薬品性，難燃性および絶縁性に優れた樹脂状ポリマーであり，塗料，包装用フィルムおよび接着剤などに使用される．

エポキシ化天然ゴムは，天然ゴムラテックスに過酢酸を反応させることにより得られる．この反応では，二重結合の電子が過酢酸に取得され，二重の環構造を形成する遷移状態をへて，エポキシ化が進行すると考えられている．

反応は，再現性よく進行し，不安定なエポキシ開環物は生成しない．エポキシ化度は過酢酸の濃度によって0〜100％に変えることができる．エポキシ化天然ゴムとして市販されているものは，エポキシ含量が25％および50％のENR-25とENR-50である．これらエポキシ化天然ゴムは，耐油性およびガスバリヤー性に優れ，ダンピング特性が大きくなる．エポキシ化度を高くするとT_gは上昇し，ポリ塩化ビニル，クロロプレンゴムおよびアクリロニトリルブタジエンゴムとの接着性が向上する．

（6） **グラフト化天然ゴム**[9,10]

（ⅰ） **ラジカル反応**： ラジカル開始剤を用いた天然ゴムへのグラフト共重合は，ラテックス，溶液および固体について行われている．なかでも，ラテックスはゴムの樹から産出し，高価な溶媒を必要としないことからこれまで精力的にグラフト共重合の研究が行われてきた．グラフト鎖として導入するモノマーには，メタクリル酸メチル，スチレンおよびアクリロニトリルなどが主に検討されている．ラテックスにモノマーを添加してから水溶性開始剤で直ちに反応を開始すると分散質表面でグラフト共重合が進行し，生成物はフィルム形成能に劣ることが見いだされている．一方，モノマー添加後，数時間撹拌して分散質を膨潤させてから，γ線照射により分散質内で均一に重合するとフィルム形成能は向上する．

ラジカル開始剤の半減期を考慮して高温で反応を行うと，グラフト共重合よりもゴム分子鎖の低分子化が優先的に進行する．γ線照射によるグラフト共重合では長時間の照射でゴムの分子鎖切断による低分子化が生じる．一方，レドックス系開始剤を使用して低温で反応を行うと，グラフト共重合とともに架橋によるゲル化が起こる．さらに非ゴム成分との副反応が生じることや，ゴム中に存在する天然の老化防止剤の影響により，グラフト共重合は効率的に進行しないことが問題とされている．ラテック

表 3.2.2 Heveaplus-MG 23 の処方例 [1]

成　分	重量部
A 液	
高アンモニアラテックス(60% DRC)	100
水	100
カゼイン酸アンモニウム	0.6
B 液	
メタクリル酸メチル	18
t-ブチルヒドロペルオキシド(75%)	0.18
C 液	
テトラエチレンペンタミン(10%水溶液)	1.8

スを遠心分離して漿液中の非ゴム成分を除去してからゴム相を純水に再分散させると反応率はわずかに高くなるが，天然ゴムの精製が不十分であるため，この方法ではグラフト効率は低い．上市されているグラフト共重合体としてヘベアプラス-MG (Heveaplus-MG) がある．表 3.2.2 に有機レドックス系開始剤を用いた Heveaplus-MG 23 の重合処方を示す．A 液と B 液を混合してから C 液を加え，室温で所定時間反応させる．

（ii）**メタレーション（メタル化）**：　有機金属化合物は，ジアミンなどで活性化したとき強力なメタレーション試薬として作用する．天然ゴムを脱水乾燥してから有機溶媒に溶解後，N,N,N',N'-テトラメチルエチレンジアミン (TMEDA) の存在下でアルキルリチウムなどの有機金属化合物を数時間反応させると主鎖のメタレーションが起こる．これにモノマーを添加すれば原理的に設計分子量のグラフト鎖が生成するはずである．しかし，リチウムによりメタレーションした活性点は反応性が高いため主鎖切断が起こりやすく，低分子化などの副反応が生じる．さらに，プロトン性の不純物によって反応は阻害される．天然ゴムでは，脂質，タンパク質および炭水化物などの非ゴム成分が反応を阻害するためグラフト効率は低下し，グラフト鎖の分子量は設計分子量よりも高くなる．

（iii）**アゾ・エン反応**：　グラフト共重合体のグラフト鎖となるプレポリマーをリビングアニオン重合であらかじめ調製してから，末端にアゾジカルボン酸塩を導入する．

モノマー $\xrightarrow[\text{エチレンオキシド}]{\text{BuLi}}$ ポリマー-OH $\xrightarrow[\text{POCl}_2]{\text{ホスゲン}}$ ポリマー-OCOCl

$\xrightarrow[\text{NH}_2\text{-CH-COOEt}]{}$ ポリマー-OCONH-NHCOOEt $\xrightarrow[\text{酸化}]{}$ ポリマー-OCON=NCOOEt

このプレポリマーは，溶液および固相でエン反応によって主鎖中に導入される．溶液中でのアゾ・エン反応は，メタレーションほど非ゴム成分に阻害されないためグラフト効率は向上する．固相では，非ゴム成分の反応阻害によりグラフト効率は合成シスポリイソプレンより低くなるが，非ゴム成分に対する官能基の割合を大きくすれば

グラフト効率は大きくなる．アゾジカルボキシレート基は水中で分解するため，ラテックスでこの反応を行うことはできない．

(**7**) **天然ゴム系熱可塑性エラストマー**[11]　天然ゴム系熱可塑性エラストマーを作製する試みはグラフト共重合やブレンドによって行われている．1960年代にはグラフト共重合が盛んに研究されたが，経済性などの問題からブレンドに移行している．天然ゴムは熱可塑性樹脂とブレンドしても相溶しないため力学的強度は小さくなることが問題とされたが，これは相分離構造のドメイン寸法を小さく制御することによって解消されている．自動車部品として通常 $-30\sim70\,°C$ の温度で使用されることから，熱可塑性樹脂としては主にポリプロピレンが用いられている．

天然ゴムにポリプロピレンを添加して有機過酸化物あるいは硫黄加硫系を用いて動的加硫をすると，熱可塑性エラストマーとしての弾性が向上する．これは，動的加硫時にゴム相の粘度が増加してポリプロピレンと共連続相分離構造を形成するためと考えられている．さらに，天然ゴムとポリプロピレンとの間で反応が一部進行し，生成したグラフト共重合体が相溶化剤の役割を果たして天然ゴム相とポリプロピレン相の界面接着性が向上することも，弾性向上の一因と指摘されている．天然ゴムの耐熱酸化性や耐オゾン性はポリプロピレンとの動的加硫により向上するといわれている．用途に応じてブレンド組成を変えて，ソフトブレンドからハードブレンドがつくられている．

(**8**) **高純度天然ゴムの改質**　天然ゴムの改質においては，非ゴム成分による反応の阻害をいかに制御するかが大きな問題である．最近，天然ゴムのタンパク質と脂質を除去する手法が確立され，高純度天然ゴムを合成天然ゴム(IR)と同じように改質できるようになった．図3.2.7に示すように，高純度天然ゴムラテックスに有機レドックス系開始剤を用いてスチレンをグラフト共重合した場合，グラフト効率は未精製

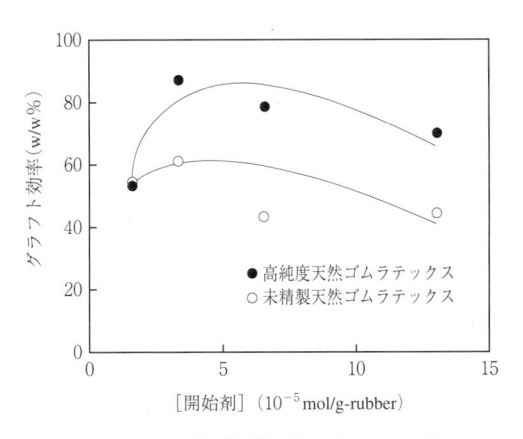

図 **3. 2. 7**　高純度天然ゴムのグラフト効率

天然ゴムラテックスの場合の2倍程度に上昇した．酸化分解による低分子化では，末端にケトンとアルデヒド基を有するテレキリック低分子天然ゴムが合成され，副反応は抑制することができた．エポキシ化では，エポキシ化の効率が高純度化により向上している．

天然ゴムの改質では，ゴム本来の優れた性質を保持したまま化学的に特定の性質向上を図ることが重要とされる．高純度天然ゴムを用いると，非ゴム成分の反応阻害を考えることなくゴム分子鎖を修飾することができる．今後，高純度天然ゴムを出発原料にした新規ゴムの開発が期待される．　　　　　　　　　　　　　　　　　　〔河原成元〕

文　献

1) 山下晋三：ゴム工業便覧(第4版)(日本ゴム協会編)，p.789，日本ゴム協会 (1984).
2) Fulton, W. S. and Thorpe, W. M. H.：The Polymeric Materials Encyclopedia (ed. by Salamone, J. C.), p.4552, CRC Press (1996).
3) 田中康之, Eng, A. H.：高分子, **46**, 816 (1997).
4) 田中康之, Eng, A. H.：日ゴム協誌, **66**, 595 (1993).
5) Tanaka, Y., Kawahara, S. and Tangpakdee, J.：*Kautsch. Gummi Kunst.*, **50**, 6 (1997).
6) 田中康之, 浅井治海：ゴム・エラストマー, 大日本図書 (1993).
7) Gelling, I. R. and Porter, M.：Natural Rubber Science and Technology (ed. by Roberts, A. D.), Ch. 10, Oxford University Press (1988).
8) Campbell, D. S.：Natural Rubber — Biology, cultivation and technology — (ed. by Sethuraj, M. R. and Mathew, N. M.), Ch. 20, Elsevier (1992).
9) Allen, P. W.：The Chemistry and Physics of Rubber-like Substances (ed. by Bateman, L.), Maclaren (1963).
10) Campbell, D. S.：Natural Rubber Science and Technology (ed. by Roberts, A. D.), Ch. 14, Oxford University Press (1988).
11) Elliott, D. J. and Tinker, A. J.：Natural Rubber Science and Technology (ed. by Roberts, A. D.), Ch. 9, Oxford University Press (1988).

b. イソプレンゴム(IR)

天然ゴム(NR)がイソプレン単位からなることは比較的古くからわかっていた[1]．イソプレンをモノマーとしてNRと同一構造の合成ゴムをつくることは，20世紀初頭から試みられてきた[2]．イソプレンを熱的に重合させる方法やナトリウム触媒を用いた重合[3]などが初期の研究で検討された．

イソプレンゴム(IR)はトリアルキルアルミニウム-四塩化チタン系触媒(AlR_3-$TiCl_4$, いわゆるチーグラー系触媒)によるイソプレンの重合により1954年に初めて合成された[4]．その後まもなく，アルキルリチウム触媒(LiR)によるアニオンリビング重合により，IRが合成されることが発見された[5]．

これらの発見以降，IRは工業的に生産され，NRより優れた点を生かし，幅広い用途で使用されている．工業的な製造方法は比較的早く確立し，その後プロセスの大き

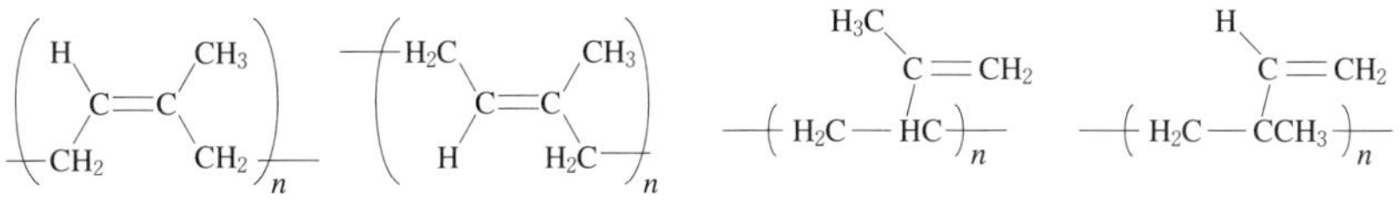

3.2 原料ゴム

$$\left(\begin{array}{c}H\\|\\CH_2\end{array}\begin{array}{c}CH_3\\|\\C=C\\|\\CH_2\end{array}\right)_n \quad \left(\begin{array}{c}H_2C\\|\\H\end{array}\begin{array}{c}CH_3\\|\\C=C\\|\\H_2C\end{array}\right)_n \quad \begin{array}{c}H_3C\\\\\\-(-H_2C-\end{array}\begin{array}{c}C=CH_2\\|\\HC-)_n\end{array} \quad \begin{array}{c}H\\\\\\-(-H_2C-\end{array}\begin{array}{c}C=CH_2\\|\\CCH_3-)_n\end{array}$$

　　シス-1,4 結合　　　トランス-1,4 結合　　　3,4 結合　　　1,2 結合

図 3.2.8　イソプレン単位の結合様式(IRのミクロ構造)

な変化はない.

　IRはイソプレンの重合体であることから，図3.2.8に示す4種類のイソプレン単位の結合様式をとりうる．IRのミクロ構造は，通常核磁気共鳴スペクトル法(NMR)や赤外分光法によって分析される．

　シス含量が高い(＞96％)IRは，チーグラー系触媒(Al-Ti系)により製造され，比較的NRに近い性質を示す．シス含量が比較的高い(約94％)IRは，Li系触媒により生産される．トランス含量に非常に富む(約97％)トランスIRは，チーグラー系触媒(Al-V系)により合成されるが，工業的な生産量は少ない．トランスIRは，天然に存在する熱可塑性樹脂であるガッタパーチャと類似の性質を示す．3,4結合単位に富むIRも工業的に生産されているが，トランスIRと同様生産量はごく少量である．したがって，一般にIRといえば，Al-Ti系触媒あるいはLi系触媒で生産される高シスIRを指す．本項でも以下，高シスIRについて，その特性を記述する．

　IRをNRと比較した場合，その主な違いは，① シス含量の違い，② 非ポリマー分としてのタンパク質の有無である．

　NRは分子鎖末端の数個のイソプレン単位を除けば，100％のシス含量である[6]のに対し，IRのシス含量は98％以下である．NRに比較して若干立体規則性が劣ることにより，IRの結晶化度は小さく[7]，加硫物において延伸結晶性も劣る[8]．IRの加硫物における引張強度が，NRのそれに劣る原因のひとつと考えられる．

　IRの硫黄加硫速度は，NRに比較して一般的に遅い．NRにはタンパク質が含まれ，これが加硫促進作用をもつためである．

　IRのなかでも，チーグラー系IR(シス含量：約98％)とリチウム系IR(シス含量：約94％)は，加工特性に違いがみられる．IRに限らず，ゴムは種々の配合剤と混練りされ，高温で加硫される．この混練工程ではゴムにせん断力がかかる．このせん断力により，IRは他のゴムと比較して顕著に分子量低下を起こすが，分子量低下の程度は，チーグラー系IRがNRと同程度であるのに対し，リチウム系IRは分子量低下を比較的起こしにくい．

　工業的な使用上の観点から，IRをNRと比較した場合，IRの最大の特徴は，NRに比較してゲル分やごみその他の不純物が少なく，均一な品質を有することである．また，重合時にポリマーの分子量を調節し，加工性の改善を図っていることも，IRを

使用する場合の利点であろう.

IRの用途としては,タイヤ,履物,ベルト,糸ゴム,粘着材などがある.その他,薬栓,医療用チューブなどの衛生性が要求される用途にも使用されている.

〔深堀隆彦〕

文　献

1) Brydson, J. A.：Rubber Chemistry, p.11, Applied Science Publishers (1978).
2) Brydson, J. A.：Rubber Materials and Their Compounds, p.3, Elsevier Science Publishers (1988).
3) Whitby, G. S. et al.：Synthetic Rubber, p.733, John Wiley & Sons, N. Y. (1954).
4) US 3114743, 1954, Goodrich Gulf.
5) US 3208988, 1955, Firestone.
6) Tanaka, Y., Sato, H. and Kageyu, A.：Rubber Chem. Technol., **56**, 299 (1983).
7) Scott, K. W. et al.：Rubber Plast. Age, **42**, 975 (1961).
8) 港野尚武：高分子加工, **33**, 566 (1984).

c. クロロプレンゴム(CR)

クロロプレンゴム(CR)はアメリカのデュポン社によって開発され,1931年に上市された合成ゴムであり,現在使われている合成ゴムのなかで最も古い歴史をもっている.CRはジエン系ゴムであるが,主鎖中の二重結合に電子吸引性の塩素が直接結合しているため,天然ゴムやSBRなどの他のジエン系ゴムと比較して耐熱性,耐オゾン性,耐候性,耐油性が優れている.また合成ゴムのなかでも加工性,機械的強度,耐熱性,耐候性,耐油性,難燃性,接着性など,特性についてバランスがとれたゴムであり,自動車部品(ベルト,ブーツ類,ホースなど),一般工業用部品,電線,電気機器部品,建材(支承ゴム,ガスケットなど),スポンジ製品,接着剤など幅広い用途に使用されている.

CRの製造プロセスの概略を図3.2.9に示す[1].モノマーの製造方法にはアセチレン法とブタジエン法の2種類があるが,重合工程以降はモノマーの製造方法によらず同じである.重合方法としては乳化重合がとられており,乳化剤として主にロジン酸石けん,触媒として過硫酸塩を用いて通常10~40℃の温度で行われる.適当な転化率で重合を停止したのち未反応モノマーが除去される.ここでラテックスの一部は製品として出荷されるが,大部分は,さらに凍結凝固,水洗,乾燥をへて製品となる.

CRの骨格の基本構造および組成を表3.2.3に示す[2,3].組成は重合温度に依存しており,トランス-1,4構造の比率は重合温度が低くなるにつれて増大する.CRは,トランス-1,4構造が85%以上と大半を占め,立体規則性が高いため比較的結晶化しやすい.1,2結合部分は反応性の高いアルカリ塩素の存在により架橋点として働くが,一方で劣化の際の開始点ともなる[1,4].

種々の用途に合わせて,現在CRは数多くのグレードが上市されている[1,4].一般

3.2 原料ゴム

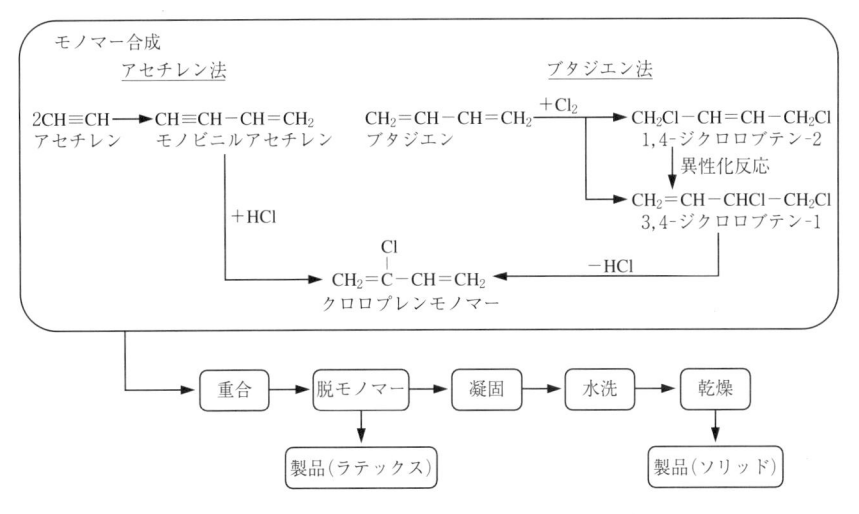

```
モノマー合成
    アセチレン法                          ブタジエン法
                                            +Cl₂
2CH≡CH ──→ CH≡CH-CH=CH₂    CH₂=CH-CH=CH₂ ──→ CH₂Cl-CH=CH-CH₂Cl
アセチレン    モノビニルアセチレン   ブタジエン              1,4-ジクロロブテン-2
                                                            ↓ 異性化反応
              +HCl                           ──→ CH₂=CH-CHCl-CH₂Cl
                                                  3,4-ジクロロブテン-1
                      Cl
                      |
              ──→ CH₂=C-CH=CH₂  ←──── -HCl
                   クロロプレンモノマー
```

↓
重合 → 脱モノマー → 凝固 → 水洗 → 乾燥
         ↓   ↓
      製品(ラテックス)   製品(ソリッド)

図 3.2.9 クロロプレンゴム製造プロセスの概略[1]

表 3.2.3 ポリクロロプレンの重合温度とミクロ構造[2,3]

重合温度 (℃)	$\begin{array}{c}H\\|\\CH_2C\\CCH_2\\|\\Cl\end{array}$ 1,4-トランス (%)	$\begin{array}{c}Cl\\|\\-CH_2-C-\\|\\CH\\\|\|\\CH_2\end{array}$ 1,2 (%)	$\begin{array}{c}-CH_2-C-\\|\\CH\\\|\|\\CH_2Cl\end{array}$ アイソ-1,2 (%)	$\begin{array}{c}-CH_2-CH-\\|\\CCl\\\|\|\\CH_2\end{array}$ 3,4 (%)	$\begin{array}{c}CH_2CH_2\\C=C\\ClH\end{array}$ 1,4-シス (%)
90	85.4	2.3	0.6	4.1	7.8
40	90.4	1.7	0.8	1.4	5.2
20	92.7	1.5	0.9	1.4	3.3
0	95.9	1.2	1.0	1.1	1.8
-20	97.1	0.9	0.6	0.5	0.8
-40	97.4	0.8	0.6	0.5	0.7
-50	100	<0.2	<0.2	<0.2	<0.2

に，重合反応における分子量調節の方法と生成CRの結晶化速度により，① 非硫黄変性で結晶化速度が中庸のタイプ，② 非硫黄変性で結晶化が遅いタイプ，③ 非硫黄変性で結晶化が早いタイプ，④ 硫黄変性タイプに大別される．非硫黄変性タイプは，主としてアルキルメルカプタンを連鎖移動剤に用いて分子量を調節するタイプである．硫黄変性タイプと比較して接着性，機械的強度は劣るが耐熱性，圧縮永久ひずみに優れている．①は最も標準的なタイプ，②は2,3-ジクロロブタジエンなどのコモノマーを共重合して分子の規則性を乱すことで結晶性を落としたタイプであり，低温で使用される用途に適している．③は10℃前後の低温での重合で製造されるタイプで，

高い結晶性と凝集性からゴム系の溶剤型接着剤の原料として使用されている．④の硫黄変性タイプは，クロロプレンを硫黄と共重合したのちチウラム化合物を用いてポリスルフィド結合を切断して分子量を調節したタイプで，接着性，機械的強度，耐屈曲疲労性に優れている．ポリスルフィド結合が存在するため耐熱性，圧縮永久ひずみが劣るという欠点があるが，これを改良するため硫黄を減量したグレードも上市されている[5]．そのほかにも種々の特殊グレード，ラテックスグレードが上市されている[1,4〜7]．

CR の架橋剤としては ZnO，MgO，Pb_2O_3 などの金属化合物が用いられ，なかでも ZnO と MgO の組合せが最も一般的である．架橋サイトは分子中の1,2結合のアリル塩素であり，2つの1,2結合部分がエーテル基を介して結合する機構[8]と，1,2結合部分と1,4結合部分がエーテル基を介さず直接結合する機構[9]が提案されている．硫黄変性タイプは ZnO と MgO の併用系だけで加硫可能であるが，非硫黄変性タイプの場合はさらに有機促進剤を組み合わせることが必要である．促進剤としてはエチレンチオウレアなどのチオウレア系が最も効果的である．CR の配合，加工の詳細については他の文献[1,4,10,11]を参照されたい．

国内メーカーは，東ソー(商品名；スカイプレン)，電気化学工業(商品名；デンカクロロプレン)，デュポン・ダウ・エラストマー・ジャパン(商品名；ネオプレン)の3社がある．海外のメーカーには，デュポン・ダウ・エラストマーズ(Du Pont Dow Elastomers，商品名；ネオプレン，Neoprene)，バイエル(Bayer，商品名；バイプレン，Baypren)，エニケム・エラストマー(EniChem Elastomere，商品名；ブタクロール，Butaclor)がある．その他，中国，ロシアでも製造されている．　　　　〔亀澤光博〕

文　献

1) 浅田泰司：ゴム工業便覧(第4版)(日本ゴム協会編)，p.261，日本ゴム協会 (1994)．
2) Coleman, M. M., Tabb, D. L. and Brame, E. G.：*Rubber Chem. Technol.*, **50**, 49 (1977)．
3) Coleman, M. M. and Brame, E. G.：*Rubber Chem. Technol.*, **51**, 668 (1978)．
4) Stewart, Jr. C. A., Takeshita, T. and Coleman, M. L.：Encyclopedia of Polymer Science and Engineering (2nd ed.), Vol. 3, p.441, John Wiley & Sons (1985)．
5) 三道克己，村田浩陸：日ゴム協誌，**63**(6), 331 (1990)．
6) 佐藤　保：*JETI*, **45**(12), 39 (1997)．
7) 尾添真治：*JETI*, **46**(12), 110 (1998)．
8) Kovacic, C. P.：*Ind. Eng. Chem.*, **47**, 1090 (1955)．
9) Miyata, Y. and Atsumi, M.：*Rubber Chem. Technol.*, **62**, 1 (1989)．
10) 奥津修一：日ゴム協誌，**65**(6), 346 (1992)．
11) Hoffmann, W.：Rubber Technology Handbook, p.78, Hanser Publ. (1989)．

d. ブタジエンゴム(BR)

ブタジエンゴムは，スチレンブタジエンゴム(SBR)と並ぶ代表的な合成ゴムであり，天然ゴム(NR)を合わせたこの3種が，自動車タイヤをはじめとする各産業分野に最も多く使用されており，総称して「汎用ゴム」とも呼ばれる．

BRには，ポリマー製造法の違いによりいくつかの種類があり，おのおの多くの用途がある．以下，BRの基礎的な特徴，工業生産，用途に関して説明する．

(1) ポリブタジエンの構造と基本的性質 BRは，ブタジエンを原料モノマーとするゴム系ポリマーであり，「ポリブタジエン」の一種である．モノマーのブタジエンは2つの二重結合を有し，重合して連なったポリブタジエンでは，① 繰返し単位ごとに，二重結合が1つ残存する，② 立体的連なりが異なる結合様式(異性体)ができる．この①，②の特徴は，イソプレンなどすべてのジエン系モノマーに共通であり，①の特徴によって架橋反応が可能となる．②の特徴は，ポリブタジエンの場合，表3.2.4に示す3種の繰返し単位(ミクロ構造と呼ばれる)となり，シス-およびトランス-1,4結合は両方の二重結合が重合に関与するが，1,2結合は片方のみ関与する．3種のミクロ構造は，重合触媒系や重合条件(温度や溶剤)の違いで比率が変化し，異なるミクロ構造のポリブタジエンが生成する．各ミクロ構造は100％この繰返し単位からなるホモポリマーでは表3.2.4に示すガラス転移温度(T_g)を有し，実際のポリブタジエンでは各ミクロ構造の含有量比率によりT_gが決まる．ポリブタジエンのなかで，T_gが低くゴム弾性を示すものがBRとして使用される．また，各ミクロ構造の比率が約80％以上となると結晶性を示し，トランス-ポリブタジエンや，1,2-ポリブタジエンは樹脂状となる．表3.2.5に主な触媒系で得られるポリブタジエンのミクロ構造を示す．

BRのなかで，CoやNi系のチーグラー-ナッタ(Ziegler-Natta)重合触媒によるシス結合量が90％以上のBRは高シス-BR，Li系アニオン重合触媒のシス結合量が35％

表3.2.4 ポリブタジエンのミクロ構造とT_g[9]

結合	化学構造	ホモポリマーのT_g(℃)*	$\Delta\beta\times10^4$
シス-1,4	$-CH_2\quad CH_2-$ $\quad\ \ C=C$ $\quad\ \ H\quad\ \ H$	−114	4.9
トランス-1,4	$-CH_2\quad\ \ H$ $\quad\ \ C=C$ $\quad\ \ H\quad\ \ CH_2-$	−102	2.9
1,2- [別名ビニル]	$-CH_2-CH-$ $\quad\quad\ \ \ \ \ |$ $\quad\quad\ \ CH_2=CH$	−7	4.3

*ゴードン-テイラー(Gordon-Taylor)式によるT_gの計算値
$T_g=\Sigma C_i\Delta\beta_i\cdot T_{gi}/\Sigma C_i\Delta\beta_i$
C_iT: モノマーi成分の重量分率
T_{gi}: モノマーi成分のホモポリマーのT_g
$\Delta\beta_i$: モノマーi成分のホモポリマーにおける液体とガラスの容積拡散係数

表 3.2.5 ポリブタジエンの主な重合触媒とミクロ構造[10]

触媒系	ミクロ構造(%)			分析法
	シス-1,4	トランス-1,4	1,2	
TiI$_4$-Al(iso-Bu)$_3$	94	2	4	赤外(Silas)
CoCl$_2$・py$_2$-AlEt$_2$Cl	98	1	1	赤外(独自法)
ナフテン酸Ni-AlEt$_3$/BF$_3$・Et$_2$O	98.4	0.6	1.0	赤外(Morero)
U(π-C$_3$H$_5$)$_3$Cl-AlEtCl$_2$	99	0.7	0.3	赤外(Morero)
NdCl$_3$-EtOH/Al(iso-Bu)$_3$	98.6	1.1	0.3	赤外(独自法)
VCl$_3$-AlEt$_3$	0	99	1	赤外
Ni(C$_{12}$H$_{18}$)-HI	0	100	0	赤外(Morero)
M(versatate)-AlEt$_3$-MgBu$_2$	1	98.7	1.3	赤外
V(acac)$_3$-AlEt$_3$	3	2	95 syndiotactic	赤外
Cr(acac)$_3$-AlEt$_3$	0	1	99 isotactic	赤外
CoBr$_2$/(PPh$_3$)$_3$-AlEt$_3$-AlCl$_3$			97 syndiotactic	赤外(Morero)
Co(acac)$_3$(C$_4$H$_6$)-AlEt$_3$-CS$_2$	1	0	99.2	^{13}C-NMR
			99.74	^{1}H-NMR
BuLi/bis-piperidino ethane	0	0	100 atactic	赤外

前後のBRは低シス-BRと称される．これらは低T_gで高ゴム弾性を示すという共通の特徴を有するが，触媒系によって分子量分布・分岐・ミクロ構造などが異なり，流動性・強度・相溶性・反応性などとの物理的および化学的性質に差があり，その特徴を生かす用途がある．

(2) **BRの歴史と発展** BRは第二次世界大戦以前に旧ソ連とドイツでNa触媒によるBunaなどとして工業化され，ついでドイツ，アメリカで乳化重合BRやアルフィンBRも検討されたが，性能および取扱いの上で問題が多く，SBRのように発展しなかった[1]．1950年代に入りチーグラー-ナッタ触媒の研究で，高シス-BR用のTi・Co・Ni触媒と低シス-BR用Li触媒が発見された．石油化学の発展でBRはタイヤゴム原料として注目され，海外では1960年にPhillips社Ti系が初めて工業生産された．国内でも1964年から1972年までの間に旭化成工業(Firestone技術Li系)，JSR(ブリヂストン技術Ni系)，日本ゼオンおよび宇部興産(Goodrich技術Co系)，日本エラストマー(Phillips技術Li系)が企業化された．1980年代にJSRと日本ゼオンはLi系を，宇部興産とJSRが高シス-BR発展系のVCR(ビニル・シスBR)を企業化し，海外ではNd系高シス-BRが製造開始されている[1~3]．

(3) **BRの市場状況** BRの用途は加硫ゴムおよびプラスチック改質の広い範囲にわたる．代表的用途は，高ゴム弾性・耐摩耗性などの特徴を生かしたタイヤおよび工業用品の原料ゴムである．開発当初，前記BRの特徴はタイヤ市場で認められたが，反面，強度・加工性が劣り，滑りやすいという欠点で伸び悩んだ．その後の加工・配合技術の進歩，NRやSBRとのブレンド性が良好，氷雪路用で低温性能重視のスタッドレスタイヤ登場などで使用量は増加し，タイヤ用合成ゴムとしてSBRに次ぐ地位となり，伸び率はSBRよりも高い(表3.2.6，表3.2.7参照)．

また，家電製品などに使用される耐衝撃性ポリスチレン(HIPS)用途でもBRは特徴

3.2 原料ゴム

表 3.2.6 世界および日本における BR・SBR 生産出荷状況 [11]

地域	ゴム	1988 年	1993 年	1997 年
世 界 (旧共産圏を除く)	BR(千トン)	968	1371	1699
	SBR(千トン)	2430	2318	2673
日 本	BR(千トン)	216	248	291
	[日本の比率]	[22%]	[18%]	[17%]
	SBR(千トン)	427	434	501
	[日本の比率]	[17%]	[19%]	[19%]

表 3.2.7 日本における BR の用途別出荷量推移(単位千トン) [12]

	1983 年	1988 年	1993 年	1997 年
自動車タイヤ	83.1	105.3	109.4	153.2
履 物	2.2	3.3	2.8	6.8
工業用品	8.9	12.2	16.5	15.2
プラスチックの改質ほか	18.2	29.7	28.5	30.1
(国内計)	(112.4)	(150.5)	(157.2)	(205.4)
輸 出	41.6	65.0	90.3	85.9

表 3.2.8 工業化されている BR

触媒系		高シス-BR				VCR	低シス-BR		VBR	乳化重合 BR
		Ti	Co	Ni	Nd	Co	Li	Li+極性化合物	ラジカル
ミクロ 構造(%)	シス	90-95	95-98	92-96	96-98	87-90	34-38	10-30	10-15
	トランス	2-4	1-3	2-3	1-2	1-2	48-53	10-40	75-80
	1,2-	5-6	1-2	2-3	0-2	9-12	10-18	10-80	15-20
主要製造会 社(過去も 含む)	国内	なし	日本ゼオン 宇部興産	JSR	なし	宇部興産 JSR	旭化成 日本エラストマー 日本ゼオン JSR	日本ゼオン	なし
	海外	Phillips Michelin Bayer	Goodyear Bayer Shell	Kumho	Bayer EniChem	なし	Firestone Bayer EniChem	Bayer	Ameripol-Synpol
共重合可能モノマー		—	—	—	イソプレン	—	スチレン イソプレン	スチレン イソプレン	スチレン アクリロニトリルほ了

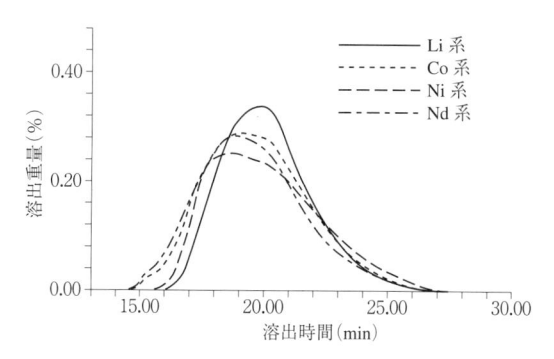

図 3.2.10 代表的 BR の分子量分布を示す GPC 曲線

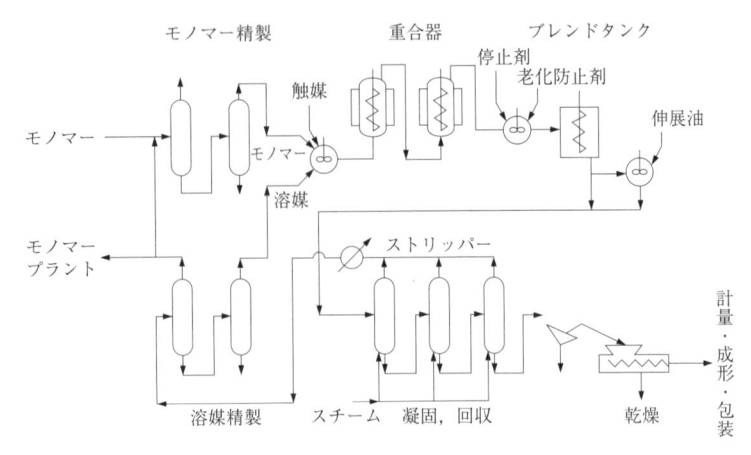

図 3.2.11　BR 製造のフローシート

が認められ，現在日本のBR使用量の約20％程度をこの用途が占めると推定される．

(4) **BRの製造方法**　表3.2.8に，代表的なBRの重合触媒系と得られるミクロ構造および工業化の状況を示す．

図3.2.10には，これら代表的BRの分子量分布の相違を示すGPC曲線の例を示した．BRのほとんどは溶液重合プロセスで製造され，図3.2.11に代表的な製造プロセスを示す[3]．使用触媒系により多少異なるが，以下の(i)～(iv)の各工程からなる．

(i) **原料・溶剤の精製および触媒調製工程：**　重合用溶剤およびブタジエンは，有機金属触媒の不活性化を防止するため，この工程で水分および不純物量は数十ppm以下に除去される．高シス，低シス-BRともに，ベンゼン・トルエン・シクロヘキサン・ヘキサン・ブテンなどの炭化水素系溶剤が使用され，複合系の触媒調製もこの工程で行われる．

(ii) **重合工程：**　触媒系で異なった重合条件が採用されるが，多くは連続重合プロセスで製造される．反応器数は1～5，滞留時間は数十分から3時間程度であり，反応温度は，Co系：5～20℃，Ni系：40～50℃，Nd系：70～80℃，Li系：50～130℃に制御される[3]．ポリマー濃度も触媒系と使用溶剤で異なる．所定のムーニー粘度(分子量)，反応率に制御された重合溶液には重合停止剤および安定剤が添加され，油展品では所定量の伸展油を加えてブレンドタンクへ移送され均一化される．

(iii) **溶剤および未反応モノマー回収工程：**　重合溶液は，ストリッピングタンクでスチーム加熱された温水中へフィードされ，未反応モノマーと溶剤を回収するとともにポリマーはクラム(小塊)状スラリーとし次工程へ送られる．回収モノマーおよび溶剤は再利用される．

(iv) **仕上げおよび包装工程：**　クラムを含むスラリーは，脱水機で10％程度ま

3.2 原料ゴム

表3.2.9 BRの加硫物物性の代表例

	高シス-BR	低シス-BR	乳化重合SBR	NR
配合物ムーニー粘度 [ML_{1+4}(100℃)]	62	60	68	48
硬さ[JIS-A]	63	66	68	64
300%モジュラス(MPa)	8.8	9.1	12.9	12.8
引張強さ(MPa)	18.3	17.4	28.6	32.2
伸び(%)	500	490	530	600
反発弾性(23℃)(%)	63	62	51	57
(70℃)(%)	67	66	62	68
グッドリッチ発熱 ΔT(℃)	29	31	33	20
耐摩耗性 (NR=100とした指数)	0.010 (320)	0.012 (267)	0.030 (106)	0.032 (100)
耐滑り抵抗 (湿潤路面指数)	74	83	111	100
低温性能 (硬さの温度変化, $H_s(-30℃)-H_s(23℃)$)	18	3	18	13

配合:ゴム100, カーボンブラック(N339) 45, アロマチックオイル5, ZnO 5, ステアリン酸2, 加硫促進剤CZ 1.0, 硫黄1.7 加硫:145℃×20分

で水分を除いたのち,押出機型の乾燥機を複数用いて脱水・乾燥され,ついでベール成形機で圧縮成形される.ベールはポリエチレン(一般ゴム用)またはポリスチレン(プラスチック改質用)フィルムで包装され,専用容器に箱詰めされて倉庫に保管される.

(5) BRの用途と性能

(i) 加硫ゴム用途: BRの物性上の特徴は,高反発弾性,耐摩耗性,耐屈曲疲労性,低温性能,低発熱性があげられる(表3.2.9参照).これらの特徴を生かし,低引張強度,滑りやすさ,加工しにくさの欠点をNR・SBRなどのブレンドで補い,タイヤ・自動車部品・工業用品・スポーツ用品・履物・玩具などの各ゴム用途の部材として適用されている.

加硫ゴム用途では,BRなどの原料ゴムに,カーボンブラック,オイル,老化防止剤,硫黄および加硫促進剤ほかのゴム用薬品を加え,バンバリーミキサーやロールを用いて混練りし,押出機などをへて成形されたのち,140~180℃で加硫して目的の製品となる.各部材には,その用途および要求性能に応じ,ブレンドゴム・充てん剤・配合剤・加硫系などの種類およびそれらの量が選定される.

BR/NR系では両方の特性を生かし,性能を補完して使用されている.この理由はブレンドにおいて両者のいずれか分散相となっても数ミクロン以下の相としてミクロ相分離して均一に分散し,加硫後もそのモルフォロジーが保持される.したがって本来のT_gや伸張結晶性がブレンドにおいても保持されるので,物性の特徴が継続される傾向にあると考えられる.一方BR/SBR系では,ブタジエンを共通成分とするので,高スチレン量SBRなどを除き,加硫後に相溶して均一系に近くなり[4],T_gもほ

ぼ平均値となる．このためBR/SBR系は両者の中間的な特性を示すことが多い．

BR/NR系では，タイヤのサイドウォール(側面)やエンジンマウントなどの自動車用防振ゴムが分散形態を有効に生かした例であり，BRまたはNR単独では達成できない耐屈曲疲労性と強度のバランスを示す．また，トラック・バス用タイヤトレッド(接地面)でのNRの耐摩耗性改良や，BRの低温性能を生かすスタッドレスタイヤのトレッドもBR/NR系の重要な用途である．

一方，BR/SBR系でBRはT_gを低く調整して性能を最適化する役割が多く，例えば乗用車タイヤトレッド，コンベヤベルト，履物などの耐摩耗性改良のために用いられ，最近ではシリカ配合トレッドに採用されたBR/高ビニル-SBR系が注目される．

高シス-BRにおいては，ポリマー構造を低分岐および狭分子量分布とした直鎖型BRとし，加工性を保持しつつ耐摩耗性や反発弾性を改良する試みが多くなされている[5]．

また，低シス-BRは高シスが示す結晶性がなく，BR単独配合の低温性能が優れている[6]．

古くからの特殊な用途として縁日などでみかける玩具ボールがあり，BR単独を過酸化物架橋して，BRの高弾性と低不純物で透明性・着色性がよい特徴を生かしている．

(ii) **耐衝撃性ポリスチレン**： 表3.2.10の耐衝撃性ポリスチレン(HIPS)と一般用ポリスチレン(GPPS)の物性比較に示すように，BRによるポリスチレン(PS)の耐衝撃性向上は興味をひく．これはPS/BRの機械的ブレンドでは達成されず，独特の製造方法[7]によって形成されるゴム粒子分散形態によるものである．約3~8％のBRをスチレンモノマーに溶解した溶液を反応器でラジカル重合を開始させると，PS単独重合とBRへのグラフト重合が起こり，PS粒子がBR溶液中に分散する．撹拌の継続で相転換してBR粒子がPS中に分散し，最終的には図3.2.12のTEM写真に示すような分散形態となる．ここではBRがPSを抱き込んだサラミ構造の分散ゴム粒子となり，その体積分率は30％前後となる．BR部分は最終重合工程で架橋し，加工時に溶融した状態でもゴム粒子は分散形状を保つ．このゴム粒子の大きさによって耐衝撃性などの物性が大きく変化する．

ゴム粒子の分散形態は，重合溶液の粘度，撹拌条件，ゴムのグラフト性などで変化

表3.2.10 BRによるポリスチレンの改質効果

	HIPS (耐衝撃性ポリスチレン)	GPPS (一般用ポリスチレン)
引張強さ(MPa)	33	53
伸び(％)	50	2.3
曲げ弾性率(MPa)	2210	3290
ビカット軟化温度(℃)	105	105
アイゾット衝撃強度(J/m)	69	13
メルトフローレート(g/10 min)	2.7	2.8

3.2 原料ゴム

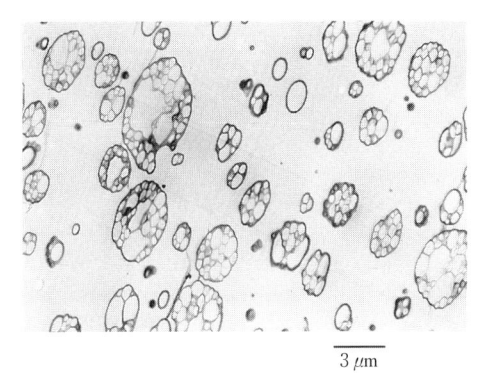

———3 μm
図 3.2.12 耐衝撃性ポリスチレンの電子顕微鏡(TEM)写真

するので,溶液粘度やミクロ構造が異なる BR の選択が HIPS にとって重要となる.低 T_g である高シス-BR は低温耐衝撃性の面で有利と考えられ,一方,低シス-BR はラジカル反応性の高い 1,2 構造が多く,グラフトおよび架橋反応しやすい利点がある[7].また,低溶液粘度となる Co 系 BR や,高分岐型 Li 系 BR が HIPS 用に好適とされている.

(6) 特殊な BR

(i) VCR: VCR は高シス-BR の重合に続いてその重合系に別の触媒系を追加導入し,樹脂状で融点 200 ℃以上のシンジオタクティック 1,2-ポリブタジエンを重合する製造方法で得られる[8].極細繊維状に分散された樹脂相が重合で形成されるため,VCR は樹脂で補強された BR としての特徴を有し,カーボンブラック補強に比べて低比重,寸法安定性,低発熱性を示し,とくに高硬度化に適している.これら特徴を生かし,タイヤのサイドウォール,トレッド,ビードフィラーなどの部材に NR ブレンドで低カーボン量配合を主体に使用され,転がり抵抗低減や軽量化などタイヤの低燃費化に寄与している.

(ii) VBR: Li 系触媒にエーテルなど極性溶剤を加えた系では,1,2(ビニル)結合が多い BR となって SBR と同領域の T_g (-60~-40 ℃)をもつ.その滑り抵抗性や耐摩耗性は SBR に類似している.この VBR(ビニル-BR)は,低燃費タイヤ用ゴム開発の初期に転がり抵抗-滑り抵抗のバランスが良好であったことから注目されたが,その後,強度・耐摩耗性などが優れた中高ビニル量の溶液重合 SBR にその位置を譲った[3].

(7) BR の将来 バイエル社による無溶剤の BR 気相重合プロセスが注目されたが,いまだ工業化されていないようであり,BR の基本的な製造方法の改良や画期的な性能の向上は実現されていない.今後,メタロセン系触媒などによる今までにないミクロ構造の BR が期待されるとともに,VCR にみられるような複合系による実用性

能改良手法が興味をもたれると考えられる．

ブタジエンは，1つのモノマーから触媒系の違いで多種の構造・性能に変化に富んだポリマーが得られ，今後も研究・実用の両面で有用な素材であり続けると考えられている． 〔斉藤　章〕

文　献

1) 日本ゴム協会編：ゴム工業便覧(第4版), p.220, 日本ゴム協会 (1994).
2) JSR技術資料, ポリマーの性質BR, JSR (1985).
3) 佐伯康治, 尾見信三：新ポリマー製造プロセス, 工業調査会 (1994).
4) 井上　隆：日ゴム協誌, **60**, 173 (1987).
5) 浅井　学ほか：第8回エラストマー討論会講演要旨集, p.53, 日本ゴム協会 (1994).
6) 日本ゴム協会編：ゴム工業便覧(第4版), p.225, 日本ゴム協会 (1994).
7) 反応工学研究会研究レポート10, 高分子学会 (1989).
8) 石口康治：日ゴム協誌, **71**, 324 (1998).
9) Kraus, G. et al.：J. Appl. Polymer Sci., **11**, 1582 (1967).
10) 田中康之：高分子, **40**, 881 (1991).
11) IISRP Worldwide rubber statistics 1998および通産省化学製品課統計.
12) 通産省化学製品課統計.

e. スチレン-ブタジエン共重合ゴム(SBR)[1,2]

SBRはスチレンとブタジエンとのランダム共重合体であり，合成ゴムのなかでは第1位の生産量になる．

SBRの重合方法には2つあり，水を媒体とした石けんミセル中で重合する乳化重合スチレン-ブタジエン共重合体(E-SBR)，および炭化水素化合物を溶媒として重合する溶液重合スチレン-ブタジエン共重合体(S-SBR)に分けられる．E-SBRの生産割合はSBRのおよそ80％を占めている．

歴史的には，E-SBRは1933年にドイツのIG社によって開発されたもので，1937年にブナ・ベルケ(Buna Werke)社で工業生産され，第二次世界大戦中に，アメリカでは国防計画の一環として合成ゴムの製造が政府によって推進された．そのため1941年に277トンであったE-SBRの世界の生産量が，4年後の1945年には2400倍以上の67万トンに達した．第二次世界大戦後もSBRの生産は拡大し，1960年に日本合成ゴム(現JSR)によって国産化され，1998年には全世界33社で生産されている．

S-SBRは，1959年にフィリップス(Phillips)社がアルキルリチウム(RLi)開始剤によりブロックSBRを開発したのが始まりである．ランダムSBRについては1964年に同社がタイヤ用ゴムとして開発し，ほぼ同時に旧ファイヤーストーン(Firestone)社もランダムSBRを発表した．わが国においては1967年にS-SBRが工業化され，1998年には全世界で14社が生産している．

(1) **SBRの製造方法**[4]　　乳化重合は石けんのような乳化剤を水に溶かし，水に

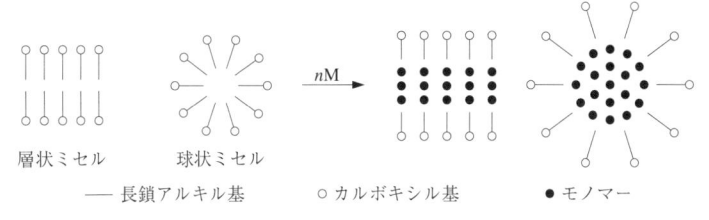

図 3.2.13 ミセルの構造とモノマーを吸収したミセル

　不溶または難溶性のモノマーを加えてかき混ぜながら，水溶性の開始剤を用いて重合させる方法である．石けん水溶液はある濃度以上で図3.2.13に示すようなミセルを形成しており，疎水性モノマーがミセル内部に可溶化してミセルはふくれあがる．水相に溶解している開始剤が分解してラジカルを発生してこのミセルのなかに入ると重合が始まる．その後ミセルのなかでモノマーが重合して成長反応を繰り返すが，ミセルにさらに入ったラジカルと停止反応する．これらの反応が1つのミセルのなかで繰り返されてポリマーが得られる．

　E-SBRの場合はコールド重合法という5℃で重合する方法が主流であり，分子量調節剤などを加えて，重合率60％ぐらいまで反応させる．塗料や接着剤用途の場合は老化防止剤の添加，水分の蒸発により固定ゴム含量を調節するだけでラテックスと呼ばれる水溶液として出荷される．タイヤやホース用途の場合は固形ゴムで出荷するために，酸や塩を加えてミセルを破壊してゴムを析出させ，乾燥後ベールというゴムの塊にする．

　製造プロセスは図3.2.14に示すように原料，触媒，重合，分離，回収，後処理の各工程の組合せから成り立っている．コールド重合するために触媒の仕込み系は複雑になっている．E-SBRの重合反応はかなりむずかしいが，重合反応器自体は比較的簡単な構造で，連続重合で製造されている．また，乳化重合では独立したミセル粒子のなかで反応が進行するために，重合率や分子量が上昇しても，重合系の粘度が急激に上昇せずに，反応熱の除去や移送が容易である．

　一方S-SBRは，開始剤としてRLiを用いて，ヘキサンなどの炭化水素溶剤中で均一な溶液で重合する．スチレンとブタジエンとのRLiでの共重合反応は重合停止剤を反応系に加えない限り成長反応が進行し続け，移動反応も起こらないので，成長点の活性をもち続けている高分子，いわゆる「リビングポリマー」が生成する．そのために，リビングポリマーの末端に極性基を付加する反応や多官能カップリング剤を用いて分岐構造を導入できる．

　しかしながら，ブタジエンとスチレンの共重合反応性には大きな違いがあり，炭化水素溶剤中ではブタジエンの反応性が高く，スチレンの反応性は低くなり，重合末期にはスチレンがブロック的に入る．スチレンの共重合性を高めるにはテトラヒドロフ

3. ゴム材料

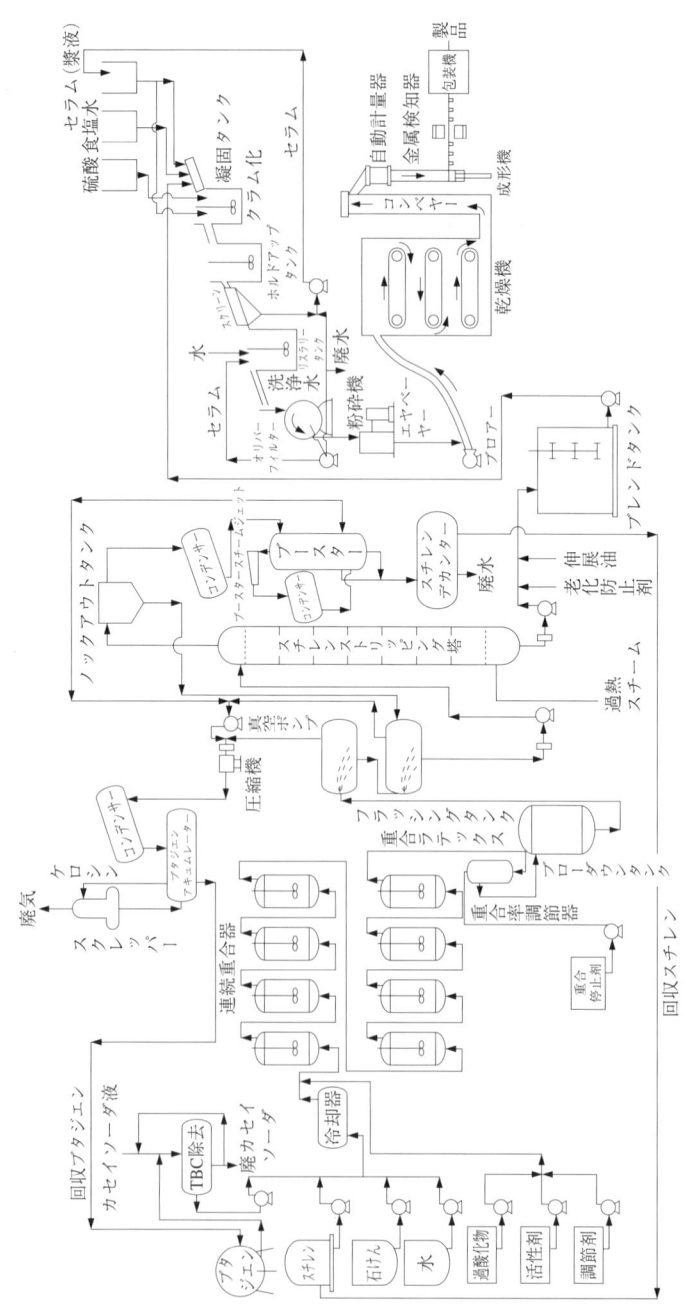

図 3.2.14 E-SBR の連続生産プロセス[4]

ラン(THF)やテトラメチルエチレンジアミン(TMEDA)などのエーテルや3級アミンを少量添加することが効果的である．

S-SBRの製造プロセスは公になっていないが，溶液重合で生産されるポリブタジエン(BR)と類似しており，ほぼ同様の製造プロセスと考えられる．

(2) SBRの特徴と用途　　表3.2.11にE-SBRとS-SBRの特徴をまとめた．現在E-SBRの消費量はS-SBRよりはるかに多いが，表からわかるように，S-SBRはスチレンの結合様式のコントロール性，分岐のコントロール性，分子量分布のコントロール性や末端変性などが可能ということから高性能化の可能性が高く，S-SBR生産量は徐々に増加している．

さて，SBRのミクロ構造にはポリブタジエン部分で3種類あり，図3.2.15に示すように，シス-1,4結合，トランス-1,4結合，1,2結合(ビニル)の3種類がある．反発特性など多くの特性がミクロ構造に依存しているために，目的に応じてブタジエン単位のミクロ構造をコントロールする必要がある．

E-SBRの場合，ミクロ構造は重合温度で変化し，表3.2.12に示すようになる．し

表 3.2.11　溶液重合 SBR と乳化重合 SBR の比較[2]

項　目	溶液重合 SBR	乳化重合 SBR
重合様式	リビングアニオン	ラジカル
反応溶媒	炭化水素溶媒	水
石けん	不要	必要
ミクロ構造	変量可能	ほぼ一定
スチレン結合様式	ランダム～ブロック	ランダムのみ
分岐	コントロール可能	ランダム分岐のみ
分子量分布	狭い～広い	広い

表 3.2.12　E-SBR の重合温度によるミクロ構造の変化[1]

重合温度 (℃)	シス-1,4結合 (%)	トランス-1,4結合 (%)	1,2結合 (%)
−33	5.4	80.4	12.7
5	12.3	71.4	15.8
50	18.3	65.3	16.3
70	20.0	63.0	17.3
100	22.5	60.1	17.3

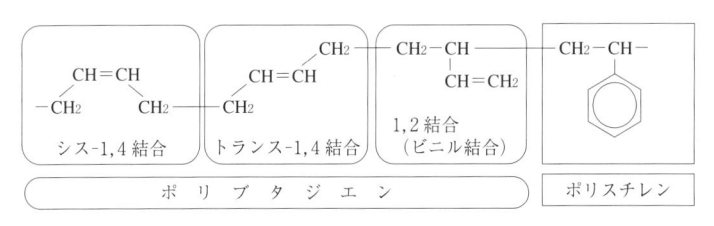

図 3.2.15　SBR の各モノマー成分の結合様式

表 3.2.13 E-SBR のスチレン含量と強度，ぜい化点との関係[1]

ブタジエン/ スチレン (重量比)	配合カーボン量 (PHR)	引張強さ (室温) (kgf/cm²)	引張強さ (93℃) (kgf/cm²)	ぜい化点 (℃)
100/ 0	50	126	49	−73
90/10	50	148	−	−68
85/15	45	163	71.5	−65
80/20	50	162	−	−60
75/25	45	182	66	−57
65/35	45	185	70.8	−45
55/45	45	200	105	−35
50/50	45	−	87	−30
50/50	50	204	−	−30

　かし，実用的な範囲でのコントロール性はあまり高くなく，コールド重合法の重合温度5℃付近でシス-1,4結合が約12％，トランス-1,4結合が約71％，ビニル含量が約16％となる．スチレン含量は0～50％ほどでモノマー仕込比により自由にコントロールできる．スチレン含量を変量して，加硫物性を評価した結果が表3.2.13である．スチレン含量が高くなると，ベンゼン環の存在のため分子間力が強くなり，引張強さ，引張応力は増大するが，分子鎖の熱運動は抑制され，弾性は低下し，スチレン含量が高くなるに従い，ガラス転移温度は高くなる．

　このようなE-SBRは共重合性の容易さおよび用途から，表3.2.14に示すようなスチレン含量が23.5％のE-SBRが主力製品となっている[5]．1500は代表的なE-SBRのグレードで汚染性の安定剤が使用されており，淡色製品には不向きであるが，乳化剤としてロジン酸石けんが使用されているので，粘着性，加工性に優れ，力学特性はSBR中最も良好である．1502は1500の石けんや安定剤を変更して，白色配合を可能にしている．1507はムーニー粘度を低くし，押出加工性などを改良したグレードである．

　1707，1708，1712，1778は分子量が大きなSBRラテックスに石油系のプロセスオイルを乳化状態で混合し，共凝固させてオイルマスターバッチにしたものである．1808，1833，1839はオイルブラックマスターバッチといわれるもので，高分子量SBRラテックスに高芳香族プロセス油とカーボンブラックを乳化状で分散し，共凝固したものである．利点はカーボンブラックによる工場の汚染防止，混練時間の短縮，カーボンブラックの分散性向上である．

　一方，S-SBRはミクロ構造のひとつであるビニル含量を10％からほぼ100％の範囲でコントロールできる．代表的なS-SBRのグレードを表3.2.15に示す．ビニル含量は15～60％，スチレン含量は5～47％の幅広いグレードが市販されている．油展グレードも生産可能である．

　S-SBRはリビング重合で合成されており，E-SBRよりも分子量分布が狭くなる．しかし，その反面加工性に劣り，この傾向は分子量分布が狭いものほど顕著となる．分子量分布を広くするため，カップリング反応で分子量分布が2つのピークをもつよ

表3.2.14 国産の主なE-SBR[5]

番号	種類	安定剤	乳化剤	結合スチレン量(%)	ムーニー粘度 ML_{1+4} (100℃)	凝固剤	伸展油 種類	伸展油 量(phr)	カーボンブラック 種類	カーボンブラック 量(phr)
1500	コールド	汚染性	ロジン酸石けん	23.5	52	塩酸	—	—	—	—
1502	コールド	非汚染性	ロジン酸石けん	23.5	52	塩酸	—	—	—	—
1507	コールド	非汚染性	ロジン酸脂肪酸混合石けん	23.5	35	塩酸	—	—	—	—
1707	油展コールド	非汚染性	ロジン酸石けん	23.5	46	塩酸	ナフテン系油	37.5	—	—
1708	油展コールド	非汚染性	脂肪酸石けん	23.5	60	塩酸	ナフテン系油	37.5	—	—
1712	油展コールド	汚染性	ロジン酸脂肪酸混合石けん	23.5	45～55	塩酸	高芳香族系油	37.5	—	—
1778	油展コールド	非汚染性	ロジン酸脂肪酸混合石けん	23.5	55	塩酸	ナフテン系油	37.5	—	—
1778 N	油展コールド	非汚染性	ロジン酸脂肪酸混合石けん	23.5	46	塩酸	ナフテン系油	37.5	—	—
1778 J	油展コールド	非汚染性	ロジン酸脂肪酸混合石けん	23.5	42	塩酸	ナフテン系油	37.5	—	—
1778 S	油展コールド	非汚染性	ロジン酸脂肪酸混合石けん	23.5	44	塩酸	ナフテン系油	37.5	—	—
1808	コールド,オイルブラックマスターバッチ	汚染性	ロジン酸脂肪酸混合石けん	23.5	48	塩酸	高芳香族系油	50	N330	75
1833	コールド,オイルブラックマスターバッチ	汚染性	ロジン酸脂肪酸混合石けん	23.5	45	塩酸	高芳香族系油	62.5	N347	82.5
1839	コールド,オイルブラックマスターバッチ	汚染性	ロジン酸脂肪酸混合石けん	23.5	55	塩酸	高芳香族系油	50	N285	75

表 3.2.15 溶液重合 SBR グレード[2)]

商品名	結合スチレン (%)	ビニル含量 (%)	製品汚染性 NST	ムーニー粘度 ML_{1+4}	オイルタイプ	PHR
JSR SL 580	18	16	NST	58		
SL 584	5	35	〃	60		
SL 552	24	39	〃	55		
SL 553	10	45	〃	75		
SL 556	24	39	〃	32		
SL 563	20	62	〃	74		
SL 574	15	57	〃	64		
T 587	30	18	〃	50		
T 5582	35	21	〃	74		
HP 752	35	43	ST	80	AR	37.5
タフデン 1000 R	18		NST	45		
2000 R	25		〃	45		
4003	37		〃	—		
1530	18		ST	37	AR	37.5
1534	18		〃	45	AR	37.5
2530	25		—	40	AR	37.5
ソルプレン 1204	25		NST	56		
1205	25		〃	47		
303	25		〃	36		
375	48		〃	45		
380	25		〃	48	NAPH	37.5
377	25		ST	50	AR	37.5
ニポール S112	15		NST	45		
114	23		〃	45		
116	20		〃	45		
118	18		〃	50		
210	25		〃	56		
214	25		〃	47		
216	25		〃	33		
218	20		〃	45		
220	46.5		〃	42		

うにして物性と加工性とのバランスをとるように工夫したS-SBRが市販されている．SL 552やSL 556などのカップリングされたS-SBRとE-SBR(1502)のGPC分析で求めた分子量分布を図3.2.16に示す．S-SBRはカップリングされており，分子量分布は2つのピークを有しているのに対して，E-SBRは分子量分布が広く，ピークは1つである．これらのカップリングされたS-SBRはゴムを混練りする際に，カップリング部がカーボンブラックと反応するような工夫もされている．この関係が図3.2.17にまとめられている．図3.2.17は重合後のカップリング反応で分子量がほぼ4倍になり，ゴムの素練りでもとの分子量にもどることを示している．

さて，低ビニルタイプのS-SBRならびにE-SBRの加硫物性を天然ゴム(NR)，溶液重合BR(S-BR)と比較すると表3.2.16のようになる．引張強さはNR，E-SBR，S-SBR，S-BRの順，ピコ摩耗はS-BR，S-SBR，E-SBR，NRの順，反発弾性はNR，

3.2 原料ゴム

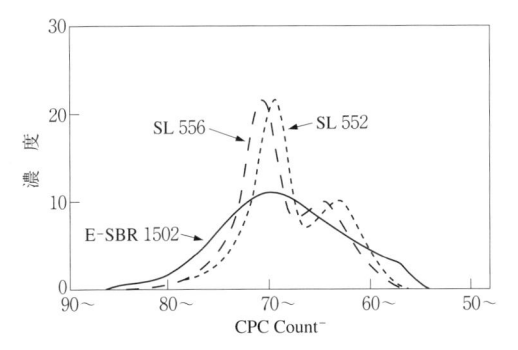

図 3.2.16 E-SBR(1502)と S-SBR(SL 552, SL 556)の分子量分布[2]

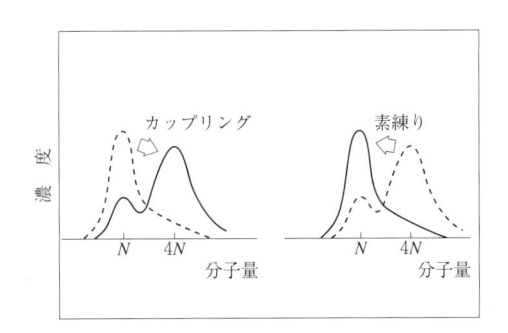

図 3.2.17 カップリングと素練りによる分子量分布の変化[2]

表 3.2.16 各種ゴムの一般物性[2]

物性項目 \ ポリマー	溶液重合 SBR (タフデン1000R)	溶液重合 SBR (タフデン2000R)	NR	SBR 1502	BR (ジエン NF35R)
配合物ムーニー粘度, ML_{1+4} (100℃)	64	66	37	53	63
ムーニースコーチ(min), $MS\ ts$ (121℃)	35	36	26	33	30
硬さ(JIS)	62	62	64	61	65
300%引張応力(kg/cm^2)	107	97	141	100	87
引張強さ	205	215	290	248	150
伸び(%)	480	500	530	560	420
引裂き強さ	53	58	102	54	48
永久伸び	2	4	11	6	2
ピコ摩耗(指数)	115	100	97	100	134
デマーチャ屈曲(回)	1150	6400	19000	5000	600
反発弾性(%)	65	58	69	53	67
低温特性ゲーマン法(℃)(T_2)	−52	−34	−41	−30	−70

ただし, NR：141℃ 20分, プレス加硫品
その他：141℃ 30分 プレス加硫品
配合：ポリマー100, 硫黄1.7, 加硫促進剤CZ 1, 酸化亜鉛 5, ステアリン酸 2, 老化防止剤 C 1, アロマティックオイル 5, HAF ブラック 45

S-BR, S-SBR, E-SBR の順となる.

低ビニルタイプの S-SBR は,スチレンとブタジエンのランダム共重合性が大きくないため,スチレンがブロック的に入りやすく,オゾン分解法による分析の結果から,スチレンの短連鎖のものから長連鎖のものまで含まれることが知られている.

ビニル変量 S-SBR はビニル含量が高くなるに従いガラス転移温度も高くなり,タイヤ性能のひとつである濡れた路面でのブレーキ性能(ウェットスキッド特性)のラボ指標である $\tan \sigma (0℃)$ が高くなり,良好な性能を示す.ビニル含量とスチレン含量を変量して,ウェットスキッド特性の関係をみたのが図 3.2.18 である.ウェットスキッド特性はスチレン含量とビニル含量に強く依存しているのがわかる.

タイヤの転がり抵抗を示す指標として 50℃における損失正接($\tan \delta$)を用いると,$\tan \delta$ (50℃)のスチレン含量とビニル含量との関係は図 3.2.19 のようになる.低い数値は転がり抵抗が低いことを示し,転がり抵抗はスチレン含量への依存性がビニル含量よりもやや低いことを示している.低燃費性の高いタイヤを設計する場合にはスチレン含量よりもビニル含量でコントロールする方がよいことを示している.同様な検討から,引張強さはスチレン含量が高くなるにつれてビニル含量に依存することがわかっている.

他方,合成ゴムはその出発点から NR の代替として登場しているため,その性質がいかに NR に近いものであるかということがその評価基準であった.こうした合成ゴムの評価のなかでカーボンブラック配合 E-SBR が加工性や物理的性質において,NR に近いものであったため,E-SBR は NR と同じくほとんどすべてのゴム製品に使用される.具体的にはタイヤ,ベルト,電線,窓枠,防振ゴム,各種工業用品,引布,ゴム靴などである.S-SBR はこのほかにプラスチックブレンド用素材としても使用されている.

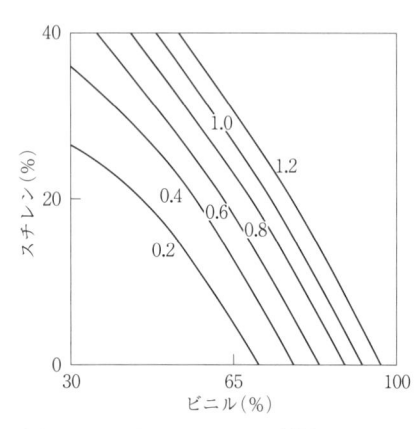

図 3.2.18 ビニル,スチレン含量とウェットスキッド特性($\tan \delta$ at 0℃)の関係[2]

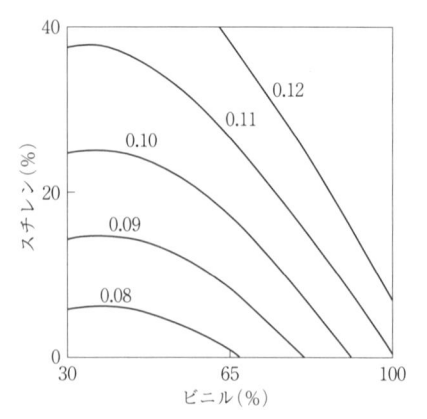

図 3.2.19 ビニル,スチレン含量と損失正接($\tan \delta$ at 50℃)の関係[2]

3.2 原料ゴム

表 3.2.17 ブタジエンとスチレンとの共重合触媒と重合性 [3]

触媒	重合中のスチレン濃度 (mol%)	スチレン含量 (mol%)	分子量 $M_w \times 10^{-4}$	ポリブタジエン部の立体規則性			共重合性		
				シス-1,4	トランス-1,4	1,2	r_1	r_2	$r_1 \times r_2$
Nd(CF$_3$CO$_2$)$_3$/Al(i-Bu)$_3$/Me$_3$CCH$_2$Br	50	32.4	$[\eta]=0.19$	97.8	1.8	0.4	1.25	0.71	0.89
オクタン酸 Nd/Al(i-Bu)$_3$/CHCl$_3$	43	11.5	$[\eta]=0.89$	91.5	6.6	1.9	9.4	0.06	0.56
オクタン酸 Nd/Al/CCl$_4$	70	16.9	3.5	89	9	2	4.3	0.50	2.15
Nd(CCl$_3$CO$_2$)$_3$/Al(i-Bu)$_3$/AlEt$_2$Cl	50	23.2	1.6	79	12	9	—	—	—
Gd(CCl$_3$CO$_2$)$_3$/Al(i-Bu)$_3$/AlEt$_2$Cl	50	15.0	4.1	74	17	9	9.0	0.9	8.1
ナフテン酸 Ni/AlEt$_3$/BF$_3 \cdot$Et$_2$O	50	6.8	$[\eta]=0.49$	93.0	—	—	65.3	1.75	114
Ni(acac)$_2$/MAO	50	12.5	Mn=0.3	89.0	11	~0	3.60	0.07	0.25
Co(acac)$_2$/AlEt$_2$Cl/H$_2$O	50	16	Mn=2.6	91~94	—	—	4.16	0.15	0.62
Co(acac)$_2$/AlEt$_3$/BF$_3 \cdot$Et$_{20}$	50	4.5	$[\eta]=1.22$	71.1	—	—	—	—	—
CpTiCl$_3$/MAO	19.7	2.4	—	—	—	—	11.5	0.14	1.61
Ba[(t-BuO)$_{2-x}$(OH)$_x$]/Bu$_2$Mg・AlEt$_3$	—	8.4	$[\eta]=4.5>$	—	88	—	4.40	0.52	2.29
バーサチック酸 Did./BuLi/MgBu$_2$**	14.8	13.7	—	35.7	56.7	7.6	—	—	—
(C$_3$H$_5$)$_3$W/CCl$_3$COOH	—	—	—	0	9	91	10.1	0.2	2.02
n-BuLi/CHX	21.8	21.8	100>	—	—	—	15.5	0.04	0.62
n-BuLi/THF	21.8	21.8	100>	—	—	—	0.3	4.0	1.20

* M$_1$=BD, M$_2$=ST
** Did.：didymium：次の金属の混合物, Nd≒72%, La≒20%, Pr≒8%
*** $[\eta]$：dl/g

(3) 新しいSBR[3]　　前記のごとくSBRの立体規則性はE-SBRの場合，トランス-1,4結合がほぼ70％であり，S-SBRの場合，ビニル結合が10～90％の範囲でコントロールされており，いずれにおいても立体規則性はそれほど高くはない．そのためSBRにおいて立体規則性をさらに高くできれば，大きな高性能化が期待できると考えられ，遷移金属触媒系での研究が数多くなされている．代表的な結果を表3.2.17にまとめた．

SBR共重合反応の重要な特性はモノマーの共重合性であり，ブタジエンとスチレンとのラジカル重合の場合，共重合反応性比はr_1(BD)=1.4，r_2(ST)=0.8，$r_1 \times r_2$=1.12であり，ランダム共重合性のよいSBRが得られている．ブタジエンとスチレンとの重合をRLiを開始剤としてシクロヘキサン(CHX)のような非極性溶媒で行う場合，共重合反応性比はr_1(BD)=15.5，r_2(ST)=0.04，$r_1 \times r_2$=0.62となり，r_1とr_2の積は1.0よりかなり小さく，重合終期にはポリスチレンのブロックが生成する．また，この重合をTHF中で行うと共重合反応性比はr_1(BD)=0.3，r_2(ST)=4.0，$r_1 \times r_2$=1.20となり，ブタジエンとスチレンとの重合性は逆転する．そのために，RLiを開始剤としてCHXに数％のTHFを添加した混合溶媒でブタジエンとスチレンとの重合を行うと，ランダム性の良好なSBRが得られる．

初期の研究のナフテン酸Ni／AlEt$_3$／BF$_3$・Et$_2$O系触媒では，共重合反応性比はr_1(BD)=65.3，r_2(ST)=1.75，$r_1 \times r_2$=114となり，共重合性は非常に低く，両モノマーがブロック状で結合しやすい触媒であった．その後，Ni，Co，Ti，Nd系触媒などでブタジエンとスチレンとの重合が研究され，最近Nd(CF$_3$CO$_2$)$_3$／Al(i-Bu)$_3$／Me$_3$CCH$_2$Br系触媒でシス-1,4結合が97.8％で，共重合反応性比がr_1(BD)=1.25，r_2(ST)=0.71，$r_1 \times r_2$=0.89というランダム共重合性の良好な結果が報告されている．残念ながら，このSBRの場合も分子量は[η]=0.19とそれほど高くない．

一方，Ba／Mg／Al複合触媒系で得られるSBRはトランス-1,4結合が90％ほどあり，

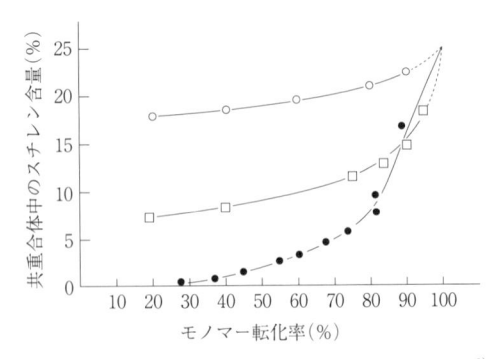

図3.2.20　モノマー転化率に対するSBR中のスチレン含量[3]
○：乳化重合SBR，□：Ba-Mg-Al系高トランスSBR，●：溶液重合SBR

分子量も実用範囲でほぼ任意にコントロールできる．本SBRとE-SBR,非極性溶剤中でのS-SBRとの共重合性の比較を図3.2.20に示す．共重合性はE-SBRとS-SBRの中間にあり，比較的ランダム共重合性がよいことを示している．

今後，メタロセン系触媒なども加わって，さらに立体規則性が高いシス-1,4 SBRやトランス-1,4 SBRの合成が進めば，構造と物性面の興味も加わってさらに研究が活性化するものと期待される．

〔服部岩和〕

文　献

1) 服部岩和：ゴム工業便覧(第4版)(日本ゴム協会編), p.208, 日本ゴム協会 (1994).
2) 榊原満彦：ゴム工業便覧(第4版)(日本ゴム協会編), p.213, 日本ゴム協会 (1994).
3) 服部岩和：均一系遷移金属触媒によるリビング重合(安田　源編著), p.231, アイピーシー (1999).
4) 佐伯康治, 尾見信三編著：新ポリマー製造プロセス, pp.293-364, 工業調査会 (1994).
5) 日本ゴム協会編：ゴム技術の基礎, p.63, 日本ゴム協会 (1989).

f. アクリロニトリル-ブタジエン共重合ゴム(NBR)と水素添加ニトリルゴム(HNBR)

アクリロニトリル-ブタジエン共重合ゴムはブタジエンとアクリロニトリルの共重合体であり，かつブタジエン単位の立体不規則性から，非結晶性の代表的な耐油性ゴムである．このNBRのポリマー主鎖構造中，ブタジエン部分に存在する炭素・炭素二重結合部分だけを選択的に水素化したゴムを水素化ニトリルゴムと呼んでいる．

NBRは1930年代初頭，アクリロニトリルとブタジエンの共重合体ゴムが耐油性，耐老化性，耐摩耗性などの特性に優れていることが認められて以来，ドイツやアメリカで急速に開発が進み，日本では，1959年よりNBRの製造が始まっている．

HNBRは，NBRの耐熱性・耐候性改良を目的に開発され，1977年にドイツのバイエル社の製法特許に始まり，1984年より日本ゼオンが独自の技術で本格的な商業生産を開始している．

代表的な耐油性ゴムであるNBRとHNBRはのちに詳述するが，低硬度配合を除くと，各種特性のバランスをもたせた材料をつくりやすいという特徴がある．個々の特性でも，耐油性のほかに耐老化性，耐摩耗性，ガス透過率が低く，凝集力が強いなどの特徴から，使用される用途も燃料ホース，耐油ホース，オイルシール，パッキング，ガスケット，ダイヤフラム，印刷ロール，ブランケット，ブレーキシュー，接着剤，ベルト，安全靴など多岐にわたっている．

(1) NBRとHNBRの製造法　　NBRの製造は，工業的には乳化重合によっている．ブタジエンとアクリロニトリルのモノマーが重合缶に仕込まれ，脱イオン水，乳化剤と混合し，ついで重合触媒と調整剤を加えて乳化重合を行う．重合開始剤として，高温重合では過酸化水素や過硫酸塩のような無機過酸化物が用いられる．一方，低温

表3.2.18 ニトリルゴム重合処方の一例
(重合温度：13℃)重量部

ブタジエン	67
アクリロニトリル	33
水	230
オレイン酸ナトリウム	5
カセイカリ	0.05
塩化カリ	0.03
ナフタレンスルホン酸	0.20
EDTA・Na_4・$4H_2O$	0.02
t-ドデシルメルカプタン	0.38
硫酸鉄	0.01
SFS($NaSO_2$・CH_3OH・$2H_2O$)	0.05
p-メンタンヒドロパールオキサイド	0.04

重合を行う場合には，ヒドロパーオキサイドのような有機過酸化物と2価の鉄塩あるいはテトラエチレン，ペンタアミンのような還元剤とを組み合わせたレドックス系触媒が用いられるのが一般的である．さらに重合調整剤としてメルカプタン，その他pH調整剤としてのリン酸ソーダやカセイソーダなどが加えられる．重合が適当な転化率に達したとき，ヒドロキノンやカーバメート類を加えて重合反応を停止させる．重合処方の一例を表3.2.18に示す．

得られたラテックスは加熱，減圧，水蒸気蒸留などの方法によって未反応モノマーの除去・回収を行ったのち，貯蔵安定性を高めるために，老化防止剤が添加される．

塩化カルシウム，硫酸アルミニウム，ミョウバン，食塩-硫酸，高分子凝集剤などを用いて凝固され，水洗・ろ過したあと乾燥され，製品ができあがる．これらの製造プロセスの一例を図3.2.21に示す．最近では，含有金属イオンの少ないNBRを製造する場合，上述した乳化重合のほか，溶液重合や懸濁重合，塊状重合などが用いられることがある[1]．

HNBRは，NBRポリマー主鎖中に含まれる炭素・炭素二重結合部分に水素を付加させることにより得られる．このとき，NBRの耐油性を維持し，耐熱老化性を向上させるためには，NBRの側鎖のシアノ基をそのままにし，炭素・炭素の二重結合のみを水素化することが必要である[2]．そのために，NBRを適当な溶媒で溶解し，二重結合を選択的に水素化する触媒を使用し，水素化反応を行う．

水素化反応が終了したのち，触媒・溶媒を回収，凝固乾燥してHNBRの製品が得られる．

(2) **ニトリル系ゴムの種類と特徴**　NBRの製造メーカーは世界各地にあるが，NBR，HNBRには乳化重合SBRのように世界的に統一された製品の番号がなく，各社独自のナンバリングになっている．一般には，NBRの場合，ポリマーの結合アクリロニトリル量，ムーニー粘度，重合温度，添加された老化防止剤，第3モノマー成分の種類・形状によって大別され，HNBRではさらにポリマーの主鎖中に残されている炭素・炭素二重結合量の目安となる水素化率，ヨウ素価または不飽和度の要因で大

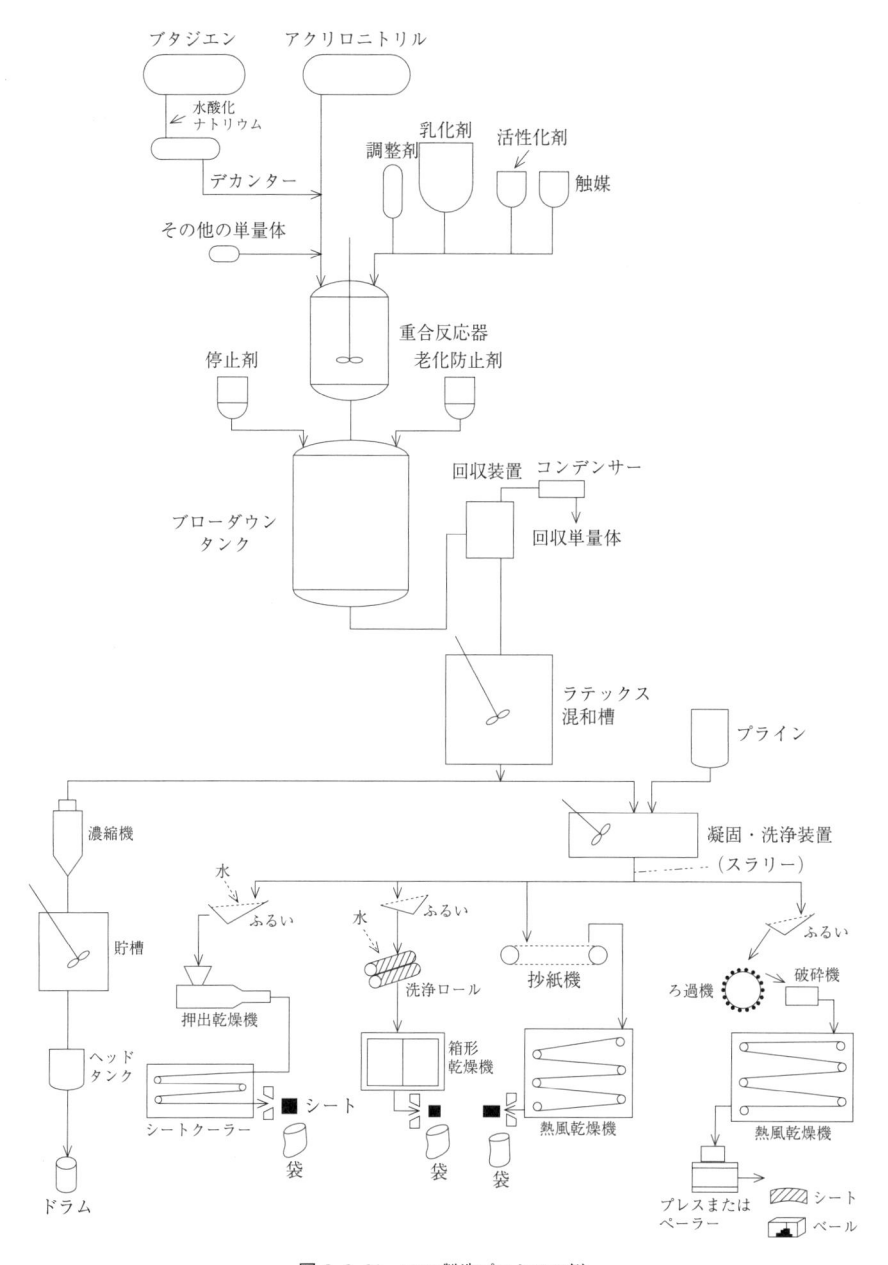

図 3.2.21 NBR製造プロセスの例

表 3.2.19 NBRの名称

名称	アクリロニトリル含有量
低ニトリル	24%以下
中ニトリル	25〜30%
中高ニトリル	31〜35%
高ニトリル	36〜42%
極高ニトリル	43%以上

別される．

(ⅰ) **結合アクリロニトリル量による分類**： 現在，市販されているNBRの結合アクリロニトリル量は，15〜53重量％の範囲にある．結合アクリロニトリル量によるNBRの標準化された分類法はないが，一般的には，表3.2.19のように結合アクリロニトリル量の少ないものから，低・中・中高・高・極高ニトリルとして分類されている．市販されている品種数からみると，31〜37％のNBRが全NBRの約40％を占め，とりわけ33％含有のNBRが多く，標準的な品種であるといえる．

NBRでは，結合アクリロニトリル量の増大とともに耐油性は向上するが，耐寒性は悪化するという相反関係にある．同様に，HNBRの場合にも，耐油性と耐寒性は相反関係にはあるものの，ポリマー主鎖中の残留二重結合量が少ないため，それらの関係がNBRの場合とは異なることに注意しなくてはならない．図3.2.22に，HNBRの場合の結合アクリロニトリル量とヨウ素価がポリマーのガラス転移温度へ与える影響を示す[4]．結合アクリロニトリル量の少ないポリマーほど，そのガラス転移点は，水素化反応の影響を受けることがわかる．

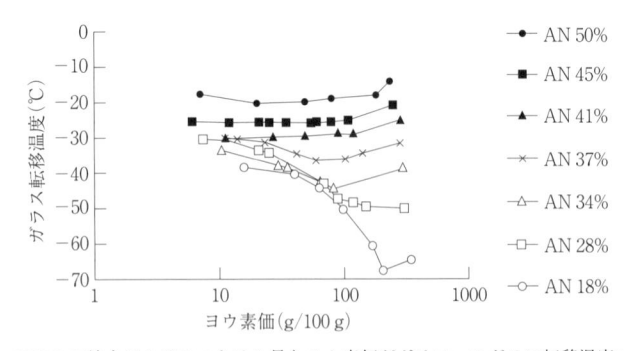

図 3.2.22 HNBRの結合アクリロニトリル量とヨウ素価がポリマーのガラス転移温度へ与える影響

(ⅱ) **重合温度とムーニー粘度による分類**： NBRの重合温度は5〜50℃の間が標準であり，25〜50℃で重合されたポリマーは高温重合品またはホットラバーと呼ばれ，高強度，高凝集力のポリマーが得られる．しかし，重合温度を高くすることによって，ポリマーの分岐や架橋が増加し，加工性が劣るものになる．重合温度が25℃以下，一般的には10℃以下で重合されたポリマーはコールドラバーと呼ばれている．高温重合品よりも強度特性や凝集力は低下するが，混練加工性，押出成形性などの加工性全般に優れるため，現在では80％以上のNBRが低温重合で生産されている．

現在，NBRは分子量約3000程度の液状のものから，分子量が数十万までの重合度のものが市販されている．液状を除くと，ムーニー粘度で25から140程度のものが一般的である．ムーニー粘度の高いものは，高強度，低圧縮永久ひずみのものが得られ，高圧用途に用いられたり，配合物中に多量の可塑剤を含有させる場合などに用いられるが，可塑剤添加が少ない場合には，加工性に難がある．一方，ムーニー粘度の低いものは，高粘度品よりも物理特性は低下するが，流動性に優れるために射出成形や押出成形などに多用される．

(iii) 老化防止剤第3モノマー成分および形状による分類： NBRやHNBR中に添加される老化防止剤は，ポリマーの貯蔵中にムーニー粘度などの品質の変化を防ぐ働きをする．ヒンダードフェノールやリン系化合物が添加され，他と接触しても汚染しないので非汚染性老化防止剤として表示されており，全体の約75％を占めている．

微汚染性と表示されるものは，アルキルジフェニルアミンなどアミン系老化防止剤が添加されており，非汚染タイプより貯蔵安定性，耐熱老化性が優れるなどの特徴をもっている．汚染性老化防止剤が添加されたポリマーは最近では少なくなってきている．

NBRは，アクリロニトリルとブタジエンの共重合体であるが，これらの組合せに第3モノマーを加えた多元共重合体も広く知られている．代表的なものは，メタクリル酸やアクリル酸を第3モノマーとして共重合し，側鎖にカルボン酸を導入したカルボキシル化NBRでX/NBRと略称される．X/NBRは，金属酸化物を配合することによって，NBRと比較して高強度・高耐摩耗性などの特徴をもつ．しかし，未加硫コンパウンドの貯蔵安定性が著しく低下するために，金属酸化物として，過酸化亜鉛や表面処理した亜鉛華などを用いるのが一般的である．その他，第3モノマーとして，イソプレンを用いたNBIRやジビニルベンゼンやエチレングリコールジメタクリレートなどの多官能モノマーを用いた自己架橋タイプなどが市販されている．

NBRの標準製品の形状は，ベール状(塊状)のものが一般的であり，シート状のものもある．接着用途に用いられる場合には，クラム状(粒子)のものが用いられることもある．さらに熱可塑性樹脂とのブレンド用途では，粉末状のものが多用されている．この粉末NBRの製造方法には機械的に粉砕するタイプと，NBRラテックスを直接スプレードライヤーで乾燥させたタイプがある．

液状NBRは，分子量が3000程度の粘稠な液体であるため，一般にはドラム詰めで市販されている．NBRの難抽出可塑剤として低硬度配合に用いられたり，熱可塑性樹脂の可塑剤に使用されたりしている．

(3) **NBRの水素化反応** NBRはポリマーの主鎖に炭素・炭素二重結合を有するために，耐熱性・耐候性などの化学的安定性に限界がある．NBRの化学的安定性を改良するために，不安定な二重結合部分を飽和結合に変化させるための検討が行われてきた．そのひとつとして，アクリロニトリルとエチレンの共重合が検討されたが，

両モノマーの共重合反応比が大きくかけ離れていることや，反応条件が高温・高圧となることから，現在まで市販されているものはない．そのため，現在，市販されているHNBRはNBRの主鎖中に存在する不安定な二重結合部分を水素化することによって飽和結合へと変化させる方法が用いられており，ドイツのバイエル社と日本の日本ゼオン社が製造・販売している．

HNBRは，上述したようにNBRと同様に結合アクリロニトリル量やムーニー粘度によって加工性や物理特性が異なるので，ポリマー主鎖中に残留している二重結合量がその特性に大きな影響を与えることにも注意しなくてはならない．一般的に，ポリマー主鎖中に残留している二重結合量の目安として，ヨウ素価($g/100\,g$)または水素化率(%)が用いられている．

現在，市販されているHNBRは，結合アクリロニトリル量は17～50％，ムーニー粘度で50～135程度と幅広い．さらに水素化率は80％程度から99％以上のほぼ完全水素化したものまでが市販されている．

(4) **NBRおよびHNBRの配合** NBRの配合指針は，可塑剤など一部の配合薬品を除いて，天然ゴムやSBRなどと同様であり，一般に硫黄もしくは有機過酸化物による架橋系が用いられる．充てん剤は，高強度・高耐摩耗性を要求される場合には，粒径の細かい，ストラクチャーの高いカーボンブラックや細粒径のシリカが有効である．また，高充てんの配合系を目指す場合には，炭酸カルシウム，クレー，タルクなどが用いられる．

老化防止剤は，耐熱性を向上したい場合には，アミン系の老化防止剤が有効である．オゾン劣化防止を目的にする場合には，さらにパラフィンワックスを併用することが一般的である．可塑剤は，NBRの結合アクリロニトリル量によってその相溶性が異なる．相溶性は，物質の溶解度パラメーター(SP値)によってほぼ推測でき，SP値の近いものほど相溶しやすく，多量に添加できる．

NBRでの有機過酸化物架橋系の特徴は，硫黄加硫系と比較して，圧縮永久ひずみが小さく，耐熱性に優れる，溶剤による抽出沈殿性が少ないなどがあげられる．しかし，架橋サイクルが長くなる，架橋体の伸びが小さくなる，動的疲労性が悪くなるなどの問題もある．

HNBRの配合指針はNBRの場合と酷似するが，架橋系の選び方に配慮が必要である．NBRと比較して，ポリマー主鎖中の炭素・炭素二重結合が極端に少ないために，一般的に架橋速度が遅くなり，スコーチ時間が長くなる．

HNBRの架橋系は，EPDMの場合とよく似ており，有機過酸化物の場合はNBRより多めに添加し，2～4phrが一般的である．また，硫黄加硫の場合には一次促進剤のほかに二次促進剤としては，超促進タイプのチウラムやチアゾール系を併用することが多い．

(5) **NBRおよびHNBRの基本特性と用途** NBRの基本的な物理的性質は，主

表 3.2.20　NBR の分類因子と主な物性の特徴

分類因子と物性	特徴
アクリロニトリル含有量	○高くなると
耐油性	良好：体積変化率が小さくなる
耐摩耗性	良好：摩耗量が少なくなる
ガス透過性	良好：透過量が少なくなる
耐寒性	劣る：ガラス転移点が高くなる
反発弾性	劣る：弾性が小さくなる
密度	やや高くなる
硬さ	やや高くなる
引張応力	高くなる
引張強さ	やや良好：高くなる
圧縮永久ひずみ	やや劣る：ひずみが大きくなる
耐熱性	やや良好：物性変化率が小さくなる
動的発熱性	劣る：発熱温度が高くなる
流動特性	やや良好：流動量がやや多くなる
押出ダイスウェル	やや良好：やや小さくなる
分子量	○ムーニー粘度が高くなると
引張強さ	良好：高くなる
圧縮永久ひずみ	良好：小さくなる
流動特性	劣る：流動が少なくなる
押出ダイスウェル	やや良好：やや小さくなる
分子量分布	○広くなると
高充てん性	良好：充てん剤を多く添加できる
押出ダイスウェル	劣る：やや大きくなる
重合温度	○高くなると
凝集力	良好：高くなる
引張強さ	良好：高くなる
押出ダイスウェル	劣る：大きくなる

表 3.2.21　HNBR の分類因子と主な物性の特徴
（同じニトリル含有量の NBR と比較した場合）

分類因子と物性	特徴
耐劣化燃料油性	良好：浸漬後の物性変化率が少ない
耐硫化水素性	良好：浸漬後の物性変化率が少ない
高温特性	良好：高温における強度，応力が高い
耐熱性	良好：熱老化後の物性変化が小さい
耐候性	良好：オゾンき裂発生時間が長い
ぜい化温度	良好：低くなる
引張強さ	良好：高くなる
耐摩耗性	良好：摩耗量が少なくなる
耐油性	同等
発熱性	やや劣る：発熱温度が少し高くなる
物理緩和	やや劣る：緩和量がやや大きくなる

にポリマー内のアクリロニトリル含有量によって決まる．その他の配慮すべき因子として，先述した分子量，分子量分布，重合温度などがある．これらの因子が各種物理特性に与える影響を表3.2.20に簡単にまとめた．さらにHNBRの場合は，このアクリロニトリル含量のほかにヨウ素価(水素化率)の因子が加わる．この水素化率は，主にポリマーの熱・化学的安定性に強い影響を及ぼす．この特性をアクリロニトリル含量が同じNBRと比較して簡単にまとめたのが表3.2.21である．

NBRやHNBRの用途は，その優れた耐油性，耐溶剤性，耐化学薬品性を利用した工業用品に幅広く使用されている．そのなかでも最も使用量の多い分野は自動車用途である．自動車関連のオイルホースやオイルシール材として多くの使用実績がある．とくに，エンジンまわりの耐熱性が必要な部位や，高度に耐油性が要求されるオイルまわりなどでは，HNBRの使用が増加してきている．また，HNBRは，自動車用のタイミングベルト材として従来から使用されてきたクロロプレンゴム(CR)の代替材料としても使用されている．

　そのほか，工業用用途では，各種装置の圧力系統に使用される油・燃料・水・薬品などの漏洩止め用ゴム材料もNBRやHNBRの重要な用途のひとつである．具体的には，Oリング，Vリング，Uカップなどの耐圧パッキング，ガスケット，金属部品と組み合わせたオイルシール，各種ブーツ材，ダイヤフラム材などで使用されている．このような部位では，より耐熱性や耐圧性が要求される場合にHNBRが使用される場合が多い．

　また，NBR系ゴムは，ロール用材料としても使用されている．鉄芯の表面に適当な厚さのNBRやHNBRを被覆した工業用ロール，ローラー，プーリーなどは，製紙，紡績，繊維，製鉄，印刷，化学工業，高分子加工工業などで幅広く使用されている．最近では，HNBRとアクリル酸亜鉛塩のアロイがより高度な耐摩耗性が要求される部分に使用されてきている[5]．

　NBR系ゴムは，前述した用途のほかに各種ダイヤフラム，接着剤，ブレーキ板，スポンジ，防振ゴム，ケーブル，石油掘削用ゴム材などの製品としても広く使用されている． 〔橋本欣郎・相村義昭〕

文　献

1) 杉　長俊：日ゴム協誌，**45**，322 (1990).
2) 橋本欣郎：ゴム工業便覧(第4版)(日本ゴム協会編)，p.236，日本ゴム協会 (1994).
3) IISRP Elastomer Manual ：International Institute of Synthetic Rubber Producers (1997).
4) Hayashi, Y. et al.：*Rubber Chem. Technol.*, **64**, 534 (1991).
5) ゼオフォルテ カタログ，日本ゼオン．

g.　ブチルゴム(IIR)とハロゲン化ブチルゴム

　ブチルゴムは，イソブチレンと少量のイソプレン(主鎖中に二重結合を導入するためのモノマー)をフリーデル-クラフツ(Friedel-Crafts)触媒を用いて，カチオン共重合により製造される．不飽和結合が少ないことと，イソブチレンの立体構造の特異性により，きわめてガス透過性が小さく，反発弾性が低いという性質をもち，耐熱性，耐候性，電気絶縁性に優れた性質を示す．最近では，ブチルゴムの接着性や，他のゴムとの混合性を改良したハロゲン化ブチルゴムも多量に使用されるようになってきてい

る.

　ブチルゴムの商業生産は1943年に開始されたが，その製造技術[1~3]はエッソリサーチ(Esso Research and Engineering Co.)で開発・確立された．精製されたイソブチレンに1.5～4.5％のイソプレンを混合し，溶媒としてメチルクロライドを数倍加え，－100℃前後に冷却したのち，連続的に重合反応器に供給する．同時に触媒として無水塩化アルミニウムを連続的に重合反応器に供給することで重合反応が開始される．重合は瞬時に起こり，ポリマーが溶媒中に析出したスラリー状態で進行する．反応温度が低いのはポリマーの分子量を上げるためであるが，この低温を維持するため，冷媒として水，液化プロピレン，液化エチレンを用いる3段冷却が行われる．その後重合停止剤，老化防止剤を添加し，未反応モノマー，溶剤を回収し，ポリマーを洗浄・乾燥して製品が得られる．現在，ブチルゴムはエクソンケミカル(Exxon Chemical Company)，バイエル(Bayer)，日本では日本ブチルで生産されている．

　ブチルゴムの構造上の大きな特徴は，イソブチレンのメチル基がポリマー主鎖を取り囲み，主鎖の回転運動を抑制していること，およびNR，SBR，BRといった汎用ゴムに比較して主鎖中に二重結合がきわめて少量(一般に0.6～3.0 mol％，天然ゴムの約1/50程度)しか含まれていないことである．

　このため，ブチルゴムは気体をほとんど通さないという特異な性質(空気でNRの1/7～1/8)を示し，これを利用してタイヤのインナーチューブに大量に使用されてきた．また主鎖の運動性の低下は，結果として内部摩擦を増大させるため，反発弾性がきわめて低いという性質も示す．これはゴム弾性体としては不利な性質ではあるが，逆にエネルギー吸収性に優れており，乗用車の微震動を吸収する振動吸収材，防音材として利用されている．さらにブチルゴムには主鎖中の不飽和度が小さいことからくる利点もある．すなわち，耐候性が非常に優れているので，特別な酸化防止剤を必要としない．耐熱性，耐熱老化性，耐オゾン性，耐化学薬品性(とくに酸化剤に対して)にも優れた性能を示す．不飽和結合が少ないため酸化されにくく，化学的安定性がきわめて良好なポリマーであることがわかる．

　これら優れた安定性は主鎖にまったく二重結合をもたないエチレン-プロピレン共重合ゴムに次ぐ良好な位置づけにある．さらにブチルゴムはその構造から電気絶縁性，耐コロナ性，耐トラッキング性といった電気特性に優れており，電線被覆材などにも広く用いられている．またブチルゴムは，高温における力学特性(とくに耐引裂き性，耐摩耗性，耐屈曲き裂性)，耐水性，耐極性溶媒性(ケトン，エステル，アルコールなど)に優れている．ブチルゴムのT_gは－77℃で低温特性が優れており，－50℃以下でも柔軟性をもっている．ブチルゴム自体は延伸によって結晶化するので，純ゴム配合でも引張強さが大きいことも特徴である．これらの性質からルーフィングシート，土木シートといった建築資材，コンベヤベルト，ホースといったさまざまな工業用品にも使用されている．さらに密封性(ガス・液透過性が小さいこと)，耐溶剤性，耐熱

性が優れていることから，コンデンサーパッキン分野でも使用が進んでいる．
　一方，一番の欠点は，主鎖中の不飽和結合が少ないため，他のジエン系ゴムに比較して架橋反応速度が遅いことである．しかし通常の硫黄架橋のほかに，キノンオキシム架橋(p-キノンジオキシム，p,p'-ジベンゾイルキノンジオキシム)，レジン架橋(アルキル置換フェノール樹脂とハロゲン化物)などの新しい架橋系が開発されて，かなり改善されている．ことにレジン架橋は，架橋物の耐熱性の改善(硫黄架橋でみられる軟化型劣化が大きく改善される)，耐薬品性の改善に大きな効果がある．他の欠点としては，ポリマーの腰が非常に強く，したがって，素練りによる可塑化が期待できないためロール加工性があまりよくないことである．このほか，他のジエン系ゴムとの混合性に乏しいこと，非極性であるため金属や他のゴムに対する接着性に劣ること，耐油性がないことなどが欠点としてあげられる．
　ブチルゴムの架橋速度改善，NR，SBRといった他の不飽和ゴムとの混合性をよくする，金属あるいは他のゴムとの接着性の改善などの目的で開発されたものがハロゲン化ブチルゴムであり，1961年に本格的生産が開始されている．ブチルゴムを炭化水素溶媒に溶解し，50℃前後の温度条件下でハロゲン(塩素，臭素)を導入して直接ハロゲン化するプロセスにより製造される．ハロゲン化ブチルゴムとしては0.8～2.0％の塩素を含む塩素化ブチルゴム(CIIR)，1.5～2.5％の臭素を含む臭素化ブチルゴム(BIIR)の2種類がエクソンケミカル，バイエル，日本では日本ブチルで生産されている．いずれのハロゲン化ブチルゴムもブチルゴムの特性である気体不透過性，耐オゾン性，耐老化性，電気的性質，耐化学薬品性などを保持するとともにブチルゴムに比較して耐熱性に優れており，加硫速度が速く，接着性がよく，またNR，SBRなどとの混合が容易にできる特徴を有している．ハロゲン化ブチルゴムはチューブレス化が進み，チューブに代わるインナーライナーがタイヤ内面に接着使用されるに伴ってその需要量が急激に増加した．今後も接着剤用途やタイヤの軽量化に応えるため，さらに使用量が増加するものと思われる．
　最近ではブチルゴムの加工性を改良するために部分架橋したブチルゴム，液状のブチルゴム，星形分岐の高分子量体を含有するブチルゴムが上市されている[4]．またブチルゴムの耐熱性・耐候性をさらに改良するため，イソブチレンに少量のパラメチルスチレンを共重合し，臭素化したポリマーの生産もエクソンケミカルにより開始された[5]．これら新しいイソブチレン系合成ゴムの登場でさらに用途が拡がることが期待されている．　　　　　　　　　　　　　　　　　　　　　　　〔明間　博〕

文　献

1) Kresge, E. N. et al.：*Encyclopedia of Poly. Sci. and Eng.,* **8**, 423 (1987).
2) Fusco, J. V. et al.：Exxon Chemical Company Tech. Data (1987).
3) 佐伯康治：ポリマー製造プロセス，工業調査会 (1971).

4) Wang, H. C., Powers, K. W. and Fusco, J. V.：Paper Presented at the Meeting of the Rubber Division, ACS, Mexico City, Mexico（1989）.
5) Wang, H. C. and Powers, K. W.：Paper Meeting of the Rubber Division, A. C. S., Tronto, Canada（1991）.

h. エチレン-プロピレン共重合ゴム（EPRまたはEPM，EPDM）

1953年の低圧チーグラー触媒の発見に端を発して，各種オレフィンの重合および共重合の研究が活発に行われてきた．エチレンとプロピレンの共重合体（EPRまたはEPM，ここではEPRを用いる）は，1955年にイタリアのナッタ（G. Natta）らによって初めて合成された．その後，第3成分としてジエンを共重合することで，硫黄で加硫することを可能としたエチレン-プロピレン-ジエン三元共重合体（EPDM）が開発されたことで，工業的にも広く使用されるようになった．

エチレン-プロピレン共重合ゴムは1960年代の初めから商業生産が開始され，1997年現在，世界の11社において製造されている．わが国でもJSR，三井化学，住友化学，出光DSMの4社が製造している．合成ゴムとしてはスチレン-ブタジエン共重合ゴム（SBR），ポリブタジエンゴム（BR）など天然ゴムと同じくポリマー主鎖に二重結合を有するジエン系合成ゴムが中心であったのに比べ，エチレン-プロピレン共重合ゴムは主鎖に二重結合を含まないため，耐熱性，耐候性，耐オゾン性に優れ，また非極性構造であるため，電気絶縁性も良好である．自動車用ゴム部品，ベルト，電線，ポリオレフィン改質などの用途に幅広く用いられており，その需要量も世界で76万トン（1997年）に達し，合成ゴムのなかではSBR，BRに次ぐものとなっている．

（1）エチレン-プロピレン共重合ゴムの製造方法　EPRはエチレンとプロピレンをモノマーとし，現在は均一系バナジウム触媒を用いて製造されている．ポリエチレン，ポリプロピレンの製造で主流に用いられている担持チタン系触媒ではポリエチレンやエチレン含量の高いポリマーが同時に生成し，良好なエラストマー性能を有するものが得られない．触媒の基本構造はVCl_4，$VOCl_3$などのバナジウム化合物と$AlEt_{1.5}Cl_{1.5}$などの有機アルミニウムの組合せとなっている．EPRの側鎖に二重結合を導入し，硫黄加硫を可能にしたEPDMでは第3成分としてジエンモノマーが使用される．共重合反応性，加硫速度の点から主にエチリデンノルボルネン（ENB）あるいはジシクロペンタジエン（DCPD）が第3成分として用いられている．表3.2.22に各ジエンモノマーの反応性比[1]を示した．

1980年代にメタロセン触媒が開発され，1990年代に入りLLDPEの領域を中心に工業的に展開され始めた．触媒としては特殊な構造のジルコニウム化合物，チタン化合物とメチルアルモキサン，あるいは特殊なホウ素化合物/有機アルミニウム化合物を組み合わせたものなどがある[2]．1997年よりメタロセン触媒を用いてEPDMの生産がデュポン・ダウ・エラストマーズ社で開始された[3]．従来のバナジウム触媒系に比べて触媒活性が高く，生成EPDMはプロピレン含量，ジエン含量，分子量，分子量

表 3.2.22 EPDM用ジエン化合物の反応性比 [1]

化 合 物	名 称	反応性比*
(構造式)	ジシクロペンタジエン (DCPD)	7.3
(構造式)—CHCH$_3$	5-エチリデン-2-ノルボルネン (ENB)	16.0
CH$_2$=CHCH$_2$CH=CHCH$_3$	1,4-ヘキサジエン (HD)	0.67

触媒：VOCl$_3$-Et$_3$Al$_2$Cl$_3$
* プロピレンの重合反応性に対する比．

分布などの特性に差があるものの，総合的には従来品とほぼ同等の加工性，物性を発現すると評価されている．

　エチレン-プロピレン共重合ゴムの製造プロセスはモノマーと溶媒精製，重合，脱触媒，モノマーと溶媒の除去，乾燥および成形の工程からなっている．触媒が水分，酸素などの不純物を嫌うため，モノマー，溶媒の精製は重要である．重合プロセスとしては溶液重合法，スラリー重合法が用いられているが，生成ポリマーの品質のコントロールの容易さから溶液重合法が主流となっている．溶剤としてはヘキサンなどの脂肪族炭化水素が用いられている．代表的なEPDMの製造プロセスを図3.3.23に示した．また新しい重合法としてUCC社で気相重合法が開発されている[5]．ポリエチレン，ポリプロピレンの製造に用いられているプロセスであり，省エネルギー，省資源の観点から好ましいプロセスであるが，EPR，EPDMの製造法として採用するため

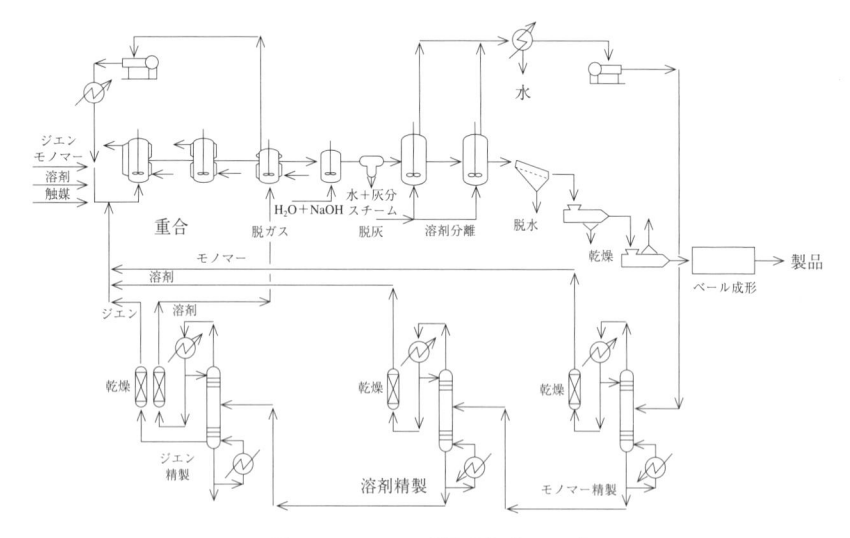

図 3.2.23 EPDM溶液重合プロセス [4]

には，ポリマー粒子の凝着を防止するため，カーボンブラックなどの添加が必要となる．1996年にアメリカにプラントが建設された．

(2) **エチレン-プロピレン共重合ゴムのポリマー構造と物性**
(i) **エチレン/プロピレン組成比**： 低いT_gをもちながら結晶化しやすく，プラスチックとしての性質を示すポリエチレンの分子配列をプロピレンの導入により乱し，結晶化を阻害し，エラストマー状にしたのがエチレン-プロピレン共重合ゴムである．図3.2.24にEPRのプロピレン含量とガラス転移点(T_g)の関係を示した．ジエンモノマーとしてENBを共重合したEPDMではエチレンとプロピレンよりなる主鎖にかさ高い側鎖が導入されるため，同一組成のEPRに比べてT_gが高くなる．表3.2.23にプロピレン含量とEPRの結晶化度を示した．市販製品のプロピレン含量は15～50モル%程度である．プロピレンが20 mol%を超えるとエチレンの結晶化が急激に妨げられ，30 mol%以上では結晶はほとんど無視できる程度となる．またプロピレン含量30 mol%で最低のT_gを与える．結晶性が高くなると一般に生ゴム，未加硫ゴムの配合物の強度，ロール加工性，押出加工性および加硫ゴムの引張強さが向上するが，圧縮永久ひずみ，低温での動的特性は悪化する．また結晶性EPDMによる加工性，加硫ゴムの強度の向上と高プロピレン含量EPDMの低温特性を生かすべく，プロピ

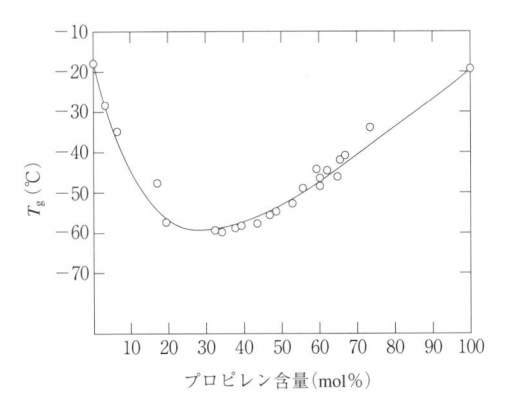

図 **3.2.24** EPRのプロピレン含量とT_g[6]

表 **3.2.23** EPRのプロピレン含量と結晶化度[7]

プロピレン含量 (mol%)	密　度 (g/cm³)	結晶化度(%)*
9	0.912	24.0
20	0.875	11.0
32	0.859	1.0
39	0.852	0.6
53	0.852	0

＊X線回折による．

レン含量の組成分布を付与した材料も市販されている．

 (ii) **分子量と分子量分布**：　分子量の指標として一般にムーニー粘度が用いられる．市販のEPR，EPDMはポリスチレン換算分子量(M_w)で20万〜50万，ムーニー粘度(ML_{1+4}，100℃)で10〜300の範囲にある．ポリマー製造・加工を容易にするため，ムーニー粘度が150以上のものはパラフィン系オイルで油展されている．分子量の増大とともに生ゴムの強度，加硫ゴムの引張強さが大きくなり，圧縮永久ひずみが小さくなる．

EPR，EPDMの分子量分布(M_w/M_n)は2〜5の範囲が一般的である．分子量分布を広くすることで生ゴムの強度が大きくなり，配合時の混練加工性，押出時の加工性が改良される．また高分子量成分による強度・耐久性といった加硫物性の向上，低分子量成分による加工性の向上をねらって，分子量分布を広くしたポリマーも市販されている．

 (iii) **第3成分種とその影響**：　過酸化物架橋に限定されるEPRと異なり，第3成分として非共役ジエンを共重合したEPDMでは硫黄加硫が可能となる．工業的に用いられている第3成分（ENB，DCPD，1.4-HD）のなかではENBを第3成分とするEPDMが加硫速度が速く，加硫物性のバランスもとれており，最も多く用いられている．図3.2.25に加硫速度と第3成分種の関係を示した．第3成分の量はヨウ素価で5〜30(0.5〜3 mol％に相当)の範囲にある．

EPDMは長鎖分岐を有するが，第3成分種，第3成分量，重合条件により分岐度は異なる[9]．第3成分種のなかでは重合時に等価な反応部位を有するDCPDが最も分岐を生成しやすい．第3成分にENBを使う場合，触媒によるカチオン反応で分岐が生成する．長鎖分岐の導入により混練加工性，未加硫状態でのゴム配合物の形状保持性が改良される．

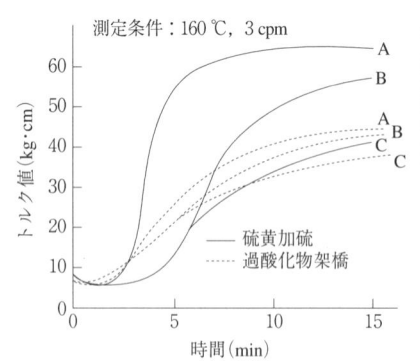

EPDM	第3成分	ヨウ素価	$[\eta]$ キシレン70℃	加硫速度 V kg(f)cm/min
A	ENB	8.7	1.66	27.3
B	1.4-HD	9.5	1.88	11.6
C	DCPD	10.0	1.60	6.1

配合：加硫系
EPDM：100，HAF：50，酸化亜鉛：5，ステアリン酸：TS：1.5，M：0.5，硫黄：1.5
過酸化物加硫系
EPDM：100，HAF：50，酸化亜鉛：5，ステアリン酸：DiCup：2.7

図 **3.2.25**　加硫速度に対する第3成分種の影響[8]

(3) 配合と加工法

(i) **配合剤**：　エチレン-プロピレン共重合ゴムは無定形のゴムであり，架橋体も強度が低く，通常，補強剤，プロセスオイルなどを配合した加硫した形で使用される．補強剤としてはカーボンブラックおよびシリカ，炭酸カルシウム，クレーなどの白色充てん剤が用いられる．EPDM の場合，高充てんされることが多く，カーボンブラックとしては分散性の良好な FEF, SRF などのソフトタイプが使用される．

架橋法として，EPR では過酸化物架橋に限定されるが，EPDM では硫黄架橋(加硫)，樹脂架橋，キノイド架橋を行うことができる[8,10]．加硫，過酸化物架橋が一般的である．加硫の特徴は，加硫ゴムの引張強さ，引裂き強さに優れていること，過酸化物架橋の特徴は圧縮永久ひずみ，耐熱老化性，電気絶縁性に優れていることである．

プロセスオイルは加工時の粘度を低くし，加硫ゴム製品に柔らかさを付与するために用いられる．通常，EPDM と親和性のよいパラフィン系オイルが使用される．

EPR, EPDM は非極性のポリマーであり，接着性，粘着性に劣る．必要に応じて粘着付与剤，加工助剤が使用される．

(ii) **ポリマーブレンド**：　EPDM にジエン系ゴムである NR, SBR, BR をブレンドすると，EPDM の接着性，加工性，強度が改良される．またブレンドの相手である NR, SBR, BR では耐候性，耐熱性，耐オゾン性などがよくなる．NBR, CR とブレンドする場合，耐油性の付与を目的とする．タイヤのチューブ，インナーライナー用にガス透過性の小さいブチルゴムと EPDM がブレンドして用いられている[8]．

ジエン系ゴムとのブレンドにおいてはゴムの不均一分散，充てん剤の不均一分散および加硫速度の違いを考慮した加硫促進剤の選定に注意が必要である．

近年，自動車バンパー，内装材の樹脂化と相まって，ポリプロピレン(PP)の衝撃改質材として EPR の使用量が伸びている．使用される部材によってブレンド比率も異なるが，PP 100 部に対して EPR がおよそ 10〜30 部使用されている．タルクなどの無機充てん剤が配合されている．

また，EPDM にポリプロピレンをブレンドし熱可塑性を付与した新しいエラストマー材料(TPO, TPV)も，リサイクルの可能性から，PVC や加硫ゴム代替材として注目を浴び，需要が拡大している．

(iii) **加工法**：　エチレン-プロピレン共重合ゴムは他のゴムと同様，ロール，インターナルミキサーによってゴム，配合材を混練りすることができる．高充てん剤配合ではインターナルミキサーを使用するのが一般的である．混練りにおいてはカーボンブラック，架橋剤などの分散性をよくするために，種々の工夫がなされている[8]．混練りされたゴムコンパウンドは押出機，カレンダー加工機で成形されたのち，プレス架橋法，缶加硫法，常圧連続加硫法で架橋される．また射出成形機で成形・架橋が行われる方式もある．

(4) エチレン-プロピレン共重合ゴムの物性
エチレン-プロピレン共重合ゴム

表 3.2.21 各種ゴムの特性比較[11]

ゴムの種類	天然ゴム	ブタジエンゴム	スチレンブタジエンゴム	ニトリルブタジエンゴム	エチレンプロピレンゴム
略号（ASTMによる）	NR	BR	SBR	NBR	EPR・EPDM
生のゴムの性質　比重	0.91~0.93	0.91~0.94	0.92~0.97	1.00~1.20	0.86~0.87
ムーニー粘度 ML_{1+4}(100℃)	45~150	35~55	30~70	30~100	40~100
溶解度指数 SP	7.9~8.4	8.1~8.6	8.1~8.7	8.7~10.5	7.9~8.0
加硫ゴムの物理的性能　引張強さ (MPa)	3~35	2.5~20	2.5~30	5~25	5~20
伸び (%)	100~1000	100~800	100~800	100~800	100~800
硬さ JIS:A	10~100	30~100	30~100	20~100	30~90
反発弾性	A	A	B	B	B
引裂き強さ	A	B	C	C	C
圧縮永久ひずみ	A	C	B	B	B
耐屈曲き裂性	A	A	A	B	B
耐摩耗性	B	B	B	B	A
耐老化性	D	D	D	C	A
耐オゾン性	D	D	D	D	A
耐光性	B	B	B	C	A
電気絶縁性 (Ω·cm)	10^{10}~10^{14}	10^{10}~10^{15}	10^{10}~10^{15}	10^{10}~10^{11}	10^{12}~10^{16}
高温使用限界 (℃)	120	120	120	130	160
低温使用限界 (℃)	-50~-70	-70	-40~-65	-40~-50	-40~-60
加硫ゴムの耐溶剤性　ガソリン,軽油	D	D	D	A	D
アルコール	A	A	A	A	A
ケトン(MEK)	B	B	B	D	A
酢酸エチル	C	C	C	D	A
加硫ゴムの耐アルカリ酸性　有機酸	D	D	D	C	D
高濃度無機酸	C	C	C	B	B
低濃度無機酸	B	B	B	B	A
高濃度アルカリ	B	B	B	B	A
低濃度アルカリ	B	B	B	B	A

A：優，B：良，C：可，D：不可

は主鎖に二重結合をもたないゴムであるため，架橋ゴムの耐熱老化性，耐オゾン性，耐候性はジエン系ゴム，IIR などに比較して優れている．耐熱性は ASTM D 2000 によって 125～150℃に位置づけられている．エチレン-プロピレン共重合ゴムは，絶縁体として優れた電気的特性を有し，またアルコール，エステルといった極性の強い溶剤，硫酸，カセイソーダなどの酸，アルカリに優れた耐性を示す．エチレン-プロピレン共重合ゴムの特性を他のゴムと比較したデータを表3.2.24 に示した．

表3.2.25 エチレンプロピレンゴム用途別出荷量推移(国内)

	1991年	1993年	1995年	1997年
ゴム工業向け	75606	68980	69517	73961
自動車タイヤ	3690	3068	4105	3311
工業用品	71572	65694	65041	70046
その他	344	218	371	604
ゴム工業外向け	47487	43763	48298	53023
電線ケーブル	5672	5016	5232	5123
建築資材	12717	11396	11158	10239
プラスチック用	17469	16906	18721	27639
その他	11629	10445	13187	10017
国内出荷量	123093	112743	117815	126984
輸　出	11159	17804	32078	40171
合　計	134252	130547	149893	167155

表3.2.26 エチレンプロピレンゴムの用途例

用途分野	製品および部材
タイヤ，チューブ	タイヤのホワイトサイドウォールおよびブラックサイドウォール部チューブ
自動車用ゴム部品	
ウェザーストリップ類	ドアシール，トランクシール，ルーフサイドシール，ウィンドシール，グラスランチャンネルゴム
ホース類	ラジエーターホース，ヒーターホース，ブレーキホース，エアコンホース
防振ゴム類	マフラーハンガー
シール材類他	ブレーキカップ，ピストンシール，グロメット，ダストカバー，プラグキャップ
建築材料	防水シート，窓およびカーテンウォール用のシール材
電線および電気用ゴム部品	高圧用ケーブル，船舶用ケーブル，ケーブルのコネクター用部品，ケミカルコンデンサーのシール材
工業用品	耐熱コンベヤベルト，耐薬品用ロール，事務機用ロール，耐熱ホース
プラスチック用途	ポリオレフィン樹脂の改質材，ポリオレフィン系TPE，AES
その他	潤滑油添加剤

(5) **エチレン-プロピレン共重合ゴムの用途** エチレン-プロピレン共重合ゴムは，ジエン系ゴムにないその優れた特性を生かして自動車部品，タイヤ，ポリプロピレンなどの樹脂改質，各種工業用品用途に汎用的に用いられている．表3.2.25に日本の用途別需要量，表3.2.26に具体的な用途例を示した． 〔堤 文雄〕

文 献

1) Christman, D. C. and Keim, G. I.：*Macromolecules*, **1**, 358（1968）．
2) Kaminsky, W. and Miri, M.：*J. Polym. Sci., Polym. Chem. Ed.*, **23**, 2151（1985）．
3) Edmondson, M. S. and Parikh, D. R.：*A. C. S. Rubber Div.*, May 5-8（1996）．
4) *Hydrocarbon Process,* **60**(11), 164（1981）．
5) Cann, K. J.：USP5342907, Cann, K. J., Zilker, D. P.：FLEXPO 97.
6) Maurer, J. J.：*Rubber* Chem. *Technol.,* **38**, 979（1965）．
7) Linning, F. J. and Proks, E. J.：*J. Appl. Polymer Sci.*, 2645（1964）．
8) 沖田泰介：エチレンプロピレンゴム（合成ゴム加工技術全書7），大成社(1972)．
9) Kesge, E. N. and Cozewith, C.：Paper presented at a *A. C. S. Rubber Div.* Meeting, May 8（1984）．
10) Baldwin, F. P. and Strate, G. V.：*Rubber Chem. Technol.,* **45**, 782（1972）．
11) 鞠谷信三：ゴム材料科学序論，日本バルカー工業（1995）．

i. クロロスルホン化ポリエチレン(CSM)

クロロスルホン化ポリエチレンはポリエチレンを塩素化およびクロロスルホン化して合成されるゴムである．下に一般的な構造を示す．

$$-(-CH_2-)_l-(-CH-)_m-(-CH-)_n- \quad \begin{bmatrix} 塩素量：20〜45\,wt\% \\ 硫黄量：1\,wt\% \end{bmatrix}$$
$$||$$
$$ClSO_2Cl$$

主鎖飽和型のポリマーであるため，耐候性，耐オゾン性，耐熱性に優れる．各種のゴムのなかでも明色性に優れており，比較的自由な着色が可能で，長期の屋外暴露における変色も小さい．またCR以上の耐摩耗性を有し，耐油性，電気特性，難燃性，耐炎性，耐酸・アルカリ性にも優れている．これらの特徴からホースを主体とする自動車部品，電線，ガスホース，エスカレーター手摺り，ロール，磁性ゴム，ゴムボート，ライニング，ルーフィング，建材用ガスケットなど広い用途に使用されている．

CSMはポリエチレンを溶剤に溶解し，① AIBNなどのラジカル発生剤の存在下で塩素と亜硫酸ガスを反応させる方法，または，② ラジカル発生剤と助触媒である少量の塩基性化合物の存在下で塩化スルフリル(SO_2Cl_2)を反応させる方法により合成される．反応終了後，溶液からドラムドライヤーや押出機により溶剤を分離して製品となる．

CSMの物性に影響する因子は，主に，① 塩素量，② 硫黄量，③ 原料ポリエチレンの種類であり，これらの組合せで種々のグレードが構成されている[1〜3]．塩素量の

増加に伴いポリエチレンの結晶性が低下してゴム弾性が発現してくるが,一方で極性が高くなり,ガラス転移点(T_g)が上昇する.したがってゴムとして最もバランスのとれたCSMとなる塩素量は,ポリエチレン結晶が完全に消失する最低の塩素量(以下「最適塩素量」という)である[1].また主鎖分子中の塩素の連続分布の影響も調べられており,塩化スルフリル法で製造されるCSMは塩素法と比較して,塩素分布の規則性が高く,T_gが低いことが報告されている[4].硫黄量は架橋点の数に比例しており,多いほど架橋密度の高い加硫物が得られる.大部分のグレードで硫黄量は1%である.線状高密度ポリエチレンを原料としたCSMは機械的強度が高く,加工性にも優れることから,一般工業用途に用いられる.塩素量が最適塩素量35%のグレードが最も一般的である.また塩素量を23%と低く設定し熱可塑性をもたせたグレードもある.低密度ポリエチレンを原料とするCSMは溶液粘度が低いことから塗料や接着剤などの溶液で使用される分野に用いられる.そのほか,側鎖にアルキル基を導入したアルキル化CSM(ACSM)といわれる新しいタイプのCSMが上市されている[3,5~7].ACSMは側鎖アルキル基の存在により最適塩素量が低いことから,耐熱性,低温特性,動的特性に優れている.

　CSMの架橋系は基本的に以下の3種がある[1,8,9].① チウラム類とペンタエリスリトールを用いる系:加工安全性,機械的強度,接着性にバランスがとれ,最も一般的な加硫系であるが,圧縮永久ひずみに劣る.② N,N'-m-フェニレンジマレイミドと弱塩基性促進剤を用いる系:圧縮永久ひずみに優れる加硫系であるが,スコーチしやすいので注意が必要である.③ 過酸化物を用いる系:圧縮永久ひずみ,耐熱性に優れるが,酸化マグネシウムなどの受酸剤を多く必要とする.CSMの配合,加工の詳細については他の文献[1,2,8~10]を参照されたい.

　CSMのメーカーはデュポン・ダウ・エラストマーズ(Du Pont Dow Elastomers,商品名;ハイパロンHypalon,アクシアムAcsium)と東ソー(商品名;TOSO-CSM,エクトス)の2社のみで,商品名のアクシアムとエクトスはACSMである.

〔亀澤光博〕

文　献

1) 中川辰司:ゴム工業便覧(第4版)(日本ゴム協会編), p.281, 日本ゴム協会(1994).
2) Andrews, G. D. and Dawson, R. L.: Encyclopedia of Polymer Science and Engineering(2nd ed.), Vol. 6, p. 513, John Wiley & Sons (1986).
3) Schumacher, J. L. and Takei, N.: The Chemical Economics Handbook, Chlorosulfonated Polyethylene Elastomers, SRI International (1998).
4) 岡田忠司, 藤本浩之, 中川辰司:東洋曹達研究報告, **30**(2), 91 (1986).
5) Nakagawa, T.: International Rubber Conference 1991, Summaries, p. 265 (1991).
6) 亀澤光博:ポリマーダイジェスト, **46**(12), 58 (1994).
7) 亀澤光博:ラバーインダストリー, **31**(8), 38(1995).

8) 桑山力次：日ゴム協誌, **63**(6), 360 (1990).
9) Hoffmann, W.：Rubber Technology Handbook, p. 78, Hanser Publ. (1989).
10) 奥津修一：日ゴム協誌, **65**(6), 346 (1992).

j. アクリルゴム(ACM)

　アクリルゴムはアクリル酸エステルを主成分とする合成ゴムで，主鎖に不飽和結合をもたないため，耐熱性，耐候性，耐オゾン性に著しく優れ，これらの特性はフッ素ゴム，シリコーンゴムに次ぐ性能を有する[1]．また，側鎖エステル結合の極性に起因し，エンジン油，ギヤー油などの各種潤滑油，重油，軽油などの燃料油にも優れた耐性を示し，耐熱性と耐油性が同時に要求される場合，フッ素ゴムに次ぐゴム材料と位置づけられる．最近の自動車に要求されるエンジンの高出力化や高効率化，排ガスなどに関わる環境対策，メンテナンスフリーといった観点から，エンジン周辺部品の耐熱性と耐油性向上への要求は年々厳しくなっている．従来から耐油性ゴムの代表であったNBRは，最近の自動車部品の高性能化要求を満たすには十分な耐熱性を有しているとはいえず，また，フッ素ゴムは高価格であることから使用範囲が限られ，コスト，性能面のバランスに優れたアクリルゴムの使用が伸びている．アクリルゴムの欠点のひとつとされてきた耐寒性についても改良がなされ，自動車業界の耐寒要求レベルである－40℃を満足する製品の上市が各社からなされている．

　アクリルゴムの製造は，ラジカル重合反応で，通常使用される構成成分モノマーが常温で液体であり，また，重合制御が容易で工業生産に適していることから，常圧下での乳化重合による製造が一般的である．重合開始剤としては，アゾビスイソブチロニトリルに代表されるアゾ型開始剤や過酸化ベンゾイルのような過酸化物のほか，過硫酸塩と亜硫酸塩の組合せのようなレドックス系開始剤が使用され，重合を阻害する酸素が除去された窒素雰囲気下，70～80℃の温度下で重合反応が行われる．また，生成するポリマーの重合度を調整するために，ドデシルメルカプタンのような連鎖移動剤が使用される場合もある．乳化重合により得られたポリマーは，重合終了後，ポリマーを乳化状態から系外に析出させるために，塩析工程をへて脱水・乾燥されて製品となる．各工程は，製造各社で独自の工夫がなされている．

　アクリルゴムではアクリル酸エチル(以下EA)，アクリル酸ブチル(以下BA)およびアクリル酸メトキシエチル(以下MEA)の3種類のモノマーを主成分として単独あるいは組み合わせて使用され，架橋を可能とするためのコモノマー，さらには加工性改善を目的とするコモノマーなどが用途や特性に合わせて共重合されている．ポリマーにBA, MEAのように側鎖の長いモノマーが共重合されると内部可塑化効果があり，生成ポリマーの耐寒性は向上するが，硬度と引張強さは低下する．ただし，MEAは加硫速度を速め架橋密度を上げる効果があるため，低圧縮永久ひずみとなる．また，アクリル酸エステルの特徴としては，EA，BA，MEAの順に硬化劣化傾向が強くな

る．したがってポリマー共重合成分としてBA，MEA比率を上げて耐寒性能を向上させると耐熱老化性が懸念され，市販のアクリルゴムではこうした点を考慮して分子設計されてはいるものの，耐熱性と耐寒性の要求を同時に満たすことは困難な場合がある．

アクリルゴムは常態値特性が比較的低く，カーボン配合を行う場合，成形加工性良好なFEF級のほか，HAF級やISAF級なども使用される．白色配合においては，無水・含水ケイ酸などの補強性フィラーの使用も可能だが，加硫が遅延する場合が多く，加硫系の増量が必要となる場合が多い．アクリルゴムの混練りは，バンバリー型ミキサー，加圧式ニーダーなど一般に使用される加工機のいずれも用いることができる．しかし，耐スコーチ性にやや乏しいことから，混練温度が170～180℃を超えるとゲル化が促進され，ムーニー粘度の上昇や貯蔵安定性に問題を生ずる場合があり，注意を要する．また，アクリルゴムは粘着性の高いポリマーであり，配合に際しては必要に応じて粘着防止剤として滑り剤を配合する．

アクリルゴムの用途としては，当初オイルシール，Oリングなどの分野で使用され，その後の高級化・高性能化指向により，耐熱性，長寿命が要求される分野に拡がり，各種パッキン・シール材へと使用範囲は拡がっている．

また，アクリルゴムは重合するモノマー選択の幅が広いという特徴を有しており，より高性能を目指して新規なモノマーを共重合することによる耐熱性改良[2]や，主鎖にエチレンモノマーを導入したエチレン-アクリルゴムの開発が進み[3]，アクリルゴムの高機能化・高性能化に向け活発な開発が進められている．また，成形加工性の向上や新たな機能・性能を生みだすうえから注目されている異種材料との複合化にもアクリルゴムは生かされており，塩化ビニル樹脂の改質[4,5]や，フッ素ゴムとの複合化[6,7]など，多用な応用展開に役立てられている．　　　　　　　　　　　〔越村克夫〕

文　献

1) 紙屋南海夫：アクリルゴム・ヒドリンゴム（合成ゴム加工技術全書12），p.5，大成社（1980）．
2) 延与弘次ほか：日ゴム協誌，**66**(9)，646（1993）．
3) 大熊芳明：ポリファイル，**31**(8)，26（1994）．
4) 安田健二ほか：日ゴム協誌，**68**(6)，427（1995）．
5) 益子誠一，佐々木慎介：工業材料，**45**(2)，48（1997）．
6) Ruepping, C.：*Gummi Fasern Kunstst.*, **49**(6), 498 (1996).
7) 岸根　充，野口　剛：日ゴム協誌，**71**(3)，147（1998）．

k.　フッ素ゴム(FKM)

フッ素ゴムは，その優れた耐熱性・耐油性・耐薬品性により，自動車用途を中心に，化学プラント，半導体製造機器，一般産業機器などに幅広く用いられている．1997

年度の全世界の需要量は約9000トンで，うち日本国内の需要は約1700トンと推定されている[1]．

フッ素ゴムの耐熱性・耐薬品性が良好であることは，① C-F結合がC-H結合に比べて結合エネルギーが高いと同時に，他のC-CおよびC-H結合をも強化すること，② フッ素原子の比較的大きいファン・デル・ワールス半径はC-C結合を他の化学薬品の攻撃から保護する役目を果たしていること，などが理由としてあげられる[2]．

(1) フッ素ゴムの種類と製造法　主なフッ素ゴムを表3.2.27に示した．基本骨格としてビニリデンフルオライド(VdF)，またはテトラフルオロエチレン(TFE)を採用するフルオロカーボン系と，シロキサン構造を骨格とするフルオロシリコーン系がある．

フッ素ゴムの大部分を占めるフルオロカーボン系フッ素ゴムの製造はラジカル重合で行われ，工業的には生産性が高く反応を制御しやすい乳化重合法が採用されている．基本となる原料モノマーは沸点が低く，常温ではガス状であり，モノマーによる加圧下で重合される．得られた固形分含量25％程度のエマルションを無機塩類で凝析し，洗浄・乾燥により，塊状の弾性状ポリマーが得られる．

表3.2.27　フッ素ゴムの種類とその特徴

種類	ポリマー構造	特長	フッ素含有量(重量%)	ガラス転移温度 T_g (℃)	架橋系	製造メーカー(商品名)
VdF-HFP系	$-(CH_2CF_2)_m-(CF_2CF)_n-$ 　　　　　　　　　CF_3 $-(CH_2CF_2)_l-(CF_2CF)_m-(CH_2CF_2)_n-$ 　　　　　　　　　CF_3	耐熱性 耐油性 耐薬品性	66〜71	−23〜−9	ポリアミン ポリオール パーオキサイド	ダイキン工業(ダイエル) Du Pont Dow Elastomers (Viton) Dyneon (Fluorel) Ausimont (Technoflon)
VdF-PAVE系	$-(CH_2CF_2)_l-(CF_2CF_2)_m-(CF_2CF)_n-$ 　　　　　　　　　　　　　OCF_3	耐熱性 耐油性 耐薬品性	64〜66	−30〜−25	パーオキサイド	ダイキン工業(ダイエル) Du Pont Dow Elastomers (Viton) Ausimont (Technoflon)
TFE-PAVE系	$-(CF_2CF_2)_m-(CF_2CF)_n-$ 　　　　　　　　　ORf_3	耐熱性(秀) 耐油性 耐薬品性(秀)	72〜73	−20〜−5	パーオキサイド ポリオール トリアジン 電子線	ダイキン工業(ダイエルパーフロ) Du Pont Dow Elastomers (Kalrez)
TFE-Pr系	$-(CF_2CF_2)_m-(CH_2CH)_n-$ 　　　　　　　　　CH_3 $-(CF_2CF_2)_l-(CH_2CH)_m-(CH_2CF_2)_n-$ 　　　　　　　　　CH_3	耐熱性 耐酸・塩基性 電気特性(秀)	56〜60	−13〜−3	パーオキサイド ポリオール	旭硝子(アフラス)
含フッ素熱可塑性エラストマー	$(HS)-(SS)-(HS)$ HS：フッ素樹脂 SS：フッ素ゴム	熱可塑性 非汚染性 透明性	−	−	放射線 パーオキサイド	ダイキン工業 (ダイエルサーモプラスチック)
含フッ素シリコーン系	CH_3　$CH_2CH_2CF_3$ $-(SiO)-(SiO)_n-$ 　CH_3　CH_3	耐寒性(秀) 柔軟性	−	−	パーオキサイド	Dow Corning トーレ・シリコーン 信越化学 東芝シリコーン

VdF：ビニリデンフルオライド，HFP：ヘキサフルオロプロピレン，TFE：テトラフルオロエチレン，
PAVE：パーフルオロ(アルキルビニルエーテル)

3.2 原料ゴム

表 3.2.28 フッ素ゴムの架橋の特徴

		ポリアミン架橋	ポリオール架橋	パーオキサイド架橋 (ヨウ素系)
架橋反応の特徴	架橋点	ゴム分子内二重結合 (脱 HFP 反応により生成)		ゴム分子末端またはペンダントのヨウ素基
	架橋反応性	VdF 共重合量に依存		ポリマー組成に依存しない
	架橋配合 架橋剤	ジアミン カルバメート類[*1]	芳香族系ジオール[*2]	有機パーオキシド[*4]
	架橋促進剤 または助剤	なし	オニウム塩[*3]	多官能不飽和化合物[*5]
	受酸剤	必要[*6]	必要[*6]	不要
標準架橋条件 プレス加硫 オーブン加硫		160 ℃×20 min 200 ℃×24 hr	170 ℃×10 min 230 ℃×24 hr	160 ℃×10 min 180 ℃× 4 hr
特 徴		引張特性 接着性	金型離型性 耐熱性 耐圧縮永久ひずみ性	引張特性 耐薬品性 非汚染性

[*1] ヘキサメチレンジアミンカルバメートなど
[*2] ビスフェノール AF[2,2-ビス(4-ヒドロキシフェニル)ヘキサフルオロプロパン]など
[*3] ホスホニウム塩または第 4 級アンモニウム塩
[*4] 2,5-ジメチル-2,5ジ(t-ブチルパーオキシ)ヘキサンなど
[*5] トリアリルイソシアヌレートなど
[*6] 酸化マグネシウム,水酸化カルシウムなど

(2) VdF系フッ素ゴム VdFを骨格に,非晶化のためにヘキサフルオロプロピレン(HFP)を導入したVdF-HFP系フッ素ゴムは,耐熱性・耐薬品性・耐油性・機械的強度に優れ,最もよく使われているフッ素ゴムである.

VdF-HFP系フッ素ゴムには,ポリアミン架橋,ポリオール架橋,パーオキシド架橋が主に用いられる.これらの架橋系の特徴を表3.2.28に示した.

アミン架橋は最初に開発された架橋系で,受酸剤による脱フッ化水素反応によりゴム分子鎖内にオレフィンを生成させ,ジアミン化合物を付加させることで架橋を形成する.得られる架橋体の機械的強度や金属への接着性に優れる.

ポリオール架橋系は,VdF系フッ素ゴムの架橋系として最もよく使われている.アミン架橋と同様に分子鎖内にオレフィンを生成させ,フェノール性水酸基を付加させる.成形加工性,架橋物の耐熱性,圧縮永久ひずみ性に優れ,最もバランスのよい架橋系である.パーオキサイド架橋は架橋点を共重合によってポリマー中にあらかじめ導入してあることが最大の特徴である.そのため上記2架橋系と異なり,ポリマー分子鎖への脱フッ化水素反応を行う必要がない.このため,クリーン性(金属酸化物不要)と,ポリマーのフッ素含有量に依存しない良好な架橋性,および機械的強度に優れた架橋物が得られる.架橋点としては一般にはヨウ素,臭素のハロゲン類が用いられることが多い.

いずれの架橋系においても,プレス架橋(一次架橋)ののちにオーブン架橋(二次架

表3.2.29 フッ素含有量の耐溶剤性,耐寒性への影響

	VdF-HFP 共重合体	VdF-TFE-HFP共重合体		
フッ素含有量(Wt%)	66	69	71	73
耐溶剤性,体積変化率(%) 　メタノール,40℃×70 hr	119	13	4	2
耐寒性 　ゲーマンねじり試験,T10(℃)	−15.5	−13.5	−5.0	1.0

橋)が採用される.これは,架橋を完結させ,架橋剤やそれらの残渣を揮発させることで特性の向上と実使用時でのいわゆる後架橋を防ぐためである.

VdF系フッ素ゴムのフッ素含有量は,ポリマーに導入するVdF量で決まり,耐薬品性や耐寒性に影響を与える.表3.2.29に示すようにフッ素含有量が高くなると溶剤に対する膨潤は小さくなるが,耐寒性は逆に悪くなる.使用条件に適した原料ゴムの選択が必要である.

フッ素ゴムの弱点である耐寒性を,その特徴を維持しながら向上させたのがVdF-PAVE系フッ素ゴムである.分子構造中にエーテル結合を含むパーフルオロアルキルビニルエーテル(PAVE)をHFPの代わりに導入することでガラス転移温度(T_g)が−30℃と低いポリマーが得られる.

(3) TFE系フッ素ゴム TFEとプロピレン(Pr)という交互共重合性を有するモノマーの組合せから得られたフッ素ゴムは,① 230℃以上の連続使用温度を有する優れた耐熱性,② 高温下の強酸・強塩基に耐える抜群の耐薬品性,③ $10^{15}\sim10^{16}\,\Omega\cdot\mathrm{cm}$ の体積固有抵抗を示す優れた電気的特性,などの特徴を有する.とくにVdF系フッ素ゴムにない耐アミン性や電気絶縁性から自動車のエンジンまわりや電線用途など幅広く採用されている.架橋はパーオキサイド系が中心であるが,耐寒性の改良されたTFE-Pr-VdF系三元共重合体では,ポリオール架橋も可能である[3].

TFE-PAVE系フッ素ゴム(パーフルオロゴム)は,フッ素樹脂ポリテトラフルオロエチレン(PTFE)をエラストマーにする発想から生まれたもので,TFEを骨格としてガラス転移温度を下げ,かつ非晶性とするためにPAVEを共重合させている.ポリマー中に水素原子を含まないため,表3.2.30に示すように,最高の耐薬品性を示す.ここでは体積増加率が小さいほど,耐薬品性に優れていることを示している.架橋についてはポリマー主鎖が化学的に不活性であることから,主にパーオキサイド加硫が採用されているが,特殊な耐熱架橋構造(トリアジン環)を用い,316℃でも特性を維持できる超耐熱タイプもある(図3.2.26)[4].これら最高の特性を有するパーフルオロゴムは,他のフッ素ゴムでは対応できないより厳しい環境下でのシール材として使用されている.

(4) 熱可塑性フッ素ゴム 「ヨウ素移動重合」というポリマー末端に導入したヨウ素基の連鎖移動性を利用したラジカルリビング重合により,A-B-A型のブロッ

表 3.2.30 室温7日放置後の体積増加率(%) 各種フッ素ゴムの耐薬品性[2]

	VdF-TFE-HFP	TFE-Pr	TFE-PAVE	フルオロシリコーン[7]
ヘキサン	1	25	<1	15
ベンゼン	22	30	3	23(14日)
四塩化炭素	1	85	4	20
アセトン	200	50	2	180
エタノール	6	1	0	5
エチレンジアミン	>50	<10	<10	―
メタノール	4	<1	<1	4(14日)
濃塩酸	<5	<5	<5	10
水酸化ナトリウム(20%)	1	<5	<10	0
ガソリン	5	25	2	21(1日)
ASTM#3オイル	2	5	2	1 (150℃, 3日)

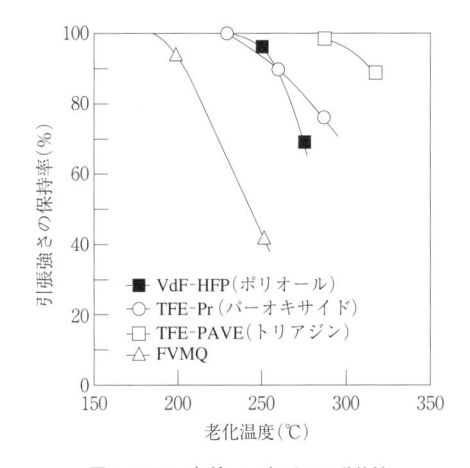

図 3.2.26 各種フッ素ゴムの耐熱性

クポリマーが得られる．Aセグメントをフッ素樹脂に，Bセグメントをフッ素ゴムに設計することで熱可塑性フッ素ゴムとなる[5]．当然，フッ素ゴムの有する耐熱性は犠牲になるものの，優秀な耐薬品性を維持し，① 架橋不要，② 非汚染性，③ 透明性，④ リサイクル可能という特徴を有する．

(5) **フルオロシリコーンゴム** γ-トリフルオロプロピル(メチル)シロキサンの単独重合タイプ，およびジメチルシロキサンとの共重合体が開発されている．-80〜-60℃という非常に優れた耐寒性，温度依存性の少ない安定した性能，低硬度などの特徴を有する架橋物が得られる[6]．

(6) **主要フッ素ゴムの特性の比較** 以上，主要なフッ素ゴムをあげたが，いずれも長所・短所を有するため，使用にあたっては適切な選択が必要である．図3.2.26に各種フッ素ゴムの耐熱性を，表3.2.30に耐薬品性をまとめた．

(7) **フルオロカーボンゴムの配合と加工** フッ素ゴムは厳しい環境下で使用されるため適切な配合剤の選択が重要である．受酸剤として用いる金属酸化物の添加は，架橋体の耐薬品性を大幅に低下させる．同様に加工助剤や可塑剤もその影響を確認して使用する必要がある．フッ素ゴムでは充てん剤の補強効果は小さく，硬度のみが高くなる．そのため，最も一般的な充てん剤であるカーボンブラックも粒子径の大きな低補強性グレード(SRF～MT)が用いられる．フッ素ゴムの成形加工は通常のゴム成形装置を用いて行うことができる．近年では，圧縮成形だけでなく押出成形，射出成形にも対応したポリマーが開発され，生産性の向上に寄与している．

フッ素ゴムに対する市場からの要求は，高機能化，高コストパフォーマンス化と二極化している．今後も，ニーズに的確に応える商品開発が期待される．なお，ここで紹介できなかった詳細な製造法，架橋機構，架橋体特性，配合，用途などは，総説[2,3,8]やメーカーの技術資料を参照されたい． 〔岸根　充〕

文　献

1) '99ゴム年鑑, p.225, ポスティコーポレーション (1998).
2) 岡　正彦：フッ素樹脂ハンドブック(里川孝臣編), p.553, 日刊工業新聞社 (1990).
3) 小島　弦：フッ素樹脂ハンドブック(里川孝臣編), p.611, 日刊工業新聞社 (1990).
4) Logothetis, A. L.：*Prog. Polym. Sci.,* **14**, 251 (1989).
5) 建元正祥：高分子論文集, **49**(10), 765 (1992).
6) 吉田武男：日ゴム協誌, **62**, 778 (1989).
7) Dow Corning：Guide to the Fluid Resistance of SILASTIC™ Silicone Rubber.
8) 友田正康，岡　正彦：ゴム工業便覧(第4版)(日本ゴム協会編), p.286, 日本ゴム協会 (1984).

l. ヒドリンゴム(CO, ECO)

ヒドリンゴムとは，エピクロロヒドリンを開環重合させた構造単位を基本とするゴム状のポリマーである．基本的なグレードとしてはエピクロロヒドリンのホモポリマー(CO)，エピクロロヒドリンとエチレンオキサイドとのコポリマー(ECO)およびこれにアリルグリシジルエーテルを加えたターポリマー(GECO)がある(表3.2.31)．エピクロロヒドリンゴムの開発は1959年ハーキュレス社による特許出願に端を発し，1965年*Chemical Week*紙に発表されて一躍注目を浴びた[1]．1965年にグッドリッチ社がそのライセンスを受けて生産，ハーキュレス社自身も1968年に生産を開始した．日本では，日本ゼオン社がハーキュレス社の技術にもとづいて1975年に，ダイソー社が独自技術の開発によって1979年に工業生産を開始している．現在は日本ゼオン社とダイソー社の2社がこのゴムを生産している．このゴムの重合触媒には大別して2系統ある．ひとつはアルキルアルミニウムを水とアセチルアセトンで部分反応させたいわゆるVandenberg触媒[2]，もうひとつは中田らによる有機スズ-リン酸エステル

3.2 原料ゴム

表 3.2.31 エピクロロヒドリンゴムのグレード

	CO	ECO	GECO
構造	$-(CH_2-CH-O)-$ 　　　　$\|$ 　　　　CH_2 　　　　$\|$ 　　　　CH_2Cl	$-(CH_2-CH-O-CH_2-CH_2-O)-$ 　　　　$\|$ 　　　　CH_2 　　　　$\|$ 　　　　CH_2Cl	$-(CH_2-CH-O-CH_2-CH-O)-$ 　　　　$\|$　　　　　　　　／ 　　　　CH_2　　　　　CH_2 　　　　$\|$　　　　　　　$\|$ 　　　　CH_2Cl　　　O 　　　　　　　　　　$\|$ 　　　　　　　$CH_2=CH-CH_2$
比重	1.37	1.25～1.28	1.24～1.30
ガラス 転移温度 (℃)	-26	-45～-49	-41～-49

縮合物[3,4]であり,いずれも工業的に利用されている.

(1) 化学構造と特徴　主鎖のエーテル結合の回転自由度にもとづく低温でも柔軟性を維持する性質,極性のクロロメチル基の凝集力にもとづく耐油性,主鎖に不飽和結合を含まないことによる耐熱老化性を基本性質とする.オキシエチレン単位によってイオン塩(とくにアルカリ金属塩)の溶解性が大きく,イオン伝導性も発現する.アリルグリシジルエーテルは,側鎖不飽和基を利用する硫黄架橋を目的とするほか,耐オゾン性の改良,軟化劣化防止のためにも導入される(図3.2.27)[5,6].

COは耐熱老化性,耐油性,耐オゾン性,耐ガス透過性に優れたゴムである.しかしながら,側鎖クロロメチル基の凝集力が低温柔軟性を阻害し,実用的な応用には難

```
エピクロロヒドリン・ユニット
 -(CH₂-CH-O)-              エーテル結合, 二重結合を含まない,
       |                      →低温柔軟性, 耐熱老化性, 耐オゾン性, 耐油性
      CH₂                   架橋点, 極性基
       |                      →耐油性, ガス不透過性
      CH₂Cl

エチレンオキサイド・ユニット
 -(CH₂-CH₂-O)-             エーテル結合, 二重結合を含まない,
                              →低温柔軟性, 耐油性, イオン伝導性

アリルグリシジルエーテル・ユニット
 -(CH₂-CH-O)-             側鎖二重結合
       |                      →硫黄架橋, 軟化劣化防止, 耐オゾン性
      CH₂
       |
       O
       |
      CH₂
       |
      CH
       ∥
      CH₂
```

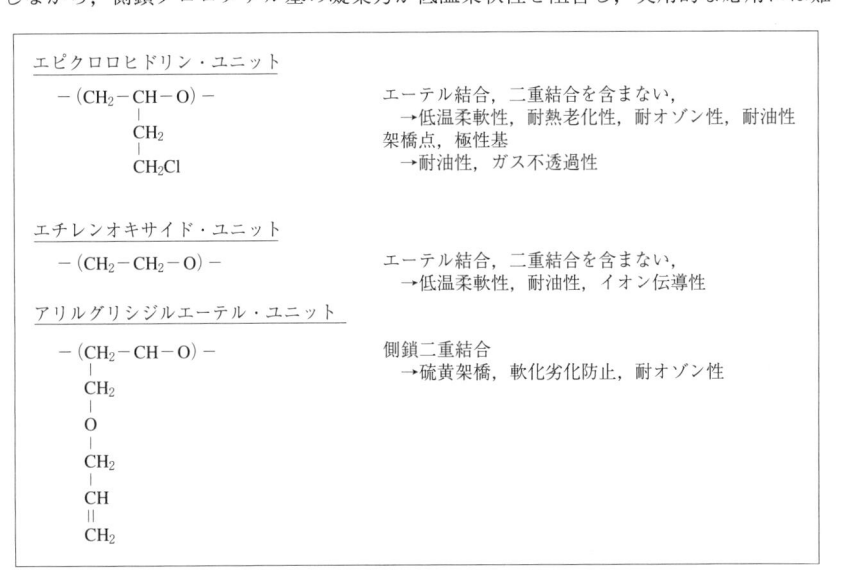

図 3.2.27　化学構造と特徴

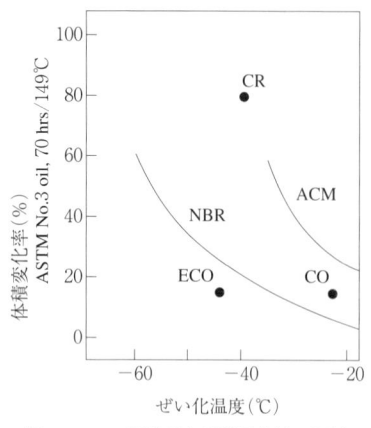

図 3.2.28 耐油性と低温柔軟性の関係

点とされていた．ECO はこの点を改良するために開発されたものであり，耐油性を阻害せずに低温柔軟性の改良を達成している．アクリルゴム (ACM)，ニトリルゴム (NBR) などにおいて，ひとつの共重合体シリーズでは共重合体の成分をいくら組み替えても，低温柔軟性を上げようとすると，耐油性が悪くなり，両方の性質を同時に満足させることはむずかしい．これは両者の性質が基本的に同じ凝集力にもとづいているからである．ヒドリンゴムでは，低温柔軟性付与成分であるオキシエチレンユニットもまた一定の耐油性を示すために，このような改善が可能となった (図 3.2.28)．三元共重合体ゴム GECO はヒドリンゴムの欠点である軟化劣化性を防止するとともに，耐オゾン性も改良されている．

イオン伝導性はエチレンオキサイド成分の含量に依存し，23℃，50RH％では，体積固有抵抗が CO の $5 \times 10^{10} \Omega \cdot cm$ から ECO (エチレンオキサイド 60 mol％) の $5 \times 10^7 \Omega \cdot cm$ まで変化する．

(2) **ヒドリンゴムの架橋** ヒドリンゴムの開発初期においてはアミン類を利用する架橋が検討されたが，耐熱老化性に難点があり実用には至らなかった[7,8]．このゴムが耐熱ゴムとして認められたのはエチレンチオ尿素と鉛化合物の組合せが見いだされてからである[9]．その後，エチレンチオ尿素への発がん性，催奇性の疑い，鉛化合物に対する規制の強化などからポリメルカプトトリアジン誘導体とマグネシア[10]，2,5-ジメルカプト-1,3,4-チアジアゾール誘導体と炭酸バリウム[11]，2,3-ジメルカプトキノキサリン誘導体とハイドロタルサイトの組合せ[12]などが次々に開発され実用化されている．これらの新しい架橋系は低毒性のほか，いずれも改良された耐熱老化性と低圧縮永久ひずみ性に特徴があり，二次架橋を不要とするなどヒドリンゴムの需要拡大に貢献している．

(3) **用途** ほとんどは自動車向けである．燃料系，潤滑油系，吸・排気系のホース・チューブ，ダイヤフラムなどに重要保安部品として必要不可欠な特殊ゴムとして用いられている．とくに，環境規制に対応するガソリン透過量低減対策の進展に伴い需要が増加している．自動車以外の分野では，イオン伝導性を利用して，コピー機，プリンター類の半導電ローラー (帯電，現像，転写ローラー) への採用が進んでいる．

〔的 場 康 夫〕

文　献

1) *Chemical Week*, **24**, 63 (1965).
2) Vandenberg, E. J. : U. S. Patent 3, 135, 705 (1964).
3) Nakata, T. and Kawamata, K. : U. S. Patent 3, 773, 694 (1973).
4) Miura, K., Kitayama, T., Hatada, K. and Nakata, T. : *Polym. J.*, **25**, 685 (1993).
5) ラバーインダストリー, No.4, p.18 (1995).
6) ポリファイル, No.8, p.21 (1995).
7) U. S. Patent 921, 249 (1961).
8) U. S. Patent 3, 026, 270 (1962).
9) U. S. Patent 3, 341, 491 (1967).
10) 特公昭 48-36, 926.
11) 特開昭 53-3, 439.
12) 特開昭 56-122, 866.

m. シリコーンゴム

　シリコーンゴムに用いられる最も一般的なポリジメチルシロキサンの分子構造モデルをポリエチレンと比較して図3.2.29に示した．ポリエチレンは，炭素原子の連なりからなる骨格(主鎖)に水素原子が結合(側鎖)した構造である．それに対してポリジメチルシロキサンの主鎖は，ケイ素原子と酸素原子が交互に結合した構造になっており，側鎖には最も単純な有機基であるメチル基が結合している．このポリシロキサンには主鎖が動きやすい，熱的に安定である，イオン性が高いという特徴があり，これらの性質はシリコーンゴムにも反映されている．シリコーンエラストマーと呼ばれる

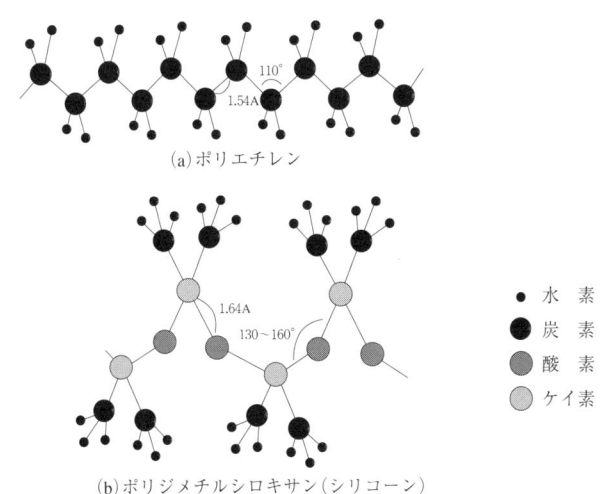

図 **3.2.29** ポリエチレンとポリジメチルシロキサンの化学構造

こともあり，天然ゴム，合成ゴムに比べ，とくに耐熱性，耐寒性に優れ，さらに耐候性，電気特性，圧縮永久ひずみ特性，反発弾性，離型性，低毒性などの優れた特徴をも兼ね備えている．常温での引張強さ，引裂強さについては天然ゴム，合成ゴムに劣る場合があり，改善の要望がある．従来は高価格のイメージがあったが，加工品の生産性のよさ，ハンドリングの容易さから用途も拡大，汎用のレベルに少しずつ近づいている．特性の安定性・耐久性などが時代の要望にマッチして，自動車，民生用電気電子機器，電線被覆，航空機，建築，医療，食品，スポーツ用品など広範囲の分野で使用されている．また，半導体保護用に使用される高純度のシリコーンゴム製品も使用量が増大している．

(1) シリコーンゴムの分類　　熱架橋型シリコーンゴム(heat vulcanizing rubber：HVR)，液状シリコーンゴム(liquid silicone rubber：LSR)を用いて熱架橋するLPS(liquid polymer system)および低温硬化型シリコーンゴム(low temperature vulcanizing silicone rubber：LTV)のほかに，室温硬化型ゴム(room temperature vulcanizing silicone rubber：RTV)があるが，RTVについてはページ数の関係でここではふれない．分類にはさまざまな方法がある．架橋温度の点からは熱架橋型(高温硬化型という呼び方はまれである)，低温硬化型，室温硬化型と分類される．固形状-液状という観点ではミラブルゴム(millable：混練りできる)-液状ゴムと分類される．この場合，使用される原料ポリマーの重合度がミラブルゴムでは5000〜10000程度であるのに対し，液状ゴムでは低重合度である．欧米では，ミラブルゴムが粘度が高いという意味で，HCR(high consistency rubber)と呼ばれることもある．この場合は液状ゴムは粘度が低いという意味のLCR(low consistency rubber)となる．低温硬化型ゴム，室温硬化型ゴムは液状ゴムであるが，熱架橋型は必ずしもミラブルゴムではない．最近は生産性のよさからLSRが増大している．LPSの表現と同じ意味でLIMS(liquid silicone rubber injection molding system)という表現が使用される場合もある．

(2) シリコーンゴムの原料　　配合原料は，通常，シリコーン生ゴム(高重合度ポリジオルガノシロキサン)，補強あるいは準補強の充てん剤，増量充てん剤，可塑剤，添加剤，架橋剤，着色剤の7種類に分類される．

現在，一般に使用されているシリコーン生ゴムとしては，ジメチルシリコーンゴム，メチルビニルシリコーンゴム，メチルフェニルシリコーンゴム，フルオロシリコーンゴムがあり，それぞれ特有な性質を示す．ジメチルシリコーンゴムは，すべての有機基がメチル基の高重合度ポリジメチルシロキサンである．このゴムのみを用いたコンパウンドは，アシルタイプのパーオキサイド架橋剤でしか架橋できず，単体で使用されることはほとんどない．メチルビニルシリコーンゴムは，一般にビニルシリコーンゴムと呼ばれている．ビニル基は架橋特性，圧縮永久ひずみ特性などを改良する効果があり，現在市販されているシリコーンゴムの大部分はこの生ゴムを用いている．メチルフェニルシリコーンゴムは，低温特性，耐放射線特性，耐炎性，引裂き性に優れ

ている.しかし,フェニル基が多すぎると,耐油性(とくに耐芳香族系溶剤),圧縮永久ひずみ特性などが悪化するため,一般には,メチルビニルシロキサン単位を少量共重合し,これらの特性を改良している.フルオロシリコーンゴムは,耐油性が一般のシリコーンゴムに比べて著しく改良され,ほぼフッ素ゴムと同じである.しかも,耐寒性では,フッ素ゴムより優れている.ふつう,架橋特性,圧縮永久ひずみ特性を改良するため,メチルビニルシロキサン単位を少量共重合している.

配合される充てん剤は,補強充てん剤としては,乾式シリカと湿式シリカが一般的であり,増量充てん剤としては,ケイ藻土,石英粉末などが調合混練りされている.可塑剤は充てん剤を混練りするために必要な成分であり,有機合成ゴムなどに使用されるプロセスオイルと同等の役割をもち,比較的分子量の低いポリオルガノシロキサンが使用されるシリコーンゴムは本質的に優れた耐熱性を示すが,耐熱性をさらに向上させるため添加剤を配合することがある.ほかに,それぞれ目的とした特性を付与するために,添加剤を混練りする場合もある.

加硫剤は,通常,有機過酸化物をペースト状に希釈したものであり,ロールなどで混練りしやすくなっている.成形条件(温度,成形方法),成形品の使用条件などを考慮して,架橋剤を選択する必要がある.シリコーンゴムは無機顔料を配合することにより,ほとんどあらゆる色に着色できる.着色剤としては熱安定性に優れていること,およびシリコーンゴムの特性に変化を与えないことが重要である.着色剤として,顔料をペースト状に希釈したものが準備されている.

(3) **シリコーンゴムの製法**　配合原料は(2)項で述べたように分類されるが,ゴムそれぞれに要求される最終製品としての特性から,各分類中の数種の原料が組み合わされて配合される.シリコーンゴムの製造工程は図3.2.30のようになる.

シリコーン生ゴム合成のモノマーには,ジオルガノジクロロシランを加水分解して得られるハイドロリゼートから分留された環状ジオルガノシロキサンを主として用い,それらの開環重合によって高重合度ポリジオルガノシロキサンである生ゴムを得るのが一般的である.環状シロキサンモノマーとして,ジメチルサイクリックス,メチルビニルサイクリックス,メチルフェニルサイクリックス,ジフェニルサイクリックス,メチルトリフルオロプロピルサイクリックスなどがある.これらの環状シロキサンと種々のエンドブロッカーの組合せによって,いろいろなシリコーン生ゴムが合成される.

シリコーン生ゴムに補強充てん剤と可塑剤(分散助剤,分散促進剤とも呼ばれる)を加え混練りしたものがシリコーンゴムのベースである.補強充てん剤としては,耐熱性に優れ,高温でもシリコーン分子を侵さないものとして,主に合成シリカが用いられる.合成シリカには,乾式シリカ(ヒュームドシリカ)と湿式シリカがある.乾式シリカは湿式シリカに比べはるかに増粘性が高く,吸湿性が低く,補強性があり,電気電子用途へのシリコーンゴム用に適している.可塑剤は補強充てん剤の分散促進,可

```
        ┌─────────────────┐
        │  モ ノ マ ー    │
        └────────┬────────┘
                 │ ← 重合
        ┌────────▼────────┐
        │ シリコーン生ゴム │
        └────────┬────────┘
                 │ ← 補強充てん剤,
                 │   可塑剤の混練り
        ┌────────▼────────┐
        │  ベ ー ス       │
        └────────┬────────┘
                 │ ← 準補強充てん剤,
                 │   増量充てん剤,
                 │   添加剤の混練り
        ┌────────▼────────┐
        │ コンパウンドU   │
        │ (U-ストック)    │
        └────────┬────────┘
   ストック ⇐    │ ← 架橋剤,着色剤
                 │   の混練り
        ┌────────▼────────┐
        │ コンパウンド    │
        │ (ストック)      │
        └────────┬────────┘
                 │ ← 加熱
        ┌────────▼────────┐
        │ シリコーンゴム成形品 │
        └─────────────────┘
```

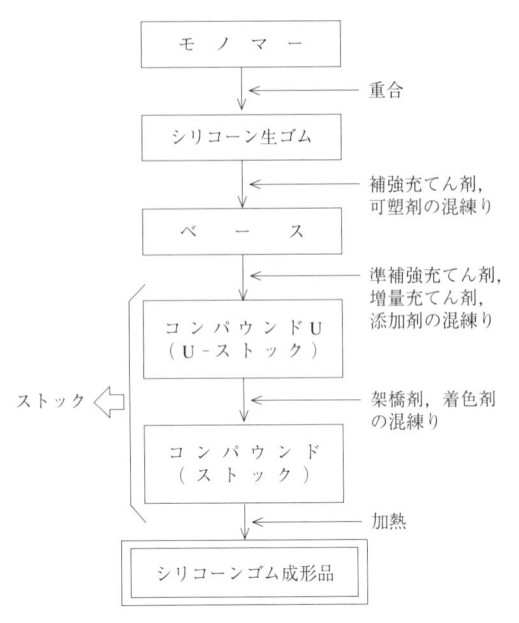

図 3.2.30　シリコーンゴムの製造工程

塑化もどりの防止,シェルフライフ向上などのために用いられる.コンパウンドU(U-ストックともいう)は,ベースにさらに準補強充てん剤,増量充てん剤,添加剤などを加え混練りしたもので,まだ架橋剤が入っていない架橋剤未配分コンパウンドである.一般に,架橋剤を混練りしたものとの区別を明確にするために,品番のあとにアルファベット"U"を表示する.また,Uのあとに他のサフィックスをつける場合もある.

シリコーンゴムの架橋にはラジカル反応型,付加反応型,縮合反応型がある.最も一般的で実用的なのはラジカル反応型であり,有機過酸化物を架橋剤として用いる.ラジカル反応には,ほかに放射線照射を利用する場合もある.架橋剤の種類・添加量はシリコーンゴムの物性に大きく影響するので,成形条件,コンパウンドの種類,要求特性,用途などに合わせて選択することが必要である.

(4) シリコーンゴムの成形法　成形には,目的に応じて圧縮,射出,トランスファー,押出成形などがあり,多くの場合に二次架橋と呼ばれるプロセスが必要である.

圧縮成形の場合,金型は完全な成形品を得るためおよび仕上加工のために,ばり溝をつけた設計にしてあるのが一般的である.金型への材料の仕込みは,一般的には手で行うが,多数個取りの場合などは,スコーチを防ぐため十分な注意が必要である.

成形温度や時間は，加硫剤の種類，成形品の肉厚や形状などによって異なる．成形圧力は，材料が型のなかのすみずみに流れる条件であればよいとされるが，シリコーンゴムでは一般に1.5MPaの成形圧力があれば十分である．また，金型からの取出しは，一般には熱い金型からすぐに取り出すが，肉厚成形品，布入り成形品などは金型を冷却してから取り出す方がはく離，変形などの防止に効果のある場合がある．

　射出成形は型締めされた金型のなかにノズル→スプルー→ランナーを通じ，高速で材料を充てんし，成形する．この方法は成形サイクルが速いこと，ロスが少ないことが利点である．シリンダー温度は通常は常温で成形するが，架橋剤の種類によっては，80～90℃になっても悪影響はない．成形時間は成形品の形状などにより異なる．射出時間は，成形サイクル短縮のためには短いほどよいが，ノズル，ゲート部での焼けなどの対策上，5～10秒が一般的である．また，射出圧は一般的に3.5～15MPaの範囲が適当とされている．

　トランスファー成形は，型流れの悪い金型，空気だまりの起こりやすい金型で成形する場合に有効な成形方式とされる．さらに，インサート部品のある成形品の場合にも最適である．トランスファー成形用のポットは金型に取りつけてある場合と，取りはずし可能の設計にする場合とがあるが，ポットのなかのゴムの再利用を考える場合は，取りはずし式にする必要がある．

　チューブ，ロッド，ガスケット，シール，電線などの場合，押出成形が有利である．押出成形は，一般の有機ゴムと大差はないが，細部で異なっている点がある．シリコーンゴムの押出成形は，押出機中での流れがよいという利点があるが，口金からの押出後のスウェリング(膨張)と，グリーンストレングス(未架橋ゴムの強さ)の低さによる押出し後の変形しやすさの二点について注意が必要である．また，押出機中での発熱は，十分に注意する必要がある．通常50℃程度の温度でも，スコーチ，架橋剤の失効は問題ない．温度とともに，異常滞留の防止などは，通常の押出成形と同様な注意が必要である．熱風架橋(hot air vulcanizing：HAV)は押出品を連続架橋する場合に最も一般的に使用される方法である．一般に315～430℃程度の熱風炉のなかを押出品を通過させることにより加硫する．肉薄品では数秒で架橋が完了する．熱媒架橋(hot liquid vulcanizing：HLV)はHAVに比べ架橋速度が2倍になるが，欠点としては熱媒による火傷，熱媒の除去装置の設置などが必要なことである．押出品を蒸気缶で架橋することがある．この場合は，押出品を皿の上に巻き取って架橋するため，連続的に架橋することはできない．

　ほとんどのシリコーンゴムはカレンダー成形が可能である．カレンダー成形は，均一な長尺物のシート成形に最適である．また，シリコーンゴムは溶剤に溶かし，ガラスクロス，テトロン布，ナイロン布，その他の布にコーティングすることができる．シリコーンゴムをコーティングした布は，電気絶縁性に優れ，また，布の屈曲強さおよび耐水性を向上させる．また，カレンダー成形の場合の接着性向上にも有効な方法

である．大部分のシリコーンゴムは溶剤を使用し，ディスパーション化することができる．溶剤は，キシレン，トルエン，MEK（メチルエチルケトン）などが使用される．塩素系溶剤は，架橋剤と反応しディスパーションの寿命を短くするので注意が必要である．塗布方法としては，ディッピング法，ナイフもしくはロッドコーティング，ロールコーティングなどの方法で行う．ホース，ダクト，大口径チューブ，ロールなどは，巻き蒸し法で成形加工される場合がある．この方法は，マンドレルまたは芯金に未架橋シリコーンゴムシートやカレンダー出しした未架橋ゴムの布入りテープなどを巻きつけて成形する．シリコーンゴムスポンジは，未架橋ゴムに発泡剤を加え加熱すると，発泡剤が分解して気体が発生し，セルを形成し，同時に架橋剤により硬化し成形される．成形法には自由発泡法と，プレス発泡法の二方法があるが，一般にプレス発泡スポンジは自由発泡スポンジに比べ，寸法精度が高く，密度が高い，かつ表面皮膜の厚いスポンジの成形ができる．いずれのスポンジ成形法においても，架橋速度と発泡剤の分解速度のバランスをとることが重要なポイントとなる．シリコーンゴムの接着は金属，ガラス，陶磁器，プラスチック，布，シリコーンゴムなどと可能で，多種多様な成形品がある．

二次架橋はジエン系ゴムでは行われていないプロセスであるが，シリコーンゴム成形品は一般的に二次架橋される．その主な目的は架橋剤の分解残渣の除去と成形品が使用される温度以上の熱履歴を与えて，使用時の熱安定性を付与することにある．これらの目的のために，通常，熱風循環式のオーブンが使用される．用途によっては，煮沸処理などで目的が達成される場合もある．また，二次架橋条件の設定は，用途だけでなく架橋剤の種類にも注意が必要である．アシル系架橋剤の場合，高温での二次架橋は分解反応を起こすので，とくに肉厚成形品では段階的に昇温する必要がある．

(5) シリコーンゴムの性質 シリコーンゴムの主鎖は，ケイ素-酸素結合である．これに対し，有機ゴムの主鎖は，炭素-炭素結合である．両者の原子結合エネルギーを比較すると，前者は450 J/mol，後者は345 J/molとなり，この原子結合エネルギーの差が，シリコーンゴムが有機ゴムより耐熱性に優れている主因となっている．耐熱使用温度範囲は一般に〜260℃となっているが，熱劣化現象には2種ある．そのひとつはポリマーが分解して軟化するもので，主に密封状態で加熱した場合にみられるものである．架橋剤分解残渣，水分，その他の不純物がシリコーンゴム中に含まれると起こりやすい現象である．もうひとつの劣化現象は，加熱により，ポリマー間の架橋がさらに進行し，硬さを増してもろくなる現象である．個々のシリコーンゴムの耐熱性は，その配合，成形条件などにより異なるが，耐熱性を左右する主な因子は，使用する生ゴムの種類，耐熱安定剤の種類，充てん剤の種類，架橋剤の種類と二次架橋などと考えられている．熱老化が小さいだけでなく，温度による特性の変化が少ないため，高温雰囲気中でも，ある程度の強度を維持する．常温では，有機ゴムの物理特性は優れているが，150℃以上の高温ではシリコーンゴムの方が優れた物理特性を

示す.

　非晶質でT_gが他のゴムよりも低いため,諸特性の温度依存性が他のゴムに比べて小さいのが特徴である.とくに,低温になっても硬さの変化が少なく,ゴム状弾性体として使用できる.生ゴムにフェニル基を含むものは,ぜい化温度が$-115℃$にも達し,$-90℃$での使用が可能である.ジメチルシリコーン生ゴムおよびこれに少量のビニル基を含むメチルビニルシリコーン生ゴムを使用したものは,ぜい化温度が$-70\sim-80℃$で,$-40\sim-55℃$までの低温での使用が可能である.シリコーンゴムは酸素,オゾン,紫外線に対し,他の有機合成ゴムと比較して著しく安定である.長期間屋外に放置されても,クラックを発生したり,粘着性をおびたりすることはない.

　電気特性は,温度,周波数などの影響が少なく,電気絶縁材料として優れた特性を示す.さらに,分子中の炭素原子に少ないことや,使用される充てん剤がカーボンブラックではないことなどの理由で,耐アーク特性や耐トラッキング特性に非常に優れている.個々のシリコーンゴムの電気特性は,使用する充てん剤やその他の配合材料の影響を受ける.例えば,補強充てん剤に湿式シリカを使用した場合,シリカに含まれる不純物(Na化合物,水分など)の影響のため,電気特性は一般に乾式シリカの場合より劣る.また,導電性シリコーンゴムと呼ばれる種類のものがあり,一般のシリコーンゴムを基本組成とし,これに電気伝導性材料を配合したもので,配合によって,体積抵抗率が$1\sim10^{16}\Omega\cdot cm$の幅広い製品を得ることができる.さらに,特殊な配合をすると,より電気抵抗の低い製品が得られる.

　耐薬品性は,使用される生ゴムの種類,充てん剤の種類および添加量,添加剤の種類,架橋密度などにより多少変化する.通常,生ゴムのポリマー側鎖にフェニル基を導入したシリコーンゴムは芳香族系の溶剤に対して膨潤しやすい.トリフルオロプロピル基を導入したフルオロシリコーンゴムは,ガソリンなどの燃料油に対して優れた耐性を示す.シリコーンゴムは,高温時の耐油性が優れていると同時に,膨潤後に溶剤が飛散するとほぼもとの特性を示すという優れた点がある.一般に強酸,強アルカリ条件下では,主鎖の分解による劣化が顕著である.

　ULや電気用品の規格を満たすためには,自己消炎性,難燃性のシリコーンゴムコンパウンドが準備されている.難燃性は添加剤,充てん剤の配合によるのが主である.添加剤としては,通常の有機系難燃剤を配合することはほとんどなく,燃焼時に発生するガス,煙などはより安全性が高いのが特徴となっている.

　シリコーンゴムは低温から高温まで広い温度範囲で,圧縮永久ひずみ特性が優れている.個々のシリコーンゴムの圧縮永久ひずみは,使用している生ゴムの種類,充てん剤の種類および量,加硫剤の種類,加硫条件などにより変化する.このうち,生ゴムの種類による影響が最も大きな要因であり,側鎖にビニル基を導入した生ゴムを使用するのが有効である.シリコーンゴムの体積膨張率は,一般に$6\sim8\times10^{-4}/℃$であ

る．比熱は一般に硬度の高いものほど低くなるが，$1.17 \sim 1.47 \, kJ/(kg \cdot K)$である．熱伝導率は$0.125 \sim 0.25 \, W/(m \cdot K)$であるが，高熱伝導率のものも配合可能になっており，放熱用の部品などに使用されている．

気体透過性はシリコーンゴムの大きな特徴であり，非常に高い値を示す．シリコーンゴムは気体透過性が高いだけでなく，酸素透過率に対して窒素の透過率は約2分の1，炭酸ガスは約5倍，水蒸気は60倍の値を示す．このような性質を利用して，ガスの分離・濃縮などに利用される．シリコーンゴムの耐放射線性は一般に必ずしも良好とはいえない．耐熱性を同時に要求される用途にフェニル基を導入したシリコーンゴムが使用される．また，シリコーンは加圧水蒸気のもとでは，主鎖の加水分解が起こるため，$130 \sim 140 \, ℃$以上の加圧水蒸気下での寿命は短くなる．耐水蒸気性を向上させるには，充てん剤の疎水化，架橋密度の増加，充てん剤の選択などが配慮すべき要因である．

（6）液状シリコーンゴム　液状シリコーン（LSR）は熱架橋型シリコーンゴム（HVR）の品質をもち，しかも生産性の向上，製造コストの低減，消費エネルギーの減少などを可能にする新しいタイプのシリコーンゴムである．このLSRは，液状ポリマーシステム（LPS）と呼ばれる手法によって成形される．LPSとは，液状のシリコーンポリマーから，シリコーンゴムを効率よく成形する手法あるいは概念をいい，省資源，省エネルギー，労務費の節減などの時代の要請に応じた新しいシステムである．このシステムの特徴は，従来からあるHVRと比較すればよくわかる．HVRにおいては，他の有機ゴムと同様に，製造後，時間が経過すると可塑化もどりが起こり，そのままでは成形できない．したがって，可塑化もどりを取り除くために，成形加工前にロール練り作業を行い，ゴムを軟化させる必要がある．次に過酸化物などの架橋剤と，必要に応じて着色剤，耐熱剤，充てん剤などをロールを用いて添加しなければならない．これに比べてLPSでは，LSRのA液とB液をそれぞれポンプで混合機に送りここで混合し，ただちに射出，押出し，圧縮，ディップ成形装置に供給し硬化するので，ロール作業，プレフォーム作業がまったく不要である．

LPSの特徴をまとめると次のようになる．① 成形材料は液状またはペースト状の二液型のゴムであり，ポンプ移送，低圧成形が可能であり，所要動力が軽減できる，② ロール練り，プレフォーム，溶解などの成形前の予備操作が不要であり，労務費および設備費が低減できる．また，密閉系のため，作業工程中での異物混入の心配がなく，信頼性のある製品が期待できる，③ 反応副生物がないので，ガス抜き，二次架橋など揮発物除去操作が不要であり，環境汚染の心配がない，④ 過酸化物架橋に比べ硬化速度が速いので，成形サイクルが短縮できて生産性が向上する，⑤ 工程が短いため，自動化を容易に行うことができ，省人化できる．

（7）低温硬化型シリコーンゴム（LTV）　HVRは，架橋時にパーオキサイド架橋剤の分解温度以上に加熱する必要があり，これによってはじめてゴム弾性が得られる

タイプのシリコーンゴムである．これに対して，液状またはペースト状をしていて，硬化剤を加えたのち，常温でのポットライフが長く，硬化時にHVRほどの高温を必要とすることなく，100～150℃に加熱することによって急速に硬化が進むタイプがある．これをLTVと呼んでいる．硬化のメカニズムはLSRと基本的には同じであり，付加反応架橋を用いている．LSRの場合は，もちろんゴムとしての物性が重要な特性となるが，ここでいうLTVというのは架橋体物性もさることながら，キャスティング，ポッティング，シーリングやエンキャプシュレーションなどの成形加工を容易に行い，その硬化物がゴムとしてのみではなく，それぞれの目的に合った機能をもたせて用いる場合が多い．例えば接着や粘着という機能をもたせた場合，硬化後のゴムはいずれもシリコーンであるために，耐熱性，耐候性，耐久性，耐寒性，耐湿性，耐薬品性，電気特性などに優れており，使用方法の簡便さと相まって著しく応用分野が拡がっている．最近は新技術やハイテクの開発が活発で，電気電子工業にとどまらず，自動車や建設，工芸，医療などの産業分野で多種のLTVが多様な用途に適用されている．

最近の世界のシリコーンの市場規模は約70億USドル程度，またシロキサンの生産量は全世界で約70万トン/年程度と推定されている[1]．シリコーンゴムはリモコン，パソコンや携帯電話のキーパッドとして使用量は増大している．シリコーンゴムの耐久性向上の研究[2]，シリコーンポリマー中のシリカの分散状態の研究[3]などから屈曲回数の向上，また導電インクなども開発されている．低分子量の環状シロキサンを減少させる接点障害対策品の進歩[2]もあり，シリコーンゴムの主要用途である．絶縁と導電の中間に位置する半導電領域の製品，高い熱伝導と低圧縮永久ひずみを両立させた製品，熱伝導や電気伝導と低硬度を両立させた製品などの開発から，複写機，プリンター，ファクシミリに使用される各種ロールにも多く使用される時代となった．環境への配慮からガスケット用途も注目されており，リサイクルの可能性のあるシリコーン[4]にさらなる飛躍の機会があると期待されている． 〔角村真一〕

文　献

1) 井上凱夫：プラスチックス，**50**，127（1999）．
2) 角村真一：日ゴム協誌，**63**，377（1990）．
3) 小林由起子，青木　徹，掘　良万：日ゴム協誌，**72**，37（1999）．
4) 井出文雄：実用プラスチック事典，p.286，産業調査会（1993）．

n. スルフィドゴム

主鎖に硫黄を含む合成ゴムをスルフィドゴムと称し，1930年代にアメリカのThiokol Chemical Corp.が工業化した[1]．過剰の多硫化アルカリのなかに有機ジクロライドを滴下していくと次式のように縮重合反応が起こり，黄色の直径5～15 μm のゴ

ム粒子が析出してくる.

$$n(\text{ClRCl} + \text{Na}_2\text{S}_x) \longrightarrow (\text{S}_x\text{R})_n + 2n\,\text{NaCl} \qquad (x = 1 \sim 5)$$

二塩化エタンと $x=4$ の硫化ナトリウムを用いて得られたスルフィドゴムはチオコールAと呼ばれ、ゴム中の硫黄含量は84％になり、耐溶剤性，ガスバリヤー性，耐オゾン性に優れたゴムとなる．しかし，他の合成ゴムと比較して，耐熱性，機械的特性，匂いの点で劣っていた．その後，価格，収率，匂いの面からジクロライドは dichloroethyl formal ($\text{ClCH}_2\text{CH}_2\text{OCH}_2\text{OCH}_2\text{CH}_2\text{Cl}$) に置き換えられ，チオコール FA (ミラブルポリサルファイドゴム) およびチオコール ST (ミラブルポリサルファイドゴム，末端 SH) として上市された．FAは薄茶色，比重1.34，ムーニー粘度60〜112(121℃)，STは薄茶色，比重1.27，ムーニー粘度30〜40(100℃)である．固形ゴム A, FA, ST の代表的な配合を表3.2.32に示す[2]．MBTS (benzothiazyl disulfide) はしゃく解剤として，酸化亜鉛，p-キノンジオキシムが硬化剤として次式に従って作用する．

しゃく解剤

硬化剤

$$\sim\text{SS}\sim + \text{RSSR} \longrightarrow \sim\text{SSR} + \text{RSS}\sim \qquad (3.2.1)$$
$$\sim\text{SH} + \text{ZnO} \longrightarrow \sim\text{SZnS}\sim + \text{H}_2\text{O} \qquad (3.2.2)$$
$$\longrightarrow \sim\text{SS}\sim + \text{ZnS} \qquad (3.2.3)$$
$$\sim\text{SH} + \text{HONC}_6\text{H}_4\text{NOH} \longrightarrow \sim\text{SS}\sim + \text{H}_2\text{NC}_6\text{H}_4\text{NH}_2 + 2\text{H}_2\text{O} \qquad (3.2.4)$$

表3.2.32 固形ポリサルファイドゴムの配合と物性

グレード	A	FA	ST
固形ポリサルファイドゴム	100	100	100
NBR	20	−	−
ステアリン酸	0.5	0.5	3.0
酸化亜鉛	10	10	0.5
p-キノンジオキシム	−	−	1.5
MBTS	0.5	0.3	−
DPG	0.15	0.1	−
SRF	30	60	60
加硫条件	145℃×45min	148℃×45min	140℃×30min
引張強さ (MPa)	7.7	8.7	8.9
伸び (%)	190	380	310
硬さ	78	72	70
圧縮永久ひずみ (%)	100	100	37
耐寒性 (℃)	−12	−43	−54

スルフィドゴムの特徴は式(3.2.1)に代表される硫黄の交換反応であり，使用する加硫剤などによってこのゴムの応力緩和時間が大きく異なるのは硫黄の交換反応によるポリスルフィド結合物性に与える効果である[3]．この固形ゴムそのものは機械的特性が十分ではないので，ゴムの改質剤として他のゴムとブレンドして印刷用ロールなどに用いられる．

次式によって合成される液状スルフィドゴム[4]は,各種シーリング材用液状ゴムとして大きな用途を占めるに至った.硫黄の結合数が2個にそろえられ,分子量は1000〜8000のものが市販されている.

$$\sim SSS\sim\ +\ Na_2SO_3 \longrightarrow\ \sim SS\sim\ +\ Na_2S_2O_3 \qquad (3.2.5)$$

$$\sim SS\sim\ +\ NaSH \longrightarrow\ \sim SH\ +\ \sim SSNa \qquad (3.2.6)$$

$$\sim SSNa\ +\ Na_2SO_3\ +\ 酸 \longrightarrow\ \sim SH\ +\ Na_2S_2O_3 \qquad (3.2.7)$$

二酸化鉛,二酸化亜鉛,二酸化マンガン,過ホウ酸ソーダなど無機系過酸化物,有機系過酸化物,イソシアナート,エポキシ化合物などが加硫剤として用いられる[1,5].xが3以上のスルフィドゴムはNRやSBR,NBRなどの合成ゴムの加硫剤にもなる[6,7].

〔松井達郎〕

文　献

1) Lucke, H.：Aliphatic Polysulfides, Huthing & Wepf, New York (1994).
2) Brtozzi, E. R.：*Rubber Chem. Technol.*, **41**, 145 (1968).
3) Tobolsky A. V. and Colondny, P. C.：*J. Appl. Polymer Sci.*, **2**, 39 (1959).
4) U. S. P. 2, 466, 963 (1945).
5) 坂田　年,並河泰一郎：ウレタンエラストマー/多硫化ゴム(合成ゴム加工技術全書10),大成社(1979).
6) U. S. P. 2, 235, 621 (1941).
7) 特開平 10-120, 788.

o. ウレタンゴム

ポリウレタンはウレタン基を含むポリマーの総称であり,今日ではフォーム,プラスチック,弾性繊維,エラストマー,合成皮革,塗料,接着剤,医用材料として多方面に使用され,重要な高分子材料のひとつとなっている.このように多方面に利用される理由は,ポリウレタンの構造および物性を出発原料であるポリオール,ジイソシアナートおよび架橋剤あるいは鎖延長剤の構造と配合比を種々変化させることにより比較的容易にかつ広範囲に規制できるためである.すなわち,他のポリマーに比ベポリウレタンは,要求される広範囲の性質に応えることが可能な反面,化学構造の多様性と高分子鎖とセグメントの凝集による高次構造の複雑さのため,構造と物性の関係も複雑になる[1〜12].

工業原料として通常用いられるイソシアナートには表3.2.33に示すような二官能性あるいは三官能性イソシアナート,変性イソシアナートがある.このうち,紫外線に対する性質により芳香族系を黄変性,脂肪族・脂環族系を無黄変性と呼ぶ.イソシアナートは次式で示す共鳴構造をとり,活性水素化合物と求核的に付加する.

表3.2.33 主なジイソシアナート

芳香族	1,5-ナフタレンジイソシアナート
	2,4-/2,6-トリレンジイソシアナート
	4,4′-ジフェニルメタンジイソシアナート
	p-フェレニンジイソシアナート
	m-/p-キシリレンジイソシアナート
脂環族	イソホロンジイソシアナート
	4,4′-ジシクロヘキシルメタンジイソシアナート
脂肪族	1,6-ヘキサメチレンジイソアシナート
	リジンジイソシアナート
	1,6,11-ウンデカントリイソシアナート

$$[R-\overset{\ominus}{\ddot{N}}-C=\overset{\oplus}{\ddot{O}} \longleftrightarrow R-\ddot{N}=C=\ddot{O} \longleftrightarrow R-\ddot{N}=C-\overset{\ominus}{\ddot{O}}{:}]$$

芳香族ジイソシアナートにおいて電子吸引性置換基はイソシアナート基の反応性を高め，電子供与性置換基は逆に低下させる．またジイソシアナートの最初のイソシアナート基の反応性と2番目のそれは，ジイソシアナートの化学構造によりかなり異なる．例えば，反応環境の等価なジイソシアナートでも最初のそれは2から10倍ほど大きい．2番目のNCO基は生成したウレタン基の電子的な影響に加えて，近接効果，立体効果による影響を受けやすいため反応性は小さくなり，合成される鎖の構造に大きな影響を与える．

通常用いられるポリオールは，2～3官能性で数平均分子量が数百から数千の室温より低いガラス転移温度をもつ液体あるいは低い融点をもつ固体である．表3.2.34に示すようなポリエーテル，ポリエステル，ポリカーボネート，ポリブタジエンポリオール，アクリルポリオール，ケン化EVAなどが用いられている．鎖延長剤(架橋剤)として1,4-ブタンジオール，トリメチロールプロパンなどの低分子多価アルコール，アミノ基に対してo位に塩素原子のような電子吸引基やメチル基のようなアルキル基を配しアミノ基の反応性を落とした芳香族ジアミンやエチレンジアミンなどの脂肪

表3.2.34 主なポリマーグリコール

エステル系	ポリ(エチレンアジペート)グリコール
	ポリ(ブチレンアジペート)グリコール
	ポリ(ヘキサメチレンアジペート)グリコール
	ポリ(カプロラクトン)グリコール
	ポリ(メチルバレロラクトン)グリコール
	ポリ(ヘキサメチレンカーボネート)グリコール
エーテル系	ポリ(オキシエチレン)グリコール
	ポリ(オキシプロピレン)グリコール
	ポリ(オキシテトラメチレン)グリコール
	ポリ(オキシエチレン/プロピレン)グリコール
脂肪族	ポリ(ブタジエン)グリコール
	ポリ(イソプレン)グリコール

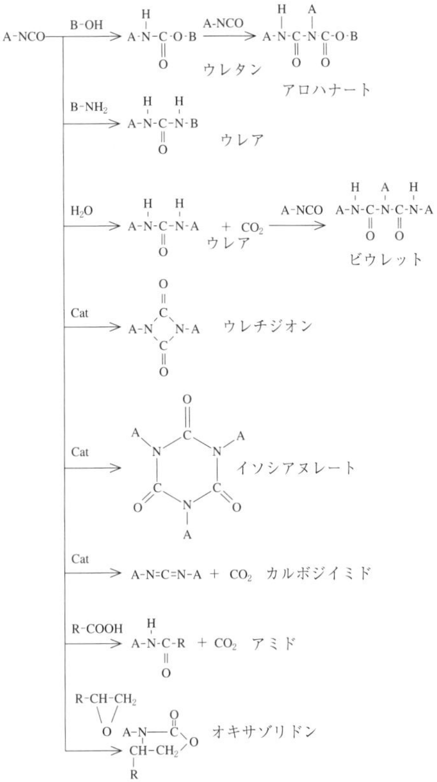

図 3.2.31 イソシアナートと活性水素化合物の反応

族アミンが用いられる.活性水素化合物とイソシアナートの反応性は,活性水素の塩基度に依存するが,一般に反応性は脂肪族アミン＞芳香族アミン＞一級水酸基＞水＞二級水酸基＞三級水酸基＞カルボキシル基,尿素基＞アミド基＞ウレタン基の順である.イソシアナートと種々の活性水素をもつ官能基との反応を図3.2.31に示す.

このような反応原料の組合せにより合成されるポリウレタンは次のように分類できる.
① 規則性ポリウレタン： $-(UAUB)_n-$
② ウレタン結合により連結延長されたポリマー：〜UAU〜〜〜〜UAU〜〜
③ セグメント化ポリウレタン：
　　〜〜〜UAU〜〜〜〜〜UAUBUAUBUAU〜〜〜〜
④ セグメント化ポリウレタンウレア：
　　〜〜〜UAU〜〜〜〜〜〜〜UAVCVAVCVAU〜〜〜〜

ここで，Uはウレタン基，Aはジイソシアナート残基，Bは低分子ジオール残基，Cはジアミン残基，Vは尿素基，〜〜はポリマーポリオール残基である．さらにこれらの線状ポリマーに加えて架橋をもつポリウレタンがある．架橋点には一次結合からなる多官能性のウレタン，イソシアヌレート，アロファネート，ビュレット結合のほかに，汎用ゴムで用いられる過酸化物架橋，硫黄架橋，電子線架橋と，ハードセグメントの凝集による物理架橋がある．この物理架橋は表3.2.35に示すように，非常に高い凝集エネルギーをもつ極性基の水素結合によりつくられる．極性基と反応原料残基に含まれる極性基は，セグメントの極性，水素結合能，結晶化能などの分子特性を決定する．

表3.2.35 主な官能基の凝集エネルギー

基	凝集エネルギー (kJ/mol)
$-CH_2-$ (炭化水素)	2.8
⌬ (フェニレン)	16.3
$-O-$ (エーテル)	4.2
$-COO-$ (エステル)	12.1
$-NHCO-$ (アミド)	35.7
$-NHCOO-$ (ウレタン)	35.9
$-NHCONH-$ (ウレア)	36.6

ウレタンゴムが顕著に汎用ゴムと異なるところは，極性基を多く含むソフトセグメントとハードセグメントからなり，ウレタン基あるいはウレア基同士やこれらの基とエーテル基やエステル基などとの水素結合により複雑な高次構造(物理架橋)をとることにある．したがって，ウレタンゴムはソフトセグメントとハードセグメントの長さと濃度に依存して強じんなプラストマーから柔らかいエラストマーまで特性を変化させうる．ウレタンゴムの弾性は通常のゴム弾性理論で解析できるが，ハードドメインが均一に分散された変形可能な活性フィラーとして作用するために，それらの体積分率が0.20以上で軟化温度が試験温度よりかなり高いと有効な補強効果を示す．すなわち，ハードドメインの塑性変形が応力集中を減じ，ミクロクラックの発生を遅らせ，クラック先端を鈍くし，ポリウレタンの強さとじん性を増す．ハードドメインの大きさと形は，ウレタンゴムの緩和スペクトルに強く影響する．ソフトマトリックスは，① クラック先端近くのエネルギーの粘弾性的な分散，② 伸長結晶化，③ 高い変形の発現，という過程でエラストマーを強化する．ウレタンゴムの応力-ひずみ関係はソフト相がマトリックスであるとゴム弾性変形特有の形を，ハード相がマトリックスであると降伏点を示す塑性変形特有の形を示す．

ウレタンゴムは汎用ゴムより優れた力学物性と耐摩耗・摩擦性をもつ．とくに，ポリエステル系ウレタンゴムは，ポリエーテル系，ポリブタジエン系，ポリシロキサン系に比較して良好な引張特性を有するが，低温結晶化の傾向を示すため，低温特性，耐加水分解性に劣る．これは強い分子間力と伸長に伴う結晶化傾向が強いことと含有

するエステル基のためである．良好な力学物性を発現させる可逆的な伸長配向結晶性を得るためには，ポリエステルの適度の非晶化と適切な結晶化が必要となる．ポリエステルの結晶の制御は，メチル基などの側鎖基の導入，複数のジオールとジカルボン酸の共重合化，ブレンド化により行われる．ポリカーボネート系はポリエステル系と同様の性質を示し，力学特性，耐加水分解性も優れている．ポリエーテル系ウレタンゴムは耐寒性・耐加水分解性に優れるが，耐熱性に劣る．また，ポリエーテル系でも非晶性よりも結晶性をもつ方がよい力学物性を示す．炭化水素系は強い鎖間相互作用がないためその力学特性は劣る．

諸物性へ影響する因子はゴム相をつくるソフトセグメント鎖の化学構造，分子量とその分布，ガラス転移，ハードセグメントの種類と濃度，それらからつくられるモルホロジーである．ソフトセグメント含量，いいかえればハードセグメント含量の力学物性への影響は単純ではない．破断伸びのソフトセグメント含量依存性はモルホロジーの変化を反映し，ハード相が連続相では弾性率・破断強度は高く破断伸びは小さいが，ソフト相が連続相となると大きな破断伸びと比較的低い弾性率となる．また，ソフトセグメントが長くなればなるほど，破断伸びは大きくなるが，結晶化，相分離度，化学架橋によりこの原理は左右される．破断応力はソフトセグメント含量40％と60％間で最大となることが多い．ハードセグメントの構造はドメインのモルフォロジーと引張強さ，硬度，弾性率に強い影響をもつ．一般に対称性のジイソシアナートと鎖延長剤は高い充てん性をもつ結晶性ハードセグメントを形成し，良好な力学物性をもつポリウレタンを生じる．ハードセグメントの含量・長さ・分子分布は配合比・反応性などによって定まるが，相互に独立な変化は一般に困難である．このため，別途合成したハードセグメントオリゴマーを鎖延長剤としてウレタン鎖に組み込んだ系[12]においては，ハードセグメント長が長くなるほど，その分布が狭いほど，ミクロ相分離構造をとりやすくなるため，ガラス転移温度は低く，その転移幅は狭くなり，ゴム状弾性率，破断強度は増大する．

以上述べたようにウレタンゴムの力学物性，化学特性は原料として用いるポリオールの化学構造，分子量，分子量分布，ジイソシアナートの構造と官能基数，鎖延長剤の構造，官能基に，またそれらの組成比に大きく依存するばかりでなく，合成温度，配合方法，使用触媒によってつくられる種々の高次構造に依存する．したがって，要求される性質をもつポリウレタンを製造するためには，原料，合成条件の選択が重要である．

〔古川睦久〕

文　献

1) Saunders, J. H. and Frisch, K. C.：Polyurethanes ; Chemistry and Technology, Part 1, Chemistry ; Part 2, Technology, John Wiley & Sons, New York (1962).
2) Buist, J. M. and Gudgeon, H. ed.：Advances in Urethane Science and Technology, Interscience, N. Y.

(1968).
3) Wright, P. and Cumming, A. P. C.：Solid Polyurethane Elastomers, Gordon & Breach Sci., N. Y.（1969）.
4) Polyurethanes, in Encyclopedia of Polymer Science and Technology, 2nd ed., Vol. 11, p.506 （1969）.
5) Hepburm, C.：Polyurethane Elastomers, 2nd ed. Applied Science Publ.（1992）.
6) 岩田敬治編：ポリウレタン樹脂ハンドブック，日刊工業新聞社（1987）.
7) 最新ポリウレタンの構造・物性と高機能化および応用展開，技術情報協会（1998）.
8) 田中武英，横山哲夫：日ゴム協誌，**45**，419（1972）；**50**，782（1982）.
9) West, J. C. and Cooper, S. L., ゴム科学技術研究委員会訳：日ゴム協誌，**57**，45（1984）.
11) 古川睦久，横山哲夫：日本接着学会誌，**28**，501（1992）.
10) 古川睦久：高分子加工，**48**，506（1999）.
12) Furukawa, M. et al.：*Makromol. Chem.,* **240**，205（1996）；日ゴム協誌，**60**，46（1987）.

p. 熱可塑性エラストマー(TPE)

タイヤやホースなどを製造するゴム工業は，原料ゴムと補強剤(充てん剤)および加硫剤などの各種配合剤を混練り，次いで成形・加硫する多工程からなり，エネルギーと労力の多消費型産業といえる．そのため熱可塑性樹脂のように一段で成形・加工できゴム弾性を示す材料は，古くから考えられてきた[1]．

1965年Shell Chemicalは，M. Szwarcが1956年に発見したリビングアニオン重合を応用して，高温ではプラスチックのように流動し成形・加工が可能で，使用温度(常温)ではゴム弾性を示す材料(熱可塑性エラストマー，thermoplastic elastomer；TPE)として，スチレン-ブタジエン-スチレントリブロックコポリマー(SBS)を開発・上市した．このSBSはTPEにとってエポックメーキングな発明で，これによりTPEの普及・開発はおおいに加速されたといえよう[2]．

(1) TPEの分類 前述のSBSの例から，TPEとしての性能を示すためには，材料内にゴム弾性を示す柔軟性成分(ゴム相またはソフトセグメント)と加硫ゴムの架橋点に相当して塑性変形を防止し，補強効果を付与する分子拘束成分(樹脂相またはハードセグメント)の両者を含有する必要があることがわかる．ソフトセグメントには各種原料ゴムの化学的組成・構造が考えられ，またハードセグメントにも種々の樹脂成分が考えられるため，多くのTPEが開発されてきた．

これらのTPEは，通常ハードセグメントの分子拘束様式やその化学的組成により分類される[2,3]．最も一般的に用いられるハードセグメントの化学的組成によるTPEの分類を，その拘束様式，ソフトセグメントの化学的組成とともに表3.2.36に示す[4]．なおスチレン系TPE(styrenic block copolymer；SBC)がTPS(styrenic thermoplastic elastomer)と呼ばれるなど，他TPEも別呼称が用いられる場合もあり，現在ISO(国際標準化機構)でTPE命名法の標準化作業が進められている[5]．

表3.2.36には各種TPEの分子モデルも表示してある．これら分子モデルを具象化して図3.2.32に示す[6]．図3.2.32中，A～GはTPEの分子モデルであり，I～Vはそれらの集合体モデルである．それぞれの分子モデルと集合体モデル(モルフォロジ

3.2 原料ゴム

表 3.2.36 TPE の拘束様式による分類

種類	拘束様式	ハードセグメント	ソフトセグメント	分子モデル
スチレン系TPE(SBC)	凍結相	ポリスチレン(PS)	ポリブタジエン(BR) ポリイソプレン(IR) 水素添加BR(EB) 水素添加IR(EP)	ブロックポリマー
オレフィン系TEP(TPO)	結晶相	ポリプロピレン(PP) ポリエチレン(PE)	エチレン・プロピレン系 ゴム(EPM, EPDM) ブチルゴム(IIR) 水素添加SBR(H-SBR)	ゴム/樹脂ブレンド ブロックポリマー
塩ビ系TPE(TPVC)	結晶相	結晶ポリ塩化ビニル(PVC)	非晶PVC ニトリルゴム(NBR)	ブロックポリマー ゴム/樹脂ブレンド
ウレタン系TPE(TPU)	水素結合 および結晶相	ポリウレタン(PU)	脂肪族ポリエステル 脂肪族ポリエーテル	ブロックポリマー
エステル系TPE(TPEE)	結晶相	芳香族ポリエステル	脂肪族ポリエステル 脂肪族ポリエーテル	ブロックポリマー ゴム/樹脂ブレンド
アミド系TPE(TPAE)	水素結合 および結晶相	ポリアミド(PA)	脂肪族ポリエステル 脂肪族ポリエーテル	ブロックポリマー
その他TPE				
塩素化ポリエチレン(CPE)	結晶相	結晶PE	塩素化PE	ブロックポリマー
シンジオタクチック-1,2-ポリ ブタジエン	結晶相	syn-1,2-BR	非晶BR	ブロックポリマー
アイオノマー	イオン架橋	金属カルボキシレート イオンクラスター	非晶PE	イオン架橋ポリマー
フッ素系TPE(F-TPE)	結晶相	フッ素樹脂	フッ素ゴム	ブロックポリマー グラフトポリマー ゴム/樹脂ブレンド
トランス-1,4-ポリイソプレン	結晶相	トランス-1,4-IR	非晶IR	ブロックポリマー

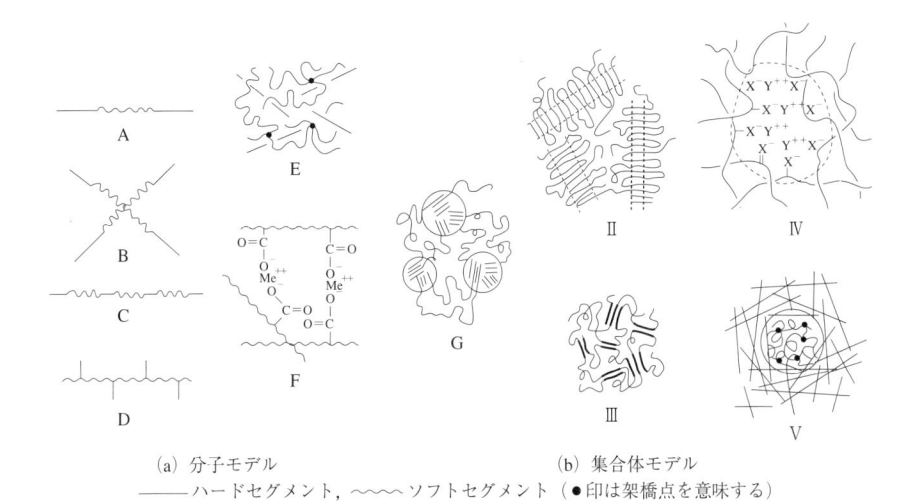

(a) 分子モデル　　　　　　　　　　(b) 集合体モデル
——— ハードセグメント，〜〜〜 ソフトセグメント （●印は架橋点を意味する）

図 3.2.32　熱可塑性エラストマー分子およびその集合体（分子拘束様式）モデルによる分類

ー)は，ブロックコポリマーA，BがIに，結晶相をもつマルチブロックコポリマー，グラフトコポリマーやゴム/樹脂ブレンドを表すC～EがII，IIIに，イオン架橋ポリマーFがIVに，またEの動的架橋系ゴム/樹脂ブレンド(後述)がVと関連する．I～Vをみればわかるように，TPEとしての性能を発揮するためには，ブロックコポリマーであるかゴム/樹脂ブレンドであるかにかかわらず，ハードセグメントとソフトセグメントは，基本的に相溶しないことが必要で，両者はミクロ相分離構造をとっているとされている．

(2) TPE発展の歴史 TPEの歴史を1960年以前の創生期に続く発展期を10年のスパンで4世代に区切って，それぞれの世代における代表的なTPEを発明年代順に表3.2.37に示す[2]．

第1世代初期にBayerはミラブルタイプ軟質ブロック含有ポリウレタン(TPU)を上市しているが，本格的なTPE概念の確立は，SBSが開発された第1世代半ば以降である．SBSの構造と物性にかかわる研究の結果，ポリスチレン(PS)部とポリブタジエン(BR)部がミクロ相分離構造をとることが，TPE性能発現の理由であると解明された(2.2.5項参照)．この原理の発見が，SBSに続く各種TPE開発に重要な役割を果たすことになった．

なお，第1世代後半にPVC/可塑剤からなるTPVCが開発・上市されているが，これはわが国特有のTPEで，欧米では軟質PVCに分類されている[2]．

SBSは優れたゴム弾性を発揮するが，炭素-炭素二重結合を含み，PSをハードセグ

表3.2.37 基本TPEの発明年代と製造法

年代・開発メーカー	TPEの種類	製造方法
第1世代TPE		
1960年　Du Pont, Bayer	ウレタン系TPE(TPU)*	重付加反応
1961年　Du Pont	アイオノマー系TPE	エチレンとメタクリル酸のラジカル共重合体のZn, Naによる中和
1965年　Shell Chemical	SBSブロックコポリマー(SBC)	Li系触媒リビング重合
1967年　三菱モンサント	塩ビ系TPE(TPVC)	高分子量，部分架橋ブレンド
第2世代TPE		
1972年　Uniroyal Chemical	オレフィン系TPE(TPO)	V系チーグラー触媒によるEPMとPPのブレンド
1972年　Du Pont	エステル系TPE(TPEE)	重縮合反応
1972年　Shell Chemical	SEBS(SBC)	SBSの水素添加
1974年　日本合成ゴム	シンジオタクチック-1,2-ポリブタジエン(syn-1,2-BR)	Co系チーグラー触媒による溶液重合
第3世代TPE		
1981年　Monsanto	動的加硫TPO(TPV)	EPDM/PPの動的加硫
1982年　Atochem	アミド系TPE(TPAE)	重縮合反応
1985年　Monsanto	耐油性動的加硫TPO(TPV)	NBR/PPの動的加硫
1987年　ダイキン工業	フッ素系TPE(F-TPE)	ヨウ素系ラジカル重合
1988年　Shell Chemical, 旭化成工業	官能基つきSEBS(f-SEBS)	SEBSへ官能基付与
第4世代TPE		
1990年代以降	抜本的TPEの発現はまだない	

* TPUの概念はShellの発表以降に確立された．

メントとするため，耐熱老化性や耐候性，耐熱変形性や耐油性に劣る．これらの欠点を改良すべく，SBS 中の炭素-炭素不飽和結合を水素添加（水添）した SEBS（スチレン-エチレン/ブチレン-スチレントリブロックコポリマー）や，耐熱性，耐油性に優れる芳香族ポリエステルやポリアミドをハードセグメントとするマルチブロックポリマー TPEE や TPAE が，第2・第3世代に開発・上市されている．

一方，チーグラー触媒の改良により得られたエチレン-プロピレンゴム（EPM）とポリプロピレン（PP）のブレンドによるオレフィン系 TPE（TPO）が第2世代初期に Uniroyal Chemical により発表されている．この TPO は，加硫ゴムと比較すると引張特性や永久伸び・圧縮永久ひずみ特性に劣り，また成形条件によってモルフォロジー，したがって，諸物性が変動する可能性がある．これらの点を改良するためにソフトセグメント部への架橋導入が A. Y. Covan らにより図られた．その結果，第3世代初期に Monsanto はゴム（EPDM）と熱可塑性樹脂（PP）を溶解混練中にゴムの架橋剤を加えて，ゴム成分の架橋反応を行わせると同時にゴム粒子を熱可塑性樹脂中に微分散化させた動的加硫 TPO，すなわち TPV（thermoplastic vulcanizates）を上市した．この TPV では，上記の TPO の欠点や耐油性が改良されている[2,6]．この動的加硫技術は，PP/EPDM 以外の種々のゴム/樹脂の組合せにも適応でき，TPE にとって SBS に続く第2のエポックメーキングな発明ということができる[2]．

第3世代後半になると，時代を反映してフッ素系 TPE（F-TPE）や官能基つき SEBS（f-SEBS）のような高性能あるいは高機能な TPE が開発・上市されている．

(3) TPE の製造方法と構造　TPE の製造方法は，(i) 合成による方法，(ii) ブレンドによる方法の2方法に大別できる．これらはさらにいくつかの方法に分類でき，それらを市販 TPE 例とともに表3.2.28 にまとめて示す．

合成により，表3.2.38 に示す種々のブロックおよびグラフトポリマーが得られる．このうち，ヨウ素移動によるリビングラジカル重合で得られる F-TPE やリビングアニオン重合による SBC である SBS，SIS は，ハードセグメントを両末端にもつトリブロックポリマーで，一方，重縮合や重付加による TPEE，TPAE，TPU は，ハードセグメントとソフトセグメントが交互に多数連なったマルチブロックポリマーである．また，配位重合による結晶を部分的にもつシンジオタクチック-1,2-ポリブタジエン（syn-1,2-BR）やトランス-1,4-ポリイソプレン（$trans$-1,4-IR）も，結晶部と非晶部（ゴム相）が分子中に交互に連なった構造をしており，広義にはマルチブロックポリマーといえる．これに類するものに，ポリマー変性で得られる塩素化ポリエチレン（CPE）がある．

上述の CPE とアイオノマーを除き，ポリマー変性で製造される TPE は，SBS，SIS の水添による SEBS，SEPS（スチレン-エチレン/プロピレン-スチレントリブロックポリマー）や，SBS の炭素-炭素二重結合への酸素付加によるエポキシ化 SBS のように，元来 TPE であったポリマーを変性したトリブロックタイプが中心である．最近，水

表3.2.38 TPEの製造方法による分類

製法	市販TPE例
1. 合成による方法	
1.1 ブロックポリマー合成	
(1)付加重合　ラジカル重合	フッ素系TPE(F-TPE)
アニオン重合	SBC(SBS, SIS)
カチオン重合	(現在，商品化されているTPEはない)
配位重合	syn-1,2-BR, $trans$-1,4-IR
(2)重縮合　エステル化	TPEE
アミド化	TPAE
(3)重付加	TPU
1.2 グラフトポリマー合成	
(1)ラジカルグラフト重合	F-TPE
1.3 ポリマー変性	
(1)置換反応　塩素化	塩素化PE(CPE)
金属イオン化	アイオノマー(カルボン酸基含有モノマーとエチレンの共重合体のNa, Znイオン化)
(2)付加反応　水素化(水添)	SBC(SEBS, SEPS, SEPAS, SEBC*, (HSBR)), TPO(CEBC*) (*Cは低ビニルBRブロックの水添物)
無水マレイン酸化	SBC(マレイン化SEBS(f-SEBS))
エポキシ化	SBC(エポキシ化SBS)
2. ブレンドによる方法	
2.1 単純ブレンド	TPO, TPVC(PVC/可塑剤, PVC/NBR)
2.2 $in\ situ$ ブレンド	TPO(R-TPO)
2.3 動的加硫タイプ	TPO(TPV)

添によりハードセグメントが生成し，初めてTPEとなるトリブロックポリマーも上市されている．このハードセグメントは1,2-結合(ビニル結合)が20％以下のBRの水添により得られる擬似PE構造(Cと略記)である[2,4,7]．

(2)で述べた動的加硫タイプTPO(TPV)中の架橋EPDMは，PP中にリアクターTPO(R-TPO)(次項参照)よりさらに小さく1 μm程度の大きさで分散した構造となる[6](2.2.5項参照)．この動的加硫技術は他の樹脂/ゴムの組合せにも応用可能であるが，その際樹脂，ゴム成分としては，①両成分の表面エネルギー差の小さい組合せ，②結晶性が高い樹脂成分，絡み合いの密度が高いゴム成分，の選択が好ましいとされている[8]．また，目標とする性能をだすために，これらの条件に合わない組合せをとる場合は，相溶化剤を使用して欠点を補うことができる[9]．

(4) TPEの特徴と基本的物性　TPEは熱可塑性樹脂と同様に成形でき，かつ優れたゴム弾性を示す材料である．しかし，その構造上加硫ゴムに比して劣る点もある．例えば，架橋点を熱可塑性樹脂やイオン架橋構造に依存しているため，それらのガラス転移温度(T_g)，溶融温度(T_m)あるいは解離温度以上にTPEがさらされると，これらの樹脂やイオン架橋構造体は流動し，製品は変形してしまう．一方，この性質を逆に生かせば，TPE製品は加硫ゴム製品では基本的にむずかしいマテリアルリサイクルが可能となる．加硫ゴムと比較した場合の，TPEのこのような特徴を表3.2.39にまとめて示す[10]．これらの特徴のうちで短所としてあげられている物性は，主にハー

表 3.2.39 加硫ゴムと比較した場合の TPE の特徴

長　　所	短　　所
(1) 熱可塑性樹脂用成形機で迅速に加工ができ，加硫工程を必要としない．	(1) 温度上昇による物性低下が大である．
(2) 補強剤を加えなくても補強された加硫ゴムと同様，もしくはそれ以上の強度特性を有する．	(2) 高温において塑性変形を起こす．
(3) 軟質加硫ゴムからプラスチックに近いものまで，広範囲の物性をもつ弾性体が，素材の化学構造を変化させることによって得られる．	(3) 残留ひずみが大きく，応力緩和，クリープ現象が起こりやすい．
(4) 得られた弾性体は，化学架橋されていないために熱可塑性で，スクラップの再使用が可能である．	(4) 拘束相が結晶相でない場合，耐溶剤性が低い．
(5) TPE を溶剤に溶かして得られた TPE 溶液をキャストしたのち，溶剤を気化させるだけで弾性フィルムを得ることだできる．また，ブロー成形やインフレーション成形もできるなど加硫ゴムではできない成形法が可能である．	

表 3.2.40 代表的な TPE 主要実用物性

性質	SBC	TPO	TPV	TPVC	TPU	TPEE	TPAE
比重	0.90~1.2	0.89~1.0	0.90~1.0	1.2~1.3	1.1~1.3	1.1~1.3	1.1~1.2
硬さ　ショア A/D	30A~75D	60A~75D	40A~50D	40A~70D	70A~55D	40A~72D	75A~63D
引張強さ	G/E	P/G	F/E	G	E	E	G/E
耐候性	P/G	G	G	F/G	F/G	G	G
最低限界温度(℃)	−70	−60	−60	−50	−50	−65	−40
最高限界温度(℃)	100	120	135	110	135	160	120
圧縮永久ひずみ 100℃×22 時間	P	P	G/E	F	F/G	F	F/G
耐油性	P	P	F/E	G/E	F/E	G/E	G/E
耐水性	G/E	G/E	G/E	G/E	F/G	P/G	F/G

P=poor, F=fair, G=good, E=excellent

218   3. ゴ ム 材 料

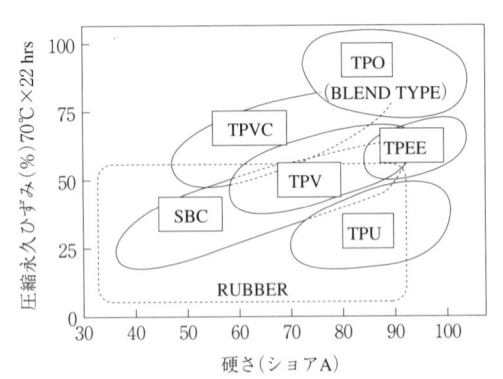

図 3.2.33 各種 TPE の硬さ・圧縮永久ひずみの位置づけ

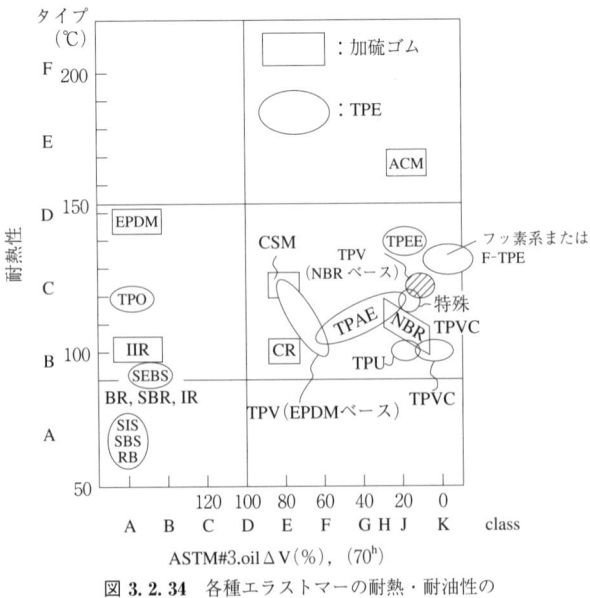

図 3.2.34 各種エラストマーの耐熱・耐油性の位置づけ (ASTM D2000)

3.2 原料ゴム

ドセグメントの種類により決定づけられる．

代表的なTPEについて，それらが判断できる基本的物性の一覧を表3.2.40および図3.2.33，図3.2.34に示す[6]．TPU，TPEEおよびTPAEなどのエンジニアリングプラスチック(エンプラ)系TPEとTPVが優れた耐熱性を示すが，エンプラ系TPEは耐(熱)水性が劣る．また，比較的高温(100℃)での圧縮永久ひずみはTPVが優れる．

(5) TPEの需要とメーカー TPEは1959年から1985年まで，年率9％以上の高伸長率で需要を伸ばしてきた．加硫ゴム代替もかなりいきわたってきたためか，その後は少し率を下げてはいるが，樹脂改質用途を中心に依然伸長を続けている[2]．1990年以降の世界におけるTPEの需要推移を，国際合成ゴム生産者会議(IISRP)発表データとそれをもとに算出したTPE化率などの結果を加硫ゴム用原料ゴム消費量とともに表3.2.41に示す．表3.2.41は，TPEの伸長率が最近でも原料ゴムの2倍以上であることを示している．またTPE化率は，1990年の4.3％が新たに中国の統計が加わったとはいえ，1998年には7.2％にまで拡大しており，10％の大台をもうかがう勢いである．最近，世界的に環境問題がクローズアップされ，ゴムのなかではTPEが

表3.2.41 1990年代の新ゴム消費量推移　(単位：千トン，％)

項目		1990	1991		1992		1994		1996		1998[c]	
			消費量	前年比	消費量	前年比	消費量	前年比	消費量	前年比	消費量	前年比
原料ゴム	合成ゴム	9941	9656		9660		9089		10111		10454	
	天然ゴム	4997	4927		5168		5464		5865		6498	
	合計	14938	14583	▲2.4	14828	1.7	14552	2.8	15976	4.5	16952	2.2
TPE		671	702	4.6	737	5.0	829	8.2	948	8.6	1310	6.0
TPE化率(％)[a]		4.30	4.59		4.73		5.39		5.60		7.17	
合成ゴム中のTPE(％)[b]		6.32	6.78		7.09		8.36		8.57		11.14	

[a] TPE量×100/(原料ゴム+TPE)量，[b] TPE量×100/(合成ゴム+TPE)量，[c] 1997年より今まで計上されていなかった中国のTPE消費量が新たに加わっている．
出典：IISRP

表3.2.42 1994年の日本，北米，欧州における主要TPEの消費量 (単位：千トン)

TPE種	日本	北米	欧州	合計
SBC	35	200	117	352
(水添系)	(6)[1]	N.A.	N.A.	
TPO	20〜30	122.5	99	241.5〜251.5
(TPV)	(2)[2]	N.A.	(20)[2]	
TPVC	25〜30	N.A.	N.A.	25〜30
TPU	9.5	41.5	31	82
TPEE	5	27.5	N.A.	32.5
TPAE	1	N.A.	5	6.5
syn-1.2-BR	18[3]	—	—	18
その他	N.A.	33.5	8	41.5
合計	114〜129	425	260	799〜814

[1] SBC中の内数，[2] TPO中の内数，[3] 輸出分を含む．

3. ゴム材料

表 3.2.43 主要TPEのメーカーと商品名（文献11を改変）

分類	拘束様式	ハードセグメント	ソフトセグメント	製造・販売会社 （輸入販売コンパウンド会社）	商品名
スチレン系（SBC）	凍結相	ポリスチレン（PS）	ポリブタジエン（BR）またはポリイソプレン（IR）	Shell Chemical（シェルジャパン） 旭化成工業 JSR 電気化学工業 日本ゼオン EniChem Dexco Polymers（稲畑産業, エクソン化学） クラレ ダイセル化学工業	Kraton D, Cariflex TR タフプレン, アサプレンT JSR TR, JSR SIS デンカ STR Quintac Europrene SBS, SIS Vector ハイブラー エポフレンド
			水素添加ポリブタジエン（EB）	Shell Chemical（シェルジャパン） Shell Chemical（三菱化学）[a] Shell Chemical（住友化学工業）[a] Shell Chemical（アロン化成）[a] 旭化成工業[a] 理研ビニル工業[b] クラレ	Kraton G ラバロン 住友TPE・SB エラストマーAR タフテック レオストマー, アクティマー, トリニティー セプトン
			水素添加ポリイソプレン（EP, EPA）	クラレ[b] 理研ビニル工業[a]	セプトン, ハイブラー レオストマー, アクティマー, トリニティー
			水素添加（スチレン）ブタジエンラバー	JSR	ダイナロン SEBC
オレフィン系（TPO）	結晶相	ポリエチレンまたはポリプロピレン（PEまたはPP）	水素添加（スチレン）ブタジエンラバー	JSR	ダイナロン HSBR アロイ ダイナロン CEBC
			エチレン-α オレフィン系ゴム （EPDM, EPM, EBM）	三井化学 住友化学工業 JSR 三菱化学 AES（AESジャパン） 東燃石油化学 大日本プラスチックス DSM（三洋貿易, 東洋紡績） 日本ポリオレフィン トクヤマ モンテルエスディーケイサンライズ チッソ 住友ベークライト 三菱化学 MKV プラス・テク	ミラストマー, グドマー 住友TPE, エクセレンEPX JSR サーモラン サーモラン, SPX, ゼラス Santoprene, Geolast, Trefsin TE, TEX MKレジン（IPN系） Sarlink オレフレックス P. E. R. HiFax, Adflex NEWCON スミフレックス ミラプレーン アムゼル
塩ビ系（TPVC）	結晶相	結晶ポリ塩化ビニル（PVC）	非結晶 PVC またはアクリロニトリルブタジエンラバー（NBR）	三菱化学 MKV 電気化学工業 住友ベークライト 信越ポリマー チッソ 鐘淵化学工業 東亜合成化学工業 ゼオン化成 プラス・テク 理研ビニル工業 DSM（三洋貿易）	サンプレーン, ミラプレーン デンカレオマーG, LCS スミフレックス ポスミール エラスリット, エラストダル エパーレ アロンエラストマーAE, アロンNP エラスター パネックス, プラストマー レオニール Sarlink
ウレタン系（PU）	水素結合および結晶相	ウレタン構造	ポリエステルまたはポリエーテル	日本ミラクトラン 大日本インキ化学工業 日本ポリウレタン ダウケミカルジャパン 武田バーディシェウレタン工業 バイエル 協和発酵工業 日本メクトロン 大日精化工業 三井日曹ウレタン 日清紡績 クラレ 旭硝子 住友ベークライト 東洋紡績	ミラクトラン パンデックス パラプレン ペレセン タケラック, エラストラン Desmopan, Texin エステン, エスタロック アイアンラバー レザミンP ハイプレン モビロン クラミロンU ユーファイン スミフレックス 東洋紡ウレタン

3.2 原料ゴム

エステル系（TPEE）	結晶相	ポリエステル	ポリエーテルまたはポリエステル	DuPont（東レ・デュポン）	Hytrel
				東洋紡績	ペルプレン P, S
				大日本インキ化学工業	グリラックス E
				GE（日本ジーイープラスチックス）	Lomod
				三菱レイヨン	ダイヤアロイ R
				Hoechst-Celanese	Riteflex
				Eastman Chemical	Ecdel
				Montedison	Pibiflex
				積水化学工業	S-TPE
				日本ゼオン	ZTPE
				帝人	ELA
				日本合成化学	フレクソマー
				日本ミラクトラン	リベラン
				DSM（稲畑産業, DSM・JSRエンジニアリングプラスチックス）	Arnitel
				三菱化学	プリマロイ
アミド系（TPAE）	水素結合および結晶相	ポリアミド	ポリエーテルまたはポリエステル	ELF ATOCHEM（エルフ・アトケミジャパン）	Pebax
				Hüls（ダイセルヒュルス）	Vestamid（ダイアミド-PAE）
				Ems（大日本インキ化学工業）	グリラックス A
				Ems（三菱エンジニアリングプラスチックス）	ノバミッド PAE
				宇部興産	UBE・PAE
				Ems（Emsジャパン）	グリロン ELX, グリラミド ELY
				積水化学工業	S-TPAE
その他	結晶相	結晶ポリエチレン	塩素化ポリエチレン	昭和電工	エラスレン
				ダイソー	ダイソラック
				Hoechst-Celanese	Hostaprene
				デュポンウエラストマージャパン	Tyrin
				三菱化学MKV	ミラプレーン
				Du Pont（三井・デュポンポリケミカル）	Alcryn
	イオン架橋部イオンクラスター	金属カルボキシレート	非結晶ポリエチレン	Du Pont	Surlyn A
				三井・デュポンポリケミカル	ハイミラン
	結晶相	シンジタクティック-1,2-BR	非結晶 BR	JSR	JSR RB
	結晶相	トランス-1,4-IR	非結晶 IR	Polysar	Trans-PIP
				クラレ	トランス-ポリイソプレン
	結晶相	フッ素樹脂	フッ素ゴム	ダイキン工業	ダイエルサーモプラスチック
				セントラル硝子	セフラルソフト
	結晶相	結晶ポリエチレン	EVA または EEA	日本ユニカーなど	

注：a）PP/SBC/オイルコンパウンド系（正確にはTPO系だが慣例上SBCに分類）のみ．
b）上記コンパウンド系も含む．

ますます脚光を浴びていることから，10％のシェアは時間の問題と思われる．

わが国には TPE 需要に関する正確な統計データがなく，少し古いが表 3.2.42 に日・米・欧における主要 TPE 種別の消費量を示す[2]．TPE 消費量のなかで最大使用量を誇るのは世界共通で SBC で，次いで最近伸張の著しい TPO であり，欧米ではこの二大 TPE が全体の約8割を占める．日本ではこの二者に TPVC が加わり三大 TPE となっている（欧米では TPVC は軟質 PVC として扱われ，統計上 TPE に分類されていない）．なお，世界的な TPE 化率と比較すると，日本の TPE 消費量はいまだ少ないといえる[2]．

わが国におけるこれら TPE の種類別のメーカー（コンパウンド会社，輸入業者も含む）を商品名とともに表 3.2.43 に示す．

（6）各種 TPE の市場　（4）に述べた特徴に応じて各種 TPE はさまざまな用途に使い分けられている．表 3.2.44 に，主要 TPE の主な用途例を示す．

TPE のなかで最も加硫ゴムに近い物性を有する SBC は，主に SBS, SIS, SEBS,

表 3.2.44 主要TPEの分野別用途マップ

	SBC	TPO	TPVC	TPU	TPEE	TPAE	syn-1,2-BR	F-TPE
自動車	表皮材、ホース、エアバッグケース、メーターフード	マッドガード、バンパー、ブーツ、エアホース、内装表皮材、グラスランチャンネル、ウェザーストリップ、エアーバッグカバー	ウェザーストリップ、パッキン類、ブーツ類、ダクトカバー	ブーツ類、ショックアブソーバー、パッキン類、パネル	R&P・CVJブーツ、エアダクトホース、ドラフト	パーキングケーブル・カバー	制振材、ダッシュインシュレータ、パッキン、マット	業務用シール、パッキン、医療・理化学用機材部品、半導体製造装置
家電・弱電	電線ケーブル、プラグ類	ホース、パッキン、足ゴム、電線ケーブル、ホース、プロテクター	電線ケーブル、ホース、パイプ、プロテクター、パッキン	電線ケーブル	ギア類、ホース、プロテクター、パッキン、ベルト、カールコード	消音ギア、圧着端子		
工業製品	パッキン類、ノブ、マット、ガーデンホース	ダクト、工具グリップ	ダクトホース、サクションホース、ガーデンホース	ホース、チューブ、ベルト、ギア類、フィルム	ホース、チューブ、ベルト、ローラー、カメラグリップ	ホース、チューブ類	ゴム袋製投貨、カーボンブラック用フィルム	
土木・建材	アスファルト改質、クラフトテープ、ローラークリーナー	止水シート、マット、ガスケット	止水シート、シール、目地、ガスケット、マット	シート、フィルム				
スポーツ用品・日用雑貨	シューズ・ソール、ゴーグル、ストックグリップ、結束剤、接着剤	ローラー、スポーツ用・支具用グリップ、アクアラング、フィルム	玩具類、文具類、置物、人形など各種小物、フィルム	スポーツシューズ、ソール、時計バンド	シューズ・ソール、ボール内袋、エアレスチューブ	シューズ・ソール、スキーシューズ	シューズ・ソール、アッパー材、ローラー、グリップ類、フィルム	
医療・ヘルスケア	紙おむつ、注射器シリンジ、ガスケット	歯ブラシ、クロメット、採血管キャップ	輸液バッグ、輸液チューブ	コンドーム	ヘアブラシ	カテーテル	医療用チューブ	
樹脂改質	PS・PPE改質、粘着化剤	軟質PVC代替材		PVC、ABS、POMなど	ポリブレンド	Nylon6改質など他樹脂とのアロイ	SBS、EVA、PP改質	
その他	不織布			手袋などのコーティング、不織布	不織布		輪出	

SEPSの4種からなる．このうちSBSが約60％で，PSやPPE（ポリフェニレンエーテル）などプラスチックの耐衝撃性改質，道路用アスファルト改質，粘・接着剤および履物に用いられる．約20％のSISは粘着テープや紙おむつ用などの粘・接着用途であり，特殊な高ビニルタイプSISが制振材用途に用いられている．残りのSEBS，SEPSはPPEやポリアミドなどのエンプラ改質用途や，これらにPPとオイルをブレンドしたコンパウンドグレードとして自動車・家電・医療・文具など幅広い用途分野に用いられている[2,11]．

耐候性の良好なTPO（含TPV）の主用途は自動車用で，TPOの約70％を占める．最近，環境問題から自動車の軽量化や部品のリサイクル，ダイオキシン発生防止を目的に加硫ゴム・PVCのTPO化がさらに進められており，軟質PVC代替ではPPを軟質・透明化し，耐傷つき性のよいTPOとする高ブチレンタイプ水添SBR（HSBR）が注目されている[2,4,7,11]．

耐油・耐候性の良好なTPVCも自動車用途が60％以上を占めるが，最近はPVCが原因ではないにもかかわらず，ダイオキシン問題で忌避され，用途を減少させている[2,4,7,11]．

エンプラ系TPEでは，機械的強度・耐摩耗性の良好なTPUは，ホース・チューブなど広い用途に用いられ，耐屈曲性・耐候性良好なTPEEは，クロロプレン製品の代替として自動車用等速ジョイント（CVJ）ブーツに最も多く用いられている[2,4,11]．また，耐摩耗性・振動吸収性良好なTPAEはスパイクシューズなどのスポーツ用品，消音ギアなどに用いられている[2,11]．

その他のTPEで需要量の多い耐候性，難燃性，耐薬品性に優れる塩素化PEは，PVC，ABS樹脂の改質，電源被覆，ゴム磁石，ライニングシート，ホースなどが，塩素化エチレンコポリマー架橋体アロイAlcrynは自動車用モールが主用途である．また，syn-1,2-BRは靴底，医療用チューブ，制振材，ゴム薬品計量用袋などに使用される[2,4,11]．

(7) 新しいTPEと今後の方向　各種TPEが開発・上市されてきたが，いまだ残されている問題も少なくない．(4)項でみてきたように，TPEは耐熱性，圧縮永久ひずみ，耐クリープ性，耐キンク性，低硬度品の強度などが課題である．

最近，シクロヘキサジエン（CHD）のリビングアニオン重合が見いだされた．このCHDとブタジエンとのブロックポリマー（ないしはその水添物）は170～220℃と高い耐熱性を示すTPEとなる[11,12]．また，ハードセグメントに液晶を用いた低硬度・耐熱TPEEなど各種液晶TPEも検討されている[6,11]．これらはいまだコストの問題などから上市や実用化には至っていない．しかし，環境問題は否応なくTPOを中心としたTPE化に向けて風をなびかせており，上述の研究や最近長足の進歩をみせている樹脂との複合成形技術開発などの地道な努力がTPEをさらに拡大させるであろう．

〔竹村泰彦〕

文　献

1) 小松公栄：ゴム工業便覧(第4版)(日本ゴム協会編)，p.355，日本ゴム協会 (1994).
2) 竹村泰彦，小松公栄：日ゴム協誌，**69**，578 (1996).
3) 山下晋三，小松公栄ほか：高分子新素材 One Point 19「エラストマー」，p.61，共立出版 (1989).
4) 竹村泰彦：自動車用高分子材料Ⅱ(シーエムシー編)，p.111，シーエムシー (1998).
5) IISRP(国際合成ゴム生産者協会)よりの私信.
6) 竹村泰彦，小瀧晶子：日ゴム協誌，**69**，589 (1996).
7) 竹村泰彦：第8回ポリマー材料フォーラム，講演要旨集，p.247 (1999).
8) Coran, A. Y., Patel, R. and Williams, D.：*Rubber Chem. Technol.*, **55**, 116 (1982).
9) Coran, A. Y. and Patel, R.：*ibid*, **56**, 1045 (1983).
10) 秋葉光雄：熱可塑性エラストマー，p.50，ラバーダイジェスト社 (1995).
11) 竹村泰彦：Plastics Age Encyclopedia〈進歩編〉1999，p.114，プラスチックスエージ社 (1998).
12) 名取　至：化学経済，**44**(9)，59 (1997).

q. リアクター型熱可塑性ポリオレフィン

リアクター(reactor)TPOとは，オレフィン系の熱可塑性エラストマー(TPO)の一種であり，従来型のTPOが機械的なブレンドによって製造され，その性能を発現させてきたのに対し，リアクター内での重合反応によってその性能を発現させたものである．触媒，重合，製造プロセスにおける最新の生産技術を駆使し，最も簡略化，効率化されたプラントシステムから粒状体で回収されるコストパフォーマンスに優れた軟質材料である．インプラントTPOと称されることもある．もちろんこの製品が加工メーカーの段階でさまざまな樹脂やフィラーその他の添加剤の機械的ブレンドによって独自に物理的あるいは化学的に改質されることもある．

　リアクターTPOの技術的源流はポリプロピレン樹脂の一種であるプロピレン-エチレンブロック共重合体のゴム成分の比率を増やし，低温衝撃性を強化する試みに端を発している．1980年代に開発された三菱油化(現三菱化学)の「Soft Polymer-X」はその代表例である．1990年代初めにはハイモント(現モンテル)が「Catalloy」，徳山曹達(現トクヤマ)が「P.E.R」の商品名で，より軟質化されたプロピレン系のエラストマーを開発上市し，リアクターTPOの概念が一般的になった[1〜4]．引き続いて，チッソが「NEWKON」，出光石油化学が「出光TPO」を開発上市し，本格的なリアクターTPOの時代を迎えることになった．

　リアクターTPOは現時点ではプロピレン系の熱可塑性エラストマーで，プロピレン重合成分(結晶成分)とエチレン，プロピレンなどからなる共重合成分(ゴム成分)を逐次重合してつくられる重合体であって，大量に生成する共重合成分をミクロ分散させて性能を発現せしめた非架橋型のエラストマーである．この両成分の一部が相溶化している状態からポリマーアロイの一種との認識もある[5]．リアクターTPOの基本的特性を規定している因子として分子量・分子量分布，結晶成分量(結晶化度)と結晶分散性，共重合段階でのプロピレン，エチレンなどの重合割合とその均一性である．これらの因子の組合せによってさまざまな性能が発現してくる[6]．各社の製品はそれ

れの用途に合わせて分子設計と製造プロセス設計がなされており，その範囲は用途の多様化を反映して拡がる傾向にある．

リアクターTPOの特徴としては，ブレンド型TPOに比べて製造コストが低く，品質は均一性に富む．エラストマーのなかで最も軽く，現場作業性に優れる．ポリプロピレン結晶成分の制御により耐熱性にも優れる．また押出しでの薄膜成形が可能であり，従来困難といわれていたカレンダー成形性も有する．酸，アルカリなどの耐薬品性にも優れている．可塑剤やプロセスオイルなどの軟化剤を添加しないため，それらの飛散による環境汚染の心配がない．リサイクルも可能で，マテリアルリサイクル，エネルギーリサイクルともに容易であり，環境負荷も比較的小さい．

これらの特性を生かしながら市場開発が進められているが，自動車分野では内装表皮材，フロアーマット，マッドガード，電線被覆材などに，家電分野では洗濯機，掃除機のフレキシブルホース，掃除機のバンパーや車輪などに使用される．建材・住設分野では防水シート，ルーフィング材，化粧フィルムなどの塩ビ分野に進出している．食品関連では塩ビ系のラップフィルムの代替としてポリエチレン系とともにそのシェアを伸ばそうとしている．医療分野も廃棄物処理の問題で代替材料の検討が進んでおり，大きく伸びる可能性がある[7〜9]．その他，樹脂の耐衝撃性や触感性の改良材としても使用されている．

リアクターTPOは技術的にも市場的にも発展途上にあり，今後の展開により大きな市場に成長する可能性を秘めている．とくにモンテルの事業戦略は壮大であり，巨大プラントをグローバルに建設・配置し，既存のTPE市場や塩ビ市場を取り込んで，代替していくとの構想を進めている[10]．プロピレン系ポリマーのコストや品質にとって，最も重要なキーテクノロジーは重合用触媒にある．近年，メタロセン(metallocene)触媒によるプロピレン系ポリマーの開発は大きく進展しており，ヘキストに続きチッソも生産プラントによるテストに成功している．このメタロセン触媒をリアクターTPOに展開すれば，新しい成果が得られるとの期待が寄せられている[11]．さらにいえば，ポストメタロセン触媒として注目されているブルックハート触媒では極性モノマーでも重合可能といわれており，リアクターTPOにとどまらず，近い将来にはリアクターTPEへとその範疇を拡げる可能性もある． 〔朝枝英太郎〕

文　献

1) Schut, J. H.: *Plastics Technology*, **38**(7), 31 (1992).
2) Schut, J. H.: *Plastics Technology*, **39**(6), 29 (1993).
3) 緒方隆之：プラスチックス, **44**(11), 88 (1993).
4) 東レリサーチセンター：ゴム・エラストマーの高性能化技術の新展開, p.122 (1996).
5) 岡山千加志：化学経済, **43**(10), 8 (1996).
6) 朝枝英太郎：98-1高分子の崩壊と安定化研究会予稿集, p.7, 高分子学会 (1998).
7) 三菱化学, モンテル, トクヤマ, チッソ, 出光石油化学のカタログおよび技術資料.

8) 竹村泰彦, 小松公栄：日ゴム協誌, **69**(9), 40 (1996).
9) 金沢修治：合繊樹脂, **44**(10), 22 (1998).
10) Vogtlaender, P. H.：*Plast. Eng.*, **53**(9), 20 (1997).
11) 鞠谷信三：日ゴム協誌, **70**(2), 22 (1997).

3.2.2 液状ゴムと粉末ゴム
a. 液状ゴム

原料ゴムを室温での形状で分類し，液状であって流動性のあるものを液状ゴムと呼んでいる．通常分子量は数千程度のオリゴマーで，分子末端に官能基を付与した液状ゴムが多く開発されている．化学反応によって，鎖延長と架橋が進行し，高分子量の架橋ゴムとすることができる．また，ムーニー粘度を20以下に可塑化したり，固形ゴムをしゃく解させて常温が容易に流動するよう分子量を低下させた流動ゴムを含めることもある．通常，液状ゴムは主鎖の構造によって次のように分類される．

① 多硫化ゴム（ポリサルファイドゴム）系
② シリコーンゴム系
③ ウレタンゴム（ポリエーテルウレタン，ポリエステルウレタン）系
④ ジエンゴム（ポリブタジエン，ポリイソプレン，ポリクロロプレン）系

分子の両末端に官能基を有するテレキリックゴムと官能基のない非テレキリックゴムに分けることもある．液状ゴムは粘度が低くて可塑性が大であり，注形加工をすることができ，室温で硬化（架橋）反応を進めることが可能で，省エネルギー加工をすることができるなどの特徴がある．一方，粘ちゅう性のために取扱いがむずかしく，充てん剤の分散に問題があるなどの多くの欠点もある．したがって，架橋ゴム前駆体としての用途以外に，表3.2.45に示すように多くの分野での用途を拡大している．

歴史的にみて最初の液状ゴムは天然ゴム(NR)をメカノケミカル法で解重合した非テレキリックの液状天然ゴム(LNR)[1]である．現在はNRラテックスをフェニルヒドラジンと酸素による解重合によって得られている．架橋が可能な反応性加工助剤として使用され，分子量3万程度のLNRをNRに配合すると，プロセス油を用いるよりも優れた物性の加硫物を得ることができる．

分子末端にメルカプト基をもつ液状ポリサルファイドゴム[2]は，分子量が約1000～8000で化学構造は次のようである．

$$HS-(C_2H_4-O-CH_2-O-C_2H_4-S-S)_n-C_2H_4-O-CH_2-O-C_2H_4-O-$$

二酸化鉛などの硬化剤により常温で三次元化し，ゴム状弾性体になる．過酸化物，エポキシ化合物，イソシアナート化合物およびポリエステルなども硬化剤として使用される．

表3.2.45 液状ゴムの用途[7]

1. 接着剤, 粘着剤（無溶剤, 室温硬化型）	14. 工業用ゴム資材（ベルト, ホース, 防振ゴム, パッキングなど）
2. コンクリート接着剤, レジンコンクリート	15. タイヤトレッド（やまかけ）用材料
3. 塗料, コーティング剤	16. タイヤ用（ソリッドタイヤなど）
4. 固体燃料バインダー	17. 合成皮革, 弾性繊維の原料
5. 防水, 耐薬品被覆膜（常温施行型）	18. 皮革含浸材
6. 電気部品用（ポッティング材など）	19. 各種発泡体
7. 建築, 土木用シーリング剤	20. ゴムあるいはプラスチック用反応性改質剤（反応性軟化剤, 可塑剤, 架橋助剤, グラフト化剤など）
8. 自動車フロントガラス接着シーリング剤	21. 土質安定剤, 改良剤
9. 歯科用印象材, 型取用弾性鋳型	22. カーペット類のパッキング, 繊維処理剤
10. 医療用材料	23. 道路舗装用ゴムアスファルト
11. 覆物材料(ユニットソール, ヒール)	
12. 床張り, 床材料	
13. 工業用弾性材料（車両用安全対策部品, 自動車バンパーなど）	

$$2R-SH + PbO_2 \longrightarrow -R-S-S-R- + PbO + H_2O \tag{3.2.8}$$

$$2R-SH + PbO \longrightarrow -R-S-Pb-S-R- + H_2O \tag{3.2.9}$$

$$-R-S-Pb-S-R- + 2PbO_2 \longrightarrow -R-S-S-R- + 2PbO \tag{3.2.10}$$

$$-R-S-Pb-S-R- + S \longrightarrow -R-S-S-R- + PbS \tag{3.2.11}$$

最大の用途は建築や自動車，航空機および車両用などのシーリング剤であるが，接着剤や塗料など多岐な分野で使用されている．

液状シリコーンゴム[3]は重合度100〜2000のジオルガノポリシロキサンが主成分であり，側鎖の種類により，ジメチルシリコーン(MQ)，メチルビニルシリコーン(VMQ)，メチルフェニルシリコーン(PVMQ)およびフロロシリコーン(FVMQ)に分けられる．液状シリコーンゴムには一液型と二液型があり，硬化させる温度により，室温硬化型(RTV)と加熱硬化型(高温；HTV，低温；LTV)に，また，硬化反応機構によって縮合型と付加型に分類することができ，その種類は非常に多い．縮合一液型RTVは末端がシラノール基($\equiv$Si-OH)で重合度300〜700のジオルガノポリシロキサンを主剤として，シリカ充てん剤や硬化剤の反応性シラン化合物などを配合し，空気との接触を避けてチューブやカートリッジなどの容器に詰められている．容器から押し出すと空気中の湿気により総合反応が起こり，硬化が進行する．二液型RTVは使用直前に主剤と硬化剤を混合し，常温硬化させて架橋ゴムにするものである．縮合の脱離副生物の種類により，脱酢酸型，脱オキシム型および脱アセトン型などに細分さ

表 3. 2. 46　硬化機構と製品の長所, 短所[8]

硬化機構		長所	短所
縮合型	酢　酸　型	ゴム強度, 透明性, 接着性がよい, 硬化が速い	酢酸臭, 腐食性, 安全性に欠ける
	アルコール型	無臭, 腐食性なし	硬化が遅い, 接着性にやや劣る
	ア　ミ　ン　型	硬化が速い	アミン臭, 腐食性, 毒性がある
	ア　ミ　ド　型	無臭, 低モジュラス化できる	接着性にやや劣る
	アミノキシ型	硬化性がよい, 低モジュラス化できる, 接着性, 耐久性がよい	アミン臭がある
	アセトン型	無臭, 無毒, 硬化が速い, 保存性, 作業性, 密封耐熱性がよい	やや高価である
	脱　水　素　型	発泡体ができる, 保温, 断熱性がよい	Ptタイプでは触媒毒がある
	脱　水　型	深部硬化性がよい	縮合水がぬけにくい, 電気特性に劣る
	オキシム型	匂いがほとんどなく, 各種の材料とよく接着する	銅系統金属を若干腐食する
付加型		硬化時副生物が発生しない, 無臭, 無毒, 非腐食性, 収縮率が小さい	触媒毒などを受ける, 一液型の場合, 保存性にやや劣る

れている.

$$\equiv SiOH + XSi\equiv \longrightarrow \equiv Si-O-Si\equiv + HX$$

$HX:CH_3COOH, CH_3OH, C_4H_9NH_2, (CH_3)_2CO, H_2O, H_2, CH_3-C(C_2H_5)=N-OH, CH_3CNHCH_3$ (with =O)

(3.2.12)

付加型はビニル基とシリリジン基($HSi\equiv$)とのヒドロシリル化反応によって硬化が進行し, 副生物は生成しない.

$$\equiv Si-CH=CH_2 + H-Si\equiv \longrightarrow \equiv SiCH_2CH_2Si\equiv \qquad (3.2.13)$$

液状シリコーンゴムの硬化機構と架橋物の特徴を表3.2.46に示す.

　ウレタンゴムのうち, 液状で成形して架橋できる原料ゴムを液状ウレタンゴム[4]という. 液状成形法にはワンショット法とプレポリマー法がある. プレポリマーはポリエーテルまたはポリエステルポリオールとジイソシアナート化合物との反応により, 分子末端をNCOまたはOHにしたものである. イソシアナートとして, トルエンジイソシアナート(TDI)やジフェニルメタンジイソシアナート(MDI)などが用いられる. NCO末端のものは水, グリコール, ジアミン類などの鎖延長剤を加えて高分子量化と架橋を行う. TDI系には芳香族ジアミンが, MDI系には1,4-ブタンジオールとトリメチロールプロパンの混合物が用いられる. ワンショット法は原料を一段的に混合して注形する方法である.

　主なジエン系液状ゴム[5]を表3.2.47に示す. ブタジエンをアニオンリビング重合または配位重合して液状BRがつくられる. 1,2-BR型と1,4-BR型があり, 末端に官能基をもたないもの, 片末端にもつもの, および両末端にもつものなど多くの種類がある. 液状ポリイソプレン, 液状ポリクロロプレン, 液状NBR, 液状SBRなどもあ

表 3.2.47 ジエン系液状ゴム [9]

化学名 一般名	末端官能基	分子量 ($\times 10^3$)	化番法 No.	CAS No.	比重	粘度 (ポイズ)	商品名	メーカーまたは仕入販売社
液状 1,2 BR								
1,2 BR	-COOH	1~4	6-721	9003-17-2	0.86~0.87		Niso PB	日本曹達
1,2 BR	-OH	1~4			0.89			日本曹達
1,2 BR		1~4						日本曹達
1,4 BR	-OH	0.5~4				15~1000/25℃	日本ポリブタジエン	日本石油化学
1,4 BR		3~4				50/30℃	Poly-bd	出光石油化学
1,4 BR	-OH	3~4			0.95	50/27℃	Hycar PLP	宇部興産
1,4 BR	-COOH							宇部興産
1,4 BR		1~6				7~300/20℃	Poltoil	日本ゼオン
両末端官能基型液状 BR								
BR	-COOH	4	6-720	590-12-2		500/27℃	Hycar CTB	宇部興産
	-OH	3~4	6-134	9003-55-8		50/30℃	Poly-bd R-45M	出光石油化学
SBR	-OH	3~4	6-454	106-99-0		150/30℃	Poly-bd CS-15	出光石油化学
NBR	-OH	3~4				525/30℃	Poly-bd CN-15	出光石油化学
NBR	-COOH	3.4				800/27℃	Hycar CTBN	宇部興産
NBR	-CH=CH$_2$	3.4				200/27℃	Hycar VTBN	宇部興産
NBR	-NH$_2$	3.4				190/27℃	Hycar ATBN	宇部興産
CR	-CL	2.5	6-743	9010-98-4		500/25℃	デンカ LCR	電気化学
液状 IR								
IR	-COOH	2~5	6-748	9003-31-0		740~4800/27℃	クラプレン LIR	クラレ
IR							クラプレン LIR-410	クラレ

る.末端の官能基は水酸基,カルボキシル基およびアミノ基などである.末端の官能基を利用して鎖延長剤との反応により,高分子量化と架橋を行うことができるが,反応性可塑剤,粘着剤,樹脂やゴムの改質剤などに利用されることが多い.水素添加した液状BRと液状IRも工業化されている[6].

〔稲 垣 愼 二〕

文　　献

1) 山下晋三:ゴム工業便覧(第4版)(日本ゴム協会編), p.201, 日本ゴム協会 (1994).
2) 堂腰範明:ゴム工業便覧(第4版)(日本ゴム協会編), p.348, 日本ゴム協会 (1994).
3) 伊藤邦雄編:シリコーンハンドブック, pp.344-464, 日刊工業新聞社 (1990).
4) 深山美代治:日ゴム協誌, **62**, 758 (1989).
5) 古沢輝雄:ゴム工業便覧(第4版)(日本ゴム協会編), p.336, 日本ゴム協会 (1994).
6) 高松秀雄, 港野尚武:日ゴム協誌, **63**, 711 (1990).
7) 竹村泰彦:日ゴム協誌, **70**, 689 (1997).
8) 小松公栄:ゴム工業便覧(第4版)(日本ゴム協会編), p.361, 日本ゴム協会 (1994).
9) 黛　哲也:ゴム工業便覧(第4版)(日本ゴム協会編), p.328, 日本ゴム協会 (1994).
10) 小松公栄:ゴム工業便覧(第4版)(日本ゴム協会編), p.464, 日本ゴム協会 (1994).

b. 粉 末 ゴ ム

粉末ゴムは樹脂と同様に連続混練りや連続押出しなど連続加工工程で用いられる.またポリマーアロイなど樹脂改質剤用途や粉末ゴムの特徴を生かした接着剤用途,溶解用途や吸着材用途に使用される.ゴムの粉末化は,1970年代から1980年代にかけて,新しい混練技術による経済的なゴム製品加工工程の実現とゴムの新用途開発の面から非常に興味がもたれていたが[1],一般的用途のみならず特殊用途でも,原料ゴムの形状として粉末ゴムは主流になっていない.しかし,いくつかの特殊な用途では粉末ゴムは定着しており,技術の進展や新規分野の開発により将来さらに重要な材料になる可能性は十分にある.粉末ゴムの厳密な定義はなく,粒子径が約1mm以下の原料ゴムが粉末ゴムと呼ばれる場合[2]や,0.8 mm以下の粉末状原料ゴムが粉末ゴムと呼ばれている場合[3]もある.また,3〜5 mm程度の粗粉砕品やクラム状のものや,約10 mm程度のペレット状やさらに大きくチップ状のものも粉末ゴムと同様な用途に使われることが多い.

(1) 粉末ゴムの種類　　IISRP(国際合成ゴム製造者協会)のThe Synthetic Rubber Manual(13 th ed.)に登録されている粉末ゴムの種類は約50種類あり,その多くはNBRである.そのほかにCM(塩素化ポリエチレン),スチレン含有量の高いSBR,ポリノルボルネンゴムがある.

粉末ゴムに分類されることも多いクラム,ペレット,チップなどにおいても,やはりNBR系のものが多く,XNBR(カルボキシル化NBR),NBRカーボンブラックマスターバッチ,NBR/PVCがあり,このほかにACM(アクリルゴム),EPDMやSBRな

どがある．CRにはチップ状の製品も多い．粉末天然ゴムの報告もあり，また機械的粉砕法により，量的には少ないが，比較的容易に架橋ゴムの粉砕が工業的に行われるので，いろいろな種類の粉末ゴムが市場に流通している．

化学的架橋を行うことなくゴム状弾性を示すブロックポリマー（ポリスチレン系，ポリウレタン系，ポリエステル系）やブレンド系（ポリオレフィン系，PVC系）熱可塑性エラストマーは，自己粘着が少ないためペレット状で供給され，連続混練りや連続成形などプラスチックと同様な加工法が適用されることが多い．

(2) 粉末ゴムの製法 現在市販されているほとんどの粉末ゴムは，機械的粉砕法かスプレー乾燥法で製造されている．

(i) 機械的粉砕法： ゴムの粗粉砕機として，可動または固定刃でゴムがせん断されるせん断粗粉砕機がある．このタイプの粉砕機では，厳密な意味での粉末ゴムを得ることはむずかしく，比較的コストが安いが，得られる粉体の粒子径は大きい．工業的に実施されている粉砕法として衝撃粉砕法がある．この粉砕法の特徴は，高速可動部と固定部間で被粉砕物に衝撃を与えることである．高速可動部により破壊のエネルギーをゴムに与えるが，さらに固定部への衝突で粉砕を促進する．遠心分離型ミルやハンマーミルがその典型的装置である．機械的粉砕法では，ゴムの種類や性状によって発熱や粘着しやすい低粘度ゴムの粉砕はむずかしい．液体窒素や液化天然ガスなどによりゴムをガラス転移温度以下に冷却，つまり樹脂状にして粉砕する冷凍粉砕法が有効である．機械的粉砕法の特徴は，① 粒子径は比較的大きくその分布が広い，② 粒子内部は密であり，外観は鋭利である，③ 塊状ゴムから数工程をへて粉末ゴムとなるが，比較的多くの種類のゴムに適用される，④ 設備が比較的小規模で少量多品種生産に向く，などである．

(ii) スプレー乾燥法： スプレー乾燥はゴムの種類は限定されるが，粉末ゴムを得る有効な方法である[4]．この方法は液状の原料（ゴムラテックス）を高温乾燥媒体中に噴霧・乾燥し，工程が1段で連続的に粉末状物質を得る方法である[1]．液状原料の噴霧，霧状粒子と乾燥空気との接触，水分の蒸発，乾燥空気から粉末ゴム粒子の回収，の4段階から成り立っている．

スプレー乾燥法の特徴としては，① 粒子径が小さくまたその分布が狭く，形状が球形である（図3.2.35），② 小粒子の凝集体で多孔質になりやすい，③ 液状原料から1段で製造されるがゴムの種類が限定される，④ 大量生産に向くが設備が大規模なこと，などがあげられる．

(iii) その他の方法： 粉末ゴムや粒状ゴムのその他の製造法も種々検討されている．溶液重合または乳化重合ゴムとカーボンブラックやシリカとの共凝固による方法では，汎用ゴム以外に特殊ゴムであるNBRでも検討されている．クラム状であるが，カーボンブラックやシリカの混入により相互の粘着を防止している[8]．

重合時に粒状でゴムを回収する方法が検討されている．気相重合で生成粒状EPDM

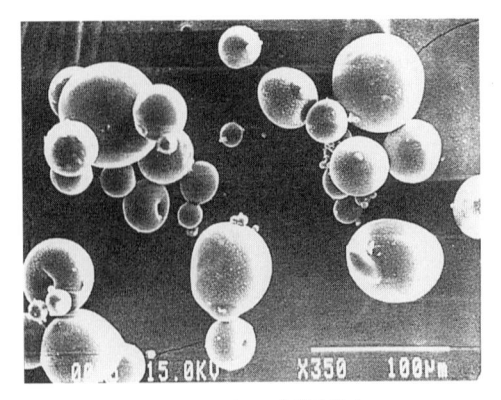

図 3.2.35　スプレー乾燥法粉末 NBR

を添加されたカーボンブラックで粒子相互の凝集を防いでいる．また，ゴムラテックスの凝固法の検討による方法やマイクロカプセル化の検討もなされている．

　(3) 粉末ゴムの凝集防止　　粉末ゴムは，ゴム表面間の接触を避ける手段をとり，長期の保存期間中や輸送中の互いの固着を防止している．一般的にはゴム表面を微粉末粉体でおおい防止する．この分離剤として，一般にシリカ，タルク，炭酸カルシウムやカルシウムシリケートなどの無機充てん剤や塩化ビニル樹脂粉末などの有機物が用いられる（表 3.2.48）．このほかの分離剤の試みとして，コアシェル重合によりゴム粒子表面を室温より高い T_g をもつポリマーで被覆する方法や，マイクロカプセル化などの検討もなされている．

表 3.2.48　粉末 NBR の性状

種　類	製　法	粒子径	分離剤
NIPOL 1411	スプレー乾燥法	40メッシュ通過	タルク
NIPOL HF01	機械的粉砕法	32メッシュ通過	炭酸カルシウム/PVC
NIPOL HF21	機械的粉砕法	32メッシュ通過	炭酸カルシウム

　(4) 用　途　　粉末ゴムは，現在ベール状原料ゴムから製造されている型物製品や押出製品の製造に使用でき，また樹脂ブレンドや接着剤・溶解用途や特殊用途に使用される．

　(i) 加工工程の連続化：　ゴム加工業では，ゴム原料がベール状のため，その混練設備はロール，バンバリーミキサー，インターナルミキサーやニーダーなどのバッチ式の重装備の装置が一般的に使用されている．粉末ゴムでは，樹脂加工工程で使用されている加工法が適用可能となる．主副原料の自動秤量後，ヘンシェルミキサーやリボンブレンダーによる各種配合剤の予備混合に引き続き，連続混練りなど一連の工程の自動化・連続化が可能である．さらに予備混合を連続混練押出機や射出成形機に

連結する連続成形法が検討され，連続混練機や連続混練押出機の加工設備の開発も行われている[5]．

ゴムの混練りでは大きなエネルギーが消費されているが，混練過程を解析・検討し，粉末ゴムの混練りは，混練時間および混練りエネルギーが従来の方法より優れている[1]．問題点として，① 粉末ゴム製造コストが大きい，② 再凝集しやすく，貯蔵・輸送が制限される，③ 分離剤が製品の特性に影響を及ぼす場合がある，④ 粉末ゴムの品種が少なく，自由度がない，などがあげられ，ホース，ベルト，ロール，シール，ガスケットやパッキン製品などの一般的な加工工程として採用される例はいまだ少ない[1,4,6]．

（ii）**樹脂改質剤**： 樹脂に強じん性，柔軟性，耐薬品性，ガス透過性などの特性を付与したり，ポリマーアロイを製造するために，種々のゴムが樹脂にブレンドされる場合がある．ペレット状や粉末状の樹脂の連続加工工程に合わせて粉末またはペレット状の自由流動性のあるゴムが必要となる．

NBRはPVCと相溶し，粉末NBRは歴史的に古くから硬質，半硬質のPVCに衝撃吸収剤や非抽出可塑剤として広く使用され，また自動車用燃料ホース，ガソリンスタンドのデリバリーホース，ガーデンホースや電線シース・ケーブルなどの軟質PVCにも使用される．またフェノール熱硬化性樹脂の耐衝撃改質剤として粉末NBRが古くから使用され，電気部品や接着剤に使用されている[7]．また，XNBRはエポキシ樹脂の改質に使用される．EPMやEPDMはポリオレフィン系樹脂の改質剤として使用されており，ペレット状のEPMやEPDMが使用される．

（iii）**摩擦材**： 摩擦材にはブレーキライニング，ディスクパッド，クラッチフェーシングなどが含まれ，どんな使用条件でも安定した高い摩擦特性，低発熱，摩耗が少なく，異音を発生せず，そして振動を吸収することが要求される．一般に粉末状のフェノール樹脂と短繊維とNBRの粉末ゴムが混合され使用される．粉末NBRは強じん性と摩耗性を向上させ，カレンダー成形性などの加工性も改良する．ポリノルボルネンゴムを用いて騒音を低下した製品もある．

（iv）**接着剤，溶解用途**： ゴム系接着剤の製造工程で，溶剤への溶解時間短縮に粉末ゴムや粒状ゴムが使用される．

（v）**特殊用途**： ポリノルボルネンゴムは，粒径が0.3～0.4 mmの多孔質の粉末ゴムである（図3.2.36）．芳香族ナフテンやパラフィン系油に可溶なため，座礁タンカーなどの流出油の処理・回収材として，またガソリンスタンドなどで床にこぼれた石油類の吸油材・吸着材として用いられる．物理的吸着であり，化学反応を伴わないので二次災害が起こりにくいことが特徴である．また，水や溶液中の不純物の吸着材として有効であることがある．

導電性ゴムには導電性カーボンブラックが使用されるが，通常の混練りではカーボンブラックのストラクチャーが破壊され導電性が損なわれる．導電性カーボンブラッ

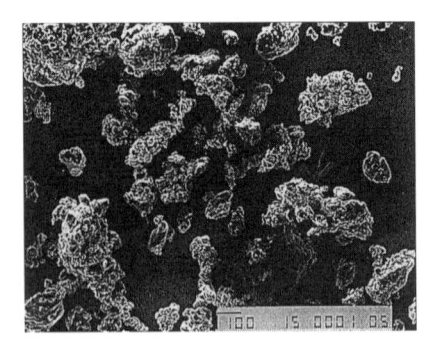

図 3.2.36 粉末ポリノルボルネン

クを共凝固したクラム状NBRは,混練り時に弱いせん断力で分散が可能であり,導電性が安定している.機械的粉砕法で,少量ではあるが種々のゴムの粉末ゴムが比較的容易に得られ,幅広く特殊な用途がある. 〔和田克郎〕

文　　献

1) Delphi Study, Future Rubber Processing, E. I. du Pont de Nemours & Co.（1971）.
2) Evans, C. W.：Polymer Handbook, pp.141-182, Marcel Decker（1988）.
3) 日本ゴム協会出版委員会編：ゴム用語辞典,日本ゴム協会（1977）.
4) Kliver, L. B.：Paper #87 presented at the Rubber Division Meeting, A. C. S., Tronto, Ontario, Canada, May 21～22（1991）.
5) Hofman, W.：Rubber Technology Handbook, Ch. 5 Powdered Rubber, Hansen Publ.（1989）.
6) 橋本欣郎：ポリファイル, **30**, 34（1993）.
7) 古谷正之,小室経治：ニトリル系合成ゴムの加工と応用（日本ゼオン編）（1963）.
8) Gorl, U. and Nordseik, K.-H,：*Kautschuk Gummi Kunstsoffe,* **51**, 250（1998）.

3.2.3　ラ テ ッ ク ス

a.　天然ゴムラテックス

天然ゴムラテックスはヘベア・ブラジリエンシス樹をタッピングして採取される.その詳細は第6章に譲るが,採取されたばかりの新鮮ラテックスは固形分が37～40％で,固形分はゴム成分（88.3％）のほかに,比較的少量ではあるがタンパク質（5.0％）,脂肪酸（4.1％）,多糖類（0.8％）の有機成分や多数の無機質からなる灰分（1.7％）を含む[1].（　）内に新鮮ラテックス成分の乾燥固形成分に対する含有量の一例を重量％で示したが,産地,樹種や採取時期などによりその成分量が変化する.例えば,ラテックスアレルギーで問題となるタンパク質の含有量は,乾期でタッピングが再開された直後に低く,その後増加し,次の乾期前に最も高くなるサイクルを繰り返していることが報告されている[2].

3.2 原料ゴム

新鮮ラテックス中のゴム成分は，0.8 μm を中心とする比較的大きい粒子と 0.1 μm 以下の微粒子からなっている．遠心分離を行うと微粒子の多くは失われる．ゴム成分はタンパク質末端に 2 個のイソプレン単位がトランスに，続いて約 5000 個がシスにつながった他末端にリン脂質を介して直鎖脂肪酸が結合した基本構造をもっており，それぞれの末端が会合して星形構造に成長することや，微粒子成分は直鎖のゴム成分のみからなり，成長途上の純粋な構造をもつこともわかってきた[3]．

新鮮ラテックスはそのままではバクテリアによる腐敗が進むとともに，固化してしまうので，採取時に少量のチウラムと亜鉛華を添加したうえ，さらにアンモニアを添加して集荷されることが多い．このラテックスが「フィールドラテックス」である．集荷後，タンク中でアンモニアを追加添加したのち，リン酸アンモニウムを加えて放置しマグネシウムイオンをスラッジとして沈殿させ，ついで遠心分離によって精製濃縮する．「精製ラテックス」の固形分は約 62％，ゴム分が約 60％である．濃縮方法としてクリーミング法や蒸発法も行われたが，現在では行われていない．精製ラテックスは遠心分離後タンク中に貯蔵して，約 4 週間熟成したのち出荷される．精製直後のラテックスの機械的安定性は 50 前後であり，きわめて不安定であるが，この熟成期間中に添加したアンモニアとラテックスに含まれる天然の樹脂酸とが反応してアンモニウム石けんとなり，その作用で機械的安定性が 700 以上と大幅に向上し，輸送可能となる．ユーザーが機械的安定性の高いものを要求した場合，ラウリン酸アンモニウムを添加して出荷するケースもあり，最近のラテックス性能の不安定さの一因となっている可能性もある．またこの熟成期間中，グリーンストレングスは大幅に増大するとともにトルエンに不溶のゲル分が増加する．精製ラテックスには，添加アンモニアレベルが 0.7％の高アンモニア (HA) タイプと 0.3％の低アンモニア (LA) タイプの 2 種類がある．後者にはさらに少量の二次保存剤が添加される．合成ゴムラテックスと比較して，貯蔵安定性がよい，湿潤ゲル強度が高い，またその乾燥被膜の強度が高く，伸びが高く弾性に富む，などの特徴がある．ほかに，量的には少ないが，加硫ラテックスや酸性ラテックス，MMA グラフトラテックス，脱タンパクラテックスも供給されている．

最近話題となっているのが「加硫ゴムラテックス」と「脱タンパクラテックス」である．加硫ゴムラテックスは成形するだけで製品ができ，加硫工程を必要としない．さらに，その成形品はリーチングによるタンパク除去効果が大きく，ラテックスアレルギー対策技術としても着目される．硫黄架橋によって前加硫されたものと，放射線により架橋されたものがある．2 回遠心分離ラテックスからの硫黄架橋ラテックスを使用して，溶出タンパク質量（手袋成分 1g 当たりから抽出されるタンパク質量で，通常につくられた製品では 200～300 μg/g）が数 μg/g の検査用手袋をつくることができる[4]．放射線架橋ラテックスは，アクリル酸 n-ブチルを添加して γ 線あるいは電子線を照射して得られる．照射によるタンパク質の変成効果もあり，硫黄加硫のものに比

べてさらに溶出タンパク質量の低い製品をつくることができるほか，加硫促進剤を使わないためニトロソアミンの副生がなく，また促進剤残渣によるVI型のアレルギーやチウラムなどによる細胞毒性のおそれがない[5]．

脱タンパク天然ゴムラテックスはラテックスアレルギー対策用原料として開発されたものであり，実質的にアレルギーフリー製品用原料として用いることができる．界面活性剤とタンパク分解酵素の適正な組合せでフィールドラテックスを処理したのち，遠心分離を繰り返して得られる．ゴム分子に結合したものも含めてすべてのタンパク質が分解除去され，ラテックスとしての安定性は界面活性剤によって保たれている．そのため，そのラテックスとしての性質は合成ゴムラテックスと同じであり，経時変化が少なく，安定性に優れている．一方，天然ゴム本来の優れた強度特性は維持されてより柔軟性に富む．さらに，匂いや着色が少ない面でも商品開発上好ましいものである[6]．

〔中 出 伸 一〕

文　　献

1) 日本ゴム協会編：ゴム工業便覧(第4版)，p.182，日本ゴム協会 (1994).
2) 宮本芳明：日本ラテックスアレルギー研究会，**2**(1), 90 (1998).
3) 田中康之：ポリファイル，No.8, 47 (1996).
4) Ng, K. P. and Mok, K. L.：*J. Nat. Rubb. Res.*, **9**(2), 87 (1994).
5) 幕内恵三：ポリマーダイジェスト，No.11, 17 (1998).
6) 中出伸一：日ゴム協誌，**69**, 247 (1996).

b. 合成ゴムラテックス

合成ゴムラテックスは，その主組成がジエン系ポリマーからなり，乳白色の微粒子の水分散体である．種類はスチレン/ブタジエン系，アクリロニトリル/ブタジエン系などがあり，主にバインダー機能を活用して，紙加工，繊維処理など幅広い用途に供されている．

(1) 合成ゴムラテックスの構成および種類[1]　構成は，図3.2.37に示すように，ポリマーの微粒子である分散質と希薄水溶液の分散媒からなり，固形分濃度は50％前後のものが多い．微粒子は，直径0.1～1.0 μm程度の球状ポリマーと，それを安定に分散させる保護層からなる．分散媒は水であり，製造時に使用された重合開始剤切片，界面活性剤，水溶性オリゴマー，緩衝剤などで構成される．その種類は非常に多いが，ポリマー別の分類がなされている．二次分類として，「変性」，「カルボキシル化」などの接頭語を付して示される場合が多い(例：c-SBRなど)．

(2) ラテックスの特徴　ラテックスは水分散系なので，溶剤タイプと異なる点がいくつかある．長所としては，引火性，毒性がない，ポリマーの重合度が高くても低粘度であるなどがある．短所としてはコロイド分散系のため，pH，機械的攪拌，

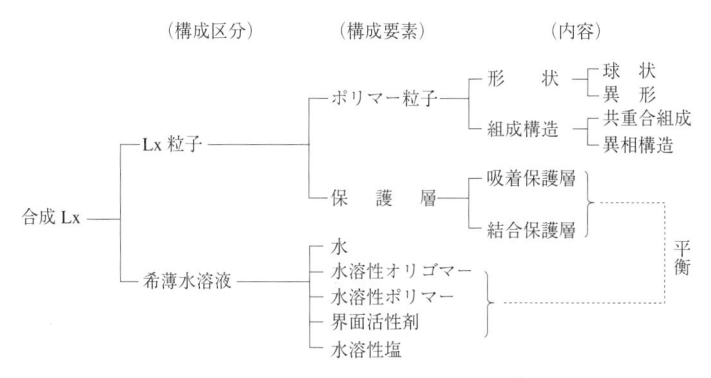

```
(構成区分)      (構成要素)           (内容)
                                    ┌─ 形 状 ─┬─ 球 状
                    ┌─ ポリマー粒子 ─┤         └─ 異 形
         ┌─ Lx粒子 ─┤                └─ 組成構造 ─┬─ 共重合組成
         │          │                              └─ 異相構造
         │          └─ 保 護 層 ─┬─ 吸着保護層 ┐
合成 Lx ─┤                        └─ 結合保護層 ┤
         │                  ┌─ 水              ├─ 平衡
         │                  ├─ 水溶性オリゴマー │
         └─ 希薄水溶液 ─────┼─ 水溶性ポリマー  ┤
                            ├─ 界面活性剤      │
                            └─ 水溶性塩       ┘
```

図 **3.2.37** 合成ゴムラテックスの構成[1]

凍結などで凝集・ゲル化が起こりやすい，フィルムの耐水性が悪い，乾燥が遅いなどがあげられる．

(3) ラテックスの安定性　　水分散体の性質として重要な事項は，安定性と流動性にある．粒子間の凝集に対する抵抗性を安定性と称している．粒子はその表面に親水性成分をもち，図3.2.38[2]に示すように電気二重層や水和層を形成し，保護層を形成している．

粒子の不安定化(凝集)は，これらの保護層が弱体化して粒子が衝突し，付着することで起こる．実用上重要な安定性としては，機械的安定性のほかに，化学的，貯蔵性・凍結融解安定性がある．

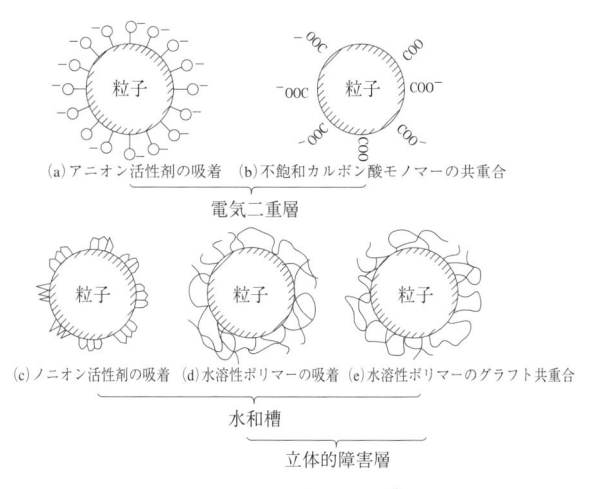

(a) アニオン活性剤の吸着　(b) 不飽和カルボン酸モノマーの共重合
　　　　　　　　　　　電気二重層

(c) ノニオン活性剤の吸着　(d) 水溶性ポリマーの吸着　(e) 水溶性ポリマーのグラフト共重合
　　　　　　　　　　　　　水和槽
　　　　　　　　　　　　立体的障害層

図 **3.2.38** 保護層の分類[1]

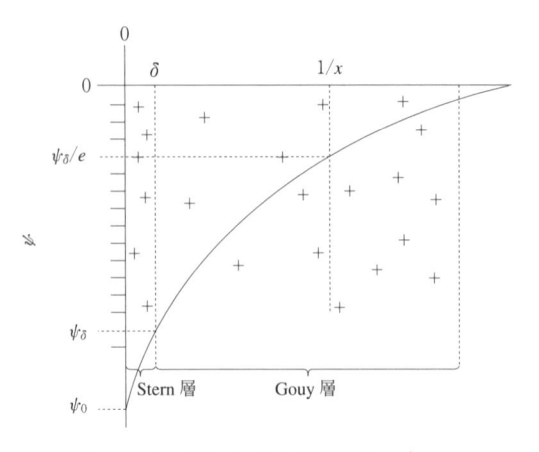

図 3.2.39 電気二重層の構造と電位図[1]

（ⅰ） **電気的性質**：　電気二重層の構造と電位を図3.2.39に示す．縦軸は電位，横軸は粒子表面からの距離である．粒子表面近傍のカチオン層は強く吸着し，その上に，カチオンが自由に動き回るGouy層がある．この電気二重層が安定性に貢献している．

（ⅱ） **化学的安定性**：　電解質や溶媒は粒子の安定性を著しく阻害する．電気二重層だけでは凝集してしまうが，界面活性剤の添加，とくにノニオン性（非イオン性）活性剤は安定化効果が顕著である．

（ⅲ） **機械的安定性**：　機械的せん断力で粒子が衝突し凝集する．図3.2.40に示す結合保護層[4]をもつ粒子が高い安定性を示す．

(a) 吸着保護層　　(b) 化学的結合保護層

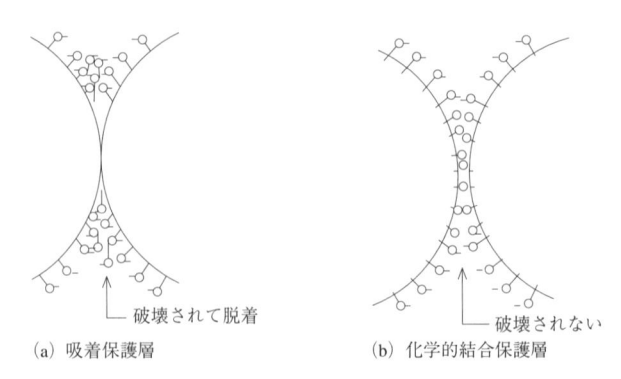

図 3.2.40　粒子の接近で破壊される吸着保護層と破壊されない結合保護層

（iv）**凍結-融解安定性**：　水は低温で凍結する．氷の結晶の発生・成長の過程で，閉じ込められた粒子が濃縮され衝突，融合すると考えられている．これは機械的安定性の場合と類似しており，アニオン性の結合保護層をもつ粒子が高い凍結-融解安定性を示す．凍結後，凝固せずにもとの液状にもどっても，増粒して表面張力などが変化していることがある．

（v）**貯蔵安定性**：　物理的な要因として，粒子比重が1から離れると，重いときは沈降が，軽いときには浮上が起きる．化学的な問題は，保護層のバクテリアによる分解変質がある．

（vi）**安定性改良手段とその影響**：　安定性改良のため，界面活性剤の添加はよく行われるが，他の性質を変化させることが多い．

（4）**皮膜の性質**　ラテックスがそれぞれの用途に供されて最終製品となったときは連続フィルムとなっていることがほとんどである．したがって，フィルム形成のメカニズムや成膜条件は実用性能と密接に関連する．

（i）**皮膜形成**：　フィルム形成は，図3.2.41に示すように，媒体である水の蒸発，ポリマー粒子の融着が非可逆的に進行する．

フィルム形成には安定剤，乳化剤，増粘剤などの副資材の存在も影響するが，最も支配的に影響するのは，ポリマーの性質と成膜温度である．成膜するに要する限界の温度を最低成膜温度（MFT：minimum film-forming temperature）と呼んでいる．

MFTはポリマーのガラス転移温度T_gとも称し，ポリマー固有の値である．MFTと成膜温度条件との関係でフィルムが得られるときと，そうでないときに分かれる．

① 成膜温度がMFTより高いときは，乾燥の進行とともにポリマー粒子充てん～融着～拡散のプロセスが進行し，連続フィルムを形成する．

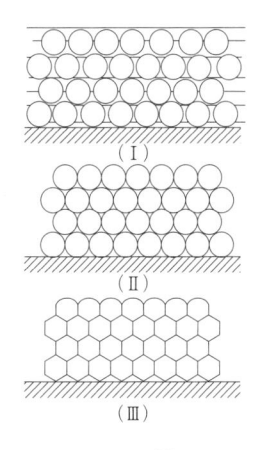

（Ⅰ）粒子の充てん：水が蒸発するとともに粒子が充てんされ，空隙に乳化剤や無機塩が濃縮される．
（Ⅱ）粒子の融着：吸着保護層が破壊され，露出したポリマー同士が融着し始める．
（Ⅲ）ポリマー鎖の拡散：ポリマー鎖の相互拡散と水溶性物質のポリマー中への拡散が進行する．

図 3.2.41　ラテックスのフィルム形成プロセス[1]

表 3.2.49 ラテックスから成膜された各ポリマーフィルムの相対的物性比較[6]

ラテックス	柔軟性	ゴム弾性	耐寒性	耐水性	耐油性	耐老化性	耐光変色性
NR	○	○	○	○	×	○	×
EBR	○	○	○	○	×	△〜×	×
SBR(ST 25)	○	○	○	○	×	△〜×	×
SB(ST 50)	○〜△	○〜△	○〜△	○	×	△	△
NBR(AN 40)	○	○	○〜△	○	○	△	×
CR	○〜△	○	○	○	○〜△	○〜△	○〜△

② 成膜温度がMFTより低いときはフィルムを形成しない．

(ii) 架橋[5]： 成膜したフィルムは架橋することで熱的および機械的性質，接着性および耐溶剤性などを大幅に改善することができる．反応性モノマーを共重合し，その反応基を用いて架橋するのが一般的である．ブタジエン含有量の多い非変性タイプでは硫黄架橋が行われる．

(5) **主要ポリマーの特性** 汎用タイプのラテックスから得られたフィルムの一般的な特徴を表3.2.49に示す[6]．

(6) **ラテックスの高機能化** ラテックスから成膜してその接着機能や膜機能を活用することが課題であり，これらの機能向上への努力は今後も続くであろう．粒子の形状や組成分布を変化させ高機能化を図るさまざまな試みがなされている(図3.2.42)[7]．次のような例がある．

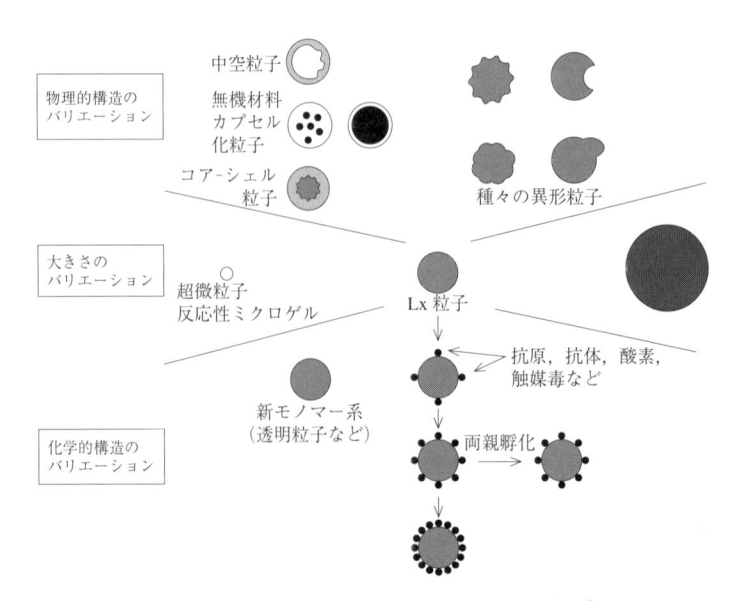

図 3.2.42 合成ゴムラテックスの高機能化の概念図[7]

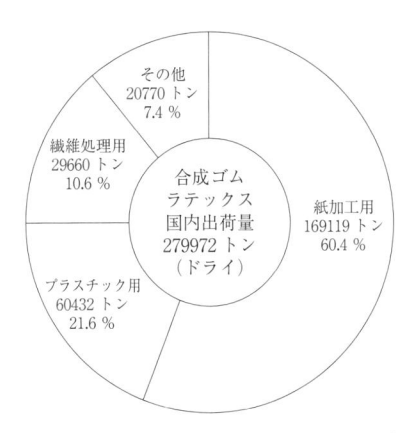

図 3.2.43 合成ゴムラテックスの国内用途別出荷量(1991年)

円グラフ:
- 合成ゴムラテックス国内出荷量 279972トン(ドライ)
- 紙加工用 169119トン 60.4%
- プラスチック用 60432トン 21.6%
- 繊維処理用 29660トン 10.6%
- その他 20770トン 7.4%

① 粒子径は通常1μm程度であるが,0.01～0.05μmの超微粒子とし,皮膜形成を向上させた.

② 粒子構造および形状は従来球状で,組成分布はほとんど均一であったが,芯/外殻がT_gや組成の全く異なるものにしたコア-シェル構造はいろいろな展開をみせている.無機-有機複合などがある.

③ 粒子表面はアニオン・カチオン並存の両性粒子などがある.

(7) ラテックスの市場 ラテックスの用途は,図3.2.43に示すように,紙加工分野が圧倒的に大きく,全体の約60%を占めている.書物の紙やカレンダーなどの美麗な絵・文字ができるのは,クレー,炭酸カルシウムなどをラテックスと配合し,紙用の塗料として表面処理してあるからである.

ついで大きいのはABS樹脂用で,乳化重合したブタジエン(E-BR)のゴムとしての耐衝撃性向上がポイントとなっている.さらにカーペットなどの繊維処理用がある.

この三大用途で約90%を占めている.ラテックスと同じ水分散体であるエマルションは,ポリマー主成分がアクリル酸エステルからなっており,出荷量はほぼラテックスと拮抗している.ポリマーに不飽和二重結合をもたないので,耐候性に優れ,接着性にも優れており,用途は接着剤,塗料,繊維処理である.外見は同じ水分散体だが,それぞれの特徴を活かして種々の分野で用いられている.

(8) 高分子ミクロスフェアー 最近,微粒子としての特徴を見なおし,フィルムではなく,粒子として活用する開発が盛んである.これは「高分子ミクロスフェアー」と呼ばれている.

重合方法も,二段階膨潤法[8],分散重合法[9]など,新しい技術が開発されている.結果として,従来法との対比で,粒子径および分布の対比を示した(表3.2.50).その単分散性が注目される.

表 3.2.50 ポリマー微粒子径とその製造法

重合方法	粒子径 (μm) 0.01　0.1　1.0　10.0　100.0	単分散性
乳化重合	←→	△
ソープフリー乳化重合	←→	○
シード乳化重合	←→	○
無重力シード重合	←→	○
二段階膨潤法	←→	○
分散重合体	←→	○
懸濁重合法	←→	×

○：単分散粒子を得やすい，△：単分散粒子を得ることができる，×：単分散粒子を得ることが困難．

　これらの特徴を活用して，新しい用途開発が進んでいる．例えば，抗原抗体反応を利用したラテックス診断薬への応用は，簡便性，迅速性，再現性，保存性の点で優れている．このほか，電子産業向けの標準粒子，カラム充てん材などが検討されている．

〔杉村孝明〕

文　献

1) 室井宗一，森野郁夫：高分子ラテックス，p.6, 22, 64, 235，高分子刊行会（1988）．
2) エマルジョン・ハンドブック，p.393，大成社（1982）．
3) Hardinng, L. H. and Herly, T. W.：*J. Colloid Interface Sci.*, **107**, 382（1985）．
4) 室井宗一：高分子ラテックスの化学，p.253，高分子刊行会（1970）．
5) 杉村孝明，片岡靖男，鈴木総一，笠原啓司：合成ラテックスの応用，高分子刊行会（1993）．
6) 杉村孝明，笠原啓司：接着，**28**(6), 268（1984）．
7) 川口春馬：現代化学，No.5, 34（1985）．
8) 特開平 1-249806
9) Vanderhoff, J. W. *et al.*：*J. Polym. Sci.*, **20**, 225（1977）．

3.3　架橋剤と架橋助剤

3.3.1　硫　黄　架　橋

　架橋（cross linking）は複数のゴム鎖を複数の化学結合で結ぶ反応またはその操作を意味する．とくに，1839年グッドイヤーが発見した硫黄と鉛白による架橋を加硫（vulcanization）と呼び，キュア（cure）は硫黄以外の試薬とゴムとの反応を意味するが，架橋と全く同意語で用いられることもある．また，加硫は配合および加工と同様，ゴム工業にとって最も重要な技術であり，ゴム製品の性状を支配する工程である．

3.3 架橋剤と架橋助剤

表 3.3.1 ポリマーネットワーク(三次元化網状)構造 [1]

タイプ	架橋点	架橋点の構造	実 例
共有結合によるネットワーク構造	永久的局在化	点	架橋ゴム, 熱硬化性樹脂, 末端架橋ポリマーネットワーク
可逆性のネットワーク構造	一時的局在化	点 分子鎖の束 ドメイン形成	熱可塑性エラストマー, 多糖, ゼラチン/コラーゲン, フィブリン
絡み合いによるネットワーク構造	自由に移動 非局在化	トポロジカルな拘束	生ゴム, ポリマーメルト, ポリマー溶液

加硫に関しては古くから多くの成書や文献が知られているが, 最近, いくつかの総説が報告されている[1〜4]. 架橋構造には表3.3.1に示すようなジエン系ゴムの場合の硫黄を用いる化学架橋すなわち加硫と, 熱可塑性エラストマーを代表とする物理架橋があるが, ここでは前者について述べる[1].

a. 加硫試薬

ジエン系ゴムについて多くの加硫剤や加硫促進剤が報告されており, 工業的にタイヤを中心として加硫が最も広範囲に使用されている[5].

加硫は一般に加硫剤, 加硫促進剤, 活性剤, 加硫遅延剤, 早期加硫防止剤からなっている. 加硫剤としては単体硫黄(主に不溶性硫黄, コロイド状硫黄, 図3.3.1)のほかテトラメチルチウラムジスルフィド(**TMTD**), 4,4-ジチオビスモルホリン(**DTDM**)

(a) 単体硫黄

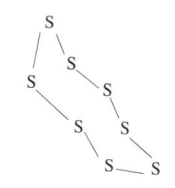

mp. 119℃
soluble ; CS_2
insoluble ; ether, hexane, $CHCl_3$, CH_3OH, benzen

(b) 不溶性硫黄($S\mu$)

X-S-(Sx)-S-X

X：ハロゲン, ビニル化合物
MW=100000〜300000
insoluble：CS_2

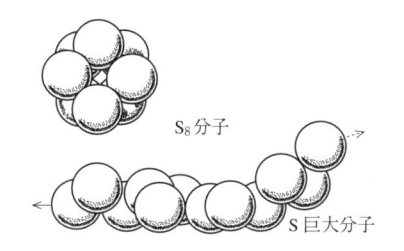

S_8 分子

S 巨大分子

図 3.3.1 単体硫黄と不溶性硫黄の構造

表 3.3.2 加硫促進剤の分類[5]

種類	代表例	相対的な架橋速度
グアニジン	DPG	slow
ジチオカルバメート	ZDBC	very fast
チウラム	TMTD, TMTM, DPTTS	very fast
チオウレア	ETU	fast
チオホスフェート	DIPDIS	semi-fast
チアゾール	MBT, MBTS, ZMBT	moderate
スルフェンアミド	CBS, MBS	fast

などの有機硫黄ドナーが,加硫促進剤としてスルフェンアミド,ベンゾチアゾール,グアニジン,ジチオカルバミン酸などが用いられている(表3.3.2).活性剤(二次促進剤)には金属酸化物(主にZnO),脂肪酸(主にステアリン酸),塩基(主に含チッ素化合物)などがある.遅延剤(リターダ)や早期加硫防止剤はスコーチ(早期加硫)を防ぐもので,遅延剤として無水フタル酸,サリチル酸などの酸やN-ニトロソジフェニルアミンなどのニトロソ化合物が,早期加硫防止剤としてはN-シクロヘキシルチオフタルイミド(CTP)が主に使用されている.

b. 硫黄・促進剤加硫

グッドイヤーによって発見されたNRの加硫は8phrの硫黄を加え,140℃で5時間を要した.酸化亜鉛を用いると加硫時間は3時間に短縮され,今日では加硫促進剤により5～10分に短縮された.硫黄・促進剤加硫はNRだけではなく,SBR,NBRなどのジエン系合成ゴムやEPDM,CRなどの特殊ゴムにも広く適用される.一般的な硫黄・促進剤加硫の配合は硫黄または硫黄ドナー(0.5～3phr),加硫促進剤(0.5～2phr),酸化亜鉛(2～10phr)とステアリン酸(1～3phr)である.また,硫黄・促進剤加硫は硫黄の量または硫黄と促進剤の比より通常の加硫,準有効加硫(semi-EV),有効加硫

表 3.3.3 通常配合,準EV,EV加硫系の配合[6]

	硫黄 (S)	促進剤 (A)	A/S比
通常配合	2.3～3.5	1.2～0.4	0.1～0.6
準EV	1.0～1.7	2.5～1.2	0.7～2.5
EV	0.4～0.8	5.0～2.0	2.5～12.0

表 3.3.4 加硫系と加硫物の性質[6]

	通常配合	準EV	EV
ポリ・ジスルフィド架橋(%)	95	50	20
モノスルフィド架橋(%)	5	50	80
環状スルフィド	高	中	低
低温性	高	中	低
耐熱性	低	中	高
加硫もどり	低	中	高
圧縮永久ひずみ(70℃×22hr)(%)	30	20	10

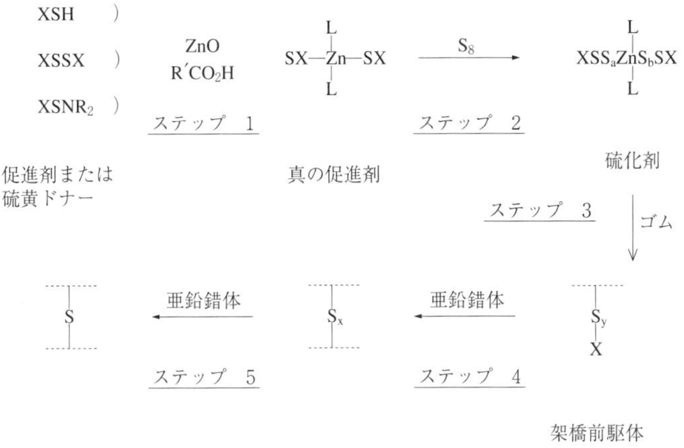

```
   XSH    )
                    ZnO                      S₈
   XSSX   )                 SX–Zn–SX  ─────────→  XSSₐZnSᵦSX
                   R'CO₂H        |                      |
   XSNR₂  )                      L                      L
                     ステップ 1                 ステップ 2

   促進剤または              真の促進剤                   硫化剤
   硫黄ドナー
                                                 ステップ 3 │ゴム
                                                            ↓
         |                    |                    |
         S     ←─亜鉛錯体──    Sₓ    ←─亜鉛錯体──    Sᵧ
         |                    |                    |
                                                   X
      ステップ 5              ステップ 4

                                                架橋前駆体
```

図 3.3.2　促進剤併用系の機能[7]

(EV)に分類される(表3.3.3).表3.3.4に加硫系の違いを示すが,EV系は単位橋かけを構成する硫黄原子数を少なくする効果を有し,① 加硫中におけるゴムの劣化が少ない,② 耐熱性加硫ゴムを与える,③ 加硫ゴムの残留ひずみを低くするなどの利点を有している.硫黄・促進剤加硫において,酸化亜鉛はポリスルフィドをジスルフィドに開裂し,ステアリン酸は酸化亜鉛を活性化する.このような促進加硫を図3.3.2に示す[7].ステップ1で亜鉛錯体が生成し,ステップ2でポリスルフィドイオンが生じ,ステップ3で硫化が起こり,ステップ4,5でポリスルフィドの脱硫が起こり,ジ・モノスルフィド架橋が生成する.このようにポリスルフィド結合は熱的・化学的に不安定であり,このことが加硫ゴムの物性に影響する.

c. 加硫ゴムの構造

加硫ゴムの構造は古くよりモデル化合物を用いて検討されてきた[8].その後,IR,UV,ESR,ラマンなどのスペクトル分析法,化学的方法,固体高分解能^{13}C-NMRが架橋構造の分析に用いられるようになった[9].加硫ゴムの網目構造の種類を図3.3.3に示した[10].図中には,環状スルフィド,ペンダント硫黄,異性化二重結合,共役不飽和結合と硫黄架橋が示されている.また,加硫促進剤を加えない加硫系が固体^{13}C-NMRで研究され,150℃において10％の硫黄と天然ゴムの加硫からポリスルフィド構造がA≅B＞Cの比で生成することが示された(図3.3.4).すなわち,図3.3.4においてDのように天然ゴムのイソプレン構造のメチル基とアリル基の3種の位置で加硫が起こっている.さらに90分加硫ゴムでは環状スルフィドおよび1％の主鎖がトランス構造に異性化した構造物が観察されている.

加硫促進剤併用系によるNR加硫ゴムが^{13}C-NMRで研究され[11],図3.3.3に示した加硫の前駆体としてであるペンダント硫黄が確認された.また,図3.3.4に示した

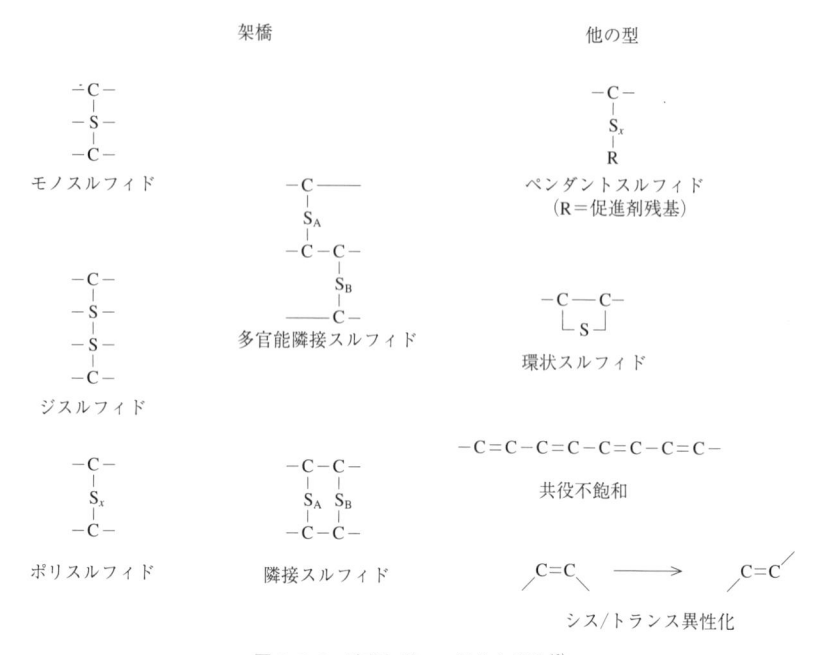

図 3.3.3 硫黄加硫の一般的な構造[10]

図 3.3.4 固体 ^{13}C-NMR によって同定された NR の加硫構造[11]

ポリスルフィド構造 A および B が認められ，加硫促進剤併用系と類似していた．主鎖の反応率(環状スルフィドと異性化)は促進剤のない系より低く，スペクトルは硫黄に対する促進剤の比が高いほど鋭いピークを与えた．このように従来用いられてきたモデル化合物にもとづく研究の成果が，固体 ^{13}C-NMR により加硫ゴムで直接観測されている．

d. 加硫反応の機構

天然ゴムの硫黄加硫は160年前に発見されていたにもかかわらず，その機構は現在でも完全に理解されているとはいえない．しかし，Farmer がゴム炭化水素をモデルとしてジヒドロミルセン(DHM)を用い，加硫反応を有機化学的に研究して以来，加

$$S_8 \rightleftharpoons S_6 + S_7$$

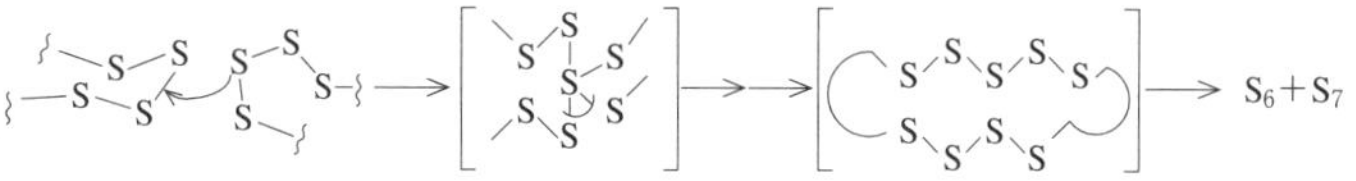

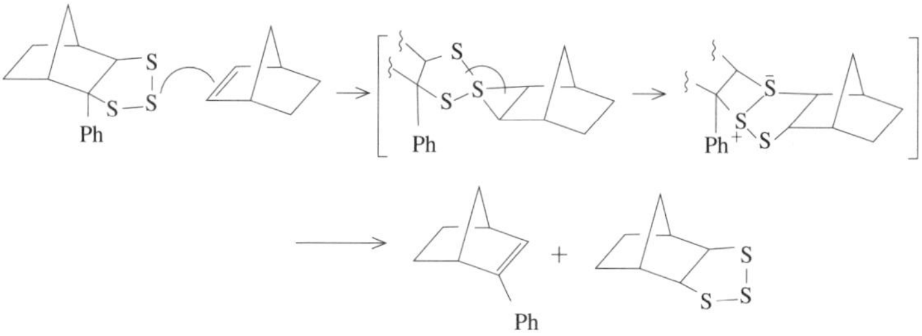

図 3.3.5 リガンドカップリング説の反応機構[13]

硫反応の化学は大きく進展した．Farmer の結果をひと言でいえば，酸化反応との類推からラジカル反応であるとした[1,3]．一方，MRPRA の Bateman らは DHM と硫黄との反応を繰り返し検討した結果，イオン反応であると結論した[1,3]．しかし，両説について釙は，硫黄の加硫反応がイオン反応かラジカル反応かということ，これは永久の論争の的であろうと述べている[12]．近年，大饗により硫黄のハイパーバレントによるリガンドカップリング（配位結合）の概念が打ち出され[13]，加硫機構に新たな一石が投じられた．リガンドカップリング説は硫黄分子がハイパーバレントな化学種を形成し，加硫が進行すると仮説したものである．この説によると，ゴム種の違いによる極性基の加硫への影響など，従来説で説明困難であった事象が容易に説明できる．図 3.3.5 にその機構を示した．

e. 硫黄化合物および誘導体による加硫

これらには図 3.3.6 に示すような硫黄ドナー型化合物（無硫黄加硫），チウラム化合物，チオウレア化合物，ジメルカプト化合物，S-Cl 化合物などがあり，硫黄ドナー型化合物から式(3.3.1)のように活性化硫黄が放出されて加硫剤となる[14]．

$$R-S_x-R \longrightarrow R-S_{x-1}-R + S^* \quad (3.3.1)$$

ジメルカプト化合物や S-Cl 化合物（S_2Cl_2）などはゴムの二重結合に付加反応して加硫が起こる．塩化硫黄は室温でジエン系ゴムと反応し加硫するので，冷加硫と呼ばれ

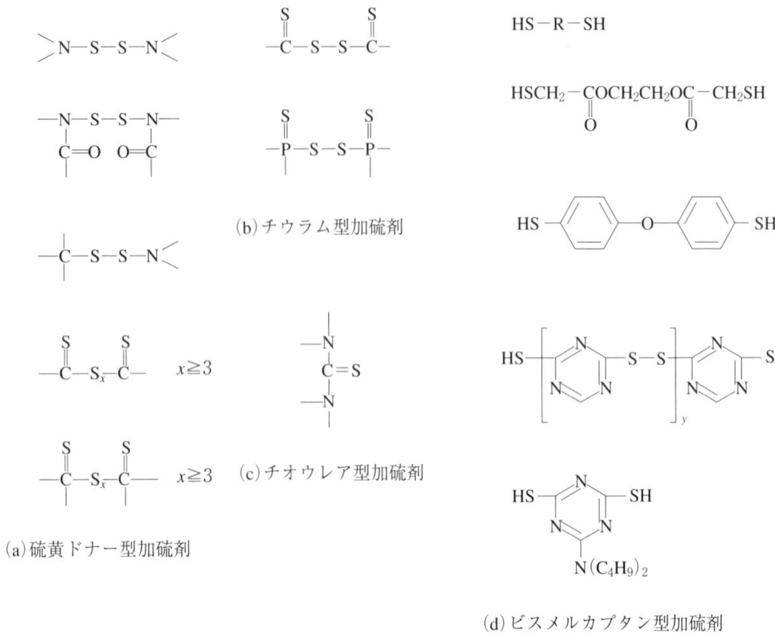

図 3.3.6 硫黄化合物による加硫(3.3.1)[14]

る[15]. また，20℃で瞬間的に活性硫黄(原子状またはトリチオゾン)を放出し，フィルム状のゴムシートを加硫するピーチー(Peachey)法があり，ガス加硫と呼ばれることがある(式(3.3.2))．

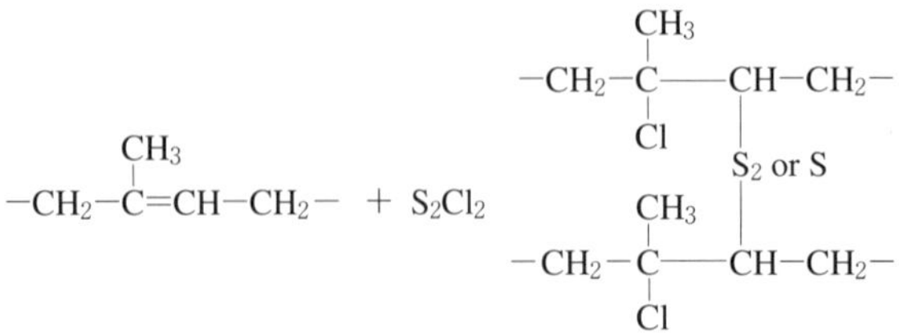

$$-CH_2-\underset{CH_3}{\overset{}{C}}=CH-CH_2- + S_2Cl_2 \longrightarrow \begin{matrix}-CH_2-\underset{Cl}{\overset{CH_3}{C}}-CH-CH_2-\\ |\\ S_2 \text{ or } S\\ |\\ -CH_2-\underset{Cl}{\overset{CH_3}{C}}-CH-CH_2-\end{matrix} \qquad (3.3.2)$$

一方，クロロプレン，ヒドリンゴム，塩素化ポリエチレンなどのハロゲンゴムの加硫剤として図3.3.7が報告されている[16]. また，硫黄同族体のセレン，テルル化合物もNR, IIR, EPDMなどの加硫剤および二次加硫促進剤になる．

f. 高分子量加硫剤による加硫

高分子量加硫剤や加硫促進剤が，ニトロソアミンなどの毒性の問題，衛生上の問題や機能性付与の点から見直されてきた[17]. 高分子量ポリチオカルバモイルスルフェ

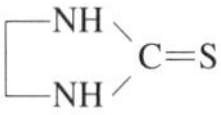

3.3 架橋剤と架橋助剤

(ETU) 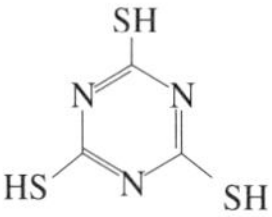 (TMT) 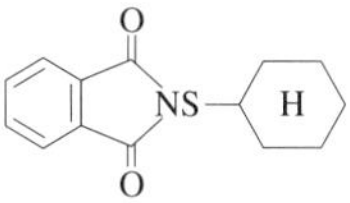 (CTP) 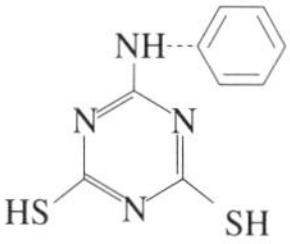 (ADMT)

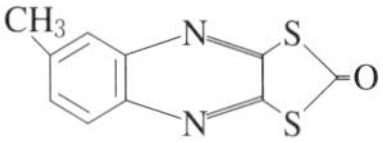

(LP-21)

図 3.3.7 硫黄化合物による加硫(2)[16]

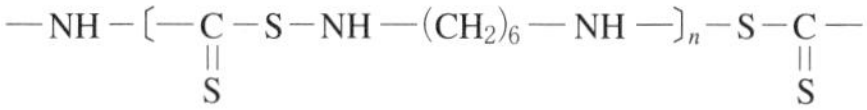

$$-NH-[-\underset{\overset{\|}{S}}{C}-S-NH-(CH_2)_6-NH-]_n-S-\underset{\overset{\|}{S}}{C}-$$

1

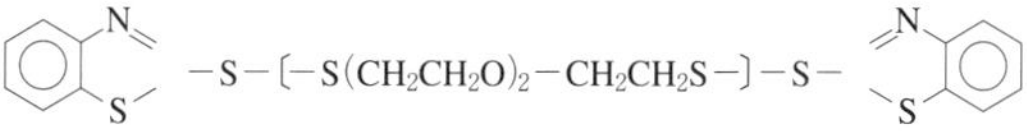

2

$$NaO_2SS-(CH_2)_{\overline{4}}SSO_3Na \cdot 2H_2O$$

3

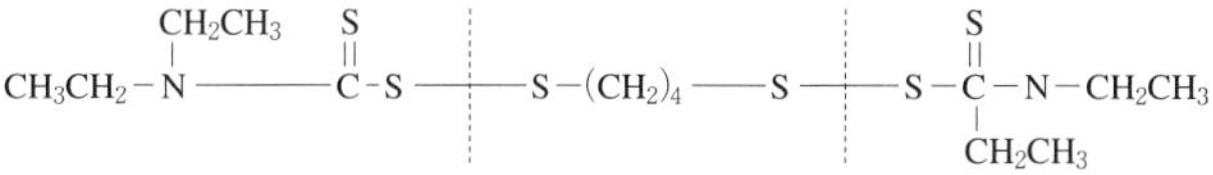

4

図 3.3.8

表 3.3.5 硫黄加硫/パーオキサイド架橋の併用架橋系[19]

	S 加硫	PO 架橋	S/PO 架橋
硫黄	1		
ノクセラー CZ	1		
パーオキサイド(DCP)		1	1
[引張物性]160℃プレス加硫			
加硫時間(min)	10	30	10
T_B (MPa)	22.0	18.7	26.2
E_B (%)	630	580	590
M_{300} (MPa)	6.3	6.0	6.0
[熱老化試験]100℃×240hr (ギヤーオーブン)			
T_B	11.7(−47)	6.1(−67)	6.1(−67)
E_B	370(−41)	580(0)	580(0)
M_{300}	8.0(+27)	1.9(−68)	1.9(−68)
[圧縮永久ひずみ]100℃×22hr			
CS(%)	47	28	28

ンアミド(図3.3.8の**1**)や高分子量ポリスルフィド〔**2**〕などが報告されている.

　高分子加硫剤を用いて,架橋部を長くするとひずみが緩和され,とくに屈曲疲労抵抗が向上する.さらに,加硫ゴムの耐熱酸化性を高め,加硫もどりの防止に効果がある.例えば,ヘキサメチレン-ビス-チオスルフェート〔**3**〕,1,6-ビス(ジエチルジチオカルバミル)ヘキサン〔**4**〕などが発表されている.

g. パーオキシドとの複合(架橋)

　硫黄・パーオキシド複合架橋は,架橋度が向上することが報告されている[18].また,最近 NR/BR/EPDM ブレンドゴムにおける配合例が紹介され,耐疲労性の向上が報告されている[19].NR の配合例を表3.3.5に示す.表より耐加硫もどり性,圧縮永久ひずみの向上が認められる.　　　　　　　　　　〔秋葉光雄・松村澄子〕

文　　献

1) 鞠谷信三:ゴム工業便覧(第4版)(日本ゴム協会編), p.59, 日本ゴム協会 (1994).
2) 隠塚裕之, 秋葉光雄:日ゴム協誌, **69**, 271 (1996).
3) Akiba, M. and Hashim, A. S.: *Prog. Polym. Sci.*, **22**, 475 (1997).
4) Koenig, J. L.: *Acc. Chem. Res.*, **32**(1), 1 (1999).
5) 山下晋三, 金子東助編:架橋剤ハンドブック, 大成社 (1981).
6) Quirk, R. P.: *Prog. Rubber Plast. Technol.*, **4**(1), 31 (1988).
7) Morrison, N. J. and Porter, M.: *Plast Rubber Proc. Appl.*, **3**, 295 (1983).
8) Porter, M.: *Sud. Org. Chem.*, **28**, 267 (1987).
9) Zaper, A. M. and Koenig, J. L.: *Rubber Chem. Technol.*, **60**, 252 (1987).
10) Tanaka, Y.: *Rubber* Chem. Technol., **64**, 325 (1991).
11) Zaper, A. M. and Koenig, J. L.: *Rubber Chem. Technol.*, **60**, 287 (1987).
12) 釵実夫:日ゴム協誌, **48**, 601 (1975).
13) Oae, S.: *Polym. Appl.*, **14**, 117 (1993).
14) Kemperman, T.: *Rubber Chem. Technol.*, **61**, 422 (1988).

15) 箕浦有二：日ゴム協誌, **40**, 820 (1967).
16) ゴム技術フォーラム編：特殊エラストマーの未来展開をさぐる, Part 1, p.118, 日本ゴム協会 (1992).
17) 秋葉光雄：ポリマーダイジェスト, **43**(11), 21 (1991).
18) 山下晋三：日ゴム協誌, **45**, 166 (1972).
19) Brodsky, G. I.：*Rubber World*, **210**(5), 31 (1994).

3.3.2 過酸化物架橋

　ゴムの過酸化物架橋(peroxide cure)は，硫黄架橋(加硫)についで古くから検討されてきた．実用配合例も数多くあるが，とくにジエン系ゴムの架橋手段としては，現在に至っても加硫が主流であり，一部の架橋系や特殊ゴム用の架橋法として採用されているにすぎない．しかしながら，近年，自動車用ゴム部品をはじめとして，ゴムの耐熱要求が一段と高まってきたこと，また，硫黄系化合物による金属やプラスチックなどへの汚染の問題，一部ゴム薬品の安全衛生性の問題などから，これらの問題を解決する上で加硫よりも有利と考えられる過酸化物架橋が最近見直されてきている．

a. 過酸化物架橋の特徴

　過酸化物架橋による各種ポリマーの架橋反応は，大きく3つに分類される．

　① NR，ポリエチレン(PE)など：　加熱によって発生した過酸化物(一般式：ROOR)のフリーラジカル(RO・)が，ゴム中の水素を引き抜き，ポリマーラジカルとなり，カップリングすることによって架橋が生成する．

　② BR, SBRなど：　ブタジエン・ユニットを有するゴムに対しては，水素引抜よりも，二重結合への付加が優先するため，連鎖反応が起こり，結果として高い架橋効率が得られる．

　③ ポリプロピレン(PP)，ポリイソブチレン(PIB)など：　過酸化物のフリーラジカルによって主鎖が切断(β開裂)されやすいため，架橋が起こりにくい．したがって，IIRは過酸化物架橋がむずかしく，EPDMでは，PPの含有率が高くなるほど架橋効率が低下する．

　このように，過酸化物による各種ポリマーの架橋効率は，ポリマーの種類によって異なるため，添加量もポリマーの種類によって変える必要がある．

　過酸化物による架橋は，ポリマー鎖同士が直接結合し，-C-C-(炭素-炭素)結合となる．この形態は，加硫に比べて結合力が強く，耐熱性が優れているのが第1の特徴であるが，反面，ポリスルフィド架橋がもつような柔軟性に欠けるため，引張強さや動的特性などは劣っている．表3.3.6に，加硫と比較した過酸化物架橋の長所とその適用例および短所(欠点)とその対策例を示した．

b. 過酸化物架橋剤の種類と性状

　ゴム用の過酸化物架橋剤としては，混練り時や加工時の熱安定性などが要求されるため，ジアルキルパーオキサイドおよびパーオキシケタール類のものが多い．このう

表 3.3.6 過酸化物架橋の長所と短所

長　　所	適　用　例
1. 耐熱老化性, 耐圧縮永久ひずみ性が優れる.	・自動車用部品など. 　（シール材, ホース, 防振ゴム）
2. 飽和ゴムを含めてほとんどのエラストマーの架橋が可能.	・EPM, HNBR など.
3. 汚染性が少ない（金属, 塗膜, プラスチック）.	⎫ ⎬ ・電線, ホース類など.
4. 電気絶縁性が高い.	⎭
5. 架橋体の安全衛生性が高い.	・食品用, 医療用ゴムなど.
6. 架橋体の透明性が高い.	・透明靴底など.
7. スコーチの危険性が少ない.	⎫ ⎬ ・高温高速架橋に適する.
8. 架橋時間が短い.	⎭
9. 共架橋性がよい.	・EPDM/ジエンゴム系, EPDM/HNBR系の共架橋剤として有効.
短　　所	適　用　例
1. 架橋調整がむずかしい.	・パーオキサイドの選択あるいはスコーチ防止剤の併用.
2. 伸び, 引裂き抵抗が小さい.	⎫ ⎬ ・共架橋剤の選択.
3. 動的特性が悪い.	⎭
4. 酸素の存在下での架橋が困難. 　（熱空気架橋, 直接蒸気架橋ができない.）	・新しい配合処方.
5. 臭気が強い（とくに, DCP）	⎫ ⎬ ・新しいグレード.
6. ブルーミングしやすい（とくに P）.	⎭
7. IIR が架橋できない.	・新しい配合処方.
8. 配合コスト高い.	・高充てん配合. 　（架橋阻害が問題）
9. ハンドリング, 貯蔵がむずかしい.	・希釈タイプを使用.

ち，ゴム用に最も多く使用されているのがジクミルパーオキサイド（DCP）であるが，分解生成物に起因する悪臭があることから，架橋特性が類似している α,α'-ビス(t-ブチルパーオキシ-m-ジイソプロピル）ベンゼン（P）や 2,5-ジメチル-2,5-ジ(t-ブチルパーオキシ）ヘキサン（25B）が使用されることもある．1,1-ビス(t-ブチルパーオキシ）3,3,5-トリメチルシクロヘキサン（3M）は，DCP よりも低温短時間加硫ができることから，インジェクション成形用などとして，ゴム用としては DCP についでよく用いられている．

c. 共架橋剤の種類とその応用

共架橋剤（co-agent）は，それ自体では架橋点の生成能力はないが，過酸化物と併用することによって，ゴム中の架橋反応をスムーズに進行させる添加剤のことをいい，主として二官能以上を有する多官能化合物である．これらは，過酸化物によるポリマーの主鎖の切断を抑えて架橋効率を上げる働きがあり，過酸化物架橋の実用配合では重要な添加剤である．

トリアリルイソシアヌレート（TAIC），エチレングリコールジメタクリレート（EG）およびトリメチロールプロパントリメタクリレート（TMP）は，EPDM, NBR などの過酸化物架橋における共架橋剤としてとくに賞用されている．

1,2-ポリブタジエンは,パラフィン系オイルの一部を置換して用いることによって,EPDM の耐熱性,耐圧縮永久ひずみ性を向上できる[1].アクリル酸亜鉛やメタクリル酸亜鉛は,ゴム-ゴム分子間に,亜鉛を介してイオン架橋が形成されるため,引張強さ,伸び,引裂き強さおよび硬度が高いゴムを得ることができるが,圧縮永久ひずみ性は悪くなる傾向がある.また,金属との接着性が強く,専用の接着剤を使用しなくても十分な接着力が得られる[2].これは,カルボン酸イオンが亜鉛イオンよりも鉄イオンの方に親和力が強いため,接着力が向上するものと推定されている[3].

d. 過酸化物架橋の最近の配合技術

過酸化物架橋は,硫黄架橋系よりも架橋の調整がむずかしいとされているが,スコーチの防止方法として,フェノール系化合物や硫黄系化合物などを用い,ラジカルを一時トラップして反応を抑制させるという方法が最近数多く提案されている[4].しかし,わずかな添加量でも架橋阻害による物性の低下を招くおそれがあるので注意する必要がある.

EPDM 製のラジエーター用ホースは,近年,架橋加硫から過酸化物架橋への変更が急速に進んでいる[5].この主な理由としては,① よりきびしい高温耐熱性(150〜160℃)の要求(エンジンルームのコンパクト化),② クーラント(グリコール/水系)中への有機化合物の抽出量の低減(循環系の閉塞の防止),③ "zinc-free" 配合の要求(電気腐食作用の発生の抑制)の3点があげられる.最近,非亜鉛系の特殊フェノール老防を用いた過酸化物架橋による耐熱性の良好な "zinc-free" 配合に関する特許も出願されている[6].また,過酸化物/硫黄併用架橋系が,EPDM/BR/NR ブレンド系のタイヤサイドウォール配合という実用配合に近い系で検討されており,高温での耐リバージョン性,耐熱性,耐圧縮永久ひずみ性,耐久性などが改善され,ヒステリシスも低く抑えるなどの好結果が得られており[7]注目される.

その他,過酸化物架橋に適したプロセスオイルの選択方法[8],過酸化物によるEPDM の熱空気架橋方法[9],IIR[10] や CR[11] の過酸化物架橋方法に関する特許や報文などが発表されている.

〔森田雅和〕

文　献

1) Gllagher, M. T.:*Rubber World,* **211**(3), 26 (1994).
2) Costin, R. *et al.*:*Rubber World,* **212**(6), 18(1995);**219**(2), 18 (1998).
   住友化学工業:特開平 5-311008, サートマー・カンパニー:特開平 6-57043 など.
3) 山本圭作他:住友化学, No.1, 64 (1993).
4) Dikland, H. G. *et al.*:*Kautschuk Gummi Kunststoffe,* **46**(6), 436 (1993).
   日本ゼオン:特開平 5-262917, 5-271478, 住友化学工業:特開平 6-80827.
   三新化学工業/大日本インキ化学工業:特開平 6-313066 など.
5) Dikland, H. G. *et al.*:*Kautschuk Gummi Kunststoffe,* **49**(6), 413 (1996).
   Keller, R. C. *et al.*:*ibid,* **44**(11), 1032 (1991) など.

6) 住友化学工業:特開平 6-220266.
7) Brodsky, G. I. *et al.*:*Rubber World,* **210**(5), 31 (1994).
8) Chasey, K. L.:*Rubber Chem. Technol.,* **65**(2), 385 (1992).
9) 日本合成ゴム:特開平 4-293946, 6-100741.
東海興業/化成工業:特開平 6-172548, 日本油脂:特開平 6-299003 など.
10) 南海ラバー:特開平 2-235951, 日本合成ゴム:特開平 6-172547 など.
11) 電気化学工業:特開平 5-25355.

3.3.3 その他の架橋方法

架橋は高分子反応の一種であり,種々の反応が知られているが,その機構が明らか

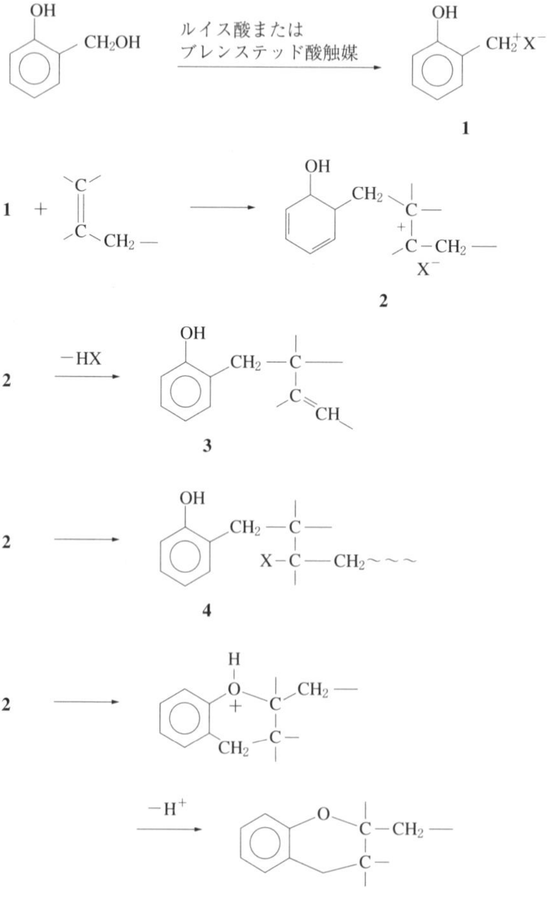

図 3.3.9 樹脂架橋の機構(1)[3,4]

にされていない架橋反応も多い．しかし，架橋で生成する結合様式は主として共有結合によるものであり，キレート結合，配位結合，イオン結合などによるものを含めても，その種類は必ずしも多くはない．次にゴム工業で主として用いられる硫黄，パーオキシド架橋系以外の代表的な架橋系について述べる．

a. 樹脂架橋

フェノール樹脂のある種のものはゴムを架橋する性質があることが1940年頃に発見され[1]，多くの機構が提出されている．NR，SBR，EPDM，IIR，NBRのような不飽和ゴムは$SnCl_2 \cdot 2H_2O$，$FeCl_3 \cdot 6H_2O$，塩化パラフィン，ハイパロン，CRなどの酸触媒の存在で，フェノールホルムアルデヒド樹脂（レゾール）またはハロメチルフェノールで架橋される[2]．ブチルゴムのフェノール樹脂架橋の機構は図3.3.9に示すように，ベンジルカルベニウムイオンが二重結合に付加し，環状（クマロン）を生成するか，または非環状生成物を生成するかのいずれかで架橋する．その機構は図3.3.10に示すようにキノンチメン〔**5**〕がディールス-アルダー（Diels-Alder）型，4+2シクロ付加して，クマロン環〔**6**〕を生成すると考えられ，この機構は両方が考えられている[3,4]．

一方，不飽和基の少ないEPDMは反応性フェノール樹脂で架橋されることが報告されている．しかし，EPDM中の二重結合はブチルゴムのそれより活性が小さいため，配合上樹脂または活性剤の組合せに工夫が必要である．架橋EPDMの耐熱性はブチルゴムよりやや劣る．さらに，ニトリルゴムも樹脂架橋が可能であるが，一般に架橋速度は遅い．ニトリルゴムのタイプ，樹脂の種類を配合量，活性剤や亜鉛華の添加などにより架橋速度や物性は種々変化する．架橋機構はブチルゴムの場合と同じ反応のほかに，NBRではさらにニトリル基による反応により，アミジン結合($-CH_2NHC(=NH)-$)を形成することが報告されている[5]．また，樹脂中のメチロール基はニトリル基と直接結合するが，架橋速度が遅いためあまり重要ではない．

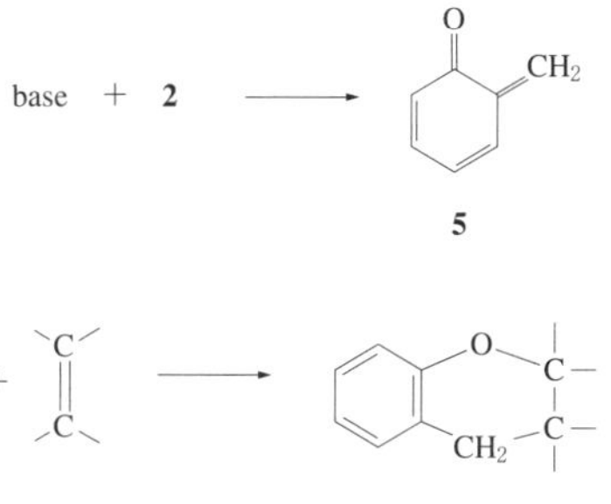

図 **3.3.10** 樹脂架橋の機構(2)[3,4]

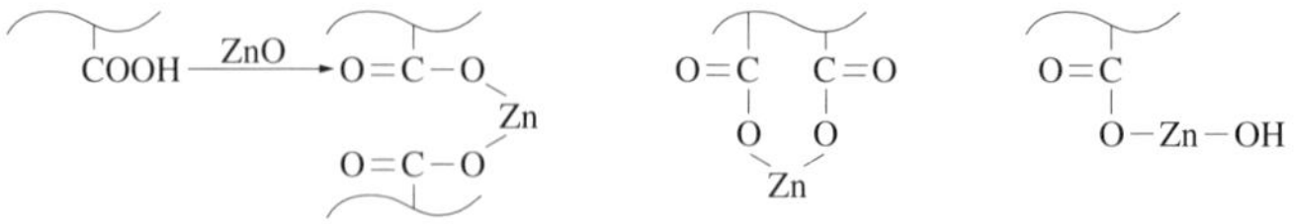

図 3.3.11

b. イオンクラスター形成による架橋

イオン性基を有するゴムの架橋はふつうイオン架橋と呼ばれ,金属イオンによる架橋と非金属イオンによる架橋がある.カルボキシニトリルゴムは酸化亜鉛で架橋され,引張強さ 70 MPa,伸び 600 % の架橋ゴムが得られる[6〜8].反応生成物中には分子間 2 価塩(分子間架橋)〔図 3.3.11 の **1**〕,分子内 2 価塩〔**2**〕およびペンダント半塩〔**3**〕が形成されている[6] といわれている.

そしてその架橋モデルは共有結合でなく,弱酸-塩基の相互作用で架橋されている[8].したがってアイオノマーですでに確立されているように,イオン架橋というよりはイオンクラスター形成による TPE 型の架橋とみるべきであろう.

c. 水架橋(シラン架橋)

水架橋あるいはシラン架橋はダウコーニングプロセスと称されるように,ダウコーニング社(イギリス)にて開発された架橋プロセスである.このプロセスの特徴は従来のパーオキシド架橋や放射線架橋に比べて特別な架橋設備が不要な点である[9,10].一般にポリマーの官能基と反応しやすい官能基を有するアルコキシシランは水の存在下,架橋剤として反応する.例えばビニルトリエトキシシランを用いたポリエチレンのシラン架橋は図 3.3.12 のように示される.1-クロロブタジエン-ブタジエンゴム(CB-BR)は 1,4-付加構造の活性塩素を有している.この CB-BR はアミノシランカップリング剤〔**1**〕によって,水の存在下 80 ℃ にて容易に架橋される[11,12].このようなアミノシランカップリング剤に限らず,

$$NH(CH_2)_3Si(OC_2H_5)_3$$
APS 〔**1**〕

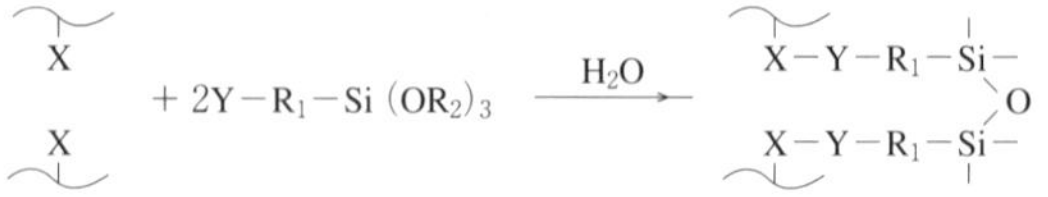

図 3.3.12 シラン架橋の一般式

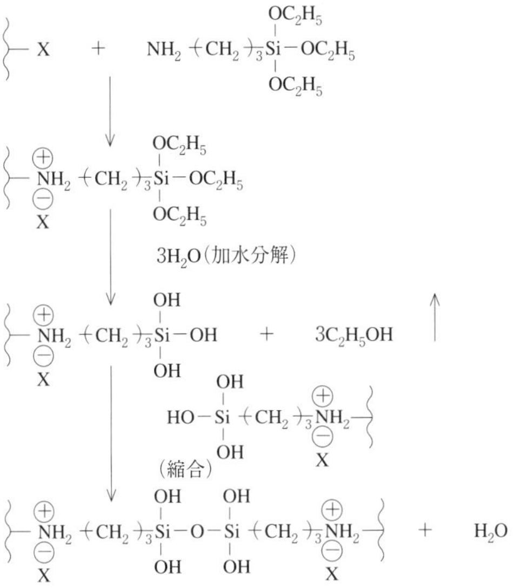

$$\begin{array}{c}
\{\!\!\sim\!\!\text{X} + \text{NH}_2\text{-}(\text{CH}_2)_3\text{-Si(OC}_2\text{H}_5)_3 \\
\downarrow \\
\{\!\!\sim\!\!\overset{\oplus}{\underset{\ominus\text{X}}{\text{NH}_2}}\text{-}(\text{CH}_2)_3\text{-Si(OC}_2\text{H}_5)_3 \\
\downarrow 3\text{H}_2\text{O (加水分解)} \\
\{\!\!\sim\!\!\overset{\oplus}{\underset{\ominus\text{X}}{\text{NH}_2}}\text{-}(\text{CH}_2)_3\text{-Si(OH)}_3 + 3\text{C}_2\text{H}_5\text{OH}\uparrow \\
+ \text{HO-Si(OH)}_2\text{-}(\text{CH}_2)_3\text{-}\overset{\oplus}{\underset{\ominus\text{X}}{\text{NH}_2}}\!\!\sim\!\!\} \\
\downarrow \text{(縮合)} \\
\{\!\!\sim\!\!\overset{\oplus}{\underset{\ominus\text{X}}{\text{NH}_2}}\text{-}(\text{CH}_2)_3\text{-Si(OH)}_2\text{-O-Si(OH)}_2\text{-}(\text{CH}_2)_3\text{-}\overset{\oplus}{\underset{\ominus\text{X}}{\text{NH}_2}}\!\!\sim\!\!\} + \text{H}_2\text{O}
\end{array}$$

図 3.3.13 アミノ基含有シランカップリング剤を用いたハロゲン化ブチルゴムの水による架橋[24]

メルカプトシラン,エポキシシラン,ビニルシランなどのカップリング剤を用い,かかる反応形式を利用して種々のポリマーを架橋することができる.その他ハロゲン化ブチルゴム[13],クロロスルホン化ポリエチレン[14],クロロプレン[15]などの含ハロゲンゴムが水架橋された.また,アミノ含有シランカップリング剤を用いた水架橋を図3.3.13に示した[13].

d. 電磁波あるいは粒子線による架橋

電子線やγ線は紫外線と同様に被照射体を励起してラジカルを発生させるが,電磁波のなかで最も高いエネルギーを有している(図3.3.14)[16].また,マイクロ波はこれらのなかでは最も低いエネルギーを有しているが,ユニークな架橋プロセスが可能と考えられる.

(1) 放射線架橋　放射線架橋については,すでに成書や総説が報告されており[17,18],詳しくはそれに譲るが,パーオキシド架橋と同様に,ポリマーからの脱水素で生成したラジカルとイオン種(カチオン)によってC-C結合架橋が起こる.放射線架橋の間接的な増感剤としてハロゲン化物,亜酸化窒素(N_2O),一塩化硫黄,塩基(アミン,アンモニア)があり,直接的な増感剤としてマレイミド,ポリメルカプタン,アクリル化合物などがある[18].架橋を遅らせるもの(antirads)にはN-フェニル-β-ナフチルアミンなどの芳香族アミン,キノン,芳香族窒素化合物などがある.ゴムの放射線架橋は練りゴムをアルミニウムの金型に入れ,100〜200℃で5〜10分間プレスし,加圧したまま冷却後,放射室に入れて照射する.照射線量はNRで90 mrep,

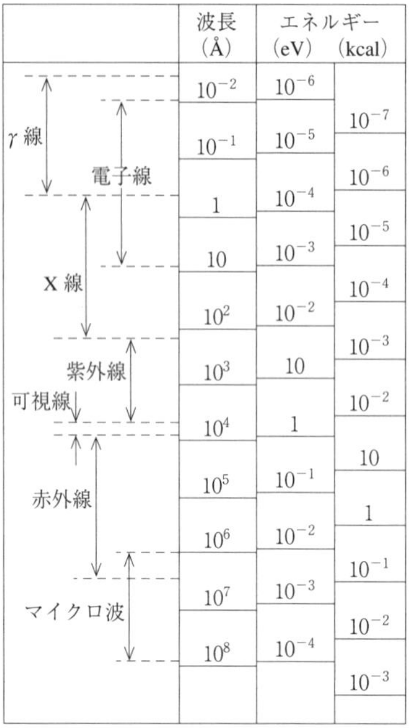

3. ゴ ム 材 料

	波長 (Å)	エネルギー (eV)	(kcal)
γ線	10^{-2}	10^{-6}	10^{-7}
	10^{-1}	10^{-5}	10^{-6}
電子線	1	10^{-4}	10^{-5}
X線	10	10^{-3}	10^{-4}
	10^2	10^{-2}	10^{-3}
紫外線	10^3	10	10^{-2}
可視線	10^4	1	10
赤外線	10^5	10^{-1}	1
	10^6	10^{-2}	10^{-1}
マイクロ波	10^7	10^{-3}	10^{-2}
	10^8	10^{-4}	10^{-3}

図 3.3.14 電磁波のエネルギー[16]

NBR で 17 mrep, CR で 40 mrep, シリコーンゴムで 10 mrep, KFM で 10 mrep 程度必要であり, 増感剤を添加すると線量を少なくし, 照射時間を短縮できる.

(2) **電子線架橋** 電子線照射を利用したゴムの架橋の実用化は 1960 年代初めより開始され, 現在では電線, 自動車タイヤ, 熱収縮チューブなどの分野で実用化されている[19,20]. 電子線による架橋はラジカル反応であり, ポリマー分子間あるいは分

表 3.3.7 架橋型ゴムと崩壊型ゴム[21]

架 橋 型	崩 壊 型
イソプレンゴム (IR)	ポリイソブチレン (PIB)
天然ゴム (NR)	エピクロルヒドリンゴム (ECO)
ブタジエンゴム (BR)	イソブチレン-イソプレンゴム
スチレン-ブタジエンゴム (SBR)	(IIR)
アクリロニトリル-ブタジエンゴム (NBR)	
エチレン-プロピレンゴム (EPR)	
クロロプレンゴム (CR)	
アクリルゴム (ACM)	
シリコーンゴム (Q)	
フッ素ゴム (FR)	
塩素化ポリエチレン (CPE)	

3.3 架橋剤と架橋助剤

子内でC-C結合が生じる．最も単純な構造のPEの場合，励起，ラジカル発生，架橋が起こる[21]．

ゴムに電子線を照射すると架橋と主鎖の切断が並行して起こり，どちらが優先するかによって，架橋型と崩壊型に分かれる．このタイプの分け方は，パーオキシド架橋や放射線架橋の場合と共通しており，表3.3.7に架橋型ゴムと崩壊型ゴムの例を示す[21]．一般に主鎖がC-C結合の場合，NR, CRなどのビニル型は架橋型であり，ビニリデン型のポリイソブチレン，IIRは崩壊型である．また，ゴム

表3.3.8 架橋ポリマーのG値[21]

ポリマーの種類	G値
ポリエチレン	2
ポリプロピレン	0.6
NR	1.3～1.8
シス-1,4ポリイソプレン	0.9
BR	2～5.8
NBR	1.4
酢酸ビニル樹脂	0.28
ポリスチレン	0.04
ポリアミド	0.3
PVC	0.2
SBR	2.8
CR	9.6
EPR	1.8
シリコーンゴム	2.2

に電子線を照射した場合，架橋効率はその分子構造によって異なり，100 eVの線量の電子を吸収したときに変化する分子の数をG値と呼び，その値を表3.3.8に示す．BR, CRはG値が大きく，PP, PSは小さく，EPRはPEに近い値である．硫黄架橋ではその架橋速度はヨウ素価に依存するが，電子線架橋においても同じ傾向であり，ヨウ素価が高いほど架橋が速い．

EPDMの電子線架橋とパーオキシド架橋，硫黄架橋の物性の比較を図3.3.15に示す[21]．電子線架橋ゴムはパーオキシド架橋ゴムと同等であるが，硫黄架橋ゴムの物性より低い．また，エチレングリコールジメタクリレート，トリメチロールプロパン

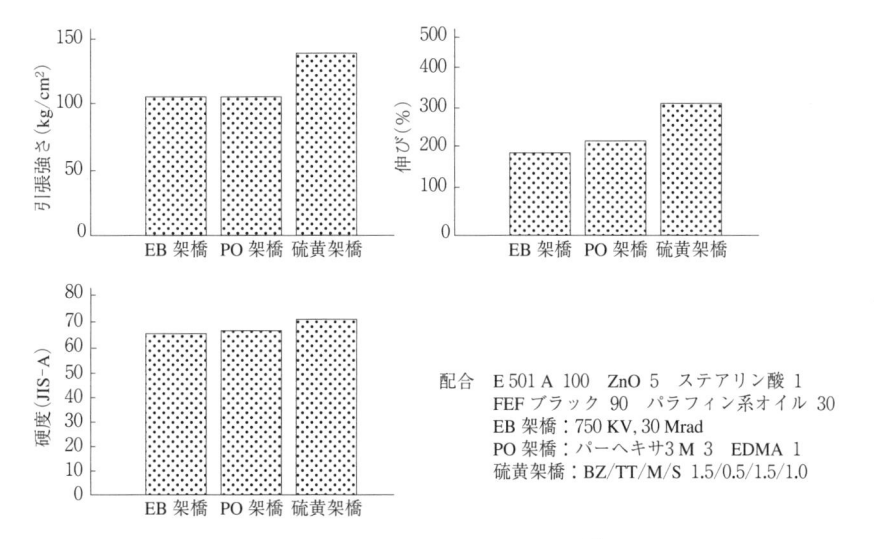

配合　E 501 A 100　ZnO 5　ステアリン酸 1
FEFブラック 90　パラフィン系オイル 30
EB架橋：750 KV, 30 Mrad
PO架橋：パーヘキサ3 M 3　EDMA 1
硫黄架橋：BZ/TT/M/S 1.5/0.5/1.5/1.0

図3.3.15 架橋方式と架橋ゴム物性[21]

トリメタクリレートなどの共架橋剤や2-メルカプトベンゾイミダゾールなどの老化防止剤により耐熱性や物性を向上する．最近，EPRの電子線架橋，フッ素ゴムの電子線架橋などが報告されている．

(3) 光架橋　　ゴムの光架橋は，光感光性基の吸収帯と一致した波長の光が吸収され，そのエネルギーで生成したラジカルによって進行する．感光性としてシンナモイル基，シンナミリデン基，アクリロイル基，二重結合，ジアゾ基，ジチオカルバメート基などがある．今までに多くの成書や総説が報告されており[22]，詳しくはそれらに譲る．光架橋型ポリマーを大別すると混合型，化学修飾型，共重合型，単独重合型に分類できる．

(4) マイクロ波架橋　　近年，マイクロ波によるゴムの架橋が急速な勢いで導入されており，注目されている[23]．マイクロ波(UHF)はきわめて波長の短い電磁波の総称で，通常周波数は1000 MHz～10000 MHz(波長10^6～10^8Å)である．ゴムの架橋に利用されているマイクロ波は2450 MHzと915 MHzのバンドである．マイクロ波の電界中にゴムなどの誘電体を入れると，双極子がマイクロ波の電場により激しく震動・回転し，その摩擦熱のため誘電体自身が発熱し，架橋が起こる．詳しくは前述の総説に譲るが，効率のよい加熱を行うためにはマイクロ波吸収能が高いゴム配合，すなわち誘電体損失係数($\varepsilon_r \cdot \tan \delta$)についても検討されている．CR，NBRなどの極性ゴムは誘電体損失係数が大きいゴムで，NR，EPDM，SBRなどの非極性ゴムは小さいゴムである．また，カーボンブラックの種類，添加量の調整で各種ゴムの発熱度を大幅に変えることができる．

表3.3.9 超音波架橋とUHF架橋の違い[24]

	架橋機構	利点	問題点
超音波架橋 (厚肉型物品への応用)	超音波振動による架橋 内部発熱 (ヒステリシス損失) (分子-吸収振動) 表面発熱 (表面摩擦) (共振発熱) 運動方向	・厚肉ゴムの均一架橋 ・架橋時間短縮 ・省エネ(50%ダウン) ・低温金型架橋(スコーチ防止)	パチルマルチクライアント研究に参加 現在，研究内容を検討中
UHF架橋 (ホースなど押出製品への応用)	高周波電界による分子運動加熱方式 高周波電界中で分子が回転あるいは振動し，発熱する．	・架橋時間短縮 ・コスト低減 ・品質安定化 ・歩留り向上 ・工程削減	工程間の同期化 常圧架橋のため発泡

(5) 超音波架橋

一般に超音波は20 kHz以上の音とされ，30 Hz以下の超低周波と区別されている．超音波によるゴムの架橋に関する理論的な解明は，いまだなされていない．固体内で超音波は横波，縦波，表面波を与え，ゴム分子あるいは配合剤粒子が運動を開始し，この運動エネルギーが熱に変換されていくと考えられている．このように熱伝達による架橋方法を第1世代技術とすると，放射線，紫外線，高周波架橋は第2世代技術，そして超音波架橋は第3世代技術といえる．この超音波架橋を従来のUHF架橋と比較すると表3.3.9のようにまとめることができる．架橋機構上から，超音波架橋の特徴としては次の点があげられる．

① 内部発熱を伴うため，従来の熱的架橋に比較して，製品の中心部と表面部の物性差が小さく，均一な架橋ができる．

② 製品中心部への熱伝達時間が短縮でき，架橋時間の短縮が可能であり，あわせて成形に要するエネルギーを小さくすることができる．

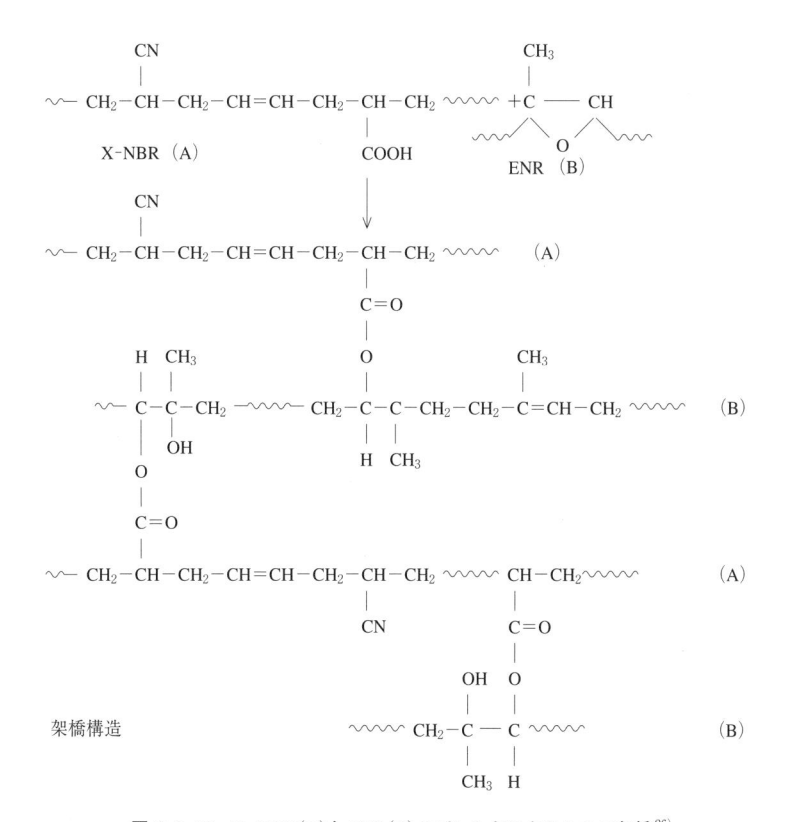

図 3.3.16 X-NBR(A)とENR(B)のブレンドによるセルフ架橋[26]

③ 金型内での架橋が可能であり，肉厚ゴム製品の成形に応用できる．

e. ゴムのセルフ架橋

ゴムの架橋は一般に硫黄やパーオキシドなどの架橋剤，加硫促進剤など何種かの配合剤を混合し，架橋されている．ところが最近，環境問題から加硫促進剤に起因するニトロソアミン，CR 架橋剤のエチレンチオウレアの発がん性など配合剤の毒性，衛生問題が発生している．こういった問題を解決する架橋方法が最近提案され"self-vulcanizable rubber blend system"として提唱された[25]．

ゴムのセルフ架橋という概念は，1989 年 De らが，エポキシ天然ゴム(ENR)とカルボキシ化 NBR(X-NBR)のみをブレンドして加熱するだけで架橋反応が起こり，ゴム弾性体になることを見いだした[25]．したがって，セルフ架橋とは「いかなる架橋剤や添加剤も必要とせず，ポリマー/ポリマーブレンドのみで架橋する工程である」と定義される．

図 3.3.16 に ENR と X-NBR のセルフ架橋の構造を示すが，セルフ架橋の特徴は，① 単純な配合でクリーンな加工工程，② 毒性，衛生面で優れる，③ 配合単価が安価，④ 硫黄加硫より耐熱性に優れる，⑤ 配合比により物性を調節できる，⑥ リサイクルを考慮した架橋構造，などがあげられる[26, 27]．その後，限られたポリマーのみであるが，いくつかのセルフ架橋が報告されている．

ところが最近官能基を含まないポリブタジエンが，240〜250 ℃の温度，293 MPa 以下の圧力でセルフ架橋できることが見いだされ[28]，今後の展開に期待がもたれている．

〔秋葉光雄・松村澄子〕

文　献

1) Guneen, J. I. and Former, E. H.：*J. Chem. Soc.*, 472 (1943).
2) Hofmann, W.：Progress in Rubber and Plastics Technology, 1, p.30 (1985).
3) Kirkhan, M. C.：*Prog. Rubber Technol.*, **41**, 61 (1978).
4) Lattimer, R. P. and Kinsey, R. A.：*Rubber Chem. Technol.*, **62**, 107 (1989).
5) 秋葉光雄：ポリマーダイジェスト, **43**(11), 21 (1991).
6) 山下晋三, 金子東助編：架橋剤ハンドブック, p.62, 大成社 (1981).
7) 占部誠亮：ポリマーダイジェスト, **40**(10), 65 (1988)；*ibid*, **40**(11), 85 (1988).
8) Philip, H. S.：*Plast. Rubber Process Appl.*, **9**(4), 209 (1988).
9) 大谷健一：架橋設備ハンドブック, p.149, 大成社 (1982).
10) 川井民生, 大谷寛文：矢崎技術レポート, **21**, 13 (1997).
11) 山下晋三, 織田　稔：高分子学会予稿集, **27**(9), 1740 (1980).
12) Yamashita, S.：*Rev. Gen Gaoutch Plast.*, **606**, 126 (1980).
13) Yamashita, S. and Kojiya, S.：*Makromol Chem.*, **186**, 1373 (1985).
14) Yamashita, S. and kojiya, S.：*Makromol Chem.*, **186**, 2275 (1985).
15) Yamashita, S.：*Makromol Chem.*, **188**, 2553 (1987).
16) Burchard, W.：Biological and Synthetic Polymer Networks (ed. by Kramer, O.), p.4, Elsevier Applied Science (1988).
17) 団野皓之編：チャールスピー放射線と高分子, p.226, 朝倉書店 (1965).

18) Bohm, G. G. A. and Tveekrem, J. O.：*Rubber Chem. Technol.,* **55**, 575 (1982).
19) Sonnenberg, A. M.：*Kautsch Gummi Kunstst.,* **37**(10), 864 (1984).
20) Mohammed, S. A. H. and Walker, J.：*Rubber Chem. Technol.,* **59**, 482 (1986).
21) 青嶋正志, 神野　正：住友化学, **2**, 28 (1987).
22) 大津隆行：日ゴム協誌, **59**, 658 (1986).
23) Lve, V. L.：*Rubber World,* **182**(3), 28 (1980).
24) 岡田寿夫, 平野克典：明治ゴム化成技術, **9**(1), 14 (1987).
25) Alex, R., De, P. P. and De, S. K.：*J. Polym. Sci. Part C, Polym. Lett.,* **27**(10), 261 (1989).
26) 秋葉光雄, 森田　聡：日ゴム協誌, **68**, 767 (1995).
27) 秋葉光雄：ポリファイル, **33**(390), 56 (1996).
28) Bellander, M., Stenberg, B. and Persson, S.：*Polym. Eng. Sci.,* **38**(3), 1254 (1998).

3.4 補 強 材 料

3.4.1 充 て ん 剤

a. カーボンブラック

充てん剤のなかでゴムの強度や耐摩耗性を向上するものを補強性充てん剤あるいは補強剤と呼び，ゴムの補強剤としてタイヤをはじめ多くのゴム製品に最も多量に使用されているのがカーボンブラックである．

カーボンブラックは，炭化水素または炭素を含む化合物を空気の不十分な状態で燃焼または熱分解させて得られる微細な球状粒子の集合体であるが，限りなく純粋に近い炭素材料の総称で，いわゆる「すす」とは異なる物質である．その多くはゴムの補強剤として使用されるほかに，黒色顔料としての着色剤や紫外線遮蔽による耐候性改善剤，さらには導電性付与剤としてゴム製品やプラスチック製品のみならず，印刷インキ，塗料，乾電池などにも使用されている．

（1） カーボンブラックの種類　カーボンブラックは，その製造方法により原料炭化水素の熱分解（サーマル法）か不完全燃焼（コンタクト法，ファーネス法）に大別される．サーマル法は，天然ガスを原料とし燃焼と熱分解を周期的に繰り返す方法で，粒子径の大きいカーボンブラックが得られる．アセチレンブラックもアセチレンを原料とするサーマル法で，アセチレンの熱分解は発熱反応であるので燃焼サイクルを省略できる．アセチレンブラックは通常のカーボンブラックに比してストラクチャーが高く導電性に優れるので，乾電池や導電性付与剤として使用されている．コンタクト法は炎を鉄や石などに接触させる製造方法であり，チャンネルブラックはこの方法の代表的な製品であるが，今日ではゴム用としては使用されていない．汎用ゴム用カーボンブラックは天然ガスを原料とするガスファーネス法か芳香族炭化水素を用いるオイルファーネス法で製造され，通常，造粒されてかさ密度を高めて製品化され，ホッパートラック，フレキシブルコンテナ，紙袋などに詰められて出荷される．

カーボンブラックの名称は，従来カーボンブラックを使用して得られた製品の性能

表 3.4.1 カーボンブラックの種類と名称

用途		一般呼称	粒子径(nm)	ASTM コード
ゴム用	ファーネス	SAF (Super Abrasion Furnace)	11〜19	N 100
		ISAF (Intermediate Super Abrasion Furnace)	20〜25	N 200
		HAF (High Abrasion Furnace)	26〜30	N 300
		FF (Fine Furnace)	31〜39	N 400
		FEF (Fast Extrusion Furnace)	40〜48	N 500
		GPF (General Purpose Furnace)	49〜60	N 600
		SRF (Semi-Reinforcing Furnace)	61〜100	N 700
		CF (Conductive Furnace)		
	サーマル	FT (Fine Thermal)	101〜200	N 800
		MT (Medium Thermal)	201〜500	N 900
カラー用		HCC (High Color Channel)	15以下	
		HCF (High Color Furnace)	15以下	
		MCF (Medium Color Furnace)	15〜25	
		LFF (Long Flow Furnace)	27〜30	
		RCF (Regular Color Furnace)	25〜30	
電池用		アセチレン (Acetylene Black)	35〜45	

をもとにして命名されており,カラー用は黒色度や流動性,ゴム用はゴムに配合した場合の補強性をもとに命名されていたが,現在はASTM規格で加硫速度(ファーネスブラックを標準にN,それより遅いものをSと表示)と粒子径(100番〜900番で100位の数字がそのカーボンブラックの平均粒子径の目安)で分類されている.表3.4.1にカーボンブラックの種類と名称を示す.

(2) **カーボンブラックの特性** カーボンブラックをゴムやプラスチックなどに配合して補強性,黒色度あるいは導電性などの機能を発揮させるための最も重要な因子は,カーボンブラックの粒子の大きさ(粒子径),粒子の形態(ストラクチャー)と粒子の表面の物理的・化学的性質であり,これを通常カーボンブラックの三大基本特性と呼んでいる.

カーボンブラックは1個の粒子として存在するのではなく,凝集体として存在する.この最小構成単位である凝集体を一次凝集体(アグリゲート)と称し,この一次凝集体は不定形の粒子で,きわめて細かい球状の基本粒子が互いに融着して連鎖状あるいは枝分かれした不規則な鎖状を形成し,複雑な形態を示している.このような複雑な凝集形態をストラクチャーと呼んでいる.アグリゲート1個当たりの基本粒子の個数の多いものをハイストラクチャー,中程度のものをノーマルストラクチャー,少ないものをローストラクチャーと呼び,ゴムに配合したときの引張応力や押出特性,インキや塗料に混ぜたときの分散性や黒色度,粘度などに影響を与える重要な因子である.ストラクチャーはこのアグリゲートとファン・デル・ワールス力の相互作用により凝集した二次凝集体(アグロメレート)からなるが,ゴムなどに対する機能はアグリゲートの方が支配的と考えられており,ゴムの補強に関するアグリゲートの形態学的な研

究が電子顕微鏡の高性能化とコンピュータによる画像解析技術の発達により着実に進歩しつつあり，近い将来アグリゲートの形状が定量化され，製造技術の開発によりこれがコントロールされるようになると，カーボンブラックの性能も飛躍的に向上するものと期待される．

ストラクチャーは吸油量，圧縮空隙率，かさ密度，電子顕微鏡画像解析などにより解析され，またアグリゲートは高圧(24000 psi)でカーボンブラックを繰り返し圧縮したのち吸油量を測定する圧縮吸油量で行われている．さらにアグリゲートの大きさおよび分布はカーボンブラックの水分散系での遠心沈降法により測定される．

カーボンブラックの粒子は粒子同士が融着した状態で存在するが，これらを単一粒子と見なして電子顕微鏡により粒子径を画像処理により解析したり，製造条件によって生じた粒子径の分布を求めることも行われている．一般に粒子径の小さいカーボンブラックほど粒子径の分布は狭く，粒子径が大きくなるほど分布は大きくなる．カーボンブラックの比表面積は粒子の大きさによって大体決まるが，カーボンブラックの表面は細孔があり，また粒子間の融着した部分には微細空間が存在するので，比表面積は細孔中の表面積を含むかどうかで異なる．比表面積の測定は窒素やヨウ素を用いた吸着法で行われ，細孔中の表面積を除いた非多孔比表面積は小さな細孔に分子が入り込めないような比較的分子量の大きいCTAB(ヘキサデシルトリメチルアンモニウムブロミド)の吸着により測定する．比着色力(tint)は粒子の大きさとその分布，アグリゲートの大きさと分布，さらには形状などをひとつの特性に集約したもので，この比着色力の値が高いカーボンブラックが新しい技術として開発された改質ブラックである．

カーボンブラックは純粋に近い炭素材料ではあるが，原料油や燃料油の成分さらには空気との接触による酸化などにより酸素，水素，硫黄などが含まれ，これらがカルボキシル基，水酸基，キノン基，ラクトン基などの化学的に反応性な官能基としてカーボンブラックの表面に存在し，カーボンブラックの化学的な反応性に影響を与えている．これらカーボンブラックの基本的な特性の測定方法を表3.4.2に示す．

(3) カーボンブラック配合ゴムの特性　加硫ゴムの耐摩耗性，引裂き強さ，引張強さはゴムの補強性を示す尺度ともなる物理的な性質である．カーボンブラックは天然ゴムなどの伸長結晶性の物性改善に有用であるのみならず，SBRなどの非晶性ゴムに対する補強効果は天然ゴムの場合に比べて格段に大きく，多くの合成ゴムにとって欠かすことのできない配合剤である．カーボンブラックを配合した未加硫ゴムおよび加硫ゴムの物性は，配合したカーボンブラックの基本特性と密接な関連があり，大きく影響を受ける．とくに粒子の大きさ(比表面積)とストラクチャーにその効果が著しい．

カーボンブラックを配合した加硫ゴムの硬さはカーボンブラックの比表面積およびストラクチャーに依存する．とくに比表面積が大きくなるほど硬くなる．ストラクチ

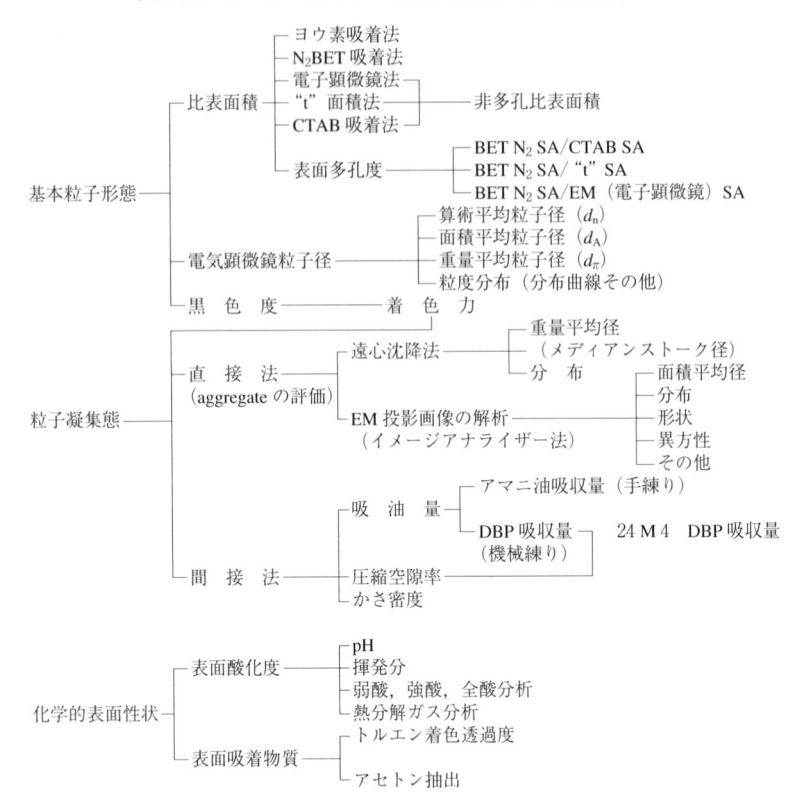

表 3.4.2 カーボンブラックの三大基本特性とその評価方法[1]

```
基本粒子形態 ─┬─ 比表面積 ─┬─ ヨウ素吸着法
              │            ├─ N₂BET 吸着法
              │            ├─ 電子顕微鏡法
              │            ├─ "t" 面積法 ──────── 非多孔比表面積
              │            └─ CTAB 吸着法
              │
              ├─ 表面多孔度 ─┬─ BET N₂ SA/CTAB SA
              │              ├─ BET N₂ SA/ "t" SA
              │              └─ BET N₂ SA/EM（電子顕微鏡）SA
              │
              ├─ 電気顕微鏡粒子径 ─┬─ 算術平均粒径 ($d_n$)
              │                    ├─ 面積平均粒径 ($d_A$)
              │                    ├─ 重量平均粒径 ($d_\pi$)
              │                    └─ 粒度分布（分布曲線その他）
              │
              └─ 黒色度 ─────── 着色力

粒子凝集態 ─┬─ 直接法 ─┬─ 遠心沈降法 ─┬─ 重量平均径
            │(aggregate│               │  （メディアンストーク径）
            │ の評価） │               └─ 分布 ─┬─ 面積平均径
            │          │                         ├─ 分布
            │          └─ EM 投影画像の解析      ├─ 形状
            │             （イメージアナライザー法）├─ 異方性
            │                                     └─ その他
            │
            └─ 間接法 ─┬─ 吸油量 ─┬─ アマニ油吸収量（手練り）
                       │           └─ DBP 吸収量    24 M 4  DBP 吸収量
                       │              （機械練り）
                       ├─ 圧縮空隙率
                       └─ かさ密度

化学的表面性状 ─┬─ 表面酸化度 ─┬─ pH
                │               ├─ 揮発分
                │               ├─ 弱酸，強酸，全酸分析
                │               └─ 熱分解ガス分析
                │
                └─ 表面吸着物質 ─┬─ トルエン着色透過度
                                 └─ アセトン抽出
```

ャーも硬さを高めるが，比表面積よりは影響が小さい．硬さはカーボンブラックの配合量にほぼ比例して増加し，増加の割合は非晶性ゴムで高く，天然ゴムなどでは低い．

 引張応力も硬さと同様な傾向を示し，比表面積よりはストラクチャーへの依存度が大きい．粒子の小さい補強性の高いカーボンブラックと補強性の低い粒子の大きいカーボンブラックでは引張応力に及ぼす比表面積の影響が異なり，両者の境界付近で引張応力に最大値がみられる．さらにカーボンブラックの表面活性が高まるほどゴムとカーボンブラックの相互作用が強くなり，バウンドラバーの生成量が増加するので，引張応力が高くなると考えられている．配合量の依存性も硬さと同様な傾向を示す．

 引張強さは比表面積に対する依存度が高いが，ストラクチャーの影響はあまり明確ではない．カーボンブラックの配合量を増加すると引張強さは増大し，最大値をへて低下する．この傾向は非晶性ゴムの場合に顕著にみられる．引張強さが最大値を示す

配合量は比表面積が大きくなるほど少ない配合量となる．引裂き強度も引張強さと同様に比表面積に対する依存度が高い．

耐摩耗性はカーボンブラック配合ゴムの補強性を最も顕著に示す特性である．比表面積が大きくなるにつれて耐摩耗性は向上するが，あまり比表面積が大きい(粒子が小さくなりすぎる)と混練りの際にカーボンブラックの分散が悪く，そのために期待するほど耐摩耗性は向上しない．ストラクチャーも高いほど耐摩耗性は向上するが，摩耗条件の過酷度(シビアリティー)によって依存度に差が出てくる．低シビアリティーでは比表面積の影響が大きいが，高シビアリティーの場合はストラクチャーの効果が顕著になることが知られている．一定の比表面積およびストラクチャーでは比着色力が高くなると耐摩耗性は向上する．さらに改質ブラックの出現以来，3つの基本特性以外に粒子やアグリゲートの形態的な解析が加硫ゴム物性の解明に開発され，粒子径分布が狭いほど耐摩耗性は向上するが，凝集体分布は耐摩耗性には影響を与えないことがわかってきた．

加硫ゴムの弾性はカーボンブラックの比表面積と配合量により変化し，ストラクチャーはほとんど影響しない．比表面積が大きくなるほど，また配合量が増加するほど，弾性は低下する．さらに比表面積やストラクチャーが同じでもアグリゲート分布を拡げることによって弾性は高くなる．

比表面積およびストラクチャーが大きいほど発熱は高くなる．またアグリゲートの大きさが大きくその分布が広いほど発熱は低い．これは大きいアグリゲートの間の隙間に小さいアグリゲートが効率的に詰められてネットワークが生成されにくくなり，ヒステリシスが小さくなるためと考えられている．

カーボンブラック配合ゴムでの電気の伝導は，カーボンブラックの粒子が連鎖を形成し，そこをπ電子が伝わる導電通路説とポリマー層を挟んだカーボンブラック凝集体間でπ電子がジャンプして導電性を示すというトンネル効果説があるが，最近の研究ではトンネル効果説が主流である．電気伝導性はカーボンブラックの比表面積を大きくする，配合量を増やすと高くなるが，配合量には頭打ち現象がみられ，それ以上配合量を増加しても電気伝導性は変わらない．

カーボンブラックの基本特性とゴム物性の関係について簡単に記述したが，どの品種のカーボンブラックを使用するかは，ゴム製品の要求性能，加工性，およびコストを考慮して選択する．

〔長谷部嘉彦〕

文　献

1) カーボンブラック協会編：カーボンブラック便覧(第3版)，カーボンブラック協会 (1995).
2) カーボンブラック協会：カーボンブラック年鑑, No.48 (1998).

b. シリカ

ゴム用充てん剤として用いられるシリカは，大別すると湿式法シリカと乾式法シリカに分けることができる．シリカはゴム工業界においては，白色補強充てん剤として合成ゴムに配合された場合，カーボンブラックに次ぐ補強効果を与える．

また，今日ではゴム分野のほかにもその特徴を生かして塗料，合成樹脂，新聞紙など多岐にわたる分野に適用され，さらに近年においては情報産業紙[1,2]，乗用車用タイヤ[3〜5]などの新規な分野へも適用され，その需要は増大している．

(1) シリカの種類，製造方法

(i) 湿式法シリカ： 湿式法シリカの製造方法としては，一般的にはケイ酸ナトリウムを硫酸により直接分解する方法が採用されている[6]．

$$Na_2O \cdot x\,SiO_2 + H_2SO_4 \longrightarrow x\,SiO_2 \cdot n\,H_2O + Na_2SO_4$$

この反応ではシリカの粒子は図3.4.1のように成長する．

湿式法シリカの合成においては，核の発生および成長の制御が重要となり，ここでの重合の程度によりシリカの特性が決定される．

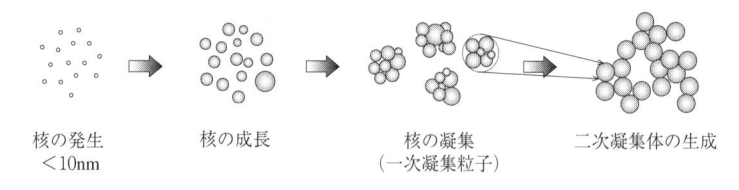

図 **3.4.1** シリカ粒子の成長の様子

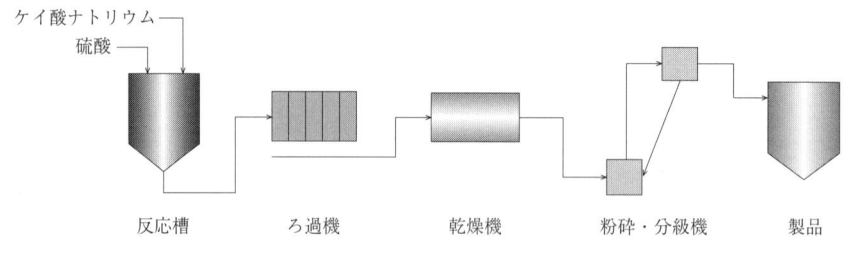

図 **3.4.2** 湿式法シリカの製造プロセス

この一次凝集粒子がさらに凝集し，二次凝集体を形成し，高次の構造性を有することもシリカの特性上重要となる．この構造性は反応時の制御のみならず，ろ過，乾燥工程においても変動するので，反応，ろ過，乾燥工程の最適な組合せをとることも重要になる（図3.4.2）．

(ii) 乾式法シリカ： 乾式法シリカの製造方法としてはハロゲン化ケイ素の熱分

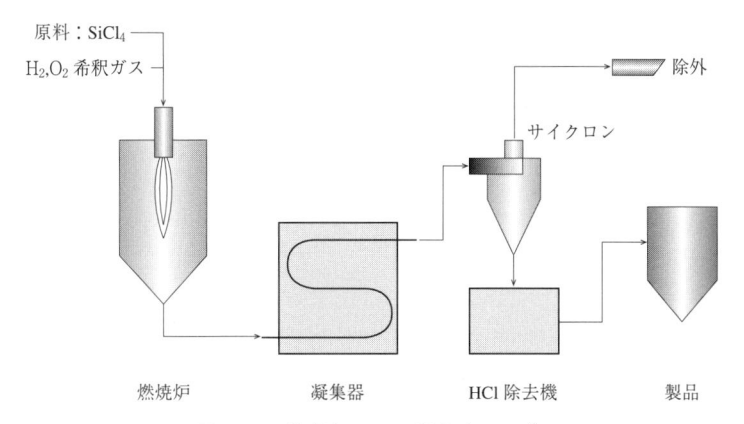

図 **3.4.3** 乾式法シリカの製造プロセス[7]

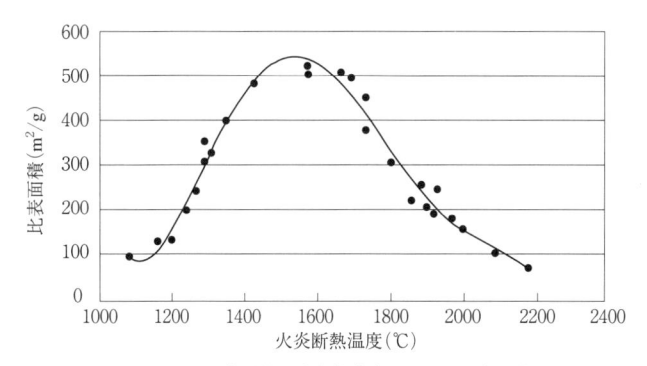

図 **3.4.4** 火炎断熱温度と乾式法シリカの比表面積

解法が広く採用されている．ほかにはケイ砂を熱分解するアーク法なども知られている．熱分解法は次の式によって表される．

$$SiCl_4 + 2H_2 + O_2 \longrightarrow SiO_2 + 4HCl$$

図3.4.3に熱分解法の製造図を示す．

乾式法シリカの特徴のひとつは，湿式法シリカに比べてゴム中でのシリカの分散性に優れており，ゴムの特性がその一次粒子によって発現されることにある．この一次粒子はハロゲン化ケイ素の熱分解温度によって決定される．このため火炎温度を制御することが，乾式法シリカの製造において重要になる[8]（図3.4.4）．

（2） シリカの一般的物性　　湿式法および乾式法シリカの代表的な物理化学的特性を表3.4.3に比較して示す．両者の大きな違いは，その構造性と表面シラノール基密度である．湿式法シリカは内部に細孔を有するが，乾式法シリカは細孔がなく，む

表3.4.3 乾式法および湿式法シリカの物理化学的特性

項　目	乾式法シリカ	湿式法シリカ
BET比表面積 (m^2/g)	100～500	40～300
pH	4.0～4.5	5～10
加熱減量 (%)	<1.5	<8.0
強熱減量 (%)	<2.0	<12.0
吸油量 (ml/100 g)	—	100～300
かさ比重 (g/l)	50～120	100～300
一次粒子の大きさ (nm)	7～50	15～100
Al_2O_3 量 (%)	<0.01	<0.7
CaO 量 (%)	<0.01	<0.01
Na_2O 量 (%)	<0.01	0.6～2.5
Fe_2O_3 量 (%)	<0.01	<0.04
SO_3 量 (%)	—	0.5～2.5
Cl 量 (%)	<0.025	—

しろ高分子ポリマーのように結合している．また，シラノール基密度は湿式法シリカの方が5倍ほど大きく，比表面積が200 m^2/gの場合，大体8～10個/100Å^{2}程度有する．

(3) シリカとゴム物性　　代表的な湿式法および乾式法シリカをSBRに配合したときのゴムの架橋前と架橋体の物性例を表3.4.4，表3.4.5に示す．また，このときのゴム中でのシリカの分散状態を小林らの方法[9]にもとづいてSEMで観察している．その観察でも，乾式法シリカはゴム中での分散性に優れていることが観察されている．

表3.4.4 配合列

項　目	配合部数
SBR1502	100
ステアリン酸	1
透明性酸化亜鉛	2
Mix No.2	2
TS	0.7
DEG	3
コウモレックス#2	10
硫黄	2
シリカ	60

表3.4.5 ゴム試験結果

項　目	乾式法シリカ	湿式法シリカ
ムーニー粘度 (MS_{1+4})	134	84
スコーチタイム (T 5)	9′07″	8′47″
スコーチタイム (T 35)	10′02″	9′58″
引張強さ (kg/cm^2)	236	193
引張応力 (M 100) (kg/cm^2)	23	17
引張応力 (M 200) (kg/cm^2)	37	30
引張応力 (M 300) (kg/cm^2)	53	45
伸び (%)	740	620
硬度	85	77

3.4 補 強 材 料

シリカのゴム中の挙動についてはいまだに不明な点が多い．最近はカーボンブラックに代わり，乗用車用タイヤの充てん剤として使われだしているが，その物理特性の発現に関してはいまだ現象論的な理解にとどまっていることが多い．今後はこれらの現象を解明していくことが重要になる． 〔外池 弘〕

文 献

1) 村井啓一：1995年度 印刷・情報記録表示研究会講座講演要旨集, p.25.
2) 古賀義明：紙パ技協誌, **45**(3), 31 (1991).
3) 特開平 7-196850 (1985).
4) Agostin, G., Berg, J. and Maternet, J. B.：*Kautsch Gummi Kunstst*, **47**, 485 (1994).
5) Gorl, U., Rausch, R., Esch, H. and Kuhlmann, R. (今村重則訳)：日ゴム協誌, **68**(9), 629 (1995).
6) トクシールハンドブック (トクヤマ技術資料).
7) 美谷芳雄：化学装置, **37**(3), 83 (1995).
8) 美谷芳雄, 堤 和男：表面科学, **5**(1), 35 (1984).
9) 小林由紀子, 青木 徹, 堀 良万：日ゴム協誌, **72**(1), 37 (1999).

c. そ の 他

カーボンブラックやホワイトカーボンが，ゴムに配合してその力学的性質を高める補強性充てん剤として用いられるのに対して，補強効果はそれほどでもないものの，加工性を改善したり，ゴム製品の単価軽減用の増量剤として，あるいは特定の性質あるいは機能をゴムに付与するために多くの無機充てん剤が使われている．これら非補強性充てん剤は，天然の鉱物を機械的に粉砕・分級して製造するものと，化学合成して製造するものがあり，化学組成として炭酸カルシウムのような炭酸塩や，カオリンクレー，タルクのような天然ケイ酸塩など多くの種類がある．

これらの充てん剤は化学組成が同じでも粒子の大きさやその分布，粒子形状などの粉体性質を異にするものや，粒子表面に適当な有機物で被覆処理を施し，ゴム分子との親和性を高めたものなど，その種類はきわめて多い．

充てん剤のゴムへの配合効果は粉体の各種性質によってもたらされるゴム分子との親和性，化学結合の強さ，ゴム中での分散状態と高次構造の形成といった相互作用に依存する．無機充てん剤はカーボンブラックやホワイトカーボンの粒子表面に比べて化学官能性に乏しいことから，粒子表面を高級脂肪酸のような界面活性剤やシラン，チタネートなどのカップリング剤で処理して機能性を付与することがしばしば行われている．

(1) **炭酸カルシウム** ゴム用充てん剤としての炭酸カルシウムには，重質炭酸カルシウム，胡粉，白亜および合成炭酸カルシウムがあるが，通常重質炭酸カルシウム，合成炭酸カルシウムが使用されている．重質炭酸カルシウムは，粗晶質石灰石を機械的に粉砕・分級したもので，ゴムへの練込みが容易で，多量配合しても引張応力

の低い軟質なゴムを与え,価格も安いことから増量充てん剤として用いられる.粉砕分級技術のめざましい発展により,平均粒子径が$0.6～0.7\,\mu m$の微粒子品やその有機物処理品が得られるようになり,軽微性炭酸カルシウム並みの性能を示すものも開発されている.

わが国で行われている合成炭酸カルシウムの製造方法は,石灰乳に炭酸ガスを吹き込んで炭酸カルシウムを沈殿させるもので,反応条件をコントロールすることで粒子径,形状の異なる粒子が得られる.粒子径が$1～5\,\mu m$の軽微性炭酸カルシウムはかさ高で吸油量が大きく,ゴム配合時の加工性に優れ,加硫ゴムの引張応力,引裂き強さもよいことから,汎用充てん剤として広く使用されている.粒子径が$0.1\,\mu m$以下の極微細炭酸カルシウムは,補強性を示し,増量効果をあわせもった充てん剤として大量に使用されている.これら,極微細炭酸カルシウムは,製造時の二次凝集を防ぎ,ゴム配合時の分散を容易にするために粒子表面を適当な有機物で被覆している.このものは未加硫ゴムのムーニー粘度を高めず,加工時のフロー性がよく,伸びが大きくて柔らかい加硫ゴムを与え,とくに動的条件下で優れた物性を示す加硫ゴムを与える.このほかに耐油性ゴムの膨潤率を下げる効果のあるカルシウム-マグネシウムの複合炭酸塩もある.

(2) **クレー** 含水ケイ酸アルミニウムを主成分とするクレー類は,その組成が多岐にわたり,粒子径も$0.5\,\mu m$以下のものから,$10\,\mu m$程度のものまである.大別するとカオリンクレー,パイロフィライトクレー,セリサイトクレー,マイカなどがある.カオリンクレーは,ゴム配合時の練り生地の硬さや,加硫ゴムの力学的特性によりハードクレーとソフトクレーに分けられている.微細粒子の割合が多く,表面活性に富んでいるものをハードクレーと呼ぶ.ハードクレーはシランカップリング剤などで処理することによりホワイトカーボン並みの補強性を示すことが知られている.ソフトクレーは増量充てん剤として使用され,パイロフィライトクレーなどが当てはまる.

カオリンクレーを約600℃で焼成して,構造水をなくしたメタカオリンをゴムに配合すると,高い電気絶縁性を示す.マイカは鱗片状のアスペクト比の大きな粒子で,付着水がほとんどないことから,高い電気絶縁性を示す.また,耐ガス透過性ゴムや耐熱性ゴム,制振性ゴム配合にも使用される.

(3) **タルク** 含水ケイ酸マグネシウムを主成分とするタルクは,疎水性で付着水分が少なく,粒子形状が薄片状のため,ゴム配合時に平行に配向し,充てん層を形成し優れた電気特性を与えるので,電線に使用される.超微粒子タルクは高い補強性を示す.

(4) **塩基性炭酸マグネシウム** 苦汁に炭酸ソーダを加え中性の炭酸マグネシウムを沈殿させ,それを加熱分解して,粒子径$0.3～0.5\,\mu m$の塩基性炭酸マグネシウムを得る.これをゴムに配合すると,未加硫ゴム生地の粘度が高く,押出しや圧延シー

トの変形を小さくし,加硫時の「だれ」を防ぐ.このものの屈折率は1.50〜1.53で,天然ゴムの屈折率と似ていることから,透明ゴム用補強充てん剤として重要である.

(5) その他　水酸化アルミニウム,水酸化マグネシウムは難燃性付与充てん剤として,沈降性硫酸バリウムはX線透過度を下げたり,耐薬品性ゴム配合に使用される.ケイ藻土は耐熱,耐薬品性の配合に,グラファイトや二硫化モリブデンは低摩擦性を目的に,リトポンは生地の硬さ向上に使用される.　　　　〔伊永　孝〕

3.4.2　繊維材料

タイヤ,ベルト,ホース,シートなどはその形状を保持するため,カーボンブラックなど補強性充てん剤以外に強度の優れた繊維と複合化されている.繊維としては化学繊維,天然繊維および金属繊維が使用されており,とくに,綿,ナイロン,ポリエステル,スチール繊維などの長繊維とポリエステルなどの短繊維がよく使用されている.この場合の複合体の強度は繊維の強度に依存しており,とくに,長繊維の場合は繊維の強度に大きく依存している.このゴム系複合材料の構造の大きさと主な効果は,表3.4.6に示すように知られており,ゴムと長繊維では構造の大きさは数百 μm〜数mで,ゴムと短繊維では数 μm〜数cmが用いられている.

表3.4.6　ゴム系複合材料の構造の大きさと主な効果[1]

組合せ	構造の大きさ	主な効果
ゴム/橋かけ	〜数 nm	分子鎖の運動性,ゴム弾性
ゴム/低分子物	〜10 nm	分子鎖の運動性,粘弾性
ゴム/ゴムブレンド	〜数十mm	分子鎖の凝集状態,界面状態
ゴム/充てん剤	数十nm〜100 mm	界面状態,異方性
ゴム/短繊維	数十mm〜数cm	界面状態,強い異方性
ゴム/長繊維	数百mm〜数m	界面状態,強い異方性
積層物	数nm〜数m	異方性

a. 繊　　維

(1) 長繊維　タイヤ,ベルト類,ホース類,その他大型ゴム製品(海洋用品,土木用品など)は補強材として,綿,ポリエステル,ナイロン,レーヨン,アラミド,ポリプロピレン,ガラス,スチール繊維などの長繊維が用いられており,代表的な繊維の特性を表3.4.7に示す.タイヤにおける繊維の変遷は図3.4.5に示すように過去50年くらいの繊維材料の変化が大きい.また,タイヤ以外では自動車産業の隆盛とともに耐熱性・耐油性などの要求品質が厳しくなり,ゴムも繊維も耐熱性のよい材料の使用が増えてきている.

タイヤコードに使用されている繊維は,ナイロン,ポリエステル,レーヨン,アラミド,スチール繊維などがあり,今後の有機繊維として,超低熱収縮ポリエチレンテレフタレート,ポリエチレンナフタレート繊維,ポリビニルアルコール繊維およびポリパラフェニレンベンゾビスオキサゾール繊維が検討されており,操縦安定性を保っ

表 3.4.7 各種繊維材料の特性

繊維	引張強さ (g/d)	密度 (g/d)	弾性率 (g/cm^3)	切断伸度 (%)
綿	3.0〜4.9	1.54	—	—
ナイロン	4.8〜10.0	1.14	34〜38	20〜25
ポリエステル	4.3〜9.0	1.38	110〜150	9〜15
スチール	4.0	—	250	—
レーヨン	1.7〜5.2	1.50〜1.52	—	15.3
アラミド	27〜23	1.44	475〜850	1.5〜3.9
ビニロン	4.0〜10.5	1.26〜1.30	270〜387	4.9〜6.2
ポリプロピレン	4.5〜7.5	0.91	—	—

たうえでの振動乗心地性の改良要求に応える新繊維として開発されている．

スチール繊維はタイヤやコンベヤベルト用として使用されており，とくに，タイヤでは外傷の抑制，ケース強化，耐摩耗性の向上，低燃費化，長寿命化，高速時の操縦安定性などの面から使用されており，繊維は単撚りから複撚り構造の4タイプがあり，荷重が大きいほど撚り数が多い構造の繊維を使用している．また，コンベヤベルトは強度，耐屈曲疲労性が要求され，複撚り構造になっている．

(2) 短 繊 維　短繊維とのゴム複合材料は長繊維ゴム複合材料ほど強度は大きくないが，形状保持性があり，強度，弾性率や繊維の配向などの制御が可能で，異方性複合材料が容易に得られる特徴がある．また，加工面でも長繊維のような繊維に必要な特殊な装置を必要とせず，一般のゴム加工機であるオープンロール，バンバリーミキサー，ニーダー，押出機，二軸押出機で容易に成形加工ができるなどの特徴がある．

短繊維として古くからアスベスト（石綿）が用いられてきた．しかし，このアスベストが発がん性などの問題から使用できず，短繊維として，綿，絹，麻などの天然繊維からポリエステル，アラミド，ナイロンなどの合成繊維，炭素繊維などの無機繊維，金属繊維が用いられている．

b. 表 面 処 理

長繊維，短繊維など補強繊維の優れた機械的特性を，これらの製品性能に反映させるためには，繊維自体の特性も重要であるが，ゴム/繊維の界面接着性がきわめて重要となっている．この界面接着性を高めるためには，接着剤の使用と繊維の表面処理があり，とくに，無極性表面を有する繊維では表面処理技術が不可欠である．

表面処理の方法には，表面に新しい層を被覆形成する方法と表面を改質する方法があり，前者は表面被覆法，後者は表面改質法といわれている．接着性の付与・改善には薬品などによる化学処理，ポリマーコーティング法，溶剤による表面清浄法，シランカップリング処理，プラズマ処理，バフやブラストなどの機械的処理が行われている．

繊維と各種ゴムとの接着では，ゴムの化学構造，形態にも影響を受けることが知ら

3.4 補強材料

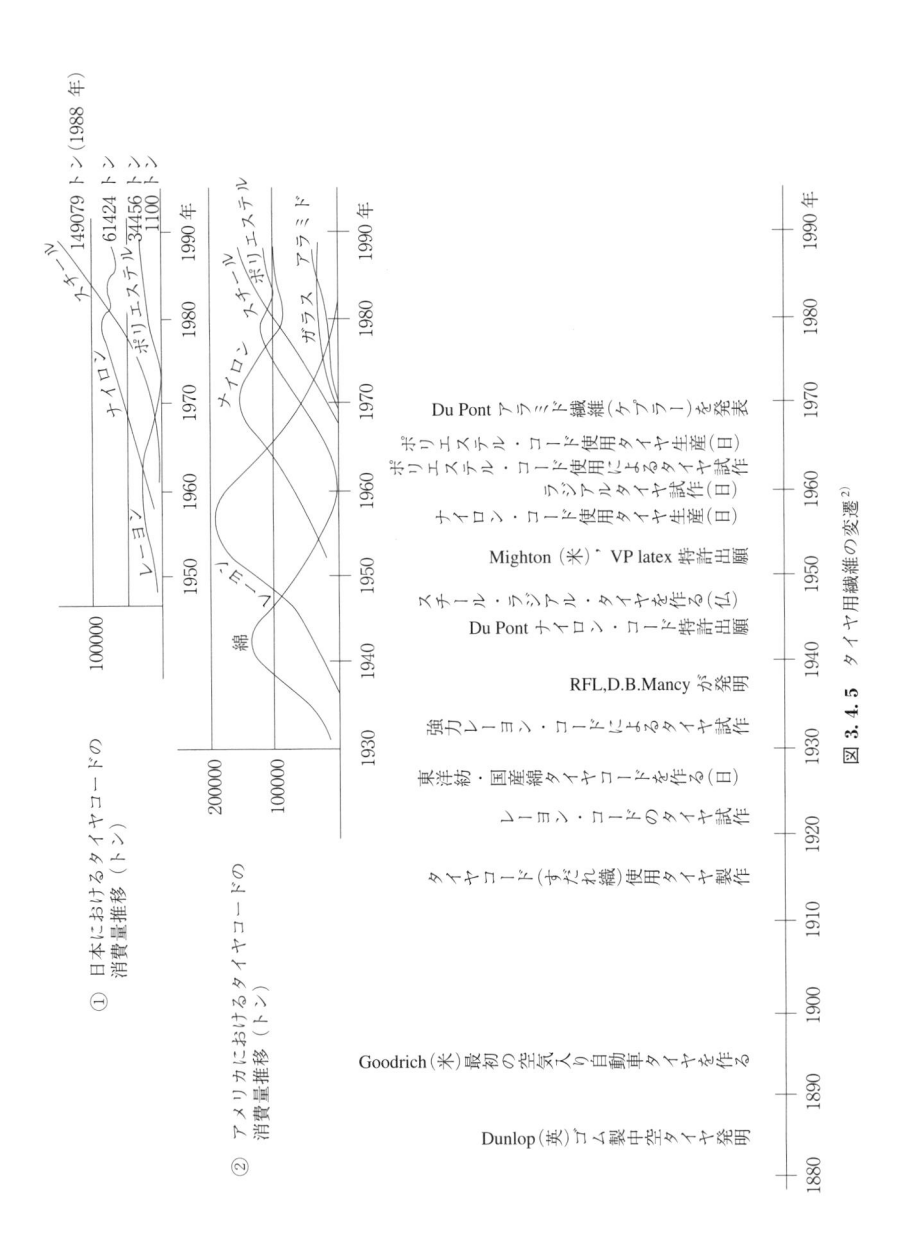

① 日本におけるタイヤコードの消費量推移（トン）
スチール 149079 トン (1988年)
ナイロン 61424 トン
ポリエステル 34456 トン
アラミド 1100 トン
レーヨン

② アメリカにおけるタイヤコードの消費量推移（トン）
ナイロン
スチール
ガラス
アラミド
ポリエステル
レーヨン
綿

Du Pont アラミド繊維（ケブラー）を発表
ポリエステル・コード使用タイヤ生産（日）
アラミド・コード使用によるタイヤ試作
ナイロン・コード使用タイヤ生産（日）
Mighton（米）・VP latex 特許出願
スチール・ラジアル・タイヤを作る（仏）
Du Pont ナイロン・コード特許出願
RFL, D.B.Mancy が発明
強力レーヨン・コードによるタイヤ試作
東洋紡・国産綿タイヤコードを作る（日）
レーヨン・コードのタイヤ試作
タイヤコード（すだれ織）使用タイヤ製作
Goodrich（米）最初の空気入り自動車タイヤを作る
Dunlop（英）ゴム製中空タイヤ発明

図 3.4.5 タイヤ用繊維の変遷[2]

c. 繊維ゴム複合材料

　長繊維ゴム複合材料で最も大量に生産されているのがタイヤであり，タイヤにはポリエステル，ナイロン，スチール，レーヨン，アラミド，ガラス繊維が使用されている．このタイヤでは次に示す求められる4大性能があり，繊維の特性，ゴム/繊維の接着性が直接的あるいは間接的にこれらの機能の決定にかかわっている．

① 自動車の荷重を支える（負荷荷重性能）．
② 駆動力・制動力を路面に伝える（トラクション，ブレーキ性能）．
③ 路面からの衝撃を緩和する（乗り心地性能）．
④ 自動車の方向を転換・維持する（操縦性能，安定性能）．

　このうち負荷荷重性能は，タイヤコードの前負荷荷重を支える責任を担わされており，タイヤの基本耐久性を支配する重要な役割を果たしている．タイヤコードに求められる特性は，強度およびじん性が大きい，弾性率，耐熱性，ゴムとの接着性，寸法安定性，耐疲労性が優れていることにある．

　動力伝動用平ベルトは，帆布としてポリエステル，ポリアミドが多く用いられるが，高強度が必要とされる場合，芯体として帆布の代わりに，ポリエステル，ガラス，アラミド繊維コードなどが用いられる．

　コンベヤベルトは芯体をカバーゴムで被覆し加硫したもので，芯体は，張力と積載物を支える機能を受け持ち，カバーゴムはこの芯体を保護するためのものである．心体は，布層とスチールコードの2種類に大別され，帆布においてビニロン，ナイロン，ポリエステルなどが登場し，最新のものでは，高張力，低伸度を特徴とするアラミドが開発されている．

　Vベルトは布に綿が多く用いられている．屈曲性・耐熱性・耐摩耗性がとくに要求される特殊用途では，綿とポリエステル，ポリアミドまたはアラミドの混紡糸が使用されている．芯線は一般的にポリエステル撚り糸が用いられており，表面処理を施している．

　一般用ゴムホースは内面ゴム層，補強層，外面（ゴム）層から構成されており，補強層には綿，レーヨン，ビニロン，ナイロン，ポリエステル，ポリプロピレンなど各種の繊維が使用されており，その繊維は表面処理を施し，接着性を改善している．

　これら以外に，各種継手，伸縮継手，ゴム堰，ローラー，ガスケット，ダイヤフラム，止水ゴム，緩衝ゴム，防げん材，オイルフェンスなどに使用されている．

　短繊維ゴム複合材料の特性は，用いた短繊維の高強度とゴムの柔軟性・弾性をあわせもった複合挙動を示し，制振・防振性の発現，シール性，耐熱性，耐候性などの高性能化がみられることから，自動車部品をはじめシール，ベルト，制振材，ロールへの用途展開が図られている．

　ガスケットとしてアラミド短繊維/カルボキシル化ニトリルゴム複合材料が高強度，

高弾性率など機械的性質だけでなく耐候性や耐疲労性などに優れた機能的特性を兼ね備えていることから応用されている[3]．シール性はきわめて優れ，封止圧力および締付圧力に対して優れた耐圧性をもち，また圧縮復元性にも富んでおり，耐候性に優れている．

ゴムロールとして，耐疲労性が優れており，ニトリルゴム（NBR）に比べて破断回数において約1万倍以上の寿命をもっている．また，耐摩耗性については，NBRに比べて30〜50％摩耗が少ない．防振性はNBRに比べて振動減衰効果があり優れている．

ゴム材料の摩耗性能を改良するため，短繊維とゴムを複合化すると摩耗性能が向上し[4]，また摩耗性能は短繊維の配向が大きく影響するため，短繊維の配向に対して垂直方向の性能が最もよく，平行方向，直角方向の順である．キャンバスシューズ底の耐摩耗性の改善に，パラ系アラミド短繊維とスチレン-ブタジエンゴム（SBR）の複合化があり，垂直に配向した面を摩耗する場合摩耗量が少ない．

短繊維/水添スチレン・イソプレンブロック共重合体（SEPS）複合材料は短繊維を充てんすることによって，SEPS単体に比べて制振性能が向上し，とくに，ビニロン短繊維およびポリアリレート短繊維のSEPS複合材料が高い制振性能を有している[5]．伝動ベルトなどでは短繊維の均一な分散がよく，配向性は一軸配向されたものがよく，また一軸配向した短繊維強化ゴムの摩耗は，その摩擦方向によって影響される[6]．

〔山口幸一〕

文　献

1) 森　一夫：日本接着学会誌，**31**(11)，458（1995）．
2) 鹿沼忠雄：日ゴム協誌，**65**，108（1992）．
3) 星野凱生，谷野吉弥：日ゴム協誌，**65**，497（1992）．
4) 池田一晃ほか：広島県東部工業技術センター研究報告，No.5，10（1991）；No.6，81（1993）．
5) 山口幸一，長谷朝博：ポリマーダイジェスト，**51**(4)，17（1999）．
6) Wada, N., Uchiyama, Y. and Fukunaga, K.：*Kautschuk Gummi Kunstst*, **44**, 1142 (1991), *J. Appl. Polym. Sci., Appl. Polym. Symp.*, **50**, 283 (1992).

3.5　配　合　剤

3.5.1　劣化防止剤，老化防止剤

ゴム製品の劣化・老化を遅延させるために，ゴムに配合，添加する物質をいい，基本的には酸化防止剤（antidegradant, antioxidant）であるが，オゾン劣化や光劣化防止を主目的とするものを含んでいる．一般にゴムは分子構造中に二重結合をもっているので，たえず劣化の条件にさらされている．劣化の主原因は，酸素，オゾンに分けられ，その劣化機構も異なるので，それを防止する薬剤も，酸化劣化防止剤（老化防止剤）と

オゾン劣化防止剤などに分けられる．またゴムより化学的に速やかに酸素などと反応する有機化合物は劣化(老化)防止剤として適し，これと反対に酸素，オゾンと反応しにくい材料でゴム表面をおおって，ゴムと酸素，オゾンなどが直接触れ合うことを妨げる場合もある．前者は化学的老化防止剤，後者を物理的老化防止剤と呼ぶことがある．後者の例としてワックス類がある．ここでは両者を合わせて老化防止剤と呼ぶことにする．

なお，老化および老化防止剤に関し，山下[1]，高野[2]，金子[3]，藤原・上野[4]，渡辺[5]などの総説がある．

a. 酸化劣化機構[6]

ゴムの老化の最大原因は酸素によるものであり，さらに熱や光などにより酸化は促進される．天然ゴム(NR)のイソプレン構造は

$$\sim CH_2-\underset{④\quad ③\quad ②\quad ①}{\overset{\overset{\displaystyle CH_3}{|}}{C}=CH-CH_2}\sim$$

で表され，①の炭素は二重結合に対してα炭素であるから，この炭素と水素との結合が最も弱い．したがって，熱，光などのエネルギーがこの結合を励起すると，空気中の酸素によって，水素の引抜き，あるいはH・の分離が起こる．

$$=\underset{②\quad ①}{CH-CH_2-}+O_2 \longrightarrow =\underset{②\quad ①}{CH-CH-}+\cdot OOH$$

または

$$= CH-CH- +\cdot H$$

いま，ゴム分子をRHで表すと，酸化劣化機構は下記の通り表される．

$$RH+O_2 \longrightarrow R\cdot +\cdot OOH \tag{3.5.1}$$
$$R\cdot +O_2 \longrightarrow ROO\cdot \tag{3.5.2}$$
$$ROO\cdot +RH \longrightarrow R\cdot +ROOH \tag{3.5.3}$$
$$ROOH \longrightarrow RO\cdot +\cdot OH \longrightarrow 分解 \tag{3.5.4}$$
$$RO\cdot \longrightarrow 分解 \tag{3.5.5}$$
$$R\cdot +\cdot OH \longrightarrow ROH \tag{3.5.6}$$
$$R\cdot +\cdot R \longrightarrow R-R \tag{3.5.7}$$
$$RO\cdot +\cdot R \longrightarrow ROR \tag{3.5.8}$$
$$ROO\cdot +\cdot R \longrightarrow ROOR \longrightarrow 分解 \tag{3.5.9}$$
$$ROO\cdot +ROO\cdot \longrightarrow O_2+ROOR \longrightarrow 分解 \tag{3.5.10}$$

RHがNRで空気が存在する場合，式(3.5.4)および(3.5.5)の分解は，

$$
\begin{array}{c}
=CH-CH-CH_2- \\
| \\
OOH \\
\downarrow \\
=CH-CH-CH_2-+\cdot OH \\
| \\
O\cdot \\
\\
=CH-C-H+\cdot CH_2\sim = CH-C-CH_2-+\cdot H \\
| \\
O
\end{array}
$$

となり，NRの主鎖が切断され，軟化劣化する．一方，RHがブタジエン系ゴムの場合は付加反応が起こって，

$$
\begin{array}{c}
n\,(\sim CH_2-CH=CH-CH_2\sim) \\
R\downarrow \quad \downarrow R\cdot \\
\sim CH_2-CH-CH-CH_2\sim \\
| \\
(\sim CH_2-CH-CH-CH_2\sim)_{n-2} \\
| \\
\sim CH_2-CH-CH-CH_2\sim
\end{array}
$$

のようになり硬化する．

b. 酸化防止機構[6]

ゴムの酸化劣化に対して，老化防止剤の役割は下記の通りで，老化防止剤の機能に応じて使い分けたり，2種類以上組み合わせて併用することが必要になる．

（1） ラジカル連鎖禁止剤　この型の老化防止剤は，分子内に-NH-やフェノール性-OHのようなラジカルと反応しやすい水素をもち，ゴム中に生じたラジカルなどと反応して安定な物質にする作用をもつ．単独使用または下記の過酸化物分解剤と併用使用する場合が多いので，一次老化防止剤とも呼ばれる．この老化防止剤をAHで表すと，酸化防止機構は下記の通りに表される．RHはもとのゴムを表す．

$$R\cdot + AH \longrightarrow RH + A\cdot \quad (3.5.11)$$
$$RO\cdot + AH \longrightarrow ROH + A\cdot \quad (3.5.12)$$
$$ROO\cdot + AH \longrightarrow ROOH + A\cdot \quad (3.5.13)$$
$$R\cdot + A\cdot \longrightarrow RA \quad (3.5.14)$$
$$RO\cdot + A\cdot \longrightarrow ROA \quad (3.5.15)$$
$$ROO\cdot + A\cdot \longrightarrow ROOA \quad (3.5.16)$$
$$A\cdot + A\cdot \longrightarrow A-A \quad (3.5.17)$$

(2) 過酸化物分解剤　ゴム中に生成したヒドロペルオキシド(ROOH)を分解し，安定な物質(例えば，ROH)に変えてしまう．ラジカル連鎖禁止剤(一次老化防止剤)と組み合わせて使用されることが多いので，二次老化防止剤とも呼ばれることがある．硫黄，リンを含む化合物，ベンズイミダゾール系化合物が代表的である．ただし，単独使用の効果は低い．

(3) 紫外線吸収剤　ゴムの酸化劣化の原因となる有害な紫外線を吸収して，フリーラジカルの生成を防止するもので，ベンゾフェノン系やベンゾトリアゾール系化合物が代表的である．

(4) 光安定剤　ヒンダード・アミン系光安定剤(hindered amine light stabilizer：HALS)が代表的で，紫外線吸収剤と併用して相乗効果が得られるが，酸化防止剤との併用でも大幅な相乗効果が認められる．作用機構は，ヒドロペルオキシドを非ラジカル的に分解すること，重金属イオンの捕捉，励起化合物の消光，安定なN-オキシルラジカル(N-O・)生成に伴う有害ラジカルの触媒的捕捉除去など，いくつかの説明[7]はされているが，完全には解明されていない．

c. 老化防止剤の種類とその効果

(1) アミン系老化防止剤　アミンとケトンとの反応物および芳香族第二級アミン化合物が代表的で，ラジカル連鎖禁止剤として作用する．酸化防止効果は優れているが，スコーチ，加硫速度を速める傾向がある．さらに，ゴム材に対して着色性があり，光または熱により変色し，他材料を汚染する場合があるので使用上注意を要する．そのなかでも，ジフェニルアミン系のものが，これら汚染性が比較的低い．また，パラフェニレンジアミン系は耐オゾン性にも優れる．

(2) フェノール系老化防止剤　一般に立体障害性基を有するフェノール系化合物であり，モノフェノール型，ビスフェノール型，ポリフェノール型が代表的で，ラジカル連鎖禁止剤として作用する．酸化防止効果はアミン系より低い．ゴムおよびその他材料に対して，着色性および汚染性はほとんどないが，他の配合剤(例えば，チタン白など)との組合せ時，光，熱によって着色・変色する場合があるので注意を要する．

(3) イミダゾール系老化防止剤　アミン系またはフェノール系老化防止剤と組み合わせて，その耐酸化効果を増大させる．ただし，ベンズイミダゾール系のMBIおよびMMBIは用いる加硫促進剤との組合せにより，スコーチ性または加硫速度に大きく影響する場合があるので注意を要する．

(4) その他の老化防止剤　ジチオカルバミン酸塩系(Ni塩が有効)，リン系，含硫黄エステル系などがあり，いずれも過酸化物分解剤として働く．　〔**大原正樹**〕

文　　献

1) 山下晋三：日ゴム協誌, **42**, 661 (1969).
2) 高野良孝：日ゴム協誌, **40**, 248 (1967).
3) 金子東助：日ゴム協誌, **40**, 290 (1967).
4) 藤原邦彦, 上野恒明：日ゴム協誌, **63**, 625 (1990).
5) 渡辺　隆：ゴム工業便覧(第4版)(日本ゴム協会編), p.425, 日本ゴム協会 (1994).
6) 主として, 大北忠男：ゴム工業便覧(新版)(日本ゴム協会編), p.1406, 日本ゴム協会 (1973).
7) ラバーダイジェスト社編：便覧　ゴム・プラスチック配合薬品(改訂第2版), p.132, ラバーダイジェスト社 (1993).

3.5.2　軟化剤, 可塑剤

ゴム製品を設計するうえにおいて最も基本的な特性のひとつは硬さであろう. 一般的に, ゴムのゴム弾性を有効に機能させるために, 硬さはデュロメーターでA40～A80の範囲で使用されることが多い. ゴム配合設計においては, 物性(硬さ, 強度など), コストおよび加工性のバランスが重要である. 軟化剤・可塑剤はこの配合設計[1]において重要な役目を果たす配合剤である. とくに近年は, コストの要求が厳しく, コスト低減のための充てん剤の多量配合は否めないものがある. したがって, 充てん剤配合による硬さ上昇を最小限にとどめるための設計はますます重要になっている.

軟化剤と可塑剤は同じ目的で使用されているが, 業界により軟化剤(softner)および可塑剤(plasticizer)のいずれかの用語が使用されている. ゴム業界では軟化剤(プロセスオイル, エキステンダーオイル)と称するのに対して, プラスチック業界では可塑剤を用いる. ただし, ゴム業界においてもDOPに代表されるフタル酸エステル系などをNBRなどに配合する場合は可塑剤と呼ぶことが多いので, ここでは両者を区別して解説する.

a.　軟　化　剤

軟化剤は大きく分類して, 鉱物油系, 植物油系, 合成系などがある. ここでは, 最も多く使用されている鉱物系(石油系)に重点をおいて解説する. 石油系軟化剤は, 平均分子量が250～500程度のものが多く, 基油のカーボンタイプによりパラフィン系, ナフテン系およびアロマ系として分類されている. この分子構造の違いにより, 軟化剤のSP値は異なり, 配合するゴムポリマーとの相溶性を比較・検討することが, 配合設計では重要である. パラフィン系は色が透明から淡色系が多く, 非変色・非汚染性であることから, 明色の配合に好んで用いられ, 密度も小さく(0.85～0.90程度), EPDMなどに多く使用されている. しかし, 極性のゴムとの相溶性に劣り, 多量配合の場合はブリードなどに注意が必要である. アロマ系はゴムとの相溶性に非常に優れ, 多量配合が可能で, 配合剤の分散性も向上する. ただし, 黒色から褐色の着色性や汚染性をもち, 明色やカラー配合への使用は制限される. ナフテン系はパラフィン系と

アロマ系の中間の性質をもち,バランスのとれた軟化剤である.

ほかに,軟化剤を使用する際に考慮が必要な性質としては,加硫ゴムの硬さに相関してくる粘度,低温特性に影響する流動点,および相溶性に相関があるアニリン点がある.この相溶性のミスマッチを利用して,自己潤滑性をもつブリードゴムがつくられているほどである.用途によっては植物系軟化剤も使用されており,CR(クロロプレンゴム)の耐屈曲性配合にはナタネ油が使用され,ナフテン油やアジピン酸系可塑剤と比較して好結果を得た報告もある[2].また,植物系軟化剤に硫黄や塩化硫黄を加熱反応させたファクチス(サブ)も,その加工性向上や形状安定性などのユニークな特性で多く使用されている.

b. 可塑剤

ゴム用の可塑剤において,昔はフタル酸エステル系,脂肪族エステル系,芳香族エステル系などの比較的低分子量のものが多く使用されてきた.このうち最も多く使用されているのがフタル酸エステル系DOP(ジオクチルフタレート,正しくはDEHP:ジエチルヘキシルフタレート)であろう.耐油性ゴムであるNBRの可塑剤として広く使用されており,極性ゴムとよく相溶し,低価格,加工性の向上,柔軟性の付与,低温特性の向上と利点は多いが,揮発性,抽出性,移行性に難があり,100℃以下での使用が望ましい.脂肪族エステル系はアジピン酸エステルが数種類ほどあり,DOA(ジオクチルアジペート)が代表例であろう.DOAは非極性ゴムと相溶性が高く,低温特性は非常に優れているのが特徴である.しかし耐熱性はやや劣っており,100℃以下での使用が望ましい.

芳香族エステル系はセバシン酸エステルであるDOS(ジオクチルセバケート)が多く使用され,とくに低温特性を改善し耐熱性も比較的優れているので,スタッドレス

表3.5.1 ゴムと軟化剤・可塑剤のSP値の比較

NBR 極高	10.8	高極性			
NBR 高 AN	10.4				
アクリルゴム	10.0				
ウレタンゴム	10.0				
NBR 中高 AN	9.8		トリクレジルホスフェート(TCP)	9.7	
ヒドリンゴム	9.5		ジブチルフタレート(DBP)	9.6	
CR	9.4	中極性			
CPE(Cl 35%)	9.4				
CSM(Cl 35%)	9.4				
NBR 中 AN	9.4		エーテルエステル系(RS-107)	9.2	
EMA	9.0		ジオクチルフタレート(DOP)	9.0	
H-NBR 中高 AN	9.0				
H-NBR 中 AN	8.5		ジオクチルアジペート(DOA)	8.5	
			ジオクチルセバケート(DOS)	8.4	
		低極性	ナフテン系オイル	8.2	
EPDM	7.9		パラフィン系オイル	7.8	
IIR	7.9				
メチルシリコーンゴム	7.5				
フッ素ゴム	7.0				

タイヤなどにも使用されているが，値段がやや高いのが欠点である．そのほか，リン酸エステル系のTCP（トリクレジルホスフェート）は難燃性をもち，特殊な用途に使用されている．近年，多くの種類が開発され上市されているのが，比較的高分子量のエステル（またはエーテル）系の可塑剤である．可塑剤として要求される特性が分子設計により組み込まれており，耐熱性・耐寒性，非抽出性・対象ゴムの極性など，製品ゴムの要求に適う配合設計が可能になっている．これらは，構造上のタイプ，分子量，官能基の種類により非常に多くの製品があるので，詳細は製品のカタログなど[3]を参考されたい．

ゴム用軟化剤・可塑剤は非常に重要な役割を果たしているが，まとまった解説や信頼性が高いとされる文献はそれほど多くはない．しかし，ポリマー，充てん剤（補強剤を含む）と並んで配合量が多く，加硫ゴムの特性にも大きく影響を及ぼすので，選択には十分な配慮が必要である．選択の第一歩となる主要なポリマーと軟化剤・可塑剤のSP値の対比を表3.5.1に示す．　　　　　　　　　　　　　　〔隠塚裕之〕

文　献

1) Plasticizers for Rubber and Related Polymers：A Sun Technical Report.
2) 中田満行他：日ゴム協誌，**58**，167（1985）．
3) 最新のゴム用可塑剤：新素材，No.3，52（1996）．

3.5.3　加　工　助　剤

自動車タイヤをはじめとし，一般ゴム製品は原料ゴムのみならず，各種のゴム用配合剤または繊維，金属などの副資材からなる複合体であり，その製造工程は混練り→成形→加硫の基本工程をへて製品化される．

各種配合剤のなかで，製品製造時の各種工程の加工性改良を目的とする配合剤の総称を加工剤（processing agents）といい，加工助剤（processing aids）はその範疇に属する．通常，少量添加することによって加工性のみ改善し，製品に要求される基本特性にはほとんど影響を与えない配合剤と定義されている[1]．

化学構造の点から脂肪酸誘導体が多いが，炭化水素系，フッ素，シリコーン系など多岐にわたっており，加工剤のなかでは種類の増加割合が大きい傾向にある[2]．

しかし，市販加工助剤は加工性のみを改良する意図で用途に合わせて調製された配合剤であり，単一成分のものは少なく2種またはそれ以上で，さらに形状，ハンドリングの関係から無機フィラーを含む加工助剤もある．

加工助剤の台頭は加工性の優れる天然ゴムから加工性の劣る合成ゴム（国産品は1959～1965年に開始）の使用が多くなったこと，生産性向上による高温短時間加工，成形加工の複雑化への対応，最近の高性能，高機能化などのユーザーニーズ，さらに

加工性の劣る特殊合成ゴム(ACM, COまたはECO, FKMなど)の使用量増加などに起因し，これら背景から起こる加工上のトラブル解消に上市されたといえる．それゆえにゴム用配合剤のなかでは比較的新しく登場した配合剤である．

加工助剤を使用して得られる効果を機能的に分類すると，滑性(内部，外部)，流動性，分散性，可塑化，熱安定性(摩擦，発熱の抑制)，防着性，ゴムブレンドの均質化，その他に分けられる．実用の有効性を表3.5.2に示す[3]．

表3.5.2 加工助剤の有効性

	生産性	品質
フィラーの分散改良		○
混練時間の短縮	○	
動力エネルギーの削減	○	
ロール加工性の改善	○	○
押出速度のアップ	○	
発熱性の低減	○	○
ダイスウェルの減少	○	○
圧延性の改良	○	○
射出時間の短縮	○	○
容易な成形性	○	
モールド離型性の向上	○	
外観改善		○

a. 加工助剤の組成的分類とその機能

最近のISO[4]によると，その組成として，脂肪酸誘導体，天然および合成樹脂，低分子量ポリマー，極性/界面活性剤成分の混合体，フッ素含有化合物，その他の6種をあげている．

次に前述に準拠して加工助剤に使用されている主成分およびその機能を記述する．

(1) 高級脂肪酸系 一般的には直鎖アルキル基でC_{12}〜C_{30}程度のものが分散，滑剤，離型剤として，多量配合では軟化剤にもなる．

ゴム，プラスチックには通常ステアリン酸(混合の工業用)が使用される．

化学的には長鎖アルキル基の非極性，カルボン酸基の極性と両性を有し，非極性ゴムおよび極性ゴムともに使用される．その他，オキシ脂肪酸も滑性を有する．

(2) 脂肪酸エステル系 脂肪酸とアルコールのエステルで，脂肪酸はほとんど飽和脂肪酸，アルコールは多価アルコールが多い．エステル化度の高いものは低不飽和ゴム(特殊ゴム)，低いものは汎用ジエン系ゴムに使用される．

化学的に中性であることから，加硫速度，物性への影響がほとんどなく，滑性(主として内部)，分散，熱安定性に寄与し，各種ゴムに使用され，その品種も多い．

(3) 脂肪酸金属塩系 RCOOMeタイプではK，Na塩があり，滑剤，帯電防止剤，界面活性剤として有効であるが，水系による用途が多く，固形ゴムには不適である．

$(RCOO)_n$MeタイプではZn，Ca，Ba，Pb，Snなどのなかで，ゴム用加工助剤の成分にはZn，Ca塩が多い．滑性(内，外)に優れ，押出加工または金型への流動性のほか，分散，可塑化，粘着防止に有効である．

3.5 配合剤

表 3.5.3 滑剤の特性と機能の発現

種類	ポリマーへの溶解性	配合物の挙動	発現機能	改良特性
内部滑剤	可溶	・膨潤 ・潤滑	・配合剤の分散改良 ・ムーニー粘度の低下	・混合時間短縮 ・可塑性大 ・流動性改良
外部滑剤	不溶	・表面移行 ・押出脈動なし	・配合物の滑性改良 ・ムーニー粘度わずか低下	・押出し, 射出成形性改良 ・寸法安定性 ・表面平滑性

金属塩の滑性作用は脂肪酸の酸根と結合金属に起因するといわれているが, 外部滑剤としてはCa塩が優れている. なおZn塩の場合, 脂肪酸が不飽和では可塑化を有する. 例えば, 可塑化(素練り)を必要とするNRの場合, 素練り時に生成するゴムラジカルに不飽和脂肪酸がアクセプターとなり, 再結合を防止する. 一方, Znはゴム分子をマスクしているゴム中のタンパク質と反応することによって, 可塑化を助長するといわれている.

一般の加工助剤は内, 外滑性に作用すべく成分調製されたものが多いが, 基本的にはSP値によるポリマーとの相溶性を考えておく必要がある. 表3.5.3[5]にはゴムにおける加工助剤の挙動, 機能, 効果を示す.

(4) **脂肪酸アミド系** 外部滑性に特徴があるものの, ブルーム性に欠点があり, アミンによる加硫の活性作用から耐スコーチ性も阻害される.

(5) **炭化水素系** パラフィン, マイクロクリスタリンワックスは外部滑性として, 加工助剤の一成分になる. その他, 低分子量のポリエチレン, アモルファスポリプロピレンも含ハロゲンゴムに利用される.

(6) **アルコール系** 脂肪アルコール(ステアリルなど)多価アルコールはプラスチックの内部滑剤に使用されるが, ゴム用に単独では少ない(多価アルコールはエステルのアルコール源).

(7) **フッ素, シリコーン系** 外部滑性に優れ, 比較的に少量の添加で効果が得られ, フッ素系は低摩擦化配合にも利用される.

一方シリコーン系の場合, 最近タイヤなどにシリカ系フィラーが使用され(環境対応), その分散, コンパウンドの粘度アップ, 加硫系配合剤の吸着問題からシリカ配合用の加工助剤(ポリシロキサン系)も上市され[6], それらの研究も行われている[7].

(8) **脂肪族, 芳香族などの樹脂系** 滑性の向上や配合剤の分散を目的とする加工助剤と異なり, ポリマーブレンドにおける均質化剤(homogenizer)として使用する. プラスチックにみられる相溶化剤(compatibilizer)に近く, 異種ゴムの相溶化を促進する. 界面活性剤的な作用により, 異種ゴムの分散安定化を図るとともにブレンド時のせん断力を保持し, 分散相サイズを小さくして, ブレンドの均質化を促進する[8].

均質化剤は樹脂類が主成分であることから粘着付与剤として作用し, ほかに加硫系

表 3.5.4　加工助剤成分と作用効果

加工助剤成分	滑性 内部	滑性 外部	分散	可塑化	熱安定化	粘着防止	均質化	その他
脂肪酸	○	○	○	○				
脂肪酸エステル	○	○	○					
脂肪酸金属塩	○	○	○	○(Zn)	○	○		○(ノンブルーム)(Zn)
脂肪酸アミド		○						
ワックス，低分子ポリマー		○			○			
アルコール	○							
シリコーン系		○						
フッ素系		○			○			
樹脂系							○	○(ノンブルーム)

配合剤のブルーム防止も認められる．

以上，加工助剤の主要成分について，その作用を概説した．表3.5.4に簡便な目安として，加工助剤の成分と作用効果との関係をまとめた．

b. 広義に解釈した加工助剤(加工剤)

加工性に関与する配合剤のすべてを加工剤と述べたが，加工性に関する各種既存配合剤には以下のものがあげられる．

(1) **素練促進剤**(peptizers)　主として天然ゴムに使用される化学的可塑化促進剤でしゃく解剤ともいう．ゴム分子切断に必要なラジカル開始作用とラジカルの再結合を抑制するアクセプターの両作用により可塑化が促進され，その組成は芳香族ジスルフィド(2,2-ジベンズアミドジフェニルジスルフィド)が主流で，-SS-結合の解離を促す金属化合物の含有品が多い．

(2) **粘着付与剤**(tackifiers)　日常的にはテープ，ラベルなどに使用されており，ゴム工業では各種成形加工時の粘着不良に使用する配合剤である．天然のロジン，テルペン，合成のクマロンインデン樹脂，石油樹脂，アルキルフェノール樹脂があり，ゴムとの相溶性を考えて選択される．

(3) **軟化剤，可塑剤**(softners, plasticizers)　3.5.2項を参照されたい．

(4) **サブ**(rubber substitutes)**またはファクチス**(factice)　植物油を硫黄または塩化硫黄と反応させたもので，前者を黒サブ，後者を白サブという(あめサブもある)．最近は油脂以外の原料による無硫黄系サブもある．

軟化剤に分類されているが，加工助剤としても有効である．潤滑，可塑性からゴムコンパウンドの分散，成形加工性(寸法安定化)，ブリード防止など，その利用度は大きい．

(5) **未加硫ゴム硬化剤**(stiffeners)　未加硫ゴムコンパウンドの粘度を高めて，グリーンストレングスを向上させることによって，コールドフロー防止，成形後の型崩れを少なくする．アミン系成分による擬似架橋形成による硬化機構とされている．

(6) **液状ゴム**(liquid rubber)　天然ゴム，各種合成ゴムがあり，通常は分子量が数千で可塑剤，軟化剤として使用でき，耐揮発性，耐ブリード性が良好である．最近

は高分子量(2～4万オーダー)の液状ゴムもあり,粘着付与剤にもなる.加硫時は架橋にも関与して物性低下もない.

(7) **加硫遅延剤**(retarders)　加硫工程以前の各種成形工程における熱履歴から起こる早期加硫(スコーチ)を防止する配合剤で,スコーチ防止剤ともいう.有機酸,ニトロソ化合物が用いられたが,前者は配合系の選択性,後者は安全衛生から,最近はスルフェンアミド系(N-シクロヘキシルチオフタルイミド)が多用されている.熱的解離で生成するチオールラジカルによる促進剤の捕捉によって遅延効果を発揮する.

(8) **そ の 他**　(1)〜(7)はすべてゴム混練り時に添加するものであるが,混練りののちに使用される防着剤,離型剤がある.

防着剤は未加硫ゴム生地の防着を目的にゴム表面の無機粉体での塗布が行われていたが,最近はその飛散性から加工助剤成分の乳化,分散液などによる浸漬が多い.一方,離型剤は加硫後の金型離型性を得るため,水性または油性のシリコーン,フッ素系が金型塗布に使用される.
〔沼保 勇〕

文　　献

1) Kirchoff, H. *et al.*: Theory and Application of Process Aids, S&S社 (1983).
2) Larsen, L. C.: *Rubber World,* **216**(5), 19 (1997).
3) Lloyd, D. G.: *Rubber India,* **44**(1), 17 (1992).
4) ISO 1382-1996, 267 Processing aid.
5) 山下晋三:第57回ゴム技術シンポジウムテキスト, p.1 (1998).
〔Johansson, A. H. *et al.*: IRC-97, Kuala Lumpur, Preprints, p.139 (1997)〕
6) Ishikawa, K. *et al.*: *Rubber World,* **218**(5), 26 (1998).
7) ゴム協会第66回研究発表,講演要旨, p.26, 63 (1999).
8) 宝永嘉男:日ゴム協誌, **62**(3), 162 (1986).

3.5.4　機能性配合剤

ゴムはほとんどの場合,表3.5.5に示すような各種配合剤を添加し,加硫・成形してゴム製品が得られている.これらの配合剤には加硫系に関する配合剤,ゴムの補強,充てん剤,老化防止剤,軟化剤,可塑剤,加工助剤などがあり,これら以外にも粘着付与剤,発泡剤,有機改質剤,接着増進剤,離型剤などを配合することで,ゴム自体あるいは加硫ゴムの諸性能を改善するなどある種の機能を付与することが知られており,多くのゴム製品に配合されている.

a. 粘着付与剤

配合ゴムの粘着性を増進するための配合剤を粘着付与剤といい,多くのゴム製品の製造工程中に,未加硫ゴムシートをはり合わせ成形する工程に必要な粘着性を改善するために,生地に配分して使用されている.また,他の機能として充てん剤の混合・

表 3.5.5　ゴム用各種配合剤

配合剤	配合目的	種　　類
加硫剤	架橋	ジエン系ゴム：硫黄，有機硫黄化合物，有機過酸化物，アルキルフェノール樹脂 EPM，シリコーンゴムなど：有機化酸化物 CR，CHR，フッ素ゴム，アクリルゴムなど：ポリアミン，金属酸化物
加硫促進剤	架橋反応促進	硫黄加硫：アミン酸，チウラム類，チアゾール類
加硫促進助剤	促進剤の活性化	硫黄加硫：金属酸化物と脂肪酸
スコーチ防止剤	早期加硫防止	芳香族有機酸，ニトロソ化合物
補強剤	強さなどの向上	カーボンブラック 超微粉シリカ(ホワイトカーボン) 樹脂類
充てん剤	体積増加，経済性	炭酸カルシウム，クレー，その他
軟化剤，可塑剤	軟化，耐寒性付与，経済性	パインタール，石油系油，DOP，DHP(HDR)
粘着剤	粘着性付与	アルキルフェノール樹脂，石油樹脂，ロジン
しゃく解剤	素練り(分子量低下)	ペンタクロロチオフェノールのZn塩など
老化防止剤	酸素，オゾン，金属イオンなどによる劣化の防止	芳香族アミン類，フェノール類
着色剤	着色	顔料，染料
硬化剤	硬さ上昇	フェノール樹脂，ハイスチレン樹脂など
発泡剤	発泡体製造	ジニトロソペンタメチレンテトラミンなど
分散剤	配合剤の分散	脂肪酸
離型剤	金型からの離型性改善	内部充てんタイプ
接着増進剤	接着力の強化，耐腐食性の改善	有機コバルト塩，Hisel-Resarcinol-hexamethylene tetramine(HRH)

分散や，カレンダリング，チュービングなどの加工性を改善し，さらに加硫ゴムの特性を向上させるものである．

この粘着付与剤に必要な性質には次のような因子がある[1]．
① 基本特性である粘着力，凝集力，タックに優れていること．
② ゴムとの相溶性に優れること．
③ 分子構造的には，適宜な分子量，分岐，極性基，分極性を有していること．
④ 光や熱に対して十分に安定なこと．
⑤ 色調良好で，刺激臭のないこと．
⑥ ゴムの加工性や加硫ゴムの性質を向上させる効果のあるもの．

これらの性質を有するゴム用粘着付与剤として，天然樹脂系粘着付与剤には，クマロン-インデン樹脂，クマロン樹脂，ナフテン系油，フェノール樹脂，ロジンなどの混合物，テルペン樹脂，テルペン-フェノール系樹脂，ロジン，ロジンエステル，水素添加ロジン誘導体があり，また合成樹脂系粘着付与剤には，アルキルフェノール-アセチレン系樹脂，アルキルフェノール-ホルムアルデヒド系樹脂，C_5系石油樹脂，C_9系石油樹脂，脂肪族系石油樹脂，キシレン-ホルムアルデヒド系樹脂がある．さらに，オリゴマー系粘着付与剤にはポリブテン，液状ポリイソプレン，テレケリックポリイソブチレン，液状ポリウレタンなどがある．

3.5 配合剤

表 3.5.6 各種粘着付与剤樹脂の特性比較

粘着付与剤樹脂＼特性	粘着力	タック	凝集力	相溶性	耐老化性	色調	価格
ロジン	○	◎	○	○	×	△	○
水添ロジングリセリンエステル	○	◎	○	○	○	○	△
ポリテルペン樹脂	○	○	○	◎	○	◎	△
テルペン-フェノール樹脂	◎	△	◎	○	○	○〜△	×
C_5系石油樹脂	○	○	○	○	○	◎〜△	○〜◎
C_9系石油樹脂	△	△	○	△	○	△	◎
脂環族系水添石油樹脂	○	△	○	○	○	◎	△

良好◎＞○＞△＞×悪

表 3.5.7 各種ゴムに適用できる粘着付与剤

原料ゴム	粘着付与剤
NR	アルキルフェノール-ホルムアルデヒド系樹脂およびそのロジン変性体 アルキルフェノール-アセチレン系樹脂 クマロン-インデン樹脂 キシレン-ホルムアルデヒド系樹脂 ポリブテン 水素添加ロジンおよびその加工品 パインタール
SBR	アルキルフェノール-ホルムアルデヒド系樹脂およびそのロジン変性体 アルキルフェノール-アセチレン系樹脂 クマロン-インデン樹脂 キシレン-ホルムアルデヒド系樹脂 石油樹脂 ポリブテン 水素添加ロジンおよびその加工品
CR	アルキルフェノール-アセチレン系樹脂 クマロン-インデン樹脂 水素添加ロジンおよびその加工品
NBR	アルキルフェノール-ホルムアルデヒド系樹脂およびそのロジン変性体 アルキルフェノール-アセチレン系樹脂 クマロン-インデン樹脂 水素添加ロジンおよびその加工品
IIR	アルキルフェノール-アセチレン系樹脂 ポリブテン
EPDM	アルキルフェノール-ホルムアルデヒド系樹脂およびそのロジン変性体 変性アビエチン酸誘導体 石油樹脂 ポリブテン ポリテルペン 水素添加ロジンおよびその加工品
多硫化ゴム	クマロン-インデン樹脂

主な粘着付与剤の粘着力，タック，凝集力，相溶性などの特性比較を表3.5.6に示す．これら数多くの粘着付与剤のなかから選択する場合は，ゴムとの相溶性を考慮して選択することが必要で，表3.5.7に示すような各種ゴムに適用できる粘着付与剤が示されている．一般的にこれらのゴムへの配合量は10 phr以下である．

これら粘着付与剤はゴム系粘着剤にも配合され，粘着性，耐熱性，接着性などの特性を改善するためには不可欠な配合剤であり，50～75 phr配合されている．

また，フェノール系樹脂は単に粘着付与剤の機能とともに加硫剤としても活用されている．

b. 発泡剤

フォーム，スポンジ，発泡体などと呼ばれているゴムの多孔体は，断熱性，柔軟性，緩衝性，軽量などの特徴を有しており，それぞれの特徴を生かしてウェットスーツ，寝具，体操マット，履物(底材)，印刷ロール，ウェザーストリップなど多くの分野で使用されている．このゴムの多孔体は，揮発性液体による溶剤気散法，可溶性物質添加による溶出法，不活性ガス注入による気体混入法，界面活性剤添加による機械攪拌法，反応性ガスによる化学反応法，および発泡剤を使用する発泡剤分解法によって作製されている[2]．とくに，発泡剤分解法は低倍率発泡から高倍率発泡までの広範囲な多孔体の作製に応用され，各種発泡剤が使用されている．

発泡剤は図3.5.1に示すように分類され，相変化によってガス化が起こる物理発泡剤と，反応あるいは熱分解によってガスを発生する化学発泡剤に大別されている．

発泡剤には無機系発泡剤と有機系発泡剤があり，それぞれ次のような発泡剤が使用されている．表3.5.8にこれら発泡剤の分解温度とガス成分を示す．

（i） 無機系発泡剤：　重炭酸ナトリウム，炭酸アンモニウム，重炭酸アンモニウ

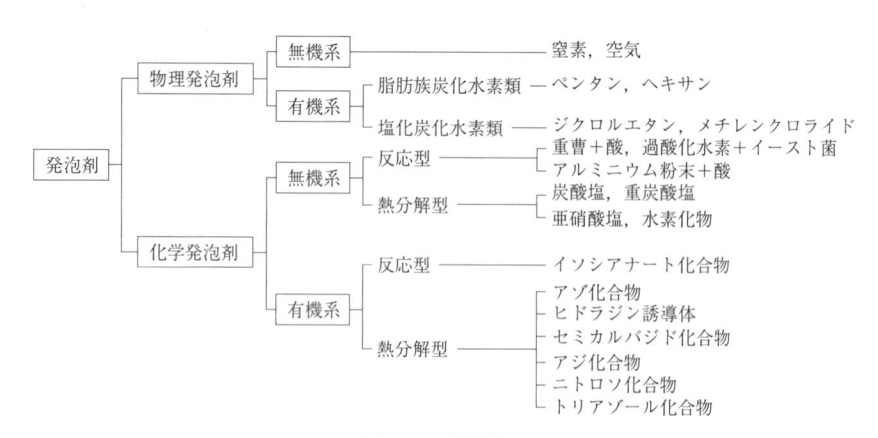

図 3.5.1　各種発泡剤

表 3.5.8 各種発泡剤とその分解温度, 発生ガス

	各種発泡剤	分解温度(℃)	発生ガス
無機発泡剤	重炭酸ナトリウム	60 ~ 150	CO_2, H_2O
	炭酸アンモニウム	40 ~ 120	CO_2, H_2O, NH_3
	重炭酸アンモニウム	36 ~ 60	CO_2, H_2O, NH_3
	亜硝酸アンモニウム	不安定	
	アジド化合物	110	N_2
	ホウ水素化ナトリウム	400	H_2
	軽金属		水と反応してH_2
有機発泡剤	ADCA	208	N_2, CO_2, NH_3
	OBSH	160	N_2, H_2O
	DPT	200 以上	N_2, NH_3, H_2O

ム, 亜硝酸アンモニウム, アジド化合物, ホウ素化ナトリウム, 軽金属(Mt, Al など)

(ii) 有機系発泡剤: アゾジカルボンアミド(ADCA), *p,p′*-オキシビス(ベンゼンスルホニルヒドラジッド)(OBSH), *p*-トルエンスルホニルヒドラジッド(TSH), ジニトロソペンタメチレンテトラミン(DPT)

これら有機系発泡剤には, それぞれ分解温度を下げるために分解促進助剤を併用させており, これが発泡助剤である. ADCAにはルイス酸特性を有する金属酸化物, 金属脂肪酸および尿素系助剤があり, OBSHには加硫促進助剤, 加硫促進剤, 尿素系助剤などがあり, DOPにはサリチル酸, 安息香酸, 尿素系助剤などが発泡助剤として使用されている.

発泡剤を使用するうえで分散性が重要であり, ゴム中での分散が粒子単位で完全に行われて機能が果たされるものである. 配合, 混練りの操作はノウハウになっている. また, 発泡倍率は, 主に発泡剤の使用量と比例関係にあるが, ゴム類, 成形法によって異なり, むずかしい問題である.

c. 有機改質剤

この有機改質剤の定義は「加工工程中または加工前にゴムや充てん剤とともに配合し, 通常行われている加工工程, またはそれに準ずる簡便な処理を加えることにより, ゴム製品の動的特性や機械的強さ, 耐久疲労性, 耐熱性などの物性改良する薬剤」としている.

この有機改質剤のゴムに対する機能付与は, 次の3つに大別される[3].

① *in site*での化学反応により, ゴム分子を化学的に改質することによって, ゴム分子間や分子内相互作用を改質させる改質剤.

② 充てん剤間や充てん剤/ゴム間の相互作用を, *in site*での化学反応により改質させる添加剤.

③ 主たる機能以外にも機能付与させる配合剤.

①について, ビニルモノマー, マクロモノマー(重合可能な官能基を末端に有する

オリゴマー)あるいはテレケリック化合物(末端に官能基を有する液状ゴム)とゴムの加工機内におけるメカノケミカル反応,あるいは加硫中における反応がある.とくに,ビニルモノマーについては古くからロール上で混練りすることによって,メカノケミカル反応によるビニルモノマーの重合が起こることが知られている.ビニルモノマーはこれらの反応で,ジエン系ゴムへのグラフト化,ブロック化,官能基および極性基の導入などがあり,接着性,機械的強度などの向上がある.また,エン反応を利用したゴムへの官能基の導入では,相溶性の改善,グリーンストレングスの向上,接着性の改善がある.例えば,ブタジエンゴムにイソプロピルアゾジカルボキシレートを付加させることによって,天然ゴム並みのグリーンストレングスの向上や接着性の改良がある.さらに,天然ゴムに液状ポリイソプレンを配合することでグリーンストレングスが向上する.

②について,カップリング剤やフィラー改質剤などがあり,各種シラン系カップリング剤,カーボンブラック系カップリング剤(ニトロソ系および非ニトロソ系化合物)が,クレー,シリカ,炭酸カルシウムなどの無機フィラー配合系,カーボンブラック配合系に用いられ,補強性や分散性の改質,加硫助剤の充てん剤への吸着防止に効果がある.例えば,タイヤ配合にシリカを配合し,「グリーンタイヤ」として低燃費タイヤの開発がある.この系にも無水ナトリウムポリスルフィドなど新しい有機改質剤が用いられ,分散性などが改善されている.また,$N,4$-ジニトロソ-N-メチル-アニリンを配合した天然ゴム/カーボンブラック系は,カーボンブラックの分散性を改良し,高い反発弾性と発熱性を改良する.

d. 接着増進剤と離型剤

ゴムの接着に対する接着性を改善・促進するための配合剤が接着増進剤であり,ゴムと金属,とくに真ちゅうめっき処理したスチールコードとゴムの接着剤を用いない直接加硫接着でナフテン酸コバルト,オクチル酸コバルト,ステアリン酸コバルトなどの有機コバルト塩などを配合することで,接着強さが大きく向上する.また,硫黄は加硫剤として使用されているが,ゴムと金属の直接加硫接着においては加硫反応のみならず,接着界面で金属と反応し,硫化金属が生成し,それが接着層となって大きく接着に寄与しており,これも有機改質剤といえる.これと同様な作用として,トリアジントリチオールモノナトリウム塩があり,接着性が改善される.さらに,ジアクリル酸亜鉛,ジメタクリル酸亜鉛,ポリアクリル酸誘導体なども,ゴムに配合して金属との接着性を改善させている.これら配合剤が接着増進剤である.

また,ハイシル-レゾルシノール-ヘキサメチレンテトラミン(HRH)をゴムに配合する方法があり,ゴム/金属の接着性が改善される.この系では,シリカがレゾルシンとヘキサミンの反応を制御し,これによって低分子の状態でレゾルシンとヘキサミンが接着界面に移行し,網目鎖を形成することによって接着性が改善されている.

接着増進剤とは逆の作用で,成形に使用する金型からのゴム製品の離型性を改善す

るための離型剤がある．一般に，金型に塗布する離型剤があるが，ゴムに配合する内部充てん型離型剤がある．また，離型性が悪くなるのは金型汚染のためであり，加硫促進剤や老化防止剤も汚染の要因であり，ゴムとの相溶性が劣るとブルームして汚染が起こりやすい．この改善のため，ゴムとこれら加硫促進剤，老化防止剤との相溶性を改善し，ブルームしなくなるような相溶化剤を配合することで，金型汚染を減少させる方法が開発されている．

〔山口幸一〕

文献

1) ラバーダイジェスト社編：便覧 ゴム・プラスチック配合薬品，ラバーダイジェスト社（1966），
   神原 周ほか：合成ゴムハンドブック，朝倉書店（1960），
   Freis, H.：IISRP, 25th Annual Meeting, 1-5-22（1984）など．
2) 市川健次：ゴム工業便覧(日本ゴム協会編)，p.474，日本ゴム協会（1993）．
3) 長崎英雄：ゴム工業便覧(日本ゴム協会編)，p.450，日本ゴム協会（1993）．

ゴムエンジン―エントロピー弾性の応用―

エントロピー弾性を熱-仕事変換の熱力学的サイクルに応用するものがゴムエンジンである．ゴムを作業物質として用いるゴムエンジンの概念は，古くWiegand[1]，WiegandおよびSynder[2]およびHayward[3]によりつくられ，その後，化石燃料の枯渇が危惧されるなか，低品位の熱や廃熱を利用する実用化を目指す研究がFarris[4]や古川ら[5]によりなされている．

原理と応用

ゴムの弾性はエントロピー弾性で，気体の示す圧力と原理的に同じである．気体の圧力-体積関係とゴムの収縮力-ひずみ関係は熱力学的に同等で，気体とゴム

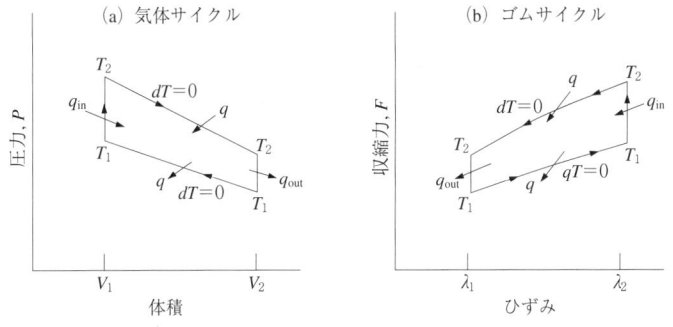

図1 作業物質としての（a）気体および（b）ゴムを用いた場合の等温ヒートエンジンサイクル

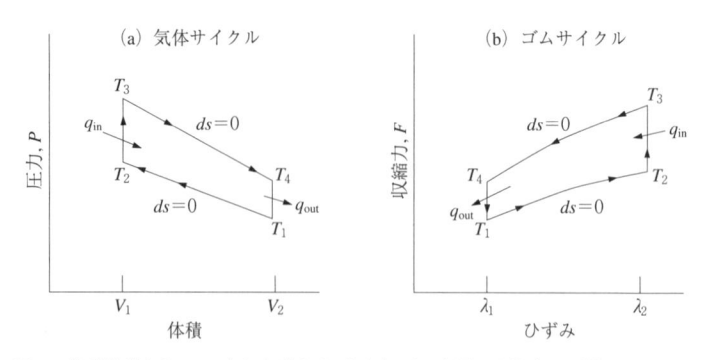

図2 作業物質としての (a) 気体および (b) ゴムを用いた場合の断熱ヒートエンジンサイクル

の理想的な等温ヒートエンジンサイクルは図1のように示すことができる．ヒートエンジンあるいはヒートポンプは通常作業物質として流体(気体)を用いて図1(a)に示すようなサイクルまたは逆サイクルを行わせている．図1(b)で示されるゴムのサイクルにおいて，温度 T_1 に保たれているゴムが伸長比 λ_1 から λ_2 に伸長されるとゴムは外に熱 q を放出する．次に λ_2 でゴムに熱 q_{in} が加えられると温度は T_1 から T_2 に上昇する．さらに，等温的にゴムが λ_2 から λ_1 に縮むと熱 q を吸収する．このゴムを温度 T_2 から T_1 に冷却すると熱 q_{out} を放出する．$T_2 > T_1$ であるのでこの系はヒートエンジンとして働き，熱を仕事に変換する．実際には断熱的に行われると見なせ，図2に示す断熱サイクルが適用される．熱力学的な解析[4]によれば，1 cm³ゴムのなす仕事は10気圧で150 cm³にあるガスが1サイクル当たりになす仕事に等しい．すなわち，ゴムはヒートエンジン，ヒートポンプにおける作業物質として太陽熱，地熱，排ガスなどの小さな温度差をもつ低品位な熱を有用な仕事へ変えることができる．ゴムエンジンと一般のガスエンジンを比較すると，① ゴムは低温度差熱機関に適しており，低温度差でも熱効率が大，② ゴムエンジンはゴム状弾性を保つ広い温度範囲での作動が可能，③ 出力カーブが平坦で，始動トルク，失速トルクが高く，操作性が良好，④ ゴムエンジンではガスエンジンのような圧力容器および容器の加熱冷却熱が不必要，⑤ 稼働後の装置の維持，管理が非常に単純，などの利点がある．材料面からはゴムスポークの数と表面積，ゴムと熱媒体との熱交換，耐老化性(耐候性，耐水性，耐熱性)の考慮が必要になる．

種々のゴムエンジン

振り子型ゴムエンジンは上と下の重りとゴムの収縮力のバランスをとり支柱を傾け，ゴムを加熱すると収縮力の増加により振り子は動き，ゴムの冷却・加熱を繰り返すことにより振り子運動を続ける．垂直回転車輪型ゴムエンジンは中心軸を中心に偏心回転するゴムエンジンである．等温状態で釣り合っているゴムスポークの一部が加熱されることにより，重心が移動し外輪にトルクが生じる．ゴム

スポークの加熱・冷却を繰り返すことで回転し続ける．ウレタン繊維を用いたこのエンジンの中心軸に自転車の発電機を取り付けることにより，温泉の自噴蒸気を熱源としてわずかな電圧を取り出すことに成功した．水平クランク固定・外輪回転型ゴムエンジンはクランクアームを固定し，主軸を中心に外輪が回転するエンジンである．張られた2本のゴムスポークを考えると，両ゴム糸の温度が等しいとき外輪は回転しないが，一方のゴム糸が加熱されて温度差がつくと，外輪は温度差にもとづく力の差により回転することになる．水平外輪固定・クランク回転型ゴムエンジンは外輪を固定し，主軸を中心にクランク軸を回転させるエンジンである．このエンジンの作動原理も水平クランク固定・外輪回転型ゴムエンジンと同様に考えることができる．

〔古川睦久〕

文　献

1) Wiegand, W. B.：*Trans. Ins. Rubber Ind.*, **1**, 141 (1925).
2) Wiegand, W. B. and Synder, J. W.：*Trans. Ins. Rubber Ind.*, **10**, 234 (1934).
3) Hayward, R.：*Scientific American*, **194**, 154 (1965).
4) Farris, R. J.：*Rubber Chem. Technol.*, **52**, 159 (1979).
5) 古川睦久, 江頭　満ほか：日本ゴム協会誌, **64**, 192 (1991).

4. ゴムの配合と加工

4.1 総　　論

　ゴム製品の最大の特徴は，金属やプラスチックなどの材料に比べて弾性率が著しく低いことと，可逆的な大変形が可能なことである．したがって，この性質を活用した製品が昔から種々開発されてきた．なかでも使用条件が厳しい自動車用タイヤの技術進展と量的拡大がゴム製品産業の工業化を大きく発展させる原動力になった．

　ゴム配合は一般に原料ゴムに補強充てん剤，各種のゴム薬品を混ぜ合わせてつくるが，過去1世紀の間に先人達の努力によりゴムの科学技術は著しく発展し，今日に至っている．

　とくに1950年代にゴムの粘弾性挙動の理論と実験的研究が進み，有名な温度-時間換算式(WLF式)が提案され，配合開発にも活用されている．一方，ゴム高分子の構造解析手段としてX線回折法，赤外吸収スペクトル法，核磁気共鳴法などが開発され，ゴム配合のミクロ構造解析に貢献した．その後1960年代には加硫ゴムの化学分析手法も進展し，架橋構造と耐酸化劣化，耐疲労劣化改良の技術として活用されている．

　ところで，配合設計はどのように進めればよいのだろうか．初心者にとってはむずかしいものである．その理由は配合とはいろいろの知識と経験がないとなかなか予測設計が困難だからである．したがって，前に述べたような過去に開発されたゴム配合のミクロ構造解析技術の習得やゴムの構造と物性との関係および，ゴム配合薬品の基礎知識をしっかりと身につけたうえで，配合設計をする必要がある．

　そこで，配合設計力を高めるにはまず，自分で配合内容を立案し，かつゴム練りをしたり，加硫ゴムの評価・解析などの実験も同時に自ら経験することが初心者にはとくに重要である．料理のレシピが同じでも材料の混ぜ方や熱入りの仕方で味が変わってしまうように，ゴム配合も加工条件によって最終製品の物性が大きく変わるものである．その意味でも机上の知識だけでは不十分なのである．

　次にゴム配合設計の一般的なやり方と，留意しなければいけない点について述べてみたい．まず，最初にゴム製品に要求される性能に対応するゴムの物理特性や化学特性の目標を明確に設定し，それに適した原料ゴムや必要な補強材・配合薬品を選択し，

配合基本ベースを設定する．その場合，留意すべき点はゴム製品が市場でどのような条件下で使われるのかをよく把握することである．すなわち，新品時の性能だけでなく，使用期間中に劣化や疲労により耐久性が保証できるかを予測した配合設計をすることが大切である．

またゴム製品は一般に1種類の配合で構成されているものは少なく，とくにタイヤなどは何種類もの配合ゴムや有機繊維，金属などの異種の物質と接着された複合構成になっている場合が多いため，おのおのの材料界面との接着耐久性をも考慮した配合設計が必要になってくる．

さらに大切なことは，いくらよい配合を立案しても，よい加工条件を設定しないと製品の目標とする物性が得られないことが多いし，工場設備の制約条件を考慮しないと工場の作業性が悪く，工程に流せない場合もある．

このほか，最終的実用配合を決定する際は，配合単価，製造コストも含めた原価計算をして開発当初の目標を満たしているかの確認が必要である．

以上述べたように，配合設計とは製品として必要な基本性能を満足させながら個別の目標物性を達成させることであり，そのための課題は性能の併立化技術や工場のゴム練り，成形，加硫条件など加工条件設定も含めたバランス設計技術である．その意味でも先に述べたように，関連知識の習得と種々の経験が一人前の配合技術者になるために必要である．その他，配合技術者の役目として実用化したのちの品質安定化のことを事前に考えて，工程での管理ポイントを明確化しておくことも忘れてはならない．

例えば，ゴム配合は一般的にバンバリーミキサーなどで練られ，バッチ生産であるため，マシンごとの仕様の違いや季節変動などによりばらつきが発生する．そのばらつきをどのような未加硫時のゴム物性値で管理すべきかを決めるのも，配合技術者の重要な役目なのである．

このようにゴム配合設計者は目標の力学特性や粘弾性特性，耐久性を得るために，品質，加工性，経済性などを考えてどのような配合手段を選択することがベストであるかを決めなければならず，広範な知識と判断力が必要なのである．

ところで，1960年代にわが国の合成ゴム工業が軌道に乗り大きく発展したが，その頃同じく合成ゴムラテックスの国産化も始まり，ゴム工業のほか繊維工業，粘接着材，塗料などに広く活用されるようになった．ラテックス分野の加工は，安定なコロイドである配合ラテックスからゲルをへて乾燥ゴムにする種々の手法があり，固形ゴム配合とまた違ったむずかしさがあるので，詳細は本書を参考にいろいろ勉強してほしい．

最後に今後のゴム技術者への期待を述べる．ゴム製品の世界も，生活レベルの向上，産業の発展，社会的要請でますます高度化，高機能化が要求され，同時に地球環境問題への対応も迫られてくるであろう．したがって，そのための第一歩として本書を有

効に活用して幅広い知識を習得してほしい．そして実際の配合開発を行う場合は，その製品が使われている現場にも常に目を向け，ゴム製品配合にどのような化学的・物理的変化が起きているのかをよく解析するところに今後改良すべき技術課題と新しい発想のヒントがあることも忘れてはならない．

また，技術者は従来の知識や技術に固執することなく，常に新しい視点からも柔軟な発想で新しい技術づくりに挑戦することを期待したい． 〔奥山通夫〕

4.2 配　　合

4.2.1 配合設計

『ゴム用語辞典』によると，「配合設計とは，用途に応じた所望の配合物特性が得られるようにポリマー，配合剤の種類や添加量などを過去の実績データなどから適正に決定すること」と述べられている．ここでいう「用途に応じた所望の配合物特性」とは，配合設計の目的によって異なる．そこでまず最初に，配合設計の目的について述べる．

a. 配合設計の目的

配合設計を行う目的は図4.2.1に示すように，大きく分けて，① 製品性能の向上，② 製造コストの低減，③ 環境問題への対応，の3つがある．製品性能の向上は，耐久性の向上と機能性の向上の2つに分けられる．これらの製品性能に対応する配合物特性については4.2.3項，4.2.4項で述べる．

製造コスト低減は，原材料コストと加工コストのトータルで考える必要がある．例えば，加工性を改良する薬品を配合し原材料コストが上昇しても，加工コストが大幅に低減できればトータルとしての製造コストが低減できる．増量剤と呼ばれる非補強性充てん剤やオイルのような軟化剤は，一般に加工コストと原材料コストの両方を低減できるが，製品性能を低下させる．加工性と製品性能のバランスをいかにうまくと

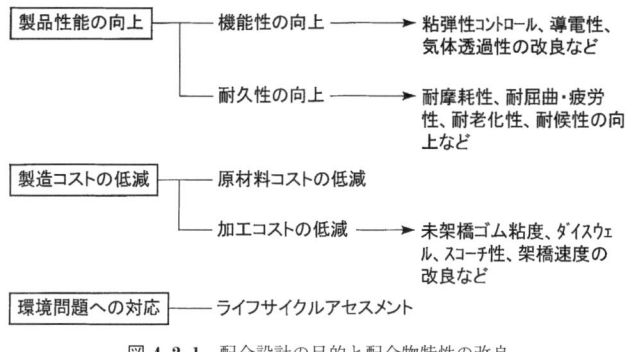

図 4.2.1　配合設計の目的と配合物特性の改良

るかも配合設計の重要な使命である．

　環境問題への対応は，今後最も重要になってくる課題である．ライフサイクルアセスメントの観点から考えていく必要がある．環境問題への対応は前二者と独立した課題ではなく，密接なつながりをもつ．タイヤの転がり抵抗低減などの製品性能の向上は，車の燃費改良による CO_2 低減などにつながり，耐久性向上による製品寿命の延長は，省資源・省エネルギーに貢献する．リサイクルや原材料の安全性も重要な課題である．

b. 配合設計の位置づけ

　前述した配合設計の目的は，配合設計だけでなく，製品設計，加工設計などを含めた製品開発・生産の共通した目的である．そのため，全体の開発の流れのなかでの配合設計の位置づけをよく理解したうえで，他の設計要因との関連について考慮する必要がある．例えば，他の製品設計要因(製品形状など)との組合せ効果や，工場での加工条件の自由度と限界の把握などが重要となる．図4.2.2に配合設計を中心とした製品開発の流れの一例を示す．一般的に，点線内が配合設計者の役割だと考えられる．次にそれぞれについて説明する．

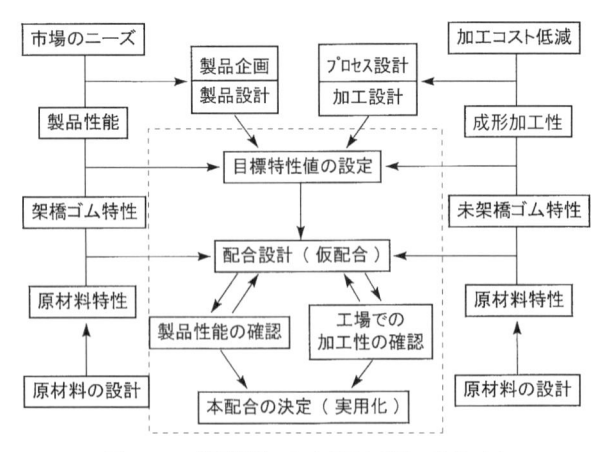

図 **4.2.2** 製品開発における配合設計の位置づけ

(1) 目標特性値と評価方法の設定　架橋ゴムの特性には，表4.2.1に示すような多くの特性がある．このほかにも，ゴム製品は複合体であることが多いため，異種ゴムまたは金属への接着性能も重要となる．これらの特性のすべてに優れたものを得ることは不可能であるため，まずその製品や部材に要求される特性を選択し，優先順位をつける．また，実験室で特性がいくら向上しても，市場での製品性能の向上につながらなければ意味がない．そのためには，市場での製品性能を予測できる実験室で

の架橋ゴム特性評価法が重要となってくる．ゴムの加工性は使用される設備や条件に大きく依存するため，自社での製造工程の分析を行ったうえで，自社の加工性と対応する未架橋ゴム特性を設定し，目標または許容範囲を決める必要がある．

(2) 配合設計(仮配合の設定)　配合処方は通常，原料ゴムを100とした各配合剤の配合量で表す．これをphr(parts per hundred parts of rubber)または，部という．原料ゴムと配合剤の種類は，用途・ニーズに応じて数多くのものが開発・市販され，細分化すれば数千から数万に及ぶものと思われる．これらの組合せを考えると，配合は無限にでき，すべてを評価することは不可能である．そのため，原料ゴム，配合薬品，補強剤などの選定にあたっては，それぞれの配合剤の化学的・物理的作用機構を熟知し，これらの知見を有機的に結合して対処することが重要である．一般的には，まず最初に目的に合った原料ゴムの選定を行い，その原料ゴムに適した架橋系と補強剤を選定し，その後，必要に応じて軟化剤，老化防止剤の選定を進めていく．原料ゴムとの相互作用(種類による依存性)が大きいものや物性への寄与が大きいものを先に決めた方が効率的である．表4.2.1に架橋ゴム特性に与える各原材料の影響度を定性的に示した．配合内容や評価方法によっても異なるためひとつの目安として考えて欲しい．

原料ゴムは，その製品の機能性や使用温度から最適なガラス転移点(T_g)や耐熱性をもつものが選択されるが，使用時の入力も考慮して決める必要がある．架橋密度や補強剤配合量の最適値は，特性によって異なる(図4.2.3，図4.2.4)．そのため，複数の物性間での優先順位づけを明確にするとともに，いかにバランスをとっていくかが重要となる．実用配合では原料ゴムの種類は1種ではなく2種以上の場合が多い．ゴムブレンドでは，まず原料ゴム同士の相容性が重要となる．ゴムブレンドにおいては，原料ゴム同士の相容性だけでなく，各ゴム相への架橋剤，充てん剤，オイルなどの不

表4.2.1 架橋ゴム特性に与える原材料の影響度

特　性	原料ゴム	充てん剤	軟化剤	加硫系	老化防止剤
硬さ・弾性率	中	大	大	中	
引張強さ・伸び・破断エネルギー	大	大	小	小	
引裂き強さ	大	中		小	
粘弾性	大	大	大		
耐屈曲性・耐疲労性	大	小		中	中
耐摩耗性	中	大	大		
耐老化性	大			中	大
耐オゾン性	大				大
耐光性	大	中			小
耐熱性	大			中	
耐寒性	大		中	中	
耐油性・耐水性・耐薬品性	大	小		中	
電気絶縁性	大	中	小		
導電性	中	大	小		
難燃性	大	中	小		難燃剤大
気体透過性	大	中	小		

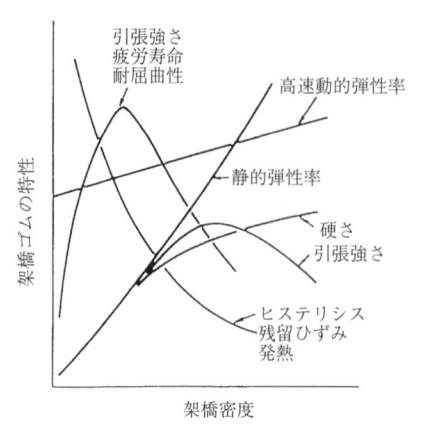

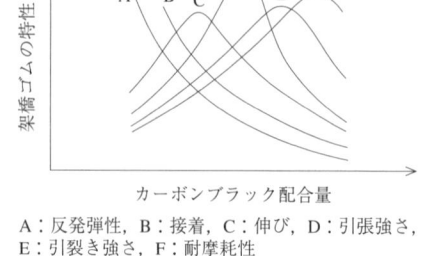

図 4.2.3 架橋ゴム特性に及ぼす架橋密度の影響

図 4.2.4 架橋ゴム特性に及ぼすカーボンブラック配合量の影響

A：反発弾性，B：接着，C：伸び，D：引張強さ，E：引裂き強さ，F：耐摩耗性

均質分配も考慮しなければならない．既存の原材料をいかにうまく組み合わせても目標特性値に到達できない場合は，図4.2.2に示したように，ポリマーの分子設計やカーボンブラックのコロイダル設計などの原材料の設計を依頼し，新規原材料を取り込んだ配合設計を行うこととなる．

(3) 本配合の決定と実用化後のフォロー 本配合を決定するには，通常は製品性能の確認と工場での加工性の確認が必要である．確認の結果，目標の製品性能に到達できなかったり，工場での生産性を阻害する場合は，仮配合の修正を行う．一般的に製品性能の確認と工場での試作には，時間とコストがかかるため，ここでの修正が最小限に収まるよう前段階(1)と(2)での検討を十分に行うことが開発の効率化につながる．本配合が決定し，実用化(量産化)したのちも，工場での加工安定性，製品性能のばらつきの把握と市場での評価の確認などのフォローが必要である．ばらつきについては，配合設計の段階から自社の工場での加工方法・条件・能力を考慮して，ばらつきの小さい配合づくり(品質工学におけるパラメーター設計)に努める必要がある．

〔平田　靖〕

4.2.2　ゴム練り(素練りと混練り)

ゴム練りは，図4.2.5に示すゴム加工プロセスにおいて，原料ゴムに配合剤を混合分散して配合ゴムの組成を均一にするための操作で，素練りと混練りからなる[1]．素練りは，原料ゴムに機械力を加えて分子凝集をほぐしたり分子鎖を切断して，ゴムの可塑度を加工しやすいレベルに調節する基本的な操作である．混練りは，配合設計にもとづいて原料ゴム100部(重量)に対して数種類から十数種類の性状の異なる配合剤(数部の粉粒状加硫剤や加硫促進剤，数十部の液状可塑剤や粉末状補強剤など)を機械

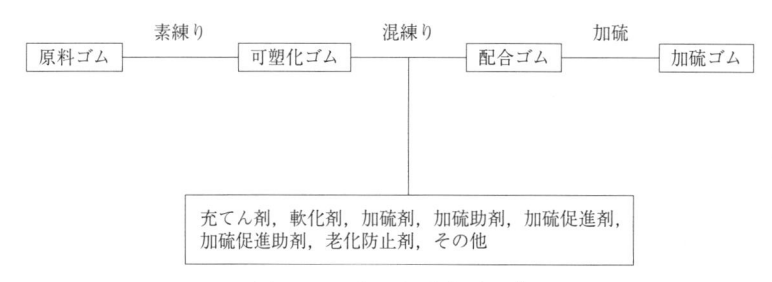

```
原料ゴム ─素練り─ 可塑化ゴム ─混練り─ 配合ゴム ─加硫─ 加硫ゴム
                                    │
                    充てん剤, 軟化剤, 加硫剤, 加硫助剤, 加硫促進剤,
                    加硫促進助剤, 老化防止剤, その他
```

図 4.2.5　ゴムの加工プロセス[1]

的せん断力を加えて混合分散する多成分系の複雑な操作である[2]．このプロセスは，一般にバッチ処理(batch system)であり，混練りがうまくいかなければせっかくの配合も実力を発揮できないといわれている．しかも，ゴム練り工程は，加工プロセスのエネルギーの大半を消費する工程でもある．例えば，CR(クロロプレンゴム)の 1 m^3 を射出成形加工する場合，混練りに 2.8 GJ(ギガジュール)，素練りに 0.5 GJ，射出成形に 0.3 GJ，加硫に 0.2 GJ のエネルギーがそれぞれ使われ，全エネルギー 3.8 GJ のうち 90％ほどがゴム練りで消費されている[3]．

このため，ゴム練りには，従来から混練装置のなかでも大きなせん断力が得られるオープンロールが使用されている．図 4.2.6(a)にオープンロールにおけるゴムと配合剤の混練りモデルを示す[4]．オープンロールでは，作業者がゴム練りを目視しながら行えるので，練りの終点は練り生地の色やつやをみて決定できるが，粉塵やにおいの発生，生産量が少ないことなどの問題がある．これらの問題を解決するものとして，図 4.2.6(b)に示すような強力なローター羽根を備えた接線式のバンバリー型混合機[5]や加圧ニーダー，あるいは噛合式のインターミックスなどの密閉二軸混合機が使用されている．しかし，オープンロールと異なり，密閉系で外部から配合剤の混合分散状態が目視できないので，ゴム練りの状態が判定できない欠点がある．そこで，例えば，混合機の電力-時間曲線において，とくに補強剤である CB(カーボンブラック)が原料ゴム中に混入・一体化した時間として BIT(black incorporation time)を決め，それ以後を練り終点判定の目安としている[6]．しかしながら，配合剤の混合分散状態は，配合設計条件，混合機のローター羽根形状や構造，ならびにローター羽根速度，ゴムと配合剤の充てん率，ゴムと配合剤の温度，ゴムと配合剤の投入順序などの操作条件により異なり複雑に変化する．そこで，ゴム練りはこれらの各要因を十分考慮して行われている．けれども，混合機における配合剤の混合分散過程は非定常で常に変化するので，練り上がった配合ゴムの組成がバッチ内各部で，あるいは同一混合機，同一条件下でゴム練りしたバッチ間でも均一にならず，加硫ゴム製品の物性や品質のばらつきが生じて問題となっている．

ゴム練りの主な目的は，① ゴム製品の寿命を延ばすことと，② ゴム製品の品質の

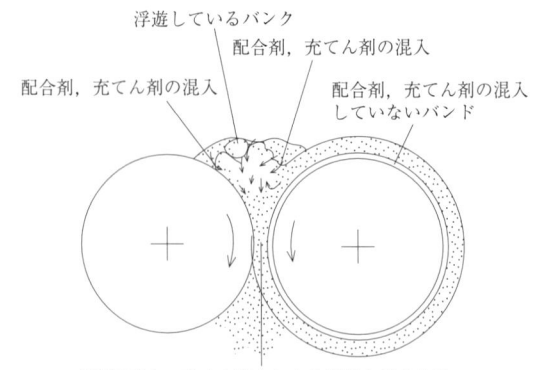

浮遊しているバンク
配合剤，充てん剤の混入
配合剤，充てん剤の混入
配合剤，充てん剤の混入していないバンド

高速伸長力・高せん断力による粉砕と混合分散

(a) オープンロールの混練りモデル[5]

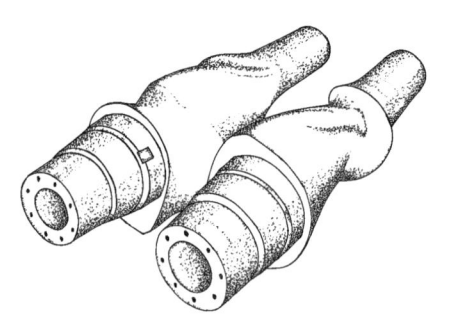

(b) バンバリー型混合機用のローター羽根[5]

図 4.2.6

安定を図ることである[7,8]．ゴム製品の引張強さや耐摩耗性などの物理的特性を維持向上させるためには，配合ゴム中に補強剤や充てん剤などの大きな凝集塊がなく，補強剤などができるだけ微細な粒子として均質に分散されている必要がある．とくに，微細な粉体である CB の分散については，$10 \times 10 \, \mu m$ の面積当たりに存在する $5 \, \mu m$ 以上の凝集塊の割合から分散度が定義されて測定評価されている[9]．また，さまざまな方法で CB の分散状態が測定検討されている[10]．一方，同じ品質のものを安定して製造するには，バッチ内あるいはバッチ間で配合ゴムの組成，あるいは加工上の重要な物性である可塑度や粘度などが均一になっていることが非常に重要であるが，これらの系統的な検討や測定はあまり行われていない[11]．今後は，ゴム練りの評価方法として配合剤の均一な混合状態（混合度）および配合剤の微細な分散状態（分散度）を測定して両者の定量的な関係を求め，①と②を同時に満足するゴム練りの手法を確立する必要がある．

〔藤　道治〕

文　献

1) 鞠谷信三：ゴム材料科学序論, p.24, 日本バルカー工業 (1995).
2) 日本ゴム協会編：ゴム用語辞典, 日本ゴム協会 (1997).
3) 鞠谷信三：ゴム材料科学序論, p.41, 日本バルカー工業 (1995).
4) 水本清文：ゴム技術の基礎(日本ゴム協会編), p.145, 日本ゴム協会 (1983).
5) Freakly, P. K.：*Rubber Chem. Technol.*, **65**, 706 (1992).
6) 泉　信示：ゴム工業便覧(第4版)(日本ゴム協会編), p.646, 日本ゴム協会 (1983).
7) 吉田武彦：日ゴム協誌, **65**, 325 (1992).
8) 吉田武彦：第36回ゴム技術シンポジウムテキスト, p.1, 日本ゴム協会研究部会 (1994).
9) 山田準吉：ゴム試験法(新版)(日本ゴム協会編), p.118, 日本ゴム協会 (1985).
10) 志賀周二郎ほか：日ゴム協誌, **54**, 587 (1981).
11) 藤　道治：第59回ゴム技術シンポジウムテキスト, p.13, 日本ゴム協会ゴム練り研究分科会 (1998).

4.2.3　配合と力学物性

　配合の基本は，価格，加工性，物性などの使用目的に合ったゴムコンパウンドを得るために，いかに配合剤を組み合わせるかということである．

a.　ポリマー

　ゴムコンパウンドで最も重要な配合要因はポリマーである．ポリマーは使用条件を備えたもののなかから，最も安価なものを選ぶ．もうひとつ重要なことは，加工しやすいことである．ポリマーを選択するのに次に要求されるのは，引張強さ，伸び，引張応力，硬さである．すべてのゴム製品は，特定の応力-ひずみ要件をもっている．天然ゴム(NR)は高強度，高伸張，耐疲労性を必要とされる多くの用途に用いられている．

　一般に充てん剤が多くなると，引張強さは低下する．補強性カーボンを配合すると高強度が得られるが，クレー，炭酸カルシウム，シリカなどを混ぜると引張強さが低下する．

　純ゴムに加えるカーボンブラックのような充てん剤を増やしていくと，引張強さは上昇し，最大となり，さらに増量すると低下する(図4.2.7, 図4.2.8)．非補強充てん剤の場合，充てんにより引張強さが最大を示すものと示さないものがあるが，過度の高充てんをすると，大幅に引張強さが低下する．IIRやEPDMのような不飽和度の低いゴムの場合は引張強さ-充てん曲線の最大値は一般に観察されない．表4.2.2には種々の実用配合のコンパウンド300％伸張時の引張応力，動的弾性率，硬さのデータを示した．また表4.2.3には汎用ゴムの純ゴムおよびカーボン配合のデータを示した．

　コンパウンドの引張強さと硬さを上げる方法は充てん剤を使用することである．引張強さと硬さは，充てん剤のストラクチャーと架橋密度に大きく依存する．

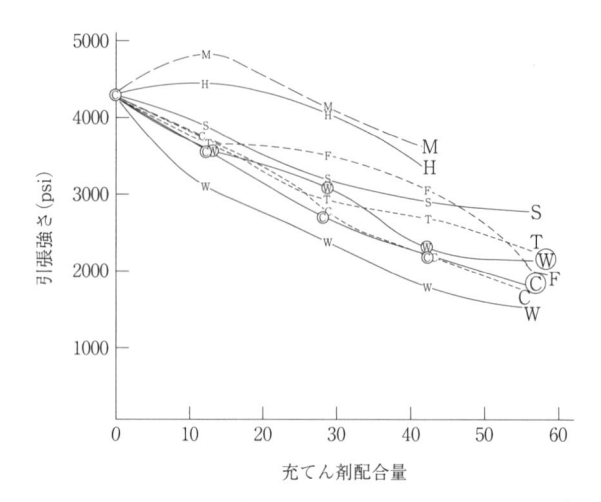

図 4.2.7　NRにおける種々の充てん剤配合量と引張強さの関係[1]
M：MPC, H：HAF, F：FEF, S：SRF, T：MT, Ⓦ：微粉炭酸カルシウム, Ⓒ：ハードクレー, C：ソフトクレー, W：中粒径炭酸カルシウム.

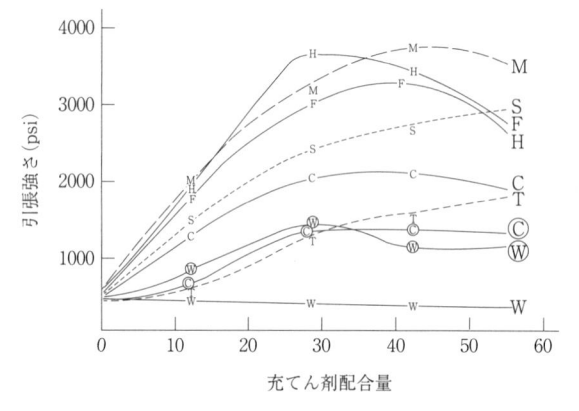

図 4.2.8　SBRにおける種々の充てん剤配合量と引張強さの関係[1]
（記号は図4.2.7と同じ）

　ポリマーの選択でのもうひとつの重要な項目は耐摩耗性である．一般的に耐摩耗性は引張強さのような破断物性との相関性があると考えられている（図4.2.9）．しかし必ずしもこのような相関性がない場合もあってBR配合がとくにそうである．NR/BR, SBR/BRなどのBRブレンド系では図4.2.9から予想されるよりはるかに優れた耐摩耗性を示す．この効果はタイヤ配合ではよく知られている．

耐疲労性は，多くの用途において大切な特性である．き裂成長は耐疲労性のひとつの特性を示している．耐疲労性に対する配合技術は複雑な挙動を示す．配合による影響ばかりでなく，分散状態の影響も受ける．

連続的に応力を受けるゴム製品では，永久ひずみは重要な性質である．すなわちクリープ，応力緩和，永久ひずみは同じ基本現象が現れている．またヒステリシス，すなわち内部摩擦による機械的エネルギーの不可逆損失は，すべてのポリマーにとって基本的な性質である．エラストマーは変形を受けたとき，変形の応力を取り除いてもその変形エネルギーの全部が回復せず，残りは熱として失われる．とくにタイヤのような繰返し変形を受けるものは，この繰返し変形で受ける損失エネルギーである．

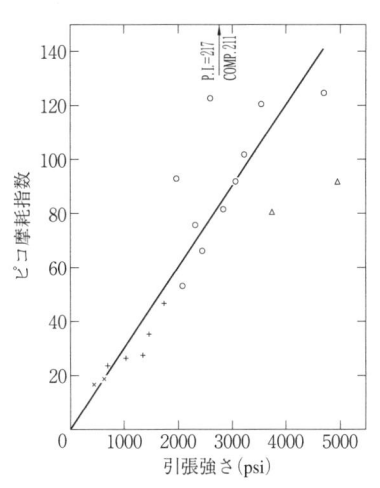

図 4.2.9 実用配合の引張強さとピコ摩耗
（配合は表4.2.2を用いた）
△：カーボンブラック配合NR，○：カーボンブラック配合SBR，×：白色充てん剤配合SBR．

ほとんどの実用用途では，静的よりもむしろ動的な性質が必要とされるから，ヒステリシスに影響を及ぼすこのような要因は，とくに重要である．引裂き抵抗はタイヤにおけるカッティング，チッピングのような破損，き裂などと関係している．多くの低価格商品や白色系コンパウンドでは，引裂き抵抗が寿命の主な要因となる．老化により硬化し，引裂き抵抗が低下することは，この種の製品には大きな欠陥となる．引裂き抵抗を大きくするには破断伸びを大きくする．伸びは熱，過加硫，老化によって低下する．

b. ポリマーブレンド

ポリマーブレンドするとバランスのよい物性が得られることが多いので，通常よく行われている．例えば疲労寿命やタイヤのグルーブクラックは，あるポリマーに別のポリマーを配合することにより著しく改善される．NR製のタイヤのトレッドにポリブタジエンゴムを加えるのは耐グルーブクラック性を改善するためであり，サイドトレッドにポリブタジエンゴムを加えるのも耐疲労性を改善するためである．

最近では粘弾性的性質のコントロールのためにポリマーブレンドがよく行われるようになってきた．しかしながら異なる性能をもったポリマーをブレンドしても複数の粘弾性的要求が必ずしも達成できるとは限らず，ポリマー間のブレンド状態がどのようになるかを考慮しなくてはならない．図4.2.10はブレンド状態の異なるポリマーの電子顕微鏡写真である．このブレンドの状態つまり相溶性の違いは，ブレンドされるポリマーの化学構造に依存する．任意のポリマーをブレンドしたときのブレンド物

4. ゴムの配合と加工

表 4.2.2 引張強さ順に

配合 No.	用 途	全配合量 (ポリマー=100)	配合単価 ($/lb)[b]	比重	ゴ　ム	カーボンブラック
188	高荷重トレッド	163	0.1757	1.13	NR	45 N285
224	自動車用ブッシュ	150	0.1706	1.11	NR	40 S 315
189	耐熱ベルトカバー	164	0.1768	1.13	NR	45 N326
206	第2グレードベルト	175	0.1677	1.13	SBR 1606	50 N330
197	耐熱耐摩耗ベルトカバー	174	0.1592	1.12	SBR 1502	50 N330
227	潅漑用・チューブ	187	0.1610	1.11	SBR 1608	35 N220
	バルブガスケット				SBR 1603	15 S 300
194	ブレーキ・カップ	158	0.1606	1.11	SBR 1503	40 N550
211	100レベルの乗用車トレッド	252	0.1362	1.15	SBR 6778	82.5 N339
208	通常のトレッド	239	0.1596	1.14	SBR 6779	75 N330
219	自動車用高級マット	274	0.1364	1.19	SBR 1815	75 N330
190	耐熱ベルトカバー	161	0.1672	1.14	SBR 1500	45 N326
						25 N774
191	高負荷ブレーキブーツ	220	0.1463	1.21	SBR 1801	20 N330
					SBR 1502	35 N990
192	自転車タイヤ	267	0.1091	1.14	SBR 1708	90 N660
217	窓　枠	229	0.1020	1.33	SBR 1815	30 N770
						40 N990
						75 N330
220	自動車マット	361	0.1026	1.29	SBR 1815	75 N330
195	ドアシール	430	0.0891	1.29	SBR 1805	75 N330
221	ブレーキペダル	510	0.0834	1.51	SBR 1821	15 N660
						80 N550
228	バッテリーケース	1250	0.0502	1.33	SBR 1712	—
229	ドロップワイヤーインシュレーション	453	0.0741	1.53	SBR 1503	80 N990
225	防水布	298	0.0947	1.55	SBR 1006	—
223	靴　底	348	0.1188	1.37	SBR 1506	—

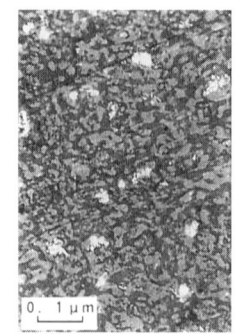

図 4.2.10 ブレンド状態の異なるポリマーの電子顕微鏡写真(スチレン量の異なる SBR とハイシス BR のブレンド)[4]

並べた実用配合[2)]

ゴム1g当たりの表面積(m^2)	白色充てん剤 (phr)		全オイルレジン量 (phr)	引張強さ (phr)	300% 引張応力 (psi)	伸び (%)	硬さショアA
45	—		5	4700	2100	550	59
34	—		—	4490	1970	580	68
36	—		5	3730	1000	600	64
41	—		10	3530	1490	570	64
41	—		15	3210	1610	530	65
60	—		30	3070	950	640	57
18	—		—	2860	1360	530	66
76	—		62.5	2740	1330	570	64
61	—		50	2590	1130	610	59
61	25	クレー	60	2440	1380	490	59
36	—		5	2340	1330	460	62
52	12	クレー	17.5	2100	890	720	59
29	—		70	1980	1220	510	51
72	40	Laminar	80	1750	—	280	70
61	90	クレー	80	1480	1090	410	62
61	100	クレー	75	1360	950	430	62
	50	白亜					
40	120	クレー	80	1030	1030	300	72
	100	白亜					
—	900	Carbofil（石炭粉末）	175	920	—	10	95
6	95	Whitex No. 2	65	700	570	470	82
	100	Atomite					
—	75	クレー, 75 白亜	15	640	—	—	64
	20	TiO_2					
	45	Zeolex, 20 TiO_2	75	440	—	240	68
	45	クレー, 45 白亜					

の粘弾性はブレンド状態，相溶性に依存するが，その状態は，相溶，部分相溶，非相溶に分けられる．Kaplanによれば，tan δ形状に及ぼすポリマーのブレンド状態は図4.2.11に示すようにドメインサイズの大きさに依存している[5)]．電子顕微鏡観察では実際には観察できないほどドメインサイズが十分に小さい場合（150 Å 以下）は相溶性と考えられ，tan δ カーブはひとつのシャープなピークとなり，十分大きい場合（1000 Å 以上）は 2 つのピークとなり，tan δ 形状は明らかな非相溶型になる．ドメインサイズが前述の間になる場合，tan δ カーブはひとつのブロードなピーク，あるいはショルダーをもつピークを示す．このようなコントロールは，とくにタイヤのトレッド部分のコンパウンドで，転がり抵抗を下げるためには 60 ℃ の tan δ を下げることが有効であり，制動，とくにウェット制動には 0 ℃ の tan δ を上げることが有効であるということから，互いに背反事象になっていることを並立させること，また低温性能を上げる（低温でのしなやかさ）を得るためには低温に T_g をもっているポリマーでかつ非

表 4.2.3 消費量の多い6種類のゴムのHAF(N-330)配合物の応力-ひずみ値および純ゴム配合との比較[3]

	SBR 1500 (SBR)		天然ゴム (NR)		Hycar 1052 (NBR)		Neoprene WRT (CR)		Vistalon 6505 (EPDM)		Butyl 218 (IIR)	
	純ゴム	ブラック	純ゴム	ブラック	純ゴム	ブラック	純ゴム	ブラック	純ゴム	ブラック	純ゴム	ブラック
最適加硫時間, 307°F, (分)	25	20	20	20	25	20	80	60	25	25	60	60
応力-ひずみ値, 25°C												
100%引張応力(psi)	100	280	100	390	70	210	110	960	110	330	70	310
200%引張応力(psi)	140	830	170	1130	90	520	170	—	160	770	110	870
300%引張応力(psi)	180	1700	260	2120	110	1050	240	—	210	1350	160	1450
400%引張応力(psi)	—	2580	400	3120	130	1580	300	—	—	2090	260	2030
500%引張応力(psi)	—	3330	680	—	160	2180	460	—	—	—	—	—
600%引張応力(psi)	—	—	1480	—	—	2750	1130	—	—	—	—	—
引張強さ (psi)	190	3430	2820	3960	200	2800	1290	2720	230	2240	320	2490
伸び (%)	310	520	690	480	590	610	620	200	310	410	440	490
配合 (重量部)												
Philprene 1500 (SBR)	100	100	—	—	—	—	—	—	—	—	—	—
No.1 RSS (NR)	—	—	100	100	—	—	—	—	—	—	—	—
Hycar 1052 (NBR)	—	—	—	—	100	100	—	—	—	—	—	—
Neoprene WRT (CR)	—	—	—	—	—	—	100	100	—	—	—	—
Vistalon 6505 (EPDM)	—	—	—	—	—	—	—	—	100	100	—	—
Butyl 218 (IIR)	—	—	—	—	—	—	—	—	—	—	100	100
Philblack N330 (HAF)	—	50	—	50	—	50	—	50	—	50	—	50
Philrich 5 (HA oil)	10	10	5	5	—	—	—	—	—	—	—	—
Circo Light Oil (NAPH oil)	—	—	—	—	—	—	—	—	25	25	—	—
Flexon 580 (NAPH oil)	—	—	—	—	—	—	10	10	—	—	—	—
Cumar P-25	—	—	—	—	10	10	—	—	—	—	—	—
Neozone A	—	—	—	—	1.5	1.5	—	—	—	—	—	—
PBNA	—	—	2	2	1	1	—	—	1	1	1	1
Agerite Stalite S	2	2	2	3	—	—	—	—	—	—	—	—
ステアリン酸	2	2	3	3	1	1	0.5	0.5	1	1	3	3
マグネシア	—	—	—	—	—	—	4	4	—	—	—	—
酸化亜鉛	4	4	5	5	5	5	5	5	5	5	3	3
NA-22	—	—	—	—	—	—	0.5	0.5	—	—	—	—
Methyl Tuads	—	—	—	—	—	—	—	—	1	1	1	1
Thionex	0.15	0.15	—	—	—	—	—	—	—	—	—	—
MBT	—	—	—	—	0.6	—	—	—	—	—	—	—
Santocure	1.1	1.1	0.6	0.6	—	—	—	—	0.5	0.5	0.5	0.5
Methyl Zimate	—	—	—	—	—	—	—	—	—	—	—	—
硫黄	1.8	1.8	2.5	2.5	1.0	1.0	0.5	0.5	1.0	1.0	1.75	1.75

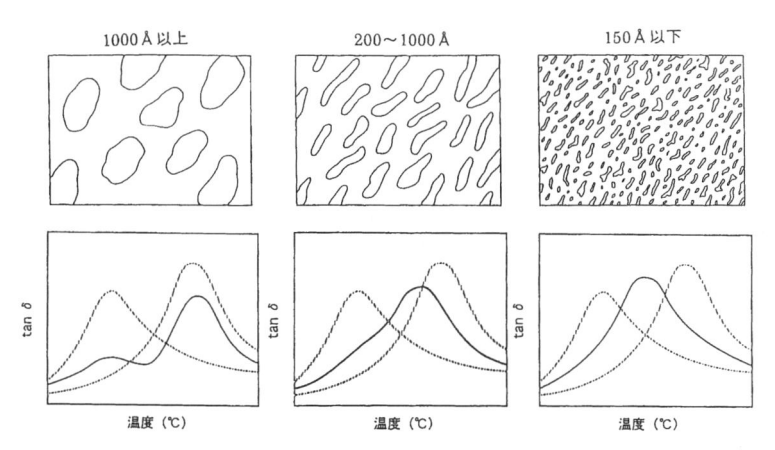

図 4.2.11　ブレンド状態とtan δカーブの関係(モデル図)図上の数字は平均的ドメインサイズ[4]

相溶なポリマーを選択することによって弾性率を低温まで下げることができる．このようにブレンドゴムの相溶性が物性に与える影響は大きいので，ポリマーの選択は重要である．

c. カーボンブラック

ポリマーの次にカーボンの量と種類はコンパウンドの特性上重要なことである．カーボンブラックは加硫を促進し，このため加硫剤を減量し，加硫時間を短くし，製造コストを下げる．

カーボンブラックはすべてのゴムに耐摩耗性を与える．ゴムとカーボンブラックとの相互作用は，カーボンブラックの表面積によって決まる．そして表面積は粒子径が小さいほど大きくなるので，粒子径は耐摩耗性を決める大きな要因である．中間的な苛酷度の使用条件でのトレッドの耐摩耗性は粒子径が小さいほど大きくなる．このことは図4.2.12に示した．Studebakerによると，95 miles/milの苛酷度でのタイヤトレッドの路上摩耗抵抗は，カーボンブラックの比表面積(m^2/g)の増加とともに大きくなる[6]．15 miles/milのように非常に苛酷な使用条件になると，ストラクチャーが摩耗に対して重要になる．カーボンブラックをハイストラクチャーにすることによって引張応力が上がる．これによって苛酷な条件下で耐摩耗性が上がる．

一般的にいって小粒子径カーボンを使用することは耐摩耗性は向上させるが，同じ分散状態にするのに手間がかかる．一方，カーボンブラックのストラクチャーが増加すると加工上もゴムの特性にも影響がでる．混合時の混練温度や，混練り時のピーク電力の上昇が起こる．しかしストラクチャー増大による，苛酷度が高い走行条件においてトレッド耐摩耗性が向上する．カーボンブラックのストラクチャーは加工性に大きく影響を与えるので，加工性を考慮して選ぶべきである．とくに押出し時のダイス

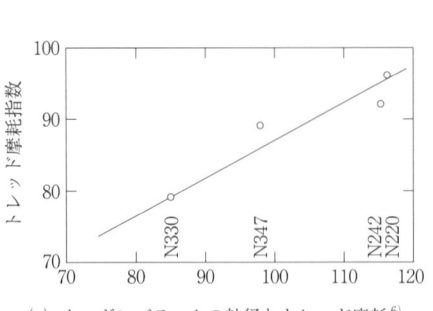

図 4.2.12 (a) カーボンブラックの粒径とトレッド摩耗[6] 走行条件の過酷度：中（～95 miles/mil）

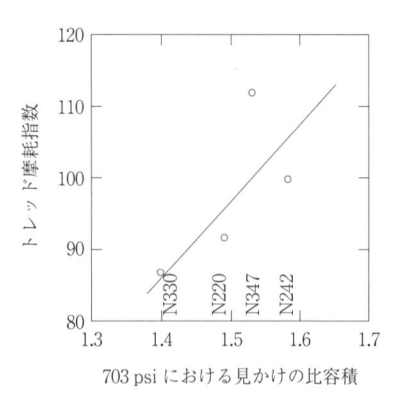

(b) カーボンブラックのストラクチャーとトレッド摩耗[6] 過酷度：高（～15 miles/mil）

ウェルもしくは収縮に顕著に現れる．

　阿波根らによれば，カーボンブラックとカーボンブラック凝集塊に拘束されたポリマー両相コンパウンド中における体積分率をϕ_aとすると，図4.2.13のように$\phi_a=0.5$付近で耐摩耗性が最も高くなる（ランボーン摩耗）．次に示す式より$\phi_a=0.5$とし，カーボンブラックのコロイダル特性であるDBP吸油量D，オイル量S，ポリマー比重ρを代入することにより，最適カーボン配合量Cを求めることができる．

$$\phi_a = C(1/1.82 + D/100)/(C/1.82 + 100/\rho + S)$$

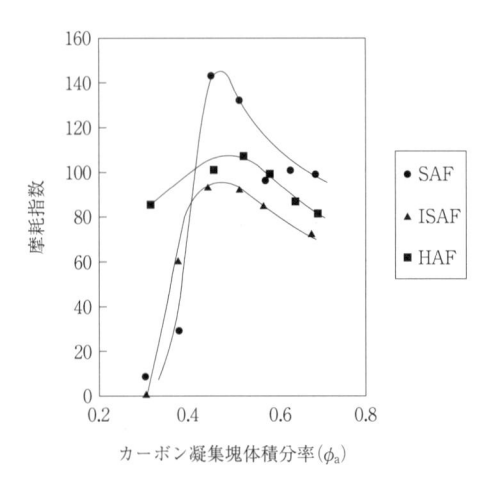

図 4.2.13　カーボン凝集塊体積分率とランボーン摩耗試験結果（試験条件は文献15による．ポリマーは45％スチレンS-SBR，35％スチレンS-SBR，ハイシスBRのブレンド系）[4]

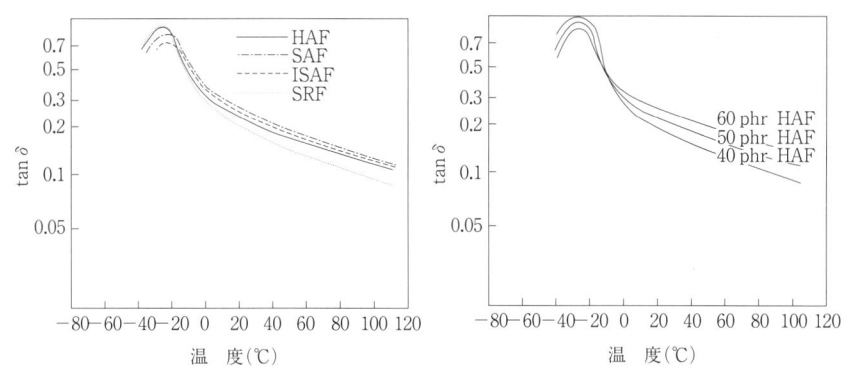

図 4.2.14 カーボンブラック粒子の $\tan \delta$ カーブへの影響[8]　　図 4.2.15 カーボンブラック量の $\tan \delta$ カーブへの影響[8]

カーボンブラックは凝集塊相がリング状の閉構造をとるが，$\phi_a=0.5$ 付近で閉構造をとっていることがわかった．この付近に引張強さや破断伸びも最大値がある．

d. 粘弾性への影響

カーボンブラックの量や種類が粘弾性に大きく影響を及ぼすことはよく知られている．図4.2.14と図4.2.15に示すようにカーボン量を増やす，あるいはカーボンの粒径を小さくすると，$\tan \delta$ カーブはブロードになる[8]．つまり $\tan \delta$ のピークの高さは低くなり，高温側の $\tan \delta$ が上昇する．このことはカーボンブラック表面とポリマーの反応する面積と関係しており，ポリマーと反応するカーボンの表面積が多くなるほどポリマーの分子運動性は拘束されるので，ポリマー単独の分子運動性から，拘束された方向に変化する．カーボン量を増やす，小粒径カーボンを使用するということは，いずれもポリマーと反応するカーボンの表面積が多くなる方向であり，よりポリマーの分子運動に拘束を受ける方向になる．

これはポリマーとカーボンの反応の程度が異なる集合体と考えられる．つまり拘束を受けた T_g の異なったポリマーが集合しているためにブロードな $\tan \delta$ カーブになるのである．

これらの現象はペイン(Payne)効果として知られている．

e. 加硫系

加硫系が加硫物の物性に与える影響は非常に大きい．加硫系を選ぶときに考えなければならないことは，ゴムの種類，酸化亜鉛の種類，脂肪酸の量，使用温度，加硫速度，スコーチ性，分散性などである．

通常の硫黄促進剤加硫，セミEV加硫，無硫黄加硫などが用いられる．EV加硫というのは，促進剤/硫黄比の大きな加硫系であり，硫黄は架橋に効率よく作用し，うまく設計したEV加硫では，加硫時間を長くとると主にモノサルファイド架橋ができ

る．EV加硫では製品の使用中に架橋の変化が少ないので，物性変化も少ないという特徴があるが，架橋が短いので架橋に応力が集中し，初期（未使用）時の物性，とくに破断物性が低くなる．また天然ゴムの屈曲性を考えるときには難点がある．このため，しばしば妥協してEV加硫と通常の加硫促進剤加硫との中間の加硫系が用いられる．これがセミEV加硫である．

コンパウンドに要求される耐熱性や老化時の物性保持率は，使用条件により変わる．熱雰囲気中での耐久性は，加硫系を正しく選択すれば向上させることができる．同じ架橋密度の場合，加硫系がモジュラスのような直接的な特性に大きな影響を及ぼすことはないが，長期間の高温使用での耐久性には影響が大きい．

f. 白色充てん剤

白色充てん剤はたくさんあるが，補強性のシリカ，非補強性の酸化チタン，クレーなどがある．シリカは，高温の$\tan \delta$の低下が大きいことから，低燃費タイヤに用いられるようになってきた．クレーは耐摩耗性や引張応力を向上させるので，補強性が少しあると見なされる．ハードクレーはソフトクレーより引張応力を高くする．

〔石川泰弘〕

文　献

1) Winspear, G. G. ed.: Vanderbilt Rubber Handbook, pp. 336-337, pp. 356-357, R. T. Vanderbilt (1968).
2) Beatty, J. R. and Studebaker, M. L.: *Rubber Age*, **107**, 24 (1975).
3) Beatty, J. R. and Studebaker. M. L.: *Rubber Age*, **107**, 25 (1975).
4) 石川泰弘，山口洋一，網野直也，阿波根朝浩：日ゴム協誌，**69**, 716 (1996).
5) Kaplan, D. S.: *J. Appl. Polym. Sci.*, **20**, 2615 (1976).
6) Studebaker, M. L. and Beatty, J. R.：ゴムの科学と技術（ゴム科学技術研究委員会訳），**56**, 433 (1983).
7) Studebaker, M. L. and Beatty, J. R.：ゴムの科学と技術（ゴム科学技術研究委員会訳），日ゴム協誌，**56**, 433 (1983).
8) Smit, P. P. A.: *Rubber Chem. Technol.*, **41**, 1194 (1968).

4.2.4 配合と機能特性

前項で説明した力学的特性は，ゴムに本来的に備わっている機能であるため，一般的に力学的特性以外の特性を機能特性と呼ぶ．架橋ゴムの機能特性についても，最も影響を与えるのは原料ゴムであるが，原料ゴムの選択だけでは複数の特性を両立化することがむずかしいため，充てん剤や架橋剤，老化防止剤などを配合して原料ゴムの欠点を補うことが多い．以下に主な機能特性について述べる．

a. 耐熱性

架橋ゴムの高温における熱劣化現象は，主にゴム分子主鎖と架橋部分の切断によるものである．主鎖に二重結合を含むジエン系ゴムは高温で切断されやすく，耐熱性に

劣る．とくに二重結合に電子供与性基のついたNR(IR)が最も劣り，電子吸引基がついたCRや二重結合の数が非常に少ないIIRが比較的優れ，フッ素ゴムやシリコーンゴムが最も優れる．架橋部分の耐熱性は，$C-S_x-C<C-S-C<C-C$の順に向上する．xの数は，硫黄/加硫促進剤の比率を小さくすれば小さくなる．

b. 耐オゾン性

オゾンはゴム分子鎖の二重結合に親電子性攻撃(イオン付加反応)をしてゴム分子を切断し，ゴム表面にき裂を発生させる．二重結合に対する反応性は，電子供与性基のあるNR(IR)が最も高く，電子吸引基があるCRは低いため，ジエン系ゴムの耐オゾン性は耐熱性同様，NR(IR)<BR, SBR<CRの順に向上する．当然，主鎖に二重結合を含まない非ジエン系ゴムはさらに優れる．ジエン系ゴムの耐オゾン性を向上させるには，ワックスと老化防止剤を配合する方法が行われている．ワックスは，ゴム表面に徐々に移動(ブルーム)し薄い膜を構成して，ゴム表面を物理的に保護する．老化防止剤としては主にパラフェニレンジアミン系が用いられ，ゴムとオゾンが反応してき裂へと成長する過程で化学的に作用してき裂成長を防止する．そのほかゴムブレンドを利用する方法がある．一般的にゴムブレンドは加成性が成り立つが，耐オゾン性に劣るNRにEPDMを加えると30％あたりから急激に耐オゾン性が向上し，加成性が成り立たない．これはEPDM相が棒状となって，き裂成長を防止するためと考えられている．

c. 耐 寒 性

ゴムは常温ではゴム状弾性を示すが，低温になるにつれ次第に硬くなり，最終的にガラス転移温度(T_g)以下ではガラス状となり，ゴムとして機能しなくなる．このため，T_gの低いシリコーンゴムやBRを用いると耐寒性がよくなる．T_gの高いゴムには相溶性のよい可塑剤を配合すると改良できる．耐寒性のもうひとつの因子として結晶化がある．とくに，CRやハイシスBRは，結晶化速度が大きいため注意が必要である．架橋密度を増加させれば，結晶化速度が著しく低下する．

d. 耐 油 性

耐油性は，基本的には原料ゴムの選択で決まる．一般に，ゴムと油の溶解度パラメーター(SP値)の差が大きいほど耐油性がよい．機械油など脂肪族系石油に対してはNBRが最適で，フッ素ゴム，アクリルゴム，エピクロロヒドリンゴム，ウレタンゴムも適し，CRやクロロスルホン化ポリエチレンは軽度の接触に対しては耐える．ガソリンに耐えるものは少なく，NBRやフッ素ゴムに限られる．芳香族油に対してフッ素ゴム，多硫化ゴム以外は注意を要し，NBRはよくない．アルコールにはアクリルゴム，シリコーンゴム，ウレタンゴムを除いてほとんどのゴムが安定である．原料ゴム以外の要因としては，架橋密度の高いものほど優れる．

e. 耐薬品性

耐薬品性も，基本的には原料ゴムの選択で決まる．酸に対してはフッ素ゴム，IIR,

EPR，クロロスルホン化ポリエチレンが安定で，NR，IR，BR，SBR，CR，エピクロロヒドリンゴム，NBR，シリコーンゴムなどは強酸を除けば比較的安定であり，酸に侵されやすいものはウレタンゴム，多硫化ゴム，アクリルゴムなどである．アルカリに対してはシリコーンゴム，IIR，クロロスルホン化ポリエチレン，CR，EPRなどが優れ，NR，IR，BR，SBR，エピクロロヒドリンゴム，NBR，アクリルゴムなどは中程度で，フッ素ゴム，多硫化ゴムなどは侵されやすい．耐油性同様，架橋密度の高いものほど優れる．

f. 難燃性

難燃性とは，炎に触れても燃えにくく，着火した場合も炎を上げて燃焼を続けにくい性質のことである．難燃性を付与するには，ハロゲンを含んだフッ素ゴムやクロロプレンゴム，エピクロロヒドリンゴム，クロロスルホン化ポリエチレンなど燃えにくいゴムを選ぶほか，ハードクレー，ケイ酸カルシウムなどの無機充てん剤を多量に配合し，可燃性物質をできるだけ少なくすることと，三酸化アンチモン，水酸化アルミニウム，水酸化マグネシウムなどの難燃剤を添加することが有効である．

g. 耐気体透過性

原料ゴムの気体透過性は，IIR，多硫化ゴム，エピクロロヒドリンゴム，高ニトリルNBR，フッ素ゴムなどが小さいが，シリコーンゴム，BRなどは大きい．原料ゴム以外で気体透過性を小さくするには，架橋密度を上げてゴムの分子運動性を小さくすることと充てん剤を多量に配合することが有効である．充てん剤としては，とくにマイカやタルクのような偏平もしくは異方形状のものがよい．可塑剤やプロセスオイルのように分子運動性が大きいものは，気体を透過させやすいため，できるだけ少量にとどめた方がよい．ただし，これら配合手法は耐寒性を悪くする方向にあり，使用条件を考慮して耐寒性とのバランスをとることが重要である．

h. 導電性

ゴムに導電性を付与するには，ゴム分子中に導電性分子構造を導入する方法とゴム中に導電性充てん剤を分散させる方法の2つがあるが，一般的には後者が用いられている．充てん剤としては，カーボンブラック，グラファイト，金属粉末，金属繊維などがある．とくに，カーボンブラックは導電機能を付与するとともに補強剤としても働き，ゴム製品に優れた物理強度や耐疲労特性を付与することができ，比較的安価であるため最も多く使用されている．カーボンブラックの種類は，ストラクチャーが発達し，比表面積が大きく，表面官能基が少なく，グラファイト化(結晶化)率の高いものがよい．代表的な導電性カーボンブラックであるアセチレンブラックはストラクチャーが高度に発達しており，ケッチェンECブラックは粒子の多孔性あるいは空洞化により比表面積が大きい．

i. 磁性

磁性機能は，ゴムにフェライト類を多量に配合することで付与できる．通常はバリ

ウムかストロンチウム系のフェライトが使用され,強磁性体が要求される場合は,サマリウム-コバルト系,さらにこれにホウ素を添加したより強磁性粉体が使用される.バインダーとなるゴムにはNR,CR,NBR,IIR,TPEなどが使用され,用途により要求される他機能(耐疲労性,耐オゾン性,耐油性,耐薬品性など)を考慮して使い分けられる.

〔平田　靖〕

4.3　成　形　加　工

4.3.1　ゴムの成形加工工学

ゴム材料を加工する主な方法として押出成形と射出成形がある.この成形条件を定めるのに材料の粘度は重要な要素のひとつである.例えば,押出成形においては押出流量の計算および射出成形では射出圧力を求めるのに必要である.

加工における技術の進歩および成形品に対する要求が向上するに従い,材料の粘度を詳しく調べるようになってきている.このため測定装置においても,広いせん断速度およびせん断応力の範囲で測定が可能な装置が開発されている.

さらに,最近では生産性の向上に伴い,押出成形では材料の流速を速くして押し出したり,射出成形では型に充てんする時間を短くするなどのことが行われるようになってきている.そこで押出しでは表面の肌が荒れたり,曲がったりした製品になることがある.また,射出では充てん挙動が不規則になり,成形品に強度上の欠陥が生じたりする.したがって,このような欠陥を起こさないように成形条件を定めるのに,材料の粘度の検討が重要な要素のひとつとなる.

粘度は流動する材料の内部に生じる抵抗の大きさをいい,流体に加わるせん断応力(ずり応力)とせん断速度(ずり速度)との比で表される.水などでは粘度は一定であるが,非ニュートン流体であるゴム材料やプラスチック材料では,この値がせん断速度によって変化する.図4.3.1に粘度の形態について示す[1].一般にゴム材料はせん断速度が増加すると粘度が低下する擬塑性流体(pseudoplasticity)であり,この性質が加工においておおいに利用されている.つまりせん断速度を高くすると粘度が低下して流れがよくなり,押出圧力や射出圧力が低くでき,金型内などへ充てんしやすくなる利点がある.

また,粘度については古くから各種測定機で計測されている.初めの頃はスパイラルフロー試験およびフローテスターなどが中心に使われ,加工における参考資料となっていた.カタログなどでよく見かけるMFR(melt flow rate)は,これらの方法で求められた値である.最近では広いせん断速度の範囲で試験ができる細管粘度計が主に用いられるようになっており,粘度とせん断速度およびせん断応力との関係を広い測定範囲で求めるようになってきている.

以下に粘度の測定に用いられている回転式粘度計と細管粘度計について示す.図4.

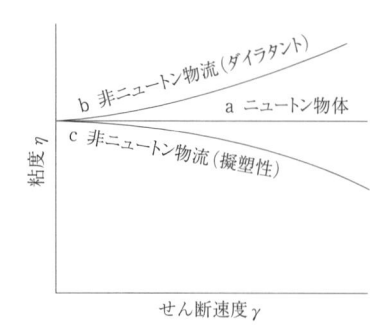

図 4.3.1 ニュートン，非ニュートン液体における粘度のせん断速度依存性説明図[1]

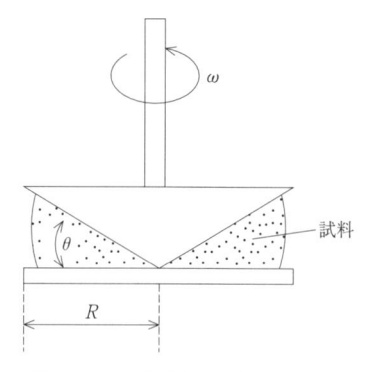

図 4.3.2 回転式粘度計（円錐平板型）

3.2は回転式粘度計の概略で，一般には円錐円盤型のものが使われている．この装置では円錐と円盤の間に試料を入れ，円錐または円盤を一定の角速度ωで回転させる．向かい合った円盤に試料を通じてトルクTが加わる．このトルクを測定することによってせん断速度が求められる．通常，両板の開き角θが十分小さければ，せん断速度，せん断粘度は近似的に次式で求められる．

$$\dot{\gamma} = \frac{\omega}{\theta} \tag{4.3.1}$$

$$\eta(\dot{\gamma}) = \frac{3T}{2\pi R^3 \dot{\gamma}} \tag{4.3.2}$$

ここで，円筒型の粘度測定装置は回転数を増加させるのがむずかしいため，比較的低せん断領域で用いられる．例えばゴム材料によく使われるムーニービスコメーターでは，一般にせん断速度は約$10^{-1} s^{-1} \sim 10 s^{-1}$である．

次に，細管粘度計について概略を図4.3.3に示す．ここで細管の長さをl，半径をR，駆動圧力をp，流量をQとすると，粘度ηは次の式で求められる．

$$\eta = \frac{\pi p R^4}{8 l Q} \tag{4.3.3}$$

ここで，Rとlはそれぞれ細管の半径および長さであるから既知であり，駆動圧力pと流量Qは測定できるので，粘度ηはこの式から求められる．

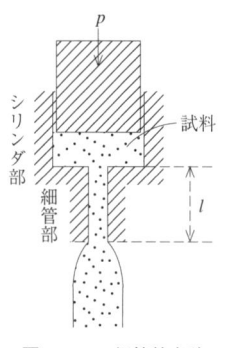

図 4.3.3 細管粘度計

次に，粘度のせん断速度依存性について示す[2]．ゴムをはじめとして高分子材料の粘度は，せん断速度によって粘度が異なる．一般には図4.3.4に示すように，低せん断領

4.3 成形加工

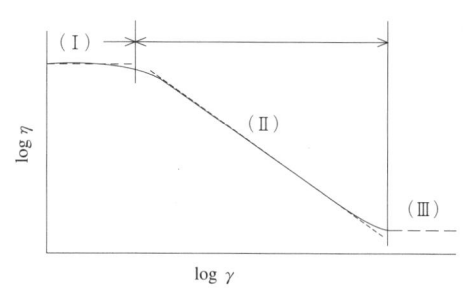

図 4.3.4 粘度とせん断速度との関係[2)]
第1ニュートン領域（Ⅰ），べき乗則領域（Ⅱ），
第1ニュートン領域（Ⅲ）

域では粘度が一定の値となるゼロせん断粘度と，その後せん断速度の増加とともに粘度が低下する擬塑性流体を示すことが多い．ゼロせん断粘度とは非常に低いせん断速度，せん断応力の範囲ではニュートン流動に近い挙動を示し，粘度はせん断速度によらず一定となるものである．次に擬塑性流体を示す領域は，とくに加工に使われる範囲（一般にせん断速度は押出加工で約$10\mathrm{s}^{-1}$，射出加工では$10^2\mathrm{s}^{-1}$から$10^4\mathrm{s}^{-1}$）である．その後粘度はもう一度平坦な部分が生じるとされているが，いろいろな説がある．また，測定も特殊な装置が必要でむずかしい．

具体的な測定例としては，図4.3.5に細管粘度計を用い，SBR(1512)にカーボン(HAF, B334)，アロマ油，亜鉛酸およびステアリン酸を加えたもので，材料によってカーボン量とアロマ油を変化させている材料について示す．各材料ともせん断速度が増加すると粘度が低下する擬塑性流動を示すことがわかる．一般にゴム材料はこのような擬塑性流動を示すことが知られている．また，せん断速度に対する依存性も比較的大きく，せん断速度が増加するとそれに比例して粘度が大きく変化する．なお，

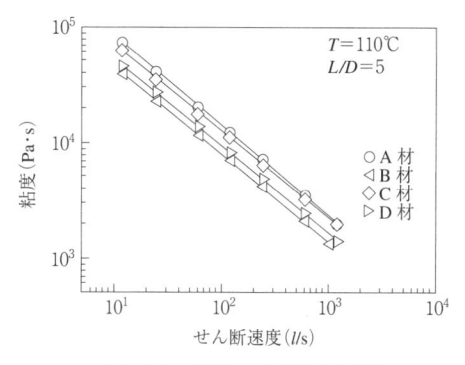

図 4.3.5 粘度とせん断速度の関係

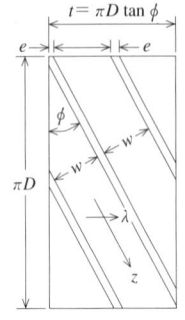

図 4.3.6 スクリュー溝の展開図[3]

粘度の単位であるが，SI単位ではパスカル・秒(Pa・s)であり，従来はポイズ(P)を用いていた．なお，細管粘度計を用いて粘度を測定する方法については，JIS K 7199に規定されている．

この粘度を用いてスクリュー押出機の流量を計算する方法について述べる．ゴムの押出しにおいては，浅溝型の単一ピッチのスクリューが多く用いられている．スクリュー上の流れについては，先端部の充てん部分では，一般に牽引流量Q_1および圧力流量Q_2が考えられる．ここで，スクリュー上の材料の動きを単純に図4.3.6に示されるように，スクリュー流路を平行平板で考える．z軸をらせん軸方向，流路の幅をw，深さをh，流体の速度のz軸方向の成分をv_zとする．また，押出流量Qは単純にQ_1とQ_2との和で求められるとすると，

$$Q = \frac{V_z w h}{2} - \frac{h^3}{12\eta}\left(\frac{dp}{dz}\right) \tag{4.3.4}$$

となる．この式の右辺第1項は牽引流れの流量であり，第2項は圧力流れの流量である．ここで式(4.3.4)の右辺第2項の粘度ηを測定実験から求めることにより，押出加工における成形条件と流量との関係を求めることができる．さらに，これを応用することによるスクリューや押出機の設計の参考資料ともなる．また，射出成形においては材料の粘度は，スプルー，ランナー，ゲートおよび金型内の圧力損失の計算に必要であり，これにより射出圧力などの成形条件を求める参考資料となる．

次に押出成形品の製品形状を決めるときにとくに問題となるダイスウェル(バラス効果)について解説する．ゴム材料など弾性流体では，せん断応力のほかに法線応力が存在し，そのためニュートン流体にはみられない特異な現象を示す．溶融高分子を細管から押し出すと管の出口のところが細くならず，かえって太くなるような現象もそのひとつである．この現象をダイスウェル(バラス効果)という．このため，ゴム材料やプラスチック材料は押出加工などにおいてダイの形状をあらかじめ調整する必要がある．図4.3.7にダイ形状と押出成形品との関係の例を示す．また，ダイの直径と押出物の直径との比をスエル比という．スエル比は古くから細管

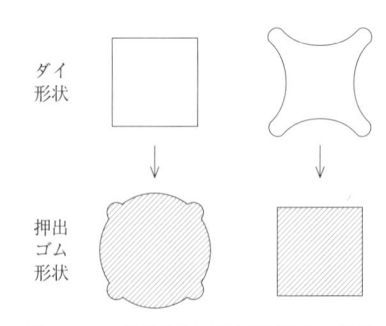

図 4.3.7 ダイ形状と押出成形品との関係の例[4]

およびダイの断面積に対する押出物の断面積の比とされてきたのに対し，近年になって測定装置などの関係から細管の径に対する押出物の径の比とすることが多い．ここでスエル比 D_s を求める一例として重量法を示す．ここで押出物の重量を W，長さを l，密度を ρ，ダイの直径を D とすると，スエル比は D_s は

$$D_s = 2\sqrt{\frac{W}{\pi l \rho}} \Big/ D \qquad (4.3.5)$$

となる．この方法のほかに，押出物の直径をマイクロメーターなどで測定する方法やダイ出口付近でのレーザーなどを用いた光学的方法で測定されている．前者の測定方法では試料が自重によって伸びて細くなることや，試験片の測定装置による変形などが考えられる．また後者のレーザーを用いた方法では出口における試料の流れの不安定による回転やスパイラリングや一時的なメルトフラクチャーなどによって測定値が大きくなることがある．いずれの方法でも注意が必要である．

測定例としてSBR(1512)にカーボン(HAF, B334)，アロマ油，亜鉛酸およびステアリン酸を加えたもので，材料によってカーボン量とアロマ油を変化させているものについて示す．また，ダイスウェルの測定には重量法を用いた．図4.3.8は各材料のスエル比とせん断速度との関係を110℃について示したものである．一般にスエル比はせん断速度が高くなると増加する傾向を示す．

続いて，せん断破壊(メルトフラクチャー)について述べる．ゴム材料をダイなどの狭いところから押し出すような場合，加工速度(せん断速度)を増加していくと，表面が荒れたり，ねじれたりする現象がある．これを溶融流動破壊現象と呼び，粘弾性体のもつ特徴のひとつになっている．この現象についてはいろいろな説があるが，そのなかに破壊は弾性体がひずみによって破壊するのと同じように，流動場において限界以上の力が加わると溶融体も同じように破壊するという弾性破壊説がある．

溶融流動破壊現象は図4.3.9に示すように定状流動により，せん断速度を増加して

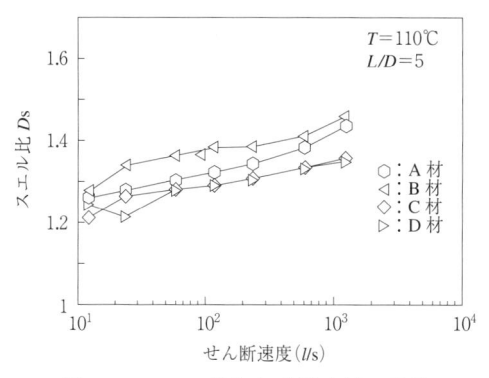

図 4.3.8 スエル比とせん断速度 $\dot{\gamma}$ との関係

ΔP

白
青
赤
緑

(a) (b) (c)

(a) 定常流，(b) シャークスキン，
(c) メルトフラクチャー

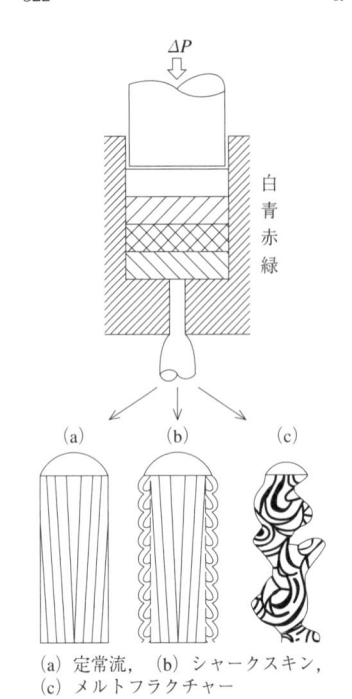

図 4.3.9 フローマーカー法による押出物の観察結果[5]

いくと表面に荒れができるようになり，その後全体がねじれるような状態となるのが一般的な現象である．押出物がねじれる現象をスパイラリングということがある．メルトフラクチャーの問題は，起こる条件が正確に限定できないのがむずかしい．

ここでメルトフラクチャーの評価例を示す．表4.3.1および表4.3.2はSBR(1512)について押出し後の状態を4段階に分けて評価した例である．温度およびせん断速度が高い領域でメルトフラクチャーが発生するのがわかる．

終わりに加工工程のシミュレーションについて述べる．最近のコンピュータの発達に伴い多種のソフトが開発され，初めはメルトフロントの計算などが主だった解析が，最近では保圧過程および冷却過程や製品のそりなども解析されるようになってきている．ゴム材料についても流動や加硫の解析に応用されつつあり，金型の設計などに役だっている．

例えば，射出成形において充てん圧力を求める場合，スプルー，ランナー，キャビティなどの圧力損失を計算して，流動の先端が金型の末端まで届くか検討を行う必要がある．しかし，このことを検討するには材料の物性や金型の形状を考慮しなければならない．材料は，粘度のところで示したように，せん断速度により変化する．また，金型も最近は複雑な形状のものが多く，これらのことを加味した計算をすることはむずかしい．そこでコンピュータを用いた流動解析が注目されるようになってきている．

CAEの研究は1970年頃から始められ，初めは一次元流れの解析から二次元流れの解析へと進んできた．最近ではコンピュータの発達に伴い，三次元解析も行われるよ

表 4.3.1 押出物の表面状態のランク例

ランク	流動の種類	押出物の表面状態
1	正常流動	表面が滑らかなもの
		直径に変化がないもの
2	正常流動	表面に曇りを生じているもの
	不安定流動	肌荒れ，シャークスキンの初期のもの
3	異常流動	シャークスキンの顕著なもの
4	異常流動	メルトフラクチャーの初期のもの

表 4.3.2 押出物の表面状態のランク

L/D	温度 (℃)	SBR せん断速度 $\dot{\gamma}$ (s^{-1})						
		12.16	24.32	60.80	121.6	243.2	608.0	1216
2/1	90	2	2	2	3	3	4	4
	100	2	2	2	2	2	3	3
	110	2	2	2	2	2	3	3
5/1	90	2	2	2	2	3	3	4
	100	2	2	2	2	3	3	3
	110	2	2	2	2	3	3	3
7.5/1	90	2	2	3	4	4	4	4
	100	2	2	2	3	4	4	4
	110	2	2	2	2	2	4	4
10/1	90	2	2	3	4	4	4	4
	100	2	2	2	3	4	4	4
	110	2	2	2	2	3	3	4

うになってきている.

ゴム材料の流動解析については, ラプラ(RAPRA)社が長年研究を続けてきている[6]. このシミュレーションの数学的モデルは, 質量, エネルギーと運動量の各方程式から得られた連立方程式を用いている. また, 方程式は粘性の温度依存性を考慮している. さらに, モデルは金型内のゴムの加硫について式をつくりシミュレーションを行っている. これらの解析結果からは, 金型への充てん状態, ウエルドラインの発生位置, 加硫の状態などが素早く理解でき, シミュレーションの有用性がわかる.

〔久保田和久〕

文　献

1) 大柳　康ほか:プラスチック加工の基礎, p.47, 高分子学会 (1982).
2) 尾崎邦宏ほか:講座 レオロジー, p.63, 日本レオロジー学会 (1992).
3) 大谷寛治ほか:成形加工, **3**(8), 544 (1991).
4) 占部誠亮:ポリマーダイジェスト, **44**(3), 79 (1992).
5) 船津和守ほか:高分子・複合材料の成形加工, p.1, 信山社サイテック (1992).
6) トーマス, M.D.H.ほか:日ゴム協誌, **68**(2), 86 (1995).

4.3.2　ゴムの成形加工プロセス

ゴム製品の成形加工プロセスは, 配合されたゴム材料の混練プロセスから始まる. 図4.3.10に示すプロセスで, ゴム企業がそれぞれに保有する独自の配合のゴム製品をつくるために, 配合ゴム生地を練って配合ゴム素材をつくる. プラスチックの加工にはないプロセスである.

ゴム製品の加工には, ゴム製品の性能・性状を得るための配合を練り・成形工程で使いやすい形状のゴム生地を成形して中間材をつくる予備成形工程と, 予備成形した

324　　4. ゴムの配合と加工

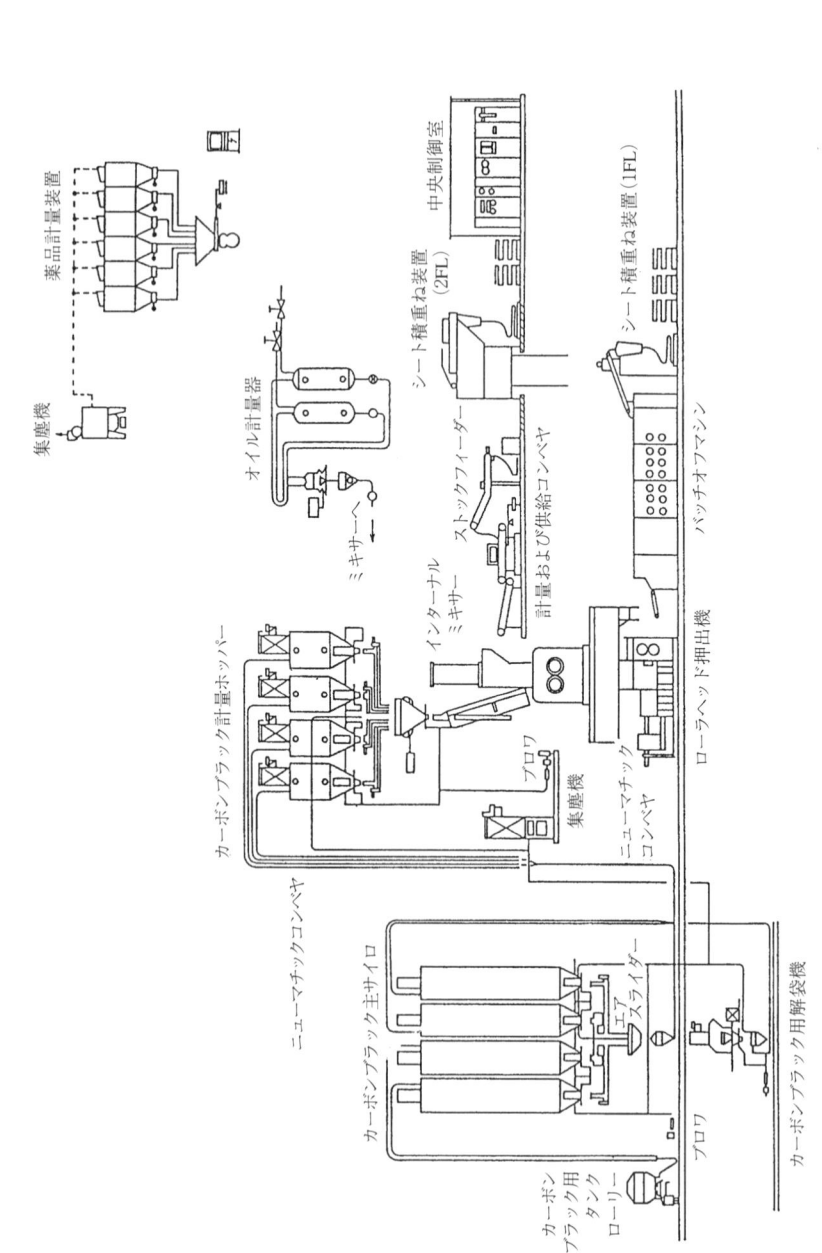

図 4.3.10　混練プロセス例

4.3 成形加工

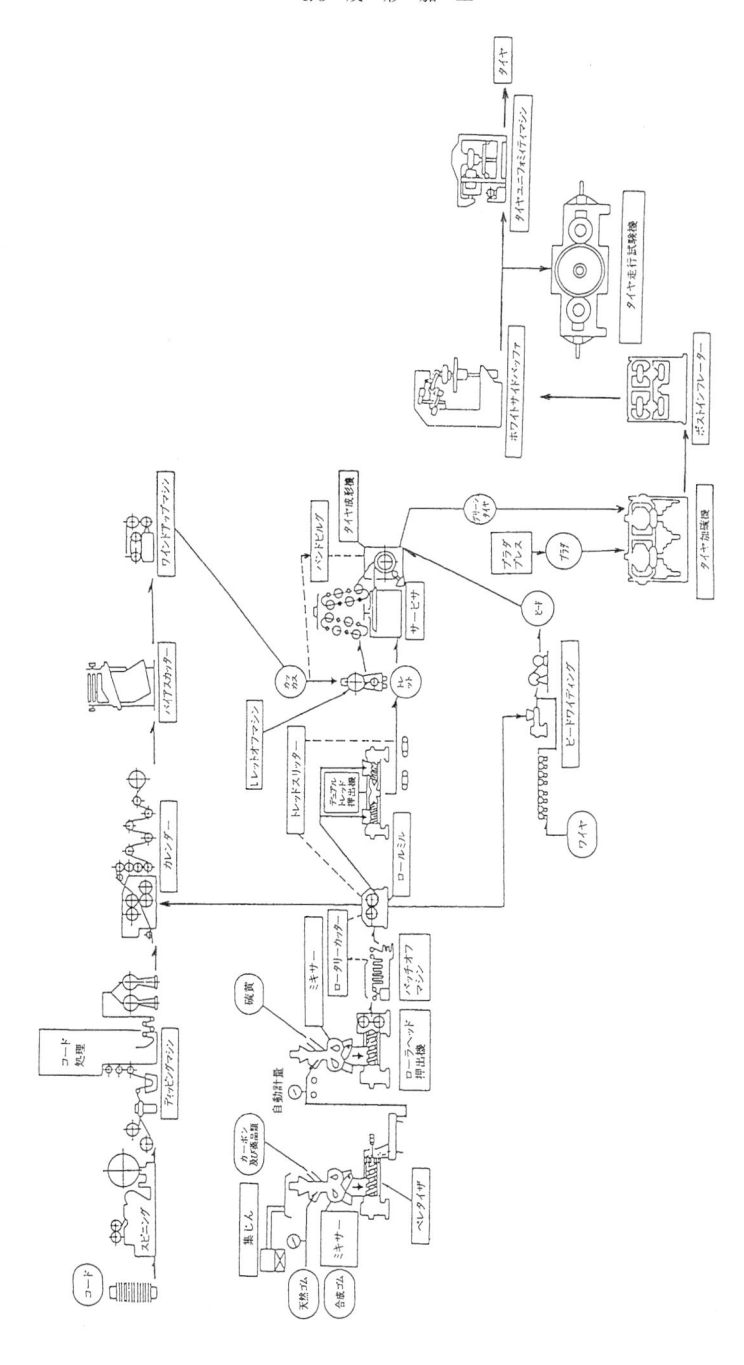

図 4.3.11 タイヤの製造プロセス

中間材を加硫して製品にする工程がある.また,成形と加硫を同時に加工する加工法もある.ゴム製品の成形加工プロセスは,次のように大別される.

① シート成形(sheeting forming)……ロール圧延(roll sheeting),押出し(extruder sheeting)
② 押出成形(extruding forming)
③ 予備成形(preforming)……圧縮加硫成形用中間材

加硫成形工程には次の種類がある.

① 圧縮加硫(compression vulcanizing)
② 圧縮連続加硫(rotocure vulcanizing)
③ 蒸気加硫(autoclave vulcanizing)
④ 押出連続加硫(extruding vulcanizing)……流動床加硫,熱風加硫,UHF加硫
⑤ 圧縮加硫成形(compression molding)
⑥ 注入加硫成形(transfer molding)
⑦ 射出加硫成形(injection molding)

a. シート成形

ゴム生地をシートに成形した製品では,ゴムボートやフレキシブルコンテナあるいはゴム長靴や合羽が衆知されている.またゴムシートにはゴム単体をシートにしたものと,基布に擦り込んだもの,あるいは基布を芯にしてゴムで挟んでシートにするものがある.化学工場で使用されている大型のタンクの内面にライニングされるゴムも,未加硫シートをはり付けて加硫したものである.

ゴムシートはゴム生地を所定の厚さと幅に圧延して,① 大型のプレス(圧縮加硫成形機)で熱と圧力を加える加工法,② 大型の回転する加熱ドラムとスチールベルトで挟んで連続加硫する加工法がある(図4.3.12,図4.3.13).また,ゴム長靴の成形のように,裁断した未加硫シートを靴の型にはり合わせて成形し,③ 圧力容器内で蒸気加硫してゴム製品をつくる加工法もある.耐震構造建築の基礎に装着するビル免震

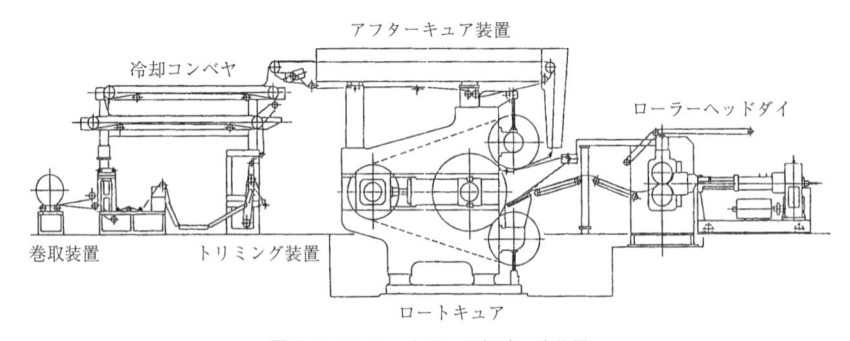

図 4.3.12 ロートキュア加硫一連装置

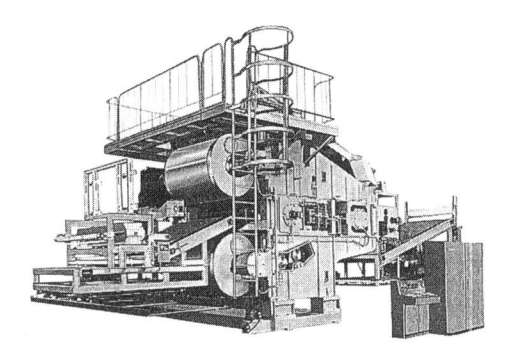

図 4.3.13 連続加硫プレス(中田エンジニアリング)

体は,薄いシートと鉄板を交互に重ね合わせて巨大なプレスで加圧加硫する.未加硫ゴムシートはカレンダーロールや押出機で成形する.

(1) カレンダーロール　ロールで圧延する機械装置をカレンダーロールと呼ぶ.図4.3.14に示すように,3〜4本のロールを組み合わせて,可塑化した未加硫ゴムを供給して任意の厚さのゴムシートに圧延する装置である.ロールは直径200 mmから700 mm,長さは直径の約3倍である.ロール表面はストレート径のものやクラウンを加工したものがある.操作には高いレベルのスキルがいる.

(2) ローラーヘッド押出機　2本のロールの隙間に押出機の出口を押し付けて,押出機で可塑化したゴム生地を供給しつつシート成形する装置である.カレンダーロールによるシーティングに比べてエアの抱き込みがなく,厚いシートの成形に威力を

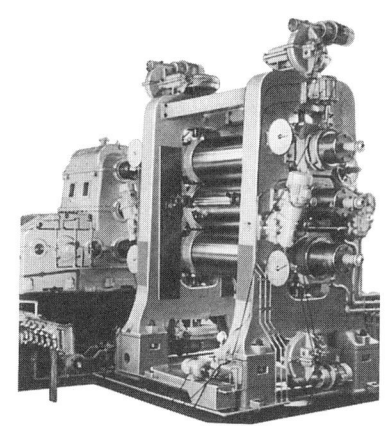

(a) 逆L4本カレンダー(中田エンジニアリング)　(b) 縦型3本カレンダー(中田エンジニアリング)

図 4.3.14

図 4.3.15 ローラーヘッド押出機(中田エンジニアリング)

図 4.3.16 スクリュー押出機

発揮する．技能者のスキルのレベルが品質に影響しない利点がある(図4.3.15)．

(3) 押出機 スクリュー押出機の出口に環形のスリットを形成した口金(ダイ；die)を取り付け，筒状に押し出されたゴムの一点をカッターで切り裂いて拡げてシートにする装置である．また，スクリュー押出機の出口にスリットを備えた口金を取り付け，スクリューに直交してシート出しする装置もある．

シート成形加工のポイントは，① 高い精度の厚さと，② きれいなゴム肌を得ることである．その制御は，ゴム生地の可塑度，ロールの温度，回転比，間隙調節あるいはエア抜きで行う．押出機では，ヘッドの温度調節などで制御する．近年では，スキルの高い技能者の代わりをする機械化が進み，カレンダーロールと押出機を組み合わせた図4.3.16で示すシート成形機が普及している．

b. 押出成形

押出成形に使う押出機には，ラム式とスクリュー式がある．

また，ゴム材料中の異物を除去するためのストレーニングを目的としたものもある．

(1) ラム押出機 この押出機は油圧式で，シリンダーに装てんしたゴム塊をト

コロテンのように押し出す成形機で，押し出しながらシリンダー内を真空に吸引してゴム内に巻き込まれた空気を排出して，押し出したゴムの中に空気を抱き込まないようにする．

この押出機は，圧縮加硫成形の金型に充てんする個々のゴム片の重量精度を精密に量産することを目的として開発されている．一般に予備成形機(プレフォーマー)と呼ばれている．

(2) スクリュー押出機 押出機には，シリンダーのなかでスクリューを1本回転させるタイプと2本のものがあるが，1本のタイプが一般的である．

ホースやウインドシールのような長い連続体のゴム製品は，押出機に製品の断面が一致する形の口金を取り付けて押し出す．OA機器に使われているゴム製の紙送りローラーなども，押し出したゴムチューブを鉄芯に通し，加硫して研摩したものがある．

スクリューの根元に位置する供給口に，テープ状に成形した未加硫ゴム生地の先端を挿入すると，スクリューの回転で連続して引き込んで可塑化しつつスクリューの先端へ送る．シリンダーの先端には成形する形状の口金が取り付けてあり，製品形状に押し出される．シリンダーとスクリューの谷間のスペースをバレル(barrel)というが，このスペースにシリンダーの外から金属製のピンを挿入固定し，スクリューが送るゴムの可塑化を促進して押出量の増加を図った構造の押出機が普及している．押出機の口金から押し出されるゴムの形状の安定のために，供給量を均一にすることが重要である．

押し出したゴム成形品は，連続して直径1 mほどの金属の皿に巻き取って加硫するもののほか，その成形品の外周に補強のためのコードを連続編みして，再度押出機の出口に取り付けたクロスダイに通してゴムの外皮を被覆をしたうえで加硫するものもある．クロスダイに芯材(マンドレル；mandrel，金属あるいは樹脂製)を通してチューブ状に成形する工法もある．

タイヤのチューブなど中空で薄肉の円筒成形は，押出機に圧縮エアの通気管を通しチューブに空気を吹き込みながら押し出す(図4.3.17)．押出品の先端を封止して円筒の内圧を維持する．吹き込む空気に防着剤の粉末を混入して，加硫して製品になるまで円筒の内面が粘着しないようにする．

c. 圧縮加硫成形機

圧縮成形は，200℃前後に加熱した上下の熱板の間に金型を挟み，油圧で加圧して成形するため加硫も同時に行われ，取り出した成形物はばり(spew)をとれば製品となる．成形機には，熱板が1段のものや2～3段を設け

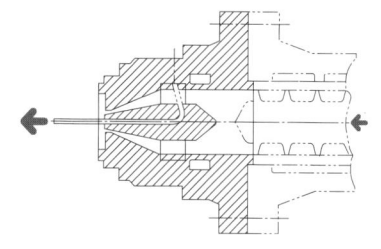

図 4.3.17 チューブヘッド(中田エンジニアリング)

たものがあり，熱板の大きさはOリングを成形する小型の30 cm角から，ゴム板や建築物のビル免震体を成形する数m角の大きなものが実用されている．

成形加硫に要する時間は，配合と形状（寸法）によるが，小さなOリングの数分から，防げん(舷)材やビル免震体のような大型品では十数時間を費やす．ゴム製品の多くはこの成形加工プロセスで製造されており，自動車のタイヤや自動車のエンジンを支える防振ゴムのように金属をインサート(insert)した製品も同じ工法で製造される．

金型に充てんしたゴム生地がキャビティ(cavity)内で流動して型の通りに成形される過程で，キャビティの空間にある空気の排除とゴム材料が加熱されて発生するガスを排除するバンピング(bumping)操作をしてゴム生地にガスを封入しないようにするが，金型の外周にカバーをしてキャビティを真空に吸引することで，型に忠実な製品を成形する真空プレスと呼ばれる成形機が普及している（図4.3.19）．

キャビティに充てんする予備成形品の重量精度を正確にすることで，ばりを少なく

(a) 4連式加硫プレス（中田エンジニアリング）　　(b) 大型加硫プレス（中田エンジニアリング）

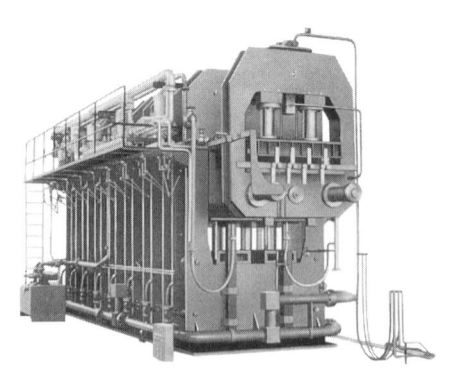

(c) ベルト加硫プレス（中田エンジニアリング）　　(d) BOM式加硫機（ブリートロック式）

図 4.3.18　加硫成形機

することができる．

d. 注入成形機

この成形工法に使用される成形機は，圧縮成形機から射出成形機へ進化する過程の機械と思えばよい（図 4.3.20）．上部熱板の上にゴム原料を注入するポットを備え，ラムで金型へ圧入して成形射出する．この成形機では，金型のキャビティにランナー（runner；流路）を設けず，1個ずつにスプルー（sprue；注入口）を開設して，融合不良のない成形品や，ばりのない成形品を得ることが容易である．近年では射出成形機に置き換えられている．

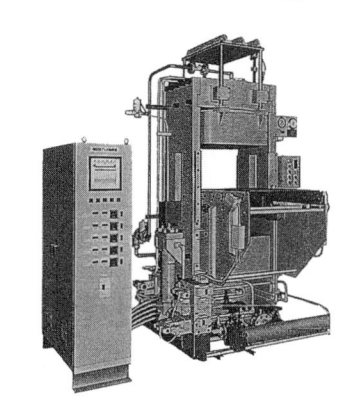

図 **4.3.19** 真空プレス

e. 射出成形機

スクリュー押出機の吐出口に直結したポット（pot）に，キャビティの容積を設定する．テープ状に成形したゴム生地をスクリュー押出機に供給すると，ポットの設定容積まで可塑化して充てんする．ポットの出口は金型に直結しており，ラムでポット内のゴム材料を金型に一気に注入（射出）する．加熱した金型と射出時にゴム材料が通過する狭隘な流路によって生ずる摩擦熱で加硫は促進され，加硫成形サイクルを短縮することができる．射出成形では，金型のキャビティの容積をあらかじめ設定して注入するため，ばりのない成形が可能であり，金型から取り出すとそのまま製品となる．

射出成形機には縦型（図 4.3.21）と横型（図 4.3.22）があり，前者は金具の挿入成形に適しており，機械設置面積が小さい利点がある．自動取出機を併設した無人化プロセスも多い．

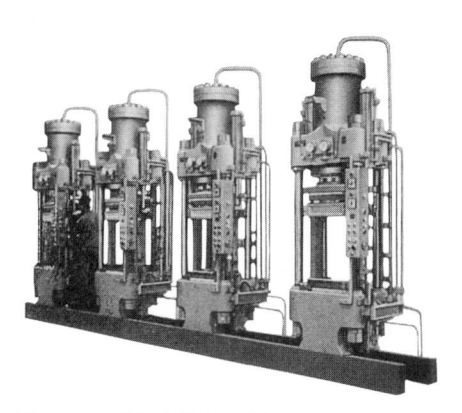

図 **4.3.20** 注入成形プレス（中田エンジニアリング）

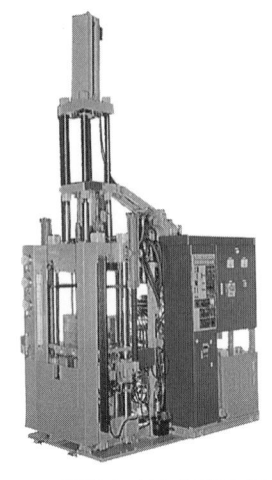

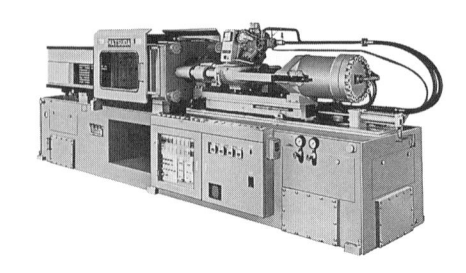

図 4.3.21　縦型ゴム射出成形機(三友工業)　　図 4.3.22　横型ゴム射出成形機(松田製作所)

f. 蒸気加硫

シーティングしてはり合わせ成形した半製品や，押出成形したホースなどを加硫する工程で圧力容器のなかで蒸気で加圧・加熱して加硫する．ボーリングボールの成形も金型に入れたまま圧力容器のなかで蒸気加硫している．圧力容器を加硫缶(autoclave)と呼び，円筒形で縦型(図4.3.23)と横型がある．製品の出し入れは缶の直径の寸法のドアを設けており，そのドアを開閉して行う．大型の加硫缶のドアはクラッチ式が一般的で，機械式や油圧式の緊締機構が高圧を保持する(図4.3.24)．加

図 4.3.23　縦型加硫缶　　図 4.3.24　横型加硫缶

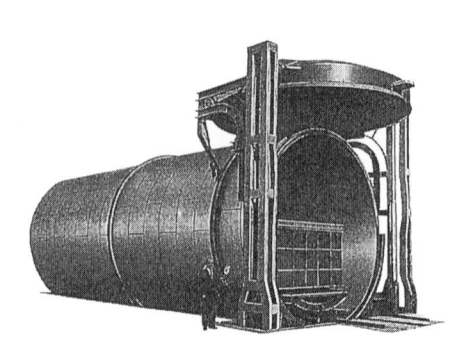

硫缶はボイラーと同様の高圧容器で，毎年監督官庁の定期検査を受けることが義務づけられている．

g. 押出連続加硫

押し出したゴムの半製品は，一般に芯(マンドレル)を通して所定寸法に裁断したものをトレー(tray)に受け取ったり，トレーに巻き取りしたりして加硫缶で加硫するが，押出機の出口から直接加硫装置に供給して加硫する装置がある．この工法では，冷却して収縮完了したものをリール(reel)に巻き取ったり，裁断して製品とする．

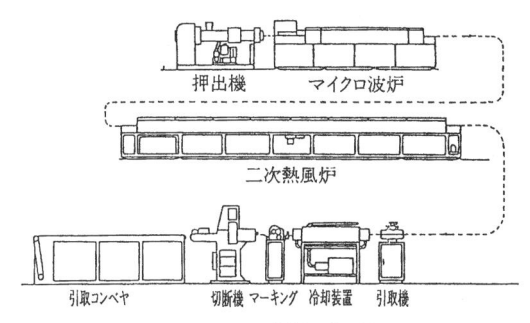

図 4.3.25 連続加硫装置

(1) 流動床加硫 微細な球形のガラスビーズ(glass beads)の層に下から熱風を送って流動化し，その上層に押し出したゴムを連続して通過させ加硫する．
(2) 熱風加硫 トンネル炉に熱風を送り込み，加熱して加硫する．
(3) UHF加硫 UHF(ultra high frequency)はゴム材料の内部から発熱させて速やかに加硫温度に到達させるとともに，熱風炉を通過させて外部からも加熱し，連続加硫する．加硫炉から出て冷却・裁断して製品となる．

図 4.3.26 連続加硫ライン

h. 金型技術と切削・研磨加工

ゴムは固有のゴム弾性を特性として，他のポリマーに代替されることなく基幹素材としての地位を確立している．ゴム製品は自動車の大きなタイヤから，時計の微小な防水パッキングまでさまざまな工業部品として製造されているが，その成形加工のプロセスにとって重要な役割をもつ高度な金型技術なしには成立しない．

金型のキャビティ表面の「型汚れ」は避けられない．成形回数を重ねるとゴム材料中の汚染物質がキャビティ表面に「焦げ」のように堆積して糊着する．金型の表面が汚れると，成形品の表面が粗れて外観不良となる．金型汚染はゴム配合によって成形回数に差がでる．

金型汚れは成形機から金型に外して樹脂粒のショットブラストで汚れをはく離する．汚れ取り材として加硫して金型の汚れを除去するコンパウンドを定期的に使うこともある．

成形加工プロセスには，加硫ゴムの切削加工や研磨加工も実用されている．その精度は1 mm単位から0.1 mmへと進んでいる．未加硫ゴムシートの成形精度にも1/100 mmのレベルが要求されるようになった．伸び縮みのあるゴムゆえに高い技術が要求される成形である．

i. 自動加工機械とコンピュータ管理システム

原材料の調達から製品の出荷に至る数量管理から品質管理，大型の加工機械と連続装置など省人化工場の操業は，コンピュータによる品質管理とプロセスの統括管理システムが支えている．加工機械の運転条件管理から品質管理，稼働状況までパーソナルコンピュータのシステムが構築されている工場が増えている．

j. クリーンな環境とリサイクル

ゴム製品は，かつてカーボンブラックの粉塵と粘着防止のタルク粉の舞う劣悪な環境の練り工場と，加硫機械群の熱気で蒸す成形加工工場から生まれていた．

近年，カーボンブラックはクローズドシステムでハンドリングされ，粘着防止のタルクは液体の防着剤に変わり，成形加工のプロセスに劣悪な環境のイメージはなく，医薬品の容器のゴム栓や注射器のパッキングのようなゴム製品ばかりでなく，高度の信頼性を要求される機能的な工業用ゴム製品の成形加工のプロセスもクリーンルームに設置されるようになった．

ゴムの成形加工のプロセスのリサイクルへの対応課題は，熱可塑性プラスチックと異なり，成形不良品・ばり・スプルー・ランナーなど，加硫されたゴムスクラップの処理である．廃棄される自動車や家電製品のゴム部分のリサイクルも，架橋されたポリマーでかつ複合材であるため容易でなく，特有の再生技術が要求される．熱可塑性プラスチックのように粉砕してリサイクルすることが困難である．ベースポリマーによる分別や，脱硫して再生するにはコスト的に再生プロセスの装置規模と再生物の用途に制約が多い．

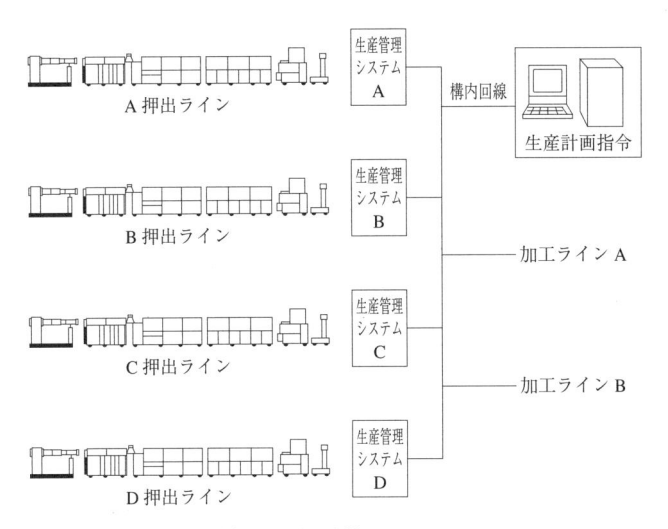

(a) 工場内生産管理システム

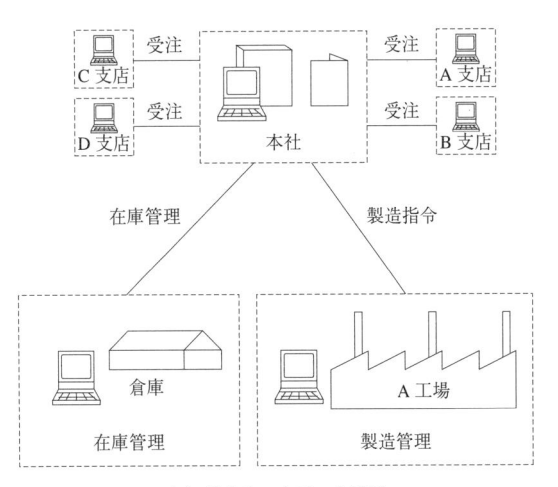

(b) 社内ネットワーク構想

図 4.3.27

　大規模なゴム工場では，工場内でリサイクルするための処理技術と装置の開発を進めており，すでに実用プラントが稼働し始めているが，少量のゴムスクラップのローコストリサイクル技術と装置の実用化にはまだ時間がかかる．　　　〔矢田泰雄〕

4.3.3 架　　橋

ゴム製品は，成形加工において，熱可塑性エラストマーを除いてはすべて架橋工程が含まれる．通常この工程は加硫と呼ばれているが，ここでは広範囲な橋かけという意味から架橋と呼ぶことにする．

その方式は次のように分類することができる．

a) プレス成形架橋：　圧縮成形，トランスファー成形
b) 射出成形架橋
c) 連続架橋
　① 高圧蒸気架橋：HCV(水平式連続架橋)，CCV(カテナリー式連続架橋)，VCV(垂直式連続架橋)
　② 溶融塩架橋：LCM(常圧溶融塩架橋)，PLCM(加圧溶融塩架橋)
　③ 流動床架橋：常圧流動床架橋，加圧流動床架橋
　④ 高周波架橋(UHF)
　⑤ 電子線架橋
　⑥ 回転ドラム式架橋(ベルト架橋)
d) 架橋缶方式
e) シラン架橋

このような架橋方式のなかから，代表的なものについて説明する．

a. プレス成形架橋方式と射出成形架橋方式

通常のタイヤ，防振ゴム，パッキングなどの工業用ゴム製品は，金型を使ってプレスによる圧縮成形や射出成形によって製造される．2枚の熱板の間に設けられた金型によって一定の形に成形されながら，加えられる熱エネルギーによって架橋される．プレス架橋と射出成形架橋の基本的な操作と特徴を表4.3.3に示す．

プレス架橋は通常の圧縮金型架橋とトランスファー架橋に分けることができ，特徴や製品の形状や性能によって使い分けられている．現在，このプレス架橋方式は，ゴム製品の製造方法で最もポピュラーであり，広範囲に使われている．

射出成形は，基本操作が自動化しやすいため生産効率が高く，多量生産品に適しており，これから増えていく方式であるが，金型が高く，多品種少量生産には適さない．プレス成形でも，射出成形でも最も大切な課題として金型の役割をあげなければならない．金型の良否が製品の品質に大きく影響するので金型について少し説明する．

ゴム用金型は，表4.3.4に示すようにフラッシュ型，ポジティブ型，セミポジティブ型，トランスファー型に分けることができるが，最も広く使われているのがセミポジティブ型と呼ばれるものである．金型の製作にあたって大切な点を列記すると次のようになる．

① 適正な金型材質の決定．
　現在最も多く使われているのがS-45C，S-50C，S-35Cなどであるが，SSやア

表 4.3.3 ゴム成形架橋の種類と特徴

	プレス架橋		射出成形架橋
	通常の圧縮金型架橋 (1) フラッシュモールド型 (2) 圧縮型 (3) 半圧縮型	トランスファー成形	
成形加工挙動 金型および基本操作	金型は フラッシュ 成形 ガイド ピン アンダー カット 金型内へのゴム充てん，プレスによる圧縮，エア抜き，成形架橋．	ポット ハンドル ランナー道 エア道 アンダー カット (2カ所) スプルー ランナー ゴム材料を注入ポットへてん，プレスによる圧縮により，ポットよりスプルー，ランナーを通ってキャビティに注入，成形架橋．	基本操作 ゴム材料（ペレットまたはリボン）をホッパーより自動供給，スクリュー（またはラム）により，金型内に注入，成形架橋．
	成形圧力：100～200 kg/cm²	成形圧力：100～200 kg/cm²	成形圧力：500～1200 kg/cm²
特　徴	1. 設備費，金型費が安い． 2. 生産効率が低い． 3. 材料ロスが多い． 4. 多品種製造に適す． 5. 下作り工程がかかる．	1. 設備費，金型費は若干高い． 2. 生産効率がやや低い． 3. 材料ロスがやや多い． 4. 多品種製造にも適応できる． 5. 下作りは簡単．	1. 設備費はプレス加硫の3～4倍，金型費は約5倍． 2. 生産効率が高い（プレス加硫の5～10倍）． 3. 材料ロスが少ない． 4. 量産に適す． 5. 下作りは全く必要なし．

表 4.3.4　金型の種類とその特徴[1,2]

名　称	特　徴	備　考
フラッシュ成形金型	プレス架橋の最も代表的な型． （ハンドル，ガイドピン，アンダーカット，ベースフラット，キャビティ，フラッシュ） 2枚構造の押型．	
圧縮金型（positive）	ばりの逃げ道がなく，低ムーニー値でエアの入りやすいゴム，高ムーニーで流れのむずかしいゴム，複雑な模様で寸法の厳しいゴムに適す． （上型（プランジャー），空隙，側型，キャビティ，底型） ばりの逃げがないので正確な充てん量が必要．	コンプレッション型，プランジャー型ともいう．
半圧縮金型（semi-positive）	前二者の長所を生かしたタイプ． 金型が閉じられるまでポジティブ型となるので，型流れ中の圧力は，フラッシュ型より大．その後プランジャーの間隙を通ってばり道へ溢出する． （フラッシュ，ガイドピン，アンダーカット，底型）	
トランスファー型	間接成形法．予備成形室で一定量を圧縮しランナーを通して本体のキャビティに送り，そこで成形架橋を行う方法． （ラム，ポット，ハンドル，エア道，アンダーカット（2カ所），スプルー，ランナー，ゲート） 予備成形が容易．短時間で均一架橋ができる．エア入りが少ない．複雑な形状や埋込金具のものに適する．ばりが比較的少ない．	

ルミなども使われる場合もある.
② 成形品の寸法精度の誤差を小さくする.
　金型の剛性を適切に設計し,ゴムの収縮率を考慮したキャビティ容積の決定,平行度の保持.
③ ボイド,外観をよくするためのベントホールの設定.
　ゴム成形時のガスの逃出をよくし,キャビティ内の圧力の保持を高めるのに重要な役割をもつ.
④ 粘着をなくし,製品の外観をよくするためのキャビティ内面のめっき処理.
　とくに最近,キャビティ内の温度と圧力をコントロールして製品の品質を上げるための金型技術が進歩してきている.
　プレス成形,射出成形用ゴム材料の架橋速度,スコーチタイムの設定はきわめて重要である.とくに射出成形の場合は,図4.3.28に示すように,ゴム材料がスクリュー,ノズル,ランナー,ゲートを通って金型のなかに圧入される間,スコーチを起こさないで良好な流動性を保たなければならない.また,流動性の良好な配合設計によって生産性の高い架橋工程を達成することかできる.とくに重要なのは架橋系の選択であり,適正な架橋速度を選ぶことにより,ヒケ,ボイド,バックラインディング(金型合せ目の割れ)などの成形品の不良をなくすことができる.

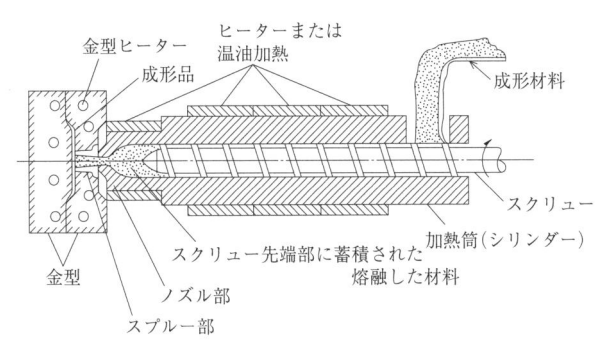

図4.3.28 射出成形(スクリュー式)

b. 連続架橋方式

　電線,ケーブル,ホース,ベルトなどの連続架橋による成形架橋は,ゴム製品の成形架橋方式のなかで特徴的な位置を占めており,重要な方式である.その代表的な例を表4.3.5に示す.
　表のなかで,現在最もよく用いられているのが,高圧蒸気架橋(HCV, CCV, VCV),溶融塩架橋(LCM, PLCM),マイクロウェーブ架橋(UHF)である.マイクロウェーブ架橋は単独ではなく,加熱空気槽を併用することにより,効率を高めた方式が一般的

表 4.3.5 (a)　ゴムの代表的な連続架橋方式[4,5]

	高圧蒸気架橋(HCV, CCV, VCV)	溶融塩架橋(LCM, PLCM)
架橋装置の概要	押出機ヘッド下より直接架橋管に入って連続的に架橋され、製品は水冷引取り、巻き取られる。架橋管の形により水平型(HCV)、カテナリー型(CCV)、縦型(VCV)がある。CCVの概略図を次に示す。 キャタスタン　押出機　架橋管　液面制御装置　冷却水管　シール装置　ケーブル巻取機　キャタスタン 貯線盤　導体送出装置	押し出されたゴムを、常圧(または加圧)高温の液体加熱媒体中に連続的に導入して加硫する。常圧タイプを次に示す。 ① 一軸ベント押出機、② 配電制御盤、③ 導入キャタピラ取機、④ LCM加硫浴槽、⑤ 温水洗浄槽、⑥ 冷却水槽、⑦ キャタピラ取機、⑧ タルミ検出装置、⑨ 定尺切断装置 熱媒体は硝酸カリ、亜硝酸ソーダ、硝酸ソーダ、の混合物を使い、循環する。発泡しやすい材料および製品構造には圧力タイプ(PLCM)を使用する。
特徴	現在はCCV, VCVが主体で、ゴムの場合は加熱蒸気により迅速加硫が可能である。製品表面の加温もどり加起こりやすく、蒸気による水分の影響により、電気特性の低下が起こりやすい。 1. 電線・ケーブル用が主なほとんどである。 2. 高圧蒸気(約15 kg/cm²、205℃)により迅速加硫が起こりやすい。 3. 表面の水分の加温もどりより粘着。	押出機ベンーダを使い、脱泡しやすく、熱伝達が良好。 1. 熱伝達が良好。 2. 乾式架橋であり、水分の影響を受けにくい。 3. 製品の酸化劣化や変形が小さい。 4. 設備操作が簡単。
課題	1. ゴムの架橋系は、高高速系や速い架橋系が必要。 2. 架橋の立上りが遅くスコーチによる架橋ムラが起こりにくく、電気特性低下と特性低下。 3. 熱媒(水蒸気)によるレバージョンによる物性低下。	1. 架橋時のベントより発泡が起こりやすい。 2. ベントによりゴム配合剤の揮発が起こりやすい。 3. 熱媒体が危険物第1類に相当し、管理を厳しくする必要があり、冷却水の排出による汚染にも循環に配慮される。一般に循環して使用される。

表 4.3.5 (b) ゴムの代表的な連続架橋方式

マイクロウェーブ架橋

UHFの電界下で，ゴムの誘電損失による発熱を利用して加熱し連続架橋を行う．一般に二次熱風炉と直列に併用して架橋速度を上げることが行われている．代表的なラインを次に示す．

誘電発熱 P は次式で示される．

$$P = K \cdot \varepsilon_r \cdot \tan\delta \cdot f \cdot E^2 \cdot \rho \cdot V \quad [W]$$

K：常数 0.556×10^{-12}
ε_r：ゴムの比誘電率
$\tan\delta$：ゴムの誘電力率
f：周波数 (Hz)
E：電界強度 (V/cm)
P：ゴムの比重
V：ゴムの体積

1. 高速架橋が可能である．
2. ゴムの内部より発熱するので，熱伝導による温度上昇の遅れがない．
3. ベント式押出機で脱泡するので発泡は抑制できる．

1. 誘電損失の大きい配合に適用できるが，配合によっては過熱効果が小さい．極性基を有する可塑剤などの特別な配合剤を添加する必要がある．

流動床架橋

熱媒体として球状ガラス粒子を加熱して，空気，N_2 ガスなどで吹き上げて，被架橋物を加熱架橋する方式．その原理図を示す．

① 架橋槽本体，② セラミックタイル（多孔質），③ 加熱ヒーター，④ 空気，蒸気噴射孔，⑤ 押出機ヘッド，⑥ 排気ダクト，⑦ ガラス粒子層

(a) 常圧方式

(b) 加圧方式

1. 球状ガラス粒子の熱伝導は LCM とほぼ同等で，熱風の 50 倍くらいである．
2. 被架橋物にかかる圧力はガラス粒子の深さに比例し，調節できる．
3. ガラス粒子は被架橋物に付着せず損傷を与えない．
4. 架橋温度は 180～220℃，被架橋物に付着せず損傷を与えない．最高温度 220℃くらいまで上げられる．

1. LCM と同様，発泡が起こりやすく，ベント押出しを行うか，配合剤の揮発発生をこりやすい．

表 4.3.5 (e)　ゴムの代表的な連続架橋方式[6]

ロート架橋（ベルト加硫）	電子線架橋	シラン架橋
回転する加熱ドラムにエンドレスのスチームバンドを圧着させて、ドラムとバンドの間にゴムを挟んで架橋させる。①加熱ロール、②駆動ロール（リバースロール）、③第1加圧ロール（〃）、④テンションロール、⑤加圧バンド	電子線（β線）を照射して、ゴムを架橋させる。タイヤ、電線ケーブル、シート、収縮チューブに使用される。	EPゴムにシランモノマーをグラフト化し、これを有機スズ化合物を触媒として、空気中の微量の水分で架橋する。
1. 加圧バンド圧は、5 kg/cm² くらいで、二次加圧装置を備えたものは20 kg/cm² まで上がる。 2. 平形（シート状）製品の連続架橋に適する。	1. 短時間で効果的な架橋が得られる。 2. 薄物製品の架橋に適する。	1. グラフト化ポリマーと触媒マスターバッチを一定の割合で混合して成形架橋する2ステップ法と、グラフト化と触媒を1工程で行う1ステップ法（上図）がある。 2. 架橋に熱エネルギーを必要としない省エネルギー架橋である。空気中の水分が透過することにより架橋する点に特徴がある。
1. 加圧面と加圧背面の温度が異なる。 2. 回転中摩擦により製品にずれが生じやすい。 3. 加圧バンドのジョイント部分で厚さが不均一になりやすい。	1. β線の透過厚に限界があるので厚い製品に適さない。500 kV タイプで SG が1で約1 mm、1 MV タイプで SG が1で約2.3 mm 2. 設備費が高価である。 3. ゴムによっては（ブチルゴムなど）分解することがあるので注意。	1. 薄肉の製品に適する。厚肉製品はスチーム室で時間をかければ架橋する。 2. 機械的物性が若干低い。

である.
　高圧蒸気架橋は,電線,ケーブルに最も多く使用されている.熱源が蒸気であると,絶縁ゴム層が吸湿によって電気特性の低下が心配され,一部不活性媒体の使用も検討されている.架橋PE電線ケーブルはすでにN_2ガス($5〜6 kg/cm^3$の圧力)中で架橋する方式が採用されている.常圧架橋の場合に重要なのは,真空押出し(ベント式)によって配合ゴム中の巻込み空気,水分,揮発分を除去する工程で,不十分な場合はボイドの原因となる.あまり真空引きがすぎると,配合剤まで除かれるため架橋が遅れる原因ともなる.
　タイヤ工業では,シートの電子線架橋も一部行われているところもある.予備架橋によるシートラッピング工程の不良を低減することができる.
　PEではすでに以前から実用化されているシラン架橋は,分子中にあらかじめシランモノマーをグラフト化し,これを有機スズ化合物を触媒として空気中の微量の水分で架橋するもので,EPゴムについてはすでに一部試みられている.リアクティブプロセシングが進歩すれば,このような技術がさらに実用的に注目されていくことが予想される.
　ゴムの成形架橋において,自動化技術の推進,厚物架橋の効率向上をはじめ,シミュレーション技術による流動解析とスクリュー,金型の設計技術の確立,プレス射出成形における高速架橋技術の開発など多くの課題を残しており,これからの技術の進歩が望まれる.

〔西沢　仁〕

文　献

1) 西沢　仁:第43回日本ゴム協会ゴム技術シンポジウムテキスト (1995).
2) 金子秀男:応用ゴム加工技術12講,大成社 (1975).
3) 松本　茂:ゴム用機械ガイドブック,ポスティコーポレーション (1998).
4) 藤田英夫ほか:架橋設備ハンドブック,大成社 (1983).
5) 日立電線編:電線ケーブルハンドブック (6訂),山海堂 (1995).
6) 大谷健一:架橋設備ハンドブック,大成社 (1983).

4.3.4　表　面　処　理

　ゴムの表面処理は,従来より接着力改善方法として説明がなされており,本項においても主として接着技術としての表面処理について概説する.ゴムの接着は未加硫ゴム,加硫ゴム,異種材料間で行われており,表面処理の対象としては主に加硫ゴムである.加硫ゴムは通常,硫黄,金属酸化物および加硫促進剤などによる架橋反応により三次元構造をもったポリマーとして得られるが,その他ステアリン酸,プロセスオイル,老化防止剤などが含まれており,加硫後時間をへてそれらの一部が表面上に移行してブルームと呼ばれる現象を起こす場合がある.また,それ以外にも離型剤や打

表 4.3.6 表面処理技術[1]

	処理技術	内容と効果	応用分野
化学的処理技術	薬品処理	各種の薬品に浸漬し,目的の官能基を表面に導入する.エッチング効果によって表面に多孔性構造を形成する.	A, B
	溶剤処理	溶剤に浸漬するか,スプレーなどの処理で表面に存在する汚染物質あるいは低分子量成分を除去する.溶剤による表面膨潤効果.	A, B, H
	カップリング剤処理	シラン系,チタン系,クロム系カップリング剤,シリルペルオキサイド溶液に浸漬し,これらの層を表面に形成させる.	A, C, D, E, F, G
	モノマー,ポリマーコーティング	モノマー吸着層の重合,ポリマー付着膜硬化層の形成,プライマーとしての利用,トップコート層としての利用.	A, B, D, E, F, G
	蒸気処理	蒸気に接触させることにより,表面にエッチングされた層をつくる.蒸気を構成する元素を表面に導入する.	I
	表面グラフト化	グラフト化する前に表面を活性化しておく方法,活性化と同時にグラフト化させる方法,液相あるいは気相グラフト化する方法などの組合せ.	A, B
	電気化学的処理	電解液中で還元処理を行う.	
物理的処理技術	紫外線照射処理	表面に紫外線を照射し,酸素を含む官能基などをつくる.	A, B, H
	プラズマ接触処理	プラズマを発生させる方法によって,グロー放電処理,コロナ放電処理がある.プラズマ中の励起不活性気体によるCASING処理	A, B
	プラズマジェット処理	アーク放電などを利用して高温プラズマをつくり,ジェット状にして処理.	A, B
	プラズマ重合処理	プラズマ状態のキャリヤーガス中にモノマーを入れ重合膜を形成,モノマー自体をプラズマ化して重合膜を形成する.	A〜G, I
	イオンビーム処理	イオンを加速して表面に当てて,表面を多孔化(粗面)にする.	A, B
	機械的処理	メカノケミカル効果による表面活性化,表面粗化	A, B
処理添加剤	界面活性剤物質	例えば界面活性剤を添加すると,これらの物質の表面移行によって表面が変わる.	C, E, F
	その他	無機材料などを添加したのち,エッチングして粗面をつくる.	A

A:接着性, B:印刷,塗装性, C:潤滑性, D:耐擦傷性, E:帯電防止, F:防曇性, G:耐バリヤ性, H:クリーニング, I:反射防止膜, J:代替素材, K:磁性材料

粉の影響により加硫ゴム表面は清浄な状態でないため,接着においてはこれらを溶剤で除去する必要がある.また,接着面積を拡大するために表面積を増す工夫や表面に官能基を導入するため化学的処理が施される場合もある.近年,コロナ放電処理やプラズマ処理などの物理的処理も使用され,表面処理技術の拡大が図られている.表4.3.6[1]に一般的な各種表面処理法について示す.

a. 環化法

加硫ゴムを硫酸や硝酸に触れさせることにより(浸漬あるいは塗布など),表面を環化する方法でジエン系のゴムに対して有効である.天然ゴムおよび合成ゴムを硫酸で処理する場合,それぞれ約5分および約10分程度浸漬したのち,水洗,乾燥を行う.処理面を折り曲げて細かなひび割れが生ずる程度が最もよい.

b. 塩素化法

加硫ゴム表面を塩素化することにより接着性を向上させる方法であり，5.25％次亜塩素酸ナトリウム液/水(3/100)に37％塩酸(0.5)を加え，発生する塩素ガスでゴム表面を塩素化する[2]．一方，接着性の向上以外でも秋葉ら[3]は塩化チオニル飽和蒸気でNR，SBR，NBRなどジエン系ゴム表面を処理し，とくにNBRにおいて耐オゾン性，耐油性および耐炎性の向上を認めており，これは二重結合の塩素化によるものと推定している．

c. 表面グラフト化

熱可塑性オレフィンエラストマーにベンゾフェノン，ベンゾイルパーオキサイド(BPO)などの重合開始剤を含むアクリル酸を浸漬塗布したのちオゾン処理を行いエラストマー上にアクリル酸をグラフトさせ接着性の向上を図る方法であり，開始剤としてBPOを用いたとき最大の接着強度を示す[4]．一方，EPDMの耐油性の改善のために，メタクリル酸メチルをγ線照射により表面グラフト化し，きわめて良好な結果を得ている[5]．

d. プラズマ処理[6]

プラズマとは，固体，液体，気体に続く第4の状態ともいわれ，ガスが電子とイオンに分離共存する状態をいう．プラズマには低温および高温プラズマがあるが，ガス温度が低いこと，処理が表面のみでバルクにはほとんど影響を与えないことから，高分子の表面処理には低温プラズマが用いられる．CarlottiらはPET繊維のゴムに対する接着性の改良をアルゴン-酸素プラズマ処理により行い，75 W，40 Pa，アルゴンプラズマ30分，引き続き酸素プラズマ30分処理することにより，最大280％の接着強さの向上を認めている[7]．

e. コロナ放電処理

コロナ放電処理のなかには電子，イオンのほかラジカル，オゾンなどの中間励起種，励起種から放出される紫外，可視光が混在しており，これらがポリマー表面に作用することにより表面の清浄，エッチング，架橋および酸化による官能基の導入が生じて接着性を向上させる．斎藤はNR/SBRブレンドゴムに対して空気中でコロナ放電処理を行い，ウレタン塗膜との接着力を測定している[8]．60分間のコロナ放電処理で未処理の約19倍のはく離強度が得られる．

f. イオンビーム照射処理[9, 10]

イオンビーム照射法は添加を目的とする粒子を高真空中でイオン化し，数十keV～数MeVに加速して固体基板に照射する方法であり，各種プラスチックやシリコーンゴムなどの表面処理に応用され，耐摩耗性，接着性，耐薬品性，親水性，抗血栓性の改良や導電性の付与がなされている．

g. 機械的処理(バフがけ)

サンドペーパーやワイヤブラシなどを用いて行われる簡単な処理法であり，表面の

清浄化(削り取られた粉は除去し,溶剤で拭く)や荒らすことによる接着面積の増大効果がある.
〔宮川龍次〕

文　献

1) 角田光男:接着の技術, **10**, 6 (1990).
2) Peterson, C. H.: *J. Appl. Poly. Sci.*, **6**, 176 (1962).
3) 秋葉光雄ほか:日ゴム協誌, **60**, 720 (1987).
4) Cheng, F. *et al.*: *J. Adhes.*, **67**, 123 (1988).
5) Katabab, A. A. *et al.*: *J. Appl. Poly. Sci.*, **69**, 25 (1998).
6) 内藤壽夫, 加藤信子:日ゴム協誌, **70**, 325 (1997).
7) Carlotti, S.: *J. Appl. Poly. Sci.*, **69**, 2321 (1998).
8) 斎藤伸二:日ゴム協誌, **70**, 333 (1997).
9) 山口幸一:日ゴム協誌, **67**, 492 (1994).
10) 江部明憲ほか:日ゴム協誌, **70**, 317 (1997).

4.4　ラテックスの加工

4.4.1　天然ゴムラテックス
a. 配　合

原料ラテックスに架橋剤,加硫促進剤,老化防止剤,補強剤などの加硫製品の性能を向上させるための主配合剤と分散剤,乳化剤,湿潤剤,増粘剤などの加工性を安定させるための副配合剤が配合される.天然ゴムラテックス製品は強度に優れるため,補強材はとくに必要としない.チウラム系やチオカルバミン酸塩系の加硫促進剤を用いる硫黄加硫系が,配合ラテックスの加工性,加硫ゴム物性,経済性などの面から総合的に優れ,汎用されてきた[1]).

現在もその基調は変わっていないが,ラテックス製手袋においては加硫促進剤残渣によるⅣ型のアレルギー対策のために,また乳首などでは加硫中に加硫促進剤中の二級アミンが酸化分解して生成するニトロソアミン対策のために,加硫促進剤の変更が迫られている.前者の対策としては,そのアレルギー活性がTMTD＞TETD＞BTBDの順に低くなるため,TBTDを使用するのが一般的であるが,完全にアレルギーを防止するには至っていない.後者の対策としては,オクチル基やイソノニル基を有する高分子量のチウラム系あるいはカルバミン酸系加硫促進剤を用いることができるが,加硫速度が遅い欠点があり,不揮発性のニトロソアミンが問題にされる場合は使用する価値がない.

代替加硫促進剤としてキサントゲン酸塩系やチオリン酸塩系があるが,前者はアルカリ性のもとでは不安定であること,また後者は加硫速度が非常に遅いために汎用とはならない.

表 4.4.1 硫黄加硫ラテックス,過酸化物加硫ラテックスおよび放射線加硫ラテックスの特性比較[2]

		LR	PVL	RVL
膨潤比	(g/g toluene)	6.1	6.0	
300%MD	(MPa)	1.1	1.1	1.1
TSリーチングなし	(MPa)	24	—	30
TSリーチングあり	(MPa)	30	25	28
TB	(%)	1100	1000	900
MR100	(MPa)	0.5	0.5	
TR	(N·mm^{-1})	73	81	

PVL 配合　HA/68% t-ブチルパーオキシド1.25/20％ラウリン酸カリウム水溶液/25％フラクトース水溶液/水, 166.7/1.25/1.25/8.5/22.4

PVL 配合　HA/1％アンモニア水/アクリル酸ブチル, 166.7/15/5, 5-10 k.Gy

　この2つの問題は過酸化物加硫ラテックスあるいは放射線加硫ラテックスを使用することによって解消できる可能性がある．両者の物理特性を硫黄加硫ラテックス(revultex LA)の物理特性とを表4.4.1[2]に比較する．両ラテックスとも，コストが若干高く，高温での耐老化性が低い，機械特性面で若干劣るなどの欠点があるが，実際の使用温度での耐老化性には問題なく，また機械特性も実用可能なレベルにある．

　また，近年ラテックスアレルギー対策に関連してパウダーフリーのグローブが多用される傾向にある．その主たる製造技術である塩素処理によって，通常配合ではゴムの耐熱性が低下し，また細孔の発生頻度も高くなるため，改良耐熱配合が開発されている[3]．脱タンパク質ラテックスの配合では，主配合剤はとくに変える必要はないが，老化防止剤の選択には注意する必要がある．明色配合ではフェノール系老化防止剤は微量に残存するマグネシウムなどの金属イオンとの結合で着色原因となる[4]．

b. 加　　工

　加工法としては，大別して浸漬法，注型法，押出法がある[1]．玩具用風船やコンドームなどの被膜の薄い製品は，ガラス型などを配合液に繰り返し浸漬して，所定の厚みをつける直接浸漬法で製造する．手袋やカテーテルなどの比較的厚みのある製品は，硝酸カルシウムなどの凝着剤に湿潤したセラミック型や金属型を配合液に浸漬する凝着浸漬法で製造する．

　人形などの玩具，測候用気球などは型に配合ラテックスを注入して，内壁に沈着させる注型法で製造する．この際，石膏型を用いる場合，ベントナイトを併用して沈着を加速する．金属型を用いる場合は，硝酸アンモニウムなどの感熱凝固剤を用いる．

　ゴム系やゴム管は配合ラテックスを押し出して，すぐにゲル化させる押出法で製造するのが一般的である．天然ゴムラテックスから製造されるフォームラバーはドイツなどの一部の国で残るだけであるが，泡立てたラテックスをケイフッ化ナトリウムでゲル化させるダンロップ法や感熱凝固剤でゲル化させる感熱凝固法で製造する．

製品をつくる際の加工法に影響するラテックスの性能には粘性,安定性,被膜形成能がある.天然ゴムラテックスは一般的に合成ゴムラテックスに比較して安定性や被膜形成能に優れるため使いやすく,またフィルムの機械特性も優れるため高性能の製品を供給することができる.しかしながら,天然物であることから,産地,樹種,生産時期などによってその特性が左右されるほか,ストック中にゴム成分のゲル化や含有されているタンパク質の変性などが進行するため加工性能が必ずしも一定しない.高性能製品を安定して製造するために,原料ラテックスの受入れを厳しく管理する必要がある.

ラテックス製品の加工において,均一な配合ラテックスの調整,配合ラテックス熟成具合が,その後の加工性能および製品性能に大きく影響する.均一な配合ラテックスをつくるにはラテックスの機械的および化学的安定性が高いほど容易であるが,安定化のため乳化剤を加えすぎると被膜形成能などのほかの性能が低下するため,ラテックス濃度,乳化剤の種類,配合剤分散液の濃度,添加時の温度や添加順序などに至る条件を慎重に選ばなければならない.

ラテックス製品製造における加硫は,水分の存在下にゴム粒子の表面で行われる部分的な加硫(前加硫)と,水分が除去されたのちに行われる粒子界面の結合と粒子内部に進行する加硫(後加硫)がある.熟成段階で適度な前加硫を行うことがきわめて重要であり,25℃では数日かかるため,通常は70℃程度の温度で行われる.配合ラテックスの熟成の過不足による現象例を表4.4.2に示す.

表 4.4.2 熟成の過不足による現象例[1)]

工程	現象	熟成の程度		
		不足	適度	過度
配合ラテックス	安定した粘度特性	△	◎	×
	均斉なゲル化特性	○	◎	△
ゲル被膜	細孔,き裂,スポットの発生防止	○	◎	×
乾燥被膜	高いゲル強さと乾燥ゴム強さ	○	◎	△〜×
	良好な被膜表面の光沢付与	△	○	◎
加硫ゴム被膜	良好な物理特性(TS, TB, TR)	△	◎	△〜×
	少ないブルーミング防止	○	○	○〜◎

脱タンパク質ラテックスでは,安定性に欠けるためとくに配合ラテックスの調整に注意する必要があり,また加硫速度が遅いため熟成時間を長くすると同時に後加硫の時間も長くする必要がある[5)].被膜形成能に優れ,機械的安定性にも優れる脱タンパク質ラテックスを得るには,天然ゴムラテックスの微粒子成分をできるだけ残すとよい.被膜形成能には,微粒子成分の優れた流動性や空間充てん能力が貢献しているものと推定される[6)].

ラテックスアレルギーの顕在化はリーチングによる洗浄工程の重要性を改めて浮き彫りにした.洗浄不十分の製品が出回ったことがラテックスアレルギーの患者を急増

させた最大の原因といっても過言ではない．

配合ラテックス中に含まれる物質中，タンパク質などのゴムと相溶しない親水性の物質はゴム粒子が相互に結合するゲル化の際にゴム粒子の境界面に押し出され，大部分は漿液とともに排出される．この際に行われる簡単な水洗で残る水溶性のタンパク質はもとの2％程度，ゴム中濃度として2000 μg/g程度に減少する．コスト競争の激化する以前は，さらに加硫後やライン外での洗浄を繰り返し行って，200〜300 μg/g程度になったものが出荷されていたと思われるが，400〜1000 μg/gの高溶出タンパク質量を低減するためには，ライン外での長時間洗浄を行う必要がある．製品の厚さにより異なるが，薄手の検査用手袋で90℃，30分のライン外洗浄を行って，ようやく100 μg/gのレベルになる．この際，塩素処理などの化学処理が加わりゴム表面が粗されると洗浄が促進される．塩素処理工程の加わったパウダーフリーの製品で30 μg/g程度のレベルが達成される．

〔中出伸一〕

文　献

1) 日本ゴム協会編：ゴム工業便覧(第4版), p.698, 日本ゴム協会 (1994).
2) Aziz, N. A. A.,: *J. Nat. Rubb. Res.*, **9**(2), 109 (1994).
3) 中出伸一，越智：特許出願 平 9-245684.
4) Pendle, T. D.: IRC 96 (1996).
5) Nakade, S., Kuga, A., Hayashi, M. and Tanaka, Y.: *J. Nat. Rubb. Res.*, **12**(1), 33 (1997).
6) Tanaka, Y., Kawasaki, A., Hioki, Y., Kanamaru, E. and Shibata, K.: 日ゴム協誌, **69**, 557 (1996).

4.4.2　合成ゴムラテックス

ラテックスはゴムの微粒子の水分散体であり，その特性を生かし図4.4.1に示すようにさまざまな用途に用いられている．また，樹脂の微粒子の水分散体であるエマルションも，用途は異なるがその出荷量は拮抗している．両者の用途と活性機能を表4.4.3に示す[1]．合成ゴムラテックスの出荷量が多いのは，紙加工とくに塗工紙用ラテックス，プラスチック用ラテックスおよび繊維処理用ラテックスの加工である．

a.　紙加工用ラテックス

ラテックスの出荷量の約60％を占めるのが紙加工分野であり，ラテックスの果たす役割が大きい．加工紙は，雑誌，広告，カレンダーなどの印刷用の「塗工紙」と箱として包装用に使用される「板紙」とに大別される．

塗工紙の構造は図4.4.2および図4.4.3に示す塗工層断面[2]，塗膜[2]からなっている．塗工原料である合成ゴムラテックスを一成分とする塗料は，紙の美的価値の増大と印刷適正の向上を図るために用いられている．このためこの塗料の性能は，塗工方法，塗工紙のグレード，印刷方式に適したものであることが必要である．塗料は顔料，バインダー，補助薬品からなっており，代表的な処方例として，塗料中には顔料であ

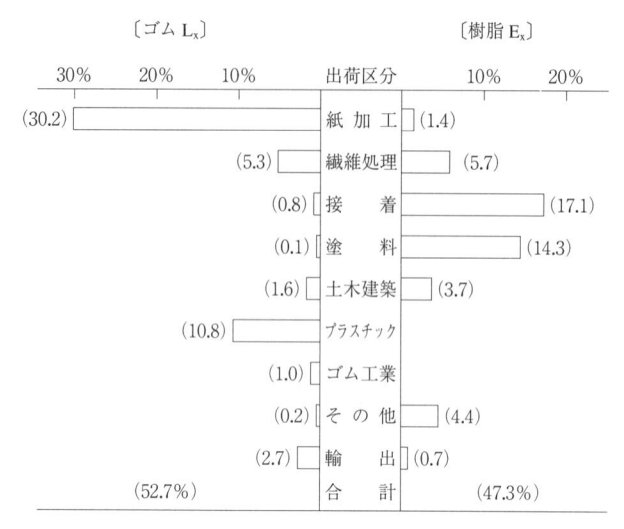

[ゴム L_x]				出荷区分	[樹脂 E_x]	
30%	20%	10%			10%	20%
(30.2)				紙加工	(1.4)	
		(5.3)		繊維処理	(5.7)	
			(0.8)	接着	(17.1)	
			(0.1)	塗料	(14.3)	
			(1.6)	土木建築	(3.7)	
	(10.8)			プラスチック		
			(1.0)	ゴム工業		
			(0.2)	その他	(4.4)	
			(2.7)	輸出	(0.7)	
		(52.7%)		合計	(47.3%)	

図 4.4.1 合成ラテックスの用途別出荷率（1991年）

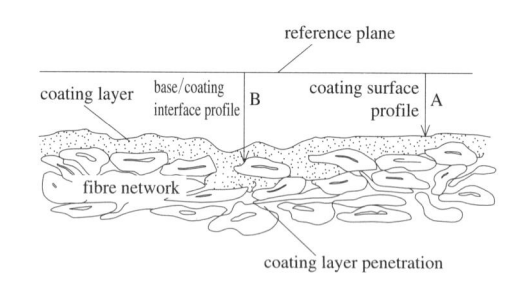

図 4.4.2 塗工層断面のモデル図[2)]

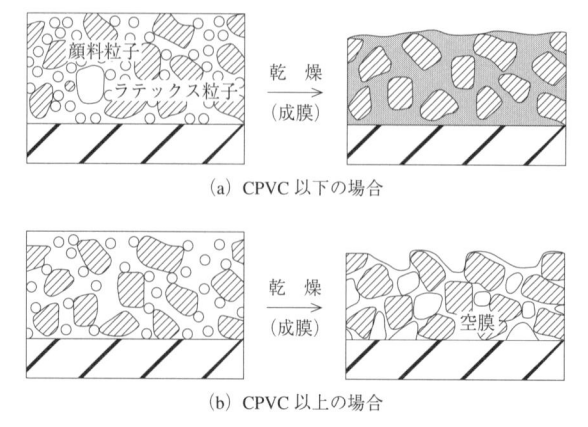

(a) CPVC 以下の場合

(b) CPVC 以上の場合

図 4.4.3 顔料容積濃度に依存する塗膜の構造

4.4 ラテックスの加工

表 4.4.3 合成ラテックスの用途，対象エマルション，活用機能[1]

分野	用途	合成ゴム系				合成樹脂系							活用機能		
		SBR	EBR	NBR	CR	PVAc(単)	PVAc(共)	EVA	AR	AR-ST	PVdC	PVC	接着	膜	弾性
紙加工分野	クレーコーティング					○	○		○				○		
	含浸	○		○	○	○	○	○	○	○	○		○	○	
	内添	○			○		○					○	○	○	
	ラミネート						○	○				○		○		
接着剤分野	紙	○				○	○							○		
	木材					○	○							○		
	プラスチック			○	○						○	○	○		
	金属	○											○		
塗料分野	木材塗料							○	○	○			○		
	金属塗料								○	○			○		
	防錆塗料									○			○		
	平滑仕上塗料	○					○	○	○	○		○	○	○		
	砂壁状塗料							○	○	○			○		
	複層模様塗料				○								○		
繊維処理分野	不織布バインダー	○		○			○	○	○	○		○		○		
	カーペットパッキング	○		○								○		○		
	捺染バインダー	○		○			○		○					○		
	植毛			○					○					○		
プラスチック用分野	ABS改質	○	○												○
土木建築分野	モルタル改質	○		○	○		○	○	○	○		○		○		
	コーキング材			○	○			○						○		
	床材接着剤	○				○	○							○		
	アスファルト改質	○			○										○
ゴム工場分野	タイヤコード接着	○											○		
	フォームラバー	○		○											○	○
	浸漬製品	○		○	○										○	○
その他	皮革加工				○			○						○	○	
	フロアーポリッシュ							○	○						○	

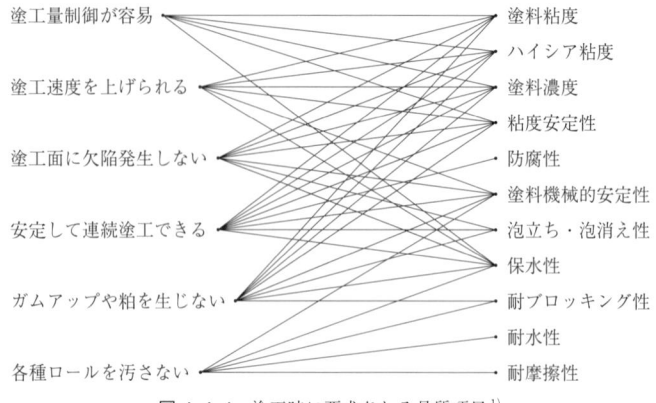

図 4.4.4 塗工時に要求される品質項目[1]

るクレイが80％を占めており，このクレイは平滑度，光沢，白色度，不透明性，インク受理性などの塗工紙性能を決定する基本成分である．バインダーとしてラテックスが約11％，その補助にカゼインなどの水溶性高分子が使用されている．

塗料に要求される性能として，美麗で良質な塗工紙を製造するためには，図4.4.4[1]に示すような塗料がつくりやすく，品質安定，高速塗工に耐え，ロールなどの装置を汚さないなどの塗工時に要求される品質項目がある．バインダーであるラテックスは，添加量は約10％であるが，次のような大きな役割を果している．

① 塗料粘度の低下（→高濃度塗料の作成）．
② 顔料接着力が大きく，塗膜の耐水性が高い．
③ カレンダー効果がでやすい．
④ インキ保持性がよい．
⑤ 合成品である（→品質の安定）．

このラテックスの設計に当たっては，コロイド的性質とポリマー的性質を考慮する必要があり，これに関する多くの成書がある[3]．ラテックスの幹ポリマー組成として，可とう性のソフトセグメント（ブタジエン）と硬度付与のハードセグメント（スチレン）の組合せが主流である．凝集力が強く，成膜性もよいスチレン含量が55％程度が最適である．最近では，スチレンに変えて，アクリル酸エステル，アクリロニトリルが用いられており，前者はインキ受理性，耐候性に，後者は印刷光沢に有効とされている[4]．

塗工紙の強度は，少量の分子量調整剤の添加で向上し，また耐水強度，インク受理性，光沢も同様に向上する．印刷工程で起こる「火ぶくれ（ブリスター）」はラテックスへの依存度がきわめて高く，ゲル含有量と密接に関連し，ゲル含有量が増えるとブリスター性が劣る[11]．また，ラテックス粒子径も塗工紙の諸物性に影響し，インク

受理性，光沢，不透明度および表面強度との関連を図4.4.5に示す．

b. プラスチック用ラテックス

樹脂のもつ本来的機能を保持しながら，ゴムの弾性機能を付与し，耐衝撃性や表面光沢性などを向上させているのがプラスチック用ラテックスである．そのほとんどがアクリロニトリル-ブタジエン-スチレン樹脂（ABS樹脂）である．このABS樹脂は性能，加工性にも優れているので，用途は多岐にわたるが，表4.4.4に示すように主に

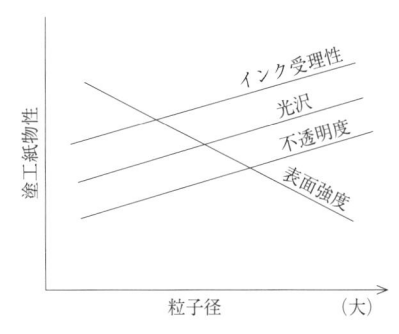

図 4.4.5 粒子径の塗工紙物性への影響

表 4.4.4 ABS樹脂の用途・需要構成比

分野		ABS樹脂が使用されている機器	需要構成比
車両	四輪車	インストルメントパネル，コラムカバー，ガーニッシュ類，フロントグリル，サイドモール	20
	二輪車	カウリング，サイドカバー	
電気器具	電子機器	テレビ，ビデオ，ステレオ，ラジカセ，テープレコーダー	28
	電気機器	冷蔵庫，掃除機，エアコン，扇風機，照明器具	
一般機器	OA機器	パソコン，ワープロ，複写機，多機能電話，コードレステレホン	26
雑貨	玩具 その他	ファミコン，おもちゃ類 家庭用品，住宅部材，建材	26

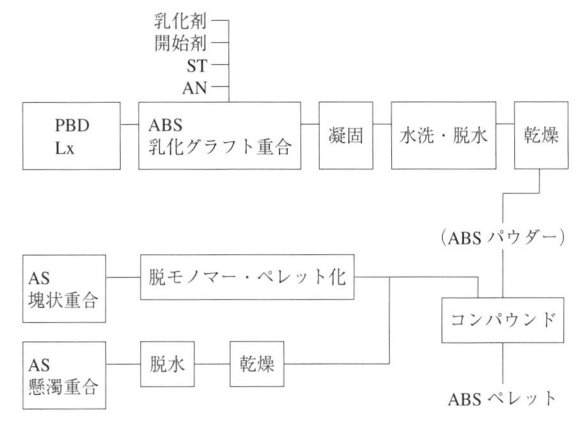

図 4.4.6 乳化重合ABS/(塊状，懸濁)ASブレンド法

車両,電気器具,一般機器,雑貨に用いられている.

一般にABS樹脂は電子顕微鏡解析から,アクリロニトリル-スチレン樹脂のなかにゴム成分であるブタジエンが入り込みサラミ構造をとっている.その補強効果はクラック吸収機能による[6]).

ABS樹脂の製造方法は数多くの方法があるが,現在多くの製造メーカーで採用されているのは乳化重合プロセスによるポリブタジエンラテックスへのグラフト重合とアクリロニトリル・スチレン樹脂のブレンドのグラフトブレンド法(図4.4.6)である.

ABS樹脂は,構成成分である各モノマーの特性が生かされており,スチレン/アクリロニトリルのもつ優れた光沢,成形性,硬度,耐薬品性を維持しつつ,ゴム成分であるブタジエンは耐衝撃性を有している.この樹脂は乳化重合で製造されるが,得られたラテックスの粒径およびゲル含有量が,耐衝撃強度に影響しており,最適の粒径(平均粒径)は0.4 μm程度である.また,ゲル含有量の影響は低ゲル・タイプの方が有効である.

c. 繊維処理用ラテックス

ラテックスによる繊維処理とは,カーペットのバッキング用のことであり,エマルションによる繊維処理は不織布用である.カーペットの大部分はタフテッドカーペットである.

カーペットのバッキングは,タフテッドカーペット(図4.4.7)の裏面をラテックス処理して,パイルの抜け防止をすることで,裁断性,耐久性,寸法安定性,風合い,重量感などの性能も付与される.

ラテックスをベースとした配合は,低コストと高機能化が必須の条件となり,低コスト化のためには,① 高充てん化,② 高発泡性,③ 高濃度化,④ 耐ブリスター性が,高機能化では,① 耐熱性,② 耐ノックス変色性,③ 難燃性などが必要となる.代表的な配合例を表4.4.5に示す.

ラテックスのカーペットへのコーティングはロールコートが主流であり,図4.4.8に示すようにコーティングロールがカーペットの進行方向と逆回転で塗布し,その速

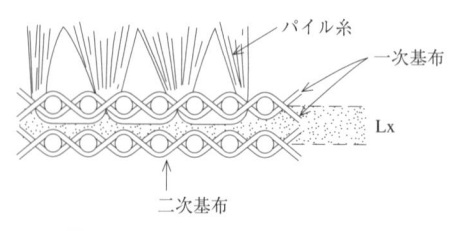

図 4.4.7 タフテッドカーペットの形態

表 4.4.5 タフテッドカーペット用の代表的
配合例(ドライパーツ)

C-SBRLx	100
分散剤	0〜0.5
ZnO(#1)	0〜3
老化防止剤	0〜1
重質炭酸カルシウム	250〜500
消泡剤	必要量
増粘剤(例:ポリアクリル酸ソーダ)	必要量
固形分濃度	50〜80%
粘度	1万〜3万 cps

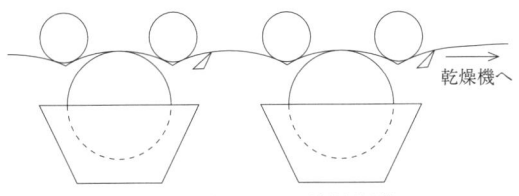

第1種(アンダーコート槽)
・550パーツフィラー.
・全体の60%分をピックアップするように設計する.
・防炎性を付与させる.

第2種(接着槽)
・375〜400パーツフィラー.
・全体の40%分をピックアップするように設計する.
・二次基布の接着が目的.

(a)

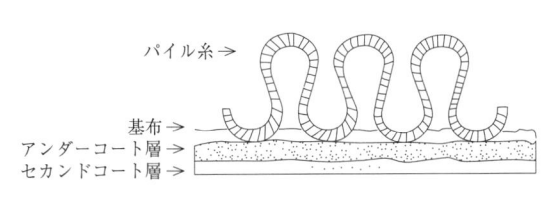

(b) 二重塗布法の断面図

図 4.4.8 コーティングロールによる塗布と二重塗布法の断面図[7]

度とともに,塗布量,浸透性の適正化を図る.最近では,二浴方式によるコストダウンや性能向上が行われている.

ラテックスの性能としては,接着剤としてのはく離強さと風合いを付与するために,ラテックスの組成,分子量とともに充てん剤の添加量,粒度,フロス倍率,浸透性などによっても大きく影響される.

〔杉村孝明〕

文　　献

1) 杉村孝明，片岡靖男，鈴木聡一，笠原啓司編：合成ラテックスの応用，高分子刊行会（1993）.
2) Gane, P. A. C and J. J. Hooper：Fundamentals of Papermaking, Vol.2, MEP, 847（1989）.
3) Blackley, D. D.：High Polymer Latices, Vol.1（1966）.
4) 内田　明：最近の加工紙＆加工技術（18回 紙・パルプ・シンポジュウム），p.18（1983）.
5) Sekiguchi, *et al.*：77 Caoting Conf. Proc. Tappi，p.17.
6) Mtuo, M.：*Polymer*，**7**，421（1966）.
7) JCS会報，8月号（1978）.

スパンデックスとバイオマー

ポリウレタンはその優れた物性と抗血栓性により，現在までに血液適合性，弾性，耐疲労性などが要求される用途には，とくにポリウレタンがよく検討されてきた．ポリウレタン分子鎖中のハードセグメントとソフトセグメントがミクロ相構造を発現するセグメント化ポリウレタン(SPU)は，優れた機械的性質，化学的安定性，生体適合性を示すことから，医療用素材としての有用性が評価されてきた[1~3]．

バイオマーは，E. I. du Pontのスパンデックス繊維(弾性繊維)から発展してきた最も歴史のあるポリエーテルウレタンウレア系のSPUであり，商品名T-127に由来するSB型と，熱可塑性のEB型があり，いずれもEthicon社により上市された[4,5]．

バイオマーは，ジフェニルメタンジソシアナート(MDI)とポリオキシテトラメチレングリコール(PTMG)から得られるポリエーテルポリウレタンであるが，鎖延長剤として，SB型ではエチレンジアミン(EDA)が，EB型では水が用いられている．前者では溶剤として*N*, *N*′-ジメチルアセトアミド(DMAA)が用いられ，30％濃度で供給されている．後者では，芳香族イソシアナート基末端が水による加水分解によりアミノ基末端となり，これが鎖延長剤として作用しており，そのために，軟化点が150℃以下の熱可塑性SPUが得られて溶融成形が可能とされている．図1にそれらの組成結合様式を示す．

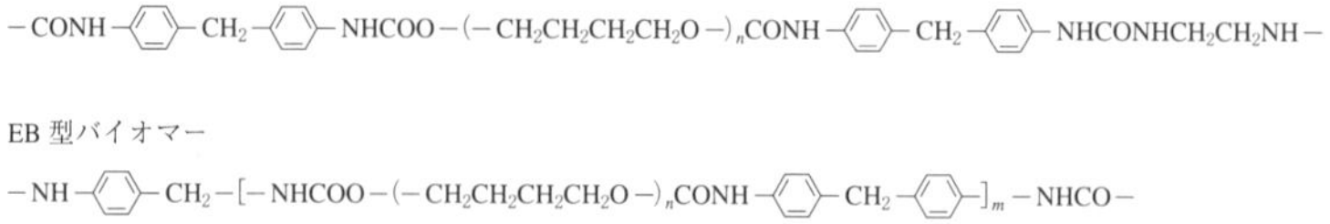
SB型バイオマー
$-CONH-C_6H_4-CH_2-C_6H_4-NHCOO-(-CH_2CH_2CH_2CH_2O-)_nCONH-C_6H_4-CH_2-C_6H_4-NHCONHCH_2CH_2NH-$
EB型バイオマー
$-NH-C_6H_4-CH_2-[-NHCOO-(-CH_2CH_2CH_2CH_2O-)_nCONH-C_6H_4-CH_2-C_6H_4-]_m-NHCO-$

図1　バイオマーの組成結合様式

SB型バイオマーは連続重合によって合成される．まず最初に，予備乾燥しメ

ルトしたPTMG(分子量2000)とメルトしたMDIをモル比1/2で混合し，95℃のパイプライン中を90〜100分かけて通し，プレポリマー反応を行ったのち，ただちに45℃に冷却し，DMAAを加え，50〜60％溶液としながら高せん断ミキサーに送り，ついで連続的にEDAおよび末端停止剤としてジエチルアミンのDMAA溶液を添加し，20〜70℃で数分間反応させて，最終的には30％濃度，30℃で1500 Pa程度のポリマー溶液が得られる[6]．

SPUの力学的性質はハードセグメントの分率あるいはソフトセグメントの長さによって広範囲に制御することが可能である．SPUの医療用材料としての有用性はその優れた生体適合性にあるとされるが，とくに抗血栓性は材料の表面層の組成・構造およびモルフォロジーが重要な相関をもつ．これらは材料の成形方法や条件によって大きく変化する．SPUの抗血栓性発現の機序は，SPUが血漿タンパク中のアルブミンを選択的に吸着し，このタンパク吸着層が抗血栓性に寄与し，この傾向がドメインのサイズと純度に関係することが明らかにされている．

通常ウレア結合を含むエラストマーはウレア結合の融点と分解点が接近しているため溶融成形が困難であり，SB型バイオマーはディッピング成形が用いられる．この方法は，ポリマー溶液に型を浸漬し，型の表面にポリマー溶液を塗布し，熱をかけて溶媒を蒸発させることにより型表面にポリマー被膜を形成させるというものである．この方法では，用いる溶媒の種類・濃度・溶媒の蒸発速度などの条件により表面組成やモルフォロジーが変化するため，きわめて厳密な工程管理が必要である．それに対して，EB型では溶融成形が可能であるため工程管理が容易となる．またバルクのソフトセグメント濃度はEB型よりSB型の方が高いにもかかわらず，成形後の空気側表面層のソフトセグメント組成は逆にEB型の方が高くなることがESCA分析から明らかにされ，その結果，EB型はSB型より優れた抗血栓性を示すことが報告されている．

長期間体内で使用される医用材料の生体内安定性には多くの問題が残されているが，とりわけ材料安定性の向上が課題となっている．SPUの生体内劣化の原因には，石灰化，酸化，加水分解，脂質の吸着による環境応力き裂などがあげられる．また，劣化により生成した分解物の生体為害性も検討が必要である．今後は，SPUは長期使用に際して，生体内で材料破壊に至る前の高分子の構造変化や，高分子表面への生体成分の吸着，あるいは高分子の存在による生体側の細胞レベルでの挙動などを明らかにすることにより，さらに生体内安定性の高いSPUを開発することが待たれる．

臨床応用例としては，SPUが人工心臓の素材として有用であることが実証されて以来，ダイヤフラム型の血液ポンプをはじめ，今日の人工心臓分野の発展に貢献してきた．さらに，大動脈バルーンカテーテルやバイパスチューブとしても広く臨床に供されてきた．さらに，比較的短期使用の補助人工心臓用人工弁としても有効とされる．その他，ポリウレタン成形体に薬物を含有させ，使用中に薬

物を徐放させるという試みをはじめ,制がん剤を徐放させる血管内留置治療用カテーテルの開発も進められている.以上のほかに,ペースメーカーやそれらの電極などの表面への被覆剤として用いたり,血液リザーバー用素剤としても有用とされている. 〔林　壽郎〕

文　献

1) 高倉孝一:機能材料, **14**, 25 (1994).
2) 秋葉光雄, 朝倉順一:ポリマーダイジェスト, **48**, 38 (1996).
3) Li, Y. J.: *J. Biomater. Sci., Polym. ed.*, **7**, 893 (1996).
4) Boretes, J. W. and Pierce, W. S.: *Science*, **158**, 1481 (1967).
5) Lelah, M. D., Lambrecht, L. K., Young, B. R. and Cooper, S. L.: *J. Biomed. Mater. Res.*, **17**, 1 (1983).
6) Bleasdale, J. L. and Sanquist, C. U.: *USP*. 3, **557**, 044 (1971).

5. ゴ ム 製 品

5.1 総　　論

　有機材料で唯一の弾性体であるゴムは，その特性を生かし，かつ耐熱性，耐候性，耐オゾン性，耐熱老化性，耐油性，導電性，高強度，耐薬品性，制振性，耐寒性，耐摩耗性，ガスバリヤー性など特性の優れた各種ゴム材料の開発に伴って，ゴム製品の約70％以上を占めるタイヤ，ベルトなどから，風船，ホース，ボール，マットなどの民生品，自動車・車両部品，ロケットの部品，電子機器の部品，免震ゴム，制振材など多種多様に使用され，今日では欠くことできない材料のひとつとなっている．
　これらゴム製品は天然ゴム，各種合成ゴムの固形ゴム，液状ゴムおよびラテックスから製造されており，ゴム単体として実用使用することができないため，各種配合剤，加硫剤，充てん剤，補強剤などが配合設計され，混練り，ブレンド，加硫・成形されている．製品の要求性能，使用条件などを考慮して，原料ゴムが選別され，各種配合剤およびその量が決められ，さらに混練技術，他材料とのブレンド技術が加わってゴム製品が生み出されており，微細な電子部品から防げん(舷)材などの大型土木分野までのゴム製品が供給されている．これらゴム製品は全く同一の配合のものはなく，別々の性能・機能を有するものであり，同じ用途であっても企業によって異なり，それぞれが個性化された製品となっている．これはゴム製品の大きな特徴であり，ゴム種，配合設計，加工技術によって自由自在に新しい性能，機能を有するゴム製品が生み出されることを意味している．しかし，このことがゴム製品のリサイクル化の大きな障害にもなっており，また，他材料との接着，塗装などでも実際に試験してみなければ善し悪しが決まらないことのひとつの要因でもある．
　近年，ゴム材料の問題点を改良し，環境に優しい材料として熱可塑性エラストマーが開発され，ゴム材料，プラスチック材料さらには金属材料の代替え材料として使用され，今後の発展がおおいに期待されている．しかし，耐熱性，耐圧縮永久ひずみなどの特性の改善が必要である．
　最近の地球環境，作業環境などの問題から，ゴム製品製造時の環境破壊への対応，ゴム製品からの廃棄物処理，LCAの問題，さらにはPL法の対応などがあり，ゴムメーカーおよび加工企業ではそれぞれをクリアーして製品を開発する必要がある．例えば，靴に使用されているゴム底材の滑り，とくに濡れた面での滑りやすさ，医療用品

でのアレルギー性皮膚炎の発生，使用済みタイヤの処理，加硫促進剤，老化防止剤などからの発がん性の問題などがある．

ここでは，タイヤ，ベルトなどから，交通・輸送関係，建築・土木，電気・通信関係，医療用品，日常家庭用品，工業用部品など各種ゴム製品について紹介する．

〔山口幸一〕

5.2 交通・輸送関係

5.2.1 タイヤ
a. ニューマチックタイヤとソリッドタイヤ

タイヤとは，車輪の外周部にはめる鉄やゴムなどの環と定義され，鉄道車両の車輪にはめられた鉄製の環などもタイヤと呼ぶ．初期の車の車輪は鉄製や木製であったが，凹凸のある路面でも車を軽く引きたいという要求から，1835年にゴムのみでできたソリッドタイヤが発明された．しかし，ソリッドタイヤと空気入りのニューマチックタイヤを比較してみると，表5.2.1から明白なように，ソリッドタイヤではタイヤの機能が十分に得られず，ニューマチックタイヤの出現を待つことになる[1]．

表5.2.1 ニューマチックタイヤとソリッドタイヤのタイヤ機能の比較事例

タイヤの機能		ニューマチックタイヤ	ソリッドタイヤ
負荷・高速耐久性		低発熱・高耐久性	高発熱・低耐久性
衝撃緩和性	縦ばね常数(kg/mm)	215	600
駆動・制動性	ピークμ(index)	110～140	100
車の操縦性	最大コーナリングフォース(kg)	250	150

1845年にスコットランドの技術者トムソン(R. W. Thomson)が，蒸気自動車に適した車輪として画期的なニューマチックタイヤを発明し，特許を取得した．特許の中で彼は，走行抵抗や騒音が少なく，乗り心地や高速安全性に優れた蒸気自動車用車輪と述べている．しかしながら高速の蒸気自動車自身が社会環境上，当時の主要交通機関であった馬車に取って替われず，トムソンのタイヤは効果を発揮できないまま，馬車用タイヤとしての使用だけで終わってしまった．しかし1888年，同じスコットランドの獣医師ダンロップ(J. B. Dunlop)が，トムソンのものと原理的にはほぼ同じニューマチックタイヤを自転車用に考案し，特許を取得した．彼のタイヤはタイヤの機能を実証しながら，当時急速に伸展した自転車の需要に乗って実用化されていった．そして，その後の内燃機関や自動車産業の発達と結びついて改良が加えられ，1895年に初めて自動車用のニューマチックタイヤが開発され，1900年代になるとほとんどの自動車がニューマチックタイヤを使うようになった．初期のソリッドタイヤ，トムソン発明のニューマチックタイヤ，ダンロップの試作第1号ニューマチックタイヤを

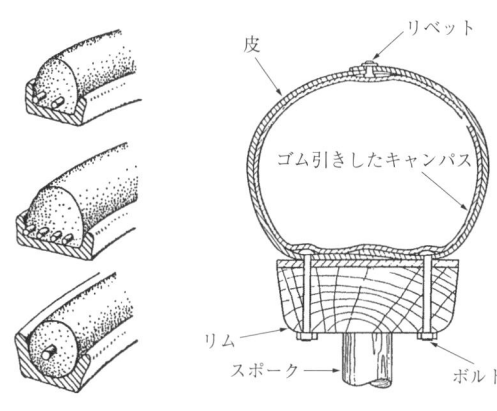

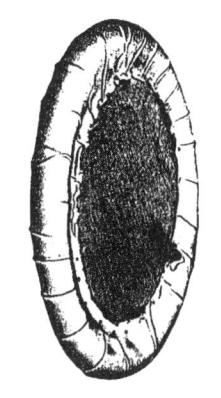

(a) 初期のソリッドタイヤ　　(b) トムソン発明のニューマチックタイヤ　　(c) ダンロップ発明のニューマチックタイヤ

図 5.2.1　初期のソリッドタイヤとニューマチックタイヤ[2,3]

図5.2.1に示す．なお，ニューマチックタイヤの進歩において忘れてはならないのは，1890年のウェルチ(C. K. Welch)による，ビードワイヤーとU字形断面リムとを組み合わせた装着・脱着システムの発明である．この簡便なシステムが開発されていなければ，ニューマチックタイヤのその後の普及は大幅に遅れていたであろう[2,3]．

このように，ニューマチックタイヤは自動車用を中心に発展したが，使用条件によってはソリッドタイヤの方が適している場合もある．一般に高荷重・低速の産業車両として，走行中の空気抜けやパンクなどの事故を避けたい山間部での使用や，タイヤが小さくてすむため車をコンパクトに設計したい場合などにソリッドタイヤが使われる[4]．

b. タイヤの構造：ラジアルタイヤとバイアスタイヤ

ラジアルタイヤとバイアスタイヤの名が示すように，両タイヤの基本的な構造の違いは，タイヤの重要強度部材であるカーカスを構成するプライコードの方向が，ラジアル(半径方向)か，バイアス(斜め方向)かである．さらに，この構造に伴ったもうひとつの違いは，カーカスのクラウン部上に，バイアスタイヤではプライコードに近い角度のブレーカーが張られているのに対し，ラジアルタイヤではタイヤの周方向に対して20度前後のコード角をもつ不伸長性のベルトが張られている．このベルトは，タイヤに内圧を入れたときにプライコード間のゴム層が延びて提灯のようになるのを防ぐタガの役目を果たしている．ラジアルタイヤとバイアスタイヤの構造を図5.2.2に示す．

ラジアルタイヤとバイアスタイヤの開発経過と製造工程を説明する．先に開発されたバイアスタイヤは，カーカスを構成するプライコードのすだれ織り化がその進歩に

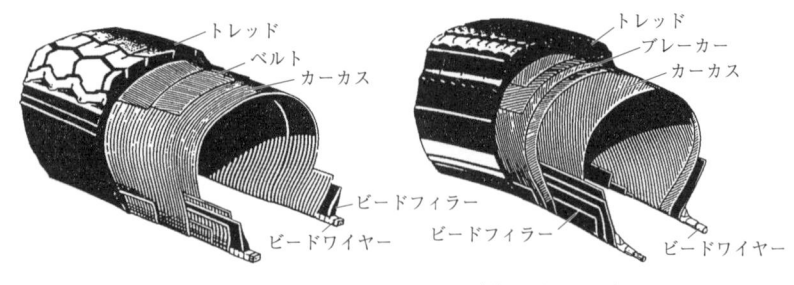

図 5.2.2 ラジアルタイヤとバイアスタイヤの構造[5]

大きく寄与した．それまでは，経糸と緯糸を平織りにしたキャンバスをゴム引きして張り合わせていたので，タイヤが変形したとき経糸と緯糸が擦れ合い早期に糸が切れてしまうため，タイヤの寿命は400 km程度と短かった．

1908年アメリカのパーマー(J. F. Palmer)が，経糸に細い緯糸を粗く打ち込んですだれ状に織った布を用いてタイヤを製造する方法を発明し，1915年にファイアストン社がこれを実用化し，タイヤの寿命が大幅に改良された．また，タイヤの内壁はあらゆる方向から引き裂こうとする張力を受けるため，これに対抗する何らかのネットワーク構造が必要となる．そこでパーマーは，隣り合う2層のすだれ織りプライコードの角度がタイヤの周方向に対して対称になるよう張り合わせ，外力に対抗してパンタグラフのような菱形変形で抗力を発生させることも考案した．

すなわち，バイアスタイヤの2層1組のプライコード構造は，タイヤ耐久力を確保するうえで，また，次のタイヤを製造するうえでも欠くことができず，必ずカーカスは偶数のプライ層からできている．製造工程では，このプライコードが成形ドラム上で張り合わされ，両側面がビードワイヤーに巻き付け固定されたのちに，ブレーカーとゴムだけからなるトレッドやサイドウォールなどが張り付けられる．この状態をグリーンタイヤと呼び，一般にはこれを加硫釜に入れると同時に内部から風船状のブラダーを高圧で膨らませてタイヤの形にシェーピングする．この際，2層1組のプライコードは伸長されるとともに，ビード部で適度に滑り，タイヤの中心が調整されながら加硫されていく[1,2,5,6]．

ラジアルタイヤの最初の特許は古く，1913年にイギリスのグレイ(C. H. Gray)とスローパー(T. Sloper)が出願した．この特許の明細書には，タイヤ本体はラジアル方向に配置された柔軟で不伸長性のコードからなり，トレッド部に柔軟で不伸長部材のベルトを張ると書かれており，現在のラジアルタイヤの基本がすべて含まれている．しかし二人の発明は，第一次世界大戦の勃発などのために実用化には至らなかった．

続いて，1921年にアメリカのフェイファーがラジアルタイヤの特許を取得し，相

当数を生産・販売したが，ベルト層を入れなかったため，結局失敗に終わった．1929年からフランスのミシュラン社が鉄道用のバイアスタイヤにスチールコードを利用し始め，1946年にスチールコードを使ったラジアルタイヤの特許を申請するとともに，製品を市場へ出し，実用化に成功した．続いて，1954年にイタリアのピレリー社がベルトにレーヨンなどの伸びの小さい有機繊維を使って運動性能と乗心地に優れたテキスタイルラジアルタイヤの特許を取得し，市場でも大きなシェアを占めた．

しかしその後，スチールラジアルタイヤの運動性能と乗心地が大幅に改良され，1970年代に入ってシェアが逆転し，現在はスチールラジアルタイヤが世界の主流になっている．これは自動車の高性能化に伴って，スチールベルトの優位性が明確になってきたためと考えられる．このようにみてくると，ラジアルタイヤの基本構造は早くから確立し，開発はベルト部材にどのような材料を使うかが焦点であったと考えられる．ラジアルタイヤの製造工程でバイアスタイヤと最も大きく異なる点は，ベルトが不伸長性であるため，成形ドラム上でカーカスをタイヤの形に近いドーナツ状に膨らませたのちにベルトを張り付けることである．この複雑な工程のため，バイアスタイヤに比べ製造コストが高く，またベルトの偏心を防ぐためのより精度の高い設計技術と製造技術が必要となる[1,2,5]．

ラジアルタイヤとバイアスタイヤの構造上の違いは，タイヤの特性に差を生み出す．ラジアルタイヤは，構造上の特徴である剛性の高いベルト層により，バイアスタイヤに比べて良好な操縦安定性，低い転がり抵抗性，高いスタンディングウェーブ発生の臨界速度，高い耐摩耗性や軽量性をもつ．この特性は，ラジアルタイヤのベルト部とトレッド部の全体的または部分的な動きが小さいことに起因している．反面，路面上の突起を包み込む能力（エンベロープ特性）などが低くて乗心地が悪い．自動車の高速走行時の安全性や低燃費・省資源の環境・経済性が近年とくに要求され，要求に適したラジアルタイヤが自動車の進歩と一体となって開発されてきた[1,5]．

ラジアルタイヤとバイアスタイヤ以外に，アメリカで開発されたベルテッドバイアスタイヤがある．その名が示すように，バイアスタイヤのカーカスの上にベルトの役目をするコード層を張り付けたタイヤであるが，バイアスタイヤの製造設備を使う必要があったため，バイアスタイヤよりカーカスのコード角度は大きくできるが，ブレーカーのコード角度は小さくできず，中途半端な構造のものとなった．バイアスタイヤの乗心地とラジアルタイヤの特性を発揮するものとして，アメリカで1970年代に普及したが，結局は両タイヤの特徴を生かしきれず，次第に退潮していった[1,5]．

c. タイヤの機能

タイヤ，正しくはニューマチックタイヤの機能は次の4つに集約される．(1)荷重を支えて高速で走る機能，(2)路面の凹凸による衝撃を緩和する機能，(3)駆動・制動力を路面に伝える機能，(4)車を操縦しやすくする機能である．この4つのタイプの働きについて順次説明する．

(1) 荷重を支えて高速で走る機能 荷重を支えるだけならソリッドタイヤでも十分であるが，ソリッドタイヤは発熱・蓄熱が大きく，高速で走行することができない．一方，ニューマチックタイヤも，ある内圧を保っていてこそこの機能が発揮できる．タイヤに荷重がかかっていない場合は，タイヤの内面では上下左右いたるところに内圧がかかった状態で釣り合っているので，タイヤの外部にはなんらの影響をも及ぼさない．そこに荷重がかかると，接地面部の内圧が地面からの反力に対抗するため，全体のバランスとしては接地面部の内圧に等しい上向きの力が余ってしまい，これが下向きの荷重と釣り合うことになる．すなわち，内圧によって張られたタイヤの接地していない部分で荷重を支えて，高速で走行することになる．

(2) 路面の凹凸による衝撃を緩和する機能 路面の凹凸による荷重やトルクがタイヤにかかったとき，負荷された外力にほぼ比例した変形とともに反力がタイヤ自体に発生するので，タイヤはひとつのばねを形づくって路面の凹凸による衝撃を緩和することになる．車の衝撃緩和能力を示す基本特性としてタイヤのばね定数が用いられ，一般に低ばね定数ほど緩衝能力が高い．タイヤのばね定数の中で，車の乗り心地と相関の高いものが上下方向の縦ばね定数であり，内圧が支配的な影響をもつ．縦ばね定数は，ラジアルタイヤの方がサイドウォールの剛性が低く，タイヤ全体で偏心を起こすため，バイアスタイヤより低い．回転方向あるいは前後方向の振動に関係する特性が前後ばね定数である．前後ばね定数も，ラジアルタイヤの方がサイドウォールが低剛性であるためバイアスタイヤより低い[7,8]．

(3) 駆動・制動力を路面に伝える機能 ニューマチックタイヤの最も特徴的で巧妙な機能のひとつが，起動・制動力の路面への伝達といわれている．車の発進・加減速・停止を自由に行うためには，車と路面の間でタイヤを通した力の受け渡しがなければならない．ゴム製タイヤと路面の接地面に沿って働く大きな摩擦力が，この力の受け渡しの役目を果たしている．駆動時はタイヤの接地面での周速度が車の進行速度より大きく，制動時はその逆でどちらもタイヤがスリップしている状態にある．このとき発生する駆動力，制動力はスリップ率に依存し，通例スリップ率の絶対値が0.2近傍で最大のピーク値を示し，スリップ率の絶対値が1のときのロック値とともに駆動性・制動性の重要な指標となっている[7]．駆動力，制動力の値をタイヤに加えられた垂直負荷荷重で除した駆動力係数，制動力係数は，タイヤ接地部のゴムと路面の摩擦係数に左右される．ゴムと固体表面との摩擦係数は，ゴムのもつ粘弾特性のため固体同士の摩擦現象と大きく異なり，クーロン(Coulomb)の法則が当てはまらず，垂直荷重の増加とともに減少し[9]，滑り速度や温度によっても変化する[10]．また，トレッドゴムに関して路面の形状に起因した3つの摩擦，すなわちスムーズな路面でのゴムと路面の分子間力による粘着摩擦，粗い路面でのゴムの変形によるヒステリシス摩擦，尖った路面でのゴム破壊による凝集摩擦が存在するといわれている[11]．

(4) 車を操縦しやすくする機能　ニューマチックタイヤのもうひとつの特徴的で巧妙な機能が車の操縦である．車が曲線運動をするとき遠心力が働くので，これに対抗する求心力をつくりだし，車を操縦する働きをするのがタイヤである．車のハンドルを切ったとき，車の進行方向とタイヤの回転面とに滑り角（スリップ角）と呼ぶずれが起こり，ずれに伴ったタイヤの横変形により復元力が発生する．この復元力がトレッドを地面に支えている摩擦力に対抗し，摩擦力を上回る力となったとき，トレッドは横滑りしてタイヤの回転面に復帰する．このタイヤの働きが車を操縦しやすくしている．そして，横滑りしているときの復元力の車の進行方向に直角な成分をコーナリングフォースと呼び，この力のもつタイヤの垂直軸まわりのモーメントでずれをなくそうと働くセルフアライニングトルクとともに，車を安定して操縦するための重要な特性である．鉄輪などではこのような作用は起こらず，ニューマチックタイヤのもつ特徴となっている[7,8]．

〔滝野寛志〕

文　献

1) 景山克三監修：タイヤ，ブレーキ（タイヤ編），pp.1-11，山海堂（1980）．
2) 服部六郎：タイヤの話，pp.1-11，大成社（1986）．
3) 馬庭孝司：自動車タイヤの知識と特性，pp.16-19，山海堂（1979）．
4) 国沢新太郎：ゴム工業便覧（日本ゴム協会編），p.622，日本ゴム協会（1973）．
5) 酒井秀男：タイヤ工学，pp.21-25，グランプリ出版（1987）．
6) ビーデルマン著，貞政忠利訳：自動車タイヤ工学 上巻，pp.47-49，現代工学社（1979）．
7) 服部六郎：タイヤの話，pp.34-45，大成社（1986）．
8) 国沢新太郎：ゴム工業便覧（日本ゴム協会偏），p.579，日本ゴム協会（1973）．
9) Meyer, W. E. : *A. Z. T.*, **66**, 245（1964）．
10) Schallamach, A. : *Rubber Chem. Technol.*, **41**, 209（1968）．
11) Kummer, H. M. : Unified Theory of Rubber and Tire Friction, Engineering Research Bulletin B-94, The Pennsylvania State University（1996）．

d.　自動車用タイヤ

(1) 自動車用タイヤの機能と設計　タイヤは荷重支持，力の発生，緩衝性の基本機能に加え，汎用性，耐用性の関係からさらにいくつかの性能（ハイドロプレーニング性，ウェット性，転がり抵抗，騒音・振動・乗り心地性，高速耐久性，耐カット性，耐候性）が要求されている．それらを達成するため，タイヤ形状（カーカスライン），構造（材料配置），パターン，材料（ゴム，繊維）を組み合わせ，総合的に性能設計されている．主に空気圧を保持するケース部と，路面と接触するトレッド部に分けられ，ケース部は空気圧保持，緩衝，変形，力の伝達の役割を担い，トレッド部は力の発生をつかさどっている（図5.2.3）．

乗用車用タイヤは一般に約 200 kPa の空気圧で使用されている．空気を保持しているカーカスプライは空気圧に対応した強度をもたせるため，使用圧に見合った繊維を

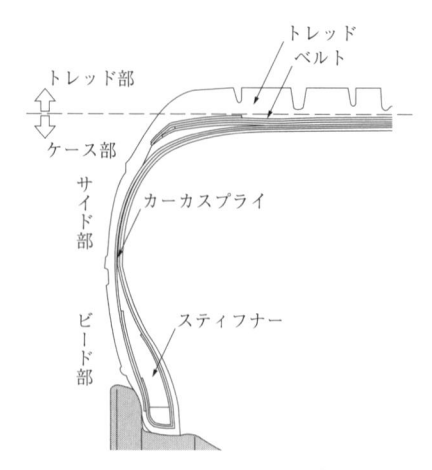

図 5.2.3 タイヤ断面図[1]

カーカスプライに用いており，最近ではポリエステルを1,2枚，ラジアル方向に配置している．カーカスプライだけに空気圧張力をもたせると，タイヤは張力均一の釣合い形状をとる．タイヤを圧力容器としてとらえていた時代は，形状の安定性面からカーカスプライが均一に張力を受け持つ自然平衡形状[2]をとっていた．しかし，曲がる，止まるという運動性能や転がり抵抗に重点が移るに従い，局部的に補強材を入れ，運動時の変形を抑えたり，低ロス部へ変形を集中したり，目標性能に見合った変形を意識し，剛性設計されるようになった．高速時の操縦安定性ではステアリング入力に車両がきちんと応答するレスポンスの向上が必要である．ステアリングの意思を確実に早く路面に伝え，遅れがないように力を発生させるために，スティフナーには比較的ヤング率の高いゴムを用いているが，該部に補強コードを添わせ張力でさらに剛性を高めているタイヤもある．基本的にはビード部はスティフナーで剛性をもたせ，サイド部は薄ゲージで大きく変形させる構造が一般的である．この補強部材と同等な効果をあげるため，最近は張力を必要な部分に偏在させる張力分布コントロール形状設計がなされるようになった．剛性を必要とする部分に張力を配分し，変形のコントロールや接地性向上に結びつけている．近年いろいろな張力分布をとらせた形状がタイヤ各社から発表されている[3〜6]．目標特性を向上する張力分布を有限要素法(FEM)で求めたタイヤ形状[7]も使われるようになった．

また，近年のタイヤは低偏平率(タイヤ断面高さ/断面幅×100％)化傾向にあるが，低偏平率になるほどベルトの張力が上昇することから，これも張力配分技術のひとつである．路面と接触するトレッドゴムのせん断変形がタイヤの発生力に該当することから，トレッドゴムの土台であるベルトの変形は小さい方が力の発生は大きい．したがってベルトの張力を上げると，車両の運動性能に必要なコーナリング力や制駆動力

を大きくできる．かつては，乗り心地との両立からテキスタイルベルトが使われていたが，道路のインフラが整い，高速時の操縦安定性能に重点が移るに従い，高張力の保持のためにヤング率の高いスチールコードがベルトに用いられるようになった．スチールの撚り線を用い，タイヤの回転方向に対し対称に交錯した二枚積層構造で構成されている．さらに，高速仕様になるにつれ，スチールベルト層の外側にナイロン繊維を周方向に配置し，遠心力による張力上昇に耐える構造になっている．

このようにケース部は張力や変形に関係し，コード部材の張力分布とゴム部材の曲げ剛性やせん断剛性を利用することで変形をさせたり抑えたりし，性能に関与している．

路面と直接接触するトレッド面は，路面とベルト間で力の発生をつかさどっているが，そこではトレッドゴムの剛性と最大摩擦力が大きな役割を果たしている．摩擦力を確保するため接地面積をもたなくてはならないが，乗用車用タイヤの接地面積は概略，荷重/使用内圧＝4 kN/200 kPaで求められ，約200 cm^{2}で，タイヤ1輪当たりほぼはがき1枚ほどの接地面積で最大摩擦力3 kN近い水平力を発生している．

乗用車用タイヤは一般に数万 kmの耐用性をもたせ，路面の異物や突起からタイヤケースを守るためトレッドゴムに10 mmほどの厚さをもたせている．

また，気候の変化，路面の変化にも対応できるように考慮しなければならない．雨天時の摩擦力の発生に阻害となる接地面の排水のため，深さ8 mmほどの溝をつけているのは周知だが，ネガティブな点も発生してくる．パターンノイズとしての音の問題，偏摩耗の問題である．排水については，パターンブロックからはじかれた水を溝に集め，より短時間に接地部から外部に排出するため縦溝に横溝を付加したパターン構成にしてあり，溝の占有面積は全接地面積の30％前後で設定されているものが多い．最近は排水性を考慮し，流線を基本とした回転方向指定の対称性パターンもでてきている．水は溝から外部に排出されても路面上にはごく薄い水膜が残存しており，溝エッジだけでは水膜を拭うことができない場合もある．そのためパターンブロック表面にサイプを入れ，制駆動時やコーナリング時にパターンブロックに曲げ変形が生じたとき，接地圧力の高いエッジで水膜を拭う作用をさせている．サイプの効果はスタッドレスタイヤでも同様で，氷路面で解け出た水膜を排除したり，氷を削ったりする効果で路面とタイヤ間の摩擦係数を上昇させている．溝は空気も同じように排出し，それがパターンノイズとしてネガティブ面となっている．溝から空気が周期的に排出されると，ある特定の周波数をもった音だけが突出することになり耳障りとなるので，特定周波数だけの音の排出を避けるため，長さの異なったパターンブロックを回転方向に適正に並べることで，排出される音の周波数を分散し，ホワイトノイズ化をはかっている．最近では最適化手法などでこの配列を決定している[7]．また，止まる，曲がる力を路面反力として得るために，パターンに剛性をもたせる必要があり，パターンブロックの剛性を考慮し，枝溝やサイプを配置している．同様なネガティブ面とし

てパターンブロックの特定箇所だけが擦り減る偏摩耗がある．ブロックの中心部と端部で，接地圧力や滑り挙動に違いがあることに起因するが，これについてもトレッド形状や，ブロック形状の適正化で局所的な滑り挙動を抑えたパターンブロック剛性設計で対応している．

スポーツ車用タイヤは運動性能に重点が置かれているため，ヒステリシスロスの非常に高いトレッドゴムを用い大幅に摩擦力を上げたいが，転がり抵抗が悪化するという背反が生じる．トレッドを上下2層にし，表層部には高ロスのゴム，下層部には低ロスのゴムを用い，背反を構造などで克服している．北米に端を発した燃費規制，地球温暖化問題に対応するため，大幅な転がり抵抗の低減が強く求められるようになった．

転がり抵抗を下げるためには，ヒステリシスロスを下げるのが一般的であるが，ウェット路面上での摩擦係数が下がり，問題が生じていた．ゴムのロスの温度域分布をコントロールし対応する技術もできている[8]が，補強材としてのカーボンブラックに代えてシリカを混入するとその背反性は大幅に解決する．しかし，電気抵抗が大きいため，静電気がタイヤに蓄積されやすく，それによる諸問題が懸念されている．

上記のようにして背反性能を解決し，バランスさせながらタイヤは設計されているが，実際には装着車両のコンセプトに合わせた設計をしている．スポーツ車用は運動性能重視に，高級車用は音・振動・乗り心地重視方向に，というようにである．また，路面の状況に応じてオフロード用，スタッドレス，オールシーズン用とそれぞれの要求にあったタイヤがでているが，最近ではタイヤのエネルギーロスや使用済みタイヤが環境に与える影響から，転がり抵抗，重量が重要視されるようになった．車両の多様化，使用目的の多様化，自然環境への影響を含め，要求に応じたタイヤ性能を達成するため，より高度な総合設計技術が求められている．　　　　　　〔塚原　一実〕

(2)　トラック・バス用タイヤの機能と設計　　乗用車用タイヤと同様に，車の荷重を支え，路面からの衝撃を緩和し，制駆動力，操舵力を路面に伝える基本的な機能に加えて，トラック・バス用の大型タイヤではとくに長期間使用しても故障が発生しないこと，トレッドの摩耗が少なく長持ちすること，車両の運行経費を低減させるために燃費がよいこと(転がり抵抗が低いこと)，メンテナンス作業の省力化のために偏摩耗が生じないこと(タイヤのローテーション作業の軽減)など，商業的な観点から要求される性能が多い．

近年，バイアスタイヤからラジアルタイヤへの移行が急速に進み，トラック・バス用の大型タイヤではベルトとカーカスプライの両方にスチールコードを使用したスチールラジアルが一般的なものとなっている．タイヤの設計としては，おおまかに，(i)サイズの決定，(ii)カーカスラインの設定，(iii)トレッド部設計(パターン設計含む)，(iv)ベルト，ビード構造設計，(v)モールド設計，(vi)部材の選択の手順で行われる．

(ⅰ) **サイズの決定**: 車両側の寸度とタイヤに要求される負荷能力から,タイヤ外径と幅が決定される.タイヤにはサイズ(断面高さ,幅,リム径など),内圧によって決まる推奨荷重があり,JIS D 4202 にも推奨荷重算定式が定められている.

(ⅱ) **カーカスラインの設定**: 選択したタイヤサイズに対して,まず空気圧充てん時のタイヤ寸度から設計する.タイヤ寸度に関しては,JATMA YearBook((社)日本自動車タイヤ協会規格)にガイドラインが記載されている.空気圧充てん時のケースラインは,まず自然平衡形状理論[1](カーカスに生じる張力が場所によらず一定の形状)により予備的なラインを仮設定し,これを出発点に,ベルト,ビード構造の選択とともに有限要素法[9,10]などの構造解析手法を用いて,タイヤ各部の応力,ひずみ分布が解析される.こうした結果よりさらに形状変更を行って,最終的に目標性能に対して最適なケースラインを決定する.

内圧によりカーカスコードには大きな引張力が加わるが,これはカーカスの曲率半径によって変化する.この力の分布は,例えば内圧充てん時のベルトなどの成長量を左右し,さらに負荷転動時のタイヤ変形にも影響することから非常に重要で,各メーカーより種々のカーカス形状[11~13]が提案されている.

(ⅲ) **トレッドの設計**: トレッドパターンは基本的には,制・駆動力,横力などを路面に伝えるために設計されるが,滑りやすい路面ではとくに重要である.使用目的によって大きくリブ,ラグ,リブラグ,ブロックに分けられる.舗装路主体の長距離,高速使用では転がり抵抗が低く,低騒音の周方向に連続した溝で構成されたリブパターンが広く用いられる.ラグパターンは横方向の溝を有し,制・駆動力に優れており,一般道路,非舗装路用として用いられる.リブ,ラグは,両者を組み合わせたもので汎用性がある.ブロックパターンは,独立したブロックで構成され,とくに雪上や泥ねい地での制・駆動,旋回性に優れている.こうした特徴を生かすために,トラック・バス用タイヤの場合,前輪,駆動輪,遊輪と車両の装着位置に合わせて個別のパターンのタイヤが使用されることも多い(図5.2.4).

また長期間の使用で特定のリブが先行して摩耗したり,飛島状や周上多角形に不均一な摩耗が進行することがあるが,トレッドゴムとともにパターンの影響が大きいことから,接地面内で生じる力の分布を制御して偏摩耗を生じにくくするために,トレッドの輪郭形状や細部のパターンが決められる.

(ⅳ) **ベルト構造**: 高圧で使用されるトラック・バス用タイヤのベルトには,まず空気圧に耐えて形状を維持する圧力容器としての役割,接地面が過度の変形をせず確実に路面に操舵力を伝えること,さらに,耐摩耗性向上のために接地面でのゴムの動きを抑制することなど種々の機能が要求される.未舗装路で使用する際に,尖った石などの障害物によるカットを防ぐための保護層としての働きも求められる.

ベルトは,スチールコードを平行に配列してゴム被覆した層を所定の角度にバイアスカットしたものを積層した構造よりなる.現在一般的な構造としては,タイヤ周方

リブパターン	ラグパターン
リブ・ラグパターン	ブロックパターン

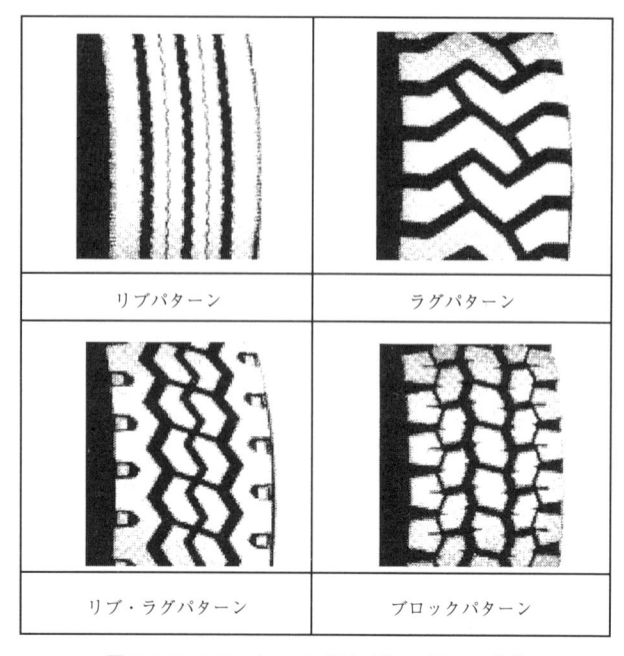

図 5.2.4 トラック・バス用タイヤのパターン分類

向に対して比較的浅い角度(20度前後)で対称に交錯したコード層に,高角度のコード層や外傷に対する抵抗力を上げるための保護層を追加したベルト層が用いられている.コード配置角度,コード密度,コード種などは,積層材としてのベルト剛性を支配し,さらに耐久性の面でもベルト端部の応力・ひずみ集中を左右するので,FEM などを用いて解析し,上述の要求特性の優先度を考慮して決定される(図 5.2.5).

(v) ビード構造: ビードはタイヤをリムに固定するために重要な役割をもつが,カーカスプライがビードワイヤーのまわりをタイヤ内側から外側に折り返して係止された構造が広く用いられている.カーカス本体部と折返し部との間にビード部を補強するための硬質ゴムを配置したり,またカーカスの補強コード端末部の応力集中の緩和や,負荷転動によってタイヤ外皮とリムフランジ部がこすれて摩滅するリムずれを防止するために,カーカス巻上げ部

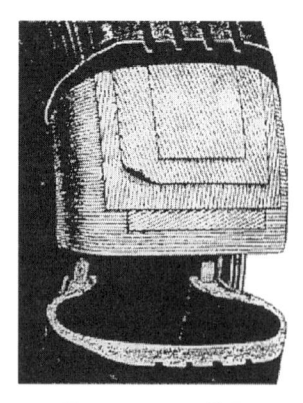

図 5.2.5 ベルト構造

のさらに外側にスチールあるいは有機繊維コードをゴム被覆したビード補強層を追加することも広く行われている.

ビードワイヤーは,高張力スチールワイヤーを硬質ゴムで被覆した複数本をリムのベースよりもやや大きな径で束ねたものよりなる.空気圧によりビードワイヤーに生じる応力を考慮してワイヤーの本数が設計されるが,このほかに転動時の横力,遠心力に耐え確実にリムにビードを係止し,さらにリム組,リム解き時の変形も考慮した十分な安全率をとって設計される.

(vi) **モールド設計**: 上述の各種要求性能より決められた構造を基準に,接地面の形状やカーカス形状が決定され,モールド外輪郭形状が設計される.その際空気圧充てん時に目標寸度を得るために,加硫後のモールド内からの形状変化(熱収縮など),内圧充てんによる形状変化を予測し,最終的にトレッドパターンを決めて具体的な金型(モールド)へと展開される.

(vii) **材料設計**

補強材: カーカスはタイヤの骨格をなす部分で,高内圧に耐え,転動によるサイド屈曲の繰返しに耐える疲労耐久性が補強コードに要求される.細フィラメントの高炭素鋼のピアノ線を複数本撚り合わせた柔軟性があり,耐疲労性が良好で強度も高いスチールコードが広く用いられているが,被覆ゴムとの接着性を向上させるために表面にブラスめっきが施されているのが一般的である.また,有機繊維コードも一部で使われている.さらに,ベルトコードには横力を受けたときに過度に変形しないための剛性,外傷に対する耐腐食性なども重視される.

ゴム材料: トラック・バス用のタイヤは,主にNR,SBR,BRなどのポリマーが使われている.一般的には,NRが高強度,低発熱の優れた特性から最も多く使われている.また,SBRはウェット路面における摩擦係数が高く,耐摩耗性にも優れ,BRは耐カット性や耐摩耗性に優れることから,こうしたポリマーを主として,要求性能に合わせて配合設計が行われる.

(viii) **今後の動向**: 車両総重量の規制緩和および輸送効率向上から,荷物室床面を下げる低床化が求められ,外径が小さく負荷能力の高い偏平タイヤの要求が高まっている.また,複輪タイヤを幅広の単輪タイヤで置き換えることによって,タイヤ,ホイール全体の重量減,転がり抵抗の低減,荷物スペースの拡大などのメリットが期待できることから,今後偏平タイヤの生産量が次第に増大していくものと思われる.近年大型タイヤにおいてもタイヤの偏平化が進み,偏平率(タイヤ断面高さ/タイヤ幅)45％のタイヤまで製品化されている.これらの低偏平率のタイヤでは,特に幅広のベルト部に空気圧によって大きな力が生じることから,ベルトの径成長を抑制するために周方向に補強コードが配置されたベルト[14]なども用いられている.

〔門田邦信〕

文　献

1) 高井　巌編：月刊タイヤ, **27**(2), 18 (1995).
2) Day, R. B. and Gehman, S. D.： *Rubber Chem. Technol.*, **36**, 11 (1963).
3) 木村政美：月刊タイヤ, **17**(4), 20 (1985).
4) 高井　巌編：月刊タイヤ, **21**(8), 29 (1989).
5) 山本卓司：月刊タイヤ, **21**(8), 50 (1989).
6) 吉田哲彦：月刊タイヤ, **27**(5), 56 (1995).
7) 高井　巌編：月刊タイヤ, **26**(12), 6 (1994).
8) 大和博明：月刊タイヤ, **19**(2), 58 (1987).
9) Zorowski, C. F.： *Tire Sci. Technol.*, **1**, 99 (1973).
10) Ridba, R. A.： *Tire Sci. Technol.*, **2**, 195 (1974).
11) Ogawa, H., et al.： *Tire Sci. Technol.*, **18**, 236 (1990).
12) 斎藤勇一：月刊タイヤ, **20**(3), 66 (1988).
13) 丸橋襄司, 落合　潔：月刊タイヤ, **21**(7), 32 (1989).
14) 福西　裕：月刊タイヤ, **27**(1), 58 (1995).

e. レーシングカー用タイヤ

レーシングカーといっても, F1からゴーカートまでさまざまなカテゴリーがあり, それぞれに適したタイヤが開発されている. ここでは, サーキットを走るフォーミュラカーのタイヤの設計を例にとって説明していくが, どのカテゴリーでも「いかに車を速く走らせるか」という基本的な考え方に沿ってレース用タイヤは開発されている.

(1) レーシングカー用タイヤの使われ方の特徴　乗用車のタイヤに関しては, ほとんどの人がパンクしたときか雪道を走るとき以外はタイヤを交換したりしない. 一方, レース用タイヤの場合, 決まった時期に, 決まった場所, 限られた時間内というように使用条件が限定され, しかもタイヤの交換が容易に行えることから, サーキットの特性や天候によって, 最も適したタイヤが装着される. すなわち, 乗用車用タイヤの場合には, 操縦安定性のほかに, 乗り心地, 騒音といったいろいろな要因をバランスさせ, さらに天候などによる幅広い路面の状況変化に対応できるようにタイヤの設計がなされている. 一方のレース用タイヤの場合には, サーキットのコーナーをいかに速く走り抜け, ラップタイムを縮めるかという, 操縦安定性の向上という点に特化した設計がなされている. 晴天と雨天で, さらには晴天用・雨天用も状況に合ったいくつもの種類のタイヤが用意されるのがふつうである.

レーシングカーを速く走らせるには, 操縦安定性を向上させ, 高速コーナリングで発生する高い横重力加速度に抗することが重要である. このためには, タイヤのグリップを上げてやることが効果的である. コーナリングフォース(CF)と呼ばれる力が, このグリップに匹敵するものである. それは, $CF_{max}=\mu \times W$(最大CF=タイヤの横滑

り摩擦係数×タイヤへの垂直荷重)で表される．μはタイヤと路面の関係で決定され，Wは車重や車の空力で得られるダウンフォースなどによって決まる．したがって，このμをいかに大きくとってやるかがレースタイヤ設計の重要な課題となる．当然のことであるが，このμを大きくできればCF_{max}は大きくなり，高い速度を保って，コーナーを素早く回ることができるのである．

(2) 構造/形状設計 F1の場合，CF_{max}は乗用車用タイヤの約2倍ほど発生しているが，これはμの値が非常に高いことを表している．ゴムの摩擦係数の特徴として，μは垂直荷重の上昇に伴って減少することがあげられる．したがって，同一荷重を支える場合，接地面積をできるだけ大きくとり，また，接地面内での圧力分布を均一化してやれば，μを大きくすることができる．そのために，晴天用のタイヤはスリックと呼ばれる，パターンのないツルツルのトレッドを採用し，与えられた条件のなかで，上述の目標に近づくよう設計している．一般的に，タイヤの内圧は乗用車が200 kPa程度なのに対し，F1では140 kPa前後で使用し，接地面積を大きくとれるように使用している．しかし，F1のように，ウィングを有し，大きなダウンフォースを発生させる車両の場合，摩擦係数を高くしたいあまり，接地面圧を均一にしようとしすぎて，ゴム膜のような構造をとってしまえば，ベルトとしての十分な反力が得られないばかりか，コーナリング中にタイヤ自体がよじれてしまい，車を支えることができなくなってしまう．また，内圧にしても，低くしすぎれば，空気の張力による反力が得られないばかりか，タイヤの変形が大きくなりすぎて構造的な故障や発熱によるトラブルを生じてしまう．このため，車の重量や，サーキットの速さに応じた，適度な剛性をもった構造が要求されるのである．例えば，F1のタイヤは低内圧で使用されているにもかかわらず，乗用車のタイヤに比べ，ばね定数的には約1.5倍程度高いが，これは大きな横重力加速度やダウンフォースに耐え，車両の姿勢を安定させるためである．

さて，タイヤは車両の重心から遠いところに位置するため，重量の影響も無視できないとされ，タイヤを1本1 kg軽くできればコンマ数秒速くなるという計算結果もある．また，タイヤ自体が回転していることによる慣性モーメントも操縦安定性に影響する．このため，レース用タイヤでは，むだなゲージを極限まで落とし，軽量化をはかっている．例えば，乗用車のタイヤではサイドウォールを厚くして，縁石へのヒットに備えているが，レース用タイヤではこういった保護層はまったくといっていいほどないのがふつうである．素材的にも一般車用ではベルトにスチールを使用しているが，レース用の場合，軽くて強い，カーボンファイバー，アラミド繊維，グラスファイバーなどを使用しているものが多い．

(3) パターン設計 晴天時はスリックを使用するので，パターン設計は基本的にはない．レース用タイヤの場合には雨天用のものに対して開発を行う．同一の溝体積で最大の排水効果がとれるように設計することが，耐摩耗性やブロック剛性確保の

面から重要である．

(4) コンパウンド設計　トレッドコンパウンドは，先に述べたμを直接的に上げる要素として最も重要である．一般乗用車のコンパウンドに比べて，レース用のものは，軟化剤とカーボンブラックが倍以上多く配合されている．こうすることで，モジュラスが低く，$\tan\delta$の高い，ハイグリップコンパウンドが得られる．柔らかさで路面との食い込み性をよくして，接触面積を広くし，高い$\tan\delta$で粘弾性的グリップを増すという考え方である．ただ単純にコンパウンドをハイグリップ系にすれば，耐熱性や耐摩耗性の壁がそこには存在し，例えば，1周もしないうちにコンパウンドがブローしてしまったり，レース距離なかばで完摩耗してしまうことも生じる．したがって，グリップの高いポリマー，超微粒子，長連鎖カーボンブラックや特殊な加硫助剤などを利用して，使用条件を満たす配合を見つけなければならない．また，こういった原材料の開発が，最終的に技術格差としてレースの結果を左右するのである．

〔浜島裕英〕

f. 航空機用タイヤ

ハイテク化や材料革命による最近の航空機技術の発展は目覚しく，機体性能の向上とともに，さらなる安全性の追求や大量航空輸送を反映した経済性の向上も著しい．このため，航空機タイヤに要求される性能や安全性もますます高いものになってきている．

(1) 機能と性能の特徴　航空機用タイヤの機能は航空機を滑走路面に高速で着陸させ，その際の衝撃を緩和し，急制動をへて航空機を安全に停止させ，また高負荷，高速度の航空機を容易に離陸させることにある．航空機タイヤの機能が車両タイヤと異なるように，性能面で次の特徴を有する．

① 負荷時のたわみがタイヤ断面高さの約35％であり，車両タイヤの2〜4倍大きいこと．
② 機体重量をできるだけ軽くするため，寸法のわりに負荷，内圧が大きいこと．
③ 高速性に優れていること．高速に適した形状，材料，構造の採用により，試験速度が速いものでは，275 MPH(440 km/h)に耐えられること．
④ 成層圏付近で使用されるので，軍用で-54℃，民間用で-40℃の耐寒性があること．

(2) 分類，タイプとサイズ

(i) メインとノーズ：　メインタイヤは機体中央部のボディーまたは翼の脚に装着され，離着陸荷重の大部分を分担するため一般に大型サイズ，高荷重，高プライレーティング(PR)である．一方，ノーズタイヤは機体頭部の脚に装着され，分担荷重も小さく，一般に小型サイズ，低プライレーティングである．

(ii) 軍用と民間用：　軍用は米軍のMIL-T-5041規格が適用され，民間用はTRA

(Tire & Rim Association Inc.)のYear Bookおよび米国航空局発行のTSO-C 62規格に基づく．軍用は，戦闘機，練習機，輸送機など用途によって要求性能が全く異なり，特徴は高速性，寸法小，軽量化，耐寒性があげられる．民間用は，超大型～小型，長～短距離用まで種々の仕様がある．民間用の共通点は，安全性と経済性である．

c) タイプ番号とサイズ： MIL規格による軍用では，性能によりタイプ1から8まであったが，新機種にはタイプ3, 7, 8が使用されている．TRA規格の民間用でもタイプ3, 7は使用されているが，タイプ8はタイプ番号のない新グループに入り，ラジアルタイヤが新タイプとして追加された．サイズの呼びは，寸法，リム径の呼称インチで示される．

① タイプ3(低圧タイヤ，例：12.50-16 12 PR)： 呼びは，断面幅－リム径 PR で示される．断面形状はやや丸く，100 psi以下の低内圧で，120 MPH以下の低速機種に多い．

② タイプ7(超高圧タイヤ，例：49×17 32 PR)： 呼びは，外径×断面幅 PRで示される．偏平な断面形状であり，タイヤの大きさのわりには，荷重，空気圧が非常に高い．

③ タイプ8(超高圧偏平タイヤ，例：30×11.5-14.5 24 PR)： 著しい偏平形状であり，軍用の高速の新機種に使用されている．呼びは，外径×断面幅－リム径 PRで示される．

④ タイプ番号なし(主に超高圧偏平タイヤ，例：H 49×19.0-22 32 PR)： 民間用新機種に使用され，呼びは，外径×断面幅－リム径 PRで示される．サイズ名の前に"H"を付けた．タイヤ幅に対するリム幅の割合が60～70％の構造品が，新機種に多く採用されている．

⑤ ラジアルタイプ(例：50×20.0 R 20 32 PR)： 航空機用ラジアルタイヤ構造の開発により，新しく追加されたタイプであり，呼びは外径×断面幅Rリム径 PRで示される．

⑥ ヘリコプター用：主にタイプ3が航空機用条件より高内圧，高荷重で使用される．

(3) 航空機タイヤの構造

(i) トレッドデザイン： 牽引性や制動性あるいは操縦性よりも，機体の滑走時に直進性や安定性，濡れた路面の排水性を与えるために，複雑なデザインを必要とせず，トレッド部の円周方向に3本以上の連続したまっすぐな溝を有するリブタイプが通常は使用される．

(ii) バイアスタイヤ構造： カーカス部は，車両タイヤと同様に，ゴムで被覆されたすだれコードによるプライが，交互の方向に偶数枚重ねられた構造である．耐衝撃性や高速，高内圧，軽量化のため，強力でしなやかなナイロンコード材が通常使用され，高内圧のため20プライ以上のタイヤも多い．ブレーカ布をトレッドゴムの下

側(内側)に入れて補強する場合もある．ビード部は高内圧,高荷重,遠心力に耐えられるようにビードワイヤー本数は多く,ワイヤーを束ねたビード束は1束では足らず,2～3束の構造のビードも多い．

　(iii)　ファブリックトレッド構造：　トレッド部に何層かの補強布を挿入した特殊なタイヤ構造であり,200 MPH 以上の高速タイヤに適している．高速の遠心力によるトレッドの伸長を抑えて変形を少なくし,高速安定性やトレッド強度増加を目的とする．

　(iv)　ラジアルタイヤの構造：　始まったばかりであり,現在の構造や材質は将来変わるかもしれない．耐衝撃荷重や高たわみ,軽量化の要求に合うようナイロンコード材が多く使用され,高内圧のため,カーカスが5枚以上,ベルトも10枚以上のタイヤも多い．また,トレッドとベルトの間にカットプロテクターが配備され,外傷からベルト部を保護する．

　(4)　更生タイヤ　航空機タイヤは高速着陸のため摩耗が早く,カーカス部が劣化しないうちに摩耗するので,更生が広く行われ,特に民間用は経済性のため5～8回更生される．更生はトレッド層をバフがけし,その上に新品時と同構造のトレッドや補強布がはり付けられる．

　(5)　認定制度　航空機タイヤは,適用規格による認定試験を満足し,官から承認を得なければ使用を許可されない．主な試験には,寸法,負荷半径,バランス,動的耐久試験,低温試験,破壊圧試験などがある．最新民間用には,片側車輪タイヤがパンクしたときの安全性を保証する2倍荷重耐久試験が追加されることもある．

〔国分光輝〕

文　献

1) USA軍：MIL-T-5041　Rev.G：Tires, Pneumatic, Aircraft, p.57（1975）．
2) USA軍：MIL-T-5041　Rev.F：Tires, Pneumatic, Aircraft, p.57（1971）．
3) USA Federal Aviation Administration：TSO-C62 Rev.d：Aircraft Tires, p.15（1990）．
4) Tire & Rim Association Inc.：Year Book（1998）：Aircraft, p.84（1998）．
5) Tire & Rim Association Inc.：Year Book（1997）：Aircraft, p.76（1997）．

g.　自転車と二輪車用タイヤ

(1)　自転車タイヤ

　(i)　自転車タイヤの種類と構造：　自転車タイヤのほとんどは,タイヤをリムに嵌合させ,空気を充てんして使用されている．このタイヤとリムのはめ合い形式により,タイヤの種類が図5.2.6のように分けられる．WO(wired on)タイヤと呼ばれるタイヤのビード部は鋼線により構成され,リムのビードシート上に嵌合されるもので,一般スポーツ車,軽快車にはこの形式のタイヤが使われている．HE(hooked edge)タ

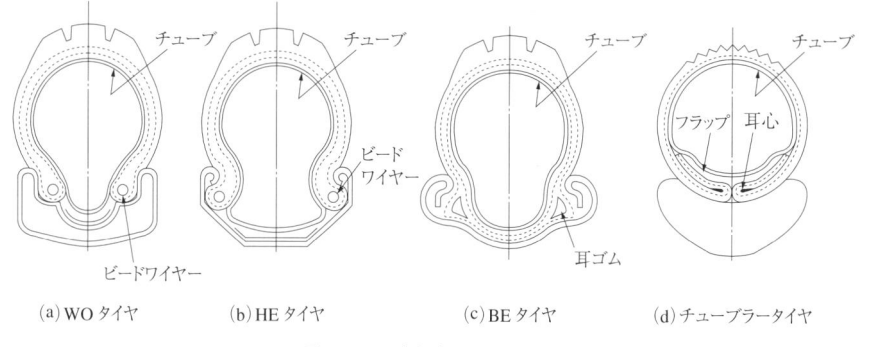

図 5.2.6　自転車タイヤの種類

(a) WO タイヤ　(b) HE タイヤ　(c) BE タイヤ　(d) チューブラータイヤ

イヤのビードは鋼線で構成され，リムとビードを引っ掛ける構造となっており，マウンテンバイク，ミニサイクル，BMX サイクルに使われている．タイヤのビード部分が硬いゴムで構成され，リムとの嵌合もリムに噛み合うような形式で BE（beaded edge）と呼ばれるものが運搬用自転車，リヤカー用に唯一使用されている．レース用としてのみ使用される丸タイヤ（チューブラー）はチューブを縫い込んだ構造で，リムとの嵌合は空気内圧による収縮と接着剤とで保持される．これらタイヤのいずれも，タイヤ内部に圧縮空気を加え，それにより負荷を支えるとともに，優れたクッション性と耐路面特性を与えている．そして，最近はタイヤ自体の軽量化をはかり，タイヤを含めた車輪の転がり抵抗，加速抵抗を低減させている．

(ii)　自転車タイヤの表示と呼び： 自転車タイヤの呼びについては，イギリス式呼称，フランス式呼称ともタイヤの外径と幅を規定していたが，リムとの嵌合上容易に互換性がわかる ISO 規格[1]が一般的になりつつある．ISO 規格のタイヤ表示は，単位をミリメートルで表し，タイヤの幅×リムのビード径で示す．

(iii)　自転車タイヤ用リムの種類と形状： タイヤとリムは互いに関係しあって車輪を構成する部品である．タイヤは規格化されたリムに嵌合するように設計・製造されている．そしてリムの呼びも ISO，JIS ともタイヤに対応した呼びとなる．リムの種類は嵌合相手のタイヤの種類で決まるもので，タイヤと同様に WO，HE，BE のリムがあり，さらに ISO で規定された新しいリムもある．

(iv)　自転車タイヤの機能と特性： 自転車が自動車および二輪自動車と基本的に異なるのは，駆動が人力に頼ることと，乗り心地を付与するばねがないことである．これが部品としてのタイヤに要求される機能が自転車タイヤと自動車タイヤ（二輪を含む）と異なる点である．また，最近では自転車のロードレース，マウンテンバイク（MTB）レースが盛んで，その部品としてタイヤにいろいろな特性が要求される．

要求される特性の主なものは，タイヤのばねとしての機能と耐荷重性，低圧から高

圧までの空気圧の保持性，自転車が軽く安全に走れるためのタイヤの耐路面特性（転がり抵抗，コーナリングフォース）とタイヤの重量（軽く走るには軽量化が欠かせない），安全に止まるためのタイヤの制動性であり，最近のタイヤの設計はこれらを満足させるため以下の点に工夫している．① トレッド部はタイヤの制駆動性，転がり抵抗性，摩耗性を左右させる部位で，そこに使用するゴムの配合技術に負うところが大であり，各メーカーでの技術競争の手段となっている．② カーカス部は現在主に合成繊維のタイヤコードをバイアスに裁断したものを交互に異なる方向に2層に重ねて得られるもので，その繊維の材質，構成，および繊維を互いに装着させるゴムの配合物の選択により，タイヤの耐荷重性，耐久性を与える．③ ビード部はリムとの嵌合性を高めるため，一般のタイヤではビードコアには硬鋼線を使用しているが，最近ではタイヤの軽量化，携帯性を高めるため，アラミド繊維などの，強度が高く，伸びの低い合成繊維をビードコアに使用する．また，トレッドゴムには耐摩耗性だけではなく耐候性も付与する必要性が高まり，NRと合成ゴムのブレンドと，さらに耐候性に優れたEPDMをブレンドした配合を使用する例がある．カーカスを構成する材料では6ナイロンが主流であったが，最近66ナイロン，ポリエステル，アラミドなどの新しい材料を用途により使い分け，またその糸の構成・太さもタイヤの設計目的に合わせている．例として，6ナイロンの太さ210dの250本/5cmの高密度から840dの48本/5cmのすだれ織がカーカスとして使用されている．

(v) 自転車タイヤの製造方法：

a) **タイヤの成形**：　成形機には自動式と手動式があり，成形方法は同じで，ビードワイヤーをセットしたのち，ゴム引きしたタイヤコードを折り込み，中央部でコードを重ね合わせてカーカス部分を成形したのち押し出されたトレッドゴムを置くのが一般的である．

b) **タイヤの加硫**：　タイヤの加硫は多段プレスまたはBOM(Bag-O-Maticといい，アメリカMcneil社のタイヤ加硫方式)加硫機を使用して加硫される．多段プレスでは成形されたタイヤにゴム製のバッグを挿入し，各段の金型にセットしたのち，油圧または水圧で圧力を加え加硫する．BOM加硫機は成形品をセットしたのちは自動的にブラダーというゴム製のバッグを蒸気の圧力で膨張させながら金型に押しつけ加硫する．このBOM加硫機は自動車タイヤの加硫でも使用されるもので，半自動機となっている．

(2) 二輪自動車タイヤ

(i) 二輪自動車タイヤの種類と構造：　二輪自動車タイヤ[2]は，モーターサイクル用タイヤ，スクーター用タイヤおよび低圧特殊タイヤに分類される．そしてモーターサイクル用タイヤとスクーター用タイヤはリム径の大きさにより区分し，リム径の呼びが13〜21のタイヤをモーターサイクル用タイヤ，5〜12をスクーター用タイヤとしている．二輪車用タイヤの構造として，バイアスタイヤとラジアルタイヤがあり，

レースなどに使われる高速用タイヤはラジアル構造が主流で,一般用途のタイヤではバイアス構造が主流となっている.

(ii) **二輪自動車タイヤの呼び**: 二輪自動車タイヤの呼びとしては代表的な2例がある.

a) **ISO方式**: 130/70 R 17 62 H 断面幅/偏平比の呼び,構造記号(Rはラジアル記号),リム径の呼び,ロードインデックス,速度記号を示し,最近はこの方式の呼びが一般的である.

b) **従来方式**: 2.50-17 38 L 断面幅の呼び,構造記号,リム径の呼び,ロードインデックス,速度記号を示す.二輪自動車タイヤの呼びは一般自動車タイヤと共通であり,そのなかでもロードインデックス,速度記号はタイヤの荷重負荷能力と走行可能な最高速度を表している.

(iii) **二輪自動車タイヤ用リム**: リムサイズの呼びは,ISO 3911に従って,リム径の呼び×リム幅の呼びとしているが,従来の呼び方の「リム幅×リム径の呼び」を用いる場合もある.

〔岡本治徳〕

文　献

1) ISO-5775-1.
2) JATMA(日本自動車タイヤ協会), Year Book (1988).

h. **ソリッドタイヤ**

(1) **ソリッドタイヤの特徴と用途** ソリッドタイヤは,低速で高荷重の産業車両に装着され,比較的短距離を断続走行で整備された良好な路面に使用されることが前提で規定されている.また,産業車両の種類はきわめて多く,その使用条件もますます多岐にわたっている.今後も,荷役,運搬作業の合理化・機械化に伴い,さらに種類,数量ともに増加すると考えられる.代表的な用途,車種としては,フォークリフトトラック,産業車両用トラクター,各種低速トレーラー,小型ショベルローダー,その他比較的低速の運搬車などがあげられる.

ソリッドタイヤはパンクしない特徴があり,空気入りタイヤの管理に必要な空気圧管理が不要,寿命が長いなどで,安全性,管理面,経済性で優れており,とくに空気入りタイヤの形をしたソリッドタイヤ(ニューマチック型ソリッドタイヤ)は増加の傾向にある.また,その使用条件も広範になり,例えば,長時間で厳しい旋回走行,車両速度のアップへの対応,ロングライフ化,電気車用の低転がり抵抗化(電気消費量の低減),床面の美化を保つために床色に合わせたカラータイヤ(ホワイト,グリーン)など,広範囲で高度な技術が必要になってきている.

(2) **産業車両用ソリッドタイヤの種類** 産業車両に装着されるゴム製のソリッ

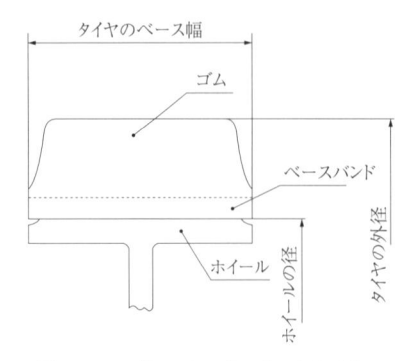

図 5.2.7 プレスオン式ソリッドタイヤの断面図

ドタイヤは，JIS D 6405（産業車両用ソリッドタイヤの諸元）によると，構造によって以下に示す3種類に分類される．

 （ⅰ） プレスオン式ソリッドタイヤ： ベースバンド（金属製の円筒状ベース）にゴムを接着したタイヤで，プレス機でホイールに圧入装着して使用される．空気入りタイヤと比較して，大きさのわりに高荷重に耐えることができるため，車両のコンパクト化が可能になる（図5.2.7）．

 （ⅱ） キュアオン式ソリッドタイヤ： ホイールに直接ゴムを接着したタイヤで，ホイールとタイヤとは一体である．比較的小さなタイヤに適用されている（図5.2.8）．

 （ⅲ） ニューマチック型ソリッドタイヤ： 空気入りタイヤ用のリムに装着するように設計されたタイヤで，外観および寸法が空気入りタイヤと類似している．その内部は，ゴム，繊維，スチールワイヤーなどによって一体化されている．また，プレス機でリムに圧入装着して使用される（図5.2.9）．

 空気入りタイヤに比較してたわみが小さいため，乗り心地面では不利であるが，走

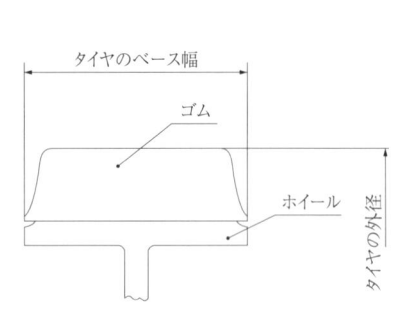

図 5.2.8 キュアオン式ソリッドタイヤの断面図

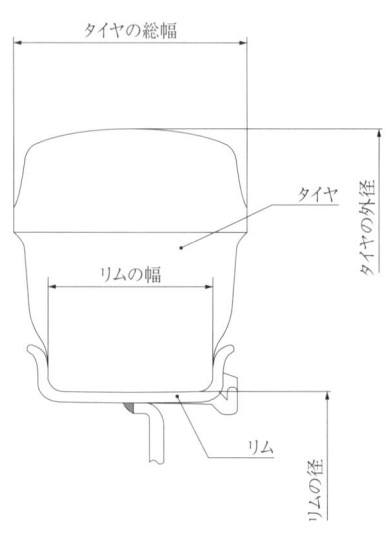

図 5.2.9 ニューマチック型ソリッドタイヤの断面図

行および荷役作業の安定性に優れる．一方，プレスオン式ソリッドタイヤと比較すると，たわみが大きく，乗り心地面で有利である．

構造は一般的には2層であるが，3層にしてセンター部にその目的に応じたゴムを適用し，乗り心地改善，低発熱化などの性能向上をはかったものもある．

その他，プレスオン式およびキュアオン式ソリッドタイヤで，ゴムの代わりにポリウレタン樹脂を使用したものもあるが，このタイヤはゴム製タイヤより1.5～2.0倍の荷重に耐えられる．

(3) 産業車両用ソリッドタイヤの表示および呼びと最大荷重　　表示および呼びは，タイヤの大きさ(外径，幅，ホイール・リム径など)によって表され，JIS D 4201に規定されている．

許容する最大荷重は，JIS D 6405に速度との関係で規定されている．

(4) タイヤの発熱と耐摩耗性　　タイヤの主要部分をなすゴムは，完全な弾性体ではなく粘弾性挙動を示す．したがって繰り返し応力を受けたとき，入力エネルギーと出力エネルギーとの間に差を生じ，この損失したエネルギーが熱となる．この熱の量は，ゴムの材質，タイヤの変形速度，大きさや温度によって異なる．

タイヤは摩擦によってゴムの表面はすり減ったり，削られたりするが，このような現象に対するゴムの抵抗性を耐摩耗性という．耐摩耗性は，ゴムの物性，走行路面，速度，負荷荷重，温度などによって複雑な影響を受ける．

(5) プレスオン式およびキュアオン式ソリッドタイヤのゴムと金属の接着

接着剤としては市販のものが用いられるが，塩素系ゴムを用いた接着剤などが一般

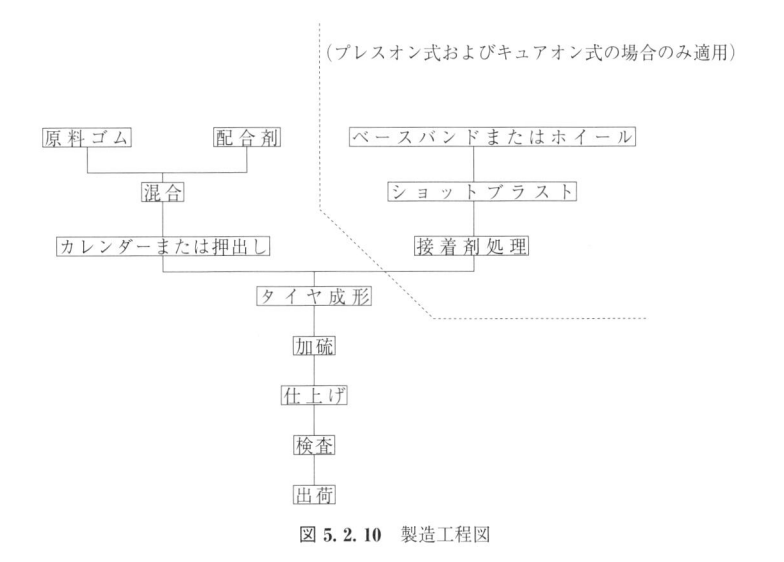

図 **5.2.10**　製造工程図

(6) 製造方法　基本的には図5.2.10の工程図による．小型のソリッドタイヤは，金型にゴムをインジェクションして成形される場合が多い．　　　　〔谷川 基司〕

i.　その他（バギー用，農業用，ゴムクローラ）

(1)　バギー用タイヤ（図5.2.11）　砂，泥，雪，草原，岩場など不整地を走行するATV（all terrain vehicle）用に使用されるタイヤである．元来は一人乗りでサスペンションのない三輪車に装備され，タイヤはリムと一体化されてゴムだけでつくられていた．タイヤの特性としては，乗心地のよさと，エンベロープ性に優れ，釘の出ている板上や岩場・階段などでの走破性にあった．その後，経済性，メンテナンス性の向上のためタイヤとリムが分離され，耐パンク性の改良のため，タイヤコードによる路面部補強タイヤに移っていった．さらに，車はサスペンションのついた四輪車へ進化し，タイヤには高速・高負荷重への要求が増していき，タイヤコードによるバイアス構造に移っていった．現在のタイヤは，不整軟弱地での走破性を保つため，空気圧は15～45 kPaで使用され，安全を保つためビード落ち抵抗力を確保する必要性から，リム・タイヤ両面から工夫がなされている．リムではハンプ高さを乗用車タイヤより高くしており，ビードワイヤーはワインディング径がリムハンプ径と同等かそれ以下に設計されている．一方，材料面からみると，ゴム配合は，バギー車の使用範囲は世界中に拡がっているために，寒冷地での耐寒性と耐オゾン性の向上のため，-50℃以下のぜい化温度を必要としている．一方，高温地域での耐候性も要求される．また，基本特性として走破性・乗り心地性を確保するために，粘弾性，とくにtan δ（損失係数）のコントロールを必要とする．したがって，SBR，NR，BRゴムを主体として微妙なコントロールが必要である．その他，空気漏れを防ぐために，コード材料の選択

図 5.2.11　バギー用タイヤ

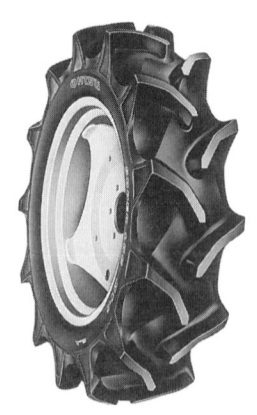

図 5.2.12　農業用タイヤ

表 5.2.2 農業用タイヤと一般用タイヤの比較

		農業用タイヤ	一般用タイヤ
使用目的		圃場での作業	人,物の移動・運搬
使用条件	走行速度	低速(2～30 km/h)	高速
	荷重	低荷重	高荷重
	走行路面	軟弱地(乾田,湿田)	舗装路
要求される性能		軟弱地での牽引力	操縦安定性・乗心地 高速耐久性

も重要なポイントである.

(2) **農業用タイヤ**(図5.2.12)　一般用タイヤに比べ,その特徴をまとめると表5.2.2となる.農業用タイヤには大きく分けて,農用タイヤ,芝草用タイヤ,農用運搬車用タイヤ,特殊タイヤがある.

(i) **農用タイヤ**:　乾田・畑で使用されるタイヤと湿田・水田で使用されるタイヤに分けられる.これらはパターンが異なる.農用タイヤは,牽引力・排土性・走破性を重視するために,パターンはラグパターンになっているが,用途によってこのラグの高さが異なっている.乾田・畑用はローラグであり,湿田・水田用はハイラグである.いずれにしても,振動・乗り心地・排土性を改良する開発がなされている.

(ii) **芝草用タイヤ**:　牧草地などで使用されているブロックパターンのタイヤが主流である.芝草を傷めないように接地面積を大きくとって接地圧を下げ,また,芝草切れのないように工夫されている.最近,ゴルフ場などでは耐摩耗性を考慮したパターンもでてきている.

(iii) **農用運搬用タイヤ**:　不整地,とくに軟弱地でも牽引力をだせるラグパターンのタイヤが主流である.

また,農用タイヤより走行時間が長いため,耐摩耗性も考慮し,接地面接を大きくしている.

(iv) **今後のテーマ**:　泥がつきにくいタイヤの開発が要求されている.住宅地の舗装化が進み,圃場の泥を舗装路に落とすことが問題となっている.環境テーマのひとつといえる.そのために,パターン,材料面で新しい概念が必要となってきている.以上,各カテゴリー別に述べてきたが,一方,ゴム材料からみると,この分野は,稼働期間は限られ,逆に保管されている期間の方が長いため,静的な耐オゾン性が長期にわたり要求される.そのために老化防止剤の使用に特徴があるが,一方では外観の向上にも要求が強く,種々の工夫がなされている.

(3) **ゴムクローラ**(図5.2.13)　ゴムクローラは,古くからコンバイン・運搬車などの農業用車両の足回りとして活躍しており,最近ではミニショベルなど建設車両,林業・雪上用車両の足回りなどとして幅広く使用されている.ゴムクローラとは「芯金と抗張体をゴムで包んだ履帯(クローラ)」のことをいい,形状・構造・材質の異なるクローラがある.

図 5.2.13 ゴムクローラ
横一文字ハイラグを千鳥状に配列した湿田パターン．牽引力・セルフクリーニング（土離れ）効果で湿田や雪上の走破・回行性に優れている．

（i）構造および材質： 芯金，抗張体，ゴムからなっている．芯金は，周上に一定の間隔で埋設され，履帯の外れ防止の突起をもっており，スプロケット（駆動輪）の回転力を伝達し，ゴムクローラの剛性保持の役目をもっている．強度・耐摩耗性のために熱処理をしているものもある．材質としては，鋳造品，鍛造品，FRPがある．抗張体は，ゴムクローラの張力を保持するもので，ゴムで被覆したワイヤー状のピアノ線で構成されている．一方，ゴム材料は，路面と接地する部分は，耐カット，チッピング，摩耗，屈曲性の苛酷な条件下での耐久性が要求されている．また，長期にわたる耐候性も必要である．駆動輪側（内側）は，芯金の保持や抗張体を保持する役目をもち，耐屈曲性や小石の巻き込みによる耐カット，チッピングが要求されている．

（ii）今後のテーマ： 都市型の工事の増加に伴い，室内の床面や路面を汚さない白色・グレー色のクローラも要求されている．ゴム材料としては，SBR，NRが主体であるが，今後はシリカ，樹脂を含めての展開が予想される． 〔中村博信〕

5.2.2 自動車用ゴム製品

自動車用ゴム製品はゴム材料の分子構造に由来する優れた弾性体の特性により，重要保安部品や重要機能部品を代表に，金属と金属の間に必ずといってよいほど使用されている．また，自動車は一種の生活空間でもあるように，ホース，防振ゴム，シール，ベルトなど，ゴム工業用製品類を凝縮した形で使用しているともいえる．

一方，自動車の開発はCS（customer satisfaction）および地球との調和を原点とし，環境，安全，知能化の向上を進めており，これら開発ニーズに対し製品の改良開発は日進月歩で行われている．

本項では自動車に使用されているタイヤを除くゴム製品全般について，開発のポイントおよび材料設計の考え方を中心に解説する．なお，昨今の自動車の動力機関は環境保護の面より，電気，CNG（圧縮天然ガス）などが実用化されているが，これらに対するゴム製品への開発ニーズは従来技術の改良レベルであるため，ここでは元来のガソリンエンジンに対して解説する．

図5.2.14にエンジン部品に使用しているゴム材料の例を示す．耐エンジンオイル性，耐ガソリン性，耐熱性，耐寒性の面より特殊ゴム材料を主体にさまざまなゴム材料が使われている．パッキンやOリングなどのシール材料においては，高温圧縮永

5.2 交通・輸送関係

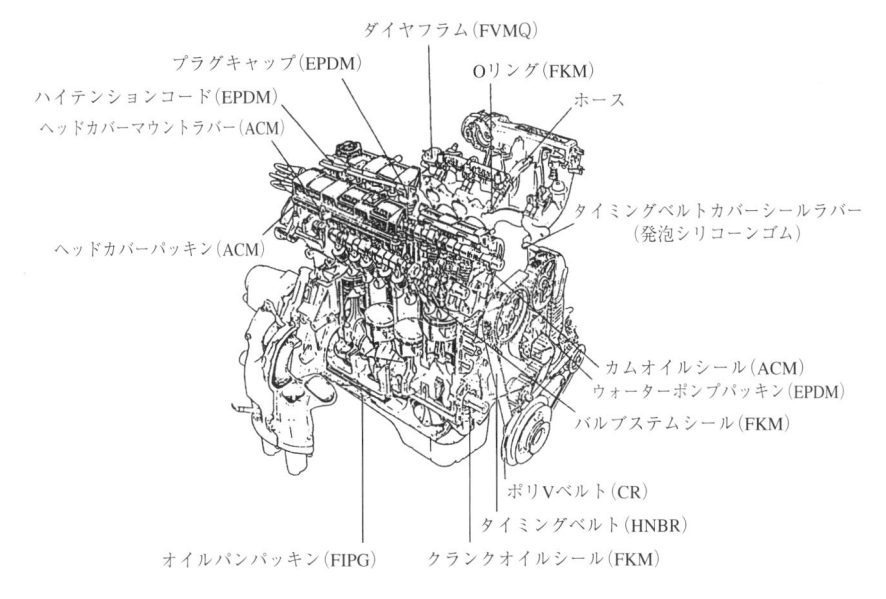

図 5.2.14　自動車用ゴム製品の使用状況(エンジン)

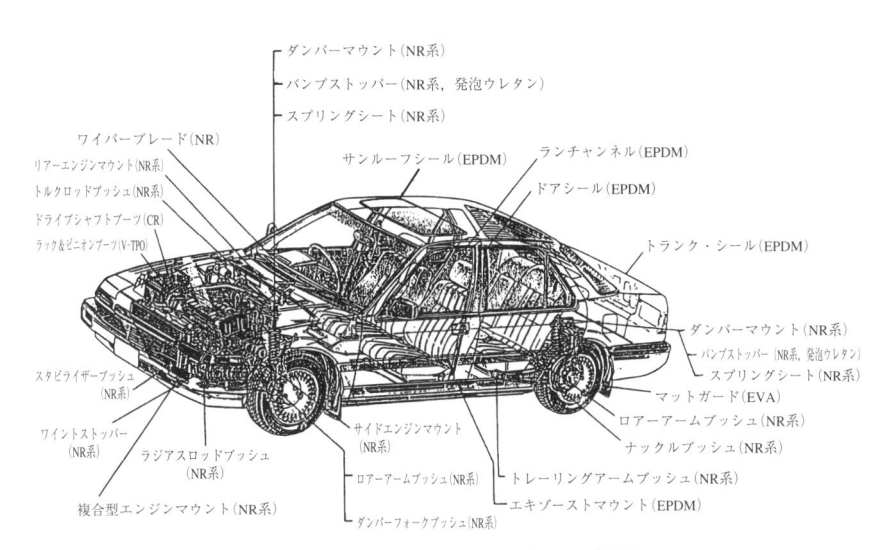

図 5.2.15　自動車用ゴム製品の使用状況(車体)

久ひずみの面より，NBRからACMへと変化してきた．

図5.2.15に車体部品に使用しているゴム材料の例を示す．防振ゴム類は動的振動性能，加振耐久性の面よりNR(SBR，BRなどとのブレンド系を含む)が主体である．排気系マウントなどの耐熱性が要求される部品や，ウェザーストリップなどの耐候性が要求される部品においては，EPDMが主体である．

次にホース，防振ゴム，シール，ベルトの各部品について解説する(表5.2.3～表5.2.6).

a. ホース

表5.2.3中の材料仕様は，ホース構成材料仕様を内側から外側へ向かって，例えば内面ゴム/中間ゴム/外面ゴムの順に示している．フューエル系においては

① ガソリンが液体で接するかベーパー(エバポ)状態で接するか
② エンジン仕様がフューエルインジェクション仕様かキャブレター仕様か
③ SHED(燃料系からのエバポエミッション)規制が必要か否か

で内面ゴム材料の選定が変わってくる．フューエルホースでは，キャブレター仕様の場合に，PVC含有率30％レベルのNBR・PVC複合材料を使用している．フューエルインジェクション仕様に対しては，二元系または三元系FKMを使用しているが，世界中のガソリン性状に対するタフネス性とガソリン透過性の面より，三元系FKMの方が好ましい．最近コストダウンとリサイクル化を目的に，樹脂チューブ化した開発事例を図5.2.16に示す．ガソリン中の清浄剤として使用されているアミン系の添加

表5.2.3 ホース

区分	部品名	材料仕様	改良ニーズ	材料動向
フューエル系	フューエルホース	FKM/NBR/ECO PA 11 ETFE/PA 12 NBR・PVC/CSM	リサイクル化	樹脂材料化 TPE化
	エバポ系ホース	NBR・PVC/CSM		
	フィラーネックチューブ	NBR・PVC FKM/NBR・PVC PA 11/NBR・PVC		
	ブリーザーチューブ	NBR・PVC FKM/NBR・PVC		
オイル系	オイルクーラーホース	アクリルゴム系		
	パワステアリングホース	NBR/CR	耐熱性(ただし, 電動化で減少傾向)	HNBR/CSM, ACM
	ブレーキホース	EPDM/IIR/EPDM		
	ブレーキフルード系ホース	EPDM		
エア系	バキュームコントロールチューブ	ECO/CM	(電子デバイス化で減少)	
	エアフローチューブホース	NBR・PVC	リサイクル化	TPE化
	バキュームブレーキホース	NBR・PVC/CSM	リサイクル化	樹脂材料化 TPE化
水系	ウォーターホース	EPDM	耐電食性	高電気抵抗配合
フレオン系	クーラーホース	ナイロン系/IIR/EPDM		

5.2 交通・輸送関係

従来品 → 狙い コストダウン リサイクル → 開発品

ガソリンの添加剤によりFKMでもクラックが発生する

世界中のいかなるガソリンに対しても耐久信頼性があること

ワンタッチジョイント方式樹脂チューブ
パイプ
樹脂フューエルチューブ
クイックコネクター

ゴムホース加締め仕様

AGE-CHC　PET または PVA　NBR　FKM

接着層
PA12　PA12/ETFE　ETFE
0.7 t　0.1 t　0.2 t

ハウジング PA12（GF 23%）
ブッシュ PA12（GF 23%）
リテーナ PA612
Oリング FVMQ
Oリング FKM

フューエルシステムによる静電気対応

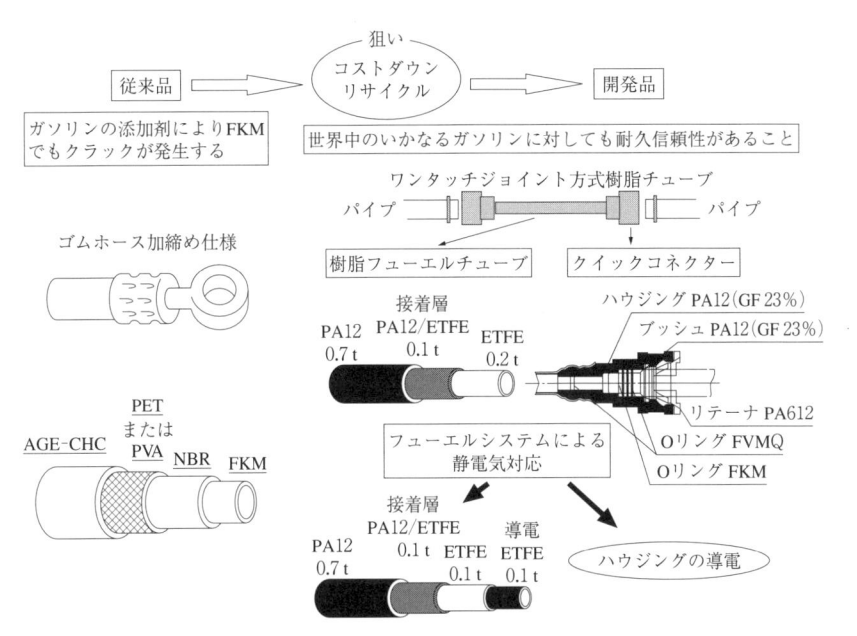

接着層
PA12　PA12/ETFE　ETFE　導電ETFE
0.7 t　0.1 t　0.1 t　0.1 t

ハウジングの導電

図 5.2.16　樹脂フューエルチューブの開発事例

剤による劣化とガソリン流動で生じる静電気に対応するため，最内層に導電性をもたせたETFE（エチレン-テトラフルオロエチレン共重合体）樹脂を採用した．フィラーネックチューブやエバポ系チューブにおいてはSHED規制対応として，最内層にガソリン透過量が少ない三元系FKMやナイロン11が使われるようになってきた．また，ORVR（給油時のエバポエミッション）規制に伴うフューエルタンクとキャニスター間のエバポ系チューブにおいては，ナイロン11またはナイロン12を用いたコルゲートチューブタイプも採用されてきている．図5.2.17にフューエルインジェクション仕様のフューエルラインの構造を示した．

　オイル系における内面ゴム材料は搬送するオイルの種類により，鉱物油系オイル（エンジンオイル，オートトランスミッションオイル，パワーステアリングオイルなど）の場合には極性ポリマーであるACM系やNBR系，ブレーキフルードなどの非鉱物油系の場合は非極性ポリマーであるEPDMが主に採用されている．さらに，オートトランスミッションオイルホースにおいては，耐電食性のニーズから低カーボン配合をベースとした高電気抵抗配合アクリルゴム系が適用されている．ブレーキホースにおいては，ホウ酸エステル系ブレーキフルードの透過性と耐熱性の面より，パーオキサイド加硫EPDMが採用されている．

　水系であるウォーターホースは，耐熱性，耐電食性，電気劣化[1]，耐久性の面より

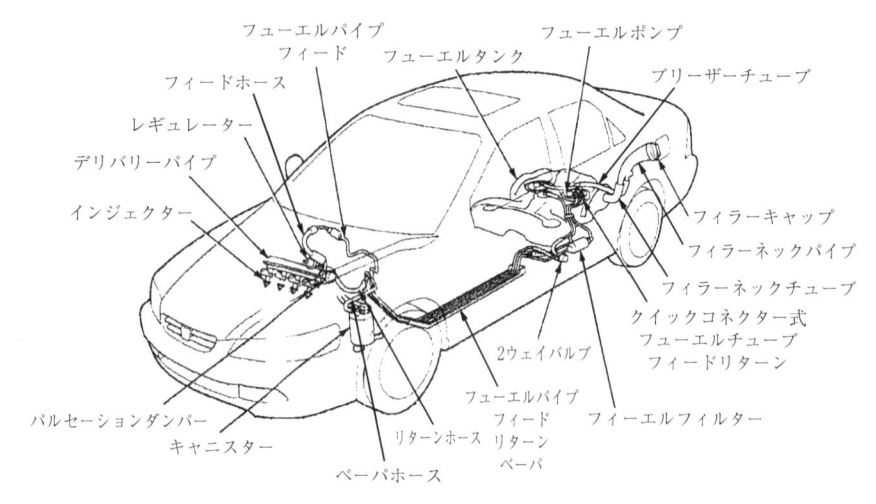

図5.2.17 フューエルラインの構造

シリカ系補強,パーオキサイドキュアEPDMが望ましい.

b. 防振ゴム

エンジン系,フレーム系に使用している各防振ゴムの材料仕様を表5.2.4に,代表的防振ゴム材料の特性を図5.2.18に示す.最も要求特性の高いエンジンマウントを代表に,低動倍率化(振動伝達力の低減),高減衰化(振動吸収性能の向上),耐熱性向上,加振耐久性向上の改良は盛んに行われている.ポリマーの重合段階から分子構造を制御する材料開発も行われており,NRより加振耐久性のよいCRやEPDMも開発され,高い加振耐久性が要求されるトレーリングアームブッシュにおいては,CRがすでに採用されている.

表5.2.4 防振ゴム

区 分	部品名	材料仕様	改良ニーズ	材料動向
エンジン系	エンジンマウント	NR・(SBR, BR)	低動倍率高減衰,耐熱性	EPDM
	トーショナルマウント	EPDM, NBR		
フレーム系	ダンパーマウント	NR・(SBR, BR)	低動倍率高減衰	
	スプリングマウント	NR・(SBR, BR)	低動倍率高減衰	
	バンプストップラバー	NR系, 発泡ウレタン		
	サスペンションブッシュ	NR・(SBR, BR), CR	低動倍率高減衰	
	スタビライザーブッシュ	NR・(SBR, BR)		
	サブフレームマウント	NR・(SBR, BR), CR	低動倍率高減衰	
排気系	エキゾーストマウント サイレンサーマウント	EPDM, CR	低動倍率高減衰	
フューエル系	インタンクフューエルポンプマウント	NBR, PVC		

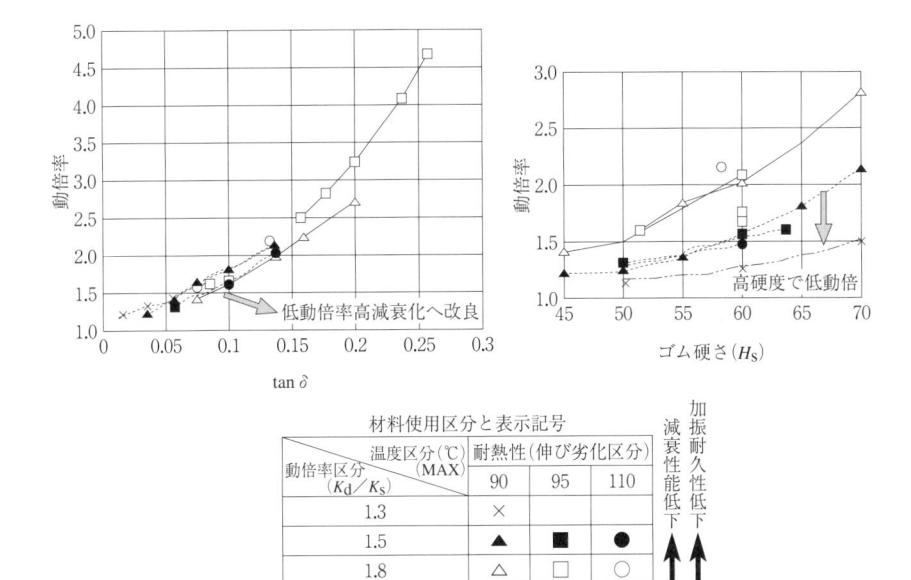

図 5.2.18　ジエン系防震ゴム材料の特性

c. シ ー ル

各部品に対する材料仕様を表5.2.5に示す．

エンジン系シール部品においては，エンジンオイルの性能向上のために使用されている添加剤劣化に注意する必要がある．代表例として，ジンクジアルキルジチオホスフェート(Zn-DTP)などの酸化防止剤やモリブデンジアルキルジチオホスフェート(Mo-DTP)などのフリクションモディファイヤーに対するNBRとメチルビニルシリコーンゴム(VMQ)の劣化，コハク酸イミドなどのアミン系清浄分散剤に対するFKMの劣化である．低温性のニーズがないバルブステムシールにおいては耐アミン性のよい三元系FKMを採用している．

ブレーキ系のシール部品はほぼEPDMになってきている．また，その配合面においてはアルミ腐食防止の観点より，含有塩素をなくすべく配慮が必要である．ドライブシャフトブーツにおいては，−40℃下での低温作動耐久性の面よりゴム材料から熱可塑性エラストマーに変わってきている．

耐熱性と圧縮永久ひずみ特性の要求が高いOリングやパッキンなどはゴム材料でなければならないが，ウェザーストリップ類やブーツ類，グロメット類はリサイクル化のため熱可塑性エラストマー(TPE)化の検討がされている．しゅう動特性を付与した動的加硫タイプオレフィン系熱可塑性エラストマー(V-TPO)材料の開発により実

表 5.2.5 シール(その1)

区分	部品名	材料仕様	改良ニーズ	材料動向
フューエル系	タンクパッキン フィラーキャップパッキン	NBR・PVC, HNBR		
	インジェクターシールリング	FKM		
	インジェクタークッションリング	HNBR		
	インジェクターOリング	FKM		
吸気系	エアクリーナーエレメントパッキン	NBR・PVC		
	インテークマニホールドパッキン	FKM		
	スロットルボディパッキン	ECO		
エンジンオイル系	オイルシール	FKM, ACM, VMQ		
	バルブステムシール	FKM		
	ヘッドカバーパッキン	ACM		
	オイルパンパッキン	FIPG, ACM		
	タイミングベルトカバーパッキン	発泡シリコーンゴム		
	Oリング, パッキン	ACM		
ミッション系	オイルシール	ACM		
	Oリング, パッキン	ACM		
パワステ系	オイルシール	NBR, ACM	(電動化で減少傾向)	
	Oリング, パッキン	NBR		
ブレーキ系	シリンダーゴムカップ	EPDM		
	キャリパーシール	EPDM		
	ブーツ類	EPDM		

表 5.2.5 シール(その2)

区分	部品名	材料仕様	改良ニーズ	材料動向
水系	Oリング, パッキン	EPDM		
フレオン系	Oリング, パッキン	HNBR, EPDM		
ウェザーストリップ	グラスランチャンネル ドアシール トランクリッドシール フードシール	EPDM ソリッド EPDM スポンジ	リサイクル化	TPE化
	ウインドシール	PVC, EPDM	脱塩ビ, リサイクル化	TPE化
その他	ドライブシャフトブーツ	TPEE, CM, CR	低温耐久性	TPE化
	ラック&ピニオンブーツ	CR, V-TPO	リサイクル化	TPE化
	ワイヤーハーネスブーツ	EPDM, CR, CSM		
	ワイヤーハーネスグロメット	EPDM	リサイクル化	TPE化
	ダンパーダストカバー	V-TPO		

用化できたグラスランチャンネルの開発事例を図5.2.19に示す.

d. ベルト, ダイヤフラム

　表5.2.6に各部品の材料仕様を示す. タイミングベルトは耐熱耐久性よりHNBRが使用されており, ポリVベルトは寿命向上の面より, CRからCSMの低温性能を改良したアルキル化CSMが検討されている.

　ダイヤフラムは耐熱性・低温性・耐オゾン性の面より, ECOがベースになっている. さらに, ガソリンが液状で接する場合はFKMを, 耐熱性や耐オゾン性が必要な

5.2 交通・輸送関係

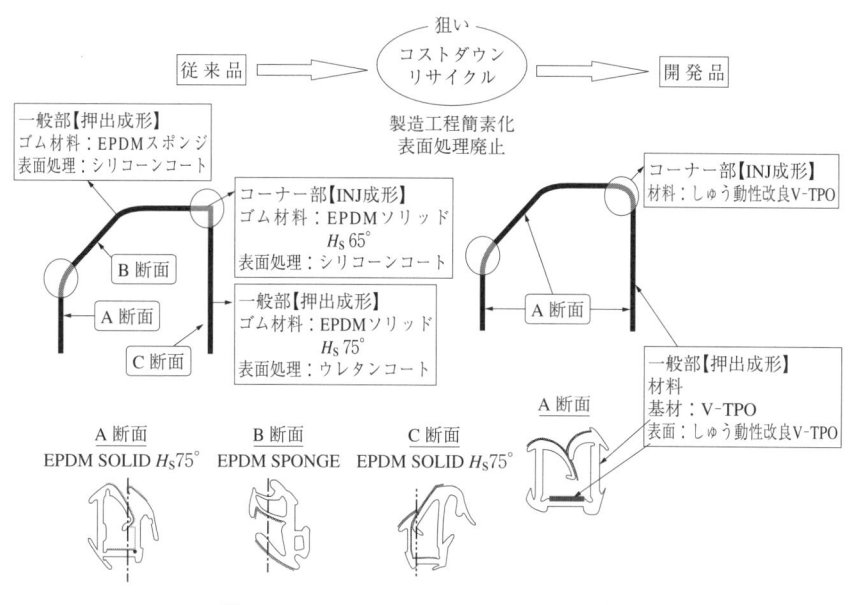

図 5.2.19 TPE グラスランチャンネルの開発事例

表5.2.6 ベルト,その他

区分	部品名	材料仕様	改良ニーズ	材料動向
ベルト	タイミングベルト	HNBR	耐油性,耐久性	
	ポリVベルト	CR	耐久性	ACSM
ダイヤフラム	デバイス	ECO		
	デスビ	FVMQ, HNBR		
	EGR	FVMQ, ECO		
	フューエル	FKM, HNBR, NBR		
	マスターパワー	NBR	リサイクル化	TPE化

場合はフロロシリコーンゴムが適用されている.

　自動車用ゴム部品は,以前にはよく自動車の故障原因となっていたのも事実であり,ゴム機能部品の開発は,製品開発と同時に寿命と信頼性評価技術の開発に取り組んできたのが実態である.その結果,耐久信頼性はほぼ満足できるレベルに達してきた.ここ数年来においてはバブル崩壊後のマーケットに対し,コストダウンを主眼に推進されてきた.信頼性を維持向上させながらのコストダウンであり,信頼性評価技術が伴わないとできない開発である.機能部品の開発においてはこれからもこのパターンの開発を続けなければならないと思われる.

　表5.2.7に今日の自動車の開発動向をまとめてみた.環境をはじめコストダウン,

表5.2.7 自動車の最近の動向(ゴム部品関連)

項　目	内　容	部品対応手法	法　規
環　境	ORVR	樹脂ベントチューブ(PA 11 または 12) (HC 低透過性)	US　1998：40 % 　　 1999：80 % 　　 2000：100 %
	排ガス低域　　LEV / ULEV 　　　　　　　GDI 　　　　　　ハイブリッド クリーンエネルギー車　EV (ZEV)　　　　　NGV	高圧配管ジョイント	US　2003：10 %
	リサイクル(再製品化)	TPE 化, 樹脂化	JPN 2002：90 % 　　 2015：95 %
	脱　鉛	脱鉛化合物配合	JPN 2002：1 / 2 　　 2005：1 / 3
コスト	機能向上/コストダウンの両立	ゴム単品設計からハイブリッド化設計	
商品性向上	振動騒音の低減	防振ゴムの低動倍率高減衰化 ウェザーストリップのシール性向上 性能劣化の低減	
経済性	燃費向上(環境)	軽量化 ── TPE, 樹脂化による薄 　　　　　　肉化	
	耐久信頼性の向上	信頼性評価技術の向上 製造ばらつきの低減 　　　　── 製造技術の向上	

商品性向上, 耐久信頼性の向上などと, まだまだ幅広い対応を必要としているが, 新規ゴム製品の開発はみられない. 環境については常に法規制がらみが実態であり, リサイクルに関しては日本の法規面で2002年には車両の90 %を, 2015年には95 %をリサイクルすることを義務づけようとしている. しかし, 自動車メーカーはそれに先んじた対応を試みている. 製品リサイクル化しにくい架橋ゴム製品においては, TPE化, 樹脂化の波が押し寄せてくるものと思われる.　　　　　　　　　〔明間照夫〕

文　献

1) Schneider, H., et al.：*Elastomerics*, Aug. (1992).

5.2.3　船舶関係ゴム製品

a. 防げん(舷)材

(1) 概　要　　海運と陸運の接点に設置されるゴム製防げん材は, 単に船舶が施設に直接衝突するのを防止するだけでなく, 船舶の接岸エネルギーを吸収しかつ発生反力を低減して施設を防御する機能と船側部材の損傷の発生を防止する物理的な面と, 設置される場所が海水の飛沫帯でかつ紫外線やオゾンに対して耐久する化学的な面との両機能を備えることである. これらのことから, 防げん材のゴム材質は, 圧

縮や伸びの両変位の挙動に追随し，しかも，外力による摩耗や引裂きにも抵抗することが要求されることから，力学的(物理的)な性質のバランスに優れたNRが選択され，紫外線やオゾンおよび耐油性などの化学的な性質については配合設計で対応することとなった．

防げん材は経済の発展を支える物資を輸送する船舶と港湾の増加により，世界中で定着することとなった．わが国では1960年頃に岸壁用防げん材が開発されてから，この防げん材が国の発展を支える物流基地や食糧基地としての港湾および漁港の整備事業，エネルギー基地としてのシーバースの整備事業などにより全国的に設置された．

また，日本の港湾は外洋波の影響を受ける湾に面した河口港であるのに対し，ヨーロッパは比較的波や流れの穏やかな河川や運河に位置する河川港である．そのため両者のタイプを概括すれば，日本は揺れる船体を強固に支える支承型で，性能確認方法も荷重を加える方式であり，ヨーロッパは構造物を防護するための緩衝型で，変位性を重視した方式であった．

これらのことから，1978年6月に国際航路会議(Permanent International Association of Navigation Congress：PIANC)のもとに防げん材研究委員会が設立され，1980年には設計方法の基準化を達成し，各国の防げん材の規格化を促進した．最近では国際標準化を促進する動きが顕著となり，世界の防げん材の検査方法の統一化をはかる作業が行われている．表5.2.8に世界で防げん材を生産している主要メーカーを示す．

表5.2.8 防げん材製造主要メーカー

日本	海外メーカー
シバタ工業	中国煙台ゴム(中国)
住友ゴム工業	FENTEX(シンガポール，オーストラリア)
西武ポリマー	SEAWARD(アメリカ)
ブリヂストン	SUN Rubber(韓国)
横浜ゴム	TRELLEX(アメリカ，スウェーデンほか)
	UNIROYAL(アメリカ)

(2) 構造とエネルギー吸収機構 防げん材は荷重(反力)を加えて発生するひずみ(変位)のモードから，① 反力とひずみが比例的に増加する反力漸増型(図5.2.20)と，② あるひずみ量で反力が一定化する定反力型(図5.2.21)に大別される．

まず ① の反力漸増型は内部が中空状の円筒型防げん材や空気やスポンジを充満させた防げん材がこのタイプに属し，ゴム製防げん材の第1号である円筒型防げん材の変形モードは，作用した荷重によりゴム表面に伸び変位が発生して空間部分が減少し，その後ゴム材のみの圧縮変形となり，荷重の増加が顕著となる．つまり，エネルギー吸収量は防げん材の中空部の形状に大きく依存することとなる．次に空気などを充満させた防げん材は，弾性要素が閉じこめられた内部充てん物となるため，荷重と変位

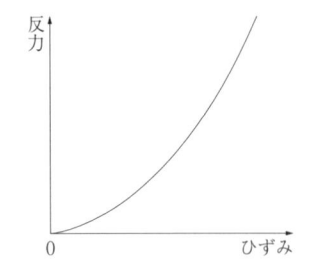

図 5.2.20　反力漸増型防げん材の変位モード 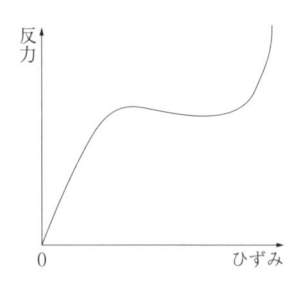　　　図 5.2.21　定反力型防げん材の変位モード

の関係は非線形であり，この場合のゴムは内部充てん物の漏洩防止や圧力の保持機能が要求される．この防げん材は荷重作用時の面圧が低く，また海面上に浮遊させることが可能である．

一方，②の定反力型の変形モードは，初期時には両脚部での圧縮変形のみが発生するため，荷重と変位の関係が上向きのばね特性を示し，ある荷重域では変位のみが進行するという座屈変形となり，その後に全体の圧縮荷重が発生する機構である．つまり，エネルギーの吸収量は座屈現象時の荷重と進行する変位量に大きく依存することとなり，間接的には船舶の接岸エネルギーの吸収量のほかに，岸壁の強度設計とも密接な関係が発生する．

(3)　各種防げん材

(i)　岸壁用防げん材：　港湾の公共バースや漁港の物揚岸壁・係留岸壁などに設置されている防げん材は，大部分が断面の形状を V 字型とした V 型防げん材が占めている．この防げん材は実用に供された最初の定反力型で，最大の特徴は他の形式と比較した場合に，同一反力(R)における吸収エネルギー量(E)が非常に大きく，吸収効率($K=E/R$)に優れていることと，E が防げん材の高さ(H)と長さ(L)の関係で示されることから，必要な E に対する H と L を調整することにより対応が可能なことである．この防げん材が普及すると船舶建造者および港湾管理者から機能性の向上が求められ，これに対応するための防げん材の高度化作業が開始され，数々の改良・発展型が誕生した．最初の改良作業は大型船舶の接岸(運動)エネルギーを吸収し，かつそのときの防げん材の面圧力(反力)が船舶の許容支圧応力以内であることという要求に対して，船舶の接触面に摩擦係数の低い樹脂(ポリエチレンなど)パッドを設置した鋼製プロテクター付防げん材が開発され，今日では沖合ドルフィンや大型貨物船・コンテナ専用バース用として実用化されている．次の改良は V 型防げん材を円環状(サークル)とした防げん材で，V 型防げん材の取り付けの方向性(鉛直・水平)から生じる欠点を補い，船舶の接岸時には船舶の縦もしくは横の骨格(リブ)のいずれかが接触しても，船舶の外板の損傷を防止し，さらに船舶が岸壁に対して斜めに接岸してきた場合

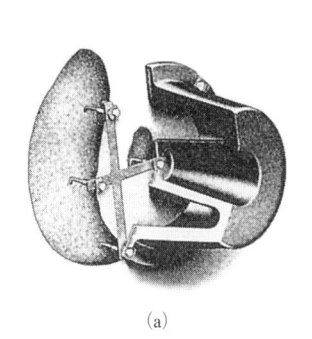

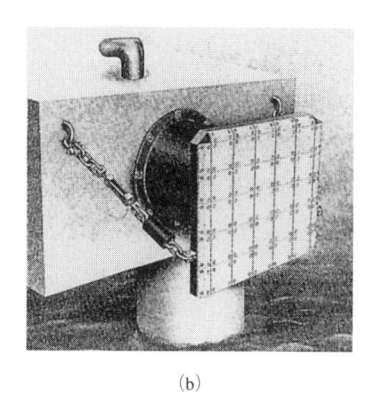

図 5.2.22 サークル型防げん材(a)とプロテクター付防げん材(b)

図 5.2.23 船体取付用防げん材

でも性能の変化が少ない特徴をもっている(図5.2.22(a)).最近では円環状の全方向対応可能な形状に注目し,一重壁構造や同構造で内部に空気を保持し空気の弾性エネルギーを利用するタイプも実用化されている(図5.2.22(b)).

(ii) **船体用防げん材**: この防げん材は押し船(タグボート)に設置するタイプと船舶間の洋上接岸用や特殊高速艇の岸壁接岸用に使用されるタイプである.前者は船舶の出入港時のタグボートの押し(push),引き(pull),横抱き(siding)作業に対応し,とくに押し作業時の力の伝達を効率的に行い,船舶側に応力集中現象が発生することを防止するために,船体の形状に合わせた防げん材の製造が必要である(図5.2.23).後者は空気式防げん材と呼ばれ,船舶に搭載し必要な場合に海に浮遊させて使用する方式であり,水深の関係から入港が不可能な超大型石油タンカーとシャトルタンカー間で使用されている(図5.2.24).

(iii) **回転型防げん材**: このタイプの防げん材は造船所のドック内と浮体式係船岸で使用される.前者は造船所の建造能力の向上のために,入出渠時間の短縮やドッ

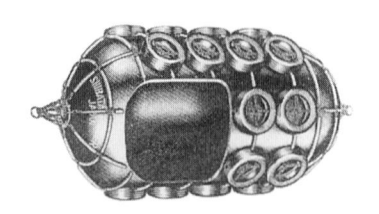

図 5.2.24　空気式防げん材

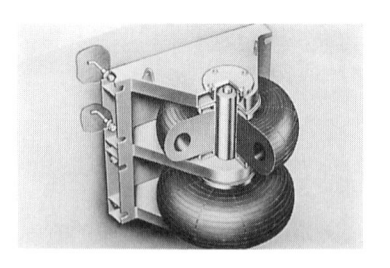

図 5.2.25　回転型防げん材

図 5.2.26　クッションローラー

ク幅と建造船の最大幅の狭小化対策を目的に開発されたもので，船体が接触したときに軸を中心に取り付けた中空の輪状ゴムの変形と回転により，衝撃力を緩和させる機能を優先させている．そのため安定した潮位レベルで一定の方向への対応にしか適さないといえる(図5.2.25)．

後者は浮体式係船岸に不可欠な防げん材である．この係船岸は潮位に追従し，かつ浮体(ポンツーン)の動揺を制御するために浮体を杭で係留する方式としたもので，その浮体と杭間を浮体側に設置した回転式防げん材で連結した構造形式である．この防げん材は浮体に作用する波力・風力および船舶の接岸時の反力などに対応するために，上下動は回転で，ねじれや傾斜に対してローラー後部のクッション材で対応し，外力には全体のばね特性で対応する構造で，1987年に実用化されてから，潮位差の大きな地域の小型船の係船岸として定着している(図5.2.26)．

b.　係留・係船関係

係留中の船舶の最も深刻な事故が，係留ロープの切断により船舶が岸壁に衝突したり，離岸するケースである．ロープの切断は衝撃的な外力によることが多く，油圧緩衝器を使用する場合もあるが，設置場所の環境から多頻度の維持管理が必要で，あまり一般的ではない．それに対してゴム中にチェーンを弛緩させて接着・加硫させたゴ

図 5.2.27　ラバーチェイナー

図 5.2.28　落橋防止用緩衝チェーン

ム緩衝材はすでにブイなどの海洋構造物の係留索として実用化され，維持管理が不要で既存のライン内で使用することが可能であることなどから今後が注目される(図5.2.27)．また，このゴム緩衝チェーンは阪神・淡路大震災以後に橋梁の落橋防止用としても実用化されている(図5.2.28)．後者に対しては座礁による油流出などの二次災害の発生が危惧されるが，現在では有効な方法は確立されていない．

一方，船舶には油や粉体の荷役作業にさまざまなゴムホースやゴム蛇腹，船倉やコンテナにはパッキン類が使用されているが，いずれも航海中の苛酷な海洋環境に対する耐久性を備えることが必要である(日本海事協会・日本舶用工業会の資料などを参照)．

c. 海底関係

波のエネルギーをゴムのエネルギー吸収性とじん性による造波抵抗で後方海域を消波する試みで，「フラップボード工法」(図5.2.29)と呼ばれている．海底に設置した

図 5.2.29　フラップボード型波浪制御構造物

図 5.2.30　フレキシブルマウンド全体イメージパース

　ゴム袋構造体に海水を充満し，入射エネルギーを構造体の動きに変換することにより消波を行うもので，「フレキシブルマウンド」(図 5.2.30)と呼ばれている．
d. 指向性
　以上のようにゴムは化学的な配合設計，物理的な弾性・エネルギー吸収などの特性を利用してさまざまな用途を展開している．これからの指向として構造物の許容ひずみが数％であることから，ゴムの力学性を向上させ変位を十数％に制御する方法として，ゴムと剛性材のハイブリッド構造が出現している．先に紹介したチェーンとゴムの複合のほかに，ゴムと鋼板，ゴムと繊維など，さまざまな構想が実現に向かって開発されている．このようにゴムは複合化により，新たな用途を開拓していくものと考えられるなど，人類にとって非常に夢を与えてくれる材料である．　　〔生駒信康〕

文　献

1) 長野　章，大塚浩二：漁港における浮体構造物(係船岸，浮防波堤)の開発と建設，海洋開発論文集，7，土木学会海洋開発委員会 (1991)．
2) 平石哲也，富田孝史：係船ブイに作用する衝撃張力の低減法に関する模型実験，港湾技研資料，運輸省港湾研究所 (1995)．
3) 加藤正実，石川信隆ら：橋梁と基礎，pp.45-50，建設図書 (1999)．
4) 小島朗史，西村宜信ら：波エネルギー吸収型波浪制御構造物(フラップボード)の開発について，海洋開発論文集，16，土木学会海洋開発委員会 (1991)．
5) 新しい海岸保全工法：フレキシブルマウンド工法，清水建設 (1992)．
6) 生駒信康，沖　剛志：防げん材の変遷と今後の指向，運輸省海技大学校認定船員教育教科書(高等科) (1992)．
7) ゴム技術フォーラム編：ゴム材料の土木・海洋用途をさぐる，pp.99-112，日本ゴム協会 (1997)

5.2.4 鉄道関係ゴム製品

a. 弾性まくらぎ

列車の走行に伴って発生する振動や騒音の低減と軌道保守の省力化などをはかる目的で開発されたまくらぎの一種で，コンクリートまくらぎ本体の底面および側面の全体あるいは一部に弾性体(防振ゴム)を被覆した構造となっている．底面部および側面部の弾性体の厚さはそれぞれ15 mm，10 mmである．弾性体にはRIM成形(反応射出成形)による低発泡ウレタンゴムや低廉化を主目的とした合成ゴムなどが適用されている．コンクリートまくらぎ本体と弾性体との一体化は列車の安定走行上きわめて重要であり，剥離やずれの生じない接着力などに厳しい品質管理が求められる．有道床軌道(バラスト軌道)用や直結軌道(コンクリート軌道)用などがある．有道床軌道用弾性まくらぎの弾性体には，バラストによる食い込みや破壊から弾性体を保護する目的で，補強布としてテトロンネットが弾性体表面に一体化されている．弾性まくらぎを使用した軌道では，比較的高い防振・防音効果が観測され，上越新幹線，JR埼京線，関西国際空港連絡線などでも多量に使用されている．

b. 空気ばね

圧縮空気をゴム袋内に注入して振動絶縁用のばねとして用いるもので，鉄道車両では台車と車体の間に挿入される．数段の膨らみをもつベローズ型や金属製のシリンダー(外筒)とピストン(内筒)との間にゴム膜を設けたダイヤフラム型があり，鉄道車両では3段のベローズ型がふつうである．一般に，内面ゴム層，外面ゴム層およびこれらの間の補強層から構成される．気密を確保する内面ゴム層には，一般にNR，外面ゴム層にはNRや耐候性を考慮してCRが使用され，補強層にはナイロンコードなどが適用される．鉄道車両では丸型がふつうであり，有効受圧面積が500 mm前後が多用される．空気ばねは補助空気室を設けることによりばね定数を幅広く選択できるため，従来の金属ばねより柔らかいばねの設計が可能となり，乗り心地の向上に大きく寄与している．さらに，同一空気ばねにより軸方向，横方向，回転方向の振動制御が可能であり，ばね部分の質量の低減も図ることができる．また，高周波振動の防振効果に優れ，補助空気室との間に絞りを設けることにより減衰効果をもたせることも可能である．自動高さ調節弁を併設することにより，負荷荷重の大小によらず，ばね高さを一定に保つことができる．製品寿命は比較的長く，保守も一般に容易である．

c. ゴムパッド

軌道における振動や騒音低減策および軌道部材の長寿命化や軌道保守の省力化を目的として，多種類のゴムパッドやゴムマットが使用されている．有道床軌道(バラスト軌道)では土路盤とバラスト(砕石)層との間にバラストマット，まくらぎとレールとの間には軌道パッドなどが使用されている．スラブ軌道ではコンクリート製軌道スラブ板の下面にスラブマット，橋梁用のまくらぎには鉄桁との間に橋まくらぎパッドなどが導入されている．当初，バラストマットやスラブマットは用済みタイヤなどの

粉末ゴムを成形した平板が使用されていたが，最近は防振や騒音低減効果の向上を目指して，格子溝や穴を穿ち，低ばね定数化が図られたものが一部実用化されている．いっそうの低ばね定数化のニーズに対応して低発泡ウレタンなどの新材料も検討され実用化されている．バラストマットの標準寸法は50×100×2.5 cmである．スラブマットには軌道スラブの形状にそって中央部用と端部用があり，ばね定数や溝形状がそれぞれ異なっている．軌道パッドには，レールなどがまくらぎ(木製)に食い込むのを防止する目的の第1種軌道パッドと，衝撃の緩和などを主目的とする第2種軌道パッドがある．第1種軌道パッドは硬質樹脂板であり，第2種軌道パッドは厚さ6 mm程度のゴム板に溝加工を施したもので，SBRが多用されている．この第2種軌道パッドには防振や防音効果の向上の目的で，厚さを増したものや，低発泡PUを利用して低ばね定数化を図った軌道パッドなどがあり，実用化されている． 〔御船直人〕

5.2.5 コンベヤベルト
a. コンベヤベルトの種類と構造

ベルトコンベヤシステムは複数のベルトプーリー間に環状のコンベヤベルトを張り，その上に運搬物を載せ，ベルトとプーリーの摩擦によりベルトを駆動させ，同一方向に連続的に動かして運搬するシステムであり，埋立土木，鉱業，鉄鋼などの大量搬送の分野では欠かすことのできないものである．図5.2.31に代表的な構造を示す．これを構成する主要要素であるコンベヤベルトの材質は，ゴム，樹脂，スチール，織物，金網などであるが，ゴムコンベヤベルトが最も広く用いられる．

ゴムベルトの一般的な構造は，張力を受け持つ芯体と，その芯体を摩耗や表面剥離などから保護するために全面を包んだカバーゴムとからなり，それを加硫してつくったもので，寿命を中心に考えれば，カバーゴムの耐摩耗性が最も重要な機能となっている．標準的なコンベヤベルトの基本構造を図5.2.32に示す．ベルトの抗張力と腰の強さを維持するために重ね合わされた帆布からなる芯体層と，カバーゴムとで構成

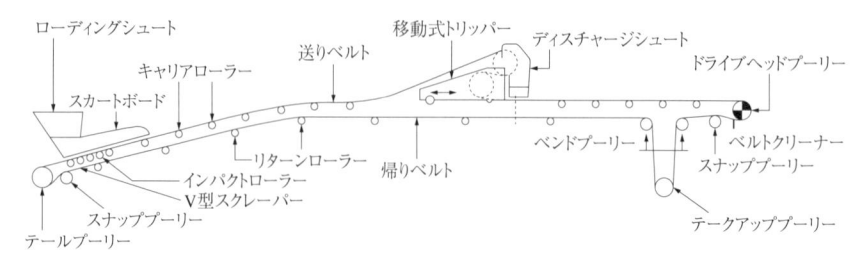

図 5.2.31 ベルトコンベヤの代表的な構造

(a) 布層コンベヤベルト　　　(b) スチールコードコンベヤベルト

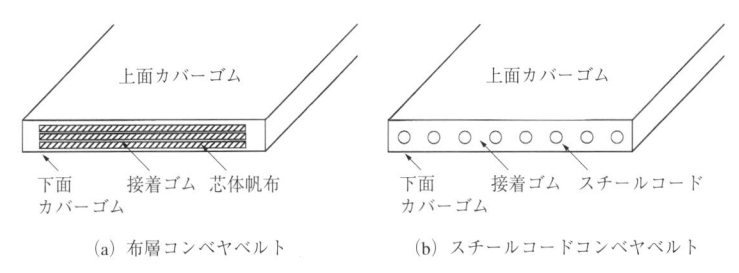

図 5.2.32　コンベヤベルトの構造

された布層コンベヤベルトと，カーボン鋼を撚り合わせたスチールコードを芯体層とするスチールコードコンベヤベルトに大別される．布層コンベヤベルトの芯体帆布としては，ナイロン，綿，ビニロン，ポリエステルなどが使用されるが，一般的には，弾性伸びが小さいポリエステルや，弾性伸びが大きく耐衝撃用に強いナイロンが使われる．また，最近は，高張力，高引張応力で伸びが少なく，ベルトを軽くできる理由でアラミド帆布も使用されるようになってきている．スチールコードコンベヤベルトは高張力，極小の伸び，良好な屈曲性の特徴をもち，長機長で幅広の設計が可能なことより，大容量の搬送に広く用いられている．また，最近のコンベヤシステムとしては，密閉構造の二重パイプの中にベルトを通して空気浮上させ，ローラーなしで管内を高速搬送させるフローダイナミックスコンベヤなどがある．完全密閉のため，輸送物が飛散せず，低騒音，低振動でカーブ搬送，傾斜搬送が可能となっている．

コンベヤベルトのカバーゴムは，前述のように，ベルトの芯体を保護する目的をもっており，カバーゴムの寿命はそのままコンベヤベルトの寿命といえる．したがってカバーゴムは使用条件に適したものを選ばなければならない．コンベヤベルトのカバーゴムに必要な性質には，① 耐摩耗性がよい，② 引裂き抵抗が大きい，③ 引張強さが大きい，④ 適当な伸びがある，⑤ 適度の柔軟性と弾性をもち屈曲性が大きい，⑥ 耐老化性がよい，⑦ 耐衝撃性がよい，などがある．また特殊な条件で使用する場合には，耐熱性，耐寒性，耐油性，難燃性，耐化学薬品性，無毒性など用途に応じた性質が必要である．カバーゴムに使用されるゴムの種類を表5.2.9に示す．

表 5.2.9　カバーゴムに使用されるゴムの種類

名称	用途	特徴
NR	一般用	反発弾性，耐屈曲性，耐摩耗性，耐引き裂抵抗性
SBR	一般用	耐熱性，耐候性，耐油性
CR		耐燃性，耐候性
IIR		耐熱性，耐候性，耐薬品性，耐ガス透過性
EPR(EPDM)		耐熱性，耐候性，耐薬品性
NBR		耐油性

b. コンベヤベルトの駆動[1]

荷物を運搬するのに必要な動力は,駆動ベルトプーリー周辺の摩擦力によりベルトに伝達される.運搬をコンベヤベルトで運ぶための必要な張力(有効張力)Pは,所要動力Qに比例し,ベルト速度vに反比例する.またベルトプーリー周辺における力の伝達はアイテルワイン(Eytelwein)の摩擦の式によって行われ,

$$T_1/T_2 = e^{\mu\theta} \tag{5.2.1}$$

の関係がある.ただし,T_1は駆動ベルトプーリーの張り側張力 T_2は駆動ベルトプーリーのゆるみ側張力,μは駆動ベルトプーリーとベルト間の摩擦係数,θはベルト巻付け角である.

ゆるみ側張力T_2は,有効張力Pに相当する摩擦力を駆動ベルトプーリーに発生させるのに必要な張力で,

$$P = T_1 - T_2 = T_2(e^{\mu\theta} - 1) \tag{5.2.2}$$

の関係がある.したがって,張り側張力T_1も有効張力Pも,ベルトのゆるみ側張力T_2と$e^{\mu\theta}$の積に関係することがわかる.安全運転のためには,必要な張り側張力に対して十分なゆるみ側張力を与えるようにするか,$\mu\theta$の値を大きくして$e^{\mu\theta}$の増加を図らねばならない.巻付け角θを大きくするには,シングル駆動ではスナッププーリーを使用することが有効である.

c. コンベヤベルトカバーゴムの摩耗

カバーゴムの摩耗は,一般的にはベルトと輸送物とのスリップにより生じる.輸送物の積込み部(シュート)での荷のスリップ,コンベヤ傾斜部の荷のスリップが主たる原因で,摩耗の大小を左右する要因の主なものを大別すると,① 輸送物の種類・粒度,② 輸送物積込みの落差,ベルトとの相対速度,集中度,輸送物のシュートの方向,ベルトの幅方向の位置,箇所数,③ ベルトの速度・長さ・幅,④ コンベヤの稼働率・輸送率に分けられる[2].

カバーゴムの摩耗現象は摩耗境界面の接触状態,しゅう動による材料の疲労破壊などが絡む複合現象である.また,コンベヤベルトで搬送する物質は,天然の産出物(鉱石,岩石,砂,土など)が多く,性状,形状が一定ではなく,工期により変化する場合も多い.したがって,耐摩耗性の評価には,JIS K 6264に規定された摩耗試験だけでなく,使用条件,運搬物に適した台上評価を実施して,実使用との相関をつかんでいく必要がある.カバーゴム厚さなどの設計は,これらにデータをベースに,運搬物の種類・粒度,単位当たりの運搬量などを考慮して設計されている.

〔和田法明〕

文　献

1) Idelberger, H.: Gluckauf Japanische Ausgabe, Nr.7 (1955).
2) 安藤正勝：潤滑, **26**(5), 341 (1981).

5.3　建築・土木関係

5.3.1　免　震　ゴ　ム

a.　免震構造とは

「地震，雷，火事，…」，何といっても怖いものの代表が日本では地震である．この心配さえければ日本の多くの都市は風光に恵まれた全く安心して住める街である．日本人は昔から「とにかく地震に強い建物を造ろう」と努力してきたのであり，その最たるものがコンクリートで固めた原子力発電所である（このような建造物を剛構造という）．これに対し最近世間の注目を浴びているのが免震構造と呼ばれるもので，無理に地震力に打ち勝とうとしないでそのツボをはずす，いわば柳に風の受け流しを利用したものである．つい数年前の阪神・淡路大震災は死者6400名以上，損壊家屋10万棟という想像を絶する被害をもたらした．近代建築といわれる多くのコンクリートビルや高速道路，鉄道が見るも無残に破壊された状況はまだわれわれの記憶に新しい．

そのような惨状のなかで建築技術としてはひとつの朗報がもたらされた．今回の大震災の中心地より若干離れた神戸市三田に立てられていた2棟の免震構造ビルが優れた耐震性を発揮したことが報道されたからである．そのうちの1棟である建設会社の技術研究所の場合，地盤震動（入力）が274.4 galであったのに対し免震ビルの屋上ではこれが196.0 galに低減され，一方，隣接地に建っていた従来の非免震ビルの屋上では970.5 galに増幅されていた（図5.3.1）．つまり両ビルの振動の大きさの差は約5倍になっていたのである．なおgalというのは物体が受ける加速度の単位である．この結果非免震ビルでは内部のOA機器や書類棚が転倒散乱し，場所によっては天井も落下するなど多大な損害がでたのに対し，免震ビルではほとんど被害がなかったと報告されている．

ところで従来観測されている多くの地震波は，その周期が0.1～1.0秒の間で強い加速度を示し，とくに0.2～0.6秒付近で極大値をもつ特性がある．一方，ほとんどのコンクリートビル（15階程度以下の中・低層ビル）はちょうど0.2～0.5秒の周期域に固有周期をもっている．この結果，地震波とビルが共振現象を引き起こし，上階ほど激しい揺れになることが地震時の被害を大きくする原因になっている．そこで従来はこのような共振にも耐えられる強い構造体をめざして柱や梁や壁をできるだけ強くしようとした．ところがこのような強い構造体の場合，建物に入力される地震エネルギー

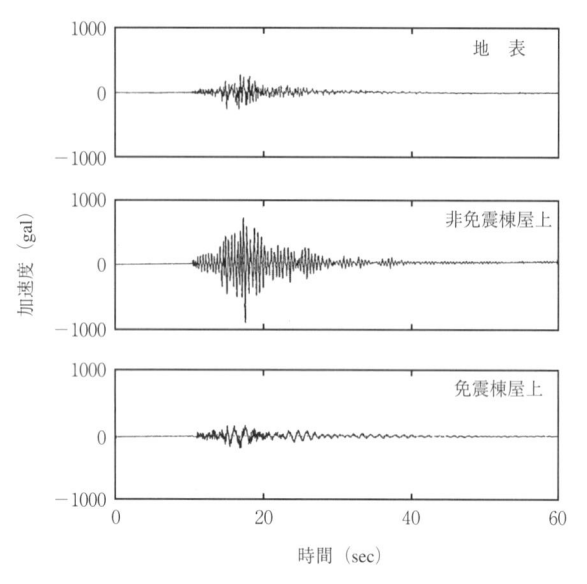

図 5.3.1 阪神・淡路大震災時に観測された加速度波形

は建物を壊せない代りに建物の内蔵物，例えば機器，什器さらには人命の破壊に費やされ，建物内部の被害を大きくする．今回の大地震でも外見上はほとんど被害を受けなかった建物も内部は惨たんたる状況であったと報告されている．

これに対し免震というのは建物と基礎(地盤)との間に建物の動きを加速度の小さいゆっくりしたものに変換する緩衝装置を挿入することにより，建物の水平方向の固有周期を大幅に長く(例えば2秒とか3秒とかに)する方法である．この結果建物は地震波との共振を免かれ，建物自体はもちろんその内蔵物も地震の衝撃的な揺れから切り離されたものになる．このような緩衝装置の代表的なものが免震ゴムであり，一般に地震波の水平加速度を1/3～1/5に低減する効果をもっている．これは従来の非免震構造(剛構造)が地震力で増幅されるのと対照的である．

b. 免震ゴムとは

免震ゴム(正確には免震用積層ゴム)というのはゴム板と鉄板を数十層交互に接着させたサンドイッチ積層体(図5.3.2)であり，垂直方向には建物を支えうる硬さを，一方水平方向には地震時に建物に

図 5.3.2 免震用積層ゴム

ゆるやかな往復運動を与える柔らかさをもっている．周知のとおり，ゴムはきわめて低い圧縮およびせん断弾性率（1 MPaのレベル）をもっており，例えばゴムのブロックを圧縮すると簡単に縦や横方向に逃げてしまう．しかしゴムブロックの上下面を鉄板に接着させるとゴムの逃げは接着されていない側面へのはみ出しのみに制限される．したがって，さらに多数枚の鉄板をゴムブロック内に平行に挿入・接着させると，ゴムの側面へのはみ出しもほとんど完全に拘束されるため，圧縮によってゴム内部は静水圧状態になる．ちょうどピストン内に封入された液体と同様である．ところでゴムの体積弾性率はかなり高く（10^3 MPaのオーダー），この結果免震ゴムは垂直荷重（圧縮）に対して強い抵抗（大きな弾性率）を示す．

一方，水平方向のせん断変形に対しては挿入された鉄板はゴムの動きを拘束しない（ゴムとともに流れる）ので，免震ゴムの水平方向のせん断弾性率はゴム自体のそれとほとんど同じである．このようにして積層ゴムは垂直方向の圧縮弾性率が水平方向のせん断弾性率の1000倍以上大きいという異方性を示すのである．その結果免震ゴムは建物を支えても垂直方向には数mm程度しか変形しないのに，地震時には水平方向に30〜50 cmも変形することが可能である．

c. 免震ゴムのもつべき特性

免震構造用緩衝装置として免震ゴムのもつ力学機能は大別すると次の三点である．免震ゴムにとって最も重要な設計因子は水平方向のせん断ばね定数であり，例えば重量がMである構造物の水平方向の周期をT秒にしたい場合，免震ゴムに必要なせん断ばね定数Kは式(1)で与えられる．つまり構造物の重量が重いほど，ゴムが柔らかいほど構造物は長周期になる．

$$T = 2\pi\sqrt{M/K} \qquad (5.3.1)$$

第2の力学機能は減衰性能であり，免震構造というのは基本的にばね機能と減衰機能で成り立っている．減衰機能が必要な理由は，もしばね機能だけなら建物の揺れの変位が大きくなりすぎて周辺物体と衝突するおそれがあり，また建物はいつまでも揺れ続けることになるからである．現在一般的に使用されている免震用緩衝装置としては，減衰性能をもたない免震ゴムと減衰装置（ダンパー）を併設するものや，ばね/減衰一体型の緩衝装置として免震ゴムに鉛（減衰体）を封入した鉛入り免震ゴム，ゴム自体に高い減衰性能を付与した高減衰免震ゴムの3種類がある．免震ゴムのもつ第3の力学機能は地震時に建物を水平運動させるためのせん断変形能力である．一般に大地震時の免震ゴムの水平変化は30〜50 cmにも達するので，ゴム部分は数百％のせん断変形を受けることになる．したがってこの水平変形に建物による沈み込みとクリープによる垂直変形が複合されると，ゴム部に発生する局部応力，局部ひずみはきわめて大きいものとなる．当然局部応力やひずみの大きさは免震ゴムの形状や構造と密接に関係しており，その値を正確に知るにはコンピュータの有限要素法解析が必要である．

図5.3.3は三次元応力解析の一例である．

ところで免震ゴムの備えるべきもうひとつの重要な特性は長期の耐久性である．免震ゴムにはそれが支えているコンクリートビルと同程度の寿命が求められ，現在多くの場合60年の耐久寿命が必要とされている．これは高分子材料を用いる製品としてはおそらく最も長寿命を要求されるもののひとつであろう．免震ゴムにおいて免震機能の経年変化を引き起こす要因として2つあり，ひとつはクリープ現象で他は部材の劣化である．クリープというのは免震ゴムが常時建物を支える結果，圧縮変形が時間

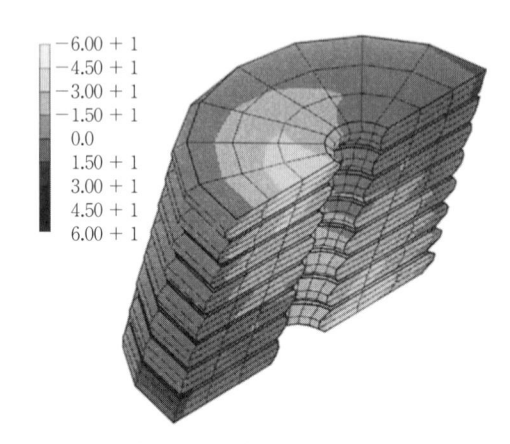

図 5.3.3 免震ゴムの三次元FEM解析（主応力分布図）

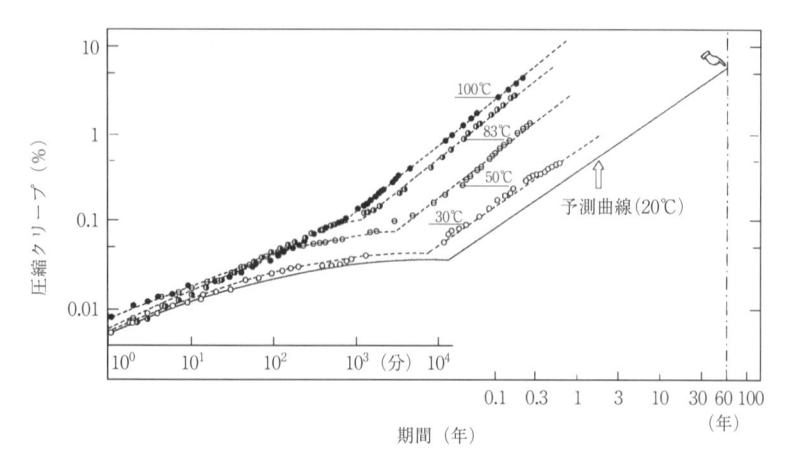

図 5.3.4 免震ゴムの長期クリープ予測

とともに徐々に増加する(建物が沈下する)現象である(図5.3.4).圧縮変形の増加は,鉄板間に強く接着拘束されているゴム部に大きな引張ひずみを発生させ,その影響はクリープとともに,つまり経年に伴い増加する.一方,免震ゴムを構成する部材,とくにゴム,鉄板およびゴムと鉄板の接着部の物理的・機械的特性は大気中の酸素や紫外線などと化学反応を起こし変化してゆく(劣化する).当然このような部材の変化は免震ゴムの力学機能を変化させるものであり,60年の使用期間中にその変化かできるだけ小さくなるように,材料的にも構造的にも最適化することが重要である.とくに60年という使用期間を考えると,上記のような製品の信頼性に加え,適切な維持管理が重要になってくる.

d. 免震構造物の普及

日本における免震ビルの開発は,1985年頃から活発化したが,それから約10年間の普及の速度はそれほど速いものではなかった.図5.3.5は大臣認定を取得するために日本建築センター評定に提出された免震ビルの棟数の推移であり,開発初期の頃の事情が読み取れる.ところが阪神・淡路大震災を境にして事情は一変し,免震ビルの需要は急拡大した.これは日本では何としても地震対策が急務だという思いと,大震災のさなかで優れた耐震効果を実証した免震ビルのことがマスコミで大きく取り上げられた結果であった.とくに今回の大地震がほとんど地震などは起こらないと考えられていた関西地区の,しかも神戸という大都市直下で発生したことにより,地震は特定の地域で起こるものではなく,日本全国すべての地域で地震対策が必要だという意識が定着し始めた.この結果,官民をあげて

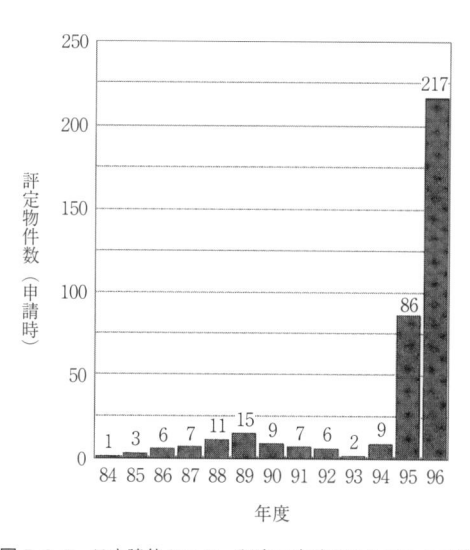

図 **5.3.5** 日本建築センター評定に申請されたビルの棟数

図 **5.3.6** 免震ビル

図 5.3.7　免震橋梁

の地震対策が開始されており，例えば建築分野では救難，医療，消火など災害応急対策活動に必要な施設，学校などの避難所，さらには一般官庁施設など地震に関係しかつ公共性の高い建造物に対しては，かなりレベルアップした耐力構造(剛構造)か，免震構造または制震構造(建物に減衰機能のみを付与したもの)であることを義務づけている．また土木分野では高速道路などの橋梁に対し免震構造を推薦する旨が打ち出されている．

　日本における免震構造の導入は1985年頃から建設会社が自社の研究棟や寮(図5.3.6)へ設置したのを皮切りに，コンピュータセンターなどへ拡大されていった．一方，1990年頃から川にかかる橋梁(図5.3.7)の免震化が始まり，その後高速道路の免震化が活発になっていった．現在最も活発に免震化が進められているのは前述の公共建築物とマンションである．とくに多世帯の住むマンションの場合，免震化に伴う1世帯当たりのコストアップが少なくてすむため急拡大している．今後最も期待されているのが一戸建て住宅の免震化であり，潜在的な総需要としてはきわめて大きい．ただし免震装置を含む全体的なコストダウン，法規制の緩和など課題も多い．

e.　免震の創りだす新しい文化

　これまで述べてきたように，免震構造の最大の目的は建物と人命を含む内蔵物の安全の確保であり，さらには住む人に安心感を与えることである．地震はとくに社会の弱者といわれる人びとに対して強い恐怖心を与える．寝たきりの人，高齢者，何らかの身体的ハンディキャップを負う人にとって，たとえそれほど大きな地震でなくともやはり地震はこわいものであり，心理的な圧迫感は大きい．免震はこのような不安感をも解消する一助になるだろう．

　ところで免震構造は日本の建築文化を変える可能性をもっている．ヨーロッパを旅行すると日本ではほとんど見られないレンガや石造りの美しい建物が町並みに調和してそびえている風景に出会う．そんなとき改めて地震のある国とない国との差を実感させられる．もし免震によって地震から解放されると考えるといくつかの新たな可能性がみえてくる．

まず第1に設計自由度の広がりである．現在の，大地震を想定するがゆえの構造設計上の多くの制限が緩和されるであろう．例えば部屋空間の広さ，天井の高さ，窓の広さなど今より大幅に拡大されれば，住みやすさ，便利さ，さらには変更のしやすさなど大きく変化するだろう．また建築に用いる素材としてはレンガ，石などを含め街並みに調和した色どり，外観形状が可能になる．そして免震構造の目ざす最終目標は総建設コストの低減である．現在は従来の耐力構造体をそのまま免震化するという二重の耐震化になっているためどうしても建設コストが高くなってしまう．しかし将来免震化することを基本にした，いいかえれば地震から免れるということを基本にした建築構造が取り入れられるようになったら，免震構造とすることによるコストアップを建物全体のコストダウンが補って余りあるものとなるだろう．そのような日が来たらもはや免震は地震国日本における新しい文化として定着すると思われる．

〔深堀美英〕

文　　献

1) 深堀美英：例えば，日本ゴム協会誌，**60**, 397 (1987)；**68**, 388 (1995)；**69**, 233 (1996)；**70**, 426 (1997).

5.3.2　ゴ ム 支 承

a. 支承の役割

支承とは橋や高架橋の上部構造である橋桁と，下部構造である橋脚の間に設置される部材である．この支承の基本機能としては，① 橋桁や車両などの荷重を橋脚に伝える荷重伝達機能，② 橋桁が種々の条件(温度変化やコンクリートのクリープなど)による伸縮に追従できる水平変形機能，③ 橋桁がたわむ際に端部に発生する回転変形に追従できる回転機能，の3点があげられる．この基本機能に加え，耐震安全性の観点から，橋桁移動量の制限，橋桁浮き上がり防止といった機能も必要であり，橋梁にとっては非常に重要な構造部材であるといえる．

b. ゴム支承の特徴

支承は大きく分けてゴム支承と金属支承に分けられるが，金属支承を用いた橋梁の多くは回転を受けもつ固定支承と，水平変位を受けもつ可動支承の2種類を組み合わせることで支承の要求特性を満たしている．これに対し，ゴム弾性によって回転機能と水平変形機能をひとつの支承に集約したものがゴム支承である(図5.3.8)．ゴム支承は一般的にはゴムと鋼板を交互に接着させた積層構造となっているが，このような構造とすることで，荷重支持機能を発現させつつ，水平変形と回転変形に対応できる形となっている．

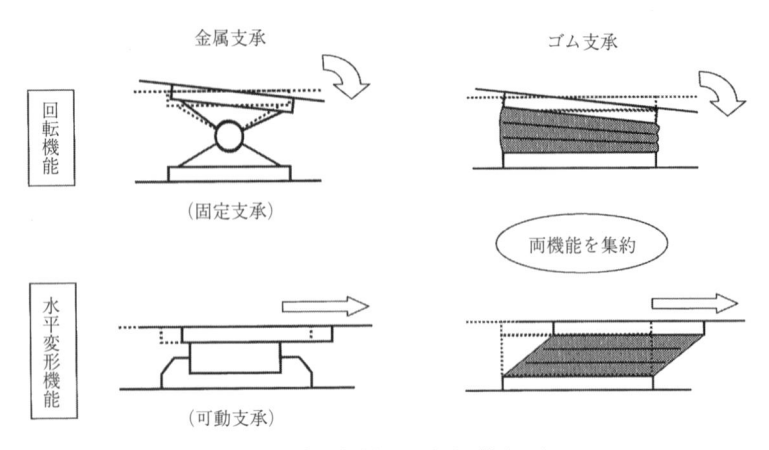

図 5.3.8 金属支承とゴム支承の構造の違い

c. ゴム支承の利点

金属支承の多くは,金属同士の接触,しゅう動によって回転機能や水平変形機能をもたせているが,このしゅう動部の腐食や固着が支承の機能低下につながる.ゴム支承はこの部分をゴムの弾性変形に置き換えていることから,金属支承のようなしゅう動部がなく,メンテナンスがいらないといった点が利点としてあげられる.

これに加えてあげられる利点が,耐震,免震機能である(図5.3.9).金属支承を用

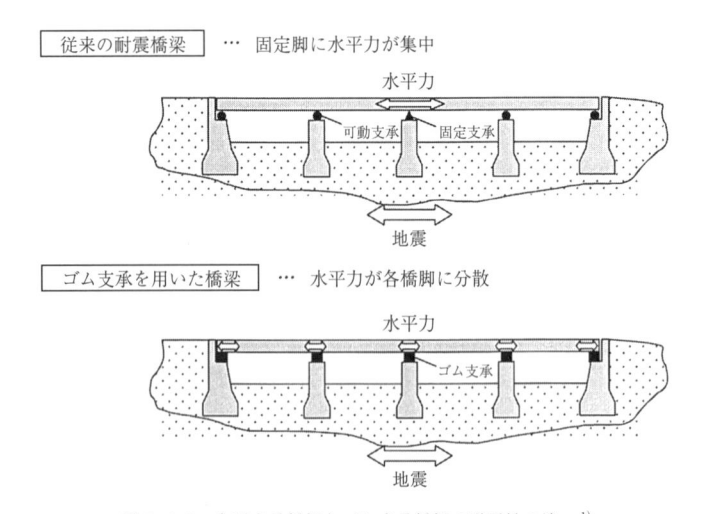

図 5.3.9 金属支承橋梁とゴム支承橋梁の耐震性の違い[1]

いた橋梁は，固定支承と可動支承を組み合わせて設計されているが，この方式では水平力が固定支承の設置された橋脚に集中するため，大規模な地震の際には橋脚の損傷や落橋につながるおそれが大きい．これに対し，ゴム支承を用いた橋梁においては，水平力を多点に分散することができるため，橋脚の損傷が少なく高い耐震性が得られる．

このゴム支承を用いた橋梁のなかでも，橋桁が非常に長い橋梁などの場合には，大規模な地震時には橋桁のずれが大きくなってしまうことがある．これに対し，地震時のエネルギーを吸収し，震動をすみやかに減衰させる減衰機能を付加した免震ゴム支承を用いると，より耐震性が高められる．

d. ゴム支承の種類

ゴム支承は，弾性変形による反力分散を主目的とした反力分散ゴム支承と，これに減衰性を付与した免震ゴム支承に大別される．

反力分散ゴム支承（図5.3.10）は，ゴムと鋼板を積層した単純な構造であり，ゴム材はNRやCRが用いられている．CRは耐候性の点からNRよりも有利であるとされているが，実際には天然ゴムでも耐候性は問題なく，逆に耐寒性などについてはCRよりも有利であることから，近年ではNRを用いている例が多い．

免震ゴム支承は，ゴム自身に減衰性をもたせた高減衰ゴム支承と，鉛棒にて減衰性を付与した鉛プラグ入りゴム支承の2種類がある．高減衰ゴムの減衰性はゴム材料の粘性や分子摩擦を大きくすることで減衰性が付与されており，形状としては反力分散支承と大差ない（図5.3.10）．鉛プラグ入りゴム支承は，一般的にはNRを用いたゴム

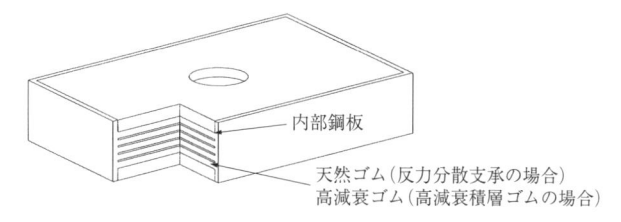

図 5.3.10　反力分散ゴム支承，高減衰ゴム支承

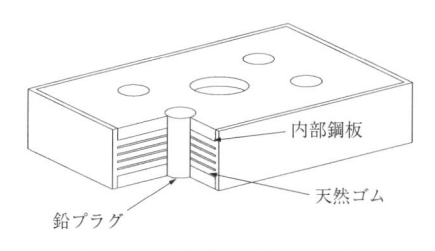

図 5.3.11　鉛プラグ入りゴム支承

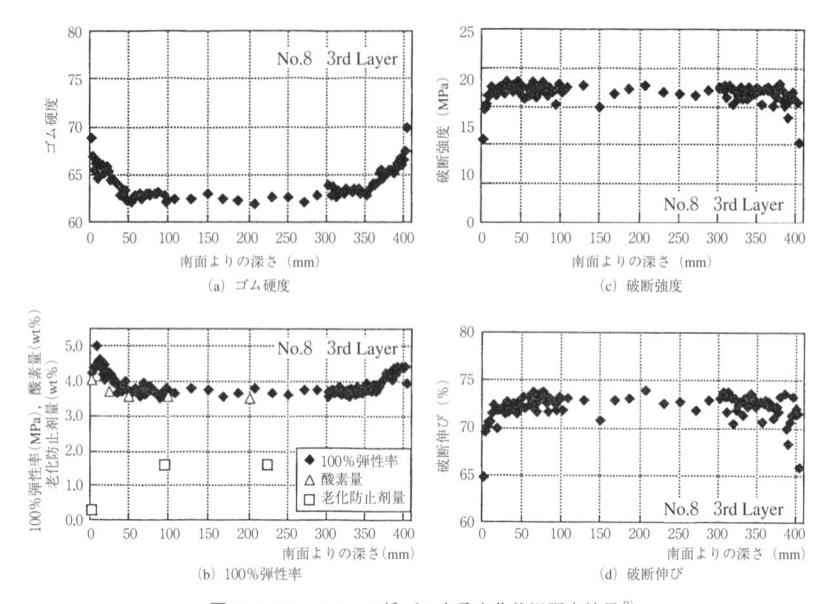

図 5.3.12 ペルハム橋ゴム支承劣化状況調査結果[2]

支承に鉛直方向に鉛棒を挿入した構造(図5.3.11)となっており,鉛棒の塑性変形により減衰性が発現する.

e. 耐 久 性

ゴムの劣化の主な原因は酸素による架橋の進行,分子切断であるが,ゴム支承のような厚肉製品の場合,酸素の影響は表面のみにとどまり内部にはその影響は及びにくい.これについてはいくつかの調査事例があり,100年近く使用されたメルボルン鉄道橋のNRパッドや40年近く使用されたペルハム橋天然積層ゴムの解析などがその代表例である.いずれの場合も表面近傍のゴムは酸化劣化による破断強度,伸びの低下,硬度や弾性率の上昇が認められるが,内部はほとんど変化がないことが報告されている(図5.3.12).これらの結果,および過去の使用実績より,ゴム支承は長期にわたりその特性を維持するに十分な耐久性をもっているといえる. 〔島田 淳〕

文　献

1) 大成社:免震支承-ゴム支承の進展(polyfile.1995.8), p.43, 大成社 (1995).
2) 渡部征夫ほか:約40年を経過した積層ゴムの経年変化調査,第1回免震・制震コロキウム講演論文集, pp.439-446 (1996).

3) 日本道路協会編：道路橋支承便覧(第8版), 日本道路協会 (1991).
4) 川原壮一郎：橋梁と基礎, **96**(8), 194-195 (1996).
5) 建設省：道路橋の免震設計マニュアル(案), 土木研究センター (1992).
6) 日本免震構造協会：免震構造入門, オーム社 (1995).

5.3.3 シーリング材とゴムシート
a. シーリング材[1~3]

シーリング材とは，部品や部材間または窓枠などの接合部や，目地に充てんして，水密性・気密性を確保するために使用される材料である．用途は建築，土木，機械，自動車，航空機，船舶など多岐にわたっている．建築用シーリング材といっても，その形状や組成は一様ではなく多くの種類があるが，施行時の形状によって不定形タイプ(ペースト状または液状)と定形タイプ(ひも状やガスケットなど)に大別できる．さらに，不定形タイプは施工後に硬化させる弾性型(弾性シーラント)と非弾性型(コーキング材ともいう)に分けられる．弾性型は製品形態として1成分型と2成分型があり，1成分型は製品そのままの状態で施工できるが(自己加硫型)，2成分型は施工に際して基材と硬化剤を一定比率でよく混合する必要があり，施工に手間がかかる．弾性シーラントを化学組成から分類すると，シリコーン系，変成シリコーン系，ポリサルファイド系，アクリル系，ウレタン系，ブチルゴム系などが一般的である．シーリング材としての要件は，接着性，耐久性(耐疲労性，耐候性)，汚染性の三点が重要であり，選択するにあたって考慮すべき重要な点は，被着体の材質(金属，コンクリート，ガラスなど)とジョイントのある部位(屋根，壁など)であり，設計上要求される性能を備えたシーリング材，施工方法を選ぶ必要がある．

b. ゴムシート[4~6]

シート防水材としては，合成ゴム系，合成樹脂系およびゴムアスファルト系のものが使用されており，合成ゴム系は加硫ゴム系と非加硫ゴム系がある．わが国において加硫ゴム系の防水材が登場したのは1960年代の初め頃で，IIRを主原料にしたものが始まりであった．その後耐候性に関する研究・改善が進められ，ゴムとしてEPDM(EPT)を主体にしたものが現在は主流となっている．シート防水の材料規格としては「JIS A 6008合成高分子ルーフィング」が制定されている．アスファルト系に比較してゴムシート防水材の長所として，① シートの伸びが大きく下地クラックに対する追従性が優れる，② 耐候性が優れる，③ 軽量である，④ 常温で施工できるなどがあげられる．一方短所として，① 未乾燥下地に施工した場合，ふくれが発生しやすい，② 外的損傷に注意を要する，③ シート相互の接合部が弱点となりやすい，などがあげられる．加硫ゴムシート防水材に必要な機能としては，適正な基本性能(強伸度，引裂き強度など)，耐久性(耐オゾン，耐熱，耐光，耐薬品など)，水密性(ピンホール，均一性)，熱安定性(感温性など)があげられる．また，防水という最終機能を満足さ

せるためには，接着剤の性能が優れていることと同時に施工技術が重要となる．

〔中嶋正仁〕

文　献

1) 大浜嘉彦：高分子防水，pp.189-266，高分子刊行会 (1972).
2) 高橋　明：日ゴム協誌，**69**，822 (1996).
3) 防水工法事典編集委員会編：防水工法事典，p.170，産業調査会 (1981).
4) 大浜嘉彦：高分子防水，pp.87-146，高分子刊行会 (1972).
5) 防水工法事典編集委員会編：防水工法事典，p.350，産業調査会 (1981).
6) 建築防水システムハンドブック編集委員会：建築防水システムハンドブック，pp.103-126，建設産業調査会 (1990).

5.3.4　ゴムアスファルト

狭義のゴムアスファルトとは，SBRなどのゴムを溶解したアスファルトを指すが，近年は，用途の多様化・高性能化に伴い，SBSなどの熱可塑性エラストマーや用済みタイヤの粉砕品などの固形ゴムとアスファルトの組合せも盛んに使用されており，ここでは広義に「エラストマーアスファルト」として解説する．

アスファルトの用途の約4分の3は道路舗装用と防水用であり，ゴムアスファルトは加熱アスファルト，アスファルト乳剤，シートなどの形態で使用されている．アスファルトにゴム成分を添加すると，① 強さ・スティフネス，② 粘性，③ 粘着性，④ 低温ぜい性，⑤ 耐劣化性，⑥ 弾性復元性などの改質効果が期待でき[1]，とくに温度変化による伸縮や「たわみ」が激しい用途で利用されている．

(1) 道路舗装用　加熱アスファルトにSBR，CR，SBSなどを添加した改質アスファルトは，舗装体の流動，摩耗，剥離，ひび割れなどを防止する目的[2]で高規格道路や重交通道路に使用され，大きな骨材把握力を必要とする滑り防止舗装や排水性舗装にも使われており，1997年度で約30万トン/年の使用量に達している[3]．また，改質アスファルト乳剤は，タックコート(舗装層間接着剤)や常温舗装用バインダーとしても使用されている．

(2) 防水用　アスファルト防水は，熱工法，常温工法(シート型，塗膜型，複合型)，トーチ工法があり，土木工事用には常温工法のゴムアスファルト乳剤の吹付け工法が用いられている[4]．道路橋の橋梁床版には浸透水からの保護を目的とした橋面防水が行われており，改質アスファルトシートやゴム入り加熱アスファルトによる塗膜防水工法がコンクリート床版，鋼床版を対象として施工されている[5]．ルーフィング分野では，改質アスファルトシートについてJIS(A 6017-1997)規格が規定されている[5]．

(3) その他の用途　超高層ビルの制振工法，木造床防音材，鉄筋防錆材，沿岸

コンクリート構造物の防蝕用保護材[6]，アスファルト系防蟻工法[7]などが実用化されている．　　　　　　　　　　　　　　　　　　　　　　　　　〔大久保幸浩〕

文　献

1) 笠原　篤ほか：舗装, **32**(1), 15 (1997).
2) 日本アスファルト協会：アスファルトの利用技術, p.56, 日本アスファルト協会 (1997).
3) 日本改質アスファルト協会：改質アスファルト, **11**, 30 (1998).
4) 日本アスファルト協会：アスファルトの利用技術, p.226, 日本アスファルト協会 (1997).
5) 同上, p.229.
6) 青木秀樹：*ASPHALT*, **34**(171), 18 (1992).
7) 脇坂三郎：*ASPHALT*, **34**(171), 20 (1992).

5.3.5　ラバーダム
a.　ラバーダムとは

灌漑，防潮，水力発電，水道用取水など，ダムはわれわれの生活を幅広く支えている．ダムにはコンクリートで固めた固定堰と必要なときのみに使用する可動堰があり，可動堰のひとつであるラバーダムは，河川に取り付けられたゴム製本体を空気または水で膨張させることによって水の流れを止め水を貯える．ラバーダムは構造が簡単なので故障が少なく，初期建設費や維持管理費が安く，作動の信頼性も高い．

b.　ラバーダムの構造と作動原理

ラバーダムは，ラバーダム本体とそれを膨張，収縮させる装置で構成されている（図5.3.13）．可動堰は上流水位に対応して随時ダムの高さを変える必要があり，ラ

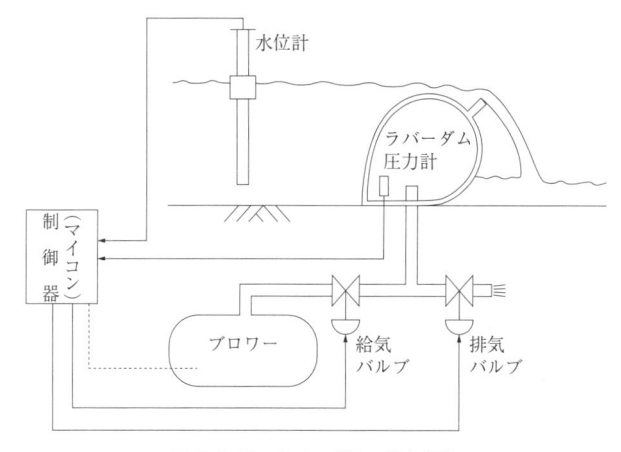

図 5.3.13　ラバーダムの基本構造

バーダムでは水位計で測定された上流水位に応じて空気弁がON-OFF作動し，所定の堰高に調整する．一般的には内圧は0.1〜0.5 kg/cm^{2}程度に保たれている．ラバーダム本体は，張力を支える補強繊維とこれを保護し気密性・水密性を保つゴムでできている．

c. ラバーダムの耐久寿命

一般にラバーダムは30年以上の長期寿命をもつと推定されているが，ラバーダム本体を構成する繊維材料，ゴム材料の最適化とともに両者を接着させる技術の高さがこれを可能にしている．ゴム材料に要求される性能は耐オゾン性や耐紫外線性などの耐候性，耐水性，さらには耐摩耗性，耐カット性などの強度特性である．このためにEPDM系およびCR系のゴム材料が用いられることが多い．近年，耐カット性向上の目的で表面にセラミックチップを埋め込んだものも開発されている．補強繊維としては高張力合成繊維が用いられ，強度の経年変化は重要評価項目である．また，水中で使用されるので耐水性の評価も重要である．繊維は製織した帆布構造体を用いるのが一般的であり，曲げ剛性や強度をさらに高めるために多層で用いられることもある．一方，繊維とゴムの接着はラバーダム本体を成り立たせるための根幹技術であり，一般的には繊維に特殊な接着処理が施される．とくに長期の耐久性が要求される場合，ゴム材料も接着を考慮した配合が用いられる．

今後の展開

最近では，堰高5 mを超えるもの，長さ100 mを超えるものも珍しくない．信頼性が確認されるにつれ，ますます長大化の傾向は進み，近い将来，鋼製可動堰に置き換わるものと思われる．また，用途も河川用ダムだけでなく，防潮堰，管路用ゲートなど開発が進み，今後の発展が期待されている．図5.3.14は江戸川に設置されたラバーダムである．

〔高野伸和〕

図 5.3.14 江戸川にかかるラバーダム

5.3.6 オイルフェンス,浮沈ホース

いずれも,大量の原油や石油製品を海上輸送によって輸入し,工場が臨海工業地帯に集中しているために,海洋汚染が環境問題としてクローズアップされてきたわが国の特殊性が発展させた,代表的なゴム製品である.

a. オイルフェンス(oil boom/oil barrier)

構造は,海面より上の部分で水面に流出した油の拡散を防ぐとともに,海面下の部分を支えているフロート(浮体)と呼ばれている部分と,海面下での流出を防ぐカーテン(スカート)と呼ばれる部分から成り立っている.フロートには,ポリスチレンフォームやポリエチレンフォームのような浮力材を,ゴム引き布や塩ビターポリンで包んで外傷や環境条件から守っているものや,空気の浮力を利用するために気密性の袋をゴム引き布などでつくったものなどがある.カーテンは,フロートと同じようにゴム引き布や塩ビターポリンでつくられ,潮流や海流などの大きな力でカーテン部が引きちぎられないように,合成繊維製のテンションベルトが取り付けられている.また,鋼鉄製チェーンなど比重の大きなものをカーテンの下部に取り付けて,カーテンが水流でまくれあがらないようにしている.使用時には連結して長尺のものとするために,長手方向の端部には互換性をもった合成樹脂製のファスナーとジャックルが取り付けられている.

図 5.3.15[1]にオイルフェンスの形状の一例を示した.

オイルフェンスには,定置式と移動式とがあり,定置式には浮沈式と浮体式とがある.また移動式には,膨張式と固定浮体式とがある.定置式はタンカーの荷役桟橋や汚染物の流出口に常時設置されていることが多い.浮体は固定浮体ではなく,膨張式フロートの空洞部を,空気やガスで膨らませて浮き沈みさせる.移動式は,緊急時に展張する目的で保管されていることが多いので,膨張式の方が保管スペースが小さくてすむが,展張に時間がかかったりフロートからの空気の漏れがあったりしてうまく作動しないという欠点がある.

運輸省が,海洋汚染および海上災害の防止に関する法律(昭和45年法律第136号)

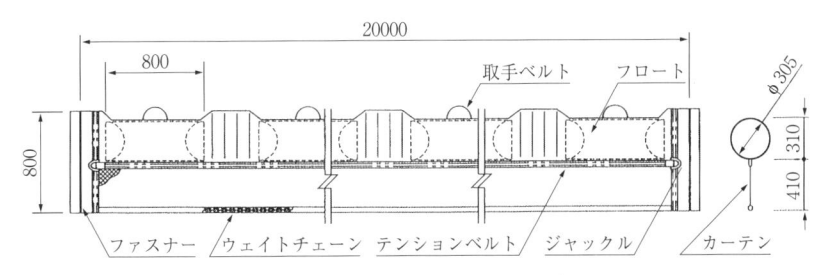

図 5.3.15 オイルフェンスの形状[1]

を施行[2]したときに，臨海部の工場でもオイルフェンスの備え付けが必要となったために，急にオイルフェンスの需要がわき上がった．しかし，需要が一巡し，さらに防除機材の共同保管を行うところが多くなって，この需要は減退した．

しかし，このときにオイルフェンスのフロート高さと，それに対応したカーテンの深さでA，B，CおよびDと標準的な型式が定められ，それらの性能についても運輸省の基準によって認定が行われるようになった．

一方，沿岸部で土木工事を行うときに海洋を汚濁させてはいけないという行政指導[3]によって，オイルフェンスとほぼ同じ構造の汚濁防止膜が開発された．

海面付近の流出油を対象とするオイルフェンスに対して，汚濁防止膜は海面下にあるヘドロなどの汚濁物質を囲み込むためのものであるので，カーテンは海底に達する深さのものが使われ，展張方法によっては，フロートが海中にあって海面からは見えないようなもの（自立式）も使用されている．したがって，工事現場に合わせた規格のものが使われ，展張している期間も長いので，海洋生物の付着や耐久性が問題になってくる．

b. 浮沈ホース（float and sink hose）

タンカーとの原油荷役のために，大口径の送吸油用ゴムホース[4]が使用されている．

係船岸壁にあるローディングアームをタンカーのマニホールドにつないで原油を荷役する方式では，係船岸壁までの水深が十分でなければならないが，タンカーを沖合にブイを使って係留し，その近くまで敷設されたパイプラインから伸びる送吸油用ゴムホースをタンカーのマニホールドにつないで原油の荷役を行う方式は，遠浅のところや，係船施設が暫定的な場合には建設費などの点で有利である．

この場合，大口径の送吸油用ゴムホースには，サブマリン方式とパーマネントフロート方式および浮沈式があり，荷役場所としての海面が狭隘で海上交通が混雑しているわが国では，とくに浮沈式が適しているとされている．これら3つの方式の比較を表5.3.1[5]に示した．

また，ホースの選定に対しても，運輸省港湾局によって基準[6]が示されている．

構造は，3方式とも耐油性の内面ゴムと耐圧・耐外力および耐疲労性をもつカーカス部，耐候性のある外被ゴムからなり，両端は金属製フランジをビルトインしている．性能については，ブイ・ムアリング・フォーラム・ホース・スタンダード（Buoy Moorig Forum Hose Standards）とブリティッシュ・スタンダード（British Standards）[7]の2つの規格が世界的に受け入れられている．

浮沈式には，ホース本体に空気による浮力でホースを海面に浮かせ保持するためのジャケットを一体に取り付けたものが一般的であるが，別に送気用のホースをホース本体の内または外に併設して，これによってホース本体の内部の海水を空気と置換させて浮上させる方式のものもある．

〔塩野　勝〕

表 5.3.1 ゴムホース方式の比較

サブマリン方式	パーマネントフロート方式	浮沈式
1. 多点係留方式の係留施設のみにしか利用できない.	1. 常に海面に浮上しているため, 波, 流れなどによる損傷のおそれが大きい.	1. 浮沈機構を必要とするため, コストが最も高い.
2. タンカーが荷役中動揺するとゴムホースが海底を引きずるおそれがある.	2. 他航行船舶の支障となる.	2. オペレーションが複雑となる.
3. 自然条件がよければ設計が簡単で安価である.	3. オペレーションが簡単である.	3. 非使用時は海底に沈めてあるので, 波, 流れなどによる損傷は少ない.
4. 非使用時は沈めてあるので, 波, 流れなどによるゴムホースの損傷が少ない.	4. フロートなどにより浮上されているのでコストは割合に高い.	4. 他航行船舶の支障とならない.
5. 非使用時は沈めてあるので, 他船舶の航行の支障とならない.		

文　　献

1) SRオイルフェンス, カタログ, 住友ゴム工業.
2) 海洋汚染及び海上災害の防止に関する法律施行規則, 運輸省 (1971).
3) 安達達雄, 遠野聖五郎：港湾工事施工技術, p.565, 山海堂 (1991).
4) 送吸油用ゴムホース, JIS K 6346, 日本規格協会 (1982).
5) 港湾の施設の技術上の基準・同解説, p.382, 日本港湾協会 (1995).
6) 港湾の施設の技術上の基準・同解説, p.379, 日本港湾協会 (1995).
7) Biritish Standads BS 1435.

5.4　電気・通信関係

5.4.1　電線, ケーブル

a.　概　　略

電線・ケーブルは電力または通信を送るために用いられるもので, 構造は図5.4.1に示すように, 電気を通す導体と電気を通さない絶縁体, 必要に応じて保護用のシースとからなる. 導体と絶縁体のみからなる構造のものを電線(コード, code)と呼び, 絶縁体上にシースと呼ばれる保護層を設けた構造のものは電纜(ケーブル, cable)と呼び区別されている.

導体には, 電気を通す性質が必要であり, 表5.4.1[1]に示す電気抵抗の小さい銅やアルミニウムなどの金属が用いられている. また, 極低温で電気抵抗がゼロになる超伝導材料を導体に用いることも検討されており, すでに超伝導磁石として核磁気共鳴装置の磁場発生の部位に応用され, 分析・医療の分野で用いられている[2].

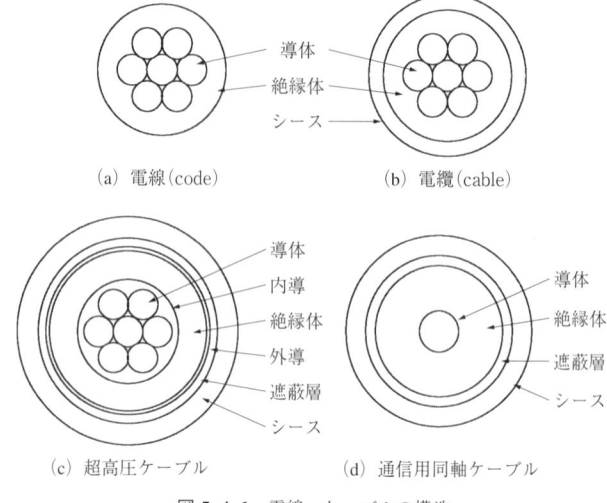

図 5.4.1 電線，ケーブルの構造

(a) 電線(code)
(b) 電纜(cable)
(c) 超高圧ケーブル
(d) 通信用同軸ケーブル

表 5.4.1 金属の電気抵抗[1]

金属	電気抵抗($10^{-8}\Omega\cdot m$)	
	0℃	100℃
銀	1.47	2.08
銅	1.55	2.23
金	2.05	2.88
アルミニウム	2.5	3.55
鉄	8.9	14.7

　絶縁体には，電気を通さない性質が必要であり，主にゴムや樹脂などの高分子材料が用いられている．超高圧ケーブルでは，紙/油や絶縁性の高いガスを絶縁体に用いることもある．古く明治・大正時代に，紙を巻いただけの絶縁体や，綿糸を編んだ絶縁体も用いられていたことがある．また，原子炉内に用いられるケーブルにはマグネシウムやアルミニウムの酸化物が絶縁体として用いられている．

　シースには，絶縁体を外傷，光，薬品などの外部環境から保護するため，強度，耐候性，耐薬品性などに優れた材料が用いられる．特に錨に引っかけられてケーブル切断の事故が起こるような海底ケーブルでは，鋼線を巻きつけ保護層とする場合もある．これ以外にも，ネズミの忌避剤を配合したシース材を用いる防鼠ケーブルや，硬いナイロン樹脂のシース材を用いる防蟻ケーブルなど，保護する目的によりシース材料の特性は変わることがある．

表 5.4.2 電線・ケーブルの用途・分類

	材料	用途	許容温度 (℃)	体積固有抵抗 ($\Omega\cdot cm$)	強さ (MPa)
ゴム	天然ゴム（NR）	キャブタイヤ	$-55\sim60$	10^{15}	$8\sim18$
	エチレンプロピレンゴム（EPDM）	キャブタイヤ	$-40\sim90$	$10^{12\sim15}$	$7\sim10$
	クロロプレンゴム（CR）	キャブタイヤ	$-40\sim70$	$10^{10\sim12}$	$12\sim16$
	シリコーンゴム	耐熱	$-80\sim180$	$10^{14\sim15}$	$4\sim6$
	フッ素ゴム（FKM）	耐熱	$-90\sim200$	10^{15}	$8\sim12$
PVC	一般	一般	$-20\sim60$	$10^{12\sim15}$	$10\sim25$
	耐熱	一般・耐熱	$-20\sim80$	$10^{12\sim15}$	$10\sim25$
	ポリエチレン（PE）	一般・通信	$-60\sim75$	$10^{17\sim18}$	$13\sim17$
	架橋ポリエチレン（XLPE）	電力ケーブル	$-60\sim90$	$10^{17\sim18}$	$14\sim20$

b. 用途，分類

電線・ケーブルは用いられる分野，材料により，表5.4.2のとおり大別できる．一般の電線・ケーブルにはPVCを用いることが多い．PVCは可塑材，充てん剤を選択することで，広い性能・用途がカバーできるだけでなく，安価に製造することができるためである．屈曲性が要求される移動用ケーブルには，軟質PVCやゴムが用いられ，絶縁性が要求される電力ケーブルには，ポリエチレン（PE），架橋ポリエチレン（XLPE）が用いられる．通信ケーブルには，低い誘電率が要求されるため，PEやXLPEを発泡させたものが用いられる．

(1) ゴム電線・ケーブル ゴム電線・ケーブルは，導体上にゴムを押出機により被覆させたのち，熱をかけて加硫される．加硫方法としては，① 押出し直後に加硫する方法，② 押出し後，別工程で加硫する方法に大別される．押出し直後に加硫する方法は，比較的細い電線や大量に製造する電線の製造に適した加工方法であり，押出機と加硫管が連結されており，CCV（カテナリー連続加硫機）やHCV（水平連続加硫機）と呼ばれる設備で行われる．別工程で加硫する方法は，比較的太い電線や，短い電線の製造に適した加工方法であり，押出し後の電線を加硫釜と呼ばれる設備に入れ熱を加えることで行われる．

ゴムは架橋しているため，熱を加えても溶けることがないため，火花が飛び散ったり，比較的耐熱性の要求される部位に用いられる．例えば，電気溶接用の電線や，こたつやアイロンなどの電気容量の高い電気製品の電源コードがある．さらに，耐熱性を要求される場合はシリコーンゴムやFKMを絶縁体に用いる場合がある．シリコーンゴムやFKMは難燃化することで舶用電線にも用いられている．

ゴムのもうひとつの特徴として柔軟性があげられる．そこで，狭い空間に配置したり，繰返し曲げが加わったりする部位に用いられており，代表的な例としてキャブタイヤケーブルや車両用のジャンパーケーブルがある．このケーブルの絶縁体材料には電気絶縁性のよいEPDMやNRが用いられ，シース材料には，耐候性がよく，強度の高いCR，CSMなどが用いられる．

しかし，ゴムは架橋しているため，溶融再生することが困難であり，環境負荷を低減するため，熱分解油化，セメント・製鉄用燃料兼原料としての検討が進められている．さらには，リサイクルの容易な熱可塑性エラストマーを絶縁体，シースに用いることも検討されている．

(2) PVC電線・ケーブル　PVCは，塩化ビニルレジンと可塑剤，充てん剤を主成分とし，若干の安定剤，必要に応じて難燃剤が配合される．可塑剤，充てん剤の配合量，種類の選択により，種々の物性を制御することができるだけでなく，架橋工程をへないため，安価に加工でき，電線，ケーブルへ広く適用されている．家庭用の電源コードや，制御盤内の配線コード，自動車内のワイヤーハーネスなどに用いられる．しかし，PVCは塩素を含有することから，燃焼時にダイオキシンが発生する可能性が示唆されているだけでなく，火災時に腐食性の塩酸ガスが発生し，防災上好ましくない問題も提起されている．また，安定剤には鉛化合物(三塩基性硫酸鉛など)を用いるため，環境対策の点で，徐々にノンハロゲン難燃化されたポリエチレンへの切替えが検討され始めている．

(3) PE電線・ケーブル　PEはPVCについで電線によく用いられている．PEは電気絶縁性がよいため，主に絶縁体として用いられる．ただし，無着色のままでは耐候性が低いため，屋外で使用する場合にはカーボンブラックをわずかに添加し黒く着色した状態で用いることが多い．

PEは電気絶縁性がよいだけでなく，誘電率も低く，通信ケーブルの絶縁体にも用いられる．通信ケーブルでは，絶縁体の誘電率は低い方が伝送時のロスが少なく，とくに高周波になるほどその効果は大きい．そのため，通信ケーブルのなかでも高周波を送るための同軸ケーブルでは，PEを発泡させることで誘電率をさらに下げている．

(4) 架橋PE電線・ケーブル　発電所で発電された電力は，超高圧ケーブルを通して送電所，配電所を通って各家庭へ送られるが，導体のもつ電気抵抗のため，発電電力の一部がジュール損により熱として消費されてしまう．このロスを少しでも減らすためには，ケーブルに流す電圧を高めることが有効であり，超高圧ケーブルが用いられる．超高圧ケーブルの構造は，一般のケーブル構造とは異なり，導体と絶縁体の界面，絶縁体の表面に半導電層を設けており，それぞれ内導，外導と呼ばれる．絶縁体との界面は電位勾配が高く，電界応力というものが絶縁体に加わるため，電気性能を低下させる要因になる．そこで，電気的なクッション層として内導，外導を設けている．

絶縁体は，高い電圧に耐えるだけでなく高い耐熱性も必要である．古くは，導体上に紙を巻き，オイルを浸した絶縁構造のOFケーブルが用いられていた．しかし，たえずオイルの維持管理が必要であること，ケーブルの途中に穴があくとオイルが漏れ出す可能性があることなどから，徐々に架橋PEが絶縁体に用いられるようになってきている．PEは高い絶縁性をもつが，融点が100℃付近にあるため，超高圧ケーブ

ルの使用時には絶縁体が熱変形を起こす可能性がある．そこで，架橋により耐熱性を高め熱変形を防止している．しかし，一般のPEを架橋するだけでは，PE中に絶縁性能を低下させる異物が多く含まれるため，超高圧ケーブル用PEには，ケーブルの製造工程だけでなく，PEの製造工程にまで遡った異物管理を行っている．最近では絶縁体材料，内導，外導の改良により，50万Vの電気を流すことのできる架橋PE絶縁ケーブルが開発されている．

また，街中で見かける電柱に張られている電線にも，架橋PEが絶縁材料として用いられている．電圧としては6600Vであり，流す電流が低い場合はPEを絶縁体に用いることもあるが，家庭での電力需要の高まりとともに，耐熱性の高い架橋PEを絶縁体に用いることが多くなっている．

(5) ノンハロゲン難燃電線・ケーブル　PE電線・ケーブルはPVCについでよく用いられるが，燃えやすい欠点を有している．従来はハロゲン系難燃剤をPEに配合し難燃化してきたが，PVC電線・ケーブルで述べたように，防災対策，環境対策面よりハロゲンに頼らない難燃電線・ケーブルが求められている．特に1985年のNTT洞道火災を契機に，通信ケーブルのノンハロ難燃化が進んだ．ノンハロ難燃化は，水酸化アルミニウムや水酸化マグネシウムなどの金属水酸化物の吸熱反応を利用するため，難燃剤を多量にPEに添加する必要があり，難燃性と機械的物性の両立が課題であり，現在も開発が行われている．

〔前田和幸〕

文　　献

1) 国立天文台編：理科年表，丸善 (1998)．
2) 浜島高太郎，高野広久，北島敏男：東芝レビュー, **51**(7), 7 (1996)．

5.4.2　導電性ゴム

a. 電子伝導性

ゴムは本来，電気的には絶縁性であり，そのため電気絶縁材料として多く用いられてきた．しかし，各種産業の技術革新，とくにエレクトロニクス機器の普及に伴って，導電性ゴム(conductive rubber)のニーズが高まり，その応用分野も拡大している．感圧導電性ゴム，発熱体，塗料，接着剤，ガスケット，電磁波シールド材料，帯電防止ゴムなどが主な応用例である．

本来絶縁性のゴムに電子伝導性を付与するためには，導電性付与剤をゴム中に導入することが必要であり，こうした導電性ゴムは次の2種類に大別される[1]．

① 分散複合系導電性ゴム
② 半導体系導電性ゴム

①はゴム中にカーボンブラックや金属粒子などの導電性充てん剤(electroconductive

表5.4.3 各種の導電性付与剤

系統	分類	種類	特徴
カーボン系	カーボンブラック	アセチレンブラック	高導電性, 分散性良好
		オイルファーネスブラック	高導電性
		サーマルブラック	低導電性, 低コスト
		チャンネルブラック	低導電性, 粒子怪小
			【共通の問題】黒色に限定
	カーボンファイバー	PAN系	導電性良好, 高コスト
		ピッチ系	PAN系より低導電, 低コスト
	グラファイト	天然グラファイト	産地により変動, 微粉化に難
		人工グラファイト	
金属系	金属微粉末	Ag, Cu, Niほか	酸化変質の問題, Agは高価
	金属酸化物	ZnO, SnO$_2$, In$_2$O$_3$ほか	明彩色化可能, 低導電
	金属フレーク	Al	
	金属繊維	Al, Ni, ステンレス	加工性に問題
その他	ガラスビーズ	金属表面コート	加工時の変質が問題
	カーボン	金属メッキ	

filler)を分散させたもので, ②はπ電子系やキレート系などの導電性に寄与する化学構造を有するものであるが, ②は非常に例が少なく, 実用的には①がほとんどである.

(1) 分散複合系導電性ゴム 導電性付与剤は表5.4.3に示すように導電性粒子であり, 数多くの種類がさまざまな用途に合わせて用いられている[2]. これらの導電性粒子をゴムに練り込んだのち, 加硫成形を行うことによって導電性ゴムを得ることができる. この際の加工性がよく, 得られた導電性ゴムの導電度を任意に調節できるという利点から, 導電性付与剤としてカーボンブラックが最も広く用いられている.

(2) 分散複合系導電性ゴムの電子伝導機構 分散複合系導電性ゴムの電子伝導は, 充てんする導電性粒子によるものであるから, 導電性粒子の充てん量によって異なる. 導電性粒子の充てん量が少ない場合, 導電性粒子同士は絶縁体のマトリックスゴムを挟んで遠く離れているため, 導電度の増大はほとんどみられない. しかし, ある充てん量において10桁以上に及ぶ導電度の急激な増加がみられ, それ以上の粒子の増量に対して導電度は再び緩やかに増大する. この導電度の急激な増大は, 導電性粒子がゴム中で網目を形成し, この網目を通じて電子が速やかに伝導することによると考えられる. この網目を形成するために必要な粒子の量は, 粒子の種類・構造およびマトリックスゴムの種類などによって異なっている[3].

網目形成後の導電性ゴムの電気伝導機構は以下のように考えられている[2~5]. 導電性粒子の網目連鎖を通してπ電子が移動する. 電子が移動できる導電通路がつくられるわけである. しかし, この「導電通路説」だけでは説明できない数々の現象が認められて, 現在では, マトリックスゴムを挟んだ導電粒子間を電子がジャンプして導電するとする「トンネル効果説」が有力となっている. この際の導電粒子間の距離は10 nm程度以下でなければならず, 導電粒子はきわめて接近していることが必要であ

る.実際の導電性ゴムの電子伝導は,「導電通路」と「トンネル効果」をあわせて考えると理解しやすい.

(3) 導電性に及ぼす変形の影響　導電性ゴムの導電度は変形によって大きく変化する.導電性ゴムを伸張していくと,伸張の初期段階では導電性粒子の網目連鎖構造の破壊によって導電度は低下するが,さらに伸張すると導電粒子の配向のため導電度は増大する[2,6].ただし,半導体系導電性ゴムのなかには伸張によって導電度が上昇し続けるものもある[7].このような変形による導電度の変化は,各種のセンサー,感圧導電ゴムなどに応用されている.

(4) 導電性に及ぼす温度の影響　作製したばかりの導電性ゴムの導電度は温度によって大きな変化を示す.これは導電性粒子の網目連鎖が不安定なためで,温度を上下することで安定した構造をとる[3,6].安定な構造となった導電性ゴムの温度による導電度の変化は小さいが,マトリックスゴム,導電粒子の種類などを選定することで,温度上昇によって導電度が増大する負抵抗温度係数(negative temperature coefficients of resistivity：NTC)を示すゴムや,逆に正の抵抗温度係数(positive temperature coefficients of resistivity：PTC)を示すゴムをつくることができる[8,9].PTC特性を利用した発熱体は,電流を流すと最初は電気抵抗が小さいため大きな電力で発熱し,温度上昇による抵抗値の増大で電流が流れにくくなり,最終的には一定の温度を保持するもので,自ら温度を制御する面状発熱体として応用拡大が期待されている.

(5) 応用例　導電性ゴムは古くは静電気対策として実用化されたが,その後エレクトロニクス産業の発展とともに,積極的に電気を流すゴムとして応用されてきた.先に示した感圧導電ゴム,面状発熱体のほかに,異方導電性ゴムは液晶表示装置(LCD)とプリント回路板(PCB)間,またPCB間同士の接続に適用され,デジタル時計,電卓,プリンターなど数多くの製品に用いられている.興味ある事例としては,車種判別用軸情報センサー,電子楽器用打鍵センサー,OA機器,VTRなどエレクトロニクス機器のひずみセンサー,タッチコントロールスイッチ,VTRの再生スピード調節センサーなどの各種のセンサー類がある.また,ゴムは溶剤を吸収して膨潤するので,その際の導電度の鋭敏な変化を検知する溶剤センサーなどへの応用も興味がもたれている[10].

〔野口　徹〕

文　献

1) 山下晋三：日ゴム協誌, **58**, 281 (1985).
2) 浅田泰司：日ゴム協誌, **58**, 572 (1985).
3) Sau, K. P. Shaki, T. K. and Khastgir：*J. Mater. Sci.*, **32**, 5717 (1997).
4) 宮坂啓象：日ゴム協誌, **58**, 561 (1985).
5) 渡辺聡志：機能材料, **17**, 32 (1997).
6) Sau, K. P., Shaki, T. K. and Khastgir：*Composites. Part A. Appl. Sci. Manufacturing*, **29A**, 363 (1998).
7) Chiang, L. Y., Wang, L. Y., Kuo, C. S. Lin, J. G. and Hung, C. Y.：*Macromol. Symp.*, **118**, 479 (1997).

8) Nasr, G. M.: *Polym. Testing*, **15**, 585 (1996).
9) Jia, W. and Chen, X.: *J. Appl. Polym. Sci.*, **66**, 1855 (1977).
10) 金森克彦: 日ゴム協誌, **58**, 597 (1985).

b. イオン伝導性

エレクトロニクス材料で, 電子伝導体のほかに導電性を示す材料としては, イオンが電気のキャリアとなるイオン伝導体がある. 電池は, 酸化還元反応に伴うエネルギーの変化を電気的エネルギーとして取り出すデバイスであり, 一般に, 電子伝導体を電極に用い, イオン伝導体である電解質を正極と負極で挟んだ構造をとっている. エレクトロニクスの目覚ましい発展を支えてきた素子の固体化の流れのなかで, 電解質は多くの場合いまだに溶液が用いられている数少ない例である. したがって, 今後さらにデバイスの小型・薄型・軽量化を図る場合, 電解質の全固体化は欠かすことのできない条件となる. つまり, 近年電解質溶液に匹敵する性能を有する固体電解質の開発が迫られている[1~4].

一般に, 電気伝導度(導電率σ)は式(5.1)で表される.

$$\sigma = \Sigma q_j n_j \mu_j \qquad (5.4.1)$$

ここで, jは複数のイオン種の寄与がある場合のj番目の意味で, 式(5.1)はσがすべての寄与の和となることを表現しており, q_jはイオン電荷数で1価のイオンではeである. また, n_jはキャリアとなるイオンの数で, μ_jはその易動度である. イオンはその最も小さなプロトンですら電子に比べて2000倍もの大きさを有しているので, その易動度は電子の10^{-3}倍以下である. したがって, イオンの拡散による電気伝導は, 媒体として液体状態を考えることが理にかなっている[2]. ゴムは, 一般に常温・常圧でアモルファスな液体状態という特性を有するため, 多くの材料のなかでイオン伝導体として有望視されている. また, ゴムは成形加工が容易で, かつその高い柔軟性は電極との接触を良好にするという利点もある. しかし, 式(5.1)からわかるように, キャリアのイオンの数もσに影響するので, 塩をよく溶解して解離させる構造のゴムが必要となる.

Wrightら[5]がポリエチレンオキシド(PEO)中でのイオン伝導を報告し, Armandら[6]が電池への応用の可能性を示唆して以来, PEOを用いた固体電解質の研究が世界的に行われ, 現在も活発である. PEOはガラス転移温度が低く, 塩をよく溶解し, 末端構造や分子量の異なるさまざまな材料が市販されていることから, 最もよく使われている. ポリエーテル中のイオン移動の模式図を図5.4.2に示す. 高分子鎖の局所運動によってイオンが運ばれるのである. しかし, PEOは結晶性があり, 分子量が数百以上のPEOを用いる場合は, 架橋や共重合の手法を用いて結晶性を阻害する必要がある.

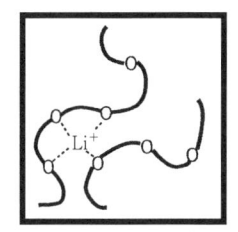

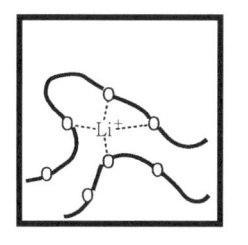

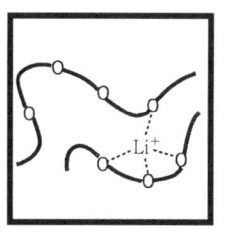

図 5.4.2　ポリエーテル中のイオン移動の模式図

$$-[(CH_2CH_2O)_l-(CH_2CHO)_m]_p-$$
$$\qquad\qquad\qquad |$$
$$\qquad\qquad CH_2O(CH_2CH_2O)_2CH_3$$

図 5.4.3　高分子量櫛型 PEO [8,9]

数多くの高分子固体電解質の研究[1〜4]のなかで，汎用のゴムとしてはエーテル構造を有するアモルファスな ECO が用いられている．また，シリコーンゴムやホスファゼンゴムに PEO 鎖をグラフトしたり，架橋鎖として導入した研究が報告されている．PEO を一成分とするウレタンゴムの研究も多い．電池用ではないが，水酸基末端ポリアルキレンオキシドをプレポリマーとするエーテル系ポリウレタンにアルカリ金属イオンをドープしたものは，医用透明導電性粘着剤として使用されている[7]．

これまで最も高い導電率を示した例のひとつは，図5.4.3に示す主鎖も側鎖も PEO セグメントからなる高分子量の櫛型ポリエーテル[8,9]である．側鎖 PEO セグメントの存在は PEO の結晶化を阻害し，イオン伝導性向上に寄与した．また，高分子量化は架橋なしに製膜性を与え，セグメントの三次元化による導電率の低下を防いだ．しかし，現在のところ室温で 10^{-4} S/cm を超える導電率を示す高分子固体電解質は現れていない．したがって，リチウム電池用の電解質には，ポリアクリロニトリルなどの高誘電率熱可塑性ポリマーやいくつかの共有結合性ゲルにプロピレンカーボネートなどの非プロトン性有機溶媒を含浸させて得られる非水電解液ゲルが用いられている[10]．

一方，ゴムを単なるイオン伝導体のバインダーとして用いた例もある．$CuCl\cdot Cu\cdot RbCl$ 系無機イオン伝導体を熱可塑性エラストマーのトルエン溶液に混合し，得られるスラリーをポリプロピレン不織布に含浸，乾燥させてシート状固体電解質が作製されている[1]．この導電率は室温で 10^{-3} S/cm を示し，耐湿性もよい．

最近，PEO セグメントのアモルファス状態からの再結晶化阻止に，ナノメーターサイズの TiO_2 や Al_2O_3 などのセラミックス粒子の添加が有効であることが報告された[11]．ゴムの補強ですでに明らかとなっているように，無機微粉末はマトリックスポリマーの補強に有効に働き，固体電解質としての力学的性質の向上にも寄与した．この研究は，複雑な化学反応を行わずとも有用な固体電解質が作製できる点で注目されている．

〔池田裕子〕

文　献

1) 粉谷信三：ポリマーダイジェスト, **40**(4), 12 (1988).
1) 粉谷信三：化学工業, **42**, 123 (1991).
3) Gray, F. M.：Polymer Solid Electrolytes：Fundamentals and Technological Applications, VCH Publishers (1991).
4) Kohjiya, S. and Ikeda, Y.：*Mater. Sci. Res. Inter.*, **4**, 73 (1998).
5) Fenton, D. E., Parker, J. M. and Wright, P. V.：*Polymer*, **14**, 589 (1973).
6) Armand, M. B., Chabagno, J. M. and Duclot, M. J.：Fast Ion Transport in Solids (eds.by Vashishta, P., *et al.*), North-Holland (1979).
7) 敷波保夫：ポリファイル, **24**(11), 48 (1987).
8) Ikeda, Y., Masui, H., Shoji, S., Sakashita, T., Matoba, Y. and Kohjiya, S.：*Polymer Inter.*, **43**, 269 (1997).
9) Nishimoto, A., Watanabe, M., Ikeda, Y. and Kohjiya, S.：*Electrochim. Acta*, **43**, 1177 (1998).
10) 大澤利幸：ゲルハンドブック(長田義仁, 梶原莞爾編), pp.637-650, エヌ・ティー・エス (1997).
11) Croce, F., Appetecchi, G. B., Persi, L. and Scrosati, B.：*Nature*, **394**, 456 (1998).

5.4.3　エレクトロニクス, OA機器関係

エレクトロニクス, OA機器を包含するいわゆるマルチメディア産業は, 成熟期に達した自動車産業に匹敵する基幹産業に成長した. それに伴いゴムの新規開発も自動車用途中心から, 近年当産業用途に移行しつつあるといえる. 当分野でのゴムの使用量は少ないが, 新規な特性を付与したゴム弾性体が開発され使用されつつある.

a.　エレクトロニクス関係

電子部品関連において使用されるゴム材料は, ① 製品の構成部材, ② 製造過程で使用される副資材, ③ 製造装置あるいは検査機の部品, に大別される. 高度な精密性と信頼性が要求される当分野で基本的かつ特徴的に要求される特性としては, 非汚染性(放出ガス, イオン, 抽出物, 摩耗粉), 耐薬品性, 耐エッチング性, 耐熱性, 機械的特性の安定性などがあげられる. 例えば半導体製造プロセスにおけるイオン性不純物は, 表5.4.4に示すような不具合現象を発生させる[1]. したがって, 用いられるゴムは, 表5.4.5[2]に例示するような低イオン濃度の特殊品が必要となる.

ゴムが製品の構成部材として用いられている例としては, 絶縁, 保護, 緩衝を目的としたポッティング材, 部材間パッド, 接着剤, シール材, 接合部の保護用コーティング剤などがある.

接着剤の例としては, FPC(フレキシブルプリント基板)用に, 耐熱性と絶縁性に優れた熱硬化性樹脂に可とう性付与剤として樹脂との反応性を有するメタルフリーNBRが添加された接着剤が使用されている. 例えば, 表5.4.6に示すNBRを使用することにより, 配線基板のマイグレーションが抑制されることが報告されている[3].

多層プリント配線板の薄膜化に対し使用される接着フィルムにもゴム変性エポキシ樹脂が用いられる[4]. ゴムの緩衝機能を利用した例としては, 半導体パッケージのポ

表5.4.4 不純物と不具合現象の関係[1]

不純物	不具合現象
Na, K, Li, Mg, Ca	絶縁不良
Cl, F	配線腐食
Fe, Cr, Cu, Ni, Mo, W	動作不良
	微小欠陥の発生
U, Th	ソフトエラー

表5.4.5 高純度シリコーンゴム(JCR)のイオン濃度[2]

グレード	不純物(ppm)		
	Na^+	K^+	Cl^-
JCR	0.1	0.2	1.0
一般	0.5	5	10

表5.4.6 メタルフリーNBR(PNR-1H)の特性[3]

	PNR-1H	従来処方品
結合AN量 (wt%)	27	27
結合COOH量(mol%)	4.0	4.0
ムーニー粘度 ML_{1+4}(100℃)	60	45
灰分量 (wt%)	<0.01	0.74
Na量 (ppm)*1	8	110
K量 (ppm)*1	2	24
水溶性塩素 (ppm)*2	1	28

*1 原子吸光法
*2 イオンクロマト法(DIOMEX)
　　抽出条件：ポリマー5 g/H_2O 100 ml
　　120℃×24時間抽出

リイミドTABテープとチップ間の熱応力吸収パッドが報告されている[5]．また，ICパッケージのひとつであるランドグリッドアレ(LGA)の基板接続用ゴムコネクター[6]，基板接続用異方導電性ゴム[7]が知られている．

同様にガラス基板を用いるLCD(液晶表示装置)においても，金属コネクターから導電性エラストマーコネクター，そのファインピッチ化品，ヒートシールコネクター，異方導電性シート接続へと方式が推移し，当用途にはシリコーンゴムが汎用されている[8]．また，LCDパネルとバックライト間のスペーサーとしてもゴムが使用されている．

高純度かつ超微細加工が要求されるエレクトロニクス製品の製造装置に要求される二大特性として，コンタミネーションと振動からの絶縁がある．さらに，真空系装置においては高真空度の阻害物質を排除する必要がある．例えば，装置に使用されるゴムシールは，純粋度と放出ガスおよび動的シール部では耐パーティクル性が一般的なシール機能に加え重要となる．振動対策は，従来からの防振ゴムによるパッシブ型に，センサーとエフェクターを制御回路でつないだアクティブ型を組み合わせた除振装置が一部用いられ始めた．高周波数領域をパッシブ型で，低周波数領域をアクティブ型で除振する設計となっているが，より低ばね定数を実現できるゴムを使用したパッシブ型単独の使用が経済性の面より実用的である．また，大型フラットパネルディスプレーの製造工程におけるガラス基板上へのレジスト塗布にロールコーターが使用されるが，表面をダメージから守るためにロールはゴムライニングされたものが使用されている[9]．

製造工程における検査機にもゴムがキーパーツとして利用されており、例えば、ベアボードテスト機に導電性ゴムが使用されている[10].

b. OA機器関連(電子写真を中心として)

一般的にOA機器は入力系と出力系に大別される．入力系ではシリコーンゴムの弾性を利用してキーボードがつくられているが、キータッチは座屈現象を利用しており、形状の設計には有限要素法などの利用が必要である．マウスにおいては金属表面にゴムを焼き付けたボールが使用されており、ゴム表面へのゴミの非付着性，摩擦係数，表面の形状精度が要求されている．また、近年音声入力技術が実用化されてきており、マイクからのノイズを低減させるために、受音部分と筐体との間に除振用のゴムが封入されてきている．

出力系としてはドットプリンター、インクジェットプリンター、電子写真プロセスを用いたものがあげられる．ドットプリンターでは弾性プラテンロールが使用されており、ゴム硬度の安定性・寸法精度が要求されている．ドットプリンターおよびインクジェットプリンターではヘッドの駆動にワイヤーかゴムシンクロベルトが使用されているが、シンクロベルトの場合、歯のピッチが速度偏差として画像に現れることがあり、歯の形状および精度について種々の検討がなされている．さらに、インクジェットプリンターにおいては、ヘッドクリーニング用のブレードおよび、インクの保持用の発泡体にゴムが使用される場合があるが、いずれもインクに対する耐久性が要求される．

複写機、FAX、プリンターに使用されている電子写真プロセスには、図5.4.4に示すように、数多くのゴム部品が使用されている．これらのゴム部品は、使用部位によって多少の条件の違いはあるが、高電圧プロセスによって生じるオゾンに対する耐久性、トナーに対する耐汚れ性、さらに感光体部分に接触する部品については感光体に

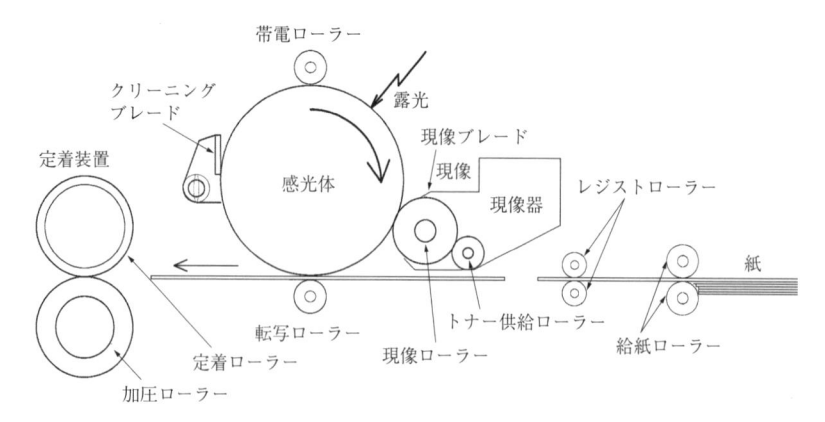

図5.4.4 電子写真プロセスにおけるゴム材料の使用部位

対する非汚染性が要求される．以下に電子写真プロセスに使用される部品についての基本的な機能と要求される特性について述べる．

(1) クリーニングブレード[11]　感光体のクリーニング方式は，力学的な方式と静電気を利用する方式とに分類されるが，力学的な方式として一般的に使用される方式は，弾性ゴムブレードを直接感光体に押し当てて，残留トナーなどを機械的な力で掻き落とす方式である．近年の電子写真の高画質化の手段として，トナーの小粒径化および，重合法を用いた球形トナーが実用化されており，ブレードの直線性およびクリーニングエッジの高精度化が要求されている．また，ゴムの物性的には低硬度でありながら大変形領域の引張応力が高く，永久ひずみの少ないものが求められる．このクリーニングブレードには一般的に熱硬化性のポリウレタンが使用されるが，直接感光体に接触するために，感光体を汚染しない材料のみで構成する必要があり，硬化の際に用いられる触媒などには細心の注意が払われている．また感光体の種類によって，影響の度合いが異なり，事前に感光体への影響を確認する作業が行われている．

(2) 現像ローラー[12,13]　電子写真プロセスに使用される現象方式には大粒径の磁性粉とトナーを攪拌・帯電させ，磁性ローラーを用いて，感光体上にトナー像を形成する二成分現像方式と，トナーを現像ローラーと現像ブレードとの間で帯電させ，現像を行う一成分現像方式に大別される．この一成分現像方式は磁性トナーを磁性ローラー上に保持し，一定のギャップを介してトナーを飛翔させる一成分ジャンピング方式と，弾性体現像ローラーを感光体に圧接させ，感光体上に擦り付ける非磁性一成分方式がある．この非磁性一成分現像方式に使用される現像ローラーに要求される機能は，供給ローラー，現像ブレードとの摩擦によってトナーに十分な帯電を与え，このトナーを感光体上まで輸送することである．このときの現像の均一性を確保するために，感光体とのニップが必要となり，これを実現するために，現像ローラーの材質は十分に柔軟なゴムが使用される．この現像ローラーの構造は金属シャフト上に弾性ゴム層を設け，その上にトナーに帯電を与えやすく，耐摩耗性に優れたコート層により形成されている．

このゴム層には$10^4 \sim 10^7$程度の安定した抵抗値が要求され，1本内のばらつきは1桁以内に抑えられないと，画像上に抵抗値に応じた濃度むらが生じる．一般的にこの内層材料にはNBR，ウレタンゴム，シリコーンゴムが使用されている．コート層はトナーに電荷を与えやすいように必要に応じて帯電制御剤が添加される場合があるが，このコート層表面は粗すぎると画像が粗くなってしまうが，平滑すぎるとトナーの搬送性が低下し画像濃度が低下してしまうために，R_zで$5 \sim 10 \mu m$程度で安定させる必要がある．シリコーンゴムを用いた現像ローラーは，シリコーンゴム自身にトナーを帯電させる能力を有しているために，コート層を用いずに使用される場合があるが，低分子量のシロキサンが残留し，感光体を汚染する場合があり，シロキサンのコントロールが課題となっている．

(3) 帯電ローラー[12,14]　帯電プロセスは，従来コロナ放電が使用されていたが，多量のオゾンの発生が問題視され，現在では接触帯電が広く用いられるようになってきた．接触帯電にも直流電界で帯電させる方式と，バイアス電圧に交流を重畳した方式が存在する．接触帯電は帯電ローラーと感光体との間の微小な間隙での放電現象を利用しているため，接触状態の均一性が要求され，使用されるゴム部材の柔軟性が要求されるとともに，抵抗値の制御レベルも重要となる．抵抗値が低すぎると，感光体などに傷が生じたときにリーク電流が生じ，システムにダメージを与えることになる．また，抵抗値が高すぎると感光体を帯電させるに十分な電流を流すことができず，感光体の表面電位をばらつかせる原因となる．これらのことより，帯電ローラーの抵抗値のばらつきは1桁以内にコントロールすることが要求されている．この帯電ローラーに使用されている弾性部材には，さまざまなゴムが使用されている．環境による抵抗値の変動を抑えるために，EP系のゴムにカーボンを添加したもの，発泡ポリウレタン中にカーボンを分散したもの，抵抗値の安定化のためにNBRにECOをブレンドしたものなどが使用されている．また，帯電ローラーは感光体に直接接触しているために，感光体への非汚染性が要求されるとともに，感光体上に残留するトナー，紙粉などが付着しないように，表面に離型性のコーティングがなされている．

(4) 転写ローラー[12]　転写プロセスも従来はコロナ放電が使用されていたが，帯電ローラーと同様に，ローラー方式が一般的になってきている．転写プロセスでは転写される紙の多様性に対応するために，十分に柔らかい材質が要求され，発泡導電ゴムが使用されている．ここでも，抵抗値の制御は重要な項目であり，練り・発泡工程には十分な管理が必要となる．

(5) 定着ローラー[15,16]　定着プロセスは熱と圧力を用いて，樹脂の粉末であるトナーを溶融させ紙に定着させるプロセスである．定着器はフッ素コートを施したアルミパイプの内部にハロゲンヒーターを組み込んだヒートロールと，これに圧接される加圧ロールから構成されている．定着される紙が熱を受ける時間は，ヒートロールと加圧ロールとが形成するニップ幅によって決定される．紙が十分な熱を受け取るためには広いニップを形成することが必要であり，バックアップロールは200℃以上の耐熱性と柔軟性が必要とされる．このため，材質的にはシリコーンゴムが一般的に使用される．近年のカラー化に伴い，定着すべきトナーの層厚が厚くなり，ヒートロール側にもFKMなどの弾性層が用いられるようになってきている．

(6) 給紙用ローラー[17]　電子写真プロセスには随所に紙搬送用のローラーが使用されている．それらの多くは紙との摩擦係数が大きく，安定していることが要求されており，従来ノルボルネン系のゴムが使用されていたが，供給の不安定さから，種々の材料が検討されており，塩素化ポリエチレン系のゴムが注目されている．

〔塩山　務・松井洋介〕

文　　献

1) 永井秀樹, 竹中みゆき, 平手直之:ぶんせき, **11**, 76 (1997).
2) 新井正俊:工業材料, **33**(2), 41 (1985).
3) 佐藤穂積:ホリファイル, No.8, 85 (1993).
4) 柴田勝司, 小林和仁, 新井正美, 藤岡　厚:日本化成テクニカルレポート, No.20, 15 (1993).
5) 西　邦彦:*Semiconductor World*増刊号, 36 (1998).
6) 今津　準:エレクトロニクス実装技術, **7**(11), 77 (1991).
7) 新村憲章, 江坂　明:エレクトロニクス実装技術, **9**(8), 82 (1993).
8) 中村昭雄:表面, **31**(5), 77 (1993).
9) 木瀬一夫:電子材料, **31**(12), 44 (1992).
10) 滝谷義隆:エレクトロニクス実装技術, **8**(12), 25 (1992).
11) 藤原良則, 迫　康浩:日ゴム協誌, **69**, 652 (1996).
12) 木村都威:日ゴム協誌, **66**, 281 (1993).
13) 安藤紘一, 水谷孝夫, 礒田雅夫:沖電気研究開発, **65**, 55 (1998).
14) 黒川純二, 野島一男:*Ricoh Technical Report*, **22**, 85 (1996).
15) 今　修二:トライボロジスト, **37**, 501 (1992).
16) 北沢今朝昭:電子写真学会誌, **33**, 57 (1994).
17) 鈴木雅博:電子写真学会誌, **33**, 66 (1994).

5.4.4　オプトエレクトロニクス関係

　ゴムがオプトエレクトロニクス関係に直接使用される例は非常に少ない．多くはCD，ビデオ，レーザーディスク，DVDなどの機器の防振目的で弾性率の低いゴムや発泡体などが使用されている．ゴムが光を直接伝送する，あるいは光を変調させる目的で使用された，または使用されている例はブリヂストンが開発したシリコーンゴム系のファイバー(というよりは外径3 mm，内径2 mm程度のゴム紐状光ガイド)，およびライトガイドのコア材としてアメリカなどでアクリル系ゴムが使用されている程度である．これは通常のゴムは可視光領域にC－H伸縮振動吸収の高調波が存在し，長距離光伝送に適さないこと，ゴムは物性と加工上，高度の精製やファイバー延伸に適さないことなどによる．架橋剤とその助剤の多くは透明性を大幅に損なう．
　ブリヂストンの開発したものは付加重合系シリコーンエラストマー(メチルフェニルシリコーン)をコア材とし，ジメチルシロキサン系ゴムをクラッド材としたもので，ステップインデックス型のものである(コアとクラッドの屈折率の差を利用し，界面での全反射を原理とするタイプ)．この材料は白金触媒により付加重合するが，この量を減らすと光伝送損失が大きく向上する．光伝送ロス特性は770 nmにおいて450 dB/km程度で長距離伝送には適さない．光伝送ロスのない最小曲げ半径は3 mm，破断時伸びは100 %程度であった．632 nm付近の赤色LEDを使用して，ゴムの特徴である大変形に対する可逆的な応答が可能な特性を生かし，光の透過損失が例えば圧縮変形に応じて変化する特性を利用した用途が考えられた．例として自動車の荷重を走行状態で計測すること，人間の歩行を計測してリハビリ状態を診断すること，その他

の応用が検討された.しかし精度を過度に要求する風土に適合せず,大きな用途開発には至っていない.

一方,光を通信目的ではなく,エネルギーとして伝送したり,装飾目的で使用するため,プラスチック光ファイバーを束ねたものや,フッ素系高分子チューブに液体やゴムを充てんしたものが使用されている.UV光を伝送し,歯科の治療(樹脂の硬化)に使用する例や高所照明,装飾,道路表示などが主な用途である.ファイバーを束ねたバンドルタイプに比べ,断面積当たりの光伝送特性やコストに優れる.ゴムとしてはアクリル系の重合体やこれを可塑化したものが用いられている.重合後のガラス転移温度を室温以下に設定するには,共重合や側鎖分子量を増大させる必要があり,モノマー精製は容易ではない.コアとクラッド界面での散乱を利用した側面発光タイプは主に装飾に用いられているが,植物性微生物の光合成などにも試験的に用いられている.
〔内藤壽夫〕

文　献

1) Ishiharada, M., Kaneda, H., Chikaraishi. T., Tomita, S., Tanuma, I. and Naito, K.: Properties of Flexible Light Guide Made of Silicon Elastomer, Preprints, p.38, First Plastic Optical Fibers and Applications Conference Paris (1992).

5.5 スポーツ関係

5.5.1 ゴルフボール

ゴルファーの夢を乗せて大空に舞い上がるゴルフボール.直径わずか1.68インチのこの白球は各メーカーの先端技術の結晶であり,あくなきゴルファーの欲求に応えるべく機能性とフィーリングが追及されている.ゴルフの起源は非常に古く,一説では紀元前からあったとされているが,現在のような形態を整えたのは15,16世紀頃であるといわれている.その後,ゴルフクラブなどの改良とともにボールについてもさまざまな改良がなされてきた.その歴史を簡単に振り返ると羽毛を皮袋に詰めた「フェザリー」と呼ばれる手工芸品のボールが,19世紀に硬質ゴムを成形した「ガッティ」へと進化した.さらにはアメリカのハスケルが発明した現在の糸巻きボールの原型である「ハスケル」,第二次世界大戦後の高分子化学の発展による「ツーピースボール」,そして「多層構造ボール」へと進化し,現在も各メーカーの技術者達によって進化を続けている.日本では日本ダンロップによって1930年に国産糸巻きボールの生産が開始された.

a. 種類と構造

ゴルフボールは大別すると糸巻きボールとソリッドボールに分類される(図5.5.1).

5.5 スポーツ関係

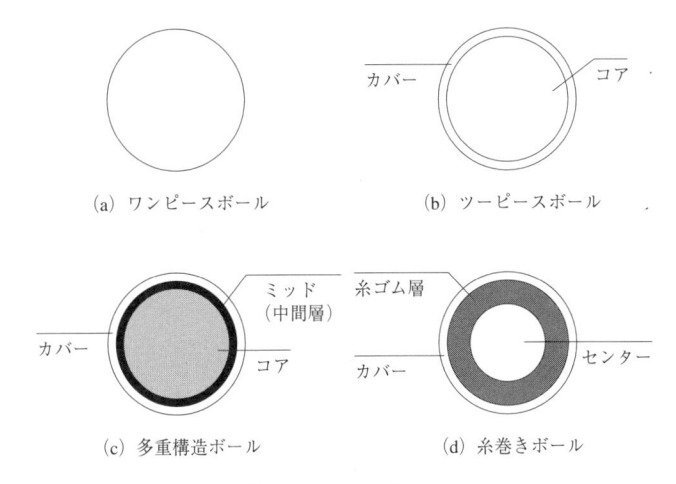

(a) ワンピースボール

(b) ツーピースボール　カバー／コア

(c) 多重構造ボール　カバー／ミッド（中間層）／コア

(d) 糸巻きボール　糸ゴム層／カバー／センター

図 5.5.1　ゴルフボール

ソリッドボールには，全体が均一な材質で構成されているワンピースボールと，固体芯（コア）とカバーの2部材からなるツーピースボール，そしてコアとカバーの間に1層以上の中間層を設けた多層構造ボールの3種類がある．糸巻きボールについては，カバーにバラタ（トランス-1, 4-ポリイソプレン）やウレタン樹脂，アイオノマー樹脂などを用いたものがあり，さらに芯球に固体芯と液体芯を用いたものがある．

ツーピース，多層構造ボールではコアがボールに反発性を与える．現在のコアは高シスBRにアクリル酸亜鉛を配合したものが一般的であり，高反発性と打球感を生み出している．ツーピース，多層構造ボールのカバーには，ナトリウムや亜鉛，マグネシウムイオンなどを導入したアイオノマー樹脂が目的に合わせてブレンドされ，反発性と耐久性を付与している．なお，最近では柔らかさと強さをあわせもったゴムカバーなど，ボールの個性に合わせたさまざまなカバーが開発されている．ワンピースボールには，メタクリル酸亜鉛を共架橋剤とする高シスBR配合がよく使われている．

糸巻きボールのソリッドセンターには反発性のよい高シスBR配合が使われ，ゴム袋に液体を封入したリキッドセンターには，ゴム袋や，中の液体で比重を調整したものが使われる．センターの硬さや大きさによって，ボールのスピン性能や打球感（フィーリング）が大きく変わることから，各社独自のセンターを開発している．糸ゴムは良質のNRとIRのブレンド配合ゴムが用いられ，反発性とボールの硬さを支配する．カバーは糸巻き芯を保護することと，表面にディンプルを形成するために使用され，ソフトな打球感とスピン性能に優れたバラタカバー，耐久性に優れたアイオノマー樹脂カバー，ゴムカバーなどがある．

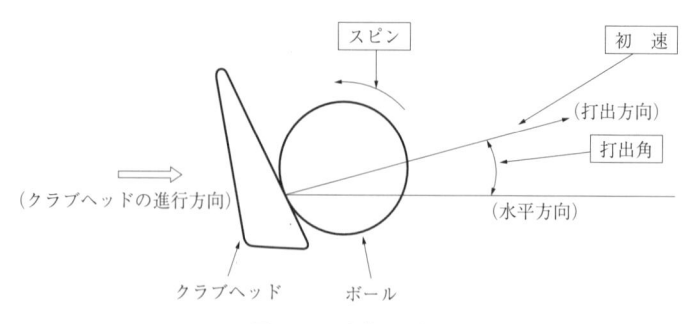

図 5.5.2 初期3要素

b. 性　　能

ゴルフボールに要求される性能は，飛びとコントロール性，耐久性，打球感(フィーリング)がよいことである．現在は，技術の進歩により，プレーヤーのヘッドスピードやプレースタイルに応じたさまざまなボールが開発され市販されている．すなわち，飛距離を求める人のための飛距離重視型ボールや，コントロール性を求める人のためのスピン性能に優れたボールなどがそれである．

(1) 飛　　び　ボールの飛びを左右するものはボール自身の性能，プレーヤーの技量，使用されるクラブ，自然条件等々と非常に複雑である．ボールはクラブヘッドで打たれることにより，初速，打出角，スピンの初期3要素が与えられる(図5.5.2)．これはいわばボールのエンジン性能にあたる部分であり，ボールがエネルギーを伝達されるのはクラブと接触している約2000分の1秒という短い時間で，その伝達量が初期3要素として観測される．ボール初速はクラブヘッド速度などの衝突条件とボールの反発性能で決まり，打出角とスピンは弾道を大きく左右する．ボール初速は他の要素が同じであれば，速い方が飛びに対して有利であるが，打出角とスピンは他の条件との関係で最適値が存在する．飛び出したあとは表面に付けられたディンプルの空力特性，ボールの慣性モーメントなどに加え，風などの自然条件が加わって弾道と飛距離が決定される．ボールの飛距離を伸ばすには初期3要素に最適なディンプル設計を行うことが重要である．また，最近では慣性モーメントを大きくしてスピンの持続性を高め，飛距離を伸ばそうという工夫もなされている．

(2) 耐　久　性　ボールの耐久性はツーピースボールの出現により大幅に改良された．ラウンド中に変形やカットがほとんど起こらなくなり，耐久性は製品性能としての重要性が減りつつある．しかしながら，練習場で使われるレンジボールはその性格上，耐久性が依然として要求されており，耐久性のよいワンピースボールの需要が多い．

〔山 田 幹 生〕

5.5.2 ボール類

ボール類は，玩具から競技用まで多岐にわたっている．ここでは，戦後広く普及したゴム製ボールの軟式野球ボールとソフトボールについて述べることにする．

a. 軟式野球ボールおよびソフトボールの種類

種類と規格については，表5.5.1，表5.5.2に示す．

表5.5.1 軟式野球ボール規格〔公認野球規則2000〕

名称	直径(mm)	重量(g)	反発*(cm)
A号	71.5～72.5	134.2～137.8	85.0～105.0
B号	69.5～70.5	133.2～136.8	80.0～100.0
C号	67.5～68.5	126.2～129.8	65.0～85.0
D号	64.0～65.0	105.0～110.0	65.0～85.0
H号	71.5～72.5	140.7～144.3	50.0～70.0

*反発は150 cmの高さから大理石板に落として測る．

表5.5.2 オフィシャルソフトボールの規格基準

名称	周囲と誤差(cm)	重さと誤差(g)	はねかえり高さ*(cm)
協会1号ボール	26.70±0.32	141±5	70～78
協会2号ボール	28.58±0.32	163±5	70～78
協会3号ボール	30.48±0.32	190±5	70～78

*温度25℃，湿度60%，12時間保管後2 mの高さから大理石板に落として測る．

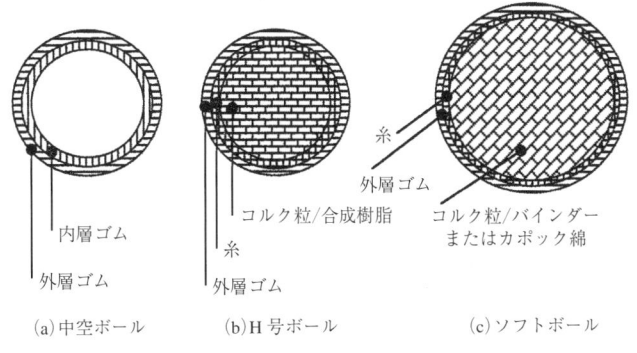

b. 軟式野球ボールおよびソフトボールの構造

軟式野球ボールA，B，C，D号は中空構造のボール(以下中空ボールと略記)であり，打撃時の変形に耐えるよう2層構造になっている．H号およびソフトボールは，内部に充てん物の入ったボール(中実ボール)である．その断面構造を図5.5.3に示す．

径・重量・反発は規格に定められているが，内部構造・肉厚・色調などについては

図5.5.3 軟式野球ボールおよびソフトボールの構造

(a)中空ボール (b)H号ボール (c)ソフトボール

規定はないが，次のことがあげられる．

(1) 中空ボール

a) 外観・形状： できる限り球体であること．外観については，全日本野球連盟指定球としてボール表面の意匠が統一されている．

b) 色調： 伝統的に白球であるが，一部には要求に応じてカラーボールが提供されている．

c) 均一性： 投球，打球が不均一にならないように，肉厚は均整でなければならない．

d) 耐久性： 打撃時の衝撃による大変形に耐える必要のため，補強を目的として，一般に二層構造となっている．

(2) 中実ボール（H号ボール） 中空ボールが「安全・手軽・耐久性」を目的に開発されたのに対し，H号ボールは「硬球並みの打球音と球あし」をもつボールとして，開発されたもので，設計品質としては次のことがあげられる．

① 芯は打撃に耐えるだけの強度が必要で，軽量かつ堅牢な材料であること．

② 芯の組成・大きさ，糸層の厚さ，ゴムの厚さのバランスがとれていること．

(3) ソフトボール H号同様，中実構造のボールで，前者の比重が0.7に対し，ソフトボールの比重は0.4と軽いのが特徴である．設計品質としては，

① ボール本体は球体であること．

② 容易に変形しないこと．

③ 早期に芯体が軟化しないこと．

c. 原　料

(1) 中空ボール

a) 外層ゴム： 白色配合，高引張応力，高弾性，耐引裂き性，耐摩耗性が要求され，NR単独，またはNR/SBR配合が主流である．充てん剤は，ホワイトカーボン，炭酸カルシウムなどが，白色顔料として酸化チタン・リトポンが使用される．

b) 内層ゴム： 外層ゴム同様で，色調は限定されないので，物性・加工性の安定したカーボンブラック配合が採用されている．

c) 軟化剤： 接着を阻害するため，必要最小限度にとどめるべきである．

d) 発泡剤： 古くは炭酸アンモニアが使用されていたが，現在では亜硝酸ソーダと塩化アンモニアを等モル使用し，加硫時の加熱により窒素ガスを発生させている．

(2) H号ボール，ソフトボール

a) 外皮ゴム： 白色配合で，NR，NR/IR配合で製品比重の制限から充てん剤の少ない低比重ゴムが用いられている．顔料は酸化チタンが使用されている．

b) 補強糸： ポリエステル，ポリプロピレンが用いられ，外皮ゴムとの接着および糸の緩み防止のため，接着処理がなされている．

c) 芯： H号ボールは軽量かつ堅牢な材料として，コルク粒/合成樹脂組成の芯

体が導入され，ソフトボールについては，さらに低比重のため，カポック綿の加熱圧縮成形されたもの，コルク粒/バインダーを加熱圧縮成形されたものが用いられている．

d. 製造工程
(1) 中空ボール
配合→混練り→圧延→成形(半球成形→発泡剤入→半球接合→外層被覆)→加硫→仕上げ→検査
(2) 中実ボール
配合→混練り→圧延→成形(接着処理済芯に外層被覆)→加硫→仕上げ→検査
芯体成形→糸巻き→接着処理

〔三輪順彦〕

文　　献

1) 飛石大二，高岡靖典，坂東仓介：ポリマーの友, **3**, 150 (1975).
2) 剣菱　浩：日ゴム協誌, **67**, 269 (1994).

5.5.3 スポーツシューズ
a. スポーツシューズの構造

スポーツシューズは大きく分けて，足を包む部分のアッパー(甲被)と路面に接するソール(底)からなる．また，ソールは路面にじかに接するアウターソールとアッパーとアウターソールに挟まれるミッドソールに大別できる．スポーツシューズは，使用用途，競技特性などにより目的に応じた材料が採用されている．

図5.5.4はランニングシューズのパーツ名称，表5.5.3は使用される主な材質である．

このようにスポーツシューズの多くの部分にゴムが使用されている．また，各パーツを接着するためにゴム系の接着剤が用いられる．これらゴムが使用されるなかで最も重要なパーツはアウターソールである．アウターソールに要求される主な機能は次の8項目である．

① 耐久性(耐摩耗性，引張特性，耐候性など)，② 軽量，③ グリップ性(路面把握性)，④ 衝撃緩衝性(耐摩擦を含む)，⑤ 柔軟性(屈曲性)，⑥ 接着性，⑦ 広範囲な材料特性，⑧ コスト

これらの要求特性をバランスよく満足するのがゴム材料である．

b. ゴムの種類

一般的にスポーツシューズのアウターソールには，次のゴムが使用されている．
① NR, ② IR, ③ BR, ④ E-SBR, ⑤ S-SBR, ⑥ NBR, ⑦ EPDM, ⑧ ハイス

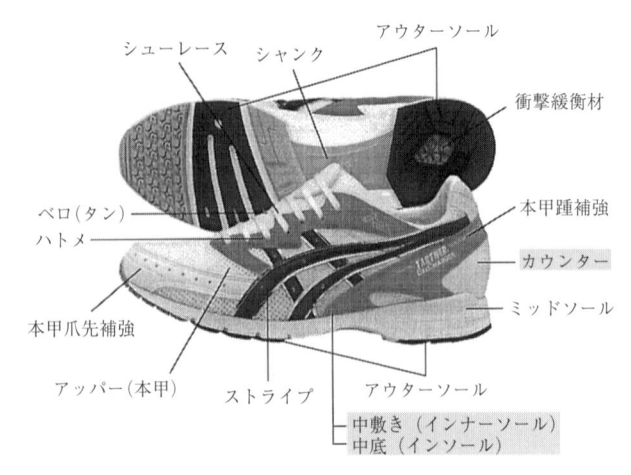

図 5.5.4 ランニングシューズ

表 5.5.3 主なスポーツシューズの部品別の材質

部品	材質
アッパー (甲披)材	天然皮革(牛革, カンガルー革, 豚革など), 人工皮革, 合成皮革 天然繊維織布(綿, 麻など), 合成繊維織布, ポリアミド, ポリエステルなど) 樹脂(ポリウレタンなど)
アウターソール (外底)	ゴム＆ゴムスポンジ(天然ゴム, SBR, BR, IR, NBR など) 樹脂＆樹脂スポンジ(ポリウレタン, PVC, PA, EVA など) 天然皮革, 人工皮革, パルプボード(樹脂含浸, プラスチック複合体) 金属(鋼, アルミニウム, チタンなど…スパイクに使用)
ミッドソール	ゴムスポンジ(天然ゴム, SBR, BR, IR など) 樹脂スポンジ(ポリウレタン, PVC, EVA など)
中 底	パルプボード, レザーボード(樹脂含浸) 不織布(樹脂含浸, ホットメルト塗付), 天然皮革
芯 材 (カウンターほか)	レザーボード, アイオノマー樹脂 ゴム(天然ゴム, SBR など), 天然皮革
中敷き	人工皮革, 天然皮革, 合成皮革, 合成繊維織布, 天然繊維織布 ゴムスポンジ(天然ゴム, SBR など) 樹脂スポンジ(ポリウレタン, EVA, PE, PVC など)

チレンゴム

スポーツシューズのアウターソールには比較的強い強度とグリップ性や柔軟性が求められるので, NR が使用される割合が比較的高い. このほか, 耐摩耗性をより要求する場合は, SBR や BR とのブレンド材料が, 耐油性が必要である場合には, NBR をブレンドした材料が用いられる.

c. 架 橋 系

スポーツシューズのアウターソール用ゴムは, ジエン系ゴムが使用されることが多く, 硫黄架橋系が非常に多い. 硫黄架橋特有の色合い(飴色)を嫌う場合は, 過酸化物

架橋系を採用するほか，硫黄架橋ができないゴムを使用する場合は適当な架橋系を選択する．

d. 補強剤，充てん剤，配合剤，軟化剤，可塑剤

スポーツシューズのアウターソール用ゴムには軽量化が求められる．このため重量増となる補強剤，充てん剤の添加量は制限されるので，補強効果の高いカーボンブラック，ホワイトカーボン（湿式シリカ）や表面処理された炭酸カルシウムが添加されることが多い．

加硫促進剤，老化防止剤などの配合剤と軟化剤・可塑剤は，アッパー材などへの汚染を防ぐために，非汚染性の配合剤が使用される．

e. 機能性添加材

スポーツシューズ特有の機能追及のために，特殊な材料をゴム中に添加することがある．その一例として，濡れた（ウェット）路面でのグリップ性を高めるために，籾殻の粉砕粉をゴムに添加している．籾殻の鋭角な突起がゴム中でミクロスパイクの効果を発揮し，ゴムと路面間の水膜を突き破り，グリップ性が向上する（図5.5.5）．

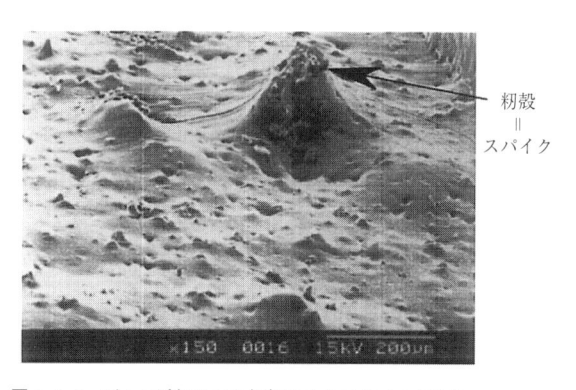

図 5.5.5　ゴムに添加された籾殻のミクロスパイク効果

f. ゴムスポンジアウターソール

ランニングシューズ，マラソンシューズなど軽量化の要求が強い競技用のシューズには，スポンジアウターソールの採用が増加している．発泡剤としては，アゾジカルボンアミドやジニトロソペンタメチレンテトラミンなどの熱分解タイプの有機発泡剤が使用されることが多く，適宜発泡助剤も併用される．

g. アウターソールの成形方法

通常のゴム練り加工ののち，架橋と凹凸の意匠をつけるために，加熱プレス成形によるものが非常に多い．低価格品など一部では，カレンダー圧延→釜加硫により成形されている．加熱プレス成形の一般的な成形条件は，140〜170℃，3〜10分程度である．

〔藪下仁宏〕

5.5.4 ウェットスーツ

一般的にいわれているウェットスーツとは，マリンスポーツなどに使用する保温および身体保護を目的としたスーツの総称である．これらを用途で分類すると，水中で使用するダイビングスーツと，水上が主なサーフィン，ボディボード，ジェットスキー，ウインドサーフィン用のスーツに分かれ，機能的に分類するとウェットスーツとドライスーツに分類できる．

ダイビングスーツは水中で使用するため，保温性，耐水圧性が要求され，生地の厚みは5 mm 程度が中心となる．一方，サーフィンスーツは動きやすさが求められるので生地厚みは3 mm 程度でかつ伸びのよい柔らかい素材が好まれる．

ウェットスーツは生地と身体の間に薄い水の層ができる．この水の層は体温で温められ，対流しないためスーツ生地の断熱性と相まって保温効果が得られる．したがって身体にフィットすることが最大の条件となる．ドライスーツは水の侵入を完全に抑え，インナーウエアとともに空気の層で保温する．

ウェットスーツと聞くとダイビング，サーフィンなどのレジャー用途を連想するが，これ以外にも漁業，水中作業などに欠かせないものである．ウェットスーツの素材はCRの独立気泡発泡体(スポンジ)に，大部分はジャージなどの生地を貼り合わせたものである．スポンジに使用するCRは硫黄変性のものを用いる．これはNRと同様素練りが可能で，柔らかいスポンジをつくるのに適しているからである．また，NRや汎用合成ゴムにはない耐油性，耐候性，耐老化性を有していることもその理由としてあげられる．

通常ゴム製品は単独の原料ゴムのみを使用することは少なく，2種あるいは数種のゴムをブレンドして製品化するが，ウェットスーツ用スポンジでは他種ゴムをブレンドすることはない．スポンジの原料はCR，軟化剤(サブ，石油系オイル)，カーボンブラック，充てん剤，架橋剤，発泡剤などで構成されている．製造工程は通常のスポンジと同様，「混練り」→「分出し」→「一次プレス」→「二次プレス」→「熟成」の順で原板をつくる．この原板を所定の厚みに漉き分け，各種のジャージを貼り合わせたものを縫製して各種のスーツにする．

ウェットスーツ用素材としてみたとき，スポンジの特性と同時に大事な要素はジャージの特性である．近年，快適なスーツが求められ，スポンジが柔らかく伸びやすくなったと同時に，ジャージもスポンジの伸びに追従するものが主流となってきている．ちなみにスポンジの両面にジャージを貼ったもので，破断時の伸びが500％に達するものも現れている．

また，保温性を向上させるため，セラミックスの添加や各種表面処理をしたジャージなどが登場している．

〔坂田隆一〕

5.6 医療用品

5.6.1 コンドーム

コンドームは以前にも増して重大な使命を負っている．きわめて治療の困難なAIDSを含む性感染症の予防具として，また避妊具として，その有効性は確かで副作用もなく，経済的で手軽に利用できることから，消費者に信頼され広く普及している．

コンドームは単に規格工業製品ではなく，薬事法に規定する医療用具であり，有効性と安全性確保の観点から，厚生大臣の許可を受けた者でなければ製造および輸入販売はできない．

この製品を歴史的にみれば，動物や魚類の袋状の器官をコンドームに転用した時代もあるが，現在のゴム製コンドームは1930年以降，NRラテックスが先進工業国で入手できるようになってから徐々に工業化され，世界的に普及をみたのである．NRラテックスあってのコンドームであり，NRラテックスの特徴（柔らかい，よく伸びる，粘り強い，成形しやすい）は，すべてこの製品に活きている．

最近，ポリウレタン，その他の合成ゴム製コンドームが国の内外で販売され始めている．現在のところ，これらの製品は一部の品質特性に利点は認められるものの，総合的にはNR製が優っており，圧倒的市場占有率をもっているので，この項ではNRラテックス製のみを取り上げることにする．

a. コンドームの製造方法

ラテックス製コンドームの製造工程は，70年ほど前から各国，各メーカー独自の技術で進歩し今日に至っている．だからといって各メーカーで全く異なった製法をとっているわけでもない．以下にコンドームの一般的な製造方法について述べる．

(1) 製造工程フロー概略

NRラテックス → ① ゴム薬配合 → ② 前加硫/熟成 → ③ 顔料着色 → ラテックス・コンパウンド → ④ 浸漬(I) → ⑤ 乾燥 → ⑥ 浸漬(II) → ⑦ 乾燥 → ⑧ 口巻加工 → ⑨ 乾燥 → ⑩ リーチング（膨潤・抽出） → ⑪ 離型 → ⑫ 粉付・防着処理 → ⑬ 熱空気加硫 → 成形品 → ⑭ 全数ピンホール検査 → ⑮ 巻上げ → ⑯ 潤滑剤付与 → ⑰ 個包装（シール包装） → ⑱ 箱包装 → 完成品

ここで，工程 ① または工程 ⑬ の前で，タンパク質分解酵素を用いた脱タンパク処理が採用されることもある．また，着色しない製品においては工程 ③ はスキップする．工程 ④ から工程 ⑪ までは，浸漬型を取り付けたチェーンコンベヤで進行するのが一般的である．

(2) 原料と配合　コンドームの原料ゴムとして用いられるのは，ゴム樹液を遠心分離で濃縮・精製した高濃度アンモニア保存タイプのNRラテックスである．その

配合は，いわゆる「純ゴム配合」といわれるもので，NRの特徴をそのまま引き出すよう，また医療用具として無用な副作用を招くことのないよう，配合剤(ゴム薬)の使用は必要にして最小限とされている．一般的な配合剤を次に示す．

　a)　液相系で作用するもの

分散剤/湿潤剤/安定剤：アンモニア水，カリウム石鹸，ミルクカゼイン，アニオン系界面活性剤など．

　b)　加硫/固相系で作用するもの

① 加硫剤：コロイド硫黄，② 加硫促進剤：ジチオカルバミン酸塩類，③ 加硫助剤：酸化亜鉛，④老化防止剤(酸化防止剤)：フェノール類など．

ここで，粉体の配合剤は前もって高度な分散体(ディスパージョン)としてからラテックスに投入する．また配合後は，成形性を改善するために前加硫および熟成が必要である．

(3) 成形と加硫

　a)　コンドームの成形は直接浸漬成形法に限られている．清浄にしたガラス製浸漬型をラテックスに浸入させ，必要な深度に達したら静かに引き上げる．このとき泡を噛み込まないよう配慮し，引き上げは一連の等速動作で行う．この後ラテックスがゲル化するまでは浸漬型を回転させたり，型の姿勢を変えるなどして膜厚の均整化をはかる．成膜(ゴム膜)は単にラテックスを乾燥させるだけで得られる．ここで膜厚を調節するにはラテックスのゴム濃度を調節すればよい．浸漬成形時に膜厚に関与する工程パラメータはほかにいくつかあるが，それらは一定に保つようにする．

なお，この浸漬/乾燥工程は2度(2回)続けて行うのがふつうである．1度目の成膜に欠点があっても2度目の浸漬でそれをカバーすることが期待できるし，一度に厚肉の肉づけをすれば膜のダレや泡噛みを招くことになるからである．

　b)　口巻を形成するには，浸漬型を軸で回転しながら浸漬線をロールで巻き上げる．加硫が完了していないゴム膜は巻き上げるとそのまま自己粘着する．

　c)　口巻後は，乾燥，リーチング(膨潤・抽出)をへて離型する．離型は水圧噴射で型から剥ぎ落とすか，口巻工程と同様ブラシロールを当てて巻き落とす方法が一般的である．

　d)　ついでゴム膜同士のくっつきを防ぐため，スラリーによる粉付処理が必要となる．粘着防止のため乳化型シリコーンオイルが併用されることもある．

　e)　スラリーを脱水後，成形ロットごとにバルク状態で熱空気加硫を行う．80〜90℃で30分間程度がこの工程の一般的パラメータである．

(4) ピンホール検査　ここでは工程内検査における穴検出方法について述べる．これは全数検査である．

　a)　工程は，製品の輪郭と同じ形状をした金型に製品をピタリとかぶせることで始まる．この金型を電解浴中に9分目ほど浸入させ，金型(電極)と浴槽間の電気的導通

を調べる．製品に穴がなければゴムは不良導体であるから電流は生じない．穴があれば電解液はその穴を通って金型に達し電流が生ずる．これをチェックして穴の有無を知ることができる．

　b) この電気的導通を，比較的高い電圧を用いて空気中で行う方法も広く普及している．金型を電極としてこれに製品をかぶせるまでは同様であるが，外側電極には導電性フィルムを用いる．製品を軸で回転させ，このフィルムで製品の外表面全体を軽くなでながら穴部分での放電電流をチェックする．

　上述以外の穴検出方法もいくつか提案されてはいるが，それぞれ弱点もあって現在のところ普及していない．

　c) いずれの方法も検査後は，金型にかぶせられている製品をロールで巻き上げて金型から取り外す．これで初めてコンドームは消費者が目にするような巻上げ状態になる．

(5) 包装と潤滑処理 コンドームは品質確保のため個々にシール包装することになっている．このシール包装の直前で潤滑剤を投与すれば，数日間でその潤滑剤は巻込内部へ浸透し，製品の内外表面全体に拡散していく．ここで潤滑剤には，多くの場合シリコーンオイルが採用されている．この潤滑剤に加えて，香料や殺精子剤を付与すれば，それぞれの機能を付加することができる．

b. コンドームの種別

近年，コンドームの種類は実に多様である．しかしながら本質的な種別というよりは多分に消費者の好みやムード的な側面での多様化である．いずれにしても，コンドームの種類・タイプを構成する要素は次のとおりである．

① 形状（輪郭），② 寸法（長さ・折幅・肉厚），③ 表面加工（木目肌），④ 表面仕上げ（潤滑剤など），⑤ 色（カラー），⑥ 香料の有無，⑦ 脱タンパク処理の有無．

これらを組み合わせることによって多くの種類が生みだされ，消費者の多様なニーズに応えている．ところで，コンドームには標準化されたサイズというものはない．また，その必要もない．いうならば"フリーサイズ"で済むように製品設計がなされている．

c. コンドームの製品規格

コンドームについては，大多数の国々においてその国の保健行政機関が医療用具としての製品規格を制定・指定している．国際規格も制定されているので以下に数例をあげる．

　日　　本：JIS T 9111-1985「ラテックス製コンドーム」(2000年に抜本的改定予定)
　アメリカ：ASTM D 3492-1997「Rubber Contraceptives(Male Condoms)」
　E　　U：EN 600-1996「Natural rubber latex male condoms」
　国際標準化機構：ISO 4074-1996「Rubber condoms」

ここでは，消費者の主たる品質ニーズおよびそれに対応する検査のための代用特

性・検査項目を次に示す.
① 使用中破れないこと ⟶ 空気破裂特性(破裂容量と破裂圧力の測定)
② 体液が通過する穴がないこと ⟶ 水漏れ/電気的導通性(水漏れ試験/電気抵抗測定)
③ 必要な大きさを有すること ⟶ 寸法適格性(長さと折幅の測定)
④ 包装が適切で必要な情報が表示されていること ⟶ 包装適格性(包装と表示の検査)
⑤ 性的感覚を損わないこと ⟶ 規定はない(官能の領域につき規格化になじまない)

上記⑤については,消費者の強力なニーズではある.製品肉厚が過大になることに制限を与えている.　　　　　　　　　　　　　　　　　　　　〔石渡幹夫〕

5.6.2　医療用ゴム手袋

医療用ゴム手袋は,感染症から医療従事者を守る重要な役目をもつ.その重要性の認識とともに使用量が増え,1997年,日本でも約13億枚の手袋が医療用に使われるまでになった.医療用ゴム手袋は,エイズなどの感染症ウイルスを透過させないためピンホールがなくバリヤー特性に優れることが要求される.また,医療作業中に破損することのない優れた機械特性,治療に必要な微妙な感触の伝達性能,長時間の作業にも疲労を覚えない優れた操作性能を有するとともに,着脱の容易性などが求められる.

硫黄加硫系のNRラテックスが,上記特性を最もよく満足させた製品を供給してきた.ゴム薬品残渣による接触皮膚炎(Ⅵ型アレルギー)やラテックスアレルギー(Ⅰ型アレルギー)の問題から代替品の開発が進められた現在も,NRラテックスをこえる材料は出現していない.

a.　医療用ゴム手袋の種類

医療用ゴム手袋は用途別に,① 手術用,② 歯科用,および ③ 検査検診用に大きく分類される.

(1)　手術用手袋　医科および歯科において,主に手術の際に使用され,手袋内部にパウダー処理されているものとノーパウダーのものがある.素材の面から,NRラテックス製のものと合成ゴム系のCRラテックス製のものがあり,いずれも滅菌されている.

(2)　歯科用手袋　滅菌タイプおよび未滅菌タイプのものがあり,診察,治療や処置に使われている.素材の面から,NRラテックス製のものが主流であるが,プラスチックのポリ塩化ビニル(PVC)製のものもかなり使われている.

(3)　検査検診用手袋　ほとんどが未滅菌タイプであり,手術を除く検査,検診,その他の医療行為に使われている.素材の面から,NRラテックス製,PVC製,合成

ゴムのNBRラテックス製のものが使われている．

b. 医療用手袋の規格

「手術用ゴム手袋」(T 9107^{-1992})があったが，ISO 10282 : 1994との整合性をはかるため改訂中であり，「使い捨て手術用ゴム手袋」(T 9107^{-1998})も出される予定である．使用する材料によって，1種(NRラテックスを主材料とした手袋)と2種(合成ゴムラテックス，NR溶液または合成ゴム溶液を主材料とした手袋)に分類される．また，形状によってS(直指型手袋，ISOではRで表す)とC(曲指型手袋)に分類される．

品質面では形状および肉厚の均一性，水密性(ピンホール試験)，性能(老化前後の機械特性)について試験方法と規格値，検査水準および合格品質水準が定められている．

ちなみに，肉厚についての規格値は，平滑部0.10 mm以上，粗面部0.13 mm以上である．機械特性の規格値は引張強さと切断時伸びについて，1種は(老化前)23 MPa以上，700 %以上，(老化後)17MPa以上，560以上，2種は(老化前)17MPa以上，550 %以上，(老化後)12MPa以上，490以上となっている．300 %引張応力はともに3 MPa以下である．

c. 天然ゴムを含有する医療用具の添付文書等の記載事項

構成される部材も含め，製品本体にNRを使用している医療用具について，1999年12月期限でラテックスアレルギーについての警告表示が義務づけられている．具体的には添付する文書または容器もしくは被包のいずれかに以下の記載を行う．

「この製品は天然ゴムを使用しています．天然ゴムは，かゆみ，発赤，じんましん，むくみ，発熱，呼吸困難，喘息様症状，血圧低下，ショックなどのアレルギー症状をまれに起こすことがあります．(＊)このような症状を起こした場合には，直ちに使用を中止し，医師に相談して下さい」

FDAの最終規制では[1]，NRラテックスからの製品とドライ(固形)NRからの製品とを区別して，アレルゲンタンパク質が相対的に少なく感作のおそれがほとんどないことの判明している後者からの製品については，ドライNRを含有することを表示するだけでよいとしたが，日本の厚生省の指示ではNR製医療用具すべてについて上記内容の警告を表示させる内容となった．ラテックスアレルギーについての情報不足が引き起こした過敏な対応であり，早期是正が望まれる．

d. 医療用手袋についてのFDAの規制案[2]

1999年7月末に，FDAから医療用ゴム手袋についての規制案が出された．今後の医療用ゴム手袋の在り方を大きく左右すると思われるので紹介する．

基本的には，医療用ゴム手袋を一般規制から特別規制にクラス替えするとともに，医療用ゴム手袋をパウダータイプ手術用，ノーパウダー手術用，パウダータイプ患者検査用，ノーパウダー患者検査用の4種に分類する．溶出タンパク質量(1200 µg/枚以下)とパウダー量(120 mg/枚以下)を規制するものであり，同時に実績値の上限値

を表示させる.
　パウダーはラテックスアレルギーを助長するものとしてだけではなく,諸々の好ましくない反応があるため減らす方向に導くもので,合成ゴム製手袋についても溶出タンパク質量の表示の必要はないものの,パウダー量については表示する必要がある.ノーパウダーの合成ゴム手袋のみが両者の警告表示を免れる.
　現在,ノーパウダー化の主要技術は塩素処理であるが,ピンホール発生や製品の老化特性を低下させる欠点や塩素使用に対する環境面からの規制の可能性もあり,ポリマーコーティングやグラフト反応などによる効果的なノーパウダー化技術の開発が望まれる.
　この規制案が実行に移されることによって,ラテックスアレルギー患者の発生は大幅に減少することが予想される.
　この規制により合成ゴム製品のシェア拡大(現在11%)が予想されるが,FDAの見積りでは10年後でも25%であり,NRラテックス製品の優位性は覆えっていない.バリヤー特性や引裂き特性のさらなる向上に対する要求が厳しく,NR以外での要求特性実現のむずかしさを熟知しているためと思われる. 〔中出伸一〕

文　　　献

1) HHS of FDA, *Federal Register*, **62**(189), 51021 (1997).
2) HHS of FDA, *Federal Register*, **64**(146), 41710 (1999).

5.6.3 人　工　臓　器

　高齢者の増加に伴い,身体機能の低下によって発症する疾病が増加傾向にある.高齢者の疾患の特徴は不可逆的であり,有効な治療方法としては,疾病の進行を遅らせるか,疾患部分の臓器移植か,人工臓器で置き換えるしかない.ここに人工臓器の存在意義があり,現在では,脳を除いてあらゆる臓器が人工臓器に置き換えが可能であるといわれている.ここでは研究段階にあるものも一部含めて,人工臓器に使用されているゴムの現状について記す.

a. 人工臓器用エラストマー

　天然ゴムは,弾性,柔軟性,防水性,ガス透過性などに優れている特徴を生かして,古くから医療および衛生用材料として利用されてきたが,生体適合性に劣るため,人工臓器の材料としては使用されていない.
　IIRは水蒸気およびガス透過性が小さく,かつ耐薬品性に優れているので,薬栓やゴム球などの医療用具として利用されているが,生体適合性に劣るため,人工臓器の材料としては使用されていない.
　ポリオレフィン系ゴムであるヘキシンゴムは屈曲寿命に優れ,低毒性で生体内で化

学的に安定であるため，人工心臓のダイアフラムとして使用されている．ヘキシンゴムは生体適合性に劣るので，ダイアフラム表面を多孔質構造として，これにグルタルアルデヒドで架橋したゼラチンを被覆する方法がとられており，これを使用した人工心臓は仔牛に埋め込まれて約1年間破壊と血栓形成を引き起こすことなく拍動した実績がある[1]．

SBS，SEBSなど熱可塑性エラストマーは，加硫しないでも自身の凝集力により機械的強度が高く，配合剤を含まないため安全性が高いなど，人工臓器用材料として魅力的な性質を有しているが，生体適合性の評価が未知であり，今後の研究が待たれる．

シリコーンゴムは，生体との免疫反応がなく，比較的生体内で化学的に安定であり，生体組織との接着性がないので，人工乳房，人工関節などの人工補綴材として広く使用されている．また，シリコーンゴムは酸素および炭酸ガスの透過性が他の材料に比べて桁違いに大きいので，人工肺およびコンタクトレンズなどに利用されている[2]．

ポリエーテルウレタンは血液適合性に優れているため，人工心臓，大動脈内バルーンポンプなどに使用されており，人工血管にも利用する研究が進められている．

b. 人工臓器への応用例

(1) **人工補綴材**　体内に長期間留置される移植用材料は生体に対して不活性であることが最も重要であるが，この分野ではもっぱらシリコーンゴムが使用されている．人工乳房，人工指関節，人工耳，人工鼻などシリコーンゴム製人工補綴材の事例を図5.6.1に示す[3]．

(2) **人工心臓**　機能不全に陥った心臓を代行する人工心臓は，1日約10万回の拍動を長期間続けるため，材料は繰り返し応力変形に耐えなければならず，また，血液適合性が要求され，ポリウレタン系材料がもっぱら使用されている．表5.6.1に実用化されている人工心臓と使用材料の一覧を示す[4]．筆者らは，複雑な形状に成形が可能な軟質塩化ビニル樹脂で血液ポンプを成形し，血液と接触する内面に血液適合性に優れたカーディオサンを塗布することにより，優れた耐久性と血液適合性をあわせもったポンプを製品化した[5]．

(3) **人工肺**　心臓手術時に一時的に心肺の機能を代行する人工心肺のガス透過膜の材料としては，ポリプロピレンの多孔質膜以外に，酸素と炭酸ガス透過性に優れたシリコーンゴムの均質膜が使用されている．

(4) **人工皮膚**　損傷した皮膚を一時的に被覆保護して治癒を促進する人工皮膚の材料としては豚皮，コラーゲン，キチンなど生体由来材料が多く使用されているが，水蒸気透過性のあるポリウレタンあるいはシリコーンゴムとコラーゲンの複合材料が使用されるようになってきた．

(5) **眼内レンズ**　眼内レンズとしては透明性に優れるポリメタクリル酸メチルが使用されているが，近年，小さな切開で挿入可能な柔らかい材料が求められており，

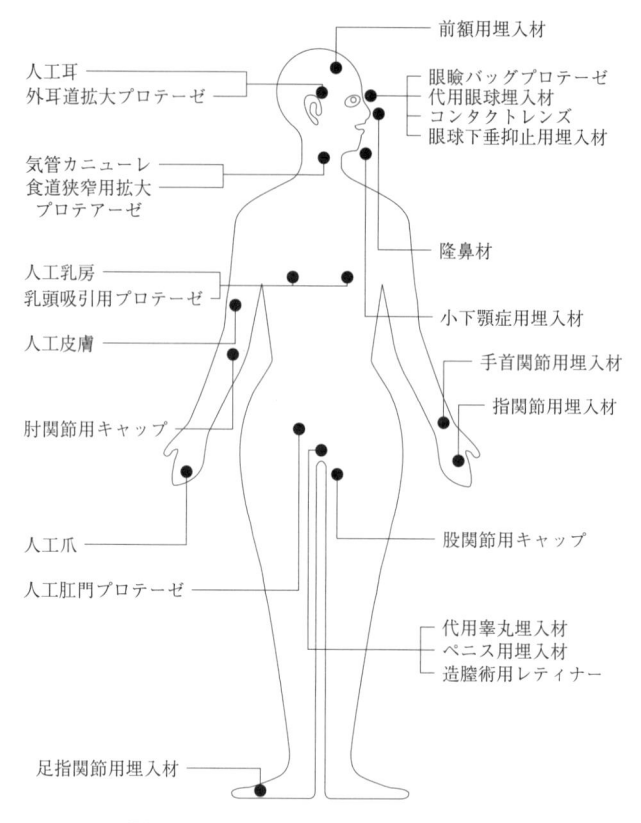

図 5.6.1 シリコーンゴム製人工補綴材の事例

表 5.6.1 人工心臓に使用されているエラストマー

エラストマー	材料名	メーカー名	ポリウレタンの組成	
			エーテル部	鎖延長剤
ポリウレタン	Biomer	米エチコン社	PTMG	EDA
	TM-3	東洋紡	PTMG	PDA
	Pellethane	米アプジョン社	PTMG	BDO
	Angioflex	米アビオメド社	PTMG	BDO
ポリウレタン／ポリシロキサン	Cardiothane	米コントロン社	PTMG	BDO

注1) PTMG：ポリオキシテトラメチレングリコール，EDA：エチレンジアミン，PDA：プロピレンジアミン，BDO：ブタンジオール

注2) ジイソシアナート成分はすべてジフェニルメタンジイソシアナート
人工心臓に使用されるポリウレタンは，両末端に水酸基を有するポリオキシテトラメチレングリコールとジイソシアナートとの重付加反応物に，鎖延長剤としてジオールを使用したポリエーテルウレタンと，ジアミンを使用したポリエーテルウレタンウレアに大別される．

シリコーンゴムが使用されている．

(6) そ の 他 ゴムを人工血管の材料として利用する研究が多数行われており，とくに，抗血栓性に優れるポリウレタンは最有力材料と考えられるが，ポリウレタンと生体血管との力学的性質が大きく異なるため，吻合部に大きな機械的ストレスを引き起こし，その結果として血管組織を損傷して血栓あるいはパヌスを形成し，動物実験で長期開存の成績が得られず，いまだ実用化するまでに至っていない[5]．

心臓弁の代用を行う人工弁として，かつてはシリコーンゴム製ボール弁が使用されてきたが，シリコーンゴムが血液中の脂質を吸着することがわかり，現在では使われなくなっている．一時的に使用する補助人工心臓の弁としては有用であることがわかり，ポリウレタン製三尖弁とともに，実用化が期待されている[6]．

変わったところでは，ペースメーカーのリード線の絶縁材料としてポリウレタンとシリコーンゴム，また，義歯装着時のショックアブソーバーとしてシリコーンゴム，また，水頭症で脳内に貯留した髄液を腹腔内へ誘導して脳内圧力を調節するチューブとしてシリコーンゴムが使用されている．

〔依田隆一郎〕

文　献

1) Kiraly, R. J. and Hillegas, D. V.：Synthetic Biomedical Polymers — Concepts and Applications (eds. by Szycher, M. and Robinson, W. J.), p.59, Technomic Publications, Landcaster, PA (1980).
2) 林　壽郎：ポリマーダイジェスト，**49**(10), 17 (1997).
3) Yoda, R.：*J. Biomater. Sci. Polymer Edn.*, **9**, 561 (1998).
4) 依田隆一郎：ターボ機械，**22**, 20 (1994).
5) 依田隆一郎：生体材料，**12**, 83 (1994).
6) 永瀬敏夫，依田隆一郎，福留　明，仁田新一，佐藤　尚，三浦　誠，片平美明，山家智之，本郷忠敬，香川　謙，毛利　平，井街　宏，高木啓之：人工臓器，**19**, 315 (1990).

5.6.4　医療器具と医薬品用ゴム材料

本項では，医療器具，医薬品用のゴム・エラストマーおよび柔軟性高分子材料について述べる．いうまでもなく医用材料の最低必要条件としては，急性毒性のないこと，および消毒滅菌操作で変形・変性しないこと〔エチレンオキシド(EO)滅菌操作後の残留EO毒性などを含む〕が不可欠である．なお，製品の多くは，JIS規格，日本薬局方などで規定されているが，そのほか，これだけでは不十分で業界自主規定のあるものもある．さらに外国（アメリカFDA，CEN，ISOなど）の規制・規格などにも留意しなければならない．表5.6.2に医療器具，医薬品用材料をまとめた．以下その主なものについて解説する．

注射薬液用ゴム栓は，薬と反応したり，溶出物があってはならず，針刺しによる切屑の微粒子が発生してはならない．現在表5.6.2の材料が使われているが，IIRを使用する栓の薬剤と接触する部分にフッ素樹脂シートをラミネートした製品など，より

表 5.6.2 医療器具,医療用品のゴム・エラストマー,軟質高分子材料

使用環境	生体非接触	皮膚粘膜に接触	血液・組織等と一時的接触
事例	医薬瓶の栓,注射器ガスケット,X線防護用ゴム製品	絆創膏・皮膚粘着剤,創傷被覆剤,尿導管・気管導入管	血液バッグ,輸血・輸液セット,同付属回路チューブ,体内留置カテーテル
主な使用材料	IIR, EPDM, NR, NBR, PVC, ポリウレタン	NR, IIR, SBR, SIS, シリコーンゴム, PVC, ポリウレタン	PVC, シリコーンゴム, NR, ポリウレタン, ミクロ相分離構造ポリマー

安全な製品の使用が多くなっている.X線防護用ゴム製品として,手袋,前掛け,靴などがあるが,NR, IR, SBR, PVC に酸化鉛をかなり多量に配合したシートからつくられている.

絆創膏は,基材の織布,不織布,高分子フィルムに,NR, IR, IIR などに,粘着剤(水添ロジン,石油樹脂),軟化剤(ラノリン,ポリブテンなど)および酸化亜鉛を配合したものである.最近はその使用量は減少してきている.

ガーゼ,カテーテルなどを皮膚に固定するサージカルテープは,繊維と粘着剤よりなり,その皮膚粘着剤には,NR, IR, SBR, SIS, IIR, シリコーンゴム,ACM などが使用されている.最近,EO/PO ブロック共重合体とグリセリンの EO/PO 付加体にイソシアナートを反応させる一種のポリウレタンが市販されている.これは,皮膚によく粘着し,繰り返して粘着・剥離が可能で,水洗いしても粘着性が回復する.

損傷した皮膚を被覆保護して治療を促進する創傷被覆剤は,凍結乾燥豚皮,コラーゲン不織布,キチン不織布などの生体由来材料が多いが,シリコーンゴムやポリウレタンのフィルム状製品も種々の工夫を加えて製品化されている.

いわゆるディスポーザブル医療用品である尿導管,気管チューブ,血液バッグ,輸血・輸液セット,同付属回路チューブなどは,主に軟質 PVC が用いられている.軟質 PVC はその適度の柔軟性,良好な加工性,優れた透明性,低価格により,長年にわたり熱可塑性エラストマーなどの他の材料の追随を許さない圧倒的なシェアを誇っている.シリコーンゴムは,耐熱性を必要とする場合など,補完的に用いられているにすぎない.

医療用 PVC は,いく度かその可塑剤の生体への影響について問題視されてきた.70 年代に種々検討され,溶血,発熱,免疫低下などの作用が一応ないことが認められ,今日に至っている.しかし,最近の環境ホルモンの問題は,フタル酸エステル類のみならず脂肪族のアジピン酸ジ 2-エチルヘキシルまでもが疑いをかけられている.環境ホルモンは,従来の公害,大気汚染や水質汚濁の単位である ppm や ppb ではなく ppt(1 兆分の 1)レベルの超低濃度で作用するといわれているだけに,今後の影響評価に注意を払う必要がある.

フタル酸エステル類などの可塑剤対策は古くから行われている.その事例を以下にあげる.ポリエステル系ポリウレタン(ヘキサメチレンジイソシアナート使用)を可塑

剤とするPVCは，軟質PVCに透明性においてやや劣る．可塑剤フリーのPVCとしては，①ウレタン/塩ビ共重合樹脂や，②塩化ビニルの重合時にエチレン，必要に応じてアクリレート系モノマーおよびEVA系ターポリマーを共存させた重合体で，安定剤，滑剤，助剤を配合した透明性の優れたPVCコンパウンドがある．これは柔軟性・弾力性に富み，体内酵素による樹脂の分解がなく，二次加工特性に高周波加工性がよい．代替樹脂としては，特殊PPで酢酸ビニルをサンドイッチ状に挟んだフィルムシートが開発され，高周波融着可能なので血液バッグに加工が容易で，価格は軟質PVCの1.5倍程度に収まる．これらは，採血バッグ，輸液セット，血液回路として使用されている．このほか人工臓器の部類に入る，血管内留置用の抗凝血薬剤(ヘパリンやウロキナーゼ)を固定したカテーテル，ポリプロピレンオキシドセグメント化ナイロン6.10などのミクロ相分離構造をもつポリマーを用いるカテーテルが開発されている．

〔山下岩男〕

文　　献

1) 山下岩男：工業材料，**44**(7), 69 (1996).
2) 筏　義人：日ゴム協誌，**68**, 453 (1995).
3) 依田隆一郎：生体材料，**12**, 83 (1994).
4) 山下岩男：特殊エラストマーの未来展開を探る(II)，生化学的機能(ゴム技術フォーラム編)，pp.129-158, ゴムタイムス社 (1993).
5) 山口幸一：生体材料，**9**, 30 (1991).

5.7　日常家庭用品

5.7.1　消しゴム，輪ゴム，ゴム風船
a.　消しゴム

現在，わが国でのゴムを主成分とする加硫タイプの消しゴムは「普通消しゴム」(鉛筆用，シャープペンシル芯用)，「砂入り消しゴム」(インキ用，ボールペン用，タイプライター用)，「両面消しゴム」(普通消しゴムと砂入り消しゴムを接合したもの)および「鉛筆またはシャープペンシルに付ける消しゴム」に種別されている[1,2]．

また，消しゴムにはこのほか塩化ビニル樹脂を主原料にして，半ゲル化の状態に加工した「プラスチック字消し」[3]や，主にタイプライター・デッサン用消しゴムとして用いられるゴムを主成分とするが，加硫されていない「練りゴム」と呼ばれている種類がある．これらの消しゴム，プラスチック字消しの性状・性能を表5.7.1に示す[4,5]．

消しゴム(普通消しゴム，砂入り消しゴム・鉛筆またはシャープペンに付ける消しゴム)の製造は，一般の工業用品とほぼ同一の「配合→ゴム素練り→混練り→分出し

表 5.7.1 消しゴムの種類と性能 [4,5]

種類		普通消しゴム	砂入り消しゴム	両用消しゴム	鉛筆またはシャープペンシルに付ける消しゴム	プラスチック字消し
用途		鉛筆用,シャープペンシル芯用	インキ用,ボールペン用,タイプライター用	—	(普通消しゴムに同じ)	
主な形状		角形,円盤形,円柱形	斜面形	斜面形	円柱形	角形,斜面形,円盤形,円柱形
性状		研磨材を含まないかまたは若干の研磨材を混入した消しゴムで,紙の繊維に付着しているグラファイト粒子を消しゴムの摩耗くずが捕捉・吸着して消字する.	研磨材を混入した消しゴムで,インキなどが浸透した紙の繊維を研磨材で削り取ることによって消字する.	普通消しゴムと砂入り消しゴムとを接合したもの.	(普通消しゴムに同じ)	字消しに含まれる可塑剤により,紙の繊維に付着しているグラファイト粒子が溶解または軟化して,それらが字消しの表面に付着することにより消字する.
性能	硬さ(H_S)	30 以上	50 以上		50 以上	50 以上
	老化(硬さの変化)	8 以下	8 以下		8 以下	—
	消し能力(消字率%)	70 以下	70 以下		70 以下	80 以下
	移行性	—	—		—	試験片に塗装が付着しないこと.
含有害物質の基準	鉛	0.020 % 以下	0.020 % 以下	0.020 % 以下	0.020 % 以下	0.020 % 以下
	カドミウム・ヒ素	0.010 % 以下	0.010 % 以下	0.010 % 以下	0.010 % 以下	0.010 % 以下
規格			JIS S 6004-'94		JIS S 6027-'94	JIS S 6050-'94

または押出し→加硫→切断→面取り→印刷→包装」の手順で行われるが,裁断後に面取りと称する角を丸める工程があるのが特徴である.加硫は,「普通消しゴム,砂入り消しゴム」では一般に分出し生地(未加硫配合シート)をプレス加硫して行われ,「鉛筆またはシャープペンシルに付ける消しゴム」は押出機を用いて押出成形したのち缶加硫される.

一方,プラスチック字消しの製造は,前記の消しゴム工程にある面取り工程はなく,「配合→配合攪拌・脱泡→熱プレスによる半ゲル化→スリーブ入れ→包装」の工程手順で行われる.

消しゴムの配合は,一般のゴム製品に比べるとゴム量が少なく,白サブの配合量が多いのが特徴である.また,プラスチック字消しでは加硫を半ゲル化で止めるところに特徴があり,この状態で字消し機能を発揮する配合が要求される.

b. 輪ゴム

主として結束材料として使用するゴム製の輪状バンドを,輪ゴムまたはゴムバンドという.現在われわれがよく目にする,強度があり,伸びが大きく,色も美しい丸型

の輪ゴム(アメバンド)は,1915年日本の一企業家である西島広蔵によって開発された[6].

輪ゴムの種類は,大きくは1種(高伸長率のもの)と,2種(低伸長率のもの)に大別される.また,用途別には普通輪ゴム(アメバンド),カラー輪ゴム(カラーバンド),耐熱性輪ゴム,耐油性輪ゴム,耐候性輪ゴムなどが市販されている.

このなかで,種類別に輪ゴムの大半を占めるアメバンドの原料は,東南アジアで生産されるNRで,そのなかでも色調のよいブロックゴムやクレープが用いられる.なお,アメバンドの多くは柔らかさや伸びを殺さないため,純ゴム配合(充てん剤なし配合)となっている.また,最近では産業用として耐油性・耐熱性・耐候性のよい輪ゴムがつくられているが,これらにはそれぞれの性能をもった合成ゴムが使用されている.

一方,輪ゴムの寸法は,呼び(番手),内径,折り径(輪の内周の1/2の長さ),幅(切幅),厚さ(肉厚)で表され,番手の小さいものほど輪の大きさが小さくなる.なお現在,サイズ的には切幅違いも含めて♯7(内径11 mm)～♯120(内径305 mm)まで非常に多くのサイズが市販されている.これらの輪ゴムの性能を表5.7.2に示す[7,8].

表5.7.2 輪ゴム(ゴムバンド)の性能

項目		種類	
		1種	2種
引張試験	引張強さ(MPa {kgf/cm^2})	9.81 {100} 以上	9.81 {100} 以上
	伸び(%)	700 以上	500 以上
	引張応力*(MPa {kgf/cm^2}) (伸び300%時)	—	1.47 {15} 以上
永久伸び試験	永久伸び(%)	10 以下	10 以下
老化試験	引張強さの残留率(%)	75 以下	75 以下
	伸びの残留率(%)	80 以下	80 以下

* 引張応力とは,ゴムに特定の伸びを加えたときの応力をいい,引張強さおよび伸びの測定途中で測定される.

輪ゴムは「配合→ゴム素練り→混練り→チューブ状押出し→加硫→切断→包装」の各工程をへて得られるが,加硫方式では押出し-加硫を連続的に行うLCM法(液状加熱媒体法)と,押出し後チューブをマンドレル(棒状のアルミ管)に吹き込んで圧力缶で加硫する2方法がある[9].

c. ゴム風船

ゴム風船は,NRラテックスからつくられる浸漬製品で,コンドーム,手術用手袋などとともに皮膜の厚さが0.07 mm～0.3 mm程度の製品群に属する.

ラテックスから上述の浸漬製品をつくる場合,所定の型をラテックス配合物に浸漬して引き上げ,型の外側に均一なゴム皮膜を形成する.このような製法を浸漬加工法と呼ぶが,この浸漬加工には大別して3種の加工方法がある.すなわち,① 繰り返し浸漬を行う直接法(ストレート法:straight dip process),② 凝固剤によるゲル化浸

漬を行う凝着法(アノード法,ティーグ法,反復凝着性：coagulant dip process)，③感熱化剤によるゲル化浸漬を行う感熱浸漬法(heat sensitive dip process)である．このうちゴム風船は，古くから用いられているラテックス製品の基本的加工方法で，通常ストレート法と呼ばれる直接浸漬法でつくられる[10]．

ゴム風船は顔料や加硫に必要な薬品(硫黄，加硫促進剤など)を均一に混合したラテックス(固形分約50％)に，ガラス製またはアルミ製の風船型を浸漬し，型の外周にラテックスを付着させる．次にラテックスの付着した型を90℃，20分程度乾燥したのち，表面に打ち粉をして空気圧または水圧をかけて型より風船型の薄膜を剥離する．剥離された薄膜を乾燥機で加硫し風船を得る．なお，印刷は加硫後の風船をふくらませて印刷するのがふつうである．図5.7.1に代表的な直接浸漬法のフローシートを示す[11,12]．

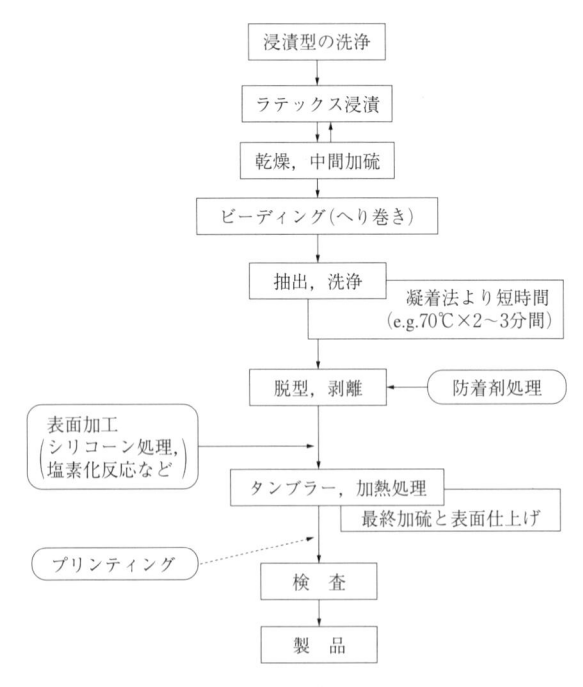

図 5.7.1 直接浸漬法のフローシート

ゴム風船をつくるうえで最も大切なことは，ラテックスの型に対する付着性で，均一で一定重量の品質を得るためには，使用するラテックスの，① 粘度，② 濃度，③ 温度，④ 熱的および化学的安定度，⑤ 湿潤ゲル強度，に注意するとともに，用いる型および浸漬室の温度にも十分に配慮しなければならない．　　　　　〔平川米夫〕

文　　献

1) JIS S 6004-1994 消しゴム．
2) JIS S 6027-1994 鉛筆またはシャープペンシルに付ける消しゴム．
3) JIS S 6050-1994 プラスチック字消し．
4) 田口晴敏：ゴム工業便覧(第4版)(日本ゴム協会編), p.973, 日本ゴム協会 (1994).
5) 太田卓彦：新版 ゴム材料選択のポイント(西　敏夫編), p.396, 日本規格協会 (1988).
6) 西島広蔵：私の歩み(共和編), p.64 (1978).
7) JIS Z 1701-1995 ゴムバンド．
8) 太田卓彦：新版 ゴム材料選択のポイント(西　敏夫編), p.398, 日本規格協会 (1988).
9) 前中尾宣久：モノづくり解体新書(1の巻)輪ゴム(日刊工業新聞社編), p.10, 日刊工業新聞社 (1992).
10) 斉藤光夫, 本山卓彦：モノづくり解体新書(1の巻)(日刊工業新聞社編), p.14, 日刊工業新聞社 (1992).
11) 沖倉元治：ラテックス・エマルジョンの最新応用技術, p.331, 中日社 (1991).
12) 沖倉元治：ゴム工業便覧(第4版)(日本ゴム協会編), p.1027, 日本ゴム協会 (1994).

5.7.2　粘着テープ

　粘着テープは，現在では電気絶縁から，電子工業，シール，表面保護，固定結束，表示・装飾，銘板固定，塗装，印刷，包装，事務，医療，一般家庭用に至るまで，広い分野で多様に使われており，接着剤の用途と重なっている．では粘着剤と接着剤ではどこに違いがあるのだろうか．図5.7.2に示すように，接着剤は，貼り合わせるときには流動性のある液体であり，容易に被着体に接触し，濡れていくことができる．その後，加熱や化学反応により固体に変化し，界面で強固に結びつき，剥離に抵抗する力を発揮する．液体で濡れ，固体で接着するのが接着剤である．これに対し粘着剤は，貼り合せるときもゲル状の柔らかい固体で，そのままの状態で被着体に濡れ，その後も，態の変化を起こさず剥離に抵抗している．このように粘着剤は，貼り合わせ

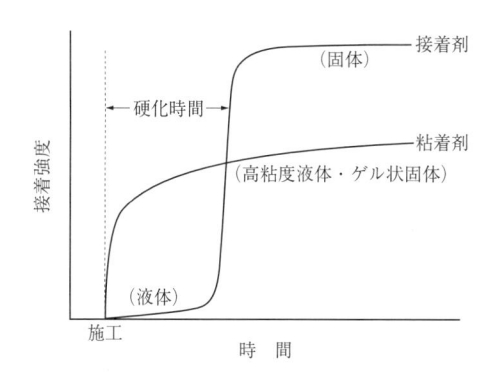

図 5.7.2　接着強度の時間変化

るとすぐに実用に耐える接着力を発揮する．このため，粘着剤は，被着体に濡れていくための液体の性質(流動性)と，剥離に抵抗する固体の性質(凝集力)という相反する2つの特性が要求されている．

この粘着を接着の一形態としてみたとき，次のような特徴がある．① 瞬間接着であり，タイムラグがなく，自動化ラインに最適，② 貼り合わせ時，他のエネルギーを必要としない，③ 無公害である，④ 均一な厚みの接着剤シートである，⑤ 打抜き加工ができる，形をもった接着剤である，⑥ ひずみ応力を緩和する．

粘着テープの構成は，図5.7.3(a)～(c)のように簡単で，粘着剤とそれを支える支持体(基材)が主な構成要素である[1]．ここで，剥離剤は，粘着テープを軽く巻きもどす目的で塗工されたものであり，低エネルギー表面を有するシリコーンや長鎖アルキル基が，また特殊な場合にはフッ素樹脂などが使用されている．下塗剤は，粘着剤と支持体との密着性を向上させる目的で使用されるもので，両者に親和性のあるものが選ばれるが，粘着剤と支持体の組合せによっては不必要な場合がある．また(b)，(c)のタイプでは粘着剤が接着するのを防ぐために，剥離ライナーが必要である．この剥離ライナーは，シリコーンを片面もしくは両面に塗工した紙，またはポリエステルフィルムが多く使用されている．

粘着剤は主成分ポリマーにより，NR系，合成ゴム系，アクリル系などに分けられる．

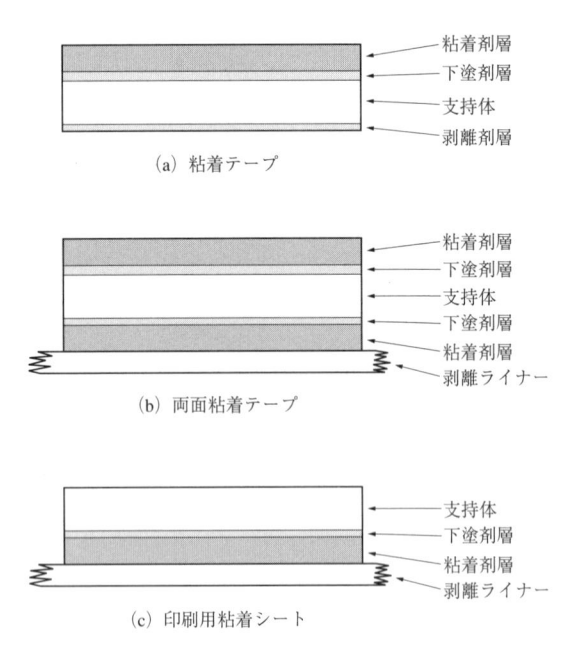

(a) 粘着テープ

(b) 両面粘着テープ

(c) 印刷用粘着シート

図 **5.7.3** 粘着テープ・シートの構造

また，塗工からは，溶剤系，エマルション系，ホットメルト系，UVバルク重合系，固形糊系などに分けられる．アクリル系粘着剤が，配合，塗工法の自由度が高いことから，成長分野へのニーズにそった製品が活発に開発されている．

この高性能化・高機能化の要求に応えるため，主にアルキル基の炭素数が2～10程度のアクリル酸アルキルエステルの共重合体が用いられ，さらに，凝集性を与えるコモノマー，粘着性を与え架橋点となる官能基含有モノマーによりなっている．比較的T_gが高く硬いアクリル酸ブチルと少量のアクリル酸の共重合体から，T_gが低く柔らかいアクリル酸オクチルと多量のアクリル酸の共重合体まで，粘着テープメーカーの思想により各種の粘着剤が生産されている．さらに近年は，ポリマーアロイの理論より，三元共重合体やポリマーブレンドによる多相構造など，新しい粘着剤が研究・開発されている．

自動車や家電製品，住宅用建具などの部品固定用として用いられる永久接着用の粘着テープには強接着タイプの粘着剤が使用されている．主モノマーは，アクリルエステルではアルキル基の鎖長が8～10の炭素数のもの，例えばアクリル酸イソ-オクチルなどが用いられ，コモノマーのアクリル酸を多く配合しT_gを高く設定している．そして耐熱性や耐溶剤性などの耐久性を向上させるため，構造的にもポリマーの架橋度をできるだけ大きくし，また樹脂などの低分子量物の添加は避けている．強接着両面粘着テープは剥離接着力，せん断接着力ともに汎用両面粘着テープに比べ優れている．分子設計，重合法，さらに実使用を想定した条件下での有限要素法による応力解析からの粘着テープ構造設計により，既存の粘着テープの範疇を超えたものまで上市されだしている．

接着剤について，若林が剥離接着力とせん断接着力を2つの因子としてまとめている[2]．この図に市販の汎用両面粘着テープおよび強接着両面粘着テープのカタログ値をプロットし図5.7.4に示した．ただし，粘着テープメーカー各社のカタログ値のため，測定条件が異なっている．図に示すように，強接着両面粘着テープは溶剤系接着剤とオーバーラップしている．一部は構造用接着剤の範疇に入っている．特に鋼製建具の接着のようにせん断応力が加わる用途には強接着両面粘着テープが優れていると思われる．

このように強接着両面粘着テープは既存の粘着テープの範疇を超えており，またユーザーの認識が変わり，今までの粘着テープでは考えられないような箇所・場所の接着に用いられている．たとえば，建設大臣官房官庁営繕部監修「建築工事共通仕様書」（平成9年版）に鋼製建具の材料として構造用接合テープが記載された．そして既存のJISではカバーしきれず，新たなJISが制定された． 〔浦濱圭彬〕

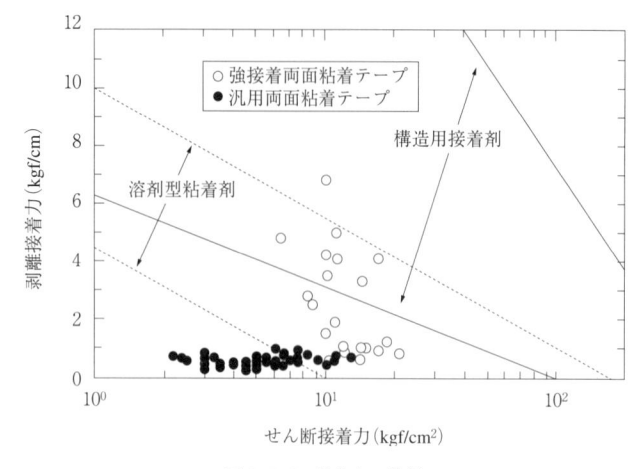

図 5.7.4　粘着力の比較

文　献

1) 日本粘着テープ工業会編：粘着ハンドブック(第2版)，日本粘着テープ工業会 (1995)
2) 若林一民：接着学会主催「粘接着－接着の新しい顔」講演会 (1991.1.28).

5.7.3　ゴム系接着剤

　ゴム系接着剤は，NRあるいは合成ゴムを主成分とする接着剤であり，初期接着力がとくに優れているために，使いやすい接着剤として家庭用としてばかりでなく，工業的にも幅広く用いられている．ゴム系接着剤の最大の特徴は接合面の接着剤層が柔軟であることであり，風合いが重要視される繊維材，皮革，ゴムなどの接着に用いられる．

　ゴム系接着剤の供給形態としては，① 各種ゴムを有機溶剤に溶解した溶液型，② 水分散タイプのラテックス(エマルション)型，③ 液状ゴムを主成分としたオリゴマー型，④ 熱可塑性エラストマーであるスチレン系ブロックポリマーを主成分とするホットメルト型がある．これらのなかで家庭用として使用されているのは，主として溶剤型ゴム系接着剤である．

　家庭用として使用されるゴム系接着剤のなかで，代表的な接着剤はCR系接着剤である．一般にCR系家庭用接着剤は黄褐色の接着剤で，チューブ入りのものが文房具屋，ホームセンターなどで容易に入手でき，ゴム，金属，皮革用として幅広く使用されている．この接着剤の主成分はCRおよびアルキルフェノール樹脂である．表5.7.3には，接着剤用途に使用されるCRを示した．粘度，結晶化度により各種グレード

5.7 日常家庭用品

表5.7.3 接着剤用デンカクロロプレンの品種と物性[1]

品種	ムーニー粘度	溶液粘度***	結晶化度
A-30	20 ± 3*	80 ~ 160	大
A-90	48 ± 4*	450 ~ 660	大
A-120	67 ± 5**	1000 ~ 2000	大
M-40	48 ± 5**	110 ~ 190	中
M-100	100 ± 10**	500 ~ 850	中
M-120	120 ± 10**	800 ~ 1200	中
S-40	48 ± 5**	110 ~ 190	小

* M S $_{2+2.5}$ (100℃)
** M L $_{1+4}$ (100℃)
*** 10%トルエン溶液粘度(mPa·s)

表5.7.4 CR系接着剤用フェノール樹脂の一例[2]

品種	種類	軟化点(℃)	特長
タマノル 521	100%フェノール	100 ~ 115	粘着保持性良好
タマノル 526	100%フェノール	115 ~ 130	粘着、耐熱性均衡型
タマノル 573 S	100%フェノール	125 ~ 135	耐熱性良好
タマノル 803	テルペンフェノール	145 ~ 160	耐熱性良好

があり，目的に応じてこれらをブレンドして用いる．家庭用接着剤としては通常結晶化度の大きなグレードが使用される．

表5.7.4には，CR系接着剤に使用されるアルキルフェノール樹脂の一例を示した．アルキルフェノール樹脂は，あらかじめトルエン，n-ヘキサンのような非極性溶媒中で酸化マグネシウムと反応させてキレート化したのちに用いられる．キレート化フェノール樹脂には融点が存在せず，200℃以上で熱分解する．キレート化フェノール樹脂の働きは，接着剤の凝集力を高め，耐熱性を付与し，さらにゴムとの相溶性を改善する．しかし，接着剤中のキレート化フェノール樹脂の配合量が多すぎると初期粘着性(タック)が減少し，逆に使いにくい接着剤となる．接着剤が黄褐色であるのは主としてこのキレート化フェノール樹脂の色である．また，粘着付与剤としてロジン系樹脂もよく用いられる．接着剤配合の一例を表5.7.5に示した．市販されている家庭用接着剤はすべてノントルエンタイプであり，n-ヘキサン，シクロヘキサン，アセトン，酢酸イソプロピルなどをバランスよく配合している．酸化マグネシウム，酸化亜鉛はCRの安定剤(酸受容体として働く)および架橋剤として作用する．通常これらの無機配合剤は，オープンロールでCRに混練りされるか，または溶剤分散体を調製してゴム溶液に添加する方法がとられる．

表5.7.5 CR系接着剤の配合例

材料	配合量(重量部)
デンカクロロプレン A-90	100
酸化マグネシウム	4
酸化亜鉛	5
BHT	2
タマノル 526	30
酸化マグネシウム	4
水	1
トルエン	70
トルエン	167
n-ヘキサン	100
合計	483

最近ではCRラテックス系家庭用接着剤も市販されるようになった．特殊な方法でロジン系樹脂をラテックス中に配合して不揮発分濃度を高め，乾燥を早くするといった工夫がなされている．

　このようなCR系接着剤は，ポリエチレン，ポリプロピレン，シリコーンゴム，テトラフルオロエチレンなどの非極性物質，および軟質PVCに対しては接着剤として使用することができない．ポリエチレンなどの非極性物質にCRが接着しないことは，CRとポリエチレンの溶解度指数(solubility parameter；SP値)が大きく離れており，接着剤の濡れが十分でないことから理解できる．しかし，CRとPVCのSP値が近いにもかかわらず接着できないのは別の理由からである．すなわち，軟質PVC中にはフタル酸ジオクチル(DOP)，フタル酸ジブチル(DBP)のような可塑剤が多量に配合されており，経時的にDOPなどがCR系接着剤層へ移行し，CR系接着剤層を著しく可塑化して接着剤の凝集力が低下してしまうからである．工業的にはCR系接着剤の耐可塑剤性を向上させるために，メタクリル酸メチルのようなアクリルモノマーをグラフト重合させたCR系接着剤が幅広く用いられているが，家庭用としては市販されていない．

　ほかに耐可塑剤性を有するゴムとしてはNBRがあげられる．NBRは高凝集力であるが初期粘着性が乏しく，接着剤としては使いにくいゴムであるが，軟質PVC用としてフェノール樹脂などを配合した接着剤が市販されている．溶剤としてはアセトン，メチルエチルケトンのようなケトン系溶剤が使用されている．さらに，ウレタン系熱可塑性エラストマーをケトン系有機溶剤に溶解したタイプの接着剤も市販されており，軟質PVC用として使用できる．

　また，粘着剤のベースポリマーとして大量に消費されているNRは，家庭用接着剤のベースポリマーとしてはほとんど使用されていない．自転車のパンク修理用，卓球ラケットのラバー取付用など，限定された用途にわずかに市販されているのみである．これらの接着剤は，NRを素練りしゴム用揮発油などに溶解したものである．海外ではNRをベースポリマーとした汎用接着剤をよくみかける．

　ほかにスチレン-ブタジエン-スチレンブロック共重合体(SBS)をベースとした溶液形接着剤も市販されている．SBS系接着剤の乾燥フィルムは，架橋しなくても加硫ゴムのように高強度であること，淡色であることなどが長所であるが，ゴム単体では初期粘着性が乏しいため，スチレン-イソプレン-スチレンブロック共重合体(SIS)をブレンドしたり，ロジン系，テルペン系，石油樹脂系の無色の水添樹脂などを添加している．

　日常家庭用接着剤は，誰にでも使えてどのような被着体にも平均的に接着するということが重要な因子であるため，現在ではCR系溶剤型接着剤が主流である．しかしながら，接着剤に用いた溶剤の毒性，環境保護の観点から，今後ラテックス型接着剤の需要が増大すると思われる．

〔一角泰彦〕

文　献

1) 電気化学工業，デンカクロロプレンハンドブック．
2) 荒川化学工業，カタログ．

5.7.4　ゴム履物

　1910年代(大正時代)に加硫ゴムの技術を生かして，お座敷足袋の底にゴムを貼り付けた形の「地下足袋」が誕生した．ついで同じ技術によりゴム底布靴，ゴム長靴が相次いで開発されて以来，日本人の生活，産業，教育の発展に大きく貢献してきた．この「地下足袋」，「布靴」，「長靴」類を総称して「ゴム履物」と称している．日本における工業製品としての「フットウエアー」の草分けである．

　当初，ゴム履物に使用されるゴムはNR主体であったが，1950年代には合成ゴムが導入され，きれいな透明あるいは着色されたゴムが使われるようになった．今では靴の用途に合わせてさまざまな性質の合成ゴムが使い分けられている．例えば工場やスタンド，厨房で使う靴には耐油性，スポーツシューズには耐摩耗性，電子部品工場の靴には制電性など．そのほかにも耐薬品性，防滑性などさまざまな特性をもつハイブリッドゴムも開発されている．ゴムは底部だけではなく，接着剤，先芯，月形，中底，回しテープ等々多くの部位に使用される．

　ゴム履物に使われる代表的なNRはSMR，SIRなど，合成ゴムはSBR，IR，BR，NBRなど，接着剤用としてはNR，CR，Uなどである．最近はゴム履物とはいえ，いろいろな特性をもつプラスチック，例えば，PVC，熱可塑性エラストマー，ポリウレタン，ウレタン系熱可塑性エラストマー，エチレン-酢ビ共重合物などもふんだんに使用されている．

　ゴム履物は，製法により貼付(手貼)式と射出成形(機械)式に分類される．前者はさらに加硫式と非加硫式に分けられる．加硫式の特徴は未加硫のゴムを成形加工し，最後に加硫缶で加硫(例：130℃×0.3 MPa×60分)して製品にする方法であり，安定したゴムの物性と靴の形状が得られ，型崩れの少ない製品をつくることができる．大量生産に向き，耐久性に優れた靴が製造できることから，校内履きをはじめ，ワークシューズや長靴などの代表的製法である．

　非加硫式はあらかじめ加硫されたモールド底やスポンジ底をアッパー(甲被)に接着剤で接着させてつくる製法で，ジョギングシューズなどのスポーツシューズの製法に多く，カジュアルシューズにも用いられる．加熱に耐えない材料(革や合成皮革，プラスチック)を使った靴の製法でもある．

　第二次世界大戦後いち早く量産体制を整えた「ゴム履物産業」はスニーカー類を得意として北米を中心に世界各国に輸出を開始，1960年前後のピーク時には外貨獲得

のエースとして日本の貿易振興政策に貢献した．しかし労働集約型産業の宿命から，安い労働力をもつ発展途上国に追い上げられ，1970年代には輸入国に転じ，現在では消費量の半数以上が，近隣のアジア各国から輸入されている．　〔多田　紘〕

5.8　工業用部品

5.8.1　ゴムロール

　金属（CFRPが使用されることもある）とゴム弾性体との複合製品であるゴムロール（芯金の表面にゴムを被覆したロールをゴムロールと呼ぶ）は，印刷，繊維・染色，プラスチック，食品，製鉄，製紙，合板などの種々の製造業に広く使用されている．小は小指の先にも満たない，カセットプレーヤー用のピンチロールから，大は長さ10 m，重さ数十トンの製紙用プレスロールまで，その大きさは千差万別であり，使用される被覆材料も，NRから汎用合成ゴム，特殊合成ゴム，プラスチック，あるいはそれらの複合など，そのロールの要求性能によって選ばれており，硬さ，色，プライ（層）構成も多種多様，形は一見して単純であるが，その機能は多岐にわたり，その効用はきわめて大きい．

　このゴムロールがいつ頃発明され，どのようにしてつくられていたかはあまりよくわかっていない．一説によれば，製紙用プレスロールが初めてつくられたのが1918年といわれているから，少なくとも20世紀の初頭には，ゴムロールとしての形ができ上がっていたものと推定される．わが国では，大正の末期にすでに印刷用ゴムロールが実用化されており，また昭和の初めにはゴムロールを使用した籾摺機が開発されているから，大正から昭和にかけて，つまり1920年代にはゴムロールが実際に製造されていたものと思われる．

各種ゴムロールの機能・特性と製造方法

　ゴムロールが芯金のもつ剛性とゴムのもつ弾性とを複合した製品であることは，すでに冒頭でふれた．カセットプレーヤーにおけるテープの定速走行は，ダイレクトドライブモーターによって駆動され，一定回転数で回る金属性のキャプスタンと，これに接してテープをキャプスタンに押し付けているゴム製のピンチロールによって達成される．もし，このピンチロールがゴム以外の硬いもの，例えば金属だけでできていたら，たぶんテープが滑ってうまく送れず，大きな速度ムラを生じてしまうことになるだろう．反対に，このピンチロールに芯金が入っていなかったら，つまりゴムだけだったら，骨のないくらげ同様，キャプスタンにテープを押し付けて定速走行させるなどということはまず不可能だろう．金属の芯金とその周りに適当な性能をもったゴムがあってこそ，うまくピンチロールとして機能しているのである．ピンチロールの機能は，定速回転するキャプスタンと協力して，テープを連続的に一定速度で送り出すということであるから，ゴムに要求される性質としては，第1に適当な摩擦力をも

っていることであり，第2に変形の回復が早いことである．寸法精度が重要であることはもちろん，ゴム材料として経時変化の少ないこと(例えば耐老化性のよいこと，耐摩耗性のよいこと)も要求性能のひとつであろう．さらに厳密な見方をすれば，ゴミが付着しにくい性質(磁性粉による汚れ)や適度の耐油性(潤滑油の飛散)も必要とす

表 5.8.1 代表的なゴムロールとその機能，使用される原材料，成形加工方法

主なゴムロール	ゴムロールの機能	主な原材料	代表的な成形加工方法
印刷用ロール			
インキロール	塗布する，印刷する	NBR	巻缶加硫，クロスヘッド押出
水ロール	塗布する，計量する	NBR, U, エポキシ	巻缶加硫，クロスヘッド押出，注型
ワイピングロール	拭き取る	SBR, NBR, U	巻缶加硫，プロファイル押出，注型
圧胴ロール	押さえる，加圧する	U, NBR, XNBR	注型，捲缶加硫，プロファイル押出
静電グラビアロール	電気を伝える，押さえる	NBR	巻缶加硫，プロファイル押出
OA機器用ロール			
定着ロール	トナーを熱定着する	Q, PFA, PTFE	押出嵌込み，射出，コーティング
加圧ロール	押さえる，送る	Q, FKM, PFA	押出嵌込み，射出，コーティング
帯電ロール	電気を伝える	EPDM, ECO	押出嵌込み，コーティング
転写ロール	トナーを静電気で転写する	EPDM	押出嵌込み，コーティング
クリーニングロール	拭き取る	U, ポリアミド	押出嵌込み，射出
紙送りロール	送る，送り込む	U, ポリノルボルネン	押出嵌込み，射出，プレス
プラテンロール	送る，押さえる	NR, SBR, U	押出嵌込み，射出，プレス
繊維・染色用ロール			
延伸ロール	押さえる	XNBR, U	巻缶加硫，注型
コット	押さえる，引っ張る	NBR	押出嵌込み，プレス
マングル	押さえる，絞る	NBR, CSM	巻缶加硫，プロファイル押出
サイジングロール	塗布する	NBR	巻缶加硫，プロファイル押出
捺染用ドラム	印刷する，転写する	NBR	巻缶加硫，プロファイル押出
スクイズロール	絞る	NBR	巻缶加硫，プロファイル押出
プラスチック加工用ロール			
コンタクトロール	押さえる，駆動力を伝える	NBR, U	巻缶加硫，プロファイル押出，注型
エンボスロール	型押しする	NBR	巻缶加硫，プロファイル押出，注型
コロナ放電処理用ロール	電気を遮断する	EPDM, CSM, Q	巻缶加硫，プロファイル押出，注型
ラミネートロール	はり合わせる，送る	CSM, Q	巻缶加硫，注型，コーティング
コーティングロール	塗布する	NR, NBR, EPDM	巻缶加硫
製鉄用ロール			
ピンチロール	引っ張る，送り込む	CR	巻缶加硫，プロファイル押出
ブライドルロール	引っ張る，押さえる	CR, U, XNBR	巻缶加硫，プロファイル押出，注型
シンクロール	芯金を保護する，送り込む	CSM, CM, EPDM	巻缶加硫，プロファイル押出
デフレクタロール	案内する，送り込む	CR	巻缶加硫，プロファイル押出
テーブルロール	処理体を保護する，送る	CR, U, ポリアミド	巻缶加硫，プロファイル押出，注型
リンガーロール	絞る	CR, CSM	巻缶加硫，プロファイル押出
アプリケータロール	塗布する	SBR, NBR, U	巻缶加硫，プロファイル押出，注型
製紙用ロール			
プレスロール	押さえる，絞る	U	注型，プロファイル押出
サクションプレスロール	吸引して絞る	U, NBR	注型，巻缶加硫，プロファイル押出
カレンダーロール	圧力を加える，平滑にする	U, ポリエステル	注型
コータロール	塗布する	NBR	巻缶加硫
タッチロール	押さえる	NBR	巻缶加硫，プロファイル押出
その他の特殊ゴムロール			
ウォームロール	帯状物を広げる	NR, NBR	巻缶加硫，プロファイル押出
エキスパンダロール	帯状物を広げる	NBR	巻缶加硫，プロファイル押出
スプレッダロール	微量塗布する	NBR	巻缶加硫，プロファイル押出
セルフセンタリングロール	帯状物の蛇行を防ぐ	U, NBR	注型，巻缶加硫，プロファイル押出

るに違いない．

ゴムロールの機能は，ピンチロールにおける「引っ張って送り込む」というものだけではない．印刷ロールのようにインキを均一に付けるという機能，あるいは適当な圧力で紙を押し付けるという機能，製紙のプレスロールや染色のスクイズロールのように，ウェブから水を搾り取るという機能，プリンターの帯電ロールのように感光ドラムに電荷を与えるという機能など，その使用目的によって異なる機能が要求される．

ゴムロールはウェブ（長尺物）を連続的に同一条件で処理するのに最も適した性能をもっている．したがってその用途は非常に広く，あらゆる産業分野にわたっている．印刷やOA機器をはじめとして，繊維・染色，プラスチック，製鉄，製紙などがそれらであるが，ここでそのすべてに言及することはとても無理なので，代表的なゴムロールの種類，機能，使われる原材料（ASTM略号で表記），成形加工方法を表5.8.1にまとめた．

ゴムロールの基本的な製造技術は，他のゴム製品とそれほど変わるところはない．① シート出しした未加硫ゴム板を芯金に手動または自動で巻きつけ，その上から帆布で巻き締め，スチームオートクレーブで加圧加硫するのが最も基本的な巻缶加硫，② 電線被覆と同じようなクロスヘッドダイを使用し，電線の代わりに芯金を挿入するクロスヘッド押出し，③ あらかじめ押出成形加硫したゴムチューブを，芯金に嵌め込む押出嵌込み，④ 押出機と成形機を直結して，特定なプロファイルに押し出した未加硫ゴムリボンを，芯金の周面にスパイラル状に巻き付けるプロファイル押出しなどがある．小型のゴムロールでは金型を用いるプレス成形や射出成形，液状ゴムでは各種の注型方式やコーティング方式が採用される．

成形加硫されたゴムロールは，金型で寸法や表面がすでに整えられている場合を除いて，その大部分が円筒研削盤による研磨作業で規定の寸法精度に仕上げられる．

〔前田守一〕

5.8.2 ゴムベルト
a. ゴムベルトの種類

一般にゴムベルトは，動力を伝達する伝動ベルトと物を運搬するコンベヤベルトに大別できる．本項では伝動ベルトに絞って述べる（コンベヤベルトは5.2.5項参照）．動力を伝達する方式としてはチェーン，歯車，カップリングなどもあるが，コストと性能のバランス，適用範囲（回転比，負荷，回転数）の広さ，低騒音などの特徴をもったゴム弾性体によるベルト伝動方式が数多く使われている．一般的に伝動ベルトは，プーリーとベルトの摩擦力により動力を伝達する摩擦伝動ベルトとプーリー歯とのかみ合いにより同期伝動する歯付ベルトに大別できる．摩擦伝動ベルトには平ベルト，外側を布で被覆したラップドVベルト，外被布のないローエッジベルト，平ベルト

とVベルトを結合させた形状のVリブドベルトがある．また，Vベルトのなかでも断面寸法，構造，材質などが異なるものがあり，非常に種類が多い．かみ合い伝動ベルトは通常歯付ベルトまたはタイミングベルトと呼ばれ，歯形状では台形歯と円弧から構成された丸歯形があり，歯の大きさ，歯のピッチ，材質などにより多くの種類がある[1,2]．

b. 伝動用ゴムベルトの用途

摩擦伝動ベルトは，多少のスリップは許容される用途に用いられ，自動車産業の発展に伴い需要が増大してきた．品質的にはラップドVベルトからローエッジベルト，Vリブドベルトへ変遷し，数量的にはパワステ，エアコン装着率の増加により1台当たりのベルト本数は増加してきた．非自動車分野では，一般工業用送風機，攪拌機，農業機械用などにラップドVベルトが幅広く使われている[3]．

歯付ベルトは，1960年代に従来のチェーンに替えて自動車用オーバーヘッドカムシャフト用に採用されて，以降急速に市場を拡大した．自動車用途以外ではOA機器やロボットなど精密な伝動が必要な分野，家庭用，工業用ミシン，タイプライター，複写機，プリンターなど同期伝動が必要で，騒音が少ないことが要求される分野で拡大が続いている．近年では台形歯付ベルトから歯丈が大きくベルト歯が円弧で形成された丸歯の歯付ベルトが，大きな伝動力と静粛性により増加している．

c. 伝動ベルトの素材

伝動ベルトは大別してベルト形状を保持するゴム，抗張体として用いられる芯線（コードまたはすだれ），外被布として用いられる帆布の3種類の材料から構成されている．また，ベルトの機能を最大限に発揮させるためには，ゴムと繊維素材の接着技術も重要な要素である[4~6]．Vベルトの動力を伝達するゴム部分は，もともとNRあるいはNRとSBRのブレンドが用いられており，ラップドVベルトの一部や，特殊な耐寒仕様のローエッジベルトには現在も使用されている．大幅な寿命向上の要求に応じて登場したローエッジベルトやVリブドベルトには，耐熱性，耐摩耗性，耐屈曲性，耐油性などの必要特性のバランスのとれたCRが主として使用されている．また，ベルト幅方向に短繊維が配向補強され，幅方向の耐摩耗性と長手方向の屈曲性を両立させているのが特徴である．歯付ベルトのゴムは1960年代よりCRが使用され，現在も一般産業用途には広く用いられている．厳しい耐熱性が要求される自動車用途では，HNBRが主流となっている[7,8]．

摩擦伝動ベルト用芯線には，伸びが小さく，高強度で，耐屈曲性，耐熱性に優れたポリエステル繊維が使われている．高負荷伝動，耐衝撃性が要求される変速ベルトや農業機械用Vベルトには，高強力で伸びの非常に少ないアラミド繊維も使用されている．歯付ベルトには，伸びが非常に小さく，適度な線膨張係数を有しているガラス繊維が最も広く使われており，一部ではより高強力で耐屈曲性に優れたアラミド繊維も使われている．

ラップドVベルト用外被布の素材は,従来より綿帆布が主として使用されており,現在も同様である.耐摩耗性,耐屈曲性が要求される用途には,綿と合成繊維との混紡や合成繊維100％の帆布も一部では用いられている.帆布は通常フリクションまたはソーキングにてゴム引きをし,加工時の粘着性を付与するとともに,プーリーとの接触面の摩擦係数を大きくさせている.このゴムも近年はCRが主に使われている.

ローエッジベルトには通常ベルトの上面と下面に綿帆布が1～数プライ積層されている.厳しい耐熱性・耐き裂性が要求される用途にはアラミド繊維が用いられる場合がある.Vリブドベルトの場合は,上面のみに綿帆布が1～2層あり,CRにてゴム引きされている.

歯付ベルトの歯布はベルト歯と芯線を保護するため,耐摩耗性に優れたナイロン繊維が主に使用されており,最近では高強力タイプが主流となってきた.

d. 伝動ベルトの製法

伝動ベルト製造の基本的な工程[9]は,ラップドVベルト,ローエッジベルト,Vリブドベルト,歯付ベルトとも同様で,混練り,圧延(押出し),成形,加硫であるが,ベルト構造上の違いからラップドVベルトがV型に成形後加硫するのに対して,その他は筒状に加硫したのちに所定の幅にカットまたは研磨することによりつくる方法が一般的である.

〔中嶋正仁〕

文　献

1) ベルト伝動技術懇話会編:ベルト伝動の実用設計,pp.1-25,養賢堂(1996).
2) 中嶋正仁:日ゴム協誌,**68**,463(1995).
3) 平田博之:設計製図,**15**,150(1980).
4) 館野紀昭:日ゴム協誌,**45**,911(1972).
5) 久木　博,森　修:日ゴム協誌,**63**,3(1991).
6) 木下隆史:接着の技術,**31**,48(1993).
7) Klingender, R. C. and Bradfold, W. G.: *Elastomerics*, **Aug.**, 10 (1991).
8) Gunther, H.: *European Rubber J.*, **June**, 31 (1991).
9) 伝動技術研究会編著:ベルト伝動技術,p.229,近代編集社(1974).

5.8.3　ゴムホース

人類がこの世に誕生してから,その生活にはいろいろな液体,とくに水の輸送は日常生活に必要不可欠であった.その送水システムは今日のホースの原形を成しており,また使用される材料は現在とは異なっているが,その原理はほぼ近似している.例えば,古代ローマにさかのぼって,当時のホースは薄い,しなやかな表皮を折り曲げて銅のリベットで止めてつくられていた.1830年代にゴムの加硫が発見されてから,皮に替わってゴム製のホースが使われ,今日に至っている[1].

a. ゴムホース

ゴムホースは産業機械，車両などの構成部品として，広い範囲に使用され，重要な役割を担っている．とくに金属製のホースが動的な用途に使用されるのに対して，ゴムホースは柔らかさと曲げやすさから，動的な振動をする部位に使用されるのが特徴である．

ホースの役目は流体（液体・気体）の輸送や圧力伝達にあるが，とくにゴムホースは柔軟性を生かして，曲げられたり，振動する部分に使用される．ゴムホースはあくまでも構成部品の役割をなし，例えばエンジンに接続してゴムホースは使用され，接続が最も重要なポイントである．しかもホース内部は往々にして高い圧力に耐えねばならない．

したがって，ホースの機能は流体のガスの種類に依存し，また水，植物油，鉱物油，ガソリンなどの液体の種類に依存する．さらに，ゴムホースの性能は使用環境条件が高温か低温かによって耐久性が異なる．

b. ゴムホースの構造

ゴムホースは標準的に内面ゴム層，補強層（中間ゴム層を含む），外面ゴム層の3つの要素からなる．基本的な構造を図5.8.1に示す．

a) 内面ゴム層： 流体に接する部分であり，耐水，耐液（油，化学薬品）に優れ，漏洩，透過などのトラブルを生じないゴム材料であることが重要である．

b) 補強層： 綿，ビニロン，ナイロン，ポリエステルなどの各種の繊維や硬鋼線などのスチールが耐圧性の目的に応じて，内面ゴム層の上に用いられる．補強繊維層の構造は編組，スパイラルおよび布巻きの3つの巻き方に分けられる．補強層が2層のときは層間にゴム（中間ゴム）層を摩耗による繊維の損傷の防止のために設ける．

c) 外面ゴム層： 外気に曝されるため，耐オゾン，耐酸化劣化，用途によっては油・酸やアルカリに対して保護するゴム材料を用いる．また摩耗，振動，屈曲に耐えるゴムを用いる．場合によっては着色ゴムを用いる．

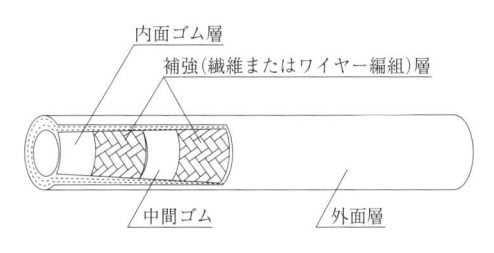

ブレードゴムホース

図 5.8.1 ゴムホースの基本的な構造

表5.8.2 ゴムホースの流体，用途，材質からの分類

流体(媒体)	ホースの種類[*1]	用途[*2]	ホース構造例[*3]	材質例 内面ゴム層	材質例 補強層	材質例 外面ゴム層
空気	エアーブレーキホース	自動車	中間補強	NBR	ポリエステル	CR
	エアホース	一般	一般	CR	レーヨン	CR
フレオンガス	エアコンホース 高圧	一般/車	中間補強	EPDM	ナイロン	EPDM
	エアコンホース 低圧	一般/車	中間補強	EPDM	ナイロン	EPDM
ガソリンベーパー	バキュウムセンシングホース	自動車	総ゴム(2層)	ECO	—	CSM
水	ラジエーターホース	自動車	中間補強	EPDM	ナイロン	EPDM
(冷却水)	ヒーターホース	自動車	中間補強	EPDM	ナイロン	EPDM
植物油	油圧ブレーキホース	自動車	中間補強	SBR	ビニロン	EPDM
(ブレーキ液)	リザーバホース	自動車	中間補強	SBR	レーヨン	CR
	クラッチホース	自動車	中間補強	SBR	レーヨン	CR
燃料油	ヒューエルホース	自動車	中間補強	FKM/NBR	ビニロン	CR
(ガソリン)	ヒューエルインレット	自動車	総ゴム	ポリブレンド	—	—
(軽油)	ヒューエルホース	自動車	中間補強	NBR	ポリエステル	CR
(LPG)	ヒューエルホース	自動車	中間補強	NBR	ポリエステル	CR
パワステ	高圧パワステアリングホース	自動車	中間補強	NBR	ナイロン	CR
アリング	高圧パワステアリングホース	自動車	中間補強	NBR	レーヨン	CR
オイル	サクションホース	自動車	中間補強	NBR	レーヨン	CR
エンジンオイル	エンジンオイルホース	自動車	中間補強	ACM	ポリエステル	ACM
鉱物油	油圧サスペンションホース	自動車	中間補強	NBR	ワイヤー	CR
	車両調整用ホース	自動車	中間補強	NBR	レーヨン	CR

[*1] ホースの名称は自動車メーカーにより異なることもある． [*2] 用途は一般用と自動車用の2つに分ける． [*3] 中間補強とは口金付きホースを表す．

c. 種類と用途

ここでは流体の種類によって，自動車用ホースを主にして，表5.8.2のごとく分類した．水系の流体に対してはEPDM，CSMのようなオレフィン系ゴム材料が一般的に多く，ガソリンのような石油系燃料用ホースにはNBR，FKMのような極性基をもつ耐油性ゴム材料が一般に使用される．

d. 製　　法

ゴムホースの製造には，その構造から基本的に次の加工工程が必要となる．
① 原料ゴムおよび副資材の秤量，配合，混練工程
② 内面ゴム層(チューブ)押出成形工程
③ 補強繊維のブレード工程および中間ゴムカバリング工程
④ 外面ゴム層押出成形，カバリング工程
⑤ 加硫，切断，印刷などの仕上工程

ホース全般および製造工程の詳細は成書[2,3]を参照されたい．

ゴムホースの概要を述べてきたが，ゴムホースにとって接続の役目をなす，継手金具(口金)の存在が重要であり，ホースの種類と使用圧力に応じて金具の種類もさまざまである．特に継手金具は柔らかいゴムのホースと硬い金具との異質の組合せであるため，金具のシール設計は耐久性・信頼性の面から重要である．　　　〔奥本忠興〕

文　　　献

1) Evans, C. W.：Hose Technology (2nd Ed.), Ch. 1, Applied Science Publishers (1979).
2) 今里　价：ゴム工業便覧(第4版)(日本ゴム協会編), p.811, 日本ゴム協会 (1984).
3) 増実二郎：ゴム工業便覧(第4版)(日本ゴム協会編), p.816, 日本ゴム協会 (1984).

5.8.4 防振ゴム, 制振ゴム

防振ゴム, 制振ゴムはいずれも振動を吸収・絶縁するために使用されるゴム製品であるが, 防振ゴムはJIS規格で「振動・衝撃の伝達防止または緩衝の目的で使用される加硫ゴム製品」と定義されているのに対し, 制振ゴムにはこうした定義づけがされていない. 制振ゴムは, 鋼鈑などの振動する部分に貼り付けて使用される制振材の材料の一部と考えた方がよいと思われる.

防振ゴムの定義にもとづけば, 日本で生産される防振ゴムの95％以上は自動車用途であり, その他の鉄道用・産業用分野で使用される防振ゴムの占める生産量は5％にも満たない. 産業用分野としての防振ゴムは, 自動車用の防振ゴムに, エンジンの振動をボディに伝えないようにするエンジンマウントと, タイヤを介して伝わってくる路面の継ぎ目, 凹凸による振動を遮断するストラットマウントがあるように, モーター・プレス機械などの荷重を支えながら機械から発生する振動が床面やほかの建物に伝わるのを防ぐ機能と, 逆に床面から伝わってくる振動を精密工作機械, 測定機(顕微鏡など)に伝えないようにすることが機能として要求される. 後者に除振ゴムといった用語は見当たらないが, 防振ゴムあるいは他の装置と組み合わせて除振台を構成し, ほかからの振動の影響を受けないようなシステムが使用されている.

自動車ではほぼ車種ごとに設計するのに対し, 産業機械用途では汎用性が要求されるため, 形状的には自動車用途よりも比較的単純なことが多い. 構造の基本は自動車用途と同様に, ゴムを金属部品に加硫接着させたものとなっている. 単純にゴムに圧縮荷重が負荷される形状や, ゴムが圧縮方向に対し傾斜配置される形状がある(図5.8.2). また, 金属部品がなく加硫したゴムマットだけの製品も, 機械の下に敷いて簡便に機械振動などを除去することができ, 広い意味での防振ゴムといえる.

最近の自動車, OA機器製品では防振に対する要求が高まり, 従来の防振ゴムでは対応できない場合もでてきており, 液体封入マウント(液封マウント)と称し, ゴムとシリコーンオイル, グリコール類の液体とオリフィスとを組み合わせ, 従来のゴム単体では得られない低周波での大きな減衰力などを達成した製品も使用されている. さらに電子制御機能をもった防振ゴムも自動車用途で使われだしているが, 産業用機械での使用はほとんどないといってよい. また, 逆に産業用機械で使用される防振ゴムとして, 金属のコイルスプリングをゴムで被覆して組み合わせた製品(エリゴ)があり, 大きな振動を発生する機械に対し大きな減衰効果を得ることができる支持方法の有効

5. ゴム製品

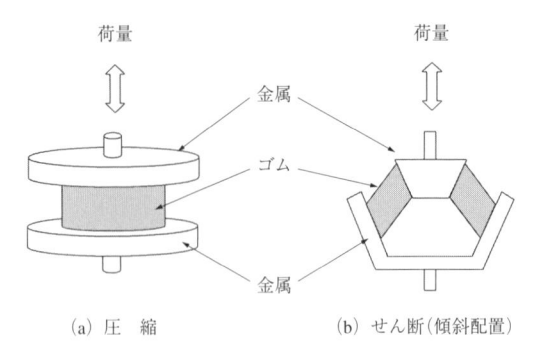

(a) 圧縮　　　　　　(b) せん断(傾斜配置)

図 5.8.2　防振ゴムの使用例

図 5.8.3　エリゴとその使用例

な手段として，鉄道車両と同様使用されている(図5.8.3)．また，内燃機関，電動機などの回転駆動力を伝達する際，急激なトルク変動，ねじり振動を防止する目的で弾性軸継手(カップリング)が用いられる．構造にはさまざまな形式があるが，ゴムと金属，さらには，タイヤコードを組み合わせたものが知られている．同様な防振ゴムは，自動車のステアリング系にも用いられている(図5.8.4)．

防振ゴムで使用されるゴムは，自動車用，産業用機械ともにNRを基本としている．ただし，自動車では使用される温度範囲域が非常に広く，-40〜100℃で機能することが要求されるが，産業用機械では一般的には常温範囲である．一方，常に潤滑油が存在するような雰囲気で使用されることもあり，耐油性ゴム(CR，NBR)を使用する必要がある．また常にオゾンが存在する条件(たとえば屋外)で使用する場合には耐オゾン性のゴムの使用(CR，EPDM)，あるいはオゾン対策をしたNRを使用することが

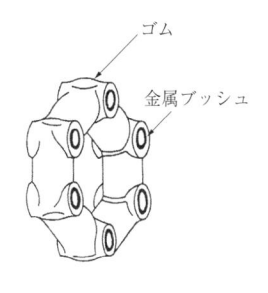

図 5.8.4 カップリングとその使用例

必要となる．いずれにせよ，使用条件をしっかり把握し，条件に見合った製品を使用することが重要なのはいうまでもない．

　防振ゴムが振動源との間に介在し振動を遮断する働きをもつのに対し，制振ゴム・制振材は振動している対象物にはり付けるなどしてゴムのもつ粘弾性を利用して振動を吸収する働きをもつ．一般にゴム，プラスチックなどの高分子は，鉄，アルミニウムといった金属材料に対し大きな損失係数(内部減衰が大きい)をもっているので，振動して騒音を発しているような金属パネルに有効にはり付けることで不快な音を除去することができる．使用方法から理解できるように，制振ゴム・制振材は振動源にはり付けることが必要なので，加硫されたゴムシートでは粘着材を塗布することが必要である．粘着性の強い未加硫ゴム(たとえばブチルゴム)あるいはアスファルトとの混合物をシート状にし，制振ゴム・制振材として利用されることもあるが，最近では樹脂をベースにした制振材も利用されている．また，より高い制振性を得るために，図5.8.5で示すような剛性の高い拘束層を設けることがきわめて有効であり，金属フィ

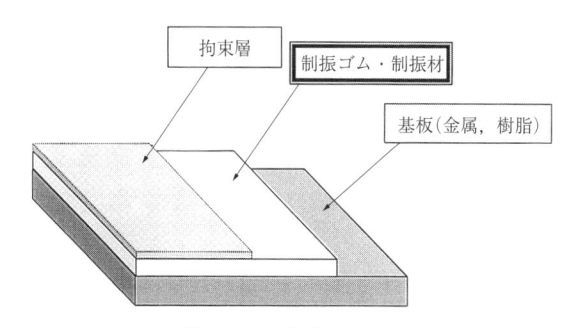

図 5.8.5 制振材の使用例

ルム(主にアルミ箔)と樹脂を積層したテープが利用される.さらに,制振塗料のように塗布することで目的を得る方法もある. 〔村上公洋〕

文 献

1) 戸原春彦ほか:新版 防振ゴム,現代工学社(1998).
2) 工業用エラストマー製品総覧,ポスティーコーポレーション(1994).
3) 安部真人:日ゴム協誌,**64**,76 (1991).
4) 中内秀雄,高野伸和:日ゴム協誌,**67**,34 (1994).
5) 団 琢也,煙山英夫:日ゴム協誌,**67**,103 (1994).
6) 安田正志:日ゴム協誌,**64**,128 (1991).
7) 谷内 護,石田隆一:日ゴム協誌,**64**,313 (1991).
8) 横山憲二:日ゴム協誌,**64**,320 (1991).
9) 桃沢正幸:日ゴム協誌,**64**,326 (1991).
10) 東海ゴム工業(株)カタログ.

5.8.5 ガスケット,パッキン[1,2]

シール製品は,機械に組み込まれて,装置内と外界とを遮断するための部品である.ゴム製シールはシール部位に押しつけて,そのゴム弾性を反力としてシールする接触タイプのシールに属し,その用途から表5.8.3のように分類される.ガスケットは,機械の継手,ふたなどの動かない部分に使用されるシールの総称であり,パッキンは,車輪などの回転運動,ピストンなどの往復運動する動く部分に使用されるシールの総称である.いずれも装置内容物が外に漏れ出さないように,またごみが外から入らないように外部と遮断する役割を果たす.また,Oリング,Uリング,角リングのように,その断面形状からの呼称がある.

シール機能の発現機構の面から,Oリングのように装着溝に挿入して適度に押しつぶし,その反力によりシールするスクイズタイプと,オイルシールのような特殊な吸込み効果(ポンピング)によりシールするリップタイプがある.さらに,油圧および空圧機器の往復動に使われるパッキンは,作用する圧力に応じてシールの接触圧力を適正に変えてシールするのでセルフシールパッキンと呼ぶ.以上のように,同一形状の

表5.8.3 ゴムシール製品の用途別分類

運動形態		スクイズタイプ	リップタイプ
固定用シール(ガスケット)		Oリング,角リング	──
運動用シール(パッキン)	回転用	Xリング	オイルシール
	往復動用	Oリング,Xリング,Dリング,Tリング,組合せシール	Vパッキン,U(Y)パッキン,L(J)パッキン,ワイパリング,オイルシール
	揺動用	Oリング,Xリング,組合せシール	オイルシール

シール製品のOリングでも，シール機構によりガスケット，パッキン，セルフシールパッキンと名称が異なる．

シール製品は，シール面の接触幅に1カ所でも貫通欠損部ができると内外間に通路ができて漏れるので，その取り扱いに十分注意する必要がある．

a. ガスケット[3]

固定部のシールに使われるガスケットには，通常Oリング，角リングが使用されている．押しつぶしたときの反力，すなわちゴム弾性でシールしているのでシール性能を使用期間保持するためには，圧縮永久ひずみの小さい材料，つぶし率(ひずみ)を適正にして用いる必要がある．つぶし率が小さいと漏れ，大きすぎると永久ひずみが大きくなるか座屈破壊を起こしてシール面の反力が弱くなり漏れる．図5.8.6の(a)は流体圧力がゼロのとき，(b)は流体圧力 P_1 が作用したときのOリングの接触圧力分布を示したものである．(b)ではOリングの変形による接触圧力 P_0 分だけ流体圧力 P_1 より高くなって漏れない状態を維持している．

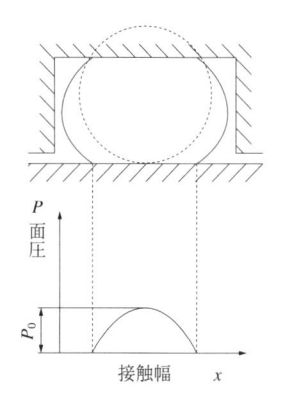

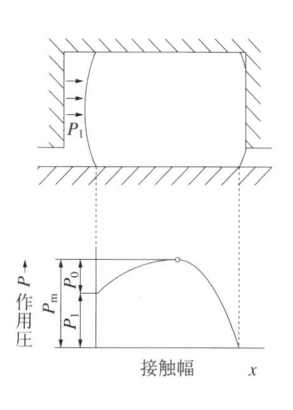

(a) Oリングの装着状態(無圧時)　　(b) Oリングの装着状態(加圧時)

図 5.8.6 Oリングの装着状態，接着幅と接触圧力[1]

b. パッキン[4]

動く部分に使われるパッキンは，機械部品同士の摩擦力低減と摩耗防止のために潤滑油が使われており，シールはこの漏れ量を極力少なく抑える役割をしている．また，パッキンは自身も相手部品とは常に擦られており，自己および相手部品を摩耗または破損しないように材料および形状面での工夫がされている．ゴム材料にはしゅう動用充てん材が，しゅう動面には潤滑油の薄膜が形成されるような工夫がされている(流体潤滑)．また，使用にあたって，摩擦相手の材質や表面粗度は潤滑膜形成，摩耗と密接に関係しており，シール設計には欠かせない．パッキンは，シール圧力が1MPa以下の低圧ではオイルシールのようなリップタイプを，空圧・油圧機器などのような

数十MPa程度の高圧では，OリングやDリングなどのスクイズパッキンがバックアップリング（補強板）と組み合わせて用いられる．

回転用オイルシールのシール機構は，流体潤滑膜の介在下で回転に伴う吸込み効果で，往復動用では押し工程と引き工程の最大接触圧力勾配で説明されている．

c. シール用ゴム材料

シール材料には，シールを押しつぶしたときの反力を長期間保持するため圧縮永久ひずみが小さいことが要求されるので，架橋ゴムが使用されている．ゴムの種類の選定は，シール対象液の極性と使用温度でほぼ決まる．極性は，ゴム材料がシール対象液によって膨潤による強度の低下や，シール対象液がゴムに溶解・拡散して外部に染み出すことがないようにするためである．極性の低いパラフィン系油のような液体用には，NBR，ACM，FKMなどの極性ゴムを，水，アルコールなどの極性の高い液体には，IIR，EPDMなどの非極性ゴムを，使用温度に応じて選択する．またシール対象液およびその添加剤とゴムまたは配合剤との反応によりゴムの硬化・軟化または異物付着が生じ，シール性が低下することがある．シール対象液に浸漬して，ゴム物性変化のないことを確かめておく必要がある．

〔佐々木康順〕

文　献

1) NOK編：これでわかるシール技術，工業調査会（1999）．
2) 岩根孝夫：密封装置選定のポイント，日本規格協会（1989）．
3) 津田総雄：日ゴム協誌，**67**，339（1994）．
4) 大竹惟雄，勘埼芳行：ゴム工業便覧（第4版）（日本ゴム協会編），p.940，日本ゴム協会（1994）．

5.8.6　ゴムライニング

ゴムと金属を接着させるゴムライニングは，未加硫のゴムと金属を合わせ加硫と同時に接着させる直接接着法と，接着剤を介して未加硫ゴムと金属を接着させる間接接着法の2つの方法に大別される．本項では，ゴムと金属を接着剤を用いて加硫接着させる間接加硫接着法のポイントについて述べることにする．

間接加硫接着は，防振ゴム部品のゴム/金属の接着や金属とゴムを複合したガスケット材料に応用されている．1960年代から接着剤（以下プライマーという）は，フェノール樹脂やハロゲン化ゴムを主成分とした製品が国内外のメーカーから多く販売されており，用途に合わせて使用されている[1]．間接接着のポイントは，第1に金属とゴムの種類に合わせたプライマーの配合にある[2~4]．一般的に極性を有するNBRと金属の接着には，フェノール樹脂を主材にしたプライマーが従来より使用され，金属下地とフェノール樹脂の間で発現する水素結合により強固に接着する．各環境下での接着性を上げるため，フェノール樹脂系プライマーは，使用環境に合わせフェノール樹脂や添加剤が選択されている．第2のポイントとしては金属の表面処理があげられ

表 5.8.4　金属表面処理

対称基材	表面処理方法	皮膜主成分	特徴
鋼材	リン酸亜鉛	$Zn(PO_4)_2 \cdot 4H_2O$ + $ZnFe(PO_4)_2 \cdot 4H_2O$	耐食性に富み,一般的に塗料の密着性が良化する.
	リン酸鉄	$FePO_4 \cdot 2H_2O$ + γFe_2O_3	密着性を良化させる.ゴムと鉄の接着によく使われる処理方法.
アルミ合金	リン酸-クロム酸塩系	$Al_2O_3 \cdot 2CrPO_4 \cdot 8H_2O$ または $Al_2O_3 \cdot 8CrPO_4 \cdot 44H_2O$	ゴムとアルミ合金の密着性に多く使用される.
	クロム酸塩系	$Cr(OH)_2 \cdot HCrO_4$	耐摩耗・耐食性が向上.塗装の下地処理に多く使用されている.
ステンレス鋼	塗布型クロメート処理	Cr_3, $CrSiO_2$ + 樹脂	塗布型のために処理が簡易であり,ゴムとステンレス鋼の密着性向上に効果がある.

る.一般的にプライマーの接着力の発現は,先にも述べたように,金属との間で生じるファンデルワールス力や水素結合などの二次結合に大きく依存している.その効果を最大限に発揮させる表面処理が重要となる.金属の種類に合わせた表面処理の例を表 5.8.4 にまとめた[5,6].とくに,腐食環境下での接着性を上げるためには,耐食性を考慮した表面処理が必要である.ゴムライニングの接着性は,プライマーおよび金属表面処理を用途に合わせて選択することによって向上が図られる.

〔斉藤浩史〕

文　献

1) ゴム-金属の接着技術とその信頼性向上策,応用技術出版 (1982).
2) 岩沢登代:日ゴム協誌, **65**, 127 (1992).
3) 小林　誠:日接着協会誌, **18**(11), 500 (1982).
4) 新井新次:接着, **31**(4), 151 (1987).
5) 飯泉信吾:日ゴム協誌, **65**, 96 (1992).
6) 表面技術協会編:金属表面技術便覧,日刊工業新聞社 (1978).

5.9　その他のゴム製品

5.9.1　スポンジゴム

スポンジゴム(sponge rubber)は,海綿(sponge)状の多孔構造(porous)をもった加硫ゴムをいい,発泡ゴムとも呼ばれる.

発泡ゴムを区分すれば,連続気泡構造のいわゆる狭義のスポンジゴムと,独立気泡構造の膨張ゴム(expanded rubber),液状ゴム配合物から製造されるフォームラバー

(foam rubber, latex foam)，これらを総称するセルラーラバー(cellular rubber)があるが[1]，厳密に使い分けられているわけではない．

むしろ，固形ゴム(millable rubber)と液状ゴム(liquid rubber)からつくられた発泡体を，それぞれスポンジ，フォームと区別して呼ぶのが今日では一般的である．余談ではあるが，樹脂製の多孔質体はすべてフォームと呼ばれている．

a. 気泡構造

スポンジ内の各気泡がつながっているかどうかで，連続気泡構造(open cell structure)と独立気泡構造(closed cell structure)に大別されるが，通常はこれらが混在していることが多い．このため，スポンジを特定条件下で水中に沈め，吸水率が5％を超えるものを連続気泡，5％以下のものを独立気泡と定義[2]している．

一般に，連続気泡スポンジは柔軟性に富み，通気性や透水性があるのに対し，独立気泡スポンジはより剛直で，断熱性や水浮揚性に優れるという特徴がある．物性改善のため，独立気泡スポンジを機械的に圧砕し，連続気泡化することも幅広く行われている．

b. 製造方法

基本的には一般のゴムの場合と同様であるが，表5.9.1に示す発泡方法によって，一部の製造工程が変わってくる．

固形ゴムの発泡化に多く用いられているのが化学発泡剤法である．ゴムに発泡剤を混合し，加熱によって発生した分解ガスを保持してスポンジの気泡とするものである．分解ガスの捕集効率はゴムの粘度と直接的な関係[3]があり，分解速度と架橋速度のバランスをうまくコントロールすることが必要となる．このため，分解温度の異なる複数の発泡剤を用いたり，尿素系化合物などの助剤を用いて分解温度を下げるなどの工夫[4]がこらされている．

表5.9.1 主な発泡方法の一覧

No.	方法	内容	配合剤
1	化学発泡剤法	ゴムに混合した発泡剤を加熱によって分解し，発生したガスを気泡とする．分解温度を下げるために，尿素などの助剤が使用されることが多い．	無機発泡剤，ニトロソ化合物，アゾ化合物，OBSH化合物など
2	泡立て法	ラテックスを機械的に撹拌し，混入した空気を気泡にする．	界面活性剤
3	気体混入法	低温または高圧のもとで気体をゴムに溶解分散させ，加熱または減圧によって発生したガスを気泡にする．	空気，炭酸ガス，プロパン，ブタンなど
4	核剤溶出法	粒状の可溶性物質をゴムに混合し，あとで溶出除去した部分が気泡となる（塩抜き法とも呼ばれる）．	デンプン，無機塩など
5	低沸点溶剤法	ゴムに混合した溶剤を加熱気化し，発生したガスを気泡にする．	フロロカーボン，ペンタン，ヘキサンなど
6	焼結法	粒状または繊維状のゴム片をバインダーを用いて結合し，隙間の部分が気泡となるもの．	――
7	その他	マイクロカプセルを用いるものなど，さまざまな特殊な方法がある．	――

液状ゴム(ラテックス)の発泡化は，界面活性剤を添加したラテックスを機械的に攪拌・起泡させる泡立て法と呼ばれる方法が代表的なものである．そのほか，まれに過酸化水素水，酵素ならびにヘモグロビンなどを発泡剤として用いる場合もある[5]．これらの起泡物を凝固させる方法には，ケイフッ化ナトリウムなどを用いるダンロップ法(Dunlop process)[6]として知られる凝固剤法，感熱凝固剤でゲル化させる熱凝固法，タラレー法(Talalay process)[7]として知られる冷凍凝固法などがある．

その他のものとして，気体混入法，核剤溶出法，低沸点溶剤法および焼結法などがあげられるが，ゴムの発泡方法としては特殊なものであるといえる．

c. 機能と用途

スポンジゴムの機能として，緩衝性，クッション性，断熱性，吸音性，防振性，吸収・吸着性，電気絶縁性，水浮揚性およびこれらを利用したシール性などがある．

一方，スポンジゴム製品の形態として，押出製品，型物製品，板製品(セル板とも呼ばれる)，ならびにこれらの複合品と加工品がある．

これらの用途は実に多岐にわたっており，クッション材，緩衝材，断熱材，保護材などとして，その一部はわれわれも日常的に目にしている．スポンジゴムの需要先の産業分類をみれば，日用品を除き，自動車用部品の占める割合が最も高く，土木・建築用，鉄道車両用ならびに家電用の部品がこれに続くものとみられている[8]．

〔橋本邦彦〕

文　　献

1) JIS K 6200 (1976)「ゴム用語」，(6.7)セルラーラバー．
2) MIL-R 6130C(1991)．
3) 間山憲和：プラスチックス，**45**(11)，49-51 (1994)．
4) 間山憲和：日ゴム協誌，**67**(8)，539-545 (1994)．
5) 沖倉元治，新島邦雄：ゴム技術の基礎(日本ゴム協会編)，p.347，日本ゴム協会 (1992)．
6) B. P. 332,525(1929)；332,526(1926)．
7) A. P. 2,432,353(1947)；Talalay, L.：*Ind. Eng. Chem.* (1952)．
8) '90工業用品ゴム・樹脂ハンドブック(第14版)，p.34，ポスティコーポレーション (1989)．

5.9.2 感光性ゴム

NRの環化物は，いわゆる環化ゴムとして古くから知られており，接着剤やインクなどとして用いられているほか，Kodak Metal Etch Resist(KMER)のようにゴム系ネガ型ホトレジストすなわち感光性ゴムとして使用されてきた．

芳香族アジド化合物が光照射により分解し，同時に窒素を発生し，共存する高分子物質を硬化させることは，すでに1930年のKalle社の特許にみられる[1]．これら芳香族アジド化合物と，環化ゴムを組み合わせた混合物は光硬化し，未露光部は適当な有機溶剤により現像することができる[2]．

環化ゴムはNRを加温しながらキシレンに溶解し，$SnCl_4$，$TiCl_4$などの酸触媒で環化反応することにより得られる．しかし，NRには，ゲル，ごみ，金属イオンなどの不純物が多く，例えば，半導体，集積回路などの製造用のホトレジストとしては，精製して用いる必要があった[3]．IRは構造的にNRとほぼ同じであるが，不純物が少なく品質が安定しているものが市販されているので，これらを原料とすれば本質的に不純物の少ない，品質の安定した環化物が製造できる．Waycaot IC, OMR, Kodak Microresist, JSR CIRなどの市販レジストはこのようにして製造されていると推定される[4〜7]．環化反応および環化物の構造を図5.9.1に示す．図には環の連鎖が1および2の例を示しているが，触媒などの反応条件により構造は複雑に変化する．

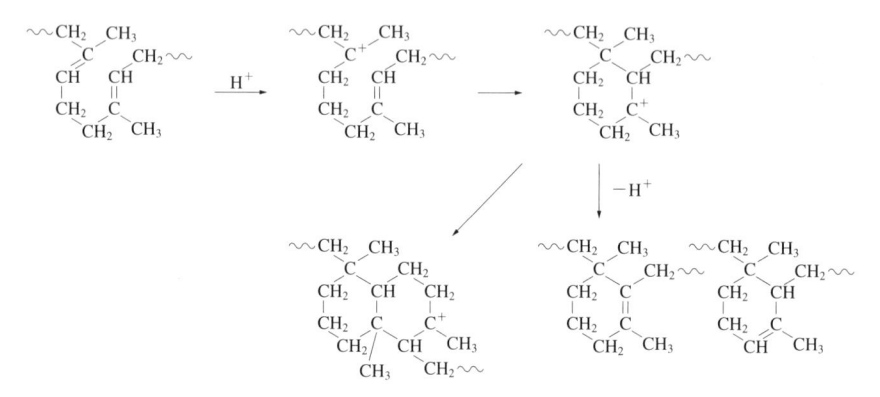

図 5.9.1 環化反応と環化物の構造

BRはNR，IRと構造的には類似しているものの，前記の酸触媒では環化物を生成せず，特殊な有機アルミニウム化合物を触媒とすることで環化物が得られることが報告されている．

アジド基を有するアジド化合物($R-N_3$)は，光または熱によって分解してナイトレンを生成する．ナイトレンは2個の自由電子をもち，この2個が1つの軌道に局在化するか，2つの軌道にあるかによって，2つの状態が存在し，前者を一重項ナイトレン，後者を三重項ナイトレンという．光分解によって生成するのは，後者の三重項ナイトレンである．Reiserらは各種の芳香族アジド化合物の光分解の機構について詳細に検討を行っている[8]．それによると，光照射によりアゾ基が$\pi \rightarrow \pi^*$遷移で活性化され，窒素を放出してナイトレンを生成する．

$$R-N_3 \longrightarrow R-N: \quad \text{または} \quad R-\dot{N}\cdot + N_2$$
$$\quad\quad\quad\quad\quad\quad (一重項) \quad\quad\quad (三重項)$$

ここで生成したナイトレンは次のような反応を引き起こす．

① 水素移動によるイミンの生成
② 隣接分子からの水素基引抜き反応によるアミンの生成
③ カップリング反応によるジアゾ化合物の生成
④ 二重結合への付加

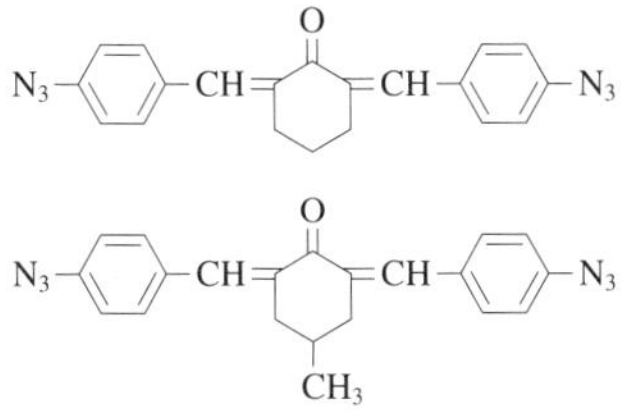

図5.9.2 ビスアジドの例

光硬化に寄与するのは，②および④の反応である．②の反応では，ポリマーからの水素引抜き反応により，ポリマーラジカルが生成し，ポリマーラジカル同士がカップリングすることにより架橋が起こる．また，2官能のビスアジド化合物からの④の付加反応により直接架橋が起こる．

図5.9.2によく使用されているビスアジド化合物の例として，2,6-ジ-(4′-アジドベンザル)シクロヘキサノン〔Ⅰ〕および2,6-ジ-(4′-アジドベンザル)-4-メチルシクロヘキサノンの〔Ⅱ〕構造を示す．

環化ゴムとビスアジド化合物を組み合わせたホトレジストの性能は，環化物の構造により大きく左右される．分子量，分子量分布はもとより，環化反応の進み具合(環化率)，環の連鎖長(環化度)などにより，ホトレジストの感度，解像度，耐熱性，基板との密着性などの性能がかなり変化し，目的により使い分けられる．

感光性ゴムの記載のある単行本も出版されているので，文献にいくつか例をあげる[9,10]．

〔鴨志田洋一〕

文献

1) G. P. 514,057.
2) U. S. P. 2,940,853.
3) 太田基義ほか：三菱電機技報，**41**, 1005 (1967).
4) 榛田善行：電子材料，**20**(11), 56 (1981).
5) 榛田善行，原田都弘：電子材料，**18**(10), 50 (1979).
6) 榛田善行ほか：第42回応用物理学会学術講演会予稿集，p.518 (1981).
7) 榛田善行ほか：第3回フォトポリマー懇話会予稿集，p.87 (1982).
8) Reiser, A. *et al.*：*Trans. Farady Soc.*, **62**(3), 162 (1966).
9) 永松元太郎，乾 英夫：感光性高分子，講談社 (1977).
10) 藁科達夫，甲斐常敏，水野晶好：感光性樹脂，日刊工業新聞社 (1972).

5.9.3 形状記憶ゴム
a. 形状記憶ゴムの現状

現在上市されている形状記憶ゴムは，表5.9.2に示すように4つのタイプがあるが，実際に使用されている例はまだ少なく，用途開発がなされている段階である．

表5.9.2 市販形状記憶ゴムの種類と特徴

形状記憶ゴムの種類	固定点の役割を果たしている構造とタイプ	軟化⇔硬化を起こす可逆部分の構造	メーカー
トランスポリイソプレン(TPI)	ポリジエン二重結合の架橋部．熱硬化型	TPIの結晶相(結晶融点約65℃)	クラレ
ポリノルボルネン	超高分子ポリマーの絡まり合い．熱可塑型	ポリノルボルネンのガラス転移温度(T_g)	日本ゼオン
スチレン-トランスポリブタジエン共重合体	ポリスチレン相のT_g(約100℃)．熱可塑型	トランスポリブタジエンの結晶相(約70℃)	旭化成工業
ポリウレタン	ポリウレタンの結晶相．熱可塑型	ポリウレタンのソフトセグメント($-40\sim120$℃)	三菱重工業

表5.9.3 形状記憶ゴムの分類

分類	固定点(凍結相)	軟化⇔硬化可逆相
熱硬化型	架橋(金属架橋は除く)	1) 結晶⇔結晶融解 2) ポリマーのガラス状領域⇔ゴム状領域
熱可塑型	1) 結晶部 2) ポリマーのガラス状領域 3) ポリマー鎖の絡まり合い 4) 金属架橋	

b. 形状記憶現象の原理

表5.9.2に示した形状記憶ゴムは，いずれもゴムの流動を防ぐための固定点(あるいは凍結相)と，温度変化に伴い軟化と硬化が可逆的に起こる軟化⇔硬化可逆相の2相構造からなっている．この固定点と可逆相が次に述べる状態変化により形状記憶現象を引き起こすが，表5.9.3に示すように固定点の種類により，熱硬化型と熱可塑型に分類できる．

① 固定点，可逆相ともに軟化状態とする，→ ② 可逆相は軟化状態のまま固定点のみを凍結状態とし，ある形状に形づくる．この形状をAとする．→ ③ 応力を加えない状態のまま温度を下げ，可逆相を凍結状態とする．このとき形状はAで，これが原形．→ ④ 可逆相のみが軟化する温度領域に昇温する．この状態では形状はAのまま．→ ⑤ 応力を加え，形状Aを別の形状Bに変形させる．この状態ではまだ応力は加え続ける必要がある．形状B→ ⑥ 形状Bに保ったまま降温し，可逆相を硬化状態とする．この状態では，応力を除いても形状はBのままに保たれる．→ ⑦ 可逆相のみが軟化する温度領域にまで昇温させると，形状はAに復元する．→ ⑧ 応力を加えない状態のまま，可逆相が硬化状態となるまで冷却．③と同一状態となる．

この状態変化のうち，③〜⑧のサイクルにより形状記憶現象が発現する．熱硬化型および熱可塑型形状記憶ゴムの状態変化を図5.9.3と図5.9.4に示した．

形状記憶ゴムの場合，軟化↔硬化可逆変化がわれわれの日常生活温度範囲に近いため応用が容易であるが，温度領域はさらに高いが同様の現象が発現する例として，ポリオレフィン系[1]，含フッ素系[2]，ポリカプロラクトン系[3]，ポリアミド系[4]，など各種ポリマーがあげられている．

〔石井正雄〕

5.9 その他のゴム製品

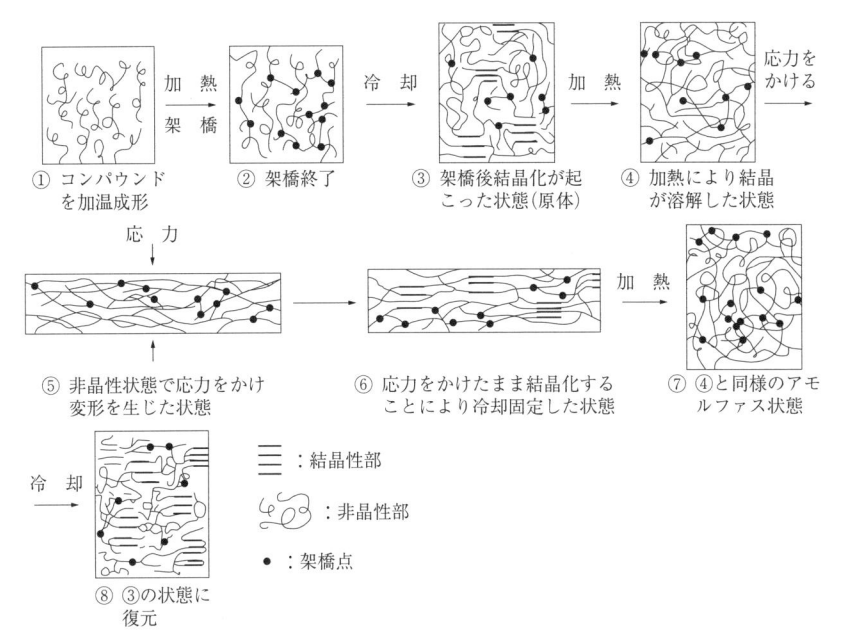

① コンパウンドを加温成形 → 加熱架橋 → ② 架橋終了 → 冷却 → ③ 架橋後結晶化が起こった状態（原体）→ 加熱 → ④ 加熱により結晶が溶解した状態 → 応力をかける →

応力 ↓

⑤ 非晶性状態で応力をかけ変形を生じた状態 → ⑥ 応力をかけたまま結晶化することにより冷却固定した状態 → 加熱 → ⑦ ④と同様のアモルファス状態

冷却 ↓

≡：結晶性部
〰：非晶性部
●：架橋点

⑧ ③の状態に復元

図 5.9.3 熱硬化型形状記憶ゴムの分子鎖状態変化のモデル図

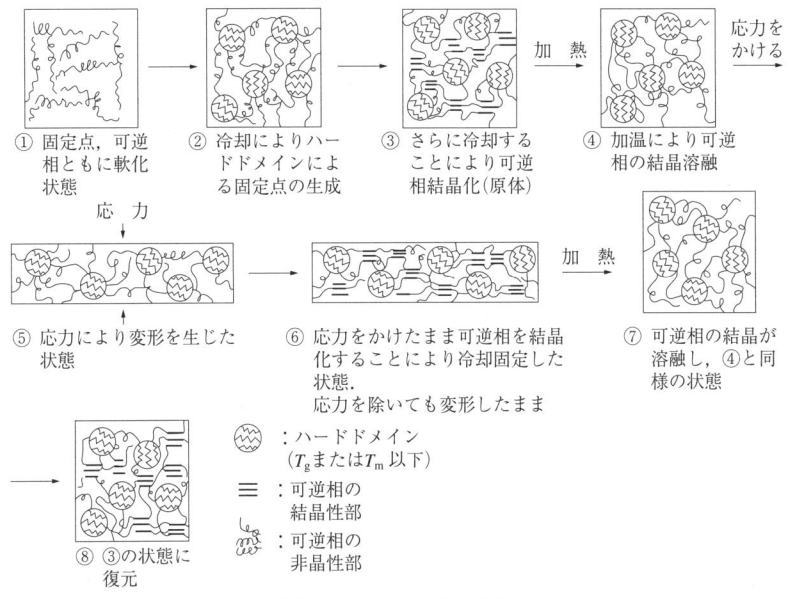

① 固定点，可逆相ともに軟化状態 → ② 冷却によりハードドメインによる固定点の生成 → ③ さらに冷却することにより可逆相結晶化（原体）→ 加熱 → ④ 加温により可逆相の結晶溶融 → 応力をかける →

応力 ↓

⑤ 応力により変形を生じた状態 → ⑥ 応力をかけたまま可逆相を結晶化することにより冷却固定した状態．応力を除いても変形したまま → 加熱 → ⑦ 可逆相の結晶が溶融し，④と同様の状態

⊛：ハードドメイン（T_gまたはT_m以下）
≡：可逆相の結晶性部
〰：可逆相の非晶性部

⑧ ③の状態に復元

図 5.9.4 熱可塑型形状記憶ゴムの分子鎖状態変化のモデル図

文　　献

1) 特開昭 59-31120, 59-93750, 61-264057.
2) 特開昭 59-227437, 59-227438, 61-20724.
3) 特開昭 58-85210, 59-11315, 60-36538.
4) 特開昭 57-169314, 59-96161, 61-7336.

5.9.4　気象観測用気球

天気予報はわれわれの日常生活に欠かせないものになっている．精度の高い予報には，高層の気象要素の把握が不可欠である．地球を1回りする上空の大気の流れが，天気を変化させる高気圧や低気圧の動きを支配する．上空の大気の状態は，高層気象観測によってのみ知ることができる．

先進諸国は GMT(グリニッジ標準時)の0時と12時に，観測機器を吊るしたゴム製の気球を放球して，観測データを得て，幾層かの高層天気図を作成し，予報の資料にする．なお，そのデータは，WMO(世界気象機関)加盟国と交換している．

a. 高層観測の歴史と現状

地形によって左右されない上空の風向・風速を知るため，1910年代にドイツではゴム製の測風気球を放球して風向・風速を調べたのが，高層気象観測の始まりとされている．わが国では1920年に茨城県筑波郡小野川村館野(現，つくば市長峰)に中央気象台(現，気象庁)が，高層気象台を設立し，翌1921年にはドイツから輸入したゴム気球(パイロット，バルーン)を用いて，高層気象観測を行った．その後，国産品のゴム気球が使用されるようになる．この観測には自重10gまたは20gのゴム気球に水素ガスを充てんして，毎分150m～200mの上昇速度で放球する．望遠鏡と水準器を組み合わせた「TRANSIT」で気球を追跡し，垂直角と水平角を記録して風向・風速および雲の高さを知ることができる．夜間は軽量のランプ付の電池を吊るして，気球の位置を追跡した．しかし，雲があれば観測は妨げられるので，無線技術を応用して，気温・気圧・湿度などの気象の要素を把握するためにラジオゾンデが開発された．1920年代にはドイツ・フランス・アメリカの諸国でテストが行われ，日本では1932年に開発が始められた．千葉県布佐測候所で1938年6月にルーチン観測が開始され，1944年には11の観測所で定時観測が行われるようになった．気象要素を把握するための「センサー」と，これらの測定値を地上に送る発信器を，気球に吊るして放球している．これを「レーウィンゾンデ観測」という．

1955年にはアメリカ軍から高層風観測のための，自動追跡装置が，気象庁に移管されて，測風精度は飛躍的に向上した．この発信機を「レーウィン」と称している．

ちなみに，「札幌の上空5500m(100 hpa)付近には－40℃の寒気団があって」と気象情報でいうのは，高層気象観測の一端である．

第二次世界大戦後は欧米の理論気象学の成果が一挙に移入され，また航空機の発達

5.9 その他のゴム製品

とともに高層気象観測は本格的に脚光を浴びることになった．

1999年3月現在，気象庁では次の18カ所で高層気象観測を行っている．

稚内・根室・札幌・秋田・仙台・輪島・館野・八丈島・潮岬・米子・福岡・鹿児島・名瀬・那覇・南大東島・石垣島・父島・南鳥島

GMT　0時・12時　レーウィンゾンデ観測
　　　6時・18時　レーウィン観測

1日4回，高層気象観測が行われている．ただし父島と南鳥島はレーウィンゾンデで1日2回の観測である．

さらに，南極の昭和基地でも1日2回「レーウィンゾンデ観測」が行われている．また，航空自衛隊でも，三沢と浜松の基地でそれぞれ1日2回同様の観測を行っている．

気象庁ではレーウィンゾンデ用には自重600 g，レーウィン用には200 gのゴム気球を使用している．その他，オゾン層観測には自重2000 gの気球が用いられている．観測の平均破裂高度はレーウィンゾンデが31 km前後，レーウィンが約16 km，オゾンでは約34 kmである．

ちなみに，600 gの気球を使ってレーウィンゾンデで観測する場合，上昇速度を毎分360 mとして所定の水素ガスを充てんのうえ放球する．通常は90分ほど飛揚して破裂する．

b. ゴム気球の製法

製法には，ローテーショナルモールディングと呼ばれるものと，ディッピングがある．わが国では前者が用いられている．この方法は感熱製ラテックス（所定の温度に達すると急に凝固する性質を与えたラテックス）を球形の型に入れ，この型を所定の温度の槽内で直交する2軸で回転させ，型の内面に一定の厚さの膜（ゲル状の膜）を形成する方法で成形する．このゲル膜が乾燥しないうちに口管部から空気を吹き込み，元の容積の150〜200倍に膨張セットさせ，一定の乾燥後に加硫して製品とする．気象観測用ゴム気球は，放球後に気圧が低下するため膨張しながら高高度に達するので，破裂時には放球時の直径の5倍以上に達し，上空35 km以上に達すると，4 μm以下のきわめて薄い膜になり，また高度20 km付近にある-70℃以下の低温層やオゾン層を通過する．このため原材料の選択には細心の注意をはらい，不純物のない特性の優れたNRラテックスを主として用い，十分な耐寒性・耐候性を付与しなくてはならない．

要するに，ラテックスをゲル化させ，一次膨張で所定の原型とし，使用時には二次膨張で高高度まで到達させる．

c. ゴム気球の種類

気球の種類はその自重で決められている．製品は20 gから3000 gまでの多品種に及ぶ．主な気球の仕様を表5.9.4に示す．国内では大半が気象庁，ついで防衛庁で使

表 5.9.4 主な気球の仕様

品名・自重 (g)	原型の長さ (m/m)	平均破裂高度 (km)	破裂時直径 (cm)	用途
3000	2950	38.0	13500	特殊ゾンデ
2000	2500	36.0	11300	〃
1200	2000	34.0	8900	〃
1000	1800	33.0	8200	特殊・レーウィンゾンデ
800	1700	31.5	7800	レーウィンゾンデ
600	1450	30.5	7500	〃
350	1100	25.0	5200	〃
200	750	21.0	3500	レーウィン
100	570	18.5	2500	レーウィン・パイロット
30	280	12.5	1200	パイロット

（上記の数字は標準値）

用されるほか，国立大学などの研究機関や公害観測団体でも若干使用している．なお，高高度観測用ゴム気球のメーカーは，日本を含めて世界で数社にすぎない．

〔豊間　厚〕

文　献

1) 気象庁編：気象百年史　p.173, 174, 191, 340, 347, 日本気象学会（1975）．
2) 気象庁編：高層気象観測指針　p.1, 2, 5, 6, 日本気象協会（1995）．
3) 豊間　厚：新版 ゴム材料選択のポイント（西　敏夫ほか編），p.376, 377, 日本規格協会（1988）．

フォーミュラ・ワン(F1)

　1999年に50周年を迎えたフォーミュラ・ワン(Formula One；F1)は，世界の自動車レースを統括する世界自動車連盟(Federation Internale de l'Automobile；FIA)により，数あるモータースポーツカテゴリーのなかで最高峰に位置づけられている．近年のF1は，自動車メーカー(ダイムラー-クライスラー，フェラーリ，プジョー，フォード，ホンダなど)が技術の粋を結集したエンジンを，コンストラクターと呼ばれるレースチーム(マクラーレン，フェラーリ，ウィリアムス，ベネトンなど)に供給し，チームがカーボンファイバーなどのハイテク素材を用いて車体を独自に設計・製作し，車の優秀さを競っている．

　アメリカで行われているCARTは，車両の型式がF1に類似しているが，レーシングカーを製作する専門のメーカーが数社あり(レイナード，ローラなど)，チームはそこから車体を購入してレースを行っている．各チームが車体を独自に設計・製作しているかどうかという点が，F1とCARTの大きく違うところである．

5. ゴ ム 製 品

　したがって，Ｆ１のチームの組織は設計部門，製造部門，レース実戦部隊などに分かれ，数百人規模になっているのがふつうである．設計部門では，サスペンションの設計，エアロダイナミクスの検討など，車両全体の設計が行われる．また，製造部門では，モノコックと呼ばれるカーボンファイバー製のボディーをはじめ，1つ千数百万円もするようなステアリング，サスペンションアームなどはもちろん，エンジン，タイヤなどのごく一部のパーツを除いて，ほとんどの物を自作することができる．またトップチームは，風洞実験室を保有しており，自動車メーカーも顔負けである．

　現在Ｆ１のチームは全部で11チーム（2002年からは，トヨタがチームを結成して参加し，12チーム）あり，各チームが2台ずつの車を各レースに出場させ，約300 kmの距離を走らせてその速さを競っている．この技術競争を，世界中で何億人（1998年の例：ニュース映像を含めて209カ国・地域，延べ552億人以上）という人びとが多くのメディアを通じて注目し，かつ世界の要人（政財界人や映画俳優など）が訪れたりするため，商業的な価値も非常に高い．このレースで勝つという事実は，技術的優位性を全世界に証明し，会社のイメージを向上させる．そのため，宣伝効果を一段と高め，拡販に大きく貢献すると考えられている．これが，自動車メーカー，パーツメーカーが必死に最新技術を投入し，勝利を収めようとするゆえんである．また，その車に社名や商品名をカラーリングすることで，世界的な広告効果が得られるため，各チームは車を走る広告塔としてスポンサー獲得に利用し，莫大な開発・運営資金を調達している．

　レースは年16～17戦が世界各国（オーストラリア，南米，北米，ヨーロッパ，そして日本）で行われており，1999年からは，マレーシアでも行われた．これは，東南アジアの今後の市場成長を考え，スポンサーに，魅力ある興業としてのＦ１のイメージを与え，資金調達の安定化を図っていく目的と考えられる．

　日本の自動車メーカーでは，ホンダが1960年代と1980年代の過去2回と，2000年から3回目のＦ１に取り組み，その名を海外に知らしめ，拡販に大きく寄与している．日本のゴム工業では，1976年と1977年に富士スピードウェイで行われたＦ１のレースに，ブリヂストンと日本ダンロップがスポットで初めて参加した．その後ブリヂストンは，1997年から全戦に参戦し，アメリカのグッドイヤー社と熾烈な戦いを演じた．参戦初年度の1997年は中堅チーム（アロウズ，プロスト，スチュワートなど）と組み，ブリヂストンタイヤ装着車を好成績に導いた．このためマクラーレン，ベネトンといったトップチームがブリヂストンの技術レベルの高さを認め，翌シーズンには装着を希望した．この結果，ミカ・ハッキネン選手とマクラーレン・メルセデスが1998年のチャンピオンを獲得するのに大きく貢献した．

　ブリヂストンはこの活動により，それまで販売の弱点であったヨーロッパでの知名度を大きく向上させ，販売量を伸ばし，世界のトップメーカーとしての地位

を確固たるものにした．そして1999年からは，グッドイヤーの撤退により，Ｆ１の全チームへタイヤを供給するメーカーになった．

1950年に始まったＦ１のタイヤは，しばらくの間パターン付きであった．合成ゴムの開発など，技術の進展に伴ってトレッドゴムが高グリップ化すると，1970年代初頭にトレッドパターンがなく，表面がつるつるの，スリックタイヤが開発され，グリップレベル，耐摩耗性などの性能が飛躍的に改善され，車両のコーナリング速度が向上した．また，コンパウンドの耐久性を極端に犠牲にした，サーキットをやっと2周できる程度の超ハイグリップのコンパウンドを搭載した予選専用タイヤが開発されるなど，ラップタイム(サーキットを1周する時間)削減に向けたタイヤメーカー間の，激しい争いが繰り拡げられた．

1997年のブリヂストンとグッドイヤーのタイヤ技術競争のときも，ラップタイムが急速に縮まったため，FIAは車両速度を低減し，安全確保を目的として，タイヤのグリップを落とさせるべく，1998年からタイヤへの周方向溝の付与を義務づける規則を決定した．こうしてスリックタイヤは終焉を迎え，前輪に3本，後輪に4本の溝をつけたグルーブドタイヤがＦ１に登場したのであった．溝はとくに前輪の摩耗を促進したため，タイヤメーカーはグリップ力の低い，ハードコンパウンドを搭載せざるをえなかった．これに伴って，シーズン当初はFIAの狙い通りラップタイムは遅くなったものの，技術競争はこうした規則をもクリアーしそうな勢いであったので，FIAは1999年から前輪の溝をさらに1本追加し，4本にする決定を下したのだった．しかし，車両の速度低減はタイヤだけでは限界があり，車両，エンジンも含めた抜本策が必要となってきている．

〔浜島裕英〕

6. ゴムと地球環境

6.1 ゴムと環境・資源エネルギー問題

21世紀を目前にして，われわれが直面している地球環境問題は，個々には事態の深刻さに対する認識・対応を巡ってさまざまな意見が存在する．多少の温暖化は無害だとする主張もある．詳細な議論を進める余裕はないが，産業革命以来150年にわたり人間の活動によって自然の営みを乱していることは確かで，その影響は，良きにつけ悪しきにつけ，予測は容易でない．破壊は容易で，修復や再構築は多くの場合より困難である．いずれにせよ人間が対応できなくなる最悪の事態は避けねばならない．

資源・エネルギーの無限と廃棄に制約を覚えなかった20世紀型(あるいはアメリカ型)経済・人間活動の行き詰まり，人間によるさまざまな汚染が進んできたこと自体には異論が少ない．なかでもいわゆる化石資源の利用による資源の枯渇，大気汚染の進行は深刻さを増している．意図的な楽観論や科学技術に対する過度の期待(専門家による，科学技術の実現に関する予測の的中率はいつも20％程度である)は次第に力を失いつつあり，われわれは現実を直視し，正面から全力をつくして対応しなければならない．むろんやみくもな対応はかえって事態を悪化させる可能性もあり，部分最適ではなく，システム的，可及的に合理的でなくてはならない．

現在,市場で用いられているゴムは周知のごとく天然ゴムと合成ゴムに大別される．1993年のデータでは生産ベースで世界の天然ゴムは547万トン，合成ゴムは890万トン，日本では輸入天然ゴムは63万トン，合成ゴム生産は約140万トンであった．最大の消費は自動車タイヤで，その新ゴム消費は100万トンを超える．合成ゴムのほとんどは石油化学製品である．わが国の石油資源の消費は1995年で約3.3億 kl と推定され，石油化学工業に使用される原油はおよそ15％，高分子工業への使用はその3分の1程度と推定される．合成高分子全体の日本における生産高は1400～1500万トンであり，合成ゴムはおよそその10分の1程度である．したがって資源問題全体に対する寄与は0.5％以下程度でただちに深刻というほど大きくはない．しかし，かつての公害問題とは異なり，地球規模の環境問題は次の特徴を有する．

① 発生源が特定しにくい．
② 加害者が同時に被害者である．

③ 個人，組織ともに罪の意識が希薄で，皆が少しずつ関与してきた．
④ 大部分は先進国が直接・間接に引き起こした(南北問題)．
⑤ 人間の貪欲，利便性，アメニティへの飽くことなき追求が引き起こした．
⑥ 人口の増加が事態の悪化に拍車をかける．
⑦ 温暖化，気象異常，オゾン層破壊，森林減少，砂漠化，種の絶滅などが同時多発．

先に述べたように一度破壊し汚染した環境の回復は容易でない．オゾン層破壊とその回復がよい例である．資源問題に対する天然ゴム，合成ゴムの寄与は大きくないかもしれないが，リサイクル，リユース，長寿命化に対してすべての個人，産業，組織がもれなく協力する必要があり，無縁というわけにはいかない．

資源・エネルギーの有限性は何度も唱えられてきたが，1972年，ローマクラブの有名な宣言「成長の限界」により，20世紀型経済発展のあり方に警告と疑問が呈せられた．この宣言には，森林など再生可能な資源問題を除き，現在指摘されている資源・環境問題のほとんどが盛られている．しかし，この宣言は予想より地球の環境容量や資源供給が大きかったこと，規制を何より嫌うアメリカ保守層，既存産業からの反論，科学技術への過信などが絡み，ただちに具体的な行動へは結びつかなかった．石油資源があと30～40年という指摘は何度も繰り返されてきたが，そのたびに新たな油田の発見があり，誰も本気にしなくなっている．しかし探査技術の進歩は著しく，今後大規模な油田が発見される確率は高くないといわれる．また化石燃料を消費し続けることがいつまで，またどこまで許されるか予断を許さない．

しかし，一方，市民団体などの環境意識の高まり，廃棄物の海洋投棄防止など個別の問題に関する国際条約の締結，オゾン層破壊防止への国際条約との協力などをへて，1987年には「環境と開発に関する世界委員会」が「持続可能な発展」という概念を導入した「我ら共通の未来」宣言を採択した．また国際商業会議所も「持続的発展のための産業界憲章」を発表し，1991年7月には「持続可能な開発のための産業人会議」がISO(国際標準化機構)に環境マネジメントの規格化を要請した．ISOはIEC(国際電気標準会議)と共同で規格化に乗り出し，1996年ISO 14001：環境マネジメント規格が発行された．また，1992年ブラジル・リオデジャネイロで国際環境開発会議(地球サミット)が開催され，21世紀への指針「アジェンダ21」が採択された．この会議は以後の地球規模での環境への取組みを決定づけた．

もっと身近な問題として廃棄物処理問題がある．日本では年間約4億トンの産業廃棄物と5000万トンの一般廃棄物(生活ゴミ)が発生し，埋立余地は1999年時点で2.6年分程度といわれる．また焼却による減容化はダイオキシン問題などの発生で容易ではない．ゴム産業と密接な関係にある自動車業界ではシュレッダーダスト問題で強い批判を浴びており，車部品，材料の90％以上の再利用を目ざして努力中である．自動車用タイヤは早くからセメントキルンへの廃タイヤ投入などを実施し，約90％は

6.1 ゴムと環境・資源エネルギー問題

再利用され，リサイクルの優等生といわれてきた．しかし，一部業者の不法投棄や野火，火災事故はいまだ後を絶たず，他産業でのリサイクルが進み，レベルが向上するなかにあって最近は停滞気味といえる．工業用ゴム製品は多種多品目にわたることもあって，リサイクルへの対応は課題が多い．

1999年3月に松下電器産業が「グリーン調達」を宣言し，自動車のトヨタも実質的にこれに近い方針を打ち出している．「グリーン調達(購買)」はすでに1997年日本でもキャノン・NECなど，主に事務機械関係の業種が宣言し，準備を進めてきた．グリーン調達においては企業が環境改善を可能にするマネジメントの仕組みを有すること，環境や人体に負荷を与える有害物の不使用または管理強化，部品や材料製造，使用時における資源，エネルギー，環境負荷の低減，リサイクル率の向上などが，コスト・品質・納期と並んで最重点項目として評価される．この動きを軽視し，対応を誤れば，企業の存続を脅かしかねないことをはっきり認識する必要がある．

資源・エネルギー・環境問題に対するゴム工業の課題は数多くある．次に主なものをあげる(順不同)．

(1) 天然ゴムの使用拡大 天然ゴムは代表的なバイオマスである．大気中の二酸化炭素を固定し，たとえ燃焼しても二酸化炭素の絶対量を増やすことにならない．ただ天然ゴムは実需に加えて投機の対象となっており，価格が不安定な要素がある．また増産/減産の制御が容易でない．とくに増産は年数を要する．木材もまた利用が可能であり，バイオマス利用の環境上の利点は多い．

(2) リサイクル技術のより高度化 タイヤを主体とするゴムのリサイクルは，熱エネルギーが重油の7～8割に達し，セメントキルンへの投入，コジェネレーションなどのサーマルリサイクルが行われている．しかしいまだ後者は経済的には負担が大きい．加硫ゴムを押出機を用いて物性低下少なく再生する技術も出現し，EPDMなどでは工業的にも成功を収めつつあるが，汎用ゴムではいまだコストの壁があり，広く使用できる状態にはない．マテリアルリサイクルとしては古くから再生ゴムの使用がある．物性の低下は免れず，高いゴム物性を要求される用途への使用は限定される．最近では歩行路を含む道路資材としての利用開発が進んでおり，低騒音性なども評価されている．リサイクル問題はマテリアルリサイクルか，ケミカルリサイクル(溶鉱炉のコークスの代わりにプラスチックを使用することも含む)，サーマルリサイクルかをよく考慮し，トータルとして環境負荷を最小にする方法を選択することが望ましい．

(3) 有害物質の使用中止・削減・管理強化 前述のように，グリーン調達への対応，法案審議中(1999年5月現在)のPRTR(Pollutant Release and Transfer Register)法への対応，厳しくなる一方の大気・水質汚染・廃棄物の処理と清掃に関する法律などへの対応の基礎として，有機溶媒や化学物質の投入/排出の管理強化は不可欠である．化学物質の多くがあとになって毒性などが顕在化する．また科学的な解明や議論とは

別の次元での対応を迫られてくることも少なくない.リスクをすべてゼロにせよという一部の極論がマスコミや市民団体,行政を動かすことがある.ゴム工業では発がん性物質を含む多くの物質に関し,これまで適切な対応を重ねてきているが,化学物質はある確率でリスクを有することを前提とした管理システムの構築は不可欠といえる.

(4) 環境や労働安全マネジメントシステムの構築　持続的な発展を可能にするには,資源・エネルギーの効率的使用と,排出物の人体,環境への影響を最小にする必要がある.このためには絶えざる改善を可能にするマネジメントシステムの構築が必須であり,前述のグリーン調達でもISO 14001の認証取得を含む対応が求められている.労働安全に関しては日本では年間2000人の死亡事故まで減ってきているが,世界的には100万人を超す.化学物質や溶媒の管理システムと合わせた対応が望まれる.

(5) ライフサイクルアセスメント的,トータルなシステム的考察　資源・エネルギー・環境問題への対応のむずかしさは,部分最適ではなく,システム的・トータル的な解析や取組みが不可欠なところにある.この手法として,LCA(ライフサイクルアセスメント)が有力な手法となる.今後は揺りかごから墓場まで,物質やエネルギーの出入りを定量的に把握し,環境への負荷を最小にするトータルシステムとしての最適化が強く望まれる.国際的にも規格化が進められているが,従来とは異なり,手法そのものが未完成で議論の対象となっている.しかし,LCAはあくまで手法のひとつであり,その調査の進め方,範囲や目的の明確化,採用するデータの信頼性などの吟味と透明性は不可欠であり,結果の利用も慎重さが必要である.

(6) 環境対応設計　ゴム工業に限らないが,以上のことを踏まえた環境対応設計(design for environment)が構造設計,材料設計ともに必要となる.長寿命化,易リサイクル,低エネルギー加工なども重要なキーワードとなる.LCAが実施困難な場合でも,環境リスク低減を折り込んだ製品アセスメントの実施は可能であろう.

〔内 藤 壽 夫〕

文　献

1) 茅　陽一監修,オーム社編:環境年表'98/'99,オーム社(1997).
2) 日本ゴム工業会:1993 ゴム工業の現況(1993).
3) 中杉修身,水野光一編:人類生存のための化学(上),3章,4章,大日本図書(1998).
4) 環境庁/外務省監訳:アジェンダ21,海外環境協力センター(1993).
5) 日本規格協会:JIS Q 14001,環境マネジメントシステム(1996).
6) 日本規格協会:JIS Q 14040,ライフサイクルアセスメント(1997).
7) エコマテリアル研究会編:LCAのすべて,工業調査会(1995).
8) 佐藤紀夫:高分子,**45**,474(1996).
9) 梅田富雄訳:環境にやさしい設計ガイド,工業調査会(1996).

6.2 殖産資源としての天然ゴム

6.2.1 天然ゴム樹の栽培
a. ゴム樹のルーツ[1,2]

東南アジアを中心に栽培されているゴム樹は，植物学では *Hevea brasiliensis* と呼ばれ，ブラジル，ペルー，ボリビア，コロンビア，ベネズエラなどに自生している．1876年にウィッカム(H. Wickham)卿によって，ヘベア樹の種子がブラジルからロンドンのキュー植物園に送られた．ここで発芽させた苗木がセイロン(現在のスリランカ)に送られ，そのうちの1本は現在コロンボ郊外のヘネラトゴダ植物園で生存している．また，1877年にはシンガポールにも送られ，その苗木の1本が現在もマレーシアのクアラ・カンサーで Wickham Tree として大切に育てられている(図6.2.1)．ゴム樹の普及に最も貢献したのはリドレー(H. N. Ridley；シンガポール植物園の園長として1888年に赴任)である．彼はゴム樹の木質層の外側にある形成層を傷つけることなく，ラテックス保有皮層までをタッピングする手法を開発した．このことによって，ゴム樹に害を与えないで継続的な収穫が可能となった．また，リドレーは栽培技術の改良にも努め，彼の手によりヘベア樹の種子が東南アジア各地の栽培家にわたっていった．

b. ゴム樹の種子[3]

ゴム樹は雌雄同株の植物で，落葉後の2月か8月に開花するが，多くの樹は2月に咲く．分枝の先端にふっくらとした雌花と，分枝のつけ根部分に細めの雄花をつける．黄味のかかった緑色の花が咲き，3個の種子を含んだ実がなるが，結実するのは花全体の5％程度である．開花後5～5.5カ月たつと実が熟し表皮が壊れて種子が落ちる．種子の収集には施肥や予防の行き届いた特別の農園が準備されている．種子は温度や湿度の変化に弱いので通常は収穫後ただちに発芽させる．なおゴム樹のクローンにより種子の形状は異なっている(図6.2.2)．

c. 接ぎ木[4]

ゴム樹は発芽後ほぼ2カ月がたつと，接ぎ木の台木として使用可能な程度に成長する．接ぎ木用の樹は発芽後6～8カ月経過したもので，幹の青い表皮部分を切り取り，この木片を台木に接ぎ木する．接ぎ木された木は約7カ月後に

図 6.2.1 クアラ・カンサーの Wickham Tree

図6.2.2 各種クローンの種子

フィールドに移植される.この接ぎ木の成長は非常に早く,管理が行き届き天候にも恵まれると,移植時の苗木の幹の周囲長1.6 cmのものが1年後に8.3 cm,2年後16.6 cmになる(クローン:RRIM 600).植樹して4～4.5年経過すると,幹の周囲長が40～45 cm前後に成長し,タッピングが可能になる[5].樹液と木材容積の拡大を目ざして開発された900シリーズのクローンでは,植樹3年後には幹の周囲長が40 cm以上にもなる[6].ゴム樹は植樹後15～17年頃に最も多くの樹液を産出するが,25～30年たつと樹液の産出も少なくなり,植え替え時期になる.

d. 栽培の現状

Hevea brasiliensisは緯度が±5度,年間降雨量が2000～4000 mmの地域が適地といわれているが,現在ではインドや中国の北緯29度付近,南緯では23度のブラジルのサンパウロ近郊でも栽培が可能になり[7],その面積はアジア895万ha,アフリカ53万ha,中南米23万haで合計970万haに達している[8].表6.2.1に1996年のゴム生産量上位3カ国の栽培面積とゴム生産量を示す[8,9].いずれの国においても栽培面積と実際に樹液を採取している面積には大きな差がある.このことは栽培されているゴム樹が老齢化しているか,未熟樹であることを意味し,タイやマレーシアでは前者,インドネシアでは後者の理由と思われる.ゴム樹はエステートと呼ばれる大規模農園(図6.2.3)とスモールホルダーと呼ばれる小規模農園で栽培されており,マレーシアでは栽培面積が40 ha以上を前者,それ以下のものを後者と定義している[10].スモールホルダーはタイ,インドネシア,マレーシアのいずれの国においても1～3 ha規模のものが大多数を占めており,しかも生産面では中心的な役割を担い,全生産量の96%(タイ),76%(インドネシア),78%(マレーシア)をスモールホルダーが生産している(1996年度実績)[8,9].ゴム樹の1 ha当たりの栽培本数は,マレーシアゴム研究所(RRIM:Rubber Research Institute of Malaysia)の実験農場では327±34本/ha(クローン:RRIM

図6.2.3 ゴム樹の栽培風景

表6.2.1 主要3カ国の栽培・生産実績 (1996年)

	栽培面積 ($\times 10^4$ ha)	生産面積 ($\times 10^4$ ha)	生産量 (kg/ha/年)	総生産量 ($\times 10^4$トン)
タ　　イ	196	141	1331	187
インドネシア	358	209	739	154
マレーシア	165	111	979	108

600)といわれている[9]．しかし，他の資料などからすると1ha当たりの栽培本数は300～500本程度と推測される[6,11]．最近マレーシアゴム研究所では2000シリーズのクローンを開発した．このクローンはRRIM 600に比べて，樹液の収量が2～3倍，木材としての容積も植樹後14～17年の樹で3～5倍まで

表6.2.2 熱帯雨林の木材乾燥重量[7]

	乾燥重量(トン/ha)
熱帯雨林	
マレーシア：パソ	475～665
ムル	210～650
タ　　イ：カオ・チョン	331
ニューギニア	229～310
ブラジル：マナウス	473
ヘベア樹農園	
植樹5年(施肥)	60.1～76.8
(通常農園)	48.6
植樹11年	206.1
植樹24年	248.6
植樹33年	444.9
植樹33年(タッピングなし)	963.8

大きくなる[12]．将来はこのクローンがゴム樹の主流を占めるようになるものと思われる．

e. ゴム樹の環境への貢献

ゴム樹は光合成により炭素を蓄積する植物工場ともとらえられている．クローン間で光合成能に多少の差があり，$0.36～1.14$ mg/M^2/Sの炭素蓄積能が報告されている[7]．ゴム樹の炭素蓄積能を乾燥重量で表し，他の熱帯雨林と比較して表6.2.2に示す．ゴム樹の成長が著しい時期，すなわち植樹後5～6年のゴム樹の1年間に増加する木材重量は35トン/haにも達する[7]．ゴム樹の太陽エネルギーの利用効率は2.8％といわれており，この値から世界全体のゴム樹の年間炭素固定量は約9000万トンと算出されている[7]．このようにゴム樹は太陽エネルギーを活用して，大気中の炭酸ガスを原料に天然ゴムを効率的に生成しており，持続可能な理想的な天然資源といえる．

f. 栽培の課題

ゴム価格の低迷，ゴム生産国の産業の工業化，労働コストの高騰などから，世界一の生産国であったマレーシアは現在3位に後退し，首位の座をタイに譲っている．タイ政府は増産に力を入れ，東北部で160万haのゴム園開発を計画し，現在実行に移しているが予定通りには進行していない[13]．インドネシアには100万ha近い未熟ゴム園があり，政府も栽培面積の拡大を計画中[8]で，将来はタイを追い越すかもしれない．ゴム樹の栽培がこのように経済性だけに支配されるのではなく，環境や資源の面から今以上に高く評価されることが必要と思われる．　　　　〔川崎仁士〕

文　献

1) マレーシア研究開発局発行，カタログ (1976).
2) 鞠谷信三：ゴム材料科学序論，p.32，日本バルカー工業 (1995).
3) Sakhibun, M. H.：RRIM Planters' bulletin, No.202, p.3, RRIM (1990).
4) Leong, S. K. et al.：Inter. Rubb. Conf. 1985 Proc. vol.Ⅲ, p.555 (1985).
5) Gen, L. T. et al.：Proc. Rubb. Growers' Conf. 1986, p.22 (1986).
6) Hashim, O. et al.：RRIM Planters' bulletin, No. 218-219, p.12 (1994).
7) Rahaman, W. A.：Rubber Developments, **47**(1/2), 13 (1994).
8) 山崎譲吉：天然ゴムの供給事情について，兵庫ゴム工業会，講習会資料 (1998).
9) Malaysian Rubber Board の Eug, A. H. 博士からの私信.
10) Shahabudin, S. et al.：Proc. Rubb. Growers' Conf. 1986, p.39 (1986).
11) 金沢　厚：環境に優しい技術開発，日本ゴム協会関西支部，秋期ゴム技術講習会テキスト，p.62 (1991).
12) Aziz, A.：IRC 95 KOBE Full Texts, p.6 (1995).
13) Sincharoenkul, V. et al.：IRC'97 Malaysia Full Texts, p.526 (1997).

6.2.2　天然ゴムの生分解

ヘベア樹から得られるゴム炭化水素(天然ゴム)はシス-1,4-ポリイソプレンであり，その平均分子量は $10^5 \sim 10^6$ で，しかも幅広い分子量分布をもっている．天然ゴム(NRと略記)やNR製品の微生物分解に関しては，Zyska[1] や土井[2] の詳細な解説がある．

a.　NR分解微生物

NRが土壌から採取した微生物(放線菌)により分解されることを最初に報告したのはSöhngen[3] らで，このことを明確に証明したのはSpenceとvan Niel[4] である．その後，コウジカビやアオカビに属する細菌類のなかにも，NRラテックスやスモークドシートを分解する菌の存在が認められた[5,6]．土井らは菌体外にゴム分解酵素を分泌する Xanthomonas 属の菌の存在を報告している[7]．いずれにしても，NRを分解する微生物の主役は放線菌であるといわれている[2] が，この点の再確認を最近Jendrossekら[8] が行っている．彼らはゴム樹の表皮，ゴム農園の土壌，ゴムの小片，ゴム工場の排水，池の沈殿物，堆肥などから1220種のバクテリアをスクリーニングして，これらのNR分解能を調べた．その結果NRを分解する微生物として，放線菌の Streptomyces 31種，Nocardia 2種，細菌類の Micromonospora 5種，Actinoplanes 3種，Actinomadura 1種，Dactylosporangium 1種とその他未確認3種を見つけだしている．

b.　純ゴムの生分解

NRは約90％のゴム炭化水素以外にタンパク質，樹脂，脂肪酸，糖分，灰分などを含んでいる．この非ゴム分がNRの生分解に影響を及ぼしているとの報告もある[9]．そこでNRから非ゴム分を除去したゴムを炭素源にした培養試験が行われ，分子量の低下やゴム重量の減少から純ゴムの微生物分解が証明されている[10,11]．

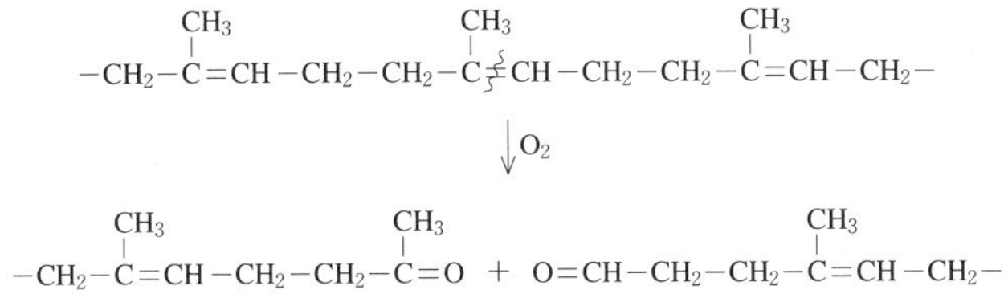

$$-CH_2-\underset{\underset{CH_3}{|}}{C}=CH-CH_2-CH_2-\underset{\underset{CH_3}{|}}{C}\overset{5}{=}CH-CH_2-CH_2-\underset{\underset{CH_3}{|}}{C}=CH-CH_2-$$

$$\downarrow O_2$$

$$-CH_2-\underset{\underset{CH_3}{|}}{C}=CH-CH_2-CH_2-\underset{\underset{CH_3}{|}}{C}=O \ + \ O=CH-CH_2-CH_2-\underset{\underset{CH_3}{|}}{C}=CH-CH_2-$$

図 6.2.4 微生物による NR 分子鎖の切断反応の模式図[2]

c. 分解機構

土井らは NR を炭素源に生育する *Nocardia* 属の 835A 株を土壌から分離し,この 835A 株を用いて NR の分解機構を検討している[2].NR 製のゴム手袋の分解途中のものをクロロホルムで抽出し,これを GPC にかけて分子量 $10^3 \sim 10^4$ の分解中間体を取り出し,この中間体がアセトニルポリプレニルアセトアルデヒドと同定した.この中間体の構造から NR の分解は分子鎖中の二重結合位の酸化分解と推定している(図 6.2.4).Jendrossek らも NR のバクテリアによる分解で分子鎖の切断を認めている[8].

また,土井らはゴム分解酵素を出す *Xanthomonas* 属の 35Y 株を見つけだしている[7].この 35Y 株と 835A 株では分解の様式が異なっており,前者では酸素添加酵素が菌体外に検出されるが,後者の菌株ではこのような酵素は検出されていない.

d. 加硫と充てん剤の影響

硫黄と加硫促進剤(CBS)を変量して,架橋密度の異なる試料の微生物分解性が検討されている[2,12].硫黄や CBS の添加量が多いものほど分解しにくい傾向があり,この結果より生分解性は架橋密度に依存していることが明らかになっている.充てん剤に関しては,炭酸カルシウムは生分解に影響を及ぼさないが,カーボンブラックでは補強性の強いものほど分解性が悪くなっている.このことは充てん剤の表面に結合しているゴム分子,すなわちカーボンゲルは分解されにくいことを意味している.

TMTD 加硫のゴムでは,TMTD の分解生成物が微生物の生育に悪影響を及ぼすとの報告[13]もみられるように,ゴム製品は各種の添加物を加えてつくられるので,これらの添加物が生分解に与える影響についての検討が望まれる.　　〔川崎仁士〕

文 献

1) Zyska, B. J.: Microbial Biodeterioration(Economic Microbiology, Vol. 6, Rose, A. H., ed), pp.323-385, Academic Press, London (1981).
2) 土井明夫:日ゴム協誌, **67**, 670 (1994).
3) Sohngen, N. L. *et al.*: *Centr. Bakt. Parasitenk*, **40**, 87 (1914).
4) Spence, D. *et al.*: *Ind. Eng. Chem.*, **28**, 847 (1936).
5) Kalinenko, B. O.: *Mikrobiologiya*, **7**, 119 (1938).
6) Williams, G. R.: *Int. Biodetn. Bull.*, **18**, 31 (1982).
7) Tsuchii, A. *et al*: *Appl. Environ. Microbiol.*, **56**, 269 (1990).

8) Jendrossek, D. et al.: *FEMS Microbiology Lett.*, **150**, 179 (1997).
9) Cundell, A. M. et al.: *Dev. Ind. Microbiol.*, **16**, 88 (1975).
10) Low F. C. et al.: *J. Nat. Rubb. Res.*, **7**(3), 195 (1992).
11) Heisey, R. M. et al.: *Apll. Environ. Microbiol.*, **61**, 3092 (1995).
12) Tsuchii, A. et al.: *J. Appl. Polym. Sci.*, **41**, 1181 (1990).
13) Cundell, A. M. et al.: *Int. Biodetn. Bull.*, **9**, 91 (1973).

6.2.3 ラテックスアレルギー

　天然ゴム(NR)は，ゴムの樹(*Hevea brasiliensis*)からラテックス(乳液)として採取されている．この段階で，約2％(ゴム固形分に対しては5％程度)のタンパク質が含まれる．種類としては300以上のタンパク質が含まれ，ゴム分子に結合したものと結合していないものがある．NR製品，とくにラテックス(NRL)製品に残留するこれらのタンパク質がアレルゲンとなって引き起こされるアレルギーがある．これがラテックスアレルギーであり，社会問題として最初に登場したのは1991年である．アメリカで5件の死亡事故を発生させた膀胱がん検査用のNR製バリウム浣腸について，FDAが回収命令を出したのが始まりである．この事件を契機として詳細な調査が進められ，NRL製カテーテルを長く装着させられる二分脊椎患者やNRL製手袋を多用する医療関係者などに，ラテックスアレルギーがまん延している実態が明らかになった[1]．
　ゴム手袋などのNRL製品によるアレルギーには2種類ある．ひとつは加工時に添加される加硫促進剤などの化学物質によるもので，製品に触れたのち，1～2日経過してから接触部位がかゆくなって紅斑や丘疹が現れ，いわゆるかぶれが数日続く．これは細胞性免疫の遅延型(IV型)アレルギーである．ほかに，接触後，早ければ5～10分後に，遅くとも数時間後には症状が現れるものがある．これがラテックスアレルギーであり，IgE抗体が関与する即時型(I型)アレルギーである．
　免疫は人体に備わった健康保持のための大切な防御機能であるが，それが過剰になるとアレルギーとなる．正常な免疫は，例えば「はしかウイルス」が体内に侵入すると皮膚や粘膜の下に存在するマクロファージが異物認識をして，Tリンパ球(寿命：2～3年)に抗原提示する．Tリンパ球からさらにBリンパ球にも情報伝達され，形質細胞であるBリンパ球がIgG抗体を生産する．抗体ができたのち，再び「はしかウイルス」が侵入してくるとT-リンパ球やIgG抗体がウイルスを迎撃する．アレルギーとなる異常免疫は，抗体のできる機構は同じであるが，IgE抗体ができることによって起こる．IgE抗体は粘膜下に存在するマスト細胞と結合しやすい．再度侵入したアレルゲンがマスト細胞とIgE抗体を介して結合すると，マスト細胞内に蓄えられたヒスタミンなどの化学物質が放出されるため，急性のアレルギー反応が惹起される．
　ラテックスアレルギーの一般的な症状は，通常じんましんより軽く，原因となるタンパク質との接触が終わると急速に回復する．しかし，外科手術やその他体内に製品が挿入され，製品が粘膜に触れるような場合に，非常に激しい症状が起こり，生命が

危険にさらされる場合もある．さらに手袋などの粘着防止に使用されるコーンスターチなどのパウダーがタンパク質を吸着して，飛散した粉体を吸入することによってアナフィラキシー症状を発症する例も多い．また，もうひとつの大きな特徴は食物アレルギーと交差することである．ラテックスに反応する患者がアボガドやキウイ，バナナ，栗などにも反応する場合が多い．

　第1のハイリスクグループは治療時にカテーテルなどのラテックス製品を体内に留置される患者であり，二分脊椎症患者では38％が感作しているといわれる．また，医療従事者では手術室の医師で7.5％，歯科医師で13.7％との報告がある．また，アトピー性の人の感作例が多く，アトピー性でない人の約3倍との報告もある[2]．

　重症のラテックスアレルギー患者の反応はきわめて鋭敏であり，ラテックス製品の溶出タンパク質量の安全限界レベルは50 ng/gのきわめて低い濃度になると推定されている[3]．

　NRL中に含まれるタンパク質がラテックスアレルギーのアレルゲンであることは明白である．多数のタンパク質がアレルゲンとして報告されるとともに，これまで9個のタンパク質が主要アレルゲンとして精製・同定されている[4]．

　*Hevea brasiliensis*がなぜこのようなタンパク質をつくりだすのかについて，これらのタンパク質は生体防御物質であるとする研究がある．高等植物は，動物の免疫機構とは全く異なった生体防御システムを有している．病原菌の感染や傷害などの生物的・無生物的ストレスを受けた植物は，その身を守るため一連の生体防御反応を起こす．そのひとつに，生体防御物質と呼ばれる一群のタンパク質が誘導される過程があるといわれる．生体防御タンパク質中，感染特異的タンパク質は8から50 kDの水溶性タンパク質であり，ある種の植物性アレルゲンと一致するような性質を備えている．また，それらのタンパク質は植物種に固有なものとしてではなく，血清学的免疫学的あるいはアミノ酸配列の類似性から分類されている[5]．この説にもとづくと，ラテックスアレルギーがほかの食物アレルギーと交差することや，ラテックスの含有タンパク質量がタッピングの休止明けに低く，その後増加すること，さらにタッピングではなく灌木を粉砕して抽出するグアユーレゴムのタンパク質含有量が低いことも容易に説明がつく．

〔中出伸一〕

文　献

1) 中出伸一：日ゴム協誌，**69**，247（1996）．
2) 早川律子：日本ラテックスアレルギー研究会誌，**2**(1)，24（1998）．
3) 中出伸一，林　正治，岡田穣伸，田中康之，尾藤利憲，一橋正光：日ゴム協誌，**71**，168（1998）．
4) 赤澤　晃：日本ラテックスアレルギー研究会誌，**1**(2)，2（1997）．
5) 矢上　健：国立医薬品食品衛生研究所報告，**116**，46（1998）．

6.3 石油化学製品としての合成ゴム

6.3.1 合成ゴムと石油化学工業

装置産業といわれ,巨大なプラントが建ち並ぶ石油化学工業の発展とともに,合成ゴム工業は大きな伸展をみせてきた.この石油化学工業は,「原油または天然ガスから回収もしくは誘導される単体または誘導体であって,燃料および潤滑油用以外の化学製品を製造する工業」と定義され[1,2],石炭化学工業や発酵化学工業とはもちろんのこと,石油精製工業とも厳密には区別される.ここでは,石油化学工業と合成ゴムの関係について述べる.

a. ゴム工業の確立

第1章と多少重複するが,コロンブスの第二次世界航海でヨーロッパに伝えられ(1496年),18世紀後半から19世紀初頭には消しゴム,防水布,ゴム靴などに用いられていた天然ゴム(NR)は,1839年の伝説的なアメリカのグッドイヤー(C. Goodyear)による加硫の発見(独立してイギリスのハンコック(T. Hancock)も1843年特許取得)により本格的な工業材料としての地位を築くことになる[3].1856年に加硫NRは,アメリカでソリッドタイヤに利用され[4],1888年イギリスではダンロップ(J. B. Dunlop)が空気入りタイヤを発明する(これに先んじ1845年同じイギリスのトーマス(R. W. Thomas)が先駆的な発明を行っている)[5,6].これらが自転車や,1885年からドイツのダイムラー(G. Daimler)とベンツ(K. Benz)が実用化し,その後1908年のアメリカのフォード(H. Ford)による大量生産方式創出により飛躍的発展を遂げたガソリンエンジン自動車,さらには飛行機に使用されるに及び,ゴム工業は大工業となり,NRの需要は拡大の一途をたどる[3,5].

b. NRから合成ゴムへ

NRが利用され始めるとその正体を明らかにすることに多くの科学者が挑戦し,1860年アメリカのウィリアムス(G. Williams)はその成分を分離し,イソプレン(IP)と命名,これが空気中で突発的に白色スポンジ状の弾性体に変わることを認め[7],イギリスのチルデン(W. A. Tilden)は1882年その構造式を与え[7],1892年にはそれが自然に重合しNR同様加硫ゴムとなることを見いだしている[8].

20世紀になると前述のように,ゴムは自動車や飛行機にとって必需品となっていたが,不幸にもこれらは戦争,すなわち軍需品として必須になっていた.しかるに当時,NRはほとんどイギリスが独占していた.したがって,一部地域の野生の樹からしか生産できないゴムを工業的に合成する動きが加速され[9],その研究はイギリス,ドイツ,アメリカおよびロシアを中心に行われた.その際IPは合成がむずかしく高価なため,ブタジエン(BD),2,3-ジメチルブタジエン(DMBD),1-メチルブタジエン(MBD)など広く原料が検討された.高分子の概念が未確立の時代(スタウディンガ

ー(H. Staudinger)らによる高分子説確立は1920年代半ば以降)のこれらの研究は特筆される.

1900年ロシアのコンダコーワ(I. Kondakow)はDMBDから,1901年ドイツのチーレ(J. Thiele)はMBDから,また1910年ロシアのレベデーフ(S. V. Levedev)はBDからゴム状物質を得,1909年Bayer社のホフマン(F. Hoffmann)とコーテレ(K. Coutelle)は酸化物を触媒として,IP重合体を得ている[8]. また,イギリスのマチュース(F. E. Matthews),ストランジ(E. H. Strange)とドイツのハリス(C. D. Harries)は独立にNaを触媒とするIPの重合を1910年に発見している. しかし,これらのポリマーはゲルを含有していたようで,ゲルフリーのベンゼン可溶ポリマーは1913年BASF社のホルト(A. Holt)が炭酸ガス気流中でNa触媒を用いIPを重合し,初めて得ている[7,8].

1914年からの第一次世界大戦で海上封鎖を受け困窮したドイツは,強引にDMBDからの合成ゴム(メチルゴム)を工業化するが,戦争終結とともに生産を中止,有力企業8社を大合同して1925年に設立したイーゲーファルベン(IG)にて合成ゴムの工業化を再検討する. そして乳化重合によるスチレン-ブタジエン共重合ゴム(SBR)がチュンカー(E. Tschunkur)とバック(W. Back)により,アクリロニトリル-ブタジエン共重合ゴム(NBR)がコンラッド(E. Konrad)とチュンカーにより1933年に発明され,1934年から工業化され,Buna SおよびNとして生産された[7,8]. これが本格的な合成ゴム工業の始まりとされる.

なお旧ソ連では1932年からNa触媒によるBD重合体(SKラバー)が生産され,一方アメリカではDu Pont社のカロサーズ(W. H. Carothers)らによるポリクロロプレンが1931年に,パトリック(C. J. Patrick)によるチオコールが1930年に,またスタンダード石油(SO)のトーマス(R. M. Thomas)とスパークス(W. J. Sparks)によるブチルゴムが1943年に,さらに1930年のSOとIGの共同研究情報をもとにした国家防衛委員会主導のSBR(GR-S),NBR(GR-N)が第二次世界大戦勃発後の1941年に生産開始されている[7,8].

これらを含めた各種合成ゴムの工業化された年と国を表6.3.1に示す[10].

c. 合成ゴムと石油化学工業

ここで,代表的な合成ゴムSBRを中心に原料を含めた工業的製法の変遷を眺めることにする. 当初,ドイツ,イギリス,旧ソ連などは,主要原料のひとつであるBDを,① 石炭化学製品アセチレンからアセトアルデヒドを得,これを二量化してアルドールとし,さらに還元しブテン-1,3-ジオールとしたのち脱水する方法,② 発酵化学製品エチルアルコールからアセトアルデヒドを得,これとエチルアルコールを脱水縮合する方法で主に合成していた. すなわち,これらのBDは石炭化学工業あるいはカーバイド工業,または発酵化学工業の製品であった[8,9,11~13]. また,今ひとつの主要原料スチレン(ST)も,石炭の乾留で得られるベンゼンをエチルベンゼンとし,それを脱水素して合成していた[14]. このように,ゴムの合成で先頭を走ってい

6. ゴムと地球環境

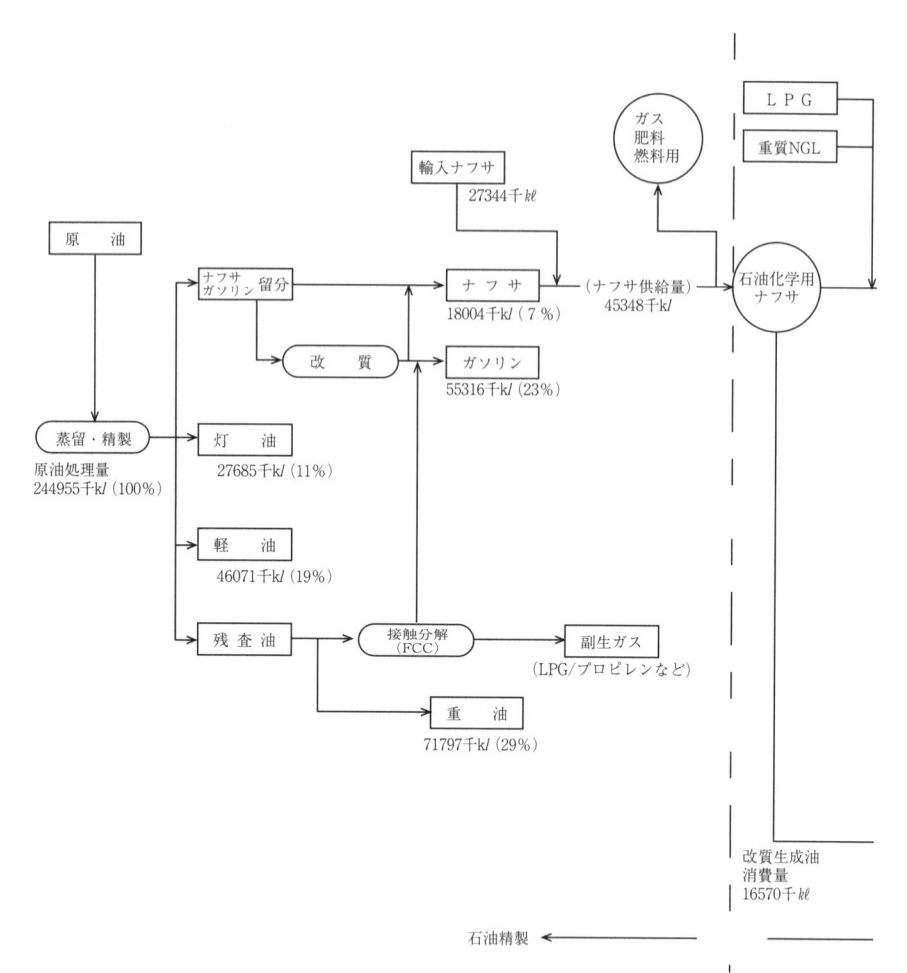

```
                                             ガス
                                             肥料      ┌─ＬＰＧ
                                             燃料用     │
                                              ○       ├─重質NGL
                                              ↑       │
                        輸入ナフサ              │       │
                        27344千kℓ              │    石油化学用
                           │                  │    ナフサ
    ┌─────┐               ↓                  │    45348千kℓ
    │ 原 油 │        ┌─ナフサ─┐  →  ナフサ ─(ナフサ供給量)─○
    └──┬──┘        │ ガソリン │     18004千kℓ(7%)
       │           │  留分  │
       │           └────┬─┘        ガソリン
       ↓                └→ 改 質 →  55316千kℓ(23%)
    ○蒸留・精製○─→ 灯 油
    原油処理量         27685千kℓ(11%)
    244955千kℓ(100%)
                   ─→ 軽 油
                      46071千kℓ(19%)
                                                                    │
                   ─→ 残査油 → 接触分解 → 副生ガス                    │
                              (FCC)    (LPG/プロピレンなど)           │
                                │                                   │
                                ↓                                   │
                               重 油                                改質生成油
                               71797千kℓ(29%)                       消費量
                                                                    16570千kℓ
                                           石油精製 ←────────────────
```

図 6.3.1 石油化学製品の流れと

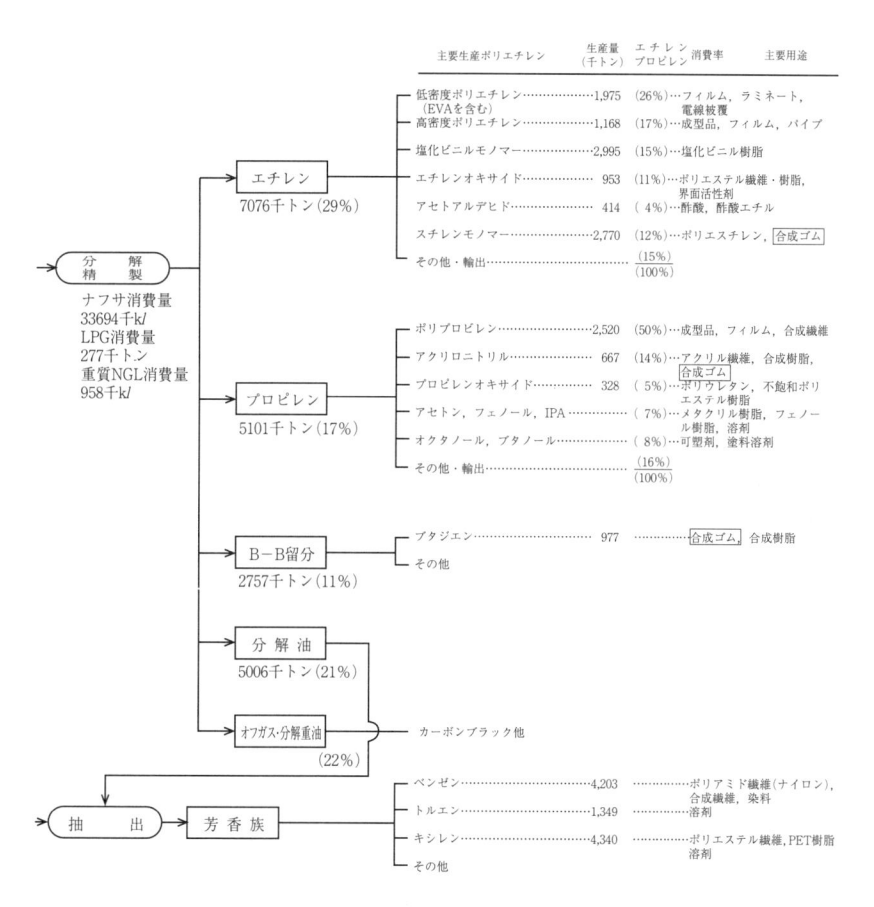

6.3 石油化学製品としての合成ゴム

	主要生産ポリエチレン	生産量(千トン)	エチレンプロピレン消費率	主要用途

エチレン 7076千トン(29%)
- 低密度ポリエチレン（EVAを含む）……1,975　(26%)…フィルム，ラミネート，電線被覆
- 高密度ポリエチレン……1,168　(17%)…成型品，フィルム，パイプ
- 塩化ビニルモノマー……2,995　(15%)…塩化ビニル樹脂
- エチレンオキサイド……953　(11%)…ポリエステル繊維・樹脂，界面活性剤
- アセトアルデヒド……414　(4%)…酢酸，酢酸エチル
- スチレンモノマー……2,770　(12%)…ポリエステレン，[合成ゴム]
- その他・輸出……(15%)
- (100%)

プロピレン 5101千トン(17%)
- ポリプロピレン……2,520　(50%)…成型品，フィルム，合成繊維
- アクリロニトリル……667　(14%)…アクリル繊維，合成樹脂，[合成ゴム]
- プロピレンオキサイド……328　(5%)…ポリウレタン，不飽和ポリエステル樹脂
- アセトン，フェノール，IPA……(7%)…メタクリル樹脂，フェノール樹脂，溶剤
- オクタノール，ブタノール……(8%)…可塑剤，塗料溶剤
- その他・輸出……(16%)
- (100%)

B-B留分 2757千トン(11%)
- ブタジエン……977……[合成ゴム]，合成樹脂
- その他

分解油 5006千トン(21%)

オフガス・分解重油 (22%)
- カーボンブラック他

分解精製
ナフサ消費量 33694千kl
LPG消費量 277千トン
重質NGL消費量 958千kl

抽出 → 芳香族
- ベンゼン……4,203……ポリアミド繊維(ナイロン)，合成繊維，染料
- トルエン……1,349……溶剤
- キシレン……4,340……ポリエステル繊維，PET樹脂，溶剤
- その他

→ 石油化学

関連産業の製品・用途との関係

6. ゴムと地球環境

表 6.3.1 合成ゴムの工業化(文献[10]に加筆修正)

合成ゴム	最初に工業化された年と国	合成ゴム	最初に工業化された年と国
ポリブタジエン		クロロプレンゴム	1931年(アメリカ)
乳化重合	1937年[1](ドイツ)	ブチルゴム	1943年(アメリカ)
ナトリウム	1932年(旧ソ連)	臭素化ブチルゴム	1961年(アメリカ)
リチウム	1961年(アメリカ)	塩素化ブチルゴム	1959年(アメリカ)
高シス	1960年(アメリカ)	エチレン-プロピレンゴム	
ポリ-2,3-ジメチル	1911年(ドイツ)	EPM	1962年(イタリア)
ブタジエン	(1920年には	EPDM	1963年(アメリカ)
	生産中止)	アクリルゴム	1947年(アメリカ)
ポリイソプレン		シリコーンゴム	1944年(アメリカ)
リチウム	1955年(アメリカ)	クロルスルホン化	1953年(アメリカ)
高シス	1961年(アメリカ)	ポリエチレン	
SBR		フッ素ゴム	1956年(アメリカ)
乳化重合	1937年[1](ドイツ)	ウレタンゴム	
溶液重合 ブロック構造	1958年(アメリカ)	ポリエステル型	1941年(ドイツ)
ランダム構造	1963年(アメリカ)	ポリエステルアミド型	1943年(イギリス)
NBR	1937年[1](ドイツ)	ポリエーテル型	1957年(アメリカ)
ポリスルフィド	1930年(アメリカ)	ポリエーテルゴム	1968年(アメリカ)

[1] パイロット設備による生産は1934年から.

たこれらの国では,合成ゴムは石炭化学工業や発酵化学工業製品であった.

一方,1859年のドレイク井の成功以降,石油精製業の発達していたアメリカでは,旺盛な自動車用ガソリンの需要や,それに呼応してバートン(W. Burton)が開発した原油の熱分解によるガソリン増産の結果副産する熱分解ガスの有効利用を図る必要性から石油化学工業が発達していた[1].そのためアメリカにおけるBDは,第二次世界大戦後半の異常な物不足の時代を除き,当初から基本的に石油化学製品であった[11].このようにアメリカでは合成ゴム工業は,石油化学工業の一端を担って発達する[15].

上記した合成ゴムの原料のうち,例えばBDのコストは石油化学工業方式の方が安価であった[11].そのためわが国では,第二次世界大戦の敗戦で製造禁止となった合成ゴムの生産再開にあたっては,従来方式と決別し,新たに石油化学工業方式を採用し[1],以後合成ゴム工業は戦後復興に大きな役割を果した石油化学工業のなかで,ポリエチレン,ポリスチレン,ポリ塩化ビニルなどの合成樹脂や,ベンゼン,トルエン,キシレンなどの化成品製造とともに重要な地位を占めるようになる[16].

なお,現在ではドイツ,イギリス,旧ソ連も含めほとんどで合成ゴムの製造は,主要原料に石油化学製品を使用する方式に変わっている.すなわち,BD,イソブチレン(ブチルゴムの主原料)は,原油を蒸留した際30～170℃で留出するナフサを熱分解してできるC_4(B-B)留分からジメチルホルムアミドやN-メチルピロリドンなどにより抽出後蒸留して,クロロプレンはこのBDを塩素化後脱塩酸して得る.またIPはC_5留分から抽出蒸留し,一方スチレンはナフサ分解油または改質油から抽出されるベンゼンをエチレンで直接接触的にエチル化したのち脱水素して得る.さらにアクリロニトリル(NBRの主原料)やアクリル酸エステル(アクリルゴムの主原料)はプロピ

6.3 石油化学製品としての合成ゴム

レンを原料にして得る[17].

この石油化学工業は,自動車,コンピュータ,電気・電子機器などわれわれに密接に関連する製品用の基礎素材を提供する産業として重要であり,直接的に関連する産業としてはゴム工業,プラスチック加工業,繊維工業,塗料工業,洗剤・界面活性剤工業など枚挙にいとまがない.石油化学工業における製品の流れと関連産業の製品・用途との関係を図6.3.1に示す[17].また,石油化学製品の主な関連産業に対する需要分布を図6.3.2に示す[17].合成ゴム工業が石油化学工業のなかで重要な位置を占めていることがわかる.

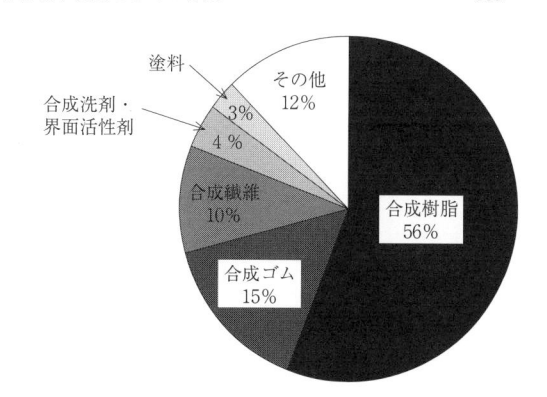

図 6.3.2 石油化学製品の需要分布
1. 石油化学工業協会調べ. 2. 各製品の1998年国内需要を金額ベースで算出(数量ベースによる構成比は,合成樹脂60%,合成繊維10%,合成ゴム7%,塗料5%,合成洗剤・界面活性剤3%,その他15%).

なお,合成ゴムは当初はNR不足解消のため発展してきたが,その間NRでは対応できない用途に適合する特殊ゴムも種々開発されるなど,1998年の合成ゴム/NR使用比率は61/39となっている[17].また,石油化学工業は装置産業であり,かつその製品は図6.3.1のようにガス・液体が多いため,関連産業(企業)がまとまって生産活動を行うことが経済上,安全上好ましい.そのため,多数の企業が集まりコンビナートを形成しており,合成ゴム製造企業もその一員であることが多い.現在国内に15のコンビナートがあるが,その一例を図6.3.3に示す[17].　　　　　　　　〔竹村泰彦〕

文　献

1) 石油化学工業協会編:石油化学工業10年史, p.3, 石油化学工業協会 (1971).
2) 平川芳彦:石油化学の実際知識(平川芳彦編), p.1, 東洋経済新報社 (1964).
3) 山下晋三:ゴム工業便覧(第4版)(日本ゴム協会編), p.3, 日本ゴム協会 (1994).
4) 田中康之,浅井治海:ゴム・エラストマー(日本化学会編), p.2, 大日本図書 (1993).
5) 鞠谷信三:ゴム材料科学序論, p.68, 日本バルカー工業 (1995).
6) 服部六郎:タイヤの話, p.2, 大成社(1986).
7) 神原　周:合成ゴムハンドブック(神原　周, 川崎京市, 北島孫一, 古谷正之編), p.7, 朝倉書店 (1967).
8) Dunbrook, R. F.: Synthetic Rubber(Ed. by Whitby, G. S., Davis, C. C., Dunbrook, R. F.), p.32, John Wiley & Sons (1954).
9) 池田弘治:日ゴム協誌, 47巻増刊号「日本の高分子科学技術史」, PS78 (1999).
10) 浅井治海:合成ゴム概説, p.1, 朝倉書店 (1971).

6. ゴムと地球環境

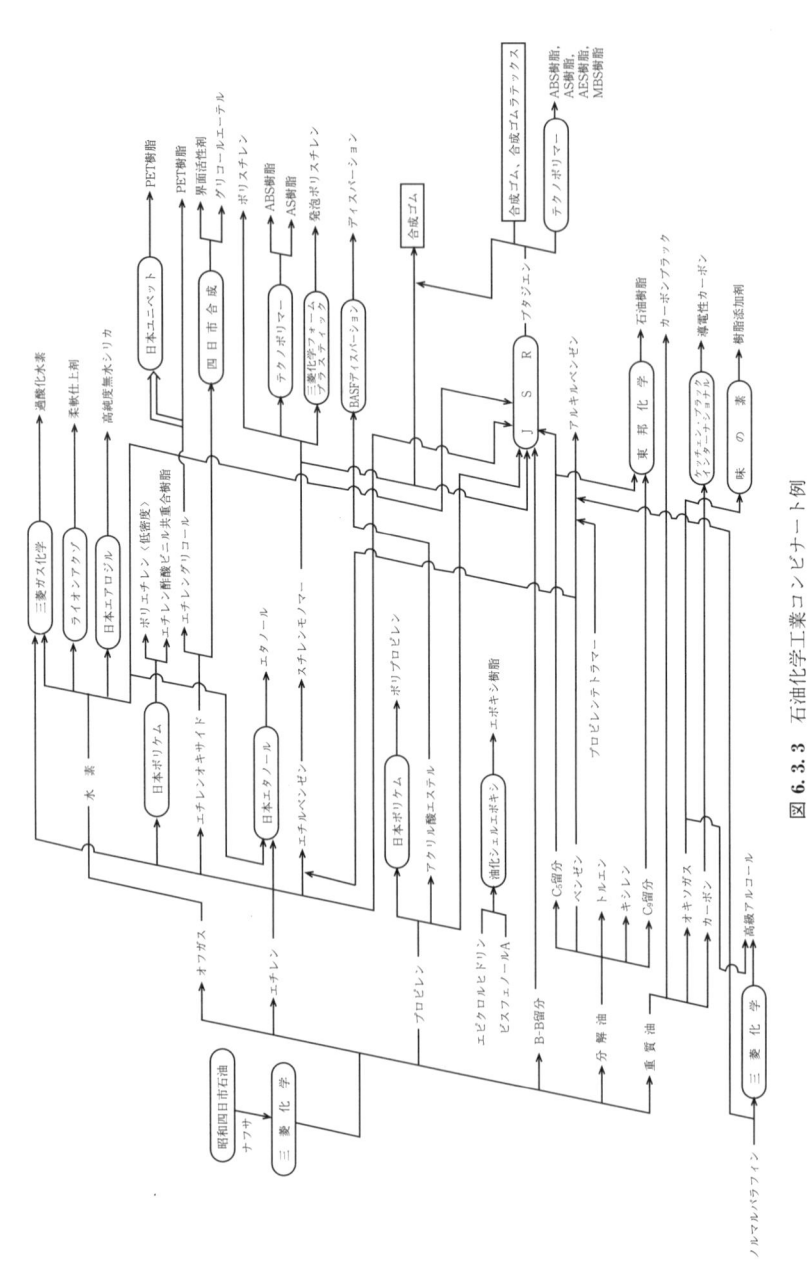

図 6.3.3 石油化学工業コンビナート例

→ パイプで結ばれているもの、⇨ 海上輸送、タンクローリーなどパイプ以外の輸送手段によるもの。

11) 川崎京市, 大塚斉之助, 原田哲彌: 文献7, p.59.
12) 石油化学工業協会編: 石油化学工業10年史, p.3, 石油化学工業協会 (1971).
13) 木村英雄, 藤井修治: 石炭　化学と工業, p.223 (1977).
14) 矢野忠雄, 村田義夫: 文献7, p.116 (1971).
15) 日本化学工業協会編: 日本の化学工業50年のあゆみ, p.2, 日本化学工業協会 (1998).
16) 文献12, p.38 (1971).
17) 石油化学工業協会: 「石油化学工業の現状」カタログ (1999).

6.3.2　合成ゴムの製造プロセス
a.　合成ゴムの展開

　合成ゴムはその発明と工業化された時期によって, 第Ⅰ期と第Ⅱ期の合成ゴムに分類される. これらを世界で最初に工業化された時期をベースに, その展開過程を示すと図6.3.4のようになる.
　第Ⅰ期の合成ゴムは1937年ドイツにおいて, 乳化重合法でブタジエンとスチレンの共重合体(SBR)とブタジエンとアクリロニトリルの共重合体(NBR)が工業化されたことから始まる. やや遅れてアメリカではクロロプレンゴム(CR)が乳化重合法で, ブチルゴム(IIR)が-100℃の極低温での溶液重合法で工業化され, さらにアメリカでも乳化重合法によるSBRとNBRが工業化された. 第Ⅰ期の合成ゴムは第二次世界大戦前に発明され, 大戦を契機に工業化されたものである. またその製造プロセスとしてはブチルゴムを除いては, ほとんど乳化重合法がとられた.
　第Ⅱ期の合成ゴムは, 1950年代初期のチーグラー-ナッタ(Ziegler-Natta)触媒の発見による立体規則性重合に始まる. チーグラー触媒($AlR_3/TiCl_4$)でイソプレンが, それまで念願であった天然ゴムと同じ立体規則性をもつ, シス-1,4-ポリイソプレンに重合することがわかり, アルキル・アルミニウムと遷移金属化合物のチーグラー型触媒の研究が世界的に進められた. その結果, 遷移金属としてコバルト(Co)またはニッケル(Ni)化合物系でシス-1,4-ポリブタジエンゴム(BR), バナジウム(V)化合物系でエチレンとプロピレンの共重合ゴム(EPDM)が得られることが発見された. またアルキル・リチウム系触媒(LiR)では, 溶液重合法でブタジエンとスチレンのランダム共重合体(S-SBR, これに対して乳化重合法のSBRをE-SBRと記す)やリチウム系触媒のリビング性を利用してブロック共重合ゴムのSBSやSISなどのゴムも開発された. 第Ⅱ期の合成ゴムはその触媒が水と反応するため, 乳化重合法のように媒体として水が使えず, 有機溶媒を用いる溶液重合法がとられた.
　1980年頃より合成ゴムの耐熱性・耐候性などの高品質化への要求が高まり, NBRやSIS, SBSのブタジエンの二重結合部分を水素化した水素化ゴムの開発が行われた.

b.　合成ゴムの製造プロセス
　合成ゴムやプラスチックなどのポリマーの製造プロセスは, 塊状重合(気相重合を

6. ゴムと地球環境

年
1940　1950　1960　1970　1980　1990　2000

第Ⅰ期合成ゴム

1930年代後期
乳化重合プロセス
E-SBR
(汎用ゴム)
● 自家用車タイヤ用など汎用ゴム
● 天然ゴムに近い性質，加工性が良好

1930年代後期
乳化重合プロセス
NBR
(特殊ゴム)
● 耐油性ゴム

1980年代
水素化
NBR
● 超耐熱，超耐候性ゴム

1940年代後期
アクリルゴム
ACM
● 耐油性・耐熱性ゴム

1940年代初期
乳化重合プロセス
CR
(特殊ゴム)
● 耐候性ゴム

1940年代初期
溶液重合プロセス
(低温カチオン重合)
IIR(ブチルゴム)(特殊ゴム)
● -100 ℃でのカチオン重合技術(Essoの独占技術)
● 低空気透過性，耐老化性

第Ⅱ期合成ゴム

1960年代初期
溶液重合プロセス
(Ziegler系触媒)
BR
(高シス-汎用ゴム)
● 低温特性良好，高反発弾性などでタイヤの改質用ゴム，プラスチック改質用ゴム

1960年代中期
溶液重合プロセス
(Ziegler系触媒)
IR
● 天然ゴム代替を狙うも物性が不満足，タイヤの改質用ゴム

1960年代初期
溶液重合プロセス
(Li触媒，リビング性)
BR，S-SBR
(低シス-汎用ゴム)
● 各種S-SBRの設計が可能，特殊タイヤ用，プラスチック改質用ゴム

1970年代初期
溶液重合プロセス
(Li触媒，リビング性)
SIS，SBS
● 熱可塑性エラストマーとして接着剤など

1980年代初期
SIS，SBSの
水素化
● 耐候性，耐熱劣化性のエラストマー

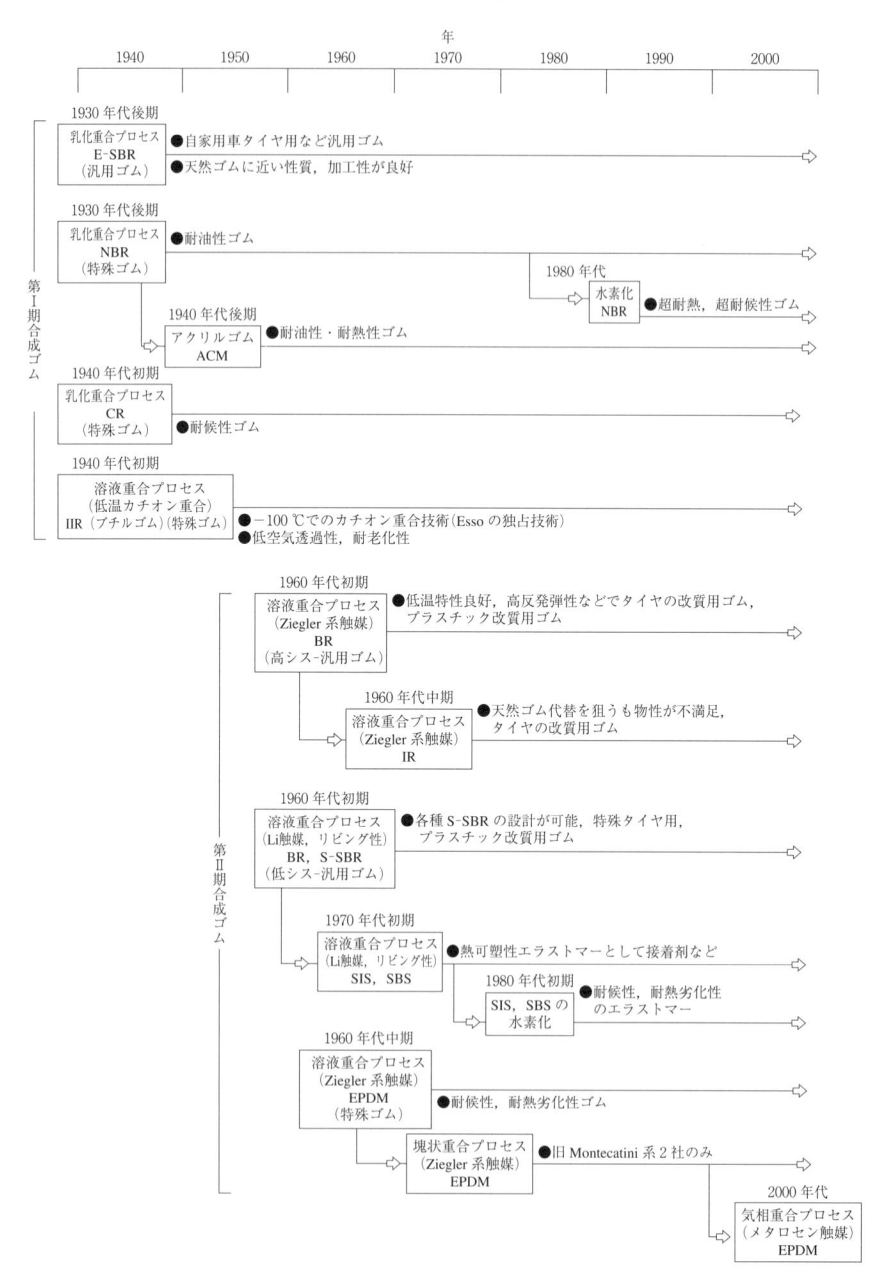

1960年代中期
溶液重合プロセス
(Ziegler系触媒)
EPDM
(特殊ゴム)
● 耐候性，耐熱劣化性ゴム

塊状重合プロセス
(Ziegler系触媒)
EPDM
● 旧Montecatini系2社のみ

2000年代
気相重合プロセス
(メタロセン触媒)
EPDM

図 6.3.4　合成ゴムの展開過程

含む),懸濁重合,乳化重合,溶液重合などの重合法(重合様式ともいう)によって異なり,操業性,経済性,廃棄物発生量など,そのプロセスとしての特徴が違ってくる.

第Ⅰ期の合成ゴム開発の初期には,ブタジエンに直接ナトリウム(Na)触媒を加える塊状重合法が試みられたが,品質も悪く,反応のコントロールもむずかしかった.天然ゴムがゴムの樹からラテックス状で生成することから,乳化剤でブタジエンを水に乳化分散させ,水溶性ラジカル触媒で重合する乳化重合法が試みられた.これは重合熱の除去が容易で,反応速度も速く,重合度も高くなり,他のビニルモノマーとの共重合も可能であった.また乳化重合法によるSBRは加工性も物性も天然ゴムに近いものであった.こうしたことから,乳化重合プロセスによるSBRとNBRが,最初に工業化されることになった.

第Ⅱ期の合成ゴムの製造プロセスである溶液重合プロセスを図6.3.5に示す.BRの連続操作の例である.原料工程ではモノマーのブタジエンを精製し,回収したモノマーや溶媒と混合・調整を行って重合工程へ送る.触媒工程では触媒を生成,あるいは調整して重合器に仕込む.重合工程では冷却・攪拌機能をもつ1基から数基の重合器で,所定の反応率まで重合反応を行い,停止剤を添加して反応を終了する.反応後のポリマー(ゴム)溶液は分離工程に入り,スチームで加熱された熱湯水中に吹き込まれ,ゴムは小塊(クラム)となって温水スラリーとなる.ここで蒸発分離された未反応モノマーと溶媒は回収工程に入り,精製されて再利用される.ゴムスラリーは水を分離・除去したのち,後処理工程で乾燥・成形され製品となる.プロセスのなかで,重合器での除熱法,移送法,さらに分離や乾燥などにはいろいろな異なった方法がある.しかしポリマー製造プロセスは基本的には以上のように,原料から後処理までの6工程から成り立っている.

図6.3.1のIR,S-SBR,SIS,SBSなど溶液重合法によるものは,基本的にBRと同じ製造プロセスとみてよい.少量生産の場合には回分で操業される場合もある.図6.3.2には廃棄物の発生源が示されているが,これらの発生をできる限り少なくし,いかに無害化処理して環境負荷を小さくするかが,製造プロセスのクローズドシステム化(環境対策)の課題となる.

乳化重合プロセスも原料から後処理までの6工程からなるが,反応媒体に水を用いることや乳化剤を用いることから,廃水処理がむずかしくなったり,ゴム中の不純物量が多くなるなどの欠点をもっている.しかし乳化重合SBRは歴史的にも古いことから,現在では最も使用量の多い主要な汎用合成ゴムである.今後SBRについて,品質の高度化やプロセスの環境負荷の低減が強く要求されるようになると,ゴムの分子構造設計の自由度が大きく,環境負荷を小さくすることができやすい溶液重合プロセスが選択されるようになる可能性は高い.

一方,乳化重合による合成ゴムはラテックスとして,高級紙,カーペット,不織布,タイヤコード,手袋,舗装強化剤,塗料,接着剤,プラスチック改質など広い分野に

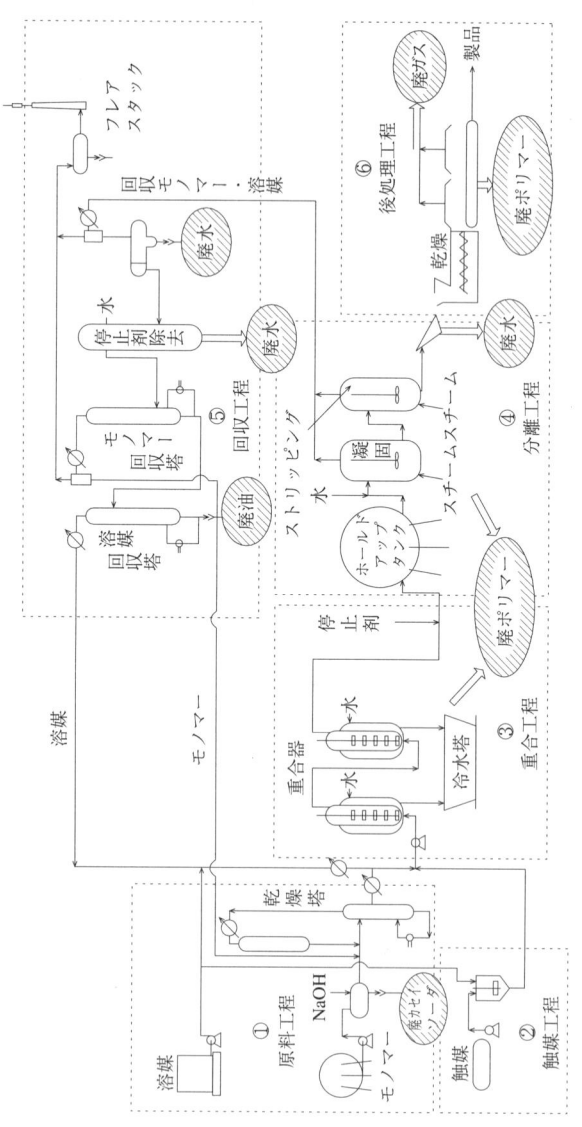

図 6.3.5 ポリブタジエンゴム (BR) の溶液重合プロセス[2]

その用途を拡大しつつある．乳化重合プロセスも特殊な合成ゴムの重要なプロセスとして存続することになる．　　　　　　　　　　　　　　　　　　　〔佐伯康治〕

文　献

1) 佐伯康治, 尾見信三編著：新ポリマー製造プロセス, 工業調査会 (1994).
2) 佐伯康治, 荻野一善編著：高分子化学(第2版), p.20, 東京化学同人 (1998).

6.4 ゴムのリサイクル

6.4.1 再生ゴム

再生ゴムとは一口にいえば，加硫ゴムを物理的または化学的に処理して再び粘着性と可塑性を与え，原料ゴムや未加硫ゴム生地と同様の目的に利用できるようにしたものをいう．

再生ゴムについては古くから成書[1〜3]や総説[4〜5]があり，JIS K 6313-1981にも規定されている．

最近の再生ゴムの消費量を図6.4.1に示しているが，消費量は年々減少している[5]．

従来から再生ゴムは，価格が安いということで，天然ゴムの代替として使用されてきたが，天然ゴムの価格が低下したことから，再生ゴムの消費量が減少してきた．しかし，産業廃棄物による環境問題，すなわちリサイクルが大きくクローズアップされ，再び再生ゴムが見直されてきた．再生ゴム工業会がまとめた通産省材料統計にもとづく1994年の再生ゴムの生産実績は31363トン(前年比86.8％)であり，低落傾向であった[6]．しかし，リサイクルや環境問題，さらに天然ゴムの価格が上がり，その代替として，現在はやや明るさがみえてきた．また，トラック・バス用タイヤの生産が活発化し，再生ゴムの主要用途であるタイヤ・チューブの使用量が伸び，底を脱した感がある．

ゴム・エラストマー廃棄物はほとんどの場合加硫物であることから，熱可塑性プラスチックと異なり，単に熱を加えても可塑化せず，約200〜250℃で分解が始まり，ガス化，液状化あるいは炭化を起こし，充

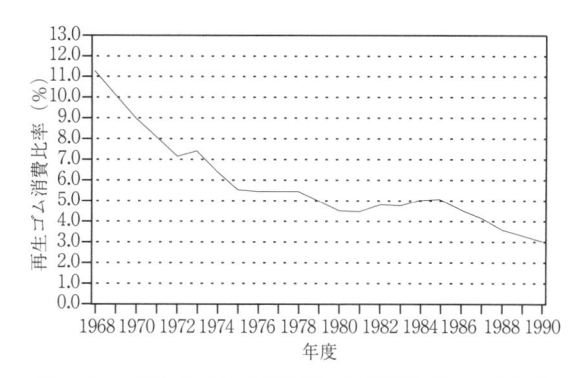

図 6.4.1 再生ゴム消費比率(再生ゴム消費量/新ゴム消費量)

てん剤はそのまま残渣として単離される．したがって，再生ゴム化では可塑化させるため再生剤を添加して，架橋構造の可塑化，硫黄架橋の切断，主鎖の切断(解重合)をすることが必要で，種々の研究が報告されている．三次元化された架橋構造を可塑化するための再生剤については，表6.4.1に示すような各種薬剤が研究されており，加硫ゴムの解重合に有効であるといわれている[7]．

表6.4.1 各種再生剤の研究一覧

研 究 機 関	再 生 剤
京都工芸繊維大学	フェノールヒドラジン/塩化第一鉄系
	塩化銅/トリブチルアミン系
	tert-ブチルヒドロペルオキシド/フタロシアニン鉄系
愛知工業大学	2-メルカプトベンゾチアゾールおよびそのシクロヘキシルアミン酸，各種チオール化合物
岡山県工業技術センター	ジ-o-ベンゾアミドフェニルジスルフィド
	アロオシメン
大阪府立産業技術総合研究所	金属石けん/ジペンテン系
兵庫県立工業技術センター	ジキシリルスルフィド

装置的には，一般に脱硫缶が使用されているが，簡易な装置として，ギヤオーブン，加熱装置付強力ミキサー，ロール機，加硫缶，マイクロ波装置(電子レンジなど)がある．

a. 再生機構

加硫ゴムの再生は，硫黄で橋かけされている長い分子の鎖を，酸素，熱および機械作用によって解重合させることである．天然ゴムに単に熱を加えただけでは解重合は起こりにくいが，少量の酸素があれば，ロール加工作用だけでも再生できる．すなわち，その機構は原料ゴムの素練りと同様である．加硫ゴムが解重合されるときの化学反応は，リンドマイヤー(E. Lindmayer)によると，次のように表されている[1]．

$$(C_5H_8)_6 S(C_5H_8)_6 \longrightarrow (C_5H_8)_3 S(C_5H_8)_3 + 2(C_5H_8)_3$$
$$(\text{I}) \qquad\qquad (\text{II})$$

このうち(I)は，クロロホルムに不溶で56.65％生成し，(II)はクロロホルムに可溶で48.35％生成する．この化学反応が100％進行したものを，優秀な再生ゴムであると断定している．したがって，クロロホルム抽出物が多いほど，ゴム分子はよく解重合され，十分再生されたものということができる．天然ゴムは，次式のように中間に過酸化物を生成し，これが加硫ゴムの解重合を起こし，分子量が低下し，可塑性が与えられる．

$$\sim CH_2 - \underset{\underset{CH_3}{|}}{C} = CH - CH_2 \sim \xrightarrow{O_2} \sim CH_2 - \underset{\underset{CH_3}{|}}{C} = CH - CH \sim \xrightarrow{O_2}$$

$$\sim CH_2 - \underset{\underset{CH_3}{|}}{C} = CH - \underset{\underset{OOH}{|}}{CH} \sim \longrightarrow \sim CH_2 - \underset{\underset{CH_3}{|}}{C} = CH - CHO + HO - CH_2$$

以上は天然ゴムの再生機構に関するものであり，天然ゴムの場合は温度を上げて時間を長くすると可塑度を増していくが，SBRの場合は最初，天然ゴムと同様に酸化する分子分裂のために軟化する．しかし，側鎖の末端に二重結合をもっているため，経時的に硬化を起こす．これは，分裂した分子が再結合を起こすためである．したがって，硬化を抑えるために，再生剤を使用して酸化の条件を少なくし，温度を可能な限り低くし，処理時間もできるだけ短くするようにして，再生反応を促進させるのである．

CR加硫物は，加熱すると硬化の傾向があり，NBR加硫物は加熱するだけでは軟化しにくい．前者は環化反応を起こす傾向が強く，後者は環化や橋かけ反応を起こしやすいからである．したがって，これらの加硫物を再生する場合は，このような反応が起こらないような手段を講ずる必要がある．シリコーンゴムはシロキサン結合(Si-O)をもっているため熱に強く，一般に水蒸気で加水分解して可塑化し，フッ素ゴムはとくに安定した構造であるため，機械的せん断と加水分解の両方が行われているようである．

b. 脱硫の方法

脱硫とは，加硫ゴムに熱，酸素，再生剤(脱硫試薬)を作用させ，その網目構造を崩壊させ，ゴム分子の解重合によって加硫ゴムに可塑性を与える工程をいう．加硫ゴムの脱硫は古くより研究され，その硫黄架橋点の切断には，次のような化学的な開裂方法がある[4]．すなわち，酸素による開裂，熱あるいはせん断による開裂，求核試薬による開裂，再配置による開裂，置換反応による開裂，さらには求電子試薬による開裂などである．

また，最近Warnerは，「脱硫の方法」という題で，加硫ゴムの脱硫を，化学的方法，マイクロ波，超音波，微生物分解に分類して報告しており，脱硫の定義を「硫黄加硫ゴムの脱硫は初めに形成されたポリ，ジ，モノスルフィド架橋を全体的あるいは部分的に開裂する工程である」と述べている[8]．一方，ポリイソプレン加硫ゴムの熱による分解は，図6.4.2に示すように，脱硫と分解が並行して起こることが，すでに報告されている[9]．

このように加硫ゴムの脱硫は，加硫ゴムの架橋構造を選択的に切断することが重要なことである．

また，加硫ゴムの脱硫試薬として具備すべき理想的性質としては，
① 有機溶媒に可溶で，その溶液は加硫ゴムを容易に膨潤させねばならない
② 溶液中の脱硫試薬はゲル内に均質に拡散し，特定の架橋構造を完全に分解させねばならない
③ 溶媒を除去したあと，試薬は加硫ゴムに可溶であり，ゴム表面に移行せず，特定の架橋構造を分解させる活性を保持していなければならない
④ 分解反応が完了後，未反応の試薬や，反応物が容易に抽出できるようなもので

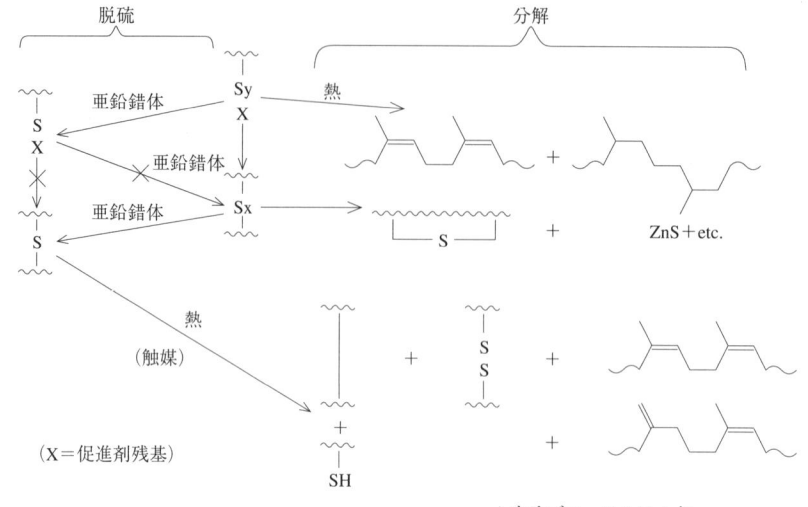

図 6.4.2 ポリイソプレン中の架橋とペンダント基の分解および脱硫

　なくてはならない
をあげることができる．このような理想的試薬はまだ得られていないが，ここでは数多くの脱硫試薬を列挙し，その特徴についてふれる[10]．そしてここでは，脱硫を化学試薬法，他の化学試薬法，波動法，他の方法に分類して述べる．
　(1) 化学試薬法　この方法は，NRPRAで古くより研究された．Watsonらにより総説が出され[11]，トリフェニルホスフィン，Naジ-n-ブチルホスファイト，チオール・アミン試薬，リチウムアルミニウムハイドライド，フェニルリチウム，ヨウ化メチルについて報告している．その後，山下[10]とWarner[8]の総説が報告されている．
　(i) トリフェニルホスフィン(TPP)とNaジ-n-ブチルホスファイト： トリフェニルホスフィンは，乾燥ベンゼン中でポリスルフィドをモノスルフィドに切断するが，わずかにジスルフィドが生じる．Naジ-n-ブチルホスファイトは，ポリ，ジスルフィドをモノスルフィドに切断する．しかし，C-Cは切断しない．
　(ii) チオール・アミン試薬：　プロパン-2-チオールとピペリジンは，ポリスルフィドのみ切断し，ジ，モノスルフィド，C-Cは切断しない．ヘキサン-1-チオールはより活性で，ポリ，ジスルフィドを切断するが，モノスルフィドは切断しない．
　(iii) ジチオスレイトール：　この試薬は，ジスルフィドを2つのチオールに切断する．
　(iv) リチウムアルミニウムハイドライド(LiAlH$_4$)：　この試薬は，THF中ポリ，ジスルフィドを切断するが，モノスルフィドはそのままである．

(v) フェニルリチウム(PhLi): この試薬は,ポリ,ジスルフィドを切断するが,モノスルフィドはそのままである.

(vi) ヨウ化メチルとモノスルフィド: この試薬は,加硫ゴムを容易に膨潤させ,真空下,加熱によって除去できるのが特徴で,ジアルキルモノスルフィドが,スルホニウム塩を形成する反応を利用したものである.

(2) 他の化学試薬法

(i) 相間移動触媒: Nicholasは,加硫ゴムくずを再生するために,相間移動触媒によって,選択的に架橋点のみ切断することを報告している[12,13].相間移動触媒として,Aliquat 336〔CH_3H^+(混合$C_8 + C_{10}$)$_3CL^-$〕を用い,ベンゼンと水酸化ナトリウムの水溶液中で脱硫した.また,脱硫はAliquat 336の濃度による.

(ii) グラフト反応: エチルアクリレートをポリブタジエン加硫粉にグラフト,レドックス法を用いるか,γ線を照射して切断する.

(iii) o-ジクロロベンゼン: この試薬はフィルム状のジエン,ニトリル,クロロプレン加硫ゴムを切断し,その後IRで切断を測定する.

(iv) ジ-o-ベンズアミドフェニルジスルフィド: この試薬は,ゴム工場から排出されるNBR系ゴムくずを簡易な方法で再生処理し,これを再びゴム材料に配合使用することを目的に検討された[14].ゴムくずのモデル試料として,カーボン配合の加硫ゴム(中高ニトリル)を調製し,これを粉砕して実験に供した.NBR系加硫ゴムの解重合剤としては,ジ-o-ベンズアミドフェニルジスルフィド(BASS),再生油としては液状クマロン樹脂(LCR)が有効なことを見いだした.

(v) ジメチルスルホキシド: ジメチルスルホキシド(DMSO),ジフェニルスルホキシド(DPSO)のようなスルホキシド化合物,およびこれとチオフェノール,ヨウ化メチルまたはn-ブチルアミンの混合物を含むベンゼン溶液中では,加硫ゴムの膨潤度がきわめて高くなり,NR加硫物は崩壊することが認められた[15].

(vi) アルキルフェノール・アミン樹脂: タイヤゴムにけつ岩油軟化剤とともに,$C_4 \sim C_{12}$アルキルフェノール・アミン樹脂(I,軟化温度97.5~99.0℃,N含有率1.10~3.07%)およびIの30%の$C_{17} \sim C_{20}$脂肪酸Zn変性物(II)を0~7部添加し,130~230℃で,熱機械的方法で再生した.N含有率3%以下の(I)または(II)を3~5部添加すると,再生ゴムの技術特性は向上し,加工装置金属壁への付着も低下した[16].

(vii) ジアリルスルフィド: ゴム工業では次の方法で知られているが,ジアリルスルフィド可塑剤(Aktiplast 6)によっても,NR,合成ゴムを再生できる[17].また,この試薬はブチルゴム,フッ素ゴムの再生にも利用できる.

(viii) DE-LINK法: 加硫した状態にある廃棄ゴムを再び未加硫ゴムにもどすという画期的な配合剤が,マレーシアのSTI-K・ポリマーズ社によって開発された[18].同社が開発した「DE-LINK」のマスターバッチを,タイヤくずなどのゴム廃棄材100部に対して7部添加し,約10分混練りすることにより,DE-LINK・リサイクル

コンパウンド(DRC)として再生可能となる.
(3) 波 動 法
(i) マイクロ波脱硫: マイクロ波による脱硫として,エラストマー加硫物中の硫黄-硫黄結合,硫黄-炭素結合の切断を目的に,研究・実用化されており,加硫物を直接マイクロ波オーブンのなかを通し,260〜350℃に昇温し,脱硫再生させる方法がある[19].エチレンプロピレンゴム,ブチルゴムに有効であり,バージンのエチレンプロピレンゴムに10〜15部配合しても,大きな物性の低下はなかった.グッドイヤー社により特許化され,実際に工場に導入されたという.EPDM製自動車用冷却ホースの端材を,マイクロ波加熱によって効率的に加熱脱硫し,再生させるプロセスが報告されている[20].

表6.4.2に同プロセスによるEPDM材料のリサイクル例の特性を示す.リサイクル材料に16％置き換えたNo.2と,26％置き換えたNo.3と,さらにNo.2およびNo.3の再リサイクル材料に26％置き換えたNo.4の物性は,新材料のみによるNo.1の物性とほとんど差がないといえる.

また,ゴム製造工程において発生するいわゆる加硫ゴムくずを,マイクロ波により加熱し再生することが試みられた[21].EPDM加硫ゴムくずを用いたマイクロ波による再生は,従来の再生(140〜160℃の蒸気中で4〜8時間加熱処理するパン法)に比べ,下記の点で優れている.
① 従来の再生法で得られなかった高温(300℃以上)での処理が可能なため,従来反応促進に使用していた汚染性のある再生剤を必要としない.
② マイクロ波によるゴム内部からの発熱により再生できる.このため,ゴム表面から長時間加熱する従来の再生法でみられた再生ゴム品質の低下が少ない.

表6.4.2 マイクロ波加熱法によるEPDM再生ゴム添加加硫ゴムの物性

サンプルNo.	EPDM			
	1	2	3	4
脱硫化EPDM(%)	None	18	26	26
200％モジュラス(MN/m^2)	6.9	7.3	6.6	7.2
引張強さ(MN/m^2)	8.6	9.2	7.9	8.5
伸び (%)	315	375	330	290
ショアA硬度	73	70	71	71
MS at 132℃				
Low	30	24	24	21
Mins to 10 pt rise	20+	20+	20+	20+
Pts rise in 20 mins	6	2	3	3
ODR値				
Min L	8.2	7.0	6.7	6.9
Max L	44.0	38.2	36.7	37.4
TΔ2	2.0	2.1	2.1	2.05
tc 90	4.7	4.7	4.55	4.5
圧縮永久ひずみ(%) (70 hr at 121℃)	44	51	50	48

6.4 ゴムのリサイクル

③ 熱源がマイクロ波であるため，装置自体がコンパクトとなり，ゴム製造工程内への設置が容易であり，加硫ゴムくず発生時にすぐ再生できる．

再生に使用した装置は図6.4.3に示し，それぞれの再生反応モデルを図6.4.4に示す．同法でEPDMは実用性あるリサイクルができる．

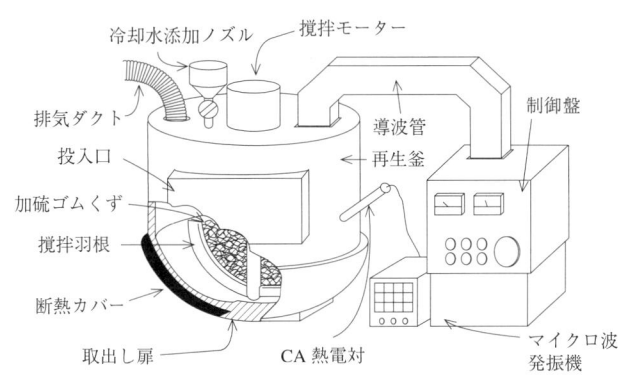

図 6.4.3 再生装置略図

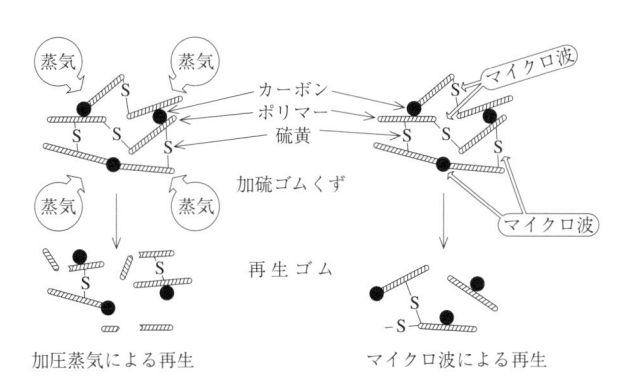

図 6.4.4 各再生方法における再生反応モデル

(ii) 放射線脱硫： ブチルゴムはダイヤフラム，インナーチューブ，加硫バッグなどに大量に使用されているが，このブチル加硫ゴムに放射線を照射して回収し，これを新しいゴムにブレンドして使用することを検討した[22]．

放射線量と回収されるゴムの物性を調べ，これをバージンにブレンドした結果，10％回収ゴムの使用で，よい結果が得られた．また，廃棄ブチルゴムのγ線照射において，粘度，平均分子量は照射量が増すと減少する．しかし，照射量の増加によって可塑性は増すが，引張強さ，伸び，硬さ，弾性は減少する[23]．また，このγ線照射

再生法は，他の方法と比べて前処理が単純で，品質の安定性が優れている．
　(iii) 超音波脱硫： 最近ゴムくずの脱硫のため，強力な超音波のプロセスと2つのリアクターが報告された．それによると，あるレベルの圧力と熱を有する超音波は，加硫ゴムの三次元構造を破壊する[24]．

　加硫SBRと粉末タイヤ(GRT)の脱硫が試みられ，脱硫ゴムはバージンゴムと同じように再加硫することができる．再生ゴムの加硫挙動，レオロジー，機械的性質が検討され，脱硫のメカニズムが検討された．このプロセスは，他のゴムの再生にも可能性がある．

(4) 他の方法

微生物による脱硫： 最近，古タイヤのSBR加硫物を，*Thiobacilli*の微生物で脱硫し，全硫黄の4.7％が40日で硫酸塩に酸化された[25]．また1995年，微生物によるゴムくずの表面脱硫で，ポリスルフィドを酸化し硫酸塩にすることが報告されている[26]．

c. せん断流動場反応制御技術

この脱硫技術は短時間でゴムを再生する技術の開発を目的としている．せん断流動場反応制御技術にもとづいてEPDM加硫ゴムの連続再生技術を検討した[27]．ここでは図6.4.5に示すように二軸スクリューからなる連続処理方式のせん断流動場反応槽を用い，加硫EPDMの硫黄架橋点を選択的に切断して高品位な再生ゴムを得ている．

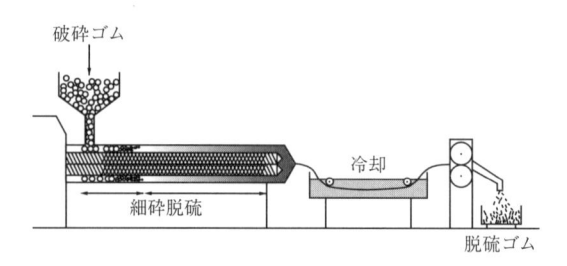

図 6.4.5　せん断流動場反応槽による脱硫方法

d. 再生ゴムの種類

再生ゴムは，原料となるゴムくずの種類によって品質がほぼ決まることから，再生ゴムの種類は材料について，JIS K 6313により表6.4.3のように分類されている．また種類別性能は表6.4.4のように規定されている．

e. 再生ゴムの長所・短所

再生ゴムを使用するにあたっては，その特徴を知るだけでなく，欠点をよく認識したうえで，その欠点を補うような対策を講じて，効果的に使用しなければならない．表6.4.5に，山下によって報告されているゴム加工に及ぼす再生ゴムの利点を示す．

わが国における再生ゴムの製造はオイル法によって行われているので，オイル法に

6.4 ゴムのリサイクル

表6.4.3 再生ゴムの種類 (JIS K 6313-1995)

種　類		材　料
チューブ再生ゴム	天然ゴム	天然ゴムを主とするタイヤ用チューブのゴム
	ブチルゴム	ブチルゴムを主とするタイヤ用チューブのゴム
タイヤ再生ゴム	A級	トラック・バスなど大型自動車用タイヤのゴムまたは同程度のもの
	B級	乗用車用タイヤのゴムまたは同程度のもの
タイヤ再生ゴム	A級	自動車タイヤ，チューブ以外のゴム
	B級	

表6.4.4 再生ゴム性能表 (JIS K 6313-1995)

種　類	チューブ再生ゴム		タイヤ再生ゴム		その他の再生ゴム	
試験項目	天然	ブチル	A級	B級	A級	B級
比　重	<1.20	<1.20	<1.18	<1.25	<1.35	<1.55
ムーニー粘度 $ML_{1+4}(100℃)$	<50	<80	<70	<70	<80	<80
灰　分(%)	<20	<15	<15	<20	<40	<45
アセトン抽出物(%)	<15	<20	<25	<25	<20	<20
引張強さ(kgf/cm^2)	>80	>70	>80	>60	>40	>30
伸　び(%)	>400	>450	>300	>250	>150	>120
引張強さの保有率(%)	>70	−	>60	>60	>45	>40

表6.4.5　ゴム加工に及ぼす再生ゴムの利点

- 分解および混合時間を短縮．
- 分解および混合の動力消費量を低減．
- 混合，カレンダーおよび押出温度が低い．
- カレンダーおよび押出しにおける均等化が早い．
- カレンダー被覆におけるくい込みが良好．
- 成形時の粘着を改善．
- 温度変化からの影響が少ない．
- グリーンストレングスおよび未加硫ストックの変動を改善．
- 押出しおよびカレンダー加工時の膨張と収縮を減少．
- 低い熱可塑性を付与．
- 加硫速度が速い．

表6.4.6　再生ゴムの特徴

長　所	短　所
・価格が安く，安定してる．	・引張強さが低い．
・動力消費が低下し，混入時間が短縮できる．	・弾性が低い．
・未加硫生地の膨張・収縮が少なくなる．	・引裂き抵抗が低い．
・加工性がよくなる．	・圧縮永久ひずみが，永久伸びが大きい．
・温度に対して鈍感になり，熱可塑性が低くなる．	・屈曲き裂が大きい．
・加工中における発熱が少ない．	・特有の臭気がある．
・プレス加硫でのゴムの流れがよい．	
・加硫曲線が平坦性にになる．	
・加硫もどりが少ない．	
・スコーチの傾向が少ない．	
・耐老化性がよくなる．	
・硫黄のブルーミングが少ない．	
・カーボンブラックと酸化亜鉛を節約できる．	
・耐油性がよい．	

よる再生ゴムの特徴を天然ゴムと比較すると，表6.4.6のようになる．

f. 再生ゴムの配合方法

ゴム製品は一般に，配合，成形，加硫の3工程でつくられ，このうち配合は，成形，加硫の全工程に影響を及ぼす重要な材料設計である．再生ゴムは一般的に，それのみで配合する場合と，バージンゴムに加工助剤として配合する場合があり，それぞれの使用目的に合わせて，製品性能と加工性能とのバランスをどうとるのかが，再生ゴムの配合設計のポイントである．

再生ゴムを配合する場合，次の3つの方法がある．

① 現配合の原料ゴムの一部を再生ゴムで置き換える場合
② 初めから原料ゴムと再生ゴムを混用する場合
③ 再生ゴムだけを使用する場合

ゴム製品の配合を建てるにあたって，再生ゴムを使用するときに注意しなければならないことは，再生ゴム自体が加硫可能なゴム炭化水素を含有していることである．したがって，使用する再生ゴムが含有しているゴム炭化水素を加硫するのに必要な硫黄や加硫促進剤を必ず配合しなければならない．再生ゴムを単なる配合剤と考えて，必要量の硫黄や加硫促進剤を配合しなければ，加硫不足を生じて，必要な物性が得られないなど支障をきたすことになる．

表6.4.7 再生ゴムの用途

製 品	再生ゴム	用 途
タイヤ	タイヤ再生ゴム	タイヤコードのフリクション用 ビードワイヤ用(主に二輪車用) ソリッドタイヤ用(手押し車，乳母車) 二輪車タイヤ用 自動車タイヤのサイド部，カーカス部 更生タイヤ用
チューブ	ブチル再生ゴム	チューブレスタイヤのインナーウォール用 インナーチューブ用
コンベヤベルト	タイヤ再生ゴム 天然チューブ再生ゴム	カバーゴム用 フリクション用
ホース	タイヤ再生ゴム （プレミックス）	押出製品
工業用品	タイヤ再生ゴムなど	自動車マット用 各種ゴム板 ゴムタイルのベース用 スポンジゴム用
ルーフィング材	ブチル再生ゴム	ルーフィング材
接着剤・粘着剤	チューブ再生ゴム ブチル再生ゴム	接着剤・粘着剤
粉末ゴム	ゴム粉，チップ	バラストマット・スラブマット用 　　　　　　　(10～20メッシュ) 弾性舗装ゴム板用(10～30メッシュ) 手袋の滑り止め用(30～40メッシュ) 舗装用アスファルト改質剤 　　　　　　　(40～80メッシュ)

g. 再生ゴムの用途

再生ゴムの用途としては，一般に汎用ゴムが使用されている分野の製品には使用することが可能であり，表6.4.7に主な用途を製品分野別に示す．またそのほかの分野にも使用可能であるので，再生ゴムのもつ加工助剤としての優れた性質が，十分活用されることが望まれる．また最近では，ゴム粉，チップをウレタンなどにブレンドし複合化した製品も市場に出回っている．　　　　　　　　　　　　　〔秋葉光雄〕

文　　　献

1) 日本ゴム協会編：再生ゴム，日本ゴム協会 (1970).
2) 日本ゴム協会編：ゴム工業便覧(新版)，p.205，日本ゴム協会 (1973).
3) 日本ゴム協会編：ゴム工業便覧(第4版)，p.376，日本ゴム協会 (1994).
4) 山下晋三：日ゴム協誌，**54**，357 (1981).
5) 山本良二：日本ゴム協会関西支部，秋期ゴム技術講習会テキスト，p.15 (1991).
6) ゴムタイムス (1995年3月6日).
7) 川崎仁士：ポリマーダイジェスト，**33**(3), 2 (1981).
8) Warner, W. C.: *Rubber Chem. Technol.*, **67**(3), 559 (1994).
9) Bertrand, G.: *Prog. Rubber Plast. Technol.*, **3**(2), 1 (1987).
10) 山下晋三：日ゴム協誌，**48**(10), 615 (1975).
11) Watson, A. A.: *Rubber Chem. Technol.*, **40**, 100 (1967).
12) Nicholas, P. P.: *Prepr. Am. Chem. Soc., Div. Pet. Chem.*, **30**(3), 421 (1985).
13) Nicholas, P. P.: *ACS Symp. Ser.*, **326**, 155 (1987).
14) 川崎仁士，児玉総治，中司卓男：岡山県工業技術センター報告，**6**, 6 (1980).
15) 古川淳二，岡本　弘，尾之内千夫：日ゴム協誌，**55**, 439 (1982).
16) Pohyapyk, P. T: *Kauch. Rezina*, **8**, 14 (1989).
17) Knoerr, K.: *Kautsch. Gummi Kunstst.*, **47**(1), 54 (1994).
18) ポリマーダイジェスト編集部編：ポリマーダイジェスト，**47**(9), 124 (1995).
19) Murtland, W. O.: *Elastomerics*, **113**(1), 13 (1981).
20) Fix, S. R.: *Elastomerics*, **112**(2), 38 (1980).
21) Suwabe, M., Hayashi, K. and Sumida, A.: 豊田合成技報，**27**(3), 91 (1985).
22) Kalinichenko, V. N.: *Int. Polym. Sci. Technol.*, **11**(7), T87 (1984).
23) Wang, B.: *Radiat. Phys. Chem.*, **42**(1/3), 215 (1993).
24) Isayev, A. I. and Qhen, J.: *Rubber Chem. Technol.*, **68**, 267 (1995).
25) Loeffer, M.: Biohydrometall, Technol. Proc. Int. Biohydrometall, Symp., **2**, 673 (1993).
26) Loeffer, M.: *Kautsch. Gummi Kunstst.*, **48**(6), 454 (1995).
27) 毛利　誠，佐藤紀夫，大脇雅夫：日ゴム協誌，**72**, 43(1999)；*ibid*, **72**, 50 (1999).

6.4.2　更生タイヤ

更生タイヤは，摩耗したタイヤ(以下"台タイヤ"と呼ぶ)のトレッドゴムをはり替え，その機能を復元して，リサイクリングしたものであり，ゴムのリサイクリング事業において主要な位置を占めている．

近年，道路の整備が進むとともに，タイヤの構造・材料も大きく進歩し(更生タイヤの主流であるトラック・バス用タイヤでは，構造がバイアスからラジアルへ，カー

カス材料がナイロンからスチールへ），台タイヤの残存耐久性が大幅に向上した．したがって，更生タイヤの設計・製造技術の進歩と相まって，現在の更生タイヤは，新品タイヤに近い性能をもっている．

a. 更生タイヤの種類

更生タイヤの基本構造は図6.4.6の通りであるが，その製造方法によって下記の2種に大別される．

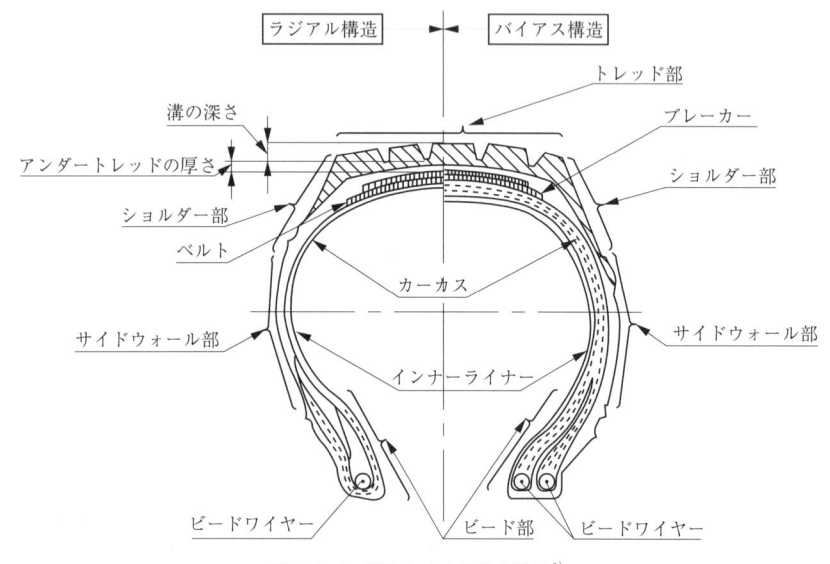

図 6.4.6 更生タイヤの基本構造[1]

(1) モールドキュアトレッド法による更生タイヤ　残っている古いトレッドゴムを削り取り，ゴムのりを塗布した台タイヤに，未加硫のトレッドゴムをはりつけ，新品タイヤと同様の「おわん形」タイヤモールド(金型)を用いて，加硫・パターン(トレッド部の模様)づけを行う(図6.4.7(a),(b))．

(2) プレキュアトレッド法による更生タイヤ　あらかじめ「平形」のモールドで加硫されたパターン付トレッドを，(1)項と同様の台タイヤに，クッションゴムを間に挟んではりつけ，加硫缶(最も一般的)のなかで，適切な時間，加圧・加熱して接着させる(図6.4.8)．

b. 材　　料

主要な材料は次の通りである．

(1) 台タイヤ　台タイヤは，更生タイヤの耐久性を左右するので，この選別は全数検査で厳重に行われ，更生しても使用に耐えないと認められる欠陥のあるものは

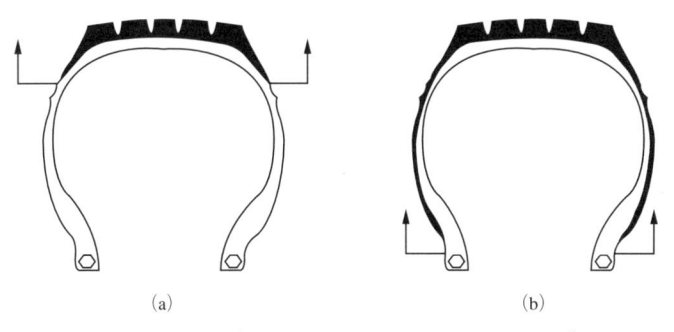

図 6.4.7 モールドキュアトレッド法による更生タイヤ[2]

排除される．傷のあるものも更生タイヤとしての強度および耐久性を維持できる範囲内のものであれば，部分修理をして台タイヤとして使うことができる（詳細は，更生タイヤ全国協議会発行の「更生タイヤ製造基準」参照）．また，更生回数は，「台タイヤの残存耐久性」と「更生後の使用条件」によって決定される．

(2) 練り生地　練り生地は，JIS K 6370（更生タイヤ用練り生地）に規定された表6.4.8に示す種類があり，同JISに，それぞれの性能が規定されている．

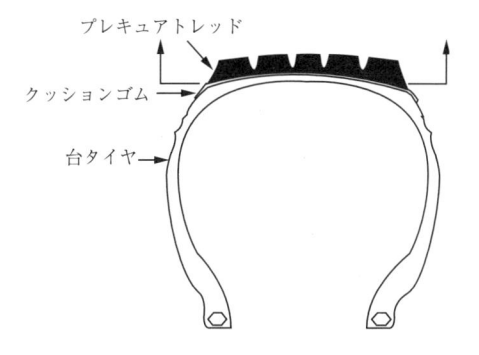

図 6.4.8 プレキュアトレッド法による更生タイヤ[2]

表 6.4.8 更生タイヤ用練り生地の種類[3]

種類		使用目的
1種 (タイヤ用)	トレッド用ゴム	主としてトレッドゴムに用いるもの
	クッション用ゴム	主としてトレッドゴムと台タイヤの接着に用いるもの
	穴埋め用ゴム	主としてカーカス部の穴埋めに用いるもの
2種(チューブ用)		チューブの修理に用いるもの
3種(ゴムのり用)		ゴムのりの材料に用いるもの

(i) トレッド用ゴム：　更生タイヤとして必要な性能を発揮しうる品質のもので，断面がそのまま台タイヤにはりつけるのに適した形状になっている「キャメルバック (camelback)」，または自工場の押出機で適切な形状に押し出して用いるのに適した「ストリップラバー (strip - rubber)」の形で供給される．

(ii) クッション用ゴム：　粘着性の強いゴムで，厚さ0.7〜1.0 mmのシート状で供給される．主として台タイヤとトレッド用ゴムとの接着に用いられるが，部分修理にも用いられる．

(iii) 穴埋め用ゴム： 主として釘穴やスカイビング(skiving)した部分のくぼみの補てんに用いられる．
(iv) のり用ゴム： ゴム溶剤に溶解して，接着用のゴムのりをつくるための材料として用いられる．
(v) ゴム溶剤： 一般に工業用ガソリン2号(ゴム揮発油)が用いられる．

c. 製 造 設 備

製造用の主要な設備は次のようなものである．

(1) トレッドゴム除去機　選別検査に合格した台タイヤの古いトレッドゴムを削り取る設備で，下記の2種に大別されるが，両者を合体した型式のものもある．

(i) ピーリング機： トレッドゴムを，固定された幅の狭い円筒状のカッターで，「りんごの皮むき状」に急速に削り取り，バフ輪郭の下地をつくる設備．トラック・バス用タイヤ，土木建設車両用タイヤなどの大型タイヤで，削り取るトレッドゴムが多い場合に用いられる．

(ii) バフィング機： ピーリング後または摩耗したままのトレッドゴムを，高速回転する円筒状のカッター(ホルダーに，のこ刃状のブレードラスプを多数組みつけたもの)で，「ひじき状」に細かく削り取り，適切なバフ輪郭とバフ目をつくる設備．円筒状のカッターの回転軸には，縦型(バフ目は横溝)と横型(バフ目は縦溝)とがある．また，制御方法としては，手動式，半自動式，および全自動式があるほか，ピーリング機と合体したものなど多くの型式がある．

(2) 集じん機　バフ作業やスカイブ作業で飛散する細かいゴム粉が，作業場内に浮遊しないように，吸引して集める設備．多様な大きさのものがある．

(3) ゴムのりミキサー　のり用ゴムをゴム揮発油に適切な時間浸して膨潤させたのち，撹拌してゴムのりをつくる設備．

(4) ゴムのり吹つけ機　バフおよびスカイブ作業終了後の台タイヤに，ゴムのりを噴霧して塗布する設備．いくつかの方式があるが，現在では，ゴムのりに直接エアが触れない「エアーレス方式」(ゴムのりにポンプで高圧をかけ，ゴムのりだけを噴霧状態にして吹きつける)が主流である．

(5) トレッドゴムはりつけ機　トレッドゴムをはりつけるために，前工程で必要な処理を施した台タイヤを保持し回転させる設備．台タイヤが変形しないように，空気圧または支持ローラーで内部から支える装置と，外部からトレッドゴムを圧着する装置がついている．「リボン状ゴム」押出機と一体になったもの，「キャメルバック」押出機と一体になったものもある．

(6) 加 硫 機　製造方法の違いによって，大別すると下記の2種がある．

(i) モールドキュア用加硫機： 基本構造は，新品タイヤの加硫機と同一．新品タイヤと同様の「おわん形」タイヤモールドを装着し，その外側から，蒸気熱または電熱によって，加硫に必要な温度に加温するとともに，タイヤの内側からも，エアバ

ッグまたはブラダーによって,必要な圧力と温度を加えて加硫する設備.タイヤモールドには,フルモールド(一体式)と割りモールド(分割式)の2種類がある.

(ii) **(プレキュア用)加硫缶**: プレキュアトレッドをはりつけた台タイヤに,圧力と温度を加えて加硫する圧力容器.熱源としては,蒸気熱と電熱の2種類がある.

d. 製造工程

主要な工程は次の通りである.

① 台タイヤ選別検査→② トレッドゴム除去(ピーリング,バフィング)→③ スカイビング(損傷箇所の削り取り)→④ クリーニング(汚れ取り)→⑤ ゴムのり塗布→⑥ 穴埋め(スカイビングした部分のくぼみへのゴム補てん)→⑦ トレッドゴムはりつけ→⑧ 加硫→⑨ 仕上げ→⑩ 製品検査　　　　　　　　　　　　　〔安 倍　　勝〕

文　献

1) JIS K 6329　更生タイヤ.
2) 日本ゴム協会編:ゴム工業便覧(第4版),日本ゴム協会 (1994).
3) JIS K 6370　更生タイヤ用練り生地.

6.4.3 使用済みタイヤのリサイクルと有効利用

a. 使用済みタイヤの発生量とリサイクルの現状

1960年代以降の本格的なモータリゼーションにより,国内の自動車保有台数は,急激に増加し,1995年には7000万台を突破した.この間自動車用タイヤは,ラジアルタイヤへの変更などにより製品寿命を大幅に向上させたものの,使用済みタイヤの

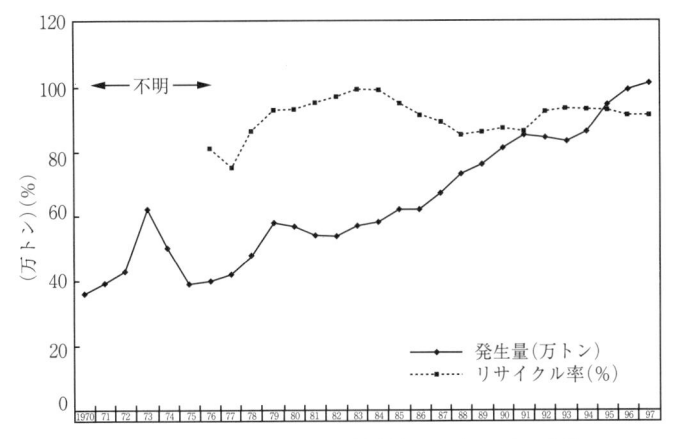

図 **6.4.9** 使用済みタイヤの発生量とリサイクル率の推移

発生量は年々増加し,1997年にはタイヤ本数で1億200万本,重量で100万8000トンとなった(図6.4.9).しかし,使用済みタイヤの回収ルートの整備や後述するリサイクル方法の開発・促進により,90％強のリサイクル率を保持できている.

このリサイクル率は,海外の使用済みタイヤリサイクル率(表6.4.9)や国内の他製品のリサイクル率(鉄缶60％,アルミ缶50％,古紙55％,ペットボトル2％)と比較して,非常に高い数字である.

表6.4.9 各国のリサイクル状況

		日　本	アメリカ	韓　国	ドイツ
総排出量		1.01億本 (1996年)	2.96億本 (1996年)	1854万本 (1996年)	55万トン (1994年)
サーマル	セメント	28.0	15.3		28.8
	ボイラー	12.5	16.9	1.6	
	その他	11.1	19.2		1.6
	小計	51.6	51.4	1.6	30.4
プロダクト	輸出	16.5	5.1	5.2	8.8
	更生	8.2	10.1	6.5	14.4
	その他	3.0	0.3	1.5	
	小計	27.7	15.5	13.2	23.2
マテリアル	再生ゴム ゴム粉	12.2	6.9	8.0	10.4
その他	土木 農業など		4.2	35.3	16.0
不　明		8.6	22.0	41.9	20.0
合　計		100	100	100	100

リサイクル方法は,一般的に表6.4.10に示す5つの方法に分類されている.表6.4.9に示したように,日本,アメリカでは5割以上がサーマルリサイクルで,その次にプロダクトリサイクル,マテリアルリサイクルと続く.現在は,各国ともにマテリアルリサイクルの比率が低いため,有効なマテリアルリサイクル技術の構築をめざして,脱架橋技術の研究などが行われている.各リサイクル方法の概要について次に述べる.

b. 各リサイクル方法の概要

(1) **マテリアルリサイクル**　使用済みタイヤを各種破砕機でやや大きいチップ状に,さらに細かく粉砕して繊維,スチールコード,異物を除去してゴム粉を製造する.そのゴム粉を加工してマテリアルリサイクルとする.マテリアルリサイクルのフローチャートを図6.4.10に示す.再生ゴムについては6.4.1項で述べたので,ここではそれ以外の主な利用方法について説明する.

(i) **ゴムブロック,ゴムマット**：　ゴムブロックとゴムマットは,使用済みタイヤなどのゴムを粒状またはチップ状(1〜5mm)にしたものに,ウレタン系バインダーと着色剤を配合し,型に入れて一定の形状に加熱成形したもので,歩行者専用道路や

6.4 ゴムのリサイクル

表6.4.10 リサイクル方法の分類

	形 態	主 用 途
① マテリアルリサイクル		
・オープン：材料ごとに分解・分別して他の製品の材料として使用	ゴム粉	鉄道用軌道パッド，畜産用マット，工事保護用マット，ゴム弾性舗装材(ゴルフ場歩径路，テニスコート，陸上競技場，遊歩道，ジョギングコース)，ゴムブロック，凍結防止道路材，透水性舗装材，空気透過用ホース(農業用，水槽用)，消しゴムなど
	再生ゴム	ベルト，ホース，ゴム板など，各種工業用ゴム製品
・クローズド：材料ごとに分解・分別して同一の製品の材料として再利用	ゴム粉 再生ゴム	農業用タイヤなどのゴムコンパウンドの一部
② プロダクトリサイクル： 再生処理を施して，製品の長寿命化を図る	原形のまま	更生タイヤ
③ ケミカルリサイクル： 熱分解，化学分解などによって，低分子の材料などに還元する	ガス，オイル カーボンブラック 活性炭	燃料 配合剤 吸着材
④ サーマルリサイクル： 熱エネルギーとして再利用	カットまたは 原形のまま	セメント原燃料，金属製錬，ボイラー，発電など
⑤ 原形利用	原形のまま	防げん材，漁礁，土止め，遊戯具など

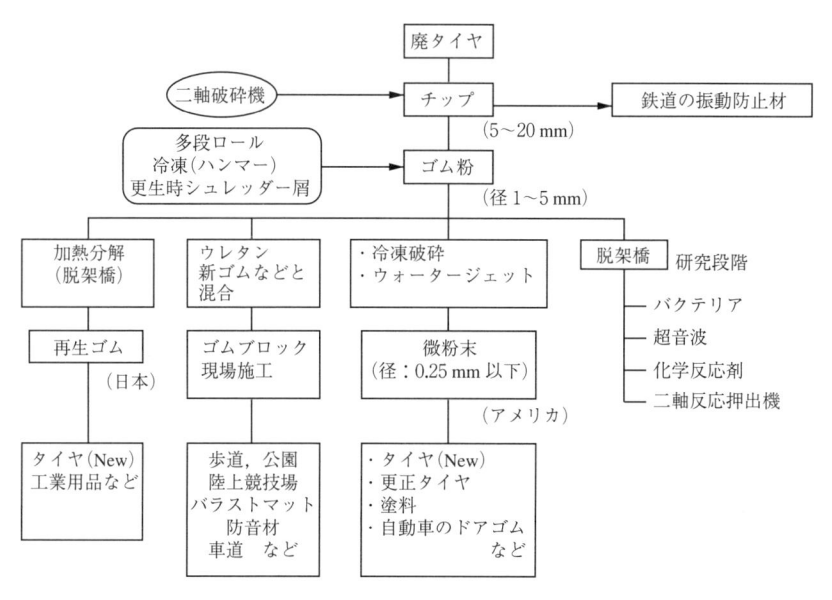

図6.4.10 マテリアルリサイクルのフローチャート

運動場，ゴルフ場通路などに使用されている．足にやさしくソフトな歩行感覚で，滑りにくく転んでもけがをしにくいなどの安全性に優れている．さらに，排水性があり，

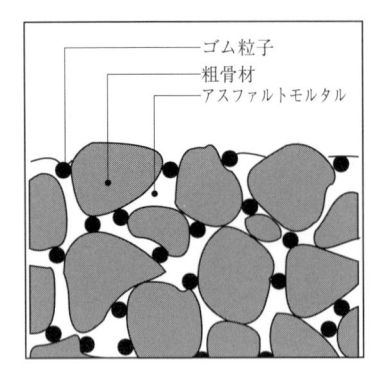

図 6.4.11 ゴム粉入りアスファルト道路舗装の断面図

音が静かで,スパイクシューズで歩行しても摩耗や傷に強いなどの特徴がある.

(ii) ゴム粉入りアスファルト道路舗装:
冬期の路面凍結防止には,迅速な除雪や凍結防止剤の散布など膨大な費用と労力を要する.ゴム粉入りアスファルト道路舗装は,図6.4.11に示すようにアスファルト舗装にゴム粉を混入させたもので,表面にできた薄い氷層の上を車が走行すると,このゴム粒子とタイヤの相互作用によりこの氷層を破砕し,路面に凍結抑制機能をもたせることができる.実績としては,1981年から1995年3月までの間に,181カ所で合計約30万m^2の施工がなされ,冬期寒冷地の交通安全に寄与している.

(iii) バラストマット・スラブマット(図6.4.12):バラストマットは,ゴム粉を主原料として新ゴムおよび数種類の添加剤を混合したのち,金型内に流し込んで加熱圧縮成形により板状に加工したもので,鉄道軌道(高架橋・橋梁など)に用いられている.目的としては,列車走行時の振動・騒音の低減,バラストの細粒化防止による長寿命化,コンクリート床板の破損防止,軌道保守費用の軽減があげられるが,とくに高架橋下の振動・騒音低減に効果的である.

スラブマットは,バラストマットと同様にゴム粉を主原料として製造した板状ゴムで,スラブ軌道の振動や騒音を低減するためにスラブ板(枕木とバラストに代わるコンクリート製のもの)の下に敷くものである.

(a) バラストマット　　(b) スラブマット

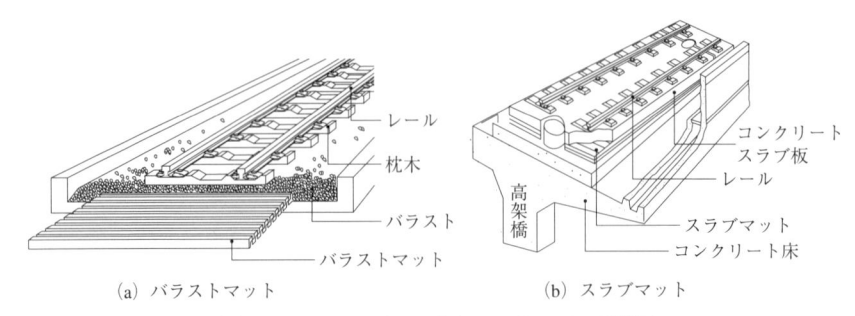

図 6.4.12 バラストマットとスラブマットの説明図

(2) プロダクトリサイクル　タイヤを再生処理してタイヤとして再使用することをプロダクトリサイクルと呼び,現在は更生タイヤのみがあてはまる.更生タイヤについては,6.4.2項で述べたのでここでは省略する.

（3） ケミカルリサイクル

使用済みタイヤを熱分解，化学分解などすることによってガス，オイル，カーボンブラック，活性炭などに還元する再利用法である．ケミカルリサイクルによる原料化のフローチャートを図6.4.13に示す．このような原材料化の技術はあるが，性能，コスト面から拡大が進まないのが現状である．しかしながら，活性炭は工業的に製造する方法が開発され，微量ではあるが再利用されている．さらに吸着性能を高め（現在の再生品は市販品の2分の1の吸着性能）収率を上げ，コストダウンができれば拡大できる．

（4） サーマルリサイクル

タイヤの燃焼エネルギーは，C重油と石炭の中間に位置するほど高く，省資源の観点から化石燃料の代替としての利用が進んでいる．

図6.4.13 ケミカルリサイクルによる原料化

（i） **セメント原料・燃料：** タイヤは主にゴム，カーボンブラック，スチールおよび硫黄の4つの成分から構成されているが，セメントキルン内でゴム，カーボンブラックは燃料となり，スチールは高温のため容易に溶融し酸化され酸化鉄に，硫黄は

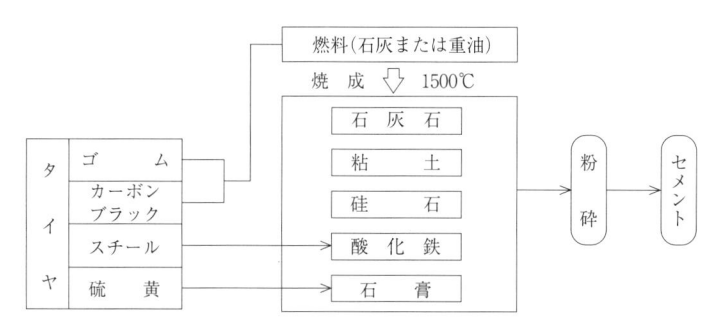

図6.4.14 セメント製造におけるタイヤの役割

原料中の酸化カルシウムと反応し石膏になり，セメントの原料の一部となるため，残渣が全く残らない(図6.4.14)．セメント工場での使用は，タイヤのもつ高エネルギーとセメント製造工程の特性(エネルギー多消費と高温)がマッチした有効な利用法である．現在わが国のセメント工場は45工場あるが，使用済みタイヤの燃焼可能な工場は41工場，そのうち26工場が実際に使用している．

(ii) **使用済みタイヤ焼却発電設備**：　セメント工場以外でも，使用済みタイヤのエネルギー源としての有効利用が進んでいる．ブリヂストン栃木工場では，使用済みタイヤおよび事業所産業廃棄物を燃料とし，処理能力が60トン/日(小形タイヤ換算で9000本)で，発電能力が5000 kW/hの発電設備を設置し，タイヤ製造工程のエネルギーとして活用している．

(5) **原形利用**　　原形利用の例としては，小さな漁船や岸壁の防げん材，魚礁，児童公園の遊具などがあるが，いずれも使用量としてはわずかである．

〔平田　靖〕

6.4.4　使用済み合成ゴム製品の有効利用

近年の大量生産，大量消費社会では多くの廃棄物が発生し，プラスチックをはじめとする高分子材料の廃棄物もそのひとつとして注目されており，その処理が大きな社会問題になっている．これらは地球環境保全，資源の枯渇化などの問題から，有効な再利用，環境にやさしい処理が求められている．高分子材料のなかで唯一の弾性体であるゴム製品も例外ではなく，廃棄物の有効利用，処理が求められている．

ゴム製品について，年間ゴム消費量の約70％を占めるタイヤの廃棄物である使用済みタイヤは87～93％が何らかの方法で処理されている．しかし，タイヤ以外の約30％については，一部は処理されているが，分別回収がむずかしく，多くは焼却処理，埋立て処理によって廃棄物が処分されている．

これらの廃棄物のなかで，合成ゴム系の廃棄物についても，再生ゴム化，各種分解処理などが行われている．

a.　ゴム廃棄物の有効利用

ゴム製品の廃棄物は三次元構造であり，補強材，充てん剤などが配合されたゴム複合体である．また，単一ゴム種のものは少なく，他のゴム種やプラスチックをブレンドしたものである．さらに，多品種少量製品であるため，分別回収がむずかしい．そのうえ，多くの製品はカーボンブラックを配合しているため黒色をしている．このため，再利用などをよりむずかしくしている．

合成ゴム製品からの廃棄物の有効利用・処理は図6.4.15に示すように，マテリアルリサイクル，ケミカルリサイクル，サーマルリサイクルによって実施されている．

① **マテリアルリサイクル**：　原形のまま，ゴム粉末あるいは再生ゴムとして，加工再利用して使用する．

6.4 ゴムのリサイクル

② ケミカルリサイクル：化学的処理，分解，熱分解して得られる生成物を再利用する．

③ サーマルリサイクル：焼却などによって熱エネルギーにして再利用する．

(1) マテリアルリサイクル

フッ素ゴム(FKM)あるいはシリコーンゴム(Q)のような高価なゴムは製造時に発生する不良品，ばりなどの廃棄物を単純に粉砕して，同種の生ゴムに配合していることが知られている．しかし，多量に配合することは特性の低下を起こすことから，少量に限られている．また，エチレンプロピレンゴム(EPDM)についても，廃棄物を粉砕して得られる粉末ゴムをゴムに配合し，少量配合での物性が示されている．

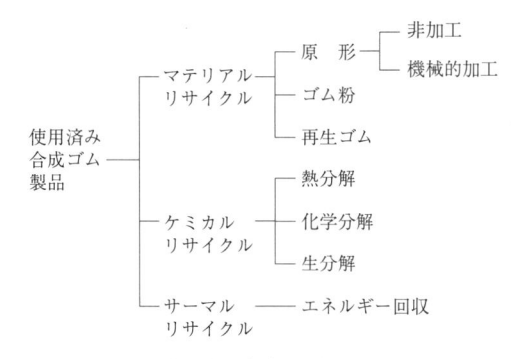

図 6.4.15 使用済み合成ゴム製品のリサイクル

再生ゴム化については，ニトリルゴム[1]，EPDM[2]，スチレンブタジエンゴム(SBR)[3]，ブチルゴム[2]およびブレンド系ではクロロプレンゴム/SBR[4]，ブチルゴム/EPDM[4]などの廃棄物についての研究があり，一部実施されている．これらの再生ゴム化の技術は使用済みタイヤの技術と同様に，廃棄物を粉砕し，得られる粉末ゴムに再生剤を配合して熱処理する方法である．この方法では架橋点(硫黄-炭素結合など)の切断反応(脱硫反応)だけでなく，熱処理の段階で熱酸化による主鎖の崩壊が同時に起こり，再生ゴムの特性を低下させている．そこで，この熱処理工程を不活性ガス雰囲気下で行うことによって脱硫反応だけが起こり，主鎖の切断が起こりにくいことが考えられる．この再生ゴム化の研究が，SBR廃棄物について行われ，従来法による再生ゴムよりも特性の優れた再生ゴムが得られている．

自動車部品に用いられたEPDM廃棄物を再生ゴム化する技術が，二軸押出機を用いて開発され，特性の優れた(図6.4.16)再生ゴムが得られている[5]．さらに，ウレタンゴム(PU)についても，自動車バンパーの廃棄物について同様に二軸反応押出機を用い，再生ゴム化反応の途中で水を加え，加水分解

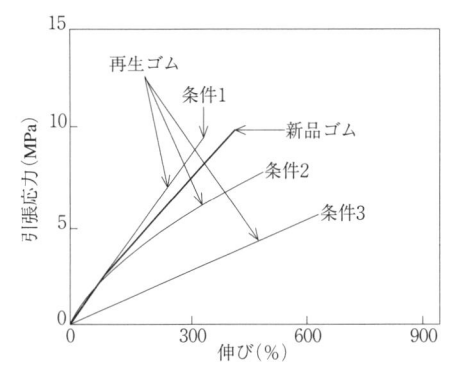

図 6.4.16 使用済みEPDMからの再生ゴムの物性

を起こさせ，再生ゴム化できる技術が確立している．この反応を応用して，オレフィン系熱可塑性エラストマー製バンパーのリサイクルにおいて，塗装したウレタン樹脂の処理が可能である．

Qの廃棄物については，粉砕ゴムをアルカリあるいは酸中，200～250℃での熱水和反応を行うと粉末ゴム表面が可塑化し，ロール通しすることで再生ゴムが得られ，再利用が可能である[6]．また，FKMの廃棄物については，廃棄物の粉末ゴムにアミン化合物を加えて膨潤させ，それをロール通しすることで，シート出しが可能な再生ゴムが得られている[7]．

(2) ケミカルリサイクル　ゴム廃棄物を熱分解あるいは化学的に分解させ，低分子化合物(モノマー，オリゴマー)あるいは比較的分子量の大きい中間体を生成させて再利用する方法である．ジエン系ゴムは熱分解によって芳香族化合物が多く生成するが，ポリメタクリル酸メチルのように，モノマーに分解するものが比較的少なく，SBRではスチレン，ベンゼンが少量回収されるだけである．そのため特定の化合物を回収することがむずかしい．一般的に，熱分解温度が低い場合は，比較的分子量の大きいオイルが生成し，これは燃料あるいはゴム用薬剤として利用できる．また，残渣として残るカーボンブラックなどは活性炭やゴム用充てん剤としても使用できる．

PUの廃棄物については，グリコール化反応を利用した分解を行い，低分子量化する技術がある．一方，水の臨界点(374℃，22.1MPa)以上の超臨界水を用いた高分子廃棄物の使用が報告されており，超臨界水酸化反応では，図6.4.17に示すように，低分子化合物に酸化分解される．しかし，炭素-炭素結合や炭素-水素結合を保存する超臨界水中での還元的な反応によって，モノマーあるいはそれ以上の分子量をもつ生成物が得られることが知られている．この還元反応を応用したEPDMの廃棄物の分解について，図6.4.18に示す脱硫，クラッキング反応によるオイル化がある[8]．これで得られたオイルはゴム用軟化剤としてリサイクル可能であることが明らかにされている．今後この技術の発展・実用化がおおいに期待される．

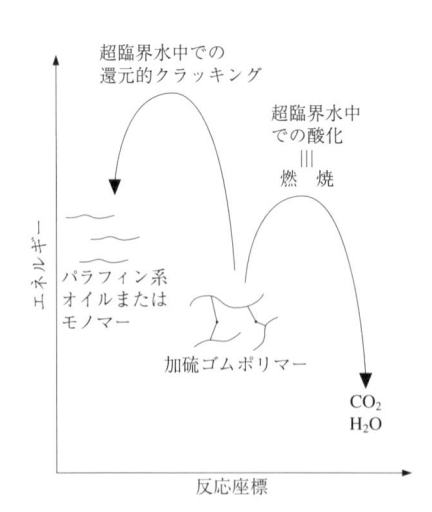

図6.4.17　超臨界水中での還元的なクラッキングと超臨界水酸化過程との反応座標上での比較

(3) サーマルリサイクル　ゴム製品は比較的発熱量が大きく，エネルギー源として有効であるため，乾留法によるエネルギー化および連続燃焼法によるエ

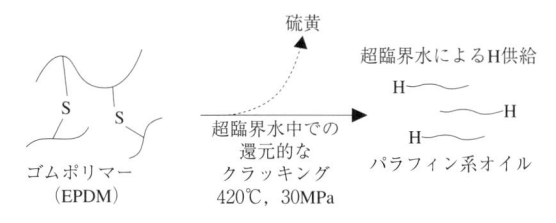

図 6.4.18 超臨界水中でのクラッキング反応のスキーム図

ネルギー化が行われている．しかし，窒素を含むゴムからはノックスの問題，塩素を含むゴムからはダイオキシンの問題がある．また，ゴムの加硫に使用する各種化合物による環境破壊などの問題もあり，今後解決しなければならない課題がある．

b. 今後の課題

ゴム材料は約35％の天然ゴムを除いて，残りは化石燃料を原料として各種合成ゴムが生産されており，単純なサーマルリサイクルではもったいないと考えられる．マテリアルリサイクルあるいはケミカルリサイクルで再利用し，何回かのリサイクルをへたのちにサーマルリサイクルで処理することが望ましいと考えられる．

ゴム材料の多くは硫黄あるいは過酸化物架橋で三次元構造をもたせることにより，使用特性が得られている．したがって，有効利用する場合にはこれが逆に問題となっている．高分子材料のなかで弾性体はゴム材料だけであり，限りある資源のなかで，より有効に再利用する必要がある．再生ゴムは最も適した方法であるが，現状の技術では架橋構造だけを優先的に切断する技術はほとんどなく，マイクロ波，超音波などを用いた技術が明らかにされているが，今後のこの分野の進歩がおおいに期待される．

〔山口幸一〕

文　献

1) 川崎仁士ほか：日本ゴム協会第47回総会研究発表会要旨集，p.30（1980）
2) Fix, S. R.：*Elastomeries*, **112**(2), 38（1980）．
3) 川崎仁士ほか：昭和52年度技術開発研究費補助事業成果普及講習会（1978）．
4) 川崎仁士：ポリマーダイジェスト，No.3, 2（1981）．
5) 鈴木康充：平成10年度日本ゴム協会関西支部秋期ゴム技術講習会，p.120（1998）．
6) 山口幸一ほか：昭和56年度技術開発研究費補助事業成果普及講習会（1983）．
7) 川崎仁士ほか：日本ゴム協会第48回総会研究発表会要旨集，p.59（1981）．
8) 天王俊成：ポリマーダイジェスト，**51**(4), 31（1999）．

6.5 ゴムの標準化と PL 法

6.5.1 JIS と ISO

ゴム産業に関する規格は大別すると試験規格と製品規格に分けられ、ISO 規格では、タイヤ、ベルト、ゴムおよびゴム製品、避妊具の4つに分類して審議されている。JIS ではもう少し細かく製品別に分類され審議されているが、最近では ISO に合わせた分類に統合され始めている。ゴム産業の ISO 規格は約536件あり、対応する JIS は約198件である。JIS は使いやすいようにひとつの規格のなかに数件の ISO 規格を取り込んでいる場合があり、正確な数の比較はできないが、ゴム分野では、ISO 規格があり JIS のない例が約35%(約200件)にも達している。ここでは、ISO 規格と JIS および ISO/JIS の整合化と標準化の今後について述べる。

a. ISO

ISO は国際標準化機構(International Organization for Standardization)の略号であり「物質およびサービスの国際交換を容易にし、知的、科学的、技術的および経済的活動分野における国際間の協力を助長するために世界的な標準化およびその関連活動の発展促進を図ること」を目的につくられた、スイス民法第60条および関連条項に従って規定される法人組織である。国際標準化は、電気技術の分野から始まり、国際電気標準会議(IEC)が1906年に設立されている。ISO は第1回臨時総会が1946年ロンドンで開催され、1947年正式に発足し、53年の歴史を有している。

国際標準化機構(ISO)の構成は、役員(4名)、理事会(18カ国、日本も理事国)、中央事務局(19カ国、170名の職員)、技術管理評議会(TMB、12カ国)および専門委員会(184のTC：Technical Committee)で成り立っている。ISO 加盟国は現在120カ国に達し、日本も JIS(日本工業規格)の調査・審議を行っている日本工業標準調査会(JISC)が1952年4月の閣議了解にもとづいて ISO に加入している。ISO に要する年間経費は約110億円であり、日本の分担金額は、アメリカ、イギリス、ドイツ、フランスと並んで世界一である。最近の ISO 規格数は約12000件あり、それぞれ専門委員会 TC において規格の審議および制定を行っている。現在187のTCが世界で活動している。このうち、ゴム業界に関係する ISO 規格の審議は下記の4つのTCで行われている。

(1) TC 31(タイヤ)……………(社)日本自動車タイヤ協会
(2) TC 41(ベルト)……………ゴムベルト工業会
(3) TC 45(ゴム及びゴム製品)……日本ゴム工業会
(4) TC 157(コンドーム)…………日本ゴム工業会

ISO 規格の審議は TC の下部機構として572の SC(Sub Committee)および SC の実務を遂行するために2063の WG(Working Groups)が活動している。TC および SC への参加の形態としては、N メンバー(Non Member)、O メンバー(Observe Member)、P メン

バー(Participate Member)の3種類がある．Nメンバーは当然ISOより何の情報も入手できない．Oメンバーは規格案件の最終案(DISまたはFDIS)のみ入手でき，ISOへ意見を述べることができるが採用されることはない．Pメンバーは規格案件のNP(New work Proposal)，WD(Working Draft)，CD(Committee Draft)の段階から積極的に参加・派遣および意見を述べることができ，同様にDIS(Draft International Standard)に対しても意見を述べることができる．したがって，国際会議の席で日本の意見について審議してくれる一方，すべての案件に対して投票の義務があり，投票を何回か怠ると，Pメンバーとしての権利を失い，再びPメンバーの権利を得ることは困難になる．後述するが，JISの制定および改正時にはISO規格内容との整合が必要であり，Pメンバーになることは重要な事項である．

その他，国際標準にする前の技術レポートとして取り扱われるTR(Technical Reports)，PAS(Publicly Available Specification)，TS(Technical Specification)，ITA(Industry Technical Agreement)が発行される．これは臨時処置であり，発行3年後には国際標準にするか廃止するかの投票がある．なお，NP，WDから2年以内にCDに進まなかったり，CDから3年以内にDISに進まない場合，また，DISから2年以内にISO規格にならなかった場合，案件破棄の投票がある．さらに，既ISO規格の5年ごとの定期見直しがある．見直しにより，そのまま継続，改正，他の番号への統合，廃止に関するアンケートが求められ，投票により決定される．一般的には一部改正されDISとして審議されISO規格となる．

ゴム産業として審議している審議団体および規格件数は下記の内容である．

TC 31(タイヤ)には8つのSCがあり，27のWGが活動している．国内の活動は(社)日本自動車タイヤ協会内のISO・JISタイヤ委員会により，ISO規格56件，JIS 23件の規格に関する審議が行われている．

TC 41(ベルト)には3つのSCがあり，WGはない．国内の活動はゴムベルト工業会内のベルト国内審議委員会により，ISO規格60件，JIS 12件の規格に関する審議が行われている．

TC 45(ゴム及びゴム製品)には4つのSCがあり，23のWGが活動している．国内の活動は日本ゴム工業会内のISO/TC 45国内審議委員会により，ISO規格410件，JIS 157件の規格に関する審議が行われている．

TC 157(コンドーム)にSCはなく，6つのWGが活動している．国内の活動は日本ゴム工業会内のISO/TC 157コンドーム協議会により，ISO規格20件，JIS 1件の規格に関する審議が行われている．

いずれのTCも年に1回または2回，加盟国のいずれかで国際会議が開催され，1年間審議してきた議案の確認，議論および投票結果の確認がある．この会議に出席して，各国代表と話し合い，友人になっておくことは日本の意見を受け入れてもらう最大のチャンスである．また，国際会議の席で議論し決定した事項は議事録に載り，そ

のまま ISO 規格に採用されるので，会議に出席して意見を述べることは非常に重要なことである．会議に出席しないメンバーの意見は聞く必要がない雰囲気すら感じられ，自国の利益になる規格づくりに各国の激しい駆け引きが繰り広げられている．したがって，各国のキーマンは長年にわたって同じ人が出席して，各国との水面下の打合せを会議の前に行っている．国際標準づくりに関する人材の育成は重要な課題である．

なお，規格の数や分科会の数については年々変わるので参考数字とされたい．

参考までに，最も規格数の多い ISO TC 45(ゴム及びゴム製品)の組織と規格数を表 6.5.1 に示す．

表 6.5.1 TC 45(ゴム及びゴム製品)(日本は P ナンバー)

	該当 ISO 件数
TC 45/WG 10：用語	9 件
TC 45/SC 1：ホース(ゴム及びプラスチック)	
/WG 1：工業用，化学用及び油用ホース	35 件
/WG 2：自動車用ホース	13 件
/WG 3：液圧ホース	14 件
/WG 4：ホース試験方法	20 件
TC 45/SC 2：試験及び解析	
/WG 1：物理及び粘弾性特性	59 件
/WG 3：劣化試験	19 件
/WG 4：静的試験	4 件
/WG 5：化学試験	51 件
TC 45/SC 3：ゴム工業用原材料(ラテックスを含む)	
/WG 1：試料採取・混練・及び加硫の一般方法	4 件
/WG 2：ラテックス	32 件
/WG 3：カーボンブラック	22 件
/WG 4：天然ゴム	6 件
/WG 5：合成ゴム	10 件
/WG 6：配合剤	13 件
TC 45/SC 4：その他の製品	
/WG 1：糸ゴム	2 件
/WG 2：パイプのシーリングリング	5 件
/WG 3：ゴムローラ	4 件
/WG 4：ラバールーフ	1 件
/WG 5：医療用手袋	2 件
/WG 6：ゴム製品の表示	1 件
/WG 7：加硫ゴムの材料仕様	1 件
/WG 9：軟質セルラー材料	23 件
/WG 13：引布(ひきふ)	38 件
合計	388 件

b. JIS

JIS 制度は，「取り引きの単純公正化，使用・消費の合理化，鉄工業の品質の改善，生産の合理化等を図ること」を目的に 1949 年に発足し，工業標準化法第 26 条により規定される国家規格制度である．工業標準化法の規定により，1949 年より発足した JIS 制度により，制定された JIS は約 13000 件あり，国家規格としての役割を終えた約 5000 規格はすでに廃止され，現在約 8000 規格が制定されている．このうち，約 1500

規格が化学部門に関する規格(JIS K)であり，さらに，ゴム産業に関する JIS は約 200 件である．参考までに，最も規格数の多い JIS/TC 45(ゴム及びゴム製品)の規格数を下記に示す．

(1) 分析方法に関する規格……………………………約 13 件
(2) 物理試験に関する規格……………………………約 23 件
(3) 配合剤に関する規格………………………………約 11 件
(4) 原材料に関する規格………………………………約 22 件
(5) 製品・ホース関係に関する規格…………………約 38 件
(6) 製品・履物関係に関する規格……………………約 9 件
(7) 製品・引布・防振ゴム・電線関係に関する規格……約 11 件
(8) 製品・その他(衛生，消しゴム等)に関して…………約 35 件
合計　　約 162 件

また，JIS が過度な規制となってはいけないとの立場から，規格全体のゼロベースからの総点検も行われている．ゼロベースからの総点検とは，JIS の見直し時に，中小企業を含む生産者，使用者，消費者などが自らその JIS の必要性を検証してから判断することを指し，JIS を制定する重点分野を次のように示している．

〈JIS を制定する重点分野〉

(1) 基礎的・基盤的分野　　国民経済的には標準化が必要であるが，規格制定の誘因がなく，標準化が期待できない分野．……(例)用語，性能試験方法など．

(2) 汎用的な分野　　生産者，使用者，消費者などが，多様，多数であり，幅広い関係者の調和が必要な分野．……(例)プリペイドカード，継手，安全弁，バルブなど．

(3) 中小企業性の高い分野　　中小企業性が高く，業界として適切な規格策定ができない分野．……(例)ダンボール箱，ポリエチレン管など．

(4) 公共目的・政策普及の観点から必要な分野　　消費者対策，高齢者福祉，環境保全など社会的ニーズが高い分野で，政策的に標準化が必要な分野．……(例)電動車イス，シートベルト，新技術の試験方法など．

(5) 国際的対応が必要な分野　　市場開放のような国際的対応が求められる分野．……(例)品質システム，環境マネジメントシステムなど．

c. ISO/JIS の整合化と ISO 適正化

JIS の国際的整合化(ISO 整合化)に対して規制緩和推進計画が 1995 年 3 月 31 日に閣議決定され，1995 年 4 月から 1998 年 3 月の 3 カ年で ISO 規格に整合化されていない全 JIS 1000 件の見直し，改正作業が開始された．これは，国際貿易に不必要な障害をもたらさないよう，貿易の技術的障害に関する協定「WTO/TBT 協定」(World Trade Organization：世界貿易機関が定めた Agreement Technical Barriers To Trade：貿易の技術的障害に関する協定)に日本が批准し，1995 年 1 月 1 日に発効し，JIS の国際整合化

作業が急速に進められた結果である．ゴム産業も国際整合化作業を実施し，1998年3月はほとんどのJIS見直し作業を終了した．しかしながら，見直し作業時にISO規格が必ずしも正しくない事項が多々見いだされ，不適切なISO規格の適正化を図る活動が1998年4月より3ヵ年計画で発足した．1998年には国内の20の異なる業界でJIS 90件に対応するISO規格の実態を調査し，優れたJISの内容をISO規格に提案・適正化を行う活動を開始している．ゴム産業のISO/TC 45でも14件のJISに対応するISO規格の適正化活動を行っている．

おわりに

今後の標準化について説明する．標準化には次の3種類がある．
(1) 公的標準……ISO(グローバルスタンダード)，JIS(国家規格)
国際的または国家的な工業品のなかで「国際的または国家的に標準品足る物，基準になる物」を指す．
(2) ディファクトスタンダード……事実上の標準
国際的な標準になっているとか，国際的に圧倒的なシェアもっていて，否応なしに「模倣せざるをえない，追従せざるをえない商品」を指す．ウィンドウズソフト，VTRのVHSなど．
(3) コンソーシアムスタンダード……関連企業が事前に規格を統一
例えば，AV機器では世帯普及率が2～3％の時点で優位に立った製品がその後も逆転されることはない．したがって，当初無料配布してまでも優位を保ち，規格化してしまうのを指す．

このように標準化(規格化)は企業の戦略として位置づけられ始めている．ボーダーレス化の進展により，多国間の標準化が加速し，世界標準獲得の可否が産業競争力に直結する時代を迎えていることがうかがえる．例えば，市場統一前に規格を統一し，ISOに提案し，ISO規格に適合した製品のみ製造・販売・輸出できるような事態が出現する可能性は十分にある．すなわち，ヨーロッパ，アメリカは「標準化」を市場獲得の手段として戦略化しつつあるといえよう．ゴム産業においては，まだそこまでの感覚は感じられないが，標準化の仕事の重要性が理解できる．標準化に関する世界の情報を積極的に入手し，ゴム産業にとって不利益にならないJISづくりから利益になるISO/JISづくりに向って進んでいく必要があると考えられる． 〔三橋健八〕

6.5.2 PL法

製造物責任法，いわゆるPL法(Product Liability Law)が1994年6月22日に成立し，同年7月1日に公布され，翌1995年7月1日から施行された．法施行後の消費者の意識・企業の行動はどう変わっただろうか．PL法にもとづく訴訟は，これまでに係争中も含め14件報告されている(表6.5.2)[1]．戦後50年間で製造物責任関係の判例が160件程度起きており，その数から考えれば，訴訟の数は少なく，アメリカのような

6.5 ゴムの標準化とPL法

乱訴にはほど遠い数字といえる.しかし,消費生活センターや国民生活センターに寄せられる消費者の相談・苦情件数は確実に伸びてきており,PL法施行前と施行後とでは約1.5～2倍の伸びを示している[2].この傾向は企業の消費者部門に対するアンケート調査(後述)でもみられる.ここでは高度の法律論は専門家に委ねることとし,PL法成立の背景を踏まえ,同法の簡単な説明と消費者・事業者への影響,今後のあるべき方向を企業人の立場から述べてみたい.

a. PL法成立の背景

わが国で一般にいうPL法は通常の安全性を欠いた製品,つまり欠陥のある製品によって人の生命,身体や財産に被害が生じたときに,その製品の製造業者等が被害者に対して負う損害賠償責任に関するルールを定めたものである.

ではなぜPL法が生まれたのであろうか.その背景と要因のひとつとして,製品の欠陥により,事故が発生した場合の被害者救済は,これまで民法709条(不法行為責任)にもとづいて紛争解決がなされていたが,同条は「過失責任」の原則に立っており,被害者は製造業者の過失の存在を立証しなければならなかった.しかし,大量生産・大量消費の現代社会においては,製品の安全性確保は製造業者に依存する度合いが高く,また市場に投入される製品は高度化・複雑化してきているため,消費者と製造業者等との間に情報力や危険を回避する能力に格差が生じてきた.そこで被害者救済という観点から,製品関連事故の分野において「過失責任」の原則を修正し,「欠陥責任」の考え方による製造者責任制度を導入すべきであるとの指摘によるものである[3].加えてアメリカにおいてはすでに1960年代から判例法として,「厳格責任」の考え方が定着しており,1985年のPLに関するEC指令により,その後EC加盟国のみならず北欧・東欧諸国,オーストラリア,ブラジル,フィリピンや中国などの国々で無過失責任に立脚するPL法が立法化されていることも要因のひとつとしてあげられる.つまり,欧米諸国との国際的調和ということがPL法制定の背景にある.

b. PL法の概説

わが国で民法の特別法として制定されたPL法は,全部でわずか6条からなるきわめて簡潔な条文となっている.このため全6条の基本的な考え方や解釈については,PL法施行後のPL裁判において,各裁判官がどのように各条文を解釈するかという点に委ねられる部分が大きいといえる.以下,各条文について簡単に解説する[4].

第1条(目的)
　この法律は,製造物の欠陥により人の生命,身体又は財産に係る被害が生じた場合における製造業者等の損害賠償の責任について定めることにより,被害者の保護を図り,もって国民生活の安定向上と国民経済の健全な発展に寄与することを目的とする.

第1条はPL法の目的を規定したものであり,PL法では製造物の欠陥を原因とする

表 6.5.2 PL訴訟一覧(消費者苦情処理専門委員会事務室調べ, 1998年11月30日現在)

事件名	提訴	判決和解	原告	被告	訴訟額	事件概要(原告主張)
1. 紙パック容器負傷事件	平成7.12.24		レストラン経営者	ストレートティー製造メーカー, パックメーカー	91万円	原告が業務用ストレートティーを開ける際に, その抽出口で右手親指にカミソリで切ったような長さ15mm, 深さ1~2mmの傷を負った.
2. 融雪装置事件	平成8.8.8 平成8.11.20 PL追加主張		電気工事会社	パイプ加工会社	5124万円	被告製造のヒートパイプ方式の融雪装置を販売したところ, パイプの先端部分の雪が溶けず, クレームが相次ぎ, 販売における損害を被った.
3. カットベーコン食中毒事件	平成8.11.18	平成10.6.15和解	整体療術士	食品製造会社	95万円	パチンコ店の景品で取得したカットベーコンを食したところ, 青カビが原因で発疹や下痢症状を来した.
4. 学校給食O-157食中毒死亡事件	平成9.1.16		死亡した女児の両親	地方公共団体	7770万円	病原性大腸菌O-157に汚染された学校給食を食べた女児が死亡した.
5. 生ウニ食中毒事件	平成9.2.4		飲食店経営会社	食品輸入会社, 卸会社	3300万円	原告の飲食店で生ウニをだしたところ, 客23人が腸炎ビブリオ菌による食中毒に罹患した.
6. 合成洗剤手荒れ事件	平成9.2.5	平成10.8.26和解	化粧品販売員	台所用洗剤製造販売会社	70万円	台所用合成洗剤を使用したところ, 手指に水泡性ブツブツができ, 痛みやかゆみが生じ, 化粧品販売に支障を来した.
7. 駐車場リフト下敷き死亡事件	平成9.5.13	平成10.6.18和解	死亡した女性の遺族	駐車場経営会社, カーリフト製造メーカー, 販売会社	1815万円	1階のリフト昇降場で車に乗ろうと待機していた77歳の女性が, 降りてきたリフトの下敷きになり, 全身を打って死亡した.
8. 耳ケア製品炎症事件	平成10.1.22	平成10.5.7和解	飲食店経営者	耳ケア製品輸入業者	60万円	テレビに被告の代表取締役が出演して, 大量の耳垢が取れたとして宣伝するのをみて, 同製品を購入し使用したところ, 両耳にかゆみと難聴が発生した.
9. エアコン露飛び事件	平成10.3.2	平成10.9.7訴訟取り下げ	情報通信事業自営業者	エアコンメーカー, 設置業者	420万円	賃貸住宅に設置されていたエアコンをつけていたら, 飛び跳ねた水がコンピュータプラグに付着し漏電を起こして, 大量のデータが喪失し, 事業を1年間延期せざるをえなかった.

6.5 ゴムの標準化とPL法

(表6.5.2つづき)

事件名	提訴	判決和解	原告	被告	訴訟額	事件概要(原告主張)
10. コンピュータプログラムミス税金過払い事件	平成10.6.23 平成10.9.28 PL追加主張		食品製造会社	コンピュータプログラム開発会社,事務機器賃貸会社	1170万円	売上げ金などの管理のためにコンピュータリース契約をしたが,不適正なプログラムのため,法人税などを多く払いすぎていることが判明した.
11. 縫合糸断裂死亡事件	平成10.7.22		死亡した男性の妻	手術用縫合糸輸入販売会社	4962万円	市民病院にて左頸動脈内膜剥離術を受けたが,手術に使用した縫合糸が手術後断裂し出血ショックおよび呼吸不全により死亡した.
12. 輸入漢方薬腎不全事件	平成10.10.8		主婦2名	漢方薬輸入販売会社	8160万円	冷え性患者に効能があるという漢方薬を内科医の処方により服用したところ慢性腎不全に罹患した.
13. こんにゃくゼリー死亡事件	平成10.10.30		死亡した男児の両親	食品製造販売会社	5945万円	こんにゃく入りゼリーを母親が与えたところ咽喉頭に詰まらせ窒息死した.
14. エアバッグ破裂手指骨折事件	平成10.11.19		脳外科医	自動車輸入会社,販売会社	2億1096万円	停車して点検中,エアバッグが噴出・破裂して,左手親指を骨折するなどの傷害を負い脳外科医としての手術を行うに多大な損害・苦痛を被った.

人の生命,身体や財産に生じた損害,つまり拡大損害が生じた場合,製造業者や輸入業者などの責任について定めた欠陥責任原則を初めて取り入れたものである.従来の民法が「過失無ければ責任なし」としていた過失責任主義が,過失がなくてもあっても欠陥さえ証明できれば製造業者の責任を追求できて損害の賠償を請求できるというわけである.ここで欧米と違うのは消費者の保護ではなくて,被害者の保護となっている点である.被害者には,自然人のみならず法人も含まれる.被害者の保護によって,国民生活の安定向上と国民経済の健全な発展に寄与することを目的としている.

第2条(定義)
　この法律において「製造物」とは,製造又は加工された動産をいう.
2　この法律において「欠陥」とは,当該製造物の特性,その通常予見される使用形態,その製造業者等が当該製造物を引き渡した時期その他の当該製造物に係る事情を考慮して,当該製造物が通常有すべき安全性を欠いていることをいう.
3　この法律において「製造業者等」とは,次のいずれかに該当する者をいう.
一　当該製造物を業として製造,加工又は輸入した者(以下単に「製造業者」という.)

二　自ら当該製造物の製造業者として当該製造物にその氏名，商号，商標その他の表示(以下「氏名等の表示」という.)をした者又は当該製造物にその製造業者と誤認させるような氏名等の表示をした者
三　前号に掲げる者のほか，当該製造物の製造，加工，輸入又は販売に係る形態その他の事情からみて，当該製造物にその実質的な製造業者と認めることができる氏名等の表示をした者

第2条第1項(製造物の定義)：　製造物とは「製造又は加工された動産である」，としているため，不動産は含まれず，動産のなかでも加工されていない未加工農林水産物などは含まれていない．また有体物ではない電気，熱，磁気などの無形エネルギーやソフトウエア，サービスなども含まれない．また消費者用製品だけでなく産業機械なども含まれ，部品・原材料や半製品も含まれる．乾燥，冷凍，冷蔵，切断などは未加工とされるが，異なる学説も主張されている．

第2条第2項(欠陥の定義)：　欠陥とは，製造物が通常有すべき安全性を欠いていることをいう．欠陥の判断基準には製造物の特性，通常予見される使用形態，製造物を引き渡した時期，その他の事情を考慮して個々の事例ごとに判断される．ただし，PL法でいう欠陥とは，動かない車や写らないテレビなど安全性と全く関係のないものは対象ではないので，一般にいう物品の欠陥とは意味が異なる．

第2条第3項(責任主体の定義)：　その製品を反復・継続して製造ないし加工に従事した業者，輸入した業者は責任主体となる．したがって営利目的の有無を問わず，試供品であっても適用される．製造物に自社の社名などを表示したり，製造業者と誤認させるような表示をしたもの，実質的な製造業者といえる表示をしたものについても責任主体となる．流通業者(販売業者・賃貸業者)や設置業者・修理業者等は，PL法の責任主体には含まれていない．

第3条(製造物責任)
　製造業者等は，その製造，加工，輸入又は前条第三項第二号若しくは第三号の氏名等の表示をした製造物であって，その引き渡したものの欠陥により他人の生命，身体又は財産を侵害したときは，これによって生じた損害を賠償する責めに任ずる．ただし，その損害が当該製造物についてのみ生じたときは，この限りでない．

第3条(製造物責任)：　製造物責任とは，通常備えるべき安全性を欠く製品によって，他人の生命，身体または財産に損害が生じた場合について，製造業者等が負うべき損害賠償責任のことをいう．被害者は製品に欠陥があったこと，事故により，損害が発生したこと，製品の欠陥によって事故が引き起こされた(因果関係)ことを証明す

れば，その製造業者等に損害賠償の責任を負わせることができる．ただし，製造物そのものの損害にとどまった場合はこの法律の対象外となる．

〈従来法(一般不法行為)とPL法との責任要件の違い〉

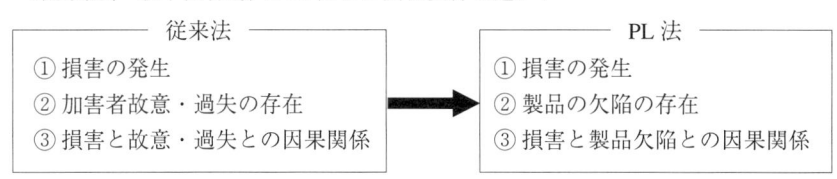

従来法	PL法
① 損害の発生 ② 加害者故意・過失の存在 ③ 損害と故意・過失との因果関係	① 損害の発生 ② 製品の欠陥の存在 ③ 損害と製品欠陥との因果関係

第4条(免責事由)
　前条の場合において，製造業者等は，次の各号に掲げる事項を証明した時は，同条に規定する賠償の責めに任じない．
一　当該製造物をその製造業者等が引き渡した時における科学又は技術に関する知見によっては，当該製造物にその欠陥があることを認識する事ができなかったこと．
二　当該製造物が他の製造物の部品又は原材料として使用された場合において，その欠陥が専ら当該地の製造物の製造業者が行った設計に関する指示に従ったことにより生じ，かつ，その欠陥が生じたことにつき過失がないこと．

　第4条(免責事由)：　製造業者等が一定の事情を立証すれば，損害賠償責任を免ぜられる旨が規定されている．いわゆる「開発危険の抗弁」と「部品・原材料の製造業者の抗弁」である．
　第4条第一号(開発危険の抗弁)：　製造業者が，製造物を引き渡した時点の入手できうる世界最高の科学技術の水準によっても，欠陥があることがわからなかったことを証明すれば，損害賠償の責任をのがれられる．
　第4条第二号(部品・原材料の製造業者の抗弁)：　部品・原材料の欠陥が，もっぱら完成品業者の設計の指示通り従ったことを証明できれば，損害賠償の責任は免責される．

第5条(期間の制限)
　第3条に規定する損害賠償の請求権は，被害者又はその法定代理人が損害及び賠償義務者を知った時から三年間行わないときは，時効によって消滅する．その製造業者等が当該製造物を引き渡した時から十年を経過したときも，同様とする．
2　前項後段の期間は，身体に蓄積した場合に人の健康を害することとなる物質による損害又は，一定の潜伏期間が経過した後に症状が現れる損害については，その損害が生じた時から起算する．

第5条(期間の制限)： 損害賠償の請求権について，被害者またはその法定代理人が損害および賠償義務のある者を知った日から3年間，賠償請求が行われなかったときその権利はなくなる．また製造業者等が，製造物を引き渡した(流通に出した)時点から10年を経過した時点で，その権利はなくなる．ただし，医薬品や化学物質などのように，身体に蓄積して健康を害するものや，一定の潜伏期間を経て症状が現れるものの損害については，損害が生じた時から起算して10年となる．これらはいずれも請求権の期間であり，賠償責任期間ではない．

> 第6条(民法の適用)
> 製造物の欠陥による製造業者等の損害賠償の責任については，この法律の規定によるほか，民法(明治二十九年法律第八十九号)の規定による．

第6条(民法の適用)： 本法に規定されていない内容は，民法の規定が適用される．その主要な条文として，民法719条(共同不法行為)，民法722条第一項(金銭賠償の原則)，同法第二項(過失相殺)，民法90条(公序良俗の原則)などがあげられる．
　附則(施行期日等)(原子力損害の賠償に関する法律の一部改正)は省略．

c. 消費者の意識の変化

　PL法が成立した前年の頃からマスコミによる報道が増えたせいか，消費者のPLに対する意識が高まっている．1996年の11月から12月にかけて，(社)全国消費生活相談員協会が全国の地方公共団体の消費生活相談員に行った調査結果では「PL法が制定されたことで，消費者の意識・行動に変化がある」と答えた人の割合は，67.2%と過半数を占めている(図6.5.1)[5]．その変化があると答えた人は，具体的な変化の内容として「PL法についての問い合わせが増えた」(59.6%)，「小さな事故でもメーカー責任を追求するようになった」(53.7%)，「メーカーに苦情を申し出る前に消費生活センターに苦情を申し出る傾向が増えた」(28.6%)をあげる人が多く(図6.5.2)，PL法制定により，その内容を過度に期待している消費者の思い込みが強いことに関する意見が多かった．1997年に(社)消費者関連専門家会議(ACAP)が，会員企業の消費者部門担当者を対象に行った調査では「1996年度，消費者からの電話受付件数が増加した」と回答した企業が83%で，1994年と比べて55%増となっている．また71%

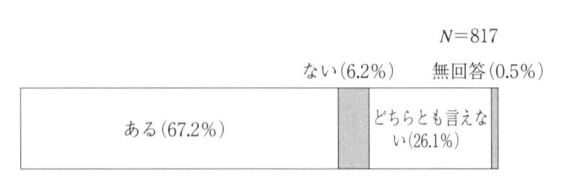

図 **6.5.1** PL法制定による消費者の意識・行動の変化

6.5 ゴムの標準化とPL法

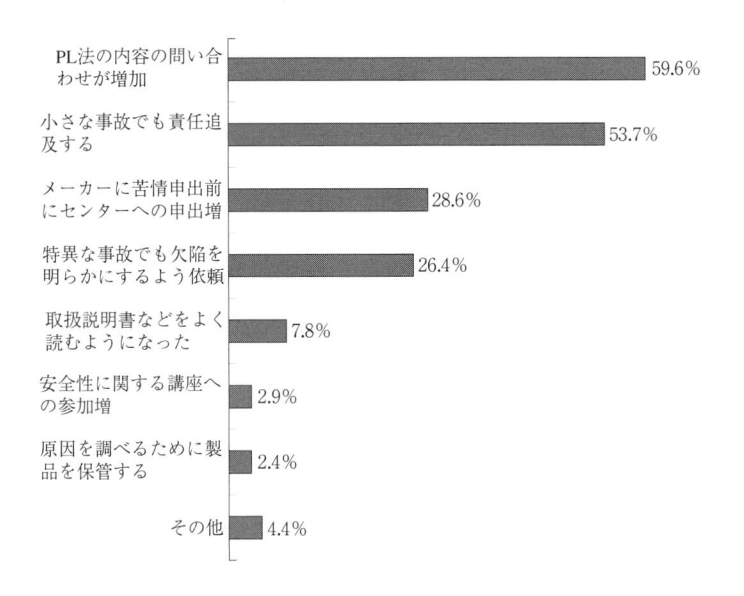

項目	%
PL法の内容の問い合わせが増加	59.6%
小さな事故でも責任追及する	53.7%
メーカーに苦情申出前にセンターへの申出増	28.6%
特異な事故でも欠陥を明らかにするよう依頼	26.4%
取扱説明書などをよく読むようになった	7.8%
安全性に関する講座への参加増	2.9%
原因を調べるために製品を保管する	2.4%
その他	4.4%

図 6.5.2 消費者の具体的な変化の内容(2つまで)

の企業が苦情が増加したと回答(1995年度45％)している[6]．消費者のPL法に対する理解度について，「商品の不具合もPLと誤解している」「とりあえずPLと主張しておく消費者がいる」などの回答もあった．政府や地方自治体の普及啓蒙活動が非常に盛んだったこともあるが，やはりバブル経済の崩壊が叫ばれるなかで，企業の不祥事や企業倫理が問われる事件が相次いだことも影響していると思われ，企業に対する厳しい見方が，PL法をきっかけに行動に現れた結果と推察する．

d. 事業者の動向

事業者のなかでもとくに欧米に製品を輸出してきた企業は，早くからPL対策を行ってきている．しかし，細川内閣の成立する前後頃からPL法論議が一段と高まり，各企業が立法を意識し始めたと思われる．なかでも業界団体の活動が活発な家電，自動車，医薬品，食品など消費財メーカー，百貨店，スーパーなど流通業を中心に体制整備が進んでいった．前述のACAPの調査では「PL法施行後2年を経過して，PL法対応組織がある」と回答した企業が95％(前年度94％)であった．もちろん消費者問題に熱心な企業の集団とみれば当然ともいえる．

同じく前述の消費生活相談員に行った調査では「PL法が制定されたことで，事業者の対応に変化がある」と答えた人の割合は70.5％となっている(図6.5.3)．その変化があると答えた人は，具体的に感じた変化の内容として「取扱説明書の改善が進んだ」が最も多く(52.8％)，ついで，「安全性に関して過度に神経質になった」(43.6％)，

$N=817$

ある(70.5%) ない(3.7%) 無回答(1.2%) どちらとも言えない(24.6%)

図 6.5.3 PL法制定による事業者の対応の変化

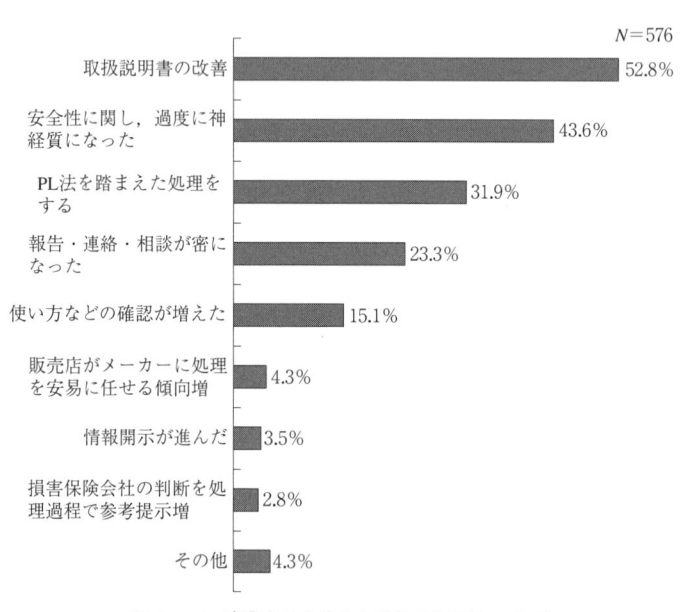

$N=576$

- 取扱説明書の改善 52.8%
- 安全性に関し,過度に神経質になった 43.6%
- PL法を踏まえた処理をする 31.9%
- 報告・連絡・相談が密になった 23.3%
- 使い方などの確認が増えた 15.1%
- 販売店がメーカーに処理を安易に任せる傾向増 4.3%
- 情報開示が進んだ 3.5%
- 損害保険会社の判断を処理過程で参考提示増 2.8%
- その他 4.3%

図 6.5.4 事業者の具体的な変化の内容(2つまで)

「PL法を踏まえた処理をするようになった」(31.9%)となっていて,大都市や市町村など地方公共団体の種類別でもこの順位傾向は変わらない(図6.5.4).全体に企業が防御のための対策を中心に行っている場合が多くみられ,今後の動向を注意深く見守りたい.

e. 企業のあるべき対応

近年の高齢化,グローバル化,サービス化,情報化などの進展には著しいものがある.このようななか,政府は規制緩和を積極的に推進しようとしている.行政の基本が事業者に対する事前規制型から事後チェック型へ転換がなされるなかで,一段と企業の責任が重くなってきている.企業のPL対策としてあるべき対応は,PLP(product liability prevention:製造物責任予防)とPLD(product liability defense:製造物責任防御)

である．今まで多くの企業が，PL担当部門や消費者部門の設置・充実，PL保険の加入・拡充，取扱説明書の充実化，警告表示の徹底などPLDに重きをおいていたのではないだろうか．現在の急速な情報化の進展から，消費者や裁判官の意識の変化は確実に進んでいるといわざるをえない．消費者の権利の拡張など，社会の変化がPL法を成立させた流れは他の法律へも確実に押し寄せており，1998年1月施行の改正民事訴訟法，1999年5月の情報公開法の成立はその典型である．今後成立が予想される消費者契約法（サービス分野のPL法）など近年の法律・規制には，大きな四つの傾向がみられる[7]という．すなわち，①グローバル化による予防的規制の増加，② リサイクル法など社会システム変更の法改正増加，③ 環境汚染だけでなく，環境利用に対しても負担を求める環境政策の傾向や，製品の廃棄・再資源化までも製造者責任を広く求める傾向など，責任主体の考え方に変化が見られる，④ MSDS（化学物質安全性データシート）の提出義務化など情報開示要請の高まり，である．このように企業を取り巻く法的な環境や消費者の意識は今後ますます厳しくなることが予想される．このような情勢のなかで，製品安全のためにはPLPをトップマネジメントとして推進していることが求められる．企画・開発・仕入・製造・包装・輸送・保管・消費・廃棄，すべての段階を注意深く検証して製品安全のためのあらゆる対策を合理的に継続的・組織的に行っていかねばならない．さらに高齢化の進展や誤使用も考慮して，フールプルーフ設計（誤操作では作動しないなどのポカヨケ設計）やフェイルセーフ設計（万一故障が起きても安全にダウンする設計），冗長設計（強度，容量などに余裕をもたせる），タンパープルーフ設計（いたずらなどでの危険を防止）[8]なども今後は欠かせない手法であろう．PL法や消費者を取り巻く状況変化を的確にとらえたモノづくり，商品設計，商品開発が今後ますます重要となってくる．

おわりに

本節をまとめるにあたり，ゴム関連のさまざまな統計や資料を調べてみたが，ゴム製品による生命・身体・財物への拡大損害の事例や統計が非常に少ないことがわかった．少なくとも，過去より報告されている，ラテックスアレルギーの問題から類推されるように，ゴム組成から考えれば，人体への影響は大きいはずである．

ここでは紙幅に限りがあり紹介できないが，ゴム関連の製品には，多くの薬品・薬剤が使用されている．これらの添加剤の人体に与える危険性を回避するためにも，今後，事前の危険情報の収集は，企業にとって製品安全対策への取組みとして，不可欠の業務となることは間違いない．すでに報じられているように，労働安全衛生法の一部改正によって，2000年4月1日より，「MSDS」の提出が義務づけられる．これにより，個々の責任の所在を明らかにすることになり，また事故などの原因究明の早期化や生産物の質的向上が図れることになり，大いに期待される． 〔小畠昌之〕

文　献

1) 島野　康：国民生活研究, **38**(3), 23 (1998).
2) 吉田良子：消費生活年報1996, pp.7-11, 国民生活センター (1996).
3) 通産省産業政策局消費経済課：製造物責任の解説, p.10, 通産資料調査会 (1994).
4) 浦川道太郎：製造物責任制度その理解と活用のために, pp.5-46, 国民生活センター研修部 (1996).
5) 日本消費生活アドバイザー・コンサルタント協会(調査実施機関)：製造物責任法施行後の苦情相談の動向等について・調査報告書, pp.31-34, 経済企画庁 (1997).
6) 消費者関連専門家会議：PL法施行2年, 各社の対応と消費者の動向について (ACAP会員調査) (1997).
7) 中小企業金融公庫調査部：月刊中小企業, pp.8-9, ダイヤモンド社 (1999).
8) 二ノ宮　晃：製造物責任法体系Ⅱ〔対策・資料編〕, pp.1038-1040, 弘文堂 (1994).

6.6　ゴムの将来展望

6.6.1　ゴム系複合材料の科学

　前章でゴム製品は，タイヤ，ベルト，ホース，防振ゴムなどのほかに非常に多くの用途があることが示された．ゴムの特徴は，超低弾性率，可逆的大変形，低比重が代表であり，このような特性をもつ材料はほかにはない．図6.6.1に，各種材料の弾性率Eと，引張強さT_S，破断時の伸びα_bを示した[1]が，ゴムの代表としての天然ゴム(NR)は，図6.6.1の一番左側にある．これに対して，スチール(Fe)は，図の右端の方にあり，弾性率は10万倍以上高いが，破断時の伸びはゴムの数百分の1しかない．ゴム系複合材料は，主にこの広いギャップの間を埋める役割をしている．図6.6.1では，左側からカーボンブラック(ISAF)を配合したNRやスチレンブタジエン共重合ゴム(SBR)，長繊維補強ゴム(FRR)，熱可塑性ゴムまたは物理的凝集部分を架橋点としたウレタンなどである．ゲルも液体とゴム(架橋高分子)の複合体，発泡ゴムや発泡ポリウレタンもゴムと気体の複合体などと見なせば，この範囲はさらに拡がる．この範囲は，金属，ガラス，セラミックス，プラスチックなどの弾性率，伸びの範囲よりはるかに広い．

　ゴムは，一見固体状であるが，ミクロにみれば液体と同様な分子運動をしているので，いろいろな材料と複合することができる．図6.6.2に，ゴムに充てん剤を複合する目的例[2]を示した．大きく，物性，成形加工性，経済性からの目的があるが，物性面では，高性能化，耐久性，機能化に分けられる．とくに，複合するからには目的に応じていろいろな組合せを設計していることを忘れてはならない．通常，複合の目的としては，弾性率，強度が主体であるが，図6.6.2のように多くの可能性があることを強調しておきたい．

6.6 ゴムの将来展望

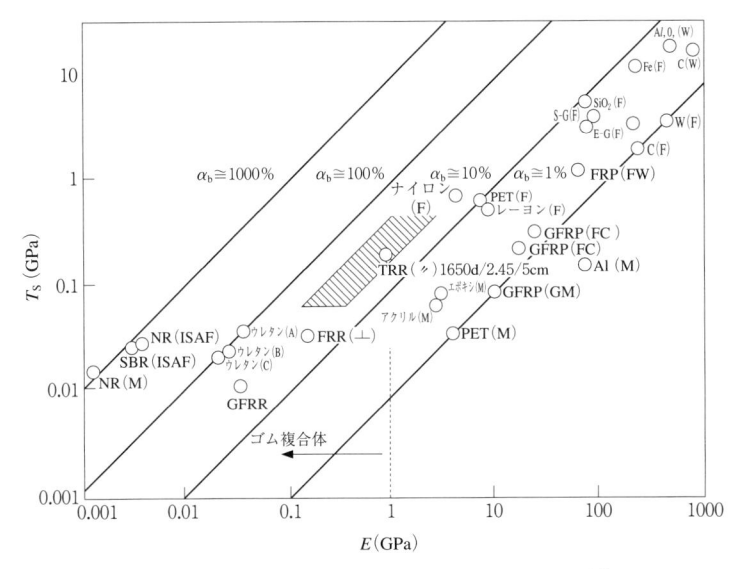

図 6.6.1 各種材料の弾性率 E(GPa) と引張強さ T_S (GPa)[1]
W：ウィスカー，FW：フィラメントワインディング
F：長繊維，FC：長繊維織布
M：マトリックス，GM：ガラスマット

ゴムの将来を考える場合，21世紀でキーワードとされている地球環境，資源，情報化社会，レジャー化社会，アメニティ，ライフラインなどにゴム系複合材料がどうかかわりあえるかも重要な因子である．とくに，ゴム系材料は生体に近い物性をもっているので，これからも人間社会で重要な役割を占めていくのは確実であろう．

a. 複合材料の構造と分子運動性

ゴム系複合材料を扱う前

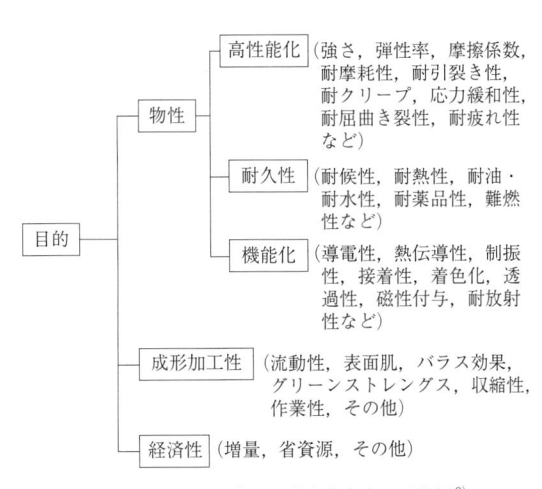

目的
- 物性
  - 高性能化（強さ，弾性率，摩擦係数，耐摩耗性，耐引裂き性，耐クリープ，応力緩和性，耐屈曲き裂性，耐疲れ性など）
  - 耐久性（耐候性，耐熱性，耐油・耐水性，耐薬品性，難燃性など）
  - 機能化（導電性，熱伝導性，制振性，接着性，着色化，透過性，磁性付与，耐放射性など）
- 成形加工性（流動性，表面肌，バラス効果，グリーンストレングス，収縮性，作業性，その他）
- 経済性（増量，省資源，その他）

図 6.6.2 ゴムに充てん剤を複合する目的例[2]

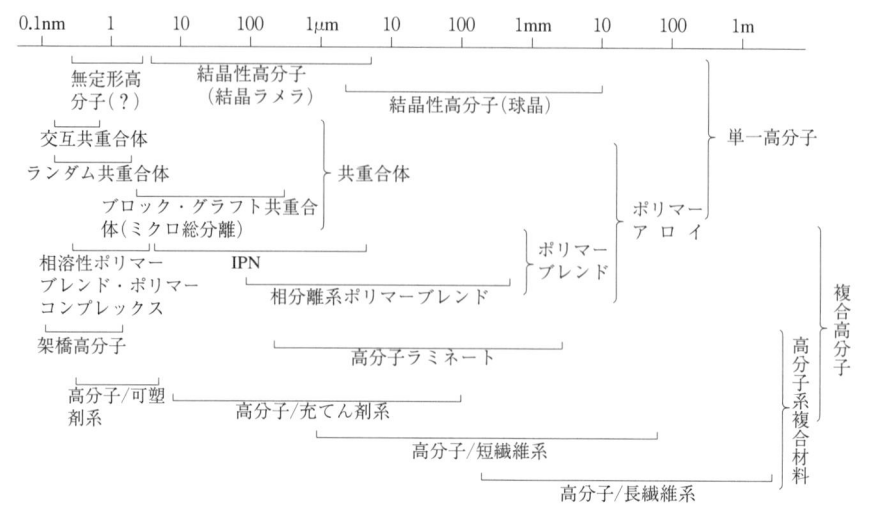

図 **6.6.3** 複合高分子に関連する大きさ[1]

に，まず複合高分子について整理しておきたい．とくに，高分子系複合材料ではその構造が問題になるが，その構造の大きさは，数nmからマクロなスケールまで関連するのが特徴である．図6.6.3[1]に複合高分子に関連する大きさを示した．このうち，ゴム系複合材料がとくに関係するのは，熱可塑性エラストマー(TPE)の物性の基本になっているミクロ相分離，ポリマーブレンド(相溶性，相分離系)，架橋高分子，高分子/可塑剤系，充てん剤系，短繊維系，長繊維系などである．したがって，ゴム系複合材料の研究開発に当たっては，この広い大きさのスケールに対応した適切な解析手法を活用する必要がある．例えば，実際に観察するにしても，走査型プローブ顕微鏡(SPM)，各種の電子顕微鏡，各種の光学顕微鏡などを目標に応じて使い分ける[3]ことが大切である．

次に，ゴム系複合材料で大きな役割を果たすのは，ゴムがゴム弾性を示すもとになっている分子運動性である．これがなければゴムといってもゴム弾性は示さない．また，複合によりその分子運動性は大きな変化を受ける．表6.6.1[4]にゴム複合体の構造の範囲と主な効果をまとめた．架橋，可塑剤や粘着付与剤のような低分子物，ブロック・グラフト共重合，IPN(interpenetrated network，相互貫入網目)，充てん剤などによりゴム分子鎖の運動性は大きな影響を受け，それによって複合材料の物性も大きく変化する．とくに，複合系では界面，接着などがむずかしい問題として残されているが，徐々に多くの問題が解決されつつある．将来は，目的に応じた界面の設計が可能となるであろう．とくに，これからはゴム系複合材料のナノ・ミクロ構造の定量化と制御[5]が重要と思われるので，以下に簡単にまとめてみた．

表 6.6.1 ゴム複合体の構造の範囲と主な効果[4]

	範囲	主な効果
ゴム/架橋	～数 nm	分子鎖の運動性,ゴム弾性
ゴム/低分子物	～10 nm	分子鎖の運動性,粘弾性
ゴム系ブロック・グラフト共重合体	～30 nm	界面,粘弾性,分子鎖の運動性
IPN	10 nm～1 μm	界面,粘弾性,分子鎖の運動性
ゴム/ゴムブレンド	～数十 μm	分子鎖の凝集状態,界面
ゴム/充てん剤	数 nm～100 μm	界面状態,異方性
ゴム/短繊維	数 μm～数 cm	界面状態,強い異方性
ゴム/長繊維	数百 μm～数 m	界面状態,強い異方性
積層物	数 mm～数 m	異方性

b. ナノ・ミクロ構造の定量化と制御

ゴム系複合材料として力学物性のみでなく，機能化も含めて興味ある展開が続くと

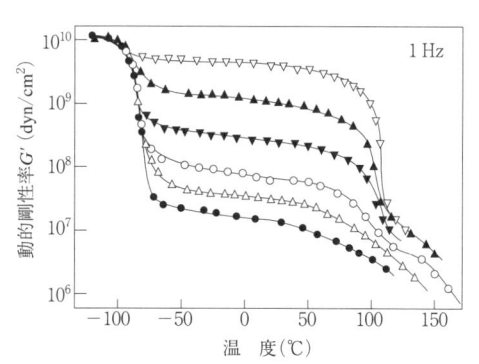

▽66，▲50，▼38，○32，△26，●24，wt％ポリスチレン

SBSブロック共重合体の動的剛性率の温度依存性

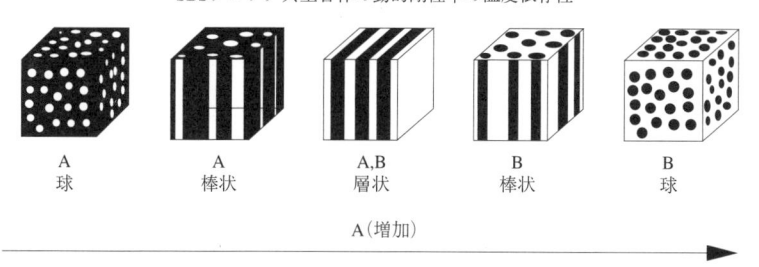

図 6.6.4 ブロック共重合体のミクロ相分離の模式図[6]

考えられるのは，ブロック・グラフト共重合を使った分子複合であろう．これは，ブタジエンやイソプレンの重合体からなる室温でゴム状のソフトセグメントと，スチレンなどの重合体からなる室温でガラス状のハードセグメントを共有結合で結びつけたものである．十分高温では，両セグメントは分子オーダーで混合しているが，低温にするとハードセグメント，ソフトセグメントがそれぞれ凝集する．この場合，両セグメントは化学結合で結びつけられているので巨視的な相分離は起こらず，ナノメートルオーダーの相分離が起き，これをミクロ相分離と呼んでいる．相分離の模式図は図6.6.4[6]のように，ABブロック共重合体を仮定したとき，A成分の量の増加に伴い，Aが球状，棒状，層状と変化する．球の大きさはAの分子量にもよるが，通常は10 nmのオーダーである．Aをハードセグメントの凝集とすれば，これが物理的な架橋点として働く．最近は，これ以外に，A，B両相がそれぞれ空間的に連結した状態も発見され，話題を呼んでいる．

図6.6.4の上部にこのような系の動的剛性率の温度依存性を示した．スチレン-ブタジエン-スチレン(SBS)のブロック共重合体であるが，-70℃付近でポリブタジエンのガラス転移，100℃付近でポリスチレンのガラス転移による剛性率の低下が起きている．その中間の温度では，剛性率の温度依存性は平坦でゴム的な挙動をしている．

図6.6.5[7]は室温での応力-ひずみ曲線で，ポリスチレンの割合が39％までは，ゴムの挙動に近く，65％を超すとプラスチック的な挙動になる．このように，ハードセグメント，ソフトセグメントになるポリマーをいろいろ選択すれば，大きな材料の分野が開ける．またこのような熱可塑性エラストマーのよいところは，加熱すれば溶融するのでリサイクルが容易であることである．耐熱性や耐油性を今までの加硫ゴムにどこまで対抗できるように改善できるかが重要なポイントである

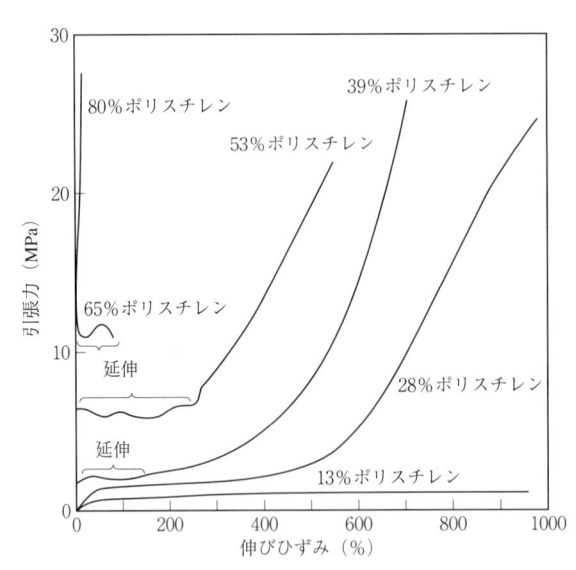

図 **6.6.5** SBSブロック共重合体で，ポリスチレン重量分率が異なる試料の応力-ひずみ曲線[7]

構造の定量化は，古く

6.6 ゴムの将来展望

からの問題であったが，最近は，コンピュータの進歩により画像解析が容易になり，ゴム系複合材料の研究に活用され始めた．表6.6.2[8)]は，ゴム系材料と画像解析の適用可能性をまとめたものである．このような定量化と複合材料の物性の相関を明らかにすることにより，より高度な複合材料が生まれてくるであろう．なお，構造は本来三次元的なもので，三次元の画像解析が必要であるが，最近はある程度可能になってきており，今後の発展が期待されている[9)]．

複合材料の一方の充てん剤や繊維の表面，界面の解析にも，前述のSPMなどが使われ始め，ナノメートルオーダーの情報が得られつつある．図6.6.6[10)]はSPMによりカーボンブラックの表面をナノメートルオーダーで調べ，より活性なものを得るために表面構造をフラクタルの概念で解析しようというものである．表面を二次元ではなく，フラクタル次元で三次元に近づけるとより補強性が高くなるという提案である．

このほかにもゴム系複合材料では，多くの構造の定量化と制御，物性との相関の研究[11)]が始まっている．

おわりに

ゴム系複合材料の科学でこれから期待される分野としては，構造の大きい方では免震用積層ゴムに関連する耐久性を含めた科学[2)]，小さい方では加硫ゴムに代替できるようなTPEの科学，バイオ技術に関連した医用エラストマー，人工臓器，生分解性エラストマーなど，さらには光通信など情報関連エラストマーなどいろいろあろう．いずれにしても，ここで強調した構造，分子運動性，界面の問題をしっかり把握した科学が必要である．

〔西　敏夫〕

表6.6.2　ゴム系材料と画像解析の適用可能性[8)]

対象＼手法	A	B	C	D	E	F	G
架橋構造				○			
ミクロ相分離	◎	◎		◎			
充てん剤の分散	○	◎		◎			
IPN構造	○				○		
ブレンドの相分離	◎	◎	○	◎			○
破断面		○	○			○	
補強材の配列，分散	○	○		○			
発泡体の構造		○		○			
磨耗パターン	○	○					
ラテックス		◎					
複合材料の構造	○	○		○			
ブルーミング状況		○			○		
表面パターン	○	○				○	
タイヤパターン		○					○

A：二次元フーリエ変換（パワースペクトル，相関関数など），B：境界線抽出（外形の解析，面積分布，周長分布，円形度解析など），C：断面処理（直線，円などに沿っての周期性解析など），D：分散状態の解析（ボロノイ多角形，ドローネ三角形など），E：濃淡分布解析，F：画像の三次元表示，G：画像の相互相関

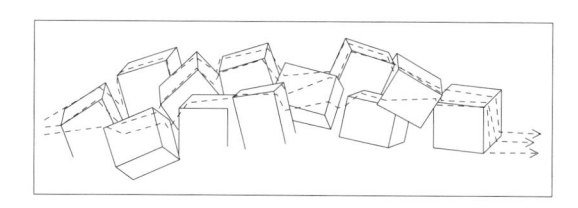

図6.6.6　SPM像を説明するためのカーボンブラック表面構造の模式図[10)]

文　献

1) 西　敏夫：日ゴム協誌, **57**, 417 (1984).
2) 西　敏夫：表面, **20**, 316 (1982).
3) 西　敏夫, 酒井忠基：マイクロコンポジットをつくる(高分子学会編), 高分子加工 One Point-8, 共立出版 (1995).
4) 西　敏夫：日ゴム協誌, **67**, 736 (1994).
5) 西　敏夫：日ゴム協誌, **72**, 535 (1999) ; 高分子, **48**, 698 (1999).
6) Molau, G. E.: Block Polymers(Aggawal, S. L. ed), Plenum Press, New York (1970).
7) Holden, G., Bishop, E. T. and Legge, N. R.: *J. Polym. Sci., Part C*, **26**, 37 (1969).
8) 西　敏夫：日ゴム協誌, **60**, 659 (1987).
9) 陣内浩司：高分子論文集, **56**, 496 (1999).
10) Göritz, D. and Maier, P. G.: IRC'95, Kobe, Full Text, p.455 (1995).
11) 西　敏夫：日ゴム協誌, **71**, 514 (1998).
12) 日本ゴム協会免震用積層ゴム委員会編：免震用積層ゴムハンドブック, 理工図書 (2000).

6.6.2　ゴム材料・技術の将来動向

　合成ゴムの開発は，天然ゴムが軍事的に重要な物質で必要欠くべからざるものなので，その代用として開発されたことがそもそもの始まりである．現代は産業上の観点より，高性能，高機能あるいは低コストの合成ゴムの技術開発が主流になっている．ここではこれらを中心に述べる．

a.　タイヤの課題とゴムに要求される性能

　タイヤに求められる課題はいかなる状況下でも安全で快適に走行できることであり，さらに付け加えれば，より経済性を満足させることである．安全とは濡れた路面，凍りついた路面，急カーブの路面などさまざまな滑りやすい路面でも事故を起こさずに無事に走行できることであり，あるいはアウトバーンのような連続高速走行でもタイヤが故障することなく走行できることであり，それぞれその状況下において，すなわち濡れた路面，凍りついた路面，急カーブな路面で滑らず安定した路面グリップ力を発現するゴムが求められる．また連続高速走行で故障しないタイヤには耐熱性と耐破壊性に優れたゴムが求められる．快適性とはタイヤの乗り心地や低い走行ノイズのタイヤを指すものであり，それに適した粘弾性特性を示すゴムが求められる．また経済性とはタイヤの価格が安価であるこはいうまでもなく，車のランニングコストが安くつくタイヤ，すなわち転がり抵抗が小さく燃料消費を低く抑えることができる低燃費タイヤ，これはゴムの特定の周波数領域のヒステリシスロスが低いものによって実現される．またタイヤトレッドの耐摩耗性をよくすることにより，タイヤ1本当たりの走行距離を長くし，より経済性を高めることができる．このようにタイヤのゴムに求められる性能は多岐にわたり，また車の性能の向上に伴いゴムに要求される性能レベルも年々増大しつつある．

b. 合成ゴムの動向

(1) SBR 　長い間，乳化重合SBRがその優れた経済性と加工性からタイヤに主として使われてきたが，この20年間はタイヤに求められる性能がますます高度になってきたため，乳化重合SBRでは性能的に対応できない部分が出始めてきた．その最もよい例が石油危機に端を発した燃費の優れたタイヤの開発要求であった．この低燃費タイヤはゴムのヒステリシスロスを下げれば実現できるのであるが，従来の乳化重合SBRでは表6.6.3に示すように，求める分子設計に対応できない．それに対し分子設計の自由度が飛躍的に高い溶液重合SBRが注目を浴びることになった．すなわち低いヒステリシスロスを実現する分子量分布が狭く，カーボンブラックと反応する末端変性SBR[1,2)]が溶液重合法によって工業化された．今でも地球資源保護の立場からさらなる低燃費タイヤの開発ニーズは高く，それを実現する新しい合成ゴムの開発が末端変性を中心に各社で行われている．近い将来限りなくロスの低い合成ゴムの出現があるであろう．

表6.6.3　乳化重合法と溶液重合法の重合特性比較

分子特性	乳化重合	溶液重合	ヒステリシスロスへの影響
分子量	制御可能	精密に制御可能	分子量とともに減少
分子量分布	$M_w/M_n = 4 \sim 5$	自在に制御可能	M_w/M_nが小さいほど減少
ガラス転移点温度	スチレン含量のみで制御	スチレン含量とブタジエンのビニル含量で制御	ガラス転移点温度が低いほど減少
ミクロ構造	ビニル含量18％で一定	ビニル含量自在に制御可能	
シークエンス制御	ランダム共重合のみ	自在に制御可能	
末端変性	不可能	親電子試薬なら可能	スズ変性により減少[2)]

　溶液重合法は低ロスを実現できる末端変性だけでなく，最近急速にタイヤの充てん剤にカーボンブラックに替わって使われ始めたシリカ充てん剤と反応性を有する変性[3)]も可能である．この変性では溶液重合ポリマーのアニオン末端にアルコキシシラン化合物の一種であるトリエトキシシリルクロライドなどを付加することにより，シリカ粒子表面のシラノール基と反応する末端変性ポリマーとなる．この変性によりシリカに対する補強性が飛躍的に高まり，耐摩耗性など機械特性が向上する．シリカに対する反応性は用いる変性剤により微妙に異なり，より補強性の優れた変性剤が探索されていくことと思われる．

　溶液重合法のもうひとつの特徴はポリマー主鎖のミクロ構造の制御がかなり自在にできることである．すなわちポリマー設計者が希望する分子の並び方に，ポリマー合成ができる．逆に現在ではポリマー分子の並び方とそれから発現する物性との関係把握がまだ完全には確立されていないため，この技術を応用したポリマーの工業的生産

は熱可塑性プラスチックなどの一部の分野にとどまっている．この分野の技術開発が進めばさまざまな使用条件に合わせた各種の新しいSBRが将来出現してくるであろう．

(2) **BR** BRはSBRと比べてモノマーの構成要素がブタジエンだけで，分子設計的には自由度が小さいポリマーである．とくにハイシスBRにいたっては，制御できる因子は分岐と分子量分布の2つだけである．このため長い間この分野には新しい技術開発による新BRは現れていないが，最近の特許には生産性を飛躍的に高めた重合溶媒を使わない気相重合法や，モノオレフィン重合に使われているメタロセン触媒によりブタジエンを重合する技術が公開されている．合成ゴムの製造プロセスのなかで溶媒にかかわる工程はかなりの比重を占めているため，この溶媒なしに合成ゴムをつくれることになれば，かなりのコストダウンが見込めることになるだろう．製造コストを下げることは企業にとって最も重要な課題のひとつであるため，BRに限らず他のポリマーにも溶媒を使わない重合技術の開発が今後行われていくと思われる．

(3) **その他の合成ゴム** タイヤに使われるその他の合成ゴムとしてブチルゴム(IIR)，EPDMがあげられる．ブチルゴムはその特徴である空気透過性が低いことから，タイヤの内圧を保持するためのタイヤの内張り(インナーライナー)に使われる．EPDMはポリマーの主鎖に二重結合をもたないため，オゾンなどの攻撃を受けずに耐候性に優れるので，サイドウォールに使われる．しかしながらこれらのモノオレフィンポリマーはSBR，BRとの相溶性が低く，また共加硫性も小さい．このためおのずとタイヤでの使用も制限されている．これらIIR，EPDMのジエン系ポリマーに対する相溶性や共加硫性をもっと向上させるための第3成分の共重合の技術開発などがなされていくであろう． 〔藤巻達雄〕

文　献

1) Fujimaki, T., Ogawa, M., Yamaguchi, S., Tomita, S. and Okuyama, M.: International Rubber Conference 1985, Full texts, p. 184 (1985).
2) Tsutsumi, F., Sakakibara, M. and Oshima, N.: *Rubber Chem. Technol.*, **63**, 8 (1990).
3) 服部岩和：日本合成ゴム　特開昭62-227908.

6.6.3 ゴム工業の将来動向
a. 世界のゴム工業と日本

一般にゴム工業の活動状況は，新ゴムの消費量で示される．表6.6.4の1997年の1～10月の世界合計1391万トンを100として，主要ゴム消費国を試算してみると，

1. 北米　20.9　　4. 韓国　　5.4
2. 中国　11.6　　5. ドイツ　4.3
3. 日本　11.2　　6. インド　4.2(予測)

となり，また1993～1997年(予測)の5年間の消費量の伸び率を上位3カ国と比べる

6.6 ゴムの将来展望

表 6.6.4 世界の新ゴム(天然ゴム+合成ゴム)消費量の推移[1]

(単位:千トン)IRSG

国　別	1993年実績	1994年実績	1995年実績	1996年実績	1997年1～10月	1997年予測
カ　ナ　ダ	291.5	311.0	319.1	361.0	326.0	308.0
ア　メ　リ　カ	2967.7	3119.3	3175.9	3188.3	2838.5	3217.0
ブ　ラ　ジ　ル	406.7	424.7	451.2	445.0	380.0	467.0
メ　キ　シ　コ	156.7	168.8	146.3	190.0	172.0	163.0
そ　の　他　南　米	320.0	319.0	342.0	339.0	296.0	312.0
ベルギー／ルクセンブルク	145.0	149.0	143.0	146.0	123.0	158.0
フ　ラ　ン　ス	483.2	579.9	606.2	618.3	498.7	635.0
ド　イ　ツ	622.9	698.6	638.1	611.0	600.0	655.0
イ　タ　リ　ア	388.0	400.0	413.0	411.0	369.0	412.0
ス　ペ　イ　ン	248.2	285.5	322.1	330.7	268.0	342.0
イ　ギ　リ　ス	331.0	352.0	351.0	388.0	252.0	360.0
そ　の　他　E.U.	359.0	393.0	420.0	405.0	356.0	420.0
ベ　ラ　ル　ー　シ	65.0	33.5	35.8	44.5	41.5	40.0
チ　ェ　コ	55.0	47.5	80.0	86.0	81.5	103.0
ポ　ー　ラ　ン　ド	78.0	98.1	111.4	116.2	97.2	135.0
ル　ー　マ　ニ　ア	76.0	61.0	68.0	66.0	52.5	82.0
ロ　シ　ア	806.0	434.4	437.0	454.0	446.5	525.0
ト　ル　コ	158.0	121.0	165.0	188.0	156.0	173.0
ウ　ク　ラ　イ　ナ	124.0	72.1	76.0	80.0	68.5	91.0
そ　の　他　欧　州	167.0	169.0	194.0	199.0	166.0	201.0
南　ア　フ　リ　カ	97.5	113.0	115.0	106.5	92.0	130.0
その他アフリカ	122.0	130.0	144.0	153.0	129.0	161.0
オーストラリア	107.0	117.2	115.0	121.0	98.5	125.0
中　　国	1170.0	1400.0	1540.0	1680.0	1615.0	1720.0
イ　ン　ド	554.5	589.1	649.1	699.8	597.2	774.0
インドネシア	212.0	224.0	271.0	268.0	248.0	202.0
日　　本	1653.0	1666.0	1777.0	1839.0	1558.8	1785.0
韓　　国	571.0	610.0	670.0	740.0	617.0	755.0
マ　レ　ー　シ　ア	317.6	345.2	391.4	427.4	340.6	469.0
台　　湾	318.0	385.0	403.0	363.0	304.0	378.0
タ　　イ	205.2	212.2	238.2	256.7	225.0	278.0
その他アジア	354.0	413.0	406.0	405.0	430.0	451.0
世　界　合　計	14070.0	14530.0	15320.0	15710.0	13910.0	16030.0

資料:国際ゴム研究会(IRSG)1998年2月号による.
　このうち1995～1997年(予測)数字は,IRSGが1996年4月15日～19日に開催した第37回総会で発表した数字.

と,北米と日本のそれぞれ8および7%に対して,中国の伸び率は47%であり,前年まで第2位の日本は第3位に転落している.

　日本のゴム工業は明治の初期に始まり,すでに100年以上を経過したが,第二次世界大戦後の約50年間に,ゴムの消費量は年間2万トン弱から約180万トンに,また出荷額は年間約1000億円から3兆円台に飛躍したのである.この発展は,戦後日本のゴム業界が産官学一体となって,欧米の先進技術のキャッチアップに努力した成果である.表6.6.5に日本のゴム製品製造業の実勢を示す.ゴム製品の出荷額は全製造業の1%強で,従業員数の比率が高いために,一人当たりの出荷額は低くなっている.

表 6.6.5 ゴム製品製造業の実勢(1996年工業統計)[1]

(通産省)

	事業所数合計(4人以上)	事業所数(30人以上)	従業員数(人)	現金給与総額(100万円)	原材料使用額等(100万円)
ゴム製品製造業(A)	4680 (96.0)	735 (97.1)	147620 (97.4)	680768 (100.5)	1584296 (100.9)
全製造業(B)	369612 (95.3)	56106 (98.9)	10103284 (97.9)	45084799 (100.3)	175442476 (102.7)
A/B(%)	1.27	1.31	1.46	1.51	0.90

	製造品出荷額(100万円)	従業員1人当たり出荷額(1000円)	付加価値額(100万円)
ゴム製品製造業(A)	3317899 (101.3)	22476 (104.0)	1566744 (102.1)
全製造業(B)	313068385 (102.3)	30987 (108.1)	119303964 (101.8)
A/B(%)	1.06	—	1.31

( )内は前年度比(%)

しかし，付加価値率としては全製造業の平均値を上まわっている．

b. これからのゴム工業

ゴム工業の発展は，自動車産業の進展に負うところが大きく，新ゴム消費量の約60％がタイヤ関連のゴム工業であり，売上高も50％近くを占めている．さらに，日本の自動車工業の海外進出に呼応して，タイヤおよび関連ゴム工業も，世界各国に進出し始めている．

このことは，海外とくに欧米諸国においていっそう活発であり，企業の再編を目ざしたいわゆるM＆A(合併・買収)の活動はますます全世界的に展開され，今後は日本から海外への進出ばかりでなく，海外から日本への進出が一段と激しくなるものと予想される．このようにして，製造品目や規模のいかんにかかわらず，日本のゴム企業全社が世界の土俵の上に立たされ，世界の大競争のなかで生き残りを図ることになるであろう．最近多くの企業が関心をもちはじめたISO(6.5.1項参照)への参画も，今後引き続き官民一体の協力により，将来世界のリーダーとして活躍することが期待される．また将来の国際化の一環として雇用の問題がある．国内では空洞化の難関があるが，さらに外国人の雇用(一般作業職，幹部職および役員)も大きな課題となるであろう．

さて，現在のゴム企業の生産方式は，それぞれの製品種目により少種多量生産型と多種少量生産型に大別される．一般に大手企業(タイヤなど)では少種多量生産方式をとり，大型の設備により量産によるコスト減を図っている．したがって，マーケットシェア獲得の競争が国内にとどまらずグローバル化し，さらにガリバー型の経営に移行する傾向が強く，将来も続くであろう．これに比べて中小企業では，自社の得意とする技術と販売力をベースに，多種少量生産方式をとるケースが多く，タイヤ以外の

製品が対象になり，形やサイズから2種類に分けられる．
　① 重厚長大型－防げん材，免震ゴム，大型ベルトなど．
　② 軽薄短小型－シール，パッキング，コンデンサー封止ゴムなど．
　大型の場合は，将来も土木・建設や海洋関係に発展するであろうし，また小型の場合はとくに精密，高性能，高機能が要求される電子機器，音響機器，OA機器，医療機器や人工臓器などに新しい用途が開拓されるであろう．なお，上記2種の中間型に入るゴム製品としては，高齢者介護用品や障害者・身体不自由者用品の改良や開発が期待される．
　これら新製品の開発にあたっては，その高付加価値化とともにその安全性，リサイクル化に十分な配慮が大切なことはいうまでもない．さらに環境保全と資源を考えるとき，現在新ゴム消費量の約60％を占める合成ゴムをはじめ，各種の有機配合剤は石油化学の産物であり，地球温暖化防止の面のみならず将来化石燃料の枯渇の危機を控えて，真剣に石油資源の節約を検討すべき時期が迫っている．天然ゴムの使用を極力推進することもひとつの対策である．そのためには，天然ゴム樹の品種改良，栽培やラテックス採取法の合理化などによる品質向上やコスト低減など需要者側で解決できない課題が山積しており，産出国側でもいろいろ研究されているが，マレーシアのように工業化の進んだ国では，ゴム栽培を抑制しつつあり，われわれ使用者側でも何らかの協力が必要と思われる．
　以上，種々述べてきたが，今後のゴム工業の動向を左右するのは，いうまでもなくその技術開発力であり，諸外国と同様わが国にも，独創的な基盤をもつゴム研究所を設けて，既設の官学の研究を補完するとともに，優れた人材の育成を図ることが急務である．

〔横瀬恭平〕

文　　献

1)　1998年工業用品データ集，ポスティーコーポレーション（1998）．

付　　　録

A. ゴム関係略号

略　　号	名　　称	
AANP	【老】	アルドールと1-ナフチルアミンとの縮合生成物
ABR	【ゴム】	アクリレートブタジエンゴム
ABS	【樹脂】	アクリロニトリル-ブタジエン-スチレン共重合体
ACET	【CB】	Acetylene Black
ACM	【ゴム】	アクリルゴム
ACSM	【ゴム】	アルキル変性クロロスルホン化ポリエチレン
AE	【分析】	アコースティックエミッション
AEM	【ゴム】	エチレンアクリレートゴム
AFM	【分析】	原子間力顕微鏡
AGE	【モノマー】	アリルグリシジルエーテル
ANM	【ゴム】	アクリル酸エチル-アクリロニトリル共重合体
ASTM	【規格】	米国材料試験協会規格
ATR	【分析】	減衰全反射法（IR）
AU	【ゴム】	ポリエステルウレタン
BIIR	【ゴム】	臭素化ブチルゴム
BIT	【混練】	ブラックインコーポレーションタイム
BPO	【架】	過酸化ベンゾイル
BQO	【架】	p,p'-ジベンゾイルキノンジオキシム
BR	【ゴム】	ブタジエンゴム
CBS	【促】	N-シクロヘキシル-2-ベンゾチアジルスルフェンアミド
CF	【CB】	Conductive Furnace Black
CHC	【ゴム】	エチレンオキシド-エピクロロヒドリン共重合体（旧略号）
CHR	【ゴム】	エピクロロヒドリンゴム（旧略号）
CIIR	【ゴム】	塩素化ブチルゴム
CM	【ゴム】	塩素化ポリエチレン
CMB	【配合】	カーボンブラックマスターバッチ
CO	【ゴム】	エピクロロヒドリンゴム
CR	【ゴム】	クロロプレンゴム
CSM	【ゴム】	クロロスルホン化ポリエチレン
CTAB	【薬品】	セチルトリメチルアンモニウムブロミド
CTBN	【ゴム】	カルボキシ末端液状ニトリルゴム
CVS	【設備】	連続加硫装置
DBP	【薬品】	ジブチルフタレート

略　号	名　称
DCPD	【モノマー】ジシクロペンタジエン
DNPD	【老】N,N'-ジ-2-ナフチル-p-フェニレンジアミン
DOTG	【促】1,3-ジ-o-トリルグアニジン
DPG	【促】1,3-ジフェニルグアニジン
DPNR	【ゴム】解重合天然ゴム，【ゴム】脱タンパク質天然ゴム
DSC	【分析】示差走査熱量計
DTA	【分析】示差熱分析
EAA	【樹脂】エチレン-アクリル酸共重合体
ECO	【ゴム】エチレンオキシド-エピクロロヒドリン共重合体
EDTA	【薬品】エチレンジアミン四酢酸
EEA	【樹脂】エチレン-アクリル酸エチル共重合体
ENB	【モノマー】5-エチリデン-2-ノルボルネン
ENR	【ゴム】エポキシ化天然ゴム
EOT	【ゴム】ポリスルフィドゴム
EPC	【CB】Easy Processing Channel Black
EPDM	【ゴム】エチレン-プロピレン-ジエン三元共重合体
EPM	【ゴム】エチレン-プロピレン共重合体
EPMA	【分析】X線マイクロアナライザー
EPR	【ゴム】エチレンプロピレンゴム（旧略号）
EPT	【ゴム】エチレン-プロピレン-ジエン三元共重合体（旧略号）
E-SBR	【ゴム】乳化重合スチレンブタジエンゴム
ESCA	【分析】X線光電子分光装置
ESR	【分析】電子スピン共鳴装置
ETMDQ	【老】6-エトキシ-2,2,4-トリメチル-1,2-ジヒドロキノリン
EU	【ゴム】ポリエーテルウレタン，【促】エチレンチオウレア
EV	【架橋】有効加硫
EVA	【樹脂】エチレン-酢酸ビニル共重合体
EVM	【ゴム】エチレン-酢酸ビニル共重合体
FEF	【CB】Fast Extruding Furnace Black
FEPM	【ゴム】テトラフルオロエチレン-プロピレン共重合体
FF	【CB】Fine Furnace Black
FFKM	【ゴム】パーフルオロフッ素ゴム
FID	【分析】水素炎イオン化検出器（GC用），【分析】自由誘導減衰（NMR）
FKM	【ゴム】フッ素ゴム
FLEP	【ゴム】エポキシ化ポリスルフィドゴム
FMB	【配合】充てん剤マスターバッチ
FMQ	【ゴム】フルオロアルキルメチルシリコーンゴム
FRP	【樹脂】繊維強化プラスチック
FRR	【ゴム】繊維強化ゴム
FT	【CB】Fine Thermal Black
FT-IR	【分析】フーリエ変換赤外線分光装置
FT-NMR	【分析】フーリエ変換核磁気共鳴装置
FVMQ	【ゴム】フルオロアルキルビニルメチルシリコーンゴム
FZ	【ゴム】フッ素化ホスファゼンゴム

A. ゴム関係略号

略号	名称	
GC	【分析】	ガスクロマトグラフ
GCO	【ゴム】	アリルグリシジルエーテル-エピクロロヒドリン共重合体
GECO	【ゴム】	アリルグリシジルエーテル-エチレンオキシド-エピクロロヒドリン三元共重合体
GIM	【成形】	ガス射出成形
GPC	【分析】	ゲルパーメーションクロマトグラフ
GPF	【CB】	General Purpose Furnace Black
GPO	【ゴム】	アリルグリシジルエーテル-プロピレンオキシド共重合体
HAF	【CB】	High Abrasion Gurnace Black
HCC	【CB】	High Color Channel Black
HCF	【CB】	High Color Furnace Black
HD	【モノマー】	1,4-ヘキサジエン
H-ENR	【ゴム】	水素添加エポキシ化天然ゴム
HFB	【設備】	流動床法（加硫用）
HIPS	【樹脂】	耐衝撃ポリスチレン
HM	【CB】	High Modulus Black
HMF	【CB】	High Modulus Furnace Black
HNBR	【ゴム】	水素化ニトリルゴム
HPC	【CB】	Hard Processing Channel Black
HPLC	【分析】	高速液体クロマトグラフ
HTV	【架橋】	高温加硫
IIR	【ゴム】	ブチルゴム
IISAF	【CB】	Intermediate Intermediate Super Abrasion Furnace Black
IM	【ゴム】	ポリイソブテン
IPN	【ブレンド】	相互侵入高分子網目
IPPD	【老】	N-イソプロピル-N'-フェニル-p-フェニレンジアミン
IR	【ゴム】	イソプレンゴム，【分析】赤外分光装置
IRHD	【試験】	国際ゴム硬さ
ISAF	【CB】	Intermediate Super Abrasion Furnace Black
ISO	【規格】	国際標準規格
JIS	【規格】	日本工業規格
LC	【分析】	液体クロマトグラフ
LCA	【法規】	ライフサイクルアセスメント
LCC	【CB】	Low Color Channel Black
LCF	【CB】	Low Color Furnace Black
LCM	【設備】	溶融塩加硫（加硫用）
LDPE	【樹脂】	低密度ポリエチレン
LFC	【CB】	Long Flow Channel Black
LFF	【CB】	Long Flow Furnace Black
LFI	【CB】	Long Flow Impingement Black
LIM	【成形】	液体射出成形
LM	【CB】	Low Modulus Black
LMF	【CB】	Low Modulus Furnace Black
LNR	【ゴム】	液状天然ゴム

略号	名称	
LTV	【架橋】	低温加硫
MAF	【CB】	Medium Abrasion Furnace Black
MBT	【促】	2-メルカプトベンゾチアゾール
MBTS	【促】	ジベンゾチアジルジスルフィド
MCC	【CB】	Medium Color Channel Black
MCF	【CB】	Medium Color Furnace Black
MFF	【CB】	Medium Flow Furnace Black
MFR	【成形】	メルトフローレート
MIL	【規格】	米国軍用規格
MPC	【CB】	Medium Processing Channel Black
MQ	【ゴム】	ジメチルシリコーンゴム
MS	【分析】	質量分析計
MSBR	【ゴム】	α-メチルスチレン-ブタジエン共重合体
MT	【CB】	Medium Thermal Black
N_2SA	【分析】	窒素吸着比表面積
NaBDC	【促】	ジブチルジチオカルバミン酸ナトリウム
NBIR	【ゴム】	アクリロニトリル-ブタジエン-イソプレン三元共重合体
NBM	【ゴム】	完全水素化ニトリルゴム
NBR	【ゴム】	ニトリルゴム
NIR	【ゴム】	アクリロニトリル-イソプレン共重合体
NMR	【分析】	核磁気共鳴装置
NOR	【ゴム】	ノルボルネンゴム
NR	【ゴム】	天然ゴム
OBS	【促】	N-オキシジエチレン-2-ベンゾチアジルスルフェンアミド
OT	【ゴム】	ポリスルフィドゴム
PAN	【老】	フェニル-1-ナフチルアミン
PAS	【分析】	光音響スペクトル
PBR	【ゴム】	ビニルピリジン-ブタジエン共重合体
phr	【配合】	部
PL	【法規】	製造物責任,【成形】パーティングライン
PLCM	【設備】	加圧型溶融塩加硫(加硫用)
PMQ	【ゴム】	フェニルメチルシリコーンゴム
PNF	【ゴム】	フッ素化ホスファゼンゴム
PSBR	【ゴム】	ビニルピリジン-スチレン-ブタジエン三元共重合体
PU	【ゴム】	ポリウレタン
PVMQ	【ゴム】	フェニルビニルメチルシリコーンゴム
PZ	【ゴム】	ホスファゼンゴム
Q	【ゴム】	シリコーンゴム
QO	【架】	p-キノンジオキシム
RAPRA	【組織】	英国ゴム・プラスチック研究協会
RB	【ゴム】	シンジオタクチック-1,2-ポリブタジエン
RCC	【CB】	Regular Color Channel Black
RCF	【CB】	Regular Color Furnace Black
RFL	【接着】	レゾルシン-ホルマリンラテックス

A. ゴム関係略号

略号	名称	
RIM	【成形】	反応射出成形
RSS	【ゴム】	リブドスモークドシート
RTV	【架橋】	室温加硫
SAF	【CB】	Super Abrasion Furnace Black
SBC	【ゴム】	スチレン系熱可塑性エラストマー
SBR	【ゴム】	スチレンブタジエンゴム
SBS	【ゴム】	スチレン-ブタジエン-スチレンブロック共重合体
SCF	【CB】	Super Conductive Furnace Black
SEBS	【ゴム】	スチレン-エチレン・ブチレン-スチレンブロック共重合体
SEM	【分析】	走査電子顕微鏡
SEPS	【ゴム】	スチレン-エチレン・プロピレン-スチレンブロック共重合体
SFC	【分析】	超臨界流体クロマトグラフ
SIBR	【ゴム】	スチレン-イソプレン-ブタジエン三元共重合体
SIMS	【分析】	二次イオン質量分析装置
SIS	【ゴム】	スチレン-イソプレン-スチレンブロック共重合体
SMR	【ゴム】	標準マレーシアゴム
SP	【物性】	溶解度パラメーター，【樹脂】スチレン化フェノール
SPM	【分析】	走査プローブ顕微鏡
SPU	【ゴム】	セグメント化ポリウレタン
SRF	【CB】	Semi Reinforcing Furnace Black
SRIS	【規格】	日本ゴム協会標準規格
S-SBR	【ゴム】	溶液重合スチレンブタジエンゴム
STEM	【分析】	走査透過電子顕微鏡
STM	【分析】	走査トンネル顕微鏡
T	【ゴム】	ポリスルフィドゴム
TEM	【分析】	透過電子顕微鏡
TG	【分析】	熱重量測定装置
TLC	【分析】	薄層クロマトグラフ
TMA	【分析】	熱機械分析装置
TMDQ	【老】	2,2,4-トリメチル-1,2-ジヒドロキノリン重合物
TMTD	【促】	テトラメチルチウラムジスルフィド
TMTM	【促】	テトラメチルチウラムモノスルフィド
TPA	【ゴム】	アミド系熱可塑性エラストマー
TPE	【ゴム】	熱可塑性エラストマー
TPEE	【ゴム】	エステル系熱可塑性エラストマー
TPI	【ゴム】	トランス-1,4-ポリイソプレン
TPNR	【ゴム】	天然ゴム系熱可塑性エラストマー
TPO	【ゴム】	オレフィン系熱可塑性エラストマー
TPR	【ゴム】	熱可塑性ゴム
TPU	【ゴム】	ウレタン系熱可塑性エラストマー
TPVC	【ゴム】	塩化ビニル系熱可塑性エラストマー
T-R	【試験】	温度収縮試験
TSC	【分析】	熱刺激電流分析
U	【ゴム】	ウレタンゴム

略号	名称
UV	【分析】紫外線吸収スペクトル
VBR	【ゴム】1,2-ポリブタジエン
VMQ	【ゴム】ビニルメチルシリコーンゴム
WMB	【配合】湿式マスターバッチ
XBR	【ゴム】カルボキシル化ブタジエンゴム
XCF	【CB】Extra Conductive Furnace Black
XCR	【ゴム】カルボキシル化クロロプレンゴム
XMA	【分析】X線マイクロアナライザー
XNBR	【ゴム】カルボキシル化ニトリルゴム
XPS	【分析】X線光電子分光装置
XSBR	【ゴム】カルボキシル化スチレンブタジエンゴム
ZnEPDC	【促】エチルフェニルジチオカルバミン酸亜鉛
ZnMDC	【促】ジメチルジチオカルバミン酸亜鉛

注1. 名称の前部にカッコ（【　】）内に分類を付した．例えば，【分析】は分析関連用語であることを示す．
注2. 【ゴム】はエラストマーを含めたゴム全般を採録した．
注3. 【樹脂】は弾性のある樹脂を採録した．
注4. 【架】は架橋剤，【促】は加硫促進剤，【老】は老化防止剤でJISに規定されている略号を採録した．このほかに日本ゴム協会標準規格の略号が多数あるが省略した．
注5. 【CB】はカーボンブラックで，一般的に用いられている英語名を名称とした．

〔佐々木康順〕

B. ゴム関係文献・情報収集案内

1. はじめに

本書はかなり大部の書籍ではあるが，ゴムについてさらに詳細を知りたい読者へのガイド，ゴムの科学と技術について系統的に学習するための参考書の紹介，あるいはゴム関係の仕事に従事するようになって，新しい情報をたえず吸収する必要がある研究者・技術者のための解説などを念頭において，以下に情報検索のツールとなるものをあげて解説する．

ゴムに限らず多少とも科学的に組織化された情報は，未知の新しい発見や発明を報告する一次情報（原著論文，特許など），一次情報のタイトルや内容の要点を検索しやすい形で提供する二次情報，一般的には書籍の形で刊行されている各分野についての解説，辞典，便覧，教科書などの三次情報に分類される（現在，CD-ROMとして配布・販売されるものも増えている）．

印刷された情報が圧倒的であったときには，それぞれ一次文献，二次文献，三次文献と称されていた．コンピュータの利用による文献・情報検索が一般化し，インターネット上でかなりの情報が得られるようになった現在では，二次と三次の区別があいまいになりつつあり，また一次情報の量が急増しつつあるなかで，真に新しい情報の判定はかつてなくむずかしくなっている．

ここでは，ゴム関係の一般情報をさらに詳しく調べ学習するための三次情報，ゴム関係の研究・開発に必要な情報検索（一次，二次情報），そしてツールとしてますます重要性を増しつつあるインターネットの利用について簡単に述べる．

2. ゴム関係の書籍・成書（三次情報）
2.1 一般的な成書

本書で必要な項目を調査された読者が，ゴムの科学と技術全体についての通読可能な本をと考えたときには

(1) 『新版ゴム技術の基礎』，日本ゴム協会（1988）

が勧められる．A5版，350頁と手ごろな教科書であり，ゴム関係団体主催の講習会などでテキストとして広く用いられている．全体として大学生レベルのテキストといえよう．

(2) "Rubbery Materials", J.A. Brydson, Elsevier Applied Science（1988）

はゴム化学を中心としたテキストであり，この二書よりもレベルの高いテキストとして

(3) "Science and Technology of Rubber", J.E. Mark, B. Erman, F.R. Eirich, eds., 2nd ed., Academic Press（1994）

がある.
　(4) 『ゴム・エラストマー』,田中康之,浅井治海,大日本図書（1993）
は(1)より取り扱われている範囲は狭いが,大学初級あるいは工業専門学校レベルのテキストである.
　(5) 『ゴム材料科学序論』,鞠谷信三,日本バルカー工業（1995）
は出版社の刊行した書籍ではないが,著者の見解が随所に述べられている.さらに一般向けの手軽な書として次のようなものがある.
　(6) 『エラストマー』,山下晋三,小松公栄ほか,共立出版（1989）
　(7) 『ゴム・エラストマー活用ノート』,山下晋三,小松公栄監修,工業調査会（1985）

2.2 辞典・便覧など

　教科書を学習する際には本書の索引を随時利用するだけでなく,辞典あるいは用語集などが手もとにあると便利である.そのような場合に勧められるのが,
　(8) 『ゴム用語辞典』,日本ゴム協会（1997）
である.また,本書よりもさらに詳しい情報をゴム全体にわたって得ようとする場合には,
　(9) 『ゴム工業便覧』(第4版),日本ゴム協会（1994）
がある.(9)は大部でしかも内容の充実した書籍であり,ゴム技術全体を詳細に記述した専門家向けとして,これ以上のものは現在国内外において考えることができない.さらに実験あるいは測定法の詳細を調べる場合には
　(10) 『ゴム試験法』,日本ゴム協会（1980）
が便利である.測定法などでISOあるいはJISに規格がある項目については,JISのISOとの整合化が急ピッチで進行しており,新JISに依ることになるので,
　(11) 『ゴム物理試験方法　新JISガイド』,日本ゴム協会試験機・試験法規格分科会編,大成社（1996）
などを参照する必要がある.

2.3 専門書

　ゴムの全分野をカバーする専門書としては先にあげた(9)がおそらく唯一といえよう.概説ではない専門書としては多かれ少なかれ分野が限定されることが多い.まずゴムの出発点となった天然ゴムを中心とした専門書として,
　(12) "The Chemistry and Physics of Rubber-like Substances", L. Bateman, ed., Maclaren & Sons（1963）
　(13) "Natural Rubber Science and Technology", A.D. Roberts, ed., Oxford University Press（1988）
両書ともにイギリスの研究者による,天然ゴムを軸としたそれぞれの時点でのゴムの科学と技術のまとめともいうべき大部の書籍である.次の書籍の後半は天然ゴムを中

心にゴム技術の広い範囲を概説している．
  (14) 『近代工業化学 21　天然物工業化学 I 』，松井宣也，山下晋三，朝倉書店（1974）
一方，合成ゴムに関しては
  (15) "Synthetic Rubbers", G.S. Whitby, editor-in-chief, John Wiliy & Sons（1954）
がある．日本語でこれに相当し，加工に力点を置いた書籍として合成ゴム加工技術全書（全12巻，大成社）が昭和50年代に出版されたが，多くは絶版となっている．ここ数年架橋ゴムに比べて非架橋型エラストマー（TPE）の伸びが著しい．
  (16) "Handbook of Thermoplastic Elastomers", B.M. Walker, C.P. Rader, eds., 2nd ed., Van Nostrand & Reinhold（1988）
  (17) "Thermoplastic Elastomers", G. Holden, N.R. Legge, R.P. Quirk, H.E. Schroeder, eds., 2nd ed., Hanser（1996）
両書とも第2版まで刊行されている．日本語でも TPE の市場動向を含めて次のような書籍が刊行されている．
  (18) 『熱可塑性エラストマーの新展開』，大柳　康，鞠谷信三，工業調査会（1993）
  (19) 『熱可塑性エラストマー－基礎・応用・市場・将来展望－』，小松公栄，日刊工業新聞社（1995）
  (20) 『熱可塑性エラストマー－最近の研究開発動向－』，秋葉光雄，ラバーダイジェスト社（1995）
  (20) は文献展望の色彩が強く，二次文献の性格を有している．
  ゴム弾性はゴムを考えるときに避けて通れない分野である．ゴムの物理学というべき分野の書籍として
  (21) "The Physics of Rubber Elasticity" L.R.G. Treloar, 3rd ed., Clarendon Press（1975）
  (22) 『ゴム弾性』，久保亮五，初版復刻版，裳華房（1996）
は古典的な名著である．(22) は著者が第二次世界大戦中の困難な中で行った世界的な研究のまとめであり，初版は1947年（昭和22年）に出版されたものである．ゴム弾性理論について最も新しい書籍として
  (23) "Structures and Properties of Rubberlike Networks", B. Erman, J.E. Mark, Oxford University Press（1997）
がある．
  ゴムの科学で大きな比重を占める加工技術に焦点を向けた工業的な書として
  (24) "Rubber Technology", M. Morton, ed., 3rd ed., Chapman & Hall（1995）
  (25) "Engineering with Rubber", A.N. Gent, ed., Hanser（1992）
があり，さらに成形加工に密着したものとして

(26) "Elastomer Processing", W. Kleemann, K. Weber, Hanser（1998）
(27) "RIM Fundamentals of Reaction Injection Molding", C.W. Macosko, Hanser（1989）

などがあげられる．ほかにも多くの書籍があるが，個別分野については本書の各章末の参考文献を見ていただくこととして，ゴム技術にとって重要な補強についての古典的成書を最後に記す．

(28) "Reinforcement of Elstomers", G. Kraus, ed., Interscience（1965）

3. ゴム関係の最新情報検索ツール
3.1 二次情報

化学の世界では二次情報源として Chemical Abstracts（CA，通称ケミアブ）が最も有名であり，CAが情報検索に果たしている役割はきわめて大きいものがある．CAは1907年に創刊され，冊子体のCAを利用すれば1907年からすべての情報の検索が可能である．CAのコンピュータを利用したオンライン検索については，次のホームページを参照すること．ただし，オンライン検索は比較的新しい情報に限られていることに注意しておく必要がある．

　　　（社）化学情報協会　　　http://www.jaici.or.jp/
CAは科学技術振興事業団（JST）からも検索できる．
　　　JST　　　http://www.jst.go.jp/
JSTはJOIS（JICST Online Information System）を通じて広範な科学技術文献情報データベースを提供し，JOIS with STNによりCAS（Chemical Abstract Service）が提供している最新情報が利用できる．またこれにより物理学，電気工学，エレクトロニクス，制御理論，制御技術，コンピュータなどに関する世界的なデータベースであるINSPECも利用可能となった．従来からの「科学技術文献速報」も冊子体とCD-ROM版の両方で出版されている．

　二次情報源として，ほかにゴム分野の多くの雑誌や業界新聞があり，印刷物のほかにインターネット上でも目を通すことが可能になりつつある．雑誌のみをいくつかあげると，
(1) ポリマーダイジェスト，月刊，ラバーダイジェスト社
(2) ポリファイル，月刊，大成社
(3) *Rubber World*，月刊，Lippincott & Peto, Inc.
(4) *European Rubber Journal*，月刊，Crain Communications, Ltd.
(5) *GAK Gummi Fasern Kunststoffe*，月刊，Dr. Gupta Verlag

3.2 一次情報
　一次情報は最も根本の独創性のある知見であり，新しい発明についての情報を与える特許は典型的な一次情報である．ここでは学術的な意義の大きい発見という意味合

いの濃いオリジナルの論文について述べる．原著論文は論文誌として刊行されている．
ゴム関係の学協会が発行している論文誌として
(6) 日本ゴム協会誌，月刊，日本ゴム協会
(7) *Rubber Chemistry and Technology*，年5回刊，アメリカ化学会ゴム部門
(8) *Kautschuk und Gummi Kunststoffe*，月刊，ドイツゴム協会編集
(9) *Tire Science and Technology*，季刊，The Tire Society, Inc.

がある．いずれも原著論文のほかに，いくつかの原著論文をまとめて解説した総説・資料も掲載され，これらは二次情報といえる．しかし総説の中には独自の解釈が与えられている場合があり，この場合は一次情報に相当する．ほかに学協会関係の研究発表タイトルなどが随時掲載されるので，研究者・技術者にとってこれら一次情報に目を通しておくことは，情報収集の重要な活動のひとつであろう．

ゴム関係の原著論文は上記のほかに，ポリマー関係，機械学会関係などの学術雑誌にたびたび掲載されているので，これらのジャーナルを直接手にするか，最低二次情報を利用してタイトルと要旨の検索を行う必要がある．

3.3 特　　許

特許（patent）は「発明の保護及び利用を図ることにより，発明を奨励し，もって産業の発達に寄与することを目的としている」もので，人類の知的活動によって生じた無形の財産のうちのひとつといえる．社会に貢献するであろう優れた技術を発明した人に，その技術を公開する代償として一定期間の独占権が得られる権利であり，公開された技術の情報でもある．

1年間に出願される日本特許は，全体で約40万件，ゴムおよびゴム製品で約5000件，タイヤで約600件と論文数に比べてきわめて多く，特許は，ゴム技術情報として欠くことのできないものである．また，ゴム関連特許の発明者はゴム関連の技術者で，常に身近にいる人でもあり，特許を介した技術者間のコミュニケーションに役立つ．

特許の検索のための閲覧・複写は，特許庁第一公衆閲覧室（CD-ROM），通産省第二公衆閲覧室（冊子体），あるいは（社）発明協会で可能で，地域により公立図書館で可能な場合もある．しかし，現在ではコンピュータによるオンライン検索が普通であろう．

　　　（財）日本特許情報機構　　http://www.japio.or.jp/
は特許庁の発行する公報類の販売機関であり，オンライン特許情報検索システムPATOLIS（Patent On-line Information System）を開発した．これにより日本および世界61ヵ国，4国際機関の情報が検索できる．

　　　PATOLIS　　http://www.japio.or.jp/patolis/welcome.html
また，CASはCAonCDを提供している．これはCASのネットワークに対応するCD-ROMで化学に関連する特許情報が収録されている．

現在はこれらに加えて，各国特許庁が開設しているインターネットホームページの

データベースで検索が行えるようになっている．特許関連データベースのホームページは，goo，Yahoo などで，検索語の「特許」を入力すると簡単に見つかり，アクセスできる．また関連ホームページへのリンク集もあるので利用を奨める．

検索方法は，各ホームページに「利用の手引き」も記載されているので初めての人でも検索できるようになっているが，日本特許庁のデータベース，「特許電子図書館」（IPDL）を例に簡単にその利用方法を述べる．

特許番号がわかっていてその内容を知りたいときは，通常，「特許・実用検索 DB」を用いることが多い．キーワード，出願人，発明者，国際特許分類などで検索するときは，1993 年（平成 5）以降に限定されるが，要約と代表図面のみの「公開特許フロントページ」または全文および全図面が見られる「公開テキスト検索」を用いる．出願された特許が権利化されたかどうか調べるときは「経過情報検索」と「審判検索」とを用いる．ただし，インターネット上で閲覧すると時間がかかることもあるので，件数が非常に多いときには公報（印刷物または電子ファイル）を取り寄せた方が効率的な場合がある．主なホームページアドレスは次のようなものがある．

　　日本特許庁　　　　　http://www.jpo-miti.go.jp/
　　米国特許商標庁　　　http://www.uspto.gov/
　　ヨーロッパ特許庁　　http://www.european-patent-office.org/
　　IBM　米国特許データベース　　http://www.patents.ibm.com/
　　DIALOG　http://www.dialogweb./com/

4. インターネット

情報媒体が印刷物からインターネットへと急速に変化しつつあり，情報のオンライン検索は今や当たり前のことになっている．オンライン化に伴って，印刷情報の検索も迅速になった．例えば図書館で目的の書を探す場合，日本十進分類法（NDC）に基づいて分類されたカードを探すのが当たり前のことであったが，現在では多くの図書館で OPAC（Online Public Access Catalog）のようなオンライン検索が可能である．ただし，すべての蔵書がオンライン化されているとは限らないので，場合によっては昔ながらの手作業を強いられる場合もある．

インターネット上の情報は，いわゆる「玉石混淆」であり，簡単に入手できる代償として情報の評価はきわめてむずかしいといえる．現時点では，理工系・自然科学系の情報，および政府機関の情報などは一定の評価をしたうえでできるだけ利用すべきものであろう．評価の基準として「誰が？」，「何のために？」，「誰に向かって？」，「どのようなサイトから発信しているのか？」，「どの程度新しいか？」などの疑問をたえず忘れるべきでない．また個人情報の流出や不用意なダウンロードによるコンピュータウイルスへの感染にも注意しなければならない．Browsing の第一歩はゴム関係学協会のホームページを見ることである．

日本ゴム協会　　　　http://www.srij.or.jp/
アメリカ化学会ゴム部門　　http://www.rubber.org/
高分子学会　　　　　http://www.spsj.or.jp/
日本機械学会　　　　http://www.jsme.or.jp/
Society of Automobile Engineers　　http://www.sae.org/

などのほかにも多くの学協会がホームページを開いている．

　前節の特許について述べたように，インターネットの利用に当たってディレクトリサービスを利用することになる．goo, infoseek Japan, EXCITE, Yahoo!Japan, NTT DIRECTORYなどがある．

　検索語として「ゴム」を入力するとゴム関連ホームページ，ゴム製品紹介など現時点でも1万件ヒットする．これらの膨大な情報の中から，必要なものを選択し評価して役立てることは，これからの研究者・技術者の腕の見せどころのひとつになりつつあるといえるだろう．

　現時点で，ゴム関係者に便利なホームページとして次の2つをあげることができる．いずれも多数のゴム関連ホームページにリンクしている．

　　http://www02.so-net.ne.jp/~katosan/
　　http://www.posty.co.jp/

　最後になったが日本における最大の図書館である国立国会図書館を忘れるべきではない．直接訪れることも可能だが，国立図書館のデータベース「電子図書館」（http://www.ndl.go.jp/）をオンラインで利用すれば，所蔵書籍・所蔵雑誌などの検索が居ながらにして可能である．

〔糀谷信三・佐々木康順〕

C. ゴム関係団体一覧

ゴム工業に関する機関は多数あるが，国内については全国的な組織のみに絞った．国内各地方団体については東京の各組織に問い合わせるか，あるいは，多くの団体がインターネット上に開設しているホームページの利用が便利である．

〔国内関係団体〕

団体名	連絡先住所	電話
日本ゴム工業会	107-0051 東京都港区元赤坂1-5-26	03-3408-7101
(社)日本自動車タイヤ協会	105-0001 東京都港区虎ノ門3-8-21	03-3435-9091
日本ゴム履物協会	107-0051 東京都港区元赤坂1-5-26	03-3408-7393
ゴムベルト工業会	105-0003 東京都港区西新橋2-12-4	03-3503-4731
日本ゴムホース工業会	105-0001 東京都港区虎ノ門1-13-4	03-3501-2466
農機ゴム工業会	105-0001 東京都港区虎ノ門1-1-20	03-3508-7777
再生ゴム工業会	105-0001 東京都港区虎ノ門1-1-20	03-3508-7777
日本ゴムビニール手袋工業会	101-0024 東京都千代田区神田和泉町1-7-4	03-3866-4229
日本製靴用ゴム工業会	107-0051 東京都港区元赤坂1-5-26	03-3408-7201
日本靴工業会	103-0013 東京都中央区日本橋人形町3-3-9	03-3661-4672
ウレタンフォーム工業会	105-0003 東京都港区西新橋2-24-16	03-3504-1828
カーボンブラック協会	105-0001 東京都港区虎ノ門1-1-21	03-3501-3241
更正タイヤ全国協議会	104-0061 東京都中央区銀座1-14-5	03-3561-5741
合成ゴム工業会	100-0011 東京都千代田区内幸町2-1-1	03-3501-2427
石油化学工業会	100-0011 東京都千代田区内幸町2-1-1	03-3501-2151
(財)化学物質評価研究機構	112-0004 東京都文京区後楽1-4-25	03-5804-6131

C. ゴム関係団体一覧

| (社) 日本ゴム協会 | 107-0051 東京都港区元赤坂 1-5-26 | 03-3401-2957 |

〔海外関係団体〕

団体名	連絡先住所
オーストラリアゴム・プラスチック研究所 Australasian Plastic & Rubber Institute, Inc	PO Box 2082 Templestowe Heights Victoria 3107 Australia
北京ゴム工業研究設計院 The Beijing Research & Design Institute of Rubber Industry	Xijiao Banbidian Beijing 100039 China
フランスゴム・プラスチック技術者協会 Association Francaise des Ingenieurs du Caoutchouc et des Plastiques (AFICEP)	c/o 60 Rue Auber 944-8 Vitry sur Seine France
ドイツゴム協会 Deutsche Kautschuk-Gesellschaft e.v.	PO Box 90 03 60 60443 Frankfurt am Main Germany
マレイシアゴム研究開発局 マレイシアゴム研究所 Malaysian Rubber Research Board Rubber Research Institute of Malaysia	PO Box 10508 50716 Kuala Lumpur Malaysia
ノルウェーゴム工業研究所 The Norwegian Institution of Rubber Technology	PO Box 143 N03070 Sande, Norway
フィンランドゴム技術協会 Finnish Society of Rubber Technology	PO Box 7 04200 Veravia Finland
スウェーデンゴム技術研究所 The Swedish Institution of Rubber Technology	PO Box 56 S-330 15 BOR Sweden
英国材料研究所 The Institute of Materials	1 Carlton House Terrace London SW1Y 5DB UK
米国化学会　ゴム部会 Rubber Division American Chemical Society	PO Box 499 Akron, Ohio 44309-0499 USA

団体名	連絡先住所
インドゴム研究所 Indian Rubber Institute	305 South Delhi House 12 Zamrudpur Community Center Kailash Colony New Delhi100 048 India
韓国ゴム学会 The Korean Institute of Rubber Industry	734-17 Yeoksam-Dong, KangNam-ku, Seoul 135-080 Korea
オランダゴム研究所 Vereniging van kunstoff en Rubbertechnogen (VKRT)	PO Box 418 2260 AK Leidschendam The Netherlands
チェコ化学工業会　ゴム部会 Rubber Division, Czech Society of Industrial Chemistry	Novotneho lavka 5 110 01 Prague 1 Czech Republic
ゴム・ラテックス製品研究所 Rubber and Latex Goods Research Institute	42 Krasnobogatyrskaya Street Moscow 107564, Russia
イランゴム工業技術研究所 Rubber Industries Engineering & Research Company	62 Bagherkhen Gharbi Street Tehran 14416, Iran
天然ゴム生産国協会 Association of Natural Rubber Producing Countries	148, Jalan Ampang, 50450 Kuala Lumpur, Malaysia
国際合成ゴム生産者会議 International Institute of Synthetic Rubber Producers, Inc.	Suite 133 2077S, Gessner Rd. Houston, Texas 77063-1123, UAS
国際ゴム会議機構 International Rubber Conference Organization	C/O The Institute of Materials 1 Carlton House Terrace London SW1Y 5DB UK
国際ゴム研究会 The International Rubber Study Group	Heron House, 109/115 Wembley Hill Road, Wembley, HA9 8DA, UK
英国ゴム・プラスチック研究所 Rubber & Plastics Research Association of Great Britain (RAPRA Technology Ltd.)	Shawbury, Shrewsbury Shropshire SY4 4NR UK
米国ゴム工業会 The Rubber Manufacturers Association	1400 K Street NW Washington, DC 20005, USA

〔鈴木　守〕

索引

ア

アイオネン　37
アインシュタインの式　73
アウターソール　439
アグリゲート　264
アクリル系重合体　434
アクリルゴム　121, 188, 196
アクリル酸亜鉛塩　176
アクリロニトリル-ブタジエン
　　共重合ゴム　501
アグロメレート　264
アスペクト比　77
アセチレンブラック　263
アセチレン法　148
アゾ・エン反応　144
圧縮永久ひずみ　203
圧縮加硫成形機　329
圧縮成形　200
圧縮変形　100
アニオン重合　27
アフィン変形　53
アブレシブ摩耗　110
アミド結合　37
網目鎖密度　32
網目の無限収縮　52
アミン架橋　191
アミン系老化防止剤　280
アメバンド　455
アモルファス　23
アラミド繊維　467
アリル水素　34
アルキル化CSM　187
アロファネート結合　37, 210
泡立て法　479

イ

硫黄架橋　30, 183
硫黄促進剤加硫　313
硫黄ドナー型化合物　247
イオン架橋　253
イオンクラスター形成　256
イオン伝導性　195, 426
イオン反応　247
イオンビーム照射処理　345
イソシアヌレート　210
イソブチレン　176
イソプレン　18, 146
イソプレンゴム　146
イソプレン単位　147
I型アレルギー　498
1軸拘束2軸伸長変形　66
糸巻きボール　434
イミダゾール系老化防止剤
　　280
医療用具の添付文書　447
医療用ゴム手袋　446
医療用PVC　452
インピーダンスの周波数依存性
　　124
インプラントTPO　224

ウ

ウィッカム, H. A.　3, 16
ウェザーストリップ　386
ウェットスキッド特性　166
ウェットスーツ　442
ウォーターホース　387
ウレア結合　37
ウレタン結合　36
ウレタンゴム　207

エ

永久ひずみ　307
液状ウレタンゴム　228
液状ゴム　226, 286, 478
液状シリコーンゴム　198, 204, 227
液状天然ゴム　226
液状ポリサルファイドゴム　226
エキステンダーオイル　281
液体封入マウント　471
エジソン, T. A.　16
エステート　494
エステル結合　37
エチリデンノルボルネン　179
エチレン系共重合ゴム　119
エチレン-プロピレン共重合ゴム　179
エネルギー弾性項　46
エバポ系チューブ　387
エピクロロヒドリン　194
エポキシ化天然ゴム　143
エポキシ基　38
エラストマー　4
エリゴ　471
円環状防げん材　394
塩素化天然ゴム　142
塩基性炭酸マグネシウム　272
エンジン系シール　389
エンジンマウント　156, 388
塩素化反応　30
塩素化ブチルゴム　178
塩素化法　345
塩素系ゴム　36
円筒型防げん材　393

円筒研削盤　465
エントロピー弾性　46, 47, 293
エン反応　142
エンプラ系TPE　219, 223
エンベロープ性　382

オ

オーイの界面構造モデル　107
オイルフェンス　417
オイルブラックマスターバッチ　162
オイルマスターバッチ　162
応力解析　70
応力緩和　307
オーエンスレーガー, G.　6
押出機　328
押出成形　201, 326, 328
押出連続加硫　333
オゾン層破壊　490
汚濁防止膜　418
オートトランスミッションオイルホース　387
温暖化　490
温度-時間換算式　297

カ

加圧溶融塩架橋　336
加圧流動床架橋　336
改質アスファルト　414
改質ブラック　265
解重合反応　32
塊状重合　507
海底ケーブル　420
回転型防げん材　395
回転式粘度計　317, 318
回転ドラム式架橋　336
外面ゴム層　469
界面接着性　274
界面張力　105
解離エネルギー　26
ガウス関数　52
カオチュク　15
化学発泡剤　290, 478
カーカス　361
カーカスライン　365

可逆相　482
架橋　30, 141, 242, 336, 412
架橋型ゴム　258
架橋缶方式　336
架橋構造　32, 127
架橋効率　251
架橋密度　126, 301
加工　92
加工剤　283
加工助剤　283, 284
加工設計　92
苛酷度　311
過酸化物架橋　183, 251
過酸化物架橋剤　251
過酸化物分解剤　280
荷重負担能力　101
加水分解　531
ガスケット　276, 474
ガス透過性　176
画像解析　72, 552
可塑剤　281, 286, 452
硬さ　305
型汚れ　334
カチオン重合　27
活性硫黄　248
活性剤　244
活性水素化合物　207
活性炭　529
カップリング　472
カップリング剤　292
カップリング反応　162
カテナリー式連続架橋　336
カーテン　417
可動堰　415
金型汚染　293
カーバイド工業　501
カバーゴム　400
カーボン　305
カーボンゲル　75, 125, 497
カーボンブラック　9, 11, 60, 91, 123, 263
紙加工用ラテックス　351
ガラス繊維　467
ガラス転移温度　18, 89, 315
絡み合い　54, 60

加硫　2, 4, 30, 31, 183, 242
加硫ゴム代替　219
加硫ゴムラテックス　235
加硫剤　199, 243
加硫促進剤　244
加硫遅延剤　287
カレンダー成形　201
カレンダーロール　327
カロザース, W. H.　9, 501
環化　141
環化ゴム　479
環化法　344
環化率　481
環境対応設計　492
環境ホルモン　452
環境マネジメント規格　490
玩具ボール　156
感光性ゴム　479
乾式法シリカ　268
間接架橋接着　103
間接接着法　476
感染特異的タンパク質　499
眼内レンズ　449
感熱浸漬法　456
感熱製ラテックス　485
岸壁用防げん材　393, 394
乾留法　532
緩和時間　56
緩和弾性率　57

キ

機械的処理　345
機械的粉砕法　231
基材　458
技術　88
技術学　88
技術的格付ゴム　136
気象異常　490
気象観測用気球　484
気相重合　29, 180, 507
擬塑性流体　317, 319
気体透過性　204, 316
軌道パッド　400
機能性エラストマー　136
機能性ゴム材料　30

索引　*579*

機能性配合剤　287
機能特性　314
逆相ガスクロマトグラフィー　124
キャプタイヤケーブル　421
キャメルバック　523
キュア→架橋
キュアオン式ソリッドタイヤ　380
吸収効率　394
給紙用ローラー　432
共架橋剤　252
橋脚　409
凝集塊　312
共重合反応性比　168
凝集力　458
共振現象　403
凝着法　456
凝着摩耗　110
き裂成長　307
均一系バナジウム触媒　179
均質化剤　285
均等2軸伸長変形　66

ク

空気圧低下警報装置　103
空気式防げん材　395
空気ばね　399
空隙率　123
櫛型ポリエーテル　427
グッタペルカ　19
グッドイヤー, C.　2, 15, 487
駆動性　364
駆動ベルトプーリー　402
クラック　112
グラフト化天然ゴム　143
グラフト共重合体　86
グラフト重合　462
グリコール化反応　532
グリップ性　440
クリーニングブレード　431
クリープ　409
グリフィス理論　116
クリープ現象　406
グリーンストレングス　286

グリーンタイヤ　362
グリーンブック　136
グルーブドタイヤ　488
クレー　272, 305
クローズドシステム化　509
クロスヘッド押出し　465
クロロスルホン化ポリエチレン　186
クロロプレンゴム　9, 148
クローン　493

ケ

継手金具(口金)　470
形状記憶ゴム　481
係留ロープ　396
消しゴム　453
血液ポンプ　357
欠陥責任　539, 541
欠陥責任原則　542
結合アクリロニトリル　172
結合硫黄　127
結晶化　90
ケーブル　419
ケミカルリサイクル　529〜532
ケン化EVA　208
検査検診用手袋　446
減衰　411
減衰全反射法　128
減衰装置　405
現像ローラー　431
懸濁重合　509

コ

高圧蒸気架橋　336, 339, 343
工業応力　64
工業用ゴム製品　491
航空機用タイヤ　374
抗血栓性　357
光合成　495
剛構造　403, 408
高次構造設計　90
高シス-BR　151
高周波架橋　336
高純度天然ゴム　145
工場設計　89

合成高分子ルーフィング　413
合成ゴム　9, 23, 489, 507, 554
合成ゴム工業　500
合成ゴムラテックス　236, 240, 349
更生タイヤ　376, 521
合成天然ゴム　10
合成ラテックス　350
高層観測　484
公的標準　538
高反発弾性　155
高分子系複合材料　550
高分子固体電解質　427
高分子ミクロスフェアー　241
ゴム弾性　45
コーキング材　413
国際ゴム技術会議　14
国際的整合化　537
国際標準化機構　534
国際品質包装基準　136
固形ゴム　478
コード　419
コーナリングフォース　365
ゴフ-ジュール効果　45, 49
ゴムアスファルト　414
ゴムエンジン　293
ゴム加工プロセス　302
ゴム緩衝チェーン　397
ゴムクローラ　383
ゴム系接着剤　460
ゴム系複合材料　548
ゴム研究所　13
ゴム工業協会　14
ゴム支承　409
ゴムシート　413
ゴム/樹脂ブレンド　214
ゴム状平坦領域　60
ゴムスクラップ　334
ゴム製防げん材　392
ゴム弾性　1, 550
ゴム弾性論　62
ゴム練り　302, 304
ゴム履物　463
ゴムパッド　399
ゴム風船　455

ゴムブレンド 80, 301
ゴム分解酵素 496
ゴム分子セグメント 105
ゴムベルト 465
ゴムホース 276, 469
ゴム用金型 336
ゴムライニング 476
ゴムロール 277, 464
コールド重合法 159
コールドラバー 10, 26, 172
ゴルフボール 434
転がり抵抗 97, 98, 309, 363, 368
コロナ放電処理 345
コンソーシアムスタンダード 538
コンドーム 443
混練り 5, 302
混練りモデル 303
コンパウンド 374
コンビナート 505
コンベヤシステム 401
コンベヤベルト 400

サ

細管粘度計 317, 318
再生機構 512
再生ゴム 511, 530
最低成膜温度 239
栽培ゴム 3
材料 133
材料設計 89
サーキット 372
座屈変形 394
サージカルテープ 452
接着増進剤 292
サブ 282
サブマリン方式 418
サーマル法 263
サーマルリサイクル 529〜532
酸化亜鉛 313
酸化防止機構 279
酸化防止剤 277
酸化劣化機構 278
サンドイッチ積層体 404

シ

ジイソシアナート 207
ジエン系液状ゴム 228
ジエン系ゴム 33, 440
紫外線吸収剤 280
歯科用手袋 446
時間-温度換算則 59
示差走査熱量測定 128
支持体 458
脂質 140
支承 409
地震波 403
シース 420
シス-1,4 結合 161
シス-1,4-ポリイソプレン 10, 496
シス-1,4-ポリブタジエン 10
ジスルフィド結合 31
磁性機能 316
自然平衡形状 369
室温硬化型ゴム 198
湿式法シリカ 268
湿潤ゲル強度 456
自転車タイヤ 376
自動車用タイヤ 365, 490
自動車用ホース 470
シート成形 326
芝草用タイヤ 383
脂肪酸 140, 313
脂肪族エステル系 282
ジメチルシリコーンゴム 198
2,3-ジメルカプトキノキサリン誘導体 196
射出成形 93, 201
射出成形架橋 336
射出成形機 331, 463
ジャンパーケーブル 421
重合温度 172
重縮合 29
臭素化ブチルゴム 178
重付加 29
自由連結鎖 52
熟成 443, 444
樹脂改質剤 233
樹脂架橋 33, 84, 255
主軸 63
手術用手袋 446
潤滑処理 445
瞬間接着 458
準有効加硫 31
常圧溶融塩架橋 336
常圧流動床架橋 336
蒸気加硫 332
衝撃改質材 183
衝撃粉砕法 231
消費者関連専門家会議 544
消費者契約法 547
情報 133
食物アレルギー 499
除振装置 429
シラノール基密度 270
シラン架橋 256, 336
シリカ 11, 268, 305
シリカ配合トレッド 156
シリコーンゴム 197, 449
シリコーンゴム系ファイバー 433
シリコーンゴムスポンジ 202
シーリング材 413
シール 389
シール材料 384, 476
シロキサン結合 37
白サブ 454
真応力 64
人工血管 451
人工心臓 449
人工臓器 448
人工臓器用エラストマー 448
人工肺 449
人工皮膚 449
人工弁 451
人工補綴材 449
芯線 467
新鮮ラテックス 234
伸張結晶性 155
振動 97

ス

水素化ニトリルゴム 169

索　引　　　　　　　　　　　　　　　581

水素化反応　173
水素添加　29
垂直回転車輪型ゴムエンジン　294, 295
垂直式連続架橋　336
水平式連続架橋　336
酔歩の問題　51
スカイビング　524
スカート　417
スクイズタイプシール　474
スクリュー押出機　329
スコーチ　95, 253
スタッドレスタイヤ　152
すだれ織　97
スタンディングウェーブ　97, 363
スチールコード　401
スチールラジアルタイヤ　363, 368
スチレン-ブタジエン共重合ゴム　158, 501
スチレン-ブタジエン-スチレントリブロックコポリマー　212
ステップインデックス型　433
ステレオケミストリー　27
ストラクチャー　122, 123, 264
ストリップラバー　523
素練り　5, 302
素練促進剤　286
スパンデックス　356
スピノーダル分解　82
スプレー乾燥法　231
スポーツシューズ　439
スポンジアウターソール　441
スポンジゴム　477
スモークドシート　137
スモールホルダー　494
スラブマット　399, 528
スリックタイヤ　373, 488
スルフィドゴム　205

セ

成形　92
成形加工　317

制震構造　408
制振ゴム　131, 471, 473
制振性能　277
精製ラテックス　235
製造物　539, 541
製造物責任　538, 542
生体内劣化　357
生体防御タンパク質　499
正抵抗温度係数　425
制動性　364
製品設計　89
石炭化学工業　501
石油化学工業　500
セグメント化ポリウレタン　209, 356
絶縁体　420
設計　88
接触面積　109
接地圧　383
接地面積　373
接着　103
接着界面　128
接着剤　428, 460
セミEV加硫　313
セルフアライニングトルク　365
セルフ架橋　262
セルフシールパッキン　474
セルラーラバー→発泡ゴム
ゼロせん断粘度　319
繊維処理用ラテックス　354
前加硫　443, 444
全国消費生活相談員協会　544
染色処理　126
船体用防げん材　395
せん断接着力　459
せん断(流動)場　83, 518
せん断破壊　321
せん断変形　63

ソ

相間移動触媒　515
早期加硫　287
早期加硫防止剤　244
送吸油用ゴムホース　418

双極子モーメント　25
相互作用パラメーター　80, 126
走査型プローブ顕微鏡　550
操縦安定性　97, 363, 372
相図　80
相溶(性)　80, 309
相容化　85
相溶解　83, 84
即時型アレルギー　498
側面発光タイプ　434
ソフトセグメント　210〜212
ソフトボール　437, 438
ソフトマテリアル　21
ソリッドタイヤ　6, 360, 379
ソリッドボール　434
損害賠償責任　542
損失正接　130

タ

耐アミン性　192
対イオン効果　27
耐オゾン性　315, 416
耐加硫もどり性　250
耐寒性　172, 315, 374
耐屈曲疲労性　155
耐衝撃性ポリスチレン　152, 156
耐水性　416
ダイスウェル　320
台タイヤ　522
帯電ローラー　432
耐熱性　188, 202, 314
耐疲労性　307
タイプ番号　375
大変形弾性論　62, 64
耐摩耗性　155, 277, 306, 311, 402
タイミングベルト　390
タイムスケール　56
タイヤ　6, 97, 166, 500, 554
耐薬品性　203, 315
タイヤ形状　365
タイヤコード　273
ダイヤフラム　390
耐油性　172, 315

耐力構造　408
耐路面特性　378
多孔体　290
多層構造ボール　435
タック　288
タックコート　414
脱混合　82, 83
脱タンパクラテックス　235
タッピング　4, 22, 493
脱硫　513
多硫化アルカリ　205
タルク　272
だれ　104
ダングリング鎖　32
炭酸カルシウム　271, 305
弾性軸継手　472
弾性シーラント　413
弾性繊維　207
弾性体　56
弾性まくらぎ　399
弾性率　311
短繊維　274
短繊維補強　73, 77
単体硫黄　31
断熱伸張　48
ダンパー　405
タンパク質　139
タンパク質アレルギー　22
ダンロップ, J. B.　6, 7, 360, 487

チ

遅延剤　244
チオエーテル結合　37
チオコール　206
逐次重合　29
チーグラー触媒　215
チーグラー-ナッタ触媒　10, 28, 507
チッピング　384
中空ボール　438
中実ボール　438
注射薬液用ゴム栓　451
注入成形機　331
稠密構造　91
超音波架橋　261

超音波脱硫　518
超高圧ケーブル　423
長繊維　273
長繊維補強　73
超伝導材料　420
超伝導磁石　420
超臨界水　532
直接架橋接着　103
直接浸漬成形法　444
直接接着法　476

ツ

通信ケーブル　422
ツーピースボール　435

テ

低温硬化型シリコーンゴム　198, 204
低温性能　155, 309
低級ゴム　137
低シス-BR　152
ディスポーザブル医療用品　452
低騒音　97
定着ローラー　432
低燃費タイヤ　97, 98
定反力型防げん材　393
ディファクトスタンダード　538
テイル　74
テトラフルオロエチレン　190
テレキリック液状ゴム　27, 226
転移域　60
電気絶縁性　192
電気抵抗測定法　124
電気特性　203
電源コード　421, 422
電子写真プロセス　430
電子線架橋　33, 258, 336, 343
電子伝導性　423, 424
転写ローラー　432
テンションベルト　417
電線　419
伝動用ゴムベルト　467
天然ゴム　1, 21, 136, 138, 140,

146, 305, 448, 489, 491, 498
天然ゴム系熱可塑性エラストマー　145
天然ゴム誘導体　23
天然ゴムラテックス　234, 346

ト

等温ヒートエンジンサイクル　294
凍結相　482
導体　420
動的架橋　41, 95
動的加硫TPO　215
動的弾性率　57
導電性　316
導電性ゴム　423
導電性付与剤　424
導電通路説　424
導電率　426
動倍率　58
独立気泡構造　478
塗工層　351
トムソン, R. W.　6, 360
ドメイン　39, 40
ドメインサイズ　309
ドライスーツ　442
ドライブシャフトブーツ　389
トライボマテリアル　108
トライボロジー　108
トランス-1,4結合　161
トランスファー成形　201, 336
トリチオゾン　248
トレイン　74
トレッド　488
トレッドパターン　369
トレーリングアームブッシュ　388
トンネル効果説　424

ナ

ナイトレン　480
内面ゴム層　469
中子型　103
ナフサ　504
波打ち　86

索　　引

軟化剤　281, 286
軟式野球ボール　437
軟質 PVC 代替　223
難燃性　203, 316

ニ

二次加硫　202
二軸押出機　531
二軸混練機　95
二次促進剤　244
ニトリルゴム　170, 196
日本工業規格　534
日本工業標準調査会　534
乳化重合　9, 26, 169, 509
乳化重合スチレン-ブタジエン共重合体　158
ニュートンの粘性法則　56
ニューマチック型ソリッドタイヤ　380
ニューマチックタイヤ　6, 360
二輪自動車タイヤ　378
認定試験　376

ヌ

濡れ　104

ネ

ネオプレン　9
熱架橋型シリコーンゴム　198
熱可塑性エラストマー　11, 30, 39, 212, 389, 449
熱可塑性フッ素ゴム　192
熱機械測定　128
熱空気加硫　443, 444
熱媒架橋　201
熱風架橋　201, 333
練りゴム　453, 523
燃焼エネルギー　529
粘弾性　130, 307
粘弾性関数　59
粘弾性体　56, 98
粘着剤　287, 458
粘着テープ　457
粘着付与剤　286, 287
粘着摩耗　110

粘度安定化ゴム　137
燃費規制　98

ノ

農学　88
農用タイヤ　383
ノーズタイヤ　374
乗り心地　97
ノンハロゲン難燃電線・ケーブル　423

ハ

バイアスタイヤ　361
配位結合　247
配位重合　28
バイオマー　356
バイオマス　491
排気系マウント　386
配向　277
配合(剤)　91, 298, 301
配合設計　91, 287, 299
排水性　367
排土性　383
ハイドロプレーニング　97
バウンドラバー　75, 125
パーオキシド架橋　32, 191
破壊抵抗力　117
破壊力学　115
バギー用タイヤ　382
剥離剤　458
剥離接着力　459
橋桁　409
パターンノイズ　367
パターン摩耗　110
破断面凹凸　117
歯付ベルト　466
パッキン　474
発酵化学工業　501
発泡ゴム　477, 478
発泡剤　290
ハードセグメント　210〜212
バフィング機　524
バフがけ　345
パーフルオロゴム　192
パーマネントフロート方式

418
パラス効果　320
バラストマット　399, 528
バラタ　19
パルス法 NMR　45, 76, 125
ハルピンの式　73
バルブステムシール　389
バレル　329
ハロゲン化　35
ハロゲン化ブチルゴム　176
パンク修理システム　103
ハンコック, T.　2
阪神・淡路大震災　403
番手　455
半導体系導電性ゴム　423
反応射出成形　95
反応誘起型相分解　84
反力漸増型防げん材　393
反力分散　411

ヒ

被害者の保護　542
非ガウス鎖　55
光安定剤　280
光架橋　33, 260
引裂きエネルギー　116
微小変形弾性論　63, 65
ヒステリシス　98, 307
ひずみ一定挙動　99
ひずみエネルギー　116
ひずみエネルギー密度　62, 64
微生物による脱硫　518
非線形問題　62
非相溶　309
ピーチー法　248
引張応力　305
引張強さ　305
引張変形　63
ビード　370
ビード落ち抵抗力　382
ヒドリンゴム　194, 196
ビニリデンフルオライド　190
避妊具　443
比摩耗量　110
ビュレット結合　37, 210

表面エネルギー　116
表面活性　71
表面グラフト化　345
表面処理　274,343
表面張力　105
表面分析　127
平ベルト　276
ピーリング機　524
疲労　112
疲労寿命　112
疲労破壊　112,115
疲労摩耗　110
ピンホール検査　444

フ

ファクチス　282
ファーネス法　11,263
ファブリックトレッド構造　376
ファラデー, M.　16
ブイ・ムアリング・フォーラム・ホース・スタンダード　418
フィラー　9,90,91
フィラーネックチューブ　387
フィールドラテックス　235
フェノール系老化防止剤　280
フォーミュラカー　372
フォーミュラ・ワン　486
付加環化反応　141
負荷能力　369
不均質分配　301
複合化　189
複合高分子　549
複写機　430
浮体　417
ブタジエンゴム　9,150
ブタジエン法　148
フタル酸エステル系　282
ブチルゴム　176
浮沈片　418
浮沈ホース　418
フックの法則　56,64
フッ素系高分子チューブ　434
フッ素ゴム　121,189

物理的老化防止剤　278
物理発泡剤　290
負抵抗温度係数　425
ブナS　9
ブナN　9
部分相溶　309
フューエルホース　386
プライマー　476
ブラウンクレープ　137
フラクタル　553
プラスチック用ラテックス　352
プラズマ処理　345
フラップボード工法　397
ブランケットクレープ　137
振り子型ゴムエンジン　294
プリーストリー, J.　15
ブリティッシュ・スタンダード　418
プリンター　430
フルオロカーボンゴム　194
フルオロシリコーンゴム　193,199
ブルックハート触媒　225
ブレーカー　361
ブレーキ系のシール　389
フレキシブルマウンド　398
ブレーキホース　387
プレキュアトレッド法　522
プレキュア用加硫缶　525
プレスオン式ソリッドタイヤ　380
プレス成形架橋　336
ブレンド型TPO　225
プロセスオイル　43,281
プロセス設計　89
プロダクトリサイクル　528
ブロック共重合体　39,43,44
ブロックコポリマー　27,214
プロテクター付防げん材　394
フロート　417
プロファイル押出し　465
フローリー-レーナーの式　126
分解促進助剤　291
分散性　270

分散度　123,304
分散複合系導電性ゴム　423
分子運動性　24,313,550
分子鎖切断　113
分子設計　89,555
分子切断　412
分子摩擦　411
粉末NBR　233
粉末ゴム　230

ヘ

ペイン効果　61,73,313
ヘキシンゴム　448
ヘベアクラム　137
ヘベア樹　15,493
ヘリコプター用タイヤ　375
ベール　155
ベールクレープ　137
ベルテッドバイアスタイヤ　363
ベルト　361,369,390
ベルト架橋　336
偏平タイヤ　371
偏摩耗　368,369

ホ

ポアッソン収縮　114
ポアッソン比　64
崩壊型ゴム　258
崩壊型ポリマー　32
防げん(舷)材　70,392
芳香族アジド化合物　479
芳香族エステル系　282
放射線架橋　33,257
放射線脱硫　517
防振ゴム　388,471
放線菌　496
膨張ゴム　477
防潮堰　416
補強効果　71
補強性フィラー　11
補強繊維　416
補強層　469
ホース　386
ホットラバー　10

索　引

ホトレジスト　479
ホモリシス　32
ポリイソプレン　121
ポリウレタン　41, 207
ポリエステル　208
ポリエステル・エーテル系マルチブロック共重合体　41
ポリエチレン変性ゴム　121
ポリエーテル　208
ポリエーテルウレタン　449
ポリエーテルウレタンウレア系　356
ポリオール　207
ポリオール架橋　191
ポリオレフィン系ゴム　448
ポリカーボネート　208
ポリジメチルシロキサン　197
ポリスチレン換算分子量　182
ポリスルフィド結合　31
ポリVベルト　390
ポリブタジエンポリオール　208
ポリマー　305
ポリマーアロイ　79
ポリメルカプトトリアジン誘導体　196
ボンドベクトル　50

マ

マイクロ波架橋　260
マイクロ波脱硫　516
巻缶加硫　465
マクスウェルの関係式　46
マクスウェルモデル　56
マクロクラック　117
曲げ変形　100
摩擦　108
摩擦係数　111
摩擦材　233
摩擦伝動ベルト　466
摩擦力　108
末端間距離　53
末端変性　555
マテリアルリサイクル　216, 526, 530, 531

摩耗　108
摩耗性能　277
摩耗率　109, 111
幻網目モデル　54
マリンス効果　73
マンドレル　329

ミ

ミクロクラック　113, 114
ミクロ構造　27, 151, 162
ミクロ相分離　11, 39, 551
ミクロブラウン運動　17
ミクロボイド　112, 113
ミシュラン兄弟　8
水架橋　33, 256
ミセル　159

ム

無硫黄加硫　247, 313
無硫黄変性　207
無機系過酸化物　207
ムーニー粘度　172
ムーニービスコメーター　318
ムーニー-リブリンプロット　66, 67, 126

メ

メインタイヤ　374
メタル化　144
メタロセン重合　134
メタロセン触媒　29, 179, 225
メチルゴム　9, 501
メチルビニルシリコーンゴム　198
メチルフェニルシリコーンゴム　198
メルトフラクチャー　321
免震構造　403, 404, 408
免震ゴム　20, 403
免震用積層ゴム　70, 404, 553
免責事由　543

モ

モータースポーツ　486
モノスルフィド結合　31

モノマー反応性比　26
モールド　371
モールドキュアトレッド法　522
モールドキュア用加硫機　524
モルフォロジー　155, 215

ヤ

野生ゴム　1

ユ

有害物の不使用　491
有機改質剤　291
有機過酸化物　199
有機加硫促進剤　6
有機系過酸化物　207
有機ジクロライド　205
有機スズ-リン酸エステル縮合物　194
有限要素法　366, 405
有効加硫　31, 244
遊離硫黄　127
油展天然ゴム　137

ヨ

溶液重合　11, 27, 154, 509
溶液重合スチレン-ブタジエン共重合体　158
溶液粘度　157
溶解指数　462
溶解度パラメーター　25, 80, 315
溶出タンパク質量　499
ヨウ素移動重合　192
ヨウ素価　182
溶媒効果　27
溶融塩架橋　336, 339
溶融流動破壊現象　321
予備形成　326

ラ

ライフサイクルアセスメント　300, 492
ラジアルタイヤ　97, 361
ラジオゾンデ　484

ラ

ラジカル重合　26, 113, 188
ラジカル反応　143, 247
ラジカル連鎖禁止剤　279
ラテックス　1, 22, 138, 159, 234, 239, 346, 509
ラテックスアレルギー　498
ラバーダム　415
ラム押出機　328
ランジュバン関数　52
ランフラットタイヤ　102

リ

リアクター型熱可塑性ポリオレフィン　224
リアクティブブレンド　85
リアクティブプロセシング　85, 93
リガンドカップリング　247
力学的損失　130
離型剤　292
リサイクル　334, 392, 491, 526
理想共重合体　26
リターダ　244
リチウム系触媒　507
リチウム電池　427
立体障害　25
リドレー, H. N.　4
リビングアニオン重合　212, 215
リビング性　507
リビングポリマー　159
リブタイプ　375
リムハンプ径　382
流体潤滑　475
流動域　60
流動床架橋　333, 336
流動性　458
リン酸エステル系　283

ル

ループ　74

レ

冷凍粉砕法　231
レーウィン　484

レーウィンゾンデ観測　484
レオロジー　55, 93
レーシングカー　372
レドックス系開始剤　26
連続架橋　336, 339
連続気泡構造　478
連続燃焼法　532

ロ

老化防止剤　278
ローター羽根　303
ローテーショナルモールディング　485
ローラーヘッド押出機　327

ワ

ワイヤーハーネス　422
輪ゴム　454
ワンピースボール　435

A

ACAP　544
ACM　188, 196
ACSM　187
ATR法　128

B

B-B留分　504
BET吸着等温式　72
BIIR　178
BIT　303
BR　75, 150, 556

C

C_4留分　504
CART　486
CCV　336
CD　535
CIIR　178
CO　194
CR　9, 148, 461
CSM　186

D

DBP吸油量　312
DIS　535
DSC　128
DWS　103

E

ECO　194
ENB　179
EPDM　11, 179, 305, 413
EPM　179
EPR　11, 179
E-SBR　158, 507
EV　31, 244

F

F1　486, 487
FDAの規制案　447
FEM　68, 117, 366
FKM　189

G

GECO　194
Government Rubber(GR)　10

H

H号ボール　438
HAV　201
HCV　336
$Hevea\ brasiliensis$　1, 3, 15
HEタイヤ　376
HIPS　152, 156
HLV　201
HNBR　169, 467
HVR　198

I

IGC　124
IgE抗体　498
IIR　10, 176, 305, 448
IMS　103
IR　146, 147
IRC　14
ISO規格　377, 534, 538, 558

ISO 整合化　537
ITA　535

J

JIS　534, 536
JISC　534

L

LCA　492
LCM　336, 455
LCST 現象　81
LiR　507
LNR　226
LSR　198
LTV　198, 204

M

MFR　317
MFT　239
MSDS　547

N

N メンバー　534
NBR　9, 169, 196, 501
NP　535
NR　1, 21, 305, 498
NTC　425

O

O メンバー　534
O リング　474

OF ケーブル　422

P

P メンバー　534
PAS　535
PLCM　336
PLD　547
PLP　546
PL 法　538
PRTR 法　491
PTC　425

R

RIM　95

S

S-SBR　158, 507
SBC　212, 221
SBR　9, 158, 414, 501, 555
SBS　12, 39, 89, 212, 214, 449
SC　534
SEBS　449
semi-EV　31
SKB　9
SP 値　281, 315, 462
SPM　550
SPU　356

T

TC　534
TFE　190, 192

TMA　128
TPE　11, 39, 90, 93, 212, 215, 219, 221
TPO　183, 215, 216, 223
TPV　183, 215, 216
TR　535
TRANSIT　484
TS　535
TSR　136

U

UCST 現象　81
UHF　333, 336
UHF 架橋　261, 333

V

V 型防げん材　394
V ベルト　276
VBR　157
VCR　157
VCV　336
VdF　190, 191

W

WD　535
WG　534
WLF 式　60, 111, 297
WO タイヤ　376

Z

"zinc-free" 配合　253

資 料 編

── 掲載会社索引 ──
(五十音順)

NOK株式会社	2
株式会社金陽社	3
三新化学工業株式会社・三新商事株式会社	4
シバタ工業株式会社	5
東洋ゴム工業株式会社	6
日本ゼオン株式会社	7
株式会社ブリヂストン	8
三ツ星ベルト株式会社	9

新たなる創造への挑戦──NOKグループ

EAGLE INDUSTRY
NIPPON MEKTRON
NOK KLUBER
NOK CORPORATION
NOK-VIBRACOUSTIC
FREUDENBERG-NOK
NOK ASIA
NOK TECHNICAL RESEARCH AND DEVELOPMENT
NEOPT
EAGLE ENGINEERING AEROSPACE

オイルシールの歴史
それはエヌ・オー・ケーの
歴史でもあります。

NOK
のオイルシール

世界中のどこにでも確かなシール技術をお届けいたします。

エヌ オーケー
NOK株式会社
〒105-8585 東京都港区芝大門1-12-15

kinyo

可能性へのあくなき挑戦。
先進テクノロジーで時代に応える、
ＫＩＮＹＯダイナミズム。

オフセット印刷用ブランケット

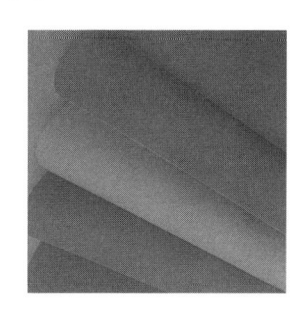

時代の一歩先を見つめ、

産業界をサポート。

バラエティー豊かな

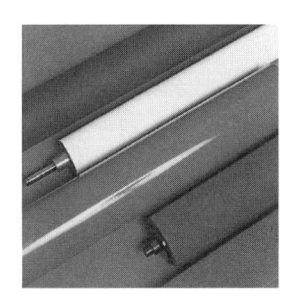

ＫＩＮＹＯの製品群

印刷用ゴムロール

工業用ゴムロール

ＯＡ機器用ゴムロール

特殊製品

株式会社　金　陽　社

本　　社　〒141-8619　東京都品川区大崎1-3-24
　　　　　TEL 03-3492-0123　FAX 03-3492-2330
大阪支店　〒576-0054　大阪府交野市幾野6-1272-1 枚方工業団地内
　　　　　TEL 072-859-3535　FAX 072-859-3549
出張所　札幌・仙台・茨城・名古屋・広島・福岡
工　場　岩間・美野里・滋賀・竹原・アメリカＫＶＩ（バージニア）・ドイツＫＢＲＴ（ケルン）
金陽社(香港)有限公司・金陽社関東販売 株式会社
http://www.kinyo-j.co.jp/

発がん性ニトロソアミン・フリーの加硫促進剤　**新発売**

サンミックス　NF-2-80E
〔EPDM用混合促進剤「マスターバッチ」〕

サンセラー　Z-BE
〔ジチオカルバメート系促進剤〕

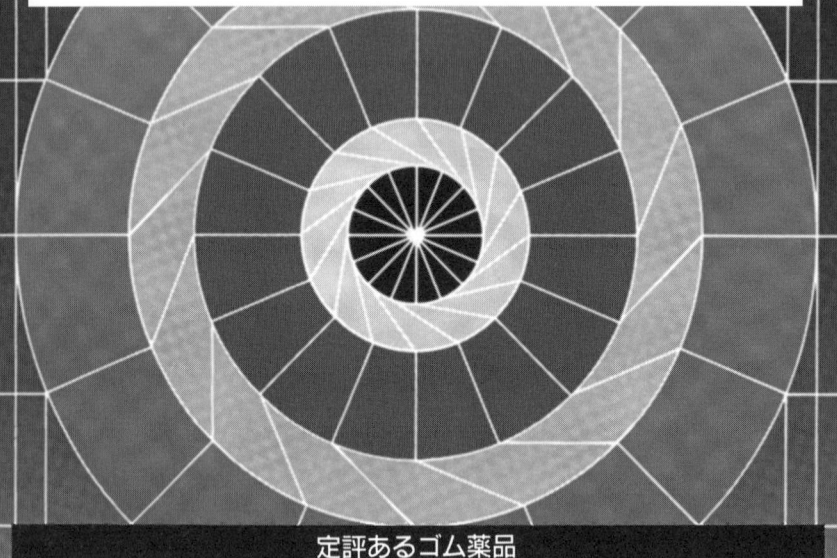

定評あるゴム薬品

サンセラー（加硫促進剤）	サンエイド（加工助剤）
サンフェル（加硫剤）	サンミックス（ゴム薬品マスターバッチ）
コアギュサン（ラテックス凝固剤）	◎その他製造品目　農薬原体
リターダー（焦け防止剤）	防錆剤
サンダント（老化防止剤）	重合調整剤
サンエステル（共架橋剤・硬化剤）	エポキシ硬化剤

(SCI) 三新化学工業株式会社
発売元　**三新商事株式会社**

本事務所	〒742-0031 山口県柳井市南町4-1-41　TEL.0820-23-7111　FAX.0820-23-7117
東京営業所	〒101-0044 東京都千代田区鍛冶町1-4-3竹内ビル　TEL.03-5296-1301　FAX.03-5296-1306
大阪営業所	〒530-0001 大阪市北区梅田2-4-11島津ビル　TEL.06-6343-1911　FAX.06-6343-1914

SHIBATA は、複合ゴム材料で、橋梁の安全を考えます

緩衝型落橋防止装置…緩衝ピン、2段階ばね材、緩衝チェーン

ゴムと補強材（チェーン、繊維等）を複合化した緩衝材を使用することにより実現された、高耐力・高吸収エネルギー型落橋防止装置

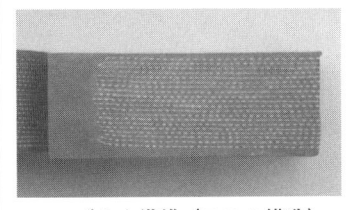

ゴム＋繊維（PRF構造）　　ゴム＋チェーン（ラバーチェイナー構造）

◆特長◆

①高耐力特性
　ゴム複合化材料を緩衝材として使用することから、高バネ特性を有し、コンパクトな構造で衝撃地震力に対応が可能

②衝撃緩和特性
　緩衝材のエネルギー吸収効果により地震時の伝達する衝撃力を顕著に低減

③エネルギー吸収特性
　緩衝材のひずみエネルギー、加えて限界時には緩衝材の破壊エネルギーが合算され、エネルギー吸収効果が増大

緩衝ピン

＜ 施工例 ＞

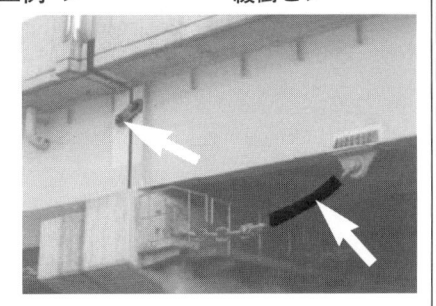

2段階ばね材（ストッパー方式）　　緩衝ピン（ピン連結方式）、緩衝チェーン

シバタ工業株式会社　ISO9001&ISO14001 認証取得

お問い合わせは、本社　技術開発本部　開発企画室まで

〒674-0082 兵庫県明石市魚住町中尾1058　TEL078-946-1515　FAX078-946-0528

事業所／支社：東京・神戸、支店：札幌・名古屋・福岡、営業所：仙台・千葉・横浜・長崎・青森

インターネットで当社情報をご覧になれます。→ http://www.sbt.co.jp/

ISO 14001 認証取得
兵庫事業所（JSAE044）

TOYO
Mobility & Amenity

地震は襲う相手を選ばない。

通信網

ビル・マンション・病院

橋梁・高速道路・鉄道

トンネル・下水道

橋梁用高減衰免震ゴム支承

トンネル用弾性ワッシャー

耐振・免震はTOYO「得意の分野」です

建築基礎免震ゴム　　ＳＴ免震フレキ　　地震対応可とう伸縮継ぎ手

東洋ゴム工業
工業用品販売部
http://www.toyo-rubber.co.jp

本　　社　〒550-8661　大阪市西区江戸堀1-17-18　TEL 06-6441-8701
東京本社　〒171-8544　東京都豊島区高田2-17-22　TEL 03-5955-1240

地球のチカラを、未来のために。

たとえば特殊合成ゴムの分野で、
世界トップのシェアを実現する。
たとえば合成香料のように、
誰もマネのできない製品を創り出す。
ゼオンは、母なる大地から原料を得て、
化学から広がる幅広い分野で、
世界に誇るナンバーワンと
オンリーワンの製品を提供してきました。
私たちはこれからも、独創技術を駆使し、
人類の未来のために力をつくしていきます。

どうぞよろしく。
ゼオンの新しい
ロゴマークです。

おかげさまで50周年

ゼオン **Z** 日本ゼオン株式会社
www.zeon.co.jp

大地の永遠(ゼオ)と人類の繁栄(エオン)に、化学を通して貢献します。

BRIDGESTONE

建物全体の免震に……

マルチラバーベアリング

マルチラバーベアリングは、ゴムと鋼板でできたシンプルな構造。上下方向に硬く、水平方向に柔らかい性能を持ち、地震時の揺れをソフトに吸収し、大切な人命を守るとともにコンピューター等の重要な機器も守ります。

〈特　長〉

- ●建物を安全に支える構造部材として十分な長期耐久性
- ●大重量にも耐える荷重支持機能
- ●大地震の大きな揺れにも安心な大変位吸収能力

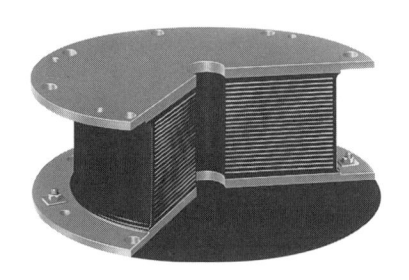

免震ならブリヂストン。実績も豊富です。

ブリヂストンのマルチラバーベアリングは、
- ●高い安全性を必要とする建物
- ●地震時に機能を失ってはならない建物
- ●財産として守りたい建物

など様々な建物に使用されております。

〈使用例〉

　病院、オフィスビル、美術館、博物館、研究施設、電算センター、指令センター、共同施設、マンションなど。

〈豊富なバリエーション〉

　高減衰積層ゴム、天然ゴム系積震ゴム、鉛プラグ入り積層ゴム、弾性すべり支承を取り揃えて居ります。お客様のニーズにあった最高のシステムがお選びいただけます。

※高層建物、塔状建物制振に関してもお問合わせください。

お問合せは…　**株式会社ブリヂストン**
建築用品販売部　　建築免震販売課
東京都中央区日本橋3-5-15　同和ビル　〒103-0027
TEL(03)5202-6865　FAX(03)5202-6848

ゴム製 & ポリウレタン製

三ツ星タイミングベルトは、豊富な種類と品揃えで、用途に応じて最適が選べます。自動車をはじめOA機器、情報機器、ロボットなど、あらゆる産業機器の伝動に活躍しています。設計にあたっては、ベルトと共に三ツ星タイミングプーリを合わせてご選択ください。

位置決め精度を高める

同期伝動
三ツ星タイミングベルト

高機能小型カップリング
三ツ星のケミチャン

特長
- スリップのない高伝動力
- かみ合いがスムーズで低騒音
- 低速高トルクから高速高トルク伝動まで
- 軽量でコンパクト設計が可能

特長
- すぐれた振動吸収性
- 高精度でスムーズな回転
- 低騒音
- 過酷な起動・停止運動に追従

高機能、高精密、高品質な製品を提供いたします

三ツ星ベルト株式会社　産業資材事業本部

神戸本社　神戸市長田区浜添通4丁目1番21号
☎(078)685-5821　FAX(078)685-5672
東京本社　東京都中央区日本橋2丁目3番4号　日本橋プラザビル
☎(03)5202-2501　FAX(03)5202-2521
大阪☎(06)6555-2570　名古屋☎(052)883-6200　福岡☎(092)441-4474　札幌☎(011)841-9131
http://www.mitsuboshi.co.jp

ゴムの事典	定価は外箱に表示

2000年11月20日　初版第1刷
2004年4月10日　　第2刷

編　者	奥　山　通　夫
	粉　谷　信　三
	西　　　敏　夫
	山　口　幸　一
発行者	朝　倉　邦　造
発行所	株式会社 朝倉書店
	東京都新宿区新小川町6-29
	郵便番号　162-8707
	電　話　03(3260)0141
	ＦＡＸ　03(3260)0180
	http://www.asakura.co.jp

〈検印省略〉

©2000〈無断転写・転載を禁ず〉　　ショウワドウ・イープレス・渡辺製本
ISBN 4-254-25244-7　C 3558　　　　Printed in Japan

山根正之・安井　至・和田正道・国分可紀・寺井良平・
近藤　敬・小川晋永編

ガラス工学ハンドブック

25238-2 C3058　　B 5 判　728頁　本体35000円

ガラスびん，窓ガラスからエレクトロニクス，光ファイバまで広範に用いられているガラスを，理論面から応用面まで，さらには環境とのかかわりに至る全分野を，工学的見地から詳細に解説し1冊に凝縮。定評のある『ガラスハンドブック』の，新原稿による全面改訂版。〔内容〕ガラスの定義／主要な工業的ガラス／ガラスの構造と生成反応／ガラスの性質／ガラス融液の性質／ガラス溶融の原理／ガラスの製造／ガラスの加工／ガラスの各論／ガラスと環境

色材協会編

色材工学ハンドブック

25228-5 C3058　　A 5 判　1508頁　本体48000円

塗料，顔料，印刷インキを始めコーティング記録材料，化粧品，特殊機能性塗料等に及ぶ広範な分野の色材を網羅して解説。色材協会設立60周年記念出版。〔内容〕色材工学の基礎(色材の沿革・科学)／顔料(無機・有機顔料，機能性色素，表面処理，プラスチック用着色剤)／塗料(特殊機能塗料，塗装)／印刷インキ／記録材料(感熱・感圧・磁気・光記録材料，電子写真材料，エレクトロミック材料，フォトクロミック材料，サーモクロミック材料)／化粧品／絵具／安全衛生

帝塚学大 皆川　基・徳島文大 藤井富美子・
横浜国大 大矢　勝編

洗剤・洗浄百科事典

25245-5 C3558　　A 5 判　952頁　本体30000円

洗剤・洗浄のすべてを網羅。〔内容〕洗剤概論(洗剤の定義・歴史・種類・成分・配合・製造法・試験法・評価)／洗浄概論(繊維基質の洗浄，非水系洗浄，硬質表面の洗浄)／洗浄機器概論(家庭用洗浄機，業務用洗浄機，超音波洗浄機，乾燥機)／生活と洗浄(衣生活・食生活・住生活における洗浄，人体の洗浄，生活環境における洗浄)／医療・工業・その他の洗浄(医療，高齢者施設，電子工業，原子力発電所，プール，紙・パルプ工業，災害時)／洗剤の安定性と環境／関連法規

大学評価・学位授与機構 小野嘉夫・工学院大 御園生誠・
常磐大 諸岡良彦編

触　媒　の　事　典

25242-0 C3558　　A 5 判　644頁　本体23000円

触媒は，古代の酒や酢の醸造から今日まで，人類の生活と深く関わってきた。現在の化学製品の大部分は触媒によって生産されており，応用分野も幅広い。本書は触媒の基礎理論からさまざまな反応，触媒の実際まで，触媒のすべてを網羅し，700余の項目でわかりやすく解説した五十音順の事典〔項目例〕アクセプター／アクリロニトリルの合成／アルコールの脱水／アンサンブル効果／アンモニアの合成／イオン交換樹脂／形状選択性／固体酸触媒／自動車触媒／ゼオライト／反応速度／他

日本学術振興会繊維・高分子機能加工第120委員会編

染　色　加　工　の　事　典

25239-0 C3558　　A 5 判　516頁　本体18000円

繊維製品に欠くことのできない染色加工全般にわたる用語約2200を五十音順に配列し，簡潔に解説。調べたい用語をすぐ探し出すのに便利である。〔内容〕表色・色彩科学／染色化学／天然繊維の染色／合成繊維の染色／天然繊維／合成染顔料／機能性色素／界面活性剤／染色助剤／水・有機溶媒／精練・漂白・洗浄／浸染／捺染／染色機械／伝統・工芸染色／仕上げ加工／試験法／廃水処理，地球環境問題／染料・色素の繊維以外の応用／染色加工システム／接着／高分子の表面加工

I.スキースト編
水町 浩・福沢敬治・若林一民・杉井新治監訳

接 着 大 百 科

25235-8 C3558　　B 5判 592頁 本体30000円

接着(剤)に関する需要は，工業分野のみならず，社会生活全般にわたりますます高まっている。本書は基礎事項から接着材料の詳細，実際の接着技術まで解説した，接着(剤)に関する総合書である。Handbook of Adhesives(第3版)の翻訳書。〔内容〕接着剤序説(接着剤の役割・基礎・表面処理・選択と適格検査)／接着剤各論(膠・カゼインおよび蛋白系接着剤・スターチ・天然ゴム接着剤他24項目)／被着材と接着技術(プラスチックの接着・繊維とゴムの接着・木材の接着，他)

東農大 荒井綜一・茨城キリスト教大 小林彰夫・
前長谷川香料 矢島 泉・前高砂香料工業 川崎通昭編

最 新 香 料 の 事 典

25241-2 C3558　　A 5判 648頁 本体23000円

香料とその周辺領域について，基礎から応用まで総合的に解説。〔内容〕匂いの科学(匂いの化学, 生理学, 分子生物学, 心理学, 応用学)／香料の歴史／香料の素材(天然香料, 合成香料, 新技術)／香粧品香料(香りの分類, 表現と調香, 用途)／天然および食品の香気成分(花, 果実, 野菜, 穀類・ナッツ, 肉・乳, 水産・魚介, 発酵食品, 茶, コーヒー)／食品のフレーバー(種類・形態・製造, 使用例)／その他の香料(歯磨, タバコ, 飼料, 工業用, 環境香料)／香料の分析・試験・法規

前京大 平岡正勝・同大 田中幹也著

新版 移 動 現 象 論

25023-1 C3058　　A 5判 272頁 本体4900円

工学基礎として重要な運動量，エネルギー，物質の移動の法則を統一的に取扱う移動現象を体系的にまとめた。〔内容〕移動現象における基礎方程式／乱流移動現象の取扱い／モデル化／系における移動現象／大気拡散／熱力学・数学的手法／他

◆ 先端材料のための新化学 ◆

日本化学会を編集母体とした学部3・4年生，大学院生向きテキスト

山口東理大 戸嶋直樹・前東工大 遠藤 剛・
東工大 山本隆一著
先端材料のための新化学3
機 能 高 分 子 材 料 の 化 学
25563-2 C3358　　A 5判 232頁 本体4300円

今や高分子材料の機能は化学だけでなく機械・電気・情報・環境・生物・医学など広範囲に結びついている。〔内容〕序論／機能高分子材料の設計／高分子反応と機能性高分子／化学機能高分子／物理機能高分子／光・電子機能高分子

都立大 伊与田正彦編著
先端材料のための新化学4
材 料 有 機 化 学
25564-0 C3358　　A 5判 244頁 本体3900円

分子間の弱い相互作用により形成される有機化合物について機能材料として用いる場合の基礎から実際までを解説。〔内容〕有機化合物の結合と性質／物性有機化学の基礎／機能性色素／液晶／EL素子／有機電導体／有機磁性／ナノマシーン／他

早大 逢坂哲彌・東工大 山﨑陽太郎・名市大 奥戸雄二著
先端材料のための新化学9
半 導 体 の 化 学
25569-1 C3358　　A 5判 200頁 本体3800円

化学系の大学3，4年生，大学院生，さらに研究開発に携わる人に，半導体の理論から実際面までを解説。〔内容〕半導体の基礎／半導体デバイスの基礎概念と半導体デバイス／半導体集積回路プロセス技術／半導体材料における最近の話題

早大 逢坂哲彌・横国大 太田健一郎・東農工大 松永 是著
先端材料のための新化学11
材 料 電 気 化 学
25571-3 C3358　　A 5判 272頁 本体4900円

電気化学の基礎，応用や材料について解説。〔内容〕電気化学システム／電気化学の基礎／電気化学システム材料／電池と材料／電解プロセスと材料／表面処理と機能メッキ／化学センサと材料／機能膜とドライプロセス／生物電気化学と材料／他

化学工学会編

ＣＶＤハンドブック

25234-X C3058　　Ａ5判 832頁 本体32000円

LSIをはじめ，薄膜，超微粒子，複合材料などの新素材製造に必須の技術であるCVD（化学的蒸着法）について，その定義，歴史から要素技術・周辺技術・装置設計に至るまで詳述した初の成書であり，材料技術者・デバイス技術者の指針。〔内容〕緒論／半導体（結晶Si，アモルファスSi，化合物）／セラミックス（カーボン，SiC，SiN，Ti系，BN，AlN，酸化物，他）／CVD反応装置の設計（熱CVD装置の設計，プラズマCVD反応装置，微粒子生成反応装置）

東大 田村昌三編

化学プロセス安全ハンドブック

25029-0 C3058　　Ｂ5判 432頁 本体20000円

化学プロセスの安全化を考える上で基本となる理論から説き起し，評価の基本的考え方から各評価法を紹介し，実際の評価を行った例を示すことにより，評価技術を総括的に詳説。〔内容〕化学反応／発化・熱爆発・暴走反応／化学反応と危険性／化学プロセスの安全性評価／熱化学計算による安全性評価／化学物質の安全性評価実施例／化学プロセスの安全性評価実施例／安全性総合評価／化学プロセスの危険度評価／化学プロセスの安全設計／付録：反応性物質のDSCデータ集

京大 橋本伊織・京大 長谷部伸治・京大 加納　学著

プロセス制御工学

25031-2 C3058　　Ａ5判 196頁 本体3700円

主として化学系の学生を対象として，新しい制御理論も含め，例題も駆使しながら体系的に解説〔内容〕概論／伝達関数と過渡応答／周波数応答／制御系の特性／PID制御／多変数プロセスの制御／モデル予測制御／システム同定の基礎

前阪大 欅田榮一・元関大 中西英二著

化 学 プ ロ セ ス 制 御

25013-4 C3058　　Ａ5判 208頁 本体3800円

化学工学的観点でのプロセス制御の教科書。〔内容〕伝達関数／ブロック線図／シグナルフロー線図／過渡応答と周波数応答／化学プロセスの数式モデル／同定／安定性／フィードフォワード制御／フィードバック制御／最適操作と最適制御／他

元大阪府大 疋田晴夫著

改訂新版 化学工学通論 Ⅰ

25006-1 C3058　　Ａ5判 256頁 本体3800円

化学工学の入門書として長年好評を博してきた旧著を，今回，慣用単位を全面的にSI単位に改めた。大学・短大・高専のテキストとして最適。〔内容〕化学工学の基礎／流動／伝熱／蒸発／蒸留／吸収／抽出／空気調湿および冷水操作／乾燥

元京大 井伊谷鋼一・同大 三輪茂雄著

改訂新版 化学工学通論 Ⅱ

25007-X C3058　　Ａ5判 248頁 本体3800円

好評の旧版をSI単位に直し，用語を最新のものに統一し，問題も新たに追加するなど，全面的に訂正した。〔内容〕粉体の粒度／粉砕／流体中における粒子の運動／分級と集塵／粒子層を流れる流体／固液分離／混合／固体輸送

日本香料協会編

香 り の 総 合 事 典

25240-4 C3558　　Ｂ5判 360頁 本体18000円

香りに関するあらゆる用語（天然香料・香料素材，合成香料・製法・分析，食品香料・香粧品香料，香水，嗅覚・安全性・法規・機関など）750語を取り上げ，専門家以外にもわかるように解説した五十音配列の辞典。〔項目例〕アビエス・ファー／アブソリュート／アルコール／アルデヒド／アロマテラピー／エッセンシャルオイル／オイゲノール／オードトワレ／グリーンノート／シャネルNo.5／テルペン合成／匂いセンサー／フェニル酢酸エチル／ポプリ／マスキング／ムスク／他

上記価格（税別）は2004年3月現在